U0383574

矿物学环境属性概论

鲁安怀　王长秋　李　艳　等著

科　学　出　版　社
北　京

内 容 简 介

本书是作者在多年从事环境矿物学研究和教学工作基础上撰写而成。全书共分3篇。第一篇系统介绍了矿物学环境属性主要内容、无机界矿物天然自净化功能、矿物与微生物协同作用的环境效应以及生物矿化作用的生理生态效应。第二篇重点介绍了硫化物大类中黄铁矿、磁黄铁矿和闪锌矿、氧化物大类中金红石和锰钾矿、含氧盐大类中硅酸盐矿物纤蛇纹石和钾长石、硫酸盐矿物黄钾铁矾等典型矿物环境属性特征，详细阐述了半导体矿物与微生物协同效应，初步探讨了人体心血管和几种肿瘤病灶中病理性矿物特征。第三篇具体介绍了环境污染防治第四类方法——矿物法，包括矿物在处理无机污染物、降解有机污染物、净化烟尘型污染物、评价土壤环境质量、防治垃圾污染物以及处置矿山尾矿砂方面的应用实例。

本书可作为高等院校矿物科学、材料科学、环境科学及生命科学等专业师生教学与科研工作的参考书，亦可供科研院所和环保企业相关领域中研究开发、工程技术与业务管理人员参考使用。

图书在版编目(CIP)数据

矿物学环境属性概论 / 鲁安怀等著. —北京：科学出版社，2015.3

ISBN 978-7-03-043729-7

Ⅰ.①矿…　Ⅱ.①鲁…　Ⅲ.①矿物学-环境科学-研究　Ⅳ.①P57②X

中国版本图书馆CIP数据核字（2015）第049823号

责任编辑：王　运　韩　鹏　李　娟 / 责任校对：韩　杨　赵桂芬

责任印制：肖　兴 / 封面设计：耕者设计工作室

科学出版社 出版

北京东黄城根北街16号

邮政编码：100717

http://www.sciencep.com

北京通州皇家印刷厂 印刷

科学出版社发行　各地新华书店经销

*

2015年3月第　一　版　开本：787×1092　1/16

2015年3月第一次印刷　印张：38 1/2

字数：920 000

定价：278.00元

（如有印装质量问题，我社负责调换）

序

自矿物学诞生的几个世纪以来，人类对矿物的认识与利用，基本上局限于资源属性层面。近几十年来，地球资源的过度开发与利用，导致地球环境的日益破坏，地球科学——这一承载资源与环境两大主体的基础学科，肩负着开发资源与保护环境的战略重任。因此，发掘自然界矿物的环境属性实属必然。正是矿物学环境属性与资源属性一起共同构筑了矿物的本征属性。今天我们终于看到矿物学环境属性研究的专著问世了，我对这本国际上第一部专门论述矿物学环境属性著作的出版表示祝贺。

我曾于2001年5月在北京大学地质系举办的“首届全国环境矿物学研讨会”开幕式上，回顾了人类利用矿物的历史，并提出矿物的概念要有所发展，矿物环境属性亦即环境矿物学是矿物学发展阶段中必然会出现的新主题。2014年11月在北京大学地球与空间科学学院举办的“全国矿物学发展研讨会”上，我再次提出矿物学发展要敢于突破矿物的传统概念，鼓励大力发展现代矿物学与其他学科交叉研究方向。如今，加强环境矿物学新型交叉学科的研究，就是对矿物传统概念大胆突破的很好诠释。

该专著是作者近20年来不懈努力完成的。我至今仍清楚地记得作者对于矿物环境属性的研究是从研究铁的硫化物矿物如何治理重金属污染物开始的，如今取得如此丰富的研究成果实属难得。该专著系统地论述了矿物记录环境变化、矿物影响环境质量、矿物反映环境评价、矿物治理环境污染以及矿物参与生物作用五大矿物学环境属性。特别是在矿物治理污染的环境属性研究方面，提出无机界矿物天然自净化功能，包括矿物表面效应、孔道效应、结构效应、离子交换效应、氧化还原效应、溶解效应、结晶效应、水合效应、热效应、光催化效应、纳米效应以及矿物与生物复合效应等，拓展了环境矿物材料基本性能的研究，并通过实例深入探讨了这些净化功能在天然矿物中的具体表现，提出继物理法、化学法和生物法之后的环境污染防治第四类方法——矿物法。在矿物参与生物作用的环境属性研究方面，提出矿物与微生物协同作用的环境效应，突出表现在提出继太阳光子能量和元素价电子能量之后的自然界中第三种能量形式——天然半导体矿物光电子能量，通过半导体矿物对太阳能的转化实现地表其他有机或无机物质对太阳能的间接利用，进一步探索了矿物光电子能量促进地球早期生命起源与演化以及微生物生长代谢活动，提出自然界中可能存在“光电能”微生物的新认识。专著还初步探讨了人体中病理性矿化作用，尝试性开展了一些重大疾病病灶中矿化物特征研究。显然，矿物学环境属性、无机界矿物天然自净化功能、环境矿物材料、矿物法防治污染物以及矿物光电子能量、矿物与微生物协同作用、“光电能”微生物等，都是在国际上新提出的概念和认识，发展了新兴的环境矿物学学科内涵。这些创新性研究成果，也大大丰富了现代矿物学的研究宝库。

自然界中物质主要由矿物和生物共同组成。矿物学发展如何跟上生物学发展的步伐，环境矿物学的兴起与繁荣，为我们打开了通往现代矿物学发展的一扇大门。事实上，矿物学环境属性研究，在很大程度上扩大了传统矿物学研究对象和内容，在理论上取得长足发展，在应用上具有广阔前景。这也是矿物概念得到突破之后，矿物学获得的巨大发展。可以说环境矿物学促进了传统矿物学进入新的研究阶段，达到新的研究高度，实现新的研究目标。有理由相信，环境矿物学在系统地球科学中所发挥的基础性学科作用，类似于资源矿物学在传统地质学中发挥的作用，矿物学由传统的“小学科”发展为现代的“大学科”指日可待。

为此，我欣然命笔为鲁安怀等之大作写序。

中国科学院院士 叶大年

2015 年 2 月 8 日

前　　言

矿物学是一门古老的自然学科，与生物学一起共同构筑了自然界最基本的天然物质科学。目前自然界发现的矿物已近五千种。人类最初认识与利用自然就包括对矿物的认识与利用。石器时代，人类最早接触的是非金属矿物或其集合体。以后的各种金属器时代，人类开始利用金属矿物及其集合体或其冶炼产物（裴文中、张森水，1985；Popescu，1995）。可以说，矿物最初被人们认识和利用的属性是其资源属性。矿物学学科出现后的几个世纪以来，矿物学资源属性一直受到人们的重视和利用。一种新矿物的发现，就意味着一种新的地球资源可能被利用。对已有地球资源的利用程度，更是依赖于对矿物的有用性能及对矿物中有用组分的研究程度，以至于矿物资源与矿物原料成为人们常用的专业术语，甚至矿产资源与矿物资源也似乎是等同的概念，可见矿物学资源属性表现得何等鲜明。因此，长期以来人们对矿物的研究，始终是在矿物学资源属性范畴内进行的。对矿物学及其分支学科的深入研究，又从不同角度、不同层次和不同程度上促进了相关地球科学的发展，最终还是体现在对固体地球资源发现和利用水平的提高方面。这也奠定了一直以来资源矿物学作为资源地质学重要基础学科的支撑地位。相信随着人类对地球资源需求的不断增长以及由此带来的对地球资源认识的不断深化，资源矿物学作为资源地质学这一基础性学科的支撑作用必将得到继续加强。

当前，天然无机界古老的矿物概念发生了新的变化。过去一直认为矿物是在各种地质作用下形成的天然单质或化合物。其本质是地质作用的产物，矿物的形成作用被限定于岩石圈范围内。如今有必要把岩石圈及其之外的与水圈、大气圈和生物圈交互作用过程中，即非单纯地质作用中形成的无机固体物质纳入天然矿物范畴。其本质涉及地球表层中大气圈、水圈、生物圈及岩石圈之间的物质循环问题，还反映工业化以来受人为活动强烈干扰的地球表层物质循环作用。国际矿物学协会（IMA）新矿物及矿物命名委员会1997年明确提出，新物质纯粹是已存在的岩石和矿物暴露于大气并受地表作用的结果，该物质可以认为是矿物，尤其是某些生物成因的物质以和单纯地球化学作用形成的矿物同样的形式存在，即有地质对应产物，可视为有效的矿物。显然，矿物是在各种自然作用中形成的天然单质或化合物（鲁安怀，2007）。这种自然作用既包括地质作用，还包括地球表层多个圈层交互作用过程中形成矿物的天然作用。

正是由于现代矿物学研究范畴不似传统矿物学研究仅限于岩石圈，而是更多关注岩石圈受到水圈、大气圈和生物圈影响过程中所涉及的矿物学基础科学问题，大大扩展了现代矿物学的研究内容，直接导致能够反映从岩石圈到水圈、大气圈和生物圈乃至土壤圈之间交互作用的崭新的矿物学环境属性被提出（鲁安怀，2000；Vaughan *et al.*，2002）。强调矿物学环境属性理论与应用研究的环境矿物学，也是在人类赖以生存的地球家园正面临着环境污染和生态破坏严重威胁的今天应运而生的。环境矿物学是20世纪90年代初在国际上诞生的新兴学科，它是一门研究天然矿物与地球表面各个圈层之间交互作用及其反映自然演变、防治生态破坏、评价环境质量、净化环境污染以及参与生物作用的科学（鲁安怀，2000）。环境矿物学主要研究内容包括研究矿物作为反映不同时间空间尺度上环境变化的信息载体、研究矿物影响人类健康与破坏生态环境的本质及其防治方法、研究矿物负载污染物的能力及其评价环境质量的机制与方法、研究矿物具有治理环境污染与修复环境质量的基本性能以及研究纳米尺度上矿物与生物交互作用的微观过程与机理等。目前地球表层岩石圈与水圈、大气圈和生物圈交互作用产物中，具有环境响应的无机矿物及其形成过程，正在成为环境矿物学主要研究对象。地球关键带多个圈层交互作用过程中，无机矿物形成、发展与变化过程中所禀赋的生态生理效应，将是现阶段环境矿物学主要研究目标（鲁安怀，2009）。

显然，矿物学环境属性研究体现在诸多方面。在矿物记录环境方面，主要研究矿物作为反映不同时间和空间尺度上环境变化的信息载体特征；在矿物影响环境方面，主要研究矿物的破坏与分解作用而释放的有害、有毒组分，直接或间接影响人类健康与破坏生态环境的本质及其防治方法；在矿物评价环境方面，主要研究土壤矿物环境容量，尤其是土壤中矿物对重金属的吸附与解吸作用、固定与释放作用；在矿物治理环境方面，主要研究开发矿物治理环境污染与修复环境质量上的基本功能与天然自净化作用；在矿物参与生物作用方面，主要研究晶胞与细胞层次上矿物与生物交互作用的精细过程与微观机制；在人体矿物研究方面，主要研究人体系统中矿化作用产物的精细特征及其所禀赋的生理病理效应，发展人体疑难病症诊疗的矿物学辅助手段。目前，我国矿物学环境属性研究，即环境矿物学，在研究矿物如何精细记录环境、矿物如何深度影响环境、矿物如何准确评价环境、矿物如何有效治理环境以及矿物如何参与生物作用等方面，业已取得丰硕的研究成果（鲁安怀，1996，1997，1998，1999，2000，2001，2002，2003，2005a，2005b，2005c，2007，2009，2010；鲁安怀等，2000a，2000b，2003，2004，2012，2013，2014a，2014b；Lu，2004；Lu and Li，2012；Lu *et al.*，2000，2003a，2003b，2004a，2004b，2006a，2006b，2007a，2007b，2010，2012a，2012b，2013，2014），极大地推动了我国矿物学的发展，并在国际矿物学界产生一定影响，充分反映出这一新兴学科在我国的长足发展现状与巨大发展前景。

本专著分为矿物学环境属性简述、矿物学环境属性特征和矿物法——环境污染防治第四类方法三篇共20章。第一篇矿物学环境属性简述中，着重介绍矿物学环境属性研究范畴、无机界矿物天然自净化功能、矿物与微生物协同作用的环境效应以及生物矿化作用的生理生态效应。第二篇矿物学环境属性特征中，重点阐述铁的硫化物矿物还原沉淀效应、闪锌矿光催化还原效应、金红石光催化氧化效应、纤蛇纹石管状结构效应、钾长石四面体孔道效应、锰钾矿八面体孔道效应和纳米效应、黄钾铁矾类矿物结晶效应、半导体矿物与微生物协同效应以及人体病理性矿物特征。第三篇矿物法——环境污染防治第四类方法中，介绍矿物法处理无机污染物、降解有机污染物、净化烟尘型污染物、评价土壤环境质量、防治垃圾污染物及处置矿山尾矿砂的实验方法和应用技术。

本专著研究与编写工作分工如下：鲁安怀完成第1章和第2章，鲁安怀、李艳、王鑫、丁竑瑞、曾翠平、刘熠完成第3章，王长秋、鲁安怀、秦善、李艳完成第4章，鲁安怀、卢晓英、唐军利、陈洁、石俊仙完成第5章，李艳、鲁安怀、殷义栋、丁聪、吴婧完成第6章，鲁安怀、李宁、刘娟、李艳、郭延军、传秀云、罗泽敏完成第7章，鲁安怀、王长秋、王丽娟完成第8章，鲁安怀、秦善、刘瑞、左红燕完成第9章，鲁安怀、高翔、赵东军、范晨子、李艳、张慧琴完成第10章和第11章，王长秋、鲁安怀、马生凤完成第12章，鲁安怀、李艳、郝瑞霞、王长秋、丁竑瑞、王鑫、曾翠平、李瑞萍、吕明、朱云、余萍、颜云花、杨晓雪、王浩然、李岩、丁聪完成第13章，王长秋、鲁安怀、李艳、柳剑英、梅放、张波、李康、杨重庆、杨若晨、赵雯雯、熊翠娥、朱梅倩、孟繁露、李源完成第14章，鲁安怀、王长秋、李艳、卢晓英、唐军利、陈洁、石俊仙、郭敏、赵谨、郑德圣、魏尊莉、颜云花完成第15章，鲁安怀、王长秋、李艳、韩丽荣、任子平、李巧荣、李改云、杨欣、荣波、魏学军、杨心鸽、黄姗姗、杨磊、权超完成第16章，鲁安怀、李金洪完成第17章，鲁安怀、王长秋、郑佳、郑喜珅、汪志国完成第18章，鲁安怀、王长秋、凌辉、李艳、周建工、亢宇、张佥、王健完成第19章，鲁安怀、王长秋、李艳、王武名、王玲、张文琦、崔兴兰完成第20章。丁竑瑞、王鑫、王浩然、孟繁露、李源、李岩、张慧琴、刘熠、王霄协助完成部分图件的清绘。最后由鲁安怀、王长秋、李艳完成全部书稿审定工作。

本专著是作者自1996年开始负责承担国家自然科学基金面上项目（49672097）以来近20年研究工作的系统总结。此后的研究工作继续得到包括重点项目在内的11个国家自然科学基金项目（49972017、40172022、40572022、40872196、40902016、40972210、41230103、41272048、41272003、41402032和41402301）的支持，特别是作为首席科学家连续获得国家科学技术部国家重点基础研究发展计划（973计划）重大科学前沿领域中两个项目（2007CB815600和2014CB846000）支持，还先后获得国家科学技术部基础研究重大项目前期研究专项（2001CCA02400）和攀登特别支持课题（99019）、国土资源部科技司课题（9505207）、中国地质调查局综合研究课题（9902007）和北京市教育委员会共建项目以及金川镍矿和大庆油田等工矿企业委托的横向课题资助。所在单位北京大学“211”工程和“985”工程中3个有关实验室建设项目也给予了大力支持。

本专著的完成还得益于我国环境矿物学学术组织、学术交流和学科建设的发展。中国地质学会于1999年在矿物学专业委员会中批准设立环境矿物学分会，中国矿物岩石地球化学学会于2004年批准成立环境矿物学专业委员会。北京大学于2003年自主设立地质学（材料及环境矿物学）博士学科点。《岩石矿物学杂志》先后于1999年、2001年、2003年、2005年、2007年、2009年、2011年和2013年连续出版8辑环境矿物学专辑，实现了新兴学科的长足发展与传统刊物的影响因子上升同步同行。其间，《矿物岩石地球化学通报》于2006年出版1辑环境矿物学专辑，《Acta Geologica Sinica》同年出版1辑英文版中日环境矿物学专辑。

在此对以上单位和个人一并表示衷心的感谢。

由于作者能力所限，书中难免存在缺点和不足之处，恳请读者批评指正。

鲁安怀

2015年1月于北京大学

目　　录

第二篇 矿物学环境属性特征

第三篇　矿物法——环境污染防治第四类方法

第一篇

矿物学环境属性简述

第1章　矿物学环境属性研究范畴

资源与环境是当代地球科学的两大主题。作为地球科学的基础性学科，矿物学发展理应围绕这两大主题。对矿物学环境属性的认识与利用，是对矿物学资源属性认识与利用的进一步发展，环境矿物学也是在人类赖以生存的地球正面临着生态破坏与环境污染问题严重威胁的今天应运而生的。

当前，矿物学环境属性研究范畴，主要包括矿物如何记录环境变化、矿物如何影响环境质量、矿物如何反映环境评价、矿物如何治理环境污染以及矿物如何参与生物作用等方面。环境矿物学是研究天然矿物与地球表面各个圈层之间的交互作用及其反映自然演变、防治生态破坏、评价环境质量、净化环境污染及参与生物作用的科学。其主要内容包括研究矿物作为反映不同时间空间尺度上环境变化的信息载体，研究矿物影响人类健康与破坏生态环境的本质及其防治方法，研究矿物负载污染物的能力及其评价环境质量的机制与方法，研究开发矿物具有治理环境污染与修复环境质量的基本性能，研究晶胞与细胞层次上矿物与生物发生交互作用的微观机制等。

1.1　矿物记录环境变化

天然矿物是地球自然演化作用的产物。在矿物所经历的发生、发展、变化和消亡的整个生命周期中，不同时间和空间尺度上的地球环境变化都会在矿物中留下烙印，使得矿物含有丰富的能反映环境变化的信息，成为记录环境演变信息的载体。这些信息具体蕴藏在矿物的外部微形貌、内部微结构、化学组成、化学性质、物理性质、谱学特征和成因产状等方面。随着矿物学研究手段的改进与研究水平的提高，利用矿物揭示环境变化信息的数量与质量正在逐步增多与增强。

在全球变化研究中，第四纪以来形成的冰川和黄土常常是人们的重点研究对象。冰川中重矿物微粒和黄土中原生及次生矿物特征，分别记载着冰川和黄土形成与演化方面的丰富信息（He *et al.*，1997；Orgeira *et al.*，1998；Ehrmann and Polozek，1999）。深入研究这些信息载体特征，将有助于揭示较大时间和空间尺度上全球性环境变化特征与演化规律。湖泊是相对独立的自然综合体，是岩石圈、大气圈、水圈和生物圈相互作用的连接点。湖泊沉积蕴含着丰富的环境信息。湖泊沉积具有连续的特点，是较好的进行高分辨率环境演化研究的对象。目前对湖泊沉积物开展分析的环境指标除了有机生物如孢粉、硅藻、介形类等之外，还包括无机矿物如沉积矿物、碳酸盐矿物含量、自生碳酸盐矿物氧碳同位素、微量元素含量及其比值、矿物磁性参数等。

对岩溶地区产出的石钟乳和石笋组成矿物特征进行详细研究（Davitaya *et al.*，1998；Genty and Deflandre，1998），就像研究树木的年轮一样，能够精确揭示更小时间尺度上的古气候与古环境方面的演化规律。基于对今后几十年到一百年全球气候-环境变化了解的需要，亟需获得对 10～100 年尺度的气候–环境变化规律以及极端气候事件出现的频率和机制的认识。显然，获取连续的有精确年代控制的高分辨率（年到季）自然记录是一个关键。其具有年、季旋回界面因而能够自我记年，同时能对气候或环境变化信息按年记录的自然材料被称为自然时钟。洞穴石笋是继生物时钟树轮和珊瑚与地质时钟纹泥和冰芯之后较晚发现的一种地质自然时钟。冰芯记录虽然较长，但仅分布于两极和高寒地区。珊瑚礁可计数的年层序列一般仅能达到数百年，其分布也局限于热带海洋。树轮的适用范围限于温带半干旱地区。寻找纯自然条件下超过 1000 年的树轮样品比较困难。玛珥湖纹泥跨时较长，而且可分辨到季，但其分布仅限于火山湖地区。相比之下，洞穴石笋在我国从北到南都有一定分布，其时间跨度从现代到数千年、数万年前，是一种不可多得的能高分辨记录短尺度气候–环境变化的地质时钟。

石钟乳和石笋主要由碳酸盐矿物方解石和文石组成。国内外大量研究成果表明，微米至毫米厚的石笋微生长层的韵律变化，可反映短尺度高频率的气候振动。石笋发光强度变化是古环境变化的重要记录，从滴水中带来的地表土壤有机物质是导致微层发光的主要原因。在 1960 年 Broecker 等利用^{14}C方法确定在温带气候区一些快速生长石笋纹层为年轮之后，1993 年 Baker 等采用热电离质谱–铀系定年方法，证实英国一个石笋的发光微生长层为年生长层。此后世界上陆续报道了几种石笋年生长层：发光与不发光的方解石组合构成年层，该类年层一般在温带气候条件下形成；白色疏松沉积与暗色紧密沉积的碳酸钙互层构成年层，主要形成于降雨和温度季节性变化明显的地区；方解石与文石互层构成的年层，主要形成于白云质岩层区。我国迄今所发现的具有微层特征的石笋矿物主要为方解石放射状纤维晶，方解石晶束垂直于微层层面生长，微层类型主要为外源暗色物质界面，暗色物质或有机质来自洞顶上覆土壤。

1.2　矿物影响环境质量

通常意义上岩石组成矿物的风化作用，可直接导致矿物的破坏与分解，常常表现为部分活动组分的流失，尤其是在地表条件下不稳定的矿物易于发生化学风化作用与生物风化作用。正是从这些风化作用产物中流失出来的有毒有害阳离子和阴离子物质对环境质量影响较大，影响当地的土壤和水体环境质量，往往造成地方性人体健康和生态环境问题。开展矿物影响人类健康与破坏生态环境的本质及其防治方法研究，成为矿物的又一大环境属性研究内容。

一般地，自发地形成于自然界的矿物原本能够稳定地存在于自然界之中，也就是说，天然矿物与生态环境具有良好的相容性，这也是矿物形成的必要条件之一。可是人们为了最大限度地发挥矿物的资源属性，采取了很多办法去寻找各种矿物资源。人类的矿业活动对这些矿物资源进行着高强度开采，结果使得处于地表之下的矿物被动地移至地表，带来矿物的焓增加及矿物所处介质的温压降低与氧化增强，造成这些矿物的稳定性大大降低。这势必导致矿物的破坏与分解，所产生的重金属和阴离子物质对地表水体与土壤环境质量造成了直接影响。一些金属矿物，尤其是含变价元素的金属矿物表现得更加突出。目前对生态环境破坏较为严重的矿山酸性废水污染便是这方面的典型例子。矿山酸性废水主要来自金属硫化物的破坏与分解过程。如何在地表条件下有效防治金属硫化物矿物的氧化分解是人们正在探讨的环境保护问题（Gray，1997）。人类矿业活动还使得一些具有放射性的天然矿物被直接带到了地表。对其不合理的利用已给人类健康甚至生存带来了极其严重的负面影响。对其合理利用而产生的核废料的安全处置，仍然要发挥矿物化学屏障的环境属性作用（Pushkareva，1998）。核废料是一类危害性极大的较特殊的污染物，随着对核能源的大量开发利用，开展核废料的安全处置研究日益成为一项紧迫的工作。对核废料实行储存与填埋处置是目前较为流行的一种办法，其中如何有效防治核废料的泄漏便成为关键技术问题。

还有一类由矿物引起的对人类健康的危害来自于对矿物资源的加工和利用过程，如矿物粉尘的产生及其对人体健康的影响问题（Ross *et al.*，1993）。石棉状角闪石是石棉矿山和加工厂工人肺病的主要致病因素，在矿工的肺组织中可以发现这些纤维状矿物（Nayeb *et al.*，1998）。至于在煤炭能源利用过程中，矿物受热分解释放出大量 SO_2 和 CO_2 所造成的对人体健康和大气环境质量的影响乃至酸雨形成的问题更是广泛存在。

岩石圈中矿物受到大气圈影响，主要体现在大气中或少量溶解于水体中的 O_2 和 CO_2 直接参与下发生的化学变化，如氧化作用和碳酸化作用。氧化作用极为普遍，对含变价元素矿物影响较大，如黄铁矿发生褐铁矿化、菱锰矿发生硬锰矿化与锰钾矿化。矿物发生碳酸化作用主要是由于大气中 CO_2 溶于水体后形成 HCO_3^-，造成介质酸性程度增高，使得微溶性矿物发生溶解，过去对此作用的研究重视不够。深入研究这些矿物在大气圈中的风化作用对文物保护具有重要指导意义，如彩色绘画文物中，利用硫化物矿物颜料的文物要有效防治氧化作用；对于石质雕塑文物，要有效防治大气碳酸化作用对方解石的酸溶。

总之，由于人类生活和生产活动所带来的矿物破坏与分解，给人类健康和生存环境造成了不利影响。详细研究并充分发挥矿物的环境属性作用，揭示矿物破坏与分解的本质，利用矿物抗分解的一面，积极采取相应措施防止矿物的破坏与分解，就有可能减少甚至避免由于矿物的破坏与分解所造成的对人体健康的影响和生态环境的破坏。

1.3　矿物反映环境评价

自然环境质量评价主要指对大气、水体和土壤等自然景观环境状况进行评价。土壤、大气和水体中存在一定量的无机矿物质，往往以单质或化合物形式出现。这些矿物质与自然环境中的污染物，特别是无机污染物之间存在着较为密切的联系。矿物对污染物的负载能力在一定程度上能够影响污染物的赋存状态、变化过程、迁移能力与危害程度等，直接影响对自然环境质量与生态效应的评估评价结果。开展矿物负载污染物的能力及其评价环境质量的机制与方法研究，大气中矿物浮尘、水体中沉积物与土壤中组成矿物等往往是直接研究对象。

有效调查评价一个地区的自然环境状况，直接检测该地区大气、水体、土壤中污染物含量是一项必不可少的工作，但要深入分析污染物的产生机理、有害程度与防治措施，提高环境质量评价水平，往往离不开对这些介质中无机矿物的调查评价。在评价土壤环境容量时，更需要详细查明黏土矿物与铁锰铝氧化物和氢氧化物矿物等土壤矿物组成特征。土壤环境容量，即对污染物的自净能力，离不开土壤中矿物对重金属的吸附与解吸作用、固定与释放作用。土壤中具体矿物的净化能力才真正体现土壤自身的净化能力与容纳能力。事实上，土壤中有毒有害元素含量的高低，并不是直接判定土壤环境质量优劣乃至土壤生态效应的唯一标志，关键问题是要揭示这些污染物在土壤矿物中具有怎样的赋存状态以及与各种无机矿物之间具有怎样的吸附与解吸、固定与释放的平衡关系，以利于在土壤组成矿物的层次上查明土壤中污染物与具体矿物之间的环境平衡关系，最终能提出建立和保护土壤中污染物与矿物之间的环境平衡机制，提高土壤本身治污能力，防止对食物链产生污染。极端的情况是：土壤中一种重金属元素，如 Hg，含量高并不一定有害，只要以 HgS 形式，即辰砂矿物存在，就不会被作物吸收而影响食物链。相反，一种重金属元素，如 Cd，含量低却并不一定无害，只要以离子形式存在，就有可能被作物吸收而影响到食物链（鲁安怀，1999，2005b）。将矿物影响环境质量评价理论引入土壤重金属污染评价领域，可为土壤重金属污染防治提供矿物学新方法。

评价大气环境质量，包括有效评价烟尘污染状况，有必要查明大气中矿物颗粒物浮尘性质、分布规律与形成机制。一般地，大气中矿物质颗粒物成因上分为原生和次生两类。这两类颗粒物从矿物学特征方面易于甄别。原生颗粒物又可以划分本地烟尘和扬尘物质以及异地烟尘和风尘物质。烟尘颗粒物主要由燃煤产生，包括未充分燃烧的炭粒和充分燃烧的硫酸盐等。风尘和扬尘一般以天然矿物质居多。大气中次生颗粒物往往是烟尘、扬尘与风尘。在大气环境中新形成的无机固体物质，实质上也是自然作用形成的矿物。深入系统开展大气中原生与次生矿物质颗粒物形貌特征、粒径大小、化学成分、晶体结构、物化性质和形成机制以及与有机物质，包括污染物质复合关系等方面研究，无疑可为评价大气环境质量，特别是评价日趋严峻的雾霾污染物危害性提供科学依据与技术支撑。

当前的各类环境质量评价方法中，多数以污染物含量检测作为重要基础，并以此划分出定量化评价标准。利用矿物学方法评价环境质量问题尚未得到足够重视。

矿物学方法评价土壤环境质量，将在第 18 章详细阐述。

1.4 矿物治理环境污染

认识与利用天然矿物所具有的治理环境污染与修复环境质量的环境属性，开发环境矿物材料的基本性能，主要包括矿物表面效应、矿物孔道效应、矿物结构效应、矿物离子交换效应、矿物氧化还原效应、矿物微溶效应、矿物结晶效应、矿物水合效应、矿物热效应、矿物半导体效应、矿物纳米效应以及矿物与生物复合效应等。

发掘与有机界生物方法相当的无机界矿物有效防治环境污染的天然自净化功能，提出类似于有机界生物处理方法，利用无机界天然矿物治理污染物的方法，是建立在充分利用自然规律的基础之上，体现了天然自净化作用的特色，完善了由无机矿物和有机生物所共同构筑的自然界中存在的天然自净化作用系统和原理。所提出的继物理法和化学法尤其生物法之后的第四类环境污染防治方法——矿物法（鲁安怀，2005a），发展了环境污染治理与环境质量修复的新理论与新技术。矿物法可为防治点源及区域性的无机和有机污染物提供理论指导与技术支撑，对于净化严重污染的局部地球环境以及寻求人为干预下加快其净化过程具有重要的实际意义。

我国东部地区水资源短缺主要是人口集中和经济发展产生的发展型缺水和水质污染引起的水质型缺水。地下水污染呈现越来越严重的趋势，高氟、高砷、高磷、高氮与高硝酸根甚至含有机污染物和痕量重金属的饮用水水质长期未得到根本改善。解决这类缺水最主要的措施是污水治理和再利用。干旱半干旱地区分布广泛、储量较大的微咸水也未得到有效治理与合理利用。对这些量多面广的区域性地表水和地下水的治理改善工程不是一般性环境污染治理技术所能支撑的，需采用成本低廉的地质方法——天然自净化作用才有可能达到规模治污能力。开发污染水和劣质水治理与改善的低廉高效处理技术成为国家重大急需。然而，地质方法治理污染，归根到底还是天然矿物对各种污染物的净化能力问题。只有从矿物学层次上充分认识其净化污染物的机理和容量，才能实现对水体中污染物的有效治理。从严格意义上讲，对于任何污染物，人们都能发明相应的有效治理方法，关键问题是污染防治技术的成本，这也是妥善解决环保与生产、环境与发展的矛盾之所在，尤其是广大发展中国家企业规模较小，生产水平较低，更渴望开发利用成本低廉的环保技术。当前，国内外关于环境污染的治理方法总体可分为物理处理法、化学处理法及生物处理法，其中大多数处理技术普遍存在设备繁、成本高等不利因素，难以在污染治理的实践中得到人们的自觉推广与应用。与此相比，污染防治的矿物法采用的部分天然矿物往往来源于矿山废弃物，以废治废，污染控制与废弃物资源化并行，具有“零排放”和“零废料”的环保意义。

无机界矿物天然自净化功能，将在第 2 章重点阐述。

1.5　矿物参与生物作用

地球上矿物与生物无时无刻不在发生着交互影响。无机界矿物与有机界生物交叉点上的交互作用，尤其在纳米级别上矿物晶胞与生物细胞水平上发生交互作用的微观细节与机理，属于无机界与有机界交叉渗透性研究选题，成为矿物越来越重要的环境属性。

在地球圈层之中，矿物的发生、发展与变化过程中有生物作用的参与，生物的发育、生长与演化过程中也有矿物的参与，动植物乃至单细胞生物体内常常含有无机矿物。这使得自然界中原本两个截然的领域，即无机界与有机界，变得愈加渗透与融合。这一交互作用也使得无机作用与有机作用的微观界限在某种程度上变得愈加模糊难辨，因此大力开展矿物与生物两大系统之间交互作用的理论与应用研究，同时开展生物成因矿物及生命起源中矿物与生物交互作用研究，拓宽矿物学研究范围，不仅能为地球系统中生命过程示踪提供科学依据，而且能为地球生态环境质量改善提供技术支撑，这也是更大程度与更高层次上天然自净化作用的体现。

天然矿物是地球不同圈层中自然作用的产物（鲁安怀，2007），由于受到微生物作用的影响，微细矿物能直接沉淀在细菌的细胞壁上或分散于整个生物膜中。这一特有的自然作用过程能在矿物微形貌与微结构中留下烙印，使得这些矿物含有丰富的能反映其与生物交互作用的信息，成为记录地球生命过程信息的载体。这一研究方法也正在成为国际地学界探讨火星上是否存在生命迹象问题的热点研究内容之一（Friedman *et al.*，2001）。用一种环境细菌联合体作媒介引起铁矿物的反应研究（Sherriff *et al.*，1998）表明，能产生生物膜的细菌联合体可控制水介质中的 Eh 和 pH，这种联合体对铁矿物，如铁氧化物与氢氧化物的各种溶解、沉淀和变化反应具有活性。开展生物影响矿物形成与变化示踪生命过程研究，可揭示矿物形成与变化受微生物支配作用的机理，提出微生物成因的矿物微形貌与微结构特征，真正为利用矿物受微生物影响所产生的特有微细特征示踪生命过程提供科学依据和方法。

我国西部极端环境往往是指面积达160多万平方公里的沙漠和戈壁。在这些地区，风起沙飞、水分欠缺、土壤匮乏、盐渍广泛、寸草不生。裸露物质主要是抗风化能力较强的长石、石英砂与各种砾石。其表面在风蚀作用下浑圆光洁，几乎不具备任何乔木、灌木及草本植物的生长条件，表层无机矿物与有机生物的交互作用关系严重失衡。由于无机矿物种属简单，绝大多数是长石、石英砂粒，缺少含水矿物，更缺少黏土质及其他表面吸附功能较强的矿物；有机生物尤其缺乏，植被基本不发育，有限种群的微生物生存环境恶劣。这种失衡的交互作用关系直接导致地表系统中矿物与生物作用产物——土壤的极端匮乏，使得西部地区各圈层物质乃至能量交换作用过程极其不完善。积极主动的生态建设措施，亦即终极化改良各圈层物质和能量交换过程的方法，关键在于调整失衡的表层系统矿物与生物交互作用的关系，提高矿物表面吸附能力，改善植被生长条件，逐渐提高土壤发育程度。

铁的氧化物与氢氧化物能有效地附着在石英砂等颗粒表面，形成铁的氧化膜。事实上有关利用铁的氧化物与氢氧化物薄膜固定于砂粒表面用来去除阳离子和阴离子污染物的研究曾经是国际上的热点研究课题（Korshin *et al.*，1997；Ryan *et al.*，1999；Khaodhiar *et al.*，2000；Thirunavukkarasu *et al.*，2001）。因为包覆在砂粒表面上的铁氧化物及氢氧化物具有较高的比表面积，并且具有可变电荷性质与较高的电荷密度，往往对带有异性电荷物质具有一定的吸附能力。因此针对沙漠中浑圆光洁的长石、石英砂表面状态，探讨利用铁的氧化物与氢氧化物制备其表面覆膜，以提高其对各种无机肥料的附着能力，避免施入养分的流失，真正起到保肥的作用，理应成为一个值得深入研究的课题。可重点开展改善长石、石英砂矿物表面吸附与荷电性能研究，提高表层矿物对施入养分的附着程度以防止肥料流失，培育耐旱耐碱植物种类以适应干旱盐渍生长环境，驯养相匹配的微生物群落以催化所种植物根须对附着在矿物表面上养分的吸收能力。调整失衡的表层系统中矿物与生物交互作用关系，改良植被生长条件，逐渐提高土壤发育程度，提出在缺肥贫瘠与渗透性极强的沙漠地区基于矿物与生物平衡关系调整的生态建设新方法，为实现占我国国土总面积1/6之多的西部极端环境条件下的生态建设提供理论基础与技术支撑。

矿物参与生物作用研究，将在第3章和第4章做进一步阐述，并在第13章和第14章做重点论述。

第 2 章　无机界矿物天然自净化功能

矿物治理环境污染的环境属性，主要体现在矿物自净化功能上。长期以来人们对有机界生物净化功能开展过深入研究，并广泛应用于环境污染治理。近十几年来我们提出了无机界矿物的自净化作用，发掘出与有机界生物方法相当的无机界矿物治理环境污染的天然自净化功能，发展了环境污染治理与环境质量修复的矿物学新方法（Lu，2004）。

天然自净化是大自然赋予人类与地球长久相互依存的一种潜在功能，只是这种自净化功能只有在一定条件下才能得到有效发挥和利用。实际上人们对自然界中存在的天然自净化作用早就有所认识，并已在污染治理与环境修复上有所应用。过去在认识、开发和利用天然自净化作用过程中，主要强调的是有机界生物，如微生物与水生植物等对各类污染物的净化功能，而自然界中分布广泛的无机界天然矿物的净化功能尚未得到足够的重视。然而，整个自然界是由有机界生物与无机界矿物共同构成的，也就是说人们仅仅利用了大自然所赋予的自净化作用的一半功能。与此同时，人们在治理污染的实践中往往把过多的精力投入在非自然功能的方法技术开发上，随之而来的便是复杂昂贵的处理工艺与不可避免的二次污染问题。如今人们比以往任何时候都更加崇尚自然、善待自然，与环境相协调的绿色理念不断渗透到各学科之中，相应地在治理污染的方法技术开发上寻求环境友好的绿色产业。充分发挥有机界与无机界所共同拥有的自然界天然自净化作用，正是在污染治理与环境修复领域开发绿色环保技术的体现，更是完整地利用天然自净化功能的反映。

本章就无机界矿物天然自净化功能，即环境矿物材料基本性能作系统阐述，阐明利用天然矿物有效治理固态、液态和气态三类污染物这一无机界天然自净化作用的原理和方法（鲁安怀，2001）。相信随着对环境矿物材料研究的不断深入，会有更多的矿物净化功能被发现与利用。

2.1　矿物表面效应

矿物表面通常是矿物与大气、矿物与液体，甚至是两种固体矿物之间的界面。矿物表面效应与矿物表面性质密切相关，化学反应也往往发生在表面上几纳米厚的范围内。矿物表面化学性质取决于其表面的化学成分、原子结构和微形貌。

2.1.1　表面化学成分

除了惰性矿物，如自然金，可能在真空条件下产生洁净表面，一般情况下，矿物表面的化学成分很少能代表其整体性，因为矿物一旦暴露在空气中，表面会迅速发生氧化甚至碳酸化与氮化作用（Hochella，1995）；而在水介质中，绝大多数天然矿物表面要发生羟基化、质子化、荷电性并产生 Lewis 酸位或 Bronsted 酸位，盐类和硫化物矿物表面还具有盐基与硫基等（吴大清等，2000）。这些复杂的表面变化产物与其内部整体物相的化学成分不同，常常被视为“不定”物质，可使表面化学性质发生钝化，屏蔽了整体物相化学性质的发挥。通常表面第一、二单层物质具有重要的反应性，表面吸附的实质是介质中原子和分子直接与表面最外层的原子发生作用（Hoffmann，1988），因此矿物表面普遍存在的“不定”物质，对矿物表面性质具有一定影响。在利用表面吸附作用过程中，首先要对矿物表面的“不定”物质做溶解处理，以暴露矿物体相化学成分，真正发挥矿物体相吸附性能。矿物表面化学成分的变化还起因于对他种物质的吸附作用以及近矿物表面区域组分的解吸作用。这些吸附与解吸作用也会影响矿物表面顶层与一定深度的原子，影响的深度视表面固体扩散作用的程度而定（Hochella，1995）。

2.1.2 表面晶体结构

与矿物表面化学成分类似，矿物表面晶体结构与其体相晶体结构往往也不一致，并在很大程度上影响矿物表面效应。矿物晶面上缺陷发育，尤其是由阳离子或阴离子缺位导致的点缺陷。这种缺位型点缺陷，具有很强的吸附作用，对矿物吸附介质中带有相反电性的离子极为有利。矿物的粉碎加工过程会使矿物出现很多裂开面，这些裂开面往往呈凹面或凸面形状，裂开面上原子易于发生重构与弛豫作用，即晶体受外力作用破裂形成裂开面后，产生了大量的电性不饱和的极性表面，极性表面不饱和状态促使其发生某些调整作用，如原子键长或键角发生微小变化。弛豫作用的结果可导致矿物晶胞增大，即粉碎后的矿物晶胞常数发生了变化（李宁等，2003），表面膨胀则促使表面活性得到增强。当然，矿物受热处理也能促进矿物晶胞发生膨胀，而矿物受到淬火处理可导致晶胞发生收缩。这些都能体现在矿物表面晶体结构的变化上。

2.1.3 表面微形貌

天然矿物表面常常是较为粗糙的，表面微形貌复杂。即使在看似较为平整的矿物解理面上，往往也有 2 ~ 3nm 的台阶出现（Eggleston and Hochella，1992），构成较复杂的微形貌特征。矿物表面的微形貌主要包括：平台、台阶、扭折、空位和吸附原子或分子。经常见到的矿物表面台阶高度可以是一到多层原子层，处于台阶底面或空位缺陷中的原子具有较高的配合能力，而平台上的原子配合能力较低。在台阶边缘顶棱及扭折外部角顶处的原子具有更小的配位数，而所有的平台位置上孤立存在的吸附原子配位数最低（Hochella，1995）。大多数真空或非真空条件下的研究结果表明，低配合表面位置悬键数目较多，因此最具有化学活性（Christmann and Ertl，1976）。

矿物表面由于存在悬键常发生结构重组。在结构重组中的解理面上，“过量”电荷可以自动补偿，但大多生长面和裂开面不能自动补偿，从而形成极性面。极性由矿物表面悬键电荷数量所决定，影响矿物表面的反应活性。矿物晶面即晶体生长面上，可根据表面极性依次增强次序划分为 F 面、S 面和 K 面。其中 F 面又称平坦面，是按照层生长机理慢速生长的面，随生长进行 F 面不断扩展并见于最终长成的晶体上；S 面又叫阶梯面，是由相邻F面生长层的台阶堆垛而成，它比F面生长得快，属于扩展较小的不重要晶面；K面是粗糙面，生长最快，在晶体生长过程中通常趋于消失。矿物裂开面是通过外力作用突然断键而形成的新表面。为了降低体系能量，表面原子会通过重构与弛豫作用移到新的稳定平衡位置，其配位情况及原子附近的电荷分布会发生改变。矿物晶体的裂开面上往往存在大量悬键，使其表面反应活性增强。显然矿物表面微形貌特征在很大程度上影响其表面活性，总体而言，矿物裂开面活性大于矿物解理面与晶面。当然，矿物晶面不同结晶学方向，又具有不同的表面活性。

2.1.4　表面荷电性

理想矿物晶体表面是电中性的，因为晶面上阴阳离子数目平衡，但实际矿物晶体结构中常常发生不等价类质同象作用，可直接导致矿物表面电荷不平衡，加之矿物表面发生的化学成分变化，特别是在水介质中发生的羟基化与质子化作用，使得矿物表面带电性发生变化。也就是说，矿物表面化学成分、表面晶体结构与表面微形貌特征，可以综合反映在矿物表面带电性上。其中矿物所处介质的pH是影响矿物表面带电性的关键因素。矿物表面的pH_{PZC}，即零电荷点PZC（point of zero charge）决定着矿物表面带电性质和吸附特征。一般将矿物表面呈电中性时介质的pH称为矿物的零电荷点。矿物的零电荷点可以用PZC测定仪或常规的滴定法测得。当pH小于pH_{PZC}时，矿物表面带正电荷，能够有效吸附阴离子；当pH大于pH_{PZC}时，矿物表面带负电荷，能够有效吸附阳离子。显然，掌握矿物零电荷点特征，就能够把握矿物表面吸附性能，有效发挥矿物表面吸附作用。

2.1.5　吸附作用类型

矿物表面效应总体还是体现在矿物表面吸附作用上。理论上，可将矿物表面吸附作用具体划分为五种基本类型：不成键的静电吸附、成键的单齿和双齿吸附、沉淀吸附、共沉淀吸附和固溶体扩散吸附（Hochella and White，1990）。以矿物表面吸附阳离子为例，静电吸附指表面带负电荷和氢键吸附单个阳离子；单齿和双齿吸附分别指一个阳离子与矿物表面一个和两个阴离子形成离子键；沉淀吸附指多个同种阳离子与矿物表面完全成键的多层吸附；共沉淀吸附指含多个多种阳离子与矿物表面完全成键的多层吸附，其中至少有一种被吸附阳离子与矿物组成中的阳离子相同；固溶体扩散吸附指被吸附阳离子通过扩散作用进入矿物晶体内部，占据晶格中阳离子的位置。这五种吸附类型中，吸附强度具有较大差别，至少又可分为吸附强度较低的不成键吸附和吸附强度较高的成键吸附。成键吸附作用中，矿物表面对吸附质固定作用程度高，吸附质不易从矿物表面上解吸脱附下来；而不成键吸附作用中，吸附质可从矿物表面解吸出来，吸附作用与解吸作用处于一种平衡关系。区分不同类型的吸附在实际应用中意义重要，如在土壤污染防治中成键吸附可以有效固定重金属；而在水体污染防治中，特别是要回收有价金属时，不成键吸附是所希望的，因为可解吸出有价金属。因此，实际应用中往往要选择利用吸附作用还是解吸作用，正确判断成键吸附与不成键吸附类型尤为重要。一个简易的判别方法是，在矿物吸附实验体系

中加入不同浓度的 $NaNO_3$ 作为干扰剂，吸附效果不随 $NaNO_3$ 浓度变化而变化即为成键吸附，吸附效果随着 $NaNO_3$ 浓度提高而降低则为不成键吸附。

矿物表面吸附作用研究随着实验技术的不断改进与理论探讨的不断深入而得到不断发展。矿物表面吸附作用研究推动了矿物表面科学的发展，使之成为地球科学与环境科学中最富挑战性的研究领域之一。正是由于矿物及其周围环境之间的相互作用发生在两者的界面上，即发生在几层原子的范围内，因此对以原子尺度发生在矿物表面上基本过程的认识，能促进人类对全球物质循环中各物质相互作用的深刻理解。也只有通过对原子尺度反应机理的直接观察和模拟，才可能从管理地球的角度理解和预测许多全球过程，包括对地球环境中各类污染物的净化过程。地球表面分布有几亿平方千米的矿物表面，这是何等巨大的天然自净化系统！其中有关原子分子水平上的矿物表面新模式、新概念，矿物表面性质与反应过程以及矿物表面作用与表征的定量描述、模拟与预测等成为矿物表面效应研究中的关键科学问题。

2.2 矿物孔道效应

矿物孔道效应包括孔道分子筛和离子筛效应以及孔道内离子交换效应等。矿物孔道是指由其晶体结构中配位多面体组成的具有连通性的空间。矿物晶体结构孔道不同于矿物晶体破损时产生的孔洞和矿物晶体堆垛时产生的孔隙。

目前自然界中发现的孔径最大的孔道矿物是黄磷铁矿（Cacoxenite），其晶体结构中沿［0001］方向孔道孔径为 1.42nm（Moore and Shen，1983），成为材料学界竞相合成的孔道材料。事实上，根据成因产状，在相应的形成条件中，伟晶岩早期形成块状的铁磷锂矿，晚期形成细粒状的锰磷锂矿，风化作用后形成不规则状的磷锂锰矿，最后出现胶体成因的黄磷铁矿。黄磷铁矿单晶体呈针状，集合体为放射状、纤维状、皮壳状或球状等。显然，黄磷铁矿是伟晶岩中磷酸盐矿物风化作用的产物。常温常压下利用水热合成法便可制备出黄磷铁矿。

国际上根据孔径大小将孔材料分为三类：微孔材料（孔径<2.0nm）、中孔材料（孔径在 2.0～50nm）和宏孔材料（孔径>50nm）。矿物孔道孔径往往小于 1.0nm，相当于微孔材料。用作分子筛的沸石属于典型的孔道矿物。大多数沸石孔道孔径为 0.23～0.52nm，仅八面沸石具有 0.74nm 的大孔径。大多数天然矿物的孔道孔径在 0.3nm 左右，可称之为超微孔道（Lu *et al.*，2006a）。特别强调并划分出如此微小的矿物超微孔道，正是由于过去人们注重的是 0.3nm 以上的矿物微孔分子筛孔道，矿物超微孔道一直被忽略。一般晶体化学式中含有碱金属、碱土金属元素如 K、Na、Ca、Ba 等的矿物常常具有超微孔道结构。事实上，无机离子，包括水分子的直径均小于 0.3nm，自然界中无机矿物所具有的 0.3nm 以下孔径的超微孔道，理应具有离子筛效应（鲁安怀，2005c）。

天然沸石晶体结构中具有一维、二维和三维孔道，具典型的笼状结构。不同沸石的差别在于笼的形状、大小和孔道体系。位于孔道内的阳离子 Na 和 Ca 等与 Si-Al 骨干联系力较弱，可被其他阳离子置换而不破坏晶格。这一特性可用来除去废水中放射性元素、重金属离子和氨态氮等有毒有害物质。加热至沸石水被排除后，沸石孔道内的剩余电荷可吸附外来的气体极性分子，如 NH_3、CO_2、CO、H_2S 和 SO_2等。当然只有直径比沸石通道小的分子才可以进入孔道而被吸附，直径较大者则被拒之于孔道外，因此由 Si-O 四面体组成的沸石具有分子筛功能。

天然锰钾矿的孔径为0.46nm，与沸石的孔径大小接近。锰钾矿结构中由 Mn-O 八面体所构建并由 K 等充填其中的良好孔道，类似于大家熟知的沸石中由 Si-O 和 Al-O 四面体所构建并由 Na 和 Ca 充填的孔道，理应同样具有良好的分子筛、离子筛与孔道内离子交换效应（鲁安怀等，2003）。目前已将合成的锰钾矿和钡镁锰矿等由［MnO_6］八面体链连接而成、具有孔道特征的材料，统称为氧化物八面体分子筛（OMS），如具有 2×2 孔道特征的锰钾矿称为 OMS-2，具有 3×3 孔道特征、孔径为0.69nm 的钡镁锰矿被称为 OMS-1（Vicat *et al.*，1986；Yin *et al.*，1994；Luo *et al.*，2000）。锰钾矿的孔道效应表现为大于孔径0.46nm 的离子或分子被拒之孔道之外，而小于其孔径的离子或分子则可进入孔道，甚至可置换其中的 K，显然锰钾矿同样具有离子筛或分子筛功能（Lu *et al.*，2003a）。

重新审视一下矿物晶体结构，可以发现多数矿物具有孔道结构特征，就连常见的长石类矿物也具有良好的孔道结构（见第9章）。长石类矿物中［SiO_4］四面体在三维空间作架状连接可形成孔道结构，钾长石晶体中孔道的孔径长为0.550nm，宽为0.385nm，其孔径大小至少能使 H_2O 得以进入与通过。水热蚀变作用过程中常见的钾长石晶体中心部位发生绢云母化（反应式为 $3K[AlSi_3O_8]+H_2O = KAl_2[AlSi_3O_{10}](OH)_2+6SiO_2+K_2O$）与此特性有关。分子较小的水和有益健康的多种微量元素通过无裂隙的花岗岩岩体中长石类矿物孔道，可形成真正意义上的矿泉水。相对于0.5～5.0μm 大小的细菌以及直径为0.2～25.0μm 的病毒，长石类矿物微孔可成为优良分子筛阻止其通过（Lu *et al.*，2006a）。

当前国际上盛行的隔离高放核废料的方法是深地质处置，其中阻滞放射性核素迁移是核心问题。目前大多数国家初步选择凝灰岩或花岗岩作为具有天然屏障功能的处置库围岩。有理由认为，既然水分子与碱金属离子能够进入长石类矿物孔道，大小相当而活性更强的放射性核素无疑更容易进入长石类矿物孔道。正是凝灰岩与花岗岩中长石类矿物发育良好的孔道结构，可使核素进入孔道，能够有效阻滞核素迁移而成为天然屏障。

黏土矿物层间域也具有矿物孔道结构性质。蒙脱石层间域离子交换作用发育，蛭石层间域热膨胀孔道发育，海泡石和坡缕石晶体结构中平行纤维方向孔道占纤维体积的1/2 以上。比较特殊的纤蛇纹石和埃洛石管状结构以及硅藻土多孔结构，均不是严格意义上的矿物晶体结构孔道，但对病原细菌及个体尺寸较大的原生动物和蠕虫有过滤效果，甚至水体中色度、有机物、氨氮、油类物质等也能通过这些矿物的过滤作用得以去除。

天然矿物颗粒之间的孔隙也具有过滤性质，可以成为优良的过滤材料。矿物过滤材料应具有足够的机械强度（以免在冲洗过程中由于颗粒之间摩擦而破碎）、足够的化学稳定性（以免在过滤过程中发生溶解而引起水体污染）、较大的比表面积、接近球状的外形、表面粗糙且多有棱角和一定的粒度级配等。目前广泛使用的矿物滤料有精制无烟煤、石英砂、铝矾土陶粒、磁铁矿和软锰矿等。滤料在过滤过程中主要通过截留水中的悬浮物和絮状物，达到净化的目的。结合表面吸附作用可制得复合型矿物吸附过滤材料，如将铁的氢氧化物固定在普通的石英砂表面制成的新型吸附过滤材料（Edwards and Benjamin，1989），不仅具有普通石英砂滤料的功能，而且能有效吸附去除重金属离子。

2.3 矿物结构效应

矿物晶体结构和化学成分共同决定矿物物理化学性能。矿物晶体结构的微小变化虽然不改变矿物种属，但可引起矿物性质的较大变化。与矿物表面化学成分类似，通常矿物表面原子结构及电子特性与其内部具有较大差异。理论上，某些金属表面结构可以根据其晶体结构予以推断，但实际上表面特征是复杂的，许多金属表面为了达到能量最低往往发生重构。事实上，暴露的矿物表面也要进行重构，即由于表面的不饱和状态会促使其结构进行某些自发的调整。在没有任何吸附质存在的情况下，表面本身会首先这样做；当有被吸附的物质存在时，表面又会以不同的方式在结构上进行重新调整。不同晶面的重构程度也是不同的（Hoffmann，1988）。表面上原子有时涉及表面以下几层的原子，其结构中的位置不同于平衡状态下的位置，这些结构上的差异可以是微弱的或是显著的。简单破裂后暴露出的表面，表面原子结构可能发生弛豫作用，尤其是低对称性结构。多数情况下，这种弛豫作用往往垂直于表面，第一层与第二层原子间距可缩短15%（Somrjai，1990）。通过消除自由摆动键的方法，这些表面层会再次膨胀，甚至会超过原有的状态，这要看表面吸附物质了。另一个常被忽略的问题是在矿物表面上吸着物所具有的结构影响。通常与吸着物最近的矿物表面的原子，为了更好地吻合吸着物结构会发生空间位移。这种情况往往发生于吸着物与表面之间具有强的交互作用，也就是吸着物与表面具有强的化学活性并有强键形成时（Hochella，1995）。

矿物内部结构缺陷与位错在很大程度上影响着矿物整体性质，且往往能增加矿物表面的活性，因此基于对矿物进行结构缺陷与位错制造而开展的矿物结构改型研究，成为提高矿物活性的一条重要途径。表面结构无序定义为表面上完好秩序的混乱，它影响着多种表面动力学和热力学过程、表面电子性质以及表面化学效应。动力学和热力学过程包括晶体生长、传递、相变和缺陷的形成。电子性质可以受点缺陷影响，也可以受扩展缺陷影响。表面化学反应则受能量不同的缺陷位及动力学因素影响。在表面结构原子级细节上开展研究能够揭示电荷转移、能级移动、局域电子结构与化学反应性之间的关系等问题。反过来，吸附分子的局域电子性质对矿物表面结构也会产生一定影响（Hoffmann，1988）。

由于受到氧化作用，矿物的化学成分发生变化，同时也会导致结构缺陷的产生。如与六方磁黄铁矿相比，单斜磁黄铁矿除Cr(Ⅵ)效率较高，表明单斜磁黄铁矿反应活性较强（见第5章）。这与单斜磁黄铁矿（$Fe_{1-x}S$）中Fe不足而产生的结构缺陷有一定关系，因为这一缺陷是化学反应的活性点。理论上六方磁黄铁矿（FeS）中是不存在Fe缺位的，晶体结构相对较为完整，从一定程度上降低了其化学反应活性。一个有意义的现象是久置于大气中的六方磁黄铁矿除Cr(Ⅵ)效率有所提高，这可能与六方磁黄铁矿表面受到氧化有关。由于六方磁黄铁矿表面及裂隙氧化产物中常有磁铁矿的形成（Ribbe，1974），六方磁黄铁矿近表面产生Fe缺位：$3FeS+2xO_2 = 3Fe_{1-x}S+xFe_3O_4$，这样形成的具有结构缺陷的六方磁黄铁矿表面和裂隙化学活性便有所提高（Lu *et al.*，2006b）。

因此，矿物表面结构缺陷尤其点缺陷发育过程，矿物极性表面不饱和状态进行调整的重构作用，矿物表面活性增强的弛豫作用，矿物粉碎与加热体积增大、淬火体积减小等晶胞体积膨胀与收缩作用，层状结构矿物如蛭石层间域受热膨胀作用等（Lu *et al.*, 2003b），均是矿物晶体结构发生微小变化的体现，可直接导致矿物物理化学性能的明显变化。由活性较弱的六方晶系磁黄铁矿到活性较强的单斜晶系磁黄铁矿的结构转变作用，从金红石、锐钛矿到板钛矿性质越来越不稳定的同质多象转变作用等，这些矿物晶体结构的显著变化所带来矿物种的变化，也可增强矿物活性与反应性。

2.4　矿物离子交换效应

天然矿物中离子交换作用较为普遍。互为交换的离子往往性质、化合价和半径相似。主动交换到矿物中的离子较被动交换下来的离子，一般与矿物具有更强的结合能。矿物中含有的较活泼的碱金属和碱土金属，如 K、Na、Ca 离子，易于与过渡金属离子发生交换作用。大多数重金属和阴离子污染物呈阳离子和阴离子或阴离子团形式存在，环境介质中这些阳离子和阴离子可与矿物中类似的阳离子或阴离子发生交换反应而被固定下来，使得矿物表现出良好的离子交换效应。矿物离子交换作用主要发生在离子晶格矿物表面上、孔道结构矿物孔道内和层状结构矿物层间域等不同晶体结构位置。

2.4.1　离子晶格矿物表面上离子交换作用

离子晶格矿物方解石和文石是 $CaCO_3$的同质多象变体，其表面的 Ca^{2+}可与水介质中的 Mn^{2+}、Zn^{2+}、Pb^{2+}、Cd^{2+}、Hg^{2+}等阳离子发生等价离子交换作用。其中 Pb^{2+}与方解石和文石的反应性很强，而 Mn^{2+}和 Cd^{2+}仅与文石的反应性较强，与方解石不发生反应。它们被固定在碳酸盐矿物表面上的形式分别是碳酸铅、碳酸锰和碳酸镉（Suzuki *et al.*, 1991b）。磷灰石可在常温常压下用其表面晶格中 Ca^{2+}与溶液中阳离子 Pb^{2+}、Cd^{2+}、Hg^{2+}、Zn^{2+}、Mn^{2+}等广泛发生交换作用，易于去除顺序为 $Pb^{2+}>Cd^{2+}\approx Zn^{2+}>Mn^{2+}>Hg^{2+}$等（Suzuki *et al.*, 1991a）。天然磷灰石主要是氟磷灰石和氯磷灰石，动物骨骼中存在的是羟磷灰石，包括含 CO_3^{2-}的碳羟磷灰石。稳定性较差的羟磷灰石比稳定性较好的氟磷灰石和氯磷灰石具有更好的离子交换性能。显然，碳酸钙矿物和磷灰石对重金属污染物的去除作用主要表现为表面晶格的阳离子交换作用。碳酸盐地区地下水水质较好与此不无关系。碳酸盐中 CO_3^{2-}还具有良好的阴离子团交换功能，如利用碳酸钙中和废硫酸时，SO_4^{2-}可完全交换方解石中 CO_3^{2-}形成石膏（$CaSO_4\cdot 2H_2O$）。由方解石到石膏转变体积增加一倍多。CrO_4^{2-}还能部分交换方解石中 CO_3^{2-}形成 $Ca(CO_3, CrO_4)$ 物相（Tang *et al.*, 2007）。

2.4.2　孔道结构矿物孔道内离子交换作用

孔道结构矿物晶体结构多面体中存在不等价类质同象替换时，往往需要 K、Na、Ca、Ba 等碱金属或碱土金属离子补偿电荷。补偿负电荷的阳离子配位数较大，常常位于矿物多面体格架形成的孔道内，与格架结合力较弱，容易与其他离子发生离子交换作用，因而具有阳离子交换性质。沸石孔道内 Na 和 Ca 的离子交换作用可去除污染物已为大家所熟知并得到广泛应用。沸石由于具有固定的较窄孔道，因而具有一定的分子筛作用。天然沸石的改型主要是改变沸石中阳离子类型，以提高其离子交换性能。天然沸石（如斜发沸石和丝光沸石）对一些阳离子有较强的离子交换选择性，交换选择顺序与离子的水合半径有关。水合离子半径小的离子容易进入沸石格架进行离子交换，交换能力强。锰钾矿晶体结构中 Mn^{4+}被 Mn^{3+}部分取代时，在结构单元中出现负电荷。这些负电荷要求碱金属阳离子如 K^{+}在孔道中排列，以平衡电价。其最高交换容量和晶体结构中八次配位 Mn^{3+}的数目有关。如果补偿负电荷的阳离子数量超过 Mn^{3+}的当量时，结构中会出现像 OH^{-}等阴离子，以补偿过剩的正电荷，这些阴离子同样具有相当大的活动性并趋向于离子交换，因而具备阴离子交换性质。

2.4.3 层状结构矿物层间域离子交换作用

层状结构硅酸盐矿物由于晶体结构四面体层内有 Al^{3+}替代 Si^{4+}，有时八面体层内也有二价与三价阳离子之间的不等价替代，会导致结构单元层内负电荷过剩，需要在层间域充填阳离子来补偿，而且层间域还具有联系结构单元层的作用。多数黏土矿物层间域中含K、Na、Ca、Ba 等碱金属和碱土金属离子，离子交换作用较发育。黏土在溶液中的分散程度影响离子交换的动力学，分散性又与类质同象程度密切相关，如蒙脱石结构的八面体层中发生的类质同象，可增强结构单元层之间的联系程度而使其不易分散，但将蒙脱石浸入电解质溶液中改性后，如将 Ca^{2+}基蒙脱石处理成 Na^{+}基蒙脱石，层间结合力变小而易分散、膨胀并亲水，使得阳离子易于扩散进入层间域，从而能大大提高离子交换速率。伊利石四面体层内发生 Al^{3+}替代 Si^{4+}时，补偿负电荷的 K^{+}位于层间域导致结构单元层联系力增强，使其离子交换作用受到限制。高岭石是最简单的 1∶1 型结构的黏土矿物，其阳离子类质同象不发育，但 OH^{-}基团分布于层的边缘，能发生阴离子交换反应。由于层与层之间的联系力相当弱，因而在水中易散开，决定了高岭石离子交换速率较高。天然黏土矿物具亲水性，对无机污染物具有较好的净化功能。利用有机改性剂置换其中存在的可交换无机阳离子，可形成具有亲油疏水性的有机黏土矿物，提高对疏水性有机污染物的净化功能。

2.5 矿物氧化还原效应

自然界中氧化反应与还原反应总是相伴发生的。只有氧化还原电势存在一定势差时，氧化还原反应才会发生。氧化还原反应的实质是电子转移，微观上表现为元素化合价的变化，宏观上制约着地球物质演化与环境质量变化。含变价元素的矿物具有氧化还原效应，含较高化合价元素的矿物可表现出氧化性，起氧化剂作用，含较低化合价元素的矿物具有还原剂作用。S、Fe、Mn 为自然界中少数但常见的变价元素。由变价元素组成的矿物往往是自然界中一些较不稳定的金属矿物。

天然硫化物矿物以含 S^{2-}或 S_2^{2-}为特征。S^{2-}或 S_2^{2-}失去电子被氧化为 S^0、S^{2+}、S^{4+}或 S^{6+}时，可有效还原一些较高化合价阳离子或有机物，表现出较强的还原剂作用。铁的硫化物矿物，如磁黄铁矿（FeS）和黄铁矿（FeS_2），能有效还原 Cr^{6+} 为 Cr^{3+}，实现对重金属污染物 Cr^{6+} 的无害化处理。这是由于铁的硫化物矿物与 Cr^{6+} 之间存在多种并且较大的氧化还原电势差，如 S/S^{2-} 与 Cr^{6+}/Cr^{3+} 电对、S/S_2^{2-} 与 Cr^{6+}/Cr^{3+} 电对以及 Fe^{3+}/Fe^{2+} 与 Cr^{6+}/Cr^{3+} 电对，因而在一定条件下能有效氧化 S^{2-}、S_2^{2-} 及 Fe^{2+} 且有效还原 Cr^{6+}（Lu *et al.*，2006b）。

天然锰氧化物矿物以含 Mn^{4+} 为主，少量含 Mn^{3+}。锰氧化物矿物中 Mn^{4+} 和 Mn^{3+} 的氧化性，虽然不及强氧化剂高锰酸钾中 Mn^{7+} 的氧化性，但也拥有相当的氧化能力，属于理想的天然氧化剂。天然锰钾矿（$K_xMn_{8-x}O_{16}$）具有较强的氧化性，与其含变价的 Mn^{4+} 和 Mn^{3+} 有关。锰钾矿可将有机污染物苯酚完全氧化为 CO_2 和 H_2O（见 16.1.2 节），对十余种工业常用的有机印染废水的氧化脱色率短时间内可达到 99% 以上（见 16.1.3 节），可用于低成本处理高浓度、强污染、难处理的含单元酚和多元酚焦化工业有机废水新方法的开发（魏学军，2005）。

2.6　矿物微溶效应

物质溶解作用是指溶质在溶剂中的离散与再络合作用，包括溶质分子与离子的离散和溶剂分子与溶质分子之间产生新的结合或络合的过程。“相似者相溶”这一经验理论说明，物质结构越相似越容易相溶。按照溶度积 K_{sp} 理论，K_{sp} 值越大越易于溶解，越小越不易溶解，如 NaCl 晶体属于易溶物，而硫化物矿物属于难溶物。

在难溶物化合物中，阴离子或阳离子浓度由于受到某种化学反应的影响而降低，如发生氧化还原反应或形成溶度积更小物质的反应时，该难溶物就会不断发生溶解。事实上绝对不溶解的“不溶物”是不存在的。常温下磁黄铁矿（FeS）的溶度积 K_{sp} 为 1.59×10^{-19}，硫镍矿（NiS）的 K_{sp} 为 1.07×10^{-21}，均属于难溶物质。比较二者溶度积关系可知，FeS+Ni ══NiS+Fe 反应是可以发生的，因为在溶度积较大的 FeS 溶解平衡关系中，S 离子倾向于与 Ni 离子结合形成溶度积更小的 NiS 晶体，使得难溶物 FeS 溶解平衡关系发生改变而发生溶解与沉淀转化作用。当然这种溶解作用很大程度上受到 Ni 离子浓度的影响，可称之为微溶作用。照此类推，FeS 微溶作用完全能够与 Co、Zn、Pb、Cu、Cd 和 Hg 发生离子反应与沉淀转化作用，形成溶度积更小的 CoS、ZnS、PbS、CuS、CdS、HgS 晶体。微溶性金属硫化物矿物在自然界往往很不稳定，其化学成分多含变价元素，易被氧化分解，在一定的水介质条件下可表现出一定的溶解性。天然铁的硫化物处理含 Cr^{6+}、Pb^{2+}、Cd^{2+}、Hg^{2+} 等的有毒废水效果良好，这是由该矿物在一定条件下的微溶作用（Fe^{2+}、S^{2-}、S_2^{2-}）所决定的，并且是氧化还原作用（S/S^{2-} 与 Cr^{6+}/Cr^{3+} 电对、S/S_2^{2-} 与 Cr^{6+}/Cr^{3+} 电对、Fe^{3+}/Fe^{2+} 与 Cr^{6+}/Cr^{3+} 电对）和沉淀转化作用（S^{2-} 与 Pb^{2+}、Cd^{2+}、Hg^{2+} 和 Cr^{3+}）的反映。处理产物中能形成 PbS、CdS 和 HgS 等难溶物并可回收，其中 CdS 是价值较高的黄色颜料。

就矿物晶体而言，不同结晶方位上，面网密度不同的晶面发生溶解时，面网密度较大的晶面先发生溶解，这与晶体生长过程恰恰相反。矿物晶体缺陷部位易于溶解，因为位错中心释放能量时伴随破键溶解。矿物处于不饱和溶液中晶体边缘要发生溶解。这些基本规律也适用于矿物微溶作用。矿物溶解过程也是自身不断被消耗的过程。利用矿物微溶效应处理重金属污染物时，不似矿物吸附作用过程会出现饱和问题。

2.7 矿物结晶效应

一些离子晶格矿物中的阳离子和阴离子本身就是有毒有害的物质。矿物形成过程，尤其在溶液中结晶过程，可以固定这些阳离子和阴离子而实现污染净化。如在金属矿山废石堆中形成的含 Hg 和 Cr 矿物 $Hg_4Hg[CrO_6]$(Roberts *et al.* ,1991)和 $Hg_2Hg_3[CrO_5]S_2$(Roberts *et al.* ,1993),可直接固定 Hg 和 Cr 重金属污染物质。利用萤石(CaF_2)矿物结晶作用,可有效治理含 F 工业废水。利用天然铁的硫化物处理含 Cr(Ⅵ)废水过程中，投入的过量 S^{2-}能与 Cr(Ⅵ)的还原产物 Cr(Ⅲ)形成硫铬矿 Cr_2S_3沉淀析出，实现还原与沉淀一步法除铬新工艺（鲁安怀等，2000）。利用在地表呈结核状、葡萄状、皮壳状、被膜状、钟乳状集合体的含 N 和 P 的胶体矿物形成过程，如 $KMg[PO_4]\cdot 6H_2O$、$NH_4Mg[PO_4]\cdot 6H_2O$、$Ca_5[PO_4]_3(F,Cl)$、$CaAl_3(OH)_6[HPO_4][PO_4]$、$CaFe_4[PO_4,SO_4]_2(OH)_8\cdot nH_2O$ 等矿物，可为开发氮磷废水治理方法，包括富营养化水体治理方法提供新思路。在含高浓度氮磷污染水体中添加镁盐，能促进鸟粪石($NH_4Mg[PO_4]\cdot 6H_2O$)结晶，可成为氮磷工业废水，甚至畜禽粪便污染物的有效治理方法。脱氮的牛粪可形成 K 型鸟粪石($KMg[PO_4]\cdot 6H_2O$)，若加入硫酸镁可回收挥发出来的氨气，形成六水铵镁矾复盐($(NH_4)_2[SO_4]\cdot Mg[SO_4]\cdot 6H_2O$)(Vriend,2001)。

由变价元素组成的金属硫化物矿物往往在自然界极不稳定，常常可造成 AMD 污染。防治 AMD 就是有效防止这些含变价元素的金属硫化物矿物被氧化分解。由于 Fe^{3+}、SO_4^{2-}和 H_2O 是金属矿山 AMD 中主要化学组成，在产生 AMD 的金属矿山废石堆上喷洒 KOH 溶液，常温常压下且在较大浓度范围内均能形成黄钾铁矾($KFe_3[SO_4]_2(OH)_6$)矿物。黄钾铁矾在一定的湿度下能保持胶状矿物特征，可作为多金属矿山废石堆的隔离层，起到隔绝大气的作用，以实现防止废石堆中金属硫化物矿物氧化分解的目的。

遵照矿物是自然作用形成的认识，固体冰显然也属于矿物范畴。利用冰的形成过程，可巧妙地把水从废水中分离出来，留下重金属离子污染物。这是正常水处理中把重金属离子从水中分离出来的反过程。更为有意义的是，固体冰比液体水的密度要小，因而冰可漂浮在水上而不会沉降到水下。正是冰矿物的这一绝妙特性，寒冷地区冬季来临时，淡水区域水生生物非但不被固体冰沉底压死，反而能被固体冰保护起来免遭冻死。这是自然界中无机界矿物结晶作用表现出的何等奥妙的生态保护功能!

2.8 矿物水合效应

一般地，矿物中的水主要指结构水、结晶水、层间水、沸石水和吸附水。结构水常以 OH^-形式存在，在矿物晶格中占有固定位置，在化学组成上具有确定的含量比，逸出温度较高（600～1000℃）。由于 OH^-半径为 0.133nm，较阳离子半径大，OH^-逸出可导致矿物晶体结构完全破坏并发生重组。结晶水常以中性水分子出现于具有大半径络阴离子的含氧盐矿物中，有时以一定的配位形式围绕半径较小的阳离子，形成半径较大的水合阳离子。结晶水在矿物晶格中也具有固定位置，多数存在于孔道结构中，其数量与矿物成分成简单比例，逸出温度不超过 600℃，通常为 100～200℃。矿物失去结晶水，结构也要被破坏并重组。以中性水分子存在的层间水、沸石水和吸附水则大为不同，它们在矿物中的位置和数量常不固定，受环境温度和湿度影响较大，在 100℃左右可逸出，沸石水的逸出温度也不超过 400℃。脱去层间水、沸石水和吸附水的矿物可以重新吸水，即矿物中的这些水分子可出可进，且不引起矿物结构的变化。

岩石圈中矿物受到水圈影响时直接表现为矿物水合作用，有时也表现为水解作用。水解作用可形成含结构水的矿物。大量黏土矿物是铝硅酸盐矿物水解作用的产物，伴随有羟基的析出，对环境酸碱度影响较大。水合作用可导致矿物含结晶水、层间水、沸石水包括吸附水。结晶水水合作用往往伴随着矿物体积增大，如硬石膏发生水合作用形成石膏后，体积可膨胀 30%；蒙脱石等黏土矿物遇水膨胀对工程地基具有不可忽视的影响。无机界中含结晶水较高的矿物是钙矾石（$Ca_6Al_2[SO_4]_3(OH)_{12}\cdot 24H_2O$）和高水铁矾（$Fe^{2+}_{12}Fe^{3+}_2[SO_4]_{13}O_2\cdot 63H_2O$）。含层间水、沸石水和吸附水的矿物在调节环境水分功能上的作用不亚于植物，是自然界中最佳的无机控湿调温物质。开发具有自行吸水与释水功能的自控性矿物材料，又称智能型调湿材料或自律性调湿材料，虽然其吸水量不高，但能根据环境湿度的变化自行调节自身水分含量。矿物中吸附水能够改变大气湿度，也能影响土壤墒情。开发利用矿物水合效应在生态建设领域具有积极意义。

2.9　矿物热效应

矿物热效应主要表现为热稳定性与热不稳定性。矿物热稳定性表现为受热膨胀作用，矿物热不稳定性则表现为受热分解作用。矿物热效应在燃煤脱硫除尘工程中具有重要作用，如蛭石热膨胀性和方解石热分解性，对防治燃煤烟尘型大气污染具有独特的净化功能。

烟尘污染物主要指 SO_2和未充分燃烧的 C 质微粒。粉煤成型过程中常常加入方解石固硫剂，使煤在燃烧时产生的 SO_2与方解石热分解产物 CaO 反应形成 $CaSO_4$固定在炉渣中，以减少 SO_2向大气排放。事实上，由于燃烧的型煤内部存在局部的还原气氛，即 C 和 CO 浓度较高，已形成的 $CaSO_4$易被还原分解，重新释放出 SO_2而影响固硫率。显然，降低 C 和 CO 浓度可保证固硫率，也意味着提高 C 和 CO 向 CO_2的转化率，是煤炭充分燃烧的体现，更是减少 C 质粉尘的体现。天然蛭石的热膨胀性可改善型煤燃烧过程中的氧化气氛，防止 $CaSO_4$分解并提高固硫率（Lu *et al.*，2003b）。蛭石层状结构特征在高温条件下具有脱水膨胀的新颖热效应，所产生的蒸气压力能使其层间域膨胀 30～40 倍。在型煤中添加少量蛭石，其热膨胀性能可在型煤内部形成疏松结构，成为型煤燃烧过程中的氧气输入通道，从而降低型煤内局部区域中过高的 C 和 CO 浓度，有效防止已形成的 $CaSO_4$的还原分解。该工艺能大幅度提高 C 和 CO 向 CO_2的转化率与煤炭燃烧率和固硫率，降低煤炭因不完全燃烧而形成的 C 质飞灰，明显提高型煤固硫除尘水平（Lu *et al.*，2003b）。

中国煤炭产量和消费量居世界之首，燃煤污染已成为我国大气的主要污染源。其中 SO_2和 C 质粉尘的危害尤为严重，特别是民用炉灶量多面广、冬季集中，煤炭燃烧不充分导致 C 质烟尘较大，污染分担率大幅提高，而且难以统一管理与集中治理，加上烟气的低空排放，再遇上冬季特定气候而不易扩散，对 SO_2和 C 质粉尘的地面浓度影响很大，且常常弥漫在人的呼吸带，对人体健康造成极大威胁。因此，有效开发利用矿物热效应在防治型煤燃烧过程中产生的烟尘型污染物方面前景广阔。

2.10 矿物光催化效应

大多数氧化物和硫化物矿物属于半导体矿物，其半导体效应主要表现为光催化氧化或光催化还原作用。半导体矿物受到光照辐射时会产生光电子-空穴对。在一定条件下分离后的电子或空穴常常可以被利用，光电子具有还原作用，光空穴具有氧化作用。半导体氧化还原体系中，溶解氧和水与光电子-空穴发生多相光催化作用，形成具有高度活性的游离基·OH，可以氧化降解包括生物难以转化的多种有机污染物。大多数金属氧化物矿物半导体带隙能量大于1.5eV，产生光电子的最大波长范围是249～777nm，吸收的主要是可见光，少部分为紫外光；而大多数金属硫化物矿物半导体带隙能量小于1.5eV，产生光电子的最大波长超过921nm，主要吸收红外光，也有一小部分波长范围是345～740nm，可吸收可见光。显然无机界具有光催化功能的半导体矿物在可见光条件下就可以产生光电子与空穴。产生的光电子可用于还原高价有毒无机污染物，而空穴则可用于氧化难以自行降解的有毒有机污染物。天然矿物所含的杂质成分、所具有的晶格缺陷、所拥有的受热作用特性以及所享有的超细粉碎效应等，在增大光响应性范围与增强光催化活性方面孕育着独特性能，如天然含钒金红石中部分Ti被V以及Fe、Cu和Zn等杂质替代，可引起其晶格畸变与缺陷而呈现出良好的光催化性；粉碎、加热和淬火处理的金红石在可见光范围的吸收作用大幅度增加，对卤代烃的降解效率明显提高（李宁等，2003；李巧荣等，2003；刘娟等，2003；杨磊等，2005）。

天然金属氧化物和金属硫化物矿物半导体光催化作用在地球表面多个圈层交互作用过程中一直发挥着积极作用。不仅无机界物质演化离不开这一作用，就连地球早期生命的起源也与半导体矿物密不可分（Lu *et al.*，2013）。如将CO_2还原为$HCOO^-$、H^+还原为H_2、N_2还原为NH_4^+等反应过程都可以在半导体矿物催化作用下发生；将CO_2还原为甲酸是合成有机物分子的非生物路径的第一步（Schoonen *et al.*，1998）。以往人们常认为“万物生长靠太阳”，当然这里所说的万物主要指的是有机界生物。如今完全有理由认为，无机界矿物尤其是金属氧化物和硫化物矿物发生、发展、变化过程中，可见光的催化作用同样发挥着关键性作用，无机界矿物也要靠太阳（鲁安怀，2003）。系统开展无机界矿物光催化作用的研究，对于揭示地球生命过程和环境演化有着不可替代的作用。目前地球表层系统中有机污染物，尤其是不能自行降解的持久性有机污染物防治问题愈加迫切。有机物降解实质上是被氧化或还原分解的过程，无机界矿物光催化氧化还原作用对该过程至关重要，因此有必要充分认识与利用地球表层系统中业已存在的金属氧化物和硫化物半导体矿物所具有的优异光催化性能。

2.11 矿物纳米效应

材料的纳米效应是指其微粒尺寸进入纳米量级时，本身即具有特异的表面效应、小尺寸效应和宏观量子隧道效应，因而展现出许多与宏观物质不同的物理化学性质。矿物纳米效应便是由其纳米尺寸决定的。纳米矿物学特征与一般宏观晶体的矿物学特征有很大差异。天然纳米矿物多指隐晶质胶体成因矿物，典型代表矿物是褐铁矿、铝土矿和硬锰矿等，其集合体呈钟乳状、肾状、葡萄状、鲕状、结核状、皮壳状、被膜状等形态。过去由于分析技术的限制，这些纳米级细分散胶态混合物的分选和鉴定很困难，只能利用热分析法测定其主要组分，无法测定含量在 10% 以下的伴生组分，而胶体矿物的吸附性能又较强，化学组分本来就复杂，使得胶体矿物化学成分测定研究极不完善，影响了对其微量组分的认识与有用组分的利用。随着矿物学观测手段的改进，对这些矿物的认识正在不断深入。如利用高分辨透射电子显微镜可以观察到隐晶质集合体中发育的纳米矿物单晶，它们往往呈一向延长的针状，横截面直径在纳米尺度，长度可达微米级，如褐铁矿中所含的针铁矿。值得强调的是，硬锰矿中由纳米锰钾矿单晶组成的鸟巢状集合体孔隙发育，孔径大小集中在 4～7nm，成为典型的纳米孔。体积较小的水分子和重金属离子络合物，甚至有机物小分子可以自由地穿梭于这些纳米孔之中，与纳米锰钾矿发生着多种反应。也就是说，天然矿物纳米效应并不一定非要把矿物粉碎到纳米尺寸才能够发挥出来，事实上天然隐晶质矿物集合体中纳米孔就有助于矿物纳米效应的发挥。

人体矿物多数属于纳米矿物，如骨骼和牙齿中的羟磷灰石，以及肾结石、牙菌斑和其他病灶中的病理性矿物。人体矿物，尤其是病理性矿物的形成机制以及与生理病理效应都有待深入研究。有研究认为，一些病理性矿化作用很可能与血液中的纳米细菌有关（Nayeb *et al.*，1998），矿化纳米细菌的化学成分和形态特征类似于钙化组织细胞与肾结石中的矿物微粒。石棉状角闪石是石棉矿山和加工厂工人肺病的主要致病因素，在矿工肺组织中可以发现这些纳米级纤维状矿物（Heaney and Yates，1998）。微生物往往可以直接形成纳米矿物，如细菌能在其表面浓集环境中的金属离子，包括污染性有毒重金属离子，并形成纳米矿物晶胞。细菌将微量金属变成真正微细矿物晶胞这一特性，可用于去除环境中的重金属污染物（Beveridge，1998；Lovley，1998）。

对天然矿物进行改型改性处理也能获得性能优异的纳米矿物，如纤蛇纹石属于一维中空开口的纳米管状矿物。纤蛇纹石纳米管中存在吸附水，内径为 2～3nm 的纳米管中水质量分数相对较高，为 1.24%～1.43%，可以制备纳米级试管或反应器、虹吸管、纳米导线制备模板等。纤蛇纹石管外层为氢氧镁石八面体层，表面呈亲水性，极性强，可溶于浓盐酸，酸蚀后残留的硅氧四面体呈纤维假象，成为纳米二氧化硅纤维，接枝上有机物可制备出疏水性二氧化硅纳米纤维，实现由亲水性变为疏水性的转变。

2.12　矿物与生物复合效应

在地球关键带多个圈层交互作用过程中，矿物的发生、发展与变化过程有生物作用的参与，而生物的发育、生长与演化过程也有矿物作用的参与，这使得自然界中原本两个截然的领域，即无机界与有机界，变得愈加渗透与融合。在庞杂的自然净化系统中，有机作用参与的无机净化过程以及无机作用参与的有机净化过程无处不在。环境中重金属的释放、运移与固定以及有机物的迁移、转化与降解，无不受到矿物与生物交互作用的显著影响，矿物与生物构筑了自然界中完整的具有复合效应的天然自净化体系。

矿物与微生物复合防治重金属污染物方法主要体现在以下几种方式。微生物细胞将环境中的重金属离子形成矿物晶胞，实现对重金属离子的固定化处理，如阴沟肠杆菌和人苍白杆菌被发现对Cr(Ⅵ)具有较强的还原能力，并能促进Cr(Ⅲ)发生矿化（Cheng *et al.*，2012）。一些真菌对Pb(Ⅱ)的耐受性较高，且能高效吸附Pb(Ⅱ)，特别是能将Pb(Ⅱ)转化为含铅矿物（杨亮等，2012）。层状结构的水钠锰矿具有良好的吸附固定重金属离子的能力。在微生物、Mn(Ⅱ)和被固定重金属离子三元体系中，微生物氧化Mn(Ⅱ)形成水钠锰矿的同时，通过共沉淀作用，能吸附固定重金属离子，固定重金属离子的数量明显高于单独利用水钠锰矿固定重金属离子的量，如MnB1细菌-Mn(Ⅱ)-Cu^{2+}体系就具有这种共沉淀作用（张慧琴，2014）。在一些高浓度复杂污染物组合处理工艺中，为了有针对性地处理BOD和COD并存的污染物，往往采用微生物处理工艺后，再利用矿物处理法；或利用矿物法处理后，再利用微生物处理，均能取得单一处理方法无法达到的处理效果，充分显示矿物与生物复合效应在污染物处理工程中的巨大优势。

综上所述，无机界矿物天然自净化功能十分丰富，相信随着研究工作的不断深入，会有更多的矿物自净化功能被发现与利用，以真正实现完整地发挥自然界中另一半天然自净化作用——无机界矿物天然自净化作用。利用天然矿物控制污染与保护环境的这一无机矿物学方法，足以与大家熟知的有机生物学方法相提并论。这两种方法共同构筑了由无机界和有机界组成的自然界中存在的天然自净化系统，并本着各自的特点和优势共同在人类与地球交互影响的各个圈层上发挥着治理污染和修复环境的天然自净化作用。

当前国际上始于矿物学环境属性研究而兴起的新一轮矿物学理论与应用研究热潮日趋高涨，进一步发掘与有机界生物方法同等重要的无机界矿物方法对污染物的净化功能，发展矿物与生物两大系统间的交互作用理论，开发天然矿物在污染治理与环境修复方面的应用技术，拓宽无机矿物净化环境污染领域，提出、概括并凝炼继物理方法和化学方法之后与有机界生物同等重要的无机界矿物天然自净化功能的新的基础理论与应用方法，以发展和完善无机矿物与有机生物所共同构筑的自然界中存在的天然自净化系统，乃是今后的主要研究方向。

第3章　矿物与微生物协同作用的环境效应

矿物与微生物协同作用是对微生物形成矿物、分解矿物以及转化矿物等交互作用的新发展，主要指半导体矿物与非光合微生物之间的相互作用。其本质是在半导体矿物介导下非光合微生物能够利用太阳光能量（Lu *et al.*，2012b）。关键带中多个圈层交互作用，往往是指岩石圈与大气圈、水圈和生物圈之间发生的不同时间空间尺度上的交互作用，很大程度上控制着岩石圈演化、水气循环与生物演变过程。应该说太阳光直接或间接参与了这一交互作用过程。过去关注较多的是，太阳光影响昼夜气温变化与矿物岩石物理风化作用、全球水气环流作用以及生物光合作用等。如今受到人类开发应用半导体光电转换材料而大规模利用太阳能的启发，提升对关键带中大量存在的天然半导体矿物转化太阳能机理，尤其是半导体矿物把太阳能转化为化学能或者生物质能的微观作用的认识水平（鲁安怀等，2014a），揭示矿物与微生物协同作用对关键带中多个圈层之间交互作用，乃至地球物质演化、生物进化与环境演变的宏观过程的影响，无疑是需要开展多学科交叉研究的重要问题，其中充满着科学发现与理论突破的机遇。

3.1　半导体矿物光电子产生

根据导电性，物质分为导体、半导体和绝缘体三大类。金属多为导体，非金属多为绝缘体。半导体不像金属有着连续的电子能级，而是具空能级区域。允许被电子占据的能带称为允许带，允许带之间的范围是不允许电子占据的空能级区域，此范围称为禁带。原子壳层中的内层允许带总是被电子先占满，然后电子再占据能量更高的外面一层的允许带。原子中最外层的电子称为价电子，与价电子能级相对应的能带称为价带。价带上方能量最低的允许带称为导带。导带的底能级表示为 E_c，价带的顶能级表示为 E_v，E_c与 E_v之间的能量间隔称为带隙 E_g。对于半导体而言，当受到能量大于或等于禁带宽度的光照射时，带隙跃迁即会发生。即光电子（e^-）会从能量较低的价带跃迁至能量较高的导带，相应地在价带留下一个光空穴（h^+）。价带光空穴具有一定的氧化性，能够与吸附在半导体表面的氧化还原电位较价带电位更负的电子供体发生氧化反应；导带光电子具有一定的还原性，能够与吸附在半导体表面的氧化还原电位较导带电位更正的电子受体发生还原反应。因此，导带底和价带顶的氧化还原电位同溶液中反应物的氧化还原电位之间的大小关系，在热力学上决定了界面电子转移的可能性。只有当价带空穴的氧化还原电位较吸附物更正时，光催化氧化反应才会发生；反之，当导带电子的氧化还原电位较吸附物更负时，光催化还原反应才有可能发生。然而，处于激发态的光电子-空穴对存活时间很短，能够在 10^{-15}s 的时间范围内发生复合（Linsebigler *et al.*，1995），或以无辐射跃迁的形式，或以辐射跃迁的形式返回到基态。因而，光催化反应发生与否还取决于光电子转移给电子受体或光空穴被电子供体填补速率与光电子-空穴对发生辐射或无辐射跃迁速率之间的大小关系。

早在20世纪中期，Shuey（1975）就概述了大部分半导体矿物的能带结构、晶体化学和光谱性质等矿物学特征，Vaughan和Craig（1978）也曾对大部分硫化物半导体矿物的电子结构进行过详细描述。自然界中大多数金属硫化物矿物和金属氧化物矿物属于半导体矿物。半导体矿物的导电性主要表现为空的导带中电子或满的价带中空穴载流子迁移导电（Waite，1990）。载流子有三种来源途径：偏离的契尔马克分子、固溶体中微量元素和热激发（Shuey，1975）。本征半导体矿物较少，其中数目相等的载流电子和空穴由激发作用产生，如毒砂（FeAsS）和软锰矿（β-MnO_2）等。大多数半导体矿物属于非本征半导体，其中的载流电子或载流空穴由矿物中的离子交换和点缺陷造成的杂质能级产生。当杂质能级的位置靠近导带时，矿物晶体受激发可使杂质能级中电子进入导带，同时产生的空穴被定域在杂质能级内，矿物中主要载流子为电子，矿物中杂质成为施主，这种矿物为N型半导体矿物，如TiO_2、V_2O_5、$CuFeS_2$、ZnO等。当杂质能级的位置靠近价带时，矿物晶体受激发跃出的电子陷入并定域在杂质能级，留在价带的空穴成为主要载流子，矿物中杂质成为受主，为P型半导体矿物，如Cu_2O、NiO、Cr_2O_3等。实际上多数矿物为N+P型混合半导体矿物，导型取决于浓度和迁移率占主导的载流子，如α-Fe_2O_3、FeS_2等。黄铁矿中替代Fe^{2+}的Co^{2+}、Ni^{2+}、Cu^{2+}、Zn^{2+}等是杂质施主，S^{2-}的空位也是施主，形成N型半导体矿物。而黄铁矿中替代S的As、Sb、Te等以及Fe^{2+}的空位均为受主，形成P型半导体矿物（Shuey，1975；Waite，1990）。

自然界中大多数金属氧化物矿物半导体带隙能量大于1.5eV，产生光电子的最大波长范围是249～777nm，吸收光主要是可见光，少部分为紫外光。而大多数金属硫化物矿物半导体带隙能量小于1.5eV，产生光电子的最大波长范围大于921nm，主要吸收红外光，也有一小部分波长范围是345～740nm，可吸收可见光（表3-1）。显然，半导体矿物在可见光条件下就可以产生光电子与空穴。能吸收从紫外光到可见光的半导体矿物最为引人注目，因为在此光波区域，光电子在矿物-水界面转移过程能够得到诱导与增强。一般说来，由于半导体的能带间缺少连续区域，光电子-空穴对的寿命相对较长，一旦受某些因素影响可为发生电子-空穴分离赢得时间，故分离后的电子或空穴常常可以被利用。但光在固体中穿透深度不大，能产生光电子/空穴的位置极为靠近固体表面。当光电子和空穴达到表面，通常可以发生两类反应，一是电子和空穴的简单复合，二是伴有化学反应的复合，即光催化或光分解。所以，要使光催化反应能有效进行，必须减少电子和空穴的复合。光电子的电极电势为0.5～1.5V，还原电位高，可以实现和加速一般情况下难以发生的化学反应。

天然含钒金红石中平均含TiO_2为96.49%、V_2O_5可达1.22%、Fe_2O_3为0.39%、ZnO为0.35%、CuO为0.22%。粉晶X射线衍射分析表明这些杂质并不以独立氧化物物相存在，而是以杂质离子进入晶格。天然含钒金红石中部分Ti^{4+}被V^{5+}，以及Fe^{3+}、Cu^{2+}和Zn^{2+}等杂质离子替代，可引起晶格畸变与缺陷。对其进行机械粉碎、普通加热、同步加热、淬火和电子辐射改性处理，表征结果表明，金红石经机械粉碎至70～80μm，可使其晶胞膨胀0.33%；原位加热700～1100℃，晶胞可大幅度膨胀达0.93%～2.13%；淬火改性使晶胞收缩0.01%～0.07%；电子辐射改性对金红石晶胞体积影响较小。金红石经热改性后表面上V^{5+}含量有不同程度的增加，是其体相中V^{5+}向表面发生偏析作用的体现。受热作用对晶格畸变的修复可表现为对应晶面的重构和再结晶作用以及微应力的释放作用。对金红石进行淬火改性可增加其表面的缺陷浓度，导致表面吸附水能力增强（Luo *et al.*, 2012）。天然金红石所含有的杂质成分、所具有的晶格缺陷、所拥有的受热作用特性以及所享有的超细粉碎效应等，在光催化氧化方面孕育着独特性能（见第 7 章）。

表 3-1 天然半导体矿物的带隙能量 E_g 及产生光电子的最大波长 λ

中文名称	英文名称	化学式	E_g/eV	λ/nm	中文名称	英文名称	化学式	E_g/eV	λ/nm
斜锆石	Baddeleyite	ZrO_2	5.00	249	闪锌矿	Sphalerite	ZnS	3.60	345
黑锡矿	Romarchite	SnO	4.20	296	硫锰矿	Alabandite	MnS	3.00	414
镁钛矿	Geikielite	$MgTiO_3$	3.70	336	雌黄	Orpiment	As_2S_3	2.50	497
方锰矿	Manganosite	MnO	3.60	345	硫镉矿	Greenockite	CdS	2.40	518
绿镍矿	Bunsenite	NiO	3.50	355	二硫锡矿	Berndtite	SnS_2	2.10	592
锡石	Cassiterite	SnO_2	3.50	355	辰砂	Cinnabar	HgS	2.00	622
绿铬矿	Eskolaite	Cr_2O_3	3.50	355	红铊矿	Lorandite	$TlAsS_2$	1.80	691
红锌矿	Zincite	ZnO	3.20	388	辉锑矿	Stibnite	Sb_2S_3	1.72	723
锐钛矿	Anatase	TiO_2	3.20	388	硫汞锑矿	Livingstonite	$HgSb_4S_8$	1.68	740
红钛锰矿	Pyrophanite	$MnTiO_3$	3.10	401	辉钨矿	Tungstenite	WS_2	1.35	921
金红石	Rutile	TiO_2	3.00	414	硫砷铜矿	Enargite	Cu_3AsS_4	1.28	971
方锑矿	Senarmontite	Sb_2O_3	3.00	414	辉钼矿	Molybdenite	MoS_2	1.17	1062
铅黄	Massicot	PbO	2.80	444	辉铜矿	Chalcocite	Cu_2S	1.10	1130
铋华	Bismite	Bi_2O_3	2.80	444	硫锡矿	Herzenbergite	SnS	1.01	1231
钒赭石	Shcherbinaite	V_2O_5	2.80	444	斑铜矿	Bornite	Cu_5FeS_4	1.00	1243
钛铁矿	Ilmenite	$FeTiO_3$	2.80	444	黄铁矿	Pyrite	FeS_2	0.95	1309
针铁矿	Goethite	FeOOH	2.60	478	辉银矿	Argentite	Ag_2S	0.92	1351
方铁矿	Wuestite	FeO	2.40	518	硫砷钴矿	Cobaltite	CoAsS	0.50	2486
方镉矿	Monteponite	CdO	2.20	565	方硫锰矿	Hauerite	MnS_2	0.50	2486
赤铁矿	Hematite	Fe_2O_3	2.20	565	硫镍矿	Polydymite	NiS	0.40	3108
赤铜矿	Cuprite	Cu_2O	2.20	565	方铅矿	Galena	PbS	0.37	3360
橙红石	Montroydite	HgO	1.90	654	黄铜矿	Chalcopyrite	$CuFeS_2$	0.35	3552
黑铜矿	Tenorite	CuO	1.70	731	方硫镍矿	Vaesite	NiS_2	0.30	4144
褐铊矿	Avicennite	Tl_2O_3	1.60	777	毒砂	Arsenopyrite	FeAsS	0.20	6216
软锰矿	Pyxrolusite	MnO_2	0.25	4972	磁黄铁矿	Pyrrhotite	$Fe_{1-x}S$	0.10	12431
磁铁矿	Magnetite	Fe_3O_4	0.10	12431	铜蓝	Covellite	CuS	0.00	

资料来源：鲁安怀，2003。

天然闪锌矿晶格中含有丰富的类质同象替代杂质离子，拓宽了其光谱响应范围。闪锌矿中主要非本征金属原子 Fe 3d 轨道参与价带的形成是导致其禁带宽度减小并产生可见光吸收的主要原因。其晶格中微量的杂质离子和 S^{2-} 空位等缺陷所产生的局域缺陷能级对可见光下光电子的产生起协同作用。天然闪锌矿中的变价离子能捕获光空穴，提高载流子分离效率；其粒径、成分和缺陷的不均一性使得相接触的矿物颗粒能带结构不同，形成天然的耦合半导体，可促进光生载流子的分离和光催化活性的提高。1200℃下的加热和淬火处理使闪锌矿表面发生部分相变，形成半导体异质结，提高了载流子分离效率，增强了可见光催化活性。天然闪锌矿成分和缺陷特征同半导体特征与光催化活性之间耦合关系的研究，完善了对其可见光催化活性的深入认识（Li *et al.*，2008，2009b；见第 6 章）。

在地球表层系统中，金属氧化物和硫化物半导体矿物的日光光催化作用在地球表面多个圈层交互作用过程中一直发挥着积极作用。

3.2　半导体矿物光电子特性

光子、光电子和价电子均是重要的能量形式，自然界中这三种物质主要表现为太阳光子、元素价电子和半导体矿物光电子。

光是一种电磁波，以波的形式在空间传播，而在辐射和吸收过程中可显示出粒子的行为。这种用来传递电磁相互作用和能量的基本粒子就是光子。光子是电磁辐射中携带能量的粒子，其能量用普朗克公式（$E=h\nu$）表示。一个光子能量的多少正比于光波的频率，频率越高，能量越高。当光子与物质相互作用时，只能传递量子化的能量，而不能传递任意值的能量。当入射光子的能量等于或略大于吸收物质原子某壳层电子的结合能，即该层电子激发态能量时，此光子易于被原子壳层电子吸收。获得能量的壳层电子可从内层逸出成为自由电子，即光电子。此时的原子则处于相应的激发态。当光子与固体物质相互作用时，从原子中各能级发射出来的光电子数量是不同的，往往具有一定概率，取决于该能级上的电子被光激发的程度。价电子是指原子核外电子中能与其他原子相互作用而形成化学键的电子。价电子一般是原子的最外层电子，或者是次外层电子，它决定着元素的化学反应活性。价电子在自然界最为普遍，或存在于离子溶液中，或存在于有机分子中，亦或存在于矿物晶格中。一般地，价电子来自原子中最外层的电子，而光电子则可来自原子任意壳层的电子，主要取决作用于原子的入射光子能量大小。光子并不直接参与化学反应，而是其能量以光电子的形式参与到周围环境的化学反应中，因此其能量最终是以价电子的形式储存下来。

光电子是太阳光子能量被物质吸收之后产生的一种特殊的中间态电子形式，最终会转化成为元素的价电子。一方面，根据半导体能带理论，光电子的产生取决于半导体矿物的禁带宽度，禁带宽度越宽，需要激发光子的能量就越强；禁带宽度过窄的情况下，虽然较低能量的光子即可激发形成光生电子与空穴对，然而光电子也较容易重新回到价带与光生空穴复合。因此，对于发生日光催化作用的半导体矿物而言，其禁带宽度要适中，既能与太阳光光子能量相匹配产生出光生电子与空穴对，又能在一定时间内保证光生电子与光生空穴的分离，即产生出可发生转移、转化的有效光电子。过宽与过窄的禁带宽度均不利于光电子的产生、转移与转化。另一方面，光电子的能量，或者更确切地说，光电子参与周围环境化学反应的能力，是由产生光电子的物质本体电子结构决定的。对于半导体矿物来说，光电子的能量是由导带电势决定的。导带电势越负，其激发产生的光电子能量越高。以代表性的金属氧化物与金属硫化物半导体矿物——金红石与闪锌矿为例，导带电势分别为-0.46V（vs NHE）和-1.58V（vs NHE）（pH=7 的条件下）（Schoonen *et al.*，1998），说明闪锌矿的光电子能量高于金红石的光电子能量。因此，光子能量直接影响到光电子能否被激发，但并不影响受激发产生的光电子能量大小。

从微生物获取能量方式来看，具有一定能量的光子、光电子和价电子，都能够被微生物利用。光能微生物能够利用光子能量，是由于光能营养微生物演化出了光合系统来利用太阳光光子，而化能营养微生物则进化出不同的相应系统来获取元素外层价电子。光能微生物利用光子能量的过程，是光子激发叶绿体中光反应中心产生光电子，然后光电子启动光合系统中一系列氧化还原反应的电子传递链进而获得能量。化能微生物通过氧化作用机制，氧化物质中某些元素，获得其价电子及该化学反应的能量，如微生物通过对有机物和无机物的氧化作用获得能量。新近在自然界中还发现一些微生物能够直接或间接利用光电子能量（Lu *et al.*，2012b）。当然，微生物对光子、光电子和价电子能量的利用方式存在着较大差别，导致对这些能量的利用效率也不同。如光合作用对光子能量利用率为 1% ~ 6%（Blankenship *et al.*，2011），细胞呼吸作用对价电子能量的利用率高达 35%（吴相钰等，2009），对光电子能量利用率仅为 0.13‰ ~ 1.90‰（Lu *et al.*，2012b）。这可能是由于细胞呼吸作用是对价电子的直接利用，光合作用是对光子的二次能量利用，后者比前者的利用效率要低得多。非光合微生物利用光电子也是对光子能量的二次利用，利用效率远低于经过长期进化而具有完善结构的光合作用也不难理解。

自然界中半导体矿物光电子可能影响到元素价电子，主要表现为光电子的还原作用可以改变价电子的数量乃至元素的化合态与存在形式。特别是，半导体矿物光电子与微生物作用会影响元素价电子的传递过程与动力学特征，进而调控环境中变价金属元素的化学存在形式及其地球化学循环路径。在复杂开放的关键带中，阳光-矿物-光电子-价电子-微生物多元体系之间发生的耦合作用，可能调控矿物晶体中变价金属离子的溶出作用与水体中变价重金属离子的矿化作用。自然界中半导体矿物日光催化性与微生物群落协同作用的实质，是光电子的传递和价电子的传递在矿物原子-微生物分子、矿物晶胞-微生物细胞以及矿物组合-微生物群落等不同层次上，统一为一个更长的电子传递链，是不同反应界面上光能-化学能-电能-生物能之间的能量传递与转化。迁移态的变价金属离子可成为该电子传递链中的一种电子传递媒介，在光电子与微生物共同作用下发生价态变化，并诱导其发生成核与结晶作用，从而形成稳定的矿物相，有效减轻因溶解态重金属迁移而诱发的污染问题。含变价金属元素的矿物往往种类不多，但在地表分布极为广泛，易于发生氧化分解作用而释放出有害组分。矿物晶格中的变价金属元素亦可成为上述电子传递链上的一种电子传递媒介，在光电子与微生物共同作用下发生价态变化并影响矿物的溶解和金属离子的迁移。矿物光电子协同化能微生物作用可调控这些金属元素价电子转移的动力学过程，抑制这些矿物的氧化分解作用。开展关键带中矿物光电子协同微生物调控金属元素价电子转移机制的研究，有助于深刻理解地球物质循环机制与地球环境演化过程。

3.3 矿物光电子与生命起源和演化

地质学研究结果证实，至少在35亿年前地球上便出现了最早的生命形式（Nisbet，1987；Schidlowski，1988）。在生命起源之前，地球上必须积累足够的有机物，为生命起源提供物质基础。早期地球上闪锌矿等天然硫化物半导体矿物常见于热泉周围冷却形成的水池中（Mulkidjanian *et al.*，2012）。实验研究表明，闪锌矿日光催化作用能够合成多种生命起源必需的有机物质（Zhang *et al.*，2007）。闪锌矿光催化作用还能生成地球早期生命所具有的固定二氧化碳功能的还原性三羧酸循环（r-TCA循环）中的重要中间体：丙酮酸盐和α-酮戊二酸盐（Guzman and Martin，2009）。闪锌矿光催化作用产生的光电子能进一步参与还原性三羧酸循环过程。天然半导体矿物硫锰矿光催化反应，可促进二氧化碳向有机物的转化，也可能为早期生命起源提供物质基础（Urey，1962）。

如上所述，当半导体矿物被日光光子激发而吸收光子能量后，可导致其价带上的电子获得能量跃迁到导带上，形成自由电子——光电子，同时在价带上由于负电性电子的跃出形成正电性的光生空穴。事实上，早期地球表面处于还原性与弱酸性介质条件，广泛存在着的还原性无机物（Hayase and Tsubota，1983；Smirnoff *et al.*，2000；Vaughan，2006），能够捕获半导体矿物光催化作用产生的氧化性光生空穴（Yanagida，1990；Peral and Mills，1993；Bems *et al.*，1999），从而分离出还原性的光电子。光生空穴具有较强的氧化性，闪锌矿的光生空穴电极电势可达+2.64V，金红石的光生空穴电极电势高达+3.15V（Schoonen *et al.*，1998）。还原性的半导体矿物光电子能够还原二氧化碳为有机物质，为生命起源提供物质基础；而氧化性的半导体矿物光生空穴可被介质中的还原性物质所捕获，从而避免这些氧化性光生空穴对原始细胞的破坏作用。Mulkidjanian等（2012）研究证实，地表热泉中富含的天然金属硫化物矿物，如闪锌矿和硫锰矿等，能够形成保护鞘，保护原始细胞免受阳光中紫外光光子的损害。这一实验现象也验证了地球早期半导体矿物光催化作用可吸收紫外线，保护原始细胞免受紫外线的辐射。

在地球早期生命起源时代，生命形式处在原始细胞状态，不可能发育精巧而复杂的光合作用系统。那么，生命活动是如何利用太阳光能的呢？我们的研究成果为解答这一问题提出了一个新思路。正是天然半导体矿物能够吸收紫外光光能，保护早期原始生命细胞，同时可以分离出具有较高能量的光电子。例如，闪锌矿光电子氧化还原电势为-1.04V，硫锰矿光电子氧化还原电势为-1.19V（Xu and Schoonen，2000）。无疑这些矿物光电子便可以作为早期生命原始细胞代谢活动所需的最初能量来源。

有机生物、无机矿物与太阳光所构成的极为复杂的自然系统，贯穿着整个地球生命起源与演化过程，天然半导体矿物光催化作用联系着这一自然系统。正是天然半导体矿物光电子合成出地球早期有机物质，为早期生命起源与演化提供了物质基础。半导体矿物光催化作用吸收紫外光，避免了地球原始细胞遭受紫外线辐射损害。显然，天然半导体矿物在合成物质、提供能量和保护细胞等方面，对地球早期生命起源与演化产生过重要影响，并正在地表关键带多圈层交互作用过程中发挥着重要作用（Lu *et al.*，2013，2014）。

3.4　矿物光电子促进微生物生长代谢——光电能微生物的发现

长期以来，人们一直认为微生物以利用太阳能和化学能为主，因此将地球上微生物分为光能营养和化能营养这两种基本能量营养模式。经典理论认为，光能营养微生物可通过其细胞内含有的光合色素而获取光能；而化能营养微生物由于缺乏光合色素，不能直接转化与利用太阳光能量，只能从有机物或无机物的氧化过程中获取元素价电子的化学能量。有关矿物光电子与微生物作用关系是近几年才发现的。目前见到报道的是半导体光催化杀菌作用，由半导体光空穴产生的活性氧自由基（ROS）氧化分解微生物细胞壁、杀灭细菌（Malato *et al.*，2009；Dalrymple *et al.*，2010）。然而，ROS 的寿命非常短暂，只有直接吸附在半导体表面上的微生物才会受到其损害。相对光空穴而言，光电子非但没有损害微生物，反而能够显著提高一些微生物生长代谢作用、生物化学活性和底物利用能力（Lu *et al.*，2012b），表明光电子还能成为部分微生物生长代谢所需的能量来源。

自然界中半导体矿物吸收太阳光子能量之后，使分子轨道中电子离开价带跃迁至导带，从而在其价带形成光空穴，在导带形成光电子。而在生物光合系统中，如植物中的叶绿体，也发生着与半导体矿物类似的光子能量吸收与电子激发的过程，形成光电子与光空穴，光电子进入生物体内电子传递链系统完成生物体对光能的吸收与利用。我们已构建光电子促进微生物活动的实验研究体系（图 3-1），在国际上首次证实日光下半导体矿物所产生的光电子可被非光合微生物生长代谢所利用。在该体系中，半导体矿物光电子可进一步转化为以化学能形式存储的价电子并为微生物所利用。在微生物生长代谢与半导体矿物光电子耦合作用过程中，半导体矿物光催化作用产生的光电子直接或者间接参与了微生物电子传递链起点端的电子传递过程，亦或是微生物电子传递链末端电子在半导体矿物光催化作用下获得能量提升，从而参与更多的电子传递反应。在多种天然半导体矿物参与下，光照可显著促进化能自养型微生物——嗜酸性氧化亚铁硫杆菌（*Acidithiobacillus ferrooxidans*，简称 *A. ferrooxidans*）（Wang *et al.*，2012；Li *et al.*，2013）和化能异养型微

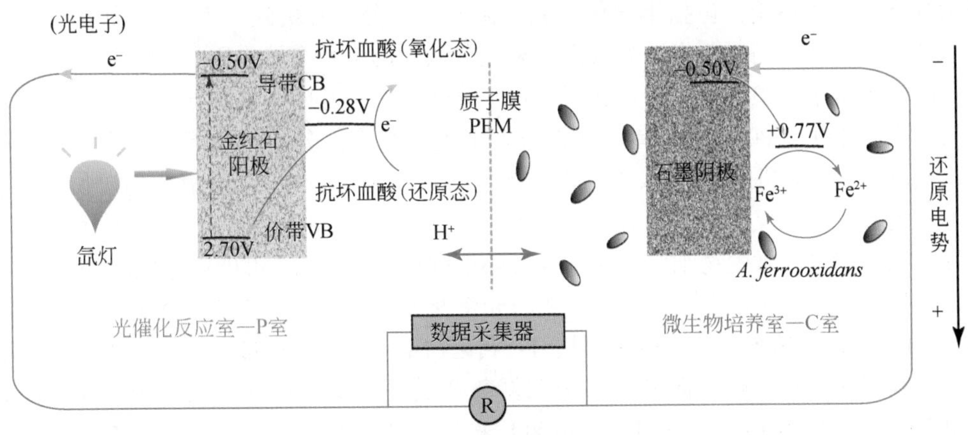

图 3-1　研究体系装置示意图

生物——粪产碱杆菌（*Alcaligenes faecalis*，简称 *A. faecalis*）大量生长，生物量增加三个数量级，并观察到所研究的土壤微生物群落构成发生显著改变（Lu *et al.*，2012b）。这些研究结果可能预示着自然界存在一种新的微生物能量获取途径，即非光合微生物通过半导体矿物光催化作用利用太阳光能量。在这一过程中，促进生长代谢的能量可能来源于光电子。根据微生物能量来源途径，将这类微生物划归为“光电能营养微生物”（表 3-2）。这一崭新的认识开始对微生物能量代谢传统理论的普适性提出了挑战。

表 3-2　微生物能量代谢类型

能量来源	太阳光子		元素价电子		矿物光电子	
代谢途径	光能营养		化能营养		光电能营养	
营养类型	光能异养	光能自养	化能异养	化能自养	光电能异养	光电能自养
基本碳源	有机物	二氧化碳	有机物	二氧化碳	有机物	二氧化碳
认知程度	已知		已知		Lu *et al.*，2012b	

继人类发现自然界化能微生物获取价电子能量和光能微生物获取光子能量以维持生长代谢之后，我们新发现的某些非光合微生物可在半导体矿物介导下获取光电子而实现利用太阳能，是继人类发现化能营养微生物（价电子能量）和光能营养微生物（光子能量）之后的第三种微生物营养模式——光电子能量。这一发现首次将非光合微生物的能量获取与太阳能结合起来，提出了微生物生长代谢的新模式，突破了现有的对于生物利用能量的认识，将可能改变人类长期以来对地球上微生物生命活动、能源获取与利用方式的认识，为研究地球早期生命过程中能量来源问题提供了新颖的思路，在理解地球早期生命起源以及寻找地外生命活动领域具有重要意义和深远影响。

3.5　土壤矿物光电子与微生物协同固碳作用

地表系统中矿物与微生物的交互作用已被认为是影响 C、S、Fe、Mn 等元素地球化学循环与物质迁移转化的基本生物地质学过程（Newman and Banfield，2002）。关键带是一个极为复杂的开放系统，包括半导体矿物、阳光、水分、有机酸、无机酸/盐和微生物在内的多种物质彼此之间时刻发生着人们尚未充分认识的多种自然作用。

关键带土壤系统中含有大量金属氧化物半导体矿物。其中大多数矿物产生光电子的最大波长范围为 249 ~ 780nm，可有效吸收占太阳光谱绝大部分的可见光。事实上，土壤中含 C、N、P、S 等无机酸/盐以及有机腐殖酸等，可在土壤中 Fe、Mn 氧化物矿物的光催化作用下发生氧化还原反应（Selli *et al.*，1999；Yang and Lee，2006），特别是土壤微生物群落资源极为丰富，微生物细胞外膜所含有的细胞色素 C 及分泌的醌类代谢产物，可作为半导体矿物光生电子-空穴的捕获剂，参与光催化氧化还原反应过程（Szacilowski *et al.*，2005；Katz *et al.*，2006）。有意义的是，Fe 氧化物半导体矿物还能与微生物组成自组装导电网络，利用导带介导作用促进光电子在复杂介质之间发生长程传递作用（Nakamura *et al.*，2009）。在我国南方含丰富 Fe、Mn 氧化物矿物的典型红壤中，土壤微生物 *A. faecalis* 与矿物光电子具有显著作用表现（Lu *et al.*，2012b），充分表明红壤中半导体矿物与微生物之间具有特有的协同作用关系，即矿物光催化作用所产生的光电子对微生物生长与代谢产生着积极影响。

事实上，自然界中微生物生长与代谢活动需要能量和碳源。根据不同的能量和碳源，可将微生物划分为不同类型。一般地，依据微生物能够利用的碳源，将以有机物为碳源的称为异养型微生物，以二氧化碳为碳源的称为自养型微生物；依据微生物是否能够利用光能，将微生物分为光合作用与非光合作用微生物。我们新近的研究成果显示，一些不能直接利用光能的非光合作用微生物，包括可以利用有机物为碳源的异养型微生物和以二氧化碳为碳源的自养型微生物，却可以有效利用可见光诱导下半导体矿物光催化作用所产生的光电子（Lu *et al.*，2012b）。

需要提出的是，人们在估算工业化以来释放出的二氧化碳总量时，发现排放到大气中二氧化碳的增加量缺少了 1/3，寻找“失踪的碳”（Woodwell *et al.*，1983）成为众多学者长期以来不断追寻的研究目标。大家除了到深海中去寻找这部分“失踪的碳”（Le Quéré *et al.*，2010），还在地表系统中试图查明土壤吸收二氧化碳的容量（van Groenigen *et al.*，2006）。不容忽视的是，在由矿物和微生物包括腐殖质与水共同组成的土壤系统中，要探究土壤固碳作用机制与能力，不能割裂土壤矿物与土壤微生物的协同作用。也正是由于土壤系统中存在着复杂多样的矿物与微生物交互作用方式，对其所禀赋的环境效应的揭示，无疑需要改变仅仅依靠单一学科研究相关科学问题的现状，有必要开展无机界与有机界跨学科交叉研究，以提高对由无机界与有机界共同构筑的自然界中存在的整体规律的认识水平。

能否将大气中二氧化碳转化为有机物质，亦是实现大气中二氧化碳被有效矿化、最终被稳定固定的关键。这是由于自然界生物具有极强的分解能力，大部分有机物质最终会被生物分解成为二氧化碳重新释放到大气中，而只有那些被无机矿物固定下来的二氧化碳才相对具有长期稳定性。大气中的二氧化碳转化为无机碳酸盐矿物本是一个热力学自发过程，但从动力学角度看，其转化速率极低，主要受二氧化碳的溶解度所控制。事实上，大气中的二氧化碳在被转化为有机质之后，某些异养微生物可将这些有机质部分转化为水溶性二氧化碳。显然水溶性二氧化碳可被无机矿化过程固定到矿物晶格中，高效转化为无机碳酸盐矿物。

围绕地球表层土壤系统中铁锰氧化物半导体矿物日光催化作用有效促进非光合微生物生长代谢的多元耦合反应体系作用机理以及大气二氧化碳由此发生高效有机质转化的微观反应机制这一关键科学问题，开展土壤系统中铁锰氧化物半导体矿物与非光合光电能异养型和光电能自养型微生物协同作用机制研究，探索日光下铁锰氧化物矿物与活体微生物之间光生电子转移过程，探讨这一多元耦合作用过程有效转化大气二氧化碳的反应机理，有可能查明土壤系统中半导体矿物与非光合微生物协同作用机理及其转化二氧化碳的环境响应机制，揭示自然界中生物地质学过程固碳作用新途径，所提出的矿物-微生物固碳新方法，可为我国未来发展新的碳隔离与转化技术提供理论基础与科学依据。

关键带是一个极为复杂的多元开放系统，其中矿物与微生物交互作用极大地影响着矿物的形成与分解作用以及微生物的新陈代谢作用，进而影响着地球物质的循环演化以及地球环境的演变等。当前国内外已总结提出多种矿物与微生物交互作用方式，包括微生物形成矿物作用、微生物分解矿物作用以及微生物转化矿物作用等，还包括新提出的微生物协同矿物作用这一新方式（Lu *et al.*，2012b），主要体现在半导体矿物与非光合微生物之间发生的协同作用关系。

矿物与微生物之间电子转移和能量流动是最为核心的过程。电子转移也是生命科学的基本问题，许多生命过程，如光合作用、呼吸作用、酶促反应以及生物体内各类信号传导等，均涉及电子传递问题。电子转移还是自然界中最基本的微观化学过程。自从Marcus经典电子转移理论系统提出以来，基于电子转移理论对不同体系的化学动力学机制和生化过程的研究更为深入，电子的类型、转移的方式和路径、受生物分子体系的影响与调控等备受关注。毋庸置疑，矿物与微生物之间的电子转移更是关键带中最为重要的地球化学动力机制之一。生物的新陈代谢、矿物的形成转化以及地球物质的循环与地球环境的演变等宏观过程，均与各种微观的电子转移过程密不可分。

自然界半导体矿物与微生物协同作用具有普遍性与多样性，不同半导体矿物能带结构差异导致不同的光催化性能和周边微环境，进而影响微生物生长代谢作用与胞内外电子传递方式。在矿物光电子传递过程中，可能涉及微生物细胞外电子载体和细胞内电子传递链，还与矿物光电子和元素价电子在矿物-有机物/无机物-微生物等复杂物质界面间的传递和其他物质输运、转化过程有关。探讨半导体矿物日光催化作用产生的光电子传递新途径及其影响微生物群落组成与功能变化过程，可为揭示日光照射下的岩石圈、土壤圈、水圈与生物圈交互作用界面上所发生的电子传递与能量转化以及物质循环机制提供新的认识，无疑对揭示地球生命的起源与进化、地球物质的循环与演化以及地球环境的变迁与演变有着极大的影响。

第4章 生物矿化作用的生理生态效应

4.1 生物矿化作用

生物矿化作用是在有机基质全程参与调控与诱导下形成矿物的过程（崔福斋，2007）。自然界多种生命体中常发生无机矿化现象。生物矿化作用普遍存在于从低等单细胞微生物到高等多细胞动植物的生命活动中。生命体中无机矿物是生物圈与岩石圈、水圈和大气圈交互作用的产物，对于生命活动生态系统具有潜在的环境属性响应性。生命体可以从分子水平到介观水平实现对晶体形状、大小、结构和排列精确调控和组装，往往使其形成复杂的分级结构（Weiner *et al.*，1999）。与此同时，矿化作用也影响着生物的生长发育和生理病理等行为，进而对生态环境产生影响。阐明生命体中复杂多样的矿化作用过程，揭示矿物精细特征与生命活动的内在联系，有可能标识与干预生命活动中的生理生态性矿化作用。

自从德国学者Schmidt（1924）首次系统介绍生物矿化现象以来，生物矿化作用得到了大量研究。Krumbein（1983）系统论述了微生物在地球化学循环、风化作用和成岩成矿作用中所做出的重要贡献。Mann（2001）初步阐述了生命体中无机矿物的形态和结构，生物矿化类型和生理功能，生物矿化作用的化学控制、边界组织、有机基质控制等基本问题。Matsunaga和Okamura（2003）认为生物有机质对矿化的精确调控作用具有专一性，它们对矿物的运输、自组装和无机前躯体共组装形成短程和长程有序结构具有重要的控制作用。确定生物体中各种蛋白，特别是某些重要的微量基质蛋白对矿化的控制作用，涉及非常复杂的界面匹配和分子识别问题，被认为是目前生物矿化机理研究的一个重要领域（Mann，2001）。数十年来关于生物矿化作用研究主要集中在以下几个方面：①生物材料自组装结构与性能关系以及仿生制备原理；②金属矿床的生物成因；③生物冶金技术；④地球早期生命起源；⑤环境生物学等。由于较少对细胞和生物个体的矿化作用进行深入、系统的研究，对具体生命活动中矿化作用机理及其生理效应研究直至最近才逐渐受到重视。当前国际上生物矿化作用研究受到材料科学、化学、生物科学、环境科学包括环境微生物学、环境工程学以及地球科学等多个领域的高度关注。随着地球生物学与生物地质学的出现与快速发展，生物矿化作用研究蓬勃发展，已经成为一个极具活力的研究领域，并取得了令人瞩目的进展（Mann，1983，2001；Crick，1986；Leadbeater and Riding，1986；Lowenstam and Weiner，1989；Simkiss and Wilbur，1989；Ye，1996；Bäuerlein，2001；Dove *et al.*，2003；崔福斋，2007）。从蛋白质发展到细胞和基因的水平上去理解矿化机制（Samata，2004），是当前生物矿化作用基本理论研究发展趋势和取得突破的关键。

把生物矿化作用的研究从蛋白质/基因水平发展到细胞和个体、群落和组织的水平，可为揭示生物控制矿化过程的基本规律、发展干预和调控生物矿化作用过程新理论的突破提供机遇。只有从生物学和矿物学交叉层次上理解这一复杂系统中有机基质与无机矿物交互作用的一般特征，探讨生物有机体调控与诱导矿物形成和分解的机制，以及生物矿化作用对细胞和个体的生命活动环境和生态系统产生的影响，才能发现各类生物矿化的制约因素及其环境响应的基本规律，提出解析和调控生物矿化作用的新方法和新技术。显然，生命活动中矿化作用是联系有机界和无机界的重要途径之一。开展生物矿化作用研究，无疑能够提升对无机界与有机界交叉领域的认识水平。

微生物矿化作用主要体现在微生物与矿物相互作用上，一般包括直接控制或间接诱导矿物的形成与分解作用。微生物能够浓集环境中的有毒重金属，改变重金属的存在形式与分布状态，形成微细矿物胚体，以至于在微生物细胞表面、细胞内部以及细胞与矿物晶芽界面（Beveridge，1989；Volesky *et al.*，1993；de Vrind-de and de Vrind，1997；Ehrlich，1998；Bazylinski and Frankl，2003），均能导致矿物的沉淀与生长。微生物主动或被动地从环境中摄入非营养性甚至毒性物质，易污染的重金属若在微生物作用下能以矿物的形式被固定下来，就减少了重金属对环境的危害。自然界中微生物及其代谢产物对环境中有害有毒物质具有的治理功能就是微生物参与矿物的形成及转化的结果。探明微生物将环境中重金属变成真正矿物的特性，可以发展重金属污染物防治方法。矿物可以是微生物能量和营养的主要来源，也是微生物生存和作用的载体。有些微生物在摄取营养或能量过程中会导致含重金属的矿物分解，形成多种次生矿物或离子，加速矿物的风化作用，甚至改变矿物风化作用模式（Banfield and Navrotsky，2001；Bennett *et al.*，2001；Maurice *et al.*，2001；Glowa *et al.*，2003；Gleisner *et al.*，2006）。矿物若被微生物加速分解，释放了其中的重金属元素，并将部分有害物质释放到水体和土壤中，则可导致环境污染。认识自然界中金属元素的释放速率和环境污染时空效应，可为生态环境评价和改善及发展新的污染防治技术提供理论依据。正是自然界中微生物对其所处的自然水土环境具有多种响应，所形成的生物矿物才具有显著不同的结构特征与化学组成。充分开发利用这些生物矿物的标型性，极有可能发展标识与干预生命活动所处环境的方法。通过阐明生物矿化作用过程，可建立生物矿化作用的环境响应研究方法体系。微生物与矿物交互作用中所涉及的生物矿化作用，极大地制约着地球环境质量，使得这一生物矿化作用具有鲜明的环境属性表现。

4.2 生物成因矿物

生物成因矿物通常指由生物矿化作用所形成的一类矿物。很多生物有机体可以形成矿物，这种矿物形成作用可以发生在生物有机体生命演化的不同阶段，并对于生物的新陈代谢起重要作用。依据生物有机体参与矿化作用的形式与程度，生物矿化作用可以划分为两个基本类型：生物诱导矿化作用（Lowenstam，1981）和生物控制矿化作用（Mann，1983）。前者通常发生在生物机体细胞的外部或者表面，即这类矿物的形成是生物活动和环境相互作用的结果，形成的矿物种类，包括矿物形态、大小、化学组成以及晶体结构等，都可以有很大的差异；后者则是指矿物的成核、生长、形态以及产出位置都与生物有机体的活动直接相关（Weiner and Dove，2003）。生物控制矿化的程度和方式随生物种属的不同而有所差异，但几乎都发生在一个相对孤立的局部环境之中。根据矿化相对于生物细胞的位置，生物控制矿化作用简单地划分为细胞外、细胞内和细胞间矿化三种类型。然而，有时矿化过程可能比较复杂，如矿化开始于细胞内而最终矿物形成在细胞外，这时就难以用这种简单的类型划分来明确区分。

迄今为止，约有 80 种生物成因的矿物被发现，占矿物种属数的 2% 左右。所有矿物大类中都有生物成因矿物。表 4-1 列出了常见的生物矿物所属的矿物大类及其晶体化学式，表中的第一栏是依据 Strunz 的矿物分类（Strunz and Nickel，2001）。可以看出，大约 60% 的生物矿物都含有水或羟基，而且，超过 50% 的生物矿物都是含 Ca 矿物。这是因为 Ca 是一种生命元素，对多数生物有机体细胞的新陈代谢起着极其重要的作用（Lowenstam and Margulis，1980；Simkiss and Wilbur，1989；Berridge *et al.*，1998）。含 Ca 的生物成因矿物多数属于磷酸盐、碳酸盐、草酸盐矿物，其中含 Ca 的磷酸盐矿物占生物矿物的 25% 左右，无论是数量还是分布范围都占绝对优势。

表 4-1　主要生物矿物的化学组成及其矿物类别

矿物类别	矿物名称	矿物晶体化学式
Ⅰ自然元素	自然硫 Sulfur	S
	自然铜 Copper	Cu
	自然金 Gold	Au
Ⅱ硫化物和硫盐	黄铁矿 Pyrite	FeS_2
	Hydro-troilite **	$FeS \cdot nH_2O$
	闪锌矿 Sphalerite	ZnS
	纤锌矿 Wurtzite	ZnS
	方铅矿 Galena	PbS
	硫复铁矿 Greigite	Fe_3S_4
	四方硫铁矿 Mackinawite	$(Fe,Ni)_9S_8$
	螺硫银矿 Acant hite	Ag_2S
	雌黄 Orpiment	As_2S_3
Ⅲ卤化物	萤石 Fluorite	CaF_2
	方氟硅钾石 Hieratite	K_2SiF_6
	石盐 Halite	NaCl
	氯铜矿 Atacamite	$Cu_2Cl(OH)_3$
Ⅳ氧化物	磁铁矿 Magnetite	$FeFe_2O_4$
	磁赤铁矿 Magemite	γ-Fe_2O_3
	针铁矿 Goethite	α-FeOOH
	纤铁矿 Lepidocrocite	γ-FeOOH
	水铁矿 Ferrihydrite	$5Fe_2O_3 \cdot 9H_2O$
	钙锰矿 Todorokite	$(Mn,Ca,Mg)Mn_3O_7 \cdot H_2O$
	水钠锰矿 Birnessite	$Na_4Mn_{14}O_{27} \cdot 9H_2O$
	石英 Quartz	SiO_2

续表

矿物类别	矿物名称	矿物晶体化学式
Ⅴ硝酸盐、碳酸盐、硼酸盐	方解石 Calcite	$Ca[CO_3]$
	文石 Aragonite	$Ca[CO_3]$
	六方碳钙石 Vaterite	$Ca[CO_3]$
	单水碳钙石 Monohydrocalcite	$Ca[CO_3]\cdot H_2O$
	白云石 Dolomite	$CaMg[CO_3]_2$
	菱镁矿 Magnesite	$Mg[CO_3]$
	水白铅矿 Hydrocerussite	$Pb_3[CO_3]_2(OH)_2$
Ⅵ硫酸盐、铬酸盐、钼酸盐、钨酸盐	石膏 Gypsum	$Ca[SO_4]\cdot 2H_2O$
	重晶石 Barite	$Ba[SO_4]$
	天青石 Celestite	$Sr[SO_4]$
	黄钾铁矾 Jarosite	$KFe_3[SO_4]_2(OH)_6$
Ⅶ磷酸盐、砷酸盐、钒酸盐	磷灰石 Apatite *	$Ca_5[PO_4]_3(OH,F,Cl)$
	（碳）羟磷灰石（Carbonate）Hydroxylapatite	$Ca_5[(PO_4,CO_3)]_3(OH,F,CO_3)$
	透磷钙石 Brushite	$Ca[HPO_4]\cdot 2H_2O$
	磷酸八钙 Octacalcium phosphate *	$Ca_8H_2[PO_4]_6\cdot 5H_2O$
	白磷钙矿 Whitlockite	$Ca_9H(Mg,Fe)[PO_4]_7$
	Francolite **	$Ca_{10}[PO_4]_6F_2$
	三斜磷钙石 Monetite	$Ca[HPO_4]$
	磷酸三钙 Tricalcium phosphate	$Ca_3[PO_4]_2$
	鸟粪石 Struvite	$NH_4Mg[PO_4]\cdot 6H_2O$
	水磷铵镁石 Hannayite	$(NH_4)_2Mg_3H_4[PO_4]_4\cdot 8H_2O$
	水镁磷石 Newberyite	$Mg[HPO_4]\cdot 3H_2O$
	蓝铁矿 Vivianite	$Fe_3[PO_4]_2\cdot 8H_2O$
	焦磷酸钙 Ca pyrophosphate *	$Ca_2P_2O_7\cdot 2H_2O$
Ⅷ硅酸盐	硅灰石 Wollastonite	$Ca_3[Si_3O_9]$
	斜长石 Plagioclase	$(Ca,Na)[(Al,Si)AlSi_2O_8]$
	葡萄石 Prehnite	$Ca_2[AlSi_3O_{10}](OH)_2$
	硬柱石 Lawsonite	$CaAl_2[Si_2O_7](OH)_2\cdot H_2O$
Ⅸ有机化合物	水柠檬钙石 Earlandite	$Ca_3(C_6H_5O_2)_2\cdot 4H_2O$
	水草酸钙石 Whewellite	$CaC_2O_4\cdot H_2O$
	草酸钙石 Weddellite	$CaC_2O_4\cdot(2+x)H_2O(x<0.5)$
	草酸镁石 Cluchinckite	$MgC_2O_4\cdot 4H_2O$
	三水草酸钙 Ca Oxalate trihydrate *	$Ca_2C_2O_4\cdot 3H_2O$
	单水尿酸钠 Sodium urate	$NaC_5H_3N_4O_3$
	Uricite **	$C_5H_4N_4O_3$
	Ca tartrate **	$CaC_4H_4O_6$
	Ca malate **	$CaC_4H_4O_5$

注：数据引自文献 Lowenstam and Weiner，1989；Simkiss and Wilbur，1989；Mann，2001；Weiner and Addadi，2002；崔福斋，2007。

* 表示不是标准的矿物种。

** 表示尚无中文译名。

由生命活动及其与环境相互作用所形成的生物矿物在化学成分、形态、大小、结晶度、稳定性等方面有着显著特征。生物矿物化学成分比较简单，一般为含 Ca、Fe、Mg、P、C、N、H、O 等的矿物相。它们常常具有独特的晶体外形，如骨骼中的碳羟磷灰石呈板状形态；发现于人脑部松果体中的方解石有时外形上表现出立方对称及具有尖锐端面的圆柱状，且后者是此类方解石的常见形态（Baconnier *et al.*，2002），都与自然界中相应矿物的常见形态明显不同。这种特异晶体外形的成因机制至今尚未被很好地认识。生物矿物通常颗粒细小，一般为纳米和微米级别，如骨骼中碳羟磷灰石二维平面尺寸约为 50nm×25nm，厚度约 40nm（Weiner and Wagner，1998）。这种尺度的矿物在无机矿物中通常稳定性较差，但在生物体内却可以稳定存在。此外，生物矿物通常结晶度较差，与生物有机组分联系紧密，在组构上往往不好区分（秦善等，2008）。

4.3　人体矿物的生理病理效应

近年来在生物矿化研究领域，人体内形成的矿物及其生理病理效应的研究较为活跃。它不仅涉及生物与矿化的关系，而且与人类健康密切相关。

从元素化学组成来看，人体内存在的元素超过了 60 种。人体重量的 95% 以上是所谓的有机元素，如 O、C、H 和 N 等，构成了人体所必需的 DNA、蛋白质、脂肪、葡萄糖、水分以及其他有机分子。大约 4% 为所谓的无机元素，如 Ca、P、K、Na、Mg、Fe 等，构成了人体中的盐类物质。此外，还有小于人体重量 0.5% 的微量元素，如 Cr、Co、Cu、Mn、Se、V、Zn 等。从矿物学角度看，人们对这些无机元素所构成的盐类或者化合物的细节了解还很肤浅，对其形成机理以及对人类健康所起的作用也知之甚少。

人体中发现的矿物超过了 20 种，它们可以出现在人体的各个部位。表 4-2 列示了典型人体矿物的名称、化学组成以及在人体中的产出部位。含 Ca 磷酸盐矿物是人体矿物中数量最多的（杨若晨等，2006）。依据矿物对人体健康的影响，人体矿物可简单划分为生理性和病理性矿物两大类。前者是指其形成与生长对人体健康无害，是人体内固有的，并具有特定的功能；而病理性矿物则是指并非人体内固有的，其形成和演化与人体的某些疾病有关。例如上面提及的碳羟磷灰石，当其出现在人体骨骼或者牙齿中（Pasteris *et al.*，2004）时，属于生理性的；而当其出现在人体的心脏、血管等部位（Gilinskaya *et al.*，2003）时，则对人体健康有害，就属于病理性的矿物。

1. 方解石和文石

目前人体内发现的方解石有两种主要产状：一种是位于内耳的位砂（Morris and Kittleman，1967；Sanchez-Fernandez and Rivera-Pomar，1984）；另一种是位于脑部的松果体（Baconnier *et al.*，2002）。人体内的方解石颗粒都非常细小，为微米颗粒，粒径为10～20μm。松果体中方解石晶体的形态有三种类型，分别为六方、立方和圆柱状（Baconnier *et al.*，2002）。内耳位砂中的方解石被认为是生理性的，且表现出一定的压电性（Morris and Kittleman，1967）。但是，松果体中的方解石的生理效应却没有明确定论（Sanchez-Fernandez and Rivera-Pomar，1984）。具有中心对称的方解石晶体应不产生压电效应，或许位砂中方解石的压电性与微晶方解石集合体的复杂结构有关。个别乳腺癌病例中，见有少量病理性方解石和文石沉淀。

表 4-2　常见的人体矿物及其产出部位

矿物类别	矿物名称及其晶体化学式	产出部位
碳酸盐	方解石 $Ca[CO_3]$	内耳的位砂、脑部的松果体、乳腺肿瘤
	文石 $Ca[CO_3]$	乳腺肿瘤
磷酸盐	磷灰石 $Ca_5[PO_4]_3(OH,F,Cl)$	牙釉质
	碳羟磷灰石 $Ca_5[PO_4,CO_3]_3(OH,CO_3)$	骨骼、牙本质、心血管、瓣膜钙化、肿瘤、结石
	磷酸八钙 $Ca_8H_2[PO_4]_6 \cdot 5H_2O$	骨骼、钙结石、肿瘤砂粒体
	透磷钙石 $CaHPO_4 \cdot 2H_2O$	结石
	白磷钙矿 $Ca_9H(Mg,Fe)[PO_4]_7$	前列腺结石、软骨钙化
	磷酸三钙 $Ca_3[PO_4]_2$	结石
	三斜磷钙石 $CaHPO_4$	牙齿钙结石
	水磷铵镁石 $(NH_4)_2Mg_3H_4[PO_4]_4 \cdot 8H_2O$	肾结石
	鸟粪石 $NH_4Mg[PO_4] \cdot 6H_2O$	泌尿系结石
	水磷镁石 $Mg[HPO_4] \cdot 3H_2O$	肾结石
	焦磷酸钙 $Ca_2P_2O_7 \cdot 2H_2O$	软骨钙质沉着、假痛风
氧化物	磁铁矿 $FeFe_2O_4$	脑部
	磁赤铁矿 γ-Fe_2O_3	脑部
硫酸盐	石膏 $CaSO_4 \cdot 2H_2O$	肾结石
卤化物	石盐 NaCl	肾结石
有机化合物	水草酸钙石 $CaC_2O_4 \cdot H_2O$	甲状腺肿瘤、乳腺肿瘤、泌尿系结石
	草酸钙石 $CaC_2O_4 \cdot (2+x)H_2O(x<0.5)$	泌尿系结石
	三水草酸钙 $Ca_2C_2O_4 \cdot 3H_2O$	泌尿系结石
	单水尿酸钠 $NaC_5H_3N_4O_3 \cdot H_2O$	关节结缔组织（痛风）
	尿酸 $C_5H_4N_4O_3$	泌尿系结石

2. 磷灰石族矿物

磷灰石族矿物包括氟磷灰石、氯磷灰石、羟磷灰石以及碳氟磷灰石和碳羟磷灰石等。通常情况下，磷灰石指的就是前三者，化学式为 $Ca_5[PO_4]_3(OH,F,Cl)$。后两者指的是结构中有 CO_3^{2-} 部分取代 PO_4^{3-} 或 OH^-、F^-，化学式可表示为 $Ca_5[PO_4,CO_3]_3(OH,F,CO_3)$。磷灰石族矿物可出现在人体的多个部位，既有生理性的，也有病理性的。

（1）牙齿中的磷灰石：人体中羟磷灰石并不常见，多见于牙齿的牙釉质中。牙釉质主要由羟磷灰石组成，其晶体的大小在几纳米至数十纳米之间，有时具有很好的六方对称外形（Pasteris *et al.*，2004）。此外，牙本质中也含有相当数量的碳羟磷灰石。显然，牙齿中的磷灰石是生理性矿物，具有重要的生理功能。

（2）骨骼中的磷灰石：骨骼的基本组成之一是碳羟磷灰石，含量大约占 20%。这些碳羟磷灰石晶体呈板状，尺寸可达 50nm×25nm×4nm。晶体的 c 轴平行于胶原纤维的延长方向，而 a 轴则与之垂直。骨骼中的碳羟磷灰石是人体重要的生理性矿物，对人体有支撑、保护、运动等多种功能。有人认为，骨骼或牙本质中的碳羟磷灰石之所以呈板状形态，是因为其形成经历了呈板状形态的磷酸八钙中间相，继承了磷酸八钙的形态（Weiner and Wagner，1998）。

（3）心血管疾病中的磷灰石：钙化导致的心血管系统疾病是常见的临床疾病，并可能伴随其他器官的病变。心血管系统钙化主要包括动脉血管钙化和瓣膜钙化，表现为含钙磷酸盐形成的钙化作用。动脉血管钙化作用是动脉粥样硬化、高血压、糖尿病血管病变、血管损伤、慢性肾病和衰老等普遍存在的病理现象（Jeziorska *et al.*，1998；Proudfoot *et al.*，1998）。瓣膜钙化经常见于肾病患者。碳羟磷灰石是心血管疾病钙化中的主要物相，与其他钙磷酸盐及有机质混合构成钙化斑块，有时含高达 4.5% 的 SiO_2 杂质（Gilinskaya *et al.*，2003；Hujairi *et al.*，2004）。碳羟磷灰石呈纳米柱状晶簇或不规则团块状产出（Li *et al.*，2014）。显然，这种碳羟磷灰石是病理性矿物，会导致血管和瓣膜的僵硬度增加，顺应性降低。

（4）肿瘤钙化中的磷灰石：多种肿瘤病灶中可出现钙化，如脑膜瘤及乳腺、甲状腺、卵巢肿瘤（Fandos-Morera *et al.*，1988；Das *et al.*，2008）。钙化灶中的主要矿物相为羟磷灰石或碳羟磷灰石。钙化有几种不同的集合体形态：一种是纳米小球，通常出现在钙化与胶原纤维交界处，有时聚集在坏死的细胞空腔处；一种是具有同心圆状结构的所谓砂粒体；还有一些不规则的块状集合体，其内部有时也见有纳米矿化小球。不同疾病钙化灶中的磷灰石的种类和结构基本类似，主要是六方对称的以 CO_3^{2-} 取代 PO_4^{3-} 为主的 B 型碳羟磷灰石（其中可能也包含少量的 CO_3^{2-} 取代 OH^- 的 A 型碳羟磷灰石），但在颗粒形态、大小和结晶程度上又有一定区别。透射电镜揭示，磷灰石有粒状、短柱状、纤维状等形态，通常为 4～8nm 的纳米晶体，晶体沿（002）方向择优取向排列，总体结晶度都较低。这些磷灰石都属于病理性矿物，但其形成机制及其与疾病的关系尚需要深入的多学科交叉研究来揭示（Meng *et al.*，2014）。

（5）松果体钙化中的磷灰石：松果体细胞分泌褪黑激素。然而随着年龄的增长，松果体中的钙化数量增多。医学上称松果体内同心圆状的钙化颗粒为脑砂，是松果体细胞分泌物钙化后的产物。松果体中的磷酸盐钙化为桑葚状矿物集合体，大小约为 200μm，成分主要是羟磷灰石、蛋白质和糖蛋白等（Baconnier *et al.*，2002）。

（6）脑中枢神经系统病灶中的磷灰石：人脑中枢神经系统病灶中也发现有矿化。一些学者研究了癫痫病、阿尔茨海默病、帕金森病、脑神经元损伤、先天性组织缺血病人大脑中的钙化（Dobson，2001；Ramonet *et al.*，2002，2006），分析和比较不同疾病钙化的组织环境、化学组成和物理性质。研究发现所有疾病中都出现以羟磷灰石为主要成分的钙化，在阿尔茨海默病和帕金森病中的钙化附近还发现羟铝硅酸盐沉淀；不同疾病的钙化组成近似，尺寸大小取决于不同疾病的细胞环境。上述不同疾病的钙化都是脑细胞防止受到损伤的一种自我适应性表现。将细胞中游离的钙离子以磷酸盐的形式固定下来，可以减小细胞的能耗，从而降低细胞活动信号以防受到进一步的损伤。

(7) 关节晶体沉淀中的磷灰石：关节的晶体性沉淀可导致关节周炎等疾病。其中磷酸盐矿物是一类重要的病理性晶体。研究表明，碳羟磷灰石是其中的最重要物相，趋向形成10 ~ 100μm 的晶簇。其晶体细小，常呈羽毛状或者弯曲状外观（Schumacher，1988；Garcia *et al.*，2003）。这种外观被认为是其前驱体磷酸八钙的形态。

(8) 结石中的磷灰石：结石几乎可以出现在人体的各个器官中。大量的结石样本的X射线研究指出，结石的主要物相除了钙的草酸盐和尿酸盐外，钙的磷酸盐和镁的磷酸盐都是重要组成成分（Gibson，1974）。结石中的磷灰石为（碳）羟磷灰石，矿物大都颗粒细小，难以分离出单晶体。

(9) 纳米细菌钙化形成的磷灰石：纳米细菌是一种直径为纳米级且具有矿化能力的细菌，20 世纪 80 年代末期发现于人类的血液中（Kajander and Ciftcioglu，1998）。纳米细菌的钙化可导致多种疾病的产生，尤其是肾结石和胆结石，被认为与纳米细菌的钙化有关（Ciftcioglu *et al.*，1999；McLaughlin *et al.*，2002；Kajander *et al.*，2003）。研究还认为，牙齿的钙结石也有可能是纳米细菌的钙化所导致的（Demir，2008）。纳米细菌的钙化产物多为碳羟磷灰石，一般而言，其结晶程度较差，颗粒在纳米级别，很难识别其单晶体形态。

3. 其他磷酸盐矿物

人体中的其他磷酸盐矿物包括磷酸八钙、磷酸三钙、三斜磷钙石、焦磷酸钙、白磷钙矿、透磷钙石、水磷铵镁石、鸟粪石、水磷镁石、无定形磷酸钙等。磷酸八钙既可以作为生理性矿物存在于骨骼中，也可以作为病理性矿物存在于心血管、肿瘤病灶和泌尿系结石中。它经常作为前驱体，会水解为磷灰石，产出不如磷灰石广泛，但磷灰石的板状、纤维状等形态被认为是继承了其形态特征。无定形磷酸钙（amorphous calcium phosphate）也是磷灰石的前驱体，在骨骼和疾病病灶中都有所发现。焦磷酸钙出现于一种累及关节及其他运动系统的晶体性关节病，也称之为焦磷酸钙关节病。病理上主要表现为关节软骨、半月板、滑膜及关节周围组织的焦磷酸钙沉积。三斜磷钙石主要出现于牙齿结石中。磷酸三钙、白磷钙矿、透磷钙石、水磷铵镁石、鸟粪石和水磷镁石主要出现于不同类型的泌尿系结石和前列腺结石中。这些磷酸盐矿物常呈纳米晶体，与磷灰石、草酸钙及其他有机质等混杂在一起，不易分辨。物相的确认都是通过粉晶X射线衍射获得。

4. 磁铁矿和磁赤铁矿

如磁性物质存在于信鸽脑部一样，人的脑组织中也发现存在磁性物质。Kirschvink 等（1992）利用超灵敏超导测磁技术观察到了人脑皮质、小脑和脑膜中存在亚磁性物质。高分辨透射电镜和电子衍射分析表明，这些物质为磁铁矿和磁赤铁矿，且其形态和结构与趋磁细菌和鱼类的生物磁性物质很相似。这些磁性物质颗粒细小，多数脑组织可含最少每克500 万个单晶体畴，对于软脑膜和硬脑膜，每克有 1 亿个以上的单晶体。研究表明，磁性物质的含量不随年龄的变化而出现明显增加或降低的趋势。但是，对男性而言，磁性物质含量随年龄有少许增加的趋势，对女性则没有观察到这种现象（Dobson，2002）。有学者还对这些磁性物质与神经紊乱性疾病（癫痫病、阿尔茨海默病、亨廷顿病、帕金森病）的关系进行了研究，但未发现患者脑部的磁性颗粒浓度和磁性有异常变化（Schultheiss-Grassi and Dobson，1999；Dobson，2001）。到目前为止，还无确切证据表明这些磁性物质是病理性的矿物，它们对人体健康的影响如何，还需要进行大量的研究。

5. 石膏和石盐

文献报道中仅在肾结石中发现含有少量石膏和石盐（Gibson，1974）。结石中石膏和石盐的鉴定是通过粉晶 X 射线衍射获得的，由于含量很少，其形态和结构细节还不是很清楚。

6. 钙的草酸盐矿物

钙的草酸盐矿物，包括草酸钙石、水草酸钙石、三水草酸钙，是人体中常见的病理性矿物，伴随着多种疾病的出现。分布最广泛的草酸钙石，常见于肾结石和泌尿系结石（尚旭明、田华，2007）以及乳腺肿瘤和甲状腺肿瘤的钙化（Gonzalez *et al.*，1991；Katoh *et al.*，1993）。统计结果显示，泌尿系结石草酸钙石的含量可大于 70%，晶体颗粒细小，形态不可识别（欧阳健明、李祥平，2003）；而在乳腺肿瘤中发现的草酸钙石可具有很好的四方双锥形态，颗粒大小可达 200 ~ 300μm（Frappart *et al.*，1984）。水草酸钙石也是泌尿系结石的主要物相之一。在个别卵巢浆液性癌中的砂粒体核心部位也发现有水草酸钙石。这种产状的水草酸钙石颗粒大小为十几纳米，结晶程度比外围的磷灰石高，透射电镜下显示出明显的电子衍射斑点。目前鲜见有关草酸盐对卵巢致癌作用的文献，卵巢癌中水草酸钙石的发现，意味着草酸对卵巢细胞有毒性作用，这可为病理学上研究卵巢癌的发病原因提供参考。三水草酸钙分布有限，主要出现于泌尿系结石中，与其他草酸钙矿物混杂在一起，不易分辨。

7. 单水尿酸钠

痛风是一类典型的晶体沉淀型疾病，是由于嘌呤代谢异常，导致单水尿酸钠晶体沉淀在关节囊、滑囊、软骨、骨质和其他组织引起的病变。呈放射状排列长针状晶体刺激组织引起发炎、水肿（Schumacher，1988）。这种病患往往是由于体内尿酸含量过高或者肾脏分解尿酸的能力过低所致。

人体是一个庞大而复杂的有机系统，人体内的矿化作用普遍存在。人体中的矿化产物，即人体矿物，是人体本身与周围环境共同作用下的产物，具有重要的生理病理效应，对人类健康具有重要影响。当前，人们对人体矿物的了解还比较肤浅，对多数人体矿物，尤其是病理性矿物的形成、生长机理以及与疾病的关系尚不十分清楚。深入研究人体矿物的特征和矿化机理，不仅有助于了解这些矿物在人体中的健康作用及其与疾病的关系，而且可以为与矿化有关的人体疾病的诊疗提供新方法和新技术。人体矿物的研究涉及矿物学和生物医学两大学科，对其深入探究需要矿物学界和生物医学界密切配合，开展交叉研究。相信通过矿物学家、医学家以及其他相关领域科学家的协同努力，在不远的将来，人体矿物的研究会迈上一个新的台阶。

第二篇

矿物学环境属性特征

第 5 章　铁的硫化物矿物还原沉淀效应

5.1　铁的硫化物矿物一般矿物学特征

黄铁矿和磁黄铁矿是自然界最常见的铁的硫化物矿物。

黄铁矿化学成分为 FeS_2，属于等轴晶系，是 NaCl 型结构的衍生结构。晶体结构中对硫$[S_2]^{2-}$呈哑铃状，位于 NaCl 结构中 Cl 的位置，Fe 位于 Na 的位置。对硫的轴向与相当于晶胞 1/8 的小立方体的对角线方向相同，但彼此并不相交。$[S_2]^{2-}$中 S-S 间距为 0.210nm，小于 2 倍 S 离子半径之和 0.35nm，为共价键。相反地，Fe-S 间距为 0.226nm，小于 S^{2-}与 Fe^{2+}半径之和 0.259nm，表明 Fe-S 之间具有共价键成分，结构趋于紧密，相对密度 4.9～5.2。由于对硫的存在及其分布特征，FeS_2 晶体与 NaCl 相比对称程度降低，硬度增大为 6～6.5。自然界的黄铁矿常具有完好的晶形，多为立方体、五角十二面体和八面体及其聚形；隐晶质为胶黄铁矿；无磁性，具有检波性（王濮等，1982）。

自然界中常见的磁黄铁矿按照晶体结构可划分为六方磁黄铁矿和单斜磁黄铁矿。六方磁黄铁矿又称作陨硫铁，化学成分为 FeS。单斜磁黄铁矿化学成分为 $Fe_{1-x}S$，其中的 Fe 不是 1，因为部分 Fe^{2+}被 Fe^{3+}替代，为了保持电荷平衡，结构中的 Fe^{2+}位置出现部分空位而形成缺席结构或结构缺陷。Fe、S 相间分布，空位存在于平行（001）的相间铁离子层内，硫离子夹在铁离子之间。不同超结构是由于结构中铁离子缺位形成各种有序排列而产生。相对密度为 4.60～4.70，硬度 3.5～4.5。单斜磁黄铁矿具有弱磁性（王濮等，1982）。在常温常压条件下六方磁黄铁矿由于氧化作用，可以转化为单斜磁黄铁矿，反应式为

$$3FeS + 2xO_2 \longrightarrow 3Fe_{1-x}S + xFe_3O_4$$

铁的硫化物矿物，尤其是黄铁矿，往往与多金属硫化物矿物以及石英、碳酸盐矿物紧密共生，在有色金属矿山，包括贵金属矿山大量产出，分布极为广泛。目前铁的硫化物矿物中，非金属元素硫，除了作为化工原料，如制备硫酸产品之外，金属元素铁基本没有得到开发利用。也就是说，在当前的技术水平上，铁的硫化物矿物资源属性利用程度相当低。然而，主要由 Fe^{2+}、S_2^{2-}和 S^{2-}组成的黄铁矿和磁黄铁矿，含有丰富的低价态还原性物质，构成了自然界中较强的还原剂，理应具有良好的还原效应与环境属性。相比之下，黄铁矿和磁黄铁矿环境属性较资源属性更为重要。

在矿物资源属性研究领域，黄铁矿还原效应在金矿成矿过程中也发挥着重要作用。一般在成矿前的含 Au 流体中，Au 主要以 Au^+和/或 Au^{3+}的多种络合物形式存在，具有很强的可迁移性。金矿化过程就是 Au^+和 Au^{3+}还原为 Au^0的过程，即自然金的形成过程，如含 Ag 时也是银金矿的形成过程。大量研究表明，黄铁矿还原效应促进了 Au^+和 Au^{3+}向 Au^0的转化，使得 Au^0与黄铁矿紧密相伴。Au^0多存在于黄铁矿晶体、晶隙与裂隙之中，常常被称为包裹金、晶隙金与裂隙金。值得指出的是，正是由于金矿床中黄铁矿具有还原 Au^+和

Au^{3+}为Au^0的功能，启发了作者尝试利用黄铁矿还原处理重金属Cr(Ⅵ)为Cr(Ⅲ)的基础研究工作，从而在国内引领了矿物学新的研究方向。

5.2 黄铁矿和磁黄铁矿氧化还原特性

5.2.1 电极电势与氧化还原反应

关于氧化还原反应的认识，早在18世纪末，认为与氧化合的反应为氧化反应，从氧化物夺取氧的反应为还原反应。在19世纪中期出现化合价观念以后，认为化合价升高的反应为氧化反应，化合价降低的反应称为还原反应。直到20世纪初，化合价电子概念诞生以后，认为失电子的反应为氧化反应，得电子的反应为还原反应。在氧化还原共轭关系（还原态$\rightleftharpoons$氧化态$+ne^-$）中电子转移普遍存在。这类似于酸碱共轭关系：酸$\rightleftharpoons$碱$+nH^+$中存在的质子转移过程。

金属表面的自由电子有逃逸的趋势而形成表面电势，在固体与液体之间的界面处存在相间电势（双电层模型：固体一侧富集阳离子，液体一侧富集阴离子）。电极电势即由表面电势与相间电势组成，可由测定电极电动势$E_{池}=E_{正}-E_{负}$来计算获得。电极电势越正，表明电极反应中氧化态物质越容易夺得电子转变为相应的还原态，是强的氧化剂；电极电势越负，表明电极反应中还原态物质越容易失去电子转变为相应的氧化态，是强的还原剂。

两种物质之间能否发生氧化还原反应，取决于它们电极电势的差别，E值较高的氧化态物质，能与E值较低的还原态物质发生氧化还原反应。在恒温恒压条件下，体系内能的降低量等于体系所做的最大其他功，此处即为氧化还原体系所做的电功W'。体系内能与电功关系式为

$$-\Delta G_T^0 = W' = E_{池}^0 \times 电量 = nFE_{池}^0$$

式中，F为法拉第常数，9.65×10^4；n为反应过程中转移的电子数。

而

$$-\Delta G_T^0 = 2.30RT\ \lg K^0(K^0\ 为平衡常数)$$

代入可得到：$E_{池}^0=2.30RT\ \lg K^0/nF$。

当$T=298K$，$R=8.31J/(mol\cdot K)$时，

$$E_{池}^0 = 2.30\times8.31\times298\ \lg K^0/n\times9.65\times10^4 = 0.0591\ \lg K^0/n$$

$E_{池}^0$可直接测得，则

$$\lg K^0 = nE_{池}^0/0.0591$$

由于自发的氧化还原反应体系内能要降低，即$\Delta G_T^0<0$，故$E_{池}^0>0$；非自发氧化还原反应则相反，即$\Delta G_T^0>0$，$E_{池}^0<0$。

通常一个化学反应的$K^0>10^6$时，可认为反应进行得很彻底。因此据关系可知：当$n=1$时，$E_{池}^0=0.36V$；当$n=2$时，$E_{池}^0=0.18V$；当$n=3$时，$E_{池}^0=0.12V$。

由此可知，两种物质之间能否自发地发生氧化还原反应，取决于该两种氧化态与还原

态物质之间电极电势差 $E^0_{池}$ 是否大于 0.12～0.36V。

此外，反应物质浓度对电极电势具有一定的影响。可利用 Nernst 方程进行定量计算。

对于氧化还原反应：

$$a\ \mathrm{ox}_1 + b\ \mathrm{red}_2 = c\ \mathrm{red}_1 + d\ \mathrm{ox}_2 \text{（ox 为氧化态物质，red 为还原态物质）}$$

$$\Delta G_T = \Delta G^0_T + 2.30RT\lg[(\mathrm{red}_1)^c(\mathrm{ox}_2)^d/(\mathrm{ox}_1)^a(\mathrm{red}_2)^b]$$

而 $\Delta G_T = -nFE_{池}$（电量×电压 $= W' = \Delta G_T$），代入上式：

$$-nFE_{池} = -nFE^0_{池} + 2.30\ RT\lg[(\mathrm{red}_1)^c(\mathrm{ox}_2)^d/(\mathrm{ox}_1)^a(\mathrm{red}_2)^b]$$

$$E_{池} = E^0_{池} - 2.30\ RT\lg[(\mathrm{red}_1)^c(\mathrm{ox}_2)^d/(\mathrm{ox}_1)^a(\mathrm{red}_2)^b]/nF$$

标准状态下，$E_{池} = E^0_{池} - 0.0591\lg[(\mathrm{red}_1)^c(\mathrm{ox}_2)^d/(\mathrm{ox}_1)^a(\mathrm{red}_2)^b]/n$

而 $E_{池} = E_{正} - E_{负} = E^0_{正} - E^0_{负} - 0.0591\lg[(\mathrm{red}_1)^c(\mathrm{ox}_2)^d/(\mathrm{ox}_1)^a(\mathrm{red}_2)^b]/n$

$$= \{E^0_{正} - 0.0591\lg[(\mathrm{red}_1)^c/(\mathrm{ox}_1)^a]/n\} - \{E^0_{负} - 0.0591\lg[(\mathrm{red}_2)^b/(\mathrm{ox}_2)^d]/n\}$$

即

$$E_{正} = E^0_{正} - 0.0591\lg[(\mathrm{red}_1)^c/(\mathrm{ox}_1)^a]/n = E^0_{正} + 0.0591\lg[(\mathrm{ox}_1)^a/(\mathrm{red}_1)^c]/n$$

$$E_{负} = E^0_{负} - 0.0591\lg[(\mathrm{red}_2)^b/(\mathrm{ox}_2)^d]/n = E^0_{负} + 0.0591\lg[(\mathrm{ox}_2)^d/(\mathrm{red}_2)^b]/n$$

推广到更为普遍的氧化还原反应情况，如电极反应式：$m\ \mathrm{ox} + n\ \mathrm{e}^- = q\ \mathrm{red}$

可得到浓度与电极电势的关系式为

$$E = E^0 - 0.0591\lg[(\mathrm{red})^q/(\mathrm{ox})^m]/n = E^0 + 0.0591\lg[(\mathrm{ox})^m/(\mathrm{red})^q]/n$$

即为电极电势随浓度变化的关系式——Nernst 方程式。

对于固体电极反应的还原态（red）= 1，则 $E = E^0 + 0.0591\lg(\mathrm{ox})^m/n$。

如：$Cr_2O_7^{2-} + 14H^+ + 6e^- = 2Cr^{3+} + 7H_2O$，已知 $E^0 = 1.23V$，可得到浓度与电极电势关系为

$$E = E^0 - 0.0591\lg[(Cr^{3+})^2/(Cr_2O_7^{2-})(H^+)^{14}]/6$$

凡有质子 H^+ 参加的电极反应，除了电极物质浓度影响之外，介质酸度对电极电势的影响也较大，可用曲线 pH 与 E 关系图表示。对于一些氧化态变化较多的元素，常把各种氧化态之间的 E-pH 曲线汇总在一起而成为某元素的 E-pH 关系图。酸度不仅对电极物质的氧化还原能力具有一定影响，而且还影响到氧化还原的产物。

总之，氧化还原反应物质电极电势的大小，首先由电极物质所决定，其次受到物质浓度的显著影响。生成难溶物的沉淀反应和生成络（配）合物的络合反应，均使电极物质浓度发生变化，可直接导致电极电势发生改变。

显然，铁的硫化物矿物–水界面上的化学性质由两方面因素决定：一是界面上固体的电位与物质浓度，二是界面上溶液的 pH。因此，铁的硫化物矿物电化学性质显得尤为重要，它既是金属导体，又是 N 型或 P 型半导体，与适当的低阻相联装配成电极后，其化学行为可通过电化学方法来研究。电极电势决定了氧化还原反应热力学上的可能性及其动力学特征。

5.2.2　氧化分解作用与还原效应

黄铁矿（FeS_2）和磁黄铁矿（FeS）在发挥还原剂作用，即还原效应的同时，自身要

发生氧化分解。具体表现为黄铁矿(FeS_2)和磁黄铁矿(FeS)中的 Fe^{2+}、S_2^{2-} 和 S^{2-} 被氧化，并产生价电子，与其他物质发生还原反应。

在 S-H_2O 体系中，氧化态为 S^{2-}、S^0 和 S^{6+} 的硫较稳定。$H_2S_2O_8/SO_4^{2-}$、$S_2O_8^{2-}/HSO_4^-$ 和 $S_2O_8^{2-}/SO_4^{2-}$ 的电势，高于 O_2/H_2O 的电势，表明它们能氧化 H_2O 为 O_2。类似地，可氧化 HS^- 为 S^{2+}，氧化 H_2S 为 S，氧化 S 为 HSO_4^- 或 SO_4^{2-}。

在 Fe-S-H_2O 体系中，黄铁矿(FeS_2)氧化分解作用会受到介质 pH 的较大影响。

酸性条件下，黄铁矿氧化分解可形成硫酸盐与可溶性金属离子：

$$FeS_2 + 8H_2O \longrightarrow Fe^{2+} + 2SO_4^{2-} + 16H^+ + 14e^-$$

而在较高 pH 条件下，氧化产物中还出现铁的氧化物：

$$2FeS_2 + 19H_2O \longrightarrow Fe_2O_3 + 4SO_4^{2-} + 38H^+ + 30e^-$$

碱性条件下，包括黄铁矿和磁黄铁矿在内的二价金属硫化物矿物(MS)的氧化分解，可形成 $M(OH)_2$ 与多种价态的含 S 物质，包括 S^{2-}、S^-、S^0、S^{2+} 和 S^{6+}，比酸性条件的氧化程度低：

$$MS + 2xH_2O \longrightarrow xM(OH)_2 + M_{1-x}S + 2xH^+ + 2xe^-$$

$$2MS + 2H_2O \longrightarrow MS_2 + M(OH)_2 + 2H^+ + 2e^-$$

$$MS + 2H_2O \longrightarrow M(OH)_2 + S + 2H^+ + 2e^-$$

$$2MS + 7H_2O \longrightarrow 2M(OH)_2 + S_2O_3^{2-} + 10H^+ + 8e^-$$

$$MS + 6H_2O \longrightarrow M(OH)_2 + SO_4^{2-} + 10H^+ + 8e^-$$

碱性溶液中，$Fe(OH)_2$ 还可进一步氧化为 $Fe(OH)_3$。其中黄铁矿中硫主要被氧化为 SO_4^{2-}，表现出较强的还原效应。而磁黄铁矿中硫主要被氧化为 S^0，还原效应较弱。

显然，酸性和碱性条件下黄铁矿和磁黄铁矿的氧化方式有差异。酸性条件下主要表现为 S^{2-} 和 S_2^{2-} 的氧化（阴离子缺位），碱性条件下同时表现为 S^{2-}、S_2^{2-} 和 Fe^{2+} 的氧化（阴阳离子缺位）。

5.2.3 还原分解作用与氧化效应

铁的硫化物氧化效应不是很突出，主要是黄铁矿中存在 S_2^{2-}，在 S_2^{2-} 转化为 S^{2-} 过程中具有一定的氧化效应表现。如在酸性溶液中，黄铁矿还原分解可产生 H_2S，在较高 pH 条件下可形成 HS^- 物质，并能够实现黄铁矿向磁黄铁矿的物相转化：

$$FeS_2 + 2xH^+ + 2xe \longrightarrow FeS_{2-x} + xH_2S$$

$$FeS_2 + 4H^+ + 2e^- \longrightarrow Fe^{2+} + 2H_2S$$

$$FeS_2 + 2H^+ + 2e^- \longrightarrow FeS + H_2S$$

$$FeS_2 + H^+ + 2e^- \longrightarrow FeS + HS^-$$

5.2.4 大气氧化分解作用

由于 O_2/H_2O 电极电势位于所有金属硫化物的稳定区之上，故在空气中，包括铁的硫化物矿物在内的金属硫化物表面的氧化作用能够自发地产生。这也是金属硫化物矿物普遍具有还原效应的体现。

碱性条件下，金属硫化物矿物主要氧化途径如下，主要氧化产物如表 5-1 所示。

$$MS+2xH_2O \longrightarrow xM(OH)_2+M_{1-x}S+2xH^++2xe^-$$
$$2xMS+2xH_2O \longrightarrow M(OH)_2+MS_{2x}+2xH^++2xe^-$$
$$MS+2H_2O \longrightarrow M(OH)_2+S+2H^++2e^-$$
$$2MS+7H_2O \longrightarrow 2M(OH)_2+S_2O_3^{2-}+10H^++8e^-$$
$$MS+6H_2O \longrightarrow M(OH)_2+SO_4{}^{2-}+10H^++8e^-$$

表 5-1　碱性溶液中金属硫化物矿物阳极氧化产物

矿物	氢氧化物	硫化物	主要 S	次要 S
$Fe_{1-x}S$	$Fe(OH)_3$	—	S	SO_4^{2-}
FeS_2	$Fe(OH)_3$	—	SO_4^{2-}	S
$CuFeS_2$	$Fe(OH)_3$	CuS	S	—
Cu_5FeS_4	$Fe(OH)_3$	Cu_5S_4	—	—
Cu_2S	$Cu(OH)_2$	$Cu_{2-x}S$	—	—
CuS	$Cu(OH)_2$	—	S	$S_2O_3^{2-}$
PbS	$Pb(OH)_2$	—	S	$S_2O_3^{2-}$
$(Fe,Ni)_9S_8$	$Fe(OH)_3$	—	S	SO_4^{2-}

再以黄铁矿为例，其在大气中所经历的氧化分解反应过程为

$$2FeS_2 + 2H_2O + 7O_2 \longrightarrow 2Fe^{2+} + 4SO_4^{2-} + 4H^+(aq)$$

Fe^{2+}进一步氧化变为 Fe^{3+}，并消耗部分 H^+：

$$4Fe^{2+} + 4H^+(aq) + O_2 \longrightarrow 4Fe^{3+} + 2H_2O$$

Fe^{3+}还可以作为氧化剂进一步氧化黄铁矿，也可水解而释放更多的 H^+：

$$FeS_2 + 14Fe^{3+} + 8H_2O \longrightarrow 15Fe^{2+} + 2SO_4^{2-} + 16H^+(aq)$$
$$Fe^{3+} + 3H_2O \longrightarrow Fe(OH)_3 + 3H^+(aq)$$

显然，大气中黄铁矿氧化分解作用的还原效应，表现在对 O_2还原为 O^{2-}的过程，包括对 Fe^{3+}的还原作用。

多金属矿山尾矿库和废石堆中黄铁矿受到大气氧化分解作用后，可释放出大量的 H^+、Fe^{2+}、Fe^{3+}、SO_4^{2-} 以及 As、Cd、Hg、Pb、Cu 等有毒有害元素，形成酸性矿山废水（AMD）。酸性矿山废水的 pH 往往小于 5，甚至可低至 2 左右。对矿山周边的地表水、地下水和土壤会造成严重污染。

5.3　磁黄铁矿还原效应及其电化学分析

5.3.1　还原沉淀 Cr(Ⅵ)的效果

Cr 是对环境生态危害巨大的有毒有害重金属元素之一，含 Cr 废水会严重污染水体和

土壤，威胁生态环境和人类健康。因此含铬，尤其是含 Cr(Ⅵ)废水的处理是环境重金属污染治理的重要问题之一，并已成为国内外环保界优先控制的项目。传统的化学还原法处理含 Cr(Ⅵ)废水为化学还原与化学沉淀二步法，其基本原理是，首先利用还原剂，如亚硫酸钠等，将 Cr(Ⅵ)还原成 Cr(Ⅲ)，然后再利用氢氧化钠或石灰等将 Cr(Ⅲ)转化为沉淀物 $Cr(OH)_3$而除去。这一方法普遍存在设备繁与成本高等不利因素，而利用成本较低的石灰作为沉淀剂时，还会产生大量且难以回收的沉淀污泥，妥善解决沉淀污泥的处置和利用仍然是一个难题。

天然磁黄铁矿的还原效应，可以用来处理含 Cr(Ⅵ)废水。天然磁黄铁矿在还原 Cr(Ⅵ)的同时，不加碱即能直接形成含 Cr(Ⅲ)胶体沉淀物，实现还原作用与沉淀作用相伴进行的一步法处理。据此我们提出了利用矿山尾砂和废石堆等废弃物中天然铁的硫化物净化含铬废水的新技术。与传统的先还原后沉淀二步法处理含 Cr(Ⅵ)废水的工艺相比，该技术具有明显的经济优势和环境优势。下面介绍我们进行的实验研究（Lu *et al.*，2000）。

天然磁黄铁矿取自内蒙古某硫铁矿矿山，经破碎、淘洗、晾干、筛分与磁选后，经 X 射线衍射分析确认包括单斜和六方磁黄铁矿。磁黄铁矿主要化学成分 Fe 和 S 的含量见表 5-2。晶体化学式表明，该产地的磁黄铁矿中 Fe 缺位普遍。与六方磁铁矿相比，单斜磁黄铁矿缺 Fe 更多。晶体结构测定结果：单斜磁黄铁矿空间群 $F2/d$，$Z=64$，晶胞参数 $a_0=1.1892$nm，$b_0=0.6897$nm，$c_0=2.2742$nm，$\beta=90°11'$，超结构型 2*A*2*B*4*C*；六方磁黄铁矿空间群 $P6/mcm$，$Z=2$，晶胞参数 $a_0=0.3448$nm，$c_0=0.5747$nm，超结构型 1*A*1*C*。

表 5-2　磁黄铁矿化学成分分析

No.	Fe 质量百分比	S 质量百分比	Fe 原子百分比	S 原子百分比	晶体化学式	矿物名称
1	59.51	39.07	46.26	52.90	$Fe_{0.87}S$	单斜磁黄铁矿
2	60.17	39.26	46.58	52.94	$Fe_{0.88}S$	
3	60.31	38.16	47.10	51.92	$Fe_{0.91}S$	六方磁黄铁矿
4	60.20	38.75	46.94	52.63	$Fe_{0.89}S$	

完成的大量实验结果表明，磁黄铁矿还原 Cr(Ⅵ)的实验产物在玻璃烧杯中自上而下能迅速地分为三层，即上层清液、中层黄色胶体沉淀物和底部过量的磁黄铁矿样品。上层清液能直接排放，中层沉淀物能方便回收，底部磁黄铁矿能循环利用。

在含 Cr(Ⅵ)初始浓度 100mg/L、体积 100mL、pH 为 1.9 的溶液中，投入 80～120 目磁黄铁矿 1g，反应平衡后分别测得上清液和沉淀物中有毒有害组分的含量见表 5-3。其中的 Cu、Pb、Zn、Cd 及 Fe 来自于磁黄铁矿的微溶作用，它们在上清液和沉淀物中均有分布。上清液中 Cr(Ⅵ)含量由原来的 100mg/L 大幅度降低到 0.04mg/L，大大低于国家规定的六价铬排放标准 0.50mg/L（国家环境保护局科技标准司，1994）。绝大部分 Cr(Ⅵ)的还原产物 Cr(Ⅲ)分布于沉淀物中。上清液中全 Cr 含量为 47.70mg/L，高于 1.5mg/L 国家规定的全铬排放标准（国家环境保护局科技标准司，1994）。主要原因是实验溶液的 Cr(Ⅵ)初始浓度较大，而磁黄铁矿用量相对过少。此时若采用传统工艺来降低清液中全铬含量，必须加碱促使 Cr(Ⅲ)的沉淀转化。

表 5-3　磁黄铁矿还原 Cr(Ⅵ)实验上清液和胶体沉淀物中重金属含量

重金属	Cu	Pb	Zn	Co	Ni	Cd	Fe	全 Cr	Cr(Ⅵ)
上清液/(mg/L)	0.26	1.25	0.56	0.00	0.00	0.03	348.70	47.70	0.04
沉淀物/μg	18.50	0.55	68.8	0.00	0.00	1.40		2090.0	7.48

选配含 Cr(Ⅵ)废水浓度 50mg/L，体积仍然为 100mL，同样粒度磁黄铁矿用量增加到 13g，反应时间达 1h，结果在不同 pH 条件下，上清液中全铬含量迅速降低到 0.30 ~ 4.50mg/L，绝大多数都达到了国家规定的全铬排放标准（表 5-4）。充分说明在介质 pH 较宽的范围内过量加入磁黄铁矿时，无需加碱也能降低清液中全铬含量，并达到排放标准。

表 5-4　磁黄铁矿还原 Cr(Ⅵ)实验上清液中全铬含量

初始 pH	3.57	4.08	4.58	5.13	6.16	6.65	7.18	8.12	10.01	11.05
全铬含量/(mg/L)	0.30	0.40	1.85	0.30	0.55	0.75	0.55	0.30	0.55	4.50

将上述反应时间延长到 10h，对上清液中其他组分也进行了定量测试（表 5-5），有毒有害的 Cu、Pb、Zn、Co、Ni 及 Cd 等含量均低于国家规定的排放标准（国家环境保护局科技标准司，1994），仅无害的 Fe 含量稍高，综合水质较好。同时，随还原反应时间的延长，全铬含量由反应 1h 的最低浓度 0.30mg/L，可降低到反应 10h 的 0.06mg/L，已远远低于 1.5mg/L 的全铬排放标准，接近饮用水 0.05mg/L 的标准（国家环境保护局科技标准司，1994）。

表 5-5　磁黄铁矿还原 Cr(Ⅵ)实验上清液中重金属含量

重金属	Cu	Pb	Zn	Co	Ni	Cd	Fe	全 Cr
含量/(mg/L)	0.11	0.12	0.18	0.02	0.08	0.00	111.40	0.06

在大量 Cr(Ⅵ)已转化为 Cr(Ⅲ)的同时，不加碱上清液中全铬含量就已达到排放标准，显然 Cr(Ⅲ)主要转移至中层胶体沉淀物中。胶体沉淀物中含铬物相主要是 Cr(Ⅲ)的氧化物、氢氧化物和硫化物。

天然磁黄铁矿处理含 Cr(Ⅵ)废水的过程是还原 Cr(Ⅵ)和沉淀 Cr(Ⅲ)相伴进行的过程。Cr(Ⅵ)还原后形成的 Cr(Ⅲ)自发脱离上层清液，存在于胶体沉淀物中，可省去必须加石灰以形成 $Cr(OH)_3$沉淀物的传统处理工艺，从而大大减少沉淀污泥的产生，有效避免可能引起的二次污染，真正实现还原 Cr(Ⅵ)与沉淀 Cr(Ⅲ)的一步法处理。

5.3.2　处理 Cr(Ⅵ)废水过程中 pH 变化规律

1. 单斜磁黄铁矿处理含 Cr(Ⅵ)废水过程中 pH 变化

常温常压下，向 8 个盛有 50mL，浓度为 10mg/L 的模拟含 Cr(Ⅵ)废水的 100mL 烧杯中各放入 3g 粒度为 80 ~ 120 目的单斜磁黄铁矿，废水溶液的初始 pH 为 1.08 ~ 12.06。反应开始和结束时均用玻璃棒在溶液中搅拌1min。三次实验结果平均值列于表5-6和图5-1a。结果表明，利用单斜磁黄铁矿处理含Cr(Ⅵ)废水时，在反应20min后，初始pH大于3.40的No.3~8各组，废水的pH迅速降低；初始pH为1.08的No.1的pH稍有增加。当反应达到充分平衡时，No.2~7各组从初始pH为3.40~9.66的较宽范围，变化到3.61~4.47这一较窄范围。而强酸性(No.1)和强碱性(No.8)的废水，pH在反应过程中变化的幅度较小。一个明显特征是初始pH在反应过程中变化幅度较大时，对应的除Cr(Ⅵ)效率也较高。

表5-6　单斜和六方磁黄铁矿处理含Cr(Ⅵ)废水过程中pH变化

投放矿物	No.	初始pH	20min pH	45min pH	1h pH	2h pH	4h pH	6h pH	7h pH	18h pH	去除率/%
单斜磁黄铁矿	1	1.08	1.26	1.34	1.15	1.11	1.26	1.11		1.14	95.10
	2	3.40	3.29	3.39	3.22	3.32	3.59	3.58		3.61	99.35
	3	5.23	2.82	3.54	3.24	3.42	3.72	3.68		3.84	99.02
	4	6.85	3.07	2.97	3.53	3.70	3.93	3.90		3.77	99.35
	5	7.80	3.77	3.72	4.31	4.41	4.38	4.36		4.23	99.67
	6	8.61	4.66	4.43	4.10	4.08	4.18	4.17		3.98	99.67
	7	9.66	4.81	4.56	4.45	4.31	4.35	4.27		4.47	99.67
	8	12.06	10.77	10.66	10.35	10.43	10.13	10.00		8.95	60.46
六方磁黄铁矿	1	1.10	1.23		1.23	1.27	1.33	1.36	1.36	1.50	97.39
	2	3.47	3.28		3.04	3.37	3.71	4.06	4.20	5.39	56.86
	3	5.32	5.01		4.79	4.98	6.14	5.29	5.45	6.04	47.71
	4	6.85	6.23		6.49	6.38	6.43	6.55	6.57	6.49	45.42
	5	7.80	5.53		6.50	6.55	6.62	6.58	6.60	6.57	50.98
	6	8.68	7.30		6.78	6.47	6.52	6.36	6.45	6.44	54.98
	7	9.66	7.34		6.89	6.62	6.63	6.44	6.48	6.45	54.25
	8	11.98	11.98		11.86	11.76	11.48	11.28	11.00	10.18	15.03

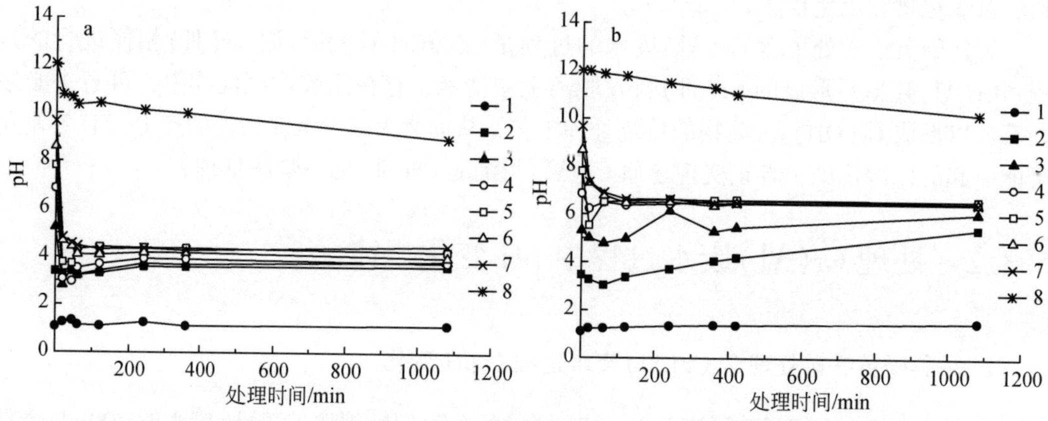

图5-1　单斜（a）和六方（b）磁黄铁矿处理含Cr(Ⅵ)废水过程中pH变化

图中1~8对应于表5-6中1~8编号

2. 六方磁黄铁矿处理含 Cr(Ⅵ)废水过程中 pH 变化

在与单斜磁黄铁矿处理含 Cr(Ⅵ)废水相同的实验条件下，进行利用六方磁黄铁矿处理含 Cr(Ⅵ)废水实验，考察处理过程中 pH 的变化。实验过程中，当初始 pH 在 3.47 ~9.66，反应 20min 后 pH 开始出现降低，但变化的幅度较小。随着反应的不断进行，酸性介质 pH 有所增加，而碱性介质 pH 有所降低，反应达到充分平衡时，pH 基本稳定在 5.39 ~6.57。初始 pH 在反应过程中所表现出的这一较小的变化速度和变化幅度与其较低的除 Cr(Ⅵ)效率相对应。三次实验结果的平均值见表 5-6 及图 5-1b。

3. 单斜与六方磁黄铁矿除 Cr(Ⅵ)效率比较

在同样的实验条件下，处理反应 18h 后，单斜磁黄铁矿在初始 pH 为 1.08 ~9.66 这一较宽的范围内除 Cr(Ⅵ)率均达 95% 以上，而六方磁黄铁矿仅在初始 pH 为 1.10 的情况下才有 97.39% 的除 Cr(Ⅵ)率，其余的除 Cr(Ⅵ)率均在 60% 以下。显然，除了强酸性介质外，六方磁黄铁矿除 Cr(Ⅵ)效果明显不及单斜磁黄铁矿。经过单斜磁黄铁矿处理后的含 Cr(Ⅵ)废水能达到国家规定的排放标准。当初始 pH 大于 10 时，单斜和六方磁黄铁矿除 Cr(Ⅵ)效果都不好（图 5-2）。

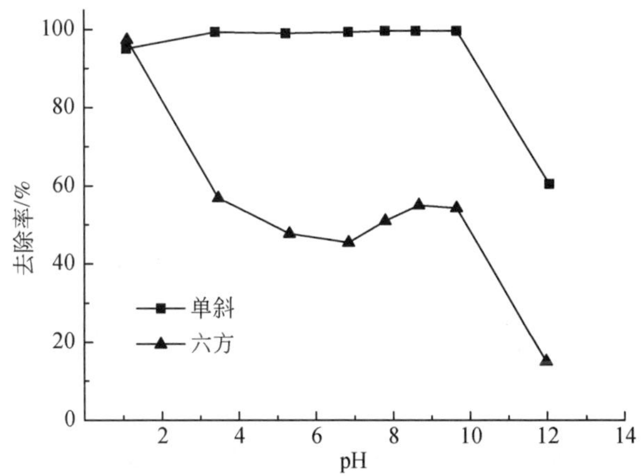

图 5-2　单斜与六方磁黄铁矿去除 Cr(Ⅵ)效率与 pH 关系比较

在利用单斜与六方磁黄铁矿处理含 Cr(Ⅵ)废水过程中，pH 的变化规律是：当初始 pH 小于 5 时，反应 pH 不断增加；当初始 pH 大于 5 时，反应 pH 不断降低。pH 的变化原因是：在酸性介质中处理反应过程为 H^+的消耗过程，而在碱性介质中处理反应过程为 OH^-的消耗过程。

4. 磁黄铁矿结构缺陷与反应过程 pH 变化

与六方磁黄铁矿相比，单斜磁黄铁矿在处理含 Cr(Ⅵ)废水过程中 pH 变化的速度和幅度均较大，除 Cr(Ⅵ)效率也较高，表明单斜磁黄铁矿反应活性较强。这与单斜磁黄铁矿（$Fe_{1-x}S$）中 Fe 不足而产生的结构缺陷有一定关系，因为晶体结构中的缺陷往往是化学反应的活性点。理论上六方磁黄铁矿（FeS）中不存在Fe缺位，晶体结构相对较为完整，在一定程度上降低了化学反应活性。实验用单斜磁黄铁矿比六方磁黄铁矿化学成分中含有更低的Fe，晶体结构中具有更多的缺位，可能影响着二者的溶解性与反应性，最终表现在除Cr(Ⅵ)效果与反应过程pH的变化上。

一个有意义的现象是分选好的并久置近两年的六方磁黄铁矿除Cr(Ⅵ)效率有所提高，这与六方磁黄铁矿表面受到氧化有关。因为六方磁黄铁矿表面及裂隙氧化产物中常有磁铁矿的形成（Ribbe，1974），使得六方磁黄铁矿近表面产生Fe缺位。反应式见式（5-1）。

这样，表面和裂隙中形成具有结构缺陷的六方磁黄铁矿，其化学活性便有所提高。

5. 利用pH变化规律调节处理后水质的酸碱性

实际含Cr(Ⅵ)废水往往是酸性的，这不仅有利于磁黄铁矿对Cr(Ⅵ)的还原作用，且处理反应过程中所表现出的pH自行增大还能使处理后的水质中酸度大大降低。在过量使用磁黄铁矿的条件下，处理后的水质能够接近中性，无需加碱中和即可直接排放。例如，我们对某地电镀废水进行现场处理实验时，处理之前废水中Cr(Ⅵ)浓度为175.60mg/L，pH为2~3。将过量的单斜磁黄铁矿投入盛有该废水的容器中进行充分反应，处理后的水质中Cr(Ⅵ)浓度大大低于国家规定排放标准，为0.002mg/L，符合当地环保部门仪器的检出限标准以下，pH试纸检测基本无显色反应，表明水质已接近中性。利用磁黄铁矿处理含Cr(Ⅵ)废水过程中pH的变化规律，可自行调节处理过程中水质的酸度变化，能节省传统工艺中需要加碱以中和处理后酸性水的环节（Lu *et al.*，2006b）。

5.3.3 还原Cr(Ⅵ)过程中电化学分析

以上述磁黄铁矿还原处理Cr(Ⅵ)为例，分析其电化学特征。

酸性条件下，磁黄铁矿溶解反应为

$$FeS(s) + 2H^+(aq) \longrightarrow Fe^{2+}(aq) + H_2S(aq)，标准平衡常数 K^0_{(298.15)} = 3.87 \times 10^2$$

但在弱酸性条件下，其溶解作用为

$$FeS(s) + H^+(aq) \longrightarrow Fe^{2+}(aq) + H_2S(aq)，K^0_{(298.15)} = 3.80 \times 10^{-5}$$

显然，常温常压条件下磁黄铁矿的溶解性随酸性增加而增强，其溶解产物随介质酸性增强的顺序依次是$S^{2-}(aq) < HS^-(aq) < H_2S(aq)$。因此，在FeS的还原过程中，Fe(Ⅱ)和S(Ⅱ)在水溶液中的存在形式为$Fe^{2+}(aq)$及$S^{2-}(aq)$或$HS^-(aq)$或$H_2S(aq)$。

常温常压下：

$$Fe^{3+}(aq) + e^- \longrightarrow Fe^{2+}(aq)，标准电极电势 \Phi^0_{Fe^{3+}/Fe^{2+}} = 0.771V$$

$$Fe^{2+}(aq) + 2e^- \longrightarrow Fe(s)，\Phi^0_{Fe^{3+}/Fe} = -0.440V$$

$$S(s) + 2e^- \longrightarrow S^{2-}(aq)，\Phi^0_{S/S^{2-}} = -0.48V$$

$$S(aq) + H^+(aq) + 2e^- \longrightarrow HS^-(aq)，\Phi^0_{S/HS^-} = -0.065V$$

$$S(aq) + 2H^+(aq) + 2e^- \longrightarrow H_2S(aq)，\Phi^0_{S/H_2S} = 0.141V$$

表明$Fe^{2+}(aq)$的氧化能力较弱，还原能力较强，能有效还原水溶液中Cr(Ⅵ)（Pettine *et al.*，1998）。氧化数为−2的S的还原作用随$H_2S(aq)$、$HS^-(aq)$、$S^{2-}(aq)$依次增强，并显示出

比 $Fe^{2+}(aq)$ 更强的还原能力。$H_2S(aq)$、$HS^-(aq)$ 及 $S^{2-}(aq)$ 的还原产物通常是 S，也可能是 $S_2O_3^{2-}$、H_2SO_3 及 HSO_4^-，当氧化剂足够强时，甚至是 H_2SO_4。

酸性介质中，Cr(Ⅵ)主要以 $Cr_2O_7^{2-}$ 形式存在，其还原反应为

$$Cr_2O_7^{2-}(aq)+14H^+(aq)+6e^- \longrightarrow 2Cr^{3+}(aq)+7H_2O,\ \Phi^0_{Cr_2O_7^{2-}/Cr^{3+}}=1.33V$$

式中，$\Phi_{Cr_2O_7^{2-}/Cr^{3+}}=\Phi^0_{Cr_2O_7^{2-}/Cr^{3+}}+(RT/nF)\ln[Cr_2O_7^{2-}][H^+]^{14}/[Cr^{3+}]^2$。由于反应开始时 $[Cr_2O_7^{2-}]$ 远远大于 $[Cr^{3+}]$，所以 $\Phi_{Cr_2O_7^{2-}/Cr^{3+}}>\Phi^0_{Cr_2O_7^{2-}/Cr^{3+}}$。

酸性介质中，Fe(Ⅱ)以 $Fe^{2+}(aq)$ 形式出现，其氧化反应为 $Fe^{2+}(aq)\longrightarrow Fe^{3+}(aq)+e^-$，$\Phi_{Fe^{3+}/Fe^{2+}}=\Phi^0_{Fe^{3+}/Fe^{2+}}+(RT/nF)\ln[Fe^{3+}]/[Fe^{2+}]$。反应开始时 $[Fe^{2+}]\gg[Fe^{3+}]$，故 $\Phi_{Fe^{3+}/Fe^{2+}}>\Phi^0_{Fe^{3+}/Fe^{2+}}$。

很明显，$\Phi^0_{Cr_2O_7^{2-}/Cr^{3+}}=1.33V>\Phi^0_{Fe^{3+}/Fe^{2+}}=0.771V$，所以 $\Phi^0_{Cr_2O_7^{2-}/Cr^{3+}}>\Phi^0_{Fe^{3+}/Fe^{2+}}$，也就是如下还原反应能向右彻底进行：

$$Cr_2O_7^{2-}(aq)+6Fe^{2+}(aq)+14H^+(aq)\longrightarrow 2Cr^{3+}(aq)+6Fe^{3+}(aq)+7H_2O$$

同理可得到 $\Phi_{Cr_2O_7^{2-}/Cr^{3+}}>\Phi_{S/H_2S}$，如下还原反应也能向右彻底进行：

$$Cr_2O_7^{2-}(aq)+3H_2S(aq)+8H^+(aq)\longrightarrow 2Cr^{3+}(aq)+3S(s)+7H_2O$$

此外以下两个还原反应：

$$H_2SO_3(aq)+4H^+(aq)+4e^-\longrightarrow S(s)+3H_2O,\ \Phi^0_{H_2SO_3/S}=0.45V$$

$$SO_4^{2-}(aq)+4H^+(aq)+2e^-\longrightarrow H_2SO_3(aq)+H_2O,\ \Phi^0_{SO_4^{2-}/H_2SO_3}=0.17V$$

显示出 S 或 H_2SO_3 也能够还原 Cr(Ⅵ)。

还原反应过程是 $H^+(aq)$ 不断消耗的过程。

在碱性介质中，Cr(Ⅵ)和 Fe(Ⅱ)分别以 $CrO_4{}^{2-}$ 和 $Fe(OH)_2$ 形式存在。由下述反应：

$$CrO_4^{2-}(aq)+2H_2O(l)+3e^-\longrightarrow CrO_2^-(aq)+4OH^-(aq),\ \Phi^0_{CrO_4^{2-}/CrO_2^-}=-0.12V$$

$$Fe(OH)_3(s)+e^-\longrightarrow Fe(OH)_2(s)+OH^-(aq),\ \Phi^0_{Fe(OH)_3/Fe(OH)_2}=-0.56V$$

同理可获得 $\Phi_{CrO_4^{2-}/CrO_2^-}>\Phi_{Fe(OH)_3/Fe(OH)_2}$，因此如下还原反应能彻底进行：

$$CrO_4^{2-}(aq)+3Fe(OH)_2(s)+2H_2O(l)\longrightarrow CrO_2^-(aq)+OH^-(aq)+3Fe(OH)_3(s)$$

同样地，由于 $\Phi^0_{S/S^{2-}}=-0.48V$，如下还原反应也能较彻底进行：

$$2CrO_4^{2-}(aq)+3S^{2-}(aq)+4H_2O(l)\longrightarrow 2CrO_2^-(aq)+3S(s)+8OH^-(aq)$$

还原反应过程中虽然伴随有 $OH^-(aq)$ 的形成，但由于溶解的 Fe(Ⅱ)和氧化的 Fe(Ⅲ)均要与 OH^- 结合，结果要消耗更多数量的 OH^-。

当然，酸性介质中 $\Phi^0_{Cr_2O_7^{2-}/Cr^{3+}}-\Phi^0_{Fe^{3+}/Fe^{2+}}=1.33V-0.771V=0.559V$ 和 $\Phi^0_{Cr_2O_7^{2-}/Cr^{3+}}-\Phi^0_{S/H_2S}=1.33V-0.141V=1.189V$，分别大于碱性介质中 $\Phi^0_{CrO_4^{2-}/CrO_2^-}-\Phi^0_{Fe(OH)_3/Fe(OH)_2}=-0.12V-(-0.56V)=0.44V$ 和 $\Phi^0_{CrO_4^{2-}/CrO_2^-}-\Phi^0_{S/S^{2-}}=-0.12V-(-0.48V)=0.36V$，表明酸性介质更有利于磁黄铁矿对 Cr(Ⅵ)的还原作用，这与处理实验结果相吻合。

在酸性介质处理反应中要消耗 H^+，而在碱性介质处理反应中由于 Fe(Ⅱ)和 Fe(Ⅲ)与 OH^- 的结合要消耗 OH^-。所以在处理实验过程中，必然会导致酸性介质中反应过程的 pH 不断增加，而碱性介质中反应过程的 pH 不断降低。实际含 Cr(Ⅵ)废水往往是酸性的，这不仅有利于磁黄铁矿对 Cr(Ⅵ)的还原作用，处理反应过程中所表现出的 pH 自行增大还能

使处理后的水质中酸度大大降低。在过量使用磁黄铁矿的条件下，处理后的水质能够接近中性，无需加碱中和即可直接排放。

5.4 黄铁矿和磁黄铁矿的沉淀转化作用

5.4.1 Cr沉淀的物相

黄铁矿和磁黄铁矿一步法除铬研究表明，在大量Cr(Ⅵ)转化为Cr(Ⅲ)的同时，不加碱时上清液中全Cr含量就已达到排放标准，显然Cr(Ⅲ)主要转移至胶体沉淀物中。那么，这些铬是以什么物相被沉淀的呢？

对黄铁矿原样表面、处理含Cr(Ⅵ)废水反应中、反应后黄铁矿表面及处理产物胶体沉淀物中含Cr物相的X射线光电子能谱（XPS）系统测试（表5-7）表明，原样黄铁矿表面无Cr2p谱峰显示，即无含Cr物相；其他样品中明显出现Cr2p谱峰，并可拟合出三个峰位，位置分别是574.7~575.1eV、576.6~576.9eV和578.2~578.7eV，碱性条件（pH=9.21）下的反应后黄铁矿表面还出现577.3eV峰位。据XPS标准谱图，电子结合能为574.9、576.8和578.5eV的峰位分别所代表的含Cr物相应该是Cr_2S_3、Cr_2O_3和CrO_3，而电子结合能为577.3eV的峰位代表$Cr(OH)_3$物相。测试结果表明，在天然黄铁矿处理含Cr(Ⅵ)废水的反应中、反应后试样表面上和胶体沉淀物中含大量含Cr物相，它们主要是Cr_2S_3、Cr_2O_3和CrO_3，碱性条件下反应后的试样表面上还出现$Cr(OH)_3$物相。

表5-7 不同实验条件下黄铁矿表面与胶体沉淀物中含Cr物相XPS分析

pH 4.1	结合能（eV）与物相	pH 9.2	结合能（eV）与物相
反应前 试样表面	无	反应前 试样表面	无
反应中 试样表面	575.0/Cr_2S_3 576.6/Cr_2O_3 578.5/CrO_3	反应中 试样表面	574.7 /Cr_2S_3 576.7/Cr_2O_3 578.7/CrO_3
反应后 试样表面	575.1/Cr_2S_3 576.9/Cr_2O_3 578.5/CrO_3	反应后 试样表面	575.0/Cr_2S_3 577.3/$Cr(OH)_3$
反应后 沉淀物	574.9/Cr_2S_3 576.8/Cr_2O_3 578.2/CrO_3	反应后 沉淀物	574.9/Cr_2S_3 576.6/Cr_2O_3 578.2/CrO_3

磁黄铁矿除Cr前后样品表面及胶体沉淀物的含Cr物相的XPS测试结果与黄铁矿的大致相同，Cr以Cr_2O_3、CrO_3、CrOOH和Cr_2S_3的形式存在于沉淀物中。沉淀物以Cr的氧化物和氢氧化物为主，碱性条件（pH=11.6）下，Cr_2S_3含量较少，而酸性条件（pH=1.87）下含量相对较高。这是由于酸性条件有利于Cr(Ⅵ)的还原作用，所产生的胶体沉淀物中

Cr_2S_3物相的数量当然会有所增加。

Cr 的氧化物和氢氧化物属于常见物相，Cr(Ⅵ)被还原为 Cr(Ⅲ)后也主要以其氧化物和氢氧化物析出，少部分 Cr(Ⅵ)可以直接以 CrO_3的形式沉淀，一部分 Cr(Ⅲ)还以其硫化物 Cr_2S_3的形式析出。

Cr 的硫化物在自然界极为罕见，铁陨石中曾发现过 Cr_3S_4矿物相（Bunch and Fuchs，1969）。实验室里，将不同组分比例的 Cr 和 S 的混合物加热至 1000℃后，再冷却到室温时，能产生以 Cr 和 Cr_2S_3为端元的一系列熔体结晶含 Cr 物相，如 α-Cr、CrS、Cr_7S_8、Cr_5S_6、Cr_3S_4和 Cr_2S_3等（Jellinek，1957）。铁的硫化物处理含 Cr(Ⅵ)废水的沉淀物中Cr_2S_3的发现表明，常温常压下的水溶液介质中也能产生铬的硫化物物相。

5.4.2　黄铁矿和磁黄铁矿中微量元素的溶出

由于天然黄铁矿和磁黄铁矿中含 Fe 及与其呈类质同象关系的 Cu、Pb、Zn、Co、Ni、Cd 和 Cr 等微量元素，这些组分在溶解过程中会有部分溶出。

以黄铁矿为例，空白溶解实验结果［表 5-8 中含 Cr(Ⅵ)浓度为 0 者］表明，无论在酸性还是在碱性条件下，当溶解达到平衡时，溶液中除了 Fe 和 Zn 含量较高外，有毒有害的重金属含量均不高于国家规定的排放标准。

在相同实验条件下，将黄铁矿放入含 Cr(Ⅵ)浓度为 50mg/L 的溶液中，待处理实验达到充分平衡后，实验产物在烧杯中可划分为三层，即上层清液，中层胶体沉淀物和底层过量黄铁矿样品。分析结果表明，清液中上述全部重金属含量也均低于国家规定的排放标准（表 5-8）。因此，利用黄铁矿除铬不会由于黄铁矿自身的微量元素溶出而影响出水水质，造成二次污染。处理后的上清液中全 Cr 含量只有 0.13～0.15mg/L，大大低于 1.5mg/L 的国家规定排放标准。天然磁黄铁矿处理含 Cr(Ⅵ)废水的结果与黄铁矿的基本一致（表 5-3）。

表 5-8　天然黄铁矿处理含 Cr(Ⅵ)废水后上清液中重金属含量

No.	pH	Cr(Ⅵ)	Cu	Pb	Zn	Co	Ni	Cd	全 Cr	Fe
1	4.1	0	0.18	0.23	2.56	0.06	0.15	0.04	0.11	89.51
2	9.2	0	0.21	0.37	2.08	0.11	0.16	0.04	0.14	95.02
3	4.1	50	0.22	0.50	1.00	0.10	0.19	0.05	0.13	0.91
4	9.2	50	0.27	0.55	0.67	0.11	0.24	0.04	0.15	1.57

注：单位为 mg/L，其中 1 和 2 为天然黄铁矿溶解实验。

5.4.3　沉淀转化重金属作用

天然黄铁矿和磁黄铁矿能有效还原 Cr(Ⅵ)的主要机理，在于黄铁矿和磁黄铁矿中存在可氧化的表面 Fe^{2+}、S^{2-}和 S_2^{2-}，可导致溶液中 Cr(Ⅵ)与矿物表面 Fe^{2+}、S_2^{2-}和 S^{2-}之间产生氧化还原电位差，从而为还原去除作用提供了驱动力，极利于有毒有害的Cr(Ⅵ)被还原成有害程度大大降低的 Cr(Ⅲ)。酸性条件下黄铁矿和磁黄铁矿的微溶作用，同时还能促

进 S^{2-} 与 Cr(Ⅲ)的结合，形成 Cr_2S_3 沉淀物。可以认为黄铁矿和磁黄铁矿对 Cr(Ⅵ)的还原作用过程和对 Cr(Ⅲ)的沉淀作用过程，从某种程度上也是黄铁矿和磁黄铁矿微溶作用的体现。

常温下磁黄铁矿(FeS)溶度积 K_{sp} 为 1.59×10^{-19}，存在一个溶解平衡：$FeS \rightleftharpoons Fe^{2+}+S^{2-}$，意味着仍然有微量 S^{2-} 的溶出。如前所述，也正是这种微量 S^{2-} 能够与 Cr(Ⅲ)结合形成 Cr_2S_3 沉淀。与其他金属硫化物溶度积相比，磁黄铁矿溶度积较大（表 5-9），磁黄铁矿的微溶作用产物 S^{2-}，完全能够与 Ni、Co、Zn、Cd、Pb、Cu、Ag 和 Hg 发生离子反应与沉淀转化，形成溶度积更小的 NiS、CoS、ZnS、CdS、PbS、CuS、Ag_2S 和 HgS 矿物。这也是磁黄铁矿，包括黄铁矿能够处理有毒有害二价重金属离子污染物并回收利用某些有价金属物质的基础。

表 5-9　常见硫化物矿物溶度积

矿物名称	晶体化学式	25℃时 K_{sp}
磁黄铁矿	FeS	1.59×10^{-19}
硫镍矿	NiS	1.07×10^{-21}
α 硫钴矿	CoS(α)	4.00×10^{-21}
β 硫钴矿	CoS(β)	2.00×10^{-25}
闪锌矿	ZnS	2.93×10^{-25}
硫镉矿	CdS	1.40×10^{-29}
方铅矿	PbS	9.04×10^{-29}
铜蓝	CuS	1.27×10^{-36}
β 辉银矿	Ag_2S(β)	1.09×10^{-49}
α 辉银矿	Ag_2S(α)	6.69×10^{-50}
辰砂	HgS	6.44×10^{-53}

资料来源：Robert，1989。

实验研究也证实，利用磁黄铁矿处理含 Hg(Ⅱ)和含 Pb(Ⅱ)废水时，弱酸性条件下对 Hg(Ⅱ)和 Pb(Ⅱ)均具有较好的去除效果。过量磁黄铁矿试样在重复使用过程中能不断地得到活化，可进一步提高对 Hg(Ⅱ)和 Pb(Ⅱ)的去除效率（见 15.2 节）。这一特性说明，试样在处理实验过程中起到了化学试剂的作用，试样的溶解性是处理实验的基础，在实验过程中还发现试样的重量在减少，这也是试样具有溶解性的体现。磁黄铁矿微溶作用产生的 S^{2-} 分别与 Hg(Ⅱ)和 Pb(Ⅱ)结合，可形成 HgS 和 PbS 沉淀，实现了从 FeS 到 HgS、PbS 的沉淀转化作用。从理论上讲，这一微溶与沉淀转化作用可促使磁黄铁矿试样反应殆尽，这样可避免一般处理方法中出现的试样过剩及由此带来的二次污染问题。

利用天然黄铁矿和磁黄铁矿还原除去有毒重金属 Cr(Ⅵ)，黄铁矿和磁黄铁矿自身溶解出的重金属含量低微，不影响处理后的出水水质。处理后的上清液中全 Cr 包括Cr(Ⅵ)和 Cr(Ⅲ)含量远远低于国家规定的排放标准，主要归咎于还原后的 Cr(Ⅲ)能以 Cr_2S_3、Cr_2O_3、CrOOH、$Cr(OH)_3$ 等含 Cr 物相析出。这一除 Cr 新方法能大大改进除 Cr 的传统工艺，并降低除 Cr 的经济成本，更重要的是避免了由于加碱沉淀 Cr(Ⅲ)造成的大量沉淀污泥的产生及由此带来的二次污染，真正实现还原 Cr(Ⅵ)与沉淀 Cr(Ⅲ)相伴进行的一步法处理。

5.5　硫资源的合理利用

自然界中硫资源主要来自天然铁的硫化物矿物——黄铁矿和磁黄铁矿，它们是制备化工产品硫酸的主要原材料。从处理含 Cr(Ⅵ)废水工艺来看，还原 Cr(Ⅵ)的亚硫酸钠就是由硫酸转化生产出来的。

从硫资源利用效率来看，以氧化产物均为 SO_4^{2-}计，由 S^{2-}、S_2^{2-}氧化到 SO_4^{2-}可分别提供 8 个和 7 个电子（表 5-10），而由 SO_3^{2-}氧化到 SO_4^{2-}仅能提供 2 个电子，显然利用天然磁黄铁矿 FeS、天然黄铁矿 FeS_2代替化工产品亚硫酸盐 SO_3^{2-}还原 Cr(Ⅵ)，能提高硫资源的利用率高达 4 与 3.5 倍，还不包括磁黄铁矿 FeS、黄铁矿 FeS_2中 Fe^{2+}也能还原 Cr(Ⅵ)并提供 1 个电子，使 Fe^{2+}氧化为 Fe^{3+}。

表 5-10　磁黄铁矿和黄铁矿与亚硫酸盐还原剂有效利用率比较

矿物或化合物	FeS	FeS_2	Na_2SO_3	H_2SO_4
S 价态	−2	−1	+4	+6
S 氧化数	8	7	2	0
1 个 S 能提供电子数	8	7	2	0
倍率	4	3.5	1	0

从环境效益来看，生产 1t 硫酸要向环境中排放二氧化硫 11 ~ 23kg，酸性水 4 ~ 5m³，含浓硫酸 15 ~ 30kg，硫铁矿渣 0.7 ~ 0.8t。

从经济效益来看，可省去利用天然磁黄铁矿（FeS）、黄铁矿（FeS_2）作为原材料的亚硫酸盐化工产品的生产过程。

因此，利用天然黄铁矿或磁黄铁矿作为还原剂，一步法处理含 Cr(Ⅵ)废水的新方法，不仅具有明显的经济效益与环境效益，更能大大提高硫资源的利用率，理应具有广阔的应用前景。这也为如何提高不可再生的固体矿产资源的高效合理利用研究提供了范例。

第6章 闪锌矿光催化还原效应

自然界中存在大量的硫化物半导体矿物。相对于氧化物半导体矿物而言，大部分硫化物半导体的价带能级更低一些，而导带的能级位置则更高一些（图6-1）。这意味着氧化物半导体的光催化氧化能力更强一些，而硫化物半导体导带电子的光催化还原能力则更强一些。在诸多硫化物半导体中，闪锌矿（ZnS）由于具有更高的导带能级位置，加上自身合适的禁带宽度，被认为是一种非常有潜力的半导体光催化还原剂。

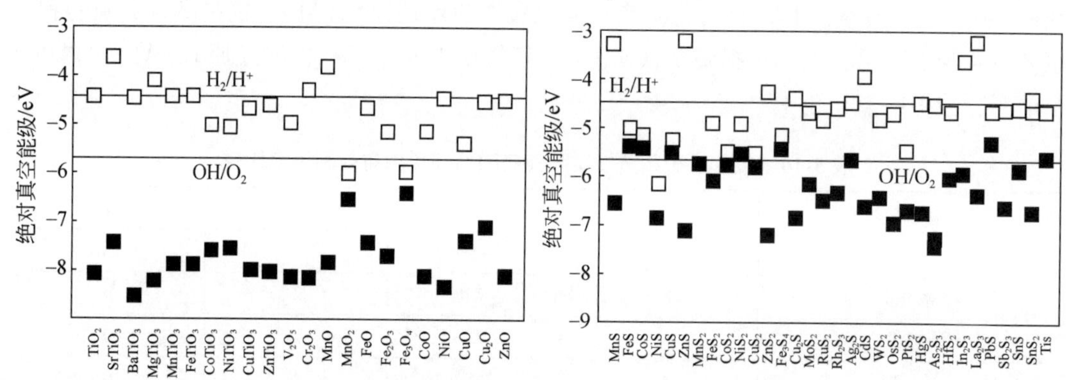

图6-1 氧化物半导体和硫化物半导体的导价带能级位置（pH=0）（据 Xu and Schoonen，2000）

事实上，近20年来，合成闪锌矿作为一种宽禁带半导体材料在光催化领域备受关注（Yanagida *et al.*，1990；Kanemoto *et al.*，1992b；Yin *et al.*，2001；Wada *et al.*，2002）。与一般半导体材料相比，合成闪锌矿的导带电位更负（相对于标准氢电极的电势为 -1.04V）（Xu and Schoonen，2000），意味着激发到合成闪锌矿导带上的光生电子具有更强的还原能力，从而表现出更强的还原活性。因此，诸多光化学还原过程能够在合成闪锌矿的光催化作用下发生，如光还原水产生 H_2（Kudo and Sekizawa，1999）、光还原二氧化碳产生 $HCOO^-$（Zhang *et al.*，2004）以及对多卤代芳香烃光还原脱卤去毒（Wada *et al.*，1998）等。

然而，与大多数半导体材料类似，合成闪锌矿对光的吸收主要在紫外区，太阳能利用率低（Tsuji *et al.*，2005）；同时，其光催化效率和活性在很大程度上受限于其较高的载流子复合率，从而直接导致其在实际工业应用中较低的功效（Hu *et al.*，2005）。如何解决可见光光催化和提高光催化效率这两大难题，已经成为当前国内外光催化领域竞相研究的前沿和热点。

近年来，通过过渡金属离子掺杂、贵金属沉积等手段对半导体光催化剂改性，以拓宽其光谱响应范围，提高其在日光下的催化活性是半导体光催化剂研究领域另一个竞相追求的目标。对合成闪锌矿的改性研究表明，在其中掺入适量的 Cu^{2+}、Fe^{2+}、Mn^{2+} 和 Ni^{2+} 等过渡金属离子以改变合成闪锌矿的能带结构可明显提高它在可见光下的光催化能力（Hu *et al.*，2005）。此外，通过加热、辐射等改性手段在合成闪锌矿晶体结构中适当引入一些缺陷结构，以形成缺陷能级或提供更多的反应活性点位，也被证明能够显著提高光催化效率（Kanemoto *et al.*，1992）。

当大量合成催化剂被工业化应用时，天然矿物光催化剂在实际应用中却很少。显然，长期以来，天然矿物的光催化作用被大家所忽视。值得关注的是，以 ZnS 为主要成分的天然闪锌矿在自然界具有相当规模的储量，天然闪锌矿在我国的资源十分丰富且价格低廉。早在 20 世纪 70 年代，天然闪锌矿的能带结构、缺陷化学及其他半导体物理性质就被系统地研究过（Shuey，1975）。但是，天然闪锌矿在光化学方面的应用却鲜有报道。与合成闪锌矿相比，天然闪锌矿有着更复杂的化学组成和缺陷结构，特别是其含有的丰富的类质同象替代离子如 Fe^{2+}、Co^{2+}、Ni^{2+}、Ag^{+}等，能扩大其光谱响应范围，在很大程度上影响其光催化性能（Li *et al.*，2009c）。深入研究储量丰富的天然闪锌矿的可见光催化性能不仅能极大地提高其在环保领域新的应用价值，而且可为光还原降解有机污染物提供一种崭新的低成本、高效率的矿物学思路及方法（Li *et al.*，2009b）。本章通过对天然闪锌矿半导体物理化学性质的详细分析表征，探讨其可见光下的光催化还原性能。

6.1　闪锌矿矿物学特征

天然半导体矿物光催化剂有着不同于合成催化剂的复杂化学组成、表面形态及各种结构和电子缺陷。对于闪锌矿而言，其成分除了 Zn 和 S 元素外，还有许多杂质元素，这些杂质元素或以杂质物相的形式存在，或以类质同象替代的形式存在于闪锌矿晶格中。正是由于这些杂质和缺陷的存在使得天然闪锌矿呈现出与合成闪锌矿不同的物理化学特征，从而可能表现出不同的催化特性。下面以我国四个不同类型矿床中的天然闪锌矿为例，对其物理化学性质进行详细的分析表征，以此作为揭示其与光催化活性之间关系的研究基础。

6.1.1　产出特征

根据地质调查资料中我国大型铅锌矿区中闪锌矿微量元素的含量特征，并结合文献中不同掺杂类型及含量的合成闪锌矿光催化活性的差异，选择四个铅锌矿产地的闪锌矿精矿样品，其矿床类型及地质产出特征如表 6-1 所示。四个不同矿床类型的闪锌矿微量元素的种类和含量具有不同特征，除了元素本身的晶体化学与地球化学性质以外，成矿地质环境、物理化学条件（温度、pH 等）、成矿溶液的离子浓度等因素均可能是导致其微量元素不同的因素之一。

四个产地闪锌矿精矿样品的 XRD 定量分析表明，黄沙坪和会泽样物相较纯，纯度分别为 98% 和 94%，能够满足各种半导体物理测试及光催化反应的实验要求；东坡和大厂样物相纯度稍差，分别为 88% 和 89%，不适合于进行纯度要求较高的半导体性质测试。

表 6-1　闪锌矿样品产出特征一览表

产地	矿床类型	成分特征	颜色特征
湖南黄沙坪	夕卡岩型	富 Fe、Mn、Cu	深灰黑色
湖南东坡	中温热液型	富 Cd，贫 Fe	浅灰色
广西大厂	高中温液型	较富 Fe、Mn	深灰色
云南会泽	碳酸盐岩型	较富 Fe，含杂质元素较少	灰色

注：据《湖南铅锌矿地质》（王育民等，1988），《中国的铜铅锌》（胡为柏，1953）。

6.1.2　形貌特征

黄沙坪和会泽闪锌矿的环境扫描电镜（ESEM）形貌像（图 6-2）显示天然闪锌矿精矿粉末样品为粒状，结晶较好，但由于机械破碎作用，原有晶体形状和晶面多遭破坏，晶粒表面多见解理面和裂开面。此外，粉末样品粒径大小存在显著的不均一性，粒径范围从 40μm 左右到 1μm 以下均有分布。

图 6-2　黄沙坪（a、b）和会泽（c、d）闪锌矿 ESEM 形貌

6.1.3　晶体化学特征

1. 化学成分

由于复杂的地质成因环境，天然闪锌矿一般不形成本征闪锌矿，可能进入晶格或不稳定占据晶格位置的元素约有十几种之多。从电子探针分析（EPMA）数据（表 6-2）可以看出，除本征组成 Zn^{2+} 和 S^{2-} 外，天然闪锌矿还包含过渡金属离子 Fe^{2+}、Co^{2+}、Ni^{2+}、Cu^{2+}、Mn^{2+}、Cd^{2+}、Ag^{+} 和 Ga^{3+}。由于不同产地闪锌矿的形成条件不同，其杂质离子种类和含量也不同。其中，Fe^{2+} 是黄沙坪、会泽及大厂天然样品中含量最高的非本征杂质离子，而较高的 Cd^{2+} 含量则是东坡闪锌矿样的显著特征。相比其他三个产地闪锌矿丰富的杂质离子，会泽闪锌矿杂质离子种类和含量最少，其本征组成（Zn^{2+} 和 S^{2-}）含量在 93% 以上；而大厂闪锌矿各杂质离子量最多，本征组成（Zn^{2+} 和 S^{2-}）含量不到 78%。

表 6-2　天然闪锌矿化学组成　　（单位:%）

样品	S	Zn	Fe	Cu	Cd	Ag	Mn	Sn	Ni	Co	Pb	Ga	总量
HSP-1	32.51	45.99	18.65	2.12	0.04	0.52	0.03		0.15				100.01
HSP-2	32.05	50.68	13.74	1.34	0.12	0.31		0.09	0.36	0.21	0.48		99.38
HSP-3	31.41	46.67	15.16	4.68	0.69	0.46	0.30	0.07	0.02				99.46
HZ-1	33.38	63.18	2.85	0.03	0.11		0.00	0.01				0.11	99.66
HZ-2	33.48	60.12	5.94		0.14		0.04	0.04				0.08	99.83
HZ-3	34.27	59.03	6.85		0.13		0.01					0.06	100.35
DP-1	30.35	63.34	0.06	2.88	1.92	0.52	0.05		0.60				99.72
DP-2	30.99	63.52		2.42	1.53	0.26			0.70	0.26			99.68
DP-3	30.17	65.22	0.01	3.35	0.13	0.20			0.85				99.92
DC-1	30.91	45.98	18.76	2.18	0.02		0.22				1.29		99.34
DC-2	28.75	49.29	14.96	4.12	0.18		0.43		0.45	0.19	1.50		99.87
DC-3	29.50	46.02	18.18	2.38	0.51		0.60			0.09	2.26		99.55

根据表 6-2 的数据计算的各产地闪锌矿平均晶体化学式分别为

黄沙坪闪锌矿：$(Zn_{0.732}Fe_{0.284}Cu_{0.043}Ni_{0.003}Ag_{0.003}Cd_{0.002}Mn_{0.002}Co_{0.001})_{1.070}S$

会泽闪锌矿：$(Zn_{0.884}Fe_{0.089}Ga_{0.080})_{1.053}S$

东坡闪锌矿：$(Zn_{1.030}Cu_{0.048}Ni_{0.013}Cd_{0.011}Ag_{0.002}Co_{0.001})_{1.105}S$

大厂闪锌矿：$(Zn_{0.778}Fe_{0.334}Cu_{0.050}Pb_{0.009}Mn_{0.008}Ni_{0.003}Co_{0.002}Cd_{0.002})_{1.186}S$

其中，黄沙坪和大厂闪锌矿 Fe 含量较高，其颜色也较深，而含 Fe 量很低的东坡和会泽样颜色均较浅，说明闪锌矿的颜色与 Fe 含量有关；东坡样 Cd 和 Ni 含量最高；而会泽样则较纯，杂质离子种类和含量最少。除东坡闪锌矿外，Fe 是另外三个产地闪锌矿杂质元素含量最高的元素。

2. 晶体结构

闪锌矿的空间群为T_d^2-$F\bar{4}3m$，$Z=4$，立方面心格子，具闪锌矿型结构，即硫离子呈立方最紧密堆积，锌离子充填于半数的四面体空隙中，由四个硫离子包围形成四面体配位。结构中Zn-S间距为0.235nm，并具有sp^3杂化共价键特征。平行四面体面方向的面网密度最大，使闪锌矿常表现为四面体形态，并发育{110}完全解理。相对密度3.9～4.2，硬度3～4.5。

闪锌矿成分中常有铁、锰、钴、镉、铜、镓、铟、锗、汞等以类质同象混入。从化学成分（表6-2）来看，能够进入天然闪锌矿晶格的杂质离子主要有Fe^{2+}、Mn^{2+}、Co^{2+}、Cu^{2+}和Cd^{2+}等，其d电子构型分别为$3d^6$、$3d^5$、$3d^7$、$3d^{10}$和$4d^{10}$，对应的离子半径分别为0.63、0.66、0.58、0.72和0.78Å（李迪恩、彭明生，1989）。Zn^{2+}的电子构型为$3d^{10}$，离子半径为0.60Å。因此，Fe^{2+}、Mn^{2+}、Cu^{2+}和Cd^{2+}进入闪锌矿晶格均会引起晶胞参数a_0增大，而Co^{2+}则相反。实测的四个产地闪锌矿的晶胞参数a_0分别为5.4264Å（黄沙坪）、5.4114Å（会泽）、5.4138Å（东坡）、5.4241Å（大厂），均大于合成闪锌矿的相应值5.4060Å。天然闪锌矿更大的晶胞参数与其晶格中存在离子半径较Zn^{2+}更大的杂质离子有关。

6.1.4 比表面积特征

粒径相似的情况下，四个产地闪锌矿的比表面积分别为1.4069m^2/g（黄沙坪）、1.7393m^2/g（会泽）、2.5302m^2/g（东坡）、2.1369m^2/g（大厂），黄沙坪和会泽闪锌矿的比表面积稍低于东坡和大厂闪锌矿，但并无显著差异。这种微小的比表面积差异不会对闪锌矿的反应活性造成显著影响。

6.1.5 表面荷电特征

闪锌矿样品表面的荷电特征通过测定样品表面的Zeta电位来考察。通过对不同pH下样品的Zeta电位曲线计算，可得出样品的表面零电荷点（PZC）。矿物的表面功能基团和表面缺陷不同，其表面荷电性也差别甚大。文献报道的闪锌矿PZC值有3（Williams and Labib，1985）、2.3（Nicolau and Menard，1992）、1.7（Pearson，1988）等。

图6-3显示了黄沙坪闪锌矿和会泽闪锌矿的Zeta电位随pH的变化曲线。天然黄沙坪闪锌矿的PZC值为3.63，会泽闪锌矿的PZC值为2.18。文献所报道的合成闪锌矿的PZC值为6.7（Zang *et al.*，1995），远较天然闪锌矿的大。天然样品和合成闪锌矿样品之间PZC值的差异可归因为表面不同的电子态和缺陷态。显然，天然闪锌矿中杂质原子的替代和表面缺陷导致了表面功能基团和吸附位的变化，继而直接影响到表面荷电性能。

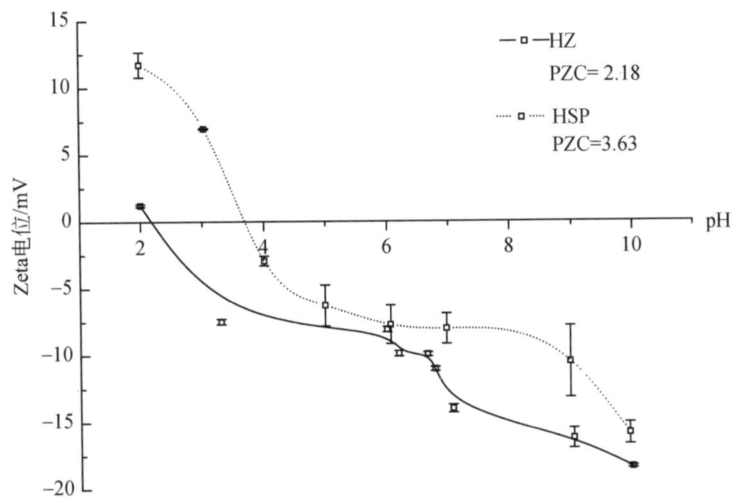

图 6-3　黄沙坪（HSP）、会泽（HZ）闪锌矿的 Zeta 电位随 pH 变化曲线

6.2　闪锌矿半导体特性

天然半导体矿物成因条件的复杂性决定了其各种物理化学性能同合成材料之间存在着一定差异。这些差异使得天然闪锌矿具有不同于合成闪锌矿的复杂能带结构，更使其半导体物理性能的表征难以用一些常规的半导体测试手段来进行测试。本节将在克服天然矿物样品复杂性的基础上，用特殊的适合于矿物粉末样品的制样手段和测试方法，力图从统计意义上探讨天然闪锌矿样品的主要半导体物理特征。

6.2.1　禁带宽度

1. 紫外-可见漫反射谱测试方法

禁带宽度是反映半导体矿物特征的最基本参数。传统的测量半导体禁带宽度的方法主要有：光学吸收法（Tandon and Gupta，1970）、光导法和电导法（Piper，1953）。目前最常用的方法为光学吸收法，即通常所讲的紫外-可见漫反射谱（UV-Vis）法。这种方法的实质是电子受到一定能量光的激发后发生跃迁，从而在与带隙宽度所对应的波长处产生一个吸收的陡增（Boldish and White，1998）。产生吸收陡边的波长位置即被认为是光学吸收边。最直接的获取光学带宽的方法是在产生吸收陡边处用直线外推法简单估算。这种方法得到的带宽与较为复杂的 McLean 分析法（McLean，1960）得到的带宽值基本吻合。闪锌矿样品的光学带隙特征即由紫外-可见漫反射光谱测试得到。

具体测试方法：以 $BaSO_4$ 粉末作为背底，将少量闪锌矿粉末样品填满于一个铝制的样品浅凹槽中，然后将其压平、压实。紫外-可见漫反射谱在带有积分球的 Lambda 950 型紫外-可见光度计上测得，测定波长范围为300~800nm，狭缝宽度为2.00nm。

2. 紫外-可见漫反射吸收谱特征

合成、黄沙坪和会泽闪锌矿粉末样的紫外-可见漫反射谱如图6-4所示。

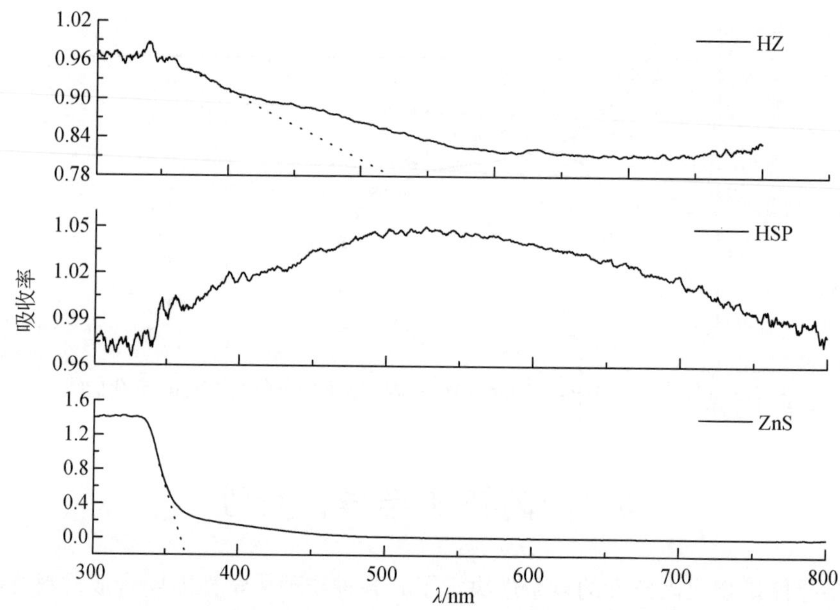

图6-4　合成闪锌矿（ZnS）、黄沙坪（HSP）和会泽（HZ）闪锌矿紫外-可见漫反射谱

合成闪锌矿在紫外区域（365nm附近）有一个陡峭的吸收边，而在波长更长的可见光区域则不产生吸收。这说明了合成闪锌矿仅对紫外光有响应，而不能吸收占太阳光比例约96%的可见光。

会泽天然闪锌矿除了在可见光区域（410nm附近）产生了一个吸收陡边外，还在400~600nm产生了一个宽的吸收肩带，亦即吸收拖尾。会泽闪锌矿既能吸收紫外光，也能吸收大部分可见区域的光，因此，它对于太阳光有着更宽的光谱响应范围。

黄沙坪闪锌矿的紫外-可见光漫反射吸收谱在350~750nm波长范围内显示一个很宽的吸收峰。但是其整体背景吸收比较高，最小吸收率也大于0.9，这与其颜色较深有关。由于较深颜色矿物样品的整体光谱吸收背景很高，从而使得作为纵坐标的吸收率起伏较小，不容易区分出吸收陡边和吸收肩带的界线。只有当测试样品厚度较薄的时候（10~100nm），才可减小这种影响（Boldish and White，1998）。显然，对黄沙坪闪锌矿来说，在实验所用制样方法下难以得到类似于会泽闪锌矿的紫外-可见光漫反射吸收谱。

3. 光学带宽

由于粉末样品各颗粒间成分及其他物理化学性质的不均一性，测试得到的闪锌矿紫外-可见光漫反射谱显然是一个统计值，它综合反映了各种可能原因所产生的光学吸收。紫外-可见光漫反射谱中的吸收陡边对应着价带与导带之间的带带跃迁，而宽的吸收肩带则对应着禁带中杂质能级与本征能带之间的跃迁（Kudo *et al.*，2002）。根据测定的漫反射谱吸收陡边的位置（λ_g）可推测半导体矿物的光学禁带宽度 E_g。具体换算关系式（Gratzel，1998）为

$$\lambda_g(\mathrm{nm}) = 1240/E_g(\mathrm{eV}) \tag{6-1}$$

因此，据图 6-4 中吸收陡边的位置用直线外推法（Yu *et al.*，2005）计算得到各闪锌矿样品的光学禁带宽度。合成闪锌矿的禁带宽度为 3.4eV，意味着它只能在紫外光的激发下使价带电子产生跃迁，而能量较低的可见光则不能被其吸收利用来激发产生电子-空穴对。会泽闪锌矿的本征带隙宽度为 2.8eV，小于合成闪锌矿。说明会泽闪锌矿的带宽较合成闪锌矿窄，其吸收边向可见光方向发生了一定程度的红移。此外，会泽闪锌矿在可见光区域显示出的宽吸收肩带暗示了与缺陷-能带相关的光学跃迁。因此，可推断会泽闪锌矿能在较宽光谱范围的可见光激发下产生光生电子跃迁，也说明了它是一种可见光激发的天然半导体光催化剂。黄沙坪闪锌矿由于颜色较深，其在可见区域产生的宽化吸收峰与带间跃迁产生的吸收陡边发生了重合，从而掩盖了本征吸收陡边的位置，使我们无法得到真实的带宽信息，更难以对其光学带宽作出计算。尽管受样品自身测试条件的限制，无法从黄沙坪闪锌矿的紫外-可见漫反射谱上获得与其禁带宽度相关的半导体参数信息，但是，其在 380～750nm 对可见光部分的吸收证明黄沙坪闪锌矿对可见光是有响应的，无论它是以带间跃迁的方式还是以缺陷能级-能带跃迁的方式产生的光学吸收。

6.2.2　导型及载流子浓度

霍尔效应测试被用来判定闪锌矿的导型及载流子迁移率。测试结果（表 6-3）表明，黄沙坪和会泽闪锌矿霍尔系数（可确定样品的导型，正霍尔系数为 p 型半导体，负霍尔系数为 n 型半导体）均为负值，说明它们同为 n 型半导体。黄沙坪闪锌矿的表面载流子浓度为 $2.489\times10^{13}\mathrm{cm}^{-3}$，远大于会泽闪锌矿的表面载流子浓度 $1.091\times10^{8}\mathrm{cm}^{-3}$。说明在同等光照条件下，单位体积的黄沙坪闪锌矿表面所产生的载流子更多。黄沙坪闪锌矿样品在室温下的霍尔迁移率仅为 $0.131\mathrm{cm}^2/(\mathrm{V\cdot S})$，会泽闪锌矿为 $11.2\mathrm{cm}^2/(\mathrm{V\cdot S})$，远低于文献报道的合成闪锌矿 $160\mathrm{cm}^2/(\mathrm{V\cdot S})$ 的霍尔迁移率（Fan *et al.*，1983），同样反映出天然闪锌矿中存在丰富的高密度缺陷态，影响了光生电子的自由迁移。

表 6-3　黄沙坪和会泽闪锌矿霍尔效应测试结果

样品	霍尔系数	表面载流子浓度/cm^{-3}	载流子迁移率/[$\mathrm{cm}^2/(\mathrm{V\cdot S})$]
黄沙坪闪锌矿	-1.26×10^{-6}	2.489×10^{13}	0.131
会泽闪锌矿	-1.44×10^{-4}	1.091×10^{8}	11.2

6.2.3　导带能级

1. 光电流作用循环伏安法测试

天然黄沙坪闪锌矿的导带能级位置判断，是通过电化学方法在三电极体系中测量样品

的光电流作用循环伏安曲线来间接实现。当能量大于样品禁带宽度的光照射在闪锌矿电极表面时，光生空穴迅速与电解液中的还原性物质发生氧化反应，相应产生一个阳极光电流（Suyver *et al.*，2001）；而光生电子则沿外电路传到对电极，与氧化性物质发生还原反应，相应产生一个阴极光电流。因此，其产生阴极光电流时所对应的电压对应于工作体系中导带电子的还原电位。

图 6-5 显示了当扫描电压从−1.2V 到 0.2V 然后又返回到−1.2V 过程中，黄沙坪天然闪锌矿电极在光照和暗室条件下的光电流作用循环伏安曲线。在可见光的照射下，黄沙坪闪锌矿电极表面的光生空穴与乙醇发生发应，产生一个阳极光电流，如图 6-5 中正向扫描电压曲线所示。当电压反向扫描时，光生电子同溶解在电解质溶液中的氧气发生还原反应，产生一个阴极光电流，如图 6-5 中反向扫描电压曲线所示。阳极光电流所产生的还原峰对应光生电子的还原电位，即导带电位。显然，光照条件下产生的阳极和阴极光电流的强度均高于无光情况，且光照条件下分别产生了氧化峰和还原峰，充分说明发生在天然闪锌矿半导体电极上的反应是一个光催化反应。开始产生阳极光电流还原峰的峰位在−0.92V（vs SCE）左右，说明实验所用天然闪锌矿样品的导带电位大概在−1.162V（vs NHE）左右。

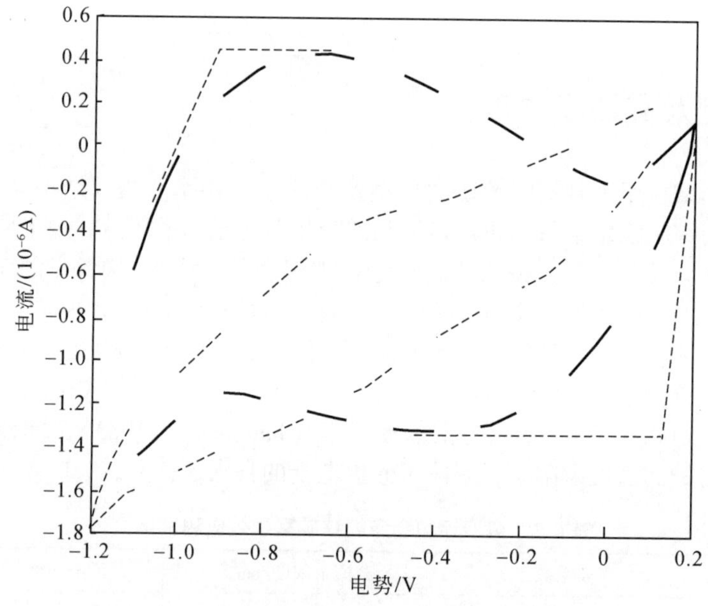

图 6-5　黄沙坪闪锌矿光电流作用循环伏安曲线

粗线为可见光照下的循环伏安曲线，细线为暗室下的循环伏安曲线

2. E_g 和 pH_{PZC} 法计算

由于天然会泽闪锌矿的禁带宽度已知，其导带能级位置测定可在基于前面测试所得到的禁带宽度和表面零电荷点的基础上通过理论公式计算。

据 Halouani 和 Deschavres（1982）及 Sculfort 和 Gautron（1984）提出的半导体材料导带电位的经验公式：对于一种化学式为 M_aX_b 的半导体化合物而言，其导带电位可表示为

$$E_C = (\chi_M^a \chi_X^b)^{1/(a+b)} - 1/2E_g + 0.059(\mathrm{pH_{PZC}} - \mathrm{pH}) + E_0 \quad (6\text{-}2)$$

式中，χ 为原子的电负性；E_g为半导体的禁带宽度。

E_0=-4.5V［vs NHE，据 Bockris 和 Khan（1993）］。

对于闪锌矿，χ_{Zn} = 4.45eV，χ_S = 6.22eV（Pearson，1988），而会泽闪锌矿的 E_g = 2.8eV，$\mathrm{pH_{PZC}}$=2.18，代入式（6-2）计算得到会泽闪锌矿的 $E_{C(\mathrm{vs\ NHE})}$ = -0.51 -0.059pH。当 pH=7 时，其导带电位约为-0.923V（vs NHE）。

6.2.4　能带结构

马尔富宁（1984b）认为合成纯闪锌矿的导带由阳离子 Zn^{2+}（$3d^{10}4s^0$）的 4s 空轨道组成，价带由阴离子 S^{2-}（$3p^6$）的 3p 满轨道组成。而天然闪锌矿复杂的化学组成和缺陷使得其能带组成有别于合成纯闪锌矿。

在直接带隙半导体的紫外-可见漫反射谱中，陡峭的吸收边对应着价带和导带间的“带-带”跃迁（Kudo *et al.*，2002），而宽的吸收肩带则暗示着禁带中由杂质和缺陷而导致的不连续能级（Lei *et al.*，2006）。天然闪锌矿的紫外-可见漫反射谱吸收陡边相对于合成闪锌矿向长波方向发生的红移（图 6-4）暗示其本征带隙的减小，这种减小可能归因于少量过渡金属离子（如 Fe^{2+}）对 Zn^{2+}的类质同象替代（Li *et al.*，2008）。

事实上，天然闪锌矿是一种多元硫化物固溶体，本征主体金属元素为 Zn。对于这样一种本征主体金属元素含 d^{10}电子的硫化物而言，导带主要由其金属阳离子的 s-和 p-轨道组成，而价带则主要取决于 S 的 3p 轨道（Lei *et al.*，2006）。前人对含 Zn 硫化物固溶体能带组成的研究表明，在 $Zn_{1-x}Fe_xS$ 固溶体中，Fe 的 3d 电子参与了价带的形成（Lawniczak-Jablonska *et al.*，1999）；在 $Zn_{1-x}Cu_xS$ 固溶体中，Cu 的 3d 轨道也参与了价带的形成（Kudo and Sekizawa，1999）。因此，天然闪锌矿的导带可能主要包含了 Zn 的 4s 4p 轨道，价带则主要包括了 S 的 3p 轨道同主要非本征金属元素 Fe 的 3d 和（或）Cu 的 3d 轨道的杂化轨道。下面我们分别对纯闪锌矿和过渡金属离子（Fe^{2+}和 Cd^{2+}）类质同象替代的闪锌矿能带结构进行了计算模拟。

1. 闪锌矿电子结构的第一性原理计算

纯闪锌矿 ZnS 属于直接带隙半导体，带隙为 3.6eV。Zn 的最外层电子构型为 $3d^{10}4s^2$，S 的最外层电子构型为 $3s^23p^4$。根据晶体场理论，Zn^{2+}位于配位四面体中，Zn 的 3d 轨道分裂为 E_{t_2}态和 E_e态。闪锌矿的导带主要由 Zn^{2+}的 4s 轨道组成，价带主要由 S^{2-}的 3p 轨道组成。电子具有明显的从 Zn 的 4s 态到 S 的 3p 态的跃迁过程，引起 S 位置处的局域态密度的引力中心向低能级方向移动，表明理想 ZnS 是一个离子键较强而共价键较弱的混合键半导体材料（刘建军等，2008）。

天然闪锌矿中存在许多类质同象替代离子，这些离子会对闪锌矿的电子结构产生影响，从而改变闪锌矿的光催化性质。同时，不同的杂质离子浓度也会对闪锌矿电子结构造成不同改变。利用第一性原理计算方法，计算纯闪锌矿的电子结构和不同掺杂浓度闪锌矿的电子结构，并将其进行对比，从而深入探讨类质同象离子对天然闪锌矿光催化性质所产生的影响。

计算采用VASP（Vienna Ab-initio Simulation Package）软件进行。纯闪锌矿的结构模型为空间群$F\bar{4}3m$，$Z=4$，晶胞参数$a=5.417$Å，Zn和S均占据4a位置，原子坐标分别为（0，0，0）和（0.25，0.25，0.25）。根据体系结合能最小化原理，对此模型进行了结构优化，交换关联势采用广义梯度近似（GGA）描述，采用PAW-PBE赝势描述价电子和离子实的作用，平面波展开的截断能为500eV。用Monkhorst-pack法对于布里渊区（Brillouin zone）积分，K网格大小为4×4×4。自洽循环的能量收敛精度为10^{-4}eV，作用在每个原子上的力收敛精度<0.01eV/Å。

天然闪锌矿中Zn被Fe、Cd以类质同象的形式替代，为计算Fe、Cd对闪锌矿电子结构的影响，构建2×2×2的超胞，并以Fe、Cd替代其中的Zn。计算不同掺杂浓度的闪锌矿电子结构时，分别将模型中的1个、2个、3个和4个Zn替换为杂质离子，掺杂浓度为3.125%、6.25%、9.375%和12.5%。但由于超胞的大小一定，当掺杂浓度继续提高时，会导致相邻Fe的距离过近，这与闪锌矿中实际的Fe分布不一致，计算结果将出现较大误差，故只选取了4个掺杂浓度。其他计算条件设置与纯闪锌矿计算一致。图6-6为掺Fe闪锌矿的结构模型。

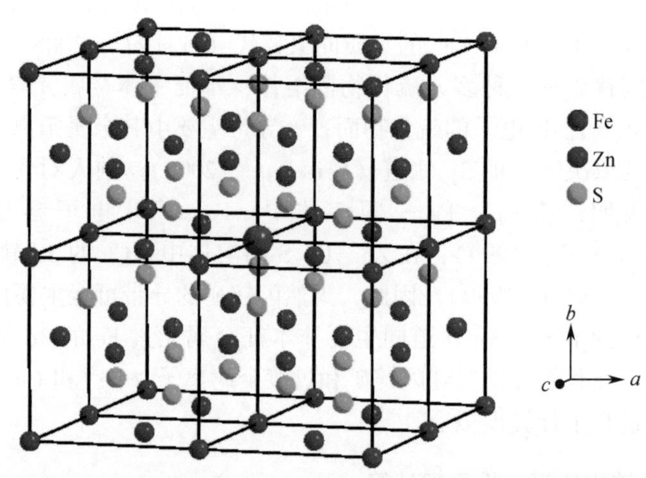

图6-6　掺Fe闪锌矿的结构模型

2. 纯闪锌矿电子结构

纯闪锌矿ZnS的电子态密度图（图6-7）显示其价带可分为最底部、下价带区、上价带区三个部分。最底部处于-13.1～-11.5eV，这部分主要由S的s轨道电子组成，峰形尖锐说明电子局域化强，几乎不参与成键。下价带区在-6.5～-5.3eV，主要由Zn的3d态构成，可以看到Zn的3d轨道分裂为E_{t_2}态和E_e态两个峰，3d态的峰值明显高于其他s态和3p态，说明3d态电子是高度局域的。上价带区在-5.1～-0eV，这部分相对平滑，主要由S的s态构成，Zn的3d态和p态也有参与；在上下价带区S的3p态与Zn的各态都有重叠的部分，说明他们之间发生了较强的杂化现象，这是ZnS得以稳定存在的部分原因。闪锌矿的导带区在2.8～8.4eV，主要由Zn的4s态电子组成。

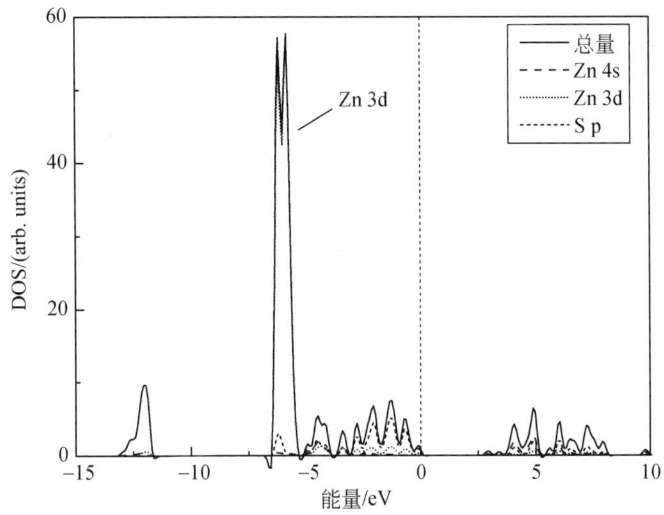

图6-7　闪锌矿 ZnS 的电子态密度图

理论计算所得的禁带宽度为2.85eV，低于实验值3.60eV（Geng *et al.*，2006）。这是由于密度泛函理论对电子间交换关联作用计算的理论误差造成的。在计算时过高地估计 Zn 的3d 态电子的能量，从而增大了 Zn 的3d 态电子与 S 的3p 态电子之间的相互作用，使得价带带宽变大，禁带带隙减小，这并不影响对 ZnS 电子结构的理论分析（Godby *et al.*，1986）。

3. 含 Fe 闪锌矿（$Zn_{31}FeS_{32}$）的电子结构

截取含 Fe 闪锌矿的电子态密度图（图6-8）的下价带到导带部分可以看出，掺杂闪锌矿的整体禁带宽度较纯闪锌矿有所减小，为2.58eV。价带主要由 Zn 的3d 态和 S 的 p 态贡献，导带由 Zn 的4s 态贡献，Fe 的3d 态贡献较小。根据晶体场理论，Fe 类质同象替代 Zn 后，Fe 的3d 轨道与 S 的 p 轨道发生杂化，形成配位四面体，Fe 简并的3d 轨道能级分裂

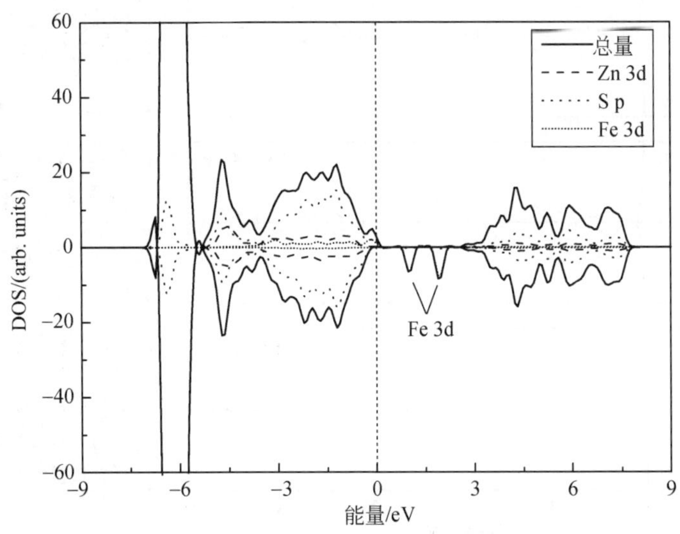

图6-8　掺 Fe 闪锌矿（$Zn_{31}FeS_{32}$）的电子态密度图

为 E_{t_2} 态和 E_e 态。Fe 的 3d 态电子参与成键使价带顶上移，从而减小了禁带宽度，同时两个下自旋态在闪锌矿的禁带中引入了两个杂质能带，带宽 0.59eV 和 0.65eV。含 Fe 闪锌矿受光激发时，由 Fe 的 3d 态产生的杂质能带可以作为光电子的“跳板”，使其更容易跃迁到导带，从而使光催化反应中产生更多的光电子，进而提高闪锌矿的光催化效率。

4. 不同 Fe 杂质浓度的闪锌矿电子结构

为了探讨 Fe 杂质浓度对闪锌矿电子结构的影响，分别计算了 Fe 浓度为 3.125%、6.25%、9.375% 和 12.5% 的闪锌矿电子态密度（图 6-9）。结果表明，当掺杂浓度升高时，价带与导带和杂质能带的位置基本没有变化，但杂质峰的峰宽和峰高值明显变大，具体数值见表 6-4。当掺 Fe 的闪锌矿受光激发时，由于较大的峰宽可以提供更多的杂质能级供光电子占据并继续跃迁，这样就可以认为掺杂浓度的提高所造成的杂质能带变化可以为光电子提供更多更易占据的“跳板”，从而使更多的光电子跃迁到导带，进而提高闪锌矿的光催化效率。

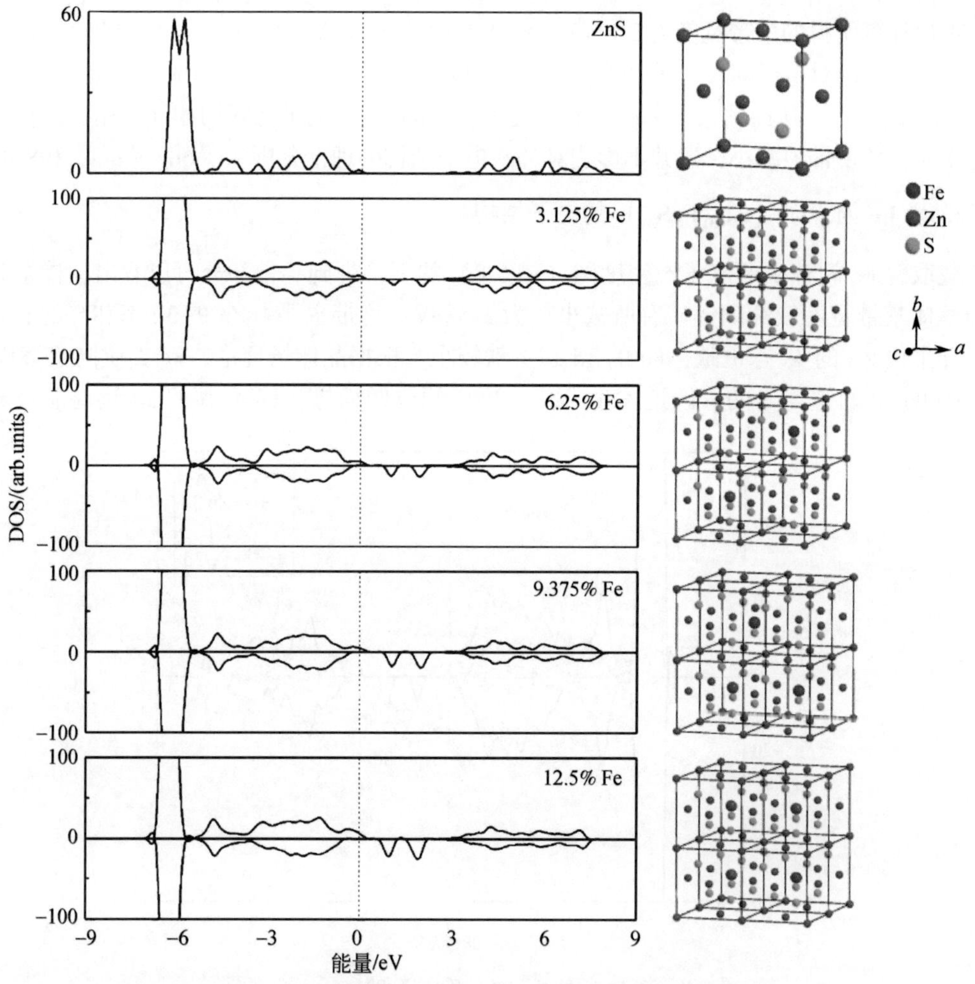

图 6-9　不同掺杂浓度的掺 Fe 闪锌矿电子态密度对比图

表 6-4　不同掺杂浓度掺 Fe 闪锌矿的杂质峰峰宽和峰高

Fe 的掺杂浓度/%	杂质峰峰宽/eV		杂质峰峰高/(arb. units)	
0	0	0	0	0
3. 125	0. 59	0. 65	7. 55	9. 52
6. 250	0. 63	0. 78	13. 52	14. 50
9. 375	0. 73	0. 80	18. 51	20. 47
12. 500	0. 75	0. 87	23. 42	23. 37

5. 掺 Cd 闪锌矿的电子结构

截取掺 Cd 闪锌矿（$Zn_{31}CdS_{32}$）的电子态密度图（图 6-10）的下价带到导带部分可以看出，掺 Cd 闪锌矿的电子态密度与纯闪锌矿并无太多差别，在禁带中没有出现杂质能带，但在-7. 48eV 处引入了 Cd 的 4d 态电子贡献的能级，使价带略微抬升，造成掺 Cd 闪锌矿的禁带宽度减小为 2. 68eV。

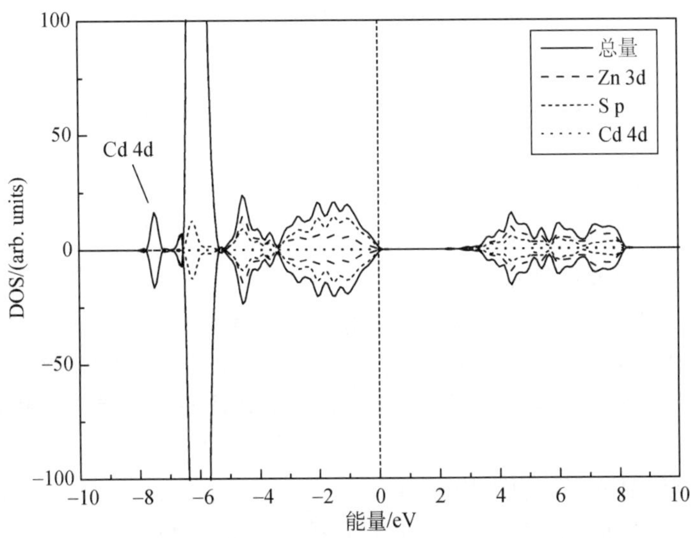

图 6-10　掺 Cd 闪锌矿（$Zn_{31}CdS_{32}$）的电子态密度图

6. Fe、Cd 共掺杂闪锌矿的电子结构

为了更好地模拟天然闪锌矿，进行了 Fe、Cd 共掺杂的闪锌矿电子态密度计算（图 6-11）。结果表明，由于 Fe 的 3d 态和 Cd 的 4d 态所贡献的杂质能带，掺杂后的闪锌矿禁带带隙减小为 2. 49eV。Fe 和 Cd 的掺杂都可以起到减小带隙的作用，同时 Fe 的 3d 态电子可以在禁带引入两个杂质能带，为光电子提供“跳板”跃迁到导带，从而提高闪锌矿的光催化效率。

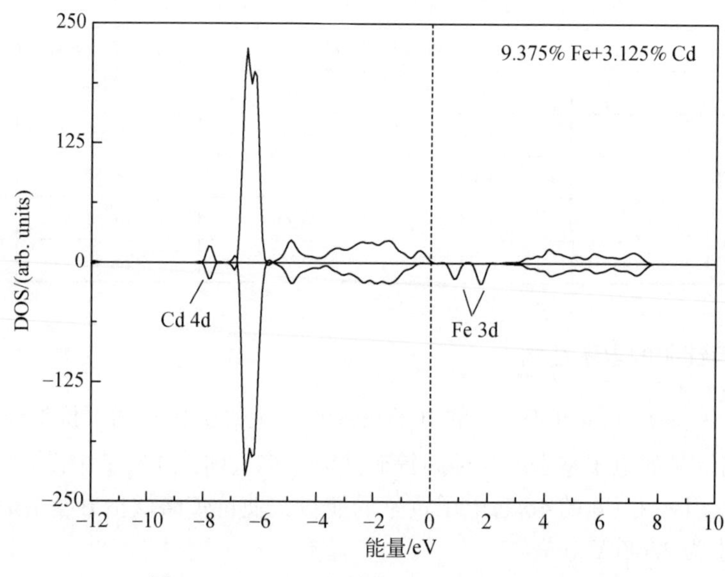

图 6-11　Fe、Cd 共掺杂 ZnS 电子态密度图

6.3　天然闪锌矿改性特征

提高闪锌矿型 ZnS 光催化活性的方法之一是制造二元复合半导体。在光的激发下，二元复合半导体产生的光生载流子将由一种半导体注入另一种半导体，降低光生电子-空穴的复合几率，提高体系光催化效率。此外，由于天然矿物结构缺陷会成为光生电子的捕获阱，通过一些改性手段降低结构缺陷浓度、提高结晶度亦可进一步提高可见光催化活性。热处理是将固体材料在一定介质中加热、保温和冷却，以改变其性能的一种工艺。热处理的作用因素包括升温速率、处理温度、保温时间、氧化还原氛围等。研究表明一定条件下的热处理能够改变半导体光催化剂的物相组成、晶体结构（Geng *et al.*，2006；Cheng *et al.*，2007），提高结晶度、修复结构缺陷（Jadhav *et al.*，2011），改变晶粒尺寸、比表面积（Safontseva and Nikiforov，2001），并进而影响其光催化性能。

本节介绍天然闪锌矿原位高温 X 射线衍射实验以及在空气气氛下的热处理改性实验研究，旨在获得天然闪锌矿不同温度下的物相转变过程和机制，为对其热处理改性制成二元复合半导体、增强其光催化活性提供理论方法指导。

6.3.1　原位高温 X 射线衍射研究

对会泽天然闪锌矿使用 X 射线衍射分析自带的加热装置，在开放空气气氛下对样品进行原位高温处理，同时采集样品的 XRD 图谱，使用 GSAS 软件对不同温度下样品的 XRD 数据进行了 Rietveld 分析并拟合了晶胞参数。依据定量分析方法（QPA）得到各温度下样品中不同物相所占的质量百分比值（Madsen *et al.*，2001；Scarlett *et al.*，2002）。各温度下采集的样品 XRD 图谱见图 6-12。

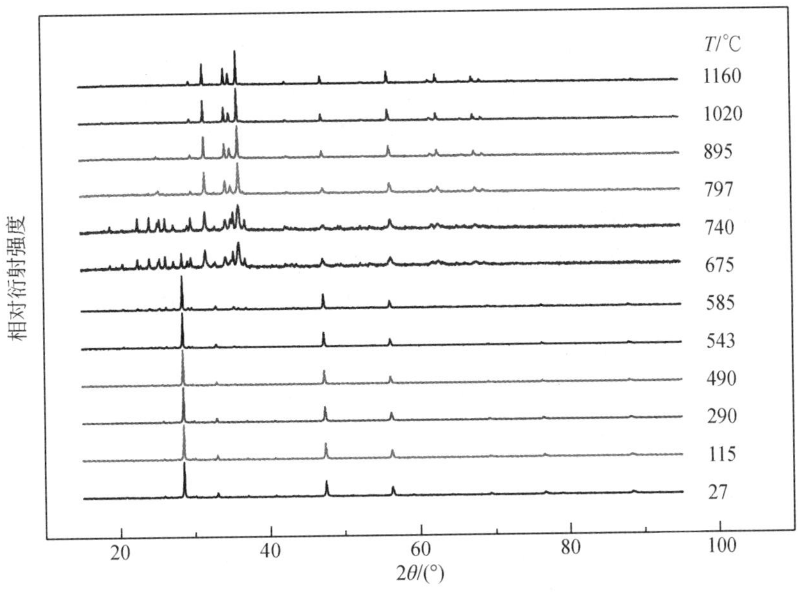

图 6-12　天然闪锌矿的原位高温 XRD 图谱

随着温度升高样品发生的变化主要包括以下几个阶段。

（1）27～490℃：当温度从室温升高至 290℃时，样品的衍射图谱变化较小，闪锌矿、黄铁矿和方铅矿的各衍射峰仅出现位置的微小偏移，无新衍射峰出现，无任何衍射峰的消失或合并。在 490℃时，FeS_2的峰基本消失，PbS 逐渐氧化成为铅钒 $PbSO_4$（图 6-13 中箭头所指处）。此外，在 $2\theta=20°\sim30°$范围内出现了多条强度较弱的衍射峰。

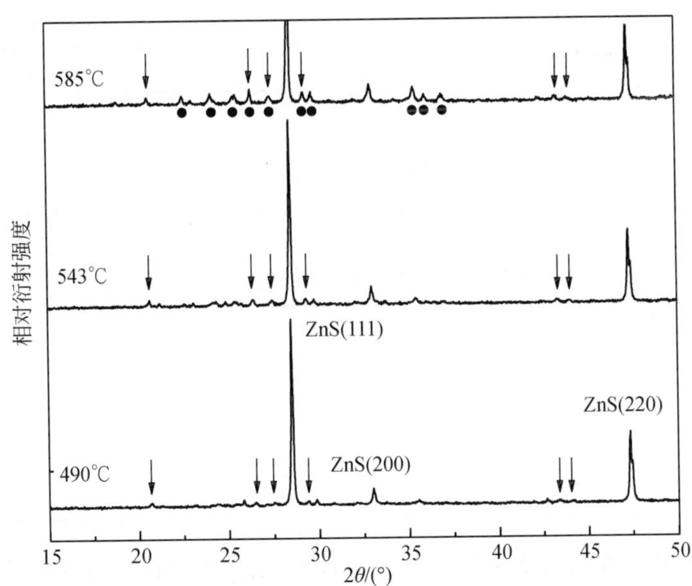

图 6-13　温度 490～585℃范围内样品的部分 XRD 图谱

箭头表示 $PbSO_4$的衍射峰，圆点表示 $Zn_3O(SO_4)_2$的衍射峰

（2）490～585℃：在此温度范围内，$PbSO_4$的衍射峰强度逐渐增强。温度到达585℃时，可清楚地看到另一种物相$Zn_3O(SO_4)_2$的衍射峰（图6-14中黑色圆点所示），Erdos（1977）测定其空间群为$P2_1/m$，$a=7.867(7)$Å，$b=6.700(7)$Å，$c=7.374(7)$Å，$\beta=117.3(1)°$，$Z=2$，在此温度下$Zn_3O(SO_4)_2$的晶胞参数为$a=7.921(1)$Å，$b=6.778(0)$Å，$c=7.901(3)$Å，$\beta=124.39(1)°$，稍大于文献给出的值，说明该物质在加热过程中发生了一定程度的膨胀。

（3）585～740℃：自675℃起闪锌矿的衍射峰强度大幅降低直至消失（图6-14），而$PbSO_4$和$Zn_3O(SO_4)_2$衍射峰强度稍有增加。同时伴随新物相红锌矿和锌铁尖晶石的衍射峰产生。此温度段内ZnS的大幅减少归因于部分氧化生成$Zn_3O(SO_4)_2$或者直接完全氧化成为ZnO，同时伴随着与体系内的Fe反应生成$ZnFe_2O_4$。对675℃下的XRD图谱进行Rietveld全谱拟合，得到各个物相的晶胞参数列于表6-5中。

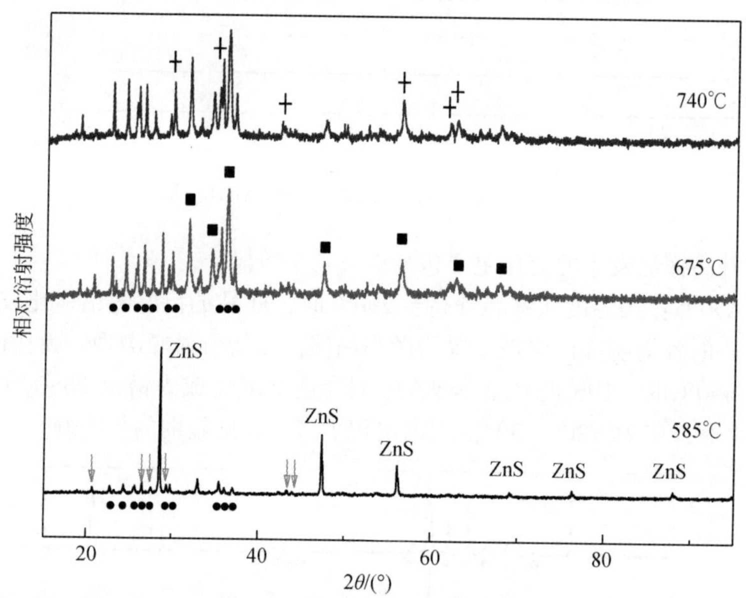

图6-14　585～740 ℃范围内样品的XRD图谱

箭头表示$PbSO_4$，圆点表示$Zn_3O(SO_4)_2$，方块表示ZnO，十字表示$ZnFe_2O_4$

表6-5　675℃时样品晶胞参数的Rietveld精修结果

参数	ZnS	$Zn_3O(SO_4)_2$	ZnO	$ZnFe_2O_4$	$PbSO_4$
a/Å	5.4426(3)	7.9119(2)	3.2699(2)	8.4849(1)	8.6478(0)
b/Å		6.7905(1)			5.4479(1)
c/Å		7.9205(1)	5.2264(3)		7.0321(1)
$\chi^2=1.252$		$w_{R_p}=3.93\%$		$R_p=2.97\%$	

Zhang等（2002）在利用ZnS薄膜制备ZnO纳米晶时，500℃即发现有ZnO产生，大于700℃时ZnS会完全氧化形成ZnO，但没有产生任何中间物相。Chen等（2004）发现天然闪锌矿(Zn,Fe)S在975℃加热20s后，首先转变成(Zn,Fe)O，接着加热会形成ZnO和

$ZnFe_2O_4$。$Zn_3O(SO_4)_2$在不断加热的情况下将逐渐分解成为ZnO、O_2和SO_2（Brittain *et al.*，1986；Hongo *et al.*，2008）。

（4）740～895℃：该温度范围内，ZnO和$ZnFe_2O_4$的衍射峰强度不断增大，峰形更加尖锐（图6-15）。进一步证实中间物相$Zn_3O(SO_4)_2$随着温度升高不断分解。当温度为797℃时，$PbSO_4$和$Zn_3O(SO_4)_2$衍射峰逐渐消失，与文献中报道的$Zn_3O(SO_4)_2$在700℃以上分解完全一致（Hongo *et al.*，2008）。$2\theta=20°\sim30°$范围内尚有少数强度较弱峰形较宽的衍射峰，暂时无法鉴定出物相（图6-15箭头处）。

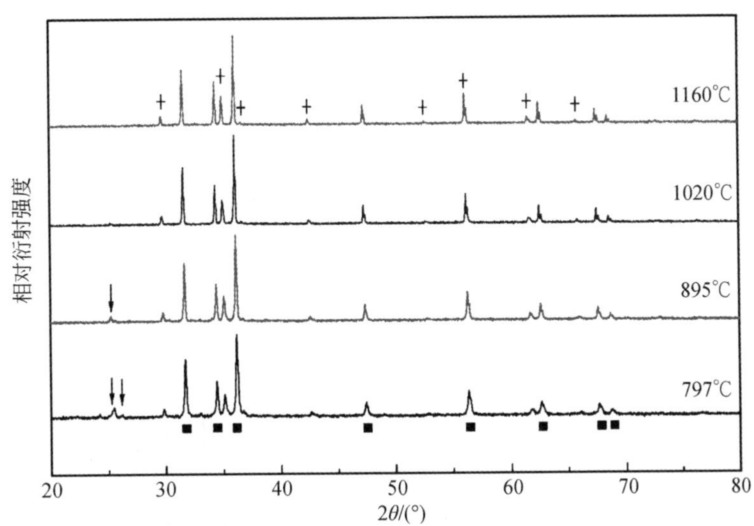

图6-15　797℃至1160℃范围内样品的XRD图谱

箭头表示未知物，方块表示ZnO，十字表示$ZnFe_2O_4$

（5）895～1160℃：895℃时仍有少量未知物的衍射峰存在，随着温度继续上升，未知物衍射峰消失，最终产物为ZnO和$ZnFe_2O_4$（图6-15）。1160℃时ZnO的晶胞参数为$a=b=3.2842(2)$Å，$c=5.2337(1)$Å，$ZnFe_2O_4$的晶胞参数为$a=8.5303(2)$Å，对比675℃时，两者的晶胞都发生了较大的膨胀。

利用GSAS中的QPA方法分析得到的不同温度下所含各物相的相对质量百分比见图6-16。在最高温1160℃时，ZnO约占72%，$ZnFe_2O_4$约占28%。

在827℃的Fe-Zn-O的相图（图6-17）中，ZnO与$ZnFe_2O_4$两相共存的区域限制在很小的范围内：x(Fe)约在38%以下，同时x(Zn)和x(O)在50%～90%。$PbSO_4$在797℃消失之后，体系中也并未检测到常见的含铅物相，Pb可能会以类质同象的形式存在于最终物相的晶格中。

综上分析，空气气氛下原位加热过程中，样品发生的主要反应如下：

$$3ZnS + 11/2O_2 \longrightarrow Zn_3O(SO_4)_2 + SO_2 \tag{6-3}$$

$$Zn_3O(SO_4)_2 \longrightarrow 3ZnO + 2SO_2 + O_2 \tag{6-4}$$

$$ZnS + 2FeS_2 + 7O_2 \longrightarrow ZnFe_2O_4 + 5SO_2 \tag{6-5}$$

$$PbS + 2O_2 \longrightarrow PbSO_4 \tag{6-6}$$

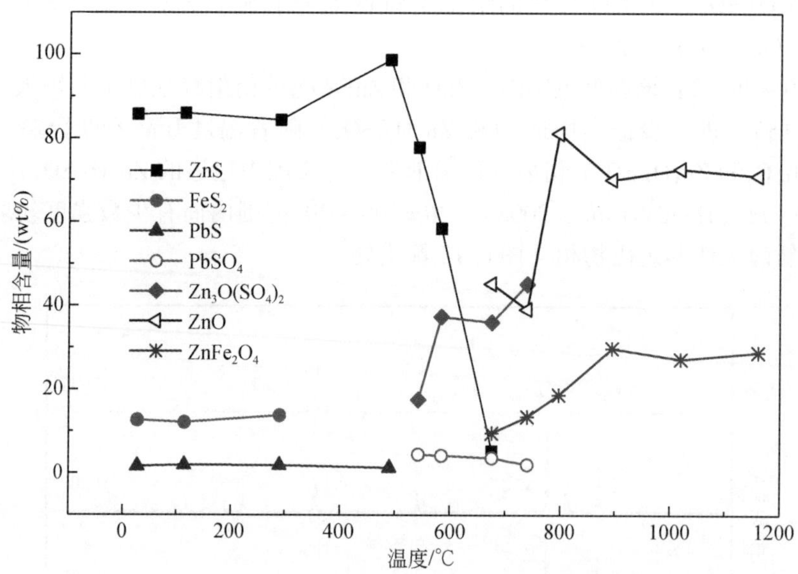

图 6-16 样品在不同温度下各物相的含量

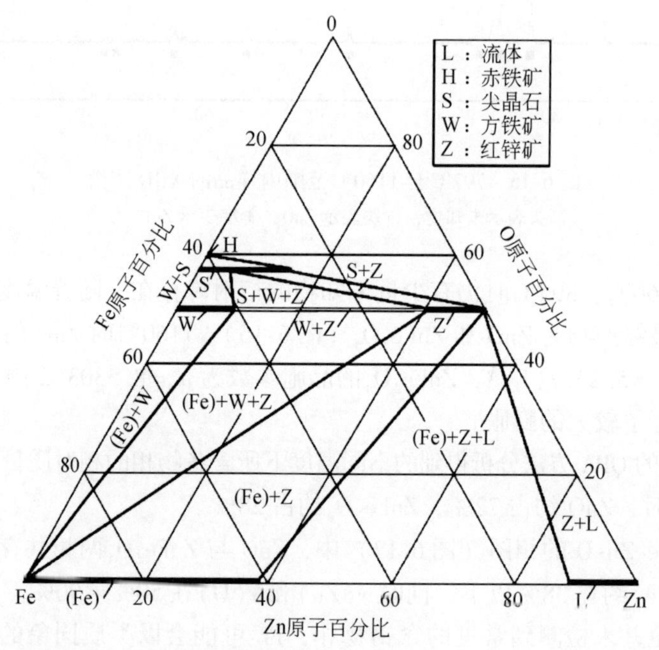

图 6-17 827℃的 Fe-O-Zn 等温区域图（引自 Itoh and Azakami，1993；Raghavan，2010）

6.3.2 1200℃热处理改性闪锌矿的结构特征

根据原位高温 XRD 结果，对天然闪锌矿在 1200℃下进行了热处理，旨在获得 ZnO 与 $ZnFe_2O_4$混合物的稳定物相。热处理在箱式电阻炉中进行，空气气氛下由室温升至设定温度，保温 1h 后取出淬火，样品冷却晾干后研磨过 360 目筛。结构特征用粉晶 X 射线衍射分析和透射电镜表征。

XRD 分析（图 6-18）表明，1200℃热处理后，天然闪锌矿已经完全转变为 ZnO 和 $ZnFe_2O_4$，极为尖锐的峰形表明了生成物结晶度很高。使用 GSAS 进行 Rietveld 分析得到两种物质的晶胞参数列于表 6-6。与 1160℃时的数据相比，两物相的晶胞都有所减小，可能是由于淬火过程使得原本受热膨胀的晶体迅速收缩。

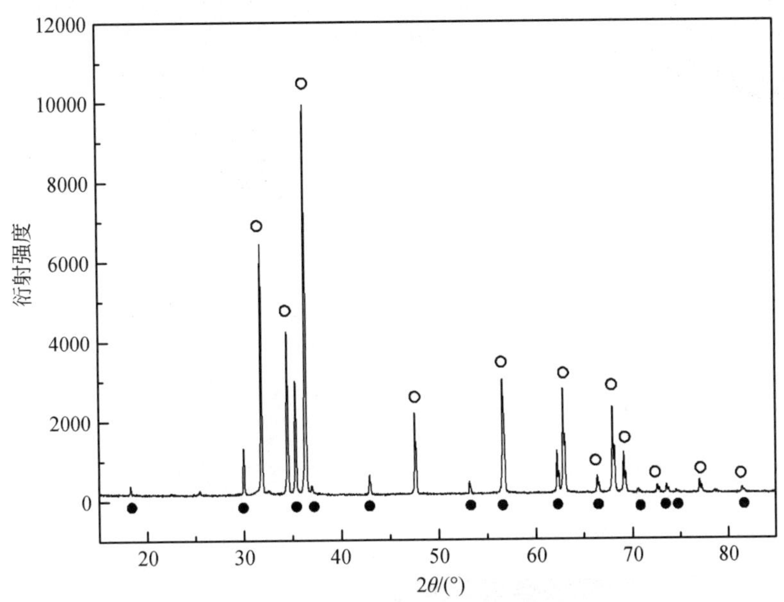

图 6-18　样品的 XRD 图谱

实心点代表 $ZnFe_2O_4$ 的衍射峰，空心圈代表 ZnO 的衍射峰

表 6-6　1160℃和 1200℃改性样品的 Rietveld 精修结果对比

参数	1160℃		1200℃	
	ZnO	$ZnFe_2O_4$	ZnO	$ZnFe_2O_4$
a/Å	3.2842(2)	8.5303(2)	3.2499(0)	8.4336(1)
c/Å	5.2337(1)		5.2044(1)	
χ^2	1.399		1.445	
w_{R_p}/%	4.02		7.43	
R_p/%	2.90		5.52	

透射电镜观察可见样品颗粒大小不均，且出现截然不同的两种衬度和形貌特征：一种衬度整体较为明亮（图 6-19a 左侧大颗粒），颗粒边界极不平整，表面也很不光滑，衬度变化较大；另一种衬度整体偏暗（图 6-19a 右侧小颗粒及图 6-19b），具有较为平整的表面和清晰整齐的颗粒边界，推测它们分别代表样品中的 $ZnFe_2O_4$ 和 ZnO。在一些大块颗粒上可见附着有球形或粒状的纳米级小颗粒（图 6-20）。对其他颗粒的高分辨观察获得了相邻的 ZnO 和 $ZnFe_2O_4$ 颗粒的晶格条纹（图 6-21）。

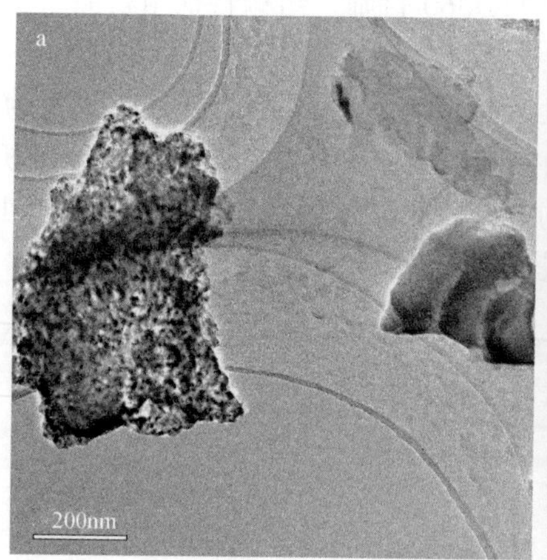

图 6-19　样品颗粒呈现截然不同的两种衬度和形貌特征

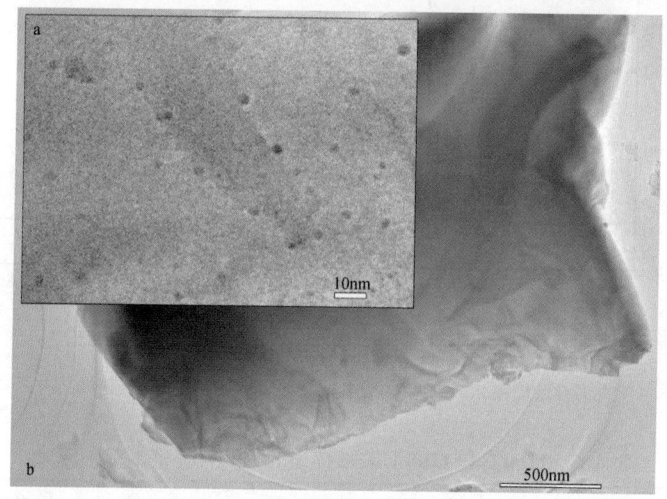

图 6-20　HZ-1200 中较大的矿物颗粒上均附着有更微小的纳米级颗粒

图 a 为图 b 中颗粒的放大观察图

6.3.3　$ZnS/ZnFe_2O_4$与 ZnO 二元复合半导体

ZnO 具有六方纤锌矿结构，空间群 $P6_3mc$。理论上 O^{2-}作六方最紧密堆积，Zn^{2+}占据半数的四面体空隙，与周围的四个 O^{2-}配位形成四面体，四面体与四面体之间以 4 个角顶相连形成方位相同的四面体层（图 6-22）。

ZnO 也是一种性能优异的光催化剂，其光催化性能可用于降解废水中的有机污染物（Jing *et al.*，2001；Charkrabati and Dutta，2004）。研究表明，ZnO 的光催化活性甚至可以与另一种优良的半导体光催化剂 TiO_2相媲美（Bonamali and Maheshwar，2002；Xiao *et al.*，2010）。但 ZnO 属于宽禁带的半导体材料，$E_g = 3.2eV$，只能利用小于 387nm 的紫外光。为充分利用太阳能，研究者们采用离子掺杂（Li and Haneda，2003a，2003b；Zhou *et al.*，

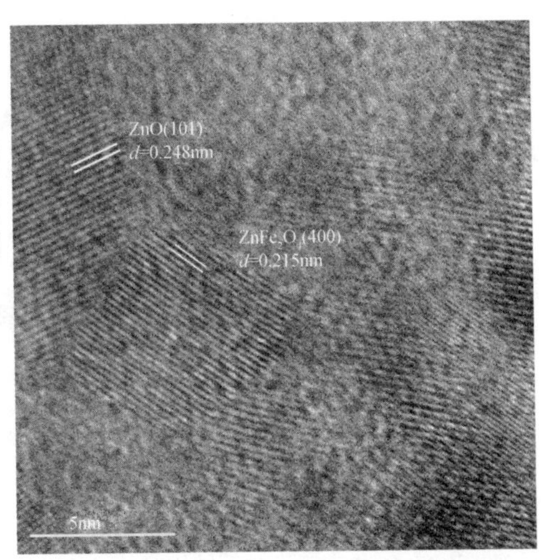

图6-21　相互接触的 ZnO 和 $ZnFe_2O_4$颗粒的一维晶格条纹像

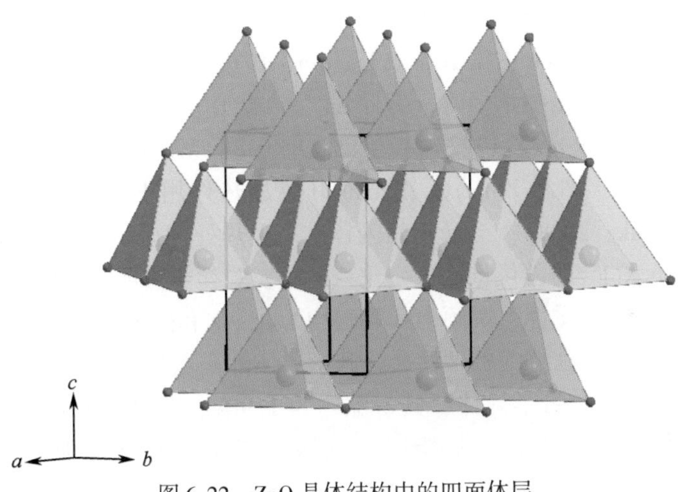

图6-22　ZnO 晶体结构中的四面体层

2007)、与其他物质复合（Sakthivel *et al.*，2002；Li *et al.*，2004；Schrier *et al.*，2007)、表面光敏化（钟超阳等，2007）等处理手段对 ZnO 进行改性处理，从而使得 ZnO 对光的响应范围拓宽至可见光区域。

$ZnFe_2O_4$具有尖晶石结构，空间群 $Fd3m$。在理想尖晶石型结构中，O^{2-}呈立方最紧密堆积，在单位晶胞中形成64个四面体空隙和32个八面体空隙。单胞中的8个Zn^{2+}占据四面体位置，与O^{2-}形成[ZnO_4]四面体；16个Fe^{3+}占据八面体位置，与O^{2-}离子构成[FeO_6]八面体。[ZnO_4]四面体与[FeO_6]八面体以共角顶的方式连接，在三次轴方向上二者构成的层与单纯[FeO_6]八面体层呈交替排列（图6-23)。

$ZnFe_2O_4$的化学式可写为($Zn_{1-c}Fe_c$)[$Fe_{2-c}Zn_c$]O_4，圆括号和方括号分别表示四面体空隙（A）和八面体空隙（B)，c（$0 \leqslant c \leqslant 1$）称为倒反系数（inversion parameter)。研究表明锌铁尖晶石中Zn^{2+}和Fe^{2+}的占位比例会发生一定的变化，从而对其磁学性质和其他性质

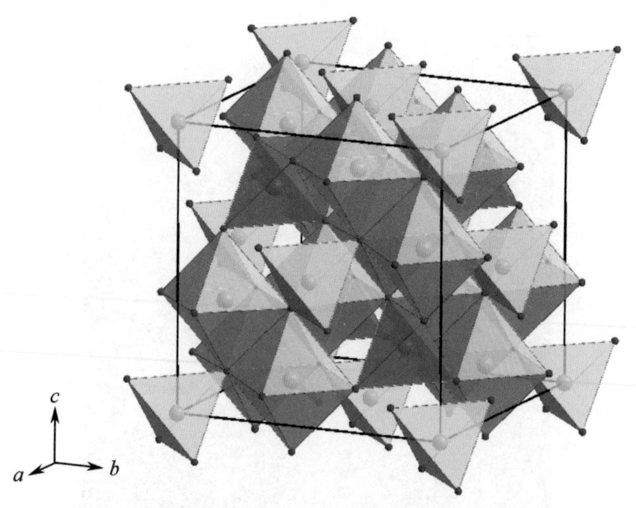

图6-23 $ZnFe_2O_4$具有正尖晶石结构时的晶体结构图

产生重要影响（Chinnasamy *et al.*，2001）。在块体中$ZnFe_2O_4$具有如上文所描述的正尖晶石结构，即Zn占据A位，Fe占据B位（Ligenza，1976，O'Neill *et al.*，1992），呈现反铁磁性；但当颗粒粒径减小至纳米级时，部分Zn会占据B位，部分Fe则占据A位，倒反系数可达到0.19（O'Neill *et al.*，1992）甚至更高的0.28（Abbas *et al.*，1992），使得纳米$ZnFe_2O_4$呈现超顺磁性。纳米$ZnFe_2O_4$在不断升温加热作用下会逐渐恢复到块体的结构（Makovec and Drofenik，2008）。会泽天然闪锌矿高温热处理后出现的$ZnFe_2O_4$正是纳米级别的粒径，因此Zn和Fe的占位将发生变化。已有实验初步表明，1200℃热处理的会泽闪锌矿在室温下表现为超顺磁性，矫顽力和剩磁均为0，饱和磁强度也较低。

锌铁尖晶石除了具有独特的磁学性质，其半导体性质也吸引了不少学者进行研究和应用开发。$ZnFe_2O_4$属于窄禁带半导体，其带隙约为1.9eV，可吸收652nm以内的太阳光能量，但由于其较低的价带电位，不能用于直接光催化降解有机物（Valenzuela *et al.*，2002；陈雪冰等，2008）。采用不同方法制备而成的$ZnFe_2O_4$纳米颗粒对光的吸收会产生红移或者蓝移。复合$TiO_2/ZnFe_2O_4$使得光吸收边产生红移，并且有效延长了电子-空穴对的寿命，从而使得整个体系具有良好的可见光催化活性（陈雪冰等，2008）。此外，具备磁性的$ZnFe_2O_4$纳米晶近年被广泛应用于与纳米TiO_2结合组装成磁载光催化剂（Cheng *et al.*，2007；Xu *et al.*，2009；Hou *et al.*，2010），这种光催化剂可以提高可见光催化活性，同时可以利用外磁场来回收光催化剂，从而实现便捷回收和重复利用。

6.3.4 热改性闪锌矿光催化反应机制

目前，提高合成催化剂光催化活性的一个重要改性方向是通过合成二元复合半导体光催化剂来提高其光生载流子的分离效率。当复合半导体受到一定能量的光激发后，两种半导体之间的能级差使得光生载流子从一种半导体微粒的能级注入另一种半导体能级上，从而促进光生电子和光生空穴有效分离，提高光催化效率。以ZnS/ZnO二元复合半导体为例，Kamat 和 Patrick（1992）的研究结果显示 ZnS/ZnO 体系有助于提高 SCN^- 氧化成为 $(SCN)_2^-$ 的量子产率；陈震宇和郭烈锦（2007）研究认为 Ni 掺杂的 ZnS-ZnO 复合光催化剂在可见光范围内具有较高的光催化分解水产氢活性。

ZnS 的导带能量比 ZnO 高：$E_{CB}(ZnS) = -3.46eV$，$E_{CB}(ZnO) = -4.19eV$（Xu and Schoonen，2000），根据式（6-7）将能量单位转换成相对于标准氢电极电势单位后，ZnS 具有比 ZnO 更负的导带电位。

$$E_{(NHE,V)} = -E_{(AVS,eV)} - 4.50 \tag{6-7}$$

当二者形成二元复合半导体时，在一定能量的光照射下，ZnS 和 ZnO 价带上的电子同时被激发跃迁到导带，形成（导带）电子-（价带）空穴对。在能级差的驱动下，ZnS 导带上的光生电子可自发向 ZnO 的导带转移，而 ZnO 价带上的光生空穴可以向 ZnS 的价带转移（图 6-24）。光生载流子在不同半导体间的转移可有效抑制光生电子-空穴的复合，使复合半导体体系的光生载流子得到有效分离，增加可参与光催化反应的有效电子浓度，提高体系的光催化活性。

Agatino 等（2003）的研究表明，ZnS/ZnO 二元复合半导体体系并不具备良好的光催化性能，主要是由于纯 ZnS 的禁带过宽。天然闪锌矿中含 Fe 等类质同象替代离子，Fe^{2+} 在 ZnS 禁带中引入杂质能级，可以将闪锌矿的光吸收范围从紫外区扩展到可见光区，因此，天然闪锌矿与 ZnO 复合而成的半导体将具有较为可观的可见光催化活性。值得注意的是，体系的光催化活性会随着 ZnS 含量的增加而降低（Agatino *et al.*，2003），意味着 ZnS 与 ZnO 存在一个合适的含量比值。由原位高温 XRD 结果可知，天然闪锌矿在空气中加热至 543℃以上产生中间物相 $Zn_3O(SO_4)_2$，675℃时产生 ZnO，到 740℃时闪锌矿完全氧化分解，结合文献（Zhang *et al.*，2002），认为在空气气氛下通过对闪锌矿进行热处理获得 ZnS/ZnO 复合半导体的适宜温度范围为 500～700℃。

$ZnFe_2O_4$ 的导带能级为 $E_{CB}(ZnFe_2O_4) = -3.21eV$（Boumaza *et al.*，2010），其导带电位为 −1.29V。根据相同的原理，$ZnFe_2O_4$ 与 ZnO 亦可以构成二元复合半导体，促进体系中光生电子-空穴对的有效分离（图 6-25），并且窄禁带半导体 $ZnFe_2O_4$ 可吸收 652nm 以内的太阳光能量，从而扩展体系的光吸收范围至可见光区。

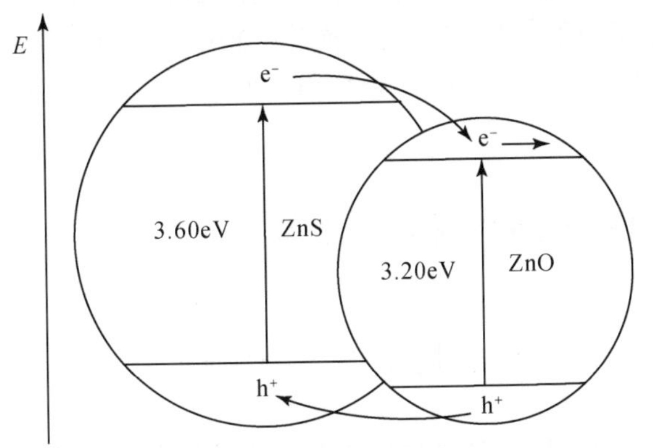

图 6-24　ZnS/ZnO 复合半导体颗粒间的电荷转移过程示意图

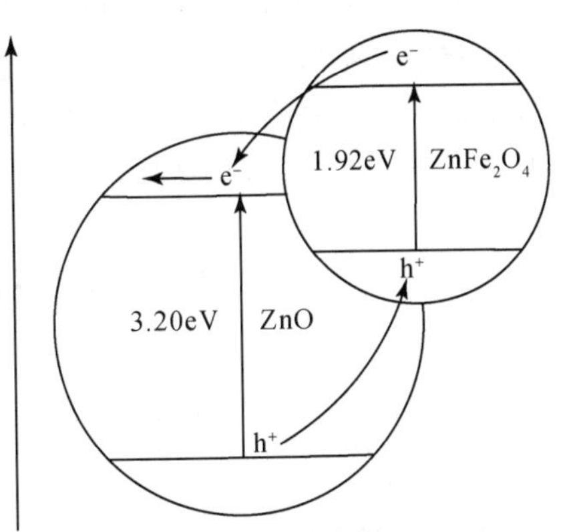

图 6-25　$ZnFe_2O_4$/ZnO 复合半导体颗粒间的电荷转移过程示意图

通过对天然闪锌矿高温热处理，我们获得了具有纳米级的$ZnFe_2O_4$与ZnO混合物，二者呈良好接触。由实验结果可知在空气气氛下通过对闪锌矿进行热处理获得稳定的$ZnFe_2O_4$/ZnO复合半导体的适宜温度范围为1000～1200℃。已有实验表明，较其他温度下热处理天然闪锌矿获得的产物而言，1100～1200℃获得的$ZnFe_2O_4$/ZnO复合半导体可见光光催化降解甲基橙的降解率最高（殷义栋等，2013），并且样品在室温下具有一定的磁性。因此未来可以利用这种方法制备具有良好可见光催化活性的$ZnFe_2O_4$/ZnO二元复合半导体，并利用体系的磁性实现光催化剂的便捷回收和再利用。

闪锌矿、红锌矿、锌铁尖晶石的禁带宽度分别为3.6eV、3.2eV、1.9eV（Akhtar *et al.*，2009），600～1200℃样品中闪锌矿、红锌矿、锌铁尖晶石三相形成了二元、三元复合半导体，如图6-26所示。一种材料与其他材料形成复合半导体可使光生载流子有效分离，从而提高其光吸收效率和光催化活性，故600～1200℃样品与原样相比理应表现出更强的光催化还原能力。

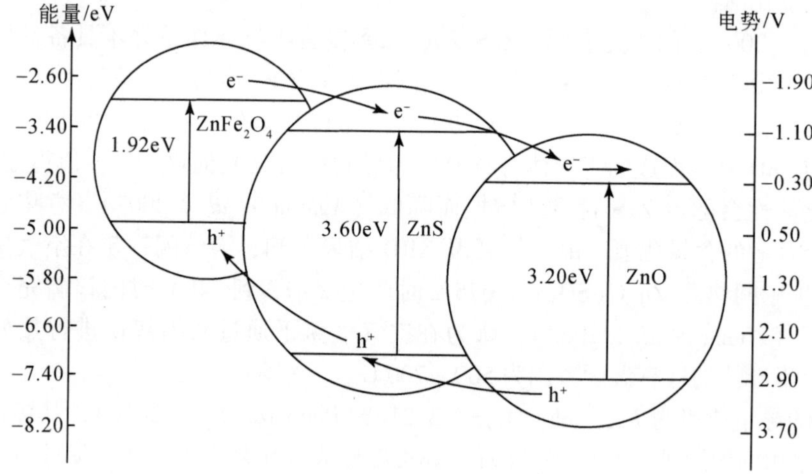

图6-26　$ZnFe_2O_4$/ZnS/ZnO复合半导体电子转移过程示意图

天然闪锌矿经过1100～1200℃热处理改性后结晶度明显提高，其结构缺陷浓度也有所降低。降解甲基橙实验结果表明其光催化还原能力最强（殷义栋等，2013），即红锌矿-锌铁尖晶石二元复合半导体的光催化能力强于单一闪锌矿半导体及闪锌矿、红锌矿、锌铁尖晶石的其他类型复合半导体。

6.4　闪锌矿光催化活性影响因素

6.4.1　天然闪锌矿中类质同象离子对光催化活性的影响

与合成闪锌矿相比，天然闪锌矿最典型的特征为其晶格中丰富的类质同象杂质离子。这些非本征杂质离子的存在使得天然闪锌矿具有复杂的化学组成，在一定程度上影响并导致其可见光催化活性。

1. 过渡金属离子类质同象替代对可见光催化活性的影响

天然闪锌矿中参与替代本征离子 Zn^{2+} 的过渡金属离子主要有 Mn^{2+}、Fe^{2+}、Co^{2+}、Ni^{2+} 和 Cu^{2+}，这些过渡金属离子均具有部分充满的3d壳层（Li *et al.*，2009c）。少量的过渡金属元素，可在闪锌矿中形成施主或受主能级，所形成的孤立的能级态常常位于禁带中央附近的深能级。

1）Mn^{2+} 替代作用

Mn^{2+} 具有5个高自旋 $[(e)^2(t_2)^3]$ 的3d电子，其3d轨道呈半充满状态。这些半充满的d轨道能级位于闪锌矿价带顶之下（Taniguchi *et al.*，1986），因此，闪锌矿中由 Mn^{2+} 所产生的新能级态均游离于闪锌矿的价带顶和导带底之外（Xu *et al.*，1996）。所以，当闪锌矿晶格中只有 Mn^{2+} 类质同象替代 Zn^{2+} 时，既不可能使其带宽减小从而形成可对可见光有响应的化合物，也不可能激发其施主能级上的电子。即小于合成闪锌矿禁带宽度的可见光能量不能将其激发并产生光生载流子。

2）Co^{2+} 替代作用

闪锌矿中的 Co^{2+}、Ni^{2+} 和 Cu^{2+} 都具有较少的未成对d电子数，分别为3(Co^{2+})、2(Ni^{2+})、1(Cu^{2+})。这些未成对d电子将占据自旋向下的3e和 t_2 轨道，均能在闪锌矿中同时产生施主和受主能级。

Tian 和 Shen（1989）认为 Co^{2+} 在闪锌矿中产生的受主能级位于闪锌矿价带之上3.45eV处，而其施主能级靠近价带顶，位于其上0.91eV处。这意味着，使电子产生从价带顶到受主能级的跃迁需波长为359nm以下的光来激发，而使电子产生从施主能级到导带底的跃迁需波长为460nm以下的光激发。因此，在波长大于380nm的可见光激发下，电子能从 Co^{2+} 掺杂的闪锌矿施主能级跃迁至闪锌矿的导带或者禁带中的受主能级上，说明 Co^{2+} 掺杂的闪锌矿可在小于禁带宽度能量的光照射下，产生电子–空穴对。

3）Ni^{2+} 替代作用

Ni^{2+} 替代 Zn^{2+} 在闪锌矿禁带中引入的施主和受主能级分别位于价带顶之上0.75eV和2.46eV处（Fazzio *et al.*，1984）。这意味着使电子从价带顶到受主能级产生跃迁的最大波长为504nm，而使电子产生从施主能级到导带底跃迁的最小波长为435nm。因此，Ni^{2+} 掺杂的闪锌矿也可以在可见光激发下产生电子–空穴对。

4）Cu^{2+} 替代作用

Cu^{2+} 在闪锌矿中产生的施主能级和受主能级分别高于价带顶0.435eV和1.293eV（Caldas *et al.*，1984；Heitz *et al.*，1992）。意味着大于392nm的光都能被 Cu^{2+} 掺杂的闪锌矿吸收产生电子–空穴对。然而，闪锌矿中的 Cu^{2+} 最外层电子（$3d^9$）倾向于吸引1个电子形成更稳定的 $3d^{10}$（Cu^+）结构，将在一定程度上影响光生电子同催化体系中被降解物的反应。Xu等（1996）也发现，尽管 Cu^{2+} 掺杂的闪锌矿能够吸收更多的可见光，但其催化速率并未得到显著提高，这可能与 Cu^{2+} 与反应物竞争捕获光生电子有关。

5）Fe^{2+} 替代作用

Fe^{2+} 在闪锌矿晶格中具有6个呈高自旋配位的3d电子 $[(e)^3(t_2)^3]$（Vaughan *et al.*，

1974）和4个未成对3d电子。Fe^{2+}的3d电子所产生的施主能级位于价带顶1.75eV到2.10eV处（Caldas *et al.*，1984；Fazzio *et al.*，1984；Tian and Shen，1989）。因此，其施主能级和导带之间的能量差为1.80～2.15eV；而受主能级则在闪锌矿导带底之上。因此，可见光具有足够的能量将其施主能级上的电子激发到闪锌矿导带上去。Xu等（1996）报道Fe^{2+}替代Zn^{2+}明显扩大了闪锌矿对光的吸收范围，根据Fe含量的不同，其最大吸收波长可达707nm。

6）过渡金属离子掺杂的闪锌矿能带结构

由以上讨论可知，含3d电子的过渡金属离子替代Zn^{2+}将引起闪锌矿能带结构的改变，过渡金属离子在闪锌矿禁带中所形成的施主或受主能级的位置见图6-27。根据这些外来新能级态的位置，过渡金属离子Mn^{2+}掺杂对闪锌矿的可见光催化没有任何贡献，因为Mn^{2+}并不能在闪锌矿的禁带中引入新的能级态（Shuey，1975）；而Co^{2+}、Ni^{2+}和Cu^{2+}掺杂在闪锌矿中既引入施主能级，同时又引入受主能级，Fe^{2+}在闪锌矿中可引入施主能级，因此这些离子的掺杂均可使闪锌矿对小于禁带能量的光产生响应。这些有助于可见光催化的过渡掺杂金属离子中，只有Fe^{2+}没有使导带电子的能级位置因受主能级的存在而降低，也就是说其导带电子的还原能力没有因为受到受主能级的影响而减弱。这显然对于闪锌矿所参与的光催化还原反应有利。Fe^{2+}掺杂的闪锌矿导带电子还原能力不受影响的原因主要是Fe^{2+}所产生的受主能级位于闪锌矿导带底之外（Li *et al.*，2008）。

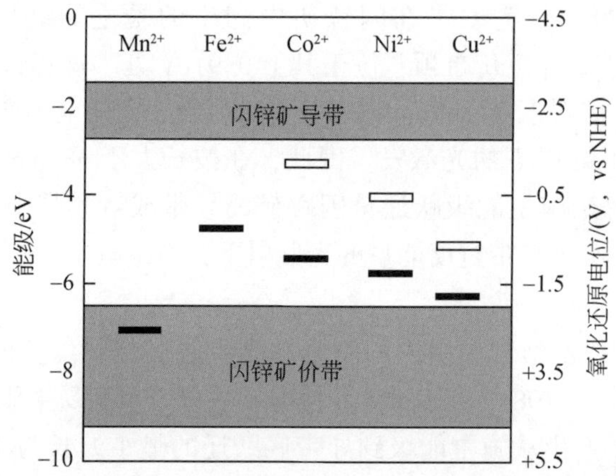

图6-27　闪锌矿中过渡金属离子引入的施主或受主能级位置（数据来源于Xu *et al.*，1996）
黑方框代表施主能级，白方框代表受主能级

2. 同族离子类质同象替代对可见光催化活性的影响

天然闪锌矿晶格中发生同族类质同象替代Zn^{2+}的离子主要是Cd^{2+}，二者的电负性（张家斌、李亚范，1986）和共价半径（埃文思，1987）均非常接近（电负性：Zn 1.7，Cd 1.6；共价半径：Zn^{2+} 1.31×10^{-10}，Cd^{2+} 1.48×10^{-10}）。由于Zn和Cd性质类似，Cd^{2+}可以替代闪锌矿中的Zn^{2+}形成完全类质同象系列。我国贵州都匀牛角塘镉锌矿床中就发现了天然的闪锌矿-硫镉矿端元完全类质同象替代系列（刘铁庚等，2004）。各产地天然闪锌矿中均有不同含量Cd^{2+}的存在（表6-2），其质量百分比含量从0.02%到1.92%不等。

根据 Bhattacharjee 和 Mandal（2002）对 $Cd_{1-x}Zn_xS$ 固溶体化合物的带宽 E_g 进行系列研究后得出的经验公式：$E_g=2.42+0.9x+0.3x^2$，x 越小，即 Cd^{2+} 在闪锌矿中含量越多，其禁带宽度越小，能够被闪锌矿吸收的可见光范围也就越宽。因此，Cd^{2+} 替代 Zn^{2+} 有利于闪锌矿对太阳光的吸收和利用。一些研究者的实验结果（Mau *et al.*，1984；Kakuta *et al.*，1985）也表明 Cd^{2+} 替代 Zn^{2+} 增强了闪锌矿的光催化还原活性。因此，Cd^{2+} 的贡献也是天然闪锌矿具有可见光催化活性的因素之一。

3. 异价离子类质同象替代对可见光催化活性的影响

除了上述等价类质同象替代，天然闪锌矿晶格中还存在一些异价离子如 Ag^+、Ga^{3+} 等替代 Zn^{2+}。当一价金属阳离子 Ag^+ 替代 Zn^{2+} 时，晶格中将出现多余的负电荷，形成受主能级；而三价金属阳离子 Ga^{3+} 替代 Zn^{2+} 时，晶格中将出现多余的正电荷，形成浅施主能级，其施主能级位于导带下 0.58eV 处（李迪恩、彭明生，1990）。在小于禁带宽度能量的光照射下，电子就可以从这些施主能级或价带上受激发进入杂质受主能级或导带上（Xu *et al.*，1996）。因此，异价类质同象替代离子的存在也是导致天然闪锌矿产生可见光响应的因素之一。

此外，异价离子替代会在晶格局部产生电荷不平衡。从原子水平上来讲，负电子和正空穴的平衡将受局部电荷不平衡的影响。如为了平衡非等电离子 Ag^+ 替代 Zn^{2+} 所产生的阳离子空位，这些阳离子空位可能会捕获带正电荷的光生空穴来达到电荷平衡；类似地，三价金属阳离子所产生的负电荷空位也可能会捕获带负电荷的光生电子来达到电荷平衡。因此，异价金属离子替代起到了电子或者空穴捕获剂的作用，在一定程度上可能有利于提高光生电子-空穴对的分离效率。

4. 可变价离子类质同像替代对可见光催化活性的影响

上述类质同象离子中，其中一部分为可变化合价的离子，如 Fe^{2+}、Mn^{2+} 等。这些变价离子替代 Zn^{2+} 也能够参与光生空穴的捕获过程，从而提高光生电子-空穴对的分离效率。对于天然闪锌矿中的变价元素 Fe 来说，其捕获电子空穴的反应过程为 $Fe^{2+}+h^+\longrightarrow Fe^{3+}$（Stumm and Sulzberger，1992）。有报道认为闪锌矿表面，Fe^{2+} 和 Fe^{3+} 之间的电子转移反应能够在很远的距离上发生（Becker *et al.*，2001），这显然将会增大光生空穴被捕获的可能性。从而提高了光生电子的反应效率，相应地，也提高了闪锌矿的可见光催化效率。

5. 类质同象离子对可见光催化活性的影响

根据天然闪锌矿的紫外-可见漫反射谱（图 6-4），其吸收陡边相对于合成闪锌矿向长波长方向发生的红移暗示着其本征带隙的减小，这种减小归因于主要的类质同象离子（Fe^{2+} 和 Cu^{2+}）对 Zn^{2+} 的类质同象替代，这种替代所形成的多元硫化物固溶体是目前光催化剂可见光响应改性的主要方向之一。因而，天然闪锌矿在可见光下表现出来的光催化活性与类质同象离子密切相关。天然闪锌矿晶格中丰富的类质同象离子或在禁带中引入施主或受主能级，或参与导价带的形成。含量极少的掺杂离子可在闪锌矿禁带中引入不连续杂质施主或受主能级。当掺杂浓度增大时，由于杂质-杂质、杂质-电子及电子-电子的相互作用和掺杂原子随机分布等物理过程的增强首先使杂质能级增宽，尤其当掺杂高于一定浓度时，原来位于禁带中分离的施主能级和受主能级可扩展成杂质能带，并随掺杂浓度的进一步增大而与导带或者价带交叠。因此，在杂质浓度较大的情况下，一些杂质能级容易扩展成杂质能带或进而与主能带边缘交叠成为主能带的带尾（沈学础，2002）。天然闪锌矿的紫外-可见漫反射谱（图 6-4）显示的吸收陡边即是由于含量较多的杂质（Fe^{2+}）所产生的能级与本征能带交叠所导致，而其宽的吸收肩带由各种含量较少的缺陷态所形成的施主或受主杂质能级的吸收跃迁所产生。

由于主要非本征类质同象替代离子的存在参与价带形成，减小了天然闪锌矿的本征带宽，因此在低于合成闪锌矿禁带能量的可见光激发下，电子能够从价带发生跃迁并参与光催化还原反应是导致天然闪锌矿可见光催化活性的主要原因。含量很少的次要非本征类质同象替代离子在闪锌矿禁带中引入的不连续杂质施主或受主能级使得天然闪锌矿施主能级上的电子到导带或者价带电子到受主能级的跃迁同样可以在小于禁带能量的光激发下，伴随着价带电子所发生的带-带跃迁而发生。这种跃迁对天然闪锌矿可见光催化活性同样具有一定的贡献。

6.4.2 天然闪锌矿中结构缺陷对光催化活性的影响

天然闪锌矿有着复杂且不均一的化学组成、多种表面和电子结构缺陷。大量的文献对一些成分及缺陷可控的合成光催化剂材料中各种可能影响其催化活性的因素曾进行过深入研究和探讨，但对相对更复杂的天然矿物却鲜有问津。事实上，缺陷在矿物中非常普遍，且往往成为化学反应的活性中心，因而对提高反应效率非常重要（Schoonen *et al.*，2004）。但是，在光催化反应中，有些缺陷同样是光生电子-空穴对发生复合概率最高的点位，无疑将影响光生载流子能否有效参与光催化反应。为了对天然闪锌矿的缺陷在光催化反应中所起的作用有一个总体的认识和评价，下面将从理论和实验角度就缺陷对催化活性的影响进行详细探讨。

1. 电子缺陷

光致发光谱是一种最常用的测量和研究半导体材料本征和非本征性质的非破坏性光谱方法。这种光谱检测方法对杂质品种、含量的关系敏感，主要提供少数载流子和激发载流子的相关信息，但是难以获得杂质密度的定量数据，且只能提供和辐射复合跃迁过程相关的信息（沈学础，2002）。天然闪锌矿样品的部分缺陷信息由光致发光谱测试得到。光致发光谱测试在室温下进行，使用 Invia H35044 型分光光度计，激发源为 He-Cd 激光器。

纯闪锌矿的禁带宽度为 3.6eV，因此在光致发光测试中采用波长为 325nm 的激发源（对应于 3.8eV 的光子能量）。在这种能量大于禁带宽度的光的激发下，闪锌矿价带中的电子被激发到导带，相应地产生电子-空穴对，其发生在缺陷位置的复合可能会产生发光。

室温下，黄沙坪和会泽闪锌矿的光致发光谱均在 420nm 左右显示一较宽的峰（图 6-28），该 420nm 左右的光致发光峰的存在可能归因于天然闪锌矿晶格中 Cu^{2+} 替代 Zn^{2+}（Yang *et* al.，2001），因而电子从闪锌矿导带到禁带中激发态 $Cu^{2+}(d^9)(t_2)$ 轨道上的迁移将产生电子心，当光生电子同价带中的空穴复合而交出这个电子心时即会产生相应的发光峰（Peta and Schulz，1994）。黄沙坪和会泽闪锌矿的晶格中均存在 Cu^{2+} 类质同象替代离子，电子-空穴对的复合并伴随着能量到 Cu^{2+} 发光中心的转移是产生该发光峰的原因。420nm 左右的光致发光峰也可能是由于 S^{2-} 空位（Dimitrova and Tate，2000）的存在。S^{2-} 空位（V_S）会在闪锌矿禁带中引入缺陷施主能级（Lu and Chu，2004），当导带电子的部分能量转移到 S^{2-} 空位发光中心，即会产生相应的发光峰。黄沙坪和会泽闪锌矿也都存在 S^{2-} 空位，因而该发光峰同样可以解释为 S^{2-} 空位缺陷所产生的发光中心。Denzler 等（1998）认为 420nm 左右的发光峰还可能是间隙 Zn 原子（I_{Zn}）导致，间隙 Zn 原子同样可以在禁带中引入施主能级。

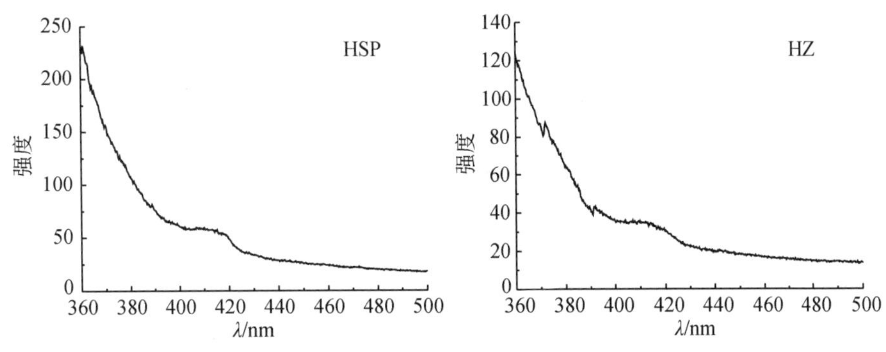

图 6-28　天然闪锌矿光致发光谱

很显然，天然闪锌矿可能存在的多种多样的杂质会产生不同于合成闪锌矿的复杂能级结构，因此其光致发光谱很难确切地去解释。同时由于缺陷能级的位置往往很接近于能带边位置，从而也难以在发光带上清楚地一一分辨并确定各缺陷态的能级位置。尽管如此，这条较宽化发光峰的存在显示了与天然闪锌矿特殊的缺陷特征相关的辐射跃迁的产生（图 6-29），证明了天然闪锌矿样品的带隙中缺陷能级的存在。

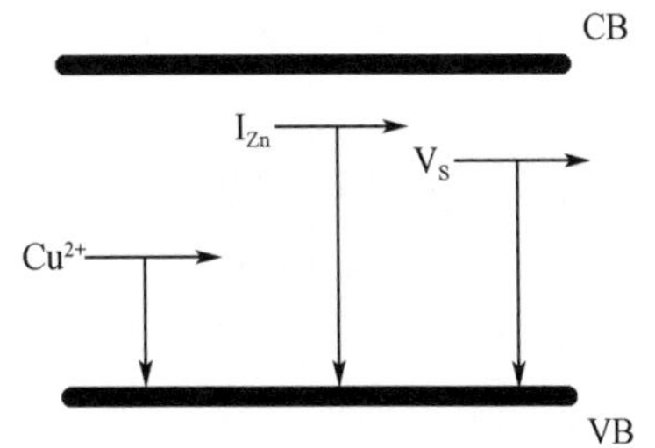

图 6-29　天然闪锌矿中缺陷相关的发光中心

由于半导体样品的发光不是由于“带—带”跃迁或杂质能级之间的跃迁产生的，而是由“能带—缺陷能级”或者“缺陷能级—能带”的跃迁所产生，因此，当存在缺陷能级时，被激发的光生电子在缺陷上面“停歇”，使缺陷带电而形成电子心，然后放电并发光（马尔富宁，1984a）。因此，上述光致发光测试提供了关于禁带中缺陷能级信息。显然，半导体禁带中所存在的分离的缺陷能级主宰着光致发光谱（Denzler *et al.*，1998）。

根据这些分离的缺陷能级在禁带中所起的作用，可把这些缺陷能级分为施主能级和受主能级两大类。施主能级主要表现为正电荷多余或者阴离子空位，在适当的小于禁带宽度能量的光激发下，可提供电子给导带；受主能级主要表现为正电荷不足或者阳离子空位，可捕获从价带或施主能级激发上来的电子。当三价的金属阳离子如 Ga^{3+} 置换 Zn^{2+} 时，晶格中出现多余的正电荷，Ga^{3+} 同阴离子空位 V_S^{2-} 一样在禁带中形成施主能级；当一价的金属阳离子如 Ag^+ 置换 Zn^{2+} 时，会产生多余的负电荷，它们与阳离子空位 V_{Zn}^{2+} 一样在禁带中形成受主能级；而二价阳离子在闪锌矿中既可以形成施主能级，也可以形成受主能级，如 Fe^{2+} 既可捕获电子形成 Fe^+，又可捕获空穴形成 Fe^{3+}。天然闪锌矿在可见光区域产生的宽吸收肩带可能与禁带中的这些施主或受主能级有关。这样，在小于禁带宽度能量的光照射下，电子就可以从这些施主能级或价带上受激发进入杂质受主能级或导带上（Xu *et al.*，1996）。

天然矿物往往含有复杂的缺陷种类和浓度。并非所有的本征离子或者外来杂质离子都能刚好占据晶格点的位置，它们同样可能存在于间隙位置上，从而在禁带中产生新的不连续缺陷能级。类似地，在天然闪锌矿所形成的这种可称作多元化合物半导体中，偏离化学配比导致的阴离子或阳离子过剩、空位、填隙原子或“反位”缺陷等，具有和浅杂质相似的作用（沈学础，2002）。天然闪锌矿紫外-可见漫反射谱（图6-4）所显示的较宽的吸收肩带可能由这些低密度缺陷态引起。由于这些缺陷态密度一般比主能带态密度低得多，因而光学吸收谱上与之对应的吸收系数也比带间跃迁引起的“陡边”吸收系数小很多。

2. 表面结构缺陷

除了杂质离子导致的电子缺陷对闪锌矿的能带结构和催化活性的主要影响外，表面结构缺陷，如扭折（kink）、台阶边（step edge）、阶梯面（terrace）和空位（vacancy）等也对其催化活性有影响。

由于原子周期性结构在矿物表面的突然中止，矿物表面将产生一些悬键或电荷不平衡点结构缺陷，从而使矿物表面电子结构在某种程度上与内部不同。有学者认为，合成纯闪锌矿表面的能带宽度可能小于3.6eV（Becker *et al.*，1996），意味着其表面对光的吸收发生了一定程度的红移。这显示了闪锌矿表面一些结构缺陷所导致的不同于内部的表面能带结构。

由于光催化反应往往发生在矿物表面，因而缺陷点位的反应活性常常会更高一些。Junta 和 Hochella（1994）发现赤铁矿的台阶边能够促进电子转移，意味着这些缺陷点是一些反应活性点位，因此缺陷较丰富的矿物表面的光催化活性也有可能高于其内部。另有研究表明通过加热、辐射等改性手段在合成闪锌矿晶体结构中适当引入一些缺陷结构，以形成缺陷能级或提供更多的反应活性点位，能够显著提高其光催化效率（Kanemoto *et al.*，1992b）。Cohn 等（2004）在研究黄铁矿表面分解 RNA 反应时，发现硫不足的表面缺陷能够加快反应进程；Li 和 Morrison（1985）也提到光生电子发生界面转移的最佳速率发生在位错缺陷部位。天然闪锌矿的化学成分显示 S^{2-} 空位缺陷，其结构中存在大量的位错缺陷，这些缺陷都可能对光催化活性的提高有利。值得一提的是，经多次粉碎后的天然闪锌矿表面常常见到解理面和裂开面（图6-2），而合成 ZnS 的表面却多为平整的晶面，因为合成 ZnS 的粒径一般是由合成方法而不是由机械粉碎过程所控制。因而，具有解理和裂开表面的天然闪锌矿一般较具有完美晶面的合成 ZnS 反应活性更高一些。

缺陷位不但具较高反应活性，某些缺陷还可能起抑制载流子复合的作用。天然闪锌矿表面存在的空位缺陷，如硫空位缺陷，不仅会在禁带中形成浅的施主能级，而且还能成为空穴的捕获点位起到分离电子-空穴对的作用（Kanemoto *et al.*，1992b）。天然闪锌矿晶格中，由于 Fe^{2+}、Cd^{2+}和 Mn^{2+}等大半径过渡金属离子的掺入会导致晶格膨胀。这种晶格膨胀有利于对 S^{2-}空位造成的晶格畸变的弛豫，从而抑制光生电子-空穴对发生复合的无辐射跃迁点位的形成（Tsuji and Kudo，2003）。这些都是天然闪锌矿具有较高可见光催化活性的潜在原因。

然而，并非所有的缺陷都对光催化活性有利，天然闪锌矿中的 S^{2-}空位可能成为光生电子-空穴对的复合发光中心，光生载流子在光催化反应中的利用率因为缺陷的存在而降低。此外，天然黄沙坪闪锌矿在室温下的霍尔迁移率仅为 0.131cm^2/(V·S)，会泽闪锌矿为 11.2cm^2/(V·S)，远低于 Fan 等（1983）报道的纯闪锌矿的 160cm^2/(V·S)。天然闪锌矿中的某些缺陷可成为电子或者空穴的捕获“陷阱”，影响电子-空穴对的自由移动距离，不利于光生电子同反应物的光催化还原反应。

需要说明的是，目前尚难以计算天然闪锌矿表面的缺陷种类和数量，更难以推断或观察它们各自对光催化活性所产生的影响。因此，我们仅能在目前认识水平上，借助文献资料来阐述它们可能对于光催化活性的贡献。

3. 缺陷对吸附的影响

矿物表面的荷电性质对反应物的吸附能力至关重要，反应物在催化剂表面的预吸附又是催化反应发生的先决条件，而反应物在催化剂表面的吸附与催化剂表面缺陷直接相关。对硫化物矿物来说，其表面有许多功能基团，最基本的两个为 ≡Me—OH （Me 代表金属元素）和 ≡S—H 。天然闪锌矿表面除本征 Zn 原子形成 ≡Zn—OH 功能基团外，其他非本征金属元素，如 Fe，同样可形成相应的功能基团 ≡Fe—OH 。因此，天然闪锌矿表面非本征杂质元素的存在使得表面产生多种功能基团，从而产生同纯闪锌矿不同的表面吸附性质。

除了 ≡Me—OH 和 ≡S—H 这两个对矿物表面吸附性质起主要影响的功能基团外，天然矿物普遍存在的表面缺陷也影响其吸附能力。天然矿物的表面往往由于原子周期性排列结构的突然中止，产生一些不饱和悬键或局部结构调整而形成一些正、负离子空位等缺陷，从而导致局部电荷不平衡。这些电荷不平衡点位能吸附与其荷电相反的物质。实验结果（见第 16 章）显示，同一 pH 条件下，天然和合成闪锌矿对甲基橙（MO）的吸附量分别为 38.22% 和 20.48%，这一结果与它们各自的 PZC 值并不相符。合成闪锌矿的 PZC 为 6.7（Zang *et al.*，1995），高于天然闪锌矿的 PZC（3.6），这意味着在 pH 为 3.3 情况下，合成闪锌矿表面的正电荷应多于天然闪锌矿。相应地，MO 在合成闪锌矿表面的吸附量也应大于天然闪锌矿。出现与之相悖的实验结果，原因在于天然闪锌矿表面具有更多的缺陷点位，从而导致产生了更多的表面吸附活性位。

4. 缺陷对有效载流子浓度的影响

参与光催化反应的有效载流子浓度用荧光法间接测试得到。该方法实质是：在一定波长光的照射下，催化剂表面产生并发生有效分离的光生空穴同碱性溶液中 OH^-迅速反应生成羟自由基・OH，・OH 同溶液中的对苯二甲酸反应生成具有荧光的物质，该物质在 425nm 处产生的荧光强度与其浓度成正比（Ishibashi *et al.*，2000），通过测定荧光强度可对发生有效分离的载流子浓度进行判断。

天然闪锌矿中的缺陷既可产生一定的可见光催化活性，又可能成为光生载流子的复合中心，在一定程度上抑制光催化反应。因此，对一个有着复杂缺陷的天然光催化剂来说，能够发生有效转移的载流子浓度直接影响其光催化活性，因为这些载流子关系到光生电子能否有效到达催化剂表面的反应活性点位（Zou *et al.*，2001）。

根据不同光照时间下合成闪锌矿、黄沙坪闪锌矿和会泽闪锌矿与对苯二甲酸反应的生成物在 425nm 所产生的荧光强度，我们绘制了荧光强度随时间的变化曲线（图 6-30）。

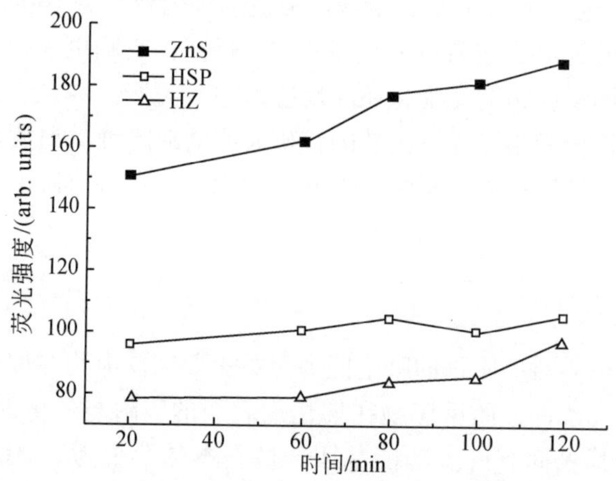

图 6-30　光生载流子与对苯二甲酸反应生成物的荧光强度随时间变化曲线

显然，合成闪锌矿同对苯二甲酸反应的生成物所产生的荧光强度高于天然闪锌矿，充分说明天然闪锌矿中缺陷的存在增加了光生载流子复合概率，在一定程度上影响了可参与光催化反应的有效载流子浓度。

6.5　天然半导体矿物复合光催化剂体系

6.5.1　载流子分离转移模型

天然矿物多具有不均一性特征。不同粒径、不同组分及不同缺陷的闪锌矿颗粒共同组成了一个天然矿物复合光催化剂体系。在这一体系中，由于纳米粒径小颗粒的能带结构有别于同成分微米粒径颗粒的能带结构；而不同组分不同缺陷的半导体颗粒更具有不同的能带结构及相应导、价带能级位置。这些具不同能带结构的矿物颗粒彼此接触，且纳米粒径小颗粒多附着于粒径较大的微米粒径小颗粒上。从微观上来看，两两相接触的矿物颗粒即通常意义上所说的复合半导体光催化剂。从宏观上来说，这些彼此接触的不同粒径、不同成分、不同缺陷的闪锌矿颗粒在一起构成了一个庞大的类似于复合半导体光催化剂的天然矿物复合半导体光催化剂体系，其与合成复合半导体光催化剂的实质差异是体系自由度的不同。显然，天然矿物的不均一性大大增加了这一复合光催化剂体系的自由度。

与合成的复合半导体类似，天然矿物复合半导体体系也为电子-空穴对的分离提供了更多的机会。原因在于，在这个天然的复合半导体光催化剂体系中，不同矿物颗粒在吸收一定能量光的基础上，其各自价带中的光生电子将同时被激发跃迁到对应的导带上，而彼此相接触的两半导体矿物颗粒导带能级存在着一定的差异（Li *et al.*，2009c）。因而，不同闪锌矿颗粒导带能级的差异为光生电子从较高的导带能级颗粒转移到相邻的较低的导带能级颗粒上提供了动力。光生电子在不同颗粒间的导带上进行一系列连续的梯度跳跃转移（图 6-31），延长了光生电子的存活时间，抑制了光生电子-空穴对的复合，也相对增加了光生电子与反应物的反应概率。因而，从整体上来说，天然矿物的这种不均一性特征有利于光催化活性的提高。

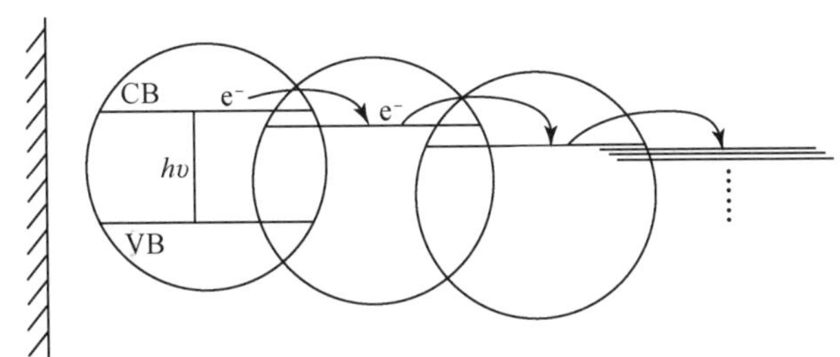

图 6-31　光生电子在相邻颗粒间的导带上进行连续梯度跳跃转移示意图

6.5.2　热力学稳定性

天然半导体矿物闪锌矿在光催化反应体系中的稳定性主要包括两个方面：一是与溶液离子浓度和 pH 相关的热力学稳定性；二是与光生电子/空穴转移相关的光电化学稳定性。光电化学稳定性关系到半导体矿物光催化剂的分解问题，而热力学稳定性则关系到其溶解问题。因而，对于光催化反应体系中半导体矿物稳定性的评价，对于其在处理重金属废水污染和有机废水污染中的稳定性和可安全应用性具有十分重要的意义。

半导体矿物在反应溶液中可产生一定程度的溶解。闪锌矿发生溶解反应的反应式为

$$ZnS(s) + 2H_3O^+(aq) \rightleftharpoons Zn^{2+}(ap) + H_2S(aq) + 2H_2O \tag{6-8}$$

而

$$[Zn^{2+}] = K_{sp}/[S^{2-}] \tag{6-9}$$

$$[S^{2-}] = [H_2S]K_{a1}K_{a2}/[H_3O^+]^2 \tag{6-10}$$

由此可得

$$\lg[Zn^{2+}] = 2\lg[H_3O^+] + \lg K_{sp}/[H_2S]K_{a1}K_{a2} \tag{6-11}$$

由式（6-11）可知，闪锌矿发生溶解反应的程度跟溶液中$[H_3O^+]$和$[H_2S]$有关。

当溶液中 H_2S 为饱和状态时，即$[H_2S]=0.1$mol/L，ZnS 的溶解度与 pH 之间的关系如图 6-32 所示。图 6-32 中曲线左侧为溶解区，右侧为稳定区。当溶液中 H_2S 达到饱和时，在 pH=0 的情况下，溶液中 Zn^{2+}的浓度仅为 10^{-6}mol/L，随着 pH 升高，溶液中 Zn^{2+}的浓度

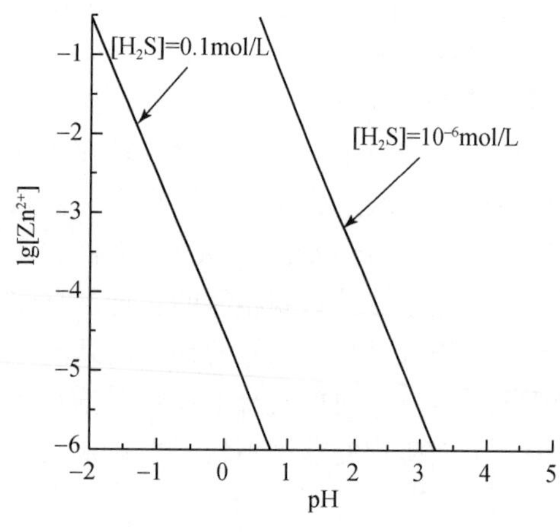

图 6-32　闪锌矿溶解度与 pH 关系图

将更低。显然，在 H_2S 达饱和的反应体系中，闪锌矿达到溶解平衡时的溶解量非常小；而且随着催化反应的进行，pH 将逐渐升高，而 pH 的升高将使溶液中的 Zn^{2+} 向着生成沉淀的方向进行［式（6-8）］。

当溶液中［H_2S］= 10^{-6} mol/L 时，使溶液中 Zn^{2+} 的浓度达到 10^{-6}mol/L 的 pH 为 3.24。显然，在 pH = 3.24 条件下，溶液中 H_2S 的浓度至少为 10^{-6}mol/L 时，闪锌矿才会表现出良好的热力学稳定性。为了增强闪锌矿的热力学稳定性，可以通过在实验装置中通入少量 H_2S 或者补充一定浓度 Zn^{2+} 的办法来抑制闪锌矿的溶解。

事实上，在实际的光催化反应体系中，光催化剂的溶解反应除了上述的酸溶解反应外，还有同溶液中其他物质发生氧化还原反应而产生的溶解。以闪锌矿光催化还原六价铬为例，在实验 pH = 5 的条件下 $E_{ZnSO_4/ZnS} = -0.039$V vs NHE，$E_{Cr_2O_7^{2-}/Cr^{3+}} = 0.5415$V vs NHE，显然，$Cr^{6+}$ 可氧化闪锌矿为 $ZnSO_4$。

6.5.3　光电化学稳定性

1. 光腐蚀反应发生条件

半导体导带中的光生电子和价带中的光生空穴分别具有强的还原能力和氧化能力，能与反应界面上的被吸附物发生相应的氧化还原反应。类似地，光生电子或空穴同样可能与半导体矿物本身发生化学反应，导致半导体矿物被空穴氧化或被电子还原，即催化剂的光腐蚀反应。光腐蚀反应同光催化反应一样，同属光电化学反应。

半导体矿物导带或价带能级位置与反应物的氧化还原电位之间的相对大小关系是二者之间能否发生光电子/空穴界面转移的前提。因此，要评价半导体矿物是否发生光腐蚀反应以及反应程度如何，必须首先了解半导体矿物本身发生阳极分解反应的电势（E_{AD}，AD 即 anode decomposition）和阴极分解反应电势（E_{CD}，CD 即 cathode decomposition）与半导体矿物导、价带能级位置（E_{CB}、E_{VB}）之间的关系。因此，我们对四者之间的关系进行了排列组合，结果如图 6-33 所示。

电化学反应的实质就是电子转移问题，阳极给出电子，阴极接受电子。电子转移总是从较高的能级到较低的能级，因此，当半导体矿物发生阳极光腐蚀反应时，其阳极反应的电极电势必须高于半导体的价带能级，这样电子才会从作为阳极的半导体矿物本身流向其价带。也就是说，只有在 $E_{AD}>E_{VB}$ 情况下，半导体矿物本身才会与光生空穴发生氧化分解反应，从而产生阳极光腐蚀。图 6-33a、b、d 即属于发生阳极光腐蚀的情况。类似地，阴极是接受电子的电极，当半导体矿物发生阴极光腐蚀反应时，其阴极反应的电极电势必须低于半导体的导带能级，这样半导体矿物电极本身才能接受其导带光生电子。换言之，只

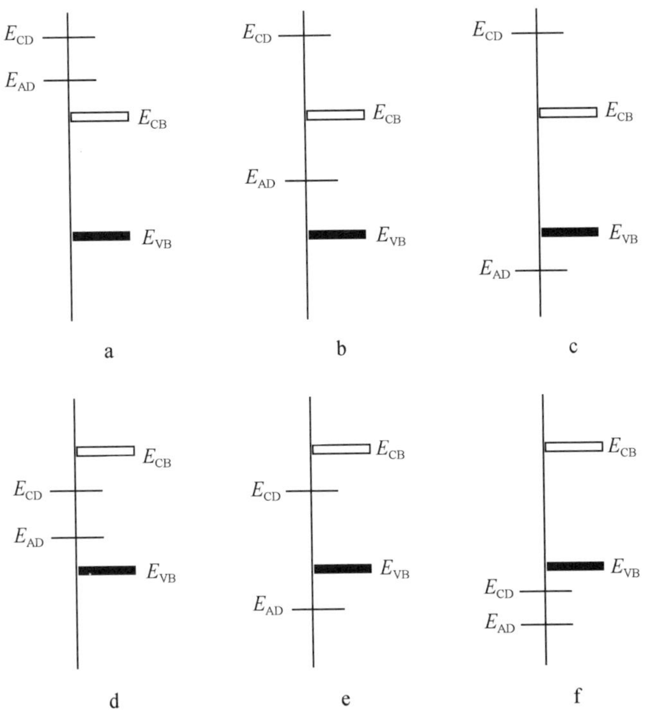

图 6-33　半导体导价带能级位置与阴阳极电极反应电势之间的关系

有在 $E_{CD}<E_{CB}$ 情况下，半导体矿物本身才能与光生电子发生还原分解反应，从而产生阴极光腐蚀。图 6-33d、e、f 即属于发生阴极光腐蚀的情况。而只有在 $E_{CD}>E_{CB}$ 且 $E_{AD}<E_{VB}$（图 6-33c）的情况下，半导体矿物电极既无法向价带注入电子，也无法接受导带的光生电子，光腐蚀反应才能避免发生。

2. 光腐蚀反应发生可能性

金红石是目前公认的光稳定性较好的光催化剂，下面将通过闪锌矿与金红石的对比来探讨闪锌矿发生光腐蚀反应的可能性。二者可能发生的阴、阳极分解腐蚀反应及其对应的标准电极电势如表 6-7 所示。标准电极电势数据引自 Bard 等（1980）。

根据表 6-7 中 E_{CD}、E_{AD} 数据，可画出金红石和闪锌矿的 E_{CD}、E_{AD}、E_{CB} 和 E_{VB} 之间的位置关系。其中，E_{CB} 和 E_{VB} 数据引自 Xu 和 Schoonen（2000）。

表 6-7　半导体矿物阴阳极电极反应及对应的标准电极电势　（单位：eV vs AVS）

矿物名称	阳极分解反应	E_{AD}^{θ}	阴极分解反应	E_{CD}^{θ}
金红石	$TiO_2=TiO^{2+}+0.5O_2+2e^-$	−5.92	$TiO_2+4H^++2e^-=Ti^{2+}+2H_2O$	−4.0
闪锌矿	$ZnS=Zn^{2+}+S+2e^-$	−4.78	$ZnS+2H^++2e^-=Zn+H_2S$	−3.59

图 6-34 显示，对金红石而言：$E_{AD}>E_{VB}$，而对于闪锌矿而言：$E_{CD}<E_{CB}$ 且 $E_{AD}>E_{VB}$。金红石导价带能级与电极反应电势之间的关系属 b 型，即可能发生阳极氧化分解反应；闪锌矿属 d 型，即阴极还原和阳极氧化分解反应两种可能性均存在。这似乎意味着金红石和闪

锌矿均不是稳定的光催化剂。

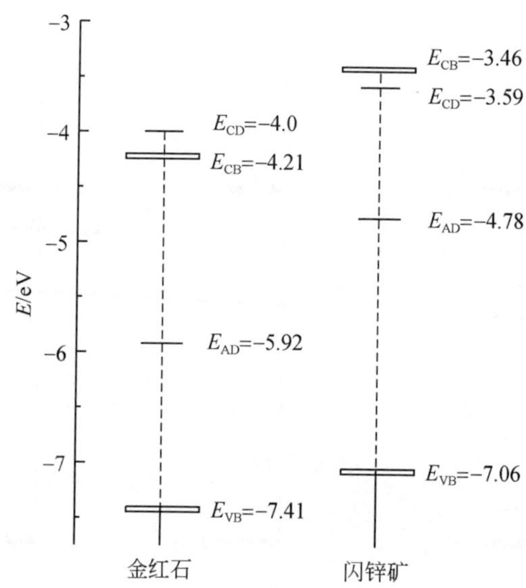

图 6-34　金红石和闪锌矿导、价带能级与阴、阳极电极反应电势位置关系（pH=0）

据图 6-1，金红石的 $E_{VB}<\varphi(O_2/H_2O)$，即金红石的价带空穴可以将 H_2O 氧化为 O_2，而其阳极分解腐蚀反应电势 $E_{AD}^{\theta}=-5.92eV$，即 $E_{AD}^{\theta}=1.42V$（vs NHE）。$\varphi(O_2/H_2O)^{\theta}=1.229V$，显然，$E_{AD}^{\theta}>\varphi(O_2/H_2O)^{\theta}$（vs NHE）。意味着相对于金红石本身而言，价带空穴将优先氧化 H_2O，从而抑制了阳极氧化分解反应的发生。

事实上，电子在不同能级之间发生转移的可能性不仅与能级相对大小有关，与绝对大小也密切相关。只有当两个能级水平相近时，才可能发生电子转移；而当二者相差较大时，电子转移发生的可能性很小（Morisson，1990）。从图 6-34 可以看出，金红石的 E_{AD} 和 E_{VB} 相差较大，因此，电子从 E_{AD} 到 E_{VB} 的转移会比较困难，发生阳极光腐蚀可能性很小。换言之，金红石可以被认为是一种稳定的光催化剂，这也是目前大家的共识。

对闪锌矿而言，其 E_{AD} 和 E_{VB} 相差也较大，即发生阳极光腐蚀的可能性也很小。在不加任何空穴捕获剂的情况下，甲基橙几乎不能被降解（见 16.3.1 节），说明闪锌矿自身捕获光生空穴的能力极差，在一定程度上也反映了 $2h^{+}+ZnS\longrightarrow Zn^{2+}+S$ 这一阳极光腐蚀副反应的发生程度极低。但是闪锌矿的 E_{CD} 和 E_{CB} 相差较小，属同一能级水平，电子很容易在二者之间发生转移。因而，闪锌矿很有可能发生阴极光腐蚀反应。然而，在实际光催化反应中要判断闪锌矿阴极光腐蚀现象的发生程度还需考虑与阴极光腐蚀反应相关的一些竞争反应。

3. 闪锌矿在实际光催化体系中的光电化学稳定性

光生空穴与催化剂本身的阳极光腐蚀反应和与溶液中还原态物质之间的反应存在着竞争关系；而光生电子与催化剂本身的阴极光腐蚀反应和与溶液中氧化态物质之间的反应存在着竞争关系。这种竞争关系是决定催化剂光电化学稳定性的外在关键因素。以闪锌矿光催化还原甲基橙的反应为例（见第 16 章），溶液中氧化态物质不仅包括目标反应物甲基橙，H^+和溶解氧也存在于这一光催化反应体系中。因此，甲基橙（MO）、H^+和 O_2所参与的竞争光生电子的反应必须都考虑在内。

闪锌矿、甲基橙、氢离子和氧气各自所参与的电极反应及其对应的电极电势如下：

$$ZnS + 2H^+ + 2e^- \longrightarrow Zn + H_2S$$

$$E_{CD} = E_{CD}^{\theta} - 0.059pH \tag{6-12}$$

$$MO + H^+ + 2e^- \longrightarrow HMO^-$$

$$\varphi(MO/HMO^-) = \varphi(MO/HMO^-)^{\theta} - 0.059pH \tag{6-13}$$

$$2H^+ + 2e^- \longrightarrow H_2$$

$$\varphi(H^+/H_2) = \varphi(H^+/H_2)^{\theta} - 0.059pH \tag{6-14}$$

$$O_2 + 4H^+ + 4e^- \longrightarrow 2H_2O$$

$$\varphi(O_2/H_2O) = \varphi(O_2/H_2O)^{\theta} + 0.059pH \tag{6-15}$$

相对于标准氢电极（NHE）而言，$E_{CD}^{\theta} = -0.91V$，$\varphi(MO/HMO^-)^{\theta} = -0.24V$，$\varphi(H^+/H_2)^{\theta} = 0V$，$\varphi(O_2/H_2O)^{\theta} = 1.229V$，各电对电势随 pH 变化的函数关系（图 6-35）显示，$\varphi(O_2/H_2O) > \varphi(H^+/H_2) > \varphi(MO/HMO^-) > E_{CD}$，即体系中氧化态物质的氧化能力大小为：$O_2 > H^+ > MO >$闪锌矿。显然，光生电子将优先与氧化能力强的物质发生反应。闪锌矿的阴极光腐蚀反应将受到 O_2、H^+和 MO 与光生电子反应的抑制。在天然闪锌矿光催化还原甲基橙的实验中（见第 16 章），反应前后闪锌矿样品的 XPS 测试显示 Zn 的 2p 峰并未发生变化，也未出现任何关于单质 Zn 的新峰，说明闪锌矿发生阴极光腐蚀的程度很低，以至于在反应时间内生成的单质 Zn 的量甚至未达到 XPS 的检测下限。上述理论和实验结果证明了闪锌矿作为一种光催化剂，其光电化学稳定性是可靠的。但是，闪锌矿的阴极光腐蚀可以发生在光催化还原降解目标物之后。

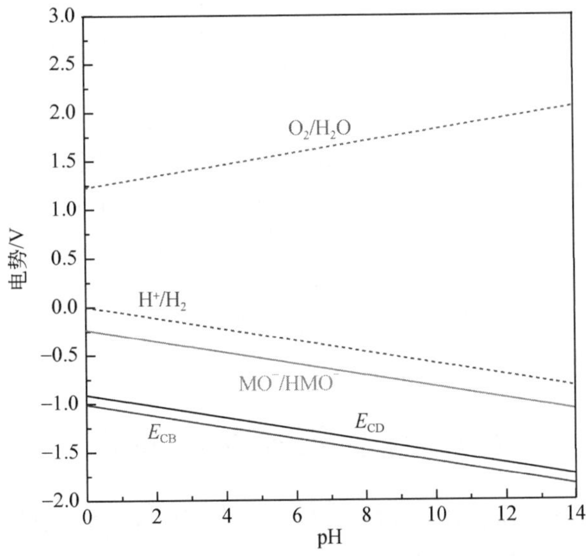

图 6-35　闪锌矿导带电势和反应中相关电对电势随 pH 变化关系

第7章 金红石光催化氧化效应

自从 Fujishima 和 Honda（1972）发现受辐射的 TiO_2 表面能发生水的持续氧化还原反应以来，半导体光催化技术引起了广泛关注，多相光催化氧化法成为重要的污染治理新技术（Pelizzetti and Schiavello，1988）。在众多半导体光催化材料中，TiO_2 因其化学性质稳定、光催化活性强、抗光腐蚀及安全无毒、可重复利用等优点被认为是最好的光催化氧化剂而成为研究的重点（Yu *et al.*，2005；Zhao *et al.*，2005）。但由于 TiO_2 禁带宽度较宽（3.0～3.2eV），光谱响应范围窄，因此利用太阳光的效率低（于向阳等，2000；卢铁城等，2001）。为了扩大 TiO_2 的光谱响应范围，提高光生电子空穴利用率，许多研究者对 TiO_2 做了大量的改性研究，提出了诸如贵金属沉积、离子掺杂、制作复合半导体等改性方法（张彭义等，1997；Ohtani *et al.*，1997；Sakata *et al.*，1998；Muraoka *et al.*，2002；Lu *et al.*，2004a），以改变表面结构与性质，促进 TiO_2 中光生电子与空穴的有效分离，使其具有更宽的光谱响应性与更强的光催化活性（Asahi *et al.*，2001）。虽然对于掺杂改性机理还有很多争论，但多数研究者认为适量掺杂 V 和 Fe 离子可以提高光催化活性（Depero，1993；Choi *et al.*，1994；Depero *et al.*，1994；Yu *et al.*，1997；余锡宾等，2000；于向阳、程继健，2001；Cristallo *et al.*，2001）。多数研究者认为锐钛矿型 TiO_2 的光催化活性较高，而金红石型 TiO_2 几乎没有催化活性（Nakaoka and Nosaka，1997），因此，关于 TiO_2 光催化的理论与应用研究主要集中在合成锐钛矿型 TiO_2 上（Akita *et al.*，2004；彭书传等，2007；Li *et al.*，2009）。然而，也有文献报道经改性的合成金红石型 TiO_2 有较强的光催化活性，其活性受制备方法、被降解有机物性质等因素影响（Sclafani *et al.*，1990；Mills *et al.*，1993），如 Kim（2001）对合成金红石型 TiO_2 的光催化活性研究表明，经改性的合成金红石型 TiO_2 的光催化活性比锐钛矿型 TiO_2 强，并且在利用太阳能方面更具优势。

TiO_2 在自然界中常见的三种物相是金红石、锐钛矿和板钛矿，其中以金红石最为稳定、分布最广。天然金红石的环境协调性好，还含有钒、铁等杂质元素以及结构缺陷，使其在光催化氧化方面可能拥有独特的优势（Lu *et al.*，2004b；Chuan *et al.*，2008）。通过改性处理，可以进一步提高天然金红石的可见光响应，从而有效应用于光催化氧化降解污染物（Luo *et al.*，2012）。本章介绍天然金红石的矿物学及半导体特征，并对天然金红石进行电子辐射、加热、淬火等改性实验，重点对热改性前后金红石可见光催化活性及影响机理进行深入探讨。

7.1 金红石矿物学特征

TiO_2 在自然界有三种结晶态：金红石、锐钛矿和板钛矿。板钛矿在自然界很稀有，属斜方晶系；金红石和锐钛矿都属于四方晶系，但空间群不同，其中金红石是自然界中 TiO_2 的三个天然同质多象变体中最稳定、最常见的一种，而锐钛矿和板钛矿是 TiO_2 的亚稳定晶型，在一定温度下都会转变成金红石。

天然金红石矿资源有原生矿和砂矿两种。世界金红石近 90% 的储量集中在巴西、印度和澳大利亚三国，中国江苏、辽宁、山西、河南、湖北、山东、安徽等省也有产出。金红石的经济探明储量主要为砂矿，分布在澳大利亚、塞拉利昂、印度、南非、斯里兰卡、美国等国，其中澳大利亚是世界金红石砂矿的最大资源国（曹谏非，1996）。

为了解天然金红石的矿物学特征，从我国已开采的几个金红石矿收集了代表性样品，包括山西代县碾子沟金红石矿（简称为 NZG）、洪塘金红石矿（简称为 HT）、湖北大阜山金红石矿（简称为 DBS）和海南沉积型金红石砂矿（简称为 HN）的样品。山西代县和湖北枣阳金红石精矿肉眼观察比较近似，样品都呈褐红色，半金属光泽，颗粒较粗大，粒度 0.1～1.0mm，而海南砂矿金红石精矿呈土灰色，颗粒较细，基本在 0.1mm 以下。

7.1.1　化学成分

四个产区的金红石粉末样品化学成分的电子探针分析结果见表 7-1。可以看出几个矿区金红石样品的主要化学成分都为 TiO_2，所含杂质元素也主要为过渡金属元素 V 和 Fe。鉴于金红石的理想化学式 TiO_2，以 2 个氧原子数为标准，计算几个产地天然金红石的平均晶体化学式如下：

表 7-1　代表性的天然金红石电子探针成分分析

样品	TiO_2	V_2O_3	FeO	MnO	MgO	NiO	CuO	ZnO	Nb_2O_5	As_2O_5	Al_2O_3	CaO	SiO_2	总计
NZG-1	97.77	0.96	0.31	0.06	0.04			0.04	0.06		0.01	0.04	0.05	99.34
NZG-2	98.67	1.16	0.39			0.01			0.04	0.03	0.15	0.04	0.03	100.52
NZG-3	99.07	0.69	0.34	0.03		0.05			0.04			0.01	0.04	100.27
NZG-4	97.31	1.37	0.43				0.01	0.08	0.14			0.03	0.03	99.40
NZG-5	99.17	0.60	0.26			0.05	0.08		0.06	0.01	0.03	0.03	0.01	100.30
HT-1	98.65	0.87	0.34	0.09	0.01						0.03	0.03		100.02
HT-2	98.88	0.57	0.31								0.03	0.04	0.02	99.85
HT-3	98.98	0.84	0.43	0.03	0.03	0.03					0.07		0.02	100.43
HT-4	99.06	0.19	0.29	0.01	0.03						0.04	0.04	0.04	99.70
HT-5	99.24	0.89	0.11		0.03	0.01					0.01	0.05	0.03	100.37
DBS-1	99.49	1.16	0.14	0.03	0.04	0.01					0.02	0.07	0.03	100.99
DBS-2	99.13	0.19	0.30	0.05	0.01	0.02					0.02		0.01	99.73
DBS-3	99.29	0.63	0.33		0.02						0.02	0.06	0.03	100.38
DBS-4	98.76	1.73	0.21		0.03							0.10		100.83
DBS-5	98.45	0.83	0.23								0.03		0.02	99.56
HN-1	98.50	0.01	0.19	0.02							0.01	0.10	0.14	98.97
HN-2	97.85	2.52	0.06		0.01						0.05	0.13	0.12	100.74
HN-3	96.36	1.30	0.87	0.04	0.05						0.21		0.31	99.14
HN-4	93.65	0.73	1.48		0.03	0.03					0.72	0.19	0.60	97.43
HN-5	98.58	0.27	0.38		0.01						0.04	0.07	0.01	99.36

山西碾子沟金红石为（$Ti_{0.988}V_{0.01}Fe_{0.004}$）$_{1.002}O_2$；

山西洪塘金红石为（$Ti_{0.993}V_{0.006}Fe_{0.003}$）$_{1.002}O_2$；

湖北大阜山金红石为（$Ti_{0.994}V_{0.007}Fe_{0.003}$）$_{1.004}O_2$；

海南砂矿金红石为（$Ti_{0.987}V_{0.008}Fe_{0.006}Si_{0.002}Al_{0.002}Ca_{0.001}$）$_{1.006}O_2$。

与理想晶体 TiO_2 相比，天然金红石的原子组成比 Me/O（Me 代表金属原子）均大于 1/2，暗示了天然金红石样品中 O 不足，晶体中存在结构缺陷。Menetrey 等（2003）对金红石（110）面的研究表明，其中存在氧空位，同时表面的 Ti 存在 5、6 两种配位形式。理论上 Ti^{4+} 与 V^{5+}、Fe^{2+} 和 Fe^{3+} 的六次配位离子半径接近，分别为 0.69、0.62、0.69 和 0.63Å，在金红石晶体结构中它们之间可相互替代（饶东生，1996）。

7.1.2 晶体结构

四个产地金红石精矿样品的主要物相均为金红石型 TiO_2，碾子沟金红石的纯度最高，在 XRD 的检测精度（5wt%）范围内，未显示其他物相；洪塘金红石精矿的物相组成和碾子沟样品非常相似，所含杂质物相较少；而湖北大阜山和海南金红石样品均含一定量的杂质物相。DBS 样品中主要杂质是少量角闪石，而 HN 样品中的主要杂质物相是少量石英。

对山西代县碾子沟金红石矿原岩（阳起透闪岩）上分离出的天然金红石单晶进行 XRD 分析，得出其晶胞参数为 $a=b=0.4579(4)$ nm，$c=0.2948(5)$ nm，与标准值（$a=b=0.4593$ nm，$c=0.2961$ nm）（Ballirano and Caminiti，2001）相近。依据单晶数据绘制的晶体结构图如图 7-1 所示。结构中 TiO_6 八面体的 Ti—O 键键长分别为 0.1939(2) nm 和 0.1978(2) nm，赤道平面上的 O—Ti—O 键角为 90°/81.06°，八面体之间共用的 O—O 棱长为 0.2520(4) nm，略大于标准值 0.246nm（王濮等，1982），说明该金红石的 TiO_6 八面体扭曲程度较大，呈四方双锥状。

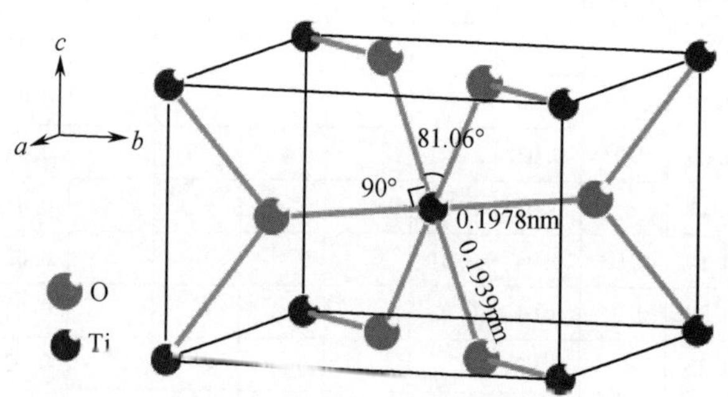

图 7-1 金红石晶体结构

对比上述四个产地天然金红石的化学组成和晶体结构可知，虽然我国金红石矿成因和产状特征不尽相同，但各矿区金红石的化学组成非常接近，其中碾子沟金红石中杂质元素 V 和 Fe 含量相对较高，具有较好的代表性。同时，碾子沟金红石精矿纯度较其他产地更高，所含杂质物相较少，因此本章主要选取碾子沟天然金红石粉末样品（后文简称为原样）作为研究对象。

根据金红石原样粉晶 XRD 分析（图 7-2），利用 GSAS 软件精修得到研磨后粉末金红石样品的晶胞参数为 $a=4.5904(1)$ Å，$c=2.9561(1)$ Å，$V=62.293(4)$ Å（数值后括号内为标准偏差值），与原岩中金红石单晶相比，粉末金红石的晶胞参数 a、c 值均大于单晶的相应值，单胞体积增大了近 1%。这是由于金红石颗粒在选矿和粉碎过程中受到机械外力作用，产生晶格膨胀所致。

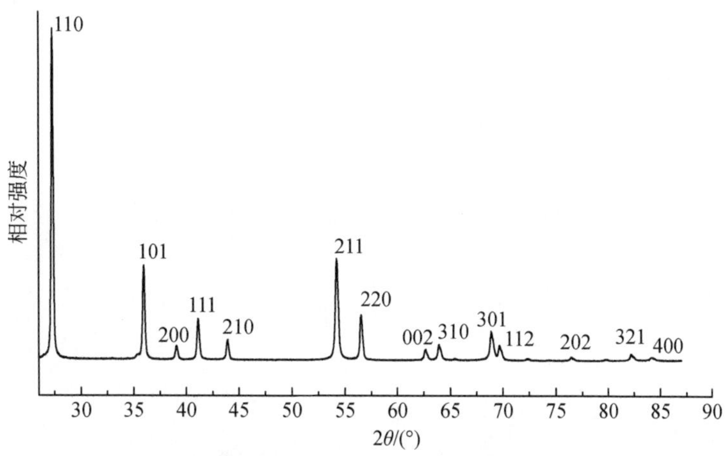

图 7-2　金红石原样的粉晶 X 射线衍射图谱

7.1.3　比表面积特征

由 N_2 吸附法获得的天然金红石孔径分布见图 7-3，平均吸附孔径为 6.8891nm。据吸附等温线计算得到金红石原样的比表面积为 4.2186m²/g，明显低于合成纳米 TiO_2（如 P25，比表面积为 50m²/g）。

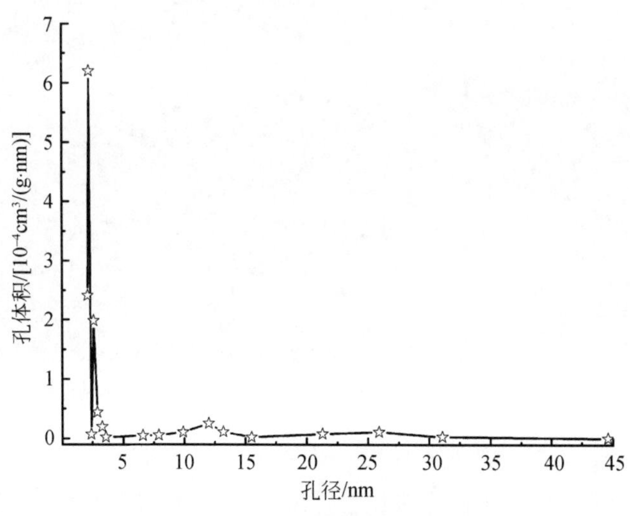

图 7-3　金红石原样的孔径分布图

7.1.4 微结构特征

将原岩中剥离的金红石单晶颗粒切片后进行离子减薄，在较低倍数高分辨透射电镜下获得形貌像（图 7-4a），观察到样品中高密度的位错等结构缺陷，这些缺陷是金红石样品的原生缺陷，并不是机械外力引入的次生缺陷。单晶电子衍射图（图 7-4b）中衍射点基本无变形，图中 3 个方向的衍射点经指标化后，分别为（101）、（010）、（111）面网，对应的 d 值依次为：2.471Å、4.524Å、2.162Å。在高分辨图像中也可观察到明显的位错（图 7-5b 为图 7-5a 方框内区域经 Digital Micrograph 软件去噪处理后得到的图像），在非缺陷区域原子排列整齐。

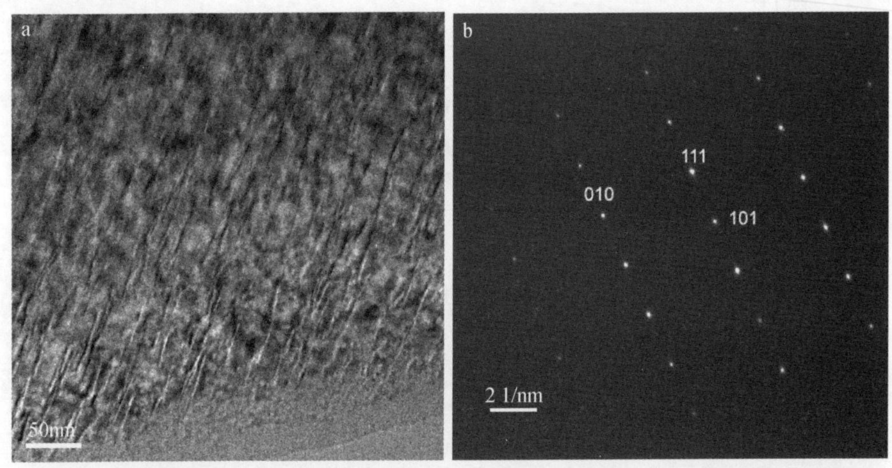

图 7-4 原岩金红石单晶样品的形貌图（a）和电子衍射图（晶带轴［101］）（b）

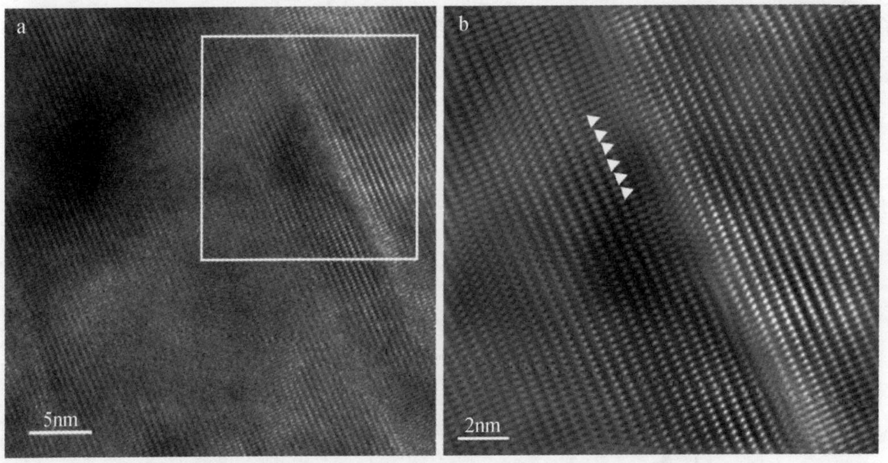

图 7-5 原岩金红石单晶样品的高分辨像，可见明显位错

环境扫描电子显微镜下，粉末原样颗粒大小不一，大颗粒金红石边角处可见断裂痕迹，表面留有清晰的应力纹，可能由机械粉碎或者后期研磨造成。其周围的小颗粒团聚在一起，更细微的颗粒附着于较大颗粒表面（图 7-6）。

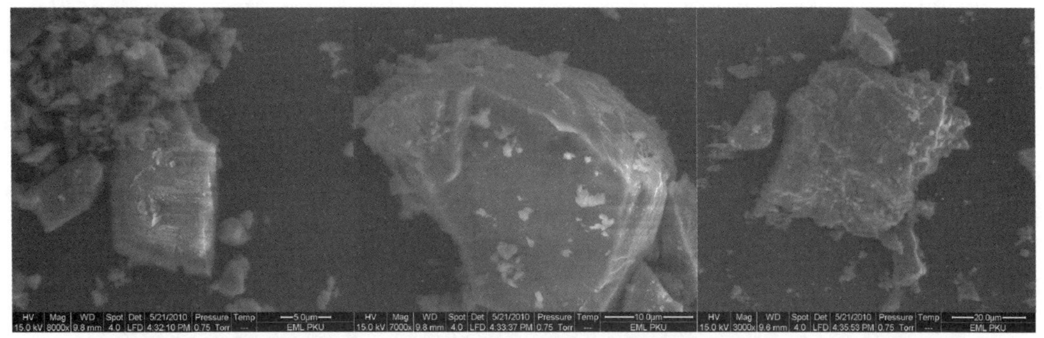

图 7-6　天然金红石粉末样品的环境扫描电镜图

将金红石粉末样品置于无水乙醇中，用超声波仪器使其充分振荡 15min，用铜网微栅蘸取悬浮液，待乙醇挥发干燥后使用。由 TEM 拍摄的形貌图（图 7-7）可知，金红石原样粉末分散性较差，许多小颗粒团聚在一起，其粒径范围涵盖了微米级至纳米级，纳米级样品颗粒多附着在微米级颗粒的表面，彼此间相互接触。

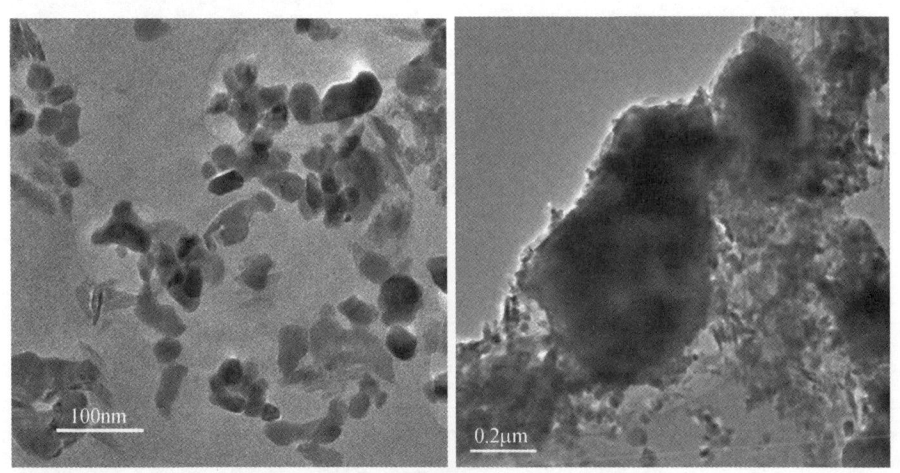

图 7-7　金红石原样粉末的 TEM 形貌图

粉末金红石原样的多晶电子衍射图（图 7-8a）显示，衍射环存在弥散现象，根据衍射公式：$d=\lambda L/R$，共计算了 5 层衍射环的 d 值（表 7-2）。式中，R 为从衍射中心斑到对应衍射环的半径值，λ 为加速电压所对应的电子入射波波长，L 为相机直径，λL 称为相机常数。样品的单晶电子衍射图（图 7-8b）中存在非周期性排列的衍射点且部分衍射点出现变形，与其内部结构缺陷有关。经指标化后其面网及对应 d 值分别为：（101）2.506Å、（110）3.284Å、（211）1.706Å，均大于金红石的标准值。从表 7-2 中可知，计算得到的 d 值 d_{cal}（Å）与标准值 d_{obs}（Å）基本一致。

由于金红石粉末样品的部分颗粒较为细小，因此存在众多晶界。图 7-9a 中箭头两侧的区域即为两个不同的颗粒，其结晶方向不一致。图 7-9b 是粉末金红石原样中一个较大颗粒的去噪二维晶格条纹像，在整个高分辨图像中，所有的晶格条纹像均是弯曲的，形成周期性不明显的波状调制结构。调制结构是指在基本晶格周期结构上叠加有附加周期的结构，可描述成周期性“畸变”的完美晶体结构，而周期性畸变的“量”的分布可表达为

“波”的形式，该“波”即称为“调制波”。如果调制波的波长是基本周期的整数倍，则称之为有公度的周期性结构；若是无公约数的非整数倍，则称为无公度的非周期或准周期结构。粉末金红石原样的二维晶格条纹像中部分区域放大图（图7-9c）显示了堆垛层错（黑色箭头所指方向）和成分相同而晶体结构排列不一致的晶畴（黑色虚线两侧区域）。

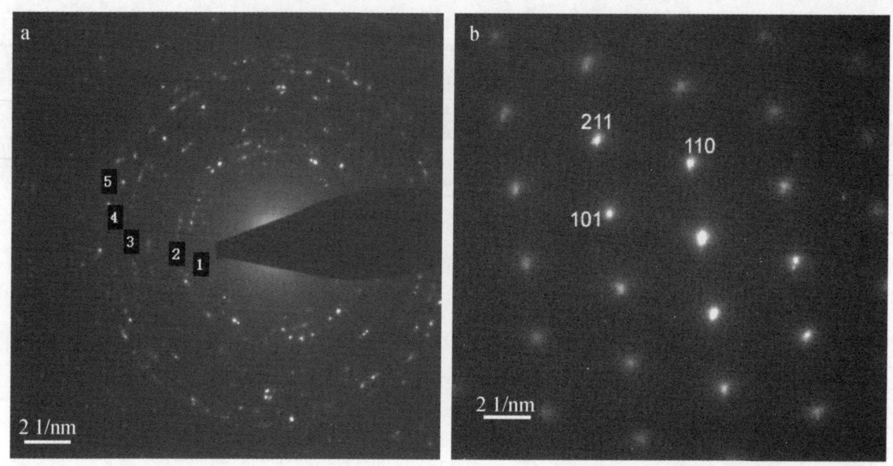

图7-8　金红石粉末原样多晶衍射图（a）和单晶电子衍射图（b）（晶带轴［111］）

表7-2　衍射公式计算金红石粉末样品各多晶衍射环的面网间距

环数	d_{cal}/Å	d_{obs}/Å	*hkl*
1	3. 221	3. 247	110
2	2. 445	2. 487	101
3	1. 629	1. 624	220
4	1. 458	1. 452	310
5	1. 352	1. 359	301

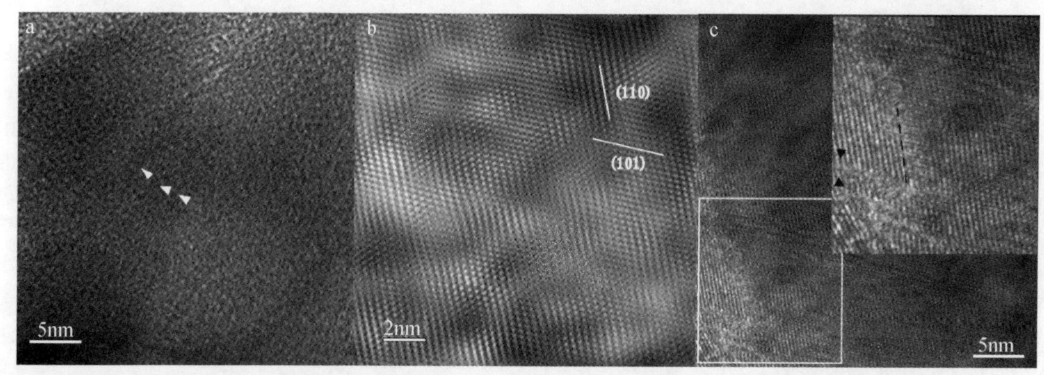

图7-9　金红石粉末原样中小颗粒晶界（a）、弯曲晶格条纹（b）及晶畴和堆垛层错（c）

由此可见，原岩中金红石原样和粉末金红石原样的二维晶格条纹像存在许多差异，前者的缺陷为原生缺陷，非缺陷区域晶体结构排列具有周期性；后者由于选矿、粉碎等制样过程导致整个样品颗粒晶格条纹发生弯曲，形成非公度的波状调制结构，并存在多晶界、晶畴以及堆垛层错等多种缺陷结构。

7.2　金红石半导体特性

合成纯 TiO_2 的能带结构已为众人所知。O 的最外层电子构型为 $2s^2 2p^4$，Ti 的最外层电子构型为 $3d^2 4s^2$，根据晶体场理论，Ti^{4+} 位于 TiO_6 八面体中，Ti 的 3d 轨道分裂为 t_{2g} 和 e_g 态（图 7-10），因此导带分为两个部分：导带底部主要是由 Ti 的 d_{xy} 轨道贡献的，上部则由 Ti 的 t_{2g} 态反键轨道与 O 的 p_π 态构成。价带则可以分为三部分：最低能量处是由 Ti 的 e_g 态和 O 的 p_σ 态形成的 σ 键；之上是 Ti 的 e_g 态和 O 的 p_π 形成的 π 键，最上面则是 O 的 p_π 态。根据基于密度泛函理论（DFT）的第一性原理计算得到的电子态密度（Density of States，简称 DOS）图以及能带结构图（图 7-11）可知，金红石属于直接带隙半导体，带隙宽度约为 3.05eV（Ekuma and Bagayoko，2010）。

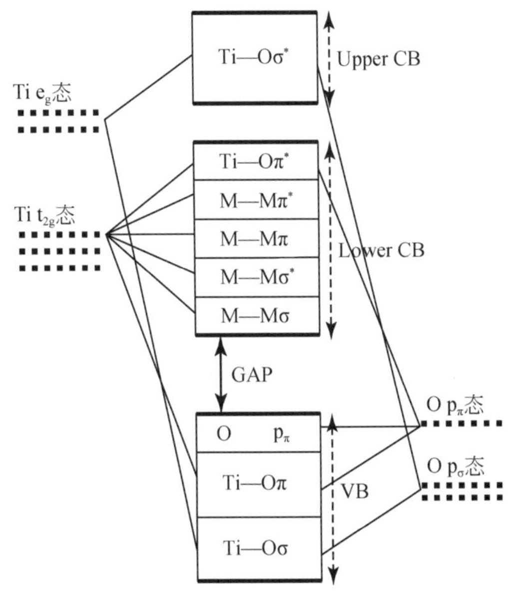

图 7-10　金红石型 TiO_2 的成键轨道示意图（引自 Soratin and Schwarz，1992）

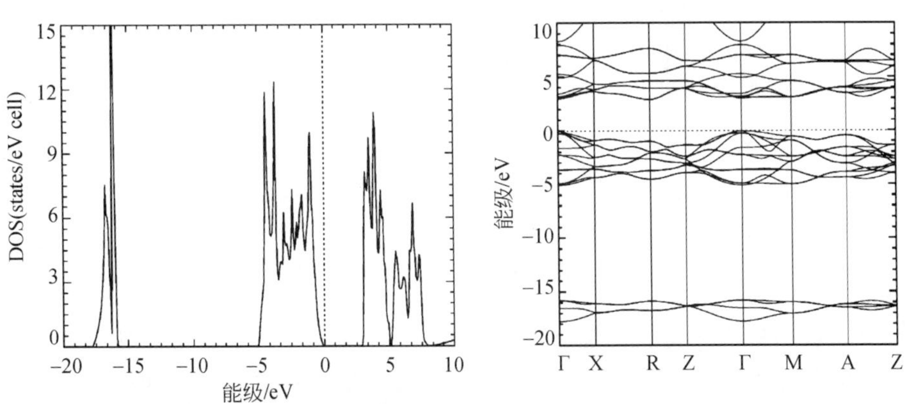

图 7-11　金红石型 TiO_2 的电子态密度图及能带结构图（引自 Ekuma and Bagayoko，2010）

大量实验研究认为在纯 TiO_2 中掺杂 Fe、V 等过渡金属元素可在禁带中引入杂质能级，降低金红石带隙，使紫外-可见漫反射谱产生吸收陡边的红移，理论计算也比较成功地解释了掺杂离子对于其能带结构的影响。陈琦丽等（2006）和 Umebayashi 等（2009）利用第一性原理能带计算方法和超晶胞模型计算金红石型 TiO_2 掺杂过渡金属元素的电子结构，结果表明：Zn 掺杂对 TiO_2 的禁带宽度影响不明显，V、Cr、Mn、Fe、Co、Ni、Cu 的掺杂都有可能使 TiO_2 吸收带出现红移现象或产生在可见光区的吸收。对 V 掺杂 TiO_2 的研究表明，V 的 t_{2g} 会在费米能级附近产生局域化的能带，体系呈现铁磁性（Du *et al.*，2006；He *et al.*，2007；Peng *et al.*，2008）。

7.2.1　紫外-可见漫反射吸收光谱特征

以 Degussa P25 型 TiO_2 为对照，比较天然金红石与合成 TiO_2 的光吸收特征。Degussa P25 是金红石和锐钛矿按一定比例组成的混晶，是一种常见的商品型纳米氧化钛，已被广泛应用于一般的光催化研究中。

金红石原样和合成 P25 的紫外-可见漫反射吸收光谱如图 7-12 所示。合成 P25 仅在紫外波段存在吸收陡边，在可见光波段不产生吸收；而天然金红石除了在紫外光区存在吸收外，在可见光范围内还有较为显著的吸收，即相对合成 P25，天然金红石对太阳光有着更宽范围的光谱响应。根据吸收陡边直线外推法估算合成 P25 和天然金红石的禁带宽度分别为 3.14eV（吸收阈值 395nm）和 2.63eV（吸收阈值 472nm）。即 P25 只能被能量大于 3.14eV、波长小于 395nm 的紫外光激发产生光生电子-空穴对，这一结果和前人测试的 P25 的光吸收阈值（400nm）基本一致（Dvoranová *et al.*，2002），而天然金红石的带隙宽度仅为 2.63eV，相对于合成 P25 明显减小。

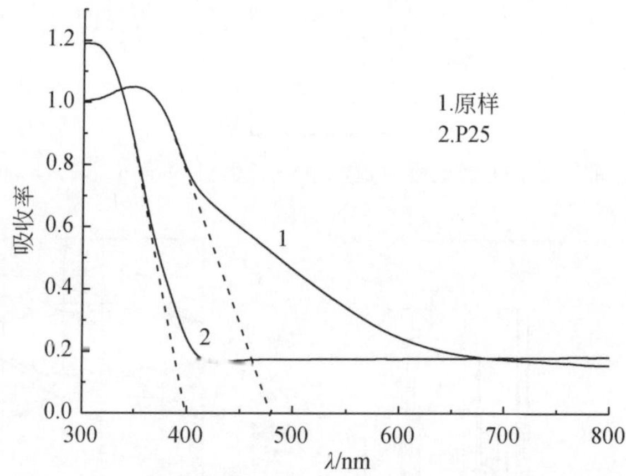

图 7-12　金红石原样和合成 TiO_2（P25）的紫外-可见漫反射吸收光谱

天然金红石相对于合成 P25 及合成金红石（E_g = 3.0eV）禁带宽度明显变窄的原因，可能与其结构中所含丰富的杂质（如 Fe 和 V）有关，杂质 Fe 或 V 离子可在金红石的禁带中形成杂质能级，影响金红石对光的吸收（Navio *et al.*，1996；Bhattacharyya *et al.*，2008）。

7.2.2　金红石电子结构的第一性原理计算

金红石为四方晶系，空间群为 $P4_2/mnm$，$Z=2$。针对金红石电子结构进行第一性原理计算的研究已有很多，表 7-3 列出了近年来部分理论计算结果。由于采用的计算方法不同，结果也有较大的差异。可以看到局域密度近似（LDA）和广义梯度近似（GGA）被广泛应用，加上多种不同交换关联泛函形式及修正的使用，得到的禁带宽度在一个很大的范围之内（1.30～3.92eV）。相对而言，经过一定修正后的 E_g 值要更接近实验值（3.0eV）。当然，不同人在计算中设置的其他参数不同也会对结果产生影响。在前人研究的基础上，本节分别使用 VASP 和 WIEN2K 计算了金红石型 TiO_2 的电子态密度。

表 7-3　部分文献中通过第一性原理计算得到的金红石禁带宽度

文献	E_g/eV	Method *	Potential *
Lin 等（2012）	1.8	PBE	GGA
Han 和 Shao（2011）	1.82 1.68 2.71	PAW	GGA LDA GGA+U
Ekuma 和 Bagayoko（2010）	2.95（Indirect）** 3.05（Direct）	LCAO	LDA-BZWDFT
Shirley 等（2010）	1.86	PP-PW	GGA-PBE
Yu 等（2010）	1.88	PBE	GGA
Baizee 和 Mousavi（2009）	1.39，2.01 1.56，2.00 1.30，1.93 1.44，1.91 1.90，2.14	FP-LAPW	GGA GGA+SOC LDA LDA+SOC EV-GGA
Shao（2008）	1.87 2.03	PP-PW	PBE-GGA PBE-WC-GGA
Mattioli 等（2008）	2.00	PW-PBE	LSD-GGA+U
Islam 等（2007）	3.54 1.90	DFT-HF Hybrid PWGGA	PW1PW GGA
Labat 等（2007）	1.88，1.83，2.14 1.85，1.82，2.12 3.53，3.50，3.92 1.67 1.69	PBE-LCAO LCAO B3LYP PAW PBE-PAW	GGA-DFT LDA-DFT GGA-DFT LDA-DFT GGA-DFT
Cho 等（2006）	1.70	PP-PAW	LDA-DFT
Persson 和 da Silva（2005）	1.80 2.97	FPLAPW	LDA-DFT $LDA+U_{SIC}$

* 这两列中分别为参考文献计算中使用的近似方法及交换关联泛函，在书中未出现的可参考对应文献。

** Indirect 代表间接带隙跃迁半导体，Direct 表示直接带隙跃迁，未特别标注的均为直接带隙跃迁。

1. VASP 计算

金红石单胞结构模型采用 Ballirano 等（2001）的实验结果构建，金红石的 Ti 原子占据 2a 位置（0，0，0），O 原子占据 4f 位置（0，0，0.3049）。根据体系结合能最小化原理，对此模型进行了结构优化，交换关联势采用 GGA，采用 PAW-PBE 赝势描述价电子和离子实的作用，平面波展开的截断能为 500eV。用 Monkhorst-pack 法对布里渊区（Brillouin zone）积分，选取倒格子空间网格为 2×2×2。自洽循环的能量收敛精度为 10^{-4}eV，作用在每个原子上的力收敛精度<0.01eV/Å。优化后的 O 原子坐标为（0，0，0.3034），晶胞参数也与实验值符合得很好（表 7-4），表明采用的计算方法是可靠的。

表 7-4　金红石型 TiO_2 晶胞参数的计算值与实验值

晶胞参数	a/Å	c/Å	V/Å^3
计算值	4.600	2.947	62.36
实验值（Ballirano *et al.*，2001）	4.593	2.961	62.46

由计算得到的电子态密度图（图 7-13）可知纯金红石禁带宽度为 1.98eV，小于金红石型 TiO_2 的实验值 3.0eV。计算值偏低主要是由于 DFT 计算对电子之间交换关联作用处理的理论误差引起的（Godby *et al.*，1986）。从−5.25eV 至 0eV 为价带，价带顶由 O 的 2p 和 Ti 的 3d 态组成，其中 O 的 2p 态起主要作用。导带底主要来源于 Ti 的 3d 以及少量的 O 的 2p 态。根据晶体场理论，Ti^{4+} 位于 TiO_6 八面体中，Ti 的 3d 轨道分裂为 t_{2g} 和 e_g 态，因此导带也分裂为两个部分，上导带主要由 O 的 2p 和 Ti 的 e_g 态组成，下导带则由 O 的 2p 和 Ti 的 t_{2g} 态构成。在纯金红石中总磁矩为 0，反映到态密度图上即上下自旋态密度完全对称，即纯金红石不具有任何磁性。

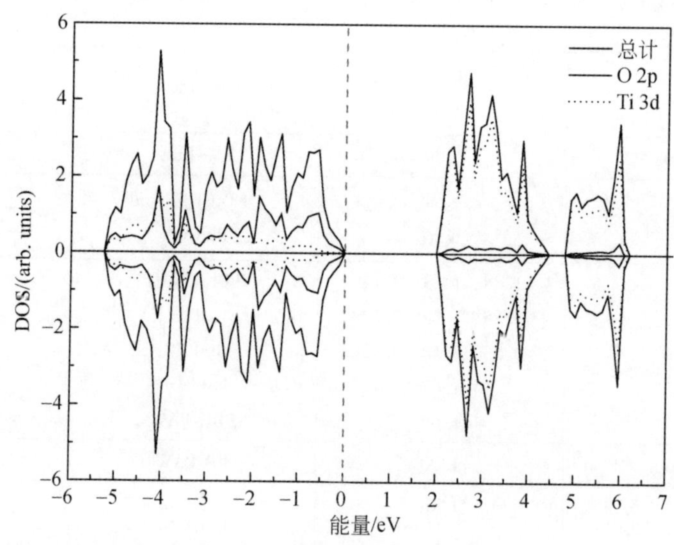

图 7-13　金红石的总态密度和分波密度图

Y 轴正值代表上自旋态密度，负值代表下自旋态密度；竖直虚线代表费米能级处于 E=0eV 处，下同

2. WIEN2K 计算

在 2009 版 WIEN2K Manual 中提供了多种交换关联势近似方法供选择使用，本节分别使用 PBE-GGA（13）、LSDA（5）、WC-GGA（11）、PBEsol-GGA（19）以及 B3PW91（18）这 5 种不同的交换关联势进行结构优化及能带计算。交换关联势的更改可以通过在 case. in0 这个文件中更换为括号内对应的数字而实现。输入金红石晶胞参数为 a =4. 593Å，c =2. 961Å，Ti 和 O 的随机矩阵理论（RMT）值分别取 1. 7 和 1. 8，K 值为 1000，不计算自旋。计算结果（图 7-14）表明，使用 5 种交换关联势计算得到的金红石带隙宽度都约为 1. 90eV，导带和价带的分布也基本一致，区别不大。

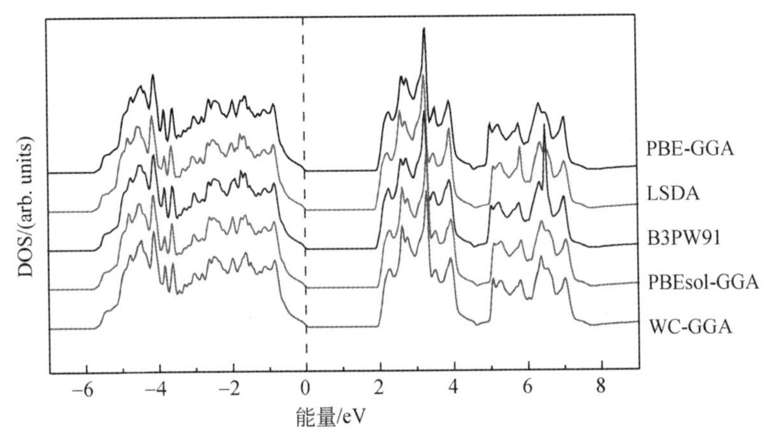

图 7-14　在 WIEN2K 中使用不同交换关联势计算得到的金红石型 TiO_2 的电子密度图

总体而言，无论是 VASP 还是 WIEN2K，利用 PBE-GGA 计算金红石的电子态密度都能够得到较好的结果。本节计算中并不涉及超胞结构体系，两个软件表现出同样快速的计算能力，拥有直观图形界面和向导式操作方式的 WIEN2K 使得我们使用起来更加方便，但考虑到后文中计算掺杂体系时必须建立超胞，在有限的处理器资源条件下，VASP 将会具有更大的速度优势，因此选择利用 VASP 完成所有计算工作。

7. 2. 3　杂质元素对金红石电子结构的影响

为获得含 Fe 和（或）V 的金红石电子结构特征，以上节 VASP 优化后的金红石几何参数［a =b =4. 600Å，c =2. 947Å，O 原子坐标（0，0，0. 3034）］为基础构建 2×2×2 的超晶胞结构（$Ti_{16}O_{32}$）。计算时将其中一个 Ti 替换成为 Fe 或 V（图 7-15a），掺杂量为 6. 25%。Fe 和 V 共掺杂时，分别取代平行于 c 轴的最近邻的两个 Ti 原子（图 7-15b），体系的掺杂量为 12. 5%。计算利用 VASP 软件完成，软件的参数设置同金红石单胞结构模型优化过程的参数设置。在金红石中掺入 Fe 或 V 之后，考虑到过渡金属元素的 3d 电子之间的强关联作用，在计算中引入 Hubbard 参数 U。采用 DFT+U 计算方法已被证实可以部分改善 TiO_2 的禁带宽度计算值，可使得杂质引起的中间能级降至更深处并使其更加局域化（Shao，2009）。对 Ti、Fe、V 分别设置 U 值为 5、6、3. 4eV，J 值为 0. 95、0. 95 和

0. 68eV。得到的电子态密度图中费米能级均位于能量零点处。

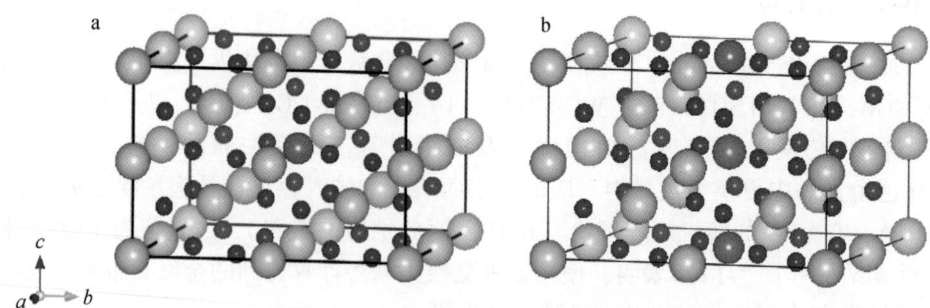

图 7-15　金红石型 TiO_2 超晶胞结构图

大球代表 Ti 原子，小球代表 O 原子，中央深色球代表掺杂原子。

a. Fe 或 V 掺杂金红石；b. Fe 和 V 共掺杂金红石

1. 掺 Fe 金红石的电子结构

计算结果（图 7-16）表明，与纯金红石相比（图 7-13），掺杂 Fe 之后的金红石型 TiO_2 禁带宽度略有增加，为 2. 18eV。价带主要仍由 O 的 2p 和 Ti 的 3d 态组成，导带仍为 Ti 的 3d 态主导，Fe 的 3d 态贡献极小。而在禁带中间出现了两条相邻的能带，带宽分别为 0. 54eV 和 0. 51eV，主要是由 Fe 的 3d 与 O 的 2p 轨道杂化构成的。当掺铁金红石受一定能量激发后，这两条杂质能带可以作为产生的光生电子由价带向导带跃迁的“跳板”。此外，杂质能级位于价带顶上方 0. 3eV 处，可使其在更低能量光的照射下被激发，从而产生可见光光生电子。

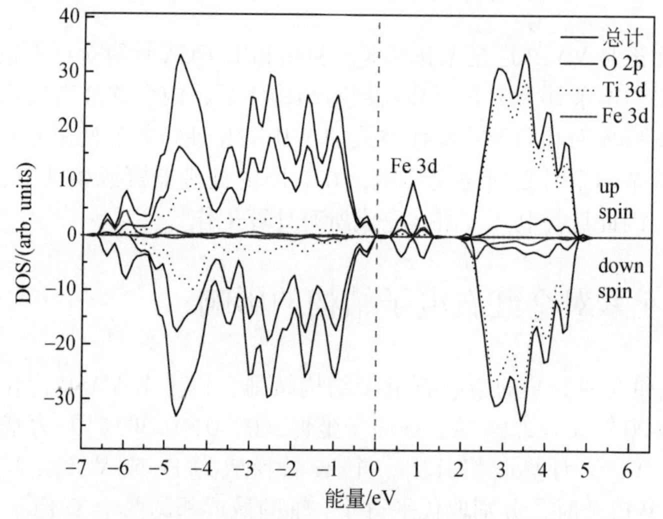

图 7-16　掺 Fe 金红石（$Ti_{15}FeO_{32}$）的电子态密度图

2. 掺 V 金红石的电子结构

当 V 替代 Ti 之后，金红石型 TiO_2 的整体禁带宽度略有减小，为 1. 80eV。由电子态密度图（图 7-17）可以看到价带和导带的构成依旧没有太大的变化，价带主要由 O 的 2p 态贡献，导带则主要由 Ti 的 3d 态组成。V3d 在价带顶部也有贡献，使得价带与导带之间距离减小。在距离价带顶 1.22eV 处出现了由 V 的 3d 与 O 的 2p 轨道杂化构成的杂质能带，带宽为 0.58eV，与 Ti 的 3d 形成的导带距离很近。这条杂质能级相当于在禁带中引入了一个浅的施主能级，同时也不容易成为电子的俘获中心，增大了体系中载流子浓度。

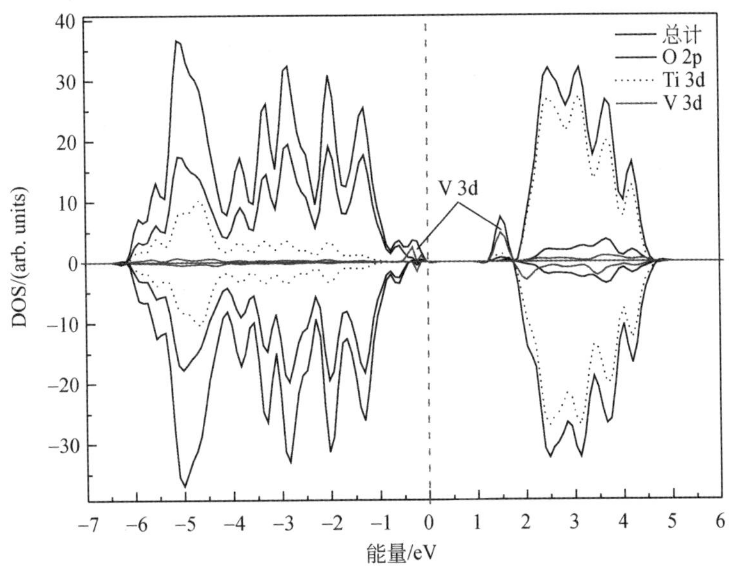

图 7-17　掺 V 金红石（$Ti_{15}VO_{32}$）的电子态密度图

3. Fe 和 V 共掺杂金红石的电子结构

自然产出的金红石往往存在不止一种过渡金属杂质离子。前人研究表明，TiO_2 中有两种不同元素共掺杂时，只有杂质离子分别取代平行于 *c* 轴的最近邻两个 Ti 原子时，体系才具有最小能量（Murugan *et al.*，2006；Long and English.，2010；Han *et al.*，2011）。我们对 Fe 和 V 共掺杂金红石型 TiO_2 超级晶胞的电子态密度的计算亦证实了 Fe 和 V 的共掺杂遵循此规律。

计算得到的态密度（图 7-18）显示，共掺杂的金红石在禁带中 0.58eV 处出现一个较宽的能带，从分波态密度图上可清楚地看到它主要是由两种杂质离子共同引起的杂质能带，包括 V 的 3d 与 O 的 2p、Fe 的 3d 与 O 的 2p，以及少部分 O 的 2p 与 Ti 的 3d 轨道杂化的作用，整体禁带宽度进一步减小至 1.73eV。

我们同样计算了不同掺杂条件下金红石的磁矩。纯金红石中总磁矩为 0，反映到态密度图上即上下自旋态密度完全对称，因而纯金红石不具有任何磁性。掺铁金红石总磁矩为 2.015μB，掺钒金红石总磁矩为 1.008μB，同时含有铁和钒的金红石总磁矩为 3.008μB。过渡金属离子掺杂 TiO_2 在室温下的铁磁性已被多次报道过（Chen *et al.*，2006；Murugan *et al.*，2006），掺杂元素 3d 电子的自旋极化是磁性的主要来源。

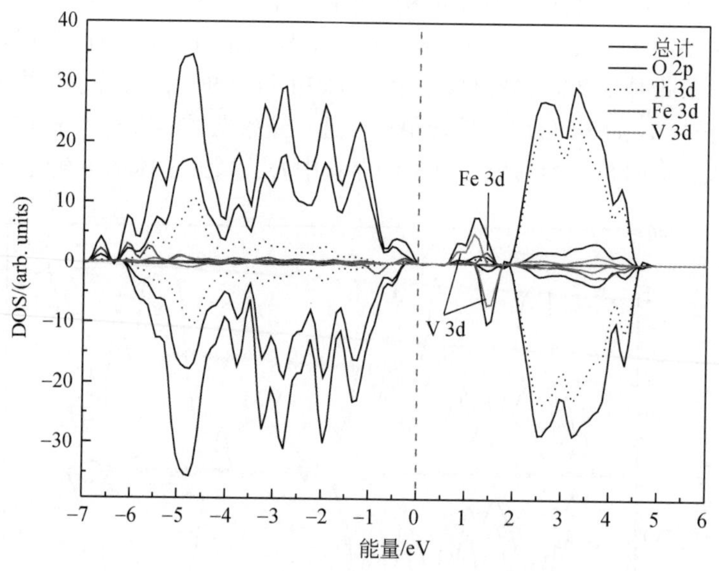

图 7-18 Fe 和 V 共掺杂金红石（$Ti_{15}VO_{32}$）的电子态密度图

7.2.4 氧空位对金红石电子结构的影响

1. 表面氧空位的形成

一般研究认为，半导体光催化的初始反应发生在催化剂表面，是一个表面吸附的有机污染物与催化剂表面的活性物种（·OH、O_2^-·）之间的双分子反应（Xu and Langford, 2001）。与完整结构相比，表面结构的对称程度很低，结构中包含的非等价原子数很多，键长的变化也很复杂（肖冰等，2008），因此，金红石的表面具有重要研究价值。经过计算，金红石中（110）、（100）和（011）三个面网的表面能最低（Ramamoorthy and Vanderbilt, 1994），其中（110）面网是热力学最稳定的，其他晶面在受热过程中会重构产生（110）面（Linsebigler *et al.*, 1995），使其成为最为广泛的研究对象。

理想金红石（110）表面有一半 Ti 离子呈 5 次配位，剩下的一半在体内为 6 次配位，相对应的与钛配位的氧离子也有两种配位形式，一种同体内一样为 3 次配位，另一种为 2 次配位，2 次配位的氧从表面突出出来，称为桥氧。图 7-19 左图中可以看到桥氧在（001）面上不存在，（100）面上全部钛离子为 5 配位的桥氧结构，而（001）面上钛离子是 6 配位结构。桥氧比 3 次配位的氧具有更高的活性（Wang *et al.*, 1999）。图 7-19 右图中标注出了三种类型的氧空位结构（Linsebigler *et al.*, 1995）。

金红石（110）表面桥氧列氧空位的存在，会产生 2 个 Ti^{3+}。TiO_2 表面 Ti^{3+} 离子的增多，将导致半导体的费米能级升高，界面势垒增大，减少电子在表面的积累以及与空穴的进一步复合，并且 Ti^{3+} 通过吸附分子氧，也形成了捕获光生电子的部位。同时，表面的氧空位和低价钛成为水分子和氧气分子等小分子的吸附点，在一定能量光照下，这些小分子

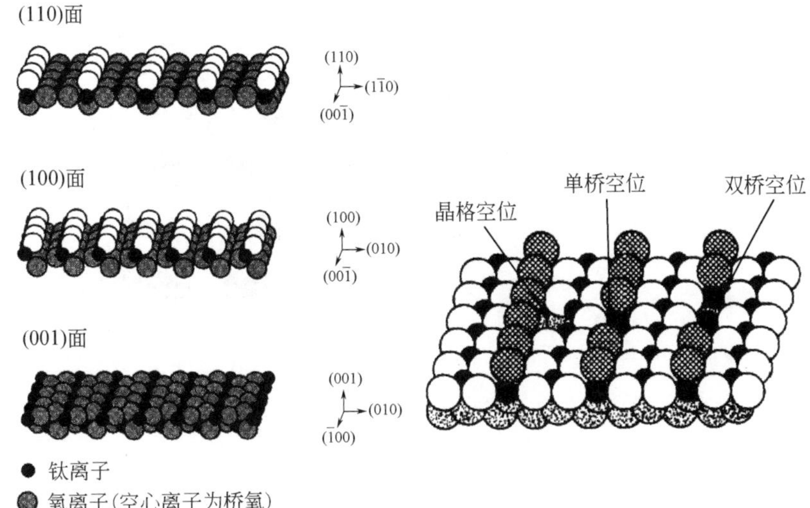

图7-19 金红石表面结构示意图

左图为（110）、（100）和（001）三个面网理想状态下的表面结构示意图（引自 Wang *et al.*，1999）；
右图为含有缺陷的（110）表面结构示意图（引自 Linsebigler *et al.*，1995）

捕获光生电子，形成对光催化反应具有重要作用的活性物种（·OH、HO_2、O_2^-·）。

通常在超高真空（UHV）下通过溅射和退火可获得被还原的表面，这样的表面具有大量的氧空位和Ti^{3+}。原子级别分辨率的扫描隧道显微镜（STM）观测手段结合模拟计算的应用使得人们可以对氧空位等缺陷进行直接观察研究。Jung 等（2001）、Wahlström 等（2004）等在对金红石（110）面的STM研究中证实了桥氧列中氧空位的存在。通过STM获得的图像上，氧空位以短的亮线分布于黑色的氧原子列上，并与旁边两排亮色的钛原子相连。此外，当金红石中的两个Fe^{3+}取代两个Ti^{4+}时，为保持电荷中性也会形成氧空位。

2. 含氧空位的金红石电子结构的第一性原理计算

通过构建合适的结构模型，可以利用第一性原理计算含氧空位金红石的电子结构。同样以前述VASP优化后的金红石几何参数为基础构建2×2×2的超晶胞结构（$Ti_{16}O_{32}$），计算时去掉其中一个氧原子，形成氧空位含量为3.125%（图7-20）。其余设置参见7.2.3节。通过几何结构优化计算后的$Ti_{16}O_{31}$具有和无缺陷的金红石近乎一样的晶胞参数，由于氧空位的有效正电荷与邻近阳离子的排斥作用，最近邻的Ti原子将远离氧空位，与邻近的O原子靠近，从而造成八面体畸变（马新国，2010）。

计算得到的电子态密度图（图7-21）显示，含氧空位金红石的禁带宽度约为2.00eV，与纯金红石理论值相近。价带仍主要由O的2p和Ti的3d态组成，导带仍为Ti的3d态主导。在禁带中距离导带底约0.4eV处出现了O的2p和Ti的3d态杂化形成的中间能带，带宽约为0.63eV。Ihara 等（2003）认为氧空位的能态就处于导带能级的下方，可提供低的能量激发途径，从而提高光催化活性。Diebold 等（2003）认为氧空位在TiO_2禁带中引入了一个施主能级，位于导带下方约0.75eV处。我们的计算结果与前人文献相符。

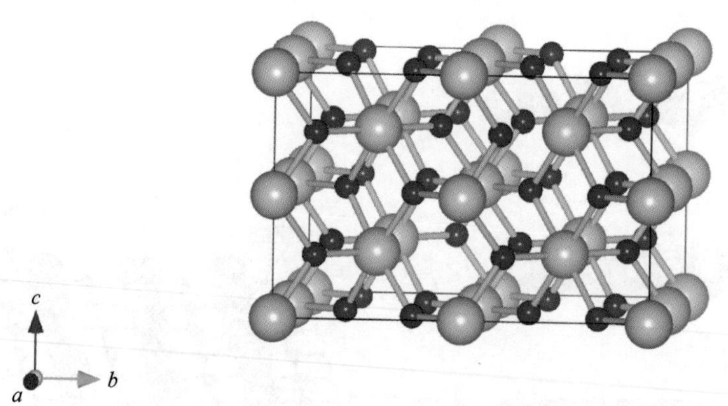

图 7-20　含氧空位金红石超胞结构图

大球代表 Ti 原子，小球代表 O 原子

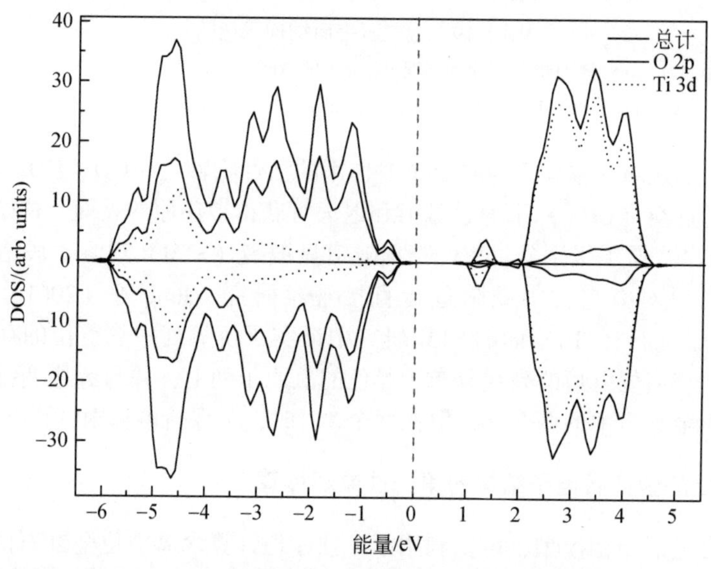

图 7-21　含氧空位金红石（$Ti_{16}O_{31}$）的电子态密度图

由此可以看到，氧空位对减小金红石禁带宽度的贡献并不像掺杂过渡金属元素那样明显。在光催化过程中，一方面氧空位引入的中间能带处于金红石禁带中，在较小能量激发下，电子能够从这个浅施主能级跃迁至金红石导带，从而使金红石光吸收产生红移；另一方面，氧空位在金红石表面成为空气中氧分子和水分子等小分子的吸附点，并通过电荷转移将吸附分子转化为具有更高活性的活性物种，从而提高金红石的光催化活性。

综上，含 V、Fe 等杂质元素以及氧空位的天然金红石将具有比纯金红石更窄的禁带宽度（图 7-22），而且，禁带中存在不同元素引起的杂质能级以及氧空位引入的浅施主能级，使天然金红石可在较小能量光的照射下产生光生电子–空穴对，同时杂质能级能够在一定程度上提高光生电子–空穴对的分离效率，进而增强天然金红石的可见光光催化活性。

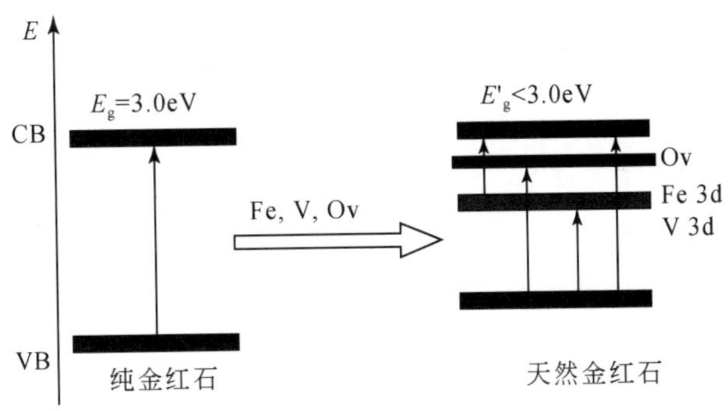

图 7-22　纯金红石及天然金红石的能带结构模型

Ov 代表氧空位

7.3　天然金红石的改性

天然金红石成本低廉、环境协调性好、含钒等有益杂质成分及某些结构缺陷，并具有一定的可见光吸收和光催化活性（Luo *et al.*，2012）。若适当加以改性，光催化活性进一步提高，则可能成为优良的实用光催化材料。本节探讨不同气氛下对金红石加热改性，并进行后续的淬火、退火处理，进一步提高其光催化活性的方法。

7.3.1　空气气氛加热、淬火及电子辐射改性金红石产物特征

空气气氛下的加热处理是将样品在马弗炉中随炉升温至 1273K 后保温 1h，关掉电源后 10min 取出样品自然冷却。淬火改性实验的样品在 20kW 的马弗炉中随炉升温至所需温度，保温 5min 后取出在不锈钢板上散开，用空气（273K）冷却。淬火温度为 1273K。电子辐射改性实验利用 BF-5 电子直线加速器进行，电子束能量为 3 ~ 5MeV，辐射剂量为 1066kGy。改性产物特征用 X 射线衍射（XRD）、傅里叶变换红外光谱（FT-IR）和 X 射线光电子能谱（XPS）表征。

1. X 射线衍射（XRD）

各样品的 XRD 图谱中谱线对应的物相均为金红石，未发现其他物相衍射峰，说明天然金红石很稳定，经过电子辐射、加热、淬火等处理均不会发生相变，样品中的杂质没有以单独物相出现，而是存在于金红石晶格中。

2. 显微红外（IR）

图 7-23 为各样品红外吸收图谱经基线校正后所得曲线。除辐照样品外，所有样品在 $3400cm^{-1}$附近均出现较宽的吸收峰，该峰对应的是吸附水的 O-H 伸缩振动峰（Kumar *et al.*，2000；Maldener *et al.*，2001）。其中，对 a、b、c 三条曲线利用 Origin 7.0 软件选择同样条件下作谱峰的基线去背底后，积分求出原样、加热、淬火样品的谱峰面积分别为 171.9、170.9、180.5。淬火样品的吸收峰面积明显大于其他样品，其表面吸附水量最多。

加热样品和原样的吸收峰面积相当，说明加热样品表面吸附水的量和原样相当。辐射样品无吸附水的峰，说明样品经过辐射处理后表面吸附水的能力降低，吸附量少，未达仪器检测限。

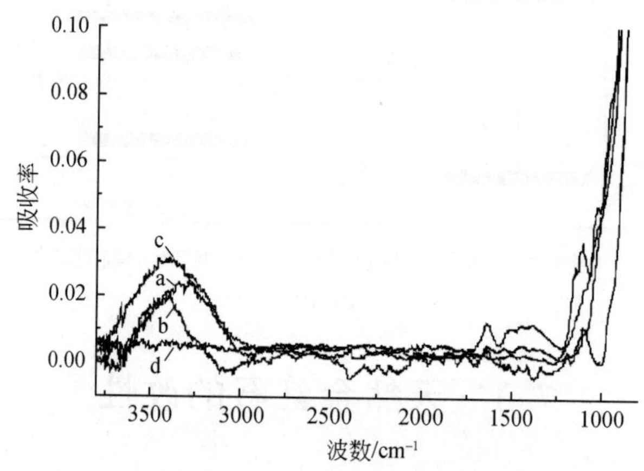

图 7-23　样品的显微红外图谱

a. 原样；b. 加热样品；c. 淬火样品；d. 辐射样品

3. X 射线光电子能谱（XPS）

1）Ti2p 峰

各样品的 Ti2p 峰（图 7-24）对应的结合能（表 7-5）与 Wagner 等（1979）给出的 Ti^{4+} 双峰（Ti2p 3/2 为 458.5eV、Ti2p 1/2 为 464.2eV）数值一致，而且 Ti2p 峰的对称性好，未出现低能端的肩峰，即没有检测到 456.7eV 处的 Ti^{3+} 特征峰（Price *et al.*，1999；Kumar *et al.*，2000），说明处理样品表面的 Ti 主要仍以 Ti^{4+} 的高价态存在。

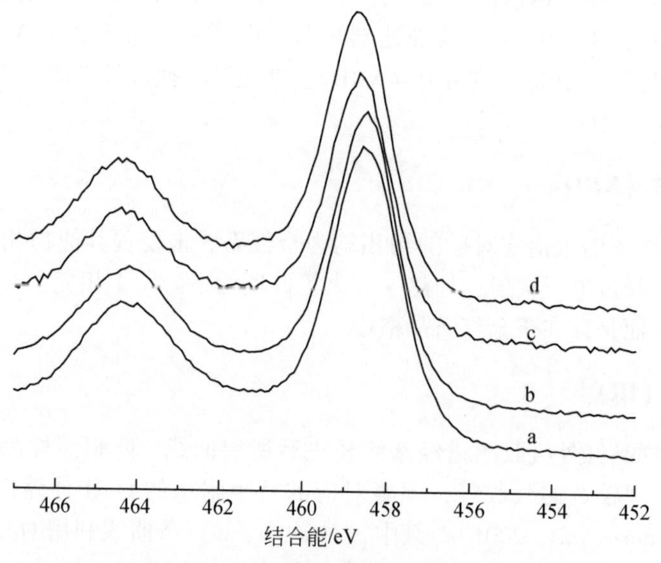

图 7-24　样品的 Ti2p 峰图谱

a. 原样；b. 加热样品；c. 淬火样品；d. 辐射样品

表 7-5　样品的 Ti2p 和 V2p 3/2 峰结合能数值及各原子相对百分含量

样品	结合能 /eV			原子相对百分含量 /%				
	Ti2p 3/2	Ti2p 1/2	V2p 3/2	Ti	O	V	O/Ti	V/Ti
原样	458.5	464.3	—	13.94	82.80	3.26	5.94	0.23
加热样品	458.6	464.3	517.6	11.27	84.81	3.92	7.53	0.35
淬火样品	458.8	464.5	517.6	10.08	85.83	4.10	8.51	0.41
辐射样品	458.8	464.5	517.8	11.94	84.60	3.46	7.08	0.29

2）V2p 峰

由于 TiO_2的 O1s 峰部分与 V2p 峰的位置重合（Robba *et al.*，1997），且样品中钒的含量较少导致信号微弱（Bulushev *et al.*，2000），使对 V2p 峰的分析十分困难。各样品的谱线中均没有标准的 V2p 双峰出现，只是改性样品的谱线相对于原样在结合能 517eV 左右出现了不同程度的突起，进一步对样品谱线 526～516eV 区域进行分峰处理（图 7-25），所得峰的结合能值为 517.6eV 和 517.8eV（表 7-5），与 V_2O_5中 V2p 3/2 峰的结合能 517.6eV（Wagner *et al.*，1979）相近，说明样品表面的钒以+5 的高价态存在。

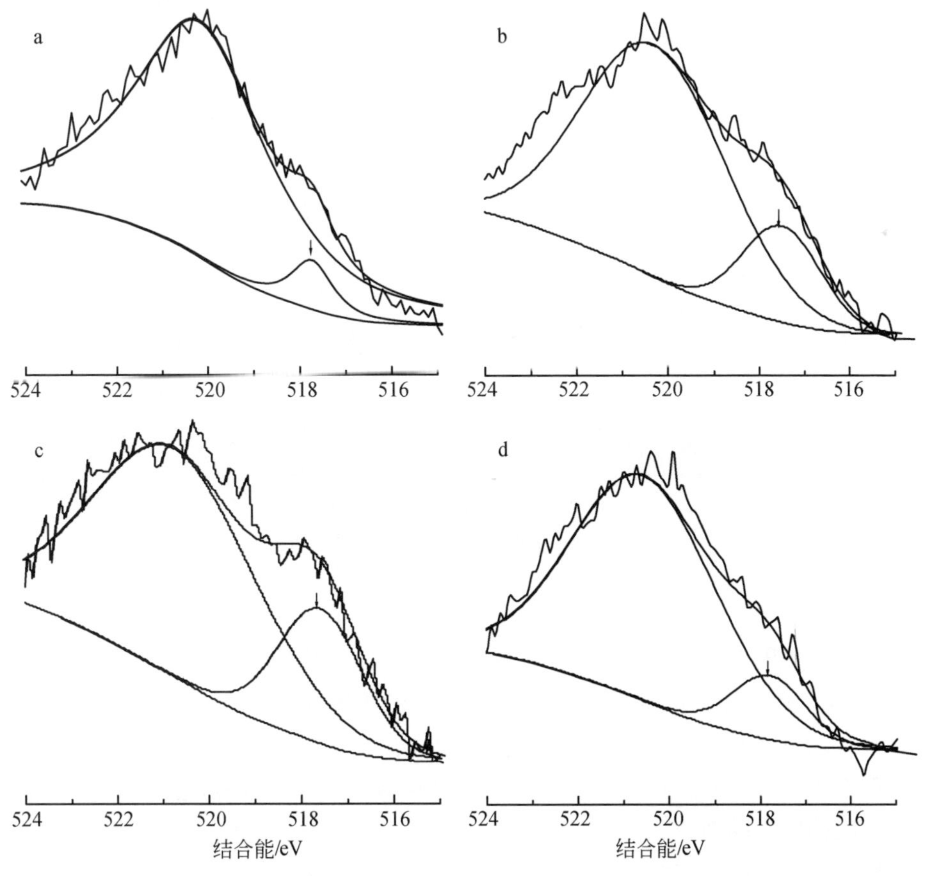

图 7-25　样品的 V2p 3/2 峰图谱

a. 原样；b. 加热样品；c. 淬火样品；d. 辐射样品

3）O1s 峰

TiO_2标准的 O1s 峰应该尖锐且对称性好，结合能为 530.0eV（Rahman *et al.*，1999）。由于多峰叠加，各样品检测到的 O1s 峰均不对称（图 7-26）。纳米 TiO_2的 XPS 结果中也出现过类似的 O1s 复合峰，被证明是由晶格氧和吸附氧峰组成（万海保等，1999）。样品的显微红外显示表面有少量吸附水，因此可推断样品 O1s 峰的不对称性是由表面物理和化学吸附水的氧峰所造成的。将 O1s 峰分为 530.3、531.8 和 533.2eV 三个峰，分别对应 TiO_2 的 O^{2-}、化学吸附的 OH^-和物理吸附的 H_2O（祝迎春等，1994；卢铁城等，1996）。

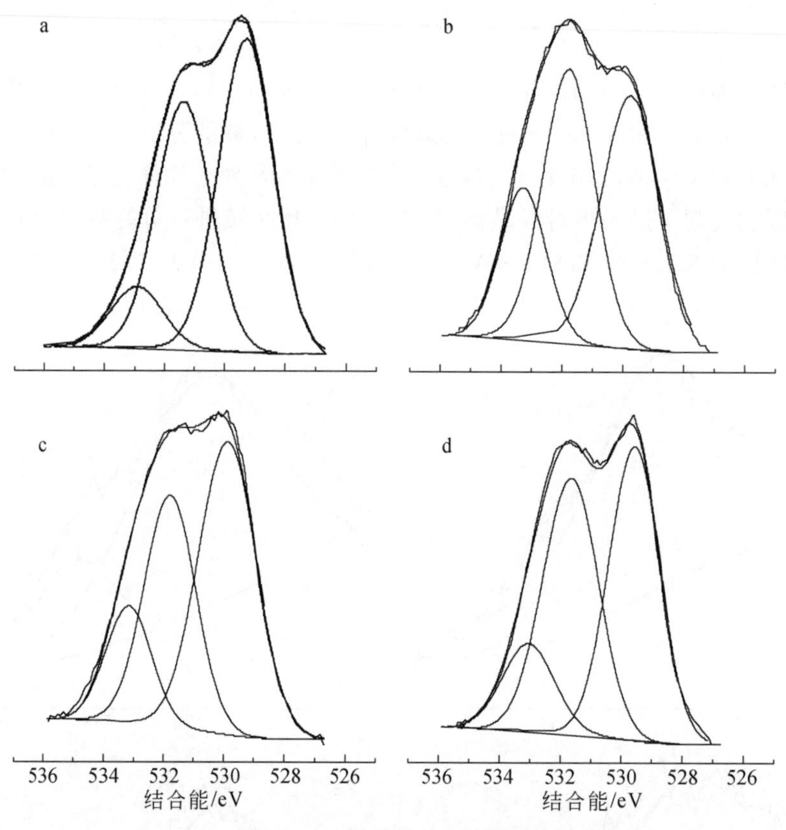

图 7-26　样品的 O1s 峰图谱

a. 原样；b. 加热样品；c. 淬火样品；d. 辐射样品

4）表面吸附水含量

从进一步求出的 O^{2-}、OH^-和 H_2O 百分比（表 7-6）中可看出，淬火样品的表面吸附水量（H_2O+OH^-）比原样明显增加，而辐射样品的吸附水量相对较少，这和显微红外测试结果一致。加热样品表面吸附水量比原样有所增加，但显微 IR 测试的加热样品和原样吸附水量却没有明显不同，可能是由于加热样品相对于原样表面吸附水的增量太小，而不同测试方法的精度不同造成了差异。

5）样品表面原子百分比

将各样品的 Ti2p、V2p 和 O1s 峰分别积分求出面积后，利用灵敏度因子法公式（刘世宏等，1988）计算出各原子的表面百分含量（表 7-5）。由于计算时只考虑 Ti、O、V 三种元素，忽略其他含量较少的杂质元素，所以计算的各原子百分含量比实际值略高。由表 7-5中 V/Ti 值可以看出，样品经过处理后，表面钒的含量有不同程度的增加，其中以淬火样品的钒增加最为明显，其 V/Ti 值比原样增加将近一倍，其次是加热样品，而辐射样品钒的含量只稍有增加。处理样品表面的 O/Ti 值也明显大于原样，数值大小顺序与 V/Ti 值一致。

表 7-6　样品表面不同状态氧的百分比　（单位：%）

样品	O^{2-}	OH^-	H_2O	OH^-+H_2O
原样	49. 60	41. 15	9. 25	50. 40
加热样品	43. 85	42. 34	13. 81	56. 15
淬火样品	41. 48	37. 86	20. 66	58. 52
辐射样品	52. 06	29. 41	18. 53	47. 94

6）*样品表面 V 及吸附水含量增加机理*

加热、淬火、辐射等处理方法使样品表面氧和钒的含量增大，这与处理过程中表面微结构发生变化有关。样品在淬火、辐射等处理过程中产生并冻结了大量的过饱和晶格空位等非平衡缺陷，在一个较宽的范围内产生了弹性能等附加能，使系统的自由能增加，处于不稳定状态。为了有效减少这些附加能，表层区域会强烈地吸引外来杂质，体相内靠近界面一侧的原子（或离子）和杂质原子（或离子）间会产生弹性作用和静电作用，降低界面能，最终使系统稳定（恽正中，1993）。因此，处理样品表面钒的含量增加可能与这种偏析作用有关。在 V_2O_5/TiO_2催化剂的制备中也出现过类似的偏析现象（Bulushev *et al.*，2000）。各样品的 XRD 结果中都没有检测到 V_2O_5的衍射峰，说明在样品处理前后，杂质钒都存在于金红石晶格中，没有改变金红石晶型，也没有以单独相析出。在用 V_2O_5/TiO_2烧结法制备掺杂钒的 TiO_2时，要使 TiO_2表面形成 V_2O_5相，首先要在表面生成一个 V_2O_5理论单层，这需要 10. 1% 的 V_2O_5（Matralis *et al.*，1995）。这个数值远大于天然金红石原样中杂质钒的平均体相含量 1. 22%，即使处理过程使样品表面钒含量略微增加，也不会使钒过饱和形成 V_2O_5单相。少量钒在 TiO_2中形成固溶体 $Ti_{1-x}V_xO_2$，其能隙随 x 值的增加而减少（赵高凌等，2002），因此金红石中杂质钒的存在会降低 TiO_2的带隙能，扩大其激发波长范围（金海岩、黄长河，1997），提高金红石光催化剂的吸光能力和降解能力。

此外，钒向表面富集时，V^{5+}替代 Ti^{4+}会引起电荷不平衡，为弥补这种不平衡，在 TiO_2表面会形成带较多负电的 OH^-。另外，V^{5+}半径（0. 059nm）与 Ti^{4+}半径（0. 068nm）相差较大（Depero *et al.*，1994），V^{5+}替代 Ti^{4+}必将引起晶格畸变，从而产生更多吸附水的缺陷位。因为在 TiO_2表面，化学吸附 OH^-的位置主要在氧缺位上，而物理吸附的水分子主要在表面 5 配位的 Ti^{4+}上（Stefanovich and Truong，1999；Schaub *et al.*，2001）。存在缺陷位的表面对水的吸附能力明显大于理想表面（Bredow and Jug，1995；Henderson，1996）。所以，加热和淬火处理样品表面的吸附水量（H_2O+OH^-百分比）大于原样，说明在淬火和加热过程中，随着温度的升高，样品内部的缺陷向表面迁移，使表面缺陷浓度增大，提供了更多水的吸附位；而在淬火处理中，这些缺陷因为温度的骤然降低被“冻结”，因此淬火样品的表面吸附水量相对加热样品更多。

虽然经辐射处理的样品表面钒的原子百分含量比原样增加了0.2%，但吸附水的百分比却比原样少，特别是OH^-比例明显减少，可能因为发生了OH^-分解反应：$OH^- \longrightarrow H^+ + O^{2-}$，然后$H^+$与入射电子反应：$H^+ + e^- \longrightarrow 1/2\ H_2 \uparrow$（Lu *et al.*，1998）。同时，生成的O^{2-}充填部分表面氧缺陷的位置，使表面缺陷位减少，对水的吸附能力减弱。而且电子辐照时入射电子可能也会复合部分原样表面的空穴缺陷，降低对水的吸附能力。

光催化反应中，水在TiO_2表面的吸附，特别是化学吸附形成OH^-对催化反应有重要影响。OH^-会捕获空穴形成强氧化性的·OH，因此表面羟基的增加既能降低电子-空穴对的复合率，又增强氧化性，从而提高光催化活性（于向阳等，2000），而且TiO_2表面吸附水后发生表面羟基化，对水的接触角明显减小，润湿性明显提高，有利于反应物与TiO_2的充分接触（Fujishima *et al.*，2000）。从光催化反应动力学看，由于光致空穴和电子的复合在很短时间内就发生，只有在有关的电子受体或供体预先吸附在催化剂表面时，界面电荷的传递和被俘获才具有竞争性，OH^-、水分子及有机物本身都是光致空穴的俘获物，所以TiO_2表面对这些物质的吸附能力对光催化反应的初始阶段有重要影响（Stefanovich and Truong，1999）。

7.3.2 惰性气氛热改性金红石产物特征

1. 光吸收特征

在500℃，氩气气氛下，对天然金红石粉末样品进行不同时间（0.5h、1h、2h和3h）的加热退火处理，改性样品依次记为Ar-500-0.5h、Ar-500-1h、Ar-500-2h和Ar-500-3h。改性前后金红石的紫外-可见漫反射吸收光谱（图7-27）显示，随着加热时间的延长，金红石在可见光区（400~750nm）的吸收率逐渐增强，加热2h和3h的吸收光谱基本重合，说明再延长保温时间意义不大。为保证样品受热充分和均匀，后续实验加热时间均选择3h。

随后，对天然金红石在氩气气氛下进行不同温度的热处理改性，退火温度分别为500℃、700℃、900℃和1000℃，改性样品依次记为Ar-500、Ar-700、Ar-900和Ar-1000。改性前后样品的紫外-可见漫反射吸收光谱（图7-28）显示，随着退火温度的升高，金红石在可见光区的吸收强度迅速增加，Ar-900和Ar-1000的吸收率相对原样增幅最大。

从图7-28还可以看出，氩气气氛下，热处理温度$T \leqslant 900$℃时，改性对于金红石的光吸收阈值影响不大，而在退火温度达到1000℃时，吸收边红移较为明显。对金红石原样和改性样品的吸收边做线性拟合，利用吸收陡边直线外推法得到各样品的禁带宽度（表7-7）。可以看出，随着热处理温度升高，金红石的光学禁带宽度基本上呈逐渐减小的趋势。

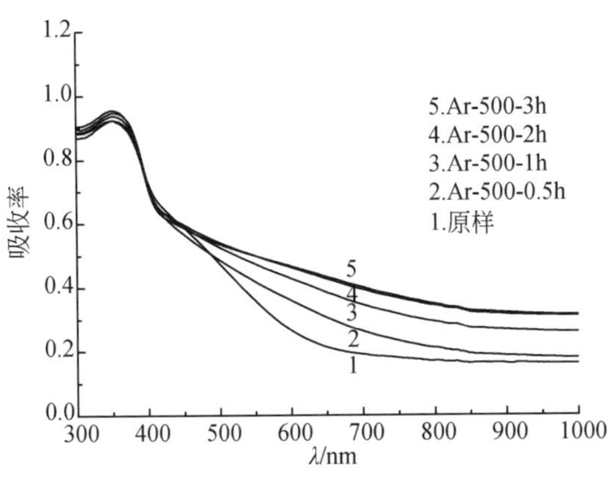

图 7-27　金红石原样与氩气 500℃不同时间退火样品的紫外-可见漫反射吸收光谱

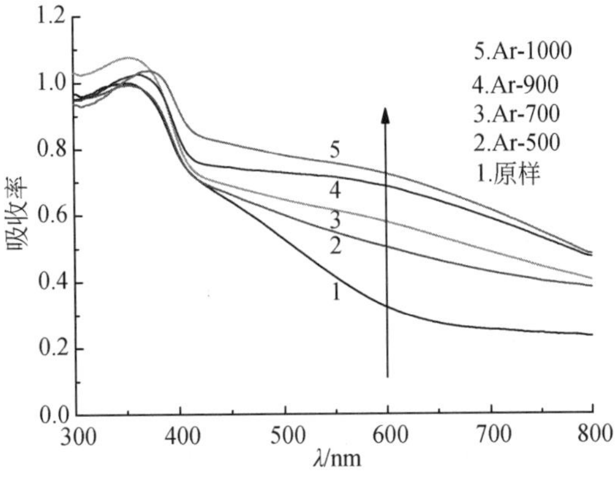

图 7-28　金红石原样与氩气气氛不同温度退火样品的紫外-可见漫反射吸收光谱

表 7-7　金红石原样与氩气改性样品的光吸收阈值和禁带宽度

样品	吸收边切线方程	吸收阈值 λ_g/nm	带隙宽度 E_g/eV
原样	$y=-0.0092x+4.3289$	472	2.63
Ar-500	$y=-0.0078x+3.9011$	512	2.42
Ar-700	$y=-0.0093x+4.5370$	490	2.53
Ar-900	$y=-0.0083x+4.1607$	503	2.47
Ar-1000	$y=-0.0068x+3.6394$	537	2.31

对金红石在 N_2气氛下进行不同温度的热处理改性，退火温度分别为 500、700、900 和 1000℃，改性样品依次记为 N_2-500、N_2-700、N_2-900 和 N_2-1000。改性前后样品的紫外-可见漫反射吸收光谱（图 7-29）表明，N_2气氛热处理改性样品光吸收率随温度的变化趋

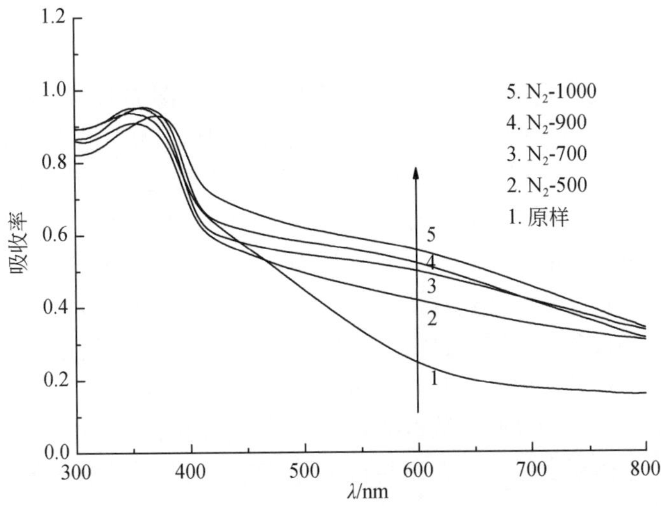

图 7-29　氮气热改性样品和金红石原样的紫外-可见漫反射吸收光谱

势与 Ar 气氛改性样品的特征基本一致，即随热处理温度升高，改性金红石在可见光区的吸光值迅速增加；同时，在氮气热处理温度 $T \leqslant 900℃$ 时，改性对金红石光吸收阈值的影响不大，而在较高温度（$T \geqslant 1000℃$）时，吸收边略有红移。

2. 晶体结构与超微结构特征

Ar 气氛热处理改性前后金红石样品的 XRD 分析结果（图 7-30）表明，改性后样品的主要物相仍为金红石，但从图谱局部放大图可以发现，Ar-900 和 Ar-1000 在 32°~36°范围均出现了新物相的特征峰（图 7-30b 中箭头所指）。这两个弱峰对应钛铁矿（卡片 JCPDF-711140）3 个最强峰［d 值分别为 2.745Å、2.544Å、1.866Å，对应的衍射峰指标为 $(10\bar{1}4)$、$(11\bar{2}0)$、$(02\bar{2}4)$］中的两个，结合金红石样品中含有的杂质元素种类，确认 Ar-900 和 Ar-1000 样品中出现的新物相为钛铁矿。

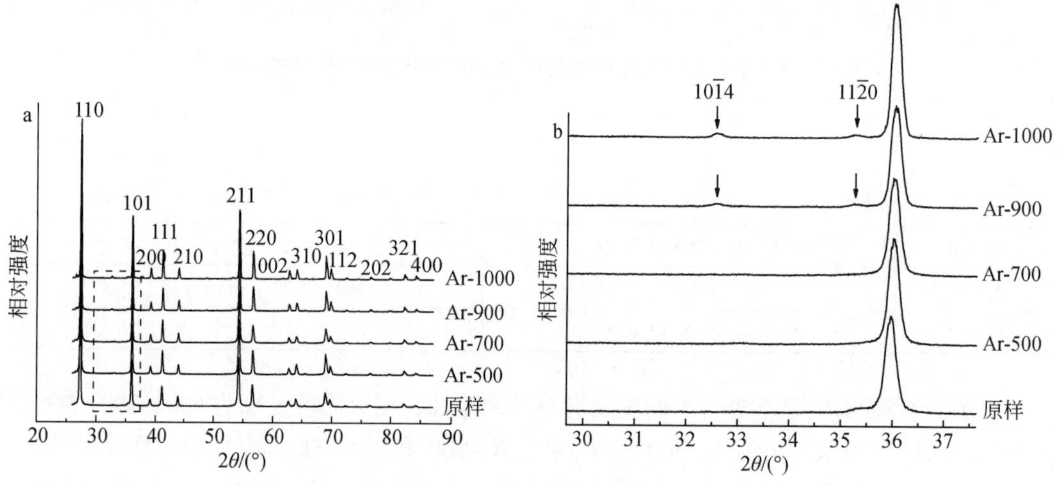

图 7-30 金红石原样与氩气改性样品的 XRD 图谱

a 为全谱图；b 为虚线选择区域放大图，图 b 中箭头处为钛铁矿的衍射峰

N_2气氛下热处理改性后样品的主要物相仍为金红石（图 7-31a）。高温 N_2-900 样品中，在 32°~36°范围内同样出现两个十分弱的属于钛铁矿的衍射峰（图 7-31b 图中箭头所指）。

利用 GSAS 和 Unitcell 软件对金红石原样、氩气和氮气气氛热处理样品的晶胞参数（a、c、V）进行了 Rietveld 精修和计算，其中因 Ar-900、Ar-1000 和 N_2-900 样品中均出现了钛铁矿物相，这三个样品的结构均采用金红石相和钛铁矿相两相拟合。拟合结果表明，两种软件计算出的晶胞参数的变化规律基本一致，随着热处理温度的升高，惰性气氛改性金红石样品的晶胞参数变化缓慢。这很可能与金红石结构中 Fe 含量减少有关，因 Fe 离子的半径（0.079nm）大于 Ti 离子（0.075nm）（Choi *et al.*, 1994），当替代 Ti 离子的 Fe 离子减少时，相应地金红石的晶胞参数也会有一定程度上的减小，同时在热处理过程中，金红石晶胞受热会发生体积膨胀，二者的共同作用使得金红石样品的晶胞参数随着温度升高并未发生明显改变。

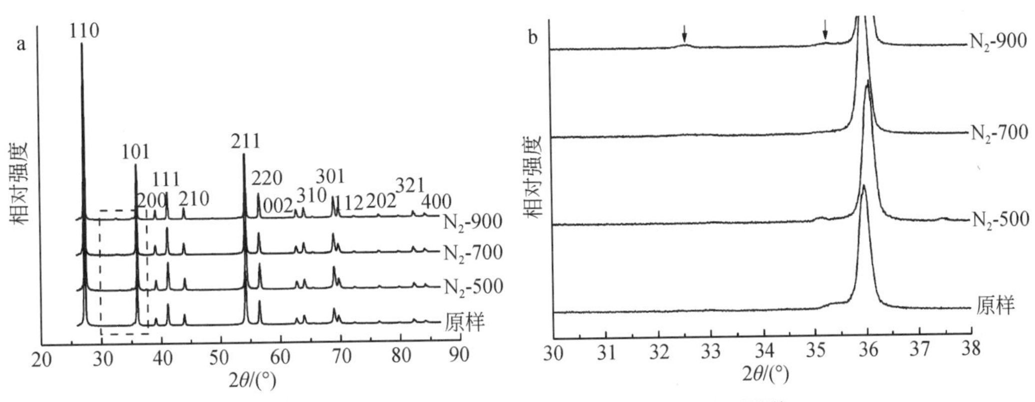

图 7-31　金红石原样与氮气热处理样品的 XRD 图谱

a 为全谱图；b 为虚线选择区域放大图，图 b 中箭头处为钛铁矿的衍射峰

氩气气氛高温退火样品的高分辨透射电镜形貌像和晶格像见图 7-32。图 7-32a 是 Ar-900 的形貌图，图 7-32b 是图 7-32a 中 A 区域的二维晶格条纹像，其中出现了钛铁矿颗粒晶格条纹像。图 7-32b 中 B、C 区域分别代表金红石和钛铁矿颗粒，对这两个区域直接进行傅里叶变换得到的电子衍射图分别见白色矩形框中。测量的面网间距及夹角与通过点阵平面间距以及夹角公式（郭可信等，1983）的计算结果一致，确认 B 区域所在的颗粒为钛铁矿。图 7-32b 中还可看出钛铁矿沿与金红石（010）面网成大约 31°夹角的方向生长。在光催化反应中，两个颗粒的晶格相互连接，这种牢固的接触方式可能促进光生电子在这两个颗粒间的有效转移。

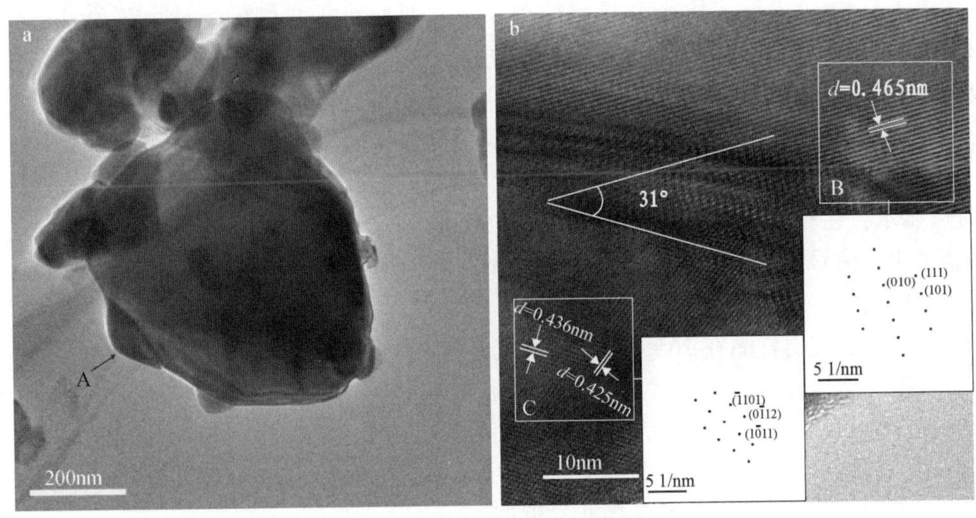

图 7-32　Ar-900 样品的形貌图（a）和高分辨条纹像（b）

图 b 中 B 和 C 分别对应金红石和钛铁矿的选择区域衍射图

一般地，杂质在材料中的固溶度随温度升高而增大。当温度下降时，杂质浓度可能超出其在主材料中的固溶度极限而发生淀析（崔国文，1990）。同时，退火过程中，原子获得足够的自由能，可以在表面和体内迁移、团聚，实现晶体结构重构（叶勤、吴奎，

2006）。关于惰性气氛高温退火导致钛铁矿出溶的原因：一方面，加热过程中杂质元素铁形成的铁氧八面体在金红石样品中固溶度增大，在随后的退火冷却过程中，温度降低会导致铁氧八面体析出；另一方面，在氩气（惰性）气氛，尤其是高温下环境中氧分压浓度很低，天然金红石结构中部分 Fe^{3+} 很可能被还原为 Fe^{2+}，这部分 Fe^{2+} 或者金红石结构中原有的 Fe^{2+} 重新参与重结晶作用形成新的矿物。Bromiley 和 Hilairet（2005）将 TiO_2 与 Fe_2O_3 混合，在2GPa、1100℃下长时间加热，也发现部分 Fe^{3+} 被还原为 Fe^{2+}，以钛铁矿 $FeTiO_3$ 形式析出。

3. 微量元素 Fe 和 V 分布特征

如前所述，惰性气氛高温退火改性使得金红石中杂质元素 Fe 部分以钛铁矿（Fe^{2+}）析出，可以推测，天然金红石中的主要杂质元素 V^{5+}，在惰性气氛退火过程中也可能存在向 V^{4+} 乃至更低价态离子转化的趋势，同时异价离子（如 Fe^{3+}、Fe^{2+} 和 V^{5+} 等）对 Ti^{4+} 的替代以及退火过程中分子热运动对晶格原子的调整很可能在金红石中引入诸如氧空位、低价钛等结构缺陷。了解这些不同形式的过渡金属离子和晶格缺陷在金红石中的分布特征具有重要意义，因为它们能在禁带中不同位置引入杂质能级，对金红石的光吸收和光催化活性产生直接影响。由于氮气气氛热改性对天然金红石光吸收和晶体结构的影响与氩气气氛下的结果非常近似，且氩气气氛改性样品对光吸收的影响较为显著，因此下面主要以氩气改性样品为例，详细讨论改性前后金红石中微量元素 Fe 和 V 的分布特征。

首先利用高灵敏、高分辨的电子顺磁共振技术对金红石原样和氩气气氛改性样品进行电子顺磁共振光谱（EPR）测试。金红石中过渡金属元素和缺陷的可能存在形式（V^{5+}、V^{4+}、Fe^{3+}、Fe^{2+}、Ti^{3+} 等）与 EPR 信号的关系，主要取决于它们的外层电子结构，V^{4+} 和 Ti^{3+} 外层都有 1 个未成对电子（$3d^1$），Fe^{3+} 外层含 5 个未成对电子（$3d^5$），Fe^{2+} 外层有 4 个未成对电子（$3d^6$），它们都能与磁场相互作用，产生电子顺磁共振光谱信号。而 V^{5+} 最外层为全空的电子结构（$3d^0$），不能产生电子顺磁共振光谱信号。

金红石原样和氩气气氛热改性样品在整个磁场范围（0～500mT）内的 EPR 光谱（图 7-33a）显示，在较高的磁场范围内（260～500mT），改性样品的 EPR 信号相对原样发生了明显变化，信号强度随着温度升高显著增大，并且远远大于较低磁场范围（0～260mT）内的顺磁性信号。

改性前后金红石样品在 265～415mT 磁场范围内的 EPR 光谱（图 7-33b）中，金红石原样的顺磁性信号较弱，经 500℃氩气退火后，样品中迅速出现几组不同强度的信号峰，随着热处理温度升高，这些信号逐渐增强。与前人文献（Gallay，1986；Kera and Mastukaze，1986；Cavani *et al.*，1988；Rodella *et al.*，2002；Tian *et al.*，2009）对比，这些峰与 TiO_2 中 V^{4+} 的超精细分裂结构非常近似。

为了精确比较改性前后金红石样品中 V^{4+} 的信号强度，以 Ar-900 和金红石原样为例，对图 7-33b 中信号放大两倍，如图 7-34 所示。可以看出，无论是原样还是 Ar-900，最强峰的信号都位于 335～345mT 附近，左右两侧的小峰近似成反对称关系。参考 Kera 和 Mastukaze（1986）的研究，将这些超精细分裂的 V^{4+} 信号分为平行于磁场方向的 $g_{//}$ 和垂直于磁场方向的 $g_{\perp}$，其中 g 代表 Landé 因子。

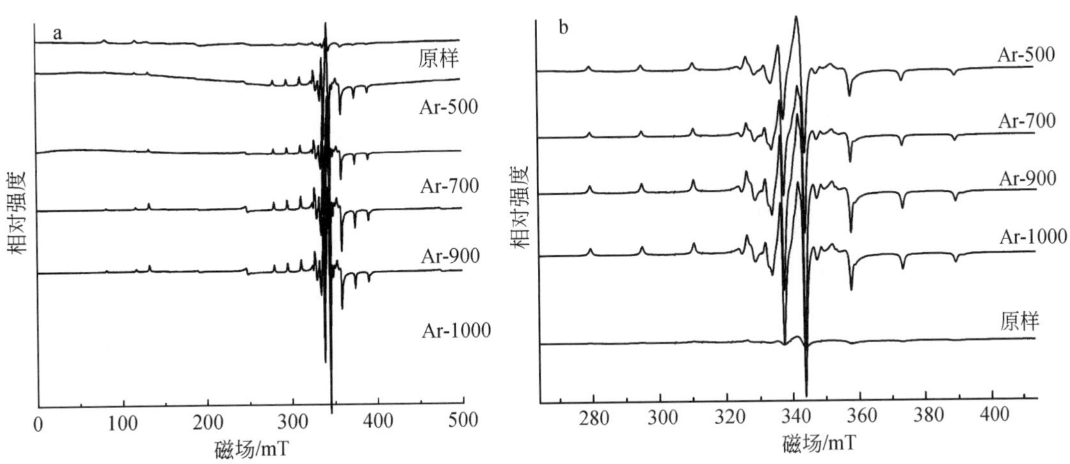

图 7-33　金红石原样和氩气退火样品在整个磁场范围（a）和磁场 265 ~ 415mT（b）的电子顺磁共振光谱

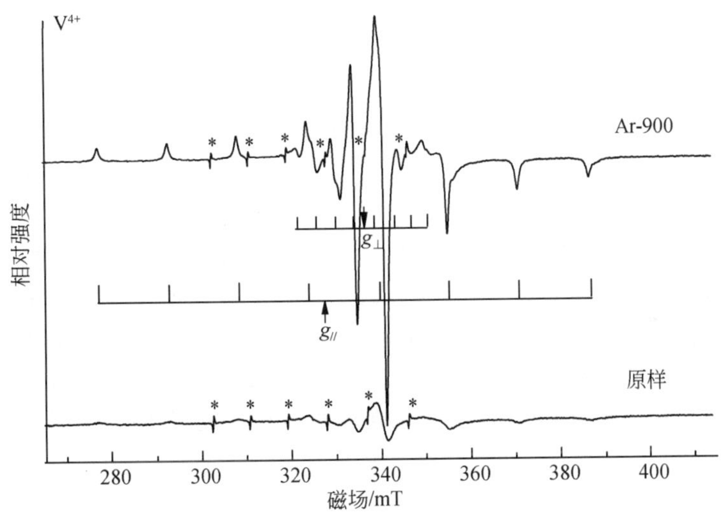

图 7-34　金红石原样和氩气 900℃ 退火样品的电子顺磁共振光谱

* 代表内标 Mn^{2+}

采用 JEOL 自带的 cwEsr. exe 分析软件，以图 7-34 中标注 * 号的 Mn^{2+} 为内标，对 g 值进行校准，并计算 V^{4+} 的相对信号强度，结果表明改性前后 g 因子和超精细耦合系数 A 的数值变化不大，$g_{//}=1.98$，$g_{\perp}=1.93$，$A_{//}=15.4$（mT）和 $A_{\perp}=4.1$（mT）。根据前人文献对过渡金属元素 V 掺杂 TiO_2 中 V 元素最终存在形式的归属（表 7-8），上述 EPR 各项因子（$g_{//}$，$g_{\perp}$，$A_{//}$，$A_{\perp}$）与 Kera 和 Mastukaze（1986）等报道的数值十分接近，并满足 $g_{//}>g_{\perp}$ 和 $A_{//}>A_{\perp}$，进一步证实了天然金红石和改性样品中的杂质元素 V^{4+} 主要是以类质同象替代 Ti^{4+} 的形式位于八面体场中，而非以一些细小的 VO_2 晶体形式存在。

关于电子顺磁共振光谱的解释：理论上在吸收曲线下的积分面积与不成对电子数成正比，强度近似于吸收曲线的峰值高度，或者近似于在特定条件下测到的一次导数曲线的峰-峰幅度。从图 7-34 可以看出，Ar-900 样品任何一个峰高都大于金红石原样，即 V^{4+} 的信号强度在改性后明显增加，表明氩气气氛下改性显著增加了金红石结构中的未成对电子数。改性后样品中 V^{4+} 信号强度和未成对电子数显著增加的原因，主要有两种可能，一是金红石结构中最初的 V^{5+} 被还原为 V^{4+}，二是最初的 V^{3+} 被氧化为 V^{4+}；因 V^{3+} 被报道在合成 TiO_2 结构中不稳定，很容易氧化为 V^{4+}（Choi *et al.*，1994），因此可以认为改性后样品中 V^{4+} 信号的增加主要由天然金红石中的 V^{5+} 还原为 V^{4+} 所致。

表 7-8　过渡金属元素 V 掺杂 TiO_2 有关的 EPR 参数及归属

g 因子		*A* 因子/mT		V 在 TiO_2 中的状态	参考文献
$g_\perp$	$g_{//}$	$A_\perp$	$A_{//}$		
1.983	1.950	5.5	17.31	V^{4+} 替代 Ti^{4+} 位于四面体场中	Kera and Mastukaze, 1986
1.922 ~ 1.931	1.972	4.6 ~ 4.7	15.22	V^{4+} 替代 Ti^{4+} 位于八面体场中	
1.991	1.922	7.2	19.2	以复合体 VO^{2+} 形式存在	Cavani *et al.*，1988
1.98	1.94	8	19.5 ~ 20	低于 550℃ 为复合体 VO^{2+}，高温时为替代式 V^{4+}	Altynnikov *et al.*，1999a
1.912 ~ 1.913	1.955 ~ 1.957	4.2 ~ 4.5	15.5 ~ 15.7	V^{4+} 替代 Ti^{4+} 位于八面体场中	Altynnikov *et al.*，1999b
1.905 ~ 1.91	1.953 ~ 1.956	2.5 ~ 3.9	14.13 ~ 15.24	V^{4+} 替代 Ti^{4+} 位于八面体场中	Rodella *et al.*，2002
1.93	1.98	4.1	15.4	V^{4+} 替代 Ti^{4+} 位于八面体场中	本书

将图 7-33a 在磁场 0 ~ 264mT 范围的电子顺磁共振光谱信号强度放大 4 倍（图 7-35）可以看出，金红石原样呈现一系列不同强度的信号，经氩气气氛热改性后部分信号开始消失，保留下来的信号强度相对原样有所减弱。以 Mn^{2+} 为内标，校准后的 *g* 值（Landé 因子）分别为 7.99、5.59、5.02、4.23、3.73、3.44 和 2.62。通过对比前人报道的过渡金属 Fe 掺杂 TiO_2 中 Fe 元素的 EPR 信号（总结见表 7-9），发现我们的金红石原样和氩气气

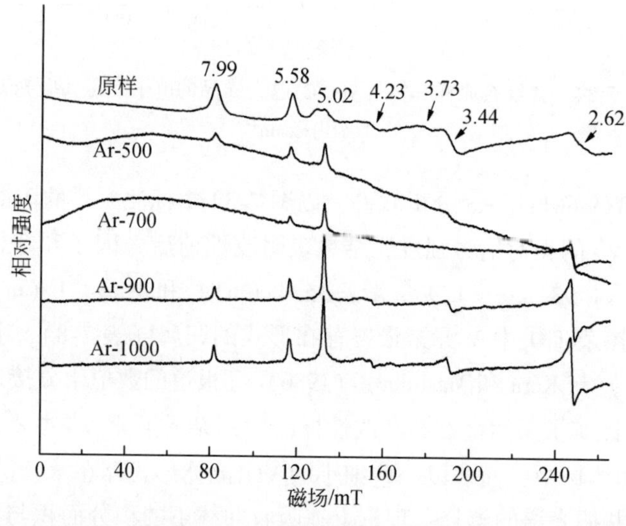

图 7-35　天然金红石和氩气退火样品在磁场 0 ~ 264mT 的电子顺磁共振光谱

氩改性样品的 EPR 图谱及 g 值与 Soria 等（1991）报道的替位式 Fe^{3+} 的 EPR 图谱和 g 值十分接近，因而将其归属于金红石结构中替位式的 Fe^{3+}。

表 7-9　与 Fe 掺杂 TiO_2 有关的 EPR 信号参数及归属

EPR 参数	信号归属	参考文献
g=8.18，5.64，4.26，3.43 和 2.6	Fe^{3+} 替 Ti^{4+} 进入金红石晶格	Soria *et al.*，1991
g=4.3	锐钛矿结构中菱面体配位的 Fe^{3+}	
g=2.16～2.00	Fe_2O_3 晶簇中的 Fe^{3+}	Pecchi *et al.*，2003
g=2.38，2.10，2.00，1.88 和 1.80	锐钛矿中八面体配位的 Fe^{3+}	
g=4.3	锐钛矿中强烈扭曲的菱面体配位的 Fe^{3+}	
g=8.22～8.04，5.68～5.38，4.88，3.89，3.54 和 2.61	金红石中菱面体配位的 Fe^{3+}	
g=4.3	Fe^{3+} 替 Ti^{4+} 进入晶格	Rane *et al.*，2006
g=7.99，5.59，5.02，4.23，3.73，3.44 和 2.62	金红石原样，Fe^{3+} 替 Ti^{4+} 进入晶格	本书
g=7.99，5.58，5.02，3.44 和 2.62	氩气改性样品，Fe^{3+} 替 Ti^{4+} 进入晶格	

由于电子顺磁共振光谱只能对含有未成对电子的元素进行测试，并经常受到测试条件（低温液氮甚至液氦条件）和样品本身是否有磁性等的限制，对天然金红石和改性样品中的 V^{5+}、Fe^{2+} 以及更低氧化态的 V^{3+} 和 Fe^0 等，EPR 在液氮条件下很难给出有效信息。而 X 射线吸收光谱不受测试条件限制，它通过测试各元素的精细吸收光谱，能够对过渡金属元素的氧化态和配位结构进行诊断。

天然金红石和改性样品中 Fe 元素的 X 射线近边吸收光谱（图 7-36）显示，Ar 退火处理使得金红石中 Fe 的吸收边向低能端移动，随着温度升高，这一化学位移逐渐增大。因为能量越低对应元素的氧化态也越低，进而证实了金红石样品中 Fe 元素在氩气退火后由高氧化态向较低价态转变。

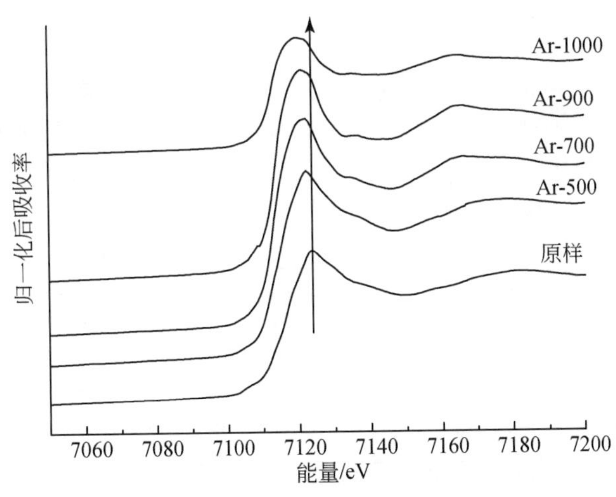

图 7-36　天然金红石和氩气改性样品 Fe 的 K 边 X 射线近边吸收光谱

4. 改性样品表面成分和缺陷特征

金红石原样和 Ar-900 样品中 Ti、V、Fe 和 O 原子的 XPS 信号特征见图 7-37。原样和 Ar-900 样品的 Ti2p 峰对应的结合能为 458.4 和 464.3eV（图 7-37a），与前人报道的 Ti^{4+}的 Ti2$p_{3/2}$为 458.5eV、Ti2$p_{1/2}$为 464.2eV 的数值基本一致（Wagner *et al.*，1979），表明其表面的 Ti 以 Ti^{4+}的存在。Ar-900 样品 Ti2p 峰相对于原样略向低结合能的方向移动，表明氩气气氛改性样品表面的 Ti 可能处于 Ti^{4+}向较低价态钛离子过渡的状态。Ar-900 样品中检测到一个微弱的 V 的信号（图 7-37b），其中心结合能位置为 515.95eV，可归属于 V^{4+}的 2$p_{3/2}$的信号（Wagner *et al.*，1979；Mendialdua *et al.*，1995；Kobayashi *et al.*，2005；Liu *et al.*，2009），表明氩气气氛退火很可能使得金红石结构中的杂质元素 V 以较低的氧化态

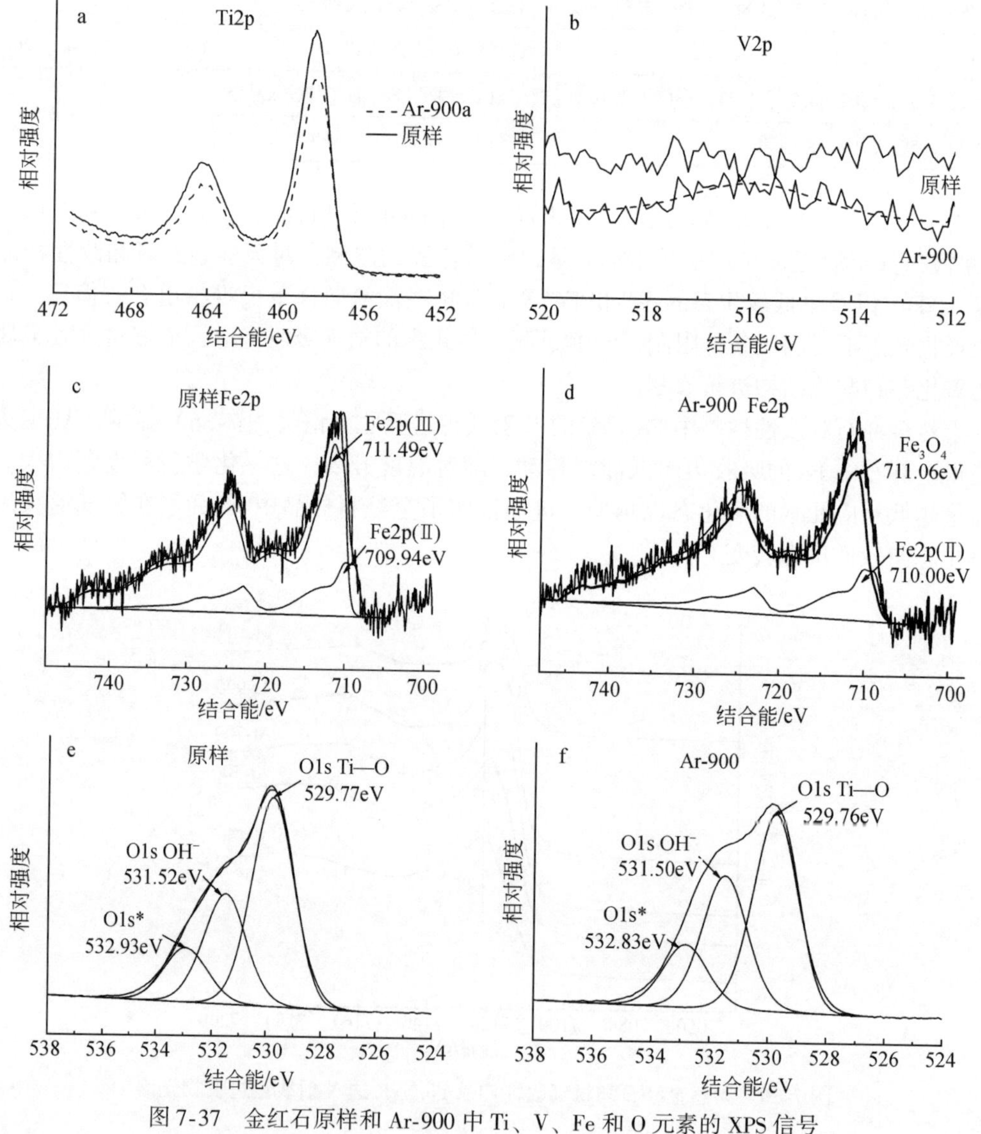

图 7-37 金红石原样和 Ar-900 中 Ti、V、Fe 和 O 元素的 XPS 信号

形式向表面迁移。图7-37c和图7-37d显示原样和改性样品表面都检测到Fe^{3+}和Fe^{2+}。图7-37e和图7-37f为原样和Ar-900样品表面O1s信号，二者都是由多个峰叠加而成。将其分峰拟合为三部分，包含529.8、531.5和532.9eV附近的三个峰，分别对应TiO_2表面的O^{2-}、化学吸附的OH^-（Abazović *et al.*，2009；Liu *et al.*，2009）和物理吸附的水分子（Schaub *et al.*，2001；Tan *et al.*，2009）。结合表7-10，改性样品中表面化学吸附水与晶格氧的比例（OH/Ti—O）明显高于退火前原样。由于光催化反应中，表面化学吸附水有可能捕获光生空穴，参与羟基自由基的形式，因此其含量的增加对于金红石的光催化活性很可能起促进作用。

表7-10　金红石原样和Ar-900样品中Fe2p、V2p和O1s的结合能位置及对应的原子百分比

样品	结合能位置/eV				
	$Fe^{2+}2p_{3/2}$	$Fe2p_{3/2}$	$V2p_{3/2}$	O1s Ti—O	O1s OH^-
原样	709.94	711.49(Fe^{3+})	—	529.77	531.52
Ar-900	710.00	711.06(Fe_3O_4)	515.95(V^{4+})	529.76	531.50
样品	原子百分比/(at%)				
	Fe^{2+}	Fe^{3+}	V	O^{2-}	OH^-
原样	0.26	1.09	—	28.42	15.01
Ar-900	0.63	0.81	0.10	23.64	15.97

金红石原样和氮气气氛热改性样品的XPS分析在385～415eV范围内未检测到与N元素相关的任何峰，表明氮气气氛退火并不能使N原子以掺杂或间隙原子的形式进入金红石晶格。Yamada等（2008）对在N掺杂TiO_2的后续N_2退火中发现，氮气退火过程中形成的氧空位起到了除去结构中掺杂N原子的作用。

根据以上对惰性气氛改性产物的XRD、TEM、EPR和XANES等分析可知，惰性气氛热改性后金红石结构发生的主要变化是杂质元素Fe和V价态的调整，它们逐渐由高价态向较低价态转变，并在高温下析出新的物相钛铁矿。因改性过程中V^{4+}含量增加的幅度远大于Fe^{3+}减少的程度，改性后V^{4+}浓度的增加可能是金红石样品可见光吸收显著提升的主要原因。

7.3.3　氧化还原气氛热改性金红石产物特征

1. 氧化还原气氛热改性产物光吸收特征

为了研究氧化氛围对天然金红石光吸收的可能影响，对金红石原样在氧气条件下，进行500～1000℃的退火处理。氧气气氛热改性产物的紫外-可见漫反射吸收光谱（图7-38）显示，温度低于700℃时，氧气气氛加热对于金红石的光吸收几乎没有影响，而当温度高于900℃时，金红石在可见光范围较低波段（400～600nm）的光吸收有所增强。相对于惰性气氛热改性对天然金红石光吸收的影响而言，氧气气氛改性样品光吸收的增幅明显偏低。

为了研究还原气氛对于天然金红石光吸收的影响，将金红石粉末在 H_2 气氛下进行退火处理，退火温度为500～900℃，温度间隔100℃。改性前后金红石的紫外-可见漫反射吸收光谱测试（图7-39）表明，H_2 气氛热处理对于金红石的光吸收阈值几乎没有影响，但显著提高了金红石在可见光区（460～750nm）的光吸收率，并且随着还原温度的升高，金红石在近红外区（800～1200nm）的光吸收也迅速增加。

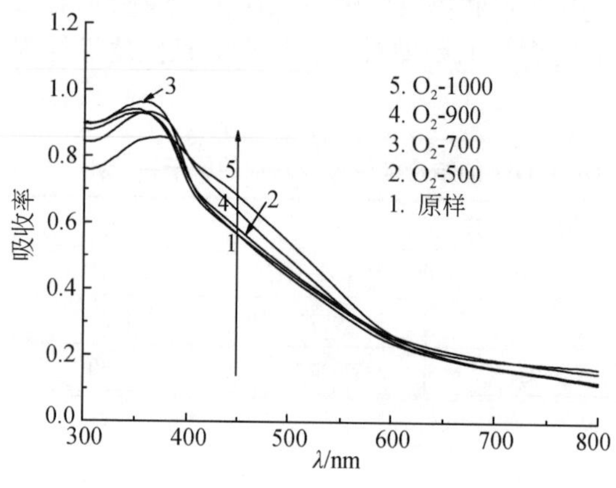

图7-38　金红石原样和氧气改性样品的紫外-可见漫反射吸收光谱

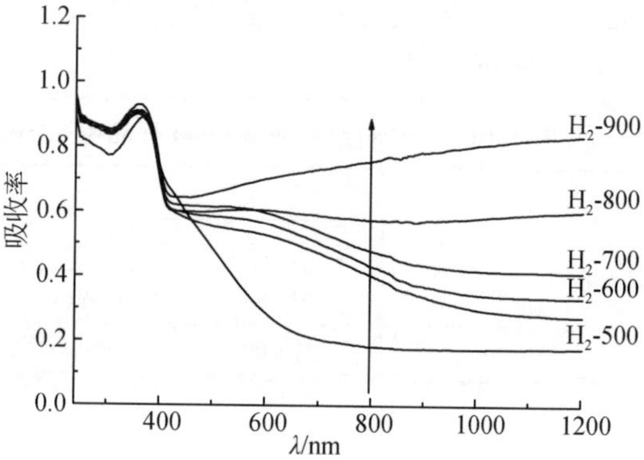

图7-39　金红石原样和氢气改性样品的紫外-可见漫反射吸收光谱

值得注意的是，金红石吸光值的变化情况在不同的温度和波段有所差异：H_2-500、H_2-600和 H_2-700样品的光吸收曲线变化趋势一致，吸光值的相对增幅较小；H_2-800样品在可见光区400～600nm波段与 H_2-700样品的吸收曲线接近，而在600nm至近红外波段明显提升；H_2-900样品在可见至近红外整个波段的吸光值变化都很明显。因吸收光谱与晶体的结构和成分密切关系，上述现象表明，在不同的还原温度区间，金红石的结构和成分可能受到不同程度的影响，从而引起光吸收的差异。

2. 氢气气氛改性产物晶体结构特征

H_2 气氛还原改性前后金红石粉晶XRD图谱见图7-40。根据JCPDF-770442卡片进行指标化，显示金红石原样和700℃以下温度样品的各个衍射峰均与金红石标准卡片有很好的匹配且无其他物相衍射峰存在，说明在XRD的检测精度（wt%≥5%）内，实验样品的主要物相为金红石。从800℃开始，在 $2\theta=44.6°$ 附近出现一个小峰，到900℃时该峰的强度增大，峰形更加尖锐（图7-40中箭头所指）。

根据标准卡片JCPDF-870721，单质铁的3条最强峰 d 值分别为2.0267Å、1.1701Å和1.4331Å，对应面网（110）、（211）和（200），3个峰中最强峰[对应面网（110）]的位置与 H_2-800和 H_2-900样品中XRD图谱中箭头所指的位置基本一致，而Fe的（211）衍射峰与金红石（321）衍射峰基本重合；通过Jade软件分析，结合天然金红石结构中所含杂质元素种类，认为 $2\theta=44.6°$ 附近的衍射峰属于单质铁（$Im\bar{3}m$）相的（110）衍射。这一结果在 H_2-900样品的全谱拟合结果中也得到了确认。

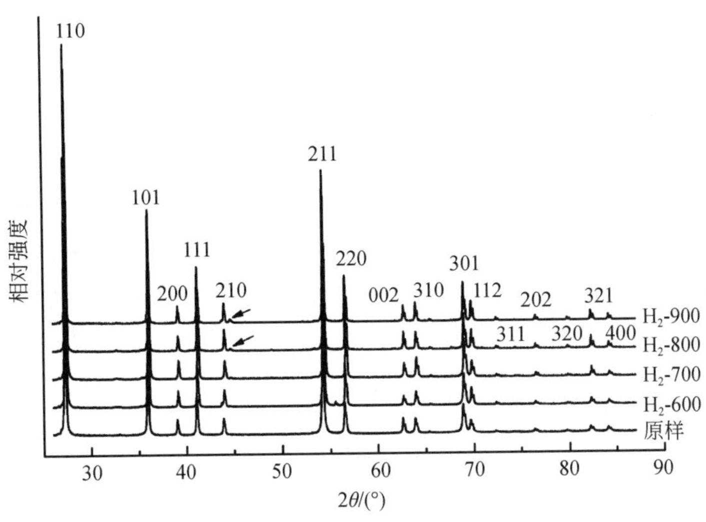

图 7-40　金红石原样与 H_2 热处理样品的 XRD 图谱

箭头处为单质铁相（110）衍射峰

为了进一步证明单质铁的存在，使用 GSAS 软件对样品的 XRD 数据进行了 Rietveld 分析，并拟合了晶胞参数。精修的参数包括背底参数、晶胞参数、比例因子、相比例、峰形参数等。金红石原样和 H_2-600 结构精修的初始模型选用 ICSD 数据库中 039168#CIF 文件，以 H_2-600 的精修结果作为 H_2-700、H_2-800 和 H_2-900 的初始结构模型。在 H_2-800 和 H_2-900 样品精修中引入单质铁相，采用 ICSD 数据库中 064998#CIF 文件，精修结果见表 7-11。

表 7-11　金红石原样与 H_2 改性样品的 Rietveld 精修结果

晶胞参数	原样	H_2-600	H_2-700	H_2-800		H_2-900	
				金红石	单质铁	金红石	单质铁
a/Å	4.5931(0)	4.5929(1)	4.5925(0)	4.5931(0)	2.8692(3)	4.5947(0)	2.8695(3)
c/Å	2.9580(0)	2.9580(0)	2.9575(0)	2.9580(0)	—	2.9583(0)	—
V/Å^3	62.403(3)	62.399(2)	62.377(2)	62.402(2)	23.619(9)	62.452(1)	23.628(6)
χ^2	2.771	4.176	3.479	3.848		3.209	
w_{R_p}/%	12.53	15.02	14.27	15.01		13.81	
R_p/%	9.79	10.48	10.06	10.72		10.08	

注：H_2-800 和 H_2-900 样品采用两相（金红石和单质铁）拟合，括号内数值后为标准偏差值，精度为小数点后最后一位；χ^2、w_{R_p} 和 R_p 代表 GASA 软件拟合结果的精度，“—”表示单质铁无 c 轴方向的晶胞参数。

从表 7-11 可以看出，随着 H_2 还原温度的增加，金红石晶胞参数的变化很小，这和氩气改性样品晶胞参数的变化情况相似。一方面由于天然金红石中替位式的 Fe^{3+} 离子半径（0.79Å）略大于 Ti^{4+} 的半径（0.75Å）（Choi *et al.*，1994），当其在氢气气氛下高温加热时，Fe^{3+}逐步被还原成单质铁析出，大半径离子逃离晶格会引起金红石晶胞参数的减小，但因杂质离子 Fe 本身含量较低，故引起的晶胞参数变化很小；另一方面由于金红石在加热条件下晶格有膨胀趋势。两者共同作用的结果使实验中并未观察到明显的晶胞参数变化。

3. 氢气气氛改性产物表面成分与缺陷特征

前人研究指出，TiO_2样品表面具有钛羟基结构，在氢气还原气氛下进行处理时，TiO_2表面的钛羟基（Ti—OH）或 O 原子会与 H 原子作用形成水并脱附，使表面氧原子数量减少，形成低价钛 Ti^{x+}（$x<4$）（孙奉玉等，1998；高家诚等，2008），具体反应式如下：

$$-\overset{OH}{\underset{|}{\overset{|}{Ti}}}-O-\overset{OH}{\underset{|}{\overset{|}{Ti}}}- \xrightarrow[\triangle]{H_2} -\overset{OH}{\underset{|}{\overset{|}{Ti}}}-O-\underset{|}{Ti}- \xrightarrow[\triangle]{H_2} -\underset{|}{Ti}-O-\underset{|}{Ti}- \cdots\cdots \xrightarrow[\triangle]{H_2} >Ti^{x} \quad (0\leqslant x\leqslant 3)$$

随着还原温度的升高或还原时间的延长，还原程度增强，Ti^{4+}逐渐变为 Ti^{3+}离子或更低价的钛离子。在 TiO_2中，Ti^{3+}的出现，必然伴随着氧空位的形成（Liu *et al.*，2003a）。另外，有文献指出，在 H_2还原气氛中处理时，TiO_2表面 Ti^{3+}的增多，将导致半导体的费米能级升高，界面势垒增大，从而减少电子在表面的积累以及与空穴的进一步复合（Heller *et al.*，1987）；并且低价钛离子（Ti^{x+}，$x\leqslant 3$）通过吸附分子氧，也可形成捕获光生电子的部位。由于光生电子的寿命相对光生空穴短，光生电子向分子氧的转移很可能是光催化反应的速率控制环节。但是，如果表面低价钛过多，没有足够的钛羟基捕获光生空位，光生电子和空穴的复合速率又将会加快。因此，只有在 TiO_2表面形成合适比例的钛羟基和低价钛时，光生电子和空穴才能得到有效的分离和转移，从而提高 TiO_2的光催化活性（孙奉玉等，1998；刘守新、刘鸿，2006）。

对金红石原样和 H_2改性样品中 Ti 元素的 XPS 分析表明，各样品表面的 Ti 主要仍以 Ti^{4+}的高价态存在，未检测到其他低价钛离子的特征峰。一方面可能是金红石表面的低价钛离子很不稳定，在空气条件下迅速被氧化为 Ti^{4+}，或者其浓度低于 XPS 的检测下限所致；另一方面，低价钛离子有可能是 TiO_2还原过程中形成的一种中间态物质。在 H_2还原处理过程中，随着金红石原样中高价态的 V^{5+}和 Fe^{3+}被还原为较低的价态，多余的电子可能向中间态的低价钛离子（Ti^{x+}，$x\leqslant 3$）转移，起到维持体系电荷平衡的作用，并最终形成稳定的 Ti^{4+}—O—V^{4+}键（Trifiro，1998；Klosek and Raftery，2001；Bhattacharyya *et al.*，2008）。

对 V 元素的 XPS 分析表明，原样表面未检测到 V 的信号，而 H_2-900 样品表面有一个小峰，其结合能位置为 515.77eV（图 7-41），属于 V^{3+}和 V^{4+}的中间价态（Wagner *et al.*，1979），由此可以推测 H_2还原处理使得金红石样品中的 V^{5+}被还原为 V^{4+}，乃至更低氧化态的 V^{3+}。

和氩气气氛改性样品一样，H_2还原改性前后金红石样品表面都检测到 Fe^{3+}和 Fe^{2+}的信号。将不同样品中 Fe^{2+}和 Fe^{3+}的比值[用 $x(Fe^{2+})/x(Fe^{3+})$表示，x 为摩尔分数比] 列成表 7-12，可以看出，温度 $T\leqslant 600$℃改性的样品 $x(Fe^{2+})/x(Fe^{3+})$相对原样变化不大，而温度

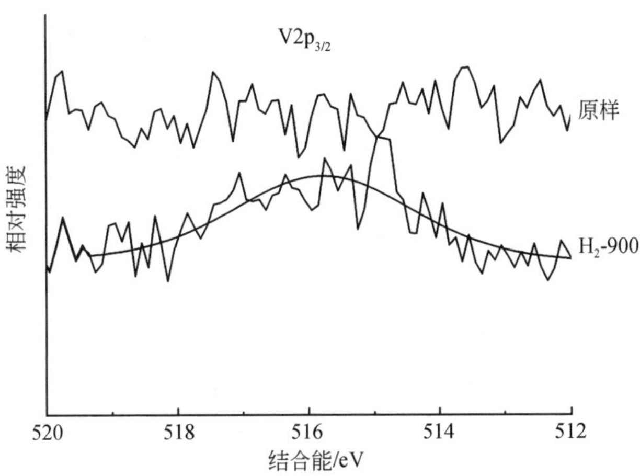

图 7-41　金红石原样和 H_2-900 样品 V2p 的 XPS 信号

高于 700℃时，随温度升高，比值显著增加，说明 Fe^{3+}向 Fe^{2+}的充分转化可能需要 700℃以上的温度。

表 7-12　金红石原样及 H_2还原处理样品中 Fe^{2+}/Fe^{3+}及化学吸附水含量

样品	$x(Fe^{2+})/x(Fe^{3+})$	$x(OH^-)/\%$	$x(OH^-)/x(Ti)$
原样	0.337	2.14	3.907
H_2-500	0.29	2.13	3.96
H_2-600	0.287	2.25	4.16
H_2-700	0.516	2.32	4.12
H_2-800	1.07	2.35	4.29
H_2-900	—	2.57	4.37

关于 500℃和 600℃的 H_2退火样品中，出现 Fe^{2+}/Fe^{3+}的含量相对原样略有降低的现象，我们推测是因为 XPS 给出的是表面几个原子层厚度的元素分布信息，不代表整体结构中 Fe^{2+}含量。根据 EPR 测试的 Fe^{3+}在 H_2退火后不断减少，以及 XANES 测到 Fe 的吸收边向低能端移动，可以确认体相中的 Fe^{2+}浓度在退火后逐渐增加。

从表 7-12 还可以看出，金红石样品表面化学吸附水 OH^-的百分含量随着 H_2退火温度升高逐渐增加。表面化学吸附水常常以钛羟基的形式存在于 TiO_2表面，它是捕获光生电子和空穴的浅势阱，与 TiO_2的光催化活性密切相关。

由上述分析可知，氢气还原退火对天然金红石的光吸收性能、物相组成和结构缺陷都产生了较大的影响：在氢气还原气氛下，杂质元素 Fe 和 V 迅速发生还原，由高的氧化态向较低的氧化态转变，高温氢气还原样品中还析出了单质铁，同时金红石样品表面化学吸附水 OH^-的含量随着 H_2退火温度升高逐渐增加，过渡金属元素价态的调整、氢气还原过程中氧空位和低价钛的引入很可能是导致金红石样品光吸收显著提升的主要原因。

7.4 热改性影响金红石半导体特性机理

7.4.1 热处理改性改善天然金红石光吸收的机理

不同于合成 Fe 或 V 掺杂 TiO_2通过逐渐提高掺杂浓度来改善其光吸收和光催化效果的方法（Navio *et al.*, 1996；Nagaveni *et al.*, 2004；Bhattacharyya *et al.*, 2008），基于天然金红石自身含有 V 和 Fe 共掺杂离子的优势，在不改变现有低掺杂浓度的情况下，通过不同气氛下的热处理改性可改善天然金红石的光吸收性能。

根据前述对不同气氛热改性金红石样品的物相组成、微量杂质元素分布、表面缺陷特征等研究可知，杂质元素存在形式的调整是天然金红石在热改性过程中发生的主要变化：惰性气氛和还原气氛热改性后，杂质元素 V 和 Fe 由较高的氧化态（V^{5+}和 Fe^{3+}）向较低的价态（V^{4+}、Fe^{2+}，以及较低氧化态 V^{3+}等离子）转变；氧气气氛热改性增加了金红石中 V^{5+}和 Fe^{3+}的含量。

因此，可以认为热改性过程中杂质元素的变化是影响金红石光吸收的主要原因，在此根据表 7-13 中所述不同氧化态的 V 和 Fe 离子对 TiO_2光吸收的影响，结合天然金红石和改性样品的光吸收特征，详细分析杂质元素的变化对金红石光吸收的影响。

1. V^{4+}和 V^{3+}浓度增加导致金红石可见光吸收显著增强

天然金红石所含的主要杂质元素为 V^{5+}和 Fe^{3+}，EPR 谱显示经惰性气氛和氢气气氛低温改性后，金红石中 V^{4+}含量显著增加，Fe^{3+}含量略有减少，并且改性样品中 V^{4+}含量远远高于 Fe^{3+}。V^{4+}对 TiO_2光吸收的影响远远大于 V^{5+}，并在同等浓度掺杂条件下，V^{4+}掺杂相对于 Fe^{3+}掺杂对 TiO_2在可见光区的光吸收影响范围更广、程度更大，所以热改性后 V^{4+}浓度的增加是惰性气氛和氢气低温改性金红石在可见光区光吸收显著改善的主要原因。虽然惰性气氛和氢气低温改性金红石中，Fe^{2+}离子有所增加，但因 Fe^{2+}主要吸收波长位于近红外区，对金红石可见光吸收的影响甚微。

对于氢气高温改性样品，EPR 显示其 V^{4+}含量随着退火温度升高反而降低，结合 XPS 分析结果，可以认为 V^{4+}进一步还原形成了 V^{3+}。V^{3+}可在 TiO_2导带下方、距离价带 2.3eV 处形成杂质能级，其向价带激发空穴的过程中可以吸收以 540nm 为中心的可见光（Serpone *et al.*, 1994）。同时 V^{3+}在金红石八面体晶体场中的 d-d 电子跃迁能引起以 606nm 和 426nm 波长为中心的吸收（Dondi *et al.*, 2006），因此，可以认为 V^{3+}浓度的增加是导致氢气高温改性样品在可见光区仍具有较高光吸收的主要原因。关于氢气高温改性在近红外区光吸收显著增加的原因，我们认为可能主要来源于 Fe^{2+}在 d-d 电子跃迁的贡献，文献报道 Fe^{2+}八面体晶体场的 $5T_{2g}\rightarrow 5E_g$跃迁，产生以 1000nm 为中心的宽吸收带（Hunt *et al.*, 1971；Glebov and Boulos，1998）。

氧气气氛热改性金红石的 EPR 光谱显示氧气气氛下高温处理后，金红石中 Fe^{3+}含量明显增加，V^{4+}含量显著降低，并且 V^{4+}含量远低于 Fe^{3+}，结合表 7-13 中所示 Fe^{3+}离子的吸收特征可知，Fe^{3+}浓度的增加是氧气改性后金红石样品在 400 ~ 600nm 波段光吸收略有提升的主要原因。

2. 氧空位等晶格缺陷对金红石光吸收的影响

根据天然金红石的晶体化学式，阳离子总数大于 1，说明存在阴离子空位；天然金红石成分中含有一定浓度的过渡金属元素 V 和 Fe，它们以非等价掺杂离子（V^{5+}和 Fe^{3+}）形式替代 Ti^{4+}进入金红石晶格时很可能引入氧空位、低价钛等晶格缺陷。同时，对金红石的惰性气氛和还原气氛改性过程中，因杂质元素被还原为较低的价态（V^{4+}、V^{3+}、Fe^{2+}等），很可能形成更多的氧空位缺陷以起到补偿电荷的作用。如前所述，氧空位等晶格缺陷也可能在天然金红石中距离导带下方形成杂质能级，促进金红石的可见光吸收。

7.4.2　热改性影响天然金红石光催化活性的机理

当半导体中存在一定的杂质和缺陷时，它们能在禁带中形成一定的掺杂能级。杂质能级除了能影响半导体的光吸收和导电性质外，对光催化作用过程中非平衡载流子的产生、捕获能力、载流子的迁移和复合（寿命）都有重要影响（Choi *et al.*, 1994；陈建华、龚竹青，2006）。掺杂离子对 TiO_2半导体光催化反应中非平衡载流子的影响可总结如下。

1. 光生非平衡载流子的产生

$$TiO_2 + h\nu \longrightarrow e_{cb}^- + h_{vb}^+ \tag{7-1}$$

$$M^{n+} + h\nu \longrightarrow M^{(n+1)+} + e_{cb}^- \tag{7-2}$$

$$M^{n+} + h\nu \longrightarrow M^{(n-1)+} + h_{vb}^+ \tag{7-3}$$

掺杂半导体中除存在本征激发［式（7-1）］外，当吸收一定能量的光时，掺杂离子受激发向导带或价带释放出光生电子或空穴，同时形成电子陷阱能级 $M^{n+}/M^{(n-1)+}$ 或空穴陷阱能级 $M^{n+}/M^{(n+1)+}$［式（7-2）和式（7-3）］，杂质能级积累光生电子或空穴的作用被称为陷阱效应。

2. 非平衡载流子的捕获

$$Ti^{4+} + e_{cb}^- \longrightarrow Ti^{3+} \tag{7-4}$$

$$M^{n+} + e_{cb}^- \longrightarrow M^{(n-1)+} \tag{7-5}$$

$$M^{n+} + h_{vb}^+ \longrightarrow M^{(n+1)+} \tag{7-6}$$

式（7-5）和式（7-6）为掺杂能级分别捕获光生电子或光生空穴的过程，并不是任何离子掺杂都能形成捕获陷阱，能够有效捕获光生电子的能级应位于导带下方，有效捕获光生空穴的能级应位于价带上方。式（7-4）是把表面钛离子也看成一种掺杂对光生电子的捕获，在实际中这种捕获可能不占主导地位（陈建华、龚竹青，2006）。

3. 捕获载流子的释放和迁移

$$M^{(n-1)+} + Ti^{4+} \longrightarrow M^{n+} + Ti^{3+} \tag{7-7}$$

$$M^{(n+1)+} + OH^- \longrightarrow M^{n+} + OH\cdot \tag{7-8}$$

式（7-7）和式（7-8）是掺杂能级捕获的光生电子或空穴重新释放出来，分别向表面态进行电荷转移（又称迁移）。

4. 非平衡载流子的复合

$$h_{vb}^+ + e_{cb}^- \longrightarrow h\nu \tag{7-9}$$

$$M^{(n-1)+} + h_{vb}^+ \longrightarrow M^{n+} \tag{7-10}$$

$$M^{(n+1)+} + e_{cb}^- \longrightarrow M^{n+} \tag{7-11}$$

式（7-9）是光生载流子的直接复合过程；非平衡载流子产生后在向表面或体相的迁移过程中也会发生间接复合，电子的捕获陷阱有可能成为空穴的复合中心［式（7-10）］，空穴的捕获陷阱有可能成为电子的复合中心［式（7-11）］。掺杂能级是捕获陷阱还是复合中心的作用，往往取决于杂质能级上积累的电子或空穴的浓度。

Choi 等（1994）在研究众多金属离子掺杂 TiO_2 的光催化活性时发现，Fe^{3+}、V^{4+} 和 V^{3+} 是 TiO_2 中的有效掺杂离子，它们既能捕获光生电子又能捕获光生空穴，能抑制非平衡载流子的直接复合，对 TiO_2 光催化反应起积极作用。当同等掺杂浓度下（0.5at%），Fe^{3+} 掺杂 TiO_2 光催化还原降解四氯化碳的效率与 V^{4+} 和 V^{3+} 掺杂的基本一致，都远高于 V^{5+} 掺杂 TiO_2；而 Fe^{3+} 掺杂 TiO_2 光催化氧化降解三氯乙烯的效率较高于 V^{4+} 和 V^{3+} 的掺杂，并明显大于 V^{5+} 掺杂 TiO_2。Bhattacharyya 等（2008）在开展 V 掺杂 TiO_2 光催化氧化乙烯的实验中也发现，V^{4+} 导致掺杂样品具有较高的活性，而 V^{5+} 对乙烯的氧化起负面影响。Tian 等（2009）也指出 V 掺杂 TiO_2 中，V^{4+} 形成的掺杂能级既能捕获光生电子，又能捕获光生空穴，提高了光催化降解 2,4-二氯苯酚的效率。

对于天然 Fe 和 V 共掺杂金红石而言，由于改性前后元素总的含量不会变化，唯一改变的是杂质元素 Fe 和 V 在不同氧化态间的比例，在此详细讨论改性前后杂质元素变化特征对金红石光催化活性的影响。

1）V^{4+} 和 V^{3+} 浓度增加导致金红石光催化活性增强

天然金红石中杂质元素主要为 V^{5+} 和 Fe^{3+}，并且 V 的含量高于 Fe。EPR 谱显示惰性气氛改性后，金红石中 V^{4+} 的信号强度显著增加，Fe^{3+} 的强度略有减小，即 V^{4+} 浓度的增加是惰性气氛热改性过程中杂质元素的主要变化特征。由于 V^{4+} 相对于 V^{5+} 更有利于提高 TiO_2 的光催化活性（Choi *et al.*，1994；Bhattacharyya *et al.*，2008；Tian *et al.*，2009），而 Fe^{3+} 较弱的变化不足以引起金红石光催化活性的明显改变，因而推测惰性气氛热改性后，V^{4+} 浓度的增加有望提高金红石样品的光催化活性。

对于氢气改性样品，EPR 谱显示随着温度升高，金红石中 Fe^{3+} 的强度略有减小，而 V^{4+} 的信号强度先显著增加，在 H_2-500 中达到最大，然后随温度升高反而降低。尽管如此，V^{4+} 浓度的变化仍是改性前后样品中观察到的主要变化特征。由于 H_2-500 中 V^{4+} 的增幅与氩气高温样品相当，它可能具有与氩气改性样品相近的光催化活性。对于较高温度氢气还原样品，V^{4+} 浓度的降低对应金红石结构中 V^{3+} 浓度的增加，这在 H_2-900 样品的 XPS 谱中也得到了证实。因 V^{3+} 与 V^{4+} 掺杂 TiO_2 具有相似的光催化活性，都远高于 V^{5+} 的掺杂

(Choi *et al.*, 1994)，所以我们认为含有 V^{3+} 的氢气高温改性样品相对于金红石原样也应具有较高的光催化活性。

关于金红石中不同氧化态的 V^{5+}、V^{4+} 和 V^{3+} 影响其光催化活性的具体机制，在此借助掺杂金红石的能带结构图（图 7-42）进一步说明。由于天然金红石禁带宽度（2.63eV）相对合成金红石（3.0eV）明显变窄，现有的测试结果尚不能给出 Fe 和 V 杂质元素在天然金红石中所引入掺杂能级的具体位置，所以这里主要根据前人总结的金红石型二氧化钛离子掺杂能级图（陈建华、龚竹青，2006），绘制近似的能级结构图。

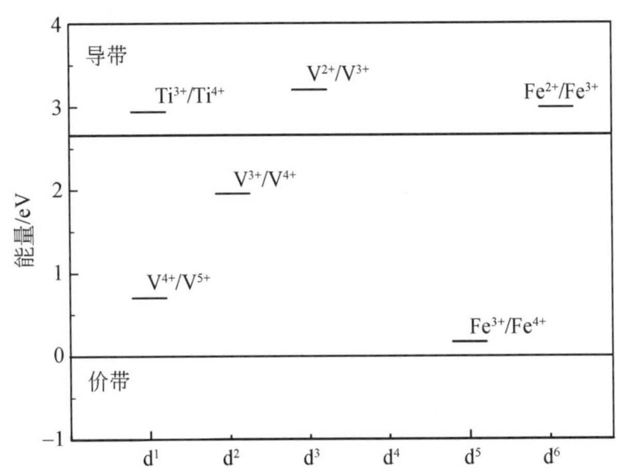

图 7-42　金红石中不同价态的杂质元素 Fe 和 V 形成的掺杂能级

天然金红石和氧气改性样品中 V 离子的主要存在形式 V^{5+} 在 TiO_2 的禁带中形成的掺杂能级位于价带下方（Serpone *et al.*, 1994），V^{5+} 不能向导带或价带激发电子或空穴，同时其外层为全空的稳定电子结构（d^0），不容易捕获光生电子或空穴，因而 V^{5+} 掺杂对 TiO_2 的光催化活性无明显影响。

而惰性气氛和氢气气氛低温改性样品中 V 离子的主要存在形式 V^{4+}，其掺杂能级位于 TiO_2 禁带中，当吸收一定波长的光时，V^{4+} 可以向金红石导带激发光生电子［式（7-12）］，也可以向价带激发光生空穴［式（7-13）］，因而增加了体系非平衡载流子的浓度。同时 V^{4+} 既能捕获光生电子［式（7-14）］，又能捕获光生空穴［式（7-15）］，这种对不同载流子的捕获很可能带来陷阱效应，有助于非平衡载流子的分离。同时热改性在对载流子迁移的影响上相对于传统提高掺杂浓度的改性方法有很大不同，提高掺杂浓度的改性方法在有效帮助非平衡载流子分离的同时也引入晶格缺陷从而阻碍非平衡载流子的迁移，而热改性本身未改变元素的掺杂浓度，不会降低非平衡载流子的迁移，而且加热过程是让晶格重组有序化的物理过程，更有助于提高迁移率。

$$V^{4+} + h\nu \longrightarrow V^{5+} + e_{cb}^- \quad \text{(向导带激发电子)} \tag{7-12}$$

$$V^{4+} + h\nu \longrightarrow V^{3+} + h_{vb}^+ \quad \text{(向价带激发空穴)} \tag{7-13}$$

$$V^{4+} + e_{cb}^- \longrightarrow V^{3+} \quad \text{(捕获光生电子)} \tag{7-14}$$

$$V^{4+} + h_{vb}^+ \longrightarrow V^{5+} \quad \text{(捕获光生空穴)} \tag{7-15}$$

氢气高温改性样品所含的 V^{3+} 具有和 V^{4+} 相似的性能（Choi *et al.*, 1994），也能吸收一定能量的光，向导带或价带激发出光生电子，增加非平衡载流子的产量。同时它也能捕获光生电子或光生空穴，促进非平衡载流子的分离。

由此看来，在不引入新的掺杂元素，单纯通过惰性或还原气氛退火将 V^{5+} 转化为 V^{4+} 或 V^{3+} 以后，光生载流子的产率得到了提高，光生电子和空穴的复合会被一定程度地抑制，且不会阻碍光生载流子的迁移，所以在光电催化实验中可以看到氢气改性样品相对金红石原样具有较高的光生电流（罗泽敏等，2011）。

2）结构缺陷对金红石光催化活性的影响

Nakamura 等（2000）指出，H_2 等离子体处理 TiO_2 中形成的氧空位促进了 NO 的去除。Liu 等（2003a）对粉末合成 TiO_2 的 H_2 还原处理研究发现，改性样品光催化降解苯酚和磺基水杨酸的能力明显提高，这是由还原过程中形成的氧空位和三价钛所致。Yamada 等（2008）发现对 N 掺杂 TiO_2 的氮气退火增加了氧空位的浓度而降低了样品光催化活性。孙奉玉等（1998）指出，只有在 TiO_2 表面形成合适比例的钛羟基和低价钛时，光生电子和空穴才能得到有效的分离和转移，从而提高 TiO_2 的光催化活性。

前面已经提到，在天然金红石和热改性样品中很可能存在一定浓度的氧空位、低价钛等结构缺陷，它们也能在金红石禁带中一定位置引入缺陷能级，对 TiO_2 的光催化活性产生影响。但由于天然和改性金红石中杂质元素 V 和 Fe 的信号强度远远高于这些晶格缺陷，我们的测试未能直接检测到氧空位和低价钛的信号，所以很难给出其对金红石光催化活性的具体影响。

第 8 章　纤蛇纹石管状结构效应

纤蛇纹石又称温石棉，是传统工业矿物，具有许多优良的性能，如耐热、隔热、热导率低、高电阻、强绝缘、抗张强度高、柔韧性好、密封性好等，曾在传统工业上广泛应用。纤蛇纹石独特的结构决定了它具有很高的表面活性，可被用来治理环境污染，但又可对人体产生致命的威胁，如长期无保护地接触这些纤维粉尘，可以导致石棉肺、引发间皮瘤等病症。因此，从 20 世纪 80 年代起，包括纤蛇纹石在内的石棉的使用在美国等国家受到禁止或限制。但是，纤蛇纹石本身具有许多无可比拟的优良性能，目前还找不到大量理想的人工替代品，就是在发达的美国，20 世纪最后几年石棉摩擦材料和水泥制品的用量仍分别以 3.4% 和 4% 的平均增长率增长（万朴，2002），而且代用纤维的使用同样有要严格控制粉尘污染的问题或者价格昂贵。因此，如何趋利避害，使纤蛇纹石既避免对环境产生危害，又能物尽其用，是值得深入探讨的问题。

8.1　纤蛇纹石晶体结构

纤蛇纹石的理想化学式为 $Mg_6[Si_4O_{10}](OH)_8$，属 1∶1 型三八面体层状硅酸盐矿物，结构单元层由硅氧四面体片（T）与氢氧镁石八面体片（O）按 1∶1 结合而成。其中硅氧四面体片连成 $[Si_2O_5]_n$ 六方网状，活性氧均在四面体片一侧。活性氧与羟基共同作为阴离子形成由 $Mg—O_2(OH)_4$ 八面体互相连接的“氢氧镁石”片（图 8-1a）。由于沿结构层方向四面体片和八面体片的轴长（*a*、*b* 轴）不等，氢氧镁石片为 5.4nm×0.93nm，硅氧四面体片为 5.0nm×0.87nm，导致两者失配。据前人研究，这种失配可通过三种方式来调整：①在八面体片中以较小半径的 Al^{3+}、Fe^{3+} 等替代较大半径的 Mg^{2+}，在四面体片中以较大半径的 Al^{3+}、Fe^{3+} 替代较小半径的 Si^{4+}；②使八面体片或四面体片变形；③采取四面体片在内、八面体片在外的结构单元层卷曲（图 8-1b）。这三种方式可以同时在一个蛇纹石矿物中存在。纤蛇纹石主要通过第三种方式的调整达到结构单元的互相适应，从而形成卷管状结构和纤维状形态。绝大多数纤蛇纹石延长方向平行于 *a* 轴，卷曲方向为 *b* 轴。卷曲有套管式、螺旋式和卷轴式等不同方式（朱自尊等，1986）。纤维管内多数中空，少数被非晶质物质充填（江绍英，1987）。蛇纹石结构中，四面体片内基本是共价键连结，八面体片内主要是离子键连结，而四面体片与八面体片之间也是离子键连结，每个四面体片和八面体片构成的结构单元层与相邻单元层之间是弱的分子键和氢键相连。因此纤蛇纹石的纤维晶体沿纤维管方向为共价键和离子键主导的强化学键链，而垂直管体方向以很弱的分子键链为主。

纤蛇纹石电子显微镜研究（江绍英等，1981；朱自尊等，1986；江绍英，1987）表明，其纤维管的外径一般为 11～85nm，大多数在 20～50nm；内径 2～25nm，多数小于 10nm，属于天然一维纳米管矿物（滕荣厚，1998）。纤蛇纹石有正纤蛇纹石和斜纤蛇纹石

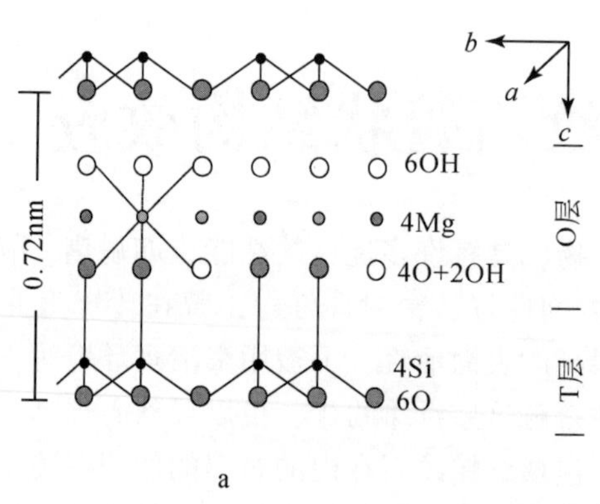

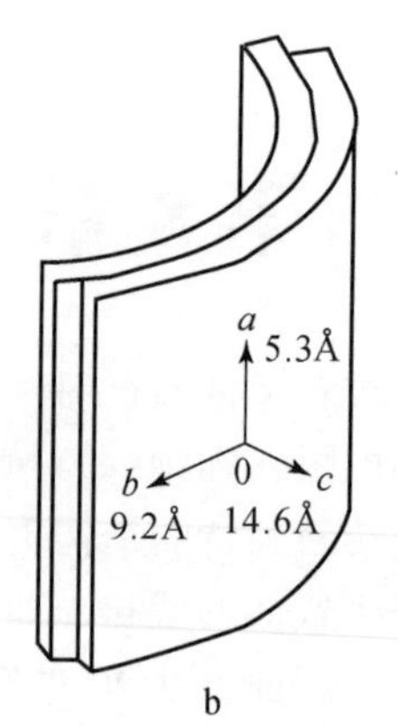

图 8-1 纤蛇纹石的理想晶体结构图

a. （100）面投影；b. 弯曲层面

两个多型，分属斜方和单斜晶系。

8.2 纤蛇纹石活性基团

纤蛇纹石的特殊结构决定了它具有很高的表面活性，其活性主要来源于几个方面：一是纤维两端的端面、纤维管内、外表面及表面残缺处的不饱和键；二是其纳米晶体大的比表面积(可达 $100m^2/g$)(Wicks and Whittaker，1975)所带来的高表面能；三是独特的卷曲构造导致的晶格弯曲而引起的附加内能和表面能。其中不饱和键，尤其是含未偶电子的氧、悬空的硅及纤维表面的羟基 OH^- 面活性最强。

8.2.1 纤蛇纹石活性基团种类及特征

结合前人的研究，并根据纤蛇纹石的化学成分、晶体结构等特点，我们对构成纤蛇纹石活性基团的各种化学键及化学元素的性质进行分析，认为纤蛇纹石的活性基团可分为五类：不饱和 Si—O—Si、O—Si—O、含镁键类、羟基和氢键，其中含镁键类包括 Si—O—Mg、Mg—O—Mg、OH—Mg—OH、Mg—OH—Mg 和 OH—Mg—O 键。

1. O—Si—O 键

该键存在于纤蛇纹石硅氧四面体片中，为共价键。根据价键理论和杂化轨道理论，形成硅氧四面体时，硅原子外层轨道中 1 个 s 轨道和 3 个 p 轨道重新组合成能量相等的 sp^3 杂化轨道。4 个等价 sp^3 杂化轨道和 4 个氧原子的 p 轨道，形成 4 个等价的 σ 键，从而形成 $[SiO_4]^{4-}$。其中各个 O—Si—O 键角理论值为 109.5°，Si—O 平均距离为 0.162nm，O—O 平均距离为 0.264nm（王濮等，1984）。

不饱和 O—Si—O 键上的氧有两种。当氧为桥氧时，氧与硅的共价键断裂后，氧会有一个未偶电子；若为活性氧，氧与镁的离子键断裂后，氧会呈 O^-。该键中硅原子体积大，取代基难屏蔽硅原子，试剂易进攻硅氧键；另外，硅原子易极化，呈正电性，同时硅氧键极性很大，电负性差为 1.6，电离度为 35%（罗巨涛、姜维利，1999）。该键发生断裂，可能产生两种游离氧：O^{*-}和 O（＊表示有一个未偶电子），它们有很高的氧化性，极易与周围的物质发生反应。

氧的化学性质活泼，能和轻稀有气体外的几乎所有元素形成氧化物。金属离子与氧相互极化强烈，易形成共价键型的高氧化态氧化物，如 V_2O_5、CrO_3、MoO_3和 Mn_2O_7等。纤蛇纹石不饱和 O—Si—O 键上脱离出的 O^{*-}或 O 几乎都可以与周围的物质发生氧化还原反应，如使不饱和脂肪酸过氧化等。因而不饱和 O—Si—O 键是一种具有很高活性的基团。

2. Si—O—Si 键

该键与 O—Si—O 键一起存在于纤蛇纹石硅氧四面体片中，为共价键，其中氧原子的 2 个 p 轨道分别与 2 个 Si 的等价 sp^3杂化轨道结合形成 2 个等价的 σ 键。Si—O—Si 键角为 141°，Si—Si 平均距离为 0.305nm。这种不饱和 Si—O—Si 键具有较强的化学特性和特殊的键性。

不饱和 Si—O—Si 键是一种悬挂键。在纤蛇纹石纤维管两端的断面和表面残缺处，由于表面的硅原子周围缺少相邻原子，形成许多悬挂键。该键只有一个未饱和电子，既可以给出一个电子，起施主作用，也可以接受一个电子，起受主作用，即容易与其他原子相结合而稳定下来，从而具有很高的化学活性（吴清辉，1991）。硅氧四面体片上的一个硅原子可能产生 1 ~3 个悬挂键（表 8-1）。这种悬挂键使得矿物具备了很高的活性，表现在对重金属离子和氟离子等的高吸附性及其毒性和致癌性上。

表 8-1　纤蛇纹石硅氧四面体层表面的悬挂键

方向	断裂键数/表面硅原子	表面硅原子密度/nm^2	断裂键数/nm^2	断裂键相对密度
平行（001）	3	9.32	27.96	1.00
平行（100）	1 或 2	2.58	2.58 或 5.16	0.09 或 0.18
平行（010）	1	5.38	5.38	0.19

该键与 O—Si—O 键一样，对试剂敏感，易发生断裂。当硅原子与外界物质发生反应时，可利用 3d 轨道来提高原子价态，如与卤化物、酸和碱等化合物的作用，化学反应式为

$$\equiv Si—O—Si\equiv + MX_n \longrightarrow \equiv Si—O—MX_{n-1} + \equiv Si—X \tag{8-1}$$

$$\equiv Si—O—Si\equiv + HA \longrightarrow \equiv Si—A + H_2O \tag{8-2}$$

$$\equiv Si—O—Si\equiv + M—OH \longrightarrow \equiv Si—O—M + \equiv Si—OH \tag{8-3}$$

式中，X 为卤族元素；A 为阴离子；M 为金属离子。

这些反应可生成有机硅键（Si—Cl、Si—OH 等）（吴清辉，1991）。由于纤蛇纹石外表面本身分布有羟基层，因此更易形成 Si—OH 键，加大纤蛇纹石的表面活性。由此可见，不饱和 O—Si—O 键不仅可以吸附污水中的重金属离子和正络离子团，还可以吸附阴离子（如氟离子等）和阴离子团，使其固着在矿物表面。

3. 羟基（OH^-）

羟基存在于纤蛇纹石晶体结构中的氢氧镁石八面体片中，在该片的底部，即与硅氧四面体片相连的一侧，八面体中有一个羟基；而另一侧，八面体中有三个羟基（图8-1）。因此纤蛇纹石的外表面是由一层OH^-组成，呈电中性。

氢和氧的电负性差值为1.35，小于1.7，O—H键为极性共价键。羟基有很强的化学活性，OH^-中氢原子具有与电负性较大的X原子（如F、O、N原子）以共价键结合的倾向。OH^-在溶液中易与质子结合，使得纤蛇纹石外表面呈碱性。正是这层羟基使纤蛇纹石具较强的耐碱性，但耐酸性极差。OH^-还易与溶液中的金属离子结合，在污水处理时，发生沉淀反应，或以离子键的形式将其固着在矿物表面。OH^-还可以与阴离子发生置换反应，如被氟离子替代，形成氟纤蛇纹石（罗巨涛、姜维利，1999）。羟基为负诱导基团，它吸引电子的能力比氢原子强，这种诱导效应在有机分子中普遍存在，如与致癌的多环芳烃（PAH）分子结合（万朴，2002）。

4. 含镁键类

Mg—O键存在于纤蛇纹石晶体结构中四面体片与八面体片之间，而Mg—OH键则在八面体片内，均为离子键。在八面体片与四面体片间及八面体内部，除了Si—O—Mg键中有离子键和共价键外，Mg—O—Mg、OH—Mg—OH、Mg—OH—Mg和OH—Mg—O键均为离子键。

镁原子和氧原子的电负性差值为2.3，在一定条件下相互接近时，发生电子转移。二者通过静电引力结合，形成离子键。由于离子键不具饱和性和方向性，使得一个离子在一定的外界条件下，只要空间允许，可以同时和若干个异号离子在任何方向结合。因此Mg^{2+}可以与氧发生六次配位，此时镁离子半径为0.072nm，与其离子半径相似的有Ni^{2+}、Fe^{2+}、Sc^{2+}、Co^{2+}、Ga^{3+}、Mn^{2+}、Cu^{2+}和Cr^{3+}等（浙江大学普通化学教研组，1981；吴清辉，1991；彭同江等，2000），这些离子可以从配位八面体中置换出Mg^{2+}。另外，Mg^{2+}和卤素也可形成六次配位。尽管Mg^{2+}与O^{2-}间的静电作用较大，但在一定条件，如酸性环境下，Mg—O键和Mg—OH键的离子键发生断裂时，Mg^{2+}从硅氧四面体片或氢氧镁石八面体片中脱离出来，与其他阴离子或阴离子团相结合，或由卤素替代氧或羟基，与镁形成配位八面体，将其固着在纤蛇纹石上。因此含镁键类也有较强的活性。

5. 氢键

纤蛇纹石羟基中氢与氧以共价键结合，氢原子分布在羟基外层，即纤维的外柱表面，氢核几乎裸露，这种裸露的氢核很小，具有不带内层电子并不易被其他原子的电子云所排斥的特点，易吸引另一个氧原子中的独对电子云而形成氢键，这个氧原子即是硅氧四面体层中的桥氧。因此氢键主要存在于纤蛇纹石的基本单元结构层之间。其结构式为O—H⋯O（点线表示氢键）。除氧原子外，这种裸露的氢核还可吸引其他电负性较大的的原子和原子团，如F、N和Cl等，表现出一定的化学活性。氢键的强度和分子间力具有相同数量级，但分子间若有氢键存在，将大大加强分子之间的结合力。能够形成氢键的物质相当广泛，

HF、H_2O、NH_3、无机含氧酸、羧酸、醇、胺以及和生命有关的蛋白质等许多物质中都存在氢键（浙江大学普通化学教研组，1981）。纤蛇纹石纤维管外壁羟基层上的氢对这些物质性质有一定影响。

8.2.2　纤蛇纹石活性表现

纤蛇纹石的活性基团是其化学和生物活性的物质基础。不同的活性基团对不同重金属离子的吸附作用不同。对阴离子（团）的吸附、对有机物的吸附和催化分解，主要通过 OH^-、氢键、不饱和 Si—O—Si 和含镁键类四种活性基团的作用来实现。除氢键外的活性基团都能使纤蛇纹石纤维具有高的生物活性，即生物毒性和致癌性，但纤蛇纹石纤维的氢键对电负性大的阴离子（团）的吸附作用和对某些含氢键有机物的影响也不容忽视。含未偶电子的氧、含悬挂键的硅和纤维管外柱表面上的羟基面活性最强。

1. 活性基团的化学活性

纤蛇纹石纤维活性基团的化学活性主要表现在对重金属离子和阴离子（团）的吸附作用以及对有机物的吸附和催化分解作用上。

1）对重金属元素的吸附

蛇纹石吸附重金属离子的实验已取得良好效果（杨智宽，1997；郭继香、袁存光，2000）。这种吸附是通过蛇纹石的羟基及不饱和 Si—O—Si 键来实现的。一方面断裂的 Si—O—Si 键暴露的氧可以与重金属离子，如 Cd^{2+}、Cu^{2+}、Pb^{2+}和 Ni^{2+}等结合，使其固着下来；另一方面，在一定条件下，蛇纹石表面的羟基析出进入水溶液，使溶液呈碱性，而上述重金属离子在碱性条件下，与羟基易于形成难溶的氢氧化物而沉淀下来，从而达到水体的净化。此外，与蛇纹石中 Mg^{2+}半径及类型相似的重金属离子，如 Ni^{2+}、Fe^{2+}、Co^{2+}、Cr^{3+}等，也有可能通过置换 Mg^{2+}而被蛇纹石固着下来。蛇纹石吸附重金属离子的影响因素主要有蛇纹石粒径、用量、介质 pH 等。通常蛇纹石粒度越细，吸附率越高，这显然是由于粒度越细，比表面积大，处于表面的活性基团越多。蛇纹石用量对吸附效果的影响需要考虑重金属离子的浓度，通常有一个最佳用量，在最佳用量之上再增加用量，对吸附提高作用不大。在介质 pH 对吸附的影响上，通常中性或微碱性条件下，蛇纹石吸附重金属的效果更好，但也需要对不同金属离子具体分析，如蛇纹石对 Cu^{2+}、Fe^{3+}的去除率几乎与 pH 无关；对 Ni^{2+}和 Cd^{2+}的去除在 pH＝6～8 时，效果最好。这可能是由于 Cu^{2+}和 Fe^{3+}的溶度积小，其氢氧化物沉淀时的 pH 分别为 4.67 和 1.87，在酸性溶液中就能形成 $Cu(OH)_2$、$Fe(OH)_3$沉淀，从而将其从水体中去除；而其他氢氧化物的溶度积则远大于它们，$Pb(OH)_2$、$Ni(OH)_2$和 $Cd(OH)_2$要在中、弱碱条件下，溶液中 OH^-增多时，才能沉淀完全而去除。

2）对阴离子（团）的吸附

蛇纹石对阴离子（团）的吸附主要通过四种活性基团（OH^-、氢键、不饱和 Si—O—Si 和含镁键类）的作用实现。一定条件下，蛇纹石表面的羟基可被卤素（F、Cl 等）或含氧阴离子替代，将氟离子等以离子键的形式固着在矿物上；纤蛇纹石外柱表面分布的氢键层具有很高的活性，这种裸露的氢核能吸附 O、F、N、Cl 等电负性较大的原子及原子团。蛇纹石作为除氟剂，对水体降氟处理（Oppara *et al.*，1990；Jinadass，1991；付松波等，2002）就是通过蛇纹石表面的羟基被氟取代，或者裸露的氢核对氟的吸附来达到水体降氟的目的。纤蛇纹石对于水体中类似的阴离子（团）污染物（如 Cl^-）及其他含砷等阴离子团（如 $H_2AsO_4^-$、VO_3^-、$H_2Cr_2O_7^-$和 MnO_4^-等），也会起到吸附作用。

3）对有机物的吸附和催化分解

一方面，纤蛇纹石的高表面活性可能使有机污染物被吸附而固着；另一方面，蛇纹石表面的羟基进入水溶液会使溶液呈碱性，而部分有机污染物，如敌百虫、二溴磷、蝇毒磷、氨基乙二酰、茅草枯和亚硝氨类等，在碱性条件下，能加速分解和水解，降低毒性，甚至分解为无毒物质（依兹麦罗夫，1989）。多环芳烃（PAH）分子也可以与 OH^-结合从而被吸附。

根据悬挂键的特点，硅原子不仅可以得到电子，还可以失去电子。只要条件允许，不仅可以生成有机硅化合物的特性键和基本键：Si—OH、Si—Cl、Si—H 和 Si—C 键等，还可以与各种不同取代基形成有机硅化合物，如烃基硅烷。

2. 活性基团的生物活性

包括纤蛇纹石石棉在内的纤维物质的粉尘污染、细胞毒性、致癌问题已引起国内外广泛关注。目前关于纤蛇纹石的研究中，对于其致病机理的探讨占了很大比例。高生物活性被认为是纤蛇纹石致病的主要诱因，而高生物活性来自其高化学活性。

石棉肺，即肺纤维化，是由于肺成纤维细胞增生，进而胶原合成增生所致。其原因是由于温石棉等纤维物质与 RNA 结合导致胞浆 RNA 缺少，进而刺激细胞核合成 RNA 以及蛋白和糖增加，导致酶体损伤，引发肺纤维化；当巨噬细胞吞噬石棉纤维后，本身被激活，分泌出许多刺激肺纤维细胞的产物，致使合成胶原分子的功能亢进，使肺组织中积蓄过多的胶原纤维，最终导致肺纤维化（董发勤等，1997，2000）。纤蛇纹石表面有一层羟基面，呈碱性，因此它耐碱，但耐酸性差，在强酸中较易被分解，在弱酸中分解效果相对较差。一方面，进入人体的纤蛇纹石，其表面不饱和活性官能团，如羟基极易与人体内极性的氨基酸蛋白酶成键，在细胞膜上发生脂质过氧化反应，破坏细胞膜结构的完整性，抑制细胞的正常功能而致病（万朴，2002）；同时，受人体酸性体液的浸蚀，纤蛇纹石晶格因羟基和 Mg^{2+}等析出而破坏，表面出现更多的不饱和键，活性进一步增大，导致生物活性和生化反应加强；另一方面，人体是一个弱酸性环境，纤蛇纹石在人体内的分解是较慢的，而且随着其表面被部分溶解，剩余的 SiO_2会在表面形成保护层，阻止其继续分解，使其在人体内产生持久作用，而且最终残余的非晶质 SiO_2也会对人体产生危害。近年来的研究表明，纤维矿物还可导致染色体及 DNA 损伤，具有遗传毒性（董发勤等，1997，2000）。

在活性基团作用下，纤蛇纹石纤维毒性和致癌性具体表现有：可致 HEL 细胞染色体畸变率和姊妹染色单体交换率升高；可使巨噬细胞发生毒性变化，即细胞体积增大，聚集成团，形态不规则，出现梭形细胞，细胞核出现疏松、固缩甚至溶解，只剩网状结构，细胞浆变浅，胞浆内出现吞噬颗粒，细胞膜不完整等（Quinlan *et al.*，1998；樊晶光等，1999；邓建军、董发勤，2000）。

8.2.3 纤蛇纹石的安全应用

纤蛇纹石的优良性能众所周知，而且随着人们对其纳米属性的认识和研究，未来或将开发出新的独特功能；纤蛇纹石对人的致病危害也是客观存在的。对于这样一个优点和短处都如此显著的天然矿物资源如何利用，尤其值得深入研究。我国的纤蛇纹石资源非常丰富，四川、新疆、青海等省区都有重要的矿山。在我国完全禁用温石棉还不现实，一是没有理想的替代品，二是资源的闲置也是浪费。事实上，我国，包括世界多数国家，温石棉制品仍然发挥着重要作用。现在要做的是如何在开发、使用过程中降低甚至消除其致病威胁，达到安全使用，如在不影响纤蛇纹石优良性能的基础上，减少其不饱和键的数量，并通过化学修饰抑制其活性。

纤蛇纹石致病首先是被吸入人体，如何将空气中纤维粉尘的浓度控制在安全范围十分重要。显然，一方面需要相关工矿企业增加环境监测及环境改善设备的投入，另一方面需要通过研究提高材料中纤维的紧固效应，使纤维粉尘尽量少地飞扬到空气中，切断污染致病源。美国癌病专家谢列可夫认为，只要控制空气中的粉尘量，可以消除纤维矿物的致癌威胁。研究表明，致癌最危险的纤蛇纹石纤维长 5 ~ 8μm，直径 1.5 ~ 0.25μm，较长纤维易被耳、鼻中绒毛阻挡，很细短的则易被体液排除体外（万朴，2002）。对于进入人体的纤维，如果不与人体发生生物化学反应，也可以通过人体的自净化功能排出体外。因此通过表面改性防止纤维断裂或降低其活性，也是降低致病可能的有效途径。近 20 年来，通过物理（表面涂层）或化学方法的改性探索，已有了一些乐观的研究结果（郭纯刚等，1995；邓海金等，1996；樊晶光等，1999），但由于未考虑纤蛇纹石的纳米特性，因而不能完全消除其生物活性。这就要求进一步加强对纤蛇纹石表面活性基团的研究，揭示其活性机理，深入开展物理与化学方法对其改性或改型的研究，提高其活性的有益利用率，消除其致病威胁。

8.3 斜纤蛇纹石纳米管内径特征

斜纤蛇纹石是天然产出的一维纳米丝状矿物（王濮等，1984；彭同江等，2000），具有圆柱形、螺旋形、多螺旋形和套锥形等多种形式的管状结构（江绍英等，1981；江绍英，1987），属于天然的一维中空开口的纳米管矿物，不仅具有较大的比表面积，还具备完全规整的管道。研究纤蛇纹石的微结构及其性质，对硅纳米管的制备及性质的认识有理论指导意义。中空管内径是决定其物理化学性质的重要物理参数，准确表征纤蛇纹石纳米管的内径及其分布是系统研究其物理化学性质的基础。

本节根据斜纤蛇纹石纳米管具有开口中空的特征（Yada，1967，1971；Yada and Tanji，1980）及吸附特性（Papirer and Roalnd，1981；江绍英，1987），通过解析气体吸附等温线，讨论斜纤蛇纹石纳米管内径的大小、分布及变化。

8.3.1 样品来源及制备

纤蛇纹石样品取自河北涞源接触热液型石棉矿床（邱录军，1992；杨定东，1992），脉状产出。白色，纤维状，长度约 4cm，定向密集生长。经 XRD 和红外光谱分析，确定为斜纤蛇纹石，伴生微量方解石。

分两步进行纤维束分散处理。第一步：用剪刀将纤维束剪短至约5mm，放入玛瑙钵中（介质为无水乙醇），研磨1h，使纤维束尽可能分散。利用磁力搅拌器，将样品放入无水乙醇中搅拌3h，过滤并烘干样品，编号为chry-1。第二步：将第一步处理过的样品放入装有蒸馏水的50mL烧杯中，用超声波振荡仪进行分散处理20min，过滤并烘干样品，编号为chry-2。

8.3.2 斜纤蛇纹石的内径分布

图8-2是样品分别经25℃和200℃脱气处理后获得的氮吸附等温线，与多壁纳米碳管的氮吸附等温线类似（杨全红等，2001）。在低分压段的氮吸附具有Ⅰ型等温线特征，说明具有一定的微孔结构；中分压段开始发生毛细凝聚，吸附量缓慢增加，且吸附、脱附线不重合（有滞后环）；在高分压段，吸附量迅速增加，具有Ⅳ型等温线特征，中、高分压段的等温线对应介孔结构（孔径为2～50nm）。SEM和TEM照片（图8-3）显示该斜纤蛇纹石的中空纳米管内径为2～3nm。

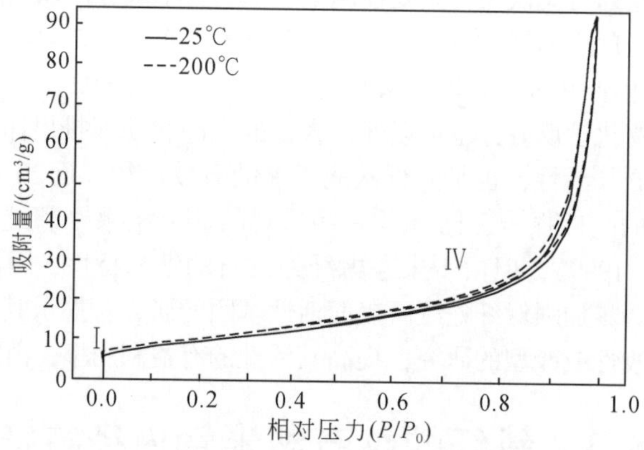

图8-2 斜纤蛇纹石（chry-2）的氮吸附等温线

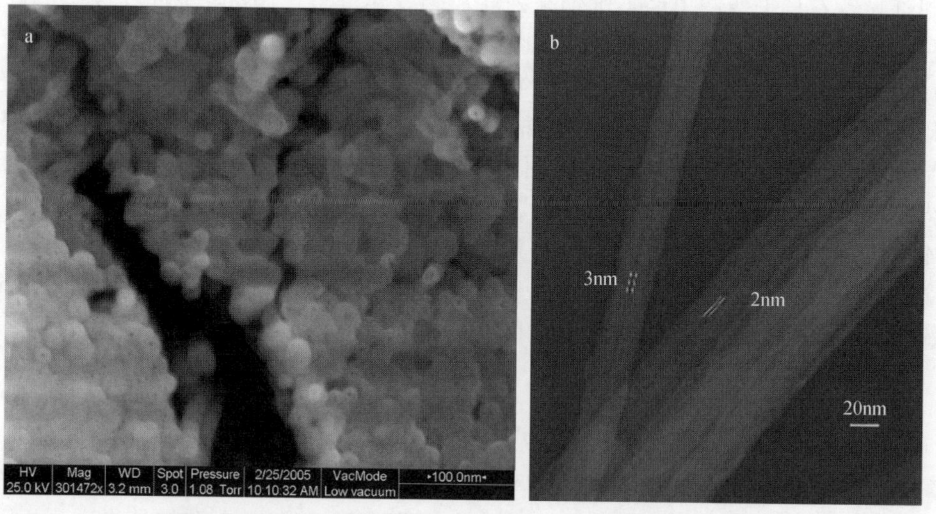

图8-3 河北涞源斜纤蛇纹石的SEM（a）和TEM（b）像

由于硅氧四面体片和氢氧镁石八面体片大小失配，结构单元层卷曲，使得斜纤蛇纹石具有两端开口的圆柱形孔道结构（江绍英，1987）。对斜纤蛇纹石开口中空纳米管，应用BJH方程（Barrett *et al.*，1951；格雷格、辛，1989）解析吸附等温线得到的内径分布（图8-4）表明样品属介孔材料，内径分布很窄，主要集中于2～4nm，而且在2.5和3.5nm处有很强的峰值，少量大于4nm，这与TEM观察到的内径尺寸接近（图8-3），表明氮气吸附法测定的内径是斜纤蛇纹石纳米管的平均内径。换言之，解析吸附等温线得到的内径分布曲线可以充分表征斜纤蛇纹石内径尺寸及其分布。

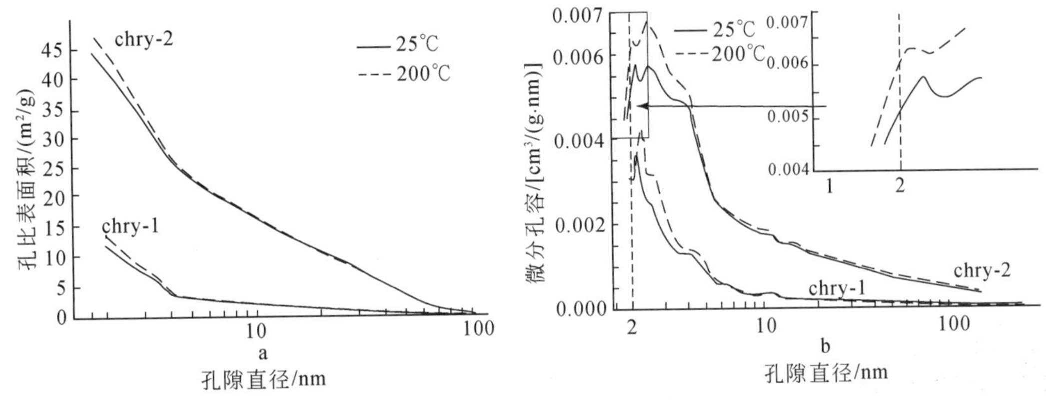

图8-4　斜纤蛇纹石的孔径分布

上述吸附法得到的斜纤蛇纹石平均内径与TEM得到的管径相近，表明吸附法是表征斜纤蛇纹石内径的有效方法。电子显微镜直接观察只能进行少量纳米管的个体观察，而内径分布曲线得到的是所有测试样品的统计平均。二者得到的内径分布趋势基本相同。

8.3.3　斜纤蛇纹石的内径变化

研究表明，纤蛇纹石在58～90℃开始脱去吸附水，一般吸附水在105℃下烘几个小时可以除去，继续加热到约300℃开始脱去羟基（江绍英，1987；闻辂等，1988）。斜纤蛇纹石chry-2的差热和热重曲线（图8-5）显示，温度由室温升至234℃，样品失重为1.427%，失去的应是吸附水，因此，对样品在25℃和200℃下进行脱气处理。

比较两个脱气温度的等温线（图8-2）、BJH脱附累积孔比表面积–孔径曲线与吸附微分孔容–孔径曲线（图8-4），发现内径为2nm的纳米管，经200℃脱气处理后的吸附量、微分孔容和孔比表面积值略高于25℃脱气处理的值。孔径小于4nm的纳米管和孔隙，随着内径增大，微分孔容和孔比表面积值越来越接近，这一方面说明经25℃脱气处理后，小于4nm纳米管上的吸附水不能被除去，而200℃脱气可以除去；另一方面说明纳米管内径越接近2nm，其数量越多，含吸附水量相对越高。对于孔径大于4nm的纳米管和孔隙，两个脱气温度的微分孔容和孔比表面积值几乎重合，这不仅能说明大于4nm的纳米管数量少，相对吸附水含量也少，也能说明其他孔隙（如纳米管搭成的孔隙）含吸附水量少，即纳米管外的吸附水很少。因此，在200℃脱气处理过程中，主要脱去的是内径为2～4nm纳

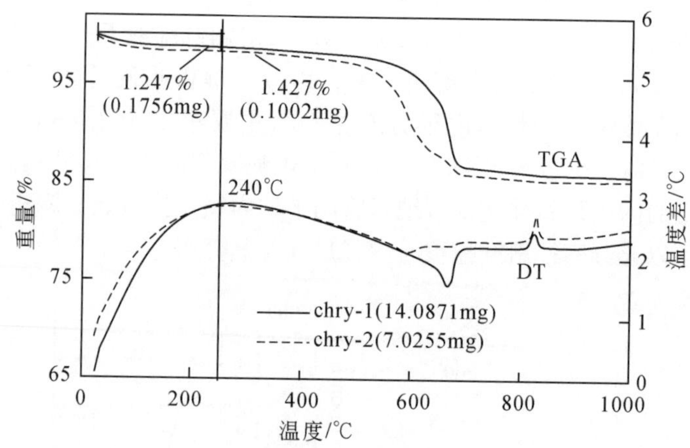

图 8-5　斜纤蛇纹石的差热（DTA）、热重（TG）曲线

米管内的吸附水，这些吸附水的脱去引起了纳米管内径的变化，这恰恰是电子显微镜不能观察到的。

以上结果表明，河北涞源斜纤蛇纹石属介孔材料，纳米管内径分布很窄，主要集中于2～4nm，其中内径接近2.5和3.5nm的纳米管占多数，纳米管内吸附水的脱去会使管腔空间增大，即内径增大。

解析结果与电子显微镜直接观察结果相吻合，氮气吸附法作为斜纤蛇纹石内径分布和变化的表征方法是有效的。通过解析实验得到的吸附等温线，不仅可以获得一维纳米管材料开口中空管的内径分布，还可以获得内径变化及其影响因素的信息。对吸附等温线的获得和解析，需要强调以下几点：

（1）由于吸附等温线精度决定孔径分布的解析结果，对于斜纤蛇纹石低压等温线的精度决定微孔直径的解析结果，本实验中确保每克吸附剂有3mL的最低N_2进气量，使吸附的最低平衡压力低至0.001Pa，确保了解析结果的精确性。

（2）对吸附等温线的选择性解析。每种样品都可能有形状复杂的吸附等温线，反映不同的孔径信息，应该针对不同样品的特点选择性解析吸附等温线，得到目标物理参数——中空管径。例如，斜纤蛇纹石低压段等温线具有Ⅰ型等温线特征，表明样品中也存在一定量微孔（图8-4）。

（3）吸附方程和孔径模型的选择。解析吸附等温线时，吸附方程和所用孔径模型的选择很重要，应该根据样品基本信息，选择孔径模型和吸附方程进行等温线解析。由于TEM观察证明斜纤蛇纹石以介孔尺度内径为主，因此利用相应吸附方程选择解析中、高分压段等温线得到介孔分布结果。

（4）由于吸附法具有的“定量”特点，结合其他测试结果，可以对样品的内径变化定性测定。例如，斜纤蛇纹石管道内吸附水的脱去可以使内径略有增加。

总之，与其他方法比较，吸附法的优点是：获得较大量样品的统计平均信息，可以得到纳米管内径的大小和分布信息；其结果对于样品物理化学性能研究有特别意义；实验重复性比较好，受人为操作影响较小。但该方法也有缺点：解析等温线吸附方程的选择有一定的人为性，会影响解析结果；只能表征内径。因此，最好能与电子显微镜分析法相结合，获得更全面的信息。

8.4　斜纤蛇纹石管道水特征

研究纤蛇纹石纳米管中的管道水，有助于揭示其比表面积、吸附性以及管中的物质运移和离子交换等物理化学特性，是揭示其纳米管特性的理论基础，对天然纳米管的管道结构表征、管道对纳米效应的影响及其环境属性研究有重要意义。矿物材料中水的存在，影响材料的物理和化学性质，尤其是韧性、强度、变形等力学性质，并对其应用过程中的物理-化学过程有影响（李生林等，1982）。

本节根据氮吸脱附法、热分析和红外光谱测试结果，分析斜纤蛇纹石纳米管中管道水的特征和作用。样品特征及处理方法同 8.3.1 节。

8.4.1　斜纤蛇纹石水的存在形式

纤蛇纹石中存在两种类型的水，即以 OH^- 形式存在的结构水和以 H_2O 形式存在的吸附水。斜纤蛇纹石的红外光谱（图 8-6）显示了两种形式水的吸收峰。其中 3686 和 3642cm^{-1}分别为外羟基和内羟基的伸缩振动峰，3424 和 1626cm^{-1}分别为 H_2O 的伸缩振动和弯曲振动峰。H_2O 的振动频率变化范围很小，一般为宽吸收带（闻辂等，1988）。

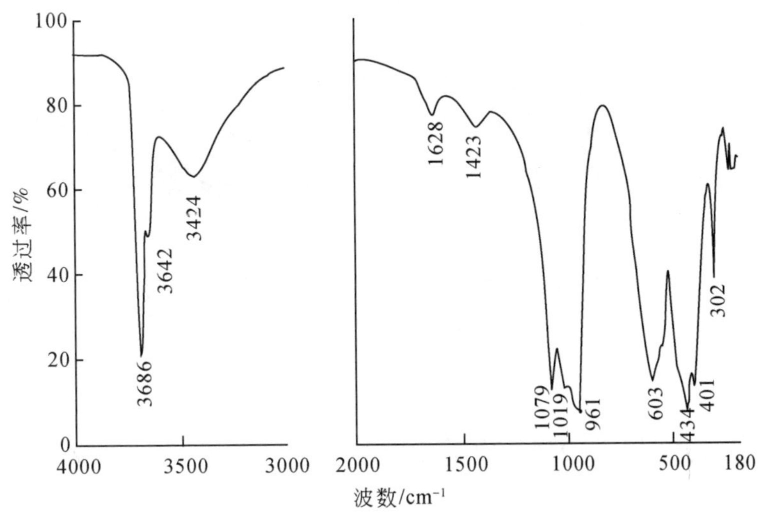

图 8-6　斜纤蛇纹石的红外光谱

吸附水与斜纤蛇纹石之间以氢键和范德华力相结合，脱去吸附水所需的热焓很小，量热曲线没有变化，而结晶水与斜纤蛇纹石之间以化学键相结合，脱去结晶水所需的热焓较高，量热曲线会出现吸热谷。斜纤蛇纹石的差示扫描量热曲线（图 8-7）显示，从室温到 400℃范围内，热流没有变化，说明 H_2O 以极微量的吸附水形式存在，而不是结晶水。

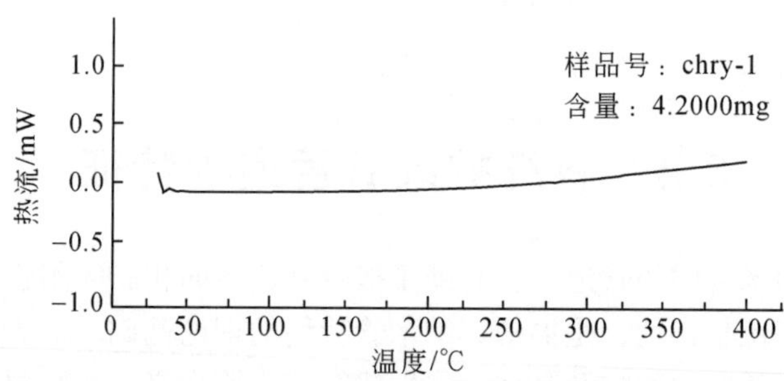

图 8-7 斜纤蛇纹石（chry-1）的差示扫描量热曲线（DSC）

斜纤蛇纹石的差热和热重曲线（图 8-5）显示，温度升高使其微量吸附水开始被脱去，温度约到 240℃时吸附水完全被脱去，失重约占总重量的 1.3%±。比较 chry-1 和 chry-2 两个样品，chry-2 分散程度高，它脱去的吸附水含量比 chry-1 高出约 0.2%，这说明在同一温度下，斜纤蛇纹石分散度与吸附水含量成正比。

斜纤蛇纹石吸附水有表面吸附水和管道水两种类型。管道水是指存在于纳米管中的微量吸附水。图 8-8 中位置 1、2 和 3 上的吸附水为管道水，位置 4 为普通的表面吸附水。一般吸附水在 105℃下烘几个小时可以除去，而斜纤蛇纹石纳米管内的吸附水，即管道水的去除温度（240℃±）比一般吸附水的要高。

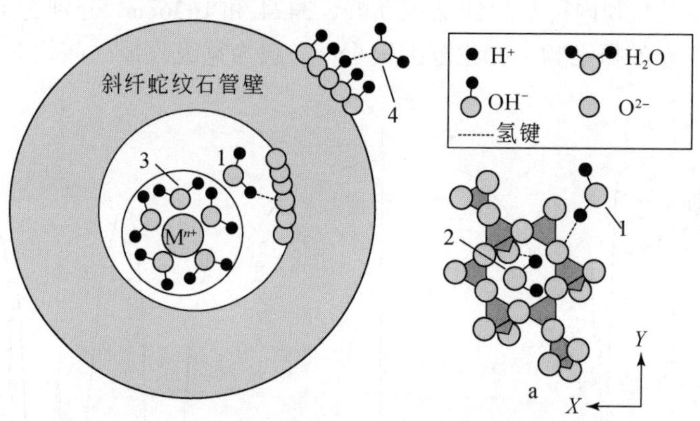

图 8-8 斜纤蛇纹石吸附水的位置

8.4.2 管道水含量与内径的关系

BJH 吸附微分孔体积-内径曲线（图 8-4）与 TEM 像（图 8-3）显示，斜纤蛇纹石内径主要集中在 2～4nm，大于 6nm 的孔很少，表明斜纤蛇纹石是内径分布很窄的中孔纳米管材料。内径大于约 2.5nm 时，内径与孔体积成反比，而内径在 2～2.5nm 时，内径与孔体积成正比（图 8-4）。当温度升高到 200℃，chry-1 和 chry-2 两个样品的内径都有明显增加，表明斜纤蛇纹石纳米管中存在管道水，内径为 2～3nm 的纳米管微分孔容变化最大，说明其管道水含量相对较高，内径为 3～4nm 的纳米管微分孔容变化次之，而内径大于

6nm 的纳米管和堆积孔（纳米管束堆积而成）的微分孔容变化接近于零，一方面说明经过 25℃脱气处理后，内径大于 6nm 的纳米管和较大堆积孔中的吸附水几乎完全去除，而通过 200℃脱气处理可以使内径小于 6nm 的纳米管和较小堆积孔中的部分吸附水（包括管道水）去除，另一方面说明管道水含量的高低与纳米管的内径关系密切。

比较两个脱气温度下斜纤蛇纹石的吸附、脱附孔体积和比表面积（表 8-2），当脱气温度为 200℃时，这些值略高，说明温度升高使纳米管中有管道水被脱去，比表面积也受到了影响（增加了 1.38 ~ 1.75m^2/g）。一个吸附的水分子（直径为 0.27nm）必需的最小面积是 0.105nm^2（格雷格、辛，1989），其最小体积是 0.0256nm^3。假定两个温度的吸、脱附孔体积差值为所有被脱去管道水的所占体积，经计算，每克 chry-1 约脱去 7.28×10^{-4} ~ 7.59×10^{-4}g 的管道水；每克 chry-2 脱去 1.75×10^{-4} ~ 2.30×10^{-4}g 的管道水。由于经过充分分散的纳米管能更全面与外界环境接触，管道水更容易从纳米管中脱离，使得管道水含量降低，即管道水含量与纳米管分散度成反比。

表 8-2　斜纤蛇纹石比表面积和孔体积

样品号	chry-1		chry-2		chry-1 /(10^{-4}g/每克样品)	chry-2 /(10^{-4}g/每克样品)
温度	25℃	200℃	25℃	200℃		
表面积/(m^2/g)	10.06	11.44	35.03	36.78		
吸附孔体积 /(cm^3/g)	0.024802	0.025452	0.144620	0.144817	7.59	2.30
脱附孔体积 /(cm^3/g)	0.024751	0.0253751	0.144476	0.144326	7.28	1.75

8.4.3　纳米管与管道水相互作用的活性中心

由于八面体片和四面体片的不匹配，结构单元层弯曲力大于氢键，从而形成斜纤蛇纹石纳米管。斜纤蛇纹石层间距为 0.164nm，直径约为 0.27nm 的水分子（王平全等，2002）不能进入结构单元层之间。其纳米管内径一般在 2 ~ 6nm，水分子和多数离子可以自由出入。管内壁是由硅氧四面体的惰性氧构成的六方网面。斜纤蛇纹石纳米管与管道水相互作用的活性中心有三个：纳米管道中的阳离子、硅氧四面体惰性氧六方网面的空穴和基面上的氧原子（图 8-8a）。

斜纤蛇纹石硅氧四面体惰性氧六方网面上空穴的尺寸小于 0.27nm，水分子不会完全进入空穴中，会略微突出于网面之上，水分子中的氧指向四面体晶格外侧，其质子可以与晶孔对面的氧原子形成氢键。斜纤蛇纹石硅氧四面体惰性氧六方网面的空穴中心之间的距离为 0.15 ~ 0.52nm，水结构中水分子间的最短距离为 0.26nm（王平全等，2002），嵌入空穴中的水分子之间不能组成氢键，而是覆盖纳米管内壁。

类质同象置换使晶格带有过剩的负电荷，基面氧原子的孤对电子容易变形，在邻近质子等的影响下，可以形成带有共价性的氢键（王平全等，2002），即斜纤蛇纹石纳米管内壁表面附近的水分子可以与表面氧原子形成带有共价性的氢键。另外，阳离子与水偶极局部电荷的相互静电作用，使水分子以配位形式云集于离子周围形成水合离子（王平全等，2002），即纳米管道中的阳离子也可以水合离子的形式存在。

8.4.4 管道水的作用

斜纤蛇纹石纳米管中的管道水影响其物理化学性质（李生林等，1982）。有研究报道，加热能使温石棉（纤蛇纹石）的相对强度增大，约在300℃时达到极大值，平均约增大12%，强度增加的原因是加热使温石棉纤维中吸附水脱失所致（江绍英等，1981；江绍英，1987），即纤蛇纹石相对抗拉强度受管道水的影响较大。水是一种介电常数较高的极性液体，矿物中混有少量吸附水，介电常数会发生很大变化（陈丰等，1995）。斜纤蛇纹石纳米管的管道水属于吸附水，会使介电常数增大，电阻率降低。在化学反应中，斜纤蛇纹石纳米管中的管道水是一种有效加速剂和载体，可以负载或溶解离子等物质，促进各反应物组分的混合及移动，使各种离子发生羟基化作用或水合作用，形成羟基化离子或水合离子而加速反应。显然，管道水有利于斜纤蛇纹石对重金属离子和 Cl^- 等阴离子（或阴离子团）的吸附。

8.5 纳米纤维状白炭黑制备与表征

白炭黑，又名轻质二氧化硅或水合二氧化硅，化学式为 $SiO_2 \cdot nH_2O$，白色粉末状或粒状，质轻，在空气中吸收水分后成为聚集的细粒子，表面积和分散能力都较大，机械强度和抗撕指标都很高，含二氧化硅80%～95%（汪忠根，1994）。

白炭黑制备方法分为三大类：干法热解、湿法沉淀和其他方法。干法热解包括气相法和电弧法；湿法沉淀有硫酸沉淀法（浓酸反应法和稀酸反应法）、盐酸沉淀法、硝酸沉淀法、CO_2沉淀法、水热法、气凝胶法；其他方法如以稻壳、橄榄石、蛇纹石为原料生产白炭黑。白炭黑的化学成分、物理结构和物理化学性质与制造方法、设备和工艺的先进性密切相关，不同质量的白炭黑应用领域也不相同（张秀娟、周产力，1995；杨海堃、孙亚君，1999；金卓仁、黄光胜，2000）。

白炭黑由于耐酸、耐碱、耐高温并具有良好的电绝缘性能和分散性能，广泛用于橡胶、塑料的填充补强剂、油墨增稠剂、油漆涂料添加剂、合成润滑脂和硅脂稠化剂、制革业平光剂、农药分散剂、造纸填充剂、合成树脂（聚脂树脂、弹性聚氨脂）的添加剂、电子电气业绝缘绝热填料及日用化工原料等。同时用作聚丙烯、无毒聚氯乙烯塑料薄膜的开口剂和食品、农药医药的防结块剂和载体，已成为化工行业的重要产品之一（詹更中等，1993；徐国忠等，2003）。

纤蛇纹石独特的晶体结构导致其纤维外表面裸露出更多的 OH^-。这些 OH^- 最易与溶液中 HCl 电离出的 H^+作用，导致与 OH^-呈配位关系的 Mg^{2+}等其他阳离子随 OH^-的离解而裸露于外表面而变得不稳定，容易进入溶液。酸蚀量随 H^+浓度增大而增大（冯启明等，2000）。当纤蛇纹石与酸充分反应，MgO 被大量滤出，残余固体产物以 $SiO_2 \cdot (OH)_n$为主。当失镁率（magnesium leaching degree，MLD）大于90%时，残余物经过滤、冲洗和干燥处理，形成白色、松散的白炭黑。由于 SiO_2 纯度很高，且具有独特的纳米纤维状结构，因此，被称作纳米纤维状白炭黑（Wang *et al.*，2006a，2006b）。

8.5.1　纳米纤维状白炭黑的制备

Le van Mao 等（1985，1989）详细研究了纤蛇纹石与浓盐酸的化学反应机理，反应如下：

$$Chy_{Fibre}-Si—O—Mg—OH+HCl\xrightarrow[95℃,\ 2h]{水浴}Silica_{Fibre}-Si—OH+MgCl_2+H_2O \quad (8\text{-}4)$$

据式（8-4），纤蛇纹石的氢氧镁石八面体片被浓盐酸完全溶解，Mg 脱离矿物进入溶液，残余的固体是由纤蛇纹石残留的硅氧四面体片和 Si—OH 组成的白炭黑。

实验纤蛇纹石取自河北涞源，纤维长度小于 1.5mm，酸蚀率为 56% ~57.2%（江绍英，1987）。纤蛇纹石样品（chry-1）的 SiO_2、Al_2O_3、MgO、全 FeO 和 H_2O 的含量分别为 44.19%、0.06%、42.22%、0.17%和 13.34%。

先将纤蛇纹石（chry-1）40℃烘干 2h，然后将 3.91g 处理过的样品与 650mL 3mol/L 的盐酸溶液在密闭容器中混合，不停搅拌混合液，95℃水浴条件下反应 1.5h。反应结束后，残余的固体被过滤、去离子水清洗、烘干（120℃，2h），得到轻的白色物质 1.73g（编号：chry-2s）。上述实验条件下制备的纤蛇纹石酸蚀残余物的失镁率和二氧化硅含量都大于 90%，为纤维状结构。经计算求得酸蚀率（acid leaching degree，简称 ALD）和失镁率。

$$酸蚀率(ALD)=\frac{(chry)_i-(chry)_f}{(chry)_i}\times 100\% \quad (8\text{-}5)$$

$$失镁率(MLD)=\frac{(MgO)_i-(MgO)_f}{(MgO)_i}\times 100\% \quad (8\text{-}6)$$

式中，$(chry)_i$ 和 $(chry)_f$ 分别为处理前、后纤蛇纹石的质量；$(MgO)_i$ 和 $(MgO)_f$ 分别为处理前、后 MgO 的百分含量。

纳米纤维状白炭黑是 MLD 大于 90%的纤蛇纹石残余物。因此，无论使用何种制备方法，首先要满足纤蛇纹石残余物的 MLD 大于 90%。下面主要根据对制备条件的研究，讨论获得大量制备高质量纳米纤维状白炭黑的方法。

1. 失镁率与酸蚀率

图 8-9a 表明，纤蛇纹石的失镁率与酸蚀率为正相关关系，相关系数 R^2 为 0.9142。据纤蛇纹石样品及实验获得的纳米纤维状白炭黑中化学成分的 EDS 和热重（TG）分析结果（表 8-3）计算的失镁率（MLD）为 92.73%。由图 8-9a 的关系换算得到酸蚀率为 58.64%，与实测值（55.67%）有约 3%的误差。出现误差的原因有两个：一是天然纤蛇纹石含微量 Fe^{2+}、Fe^{3+}、Ca^{2+}、Al^{3+} 等金属阳离子，这些微量的金属阳离子被忽略；二是实验测得的 $(chry)_f$ 值有一定误差。据图 8-9a，要得到失镁率大于 90%的纤蛇纹石残余物，即纳米纤维状白炭黑，酸蚀率要大于 57.83%。

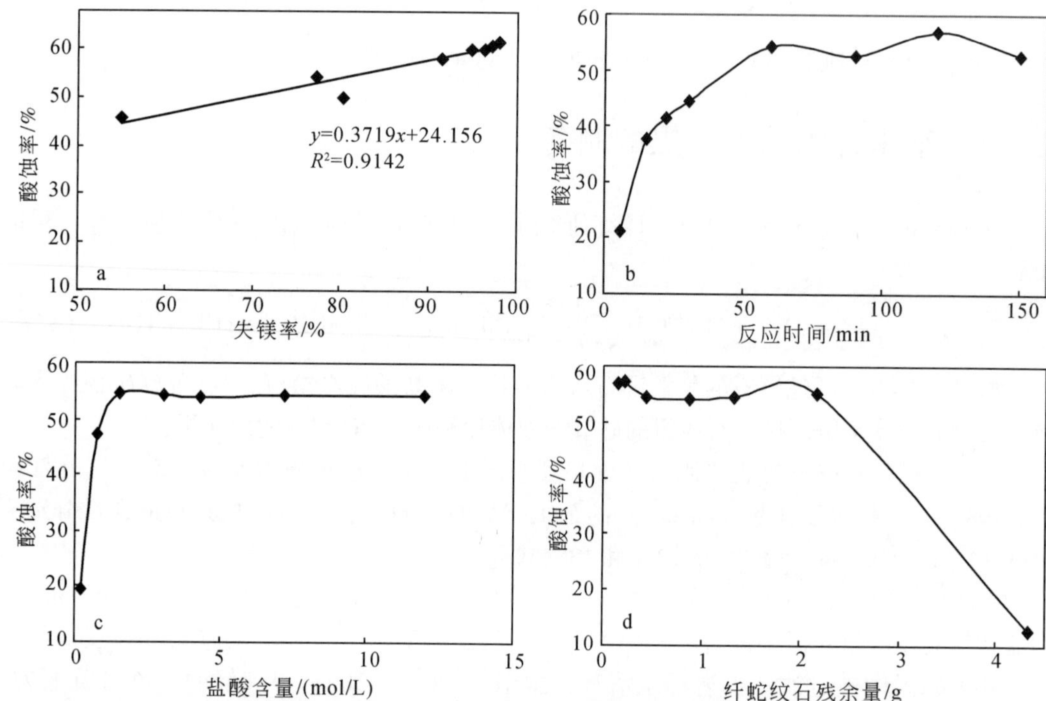

图 8-9　纤蛇纹石实验条件与酸蚀率（ALD）的关系（部分原始数据源于 Le van Mao *et al.*，1989）

表 8-3　天然纤蛇纹石和纳米纤维状白炭黑中主要化学成分　（单位：%）

样品	SiO_2	MgO	H_2O	OH	总和
chry-1	42.61	44.02	12.05	2.24	100.09
chry-2s	94.34	3.20	1.92	2.46	101.92

2. 反应时间与酸蚀率

将 0.15g 纤蛇纹石放入 25mL 3mol/L 的 HCl 溶液中，95℃水浴加热。实验表明反应时间与纤蛇纹石酸蚀率关系密切（表 8-4，图 8-9b）。在 0～60min，随反应时间的增加，酸蚀率急剧增加；超过 60min 后，酸蚀率随反应时间增加变化不大。52.5%～57.0%之间的数值变化，应为实验测量误差。因此，在纤蛇纹石用量、盐酸浓度和体积等反应条件不变时，反应时间要超过 60min，最好为 120min，才能获得 MLD 大于 90%的纤蛇纹石残余物。

表 8-4　反应时间、盐酸浓度与纤蛇纹石酸蚀率

反应时间/min	6	15	22	30	60	90	120	150
酸蚀率/%	21.29	37.54	41.48	44.47	54.34	52.69	56.81	52.55
盐酸浓度/(mol/L)	0.24	0.75	1.5	3	4.32	7.2	12	
酸蚀率/%	19.46	47.16	54.52	54.23	54.05	54.32	54.4	

3. 盐酸浓度与酸蚀率

将 1g 纤蛇纹石放入 25mL 不同摩尔浓度的 HCl 溶液中，95℃水浴加热，反应时间

120min。结果表明，盐酸浓度小于0.75mol/L，酸蚀率与盐酸浓度成正比；而当盐酸浓度大于0.75mol/L时，酸蚀率（54.0%～55.0%）变化不大（表8-4，图8-9c）。因此，在纤蛇纹石用量、盐酸体积等反应条件不变时，盐酸浓度要大于1.5mol/L，才能获得失镁率大于90%的纤蛇纹石残余物。

4. 纤蛇纹石用量与酸蚀率

将不同质量的纤蛇纹石放入25mL 3mol/L的HCl溶液中，95℃水浴加热，反应时间120min。结果表明，纤蛇纹石用量在0.15～2.16g，酸蚀率（54.0%～57.0%）变化不大（表8-5，图8-9d），数据波动属于实验测量误差；超过2.16g，酸蚀率迅速下降。这是因为纤蛇纹石用量大，溶液中大部分水被纤蛇纹石吸附，使HCl溶液变干，反应环境消失，H^+不能与纤蛇纹石的OH^-充分接触，同时，反应生成物不能离开纤蛇纹石表面，导致酸蚀率迅速下降。因此，在其他条件不变的情况下，不仅要有一定浓度的H^+，还要有足够的水溶液存在，保证有良好的反应环境，由表8-5可知，只有液固比大于12，才能获得失镁率大于90%的纤蛇纹石残余物。

表8-5 纤蛇纹石用量与酸蚀率

纤蛇纹石用量/g	0.15	0.22	0.43	0.866	1.333	2.161	4.33
酸蚀率/%	56.81	57.13	54.43	54.23	54.31	55.18	12.86
液固比	171	121	60	30	20	12	6

5. 化学成分与失镁率

由图8-10可知，随着失镁率增高，SiO_2和Al_2O_3的相对含量增加，而MgO和Fe_2O_3的相对含量减少，Na_2O基本不变，说明Al^{3+}以类质同象的形式占据Si^{4+}的位置，而Fe^{3+}占据Mg^{2+}的位置，浓酸能将八面体层中的Mg^{2+}、Fe^{3+}较完全溶出，但对Al^{3+}和Na^+的作用不大。当失镁率大于90%时，SiO_2质量百分含量也大于90%。可以认为纳米纤维状白炭黑为含少量金属阳离子、SiO_2纯度较高的白炭黑。

当纤蛇纹石酸蚀残余物的MLD为92.73%时，其SiO_2含量为94.34%（表8-3），是纤蛇纹石的两倍多；而MgO质量分数仅是纤蛇纹石的约十二分之一。纤蛇纹石酸蚀残余物是含少量Mg^{2+}的SiO_2纯度较高的白炭黑，少量Mg^{2+}可能陷落在硅氧格架中或附着在表面。

8.5.2 纳米纤维状白炭黑的特征

1. 化学成分

纤蛇纹石和纳米纤维状白炭黑的XPS、EDS和热重（TG）分析结果（表8-3，表8-6）表明，当MLD为92.73%时，纳米纤维状白炭黑中SiO_2、MgO、吸附水和羟基水的质量分数分别为94.34%、3.20%、1.92%和0.46%，其中Mg/Si的比值为0.04（约为纤蛇纹石的三十分之一）。

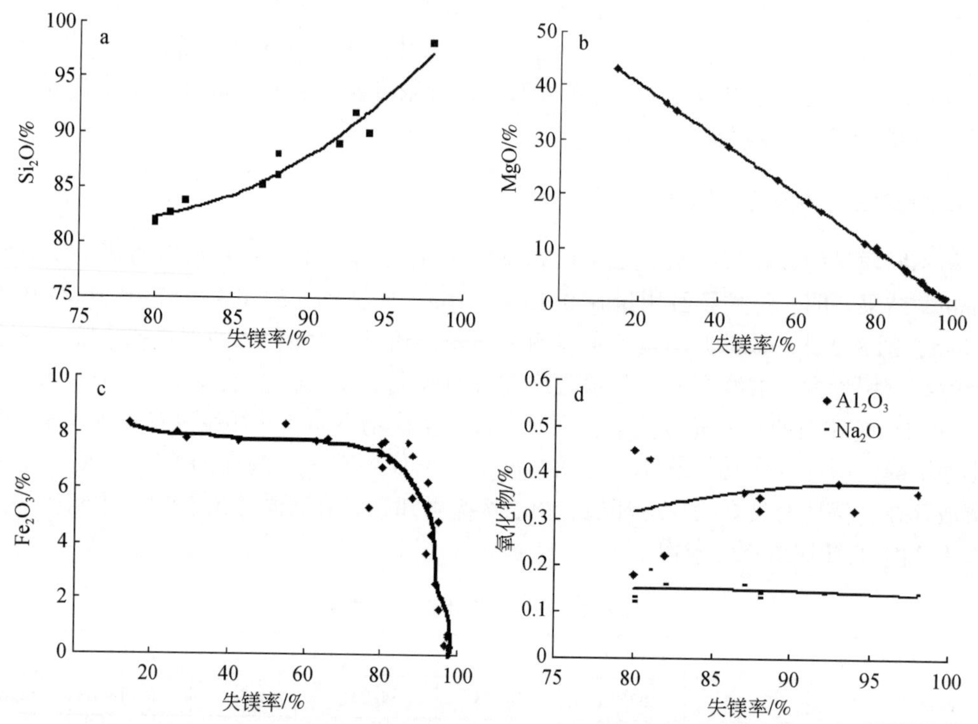

图 8-10　纤蛇纹石酸蚀残余物中氧化物与失镁率的关系（原始数据源于 Le van Mao *et al.*，1985，1989）

表 8-6　纤蛇纹石和纳米纤维状白炭黑的元素含量　（单位：%）

元素	纤蛇纹石		纳米纤维状白炭黑	
	EDS	XPS	EDS	XPS
Si	13. 24	14. 089	28. 97	27. 709
Mg	17. 61	18. 520	1. 37	0
O	35. 49	60. 148	38. 31	63. 444
C	33. 66	7. 242	31. 35	8. 847
Mg/Si	1. 33	1. 310	0. 04	0

2. 纳米结构

XRD 分析显示，天然纤蛇纹石（图 8-11a）的尖锐衍射峰与 X 射线粉晶衍射数据库中纤蛇纹石吻合；而纳米纤维状白炭黑（b）和无定形二氧化硅（c）仅在 2θ 为 22°处有一个宽泛的衍射峰（Kamath *et al.*，1998；Kalapathy，2000）。说明白炭黑均为无序结构，但前者衍射峰的半高宽比后者小，说明纳米纤维状白炭黑有序度略高（Wang *et al.*，2006a）。

纤蛇纹石和纳米纤维状白炭黑的红外光谱（图 8-12）表现出很大差异。图 8-12b 中，3413cm^{-1}附近的宽峰是吸附水的伸缩振动峰；1096cm^{-1}属于 Si-O 网络中 Si—O—Si 和 O—Si—O 的振动模式（Nypuist，1971）；未发现在 1020cm^{-1}处垂直纤维轴方向 Si—O 伸缩振动峰，说明盐酸破坏了硅氧四面体片的定向性；952cm^{-1}处，出现白炭黑表面的 Si—OH 变

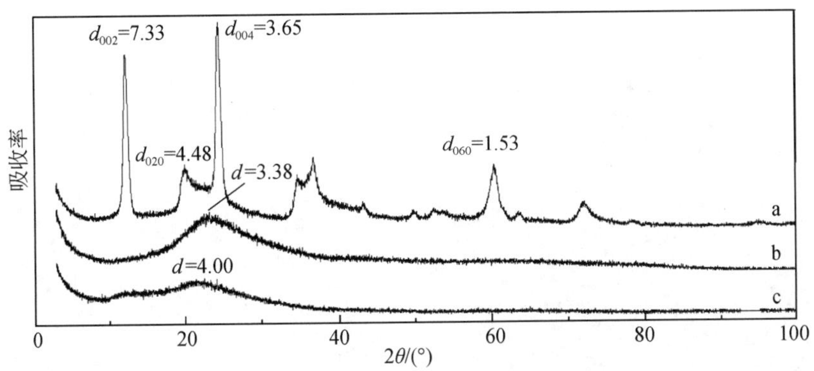

图 8-11　天然纤蛇纹石（a）、纳米纤维状白炭黑（b）和无定形二氧化硅（c）的 XRD 谱

形振动峰（Maria，2001）；802cm^{-1}处，出现一个 OH 伸缩振动峰，这是因为质子与硅氧四面体上活性氧间距不等，靠近其中两个形成氢键，氢键使 O—H 键被拉长（陈英方，1988；闻辂等，1988；荆荀英等，1992），也能说明硅氧四面体片被盐酸破坏；466cm^{-1}处存在 Si—O—Si 弯曲振动峰；而纤蛇纹石在 401cm^{-1}和 435cm^{-1}处的由 Si—O—Mg、Mg—O 振动和 OH 平动耦合产生的一组吸收带在纳米纤维状白炭黑中消失或极弱，说明氢氧镁石八面体层较完全地被盐酸溶解。

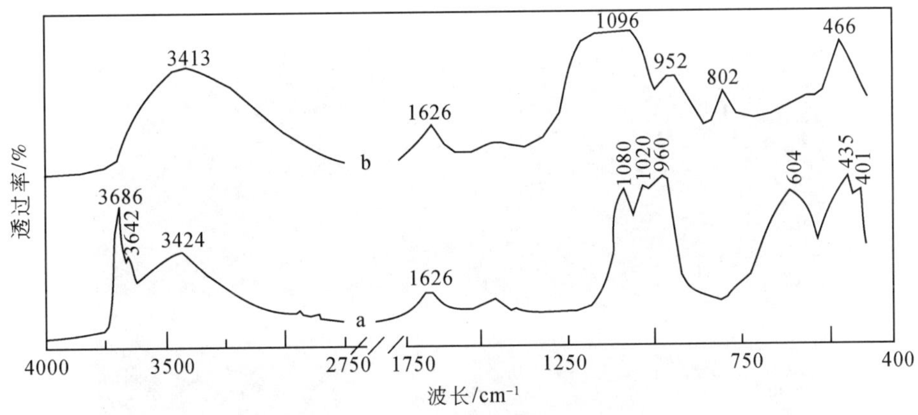

图 8-12　天然纤蛇纹石（a）和纳米纤维状白炭黑（b）的红外光谱图

因此，纳米纤维状白炭黑中的主要化学基团是由 Si—O—S、O—Si—O、Si—OH 和 O—H 组成。

纤蛇纹石的电子衍射花样（图 8-13a）由规则的单斜晶系衍射斑点组成，而纳米纤维状白炭黑的表现为非晶质的衍射环（图 8-13b）。前者纤维正中间有一条宽度均匀的细轴线（宽度为 2～3nm，图 8-3），而后者没有。与纤蛇纹石相比，后者的纤维短、表面粗糙。这是由于氢氧八面体片被完全溶蚀，部分硅氧四面体片塌陷所致。二者的纤维均有很大的长径比，单根直径在 20～30nm，波长为 380～780nm 的可见光可以绕过 1～26 根这样的纤维组成的束状集合体发生绕射，因此，可以断定填充了纳米纤维状白炭黑的硅橡胶制品会有很高的透明度。

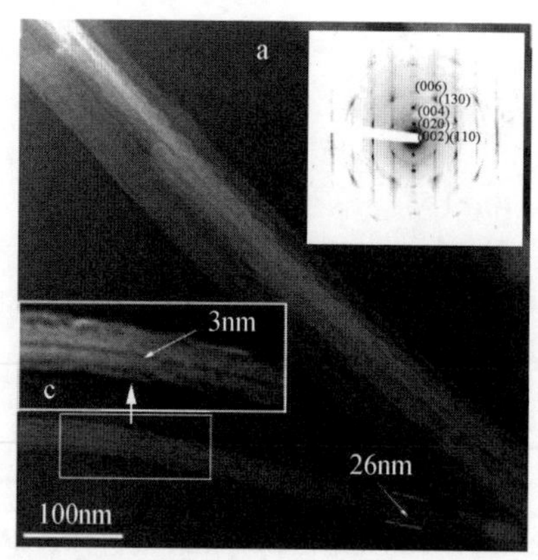

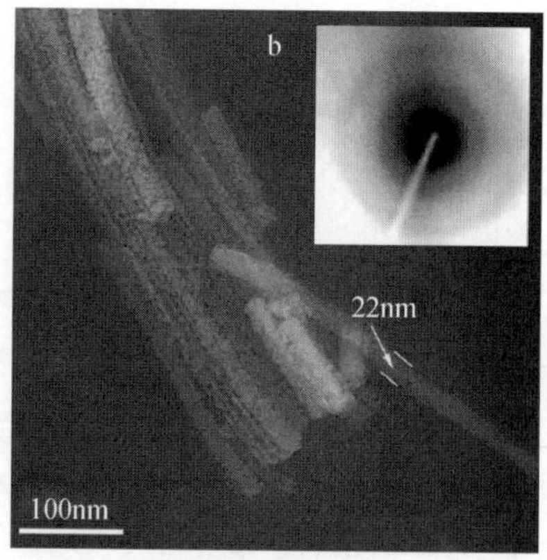

图 8-13　天然纤蛇纹石（a）及纳米纤维状白炭黑（b）的透射电镜照片和电子衍射花样

纳米纤维状白炭黑的 TEM 照片（图 8-14）中可以清楚看到非晶质二氧化硅保留硅氧四面体层状的部分特点，它们的集合体以层状或线状平行排列（图 8-14a_1、c_1和 d_1），构成纳米纤维、不完整纳米管（图 8-14b_1）和纳米管（图 8-14b_2）。实际上，这些纳米纤维或管不仅保留了纤蛇纹石原有的纳米纤维或管结构，还形成了大量小于 5nm 左右的微孔，但其长度相对纤蛇纹石短得多，为微米级，常见垂直纤维轴的断裂（图 8-14b_3）。纤维平直，很少弯曲，说明这种纤维或管韧性差，易断裂。

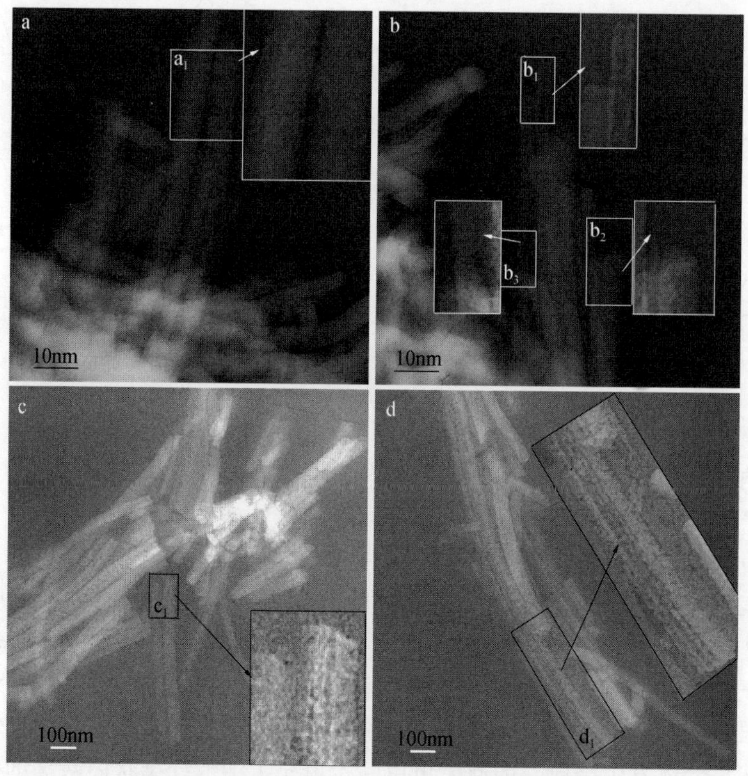

图 8-14　纳米纤维状白炭黑的透射电镜照片

3. 基本结构模拟

传统白炭黑的 SiO_2 微粒是由刚性、实心、极细的球状粒子组成。众多粒子熔结在一起形成支链形的聚结体，或称为初级结构（aggregate），聚结体形状很不规则。聚结体由于所含粒子大小、多少、排列方式不同而有不同的结构。聚结体之间由于氢键和范德华力的吸引而容易形成集结群，或称为二次结构（李光亮，1998）。纳米纤维状白炭黑的 SiO_2 微粒及其聚结体和集结群与传统白炭黑不同。

1）SiO_2 微粒结构

图 8-15 是白炭黑 SiO_2 微粒的结构示意图。燃烧法白炭黑在高温气相中形成，Si—O 为三维结构，分子排列紧密，吸湿性较小（图 8-15a）。沉淀法白炭黑在水介质中形成，形成速度和缓，Si—O 为三维和二维混合结构，分子排列较疏松，内部存在毛细管表面，易吸湿（图 8-15b）（朱玉俊，1992）。杨海堃和孙亚君（1999）认为白炭黑是 SiO_2 的无定形结构，由以 Si 原子为中心，O 原子为顶点形成的四面体不规则堆积而成。其表面的 Si 原子并非规则排列，连在 Si 原子上的羟基也不是等距离的，它们参与化学反应时也不完全等价。不同牌号产品 SiO_2 微粒的平均直径相差甚大，但大体说来，燃烧法白炭黑的 SiO_2 微粒平均直径5～20nm，沉淀法白炭黑的为 25～60nm（李光亮，1998）。

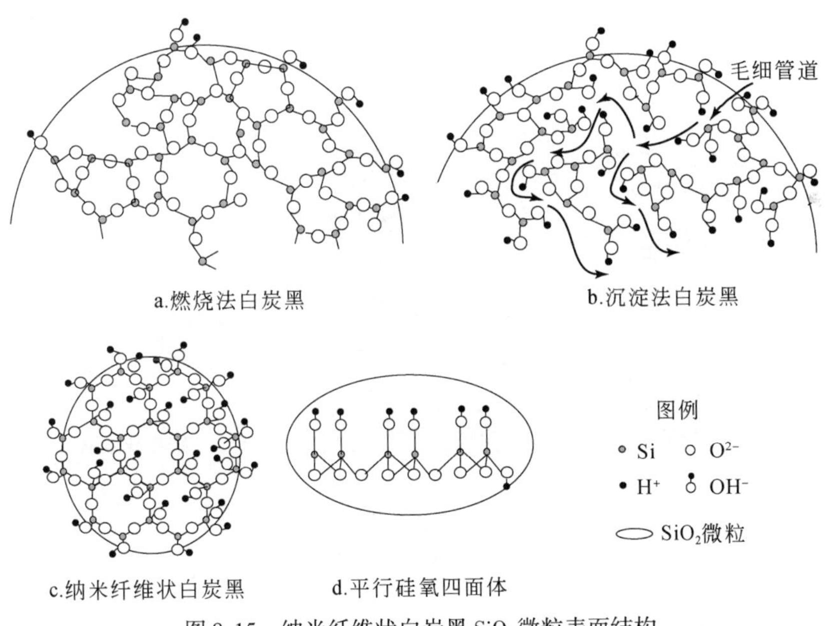

图 8-15　纳米纤维状白炭黑 SiO_2 微粒表面结构

图 8-15 中 c 和 d 分别是纳米纤维状白炭黑垂直和平行硅氧四面体六方网层碎片方向的示意图。纳米纤维状白炭黑在水介质中形成，SiO_2 微粒继承了纤蛇纹石硅氧四面体六方网格结构，为三维结构，以 Si 原子为中心、O 原子为顶点形成的四面体短程有序地堆积，分子排列较为紧密，这一特点与燃烧法白炭黑相似。SiO_2 微粒是纤蛇纹石硅氧四面体片的碎片，碎片厚度小于 1nm，其吸湿性相对略高于燃烧法白炭黑。

2）SiO_2微粒的聚结体与集结群

图 8-16 为纳米纤维状白炭黑中 SiO_2微粒的聚结体与集结群基本结构和孔结构示意图。纳米纤维状白炭黑 SiO_2微粒定向或半定向排列组成聚结体（图 8-16a、b），或称为初级结构。这些 SiO_2微粒聚结体保留了原纤蛇纹石硅氧四面体片的结构；聚结体定向或半定向排列组成的集结群（或称为二次结构）就是纳米纤维状白炭黑，它保留了纤蛇纹石的纳米纤维或纳米管状结构（图 8-16c、d）。这种集结群很稳定，由其组成的纳米纤维状白炭黑也相对稳定，受力后不易分开。集结群内部存在毛细管表面，易吸湿（Wang *et al.*，2006b）。

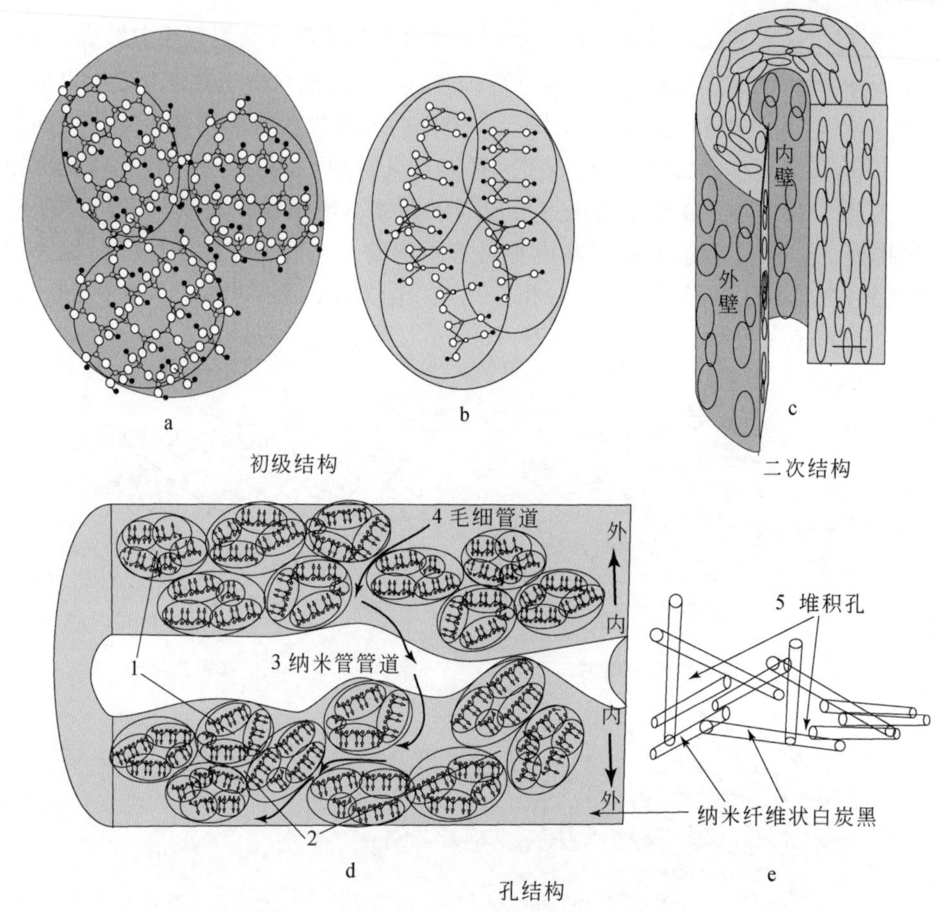

图 8-16 纳米纤维状白炭黑基本结构示意图

传统白炭黑 SiO_2微粒的集结群不稳定，受力后容易分开，也容易再集结。燃烧法白炭黑获得的 SiO_2微粒聚结体平均直径都可超过 1μm，沉淀法获得的更大一些（郑典模等，1997；李光亮，1998；毋伟等，2003；许越等，2003）。比较传统白炭黑和纳米纤维状白炭黑，前者 SiO_2微粒的大小与后者 SiO_2的微粒集结群相当。前者聚结体稳定，在混炼时不能被打碎分散，其集结群不稳定，受力后容易分开，也容易再集结（李光亮，1998）；而后者的聚结体和集结群更小（小于 50nm），其聚结体和集结群都很稳定，受力后不易分开，集结群不易发生团聚，还能起到阻碍团聚的作用，即通过纳米纤维搭成格架，阻碍纳米微粒状粒子团聚。

通过纳米纤维状白炭黑孔结构示意图（图 8-16d、e），可以将其孔隙分为两类：纤维上的孔隙和纤维的堆积孔隙（位置 5）。纤维上的孔隙包括 SiO_2 微粒间的孔隙（位置 1）、聚结体间的孔隙（位置 1 和 2）、残余纳米管的管道（位置 3）和毛细管道（位置 4）。纳米纤维状白炭黑部分保留了纤蛇纹石原有的纳米管结构，酸蚀后的硅氧四面体片转变为 SiO_2 微粒，同时发生坍塌，不仅使其纳米管的管道成为断续的、不完整的、不均匀的管（图 8-16d 位置 3），还产生了许多毛细管道。与传统白炭黑比较，纳米纤维状白炭黑具有独特的多孔纳米纤维结构和大孔容（0.51cm^3/g）。

4. 表面特征

XPS 分析结果（表 8-7）显示，纳米纤维状白炭黑表面仅有 Si2p 和 O1s，没有 Mg2p 峰。103.78eV 处的 Si2p 峰接近石英在 103.9eV 处的 Si2p 峰（陈丰等，1995；黄惠忠，2002），说明 Si 结合的原子较单一，以 Si—O 形式结合。石英的 O1s 峰和氢氧化合物或分解的氧分子的 O1s 峰都在 533.0eV 处（陈丰等，1995；黄惠忠，2002），纳米纤维状白炭黑的 533.11eV 处的 O1s 峰，对应 OH^-，表明纳米纤维状白炭黑是一种含羟基的 SiO_2。与纤蛇纹石相比，纳米纤维状白炭黑的 Si2p 峰和 O1s 峰结合能都偏高。

表 8-7　纤蛇纹石和纳米纤维状白炭黑的 XPS 分析结果

元素	天然纤蛇纹石				纳米纤维状白炭黑			
	结合能/eV	半高宽	峰面积	百分含量/(mol%)	结合能/eV	半高宽	峰面积	百分含量/(mol%)
Si2p	102.49	3.02	2579.3	14.09	103.78	2.84	8225.5	27.71
O1s	531.49	3.22	36186.5	60.15	533.11	2.89	46420.2	63.44
Mg2p	87.49	3.22	2605.0	18.52	—	—	—	—
C1s	284.80	3.36	1123.8	7.24	284.80	3.01	2307.0	8.85

天然纤蛇纹石和纳米纤维状白炭黑的低温 N_2 吸附等温曲线（图 8-17）显示，低压范围内，气体吸附量随 P/P_0 的增加缓慢增加，这是由单层和多层分子吸附导致的；由于中

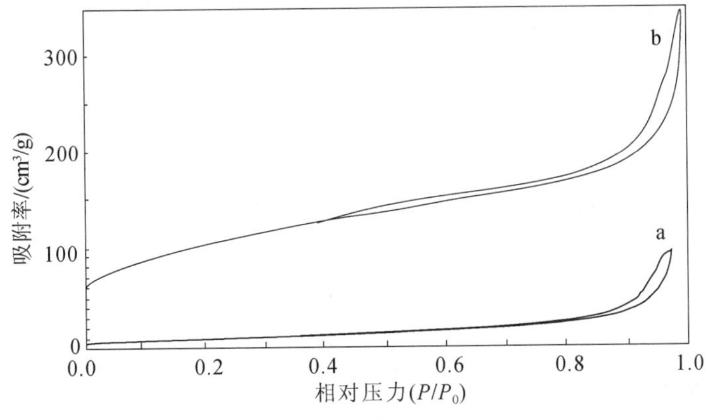

图 8-17　天然纤蛇纹石（a）和纳米纤维状白炭黑（b）的低温 N_2 吸附等温曲线

孔孔隙的毛细凝聚作用，吸附等温线的滞回环出现在 P/P_0 为 0.4～0.9 范围内；在高压阶段，气体吸附量随 P/P_0 的增加急剧增加。二者的气体吸附等温线为Ⅳ型。中压阶段毛细凝聚作用导致吸附等温线出现滞回环，表明纳米纤维状白炭黑为中孔（孔径 2～50nm）材料。

当 MLD 为 92.73% 时，纳米纤维状白炭黑的比表面积、最大吸附量、孔容和平均孔径分别为 378m^2/g、355.4cm^3/g、0.51cm^3/g 和 5.43nm（表 8-8）。其比表面积至少是纤蛇纹石的 10 倍，最大吸附量和孔容至少增加了 3 倍，而平均孔径却降低了。这一方面可以确定天然纤蛇纹石中氢氧镁石层的完全溶解使纳米纤维上小于 5nm 的孔隙增加，是造成比表面积、吸附量和孔容增大，而平均孔径降低的原因，TEM 像（图 8-13b）中粗糙的纤维表面也证实了这一点，另一方面表明其比表面积比超细白炭黑的比表面积（232m^2/g）要大得多（Seledets，2003）。

表 8-8　纤蛇纹石和纳米纤维状白炭黑的表面性质

样品	比表面积/(m^2/g)	最大吸附量/(cm^3/g)	孔容/(cm^3/g)	平均孔径/nm
chry-2	38.0	92.5	0.14	16.32
chry-2s	378.2	355.4	0.51	5.43

5. 孔隙特征

对比纳米纤维状白炭黑和天然纤蛇纹石的孔径分布（图 8-18），可以看出二者孔径分布和微分孔容量有很大差别。前者小于 5nm 的孔隙数量远远高于后者，2nm 孔隙的微分孔容量是后者的 11 倍，说明纳米纤维状白炭黑分散性较高。在 2.1nm 和 3.8nm 处，白炭黑孔径分布曲线有两个峰值，说明这两种孔径的孔隙数量多。

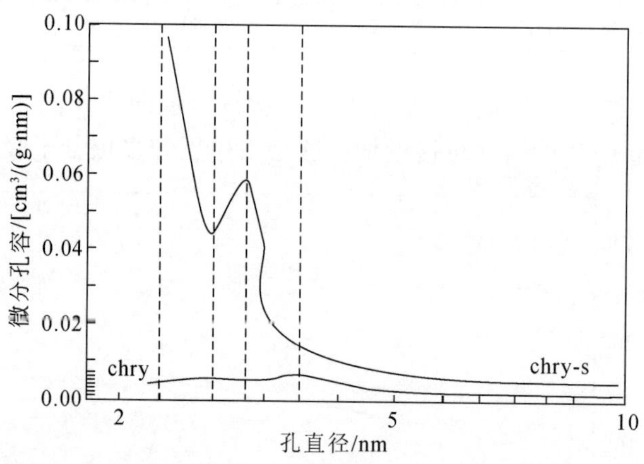

图 8-18　天然纤蛇纹石和纳米纤维状白炭黑的孔径分布图

6. 白炭黑中水的特征

纳米纤维状白炭黑的差热和热重曲线（图 8-19）显示，随着温度的升高，样品没有相变；每摩尔样品失水 0.92mol。白炭黑化学式为 $SiO_2 \cdot nH_2O$，结合纳米纤维状白炭黑的失镁率和比表面积（378m^2/g），经计算，当 MLD 为 92.73% 时，n 为 0.66，表面羟基为 5～6 个/nm^2，数量介于气相法（2～3 个/nm^2）和沉淀法（8～9 个/nm^2）白炭黑之间（李光亮，1998）。

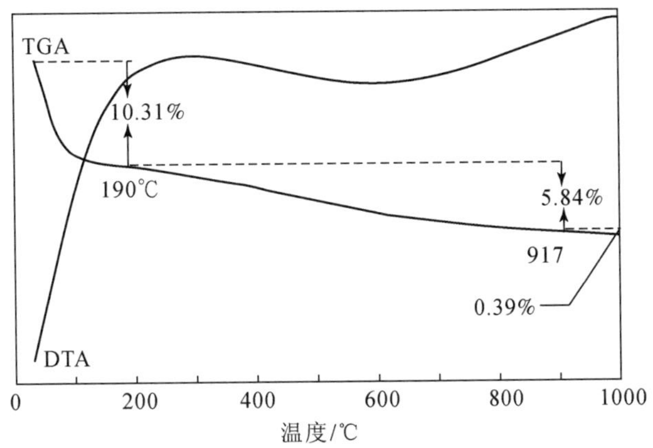

图 8-19　纳米纤维状白炭黑的差热和热重曲线

图 8-20 是纳米纤维状白炭黑 SiO_2 微粒的表面结构示意图。其中 a 和 b 分别表示垂直和平行硅氧四面体六方网面方向。与湿空气接触，表面上的 Si 原子就会和水“反应”，以保持 Si 的四面体配位，满足表面 Si 原子的化合价，也就是说，表面有了羟基。白炭黑表面有三种羟基，一是孤立的、未受干扰的自由羟基；二是连生的、彼此形成氢键的缔合羟基；三是双生的，即两个羟基连在一个 Si 原子上的羟基（杨海堃、孙亚君，1999）。白炭黑的羟基水在位置 1～4 上，其中位置 1、3 和 4 的羟基水都是满足表面 Si 的化合价，而位置 2 的羟基水则与氧原子以氢键相连。位置 1 和 2 是自由羟基，位置 3 是缔合羟基，位置 4 是双生羟基。另外，白炭黑表面对水有很强的亲和力，水分子以不可逆或可逆的形式吸附在其表面，水分子很容易和表面羟基生成氢键而被吸附，其吸附水在位置 5 和 6。

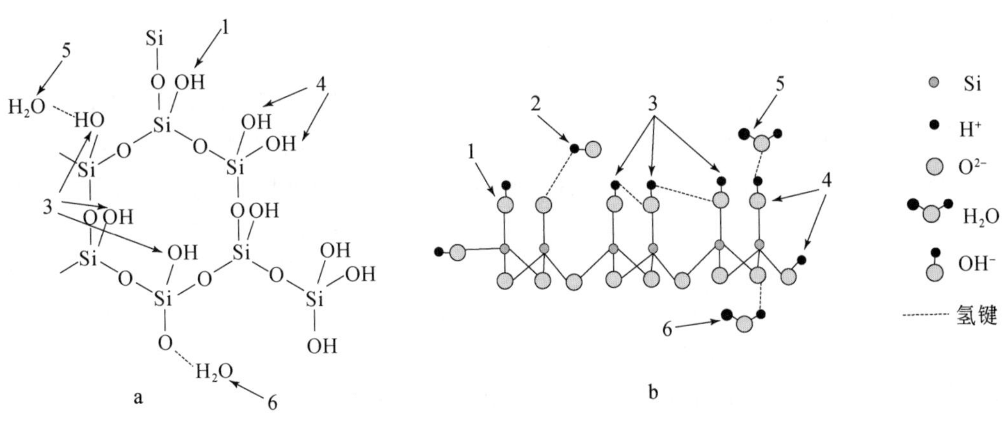

图 8-20　纳米纤维状白炭黑 SiO_2 微粒表面结构

从纳米纤维状白炭黑的 BJH 脱气微分孔容-孔径曲线（图 8-21）可以看出，孔径在 2.9～4.3nm 范围内的孔隙，脱气温度为 300℃ 比 25℃ 的微分孔容比高得多，而孔径为 2.1～2.9nm 和 4.3～6.5nm 范围内的孔隙，脱气温度为 300℃ 的微分孔容则比 25℃ 的低，说明经 300℃脱气处理，当所有吸附水和少量羟基水被脱去后，样品中孔径在 2.9～4.3nm 范围的孔隙数量增加，而孔径在 2.1～2.9nm 和 4.3～6.5nm 范围内的孔隙数量却减少了，大于 6.5nm 的孔隙数量不变。显然，部分孔径为 2.1～2.9nm 和 4.3～6.5nm 范围内的孔隙，脱去全部吸附水和少量羟基水后，孔径增加。

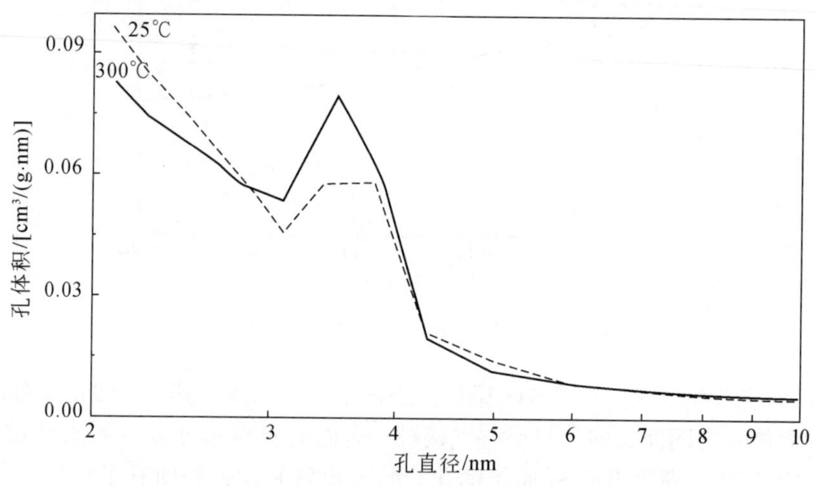

图 8-21　纳米纤维状白炭黑的 BJH 脱气微分孔容-孔径曲线

8.5.3　纳米纤维状白炭黑的研究意义

与传统白炭黑比较，纳米纤维状白炭黑的独特结构、制备方法和粗糙表面是其优势。纳米纤维状白炭黑作为一维延伸的硅氧网格组成的纳米纤维（直径为几十纳米）不易发生团聚，还能起到阻碍团聚的作用。它主要通过纳米纤维搭成格架，阻碍纳米微粒状粒子团聚。

不同牌号白炭黑产品的粒子平均直径和比表面积相差甚大（汪齐方等，2001）。大体上，燃烧法制备的白炭黑 SiO_2 微粒平均直径为 5～20nm，比表面积为 200～400m^2/g；沉淀法的为 25～60nm 和 150～300m^2/g。前者的聚结体平均直径都可超过 1μm，沉淀法的更大一些（郑典模等，1997；李光亮，1998；毋伟等，2003；许越等，2003）。然而，纳米纤维状白炭黑的比表面积为 368m^2/g，最大吸附量为 330cm^3/g，孔容为 0.51cm^3/g。纳米纤维状白炭黑 SiO_2 微粒的集结群与超微粒状白炭黑的 SiO_2 微粒大小相当，它们都粒径更小，比表面积更大，表面活性基团更多。因此，纳米纤维状白炭黑比传统白炭黑更具优势。一方面原料成本低廉、资源丰富且制备方法简单；另一方面有更优越的物理化学性质，如其稳定的纳米纤维不易团聚等。

8.6　纳米纤维状白炭黑催化剂载体

白炭黑作为多孔结构的物质，不仅具有很大的吸附容量和比表面积，还具有耐酸性、较高的耐热性、耐磨强度和较低的表面酸性等特点。这些性质和特点使其可作为催化剂载体进行多种反应。随着石油及石油化学工业的发展，白炭黑用作催化剂载体已日益得到人们的重视。本节从材料的特性（化学成分、SiO_2微粒、比表面积和孔结构等）及 NiO 在白炭黑上负载等角度，对纳米纤维状白炭黑作为镍催化剂载体的可行性进行探讨。

8.6.1　纳米纤维状白炭黑作为催化剂载体的条件

理想的工业催化剂载体应具备的条件有：①具有适合反应过程的形状与大小；②有足够的机械强度；③有足够的比表面积、合适的孔结构和吸水率，以使负载活性组分满足反应需要；④有足够的稳定性，以抵抗活性组分的失活并能经受催化剂再生处理；⑤耐热，并具有合适的导热系数、比热容、相对密度、表面酸性等性质；⑥不含使催化剂中毒或使副反应增加的物质，控制杂质含量；⑦与活性组分匹配，发挥最佳催化活性；⑧原料易得，制备方便，质量稳定，成本较低，在制备载体及催化剂时不会造成环境污染（史泰尔斯等，1992；朱洪法，1992；龚永强，1994）。纳米纤维状白炭黑具备成为催化剂载体的条件。

1. 化学成分

白炭黑载体中的SiO_2不易与活性组分形成新的化合物，如共沉淀法制成的SiO_2作为载体制备的 Ni 催化剂，对—C ═C—加氢和—C—C—C—加氢分解反应都呈现活性；而Al_2O_3作为载体制备的 Ni 催化剂，即使用矿物酸处理，也只对—C ═C—加氢反应有高活性，而对—C—C—C—加氢反应几乎无活性，说明 SiO_2 和 Ni 之间不生成新化合物（潘履让，1993）。MgO-SiO_2（MSO）作为催化剂载体，对可负载的金属组分催化性质有新的影响，如这种 MSO 复合物负载的 Ni-Cu 合金对 CO 加氢直接合成乙烯有特别好的活性和选择性，另外，利用加热 SiO_2和 $Mg(OH)_2$混合物的方法，制得的 MSO 复合物载体负载的 Co-Cu 催化剂能有效地促进合成气制乙醇的反应（钟顺和等，1995）。因此，少量 MgO 对 SiO_2催化剂的性质可带来新的影响。

纳米纤维状白炭黑中 SiO_2含量大于 90%，其中含少量 Mg^{2+}等杂质离子，说明纳米纤维状白炭黑由较纯的 SiO_2组成，且内部含微量的 MgO，可形成 MgO-SiO_2复合物（MSO），化学成分适合作为催化剂载体。

2. SiO_2微粒的特征

作为载体的 SiO_2一般为粉状、微球、小球、圆柱（条状、片状）、环柱体、异性体（三叶形）及无定形颗粒等，几何尺寸小至几微米，大到几十毫米。总体上看，都是 SiO_2微粒的聚集体，由 SiO_2微粒及粒间空隙组成。实际上，SiO_2微粒间的接触很少，大部分表

面被 SiO_2 微粒间空隙隔开。载体颗粒是由不同大小、不同形状的 SiO_2 微粒组成，不同大小孔隙的存在决定了载体颗粒性质的差异，如颗粒越细，表面积越大，表面能也就越高，因此，表面活性就越大，越易吸附气体或其他物质。因此，SiO_2 微粒的大小、形状等性质是决定载体性质的关键（朱洪法，1992）。

传统白炭黑载体的 SiO_2 微粒为近等轴状的单个晶粒或非晶粒子，粒径一般小于 20nm，易发生团聚，即多个 SiO_2 微粒互相松紧不等地连在一起（潘履让，1993）。然而，纳米纤维状白炭黑的 SiO_2 微粒是单层硅氧四面体片组成的碎片，SiO_2 微粒的集结群组成纳米纤维状白炭黑（图 8-14）。由集结群组成的纳米纤维状白炭黑也相对稳定，受力后不易分开。单根纤维直径小于 100nm，多在 20～50nm（图 8-13），纤维不易发生团聚，还可以作为近等轴白炭黑 SiO_2 微粒的支架。由此可见，传统白炭黑 SiO_2 微粒粒径与纳米纤维状白炭黑单根纤维直径接近，则后者 SiO_2 微粒的粒径远远小于前者。

另外，纤维状催化剂直径小，内孔径小，可以消除或减少内扩散阻力的影响，提高表面利用率及反应速度。显然，这种纳米纤维状白炭黑作为催化剂载体，更有利于提高表面利用率，进而提高反应速度。

3. 比表面积和孔结构

催化剂载体通常具有一定表面积和孔结构，当活性物质负载在载体上以后，可以获得大的有效表面积和适当的孔结构，即增加活性组分的表面积和活性中心，从而改变催化剂的性能。载体的使用可以大大减少活性组分用量，而活性并不降低。另外，有些活性组分（如 Ni）必须负载在载体上才能发挥活性作用（史泰尔斯等，1992）。

当 MLD 大于 90% 时，纤蛇纹石酸蚀产物比表面积在 300～460m^2/g（Le van Mao *et al.*，1989）。我们制备的纳米纤维状白炭黑最大吸附量、比表面积和微分孔容分别是 355cm^3/g、378m^2/g 和 0.51mL/g，纳米纤维上以孔径小于 5nm 的孔隙为主，孔径为 2.1～3.8nm 范围内的孔隙数量多，此外还有纳米管管道、小的堆积孔（图 8-17），属于有孔大表面载体，其孔容比传统白炭黑的（0.2～0.4mL/g）稍大。大的孔容不仅能为反应物提供反应空间，还能负载更多的催化剂，有利于反应进行。这种白炭黑的孔容和孔结构比传统白炭黑的更完善，因此，更有利于作为催化剂载体。

8.6.2 纳米纤维状白炭黑负载 NiO 研究

本节介绍用纳米纤维状白炭黑作为 Ni 催化剂载体的初步研究，探讨 NiO 在白炭黑上的负载条件与形式（Li *et al.*，2008）。

为确保利用率高、用量少、成本低并使负载组分多数均匀分布在载体表面，采用过量浸渍法进行纳米纤维状白炭黑负载 NiO。过量浸渍法是将载体放入含过量活性组分的溶液中浸泡，即浸渍溶液体积超过载体可吸收体积。浸渍平衡后取出载体，经干燥、焙烧和活化制得催化剂。一般来说，在副反应影响较小的前提下，若试剂有充分时间扩散，使用过量浸渍法可使吸附物基本上均匀沉淀。倘若最初的吸附不均匀，并且不强，即使载体离开溶液，扩散还要继续，会使分布均匀（许越等，2003；张继光，2004）。

室温条件浸渍，低温烘干和高温烘干的样品编号分别为 chry-2ssd 和 chry-2ssg；水浴条件下浸渍，低温烘干和高温烘干的样品编号分别为 chry-2syd 和 chry-2syg。

经过量浸渍后，硝酸镍负载在白炭黑上，在干燥、烘干和焙烧后，硝酸镍发生反应，见式（8-7），得到负载的白炭黑。

$$2Ni(NO)_3 \longrightarrow 2NiO + 4NO_2 + O_2 \tag{8-7}$$

不同浸渍和烘干条件下制备的负载 NiO 的白炭黑颜色不同（表 8-9）。焙烧前，负载 $Ni(NO)_3$量越多，白炭黑颜色相对越深。焙烧后，$Ni(NO)_3$分解形成 NiO，白炭黑颜色发生明显变化。负载在白炭黑上 NiO 的量、分布形式及结晶程度决定了白炭黑的颜色。

表 8-9　负载 NiO 的白炭黑颜色

实验条件	低温烘干		高温烘干	
	焙烧前	焙烧后	焙烧前	焙烧后
室温浸渍	白色，略带绿色调	浅灰白色	浅嫩绿色	深灰色
水浴浸渍	淡绿色调	灰色	浅嫩绿色	深灰色

负载 NiO 的纳米纤维状白炭黑的 XRD 图谱（图 8-22）显示，除了 $2\theta = 22°$（d = 4.0003nm）处有属于无定形二氧化硅的宽峰外，在 d = 2.4131、2.0894 和 1.4772nm 有三个较尖锐的衍射峰，属于等轴晶系 NiO 的（111）、（200）和（220）面网。NiO 有等轴晶系和六方晶系两种对称，XRD 分析表明，负载在白炭黑上的 NiO 仅以等轴晶系晶体存在。样品 chry-2ssd 未出现 NiO 的衍射峰（图 8-22b），推测样品上负载的 NiO 含量极低，或者 NiO 以非晶质形式存在。

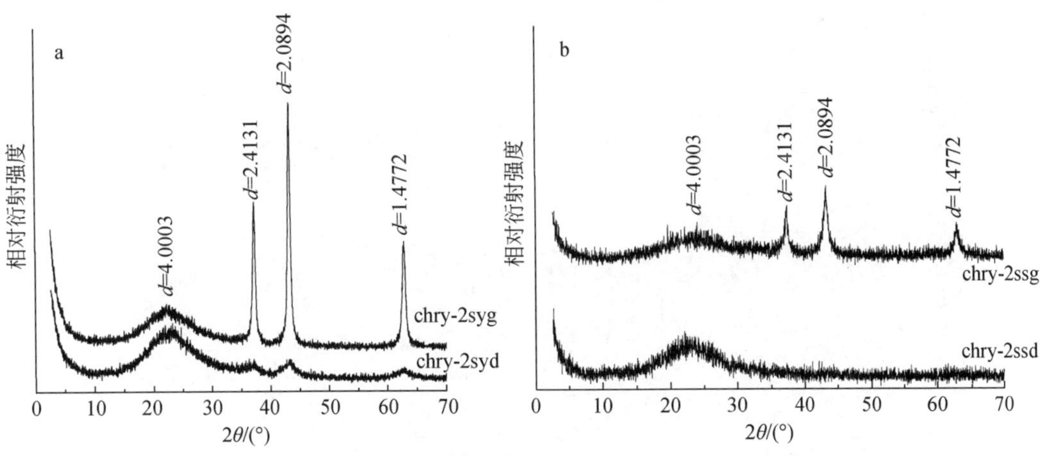

图 8-22　负载在白炭黑上 NiO 的 XRD 衍射谱图

不同烘干条件下，负载在白炭黑上的 NiO 结晶程度不同（图 8-22）。低温烘干样品（chry-2syd 和 chry-2ssd）分别比高温烘干样品（chry-2syg 和 chry-2ssg）的 NiO XRD 衍射峰宽缓，表明前者比后者结晶程度低，晶粒小，说明低温烘干制备的催化剂中 NiO 晶粒较小，在载体表面容易较均匀分布。翟丕沐等（2000）认为镍的分散程度越高，晶粒越小，越容易被还原，而催化剂还原得越完全，催化活性和选择性越高。因此采用低温烘干制备的催化剂更容易还原，催化活性和选择性更高。

TEM 观察显示，室温浸渍高温烘干样品（chry-2ssg）中 NiO 颗粒的粒径最大为 50nm，以粒状集合体的形式负载在纤维状白炭黑上（图 8-23a），其他三种样品 NiO 在白炭黑纤维上有一种特殊负载形式：NiO 存在于白炭黑纤维间且在平行纤维轴的方向连续和断续分布（图 8-24a、b 和 c）。此外，室温浸渍低温烘干样品（chry-2ssd）中的 NiO 以非晶质的形式负载在纤维上（图 8-23b）；水浴浸渍高温烘干样品（chry-2syg）中的 NiO 呈颗粒状，粒度小于 50nm，均匀负载在纤维上（图 8-23c）；水浴浸渍低温烘干样品（chry-2syd）中的 NiO 结晶程度极低（图 8-23d），NiO 颗粒小于 1nm，较均匀分布在白炭黑纤维表面（图 8-25）。总的看来，高温烘干样品中的 NiO 结晶程度高于低温烘干的样品，并容易以颗粒和颗粒集合体形式存在。其中，水浴浸渍高温烘干样品的 NiO 颗粒在白炭黑载体上分布均匀。

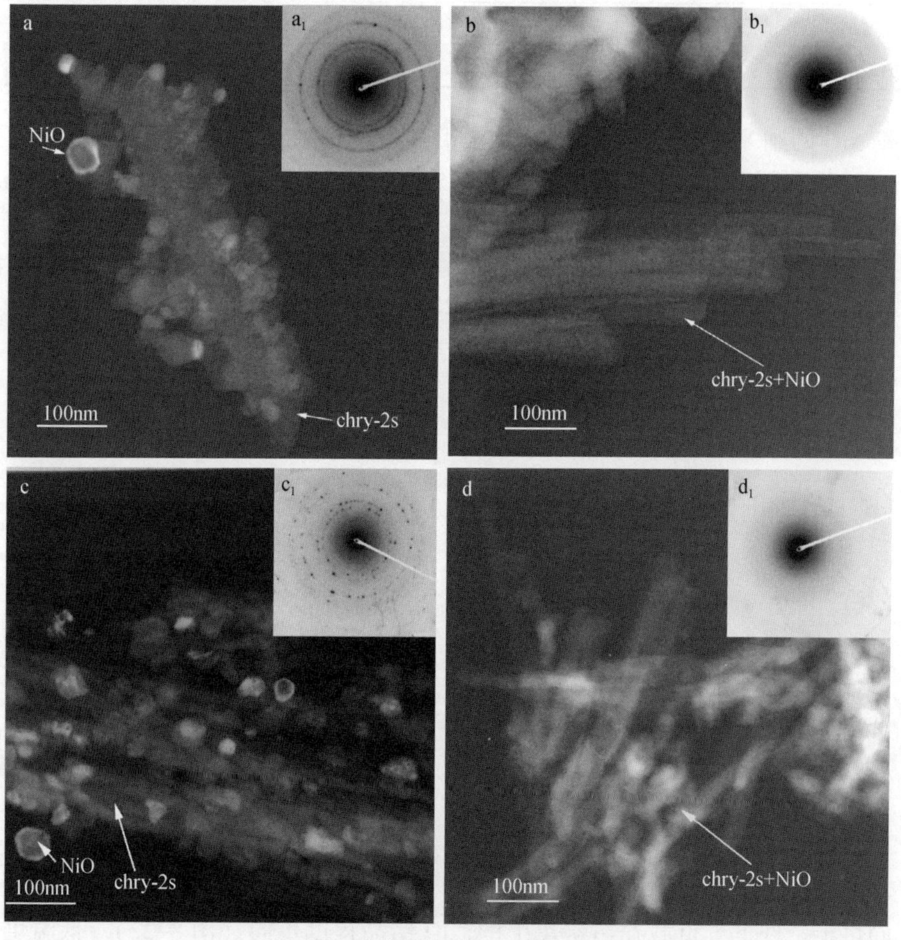

图 8-23　负载 NiO 的白炭黑 TEM 图

a. chry-2ssg；b. chry-2ssd；c. chry-2syg；d. chry-2syd

无载体时活性组分颗粒间接触面上的原子或分子发生相互作用，导致活性颗粒变大，表面减小，甚至烧结，因此活性下降。将活性组分负载在载体上，能防止颗粒变大，提高

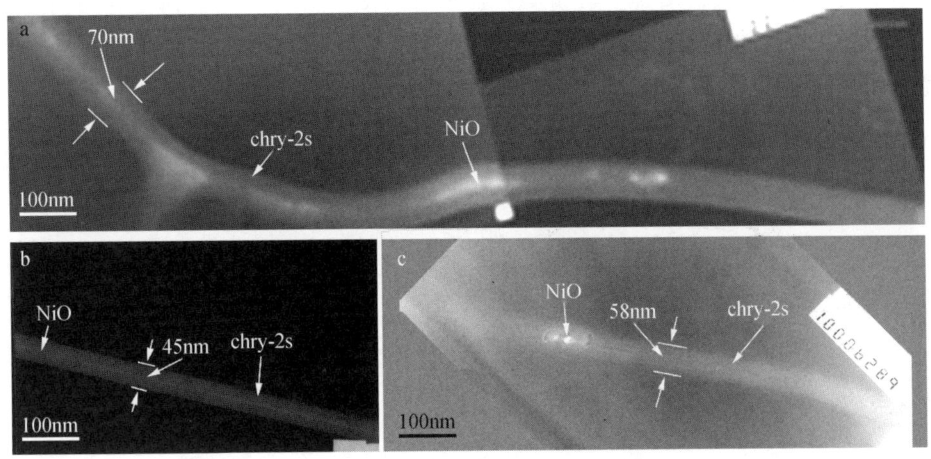

图 8-24　白炭黑纤维间负载 NiO 的 TEM 图

a. chry-2syd；b. chry-2ssd；c. chry-2syg

热稳定性（潘履让，1993）。显然，室温浸渍高温烘干样品中的 NiO 是以颗粒集合体形式存在，即使负载在白炭黑纤维上，仍容易发生颗粒变大，使比表面积减小和活性下降，而水浴浸渍低温烘干样品中的 NiO 以颗粒形式均匀分布在白炭黑纤维上（图 8-25），因此，水浴浸渍法制备的催化剂更容易还原，催化活性和选择性更高。

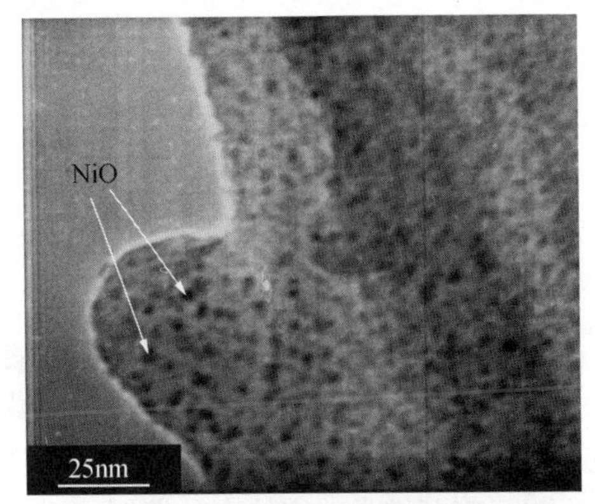

图 8-25　样品 chry-2syd 的 TEM 图

不同制备条件下 NiO 在白炭黑上的负载形式和 NiO 的 TEM 和 XRD 分析表明水浴浸渍好于室温浸渍，低温烘干优于高温烘干。相同烘干条件下，室温浸渍样品中的 NiO 负载量很低，不能发挥纤维状白炭黑比表面积大的优势，而水浴浸渍样品上的 NiO 负载量高于室温浸渍样品。因此，以纤维状白炭黑为载体制备 Ni 催化剂时，水浴浸渍、低温烘干是最佳条件。

纳米纤维状白炭黑和水浴浸渍低温烘干负载 NiO 样品（chry-2syd）的低温 N_2吸附等温曲线（图 8-26）显示二者的气体吸附等温线均为Ⅳ型。后者的比表面积、最大吸附量、孔容和平均孔径分别为 292.7m^2/g、379.2cm^3/g、0.59cm^3/g 和 8.01nm（表 8-10）。尽管其比表面积比前者低近 90m^2/g，但其最大吸附量、孔容和平均孔径都比前者高得多。说明 NiO 的负载不仅使样品质量增加和比表面积减小，而且还使最大吸附量、孔容和平均孔径都增大。

图 8-26 显示了水浴浸渍低温烘干负载 NiO 样品（chry-2syd）和纳米纤维状白炭黑的孔径分布。孔隙的微分孔容与孔径数量成正比。二者孔径分布相近，前者孔隙数量最多的孔径在 2.1nm 和 3.9nm 处，后者则在 2.1nm 和 3.5nm 处；而且孔径在 2.1 ~ 3.45nm 范围内的孔隙数量，前者比后者少，而孔径在 3.45 ~ 6.5nm 的孔隙数量，前者比后者多，孔径大于 6.5nm 的孔隙则基本一致。显然，由于纳米纤维状白炭黑负载了 NiO，单根纳米纤维

上部分小于3.45nm孔隙被堵塞，数量减少；另外，NiO纳米颗粒之间及其与白炭黑纳米纤维形成的新孔隙，推测多在3.45～6.5nm。因此，纳米纤维状白炭黑负载了NiO后，不仅孔隙结构发生变化，而且不同孔径的孔隙数量也发生变化。

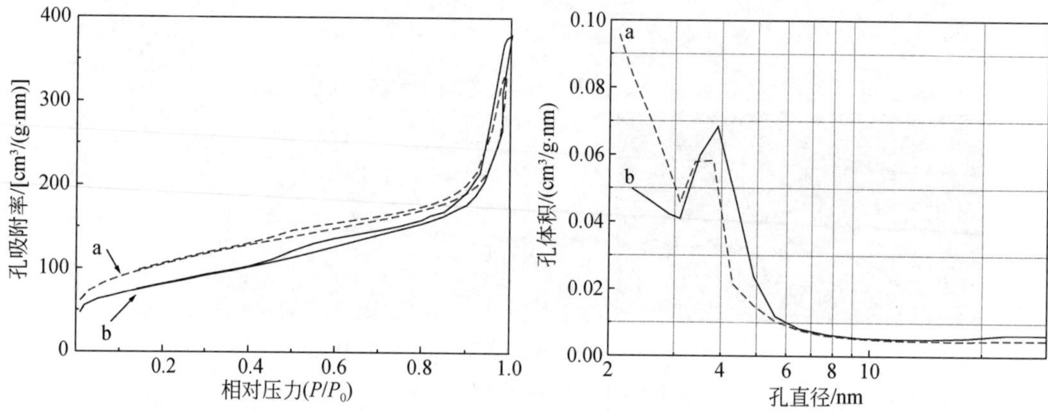

图8-26　纳米纤维状白炭黑(a)和样品chry-2syd（b）的低温N_2吸附等温曲线（左）和孔径分布图（右）

表8-10　样品（chry-2syd）的表面特征

样品	比表面积/(m^2/g)	最大吸附量/(cm^3/g)	孔容/(cm^3/g)	平均孔径/nm
chry-2s	378.2	355.4	0.51	5.43
chry-2syd	292.7	379.2	0.59	8.01

8.7　纳米纤维状白炭黑有机化改性

纤蛇纹石的柔韧性、抗张强度、耐酸性、耐碱性、耐热性、耐磨性和绝缘性等性能良好，在橡胶、塑料、黏合剂、涂料等领域有广泛应用，但天然纤蛇纹石的生物毒性限制了它的应用范围，而且纤蛇纹石纳米管外羟基层的强亲水性导致其在有机相中难以润湿和分散，也影响其纳米效应的充分发挥，因此，对天然纤蛇纹石进行改性显得十分重要。国外有研究用浓盐酸和有机硅烷（如六甲基二硅氧烷、二甲基二氯硅烷和乙烯基甲基氯硅烷等）作为改性剂（Zapata *et al.*，1973；Le van Mao *et al.*，1985，1989；Mendelovici *et al.*，2001），对纤蛇纹石酸蚀残余物进行表面改性，改性产物的物理化学性质发生改变，生物毒性降低（冯启明等，2000），用途被拓宽，而且还提高了与有机分子的相容性和结合力，改善了聚合物的力学性能、热性能、耐老化性能、着色性等（巴塔查里亚，1992）。

实际上，对纤蛇纹石有机改性，即是对纳米纤维状白炭黑的有机改性。在前人工作基础上，本节用二甲基二氯硅烷作为改性剂，对纳米纤维状白炭黑进行改性，探讨纳米纤维状白炭黑改性产物的化学成分、结构、表面形貌及吸附性等特征，提出改性过程中理想化学键合模型及理想二甲基硅烷衍生物（dimethylsilyl derivatives of nano-fibriform silica）的化学式。

纳米纤维状白炭黑以纤蛇纹石为原料制备，SiO_2纯度很高，具有独特的纤维状结构，不同于常规方法制备白炭黑的微细粒状结构（李学富等，1999；杨海堃、孙亚君，1999；汪齐方等，2001）。对纤维状白炭黑的有机改性研究，能够为天然纤蛇纹石的开发与应用提供理论依据。

8.7.1　白炭黑有机改性简介

白炭黑以其优越的稳定性、补强性、增稠性和触变性在橡胶、涂料、医药、造纸等诸多领域应用广泛，是重要的超微细无机新材料之一。但是，由于表面存在的活性硅羟基、吸附水及制备工艺导致其表面出现的酸区，使白炭黑呈亲水性，在有机相中难以浸润和分散，在橡胶硫化系统里不能与聚合物很好地相容和分散，从而降低了硫化效率和补强性能，使其在某些有特殊要求的领域无法使用。有机改性可以提高白炭黑表面活性，改善其在有机相中的分散性和相容性，拓宽白炭黑的应用领域并提高附加值（Brinker *et al.*，1990；杨海堃、孙亚君，1999；Wang *et al.*，2006a，2006b，2009）。例如硅生胶的分子链非常柔软，键间相互作用弱，交联后强度很低，必须用补强材料增强才有可利用的力学强度。微粒二氧化硅加入可提高硅橡胶的拉伸强度至 40 倍（而碳黑对天然橡胶和丁苯橡胶拉伸强度的提高只有数倍和 10 倍）。SiO_2 与聚硅氧烷相互作用的研究 30 多年来从未间断（李光亮，1998）。白炭黑（微细粒状）表面改性是国内外纳米级材料理论界和工业界的重要研究课题之一。

1. 改性机理

白炭黑的表面改性是通过一定的工艺，利用一定的化学物质与白炭黑表面的羟基发生反应，消除或减少表面硅羟基的数量，使白炭黑由亲水性变为疏水性，以提高其与聚合物胶料的亲和性。根据改性剂的不同，常用的化学改性方法有以下三种：有机硅化合物改性［式（8-8）］、醇改性［式（8-9）］和聚合物接枝改性［式（8-10）］（陈云斌，1992）。

$$\text{—}\overset{|}{\underset{|}{\mathrm{Si}}}\text{—OH} + \mathrm{Cl\text{—}Si(CH_3)_3} \longrightarrow \text{—}\overset{|}{\underset{|}{\mathrm{Si}}}\text{—O—}\mathrm{Si(CH_3)_3} + \mathrm{HCl} \qquad (8\text{-}8)$$

$$\begin{array}{c} | \\ \text{—Si—OH} \\ | \\ \mathrm{O} \\ | \\ \text{—Si—OH} \\ | \end{array} \xrightarrow{\mathrm{ROH}} \begin{array}{c} | \\ \text{—Si—OR} \\ | \\ \mathrm{O} \\ | \\ \text{—Si—OR} \\ | \end{array} \qquad (8\text{-}9)$$

$$\begin{array}{c} | \\ \text{—Si—OH} \\ | \\ \mathrm{O} \\ | \\ \text{—Si—OH} \\ | \end{array} \xrightarrow[-\mathrm{H_2O}]{\text{加热}} \begin{array}{c} | \\ \text{—Si—OR} \\ | \\ \mathrm{O} \\ | \\ \text{—Si—OR} \\ | \end{array} \xrightarrow{\mathrm{Li + PS}} \begin{array}{c} | \\ \text{—Si—PS} \\ | \\ \mathrm{O} \\ | \\ \text{—Si—Li} \\ | \end{array} \qquad (8\text{-}10)$$

2. 改性工艺

白炭黑的比表面积很大，不能通过有机物简单地覆盖或吸附在其表面来改善润滑性和分散性。常用的改性工艺有：干燥的白炭黑与有机物的蒸汽接触并反应的蒸气法（干法）；白炭黑与改性剂一起加热使改性剂沸腾回流的回流法（湿法）；在高压釜中进行高温高压反应的压热反应法等（杨海堃、孙亚君，1999）。

3. 改性剂

一般说来，大部分能与表面硅羟基发生化学反应的易挥发有机物均可作为白炭黑的改性剂。常用的改性剂有氯硅烷类（R_mSiX_n）如二甲基二氯硅烷（DMDC），醇类如丁醇、戊醇、直链庚醇、直链辛醇、直链十二醇，硅烷偶联剂类如三甲基乙氧基硅烷（TMEO）、甲基三甲氧基硅烷（MTMO）、乙烯基三乙氧基硅烷（VEO）、四丁氧基硅烷、六甲基二硅氮烷（HMDZ），硅氧烷类化合物如聚二甲基硅氧烷（PDMS）、六甲基二硅氧烷（MM）、八甲基三硅氧烷（MDM）、十甲基四硅氧烷（MD_2M）、1,3,5,7-四甲基-1,3,5,7-四乙烯基环四硅氧烷(TMTV-CTSO)、1,3,5,7-四甲基-1,3,5,7-四氢环四硅氧烷（TMTH-CTSO）、六甲基环三硅氧烷（D_3）、D_4等（杨海堃、孙亚君，1999）。

8.7.2 纳米纤维状白炭黑的有机改性

1. 反应机理

由反应式（8-8）可知，有机硅烷基团仅能与Si—OH（硅醇基）发生反应。白炭黑表面有三种羟基，一是孤立的、未受干扰的自由羟基；二是连生的、彼此形成氢键的缔合羟基；三是双生的，即两个羟基连在一个Si原子上的羟基（杨海堃、孙亚君，1999）。当MLD为92.73%时，纳米纤维状白炭黑表面羟基为5～6个/nm^2，其数量介于气相法（2～3个/nm^2）和沉淀法（8～9个/nm^2）白炭黑的之间（李光亮，1998）。

将纳米纤维状白炭黑与二甲基二氯硅烷混合，依照式（8-11）和式（8-12）发生反应，一定量的二甲基硅烷基团就会被接枝，从而达到有机改性的目的。

$$\text{chry-2s}\,/\!/\!/\text{—Si—OH} + \text{Cl—}\underset{\text{CH}_3}{\overset{\text{CH}_3}{\text{Si}}}\text{—Cl} \longrightarrow \text{chry-2m}\,/\!/\!/\text{—Si—O—}\underset{\text{CH}_3}{\overset{\text{CH}_3}{\text{Si}}}\text{—Cl+HC} \quad (8\text{-}11)$$

$$\text{chry-2s}\,/\!/\!/\text{—Si—OH} + \text{chry-2m}\,/\!/\!/\text{—Si—O—}\underset{\text{CH}_3}{\overset{\text{CH}_3}{\text{Si}}}\text{—Cl} \longrightarrow$$
$$\text{chry-2m}\,/\!/\!/\text{—Si—O—}\underset{\text{CH}_3}{\overset{\text{CH}_3}{\text{Si}}}\text{—O—Si—}\backslash\!\backslash\!\backslash\,\text{chry-2m+HCl} \quad (8\text{-}12)$$

2. 理想的化学键合模型

通过式（8-11）和式（8-12），结合纳米纤维状白炭黑 SiO_2 微粒理想结构，可以推导出改性过程中的化学键合模型（图 8-27）。假定纳米纤维状白炭黑中每个硅原子仅与一个或两个羟基相连，可以推导出理想的二甲基硅烷衍生物单位化学式应为 $(Si_3O_6)(CH_3)_2$ 或 $(Si_4O_6)(CH_3)_4$。

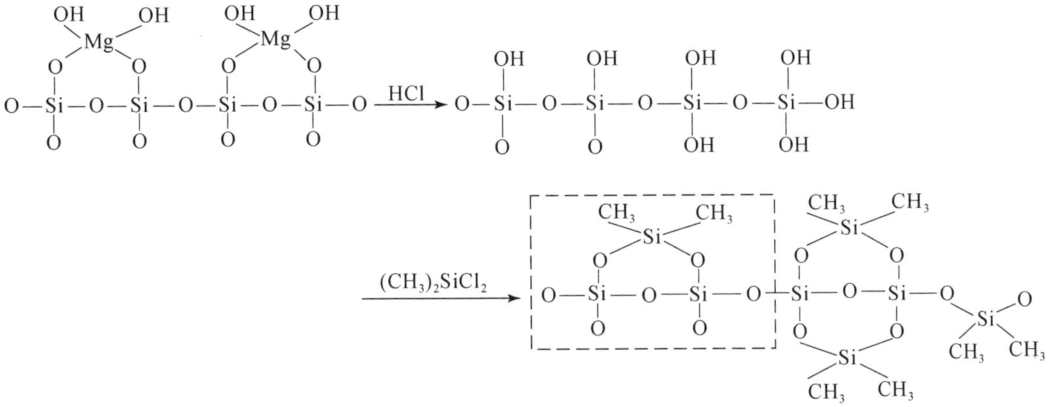

图 8-27　改性过程中理想的化学键合模型

3. 改性方法

将纳米纤维状白炭黑（chry-2s）置于 105℃ 烘箱中烘烤 3h，然后称取 1.1482g 与 10mL 的二甲基二氯硅烷混合，并机械搅拌。24h 后，先用环己烷萃取硅氧烷聚合物，用大量去离子水和无水乙醇冲洗，获得纳米纤维状白炭黑有机改性产物（chry-2m）。

4. 改性产物的化学特征

1）化学成分

纤蛇纹石、纳米纤维状白炭黑及其改性产物二甲基硅烷衍生物的能谱分析结果（表 8-11）表明，三者的 Mg/Si 值分别为 1.33、0.04 和 0.02，说明酸浸使纤蛇纹石的 Mg 大量溶出，接枝二甲基硅烷基团使 Mg 进一步溶出。

表 8-11　纤蛇纹石、纳米纤维状白炭黑及二甲基硅烷衍生物的主要元素百分含量（单位：%）

样品	Si	Mg	O	C	Mg/Si
chry	13.24	17.61	35.49	33.66	1.33
chry-2s	31.35	1.37	38.31	28.97	0.04
chry-2m	15.66	0.25	22.73	61.36	0.02

据表 8-12，假定纳米纤维状白炭黑中每个硅原子仅与一个羟基相连，则 C 和 H 理论值分别为 11.41wt%、2.85wt%；若与两个羟基相连，则 C 和 H 理论值分别为 17.90wt%、

4.50wt%。纳米纤维状白炭黑的二甲基硅烷衍生物的 C 和 H 实验值分别为 15.66wt%、4.48wt%。一方面，衍生物的 C/H 原子比实验值为 0.29，与理论值 1/3 接近；另一方面，C 和 H 质量分数介于两个理论值之间，因此推断纳米纤维状白炭黑中每个硅原子与 1~2 个二甲基硅烷基团相连。二甲基硅烷衍生物由 C、H、O 和 Si 组成，另外，纤蛇纹石和纳米纤维状白炭黑中所有的 C 和二甲基硅烷衍生物的部分 C 为外来污染。

表 8-12　二甲基硅烷衍生物的 C 和 H 元素

元素	chry-2m	$(Si_3O_6)(CH_3)_2$	$(Si_4O_6)(CH_3)_4$
C	15.66	11.41	17.90
H	4.48	2.85	4.50

2）水的形式

假定每个硅原子仅与两个羟基相连，经计算，纳米纤维状白炭黑中 Si—OH 反应位利用率为 87.49%，即至少有 87.49% 的反应位接枝了二甲基硅烷基团；剩余 0.55wt% 的 H 以羟基或吸附水的形式存在。由于—CH_3为非极性憎水基团，因此推断改性产物中有两种形式的吸附水，一种为存在于纳米管管道、小堆积孔等小孔隙的吸附水；另一种是与未参加反应的羟基以氢键结合的吸附水。

5. 改性产物的结构特征

XRD 分析（图 8-28）表明，纳米纤维状白炭黑有机改性产物二甲基硅烷衍生物为非晶质，在 2θ 为 22°处有一宽峰，半高宽比纳米纤维状白炭黑的更为宽泛，说明接枝二甲基硅烷基团会使样品的结晶度继续降低。chry-2s、chry-2m、无定形二氧化硅在 2θ 为 22°处衍射峰半高宽的对比表明它们的无序程度依次增大（Wang *et al.*，2009）。

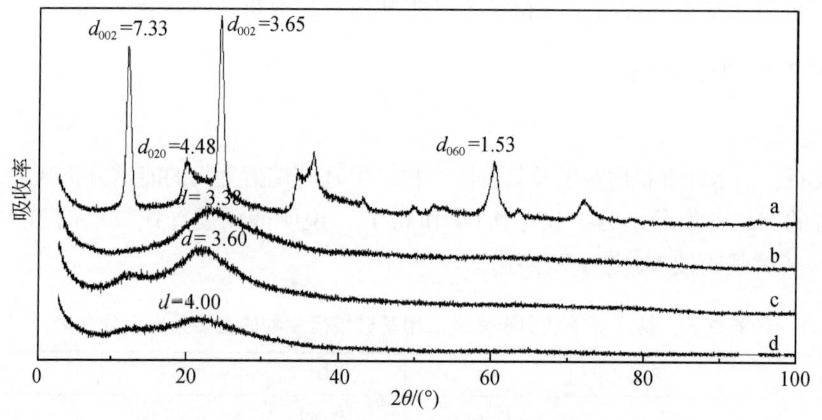

图 8-28　样品的 X 射线粉晶衍射图谱

a. 纤蛇纹石；b. 纳米纤维状白炭黑；c. 二甲基硅烷衍生物；d. 无定形 SiO_2

图 8-29 是纳米纤维状白炭黑、改性产物及二甲基二氯硅烷的红外光谱图。与纳米纤维状白炭黑相比，改性产物在 2961、1411 和 1261cm^{-1}处出现新吸收峰。这些新吸收峰分

别对应于二甲基二氯硅烷中—CH_3中 C—H 的非对称伸缩振动［$\nu_{as(CH_3)}$］、Si—CH_3中非对称弯曲振动［$\delta_{as(CH_3)}$］和对称弯曲振动［$\delta_{s(CH_3)}$］吸收峰（荆荀英等，1992）。另外，在 802cm^{-1}处的吸收峰增强，除了上述原因，有可能叠加了 Si—CH_3中面内弯曲振动［$\beta_{(CH_3)}$］的吸收峰。也就是说，改性产物红外光谱中新吸收峰是由二甲基硅烷的官能团吸收形成的，说明纳米纤维状白炭黑上确实结合了二甲基硅烷基团（Wang *et al.*，2009）。

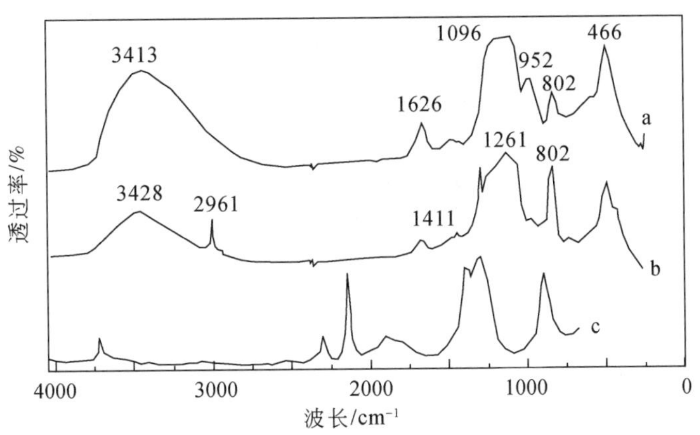

图 8-29　样品的红外光谱图

a. 纳米纤维状白炭黑；b. 二甲基硅烷衍生物；c. 二甲基二氯硅烷

拉曼光谱分析（表 8-13）显示，纤蛇纹石 234.42cm^{-1}、390.55cm^{-1}和 693.2cm^{-1}处的典型吸收峰在纳米纤维状白炭黑中已经消失，显然是浓盐酸溶解了氢氧镁石八面体层，同时也破坏了硅氧四面体层的部分结构导致的；改性产物在 2907cm^{-1}、2962.3cm^{-1}和 3477.8cm^{-1}处出现了新吸收峰，2907cm^{-1}和 2962.3cm^{-1}处吸收峰对应于—CH_3中 C—H 的非对称伸缩振动［$\nu_{as(CH_3)}$］、而 3477.8cm^{-1}可能对应 Si—OH 的伸缩振动（陈英方，1988），结合红外光谱分析，进一步证明有机基团（—CH_3）以化学键的形式，被接枝在纳米纤维状白炭黑上。

表 8-13　样品的拉曼光谱吸收带和振动模式

样品名称	吸收带频率/cm^{-1}	振动模式
纤蛇纹石	234.42	Si—O 弯曲振动；Mg—O 振动
	390.55	OH 平动
	693.20	垂直层的 Si—O 振动 A_1^2
纳米纤维状白炭黑	1769.70	吸附水 OH 弯曲振动
二甲基硅烷衍生物	2907.00 2962.30	CH 非对称伸缩振动
	3477.80	Si—OH 伸缩振动

TEM 下观察显示，改性产物仍呈纤维状，多见弯曲纤维（图 8-30），与纳米纤维状白炭黑相比，纤维略粗，表面光滑，韧性也稍好（图 8-31）；在强烈的电子束轰击下，结构

不受影响。单根直径在20～50nm，波长为380～780nm的可见光可以绕过1～26根纤维组成的束状集合体，发生绕射现象，因此，填充了纳米纤维状白炭黑的硅橡胶制品会有很高的透明度。

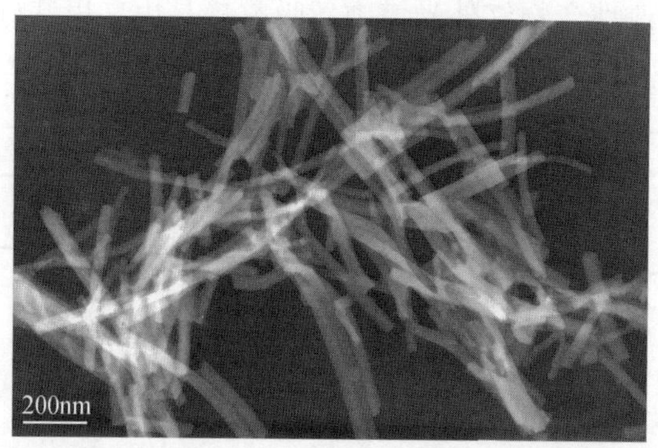

图8-30　纳米纤维状白炭黑的二甲基硅烷衍生物透射电镜照片

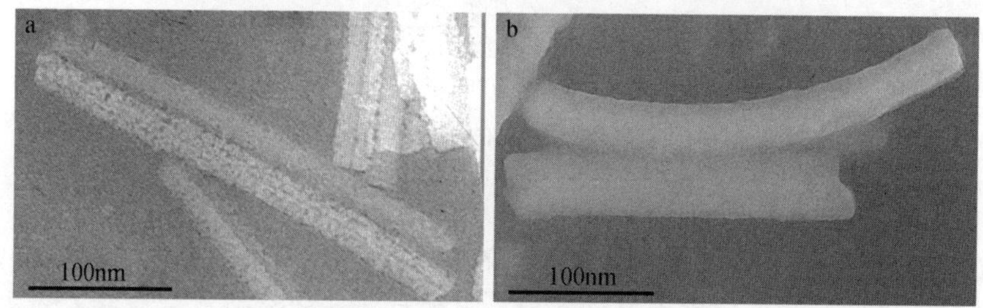

图8-31　纳米纤维状白炭黑（a）和二甲基硅烷衍生物（b）透射电镜照片

改性产物的差热与热重曲线（图8-32a）显示，401℃和535℃位置上有两个放热峰，表明发生两次相变。产生的新物相有待于进一步研究。在0～401℃、401～535℃和535～1000℃三个温度范围内，改性产物失重百分含量分别为9.96%、21.98%和2.50%。据此一方面可以确定二甲基硅烷衍生物的热稳定温度为400℃，另一方面也说明样品失重与两次相变关系密切。

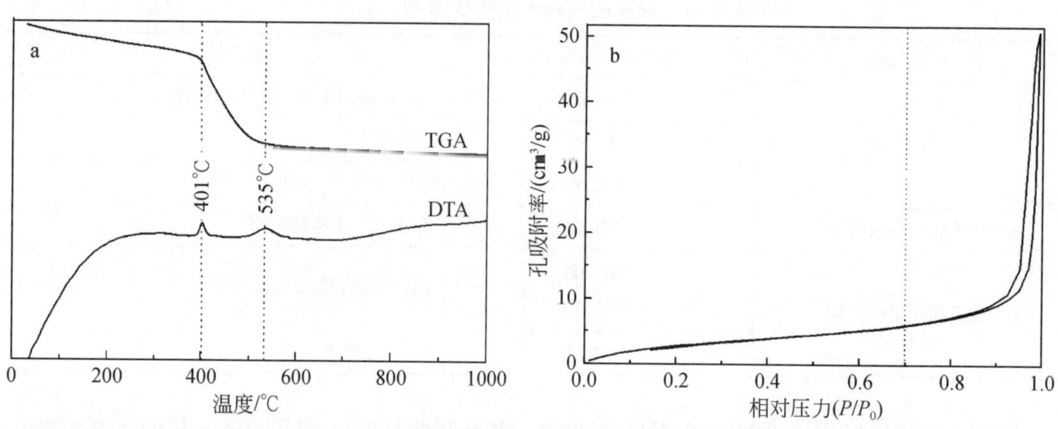

图8-32　纳米纤维状白炭黑二甲基硅烷衍生物的差热与热重曲线（a）和低温N_2吸附等温曲线（b）

改性产物的低温 N_2 吸附等温曲线（图 8-32b）显示，低压范围内，气体吸附量随 P/P_0 的增加而缓慢增加，这是由单层和多层分子吸附导致的；由于中孔孔隙的毛细凝聚作用，吸附等温线的滞回环出现在 P/P_0 为 0.7～0.9 范围内，然而，纳米纤维状白炭黑的滞回环则在 P/P_0 为 0.4～0.9 范围内，说明改性产物孔隙的孔径要大得多；在高压阶段，气体吸附量随 P/P_0 的增加而急剧增加，为Ⅳ型气体吸附等温线。

改性产物甲基硅烷衍生物的比表面积、最大吸附量、孔容和平均孔径分别为 12.7m^2/g、50.9cm^3/g、0.08cm^3/g 和 24.7nm（表 8-14）。与纳米纤维状白炭黑相比，除平均孔径增加外，其余三者都有大幅度降低，说明二甲基硅烷基团堵塞了纳米纤维状白炭黑中大量孔隙。这一点从透射电镜照片（图 8-31）中也得到证实，其纤维表面光滑，平行的两根纤维之间由二甲基硅烷衍生物连接。

表 8-14　纳米纤维状白炭黑和二甲基硅烷衍生物的表面性质

样品	比表面积/(m^2/g)	最大吸附量/(cm^3/g)	孔容/(cm^3/g)	平均孔径/nm
chry-2m	12.7	50.9	0.08	24.70
chry-2s	378.2	355.4	0.51	5.43

第9章　钾长石四面体孔道效应

9.1　孔道结构矿物概述

天然矿物中存在着各种形式的孔，不同形式的孔在成因上有本质差别。按存在形式，孔可分为两类，一类存在于晶体结构外部，包括矿物中的裂隙、解理，纤蛇纹石卷曲管以及碳纳米管等；另一类存在于矿物晶体结构内部，由矿物晶体内部质点排列而形成，称为结构孔。结构孔是矿物晶体结构中由于原子有规律地重复排列而导致的在结构中形成的沿某一结晶学方向分布的空隙或通道。

McCusker（2003）将存在于矿物晶体结构中的空隙或通道（pores）分为 windows（窗）、cages（笼）与 cavities（穴）和 channels（孔道）三类。windows 是指由 n 元环围成的多面体，若构成多面体的环太小不允许大于 H_2O 分子的物质通过，则被称为 cage，如方钠石（sodalite）［$4^6 6^8$］多面体（4、6 分别表示由硅氧四面体组成的四元环、六元环，上角标6、8 分别表示相应四元环和六元环的数量，以下类推）。当 n 元环中至少有一个方向允许外来粒子进入，但是不能无限延伸，则称为 cavity，如八面沸石（faujasite）中［$4^{18}6^4 12^4$］多面体。若孔可以沿某一方向无限延伸，且大小可以容纳外来粒子进入，称为 channel，如锰钡矿（hollandite）沿［001］方向的一维孔道。

孔道结构矿物（channel structure minerals）指晶体结构内部出现沿一定结晶学方向延伸、具有规则的、一定大小直径通道的一类矿物。孔道矿物的结构特征主要由矿物的成分、主格架特征、孔道结构和孔道大小等几个因素决定。

孔道结构矿物材料属于格架或孔道分布上长程（≥10nm）有序的、结晶质的固体材料（Liebau，2003）。通常情况下孔道结构矿物具备以下特征：①矿物中孔道的最小直径应大于0.1nm，以便在一定的条件下可以使孔道内的分子或离子发生进出；②具有一定的离子交换性，有些还具有可重复吸水性；③具有一定的粒度大小。

9.1.1　孔道结构构成要素

孔道结构（channel structure）又称隧道结构（tunnel structure），是指架状或环状等结构的矿物中，原子、离子组成的配位多面体共用角顶或棱，形成的一条或多条沿一定方向延伸的孔洞或通道，存在于由配位多面体基本结构单元连接而成的主格架中。主格架中往往需要孔道离子来平衡电价。大部分孔道矿物结构中出现水分子，但某些小孔孔道结构矿物中，由于空间有限，孔道中可以无水分子。

传统的孔道结构矿物仅限于硅氧四面体结构的沸石。近20年来，随着矿物晶体结构分析技术的不断发展以及研究内容的不断拓展，又发现了不少新的孔道矿物骨架结构以及一些杂多面体结构的孔道矿物，如戴碳钙石［defernite，$Ca_6[CO_3]_2(OH)_7(Cl,OH)$］（Armbruster *et al.*，1996）。孔道结构矿物的TO_n多面体之间共用角顶形成三维晶体格架，T可以是Si、Al、P和Mn等原子，还可以是B、Ga、Be、As、Te、C等原子，这些$[SiO_4]$、$[AlO_4]$、$[PO_4]$、$[MnO_6]$、$[BO_3]$、$[AsO_4]$、$[TeO_3]$等多面体组成了孔道矿物格架最基本的结构单元（basic building unit，BBU）（图9-1）。

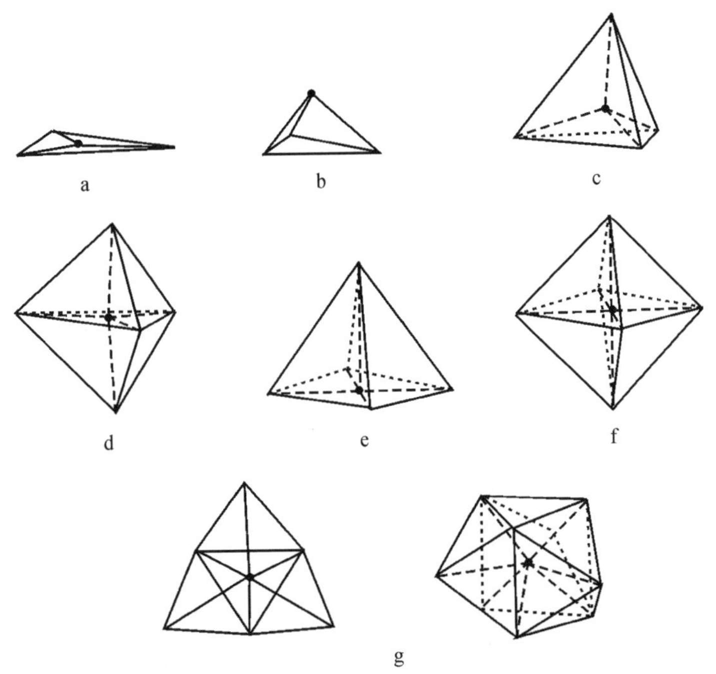

图9-1　孔道材料的初级结构单元（据Liebau，2003资料修改）

a. $[RO_3]$三角形；b. $[SbO_3]$三方单锥；c. $[TO_4]$四面体；d. $[TO_5]$三角双锥形（如$[AlO_5]$和$[GaO_5]$）；e. $[VO_5]$四方单锥；f. 八面体；g. $[TO_9]$三角三方棱柱形

表9-1中给出了组成孔道结构的配位多面体中心离子的半径以及基本结构单元的平均键长。对于同一配位多面体，多面体的离子半径和平均键长在决定矿物性质方面具有重要意义。在矿物的属性方面主要表现为：键长还会影响矿物的物理化学性质，键长的变化制约矿物的化学反应性，一般情况下键长越长，键力就越弱，矿物的化学性质也就越趋活跃；键长还影响矿物的孔径大小，键长越长，孔道的直径就会变得越大。表9-1中给出的只是平均值，在具体矿物中，由于配位多面体周围环境条件的不同，键长还会发生改变。

1. 结构单元连接

孔道矿物结构中，每个T原子与多个氧原子配位，每个氧原子桥联两个T原子。孔道结构矿物的格架可以看成是由有限的成分单元或无限的成分单元（链或层）构成。Smith（1988）和Meier（1996）提出了次级结构单元（second building unit，SBU）概念，这些SBU是由初级结构单元TO_n多面体通过共用氧原子，按不同的连接方式组成的多元环（Smith，1988）（图9-2）。SBU只是理论意义上的拓扑构筑单元，方便更好地解释矿物的孔道结构特征。

基本结构单元之间最常见以多面体间共用顶点相连接（图 9-2a），但也有以共棱甚至共面的方式相连的，还可以通过单原子将两个多面体连接起来（图 9-2b），但比较少见。

表 9-1　孔道矿物基本结构单元特征

结构化学特征	基本结构单元	平均键长/Å	中心离子半径/Å	资料来源
[MnO_6]	八面体	1.98	0.53	Turner and Buseck，1981
[SiO_4]	四面体	1.61	0.26	徐如人等，2004
[AlO_4]	四面体	1.75	0.39	
[PO_4]	四面体	1.54	0.44	Kohn *et al.*，2002
[BO_3] [BO_4]	平面三角形 四面体	1.37 1.47	0.01	谢先德等，1993
[CO_3]	平面三角形	1.30	0.08	郝润蓉，1988
[AsO_4]	四面体	1.69	0.58	王濮等，1987
[TeO_3]	平面三角形	1.89	0.52	

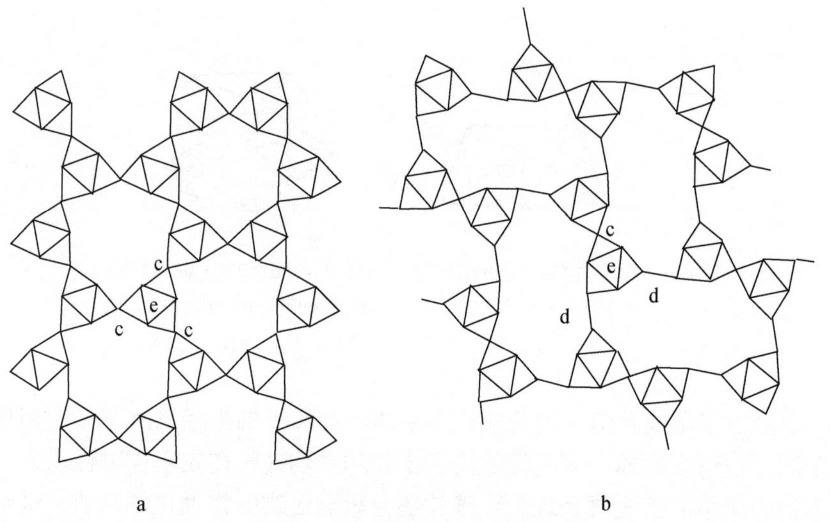

图 9-2　基本结构单元的连接

a. 多面体间共顶点连接；b. 多面体间既共顶点又有单原子连接；
c. 表示共顶点连接；d. 表示直接连接；e. 表示共面连接

2. 孔道结构的形成

孔道结构矿物格架中存在着一些特征的“笼形”结构单元。不同的孔道矿物可含有相同的笼形结构单元，即同一笼形结构单元可以通过不同的连接方式形成不同的骨架结构类型，如方钠石（SOD）笼共面形成方钠石结构；SOD 又可以通过双六元环连接，形成八面沸石（FAU）结构。在某些孔道矿物结构中会出现一些特征的链状结构单元，如短柱石（narsarsukite）的孔道结构是由平行 *c* 轴的［TiO_6］四方形链共角顶形成的孔道结构。

孔道矿物的骨架由 TO_n 多面体构成。对于硅酸盐孔道结构矿物，SiO_4 四面体和 AlO_4 四面体的排列遵循 Lowenstein 规则，即相邻的四面体位置上不能存在两个 Al 原子。孔道矿物格架中，常常存在一些位于孔道和笼形结构中平衡主格架负电荷的阳离子。阳离子的数目及位置对孔道矿物的性质有重要影响，如离子交换性和催化性等。

孔道结构矿物是由最基本的结构单元——配位多面体组成。这些配位多面体经过桥氧的联结，形成了多元环，如四元环、六元环等单元环，还可连接成双层多元环。这些单、双元环进一步连接成孔道矿物的骨架结构。这些格架结构形成了各种形式的笼，或不同维数的孔道体系。图 9-3 中显示了 $[(Si,Al)O_4]$ 四面体组成四元环、六元环，这些四元环、六元环又形成双四元环和双六元环。四元环和六元环构成了孔道矿物的笼，并与双四元环、双六元环共同构成了方钠石、沸石的孔道结构（戴劲草等，2001）。

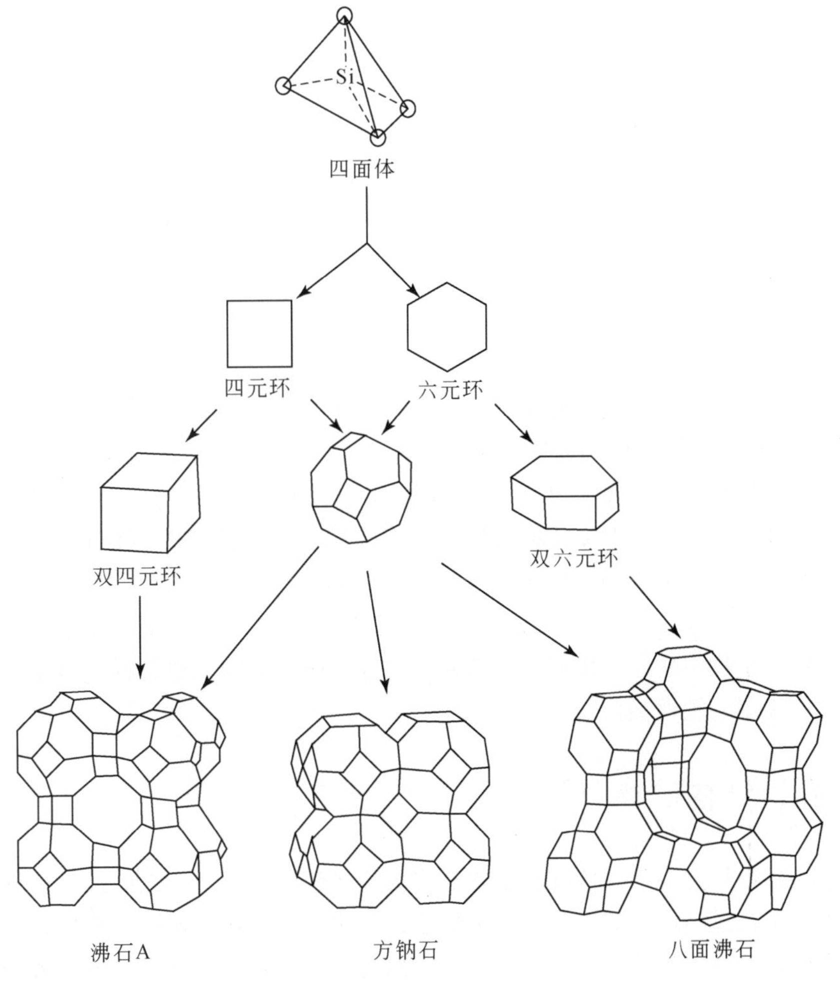

图 9-3　矿物孔道结构构成演化图（戴劲草等，2001）

孔道结构矿物的孔径大小由组成孔道结构多面体的数目所限定。通常情况下，围成孔道的多面体数量至少应是六个，如六个硅氧四面体、六个锰氧八面体等。由多面体的数目所定义的孔径被称为形态孔径（topological description of tunnel width，^{top}W）（McCusker *et al.*，2003）。除六元环等小的孔道体系外，孔道结构矿物中的环还有八、九、十、十二元环等。为了更加准确地描述孔道的大小，国际纯粹与应用化学联合会（IUPAC）还给出了测量孔径（metrical description of tunnel width，^{met}W），它给出的是孔径大小的具体数值（McCusker *et al.*，2003）。孔道体系有一维、二维或三维，即孔道的延伸方向可以向一维、二维或三维方向发展（图9-4）。

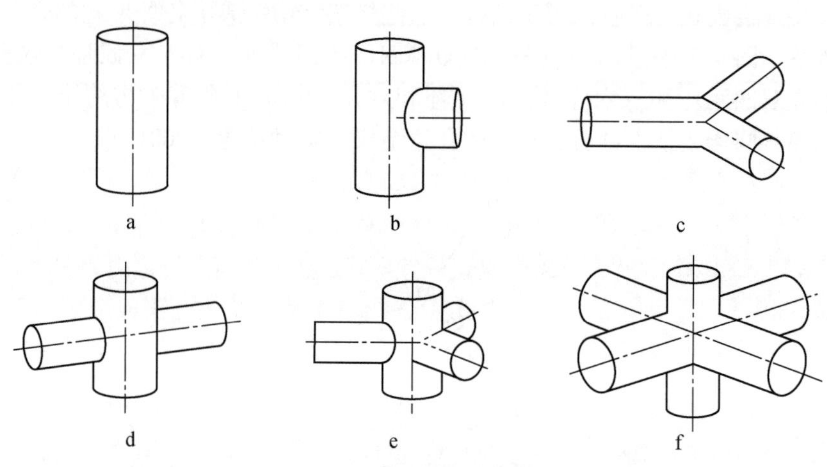

图9-4　孔道结构维数图

a. 一维孔道；b. 二维孔道；c. 三维孔道；d. 二维孔道；e. 四维孔道；f. 三维孔道

孔道结构矿物的骨架密度（framework density，FD）是衡量孔道结构致密程度的一个标准。FD指每1000Å^{3}体积内四面体配位的T原子个数。FD值越大，矿物的致密度越高，孔道结构就越不发育。很明显，FD值与孔道的体积相关，在一定程度上取决于化学组成（徐如人等，2004）。FD值可以用来判断孔道结构矿物与非孔道结构矿物。通常情况下，沸石的FD在12.1～20.6T/1000Å^{3}之间变化（Bish and Ming，2001），长石矿物在21.7～25.6T/1000Å^3（Baur and Joswig，1996）。我们规定孔道矿物最大的FD值应该是26，因为在大于此值后，矿物中的原子排列过于紧密，很难形成开阔的孔道结构，也不可能出现孔道矿物通常所表现的孔道结构效应。

9.1.2　孔道结构矿物分类

孔道结构矿物种类很多，传统上主要是铝硅酸盐矿物，近些年人们又发现许多其他成分的矿物也具有孔道结构，如磷酸盐、砷酸盐、氧化物等。随着孔道结构矿物种类的不断增加，孔道矿物的分类问题也摆在了矿物学家面前，分类问题一直也是困扰人们的一个难题。IUPAC对微孔材料的概念、特征及其表示方法进行了严格的阐述，但在矿物学领域还没有统一的认识和定义，人们对孔道结构矿物的认识和研究还处于起步阶段。在定义孔道结构矿物时，应该充分考虑到天然矿物材料的特殊性。它不同于化学合成材料可以人为地对孔道结构进行任意“调整和修饰”。矿物的孔道大小只限制在一定范围内，笼统地全盘接受化学中的微孔材料定义，会大大束缚我们对孔道结构矿物材料性质的认识以及孔道结构矿物功能的研究和开发。

研究孔道结构矿物材料的意义主要在于它们在材料、化工和环境等领域所表现出来的功能和属性，因而分类问题也应该主要基于这些方面的性质和特征。孔道矿物的结构特征主要由矿物的成分、主格架特征、孔道结构和孔道大小等几个因素决定。目前的几种分类方案都是在此基础上对孔道结构矿物进行分类的。

按晶体格架形态，孔道结构矿物分类以代表性矿物的三个大写英文字母表示（Meier *et al.*，1996），如 HEU 表示与片沸石（Heulandite）格架一致的一类沸石；或根据 FD 值大小标示，FD 值越小，矿物的孔隙度越大。这一分类方案被广泛应用于沸石矿物中。

按基本结构单元，以组成孔道结构矿物的配位多面体形态特征和类型作为分类原则，可分为四面体孔道结构矿物、六面体孔道结构矿物以及复杂多面体孔道结构矿物等。

按次级结构单元 SBU 进行分类，沸石矿物可分为 S4R（单四元环）、S6R（单六元环）、D4R（双四元环）、D6R（双六元环）、T_5O_{10}、T_8O_{16}和 $T_{10}O_{20}$。这种分类方案只能用于具有次级结构单元的矿物，如沸石和硼酸盐矿物。

按孔径大小，将 IUPAC 划分的微孔进一步细分，可分为微孔（1.0～2.5Å）、小孔（2.5～4.0Å）、中孔（4.0～6.0Å）、大孔（6.0～8.0Å）和超大孔（>8.0Å）五类（表 9-2）。

表 9-2　孔道矿物的孔径大小分类

分类	微孔	小孔	中孔	大孔	超大孔
孔径/Å	1.0～2.5	2.5～4.0	4.0～6.0	6.0～8.0	>8.0
孔道矿物种类举例	长石 黑钛铁钠矿	磷钠铍石 硼磷镁石 水硅钒钙石	毒铁矿 簇磷铁矿 硅碱钇石	丝光沸石 水碲锌矿 氟硼镁石	碳钠镍石 黄磷铁矿

按孔道维数，可分为一维、二维、三维和多维孔道结构。

按成键类型，从孔道结构矿物与外界环境中物质的交流和元素的离子交换方面考虑，可分为：①无孔道离子的中空孔道结构矿物，如黑方英石；②分子键孔道结构矿物，如沸石类矿物；③离子键孔道结构矿物，如长石；④阴离子孔道矿物，如戴碳钙石（Armbruster *et al.*，1996）。

按晶体化学，以矿物晶体化学特征为分类原则，采用简明的组成孔道结构主格架的元素为此类别的符号，分类如下。

（1）MO_2型孔道结构矿物：化学成分主要是简单的氧化物，如 SiO_2、MnO_2和 TiO_2等，这些矿物结构相对简单，却是其他孔道结构矿物类型的基础。

（2）M[SiO] 型孔道结构矿物：该类型孔道结构的矿物种数最多，也是最重要的孔道结构矿物类型，包括沸石矿物和非沸石的硅酸盐类孔道结构矿物。前者为含水的碱或碱土金属的铝硅酸盐孔道结构矿物，后者则包括了除沸石外的其他硅酸盐孔道结构矿物。

（3）M[PO] 型孔道结构矿物：属于磷酸盐孔道结构矿物，其基本构型是 $AlPO_4$。M[PO]型常常形成一些大孔径孔道矿物，也是现代合成分子筛材料的研究重点。

（4）[CO] 型孔道结构矿物：属于碳酸盐类矿物，尽管种类不多，但是它揭示了碳酸盐可以形成孔道结构，因而具有重要研究意义。

（5）［BO］型孔道结构矿物：以硼酸盐矿物为主要类型，其中也包含了一些含 B 的硅酸盐和磷酸盐孔道结构矿物。硼酸盐是一类重要的孔道结构矿物材料。

（6）［AsO］型孔道结构矿物：砷酸盐孔道矿物种类并不多，但其中的毒铁矿型孔道结构材料已经被广泛合成，包括合成了一些硅酸盐和磷酸盐成分的毒铁矿型孔道结构材料。

（7）［TeO］型孔道结构矿物：属于碲酸盐矿物，矿物种数较少，碲酸盐孔道结构矿物的性质和特征有待进一步深入研究和探讨。

9.1.3 孔道结构矿物与分子筛

孔道结构矿物和分子筛材料分别是矿物学和化学两个学科中的术语，它们之间既有联系，又有一定差别。孔道结构矿物在性质上具有类似分子筛的特点，但孔道结构矿物又不完全等同于分子筛。分子筛材料中既有一部分属于孔道结构矿物，又有一些不属于孔道结构矿物，如一些合成材料和含有机成分的分子筛。它们之间的主要区别在于：

（1）分子筛仅仅限于硅酸盐、磷酸盐（Dyer，1988），不包括其他化学成分的多孔结构矿物材料；而孔道结构矿物既可以是硅酸盐、磷酸盐，也可以是氧化物、砷酸盐和碳酸盐等成分，孔道结构矿物具有化学成分的多样性。

（2）分子筛以［SiO_4］、［PO_4］和［AlO_4］四面体为基本结构单元（Liebau，2003）；而孔道结构矿物除四面体外，还包括［MnO_6］八面体和［CO_3］三角形等多种结构单元，体现了孔道结构矿物组成单元的多样性。

（3）孔道结构矿物可以不含水分子，也不一定在孔道中含孔道离子和分子；但分子筛材料都含水分子和孔道离子（Smith，1988）。

（4）孔道结构矿物有效孔径在 1Å 以上，不同于分子筛的 2.5Å（Liebau，2003）。

（5）孔道结构矿物的离子交换性和包藏性既包括发生在低温条件下，又包括发生在高温条件下的交换和包藏，即孔道结构矿物既可以是低温，又可以是高温孔道结构材料；而分子筛的离子交换性通常在较低的温度条件下发生，一般在 250℃ 以下（徐如人等，2004），属于低温有孔材料。

（6）孔道结构矿物属于天然无机材料；而分子筛既可以是自然界的无机矿物，又包括了合成无机材料和一些有机材料。

孔道结构矿物还包括一些具有潜在意义的矿物材料。某些矿物的孔道结构依赖于孔道中的离子，失去这些离子时，结构可能会发生破坏；但这些矿物可以通过适当的改性，形成具有典型孔道结构性质和特征的材料。

9.2 钾长石孔道结构特征

长石族属于架状铝硅酸盐矿物，化学通式为 M［T_4O_8］。其中 T 为半径较小（0.02 ~ 0.07nm）的三价或四价阳离子，如 Al、Si 以及少量的 B、Fe、P、Ti 和 Ge 等；M 为半径较大（0.09～0.15nm）的碱金属及碱土金属阳离子，如 Na^+、K^+、Ca^{2+}和 Ba^{2+}，以及少量的 Li^+、Rb^+、Cs^{2+}、Sr^{2+}和 NH_4^+等。天然产出的长石大多数都包括在 $K[AlSi_3O_8]$-$Na[AlSi_3O_8]$-$Ca[Al_2Si_2O_8]$ 的三成分系列中，即相当于由钾长石（Or）、钠长石（Ab）和钙长石（An）三端元分子组合而成。因而，长石矿物的化学成分通式又可表示为：$Or_xAb_yAn_{1-(x+y)}$或 $K_xNa_yCa_{1-(x+y)}[Al_{2-(x+y)}Si_{2+(x+y)}O_8]$，其中 $0\leq(x+y)\leq1$，x 为钾长石（Or）的摩尔分数；y 为钠长石（Ab）的摩尔分数；$1-(x+y)$ 为钙长石（An）的摩尔分数（Ribbe，1983）。当含氨的温泉作用于钾钠长石后，可以形成水铵长石（$NH_4[AlSi_3O_8]$）。

长石族矿物包括钾钠长石亚族和斜长石亚族两个系列。钾钠长石的钾端元即通常所说的钾长石，包括高透长石、正长石（低透长石）、微斜长石。它们一般含一定的 Ab 组分。透长石（单斜）形成温度较高；温度较低时生成正长石（单斜）；结晶温度更低时则形成微斜长石（三斜）（Ribbe，1983）。

9.2.1　化学组成

钾长石三种同质多像变体中正长石的化学组成理论值为：K_2O 16.9%，Al_2O_3 18.4%，SiO_2 64.7%。自然产出的正长石中组分纯净的很少见，总是或多或少地含 Ab 组分，通常可达20%，有时甚至可达50%左右；往往还含少量的 An 组分，并且 An 组分随 Ab 组分的增高而增大。

对采自新疆东准噶尔巴里坤年代为300Ma 的花岗岩岩体中长石的电子探针成分分析（表9-3，表中数据为多点的平均值）表明，长石矿物晶体成分均一，无色和粉红色长石的成分分别为 $Or_{51.6}Ab_{48.3}An_{0.1}$和 $Or_{49.6}Ab_{47.7}An_{2.7}$，应属正长石。

表 9-3　碱性长石样品电子探针成分分析表　　（单位:%）

样品	SiO_2	Al_2O_3	Na_2O	K_2O	CaO	MgO	FeO	MnO	BaO	Or	Ab	An
无色	55.97	27.53	6.19	10.03	0.01	0.06	0.05	0.02	0.01	51.6	48.3	0.1
粉红色	54.67	28.33	6.43	9.26	0.61	0.06	0.25	0.05	0.02	47.7	49.6	2.7

9.2.2　晶体结构

透长石空间群为 $C2/m$，在长石族中对称程度最高，结构也最简单。由于其结构相对简单，也是迄今为止结构上研究最透彻的长石品种。其他品种的长石结构可以通过类比透长石的结构来认识。因此，这里以透长石为例阐述长石的晶体结构特征，并以此说明长石的孔道结构特征。

长石晶体中最重要的结构单元是［TO_4］四面体组成的四元环。四元环有两种类型，一种是近于垂直 a 轴的（$20\bar{1}$）四元环，另一种是垂直 b 轴的（010）四元环，它们均由两种不等效的［TO_4］四面体（T_1和 T_2）组成。氧位于以 Al 和 Si 为中心的近规则四面体的角顶处，所有的氧均由两个 T 原子共用，形成架状结构（Ribbe，1983）。

Machatschki（1928）首先认识到长石中由共角顶的［AlO_4］与［SiO_4］四面体组成的三维格架。Taylor（1933）和 Taylor 等（1934）测定了透长石的格架结构特征，发现透长石的关键结构单元是 TO_4 四面体组成的四元环。当它与类似的四元环共角顶时，形成了平行 a 轴的曲柄转轴式双链。曲柄转轴式结构的揭示是长石结构研究史上的重要成果。

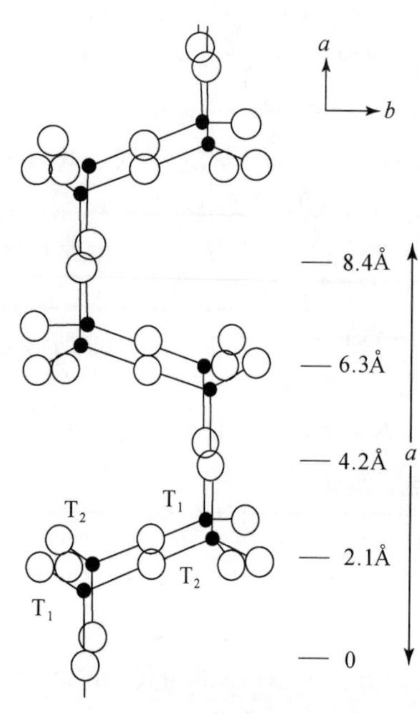

图 9-5　长石中与 a 轴平行的四元四面体所组成曲柄转轴式的双链

为了更好地理解长石晶体结构特征，可以从不同方向对长石矿物结构进行观察。沿 a 轴方向的投影（图 9-5）可见，一个四元环由两对不等效的 T_1 和 T_2 四面体组成（图 9-5，图 9-6），其中一对 T_1-T_2 的角顶向上（U），另一对角顶朝下（D）（图 9-6），中间的四个 O^{2-}（在 2.1Å 和 6.3Å 处）是公共氧。沿 a 轴方向 U 四面体和 D 四面体总是共角顶连接成折线状的链。此方向形成了中空的结构。但该方向的结构孔隙较小，无法进入其他离子。

沿 c 轴方向投影（图 9-7）显示，b 方向的双曲轴链通过相邻 T_2 角顶 O_{A_2} 氧原子互相连接，从而产生了曲柄轴链层。O_{A_2} 原子位于（010）对称面（或假对称面）上，O_{A_1} 氧原子位于二次轴或假二次轴上。总之，T_2 四面体仅在层内起连接曲柄轴的作用，而 T_1 四面体则是连接层与层之间。有人把长石格架在（001）面上的理想投影说成是“狗面状”投影。长石结构在［001］方向形成孔道结构，孔道中有 K^+、Na^+、Ca^{2+}、Ba^{2+} 等离子占据。图 9-7 中标出长石格架中沿［110］与［$1\bar{1}0$］方向［TO_4］四面体链的特征，它们围成了开阔的四面体链。其内空间较大，并由大的金属离子 K^+、Na^+、Ca^{2+}、Ba^{2+} 等占据。三斜对称长石结构中构成四元环的 TO_4 中的四个 T 都不等效，代号分别是 $T_{1(o)}$、$T_{1(m)}$、$T_{2(o)}$ 和 $T_{2(m)}$。

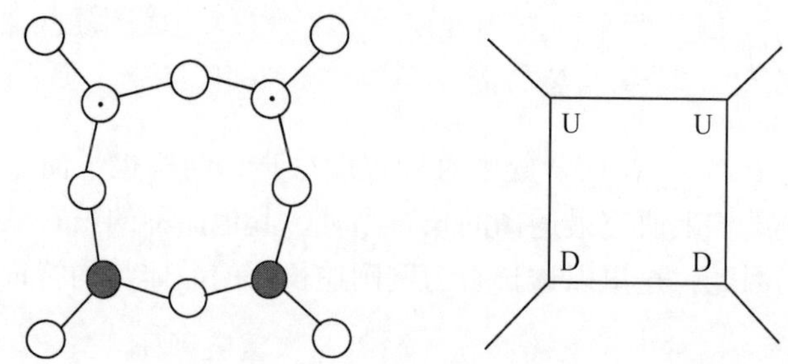

图 9-6　四元四面体环在（$20\bar{1}$）的投影结构（左图）以及理想化的结构（右图）

U、D 分别表示四面体顶点向上和向下

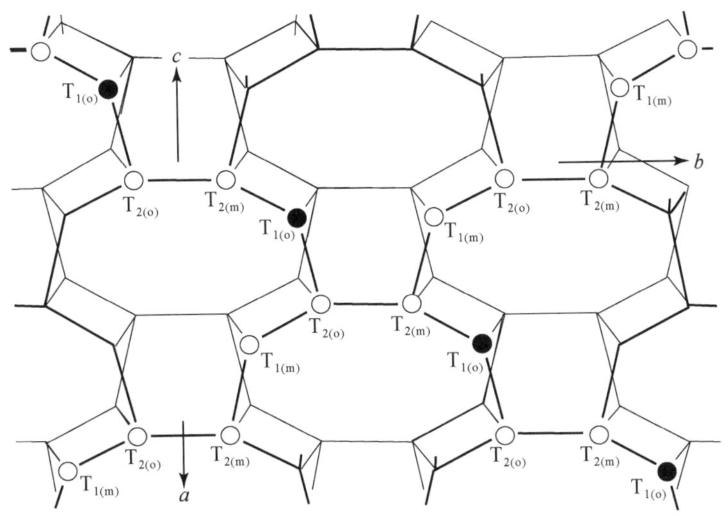

图 9-7　长石结构沿 *c* 方向在（001）面的理想化投影

9.2.3　显微结构特征

对表 9-3 中采自新疆东准噶尔巴里坤花岗岩的钾长石进行 TEM 测试。晶格像（图 9-8）显示，晶格条纹清晰，为规律的交叉菱形纹。整个图片中交叉网纹纹路均一，反映了结构的完好性。这些条纹是由两组近于正交的衬度规律变化的纹路相互交织而成，如芦席纹。对应的衍射花样中间主斑点明亮，向某一方向有拖曳，四周分布明亮清晰的小衍射斑点，呈假六边形对称分布于主斑点的周围，大小均一，显示了单斜对称特征。晶格条纹宽度分别为 0.59nm 和 0.65nm，分别对应晶体的（110）和（$11\bar{1}$）面网。

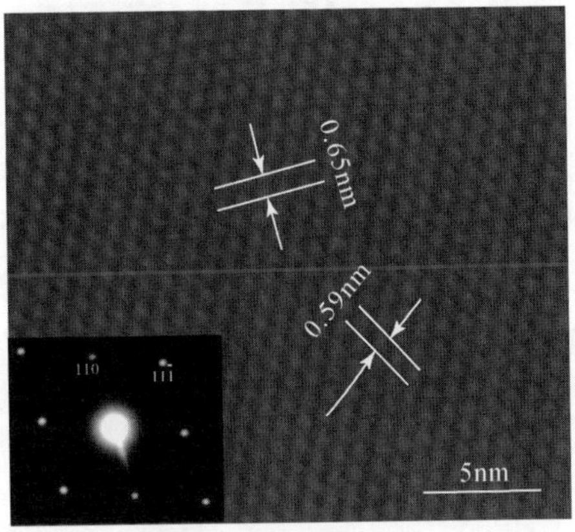

图 9-8　新疆东准噶尔巴里坤花岗岩岩体中长石的晶格像及衍射花样

9.2.4　孔道结构特征

1. 孔道直径大小

长石同沸石一样，属于架状硅酸盐矿物，硅氧四面体相连形成架状，具有（4,2）连接结构。交沸石、水钙沸石格架中的四面体层与长石矿物相似，都是由四元四面体环通过共用角顶氧组成四面体链。硅氧四面体相互连接成曲柄转轴式链，沿 *a* 轴方向延伸；链与链之间再通过桥氧连成三维格架。

图 9-9a 为长石［100］方向孔道特征，八个［TO_4］四面体共用角顶组成八元环，上

下两个八元环呈交叉上下叠置，形成沿 *a* 轴方向的孔道结构，孔径为 1.0Å×1.0Å。

图 9-9b 为平行［001］方向的孔道。长石矿物［001］孔道由［TO_4］四面体的六元环构成，孔道有效孔径为 1.0Å×3.0Å。

图 9-9c 为平行［101］方向的孔道，［TO_4］四面体共角顶组成四元环，四元环相连形成曲柄转轴式双链，双链彼此连接形成两种［101］方向的孔道。一种为六元环的孔道，另一个为十元环的孔道。六元环孔道直径为 1.0Å×1.0Å 的微孔。十个［TO_4］四面体共用角顶组成了长石中最大的十元环孔道，形成平行［101］方向的椭圆形孔道结构，孔道直径达 1.5Å×6.7Å。长石的六元环和十元环的孔道均有碱金属或碱土金属离子，如 Na^+、K^+、Ca^{2+}等，占据其中。

图 9-9　长石矿物孔道结构图

圆圈代表 K^+、Na^+、Ca^{2+}离子；a.(100)面；b.(001)面；c.(101)面

长石矿物虽然具有十分复杂的成分，但晶体结构相似，［TO_4］四面体全部角顶共用连接成架状。在低对称长石矿物，如斜长石中，由于格架结构的变形，降低了对称性，使得格架孔隙变小，无法形成孔道结构。因此长石矿物孔道结构的发育程度与矿物成分和对称程度有一定关系，一般对称性越高，孔道结构的孔径就越大，孔道效应也越明显。

2. 孔道离子种类

孔道中充填离子的直径大小直接影响长石孔道的大小。当孔道中存在较大半径的阳离子 K^+、Ba^{2+}时，由于它们能够撑起 TO_4四面体骨架，便形成大而规则的配位多面体，晶体表现为单斜对称。若较小的 Na^+、Ca^{2+}阳离子充填在孔道中，由于这些离子比骨架的孔隙小，致使骨架发生塌陷，配位多面体变得不规则，形成三斜对称（Smith，1974）。

格架密度是衡量孔道矿物的一个简单标准，它反映了结构的致密程度。长石矿物中以水铵长石的骨架密度 FD 最低（表 9-4），结构的空隙度也最大。表 9-4 列出了不同长石的结构特征，显示了六配位的孔道阳离子半径。可以看出长石结构中的孔道离子类型变化较大，从半径为 0.72Å 的 Li^+到 1.70Å 的 Cs^+都存在，说明长石孔道结构中可以充填不同半径的阳离子。

表 9-4　长石矿物的结构特点

组成	矿物或材料名称	r/Å	V_{ox}/Å^3	FD
$Li[AlSi_3O_8]$	硅锂石 合成硅锂石	0.74	20.7 n. d.	25.6
$Na[AlSi_3O_8]$	低温钠长石 高温钠长石	1.02	20.8 20.8	25.6 23.9
$K[AlSi_3O_8]$	低温微斜长石 透长石	1.38	22.5 22.5	22.2 21.8
$Rb[AlSi_3O_8]$	合成铷长石	1.49	23.3	21.7
$Cs[AlSi_3O_8]$	未知	1.70	n. d.	n. d.
$NH_4[AlSi_3O_8]1/2H_2O$	水铵长石	1.43	n. d.	21.6
$Mg[AlSi_3O_8]$	未知	0.72	~21.1	n. d.
$Ca[AlSi_2O_8]$	钙长石	1.00	20.9	n. d
$Ca[AlSi_2O_8]$	合成钙长石	1.00	20.7	n. d
$Sr[AlSi_2O_8]$	锶长石	1.16	21.7	n. d
$Sr[AlSi_2O_8]$	合成锶长石	1.16	21.9	n. d
$Ba[AlSi_2O_8]$	副钡长石	1.36	23.3	n. d
$Ba[AlSi_2O_8]$	钡长石	1.36	23.0	n. d
$Ba[AlSi_2O_8]$	六方钡长石	1.36	23.6	n. d

注：本表据 Liebau，1985 修改。其中，r 为配位数为 6 时的阳离子半径；V_{ox}为每个氧原子的体积；FD 为骨架密度（Baur and Joswig，1996）；n. d. 表示未测定。

3. 长石与沸石孔道结构比较

长石和沸石均为架状结构的铝硅酸盐矿物，然而与沸石相比，长石结构要致密，对称程度较低，空间群为 C2/m 和 C$\bar{1}$，为单斜和三斜晶系。长石格架孔隙中充填有键性较强的阳离子 K^+、Na^+、Ca^{2+}、Ba^{2+}等，它们位于 TO_4四面体骨架的大空隙中。

锂长石是晶胞体积最小的长石矿物，而铷长石的晶胞体积最大，因而也发育开放的晶体结构。长石矿物发育两种四面体格架结构，一种是可变的四面体格架结构（flexible nets），如副钡长石（paracelsian），就像沸石中的麦钾沸石一样；其余的长石矿物结构属于刚性格架结构（Baur and Joswig，1996）。长石与许多典型的孔道结构矿物，如水钙沸石、交沸石、钙十字沸石等相似，晶体结构都是由曲柄转轴式双链构成（图 9-10），不同之处在于这些沸石矿物的骨架密度较小，且孔道中存在水分子。

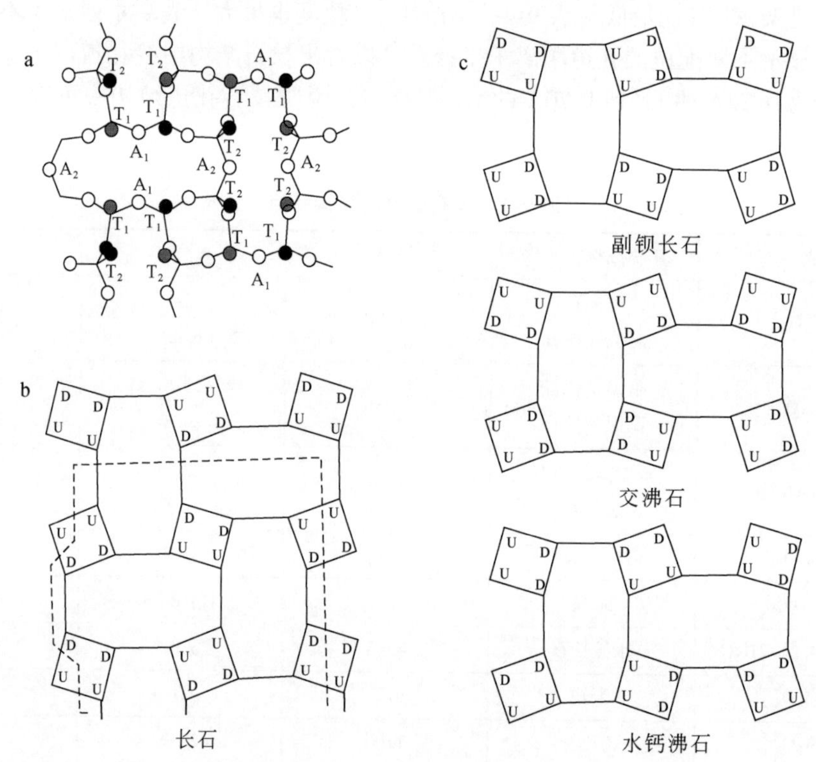

图 9-10　长石与沸石结构对比

透长石沿 *a* 轴向下在（20$\bar{1}$）面上的结构投影（a、b）和副钡长石、交沸石、水钙沸石（c）的结构投影（据 Ribbe，1983）

H^+的半径较其他 K^+、Ca^{2+}等阳离子小得多，但氢长石也能保持稳定的结构。由于结构中无其他阳离子占据，因而氢长石结构内部有较大的孔隙。内部开阔的结构会使氢长石的性质与沸石在许多方面有相似之处，具有类似沸石 A 和八面沸石的特征（Baur and Joswig，1996）。

9.2.5　孔道结构相转变

一定压力条件下，长石孔道结构可以改变，变成新的孔道结构相。Ringwood 等（1967）在900℃、12GPa的条件下成功实现了从透长石到锰钡矿结构型的转变。锰钡矿型的K[$AlSi_3O_8$]是迄今为止所知道的下地幔条件下唯一稳定的含钾硅酸盐矿物，属于四方晶系，Al和Si原子为六次配位，$a=0.938$nm，$c=0.274$nm（Smith，1974）。

根据高温高压实验，随压力的增高，钠长石在10～28GPa和1000℃时可以变成锰钡矿型结构，体积减小5.3%。虽然长石矿物的对称程度相对较低，但由于结构中可容纳大半径的铷、钾、钠等离子，这与其结构中存在较大的多面体空隙有密切关系。在锰钡矿型的高压多型长石结构中，硅（铝）形成[$(Si,Al)O_6$]八面体，[$(Si,Al)O_6$]八面体共棱联结形成平行于c轴的双链，双链之间再以角顶相连形成架状结构，并构成平行于c轴的大孔道（陈丰等，1995）。大半径的碱性离子Na^+、Ca^+、K^+等分布在这些大孔道内。

长石高压多型在自然界的发现，表明碱性元素能以长石高压多型的形式存在于地球深部，特别是上地幔下部和过渡带中，成为地球深部Na^+、K^+、Rb^+、Sr^{2+}和Ba^{2+}等大半径阳离子的主要载体矿物之一。长石矿物的晶体结构相转变实验表明，长石矿物中存在孔道结构，并且能够显示孔道结构矿物的性质和特征。

9.2.6　长石微裂隙

长石矿物常发育微裂隙。虽然长石微裂隙与长石结构孔道有本质区别，但鉴于这些裂隙是长石矿物中比较常见的现象，也间接反映长石矿物某些物理化学性质，因此这里对长石微裂隙特征做简单介绍。

1. 微裂隙形态

长石微裂隙特征十分明显，主要有圆形或近圆形与长条状槽形。某些裂隙呈零散状孤立分布，且分布不均匀，最长裂隙达50μm，小裂隙直径只有几十纳米，大多数裂隙直径为几微米。一般半透明或微透明粉红色长石裂隙数量相对较多，裂隙密度较大。透明度高的长石裂隙数量少，分布零散，密度也相对较低。透明度差的长石中微裂隙数量较多，裂隙密度较高（Worden *et al.*，1990）。长石中微裂隙发育程度与化学成分和晶体结构有一定关系，也与长石形成过程、后期粗晶化作用以及水溶液淋滤作用有关。长石的双晶和解理有助于微裂隙形成，富钾相片状条纹长石发育圆形空洞，使其变得浑浊，透明度降低（Hodson，1998）。

2. 微裂隙大小

长石吸附曲线为Ⅱ型吸附等温线。相对压力较低部分吸附体积上升较平缓，表明长石中存在微孔（图9-11）。随着压力加大，出现一段平缓上升区间，说明吸附质的量在不断增加。在曲线后段吸附量急剧增加，并一直到接近饱和蒸气压，也未出现吸附饱和现象，可认为发生毛细管凝聚，说明长石矿物中存在大孔（严继民等，1986）。由于长石矿物的吸附分支与脱附分支形态相似而近于平行，且在较低压力范围内近于水平，可判断吸附分支和脱附分支同时具有 H3 和 H4 型吸附回线特点（Gregg and Sing，1982），这种吸附回线类型特征表明长石矿物中存在微孔和微裂隙（严继民等，1986）。

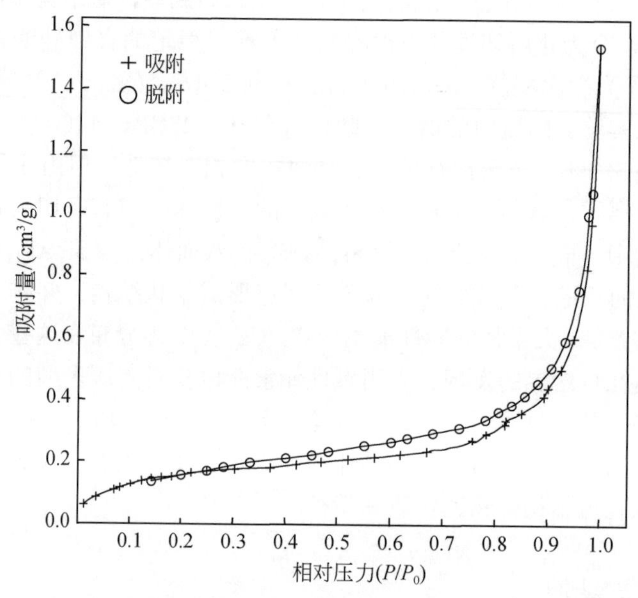

图 9-11　长石矿物吸附-脱附曲线图

根据图 9-10，利用 BET 方程：$x/V_d(1-x)=1/V_mC+(C-1)x/V_mC$ 可以计算出长石的裂隙体积。式中 V_d 为相对压力为 x 时的相应吸附量，V_m 为单分子层饱和吸附量，C 则为一个常数。计算中选用了相对压力在 0.05～0.30 范围内的六个吸附量数据，计算出长石的裂隙比表面积为 1.85m²/g。说明长石微裂隙的大小分布主要有三个级别：1.0～2.0nm、10～15nm 及大于 50nm。这三个区间累计体积值较高。

长石矿物中出现的裂隙一般无规则的几何形态，但小裂隙形态较规则。长石中的大裂隙和超大裂隙主要是矿物受应力作用导致。由于矿物所处的地质环境复杂多变，加上长石受后期热液作用的影响，造成长石中宏观裂隙形态变化多端，总体上看长石中裂隙的分布规律性较差。长石中的裂隙与晶体结构和性质关系较密切，矿物结晶格架中的晶格孔穴、位错以及双晶纹都是裂隙产生的原因。长石结构特征以及孔道中可交换的离子，增加了长石化学成分的复杂性和结构的不稳定性，可能也会促使其裂隙发育。

长石普遍发育各种形态的裂隙，大小从数纳米到几十微米不等，大大增加了长石的比表面积。大比表面积长石的形成既有内在原因，也有外部因素的作用。Lee 等（1998）通过长石的酸蚀溶解实验研究长石的微构造，并由此指出长石的高比表面积可能由以下几个因素所决定：①长石矿物颗粒表面淋滤层具有高的孔隙度，可以吸附 N_2；②实验过程中造成的长石破裂，使其具有高比表面积；③酸蚀过程中形成的次生相增加了长石吸附 N_2 的能力。

除外部因素影响外，长石高比表面积另一个可能的原因是长石具有架状晶体结构。硅氧四面体格架中形成了较空旷的孔道结构，一些半径较大的阳离子，如 K^+、Na^+、Ca^{2+} 充填于结构格架大的空隙中。一定条件下，长石结构中的这些阳离子可以与其他离子发生离子交换，破坏了原有的格架平衡，易于形成微孔和微裂隙。长石中裂隙的存在以及解理、双晶、粒间边界共同构成了长石的渗透系统（Worden *et al.*，1990），使得长石更具渗透性。世界上许多著名的矿泉水产地分布于花岗岩地区，应该说也与花岗岩中的主要组成矿物长石的高孔隙度有关。长石中普遍发育的宏观孔和裂隙同时也有助于其在较低温条件下发生蚀变，形成绢云母、高岭石等黏土矿物。宏观孔和宏观裂隙是长石风化蚀变的主要控制机制之一（Worden *et al.*，1990）。

9.3　钾长石孔道离子交换效应

由于长石的离子交换效应表现得不如大孔道沸石矿物那样明显，且其孔道直径又属于微孔范畴，因此长期以来长石未被划归孔道结构矿物。实际上，长石中有各种痕量元素，如铷、锶、钡、铅等（Heier，1962；White *et al.*，2003），它们存在于长石的结构孔道中。

9.3.1　高温熔体中长石孔道离子与 Na^+ 离子交换

900℃、1个大气压条件下，微斜长石在熔融 NaCl 熔体中变成低钠长石，再与 KCl 熔体反应变成微斜长石（Orville，1963）。采用这种方法可以形成钠长石和钾长石端元组分。Muller（1988）用熔融的 NaCl 熔体与透长石（$KAlSi_3O_8$）进行离子交换，生成了钠长石，然后再用酸处理产生氢长石，氢长石进一步和硝酸锂熔体混合形成锂长石。

Viswanathan（1972）把长石与熔融的 KCl 混合后，在810℃下，经短时间加热，长石中的 Na^+ 可被 K^+ 所替代生成钾长石；反过来，钾长石与熔融的 NaCl 混合，Na^+ 离子也可以替代 K^+ 生成钠长石。Chou 和 Wollast（1985，1989）认为碱性长石可以发生重复性的离子交换。

在前人研究的基础上，我们开展了不同浓度和不同反应时间的长石与 NaCl 熔体离子交换实验。纯度为99.9%的 NaCl 在玛瑙研钵中研磨后，与粒径为60μm的钾长石粉混合，混合比例分别为2g长石与20g NaCl 和2g长石与40g NaCl。将 NaCl 与钾长石粉搅拌均匀后放入坩埚，在810℃温度下进行离子交换实验。反应后产物用去离子水反复清洗，去除未反应的 NaCl，然后在低温下烘干。实验结果显示，离子交换前钾长石原样中含 Na_2O 为3.35%，交换后 Na_2O 含量明显增加（表9-5）。加20g NaCl 反应12h后，钾长石粉中 Na_2O 含量达9.05%，反应72h后达11.9%；而与40g NaCl 反应12h后，钾长石中 Na_2O 含量达9.96%，反应72h后达15.9%。显然，钾长石与 NaCl 发生了离子交换反应。与20g NaCl 反应30h后，长石中 Na_2O 含量的增加速度变得比较缓慢，30h到36h Na_2O 的含量仅增加了0.2%，从36h到72h，长石中的 Na_2O 含量仅增加了1.3%，表示反应进入一个相对平衡的状态。

表 9-5　长石与 NaCl 熔盐离子交换反应 Na_2O 含量随时间变化的 XRF 数据

NaCl 质量/g	20					40				
反应时间/h	12	24	30	36	72	12	24	30	36	72
Na_2O 含量/%	9.05	9.33	10.4	10.6	11.9	9.96	11.5	12.7	14.7	15.9

与 40g NaCl 进行离子交换反应，离子交换效果明显要比与 20g NaCl 的交换效果好。这说明长石离子交换反应程度与交换剂的浓度有一定的关系。40g NaCl 与 2g 长石反应 12h，长石中 Na_2O 的含量增加了 6.5%，大于与 20g NaCl 样品反应 24h 后的离子交换量，说明反应速度较快。30h 后反应速度突然加快，但在 36h 后，反应速度随之放缓。最后在 72h 后长石的 Na_2O 含量达 15.9%。从两组离子交换的数据看，长石孔道中的碱性离子具有较好的化学活性，碱性离子之间的交换反应效果明显。

2g 长石与 40g NaCl 进行离子交换反应后 Na_2O 浓度变化测试表明（表 9-5），反应产物中 Na_2O 含量随着交换反应时间的增加而增加，在 72h 后，仍未达到平衡点，表明 Na^+ 与长石孔道离子之间还可以继续发生离子交换反应。

从熔盐统计理论研究结果看，通常熔盐可被看成是由离子组成的液体，离子间的化学键被看作纯离子键，Na、Ca、Sr、Ba 的卤化物熔盐被看成是离子熔体。在较高的温度下，阳离子可获得足够高的能量，增大了离子的扩散速度，使交换反应易于进行（段淑贞、乔芝郁，1990）。长石离子交换实验表明，存在不同类型离子时，对称程度高的长石易于发生离子交换，因为对称程度高的长石孔道直径较大。然而，在用 K^+ 交代 Na^+ 时，长石从其晶体中释放出 Na^+ 的能力却较弱（德米尔等，2001）。用离子半径的差异可以解释这一现象。半径较大的 K^+（1.38Å）比半径较小的 Na^+（1.02Å）更难与长石发生离子交换反应，即 K^+ 很难进入钠长石的晶格中并与其中的 Na^+ 发生离子交换反应。

长石与 NaCl 熔体的离子交换是一种固体与熔体间的复相反应，其交换过程包括：

（1）熔体中的阳离子通过长石表面向孔道结构内扩散；

（2）扩散进入长石孔道中的阳离子与孔道离子进行交换反应；

（3）从长石孔道中交换下来的阳离子再向熔体中扩散。

离子在长石结构中的扩散是实现离子交换的关键。离子交换速度受矿物结构特征所控制。人们很早就注意到长石矿物的离子交换性能（O'Nell，1967；Smith，1974），但由于交换速度较慢，对它的研究局限于成矿理论的研究上，如元素的迁移和扩散等。长石在 NaCl 熔盐体系中的离子交换反应，可用下列方程式表示：

$$K[(Al,Si)_4O_8] + NaCl \underset{\Lambda_D}{\overset{\Lambda_A}{\rightleftharpoons}} Na[(Al,Si)_4O_8] + KCl$$

式中，K^+ 和 Na^+ 是可交换阳离子。

表观分配系数定义为：　$\Lambda = \dfrac{\text{Na 离子在长石相中的活度}}{\text{Na 离子在熔融剂中的活度}}$

符号 Λ_A（A=吸附）为阳离子 Na^+ 从盐相进入长石相中的分配系数；Λ_D（D=解吸）为阳离子 K^+ 从长石相进入到盐相中的分配系数。

若 $\Lambda_A = \Lambda_D$，则交换达到平衡，否则就没有达到平衡，表明有滞后效应。根据离子交换反应理论，离子交换反应动力学由两个独立过程控制，矿物–熔盐界面交换和矿物内阳离子的扩散。

$$分配系数\ \Lambda = \frac{每克长石所交换的\ Na\ 离子数}{每克\ NaCl\ 中的\ Na\ 离子数}$$

离子交换分配系数与 1 的差值是衡量滞后效应大小的标准。这个数值越接近 1，表明离子交换的滞后效应越大。长石矿物的表观分配系数在 0.108 ~ 0.237（表 9-6），从数值看存在一定的滞后现象。长石与 NaCl 熔盐的离子交换值随反应时间延长，离子交换量不断增大。在反应 30h 之后，离子交换数量的变化明显变小，反应基本接近平衡（图 9-12）。滞后效应随反应时间延长而变小，离子交换反应也越彻底。

表 9-6　长石与 NaCl 熔盐离子交换分配系数

离子交换时间/h	Na_2O 百分比/%		交换的 Na^+ 数		离子分配系数 Λ_A/Λ_D	
	20g NaCl	40g NaCl	20g NaCl	40g NaCl	20g NaCl	40g NaCl
0	3.35	3.35	0	0	0	0
12	9.05	9.96	1.11×10^{21}	1.28×10^{20}	0.108	0.125
24	9.33	11.5	1.16×10^{21}	1.58×10^{21}	0.113	0.154
30	10.4	12.7	1.37×10^{21}	1.82×10^{21}	0.133	0.176
36	10.6	14.7	1.41×10^{21}	2.21×10^{21}	0.137	0.214
72	11.9	15.9	1.66×10^{21}	2.44×10^{21}	0.161	0.237

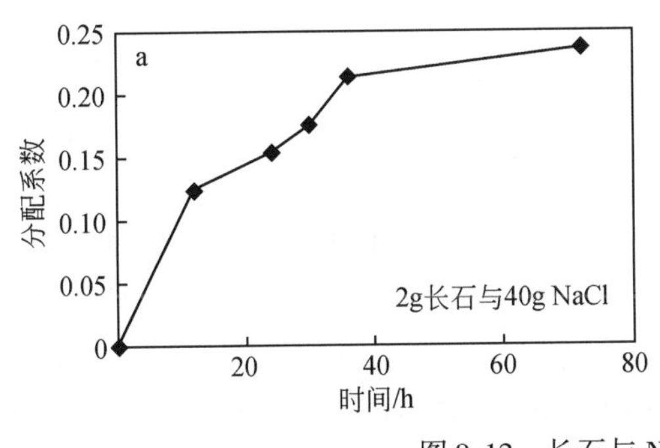

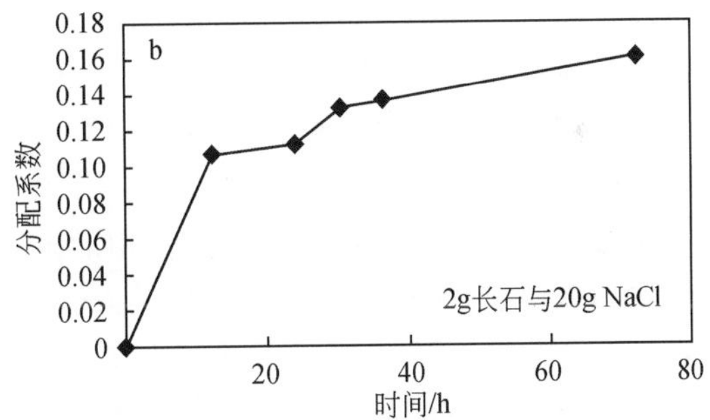

图 9-12　长石与 NaCl 离子交换分配系数

孔道矿物离子交换性质主要与矿物本身的结构特点、交换阳离子的性质和交换条件有关。由于长石孔径较小，交换离子不能表现出完全的离子筛效应，这是一些微孔孔道结构矿物常见的性质和特征（张铨昌等，1986）。长石具有相对致密的格架结构，在加热条件下，可加速孔道离子交换反应的进行。这是因为温度升高可以增加离子的活化能，加速离子的扩散速度。在长石与熔盐离子交换过程中，若阳离子直径稍大于矿物孔道自由孔径，由于长石氧原子环的振动作用，交换仍然可以发生，因此孔道效应也是有一定条件的。

在孔道矿物离子交换过程中，温度常常可以影响矿物的离子交换能力。某些阳离子直径较大，正常情况下不能进入矿物孔道中。而高温使矿物晶体格架的伸缩性增强，孔道变大，使原来不能进入的离子也能进入孔道中。

长石的离子交换反应主要是部分离子筛效应，这是由空间效应所引起的不完全交换。由于长石中单一的孔道结构，使得在交换反应还未进行完全时，熔体中的离子就进入长石孔道中，占据离子进出的通道，阻隔了内部没有被取代的可交换离子的路径，形成了不完全离子交换反应。

在长石矿物中，由于不同价态离子与［SiO_4］骨架作用键强方面的差异，高电价阳离子的移动性很小，而一价碱金属离子迁移率较大。Pelte 等（2000）计算的长石离子交换容量为 3. 9meq/g，高于丝光沸石的 2. 62meq/g、毛沸石的 3. 86meq/g、片沸石的 3. 45meq/g 和斜发沸石的 2. 64meq/g，因此长石具有一定的离子交换能力，可以作为离子交换剂使用。

长石也可以与水溶液中的离子发生交换反应，使矿物成分发生变化，形成含“不同杂质元素”的长石，但反应速度比较缓慢。在盐类熔体中进行离子交换反应的速度远快于在室温条件下的反应速度，温度升高加快了化学反应进程，并且有利于定量控制反应进行（段淑贞、乔芝郁，1990）。因此高温离子交换反应可以作为研究矿物微孔孔道效应的重要方法。

9. 3. 2　中温粉体中长石孔道固定 Pb

钾长石是岩浆岩中含铅较高的造岩矿物之一。Wedepohl（1974）研究了花岗岩中 638 个钾长石样品中 Pb 含量，达到 $n\times10^{-6}\sim300\times10^{-6}$。长石含量达 50% ~70% 的碱性岩中，长石中 Pb 含量约占全岩总含 Pb 量的 70% ~95%，表明钾长石是富含微量铅的矿物。这是因为钡长石和铅长石具有相似的结构，可以和钾长石形成完全固溶体系列，因而 Pb 可以优先赋存在钾长石中（Doe，1967）。Pb^{2+}离子半径为 0. 119nm，与 K^+（0. 138nm）和 Na^+（0. 102nm）接近，Pb^{2+}完全可以交换长石孔道中的 K^+和 Na^+等离子，进入长石孔道中而形成铅长石。

自然界中铅长石一般不以单独物相形式存在，Pb 常常以微量成分存在于各种类型长石，尤其是钾长石中（张乾，2004）。Fouque 和 Levy 曾将相应组分的氧化物在陶瓷坩埚中混合，高温熔融合成出三斜晶系铅长石（$Pb[Al_2Si_2O_8]$），密度为 4. 093g/cm^3（Scheel，1971）。Sorrell（1962）将高岭石和多水高岭石与 Sr、Ba 和 Pb 的硫酸盐反应，合成出含铅约 10% 的三斜铅长石。Scheel（1971）合成尖晶石时，在陶瓷盖的底部出现淡黄色透明的长条形晶体，为 $Pb[Al_2Si_2O_8]$-$K[AlSi_3O_8]$固溶体，其晶体结构与晶格常数显示为单斜晶系铅长石。Farquhar 等（1997）用条纹长石与 $Pb(NO_3)_2$溶液混合，结果显示 Pb^{2+}与长石发生明显的离子交换反应，长石中 80% 的 K^+会发生离子交换，并且在酸性条件下离子交换反应的速度会加快。

将钾长石与 $Pb(NO_3)_2$混合搅匀后在 380℃温度下加热反应。XRD 分析显示，反应产物 5 个强峰的 d 值分别为 6. 54、3. 42、3. 32、3. 27、2. 57Å（表 9-7），与 Scheel（1971）合成铅长石 5 个强峰的 d 值 6. 53、3. 45、3. 32、3. 27、2. 56Å 十分相似。虽然衍射峰强度有一定差别，但交换产物中铅长石的几个特征峰很明显，无疑说明生成了新的铅长石物相。至于衍射峰强度上的差异，可能是受原矿物钾长石的影响，铅长石衍射峰与原来物相衍射峰相互干扰，使衍射峰强度发生了改变。

表 9-7　铅长石、合成铅长石、正长石 XRD 特征对比

铅长石 $Pb[Al_2Si_2O_8]$（本书）		铅长石 $Pb[Al_2Si_2O_8]$（Scheel，1971）			正长石 $(K,Na)[AlSi_3O_8]$（本书）	
d/Å	I/I_0	d/Å	I/I_0	hkl	d/Å	I/I_0
6.54	72	6.53	100	$\bar{1}10$	6.50	6.1
4.60	20	4.60	20	021	4.58	1.0
3.80	47	3.80	35	111	3.78	6.0
3.61	19	3.61	20	$13\bar{1}$	3.56	30
3.42	47	3.45	72	$11\bar{2}$	3.48	10.7
3.32	98	3.31	50	$20\bar{2}$	3.35	29.2
3.27	100	3.26	50	002	3.25	100
2.98	81	3.00	25	131	2.96	1.7
2.57	19	2.56	60	$\bar{3}31$	2.56	3.9

关于 Pb 在长石结构中位置等理论问题一直悬而未决。综合前人的工作和上述离子交换实验结果，从长石的结构特征分析，认为铅长石中 Pb 的存在与长石孔道结构有关。Pb^{2+}与 K^+、Na^+的离子半径接近，一定温度条件下，Pb^{2+}完全可以交换长石孔道中的 K^+、Na^+等，进入长石孔道结构中，形成铅长石。考虑到长石具有的孔道结构特征，以及所表现出来的离子交换性，Pb^{2+}替代长石孔道结构中的 K^+、Na^+、Ca^{2+}等，形成了新的物相。离子交换反应式为

$$(K,Na,Ca_{1/2})[AlSi_3O_8] + Pb^{2+} \longrightarrow Pb[Al_2Si_2O_8] + (K^+,Na^+,Ca^{2+})$$

利用 XPS 对反应前后长石与 Pb^{2+}的键合特征进行了测定（表 9-8），结合能误差为 ±0.1eV。结果（图 9-13）显示反应产物中 Pb4f7/2 结合能为 136.81 ~ 138.44eV。PbO、$Pb(OH)_2$、$Pb(NO_3)_2$ 和 $PbSiO_3$ 的结合能分别为 137.2、137.3、138.3 和 138.45eV（Farquhar *et al.*，1997）。长石中 Pb 的结合能与其他含 Pb 化合物具有相似的结合能，说明它们都对 Pb 有较强的束缚能力。铅的化合物以离子键为主，键性较强。这表明长石中的铅以 Pb^{2+}的形式存在，占据了孔道结构中的 Ca^{2+}、K^+、Na^+等孔道离子的位置（Liu *et al.*，2006；Lu *et al.*，2006a）。

表 9-8　长石矿物中 Pb^{2+}与孔道离子 XPS 结合能及含量

谱线	样品	结合能/eV	含量/%	样品	结合能/eV	含量/%
Na1s Ca2p3 K2p3	1#	1072.01 348.10 293.07	1.186 0.219 2.72	2#	1071.90 347.90 293.11	1.267 0.166 1.829
Na1s Ca2p3 K2p3 Pb4f7/2 Pb4f7/2	1#Pb-feld	1091.93 0 293.06 137.03 138.44	0.165 0 0.696 0.932 7.453	2#Pb-feld	1071.98 0 293.02 136.81 138.09	0.582 0 1.625 0.501 4.599

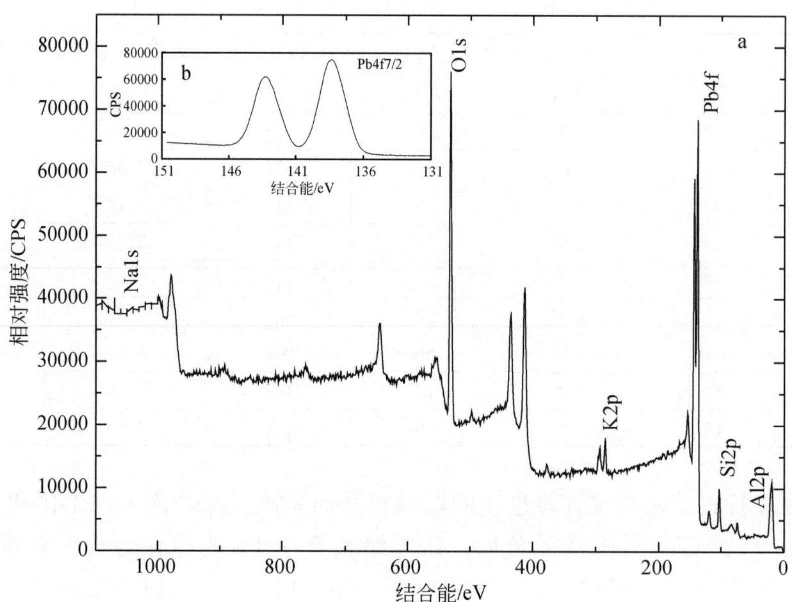

图 9-13　长石与 $Pb(NO_3)_2$离子交换反应产物 XPS 谱图(a)及 Pb4f 结合能局部放大(b)

9.3.3　常温溶液中长石孔道固定 Cd

用 $CdCl_2$配制 7 份浓度为 25mg/L 的 Cd^{2+}溶液，在 pH 为 5、室温条件下与 325 目钾长石粉混合，反应时间分别设置为 12、24、48、72、96、120、720h，反应后将上清液倒出，测试浓度，计算 Cd^{2+}去除率（图 9-14）。反应 120h 后，去除率为 96.25%；反应 720h 后，去除率达到 97.94%。反应 120h 和 720h 后溶液中 Cd^{2+}浓度变化并不明显，反映出溶液中 Cd^{2+}浓度基本达到了平衡。因此 120h 可以认为是长石去除 Cd^{2+}的平衡时间。

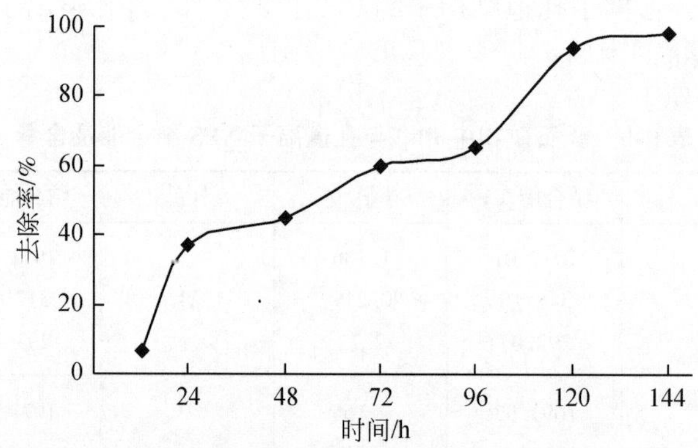

图 9-14　不同时间下长石对 Cd^{2+}的去除率

滤出反应 720h 后的钾长石粉，用去离子水反复冲洗，在烘箱中烘干后进行 XRD 测试（图 9-15）。反应后产物新出现 *d* 值分别为 4.70Å 和 2.78Å 的 2 个特征衍射峰，原有 6.40Å、3.17Å 和 2.97Å 的 3 个衍射峰得到加强。与 JCPDS 标准卡片中编号为 31-0217 的镉硅酸盐 XRD 谱图对比，上述 5 个衍射峰与含镉硅酸盐相相应的 5 个特征衍射峰十分相似甚至相同，并与在熔体中合成的化学成分为 $CdAl_2Si_2O_8$ 的镉铝硅酸盐 XRD 衍射峰特征吻合。充分说明溶液中 Cd^{2+} 与钾长石发生反应后，进入钾长石中，形成了镉长石物相，即 Cd^{2+} 与钾长石孔道离子发生离子交换反应。

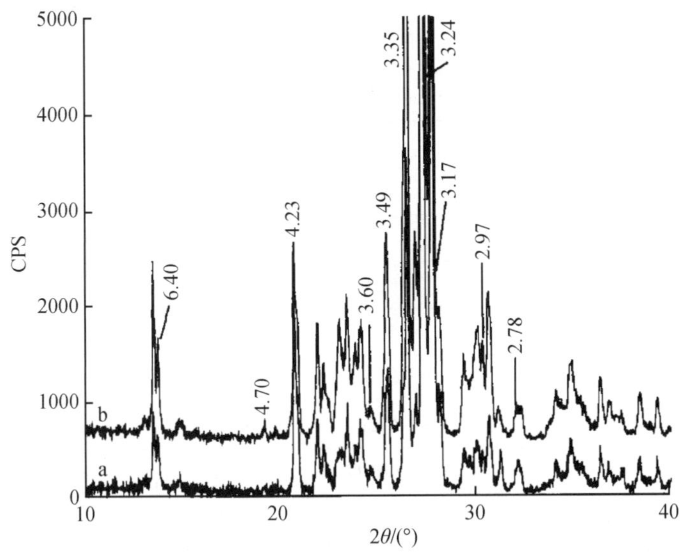

图 9-15　钾长石原样（a）及其与 $CdCl_2$ 溶液反应产物（b）的 XRD 图

钾长石与 $CdCl_2$ 溶液反应产物的 XPS 测试显示，产物中 Cd 的 3d5 结合能平均值为 406.6eV，而 $CdCl_2$ 结合能为 405.5eV（图 9-16），表明 Cd^{2+} 可能进入钾长石孔道中，钾长石中 Cd^{2+} 的化学成键环境与 $CdCl_2$ 不同。钾长石结构中 Cd^{2+} 结合能要比 $CdCl_2$ 中的（Seyama

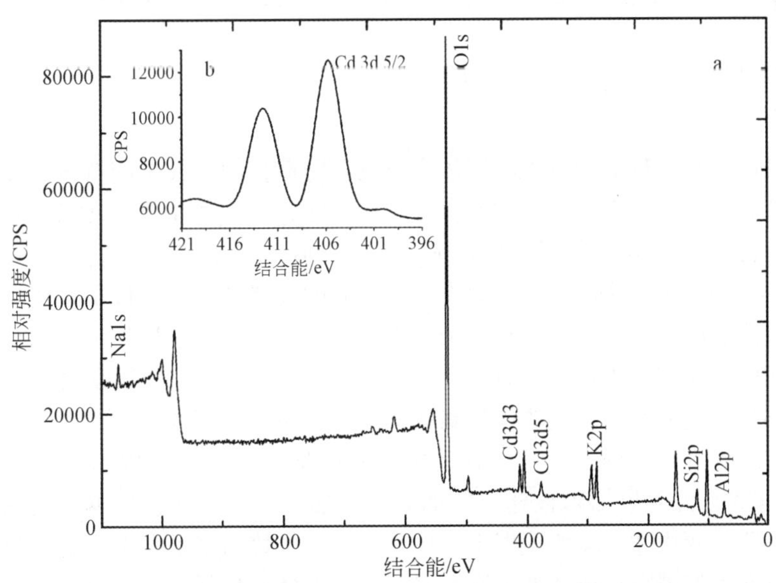

图 9-16　钾长石与 $CdCl_2$ 溶液反应产物 XPS 全谱图（a）及钾长石中 Cd3d 结合能局部放大图（b）

and Soma，1984）大，表明钾长石对 Cd^{2+}具有较强的束缚能力（Lu *et al.*，2006a）。

反应产物XPS分析结果还显示，钾长石中 K^+、Na^+和 Ca^{2+}含量发生了明显变化（表9-9），分别降低0.929%、0.269%和0.219%，产物表面已检测不到 Ca^{2+}，而出现0.584%的 Cd^{2+}。这也是钾长石孔道离子与 Cd^{2+}发生部分交换反应的结果。尽管XPS显示的是矿物近表层信息，但也从一个侧面反映长石矿物近表层孔道中成分的变化。这与反应产物XRD中出现含Cd硅酸盐物相一致。

表9-9　钾长石孔道离子及 Cd^{2+}的XPS分析

样品	氧化物	w_B/%	谱线	含量/%	反应后与反应前变化量	
反应前	K_2O	9.29	K2p3	2.720		
	Na_2O	3.35	Na1s	1.186		
	CaO	1.45	Ca2p3	0.219		
反应后			K2p3	1.791	K2p3	−0.929
			Na1s	0.917	Na1s	−0.269
			Ca2p3	0.000	Ca2p3	−0.219
			Cd3d5	0.584	Cd3d5	+0.584

微孔矿物材料中，由于一些矿物的孔道直径较小，孔道离子的束缚性较强。常温条件下，孔道的离子交换主要出现在矿物的近表面，而无法在矿物的深层发生。长石表面孔道离子 K^+、Na^+和 Ca^{2+}含量变低，而 Cd^{2+}含量增高，说明 Cd^{2+}占据了孔道中阳离子位置，而不仅仅只有表面吸附作用发生。

以上实验结果至少表明，在低温条件下，长石中部分的 Na^+、K^+或 Ca^{2+}等孔道离子可与 Cd^{2+}发生离子交换反应，即低温条件下长石具有一定的孔道离子交换效应。

9.3.4　长石孔道阻滞核素迁移

放射性核废料是一种极为有害的固体废弃物，寿命长的高放核废料达到无害化需要上万年甚至更长时间，如放射性核素 ^{238}U、^{129}I、^{99}Tc、^{239}Pu、^{59}Ni、^{94}Nb 等半衰期都在万年以上，其中 ^{238}U 的半衰期长达44.7亿年（Witherspoon，1996）。因此为把放射性废物，尤其是核电站的高放废物隔离于生物圈之外而提供永久可靠的处置方法，不仅是发达国家也是发展中国家极为关注的问题，但至今没有一个国家正式建成处置库，均处于场地预选和评价阶段，如地下实验室研究与天然类比研究（王驹等，2000）。放射性核废料处置中，阻滞放射性核素迁移是关键问题，而地质体是高放核废料地质处置库的宿主，是阻滞放射性核素向环境迁移的最后一道屏障，因此选择稳定性好的地质体对于处置高放核废料极为重要（陈璋如，2000）。目前包括阿根廷、保加利亚、加拿大、中国、日本、捷克、芬兰、法国、印度、南非、西班牙、瑞典、瑞士、乌克兰等大多数国家根据本国地质条件初步选择花岗岩作为具有天然屏障功能的处置库围岩，美国选择的是凝灰岩（Witherspoon，1996）。

需要说明的是，在诸多处置库选址标准中，围岩的孔隙构造和矿物表面裂隙特征以及核素在岩石介质中的有效迁移与扩散速率被指定为关键指标，此外，还要求岩石在物理化学性质上具备足够高的均一性和连续性以及足够低的渗透性（IAEA，1994）。我们认为这些评价指标仅仅停留在岩体中有无断裂、岩石中有无裂隙等宏观层次上，而没有对组成岩石的矿物内部结构所具有的孔道特性这一微观细节给予充分的认识。近年来，从矿物学层次上深入分析人工屏障的可变性及其对放射性核素的阻滞作用愈加受到重视（Curtis，2000；Campbell，2000）。特别需要强调的是，除了辐射作用外，由于核素衰变导致高放废物发热，可使围岩温度高达200℃（Witherspoon，1996），而热扰动又促使围岩性质发生变化，将大大提高核素在围岩中的迁移速率。

长石类矿物是花岗岩的主要组成矿物，在凝灰岩中钾长石含量接近50%，因此长石类矿物的结构状态在很大程度上决定着花岗岩和凝灰岩的天然屏障程度。典型高放射性核素原子半径，比长石类矿物孔道中存在的K、Na、Ca还要小（表9-10）。有理由认为，既然碱金属离子能够进入长石类矿物孔道，大小相当而活性更强的放射性核素无疑更容易进入长石类矿物孔道。正是花岗岩与凝灰岩中长石类矿物发育良好的孔道结构，可使核素进入孔道，才有可能阻滞核素迁移而成为天然屏障。

表 9-10　典型高放射性核素原子半径与长石孔道中充填物大小

原子种类	^{238}U	^{129}I	^{99}Tc	^{59}Ni	^{94}Nb	^{232}Th	^{79}Se
半径/nm	0. 152	0. 133	0. 136	0. 124	0. 146	0. 180	0. 140
原子种类	^{210}Po	^{107}Pd	^{93}Zr	Ca	Na	K	H_2O 分子
半径/nm	0. 141	0. 137	0. 160	0. 197	0. 190	0. 235	0. 138

9.4　钾长石孔道中的水

水存在于许多矿物中，并对矿物的许多物理化学性质有重要影响，水也是某些孔道结构矿物重要组成成分之一。近些年来，人们对矿物中的水表现出极大兴趣，并在许多名义上无水矿物中发现了水，它们以 OH^-、H_2O 等形式存在于矿物结构中（Bell，1992；Rossman，1996）。孔道结构矿物中有开阔的孔道和笼，为水分子的存在提供了空间和场所。尽管长石中水含量很少，很难获得精确的有关水的结构信息，但是一些现代矿物学研究方法的出现为探讨矿物中的微量水提供了可能（Kronenberg *et al.*，1996；Johnson and Rossman，2004）。

9.4.1　钾长石孔道水的红外光谱

长石的红外光谱中可以观察到两种含氢相：一是羟基，二是 H_2O 分子，以 3418cm^{-1} 为中心的宽峰是分子水的红外吸收峰。

沿不同结晶学方向，长石结构水的类型、位置和吸收峰的强度有一定的差异。从图 9-17

可以看出，垂直（001）方向的红外光谱标准化至1cm后的积分面积为1717.5，而垂直（100）方向的峰面积稍小。平行［001］方向上，长石孔道中有大的阳离子占据，当阳离子缺失而被水分子替代时，其含水量自然较其他方向为大，这与理论上长石结构的孔隙大小相吻合。水的吸收峰强度和位置的差异表明引起长石矿物红外吸收的“水”是具有结晶学取向的，由此可以判断长石矿物中的水相当于沸石水，属于孔道水。Wilkins 和 Sabine（1973）在研究垂直（010）方向长石的红外光谱特征后认为长石矿物中存在水分子，3000～3750cm^{-1}的宽峰是水分子振动吸收的特征。

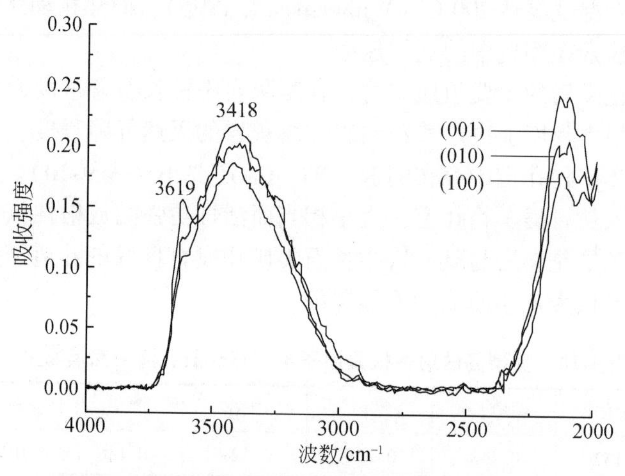

图9-17　长石不同结晶学方向红外光谱图

3619cm^{-1}处的尖锐峰是由 OH^-造成的。长石的孔道结构中，有 K^+、Na^+、Ca^{2+}等离子占据，H^+可以替代 K^+、Na^+，和硅氧四面体中的桥氧形成羟基（Farver and Yund，1990）。Behrens 和 Muller（1995）对含氢长石的研究也发现有此峰，位置在3565cm^{-1}，比我们观察到的波数稍低。但 Johnson 和 Rossman（2004）的研究表明，长石的红外光谱在3500～3650cm^{-1}范围内出现的窄峰属于Ⅰ型 OH^-。无论如何，都属于结构水，即长石中含一定量的结构水。

9.4.2　钾长石孔道水含量

对经烘干去除了表面吸附水的长石进行热分析，热重曲线（图9-18）无明显失重反应，但加热到1000℃时，重量损失达到了0.28%。其差热曲线无显著的放热峰和吸热谷，主要表现为宽而缓的波状曲线，这与长石的成分特点比较吻合。差热曲线上约46℃和269℃处有两个舒缓的放热峰，可能是混染物导致的；而935℃的吸热谷是由长石的结构水引起（叶大年、从柏林，1981），说明长石中含微量的水。

差热热重分析显示钾长石失重0.07mg，含水量为641μg/g，表明长石中存在一定量的结构水。Kronenberg 等（1996）以及 Johnson 和 Rossman（2004）对长石结构水的定量分析认为长石中结构水的含量在365～915μg/g。

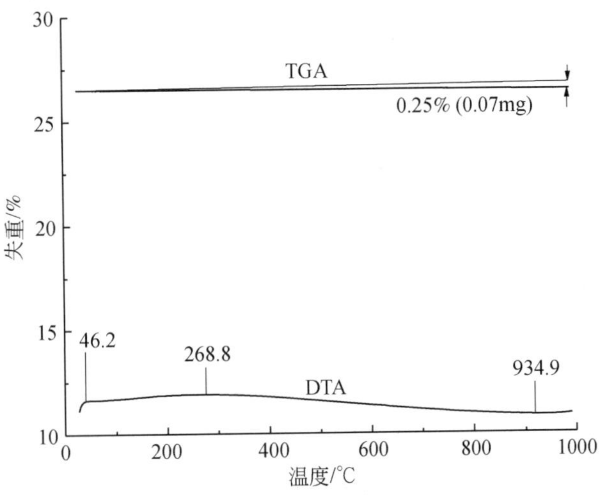

图 9-18　钾长石的差热和热重曲线

我们对同产地的两个正长石进行氢压力实验，试图对长石中的微量水进行定量分析，结果表明两个长石中水的含量分别为 310μg/g 和 590μg/g，与其他研究者的测定结果较吻合（Hofmeister and Rossman，1985；夏群科等，2000）。

9.4.3　钾长石孔道水的静水压力效应

地壳 10～20km 深度范围是长石最常出现的深度位置。为了研究钾长石在地球内部受静水压力作用效应，将钾长石置于纯度 99.96% 的去离子水作传压介质的立方氧化锆压腔中，分别加压至约 300MPa（约为地壳下 10km）和 600MPa（约为地壳内部 20km）。通过手动螺丝逐步对样品加压，根据石英 $464cm^{-1}$ 拉曼峰的漂移确定静水压力值。在加到所需压力后，原位平衡 12h，然后逐步卸压。取出的样品进行红外光谱测试，确定长石样品中水的变化。为了去除表面的吸附水，样品均放入温控烘箱中，在 180℃ 条件下原位烘干 3h。

1. 拉曼峰位高频位移

长石的拉曼图谱都十分相似，主要峰位为：$200\sim400cm^{-1}$ 是 M（K 等阳离子）—O 的弯曲和伸缩振动峰，$506\sim518cm^{-1}$ 属于 Si（Al^{IV}）—O—Si 的弯曲振动峰，为长石的特征峰（Tan *et al.*，2004）。$700\sim860cm^{-1}$ 范围内的峰为四面体和四面体基团之间的振动峰（Holtz，1996）。

利用石英压标的 $464cm^{-1}$ 峰位移值的变化，根据压力标定公式（Christian and Martin，2000）：

$$P = \frac{(\Delta V_p)_{464} - 2.051 \times 10^{-11} T^4 - 1.465 \times 10^{-8} T^3 + 1.801 \times 10^{-5} T^2 + 0.01216T - 0.29}{0.009} + 0.1$$

获得了长石所受的原位静水压力值（表 9-11）。

表 9-11　不同静水压力条件下长石结构基团拉曼光谱位移变化

石英压标拉曼峰位/cm^{-1}	464	465.10	466.73	467.56	468.60	469.38
压力/MPa	0.1	122.38	305.34	399.23	517.59	606.87
M—O 振动峰/cm^{-1}	432.33	433.02	433.20	433.50	433.50	434.83
石英压标拉曼峰位/cm^{-1}	464	465.10	466.73	467.56	468.60	469.38
Al^{IV}—O—Si 弯曲振动峰/cm^{-1}	507.27	507.43	507.80	508.46	508.13	509.46
[SiO_4] 四面体基团振动/cm^{-1}	796.69	797.07	795.47	792.80	797.07	798.40

结合图 9-19，不加压时长石 Al^{IV}—O—Si 弯曲振动峰位于 507.27cm^{-1}，加压 122MPa 时该峰向高频方向移动了 0.16cm^{-1}。随着压力的增加，波数不断变大，在 305MPa 时，为 507.80cm^{-1}，增加了 0.53cm^{-1}；606.87MPa 时，达到 509.46cm^{-1}，增加了 2.19cm^{-1}。[SiO_4] 四面体基团振动峰尖锐，也显示了随压力增加，峰位向高频位移的趋势。金属离子和硅氧四面体形成的 M—O 振动峰也有随压力加大，向高频位移的特点。这种现象的出现可能是由于压力增加，[SiO_4] 四面体的趋于聚合，使 Si—O—Si 键长变短，Si—O 键力常数增大，因而引起了振动频率的增加（陈丰等，1995）。另外，水分子进入长石结构中，也会造成长石主要拉曼峰位向高频移动。

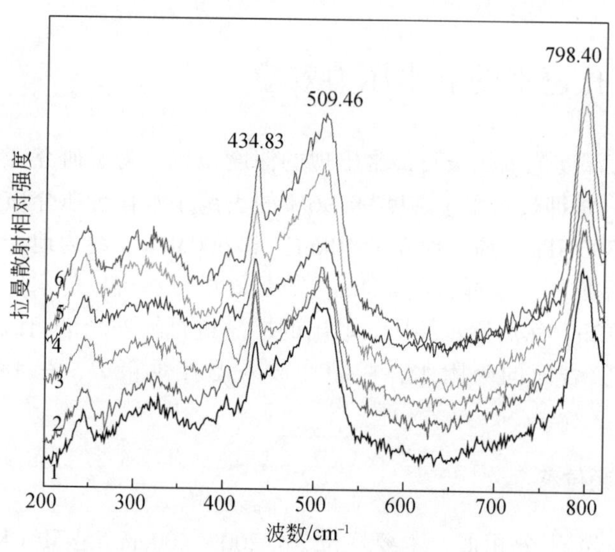

图 9-19　长石矿物在不同静水压力条件下的拉曼光谱

1. 未加压；3. 300MPa；6. 600MPa

2. 孔道含水量变化

经静水压力作用的钾长石在 2000～4000cm^{-1} 红外光谱及分析结果见图 9-20 和表 9-12。2000～4000cm^{-1} 范围内的吸收峰是由 OH^- 基团和 H_2O 分子对称和非对称伸缩振动造成的；而 3100～3700cm^{-1} 处的宽吸收峰说明长石中含水分子。

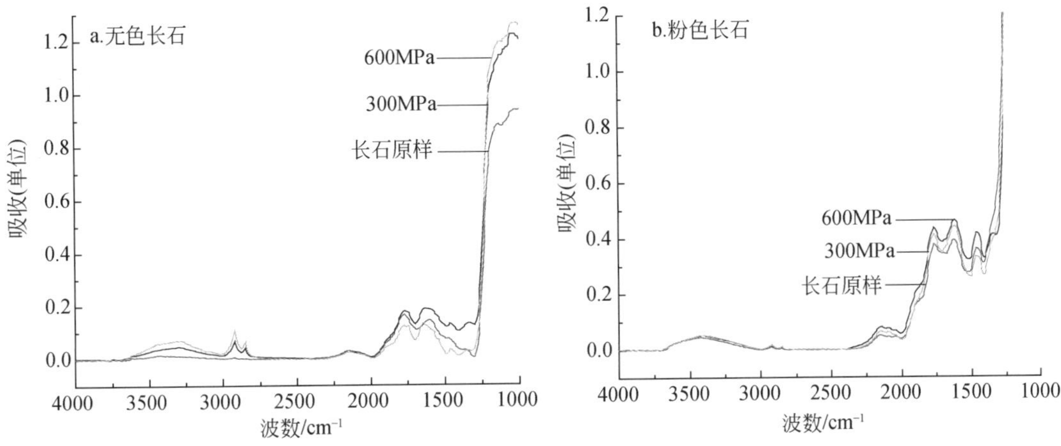

图9-20　300MPa和600MPa下长石的红外光谱

表9-12　常压及300MPa和600MPa压力条件下长石的红外光谱数据及分析结果

峰中心位置/cm	样品	偏振光方向	实验条件	峰中心位置/cm^{-1}	峰高*	积分面积*/cm^{-2}
3420	长石原样	近垂直（100）	常温常压	3420	18.19	1365.3
3400		垂直（010）		3420，3619	19.40	1434
3410		垂直（001）		3418	20.86	1717.5
3420	粉红色长石	垂直（001）	常压	3420	17.98	1383
3420			300MPa	3420	19.89	1904
3420			600MPa	3410	20.92	2001
3420	无色长石	垂直（001）	常压	3420	1.50	120
3310			300MPa	3310	11.32	1124
3290			600MPa	3290	14.54	1570

*积分吸收面积和峰高是标准化至样品厚度为1cm后的值。

长石是地壳花岗岩中的主要组成矿物，研究在地壳的一定压力条件下长石的含水性有重要理论和实际意义。无色长石通常是无水的，研究样品无色透明长石原样在3100~3700cm^{-1}位置的红外谱线近于水平（图9-20a），也显示其中几乎不含水。将该样品分别加压300MPa和600MPa后，其红外光谱在3100~3700cm^{-1}范围内出现了宽的水峰（图9-20a），说明长石结构中出现了水；并且随压力加大，水含量有一定增加。此现象表明通常情况下水分子较难进入矿物的一些小孔道中，但是在一定的静水压力条件下，水分子却能够进入通常情况下无法进入的小孔径孔道中。为了排除裂隙水和表面吸附水，测试之前对样品在180℃下，加热烘干3h，表明一定压力下的红外水峰显示的是孔道水的吸收峰。

粉红色长石原样的红外光谱表现出明显的水吸收峰（图9-20b），可能是由于一些高价离子如Ca^{2+}、Fe^{2+}、Ba^{2+}等替代了K^{+}、Na^{+}进入长石的格架，为保持电荷平衡，长石格架会出现离子空位。这些空位的孔隙可以让水分子进入，充填到长石的孔道结构中。值得注意的是，加压到300MPa和600MPa的不同压力时，长石中水的红外吸收峰变化并不明显，峰高无显著增加（表9-12）。可能是由于加压到300MPa，长石孔道中的水分子已接近饱和，即使再进一步加大压力，进入到长石孔道中的水量也不会有明显增加，所以尽管静水压力增加了一倍，但长石孔道水的峰高并无明显变化，表明矿物中孔道水含量已达到饱和。表 9-12 给出了两种自然界中常见的无色和粉红色长石在常压下和加压到 300MPa 和 600MPa 压力后，长石矿物的典型红外光谱特征、吸收峰位置和标准化至 1cm 样品厚度后的积分吸收面积。吸收面积是在扣除基线对 3100 ~ 3700cm^{-1} 范围内水的吸收峰积分后而获得。

加压后长石的红外吸收光谱的变化表明长石中水的含量发生了改变。这是由于长石中存在［101］和［001］方向的孔道，在一定的压力下，H_2O 分子进入长石孔道中，占据了长石孔道结构中的 M 位。加压前后长石中水含量的变化，表明来自外部的水在一定压力条件下，可以很快地进入长石孔道中。自然界长石中的氢、氧扩散应该首先是水分子的迁移过程。

从表 9-12 中长石静水压力实验中水分子的峰高变化看，最大值在 20 左右，再加大压力，水峰的峰高也无明显的改变，表明长石矿物中的水与沸石水相似，有上限值，而非普通吸附水。因为长石的孔道结构空间是有一定体积的，进入到长石结构中的水分子数量也应该有一定限度。

9.4.4 长石孔道水反应性

Anorsson 和 Stefansson（1999）的研究表明长石与水的相互作用首先是矿物表层的离子交换，然后才发生长石的水解反应。当长石与地下水接触时，矿物表面会发生一系列的化学反应，包括水合、溶解、沉淀、淋滤，以及吸附 H^+、OH^- 及有机、无机原子和分子。H^+ 离子与长石的离子交换深度在钠长石中可达 2. 1Å，在微斜长石中达 3. 7Å（Farquhar *et al.*，1997）。因此，长石孔道结构中存在的有益离子可以被交换出来，进入地下水，成为矿泉水中的有益元素。

长石孔道结构的存在使地下水和长石中的孔道离子易于发生离子交换。在水岩作用过程中，离子交换会使长石中的有益微量元素，如 Li、Sr、Se 等，被置换出来。这些人体必需的微量元素析出，形成易于被人体吸收的离子（马晓红，2002）。在近地表条件下长石与水之间长期相互作用和影响，会发生水岩反应，反应式为

$$MAlSi_3O_8 + H^+ \longrightarrow HAlSi_3O_8 + M^+$$

其中，M^+ 代表 Na^+、K^+、Ca^{2+}、Li^+、Sr^{2+} 等离子。

研究表明，长石中确实存在孔道离子交换作用，只是现在人们更多地关注了长石与水之间相互作用的最终产物，而忽略了长石与水的初期孔道离子交换效应。

花岗岩地区往往出产优质的矿泉水，与花岗岩含丰富的长石类矿物有一定联系。矿泉水中的 Sr^{2+} 的半径与 K^+、Ca^{2+} 的半径接近，可以存在于长石的孔道中，同时，自然界中也存在锶长石。在水岩相互作用过程中，离子交换作用会使长石中的锶元素成为游离状态而溶解在水中。因此，当长石类矿物通过离子交换以及蚀变水解时，不仅能释放大量游离状态的 SiO_2，还可释放离子状态的锶，锶溶于水便可以形成含锶矿泉水（孔敏、吴泉源，2001）。

矿泉水是特定地质条件下形成的、含一定量对人体健康有益的微量元素或其他矿物组分、气体成分的地下水。

矿泉水是地下水与岩石间长期水岩反应的产物，其影响因素包括岩石的化学成分、矿物成分等。矿泉水的微量元素含量与矿物成分密切相关。我国已知的具有水源资料的 1606 个矿泉水中，属于偏硅酸矿泉水 713 个，占 44%（王桂清，2002）。偏硅酸的物质来源是硅酸盐和二氧化硅矿物。赵广涛等（1995）认为中国东部燕山期碱性花岗岩和二云花岗岩中的长石、石英等矿物是形成山东崂山含锶、偏硅酸矿泉水的主要矿物学因素，并且产地附近有大量砂岩和砂页岩，这些岩石中的矿物主要为钾长石、钠长石、钙长石、石英和黑云母以及由钾长石、钠长石组成的正长石系列和由钙长石、钠长石组成的斜长石系列矿物。这些岩石在蚀变过程中都能释放大量游离状态的 SiO_2，从而形成偏硅酸（H_2SiO_3），它们溶解在水中，便形成了达到国家饮用水标准的矿泉水。

我国许多其他火山岩地区也是著名的矿泉水产地，如吉林长白山、黑龙江五大连池等地。长石可以与水发生水解反应，使长石出现脱 K^+ 和脱 Na^+ 现象。长石作为花岗岩中的主要矿物，成分中的 Si 以及孔道结构中的 Li、Rb、Sr、Se 等元素都会对矿泉水的水质和类型产生重要影响。当这些微量元素在水中达到一定含量时，便会形成不同类型的矿泉水。

相对于直径为 0.5～5.0μm 的细菌以及直径为 0.2～0.25μm 的病毒，花岗岩中长石类矿物的微孔可以成为优良的过滤器，将病原细菌及个体尺寸较大的原生动物和蠕虫通过过滤作用而去除，甚至水体中色度、氨氮、有机污染物、油类物质等也能通过长石类矿物孔道过滤作用而去除，那些直径较小的水分子和有益健康的多种微量元素得以通过无裂隙的花岗岩岩体中长石类矿物的孔道进入到地下水中。

事实上，长石类矿物具有的良好超微孔道结构，足以使大小约 0.138nm 的水分子进入与通过。自然界岩石中经常可见这样的现象：花岗岩中钾长石在遭受水热蚀变而发生绢云母化时，绢云母常常呈浸染状出现于完整的钾长石晶体内部；而无孔道结构的辉石、角闪石及黑云母发生绿泥石化等水热蚀变时，绿泥石无一例外地出现在这些矿物完整晶体的边缘。这无疑与水分子能够进入长石类矿物超微孔道有关，化学反应式为

$$3K[AlSi_3O_8] + H_2O = KAl_2[AlSi_3O_{10}](OH)_2 + 6SiO_2 + K_2O$$

正是由于长石超微孔道便于水分子进入，长石晶体中心易于发生绢云母化；而长石晶体边部水分子容易逸出，使得长石矿物边部蚀变作用较弱（鲁安怀，2005c；Lu *et al.*，2006a）。

第 10 章　锰钾矿八面体孔道效应

10.1　锰氧化物孔道结构

大部分锰的氧化物和氢氧化物矿物都具有孔道结构，其晶体结构类似于天然沸石。锰氧化物矿物中的［MnO_6］八面体相当于沸石中的［SiO_4］四面体，［MnO_6］八面体共棱和角顶氧形成单链、双链和三链等链状结构，四个链条相互共角顶以近正交方式围成长方形或正方形的中空一维通道，通道内可为较大的金属离子和水分子所占据。锰的某些氧化物矿物具有多种变种，它们的区别主要表现在阳离子八面体的连接方式和孔道阳离子的种类上。常见的具有孔道结构的锰氧化物矿物主要有钙锰矿、锰钾矿、锰钡矿、锰铅矿、钡硬锰矿、软锰矿、拉锰矿、恩苏塔矿等。下面分类介绍这些矿物的晶体化学及孔道结构特征（Healy and Leckie，1966；王寒竹，1991；Post，1999）。

1. MnO_2系列

MnO_2系列矿物有软锰矿（β-MnO_2）、拉锰矿（MnO_2）和恩苏塔矿（γ-MnO_2）3 个同质多象变体。软锰矿属四方晶系，空间群为 $P4_2/mnm$，金红石型结构，［MnO_6］八面体共棱形成单链，链间又以共角顶的方式相连，构成沿 c 轴延伸的 1×1 型孔道结构（图 10-1a）。水锰矿与软锰矿具有相似的 1×1 型结构（图 10-1b），但水锰矿中所有的 Mn 均为三价，并且一半的 O^{2-} 被 OH^- 所替代。拉锰矿结构中，［MnO_6］八面体链与另一条八面体链共棱，且两条链平行 c 轴相对移动 $1/2c$。这种全满的八面体双链与空八面体双链交替排列，上、下八面体层的双链再以共角顶方式连结，形成 1×2 型的长方形孔道（图 10-1c）。恩苏塔矿的结构可看成软锰矿和拉锰矿的交生，多数所谓恩苏塔矿实际上是拉锰矿和软锰矿的混合体。恩苏塔矿中［MnO_6］共棱形成单链或双链（即软锰矿单链和拉锰矿双链）沿 c 轴延伸，链间共角顶方式结合。由于单链和双链的交替是任意的，恩苏塔矿中出现无规律的周期性，普遍具有晶格缺陷、空穴和非化学计量比，其 XRD 衍射峰常出现宽化和不对称性。软锰矿作为高价锰的氧化物，是地壳中最稳定且最丰富的锰矿石矿物之一。

2. 锰钡矿族

锰钡矿族矿物的化学式为 RMn_8O_{16}，R 为充填于孔道中的大半径阳离子，可以是 Ba^{2+}、Pb^{2+}、K^+或 Na^+。根据孔道内阳离子的不同分为锰钡矿、锰钾矿、锰铅矿和锰钠矿。此类锰氧化物亦称为 α-MnO_2，一般属四方晶系。结构中［MnO_6］共棱形成双链平行 c 轴延伸，链间共角顶氧相连形成 2×2 型孔道结构（图 10-1d）。孔道中可容纳半径较大的一价和二价金属阳离子（K^+、Na^+、Ba^{2+}、Pb^{2+}等）及 H_2O。由于孔道阳离子之间存在斥力，

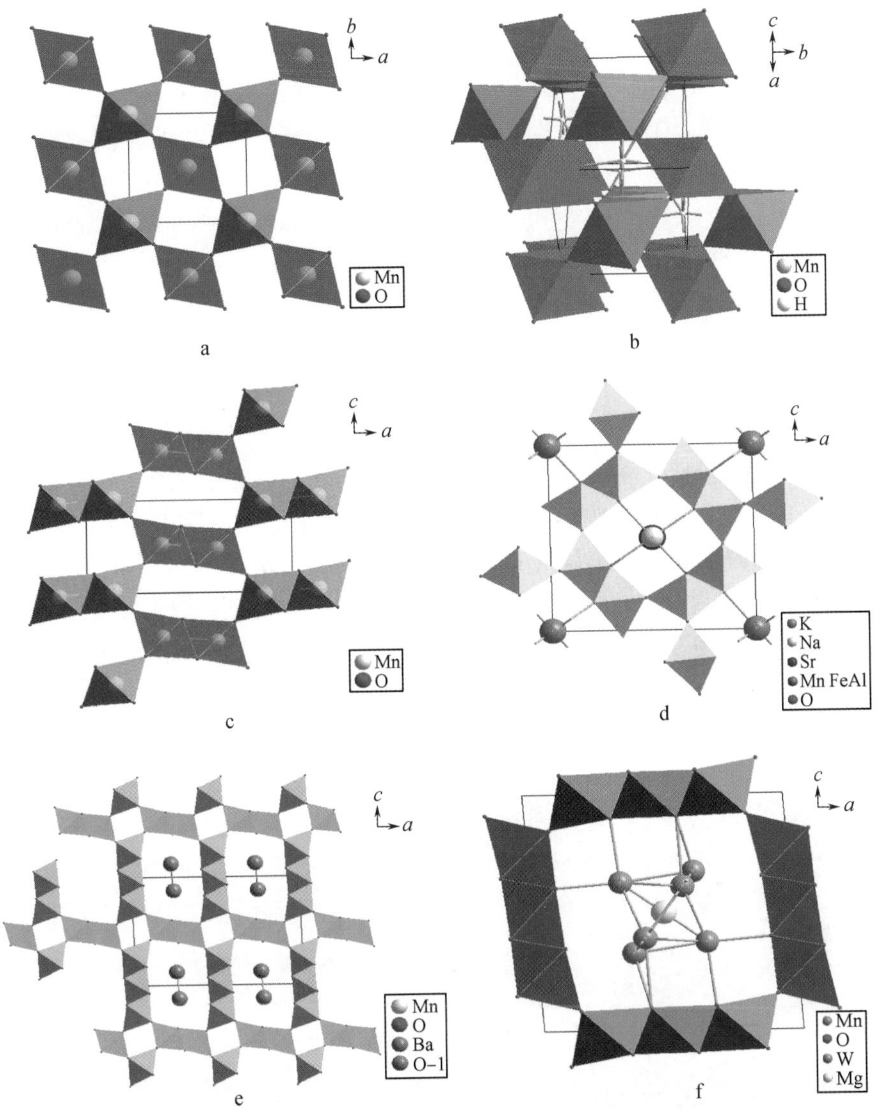

图 10-1　孔道结构锰氧化物与氢氧化物的晶体结构图

a. 软锰矿 1×1 型孔道；b. 水锰矿 1×1 型孔道；c. 拉锰矿 1×2 型孔道；d. 锰钾矿 2×2 型孔道；e. 钡硬锰矿 2×3 型孔道；f. 钙锰矿 3×3 型孔道。晶体结构数据源自美国矿物学家晶体结构数据库，Wyckoff，1963；Post *et al.*，1982；Turner and Post，1988；Post *et al.*，1988；Kohler *et al.*，1997；Post and Heaney，2004

这些大半径离子充填的孔道位置不可能超过总孔道的一半。如果孔道内的 K、Ba 等被其他金属离子替代，将改变晶体的结构，原来 *c* 轴方向的四次对称变为二次对称，四方晶系则变为单斜晶系。因此，锰钾矿和锰钡矿具有单斜变种，其［MnO_6］八面体双链组成的假四方孔道沿 *b* 轴延伸。

3. 钡硬锰矿

钡硬锰矿是一种狭义的硬锰矿矿物种，在自然界的分布并不是十分广泛，呈皮壳状、钟乳状，无定形，其 XRD 特征峰对应的面网间距 d 为 0.241、0.219、0.348nm，理论化学式为 $Ba_{0.66}Mn^{3+}_{1.32}Mn^{4+}_{3.68}O_{10}\cdot 1.34H_2O$。钡硬锰矿具有 2×3 型孔道结构（图 10-1e），即由［MnO_6］八面体共棱组成的三链和双链相连接形成的孔道，链与孔道与 b 轴平行；部分 Mn^{3+}替代了三链边缘八面体位中的 Mn^{4+}，钡离子与水分子以 1∶2 的比例填充在该孔道中（Post，1999）。其中钡易被钙、铀、锶、钠等离子替代，有时可替代达 70% 以上。Turner 和 Buseck（1979）利用高分辨透射电镜观察到钡硬锰矿和锰钡矿的共生，这两种结构之间通过共用双链连接；此外还观察到一些特殊的孔道结构，如 2×4 型以及 2×7 型孔道。当加热到 500～600℃时，钡硬锰矿会转化为锰钡矿（Fleischer and Richmond，1943）。

4. 钙锰矿族

钙锰矿早先发现于大陆锰矿床，后来大量发现于大洋锰结核中。钙锰矿的 XRD 特征峰对应的面网间距 d 包括 0.946、0.331、0.241、0.142nm，其中 $d_{(100)}$ 面网间距接近 1nm，是一种主要的 1nm 锰矿物相，曾经与 1nm 的布塞尔矿混淆，有关其晶体结构以及作为独立矿物相的合理性曾引起许多争议（Turner and Buseck，1981；Giovanoli，1985）。钙锰矿多呈板状或纤维状的集合体，说明其有可能具有孔道或者层状的结构（Burns *et al.*，1977）。事实上，钙锰矿晶体中由［MnO_6］八面体共棱沿 c 轴方向形成三链，相邻的三链连接形成网络，具有 3×3 型孔道结构（图 10-1f），孔道大小为 0.69nm×0.69nm（Turner and Buseck，1981；Burns *et al.*，1985）。Turner 和 Buseck（1981）利用高分辨透射电镜在钙锰矿局部观察到了 3×4 型、3×5 型，甚至 3×9 型孔道结构。钙锰矿的理论化学式为 $(Ca,Na,K)_{0.3\sim0.5}[Mn^{4+},Mn^{3+},Mg]_6O_{12}\cdot 3\sim4.5H_2O$。低价离子如 Mn^{3+}、Mg^{2+}、Ni^{2+}可替代八面体中的 Mn^{4+}。由于钙锰矿的孔道较大，除水分子外，还可容纳多种阳离子，如一价的 Na^+、K^+以及二价的 Mg^{2+}、Ca^{2+}、Co^{2+}、Ni^{2+}和 Cu^{2+}，大洋锰结核中的钙锰矿孔道结构中甚至可含百分之几的 Co、Ni 和 Cu（Burns *et al.*，1978）。

10.2 锰钾矿晶体化学

10.2.1 化学成分

湖南湘潭和广西下雷锰矿中天然锰钾矿集合体的电子探针微区成分分析（表 10-1）表明，绝大部分样品的 MnO_2 含量达 90% 以上；K_2O 在 2.52%～4.37%，下雷脉状锰钾矿含量偏低，不足 3%，而下雷肾状锰钾矿含量较高，最高可达 4.37%，湘潭锰钾矿介于其间；Na_2O 含量不足 1%；CaO 含量多在 0.50% 以下（Lu *et al.*，2003a）。大部分样品含一定量 Al_2O_3和 SiO_2，部分样品含一定量的 Fe、Ni、Ba、Sr、Mg、Ti、Cr、Cu、Zn 等元素。这些成分可能以类质同象的方式存在于锰钾矿晶格，也可能以极细小的颗粒，如高岭土、石英等机械混入锰钾矿的集合体间。

表 10-1　湖南湘潭和广西下雷锰矿中锰钾矿集合体的电子探针成分分析　　（单位：%）

样品	MnO_2	K_2O	Na_2O	CaO	BaO	SrO	Fe_2O_3	Cr_2O_3	Al_2O_3	SiO_2	MgO	TiO_2	NiO	CuO	ZnO	P_2O_5	总量	H_2O
XT1-1	92.95	3.19	0.22	0.14				0.22	0.67	0.23	0.49	0.15				0.09	98.35	1.64
XT1-2	92.43	2.87	0.81		0.08				0.73	0.19			0.39			0.18	97.68	2.14
XT1-3	90.12	3.44	0.62	0.10					1.73	0.03	0.06	0.10	0.53		0.75		97.48	2.29
XT1-4	92.81	3.17	0.46	0.31					0.63	0.01	0.12	0.36			0.34	0.24	98.45	1.47
XT1-5	93.65	3.05	0.22	0.22	0.08			0.21		0.07					0.08	0.21	97.79	2.19
XT1-6	91.19	3.19	0.43	0.20	0.03		0.09	0.49	0.46	0.42						0.49	96.99	2.40
XT1-7	91.17	3.21	0.35	0.51	0.14		0.30	0.01	0.11	0.21		0.08		0.37		0.40	96.86	2.31
XT1-8	91.89	3.35	0.22	0.15	0.21			0.24	0.06			0.07	0.20		0.16	0.23	96.78	3.10
XT2-1	93.83	3.76	0.17	0.11					0.02	0.28		0.14	0.30	0.29	0.14	0.55	99.59	0.29
XT2-2	92.66	3.71	0.13	0.16					0.02	0.16		0.34	0.11	0.13		0.52	97.94	2.00
XT2-3	89.92	3.42		0.04	0.44				0.84	0.11	0.27			0.09	0.28	0.31	95.72	4.25
XT2-4	87.97	3.78	0.16	0.11					2.16	0.28		0.14	0.30	0.29	0.14	0.55	95.88	4.00
XL-1	96.02	2.72	0.11	0.15			0.11		0.02	0.05	0.02		0.01				99.21	
XL-2	97.72	2.79	0.17	0.22			0.04		0.09	0.06			0.04				101.13	
XL-3	97.71	2.88	0.17	0.17			0.18		0.03	0.05			0.03				101.22	
XL-4	94.18	2.96	0.20	0.15	2.00		0.07		1.46	0.12	0.05		0.21				101.40	
XL-5	94.90	2.52	0.13	0.18	1.81		0.25		0.50	0.09	0.06		0.15				100.59	
C1-1	90.58	3.90	0.04	0.14		0.05	0.11		3.98	0.39							99.19	
C1-2	90.59	3.84	0.04	0.16		0.04	0.00		3.84	0.37							98.88	
C1-3	93.17	4.37	0.07	0.10			0.13		2.17	0.29							100.30	
C1-4	89.59	3.89	0.10	0.26	0.10	0.02	0.09		4.33	0.45							98.83	

注：XT 为湖南湘潭锰矿样品；XL 为广西下雷锰矿脉状样品；C1 为下雷锰矿肾状样品；H_2O 为计算值。

锰钾矿的理想化学式为 $K_xMn_8O_{16}$（x=0.2～1.0）。天然锰钾矿化学成分比较复杂，晶体结构中阳离子普遍发生类质同象替代，因而使锰钾矿的晶体化学式变得复杂。以氧原子总数 16 为标准，根据电子探针分析结果，计算得到湘潭和下雷锰矿中锰钾矿的矿物化学式（表 10-2）。两个锰矿的锰钾矿中 Mn 的离子数均不足 8，化学成分中的 Fe、Al、Si、Mg、Ni 等离子可与 Mn 发生类质同象替代进入天然锰钾矿八面体结构中；而 Na、Ca、Ba、Sr 等可与孔道中的 K 发生类质同象替代。天然锰钾矿大孔道中含有 K^+ 和其他阳离子（离子数为 0.46～0.68），为保持结构中的电荷平衡必须有部分 Mn^{4+} 转变成较低价的 Mn^{3+}（Post *et al.*，1982），Mn^{3+} 的数量应与 K^+ 及其他阳离子数相匹配。因此锰钾矿中的 Mn 并非以单一 Mn^{4+} 价态存在，而是以 Mn^{4+} 与 Mn^{3+} 的组合形式出现。

表 10-2　湘潭和下雷锰矿天然锰钾矿的晶体化学式

样品	晶体化学式	电价总和*
XT1-1	$(K_{0.49}Na_{0.05}Ca_{0.02})_{0.56}(Mn_{7.70}Al_{0.09}Mg_{0.09}Si_{0.03}Cr_{0.02}Ti_{0.01}P_{0.01})_{7.95}O_{16}$	32.17
XT1-2	$(K_{0.44}Na_{0.19})_{0.63}(Mn_{7.68}Al_{0.10}Ni_{0.04}Si_{0.02}P_{0.02})_{7.86}O_{16}$	31.96
XT1-3	$(K_{0.53}Na_{0.15}Ca_{0.01})_{0.69}(Mn_{7.56}Al_{0.25}Zn_{0.07}Ni_{0.05}Mg_{0.01}Ti_{0.01})_{7.95}O_{16}$	31.98
XT1-4	$(K_{0.48}Na_{0.11}Ca_{0.04})_{0.63}(Mn_{7.67}Al_{0.09}Ti_{0.03}Zn_{0.03}P_{0.02}Mg_{0.02})_{7.86}O_{16}$	32.00

续表

样品	晶体化学式	电价总和*
XT1-5	$(K_{0.47}Na_{0.05}Ca_{0.03})_{0.55}(Mn_{7.80}P_{0.02}Cr_{0.02}Si_{0.01}Zn_{0.01})_{7.86}O_{16}$	31.99
XT1-6	$(K_{0.49}Na_{0.10}Ca_{0.03})_{0.62}(Mn_{7.57}Al_{0.06}Si_{0.05}P_{0.05}Cr_{0.05}Fe_{0.01})_{7.79}O_{16}$	31.90
XT1-7	$(K_{0.49}Na_{0.08}Ca_{0.07}Ba_{0.01})_{0.65}(Mn_{7.61}P_{0.04}Cu_{0.03}Fe_{0.03}Si_{0.03}Al_{0.02}Ti_{0.01})_{7.77}O_{16}$	31.88
XT1-8	$(K_{0.52}Na_{0.05}Ca_{0.02}Ba_{0.01})_{0.60}(Mn_{7.75}P_{0.02}Cr_{0.02}Ni_{0.02}Zn_{0.01}Al_{0.01}Ti_{0.01})_{7.84}O_{16}$	31.96
XT2-1	$(K_{0.57}Na_{0.04}Ca_{0.01})_{0.62}(Mn_{7.69}P_{0.05}Si_{0.03}Al_{0.03}Ni_{0.03}Cu_{0.03}Ti_{0.01}Zn_{0.01})_{7.88}O_{16}$	32.16
XT2-2	$(K_{0.57}Na_{0.03}Ca_{0.02})_{0.62}(Mn_{7.70}P_{0.05}Ti_{0.03}Si_{0.02}Cu_{0.01}Ni_{0.01})_{7.82}O_{16}$	31.98
XT2-3	$(K_{0.58}Ba_{0.02}Ca_{0.01})_{0.61}(Mn_{7.65}Al_{0.12}Mg_{0.05}P_{0.03}Zn_{0.03}Si_{0.01}Cu_{0.01})_{7.90}O_{16}$	32.02
XT2-4	$(K_{0.59}Na_{0.03}Ca_{0.02})_{0.64}(Mn_{7.44}Al_{0.30}P_{0.06}Cu_{0.03}Ni_{0.03}Si_{0.03}Zn_{0.02}Ti_{0.02})_{7.93}O_{16}$	32.00
XL-1	$(K_{0.41}Na_{0.03}Ca_{0.02})_{0.46}(Mn_{7.86}Si_{0.01})_{7.87}O_{16}$	31.99
XL-2	$(K_{0.41}Na_{0.04}Ca_{0.03})_{0.48}(Mn_{7.85}Al_{0.01}Si_{0.01})_{7.87}O_{16}$	31.99
XL-3	$(K_{0.43}Na_{0.04}Ca_{0.02})_{0.49}(Mn_{7.85}Fe_{0.02}Si_{0.01})_{7.88}O_{16}$	31.99
XL-4	$(K_{0.44}Ba_{0.09}Na_{0.05}Ca_{0.02})_{0.6}(Mn_{7.64}Al_{0.2}Ni_{0.02}Fe_{0.01}Si_{0.01}Mg_{0.01})_{7.89}O_{16}$	31.97
XL-5	$(K_{0.38}Ba_{0.08}Na_{0.03}Ca_{0.02})_{0.51}(Mn_{7.75}Al_{0.07}Fe_{0.02}Si_{0.01}Mg_{0.01}Ni_{0.01})_{7.85}O_{16}$	31.98
C1-1	$(K_{0.59}Ca_{0.02}Na_{0.01})_{0.62}(Mn_{7.37}Al_{0.55}Si_{0.05}Fe_{0.01})_{7.98}O_{16}$	31.90
C1-2	$(K_{0.58}Ca_{0.02}Na_{0.01})_{0.61}(Mn_{7.4}Al_{0.53}Si_{0.04})_{7.97}O_{16}$	31.91
C1-3	$(K_{0.65}Na_{0.02}Ca_{0.01})_{0.68}(Mn_{7.56}Al_{0.3}Si_{0.03}Fe_{0.01})_{7.9}O_{16}$	31.93
C1-4	$(K_{0.59}Ca_{0.03}Na_{0.02})_{0.64}(Mn_{7.32}Al_{0.60}Si_{0.05}Fe_{0.01})_{7.98}O_{16}$	31.89

*以 Mn^{4+} 计算的阳离子电价总和。

10.2.2 锰的价态

有关锰钾矿中低价锰的价态问题，长期存有争议。很多年来都认为应是以 Mn^{2+} 形式存在于锰钾矿中，因为从氧化还原电势的角度考虑，Mn^{2+} 与 Mn^{4+} 共存要比 Mn^{3+} 与 Mn^{4+} 共存更稳定。Post 等（1982）认为 Mn^{3+} 应是 Mn^{4+} 的还原形式，因为在氧的八面体骨架中，Mn^{2+} 以高自旋的状态存在，由此计算得到 Mn^{2+}—O 键长为 0.22nm，明显大于所观察到的 Mn—O 键长平均值 0.192nm；而 Mn^{3+}—O 键长的计算值为 0.201nm，更接近平均值，因此，Mn^{3+} 也应适于进入结构中的八面体位。而且，单从原子在空间的排列来看，离子半径较小的 Mn^{3+}（0.07nm）也要比 Mn^{2+}（0.09nm）更容易进入结构。

1. XPS 分析

下雷锰矿天然锰钾矿矿石（C1）的 XPS 分析（图 10-2）表明，矿石表面主要有 O、Mn、Al、K（C1s 谱峰来自标准碳内标），其原子百分含量为：O = 58.95%，Mn = 29.02%，K=1.11%，Al=3.16%。全谱（图 10-2a）中 MnLMM、MnLMN、Mn2s、Mn2p、Mn3s 和 Mn3p 轨道的谱峰都有出现，其中 Mn2p 最强，结合能为 642.57eV。局部放大 Mn2p 谱峰（图 10-2b），可见 Mn2p3 的结合能为 642.27eV，为四价锰的特征结合能（刘世宏等，1988），说明样品表面的锰为 Mn^{4+}。锰钾矿结构中应有部分 Mn^{4+} 转为较低价的 Mn^{3+} 或 Mn^{2+} 以保持电荷平衡（Post *et al.*，1982；Post and Burnham，1986），图谱未出现

Mn^{3+}（结合能为641.2~641.5eV）或 Mn^{2+}（结合能为641~641.3eV）的谱峰，可能是由于 Mn^{3+}、Mn^{2+} 与 Mn^{4+} 的峰位彼此很接近或重叠，相差不超过2eV，且样品中 Mn^{4+} 是主体成分，Mn^{3+}、Mn^{2+} 含量微少难于被检测，其谱峰容易被 Mn^{4+} 的强峰所掩盖；或者低价Mn在矿物表面容易被氧化成 Mn^{4+}。湘潭锰矿锰钾矿的XPS测试结果与下雷锰矿的基本相同。

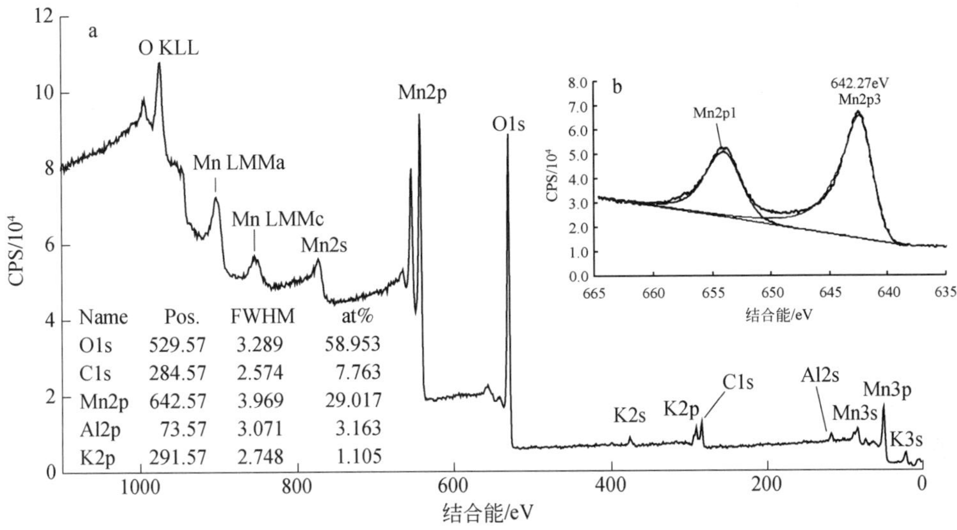

图10-2　广西下雷锰矿天然锰钾矿XPS图谱

2. 磁矩分析

Mn属于铁族磁性元素，利用有效磁矩可帮助判断Mn的价态（Strobel *et al.*，1984；周公度，1996）。取0.051g湘潭锰钾矿在磁测量系统中测量磁矩，实验在室温（15~16℃）下进行，外加磁场 H=7500T。测试结果见表10-3。

表10-3　天然锰钾矿中Mn磁矩测试结果

温度/K	289.1	288.9	288.7	288.5	288.4	288.2	288.1
磁距 $M/(10^{-2}$emu)	1.04884	1.05686	1.05388	1.05113	1.05155	1.05136	1.04983
温度/K	287.9	287.8	287.7	287.5	287.4	287.3	287.9
磁距 $M/(10^{-2}$emu)	1.04788	1.04486	1.04597	1.04697	1.04567	1.04732	1.04788

Mn的宏观顺磁磁化率与温度的关系遵循居里定理（周公度，1996）：

$$C = \chi_m T = M/(mH) \times Z \times T \tag{10-1}$$

式中，χ_m 为顺磁磁化率；Z 为锰钾矿的分子量704.631（以表10-1中XT1-1为基准计算）；C 为居里常数。Mn有效磁矩 μ_{eff} 的实验值由下式求得（周公度等，1998）：

$$\mu_{eff} = \sqrt{8}C \tag{10-2}$$

计算得 $\mu_{eff(实验值)} = 6.78\mu_B$，$\mu_B$ 为Bohr磁子，是磁矩的天然单位。

就铁族元素离子而言，其磁矩主要是电子自旋磁矩的贡献，而轨道磁矩贡献很小，这是由于轨道角动量“冻结”的缘故，冻结的原因是晶体场作用。因此Mn的有效磁矩由各个未成对电子自旋所贡献，据下式可求得有效磁矩的理论值（戴道生、钱昆明，1998）：

$$\mu_{eff} = \sqrt{(\mu_1^2 + \mu_2^2)} = \sqrt{[g^2 s_1(s_1 + 1) + g^2 s_2(s_2 + 1)]} \quad (10\text{-}3)$$

式中，$g=2.00232$，为 Landè 因子，又称电子自旋因子；s 为自旋量子数，处于高自旋状态下不同价态 Mn 的 s 值见表 10-4。

表 10-4 不同价态锰的 s 值

锰离子	电子组态	s	$g^2s(s+1)$
Mn^{2+}	$3d^5$	5/2	35
Mn^{3+}	$3d^4$	2	24
Mn^{4+}	$3d^3$	3/2	15

由式（10-3）计算得到：样品中 Mn^{2+} 和 Mn^{4+} 共存时，有效磁矩的理论值 $\mu_{eff1(理论)}=7.07\mu_B$；而 Mn^{3+} 和 Mn^{4+} 共存时，$\mu_{eff2(理论)}=6.24\mu_B$；若样品中只存在 Mn^{4+}，此时 $\mu_{eff3(理论)}=3.87\mu_B$。

将有效磁矩的实验值与理论值相比，结果表明：$\mu_{eff1(理论)}$ 更接近 $\mu_{eff(实验值)}$，它们之间相差 $0.29\mu_B$；而 $\mu_{eff2(理论)}$ 与实验值相差 $0.54\mu_B$；$\mu_{eff3(理论)}$ 与实验值相差更大，达 $2.91\mu_B$。因此湘潭天然锰钾矿中的锰不可能仅以 Mn^{4+} 形式存在，最可能是 Mn^{2+} 和 Mn^{4+} 共存。

10.2.3 结构特征

1. 天然锰钾矿的晶体结构

天然锰钾矿为纳米级结晶颗粒的集合体，由于结晶程度差，其中往往还混有石英、伊利石、其他锰氧化物矿物等不易剔除，难以取得单晶进行 X 射线衍射分析。湘潭和下雷锰矿中锰钾矿的粉晶 XRD 分析表明其均为单斜晶系（图 10-3），其中还混有石英、白云石、伊利石、恩苏塔矿等。

研究表明，锰钾矿有四方和单斜两种同质多象变体。四方晶系的空间群为 $I4/m$，晶胞参数为 $a_0=0.9866$nm，$c_0=0.2872$nm（Vicat *et al.*，1986）。四方晶系锰钾矿晶体结构中，[MnO_6] 八面体共棱组成沿 c 轴延伸的双链，链间以共角顶氧的方式相连形成三维架状结构，从而形成沿 c 轴延伸的四方孔道结构，即 2×2 结构，其孔径为 0.471nm 和 0.278nm（分别是大小两种孔道的孔径），K^+ 即位于大孔道内的（0，0，0）位。相应地，锰钾矿晶体结构中存在低于四价的锰离子，如 Mn^{3+} 或 Mn^{2+}。当孔道内的部分 K^+ 位或空位为 Na^+、Ca^{2+}、Ba^{2+} 所替换或占据，[MnO_6] 八面体中的部分低价锰为 Al^{3+}、Ti^{4+}、Zn^{2+} 等替换时，晶体结构将发生畸变，c 轴方向的四次对称轴被二次对称轴替代，四方晶系则变为单斜晶系，此时由 [MnO_6] 八面体双链所形成的假四方孔道平行于 b 轴。

以湘潭锰矿天然锰钾矿为例，根据粉晶 XRD 数据对其晶体结构进行修正，得到晶胞参数 $a_0=0.9974$nm，$b_0=0.2863$nm，$c_0=0.9693$nm，$\beta=91.4668°$，$V=276.66\times10^{-3}$ nm^3，属单斜晶系 $I2/m$ 空间群。在 Post 等（1982）给出的单斜晶系锰钾矿原子坐标的基础上，以精修后的晶胞参数为依据，应用 cpatoms 5.0 软件对该锰钾矿晶体结构进行计算机模拟，其沿 b 轴方向的晶体结构投影图见图 10-4。由图可见，在锰钾矿的晶体结构中存在两种孔

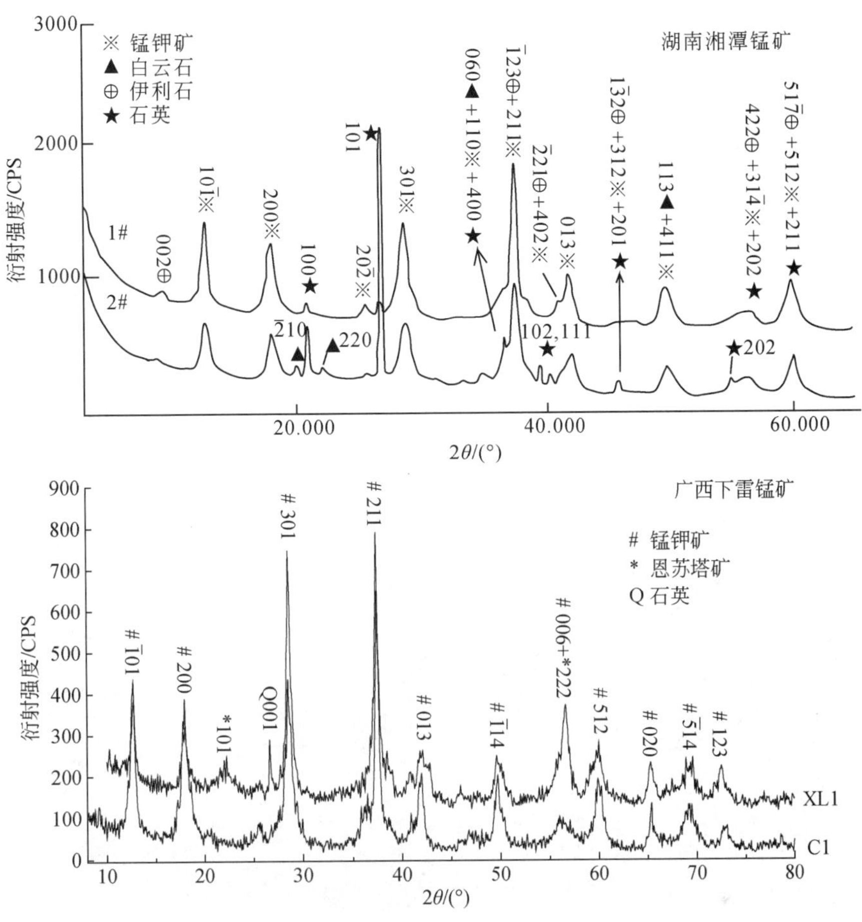

图 10-3　天然锰钾矿的 XRD 图谱

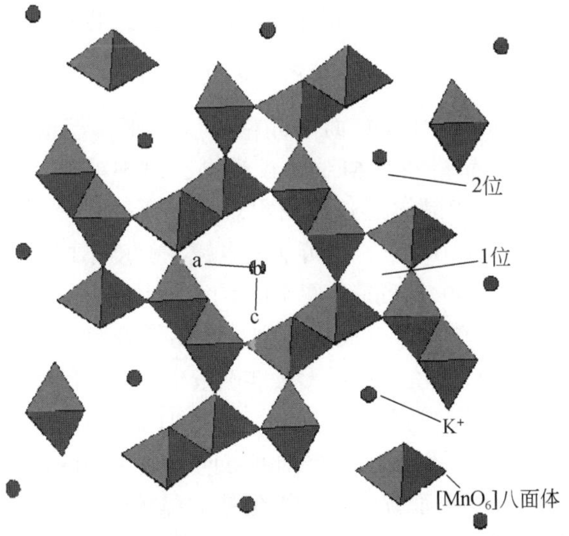

图 10-4　锰钾矿沿 b 轴方向的晶体结构投影图

道：一种是原始四方孔道（图 10-4 中 1 位），其孔径为 0. 275nm×0. 275nm；另一种是由 [MnO_6] 八面体双链构成较大的假四方孔道（图 10-4 中 2 位），其孔径为 0. 462nm×0. 466nm。由四方晶系向单斜晶系转变，结构会发生畸变。因此，与四方晶系的 0. 278nm 和 0. 471nm 孔径的四方孔道相比，单斜晶系的孔径值略有变化。

2. 天然锰钾矿的显微结构及电子衍射

透射电镜下可见，天然锰钾矿单晶主要为纤维状、棒状等一向延伸的纳米级晶体。由于其晶体的一维延伸形态，电镜下看到的多是纤维状、棒状、柱状等晶体平躺取向上面网的电子衍射和晶格条纹（图 10-5），衍射斑常有拉长现象（图 10-5b）。与纳米纤维延伸方向平行的晶格条纹连续清晰，面网间距 d=0. 700nm，对应（$\bar{1}01$）面网间的 d 值。锰钾矿中的孔道即处于这些面网之间，沿 b 轴延伸，孔径小于 0. 700nm。

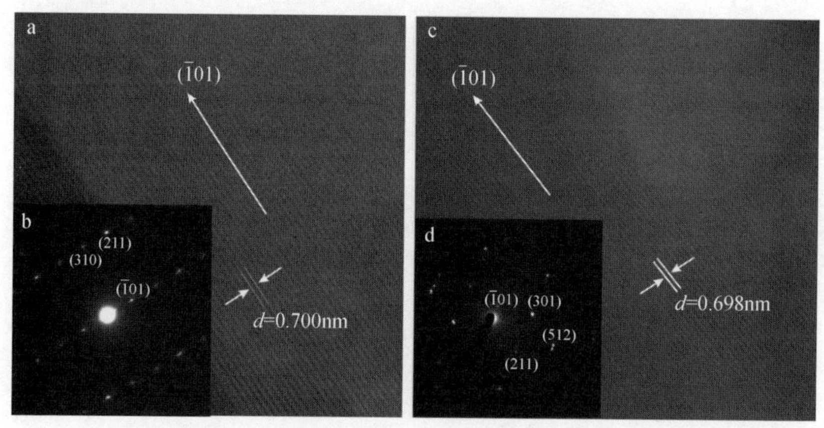

图 10-5　天然锰钾矿（$\bar{1}01$）面的晶格像及其衍射图

有时可看到（$\bar{1}01$）和（301）两个面网的连生，它们的晶格条纹都平行于晶体的延伸方向（图 10-6b）。（$\bar{1}01$）面网的条纹较粗，延续比较均匀、清晰，而（301）面网的条纹由于面网间距较小，相对无（$\bar{1}01$）面的晶格条纹清晰，但也均匀、连续分布于晶体中。在两个面网的过渡部位晶格条纹相对比较模糊，出现晶格条纹的堆垛现象（图 10-6c）。有的单晶上明显能看出沿晶体延长方向出现相互平行的“棱”，将单晶面分为几个狭长的宽窄不一的“面”（图 10-7a），这可能是电镜下衬度不同所导致的。其局部放大的晶格条纹像上测得面网间距为 0. 248nm（图 10-7b），对应于（400）面网，其衍射图如图 10-7c 所示。在与图 10-7a 中单晶形态相似的另一个晶体表面明显可见有沿晶体延伸方向的晶格条纹，但不连续，而且比较模糊，无法准确量出其晶格间距（图 10-8a）。将其局部放大明显看到另一组晶格条纹，间距 0. 240nm，为（211）面的晶格条纹像（图 10-8b）。其衍射图（图 10-8c）上大致可以看出两组排列方向明显不同的衍射斑点。一组呈水平平躺，有水平拉长的趋势，反映出垂直向上一维延伸的晶体形态，经指标化为（301）面的衍射图，说明晶体延伸方向平行（301）晶面，即平行 b 轴；另一组斑点则为左上方→右下方的斜向排列，为对应于（211）面的衍射。

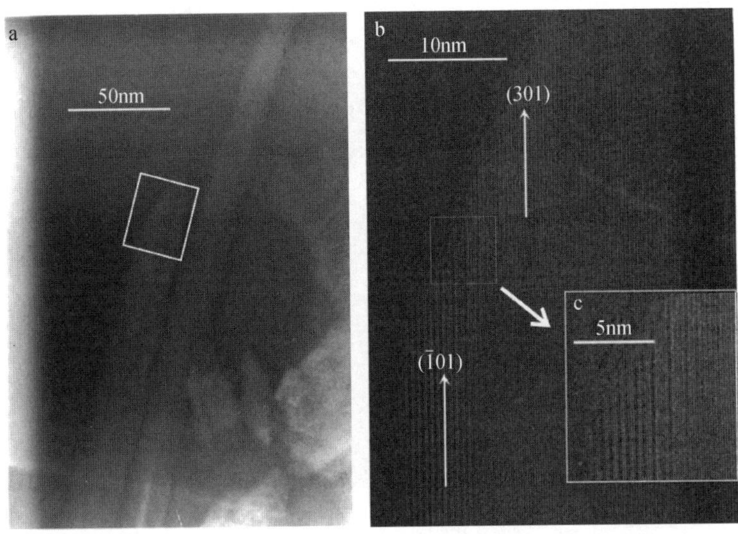

图 10-6　天然锰钾矿（$\bar{1}$01）和（301）面网连生的晶格像

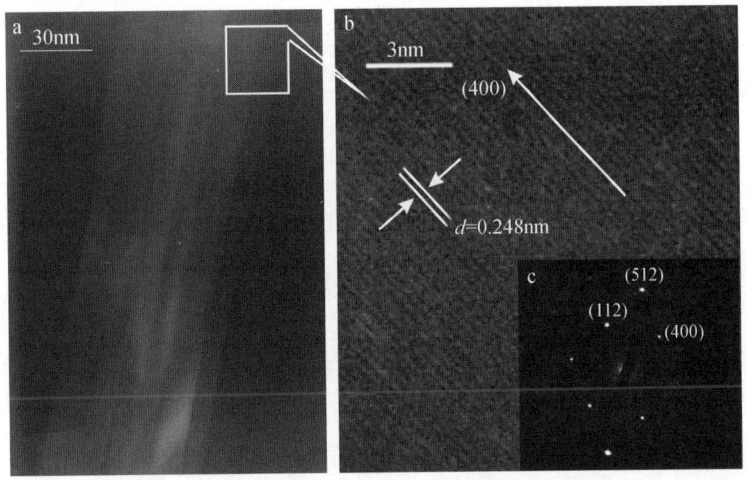

图 10-7　天然锰钾矿（400）面的晶格像及其衍射图

HRTEM 观察显示，天然锰钾矿单晶上与单晶延长方向平行的（$\bar{1}$01）面或（301）面的晶格条纹和衍射图大部分都比较清晰，条纹均匀排列，连续性比较好，而其他面网的晶格条纹相对少见，偶尔能观察到一些与纳米纤维斜交的晶格条纹，如图 10-7 的（400）面和图 10-8 的（211）面，但与（$\bar{1}$01）面的晶格条纹相比，条纹的清晰度、连续性都差很多。说明单斜锰钾矿的（$\bar{1}$01）面相对较发育，即天然锰钾矿的纳米纤维沿［010］方向具有优先生长的趋势。Ramsdell（1942）、Mathieson 和 Wadsley（1950）认为锰钾矿纤维是沿晶体的短轴方向延伸，即单斜晶系结构沿 b 轴方向，四方晶系结构沿 c 轴方向。这种生长现象可能是因为单斜晶系锰钾矿晶胞中（$\bar{1}$01）的面网密度最大（Xiao *et al.*，1997）。这意味着物质沿 b 轴方向生长时所需能量比其他方向要低，因而 b 轴方向生长比较快。锰

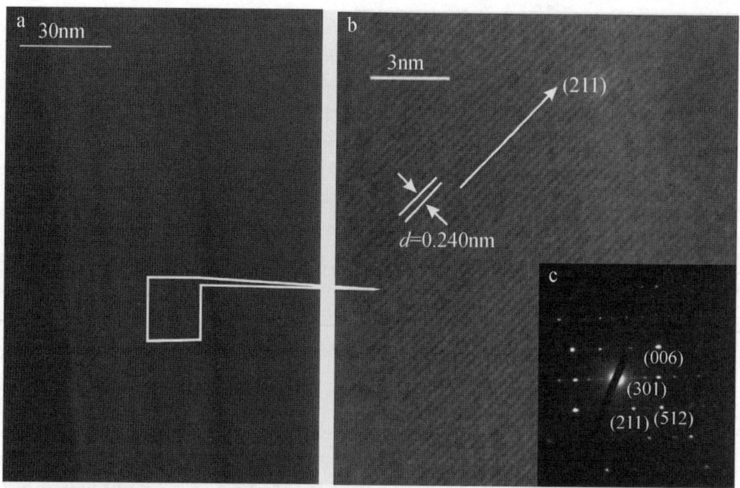

图 10-8　天然锰钾矿（211）面的晶格像及其衍射图

钾矿纤维状生长也可能是因为其他结晶学方向上发育结构缺陷，如孪晶作用和不同半径离子置换 Mn 和 K 离子等局部化学无序将引起晶体畸变，从而限制其他方向的晶体生长（Gruner，1943）。

3. 天然锰钾矿的晶格缺陷

由于天然锰钾矿为纳米级的结晶颗粒，纳米晶在形成时容易吸附其他杂质元素而产生缺陷；且锰钾矿为孔道结构矿物，其中的阳离子常发生类质同象置换也容易引起晶格中缺陷的产生。所以，理论上天然锰钾矿的晶格缺陷应该比较发育。

图 10-9 为 HRTEM 下天然锰钾矿晶体中出现晶格缺陷的图像，箭头所指为晶格缺陷部位。锰钾矿中（$\bar{1}01$）面的晶格条纹相对比较均匀、连续，但也经常见到晶格缺陷。其中最常见的是晶格条纹的断陷，出现超结构（图 10-9a）等；晶格发生弯曲、畸变，出现相邻晶格条纹堆垛合并，或晶格尖灭消失、合并的现象（图 10-9b）。晶体的连生交接部位也常发育晶格缺陷，如图 10-9c 中（$\bar{1}01$）与（301）面的过渡接触部位。（$\bar{1}01$）面的晶

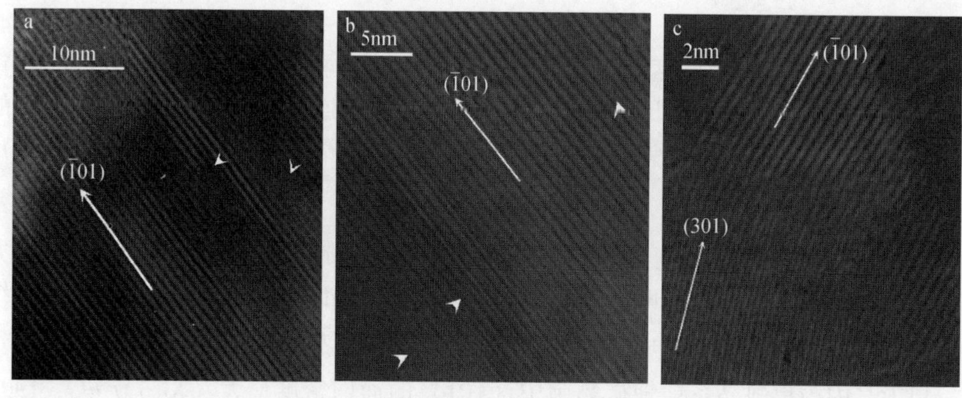

图 10-9　天然锰钾矿结构中的晶格缺陷

格条纹比较粗大（d=0.700nm），与（301）面较细的晶格（d=0.310nm）过渡时，部分晶格弯曲、变小或者消失，还有一些错开的晶格。其他网面的晶格条纹不均匀、晶格缺陷更常见，如图10-7、图10-8中的晶格条纹不连续，衍射图中的斑点也比较杂乱，说明晶格缺陷很发育。

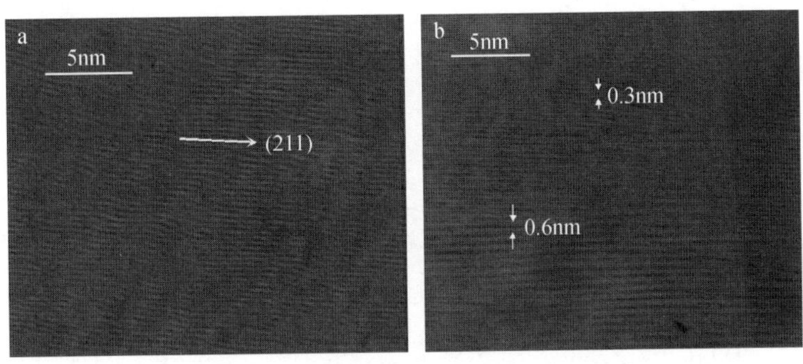

图10-10　经过机械粉碎锰钾矿的晶格像

经机械粉碎的天然锰钾矿晶体受机械挤压和破碎，样品难于保留纤维状、针状、棒状等单晶形态。TEM下偶尔能见到短柱状的单晶，但这些晶体在HRTEM下较难获得完好的晶格条纹像。一般晶格条纹都不均匀、连续性差，甚至分辨不清其面网间距，因为晶格条纹在机械力作用下都发生了强烈的变形。图10-10是经过机械粉碎的天然锰钾矿晶格条纹像，可以明显看到晶格条纹发生畸变弯曲和错位，甚至断开（图10-10a）。受挤压作用，整个晶面都发生变形，晶格条纹的厚度也会发生变化，如图10-10b所示，上部的晶格间距约为0.3nm，而下部的晶格间距为0.6nm左右。这些现象说明机械粉碎可以使天然锰钾矿的晶格缺陷明显增加，从而提高锰钾矿的活性。

10.3　锰钾矿孔道中的水

矿物中水的存在及其赋存状态对矿物的物理化学性质有重要影响，并进而影响矿物的环境属性。与其他表生氧化锰矿物一样，锰钾矿有较强的吸附性和亲水性，其表面常有吸附水。由于锰钾矿结构中具有2×2型沿b轴延伸的孔道，孔径约为0.46nm，大于水分子的大小（半径0.138nm），因此理论上锰钾矿的孔道中可以赋存H_2O形式的水。前人工作也表明天然锰钾矿中含有类似于“沸石水”的孔道水（Gruner，1943；Strobel and Page，1982）。一般认为水占据锰钾矿孔道中K离子的位置，但对于水的赋存状态仍不清楚（Kijima，2001）。天然锰钾矿集合体颗粒间发育纳米级的微孔隙，这些孔隙中也会含一定量的水。为探明天然锰钾矿中含水情况以及水的赋存状态，本节通过红外光谱（IR）和差热-热重（TG-DTA）分析对天然锰钾矿中水的性质及含量进行研究，结合XRD分析研究锰钾矿脱水后结构的变化，并对锰钾矿的结构热稳定性进行讨论。

10.3.1　红外光谱分析

常温常压下，4件下雷锰矿样品的常规KBr压片法测试的IR图谱见图10-11。其中XL

为充填矿石的裂隙、孔洞中的锰钾矿集合体，XLH 为 XL 经浓硝酸处理置换出孔道中的 K^+ 后的样品（10. 3. 2 节）；C1 为肾状、葡萄状、鲕状的样品；C11 为 C1 经挑选的较纯的皮壳部分样品。所有样品经研磨筛选粒度在 160 ~ 200 目（96 ~ 74μm）。XL 中主要物相为锰钾矿，含少量石英，C1 中几乎全是锰钾矿。

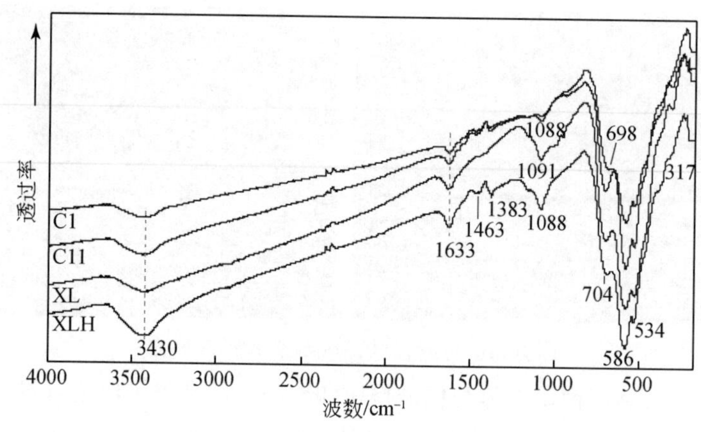

图 10-11　天然锰钾矿的红外光谱图

IR 谱图显示样品中主要组成矿物为锰钾矿（彭文世、刘高魁，1982）。4 个样品位于 534、586cm^{-1}处的强峰是锰钾矿八面体骨架的特征吸收带，不同样品的吸收峰强度基本一致。

图谱中出现一些杂质矿物的吸收峰。1081 ~ 1096cm^{-1}为石英的 Si—O 非对称伸缩振动吸收带，685 ~ 799cm^{-1}是 Si—O—Si 对称伸缩振动带，371 ~ 391cm^{-1}是 Si—O 弯曲振动带。但杂质矿物含量低，且本身不含水（吸附水除外），因此对锰钾矿中水的研究影响不大。

矿物中水的伸缩振动频率在 2700 ~ 3650cm^{-1}，弯曲振动频率位于 1560 ~ 1680cm^{-1}（闻辂等，1988）。测试样品均在 3430cm^{-1}左右出现水的伸缩振动吸收带，1633cm^{-1}左右出现水的弯曲振动吸收带，二者均表现出较宽的吸收带特征，为吸附水的性质。由于样品制备过程 KBr 会吸附空气中的水，其吸收带特征与矿物吸附水类似而不易区分，所以推测红外光谱图中出现的水，部分是样品本身所携带的水，部分是 KBr 吸附空气中的水。

湘潭锰矿锰钾矿的 KBr 压片法 IR 测试结果与下雷锰矿的基本一致，不同的是湘潭锰钾矿样品中含杂质矿物白云石，图谱中出现碳酸盐矿物的特征吸收峰，但白云石同样含量低且为不含水矿物。

一般矿物表面的吸附水在 105℃下烘几个小时就可除去（闻辂等，1988）。将下雷锰钾矿的一部分 KBr 样片放烘箱中 105℃持续加热 5. 5h，另一部分在 150℃下继续加热烘干处理 13h 后，迅速放入红外分光光度计中进行测试。结果（图 10-12）表明，加热处理后锰钾矿红外光谱图中水的特征吸收带大大减弱。图中 a、c 分别是样品 XL、XLH 经 105℃加热 5. 5h 后的谱图，b、d 则分别是它们经 150℃加热 13h 后的结果。样品经过 105℃和 150℃烘干处理的效果一样。与未经热处理的红外谱图（图 10-11）相比，原样中 3430cm^{-1}和 1633cm^{-1}附近位置水的吸收带明显减弱，但在 3382 ~ 3392cm^{-1}左右和 1571cm^{-1}左右明显可见较弱的水吸收带，说明除去表面吸附水后锰钾矿中还含少量水。样品除水的吸收峰强度降低外，其他吸收峰的位置和强度基本上保持不变，说明样品经低于 150℃ 烘干处理只是脱去表面吸附水，结构未发生变化。

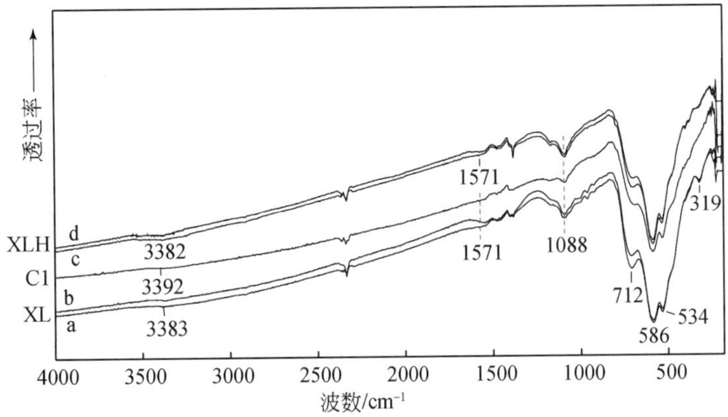

图 10-12　天然锰钾矿经 105℃ 和 150℃ 加热的红外光谱

将图 10-12 中水的特征吸收带部分放大（图 10-13）可见，与原样的红外图谱相比，峰的中心位置均向低频方向偏移。一个矿物中的水处于两种以上不同结构位置，就可出现两个以上的伸缩振动和弯曲振动带（闻辂等，1988）。所以这很可能就是天然锰钾矿中不同于表面吸附水位置的水的振动吸收带，即锰钾矿孔道中的水。即经过 105℃ 加热脱去锰钾矿表面吸附水之后，锰钾矿中还含有少量的孔道水，这部分水经 150℃ 加热也不能被脱去。这些水的特征峰比较宽，伸缩振动频率范围均在 $3400cm^{-1}$ 以下，而 OH^- 基团的振动范围在 $3700 \sim 3500cm^{-1}$（彭文世、刘高魁，1982）。所以，这部分水以 H_2O 分子的形式存在。

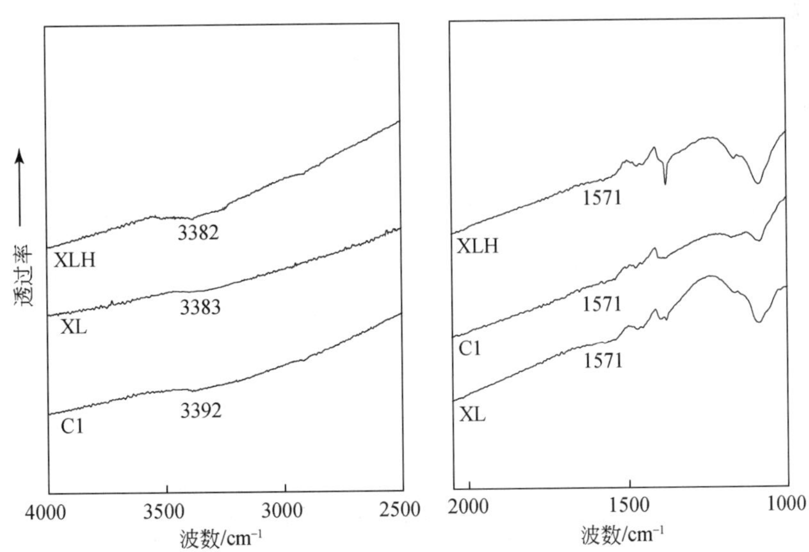

图 10-13　经热处理的天然锰钾矿中水的红外光谱

值得一提的是，经加热处理的所有样品中，脱 K^+ 处理后的锰钾矿（XLH）中水的特征吸收带比其他几个样品明显（图 10-13），说明该样品中所含孔道水相对较多。这是因为样品 XLH 孔道中的 K^+ 及其他阳离子被淋洗出来后，孔道中空出的原来由阳离子占据的位置被 H_2O 分子充填。这部分孔道水在 150℃加热时也不能被脱去。

有资料报道，合成锰钾矿孔道中 K^+ 位置只有 30% 左右被阳离子占据，因为必须有部分孔道空置以消除相邻 K^+ 间的静电排斥作用（Vicat *et al.*，1986）。由于天然锰钾矿孔道位置可被离子半径比 K^+ 小的阳离子充填或替代 K^+（Post *et al.*，1982），该位置被占据可达到 50% ~70%（Randall *et al.*，1998）。Post（1999）认为锰钾矿型矿物孔道中可以部分充填一价和二价阳离子或水分子，相应地，结构中的 Mn^{4+} 被 Mn^{3+}、Fe^{3+}、Al^{3+} 等替代以保持电荷平衡，这些类质同象的普遍出现使天然锰钾矿的孔道位置更多地被占据。下雷锰矿中锰钾矿孔道中大部分被 K^+ 和其他阳离子占据，孔道中含水量相对较低，红外光谱中水的特征峰比较微弱；而经脱 K^+ 处理的样品（XLH）中孔道阳离子含量较少，因而孔道水含量比较高。可见，天然锰钾矿中孔道水是占据 K^+ 的位置，其含量与孔道阳离子数量有关。

样品 XL 的傅里叶变换显微红外测试结果（图 10-14）显示，原样（XL）在 3380cm^{-1} 和 1630cm^{-1} 左右分别出现很强的水的特征吸收峰，峰比较宽，为吸附水的特征。经 110℃加热干燥 5h 样品中水的吸收峰大大降低，但在 3340cm^{-1} 和 1571cm^{-1} 左右仍明显可见较宽的水吸收带，说明天然锰钾矿中还含一定量以 H_2O 分子形式存在的水。与 KBr 压片测试结果一样，这部分水应主要存在于锰钾矿的孔道中。由于测试的锰钾矿集合体中发育纳米级孔隙，这些微孔隙中的水可能在更高的温度下才能去除，因此经 110℃加热的样品中可能也会残留少量的孔隙水。干燥后的样品在空气中放置 72h，其水的特征吸收峰明显增强（图 10-14c），在 3340cm^{-1} 和 1624cm^{-1} 左右出现较强的吸收峰。说明天然锰钾矿脱去表面吸附水后在空气中放置一段时间，能重新吸附空气中的水。这与锰钾矿具有的大比表面积和较强的亲水性有关。

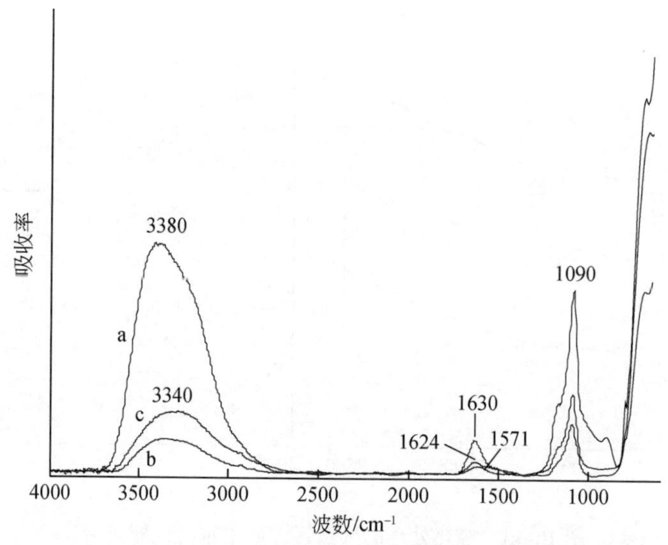

图 10-14　天然锰钾矿 110℃干燥 5h 和干燥后放置 72h 的红外光谱

a. 原样；b. 经过 110℃干燥 5h 的样品；c. 经过 110℃干燥后放置空气中 72h

为了确定天然锰钾矿中的孔道水在更高的温度下是否会逸出，将上述样品 XL 在 300℃下持续加热 3.5h 后测试，结果（图 10-15）表明，经 300℃加热处理的样品中明显还有水的特征吸收带，位于 $3330cm^{-1}$和 $1640cm^{-1}$左右，峰形很宽，说明样品中含有一定量 H_2O 形式的水。这部分水只能是锰钾矿孔道中的水，温度达到 300℃也不能去除。XL300 比 XL110 的水峰弱，说明经过 300℃加热后锰钾矿中有部分水脱附，很可能是一些孔隙水。与原样（XL）相比，经 300℃加热的样品中水的吸收带就显得比较弱，即天然锰钾矿中孔道水的含量比表面吸附水少得多。这与 KBr 压片法测试的结果相一致。KBr 压片法测试表明在 105～150℃加热 5.5h 以上，锰钾矿中的水几乎完全被脱去，看不出有微孔隙水的存在。这是因为制样过程锰钾矿被反复研磨，其中的微孔隙遭受破坏所致，而且 IR 曲线中水的特征吸收峰强度与所用的参比样品有关。

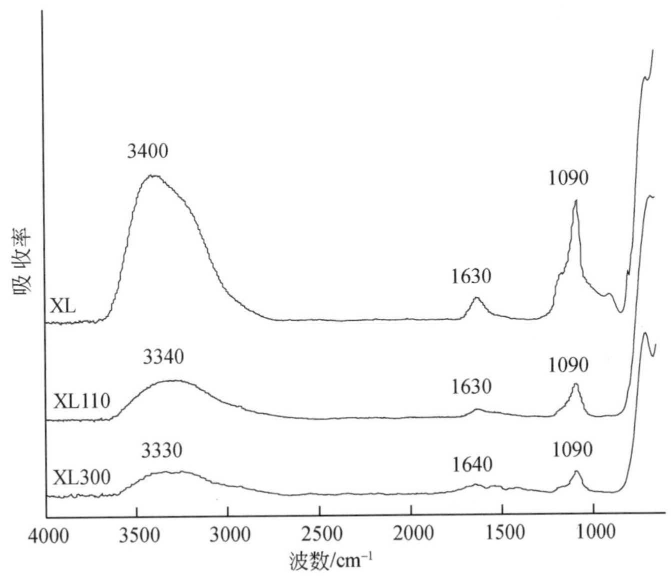

图 10-15　天然锰钾矿原样及 110℃和 300℃干燥后的红外光谱

Gruner（1943）、Strobel 和 Page（1982）研究表明，锰钾矿中的水在 110℃以上即逸出，这些 H_2O 不仅仅被吸附在锰钾矿表面，还以 H_2O 分子的形式存在并充填于锰钾矿孔道结构中那些能容纳 K、Ba、Pb 等离子且并未被这些离子占据的足够大的位置上，类似“沸石水”的性质，水的逸出并不破坏锰钾矿晶体结构。Potter 和 Rossman（1979）也指出，大多数锰钡矿族矿物在接近 3500～$2500cm^{-1}$区间均表现出极宽的、低强度的红外吸收，而在 $1600cm^{-1}$附近具有相对宽的、低强度的吸收带。这表明，在大多数样品中，必然存在一些水。这些吸收带的宽化和弱化说明，水可能并不占据在固有的结晶学点位上。如果占据固有的结晶学点位上，其吸收带应尖锐且强。

通过以上红外光谱测试，对比天然锰钾矿在不同温度干燥前后水吸收谱带的变化，推测这些 H_2O 不仅仅被吸附在锰钾矿表面，部分水占据孔道中能足够容纳 H_2O 分子的位置，例如那些能容纳 K^+ 的位置也能适合于 H_2O 分子的存在。由于锰钾矿孔道大小仅为 0.46nm，其有效孔径可能更小，孔道中的 H_2O 分子只能占据 K^+位置沿孔道方向排列。可见，位于两个孔道阳离子之间的水分子相当于被禁锢在孔道中，只有在较高的温度（>300℃）下才能逸出。而水的含量与孔道中充填阳离子的数量有关，充填的阳离子越多，孔道水含量越低。反之，孔道阳离子越少，充填的 H_2O 则越多。样品 XLH 中的孔道水含量相对较高，原因就是该样品的孔道阳离子被脱除后形成较多的孔道空位供 H_2O 占据。而天然锰钾矿原样中由于孔道中 K^+ 位置大多被占据，孔道水的含量较低。这些孔道水以 H_2O 分子形式存在，但不能像沸石水那样在孔道中自由进出，而与孔道中阳离子的含量和占位有关。

10.3.2 差热-热重分析

根据 IR 分析，天然锰钾矿中含有表面吸附水和孔道水，可能还含一定量的孔隙水。为证实锰钾矿中水的性质及含量，对锰钾矿（XL、XLH 和 C1）进行 TG-DTA 测试。待测锰钾矿样品经破碎、筛选，取粒径为 120 ~ 160 目（117 ~ 96μm）的样品进行测试。

锰钾矿的 DTA 曲线（图 10-16）中出现多个吸热谷，而热重曲线（TG）（图 10-16）总体呈下降趋势，说明随温度升高，天然锰钾矿不断发生重量损失，其间出现的几次吸热

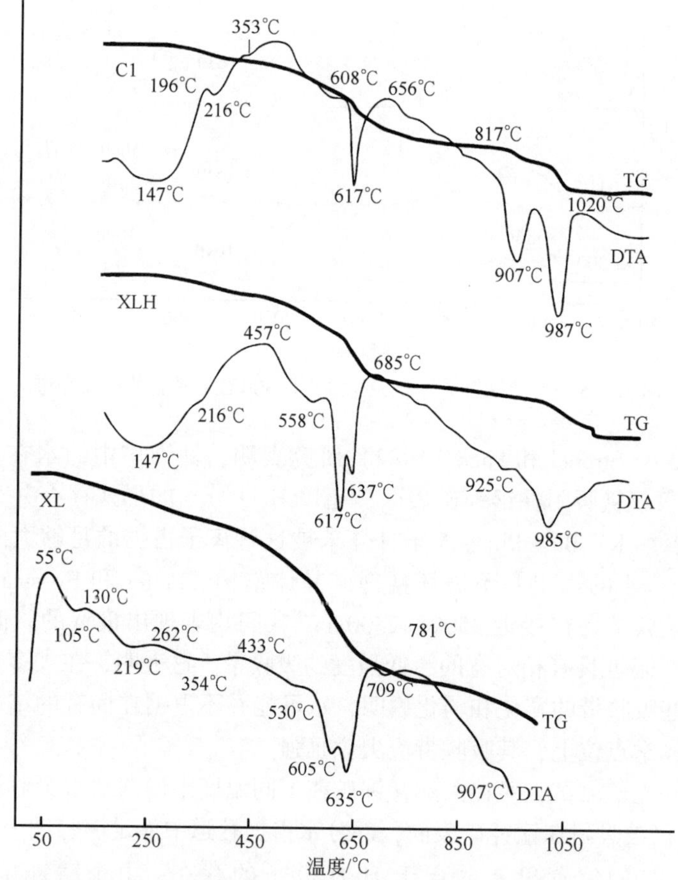

图 10-16　天然锰钾矿（XL、C1 和 XLH）差热-热重曲线

现象应是锰钾矿表面和内部水的脱失以及相转变所引起的热效应。其中 635℃（或 617℃）左右出现很明显的吸热谷及相应的热重损失应为锰钾矿发生相转变所引起。相变之前的几个吸热谷及热重损失则分别对应于锰钾矿中水的脱出。

样品 XL 在 105℃左右和 219℃左右明显出现了两个吸热谷，C1 和 XLH 在 147℃和 216℃处左右也分别出现吸热谷。105℃（或 147℃）左右出现的吸热谷应该由天然锰钾矿脱去表面吸附水引起。219℃（或 216℃）左右的吸热谷相对比较浅，有些宽化，很可能对应锰钾矿中孔隙水的脱附。天然锰钾矿集合体中发育大量的纳米孔隙，其中的孔隙水可能在较高的温度下才能脱附。前面 IR 分析表明，锰钾矿中的孔道水经 300℃的高温也没有被脱除。因此，219℃左右的吸热谷不是孔道水的脱附，而应该是集合体中纳米级孔隙中水的脱附。

样品 XL 的 DTA 曲线中在 354.8℃左右出现一个较缓的吸热谷，C1 在 353℃左右也出现较小的吸热谷，应该对应锰钾矿孔道水的脱出。前已述及，锰钾矿孔道水被禁锢在孔道阳离子之间，这些孔道水由于受到 K^+的阻碍在 300℃以下难以被脱出；而温度达到 355℃左右时，水的活性增大，能冲破 K^+的束缚开始逸出。XLH 样品在 355℃左右的位置未出现吸热现象，是因为锰钾矿孔道中的 K^+被脱附后，孔道中的 H_2O 容易从孔道中逸出，在 216℃以下的温度就被脱附了。

由于孔道中的水要冲破孔道阳离子（K^+）的阻碍才能逸出，所处位置不同的 H_2O 分子从孔道中逸出的难易程度不同，会造成整个孔道水的脱出时间较长，个别 H_2O 可能甚至需破坏锰钾矿结构才能逸出。样品 XL 在 354.8℃左右的吸热谷很平缓，对应的重量损失也降低很慢，说明孔道水具有较宽的脱出温度范围；在 261.8～432.8℃范围内的重量损失达到了 1.46%，其中除了孔道水的脱出，可能还有部分结构氧的逸出。

为探明 355℃左右锰钾矿结构中是否有氧的逸出以及锰钾矿脱水过程结构的变化，分别对样品 XL 及其加热样品进行 XRD 分析。加热用北京电炉厂生产的箱式电阻炉（SX2-4-20），具体做法如下：将样品分三组：① 440℃温度下持续加热 3.5h（XL440）；②在 560℃下持续加热 4h（XL560）；③在 750℃下加热 3h（XL750）。

测试结果（图 10-17）显示，天然锰钾矿在 440℃下加温 3.5h 还保持本身的结构，未出现任何新的衍射峰；在 560℃加热 4h 之后，锰钾矿的衍射峰也几乎没有变化，只是出现了一个较弱的方铁锰矿的衍射峰（222），说明天然锰钾矿在 560℃下开始有少部分发生结构崩塌，释放出结构氧，但整体上还基本保持锰钾矿的结构；而在 750℃加热 3h 后，锰钾矿已基本相变为方铁锰矿。可见，天然锰钾矿在 440℃时结构很稳定，说明 DTA 曲线上 355℃左右的吸热谷主要是孔道中水的逸出引起的，可能也有部分结构氧的逸出（DeGuzman *et al.*，1994；Yin *et al.*，1994；Chen *et al.*，2002），但没有破坏总体结构。

图 10-17 中有一个很有意义的现象，就是锰钾矿原样（图 10-17a）中（301）的峰强相对于（211）的低，而经 440℃和 560℃加热的样品中这两个峰的相对强度则反过来，即（301）峰相对加强而（211）峰相对减弱。对比原样 XL 和经过热处理样品的指标化后各面网的 d 值（表 10-5），可以看出（301）和（200）面网的 d 值都有所降低，说明锰钾矿经较高温度（300～560℃）加热会引起晶胞参数变化。由于单斜晶系锰钾矿中（301）和（200）面网都平行于［010］或 b 轴方向，即孔道方向。因此，这两个面网间距缩小可能

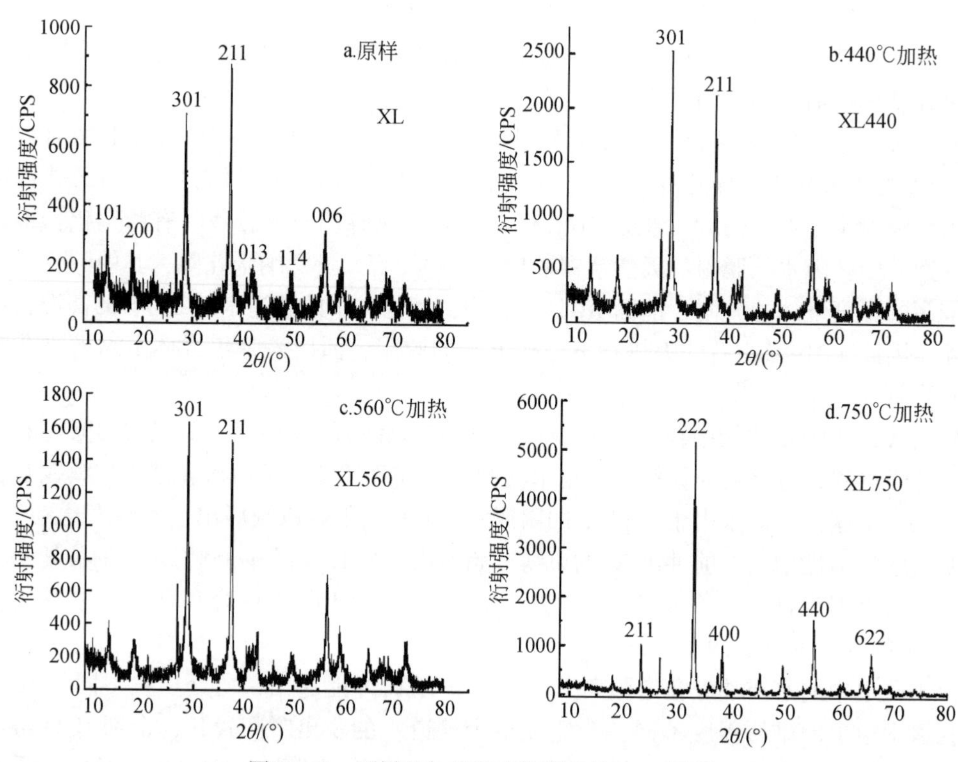

图 10-17　原样和加热处理锰钾矿的 XRD 图谱

与孔道中的水逸出有关，同时引起衍射峰相对强度的变化（朱自尊等，1986；张振禹、汪灵，1998）。样品 XL560 中这两个面网间距比 XL440 缩小的更多，进一步说明了天然锰钾矿孔道水的逸出温度范围比较大，355℃前后的 DTA 曲线相对比较平缓（图 10-16），没有出现尖锐的吸热谷也证实了这点。

表 10-5　加热处理锰钾矿与原样的 XRD 数据（*d* 值）对比

hkl	XL（原样）	XL440	XL560
$\bar{1}01$	6.9525	6.9600	6.9450
200	4.9281	4.9059	4.8935
301	3.1250	3.1172	3.1002
211	2.3994	2.4039	2.3981
013	2.1554	2.1530	2.1536
$\bar{1}14$	1.8367	1.8289	1.8367
020	1.4287	1.4294	1.4288

天然锰钾矿在不同温度下的热重损失（表 10-6）表明，从室温到 129.6℃，样品 XL 的热重损失为 0.43%，而 C1 和 XLH 到 147℃时损失分别为 0.39% 和 0.46%，相差不大。从室温到 147℃左右脱附的这部分水是天然锰钾矿表面的吸附水。样品 XL 在 129.6～261.8℃区间热重损失为 1.12%；C1 和 XLH 在 147～216℃区间的重量损失分别为 0.93%

和 1.07%，说明天然锰钾矿中的微孔隙水含量比较高。而在 355℃前后样品的热重损失也比较大，XL 在 216 ~ 465℃区间损失的重量达到 1.93%。根据前面 IR 分析，锰钾矿孔道中水的含量较低，所以这部分损失重量中应包含部分逸出的结构氧。

由以上差热-热重分析，天然锰钾矿从室温到 432.8℃的温度范围内先后脱去表面吸附水、微孔隙水和孔道水，在 261.8 ~ 432.8℃范围可能有部分结构氧的脱出，但锰钾矿结构基本保持不变。Kijima 等（2001）对合成锰钾矿型氧化物（α-MnO_2）中的水进行研究，认为在 25 ~ 400℃之间的热重损失是由样品释放水所引起，并估计每摩尔 α-MnO_2 中含 0.23mol 的水，即水的含量约为 4.54%。可见，天然锰钾矿孔道中含有一定量的水，但由于 K^+、Na^+、Ba^{2+} 等离子的存在，孔道中的水被禁锢在这些大半径离子之间，只有达到较高的温度才能逸出。因此，天然锰钾矿孔道中的水不能像沸石水那样自由进出于孔道中。

表 10-6　天然锰钾矿在不同温度下的热重损失

XL（初始重 91.8mg）			C1（初始重 45.6mg）			XLH（初始重 45.9mg）		
温度/℃	损失/mg	百分比/%	温度/℃	损失/mg	百分比/%	温度/℃	损失/mg	百分比/%
129.6	0.39	0.43	147	0.18	0.39	147	0.21	0.46
219.2	1.07	1.16	216	0.60	1.32	216	0.70	1.53
354.8	2.18	2.38	457	0.80	1.75	478	0.80	1.74
529.3	4.43	4.83	598	2.10	4.61	617	2.20	4.79
708.6	9.19	10.01	656	3.05	6.58	656	3.50	7.63
780.5	9.67	10.53	951	4.50	9.87	951	4.52	9.80
1000.0	11.68	12.72	1004	5.50	12.06	1030	5.60	12.20

10.3.3　锰钾矿结构热稳定性

天然锰钾矿的结构稳定性能反映其在不同温度下的物理化学性能，也是决定该矿物应用范围的重要因素。根据差热-热重和 XRD 分析，天然锰钾矿在加热过程中，将会发生成分和晶体结构的变化，包括失水、氧的逸出和相变等。

前已述及，天然锰钾矿在 440℃加热 3.5h 结构未发生任何转变，560℃持续加热 4h 后仍基本保留锰钾矿的结构，只有微量的锰钾矿相变为方铁锰矿；而 750℃加热 3h，锰钾矿的衍射峰几乎完全消失，代之以方铁锰矿的衍射峰。即锰钾矿 DTA 曲线上 591 ~ 635℃出现的较强吸热谷（湘潭锰钾矿 DTA 曲线出现 591℃强吸热谷）是锰钾矿的相变点，转变为等轴晶系的方铁锰矿。DTA-TG 曲线在 907 ~ 1006℃还有明显的吸热谷（湘潭锰钾矿该吸热谷在 1006℃）和较大的热重损失（约 12.0%），应该是方铁锰矿进一步相变为黑锰矿所引起。Gruner（1943）对锰钾矿热稳定性的研究表明，温度高于 520 ~ 540℃时锰钾矿的结构会发生改变，转变为方铁锰矿和黑锰矿；Strobel 和 Page（1982）也指出，460 ~ 610℃以上锰钾矿在空气中会分解为 Mn_2O_3（方铁锰矿）。

总的来说，天然锰钾矿与合成锰钾矿相比具有相对较高的热稳定性。Chen 等（2002）研究了合成锰钾矿（OMS-2）的结构热稳定性，结果表明 OMS-2 在 30 ~ 300℃之间有 H_2O

和CO_2的逸出，热重损失为3%；300℃之后继续脱水，并有氧的释放，300～500℃之间损失2%的重量；锰钾矿（OMS-2）的相变温度在580℃，比天然锰钾矿低。其他研究也有类似情况，但不同方法合成的OMS-2具有不同的热稳定性（DeGuzman *et al.*，1994；Yin *et al.*，1994；Kijima *et al.*，2001），一般在O_2介质中锰钾矿的热稳定性要比在N_2中好。

天然锰钾矿具有良好的结构热稳定性，可应用于较高的温度范围。天然锰钾矿在较高温度下能释放出较多的氧而不破坏结构，为我们提供了矿物材料利用的一些重要信息。例如，在不破坏锰钾矿结构的前提下对其进行加热处理，使结构中逸出部分的氧，从而导致骨架中氧空位的形成，可能成为锰钾矿氧化反应的活性位，有利于催化氧化反应的发生。

10.4 锰钾矿孔道效应

孔道效应实质上是分子筛效应或离子筛效应，是指具有均匀的微孔，其孔径与一般分子或离子大小相当的一类吸附剂或薄膜类物质，据其有效孔径，可用来筛分大小不同的流体分子或离子，这种作用称为分子筛或离子筛作用（中国科学院大连化学物理所分子筛组，1978）。

属锰钡矿型结构的锰钾矿是一种具有孔道结构的矿物，被称为锰氧化物八面体分子筛。与孔道材料沸石相比，锰钾矿晶体结构中因具有由Mn-O八面体所构筑的均匀的、孔径为0.46nm的一维架状孔道，该孔径与沸石的孔径大小接近（大多数沸石的孔径在0.23～0.52nm，仅八面沸石具有0.74nm的大孔径），因此，锰钾矿同样具有类似沸石的分子筛或离子筛性质，表现出较好的孔道效应。与孔道较大的钙锰矿相比，锰钾矿所具有的较高结构稳定性缘于其较小的孔道和结构中［MnO_6］堆积的紧密性。锰钾矿的孔道效应表现为大于孔径0.46nm的离子或分子被拒之孔道之外，而小于其孔径的则可进入孔道，即锰钾矿具有离子筛或分子筛的作用（Lu *et al.*，2003a，2006a）。

就沸石而言，它对溶液中的某些离子也能表现出离子筛性质，且可分为完全离子筛效应和部分离子筛效应。完全离子筛效应是指交换离子因大于材料的孔径而完全被阻隔于沸石结构之外，使交换反应无法进行。一些结构较致密的沸石由于其孔径太小，对无机阳离子表现出完全离子筛效应；而具有开放性结构的沸石，则多是在对一些有机大离子的交换中才表现出完全离子筛效应。部分离子筛效应则是交换离子部分被阻隔，交换反应不能进行完全。产生部分离子筛效应大多是因沸石中存在不同的交换位置，而一些可交换阳离子处在不易被交换的位置上。因此，离子筛性质主要与沸石本身的结构特点、交换离子的性质和交换条件有关。其中，交换离子本身对沸石离子筛性质的影响，主要表现在离子本身或水合离子的大小（张铨昌等，1986）。

锰钾矿的孔道效应相似于沸石，其孔道效应的影响因素可归纳为：①大于孔径0.46nm的分子和离子被拒之于孔道之外，从而表现出完全分子筛或离子筛效应；②锰钾矿孔道中的K^+、Na^+离子分别位于晶体结构中的（0，0，0）位和（0，0.5，0）位，与Mn-O八面体骨架结合较弱，理论上处于易被交换的位置，可能不会造成锰钾矿的部分离子筛效应，但实际情况还有待于深入的实验研究来揭示。

总之，孔道材料（锰钾矿和沸石材料）中孔道效应和离子交换是相辅相成的关系，因此，在讨论其中一个环境属性时，必然会涉及另外一个。也就是说，作为 OMS-2 材料的锰钾矿，其孔道效应和离子交换作用环境属性是同时体现的。

10.4.1　锰钾矿的离子交换作用

矿物晶体结构特征在很大程度上决定其离子交换性质，因此，确定矿物中具有离子交换性能的特殊基团和活性中心位置很重要。锰钾矿晶体结构中，由［MnO_6］八面体构筑的良好孔道和孔道中的 K^+离子类似于天然沸石中由［SiO_4］四面体构筑的良好孔道和孔道中的 Na^+和 Ca^{2+}离子（鲁安怀等，2000）。天然锰钾矿结构中，［MnO_6］八面体的基本骨架单元中存在低于四价的锰离子，使结构中出现多余的负电荷，因此在锰钾矿的结构孔道中出现一价的阳离子 K^+补偿这些多余的负电荷，使结构处于稳定状态。锰钾矿孔道中的 K^+同沸石孔道中的 Na^+、Ca^{2+}一样，与骨架结合也较弱，因此可参加离子交换而不破坏锰钾矿的晶体结构。

有关沸石分子筛的研究已较为成熟。锰钾矿具有与沸石相似的结构特征和离子交换性能，因此，影响沸石离子交换作用的因素也可能成为锰钾矿离子交换的影响因素。例如离子交换容量也取决于 Mn-O 八面体阴离子骨架的电荷；也具有离子交换选择性，选择交换的离子取决于锰钾矿孔道的大小、交换离子的性质（如大小、化合价、水合状态）等因素，即锰钾矿孔道内的 K^+及少量 Na^+和 Ca^{2+}只可与溶液中离子半径、电荷数、电负性和水化度等性质相近的金属离子之间进行交换，同时还要求被交换的离子或水合离子半径必须小于锰钾矿的孔径。

此外，交换反应的介质条件，如电解质的浓度等也影响离子交换。在进行离子交换时，还应考虑离子交换动力学，即离子在交换过程中的交换速度及交换条件对交换速度的影响。具有离子交换性能的矿物（如沸石和锰钾矿等）与水溶液中的阳离子交换是一种固体与液体之间的复相反应，其交换过程如下（张铨昌等，1986）：

（1）溶液中的阳离子通过锰钾矿表面向矿物的孔道扩散；

（2）扩散进入矿物的阳离子与矿物孔道中的阳离子进行交换；

（3）从矿物中交换下来的离子向溶液中扩散。

上述过程中，离子在矿物结构内的扩散是实现离子交换的关键，因为这种扩散过程很慢，所以整个离子的交换速度就取决于离子的扩散速度，即离子交换的速度受离子在晶体结构内扩散速度的制约。

综上所述，锰钾矿离子交换性能的影响因素是：①Mn-O 八面体阴离子骨架的电荷影响锰钾矿的离子交换容量；②只有与锰钾矿孔道内的 K^+及少量 Na^+和 Ca^{2+}离子的半径、电荷数、电负性和水化度等性质相近的金属离子才可进行相互交换，同时被交换的离子半径必须小于锰钾矿的孔径 0.46nm 才能进入孔道；③离子的交换速度受离子扩散速度的制约。因此，锰钾矿的离子交换作用并非一独立过程，而是和孔道效应（分子筛或离子筛效应）紧密相连。

锰钾矿因其较大的孔道结构而具有较强的离子交换性能，且对有效半径与其孔道大小相近的金属离子（半径约 0.14nm）有极高的选择性。研究发现，被吸附的重金属离子与锰钾矿发生离子交换进入其孔道中（Tsuji and Komarneni，1993；Randall *et al.*，1998；Tsuji，2001）。这种选择交换阳离子的性能使锰钾矿成为有用的离子筛材料，在色层分离、选择吸附重金属（O'Reilly and Hochella，2003）和去除放射性核素（Dyer *et al.*，2000；Guy *et al.*，2002）等方面有很好的应用前景。受离子水化半径和孔道大小的控制，合成锰钾矿对 Li^+、Na^+、K^+、Rb^+、Cs^+的吸附是可逆的离子交换吸附，对 K^+、Rb^+具有较高的选择吸附能力（Tsuji，2000），也能选择性吸附重金属 Pb^{2+}进入锰钾矿孔道中（Tsuji，2001）。

10.4.2 天然锰钾矿的脱 K^+实验

研究表明，合成锰钾矿孔道中的 K^+在浓硝酸（13mol/L）的淋滤下可以被洗脱出来（Tsuji *et al.*，1984；Tsuji and Komarneni，1993），形成 H^+型锰钾矿，孔道中原先 K^+的位置变成空位，或被 H^+和 H_2O 分子占据。这种 H^+型锰钾矿在 $NaNO_3$溶液（0.1mol/L）的淋滤下又可以转化成 Na^+型锰钾矿（Tsuji and Abe，1985），即 Na^+占据了孔道中 K^+的位置。这些 H^+型和 Na^+型锰钾矿的制备过程其实就是一个离子交换的过程，说明锰钾矿中的 K^+容易从孔道中脱离，与能进入孔道的阳离子发生离子交换。利用下雷锰矿的天然锰钾矿（XL）进行脱 K^+实验，方法如下（Tsuji and Komarneni，1993）：

（1）取 160～200 目的锰钾矿样品，在烘箱中 70℃ 干燥 15h，然后称取 20g 样品装进 200mm×10mm 的层析柱中，将样品适当压实。

（2）在层析柱上注进 13mol/L 的浓硝酸，保持持续自然渗滤，测渗出液体中 K^+的浓度。

（3）当渗出液中 K^+浓度低于 4×10^{-4} mol/L 时停止实验，用去离子水冲洗样品多次，自然晾干。由此得到的锰钾矿被称为 H^+型锰钾矿。

实验结果（表 10-7）表明，开始时 K^+的溶出较快，渗滤 5 天时测得渗出的 K^+浓度为 411mg/L，即 10.54mol/L。而 Mn 的溶出更多，浓度达到 2590mg/L，渗出液显黄色，可能是样品粉末中不稳定的锰、铁氧化物溶解所致。随时间推移，K^+和 Mn^{2+}的溶出逐渐降低，到第 20 天时，渗出液中 K^+的浓度为 8.51mg/L，即 2.18×10^{-4} mol/L；而 Mn^{2+}的浓度降到 6.45mg/L。此时的渗出液清澈。渗出液测试之前稀释用的去离子水中 K^+和 Mn^{2+}的浓度极低，可忽略不计。

表 10-7　渗出液中 K^+和 Mn^{2+}的浓度

时间	K^+浓度/(mg/L)	Mn^{2+}浓度/(mg/L)
第 5 天	411	2590
第 20 天	8.51	64.5
去离子水	0.0131	0.0077

实验进行 20 天停止，并分别对处理前后的样品做了 X 射线荧光光谱（XRF）分析，结果如表 10-8 所示。其中 XL 为原样，XLH 为经浓硝酸处理后的样品。

表 10-8　浓硝酸处理前后天然锰钾矿的 XRF 结果　　（单位:%）

元素	Mn	K	Al	Si	Na	Ba	Fe	Co	Zn	Ca	Mg	Ni	Rb	Sr	总计
XL	69.40	1.74	0.06	0.70	0.01	0.33	3.62	0.03	0.03	0.14	0.03	0.03	0.01	0.32	76.46
XLH	71.74	0.87	0.00	0.62	0.01	0.27	1.36	0.01	0.05	0.13	0.02	0.02	0.01	0.31	75.43

对比处理前后粉末样品中元素含量可知，XLH 中 K 元素含量降低较明显，从 1.74% 降到 0.87%，而 Mn 的含量反而增加，其他元素含量几乎没变化。说明处理后样品中 K 含量的降低是因为锰钾矿孔道的 K^+ 被淋滤出来。假如延长渗滤时间，锰钾矿孔道中更多的 K^+ 应该可以被淋洗出来。Tsuji 等（1984）及 Tsuji 和 Komarneni（1993）的实验中，当渗出液中 K^+ 浓度小于 1×10^{-4} mol/L 时（大概 21 天时间），锰钾矿中含有的 K^+ 为 0.06 ~ 0.07 毫当量/克，即 K 的含量为 0.234% ~0.273%。因此认为在这些实验条件下很难将锰钾矿中的 K^+ 彻底洗脱出来。

实验前后锰钾矿样的 XRD 分析（图 10-18）表明，处理后锰钾矿的结构未发生改变。只是原样中（301）面网的衍射强度比（211）的高，而处理后样品（211）面网的衍射强度比（301）面网高，这可能是因为脱去孔道中的 K^+ 或孔道中 H_2O 含量变化所引起（朱自尊等，1986；张振禹、汪灵，1998）。

20 天的实验并没有得到真正的 H^+ 型锰钾矿，因为锰钾矿中还含相当量的 K，延长实验时间可以继续降低样品中 K 的含量。淋洗后，锰钾矿中 K 含量明显减少，而结构没有破坏，说明 K^+ 可以从孔道内部沿通道向外移动。因此，实验证明了天然锰钾矿不但具有连通的孔道，而且孔道的有效半径至少大于 K^+ 的离子半径（约 0.133nm）。天然锰钾矿因为脱 K^+ 而空出的孔道位置可能被 H_2O、H_3O^+ 等占据。可以预测，锰钾矿的这些空位容易与溶液中其他能进入孔道的阳离子发生离子交换。由于孔道是连通的，孔道中的 K^+ 等阳离子也容易与外界阳离子发生离子交换。天然锰钾矿较大的连通孔道结构决定了其作为一种离子交换剂在含重金属、放射性废水处理方面有潜在应用价值（Lu *et al.*，2006a）。

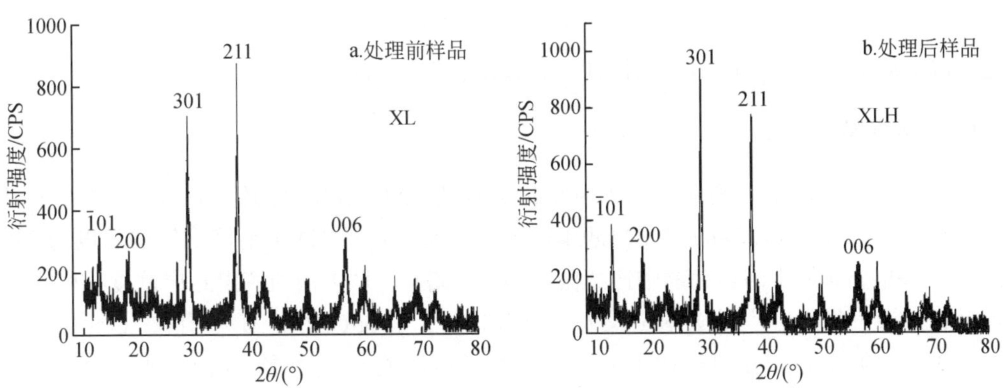

图 10-18　天然锰钾矿经浓硝酸处理前后的 XRD 图

10.4.3 天然锰钾矿对重金属的离子交换作用

锰钾矿的孔道效应应用于重金属污染的处理表现出良好的环境属性，对 Cd^{2+}、Hg^{2+}、Pb^{2+}等重金属离子有良好的去除能力。具体研究在第三篇15.4节有详细阐述，这里仅针对天然锰钾矿孔道效应表现出的离子交换作用（以 Cd^{2+}为例）做详细阐述。

1. 机理

离子交换过程常用分配系数（K_d）分析并建立吸附模式（Bradbury and Baeyens，1999）。常被用于选择性离子交换研究的几种不同表达式（Tsuji，2001）有：选择曲线（selectivity plot）、Vanselow 等式、Langmuir 曲线和幂交换函数（Power exchange function）。其中应用最广泛的是选择曲线法。假设溶液中只有 H^+-Cd^{2+}的二元离子交换，其离子交换反应可写成：

$$Cd^{2+} + 2H_s^+ \longleftrightarrow 2H^+ + Cd_s^{2+} \tag{10-4}$$

式中，Cd_s^{2+}、H_s^+为锰钾矿（固相）中的离子；Cd^{2+}、H^+为溶液中的离子。离子交换反应的平衡常数可由下式求得

$$K = \frac{[Cd_s^{2+}][H^+]^2}{[H_s^+]^2[Cd^{2+}]} \tag{10-5}$$

根据式（10-4）和式（10-5）（即 $K_d = \frac{[Cd_s]}{[Cd]}$），得

$$K = K_d\left(\frac{H_s}{H}\right)^2 \tag{10-6}$$

当溶液中和交换剂中 Cd^{2+}的浓度远远小于 H^+的浓度，即［Cd_s^{2+}］<<［H_s^+］，［Cd^{2+}］<<［H^+］时，K 和［H_s^+］为常数（［H_s^+］≈Q，即离子交换容量），于是式（10-6）可改写成：

$$\lg K_d = \lg(KQ^2) - 2\lg[H^+] \tag{10-7}$$

可见，以 $\lg K_d$对 $\lg[H^+]$ 作图应该得到一条直线，斜率为-2。

2. 实验结果

在一系列100mL的三角瓶中加入800mg粒径为120～160目的锰钾矿粉，加入体积为25mL、Cd^{2+}的浓度为11.24mg/L的 $CdCl_2$溶液和一定浓度的 HNO_3溶液。实验温度为25℃，在转速为170r/min的水浴振荡器中连续振荡72h后离心，取上清液测定 Cd^{2+}浓度。根据计算得到天然锰钾矿吸附 Cd^{2+}的吸附量及 K_d（表10-9），以 $\lg K_d$对 $\lg[H^+]$ 作图（图10-19）。

由图10-19可见，$\lg K_d$与 $\lg[H^+]$ 并不完全呈线性关系。pH 从 3×10^{-3}到 10^{-1}的 K_d大致呈线性下降趋势，但斜率为-0.6968，与 H^+/Cd^{2+}二元离子交换的理想交换反应（斜率为-2）相差较大；而且在 pH=1.5×10^{-1}时的 K_d反而升高。说明天然锰钾矿对 Cd^{2+}的离子交换不仅是 H^+-Cd^{2+}二元体系的选择性交换，而是混合离子的交换。也就是说，Cd^{2+}除了与 H^+发生离子交换，还与孔道中的 K^+及其他孔道阳离子发生离子交换。随加入的 HNO_3溶液

浓度的增加，天然锰钾矿吸附 Cd^{2+} 的 K_d 减小，即吸附量降低。

表 10-9　不同浓度 HNO_3 条件下 Cd^{2+} 的吸附量

$[H^+]$/(mol/L)	3×10^{-2}	5×10^{-2}	8×10^{-2}	1×10^{-1}	1.5×10^{-1}
浓度/(mg/L)	5. 27	6. 83	7. 16	7. 99	6. 47
吸附量/(mg/g)	0. 24	0. 18	0. 16	0. 13	0. 19
吸附率/%	53. 08	39. 21	36. 33	28. 95	42. 43
K_d/(mL/g)	45. 26	25. 80	22. 82	16. 30	29. 48

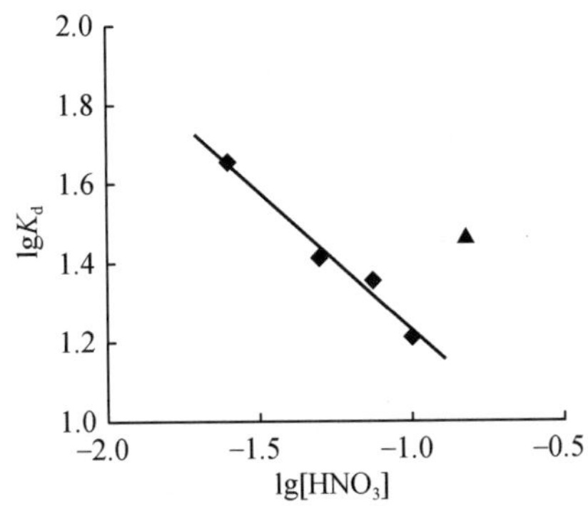

图 10-19　天然锰钾矿吸附 Cd^{2+} 中 K_d 与 $[HNO_3]$ 的对数关系

以上实验不能确切给出被吸附的 Cd^{2+} 与释放出的 H^+ 或 K^+ 的对应关系，但说明 Cd^{2+} 是与孔道中的离子（K^+ 和 H^+）发生离子交换或占据孔道空位而进入锰钾矿。吸附 Cd^{2+} 后的锰钾矿的 XRD 图谱反应前的相同，未出现新的物相。表明 Cd^{2+} 替代 K^+ 进入天然锰钾矿的孔道中，锰钾矿结构保持不变，也就是说，天然锰钾矿孔道中的 K^+ 可以被 Cd^{2+} 替代，从而说明天然锰钾矿具有良好的离子交换性，交换的离子可以进入孔道中。

第11章　锰钾矿纳米效应

11.1　锰钾矿隐晶质集合体

11.1.1　天然锰钾矿产出概况

锰钾矿是一种强烈氧化的表生锰氧化物矿物，风化条件下普遍形成于红土型风化壳、土壤等地表环境中，是红土型风化壳和次生锰矿床的重要组成矿物之一（Varentsov，1996）。红土型风化壳中锰钾矿是主要的锰氧化物相（Parc *et al.*，1989；Ostwald，1992；Vasconcelo *et al.*，1994；Ruffet *et al.*，1996；Randall *et al.*，1998），其中的锰钾矿常为自生沉积形成（Vasconcelos *et al.*，1994）。锰钾矿可见于许多地质环境，如风化的超基性岩（Llorca and Monchoux，1991）、花岗岩（Nakashima and Imaoka，1991）中，大理岩断裂带及溶洞中（Nimfopoulos and Pattrick，1991），火山凝灰岩裂隙中（Carlos *et al.*，1993）以及一些多金属矿床的氧化带中（吕志成等，1998，2002）。然而，锰钾矿的大规模产出主要位于热带含锰风化壳和碳酸盐型锰矿床的次生氧化带中（Varentsov，1996）。例如，匈牙利Úrkút锰矿床的次生氧化带中锰钾矿常常与10Å-锰酸盐（钡镁锰矿、钠水锰矿、锰钴土）、软锰矿等氧化锰矿物混合产出；在南非Cape省的Postmasburg锰矿区，锰钾矿和软锰矿以不规则透镜状和囊状形成于高岭土风化壳中；我国广西下雷和湖南湘潭碳酸锰矿床的次生氧化带中普遍有锰钾矿产出（姚敬劬等，1995；侯宗林等，1997）。可以认为，表生的锰钾矿只有在锰矿床次生氧化带中才有可能富集成较大规模的产量。

我国是世界上重要的锰矿资源国之一。锰矿主要集中在湿热多雨的南方地区。南方的亚热带季风气候自第四纪以来的一百多万年间大体上变化不大，稳定而长期的湿热气候对各类风化矿床的形成极为有利，决定了这些地区发育氧化型锰矿床。湿热气候和酸性环境使锰矿的次生氧化和富集得以在较大深度内进行，且次生氧化和堆积的速率大于地壳上升剥蚀的速率而使氧化锰矿得以保存。扬子地台南缘是我国锰矿产地最集中的地区，包括广西、湖南、贵州、四川、云南、福建等省区。

锰矿床中的锰钾矿与其他四价锰氧化物矿物一样形成于次生氧化带中，而且有相似的成矿地质背景。锰钾矿普遍分布于整个次生氧化带的氧化锰矿体中，聚集于裂隙发育和强烈褶皱的矿体中，特别是矿体遭受破坏后重新富集成矿的部位大量产出。由于原生碳酸锰矿性脆，在褶皱较强烈部位容易产生破碎并出现层间“虚脱”空位，为后期成矿溶液的重新聚集沉淀提供了空间。氧化锰往往在这些空位沉淀富集形成透镜状矿体，受破坏严重的部位则因溶塌或淋滤常形成囊状矿体。锰钾矿是这些透镜状、囊状氧化锰矿体中最主要的锰氧化物矿物，可以形成较纯的锰钾矿矿石。透镜状和囊状矿体中锰钾矿矿石一般形成较大的团块状、薄层状、孔洞状等矿石。这些矿体是矿床中主要的氧化锰富矿体。矿体中原生矿层的产状一般难以保留，其周围的围岩及夹层风化很彻底，大部分形成黏土类矿物和石英。在褶皱和裂隙发育，但还保留原生层状产状的氧化锰矿体中也普遍形成锰钾矿，大多沿裂隙充填，难以形成较富集的锰钾矿矿石，不同的氧化锰矿物密切共生、交织产出。氧化程度不高的矿体呈致密的层状，其中褐铁矿、赤铁矿等含量较高，含少量碳酸锰，Mn 品位相对较低；夹层和围岩为半氧化状态，只在一些矿石裂隙中有锰钾矿充填，产出量少。因此，量大且较纯的锰钾矿，主要存在于褶皱发育部位的透镜状和囊状矿体中。

天然锰的氧化物矿物一般呈灰褐色、褐黑色或黑色集合体，结晶程度差。天然锰钾矿经常与其他锰氧化物和含氧盐矿物，如软锰矿、硬锰矿、菱锰矿等密切共生或伴生，肉眼难以分辨，不易得到纯的样品。锰钾矿典型的矿石形貌为葡萄状、肾状、皮壳状、鲕豆状，或充填裂隙形成脉状、孔洞状，还有块状、粉末状等，以隐晶质集合体的形式产出。

1. 湖南湘潭锰钾矿

湖南湘潭锰矿中的锰钾矿形成于次生氧化带。矿石为隐晶质集合体，呈肾状、钟乳状等（图 11-1）。新鲜面钢灰色至蓝灰色，风化面呈暗黑色，横断面呈同心环状，条痕褐黑色，硬度 6 ~ 7，贝壳状断口。脉石矿物主要是石英。

图 11-1　湖南湘潭锰钾矿的产状

a. 葡萄状；b. 钟乳状；c. 鸡腿状。样品采自湘潭锰矿寒婆塘

2. 广西下雷锰钾矿

锰钾矿是下雷锰矿床次生氧化带中分布最普遍的氧化锰矿物，尤其在下雷东部采区和中部采区氧化锰富矿体中非常富集。锰钾矿矿石主要有以下几种产出形式。

1）*薄层状锰钾矿*

主要产于透镜状、囊状氧化锰矿体的顶部，如图 11-2 所示（图中记号笔长 14.3cm，下同）。薄层厚度不均匀，一般小于 10cm。主要矿物为锰钾矿，表面常呈灰褐色、褐黑色及锖色，新鲜面铅灰色；胶状、葡萄状、豆状、肾状、皮壳状等构造。这类产状的锰钾矿在下雷锰矿中较常见，锰钾矿纯度很高，共生矿物主要是一些黏土类矿物和石英，几乎没有共生的其他氧化锰矿物，易于区分。

2）*角砾状、杂斑状锰钾矿*

一般产于薄层状锰钾矿矿石下边，为氧化锰矿物和石英、黏土类矿物的混合层。其中氧化锰矿物主要为锰钾矿，含少量硬锰矿。白色、灰白、黄白色石英和黏土类等脉石矿物

图 11-2　薄层状锰钾矿矿石

被灰黑色的锰钾矿沿裂隙和周围充填围绕形成鲜明的角砾状（图 11-3）、杂斑状、包边状构造，锰钾矿矿脉相互交叉则形成网格状构造（图 11-3b）。

图 11-3　角砾状、网格状锰钾矿矿石

3）块状、脉状锰钾矿

块状、不规则团块状的锰钾矿矿石一般形成于透镜状氧化锰矿体中。此类矿石中氧化锰很富集，包括锰钾矿、硬锰矿、软锰矿和恩苏塔矿等矿物，脉石矿物较少。褐黑-黑色的矿石中锰钾矿与硬锰矿、恩苏塔矿共生。矿石中常含较疏松的褐黑色土状矿物，易污手。其中后期锰钾矿颜色为较浅的铅灰色，强金属光泽，普遍充填矿石裂隙和孔洞而形成条带状、脉状、细脉状、皮壳状等构造。灰-灰褐色的矿石主要为锰钾矿，呈致密块状，或充填孔洞形成皮壳状。

4）溶孔、孔洞充填锰钾矿

这类矿石在下雷锰矿中分布很普遍。由于下雷锰矿的原生碳酸锰矿层及碳酸盐、硅酸盐围岩在风化作用下易分解，被溶蚀形成各种孔洞和裂隙，后期形成的锰钾矿沿洞壁充填即形成溶孔、孔洞状的锰钾矿矿石（图 11-4）。较大孔洞内的锰钾矿往往形成皮壳状、葡萄状等构造特征。当充填得比较厚或将溶洞充满，也可形成块状的锰钾矿矿石（图 11-4b）。

下雷锰钾矿主要以充填矿体中的孔洞、裂隙等产状产出，显示出后期成矿的特点。风化形成的黏土类和石英等矿物颗粒周边及裂隙中均被锰钾矿充填，氧化锰矿石中也有脉状、孔洞状锰钾矿产出，说明锰钾矿的形成比黏土类矿物和其他氧化锰矿物晚。

图 11-4　溶孔状、孔洞状锰钾矿矿石

11.1.2　天然锰钾矿结构构造

表生形成的锰氧化物矿物，包括锰钾矿，多为隐晶质或胶态集合体，光学显微镜下呈白-灰白反射色，均质，看不到结晶颗粒，呈胶状结构或土状结构。

1. 环带状构造

反光镜下，湖南湘潭锰钾矿呈隐晶质的结构，略带灰白色，具同心环和环带构造（图 11-5）。

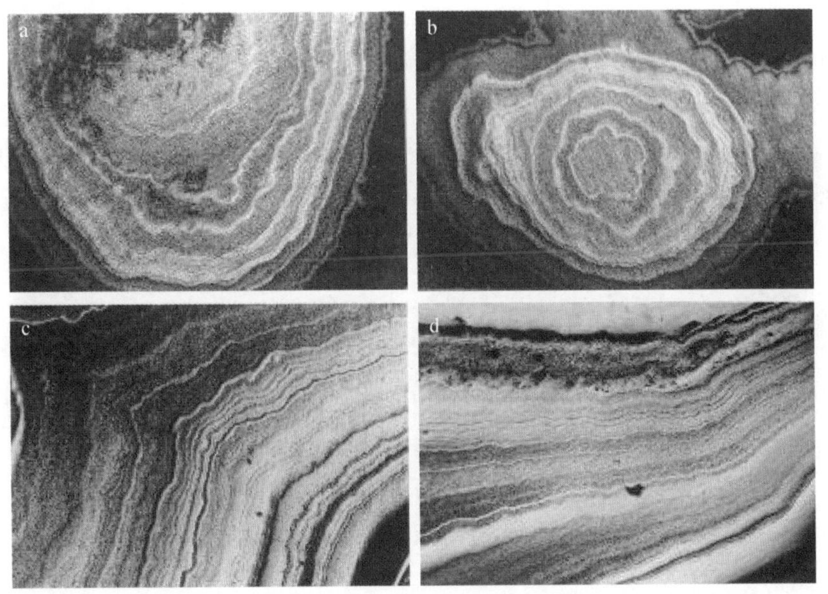

图 11-5　锰钾矿矿石的同心环（a，b）和环带构造显微照片（c，d）（单偏光，3.3×5）

下雷锰矿床中的锰钾矿矿石具有典型的葡萄状、肾状、鲕豆状、皮壳状等构造（图 11-6a），表面一般为灰-褐灰色，有时有锖色。常具多个壳层同心包裹结构，去掉最外壳层，常可见光滑圆球状的“玻璃头”，表面褐黑色；壳层的断口为铅灰色，强金属光泽。

充填矿石裂隙、孔洞等产出的锰钾矿则呈脉状、树枝状、平行条带和块状等构造。块状氧化锰矿石中常见锰钾矿充填小裂隙呈细脉状构造（图 11-6b）。

图 11-6　天然锰钾矿的矿石形貌

对应于以上两种矿石形貌，锰钾矿的显微构造有环带状和脉状两种主要类型。

反光镜下，肾状锰钾矿表现出同心环带、平行环带（图 11-7）、肾状、豆状等显微构造。同心环状是下雷锰矿中锰钾矿最常见的构造特征，显示了成矿溶液由核心向外多次沉淀不断生长，从而形成宏观具多壳层的结核或肾状。这些构造特征反映的是溶液在原地沉淀凝结的成矿过程，一个圈层代表一次矿质的沉淀。放大倍数明显可见较亮较粗的条带之间还有更细的平行条带，条带界线明显，宽度一般在 50μm 以下。矿石的构造特征显示下雷锰矿中锰钾矿至少有三个成矿期。早期的锰钾矿（Ⅰ）形成较小的同心环带，即结核的中心部分（图 11-7）；这些小结核被后期锰钾矿（Ⅱ）包围形成更大的平行环带、平行条带；更晚期的锰钾矿（Ⅲ）则充填早期形成的锰钾矿结核之间的空隙，也有的以细脉状穿切早形成的锰钾矿结壳（Ⅰ和Ⅱ期），显示出后期溶液较强的活动性。环带状锰钾矿中Ⅱ期形成的锰钾矿厚度相对比较大，说明该期形成的锰钾矿占较大比例。Ⅰ和Ⅱ期锰钾矿形成的锰结核中裂隙不发育，因此穿切结核产出的Ⅲ期锰钾矿不常见。

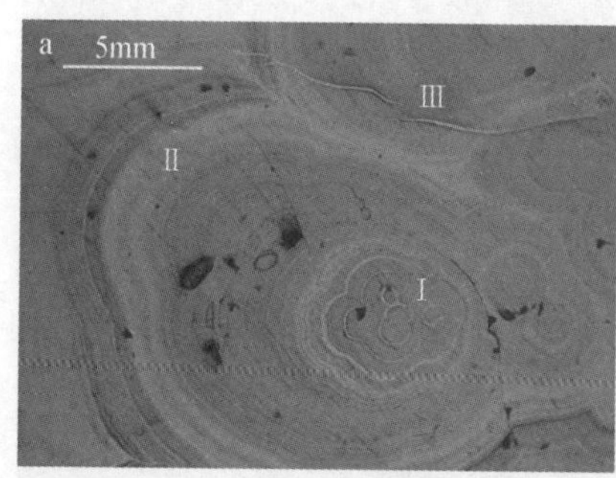

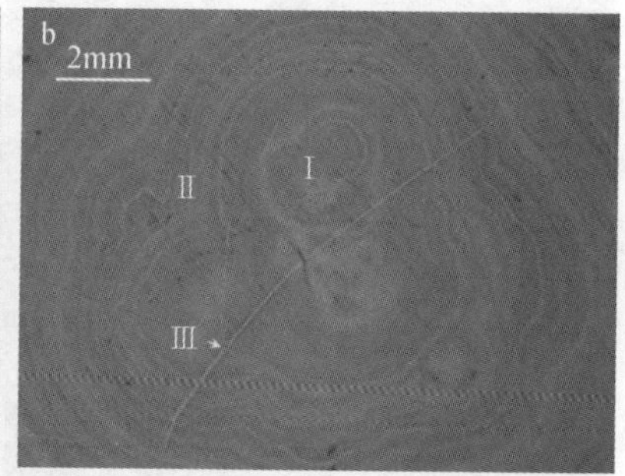

图 11-7　锰钾矿的同心圆状构造

肾状锰钾矿中还常见到肠状、孔洞状、豆状等显微构造。肠状锰钾矿常形成于同心环带锰钾矿的核心部位，为后期锰钾矿交代充填空心位置形成（图 11-8a）。其周边的黑色物质为褐色或褐黑色风化残留的土状物，常夹于锰钾矿壳层之间。豆状构造的锰钾矿也是后期成矿物质充填小孔洞形成（图 11-8b），明显可见这些“豆粒”周围有一圈暗晕，反映了胶状成矿物质从边部往颗粒内部收缩的特点。显微镜下孔洞充填形成的孔洞状锰钾矿也是常见的构造之一（图 11-8c）。锰钾矿矿石中常形成一些孔洞，后期锰钾矿沿孔壁向里充填。几个相近的锰钾矿颗粒或结核之间的空隙也常被后期的锰钾矿充填，未充满的空隙常呈三角形（图 11-8d）。这些后期充填的锰钾矿反射色为白色，亮度相对较高，放大也能看到这些锰钾矿具有平行环带的特征，但环带的生长顺序正好与上述同心环带相反，越小的环带形成越晚。这些后期充填的锰钾矿对应于Ⅲ期锰钾矿，说明Ⅲ期锰钾矿主要充填空隙产出，切穿早期锰结核的较少。

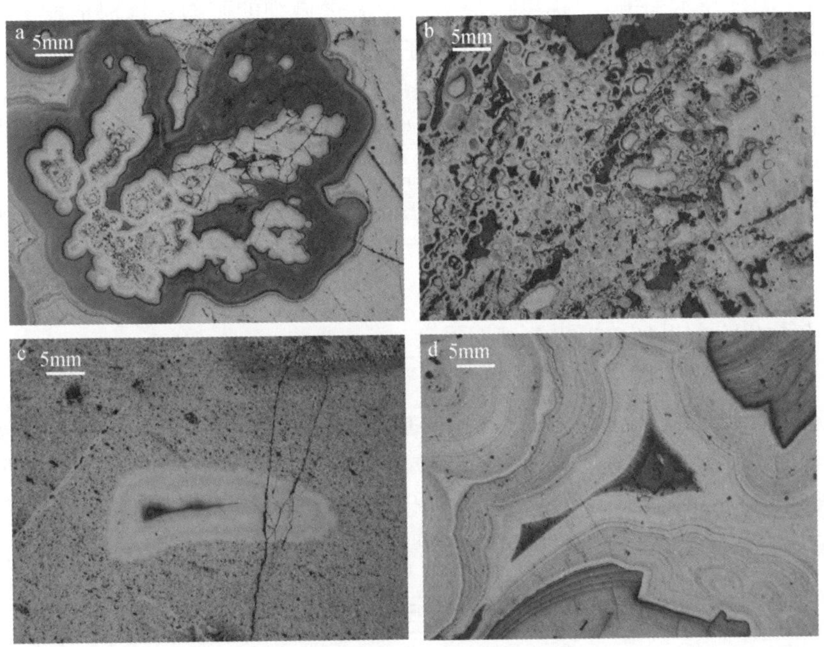

图 11-8　锰钾矿矿石的显微构造

2. 脉状构造

脉状锰钾矿在反光镜下主要呈细脉状、树枝状等构造（图 11-9）。脉状或条带状锰钾矿穿过早期形成的矿石，也明显看出有三个成矿期：先是形成早期的锰钾矿（Ⅰ期），为灰白反射色；之后Ⅱ期的锰钾矿充填矿石裂隙形成脉状锰钾矿，为灰白-白色的反射色；

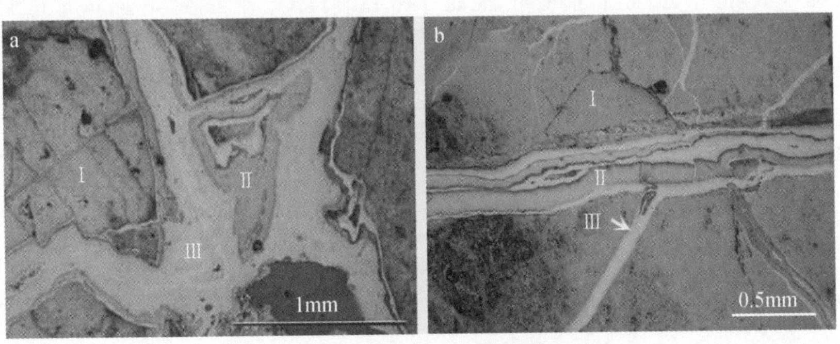

图 11-9　锰钾矿的脉状、树枝状构造

最后是Ⅲ期沿裂隙和孔洞充填，切穿和破坏Ⅰ期和Ⅱ期的锰钾矿，形成脉状、树枝状等构造。Ⅲ期锰钾矿相对比较亮，为白色反射色，在矿脉中也形成显微平行条带构造，只是条带没有同心环那么密集，条带之间界线也不够明显。这些平行条带反映了后期锰钾矿多次充填矿石的张性裂隙，成矿溶液由里向外逐层沉淀。

11.2 锰钾矿一维纳米晶体

过去由于测试技术和手段的限制，对于结晶粒度微细的矿物，特别是表生风化成因的矿物，如黏土矿物、铁锰氧化物和氢氧化物矿物等常用“隐晶质”来描述。随着高分辨率透射电子显微镜（HRTEM）、扫描电子显微镜（SEM）、扫描隧道显微镜（STM）和原子力显微镜（AFM）等具有原子级分辨率，可直接观察纳米微粒、纳米固体和纳米结构特征的测试仪器的应用，揭示了大量的所谓“隐晶质”矿物实际上是纳米级矿物集合体。利用AFM、SEM、TEM对锰钾矿矿石的测试观察表明，天然锰钾矿为纳米级的结晶颗粒，具有纤维状、针柱状等形貌，同时纳米颗粒之间互相交织形成大量的开口孔隙并相互贯通。

11.2.1 天然锰钾矿的纳米粒度

根据粉晶XRD，在X射线衍射线宽化的基础上，采用德拜–谢乐公式 $R=0.89\lambda/B\cos\theta$（张立德、牟季美，2001）对湘潭锰钾矿的粒度进行粗略计算，其中 R 为晶粒尺寸；λ 为铜靶的波长0.1546nm；B 表示单纯因晶粒细化引起的宽化度，为实测宽度 B_M 和仪器宽化 B_S 之差，单位为弧度。结果表明湘潭锰矿天然锰钾矿的粒度范围在20～120nm（表11-1）。

表11-1　据粉晶衍射数据和德拜–谢乐公式粗略计算的湘潭锰钾矿晶粒尺寸

XT1-1				XT1-2				XT2			
d/Å	2θ/(°)	FWHM	R/nm	d/Å	2θ/(°)	FWHM	R/nm	d/Å	2θ/(°)	FWHM	R/nm
6.997	12.64	0.447	35.34	7.025	12.59	0.17	92.50	6.965	12.7	0.494	31.84
4.935	17.96	0.729	21.71	4.933	17.97	0.14	113.0	4.940	17.94	0.235	67.34
3.485	25.54	0.447	35.86					3.512	25.34	0.282	56.81
3.123	28.56	0.612	26.36	3.132	28.48	0.14	115.2	3.134	28.46	0.282	57.18
2.401	37.42	0.471	35.04	2.400	37.44	0.22	75.02	2.399	37.46	0.329	50.17
								2.239	40.24	0.165	100.9
2.157	41.84	0.729	22.96	2.142	42.15	0.17	98.54	2.165	41.68	0.212	78.89
								1.982	45.74	0.188	101.5
1.836	49.6	0.376	45.80					1.819	50.1	0.212	81.39
粒径范围为20～50nm				粒径范围为70～120nm				粒径范围为30～100nm			

注：所计算的衍射线 $2\theta\leq50°$，因为高角度衍射线的Kα1和Kα2双线分裂开，会影响测量线宽化值。FWHM为衍射峰的半高宽，单位为弧度，计算时以此实测值作为 B 值。

AFM 下，锰钾矿的纳米微粒堆积紧密，颗粒呈似鲕状，界限清晰，这些似鲕状的纳米微粒有些在锰钾矿表面表现出沿某一方向的拉长（图 11-10）。纳米微粒的这种沿某一方向的拉长与单斜晶系锰钾矿的结晶习性相一致，同时也说明在 AFM 下所观察到的纳米微粒可能并非锰钾矿的单晶颗粒，而是诸多单晶集合组成的似鲕状的纳米微粒（Lu *et al.*，2003a）。

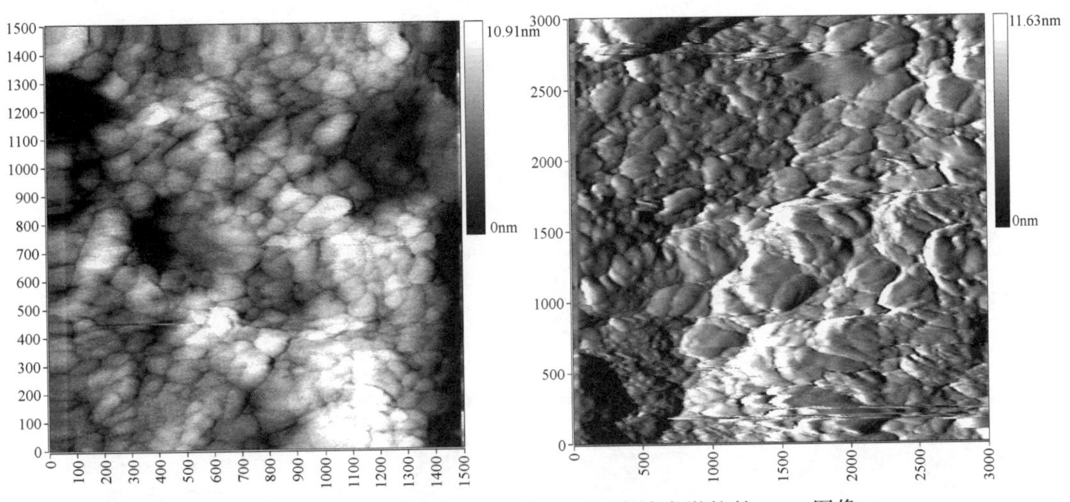

图 11-10　湘潭锰钾矿（XT1 和 XT2）中纳米微粒的 AFM 图像

利用 AFM 对湘潭锰钾矿进行粒度分析表明，锰钾矿的微粒尺寸都在 200nm 以下，且 95% 在 110nm 以下，有的样品微粒更是集中于 55nm 以下。

11.2.2　天然锰钾矿微形貌特征

SEM 和 TEM 观察表明，天然锰钾矿单晶有纤维状、针状、棒状和短柱状等形态，单晶的宽度在纳米尺度范围。

1. 纳米纤维

天然锰钾矿单晶沿一维方向延伸很长，长度一般在几十微米以上，甚至可达几百微米，形成纤维状（线状、丝状）形态。这些单晶的直径均为纳米尺度，一般在 10 ~ 80nm。同心环带锰钾矿中的大部分纳米纤维直径在 50nm 以下，脉状锰钾矿小晶洞中的单晶相对较粗。纤维普遍具有弯曲、相互缠绕叠加在一起的现象（图 11-11），因而一根纤维可能为两个或多个锰钾矿单晶的聚集，使得个别纤维的直径大于 100nm。

这些纳米纤维常常沿某一方向延展而聚集、缠绕在一起形成纤维束，常形成发辫状、马尾状的晶体束（图 11-12a ~ c）。在小孔洞和微裂隙中，锰钾矿晶体常常由洞壁和裂隙边沿往外生长形成放射状、发丝状、绒毛状的晶簇（图 11-12d）。天然锰钾矿的纳米纤维一般都出现在矿石的小孔洞、微裂隙以及平行环带之间的空隙部位，即在具有较大生长空间的部位。这些锰钾矿纳米纤维的长度很长，且延伸方向一致，往往容易聚集在一起形成晶体束。在锰钾矿矿石的小孔洞和较大的环带空隙中，常见到大量富集的纳米纤维束，大多发生很大程度的扭曲，看似受外力作用沿一定方向排列，显示出一定的柔韧性。

图 11-11　天然锰钾矿的纳米纤维

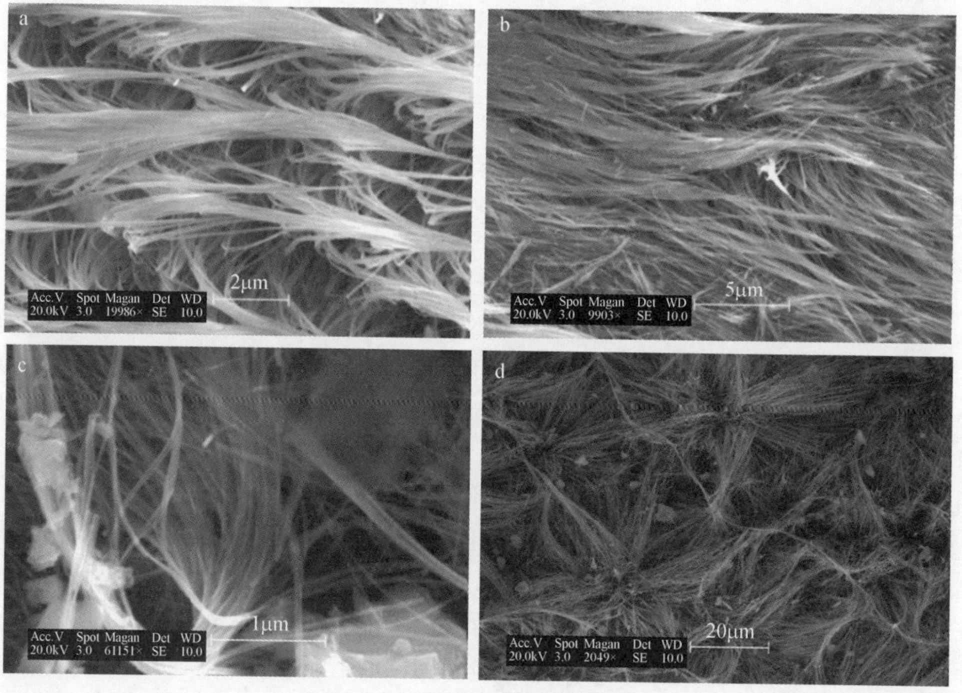

图 11-12　天然锰钾矿的纤维束

2. 纳米棒、纳米针

与锰钾矿纳米纤维相比，棒状、针状的天然锰钾矿单晶长度相对较短，单晶直径也相对较粗，一般为 50～80nm，个别超过 100nm（图 11-13）。大部分棒状、针状、短柱状锰钾矿晶体的延伸方向无规则，相互之间杂乱穿插。有的较规则排列的晶体，相互穿插形成板状、片状的形貌特征，如图 11-13a 中不同方向的两组晶体有规律的相互交叉“编织”成平行的片状。这些棒状、针状晶体中常常是一根晶体棒中有两个或两个以上的单晶合并在一起，或者出现连生（图 11-13b、d），因此显得比较粗大，直径常接近或略超过 100nm。

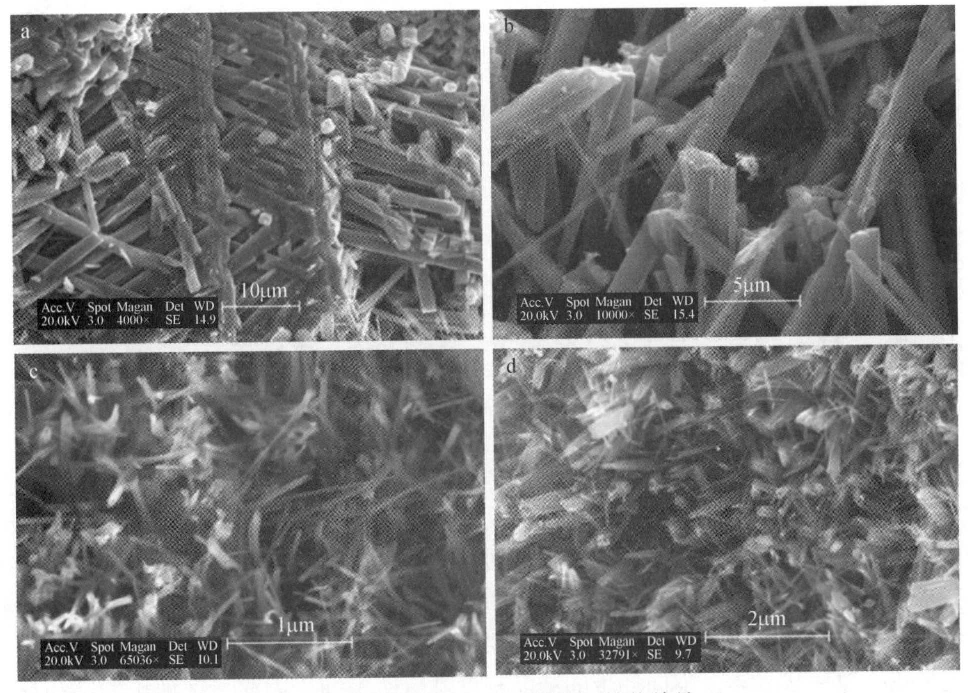

图 11-13　天然锰钾矿的棒状、针状单晶

天然锰钾矿纳米棒、纳米针单晶聚集生长形成晶簇（图 11-14）。晶体基本上是杂乱无章排列，相互穿插交织形成蠕虫状、蜂窝状、鸟巢状的表面形貌（图 11-14a），或者晶体相对有大致的方向性排列，形成羽毛状的晶簇（图 11-14b）。这些晶簇中的晶体相对于纤维束的晶体延长比较短，而且很杂乱，低倍镜下为粉末状的集合体形貌。晶簇中的孔隙非常发育，放大后清晰可见晶体间有大量的楔形孔。

短柱状晶体是天然锰钾矿中较常见的单晶形态，一般形成于矿石相对比较致密的部位。由葡萄状、鲕豆状锰钾矿矿石核心部位的高分辨像（图 11-15）可见这些短柱状单晶的直径比较均匀，一般在 50～80nm，长度为几百纳米，一般不超过 500nm。纳米单晶常聚集成亚微米级的小团块（图 11-15a），较低放大倍数下表现为致密状或粉末状的颗粒集合体。纳米短柱状晶体堆积体内有大量不规则的微孔隙；而在较紧密的颗粒集合体中常形成纳米级的楔形孔隙（图 11-15b）。

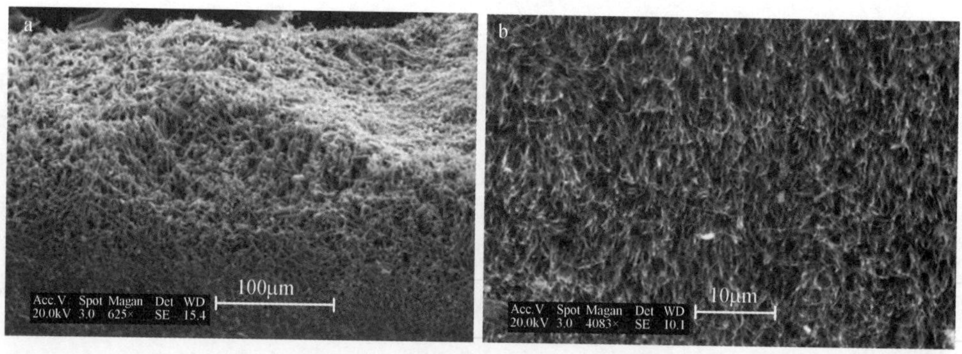

图 11-14　天然锰钾矿的纳米针晶簇

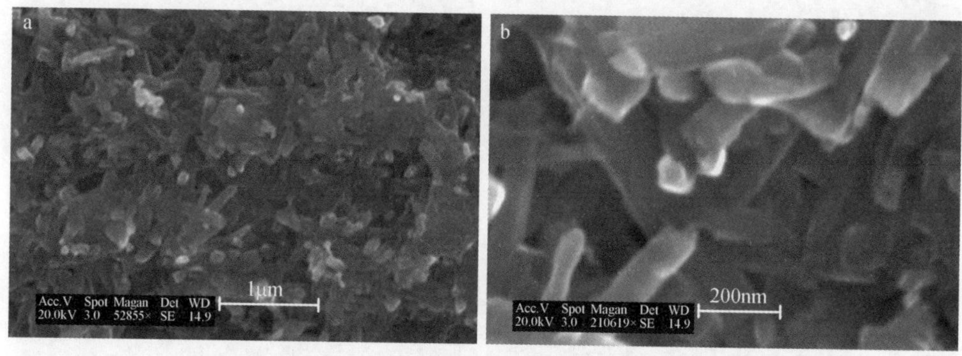

图 11-15　天然锰钾矿短柱状纳米单晶

天然锰钾矿的单晶形貌特征表明，按晶体结晶程度，纳米纤维单晶发育最好，主要分布在层间空隙、小孔洞及平行条带的边部；其次是纳米棒状、针状的晶体，一般形成于环带状锰钾矿中接近边缘部位；短柱状晶体一般分布在环带中部或同心环的中心部位，可能受生长空间限制，晶体长度相对较短。不同产状的锰钾矿以及同一样品中不同部位的锰钾矿，结晶程度都不一样。通常，由边部向环带内过渡结晶程度由好到差顺序为：纳米纤维→纳米棒→短柱状晶体，不同环带的结晶程度又有所不同。因此，锰钾矿的结晶程度主要与其成矿时的就位空间关系最为密切，只有有足够的空间才可能发育完好的晶体。Ⅲ成矿期的锰钾矿是以充填裂隙和小孔洞成矿，因此晶体发育较好，为纳米纤维状单晶；而肾状矿石中Ⅰ期和Ⅱ期的锰钾矿胶结得比较紧密，常为短柱状的纳米单晶。

天然锰钾矿集合体中均为纳米级的锰钾矿单晶，普遍形成纳米纤维、纳米棒、纳米针等一维晶体。这些晶体一般无规则排列，形成晶体束或蠕虫状、蜂窝状、鸟巢状的晶簇，晶簇中的开放孔隙非常发育，可以贯通整个集合体。在较致密部位最常见的单晶形态是短柱状，而紧密堆积的晶体往往形成纳米或亚微米级孔隙。

总之，微观尺度下，天然锰钾矿的集合体颗粒既不是肉眼下所观察的致密块状，也不是光学显微镜下的隐晶质，而是由一维单晶构筑的布满孔隙的体系。锰钾矿在溶液中参与反应时，不但集合体表面的纳米单晶起作用，反应物质也可以穿过这些孔隙与锰钾矿纳米单晶接触，充分表现出整体的纳米效应。此外，纳米孔的存在也赋予天然锰钾矿更有意义的特性，使其纳米属性得到更充分的展现。

11.3　锰钾矿集合体中纳米孔特征

SEM 分析表明，天然锰钾矿集合体中存在大量由一维纳米单晶堆积形成的开放孔隙。我们使用 BET 氮吸附法对天然锰钾矿集合体的比表面积和孔径分布进行了进一步表征。

用于测试的天然锰钾矿样品经破碎、研磨，根据粒度大小分为两组：①200～260 目（57～76μm），肾状锰钾矿，编号 C1；②120～160 目（96～117μm），肾状锰钾矿 C11 和脉状锰钾矿 XL。其中样品 C11 和 XL 经水洗去掉附在颗粒表面的单晶，自然晾干。进行 N_2 吸附和脱附实验之前，在 300℃的温度下对样品进行脱水处理。

1. 吸附特征

77K 温度下，天然锰钾矿的吸附–脱附等温线（图 11-16）显示，几组样品的等温线很相似，即在刚开始阶段分压（p/p_0）较低范围吸附的气体体积逐渐增加，之后随 p/p_0 升高吸附量缓慢上升，未出现平台；随后，在 $0.4<p/p_0<1.0$ 的范围出现了滞后回线，这是由于吸附过程发生了毛细凝聚所致。出现滞后回线是Ⅳ型等温线所特有的现象（格雷格、辛，1989），反映中孔固体的吸附特征。N_2 等温吸附–脱附特征表明天然锰钾矿的集合体颗粒中含中孔，即孔径大小为 2～50nm。

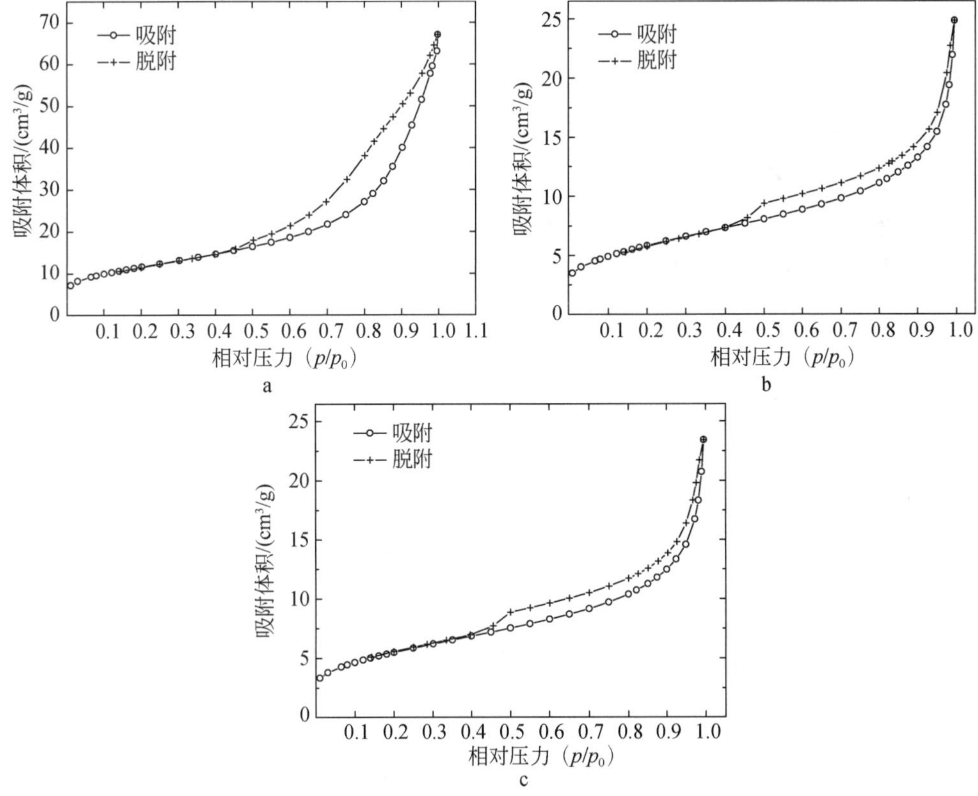

图 11-16　天然锰钾矿在 77K 的 N_2 吸附–脱附等温线

a. 样品 C1（200～260 目）；b. 样品 C11（120～160 目）；c. 样品 XL（120～160 目）

天然锰钾矿等温吸附-脱附曲线未出现Ⅰ型吸附等温线，说明 N_2吸附不是由微孔引起的。Chen 等（2002）利用 N_2吸附分析合成锰钾矿（OMS-2）的孔径分布，显示 OMS-2 中具有微孔和中孔吸附特征，其中微孔主要集中在 0.5nm 左右，与锰钾矿的孔道大小（0.46nm）相近。O'Young 等（1997）用氩吸附对合成锰钾矿（K-OMS-2）的孔径分布进行研究，结果表现为Ⅰ型吸附等温线，即微孔吸附特征，测得的孔径大小在 0.46 ~ 0.65nm。由于孔径为 0.34 ~ 0.67nm 的孔道中只能容下一个氩分子的厚度（0.34nm），氩气吸附对较小的孔径分布测定并不精确。而 Liu 等（2004）利用氮吸附法研究纳米级 OMS-2 发现其中的微孔有三个不同孔径：0.78nm、0.90nm 和 0.98nm。根据吸附研究的经验，在 77K 时可吸附的 N_2直径和 25℃时吸附的 H_2O 分子直径分别为 0.43nm 和 0.22nm（Naono *et al.*，1997；Kijima *et al.*，2001）。合成 α-MnO_2的 N_2吸附-脱附表现出Ⅳ型而非Ⅰ型等温线的特征，说明 N_2不能进入 α-MnO_2的孔道之中，由此可推测 α-MnO_2的有效孔径小于 0.43nm；而对 α-MnO_2进行 N_2、O_2、H_2O 和 NH_3的等温吸附研究发现，只有 H_2O 和 NH_3能进入结构孔道中（Kijima *et al.*，2001）。天然锰钾矿的有效孔径比较小，且多被 K^+、Na^+、Ba^{2+}等金属离子占据，因此 N_2很难进入孔道中。综上所述，N_2吸附等温线特征说明天然锰钾矿中发育纳米级的孔不是锰钾矿的结构孔道，而是集合体中的纳米孔隙，孔径在 2 ~ 50nm。

2. 孔径分布

天然锰钾矿样品 C1 的孔容-孔径曲线（图 11-17a）显示，3.7nm 左右有一个尖锐的最高峰，6 ~ 7nm 之间也出现一个较高的宽峰。说明这两个尺度内的孔分布较集中。3 ~ 7nm 范围的孔容体积占总累积孔容的 29.04%。孔面积随孔径大小的分布图（图 11-17b）显示，3.7nm 左右出现特别高且尖锐的峰，说明天然锰钾矿中的孔径主要集中在 3.7nm 左右。由 N_2脱附计算的累积孔面积为 46.854m^2，其中 3 ~ 7nm 的累积孔面积所占比例高达 47.98%。上述结果表明，锰钾矿样品 C1 中的纳米孔径主要分布在 3 ~ 7nm。

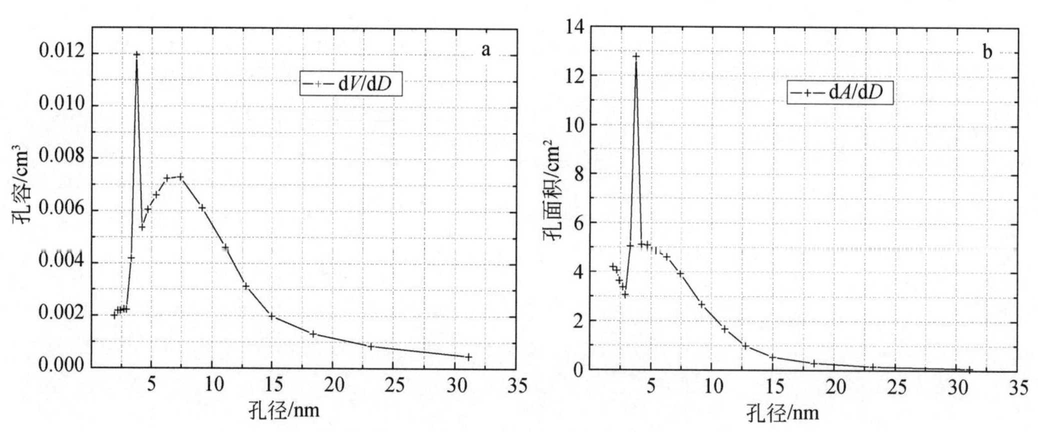

图 11-17　样品 C1 的脱附孔径分布曲线

a. 孔容-孔径曲线；b. 孔面积-孔径曲线

样品 C11 和 XL 的微分孔容和孔面积随孔径大小分布的 4 条曲线（图 11-18）均在 4nm 左右出现一个很尖锐的峰，说明样品中纳米孔隙的孔径主要集中分布在 4nm 左右。根据累积孔容和孔面积计算，样品 C11 和 XL 在 4nm 左右的孔容分别占总累积孔容的 20.65% 和 21.44%，孔面积分别占累积孔面积的 33.29% 和 32.92%。由于 C11 和 XL 的粒径比 C1 大，且经水洗除去颗粒表面的纳米单晶，因此更能真实反映锰钾矿集合体中纳米孔隙的分布特征。

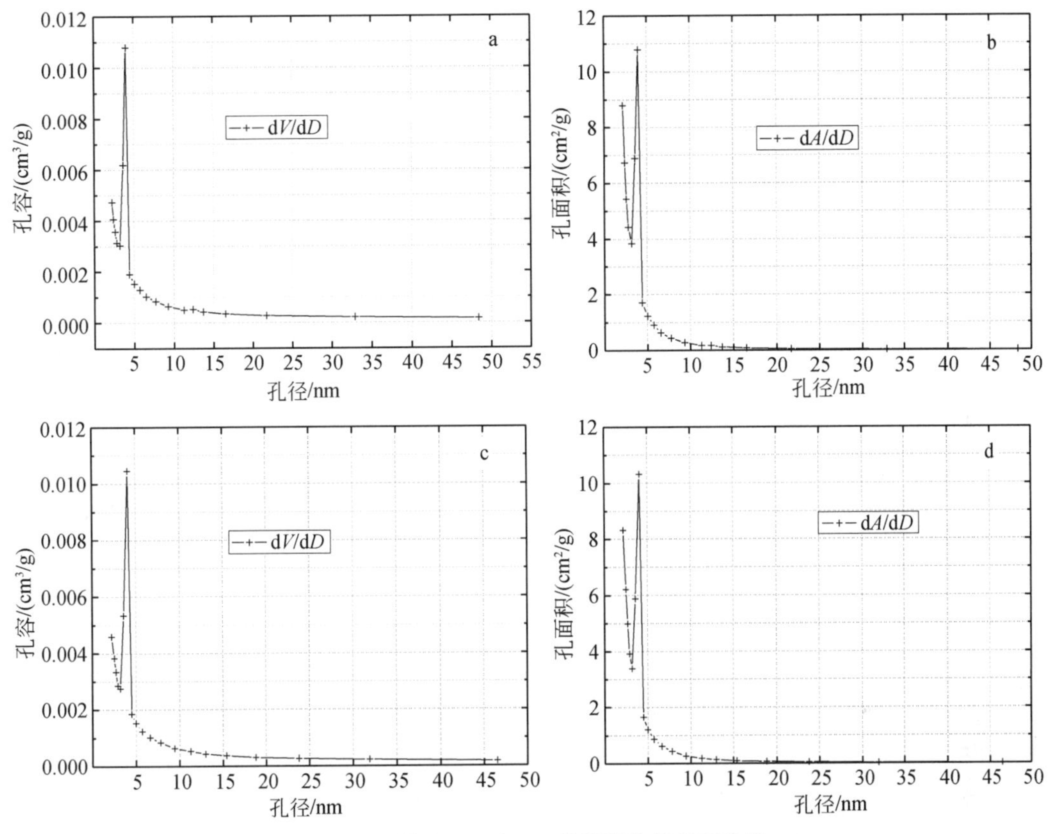

图 11-18　样品 C11 和 XL 的脱附孔径分布曲线

a、b. 样品 C11 的孔容-孔径曲线和孔面积-孔径曲线；c、d. XL 的孔容-孔径曲线和孔容-孔径曲线

3. BET 比表面积

通过 BET 法测得天然锰钾矿（200～260 目）比表面积为 41.59m^2/g，BET 常数 C = 126.436。而根据 BJH 理论计算得到的天然锰钾矿的吸附累积孔面积为 39.32m^2/g，脱附累积孔面积为 46.85m^2/g，可以认为与 BET 法测得的表面积基本一致，因为由孔径分布计算的累积表面积与 BET 法测定的表面积相差±20% 是十分普遍的（格雷格、辛，1989）。

我们利用 N_2 吸附法也测定了 200～260 目粒径的软锰矿和恩苏塔矿样品的 BET 比表面积，结果分别为 21.28m^2/g 和 15.93m^2/g。可见，同样粒度的不同矿物颗粒，其比表面积相差甚远。锰钾矿的比表面积是恩苏塔矿的 2.4 倍，说明锰钾矿集合体中因为发育大量中孔而使其比表面积大大提高。XRD 显示软锰矿样品中含锰钾矿，这可能是该样品比表面积比较大的原因。

一般认为纳米级颗粒具有更大的比表面积。Liu 等（2004）利用不同交联试剂合成纳米级单晶锰钾矿粉末，用 N_2吸附法测得这些粉末的 BET 比表面积为 6 ~ 18m^2/g。Chen 等（2002）合成纤维状锰钾矿的单晶直径为 0.2μm 左右，其 BET 比表面积却高达 71.6m^2/g，掺杂金属离子的 M-OMS-2 比表面积更大；孔径分布表明，合成纤维状单晶堆积体中具有集中在 3.5nm 左右的中孔和 0.5nm 左右的微孔，中孔的存在可能是这些堆积体具有较高比表面积的原因。天然锰钾矿集合体具有较大的比表面积，是因为集合体中的一维纳米单晶构架形成了大量楔形孔，构成了较大的内表面，这些内表面远远大于外表面，所以总表面积也比较大。天然锰钾矿的吸附和脱附的孔径分布范围是 3 ~ 50nm，其实锰钾矿集合体中的大孔（>50nm）也很发育，可能还有微孔（<2nm），包括锰钾矿中的孔道（0.46nm）。这些也会增大天然锰钾矿的比表面积。

11.4　锰钾矿纳米效应

当微小微粒尺寸达到纳米量级时，其本身即具有量子尺寸效应、小尺寸效应、表面效应和宏观量子隧道效应，因而表现出许多特有的性质，使其在催化、滤光、光吸收、传感器、医学和生物工程、微型半导体器件及新材料等方面有广阔的应用前景。纳米材料所具有的这些特性缘于纳米晶体不同于常规物质的特殊结构（翟庆洲等，1998）。天然锰钾矿的隐晶质集合体中普遍存在纳米级晶体，并且相互交织构建起开放的纳米孔隙结构，因此，将锰钾矿应用于环境净化时，能表现出普通微粒所不具备的纳米效应，该纳米效应具体应表现为小尺寸效应和表面效应（高善民、孙树声，1999）。

（1）小尺寸效应：又称体积效应，是指当纳米粒子的尺寸与传导电子的德布罗意波长以及超导态的相干波长等物理尺寸相当或更小时，其周期性的边界条件将被破坏，光吸收、电磁、化学活性、催化等性质和普通材料相比发生很大变化。小尺寸效应不仅大大扩充了材料的物理、化学特性范围，而且为材料的实用化拓宽了新的领域。

（2）表面效应：指纳米粒子表面原子与总原子数之比随粒径的变小而急剧增大后所引起的性质上的变化。随粒子半径的减小，表面原子数迅速增加，这是由于粒径减小，表面积急剧变大所致。由于表面原子数增加，表面原子周围缺少相邻的原子，具有不饱和性，大大增强了纳米粒子的化学活性，使其在催化、吸附等方面具有常规材料无法比拟的优越性。目前，纳米材料优异的催化性能在光催化降解污染物、光催化有机合成等方面已经有了越来越广泛的实际应用。

天然锰钾矿的纳米效应在第 15 章和第 16 章的吸附重金属离子和催化氧化降解有机废水研究中有所体现。一般粒径越小、比表面积越大，表面吸附反应进行得越快，天然锰钾矿对污染水体中有毒重金属离子 Hg^{2+} 和 Cd^{2+} 的吸附去除实验表明，吸附去除量随锰钾矿粒径的减小而增加；而天然锰钾矿对苯酚、印染废水、苯胺所表现出的较高去除率，除与锰钾矿中含有变价 Mn^{4+}、Mn^{2+} 离子外，也与锰钾矿的纳米微粒和纳米孔隙特征密切相关，因为颗粒成为纳米微粒后，纳米微粒表面活化中心增多，这就提供了纳米微粒作为催化剂的必要条件，纳米微粒作催化剂可大大提高反应效率，控制反应速度，甚至使原来不能进行的反应也能完全地进行。因此，天然锰钾矿的纳米效应构成其环境属性中的一个重要方面。在这里主要以天然锰钾矿催化分解双氧水的实验来详述其纳米效应及影响因素。

11.4.1　天然锰钾矿催化分解 H_2O_2 实验研究

催化分解溶液中过氧化氢（H_2O_2），即 $H_2O_2 \longrightarrow H_2O+1/2O_2$，是一个直接而简单的反应，成为研究催化反应动力学的一个基础反应。有关 H_2O_2 催化分解的研究很多，原因主要有两个（Zhou *et al.*，1998），一方面 H_2O_2 催化分解是研究不同物质催化活性的有效模式；另一方面分解 H_2O_2 是制备氧气的有效途径。H_2O_2 还因为其高密度、无毒性和环境友好等特点在航天及其他领域有着广泛的应用前景，是近年来推进剂研究的热点之一（Hasan *et al.*，1999；田含晶等，2000）。当前催化分解 H_2O_2 效果较好的催化剂主要局限于氧化银、铂、钯黑等一些价格昂贵的金属。过渡金属氧化物催化剂，尤其是氧化锰催化剂，由于价格便宜且具有较好的抗氧化性，受到人们的关注。在过去的二十多年里，人们主要是通过两种方式寻找分解 H_2O_2 效果较好的催化剂，一是研究具有相同化学成分但不同结构的氧化物，如 MnO_2；二是研究两种以上不同金属的氧化物，如 MCo_2O_4（M = Mn、Fe、Cu、Ni 和 Zn 等）。本节研究侧重于探明天然锰钾矿的催化活性，同时也可以为寻找一种廉价、高效催化分解 H_2O_2 的天然催化剂材料提供参考。

选择催化分解 H_2O_2 实验进行锰钾矿催化活性的研究，是因为长期以来，H_2O_2 的催化分解已经成为实验室中判定固体催化剂（包括多相催化剂和均相催化剂）催化活性常用的实验（Goldstein and Tseung，1974；Onuchukwu，1984；Múčka，1986；Abbot and Brown，1990；Youssef *et al.*，1991；Salem *et al.*，1993；Hasan *et al.*，1999），特别是在锰氧化物催化活性实验中广泛应用（Mochida and Takeshita，1974；Kanungo，1979；Kanungo *et al.*，1981；Ahuja *et al.*，1987；Zhou *et al.*，1998；Hasan *et al.*，1999）。本实验利用不同的天然锰的氧化物对 H_2O_2 溶液进行催化分解，旨在对比研究锰钾矿这种天然活性八面体分子筛的催化活性。

根据实验数据，以 $[H_2O_2]_t$ 为纵坐标，时间 t 为横坐标作图，得到 H_2O_2 浓度随时间变化的情况（图 11-19），即各种天然锰氧化物矿物及合成 MnO_2 催化分解 H_2O_2 的速度。实验结果表明，锰钾矿催化分解 H_2O_2 的速度远大于其他的样品。例如要达到 $[H_2O_2]_t$ = 0.5，锰钾矿（XT11）仅需要 12min 左右；而恩苏塔矿需要一个多小时，所用时间约为锰钾矿的 6 倍。

表 11-2 是天然锰氧化物矿物和分析纯 MnO_2 催化分解 1.004mol/L 的 H_2O_2 溶液在反应 10min 内产生的氧气量。可以看出，同一时间锰钾矿（XL11、XL12、XT11）分解 H_2O_2 产生的氧气量比软锰矿（XL3）、恩苏塔矿（XL4、XT2）和分析纯 MnO_2 大得多。例如反应 1min 时，锰钾矿（XT11）分解 H_2O_2 产生的 O_2 为 1.2mmol；用软锰矿（XL3，含少量锰钾矿）产生的 O_2 为 0.4mmol；而用恩苏塔矿（XT2、XL4）和分析纯 MnO_2 产生的 O_2 最少，只有 0.2mmol 左右。即反应 1min 时锰氧化物催化分解 1.004mol/L 的 H_2O_2 溶液产生的 O_2 量之比为锰钾矿：软锰矿：恩苏塔矿（或分析纯 MnO_2）= 6：2：1。

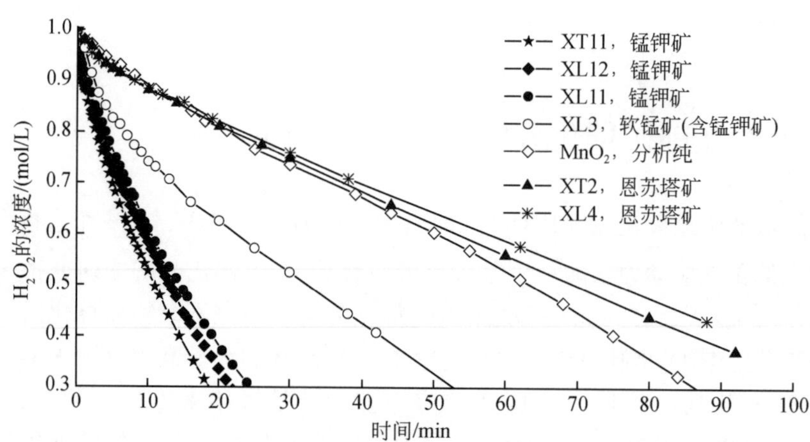

图 11-19　天然锰氧化物矿物与分析纯 MnO_2 在 0℃ 催化分解 H_2O_2 的结果

表 11-2　锰的氧化物催化分解 H_2O_2 产生的 O_2 的量　　（单位：mmol）

t/min	XT11	XL11	XL12	XL3	XL4	XT2	MnO_2
1	1.2	1.1	0.9	0.4	0.2	0.2	0.2
2	1.7	1.6	1.3	0.9	0.5	0.4	0.3
3	2.2	2.1	1.7	1.3	0.6	0.6	0.5
4	2.7	2.4	2.0	1.5	0.7	0.7	0.6
5	3.1	2.7	2.4	1.8	0.8	0.8	0.7
6	3.5	3.0	2.7	1.9	0.9	0.9	0.7
7	3.8	3.3	3.0	2.1	1.0	1.0	0.8
8	4.2	3.6	3.3	2.3	1.0	1.0	0.9
9	4.5	3.9	3.7	2.4	1.1	1.1	1.0
10	4.8	4.2	3.9	2.6	1.2	1.2	1.1

实验表明天然锰钾矿比软锰矿、恩苏塔矿及分析纯 MnO_2 催化分解 H_2O_2 的速度快得多，具有更强的催化性。实验中三个锰钾矿样品催化分解 H_2O_2 的速度相差不大，但还是有些区别。从快到慢的顺序为：XT11>XL12>XL11。这与锰钾矿样品的纯度有关。XT11 样品很纯，基本不含杂质，XL11 和 XL12 中含少量石英等杂质，且 XL11 的杂质含量高于 XL12。

11.4.2　天然锰钾矿催化分解 H_2O_2 机理

对于多相催化剂，吸附起着很重要的作用。目前为止，大部分多相催化反应的机制研究中都广泛应用 Langmuir 吸附等温线、Freundlich 吸附等温线和 Temkin 吸附等温线这几个著名的吸附模式（Zhou *et al.*，1998）。这些模式中，Langmuir 吸附等温线在多相催化剂中最为常用，因为该模式不但比较简单，对化学吸附和物理吸附也都适用。而且，Langmuir 吸附模式是阐明许多动力学表达式的出发点，也成为许多催化反应机制研究的首选。这里对天然锰钾矿催化分解 H_2O_2 的研究是基于 Langmuir-Hinshelwood 动力学模式。

1. 锰钾矿分解 H_2O_2 的动力学研究

由于锰钾矿的催化效果明显好于其他样品，实验只对锰钾矿催化分解 H_2O_2 的实验进行动力学研究。选择 XT11 和 XL11 两个样品，分两组实验。H_2O_2 溶液的初始浓度分别为 2.008mol/L、1.004mol/L、0.502mol/L 和 0.251mol/L。

根据 Langmuir-Hinshelwood 动力学方程式：

$$-r_{H_2O_2} = k_{H_2O_2} \times \frac{K_{H_2O_2}[H_2O_2]_{(aq)}}{1 + K_{H_2O_2}[H_2O_2]_{(aq)}} \tag{11-1}$$

式中，$r_{H_2O_2}$ 为 H_2O_2 在锰钾矿表面的分解速率；$k_{H_2O_2}$ 为整个反应的速率常数，与 H_2O_2 溶液的浓度无关；$K_{H_2O_2}$ 为吸附系数。式（11-1）可写成：

$$-\frac{1}{r_{H_2O_2}} = \frac{1}{k_{H_2O_2}} + \frac{1}{k_{H_2O_2} \times K_{H_2O_2}} \times \frac{1}{[H_2O_2]_{(aq)}} \tag{11-2}$$

用 $-\frac{1}{r_{H_2O_2}}$ 和 $\frac{1}{[H_2O_2]_{(aq)}}$ 为坐标作图，理论上应得一直线。

由于催化分解 H_2O_2 的反应发生得比较剧烈，难于在第一时间测得其初始反应速率。实验以反应开始到第 10s 的平均速率作为初始速率，分别计算得到不同浓度 H_2O_2 在 XL11 和 XT11 催化下分解的初始速率（表 11-3）。

表 11-3　锰钾矿催化分解不同初始浓度 H_2O_2 的初始速率　（单位：mmol/min）

C_0/（mol/L）	$-r_0$（XL11）	$-r_0$（XT11）
2.008	3.90	4.10
1.004	3.20	3.80
0.502	2.60	3.40
0.251	2.00	2.40

利用 H_2O_2 的初始浓度（C_0）的倒数和初始速率（r_0）的倒数作图，得到两条直线，如图 11-20 所示。

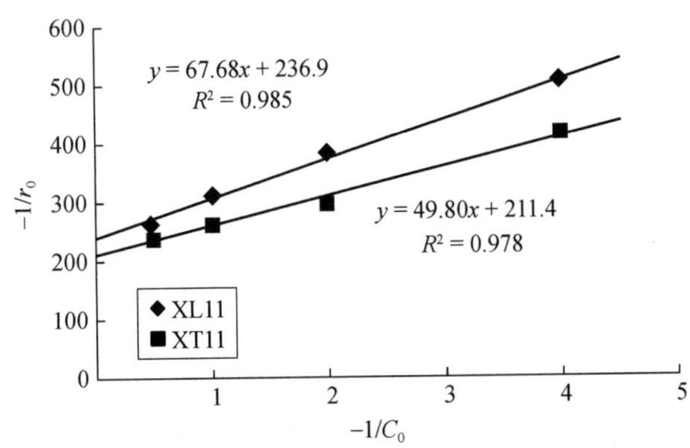

图 11-20　天然锰钾矿催化分解 H_2O_2 反应动力学

显然，两组实验数据都有很好的线性关系，说明天然锰钾矿催化分解 H_2O_2溶液的反应符合 Langmuir-Hinshelwood 动力学方程。拟合各自的方程式，并得到 Langmuir-Hinshelwood 动力学参数（表 11-4）。

表 11-4　天然锰钾矿催化分解 H_2O_2的 Langmuir-Hinshelwood 动力学参数

催化剂	$k_{H_2O_2}$/[mol/（L·min）]	$K_{H_2O_2}$/（L/mol）
XL11	0.0042	3.5008
XT11	0.0047	4.1899

Langmuir-Hinshelwood 动力学参数的 k 值和 K 值越大，说明 H_2O_2 分解的速率越大。表 11-4 中 XT11 的 k 值和 K 值均比 XL11 的大，这与 XT11 分解 H_2O_2 比 XL11 快的实验结果一致。

2. 影响天然锰钾矿催化性的因素

过氧化氢分解反应机制包括两个部分（Hasan *et al.*，1999）：①发生氧化还原反应，在催化剂表面发生电子转移形成 H^+和 HO_2^+自由基；②形成的 H^+和 $HO_2{}^+$自由基反应生成最终产物（液相 H_2O 和气相 O_2）。H_2O_2分解反应的发生首先是 H_2O_2被吸附到催化剂表面的活性位，然后再被催化剂催化分解。因此，催化剂吸附 H_2O_2的强弱会影响整个反应的速率。由于反应生成 O_2的析出会阻止反应物进入表面孔隙，因此反应速率明显受催化剂表面积的影响。所以催化剂的比表面积越大，其吸附性越强。而 H_2O_2分解发生在催化剂表面，表面的活性位越多，H_2O_2被催化分解的速度则越快。因此，锰钾矿的表面积大小和表面活性位浓度是影响和控制其催化分解 H_2O_2速度的两个主要因素。锰钾矿集合体中的纳米孔隙也可能是增强其催化活性的一个因素。

1）比表面积和微孔隙的影响

天然锰钾矿为纳米级的结晶颗粒，其单晶具有一维延伸的形态特征。纳米颗粒具有巨大的比表面积，而由纤维状、针状、棒状单晶组成的锰钾矿集合体中发育大量的孔隙和微裂隙，使其具有较大的比表面积。实验所用的各种催化剂粉末粒度均为 120～160 目。锰钾矿（XL12）、软锰矿（XL3）和恩苏塔矿（XL4）的 BET 比表面积分别为 38.45m²/g、21.38m²/g 和 15.93m²/g，锰钾矿比表面积相对较大。相应地，它们分解 H_2O_2速度的顺序为锰钾矿>软锰矿>恩苏塔矿。显然，比表面积越大的锰氧化物矿物分解 H_2O_2的速度越快。这说明锰钾矿由于具有大的比表面积，在溶液中与 H_2O_2相接触时，能迅速将 H_2O_2分子吸附到其集合体表面的活性位上。比表面积越大，其暴露在 H_2O_2溶液中的活性位越多，从而使 H_2O_2从被吸附到被催化分解的过程大大加快，整体表现为 H_2O_2的浓度降低得很快。可见，大的比表面积对 H_2O_2的吸附过程起决定性作用。

前已述及，天然锰钾矿具有较大的比表面积是因为其结晶颗粒为纳米纤维、纳米针状、纳米棒等单晶形态，这些单晶堆积形成大量的孔隙结构，在锰钾矿集合体中有很大的内表面积。由于锰钾矿比表面积比较大，H_2O_2在其表面及微孔隙内反应形成的 O_2能迅速脱离表面活性位，这些活性位又可以继续催化分解其他 H_2O_2分子，这也是天然锰钾矿纳米效应良好的体现。

然而，天然锰钾矿对 H_2O_2 的吸附除了受比表面积的控制之外，可能还有其他因素的影响。Kanungo 等（1981）研究发现锰氧化物的 BET 表面积大其活性面积不一定就大；Zhou 等（1998）也认为比表面积对锰氧化物八面体分子筛材料（OMS）催化分解 H_2O_2 活性的影响很小。本实验所用的锰钾矿、软锰矿和恩苏塔矿的 BET 表面积之比为 2.4 ∶ 1.34 ∶ 1，而由实验数据算得它们分解 H_2O_2 的速率比为 6 ∶ 2 ∶ 1，这说明锰钾矿分解 H_2O_2 速率较快不仅是因为锰钾矿有较大的比表面积，可能与锰钾矿的其他性质有关。例如锰钾矿结构中的孔道可能会促进锰钾矿对 H_2O_2 分子的吸附。Cai 等（2001）认为锰钾矿（OMS-2）对 H_2O_2 的吸附主要是化学吸附，其孔道大小与 H_2O_2 分子大小接近，可能具有选择性吸附作用。

天然锰钾矿集合体中大量发育纳米级中孔（2 ~ 50nm），这些孔隙的存在不但增加锰钾矿的孔隙度及其比表面积，也会增强锰钾矿吸附 H_2O_2 分子的能力。纳米孔隙的存在也为 H_2O_2 进入孔隙与锰钾矿晶体表面发生反应提供空间，即加大了锰钾矿颗粒与 H_2O_2 接触面积并暴露更多的表面位。

2）表面活性位浓度的影响

锰氧化物催化分解 H_2O_2 的反应主要在表面进行，其反应活性受氧化物表面性质的影响（Kanungo *et al.*，1981），即表面活性位浓度的大小直接影响 H_2O_2 分解的速率。以上分析表明，天然锰钾矿较大的比表面积对吸附 H_2O_2 到催化剂表面起决定性作用，而 H_2O_2 在催化剂表面发生分解的快慢则取决于活性位的多少及活性强度。

锰钾矿的孔道中由于阳离子间存在斥力，K 位置只能部分被阳离子占据（Vicat *et al.*，1986），但由于天然锰钾矿孔道中可容纳大小不同的阳离子，使其 K 位置占位可达到 50% ~70%（Randall *et al.*，1998）。锰钾矿孔道中含 K^+ 等离子，必须有少部分的 Mn^{4+} 转变成较低价的 Mn^{3+} 以维持电荷平衡，而表面含一定量的 Mn^{3+} 也是锰氧化物维持催化分解 H_2O_2 链反应所必需的（Kanungo，1979；Kanungo *et al.*，1981）。半导体金属氧化物催化分解 H_2O_2 的动力学研究表明，具有混合价态阳离子的金属氧化物比单一价态金属氧化物有更高的催化活性（Hasan *et al.*，1999）。由于处于相同晶格的 Mn 具有不同氧化态，Mn^{4+} 和 Mn^{3+} 之间可以发生电子交换，能为表面的氧化还原活性提供必要的电子转移环境。

前面已介绍，天然锰钾矿的晶体化学式中 K 位置（K^+、Ba^{2+}、Na^+、Ca^{2+}）的阳离子数为 0.46 ~0.68<1，Mn 位的阳离子总数也不足 8。K 位和 Mn 位阳离子不足，说明存在阳离子空位；四价锰被低价阳离子（Mn^{3+}、Fe^{3+}、Zn^{2+}、Ni^{2+}、Al^{3+} 等）替代也会引起结构畸变和晶格缺陷发育，使锰钾矿表面具有更多的 Lewis 酸位，增大其吸附 H_2O_2 的可能性（Zhou *et al.*，1998）。HRTEM 研究表明，天然锰钾矿晶格中发育晶格畸变弯曲、位错、凹陷、超微结构等缺陷，特别是经过机械粉碎的样品晶格缺陷普遍发育。天然锰钾矿应用时是利用其粉末颗粒，一般都经过机械粉碎，必然会使其晶格缺陷增多，从而增强其表面活性。锰钾矿中的纳米单晶及集合体中的纳米孔隙对分解 H_2O_2 无疑也会起重要作用。纳米尺度的固体微粒具有很强的表面活性，纳米单晶和纳米孔隙的共同作用不但提高了锰钾矿颗粒的吸附性，也大大促进 H_2O_2 在其表面的分解。

大量研究发现，合成锰钾矿（OMS-2）结构中掺杂过渡金属阳离子能提高其催化活性（DeGuzman *et al.*，1994；Yin *et al.*，1994；Zhou *et al.*，1998），而天然锰钾矿结构中 Fe、

Ni 等过渡金属离子替代 Mn，即类似于掺杂了金属阳离子的锰钾矿。这些过渡金属离子对其物理化学性质，如化学成分、氧化态、酸碱性以及活性位的类型及浓度等有重要影响，可增加锰钾矿表面的 Lewis 酸位（Zhou *et al.*，1998），增强锰钾矿的催化活性。相比之下，软锰矿孔道太小容不下阳离子或其他成分（Post，1999）；恩苏塔矿（γ-MnO_2）为软锰矿和拉锰矿结构（1×2 型）的连生，结构相对比软锰矿复杂，但它们都不具备锰钾矿的大孔道结构，矿物结构中的离子替代、晶格缺陷也不如锰钾矿发育，因而表面活性位浓度比锰钾矿小。因此，锰钾矿特殊的孔道结构和晶体化学特征使其表面的活性位浓度大于软锰矿和恩苏塔矿，从而能更快催化分解 H_2O_2。实验中，XT11 催化分解 H_2O_2速度比 XL11 和 XL12 快，可能就是因为湘潭锰矿的 XT11 样品中过渡金属离子的类质同象替代更为普遍的缘故。

总之，天然锰钾矿中发育纳米级单晶，这些纳米级单晶构建起相互连通的孔隙，加之锰钾矿本身所特有的孔道结构和变价 Mn 离子的存在，使其具有较大的比表面积和反应活性位以及良好的氧化还原性，在催化、氧化还原、吸附等多方面展现出优异的性能，表明天然锰钾矿是一种真正的天然活性八面体分子筛材料，在环境污染治理等工业有广阔的应用前景。

第 12 章　黄钾铁矾类矿物结晶效应

黄钾铁矾类矿物指具有黄钾铁矾型结构的含羟基硫酸盐矿物，属三方晶系。根据三价离子的种类（主要是 Fe^{3+} 和 Al^{3+}），这些矿物可分为铁系和铝系两个系列，自然界常见的矿物分别是黄钾铁矾 $KFe_3[SO_4]_2(OH)_6$ 和明矾石 $KAl_3[SO_4]_2(OH)_6$。本章的研究对象主要是铁系的黄钾铁矾类矿物（以下所述黄钾铁矾类矿物主要指铁系）。黄钾铁矾最早发现于西班牙 Sierra Almagrera 的加洛赛（Jaroso）峡谷，其英文名称 Jarosite 即由之而来。

12.1　黄钾铁矾类矿物基本特征

12.1.1　黄钾铁矾的晶体结构

黄钾铁矾的晶体结构是黄钾铁矾类矿物的典型结构。其晶体结构（图 12-1）表现为：K^+ 分布在菱面体晶胞的八个角顶，Fe^{3+} 位于两个 K^+ 的中点。两个 $[SO_4]^{2-}$ 四面体在平行 *c* 轴方向上位于两个 K^+ 之间的 1/3 和 2/3 的位置上，这两个 $[SO_4]^{2-}$ 四面体的角顶相对，而其底面则分别朝向上、下的 K^+。OH^- 平行（0001）成层分布于 $[SO_4]^{2-}$ 四面体层和 Fe^{3+} 层之间。K^+ 与周围三个 $[SO_4]^{2-}$ 中的六个 O^{2-} 和其上、下的六个 OH^- 相联结，配位数为 12。Fe^{3+} 与邻近的两个 $[SO_4]^{2-}$ 中的两个 O^{2-} 和四个 OH^- 相联结，配位数为 6。

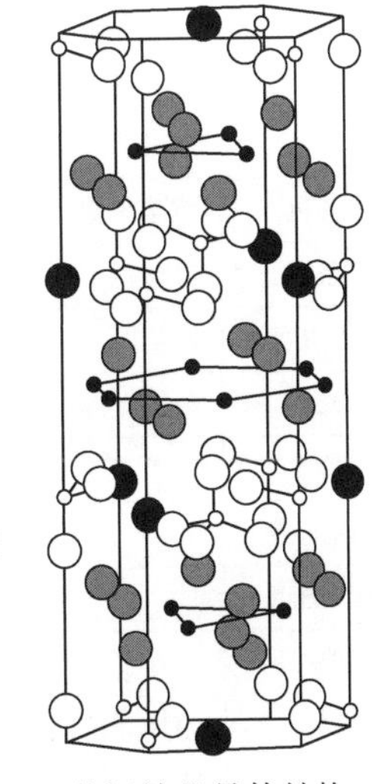

图 12-1　黄钾铁矾晶体结构

12.1.2　主要黄钾铁矾类矿物的一般特征

黄钾铁矾类矿物在矿物学上属明矾石族，三方晶系，空间群 *R*3*m*，其化学通式为：$AB_3[SO_4]_2(OH)_6$。其中 A 位主要为一价的 K^+、Na^+，有时有 NH_4^+、Ag^+、H_3O^+、Tl^+ 等，B 位主要为三价的 Fe^{3+}、Al^{3+}，也可出现 Cr^{3+}、V^{3+}，甚至稀土元素等。类质同象比较发育，除了 A、B 位上各自的一价或三价离子的相互替代外，A 位上还可出现二价离子 Ca^{2+}、Ba^{2+}、Pb^{2+}、Hg^{2+} 等，此时为了平衡电价，或者 B 位上出现相应数量的二价离子替代部分三价离子，或者在 A 位上出现空位。此外，$[SO_4]^{2-}$ 也可以被 $[SeO_4]^{2-}$、$[CrO_4]^{2-}$、$[PO_4]^{2-}$、$[AsO_4]^{3-}$、$[CO_3]^{2-}$、$[SbO_4]^{3-}$、$[SiO_4]^{2-}$ 等络阴离子部分置换（Scott，1987），从而形成自然界可见的黄钾铁矾类矿物的不同种属（表 12-1）。本章涉及的主要黄钾铁矾类矿物特征列于表 12-2。

表 12-1　黄钾铁矾类矿物主要种属

矿物种属	化学式	矿物种属	化学式
黄钾铁矾 Jarosite	$KFe_3[SO_4]_2(OH)_6$	羟铝铜铅矾 Osarizawaite	$PbCuAl_2[SO_4]_2(OH)_6$
钠铁矾 Natrojarosite	$NaFe_3[SO_4]_2(OH)_6$	明矾石 Alunite	$KAl_3[SO_4]_2(OH)_6$
黄铵铁矾 Ammoniojarosite	$(NH_4)Fe_3[SO_4]_2(OH)_6$	钠明矾石 Natroalunite	$NaAl_3[SO_4]_2(OH)_6$
铅铁矾 Plumbojarosite	$PbFe_6[SO_4]_4(OH)_{12}$	铵明矾石 Ammonioalunite	$(NH_4)Al_3[SO_4]_2(OH)_6$
银铁矾 Argentojarosite	$AgFe_3[SO_4]_2(OH)_6$	钡明矾石 Walthierite	$BaAl_6[SO_4]_4(OH)_{12}$
铜铅铁矾 Beaverite	$PbCuFe_2[SO_4]_2(OH)_6$	铁钾铊矾 Dorallcharite	$(Tl,K)Fe_3[SO_4]_2(OH)_6$
水合氢离子铁矾 Carphosiderite	$(H_3O)Fe_3[SO_4]_2(OH)_6$		

表 12-2　主要黄钾铁矾类矿物特征

矿物	黄钾铁矾 Jarosite	钠铁矾 Natrojarosite	黄铵铁矾 Ammoniojarosite
化学组成	$KFe_3[SO_4]_2(OH)_6$，常有 Na 代替 K	$NaFe_3[SO_4]_2(OH)_6$，常有部分 K 代替 Na	$(NH_4)Fe_3[SO_4]_2(OH)_6$
晶胞参数	$a_h=0.721$nm，$c_h=1.703$nm，$Z=3$	$a_h=0.719$nm，$c_h=1.633$nm，$Z=3$	$a_h=0.721$nm，$c_h=1.703$nm，$Z=3$
主要粉晶谱线	3.08(100)，3.11(75)，5.09(70)，5.93(45)	5.06(100)，3.06(80)，3.12(70)	3.10(100)，5.10(60)，1.99(40)
形态	晶体罕见，呈板状或假立方体，集合体呈致密块状，或土状、皮壳状	晶体细小，具六方板块或假立方体状，或呈细小晶体组成的皮壳状、被膜状或土状	晶体呈显微板状，由具六方外形的颗粒组成不规则的结核状
颜色	黄至深褐色	黄色，褐色或深棕红色	亮黄色
条痕	淡黄色	灰黄到黄色	淡黄色
透明度	半透明	透明到半透明	半透明
光泽	玻璃光泽	玻璃光泽	蜡状或土状光泽
硬度	2.5~3.5	3~3.5	3~3.5
解理、断口	底面解理中等至完全，贝壳状或参差状断口		
相对密度	2.9~3.26	3.15~3.18	3.028
其他性质	手指触摸有滑腻感，不溶于水		
热分析	差热分析出现两个显著的吸热谷，485℃的吸热谷为脱水效应，750℃的吸热谷由失去硫酸根引起	差热分析曲线在 500℃和 737℃处出现两个吸热谷，为脱失水和硫酸根所引起	
成因产状	金属硫化物矿床氧化带普遍矿物，主要由黄铁矿氧化分解而成。分布于干燥地区	金属硫化物矿床氧化带普遍矿物，出现在靠近铁帽上部或地表，在铁帽的空洞或裂隙中呈晶簇状，与石膏、针铁矿等伴生	与泻利盐、黄钾铁矾一起产于黑色褐煤页岩或与钠铁矾共生于含黄铁矿的页岩中
主要产地	我国西北祁连山地区的锡铁山，照壁山金属硫化物矿床		美国犹他州西部，捷克斯洛伐克

12.1.3　自然界黄钾铁矾类矿物的形成过程

自然界的黄钾铁矾主要分布于金属硫化物矿床氧化带，为黄铁矿及其他含铁硫化物矿物氧化分解而成。黄铁矿氧化形成黄钾铁矾，需要在有水的条件下，并有外来的铁和钾的加入，所需的氧逸度随着温度的增高而增高，因此黄钾铁矾一般形成于氧化带的地表-近地表环境，而很少在热液中形成，同时需要一定的空气湿度，而且形成黄钾铁矾要在相对低洼的地区保存，以防止硫酸盐的流失（张招崇等，1999）。

含铁金属硫化物，如黄铁矿、磁黄铁矿等的氧化分解过程可产生一系列不同的铁的硫酸盐、氧化物及氢氧化物矿物，黄钾铁矾是其中之一。这些矿物分别产生和稳定于氧化分解的不同阶段及不同条件下，并且在一定条件下发生转化。

含铁金属硫化物氧化释放出 Fe^{2+}、Fe^{3+}、$[SO_4]^{2-}$ 及其他重金属离子。在孔隙溶液环境条件下，随着水分的蒸发，溶液 pH 的升高，含水硫酸盐（水绿矾、针绿矾等）因过饱和沉淀在岩石表面，反应式为

$$Fe^{2+} + 7H_2O + SO_4^{2-} \longrightarrow Fe[SO_4] \cdot 7H_2O(\text{水绿矾})$$

$$Fe^{3+} + 9H_2O + 3SO_4^{2-} \longrightarrow Fe_2[SO_4]_3 \cdot 9H_2O(\text{针绿矾})$$

亚铁硫酸盐不稳定，在矿石堆表面，Fe^{2+}迅速氧化成 Fe^{3+}，而铁硫酸盐在一般条件下也不稳定，很易水解，产生铁的氢氧化物（如针铁矿）沉淀：

$$Fe^{3+} + 2H_2O \longrightarrow FeOOH(\text{针铁矿}) + 3H^+$$

若有硅酸盐的溶解提供钾、钠，并且湿度和酸碱度合适，则可形成黄钾铁矾等矿物（Nordstrom *et al.*，2000）：

$$Fe^{2+} + 4Fe^{3+} + 6SO_4^{2-} + 18H_2O \longrightarrow Fe^{2+}Fe_4^{3+}[SO_4]_6(OH)_2 \cdot 16H_2O + 2H^+$$

$$K^+ + 3Fe^{3+} + 2SO_4^{2-} + 6H_2O \longrightarrow 2KFe_3^{3+}[SO_4]_2(OH)_6 + 6H^+$$

这些矿物的转变过程如下：

$$FeS_2、FeS \longrightarrow FeSO_4 \cdot 7H_2O \longrightarrow Fe_2[SO_4]_3 \cdot 9H_2O \longrightarrow KFe_3(SO_4)_2(OH)_6 \longrightarrow FeOOH \cdot H_2O$$

即：黄铁矿、磁黄铁矿⟶水绿矾⟶针绿矾⟶黄钾铁矾⟶针铁矿、纤铁矿。1982 年 Nordstrom 曾对这些矿物之间的关系给出详细的说明，见图 12-2。

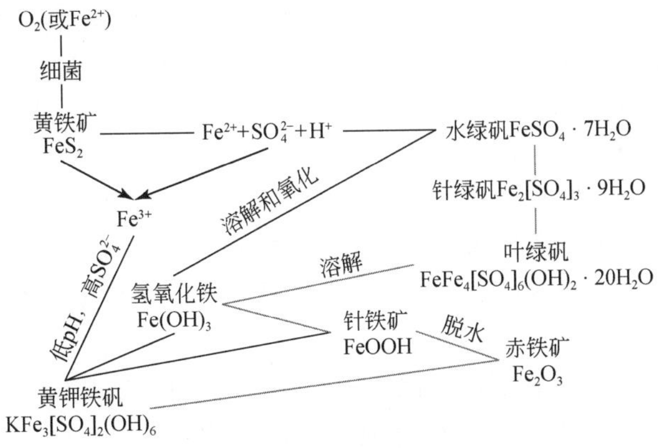

图 12-2　黄铁矿与其他次生矿物的关系

在含铁金属硫化物的矿山尾矿中会产生更多的次生矿物。尾矿中次生矿物对原生矿物的包覆和胶结作用对尾矿的风化过程有重要影响（Blowes *et al.*，1991）。其作用是一方面降低了尾矿的空隙率，从而降低水的渗透和大气氧的渗入；另一方面，硫化物表面次生矿物包覆膜的形成，使硫化物与空隙水隔绝，阻止了硫化物的进一步氧化反应。

12.2 黄钾铁矾类矿物形成条件

12.2.1 实验研究现状

黄钾铁矾类矿物形成条件很早就有人研究。由于黄钾铁矾类矿物的形成是一个吸热的过程，在常温下反应缓慢，因此前人的黄钾铁矾类矿物的实验室合成主要是在高温条件下进行。研究主要集中在黄钾铁矾、黄铵铁矾、钠铁矾三种黄铁矾矿物上。

黄铁矾的通式可表示为：$AFe_3[SO_4]_2(OH)_6$，铁矾形成的离子方程式（邹学功，1998）为

$$A^+ + 3Fe^{3+} + 2SO_4^{2-} + 6H_2O \longrightarrow AFe_3^{3+}[SO_4]_2(OH)_6 + 6H^+$$

式中，A 为 NH_4^+、碱金属离子，具体可有

$$K^+ + 3Fe^{3+} + 2SO_4^{2-} + 6H_2O \longrightarrow KFe_3[SO_4]_2(OH)_6 + 6H^+$$

$$3Fe^{3+} + 2SO_4^{2-} + NH_4{}^+ + 6H_2O \longrightarrow NH_4Fe_3[SO_4]_2(OH)_6 + 6H^+$$

$$3Fe^{3+} + 2SO_4^{2-} + Na^+ + 6H_2O \longrightarrow NaFe_3[SO_4]_2(OH)_6 + 6H^+$$

$$3Fe^{3+} + 2SO_4^{2-} + 7H_2O \longrightarrow H_3OFe_3[SO_4]_2(OH)_6$$

分别形成黄钾铁矾、黄铵铁矾、钠铁矾和水合氢离子铁矾。

黄铁矾合成研究表明，溶液温度、pH、Fe^{3+}浓度和种晶等因素都对矿物的生成有影响。前人的合成温度一般在 55～100℃。在 98℃，pH 为 1.0～2.0 时，有黄铁矾生成；pH<1.0 时，无黄铁矾生成；pH>2.0 时，生成的黄钾铁矾含其他杂质。同时 Fe^{3+}浓度越高越利于黄铁矾的生成（Dutrizac *et al.*，1996）。

常温条件下，黄钾铁矾、黄铵铁矾、钠铁矾也可以在溶液中生成，但其形成速度相当慢。在 25℃，pH 为 0.82～1.72 的 $Fe_2[SO_4]_3$-A_2SO_4-H_2SO_4-H_2O 溶液中，黄钾铁矾的沉淀需 4 个星期至 6 个月的时间（邹学功，1998），其他几种铁矾沉淀速度更慢。

黄钾铁矾、黄铵铁矾、钠铁矾在溶液中的沉淀速率不同，后两者的沉淀比黄钾铁矾慢，但黄钾铁矾晶种可以促进黄铵铁矾和钠铁矾沉淀速率的提高（Dutrizac *et al.*，1996），初始沉淀速率随晶种存在数量的增加呈线性增加。为了使晶种悬浮，需要进行低速搅拌。另外，有晶种存在与无晶种存在的情况相比，黄钾铁矾沉淀时的 pH 和温度范围更低。晶种的存在由于省去了矿物形成的初始成核期，因此加速了黄钾铁矾在整个 pH 和温度范围内的初始沉淀速率。

利用 *A. ferrooxidans* 的生物催化氧化作用，在常温常压条件下的 $Fe[SO_4]$-$K_2[SO_4]$-$2H_2O$ 体系中可合成赭黄色的黄钾铁矾（周顺桂等，2004）。*A. ferrooxidans* 休止细胞可在 2 天内将 $Fe[SO_4]$-$K_2[SO_4]$-$2H_2O$ 体系中的 Fe^{2+} 全部氧化为 Fe^{3+}，到第 5 天 Fe^{3+}在高浓度

$[SO_4]^{2-}$、K^+存在和酸性条件下，水解生成赭黄色黄钾铁矾沉淀，晶体粒径均匀，分散性好，且没有无定形的羟基硫酸高铁副产物。

$$4Fe^{2+} + O_2 + 4H^+ \longrightarrow 4Fe^{3+} + 2H_2O$$

$$3Fe^{3+} + K^+ + 6H_2O + 2SO_4^{2-} \longrightarrow KFe_3[SO_4]_2(OH)_6 + 6H^+$$

实验室里用化学方法合成黄钾铁矾类矿物基本是一套成熟的技术，但是以往的黄钾铁矾类的化学合成需要高温高压及复杂的工艺条件；常温常压条件下的合成，反应缓慢，需几个月时间，而且产物量少，同时含有胶体状的红色无定形羟基硫酸高铁杂质，因而在应用中受到限制（周顺桂等，2004）。本节探讨黄钾铁矾和黄铵铁矾在常温常压下的具体形成条件。

12.2.2　含 Fe^{3+}水溶液的特性

由于合成实验在 $Fe_2[SO_4]_3-A_2SO_4-H_2SO_4-H_2O$（A 代表 NH_4^+、碱金属离子）溶液中进行，所以应考虑 Fe^{3+}在水溶液中的水解。Fe^{3+}在不同酸碱度条件下有不同的存在形式。

图 12-3 为 $Fe(OH)_3$ 在水中溶解形成的羟基配合物 $FeOH^{2+}$、$Fe(OH)_2^+$、$Fe(OH)_4^-$、$Fe_2(OH)_2^{4+}$等物种以及游离 Fe^{3+}的 pc–pH 图（王凯雄，2001）。该图各直线根据以下平衡画出。

$$Fe(OH)_3(s) = Fe^{3+} + 3OH^- \qquad pK_{sp} = 38$$

$$Fe^{3+} + H_2O = FeOH^{2+} + H^+ \qquad pK_1 = 2.16$$

$$Fe^{3+} + 2H_2O = Fe(OH)_2^+ + 2H^+ \qquad pK_2 = 6.74$$

$$Fe^{3+} + 4H_2O = Fe(OH)_4^- + 4H^+ \qquad pK_3 = 23$$

$$2Fe^{3+} + H_2O = Fe_2(OH)_2^{4+} + 2H^+ \qquad pK_4 = 2.85$$

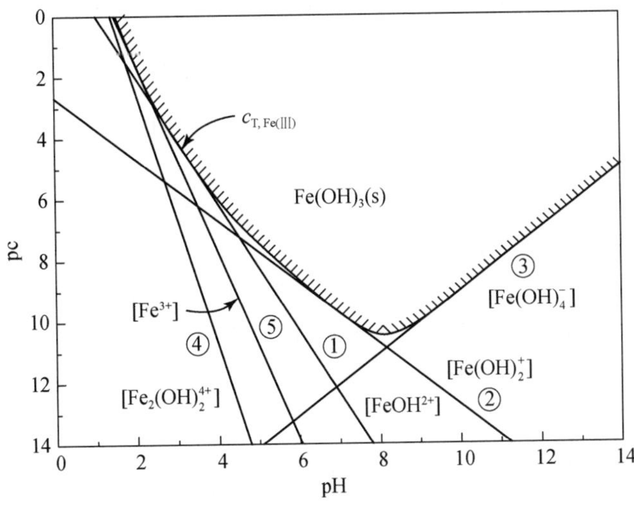

图 12-3　Fe^{3+}、羟基合铁（Ⅲ）配合物在与 $Fe(OH)_3(s)$多相平衡的 pc-pH 图

经运算，可得各溶解物种浓度的负对数（pc）随 pH 的变化曲线方程如下：

$$p[FeOH^{2+}]=-1.84+2pH$$

$$p[Fe(OH)_2^+]=2.74+pH$$

$$p[Fe(OH)_4^-]=19-pH$$

$$p[Fe_2(OH)_2^{4+}]=-5.2+4pH$$

$$p[Fe^{3+}]=-4+3pH$$

由于各线所表示的浓度是与 $Fe(OH)_3(s)$ 相平衡时的浓度，因此在各线上方的部分是各物种过饱和的浓度区域，据此可勾勒出 $Fe(OH)_3$ 的沉淀区域（图 12-3）。

从图中可以看出，在 pH 为中性条件附近，优势溶解物种是 $FeOH^{2+}$；当 pH>9 时，$Fe(OH)_4^-$ 占优势；Fe^{3+} 只有当 pH<2 时才占优势。此外，在中性 pH 附近溶解的含三价铁物种的浓度很低（$<10^{-6}$ mol/L），反过来说明了该 pH 条件下最主要的含三价铁物种是 $Fe(OH)_3(s)$。

为了得到更多的 Fe^{3+}，应使用 pH<2 的稀硫酸溶液配制待用的硫酸铁溶液。

12.2.3 黄钾铁矾的形成条件

使用硫酸、硫酸铁（分析纯）、硫酸钾（分析纯）、氢氧化钾（分析纯）配制一定浓度的酸性硫酸铁溶液，0.5mol/L 的硫酸钾溶液，0.5mol/L 的氢氧化钾溶液。取一定量的酸性硫酸铁溶液，加入适量的硫酸钾溶液，摇匀后，用氢氧化钾溶液调节 pH。静置于可以控制温度的烘箱，使之在不同温度、pH 及介质浓度条件下反应，形成黄钾铁矾沉淀。反应一定时间后过滤沉淀物，做 XRD、SEM 分析，研究温度、pH 条件以及硫酸铁溶液的浓度对黄钾铁矾形成的速率、集合体形态的影响。

常压下，1.71、2.01 和 2.78 不同 pH 条件下的黄钾铁矾合成实验表明，温度对黄钾铁矾的形成有很大影响。升高温度对黄钾铁矾形成有利，这是因为黄钾铁矾形成是一个吸热反应。溶液的 pH 为 2.78 时，室温条件下，短时间内（4h 后）就能形成黄钾铁矾；当 pH 更低时，室温条件下，短时间内未见黄钾铁矾形成，但是加热条件（90℃）下可以有黄钾铁矾生成。

常温常压下，对于相同浓度的硫酸铁溶液，当 pH 在 2.60～3.10 时，两天内就有黄钾铁矾晶体沉淀生成，干燥后呈黄色土状；pH 在 3.10 时，已经有少量的针铁矿产生；pH 越高，针铁矿的量越多，即 pH>3.10 时不能得到纯的黄钾铁矾晶体；当 pH 达 3.48 及以上时，沉淀物为黄褐–褐色，几乎都是针铁矿了。此外，pH 在 2.9～3.0 时，反应相对较快些，相同的时间内得到的黄钾铁矾沉淀量相对较多。

常温常压下，溶液 pH 调节在 2.60～2.80，硫酸铁浓度不同，形成的沉淀明显不同。低浓度（0.015mol/L 以下）时，沉淀物结晶度不好且物相多，主要有水合氢离子铁矾、黄钾铁矾、水绿矾，还有胶状硫酸铁；浓度较高（0.05mol/L 以上）时，沉淀物结晶度相对较好，物相也较单一，主要为黄钾铁矾，还有少量的水合氢离子铁矾。实验表明，硫酸铁的浓度越高越易生成黄钾铁矾。高浓度的硫酸铁溶液合成黄钾铁矾的速度较快，沉淀物为自然干燥后呈土状黄色晶体的较纯的黄钾铁矾；而低浓度的硫酸铁溶液容易形成胶状物质，常常含无定形羟基硫酸高铁杂质（王长秋等，2005）。扫描电镜下，低硫酸铁浓度的溶液中形成的沉淀物里可以看到一些胶状矿物存在，实物也呈皮壳状，而不是很细的土状（图 12-4a）；而较高硫酸铁浓度的溶液中沉淀的黄钾铁矾呈较好的球状颗粒，部分颗粒由于粒度过小而发生了聚合（图 12-4b）。

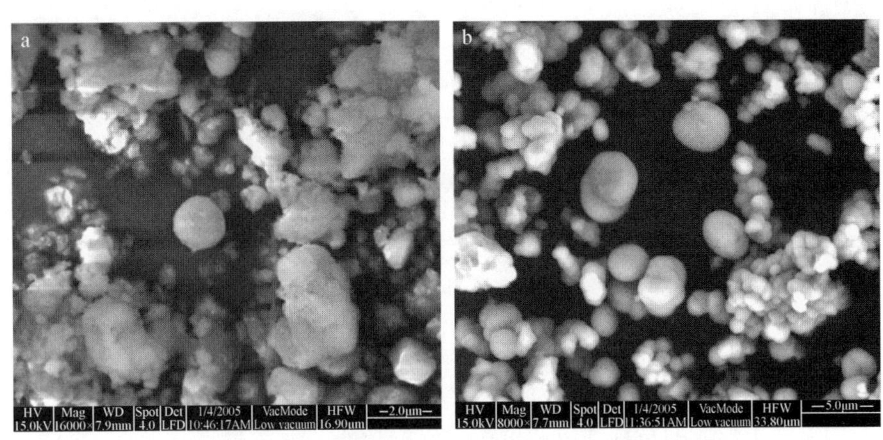

图 12-4　不同硫酸铁浓度下合成黄钾铁矾的 SEM 图

a. 硫酸铁浓度为 0.015mol/L 的溶液中的沉淀物；b. 硫酸铁浓度为 0.05mol/L 的溶液合成的黄钾铁矾

总结 $Fe_2[SO_4]_3$-K_2SO_4-H_2SO_4-H_2O 溶液体系中黄钾铁矾的形成规律：硫酸铁的浓度越大越易生成黄钾铁矾；常温常压下，pH<2.5，短期内不易生成黄钾铁矾，可能在数月内有黄钾铁矾生成。当 pH 在 2.5～3.10 时，两天内就有黄钾铁矾晶体沉淀生成，沉淀物干燥后呈土状；90℃左右时，生成黄钾铁矾的溶液 pH 范围增大至 1.20～3.10，而且在该范围内，pH 越大越利于黄钾铁矾的生成；硫酸铁浓度较高（大于 0.05mol/L）时，生成较纯的黄钾铁矾晶体；低浓度时，合成的黄钾铁矾常常含水绿矾及胶体状的红色无定形羟基硫酸高铁杂质。从过滤干燥后的沉淀形状看，低浓度时合成的黄钾铁矾干燥后呈皮壳状，但很容易研磨成粉末状；高浓度时合成的黄钾铁矾自然干燥后呈土状。

12.2.4　黄铵铁矾的形成条件

黄铵铁矾与黄钾铁矾在常温常压的形成条件基本相同。在 $Fe_2[SO_4]_3$-$(NH_4)_2SO_4$-H_2SO_4-H_2O 溶液体系中，硫酸铁溶液的浓度越大越易生成黄铵铁矾，而且在较大硫酸铁浓度（大于 0.05mol/L）的溶液中，形成的黄铵铁矾较纯，晶体呈假立方体状，粒径可达 4～5μm，絮状胶态杂质较少（图 12-5b），而较低硫酸铁浓度（小于 0.015mol/L）的溶液中，沉淀物除了黄铵铁矾，还有一定量的水合氢离子铁矾、水绿矾和胶状硫酸铁，沉淀物呈絮状胶体状态，几乎无规则的晶体颗粒（图 12-5a），过滤干燥后呈皮壳状；pH<2.6，短期内不易生成黄铵铁矾，可能在数月内有黄铵铁矾生成；pH 控制在 2.6～3.10 时，两天内就有黄铵铁矾晶体沉淀生成，干燥后呈土状（Wang *et al.*，2006）。

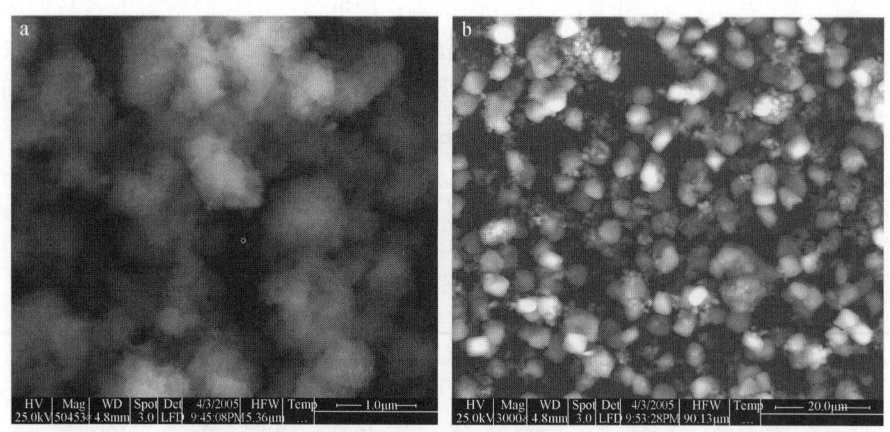

图 12-5 不同硫酸铁浓度下合成黄铵铁矾的 SEM 图

a. 硫酸铁浓度为 0.015mol/L 的溶液中的沉淀物；b. 硫酸铁浓度为 0.05mol/L 的溶液合成的黄铵铁矾

将温度升高到90℃左右时，生成黄铵铁矾的溶液 pH 范围增大至 1.20～3.10，而且在该范围内 pH 越大越利于黄铵铁矾的生成。图 12-6 是 90℃ 条件下，硫酸铁浓度为 0.05mol/L 的溶液中形成的黄钾铁矾和黄铵铁矾的形态，前者呈球状形态，而后者为规则的几何多面体晶体。和常温下合成的黄钾铁矾和黄铵铁矾（图 12-4，图 12-5）相比，高温下合成的黄钾铁矾和黄铵铁矾的晶体颗粒度较均匀，也未出现絮状胶体矿物及聚合现象（Wang *et al.*，2006）。

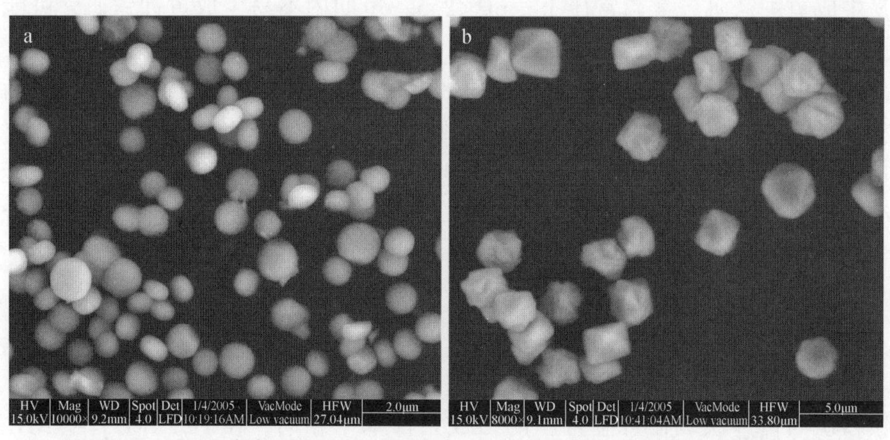

图 12-6 90℃条件下合成的黄钾铁矾（a）和黄铵铁矾（b）的 SEM 图

黄钾铁矾类矿物形成条件的研究为黄钾铁矾类矿物结晶效应的研究奠定了基础。一方面，通过这些铁矾类矿物的沉淀，溶液体系中 SO_4^{2-}、Fe^{3+}、NH_4^+ 等的浓度会大大降低，另外，在黄钾铁矾类矿物的形成过程中，除了 K 的位置可以被 Na^+、NH_4^+ 替代形成黄铵铁矾、钠铁矾外，Cd、Cr、Pb、Cu、Tl、Ag 等也可以占据 K 或 Fe 的位置（Dutrizac *et al.*，1996），形成类质同象混晶或本身的独立矿物，如羟铝铜铅矾、银铁矾等。黄钾铁矾及一些其他硫酸盐矿物的研究表明，$[SO_4]^{2-}$ 也可被 $[AsO_4]^{2-}$、$[CrO_4]^{2-}$ 等替代（Baron and

Palmer，2002；Prieto *et al.*，2002；Courtin-Nomade *et al.*，2003；Drouet *et al.*，2003），同时黄钾铁矾类矿物胶体还可能通过吸附作用使有毒有害元素固着下来。Cr、Cd、Cu、Hg、Pb 等元素通过共沉淀和吸附被固着在沉淀物中，阻止了重金属的迁移和对环境的释放，可以防止环境污染（陈天虎等，2001）。

12.3　黄钾铁矾类矿物结晶效应应用

12.3.1　沉矾法除铁应用

黄钾铁矾类矿物结晶效应在工业上广泛应用于锌冶炼中除铁，并发展成专门的沉矾法。沉矾法早在 20 世纪 60 ~ 70 年代就发展为成熟的除铁技术。在一定的温度、酸度以及有铵或碱金属离子存在的条件下，让溶液中的三价铁离子形成黄钾铁矾类物质而沉淀下来。这种黄钾铁矾类物质既不溶于稀酸，又容易沉淀、洗涤和过滤，从而使浸出溶液中除去铁。

研究表明，在 $Fe_2[SO_4]_3$-A_2SO_4-H_2SO_4-H_2O（A 代表 K^+、Na^+、NH_4^+ 等）体系中，铁矾的沉淀受温度、晶种以及溶液中各组分浓度的影响。

沉矾工序就是从溶液中选择性地将铁沉淀出来，以达到锌铁分离的目的。该法是在一定的温度及酸度的条件下，向高浓度的 $Fe_2[SO_4]_3$ 溶液中加入碱金属离子 Na^+、K^+ 及 NH_4^+ 等，让溶液中的三价铁离子生成钾铁矾类晶体沉淀，同时除去部分砷、锑等杂质。实际生产中，将上清液用泵打入沉矾槽后，用蒸汽直接加温，加入锰粉将 Fe^{2+} 氧化为 Fe^{3+} 后，待溶液温度升到 85℃时，按理论量加入碳酸氢铵沉矾，控制酸度 pH = 1.5，反应如下：

$$3Fe_2[SO_4]_3 + 2NH_4HCO_3 + 10H_2O \longrightarrow 2NH_4Fe_3[SO_4]_2(OH)_6 \downarrow + 5H_2SO_4 + 2CO_2 \uparrow$$

随着铁的析出，将有等量的硫酸释放出来，为保持 pH = 1.5，实际生产中采用焙砂（ZnO）作中和剂，焙砂中 ZnO、Fe_2O_3 均参与反应：

$$3Fe_2[SO_4]_3 + 5ZnO + 2NH_4HCO_3 + 5H_2O \longrightarrow 2NH_4Fe_3[SO_4]_2(OH)_6 \downarrow + 5ZnSO_4 + 2CO_2 \uparrow$$

$$4Fe_2[SO_4]_3 + 5Fe_2O_3 + 6NH_4HCO_3 + 15H_2O \longrightarrow 6NH_4Fe_3[SO_4]_2(OH)_6 \downarrow + 6CO_2 \uparrow$$

金属冶炼工业中，沉矾法除铁过程中一些其他元素，如重金属离子等，也会通过类质同象替代、胶体吸附等方式沉淀下来。

例如：赤峰某炼锌公司湿法炼锌产出黄铵铁矾渣中，含锌在 5% ~ 11%，平均为 8.6%，其中含水溶锌平均在 5.67%，含铁在 20% ~ 25%，水分一般在 25% 左右，此外还含 Cu、Co、Cd、Pb、Ni 等重金属元素。矾渣的主要物相是黄铵铁矾及硫酸锌。

沉矾法除了能很好地实现除铁外，还能实现铁镁分离，在铁镁回收中具有重要作用（孙力军等，2004）。由于矾渣中含有多种其他金属元素，因此，对矾渣的综合利用、回收金属等也已有了一些探索性研究，例如回收稀有金属铟（宁顺明、陈志飞，1997）。此外，一些研究还涉及矾渣中 Zn、S、NH_3、Fe 的全部回收，从而达到无渣排放（鞠学珍等，2001）。

12.3.2 预处理高浓度含硫废水

炼油、石化、制药、燃料、制革等行业在生产过程中会产生大量的含硫废水。废水中的硫化物有毒性、腐蚀性，并具臭味，可造成严重的环境污染，因此对含硫废水必须加以妥善处理。

不同行业排出的含硫废水中，硫含量及组分相差很大，相应地，处理方法也有所不同。含硫废水的处理总体上分为物理化学处理和生物化学处理两大类。实际应用中，两类方法常常联合使用，以克服使用单一方法的局限性，达到较理想的处理效果。其中物理化学处理方法主要有氧化法、中和法、沉淀法、气提法等。其中普通氧化法处理效率不高，气提法与中和法等生成的 SO_2、SO_3、H_2S 会造成二次污染，湿式空气氧化法因其运行成本较高且操作困难而难于普遍推广（余政哲等，2003；姜峰等，2004）。沉淀法处理效果直观，在使用中需投加铁盐，以生成沉淀物而去除硫。

经物化处理后的含硫废水往往仍含一定量的硫，而且一般出水 COD 和氨氮超标，因此在物化处理的基础上，常常还需进一步作生化处理，但由于硫对生化系统有毒害作用，因此须注意采用适宜工艺以消除硫对微生物的抑制（贺延龄，1998）。

针对高浓度的含硫废水，可以利用黄钾铁矾类矿物形成过程做预处理，以降低硫浓度，使之达到后续生化处理的要求。研究思想来自于铁矾法除铁技术。黄钾铁矾类矿物在地表风化带中分布广泛，并稳定存在。它不仅能够固定三价铁，也能固定硫酸根。模拟其自然形成过程，对于处理高浓度含硫废水理应具有明显效果。

江苏某工厂的工业生产中产生大量的高浓度含硫废水中含有大量的 Na^+、S^{2-}、$S_2O_3^{2-}$、SO_4^{2-} 和少量酚类有机物，COD 高达 26000mg/L，pH 为 13.3，呈橙色，而且低价态的 S 和 SO_4^{2-} 之间达到反应平衡：$S(S_2O_3^{2-},\ S^{2-}) \longleftrightarrow SO_4^{2-}$。如果这些废水直接与其他工业污水混合处理，会增加后续处理的成本和难度，因此，这部分水应该单独处理为宜，但是采用普通方法很难降低这部分含硫废水的 COD 值。我们针对该江苏水样的特点提出了利用黄钾铁矾类矿物的结晶效应对其做预处理，与 H_2O_2 氧化相结合，得到了很好的实验效果。

取一定量的该工业含硫废水，加入一定量的 $FeCl_3$ 溶液（由 pH 约为 1 的 HCl 溶液和分析纯的 $FeCl_3$ 配制），溶液的 pH 用 0.5mol/L 的 KOH 溶液调节。不断的摇匀，25℃温度下反应 6～8h，过滤得滤液。用 CTL-12 型 COD 化学需氧量测定仪测其 COD 值。然后加入 30% 的双氧水，调节其 pH 到 3.0，在磁力搅拌器上反应 1h 后（不加热），过滤得滤液，再次测其 COD 值。对沉淀物自然干燥后进行 XRD 测试分析。

处理过程中水样 COD 去除率的影响因素有以下三个。

（1）pH：常温下，各取实际废水 100mL 置入 7 个 250mL 锥形瓶中，分别加入 100mL 浓度为 0.5mol/L 的 $FeCl_3$ 溶液，不断摇匀，测得此时水样的 pH 为 0.81。然后用 KOH 溶液将 6 个瓶中溶液 pH 分别调节到 1.50、2.40、2.75、2.84、3.18 和 3.54。当混合溶液 pH 为 0.81 和 1.50 时，几乎没有沉淀产生，溶液颜色有所加深；其他 pH 的锥形瓶中，溶液变浑浊，静置后有沉淀产生。8h 后过滤，测得滤液的 COD 值分别为 16016、16068、12844、11804、11934、13702 和 15288mg/L。不同 pH 条件下，废水的 COD 去除率如图 12-7a 所示。

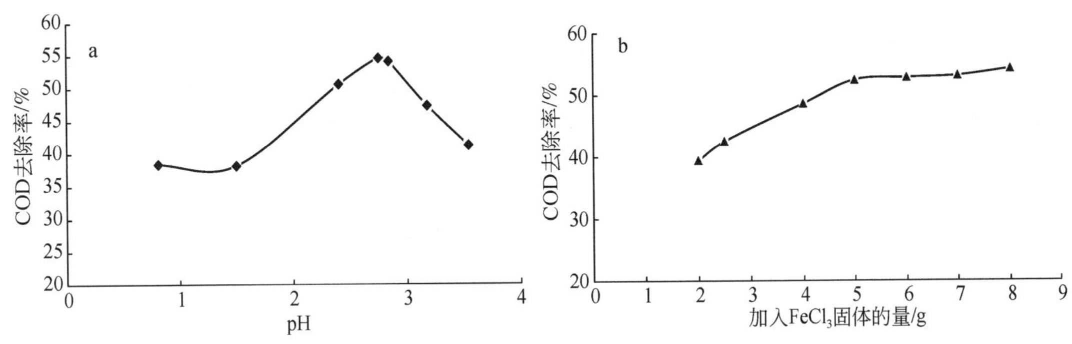

图 12-7　pH（a）和 $FeCl_3$ 用量（b）对水样 COD 去除率的影响

实验结果表明，pH 在 0.8～2.0，沉矾处理对废水中 COD 有一定的去除率，但是变化不大；pH 在 2.5～3.2，COD 的去除效果较好。主要因为常温下，pH 在 2.5～3.2，黄钾铁矾类矿物易于沉淀析出，除去一定量的 SO_4^{2-}，这也与前述常温常压下黄钾铁矾类矿物形成条件的研究结果一致。pH 大于 3.2 时，Fe^{3+} 更易形成 $Fe(OH)_3$ 沉淀，影响 SO_4^{2-} 的去除率，从而影响溶液的 COD 去除率。pH 为 2.75 时，COD 去除率达到最大，为 54.6%。因此，实验中 pH 宜控制在 2.5～3.2。用 KOH 溶液调节 pH，主要是因为黄钾铁矾较钠铁矾易于生成，可以作为晶种加快沉矾速度（Dutrizac *et al.*，1996）。

（2）$FeCl_3$ 用量：常温下，在一系列的 250mL 锥形瓶中分别加入废水样 100mL，再分别加入溶解了 2.0、2.5、4.0、5.0、6.0、7.0、8.0g $FeCl_3 \cdot 6H_2O$ 分析纯固体试剂的 $FeCl_3$ 溶液 50mL（稀盐酸溶液为溶剂），用 0.5mol/L 的 KOH 溶液调节其 pH 为 2.75 左右，不断摇匀后，溶液变成浑浊的悬浊液，静置半小时后溶液澄清，底部有大量的沉淀产生。8h 后过滤，测澄清溶液的 COD 分别为 15756、14950、13364、12376、12272、12194 和 11908mg/L。$FeCl_3$ 用量与 COD 去除率关系如图 12-7b 所示。

实验表明，加入 $FeCl_3 \cdot 6H_2O$ 固体试剂越多，COD 的去除率越好。加入 2.0～5.0g 的氯化铁（$FeCl_3 \cdot 6H_2O$），COD 的去除率增长较快，而在加入 5.0～8.0g 的氯化铁时，COD 去除率的增长缓慢。从经济角度考虑，100mL 水样加入 5.0g 量的氯化铁综合效果较好，COD 去除率可达 52.4%。当然，实际工业废水处理时，可以用工业级的 $FeCl_3$ 水溶液进一步降低处理成本。

（3）二次沉矾：取 200mL 该含硫废水，加入溶解有 5.0g $FeCl_3 \cdot 6H_2O$ 固体的 $FeCl_3$ 溶液（由 pH 小于 1 的稀 HCl 溶液和分析纯 $FeCl_3 \cdot 6H_2O$ 固体试剂配制）50mL，溶液的 pH 用 0.5mol/L 的 KOH 溶液调节至 2.50～3.20。不断摇匀，室温下反应 6～8h，过滤得滤液，测其 COD 值。接着按 1/20 体积比加入浓度为 30% 的双氧水，调节其 pH 到 3.0，在磁力搅拌器上反应 1h 后，再次过滤，测滤液 COD 值。然后，向滤液中再次加入溶解有 5.0g $FeCl_3 \cdot 6H_2O$ 固体试剂的 $FeCl_3$ 溶液 50mL，进行二次沉矾反应 6～8h，过滤后测滤液 COD 值。随后按 1/40 的体积比加入双氧水，二次氧化反应 1h 后，过滤水样，测其 COD 值。

原工业废水中 COD 值高达 26000mg/L，经过二次沉矾与氧化处理，COD 值可快速下降到 1000mg/L 左右（表 12-3）。实验表明，第一次沉矾处理后，废水 COD 去除率仅为

42.20%；为了使溶液中更多的低价 S 转化成 SO_4^{2-}，第二次沉矾前对溶液先进行 H_2O_2 氧化处理，第二次沉矾后废水的 COD 去除率可以达到 85.29%；再经过二次氧化处理，COD 去除率高达 96.15%，大大地降低了其后续处理的难度。实验中，加入 H_2O_2 一方面可将低价 S 转化成 SO_4^{2-}，有利于形成更多的黄钾铁矾类矿物，从而降低废水中 S 的浓度，另一方面，低价硫向高价硫转化，也是 COD 浓度降低的过程。

表 12-3　二次沉矾处理废水中 COD 浓度降低效果

	第一次沉矾	第一次氧化	第二次沉矾	第二次氧化
反应时间/h	8	1	8	1
平均 COD/(mg/L)	15028	8023	3825	1001
COD 去除率/%	42.20	69.14	85.29	96.15

除硫实验中沉矾和氧化反应过程是相互影响的。第一次沉矾后未反应完的 Fe^{3+} 对其后的 H_2O_2 氧化反应可起到催化作用（彭天杰，1985），缩短双氧水的氧化处理时间。在pH = 3.0、Fe^{3+} 作催化剂的条件下，H_2O_2 对 COD 的去除率最高，反应时间缩短。较高浓度的铁离子有利于提高反应速率；较低浓度的铁离子将延缓 H_2O_2 的分解，延长反应时间，但有利于有机分子的进一步降解（鲁军等，1994）。所以，沉矾后氧化处理时，pH 最好调节到 3.0，而且是先沉矾后，加 H_2O_2 氧化。H_2O_2 具有较强的氧化作用，加速了溶液中 $S(S_2O_3^{2-}, S^{2-}) \longrightarrow SO_4^{2-}$ 的反应，使得低价硫的浓度减小，SO_4^{2-} 浓度增大，有利于下一步的沉矾作用，从而达到降低废水 COD 的目的。

沉矾处理后沉淀物的 XRD 物相分析（图 12-8）表明，沉淀物的主要物相为钠铁矾 $NaFe_3[SO_4]_2(OH)_6$，并含水合氢离子铁矾 $(H_3O)Fe_3[SO_4]_2(OH)_6$（何明跃，2007）。

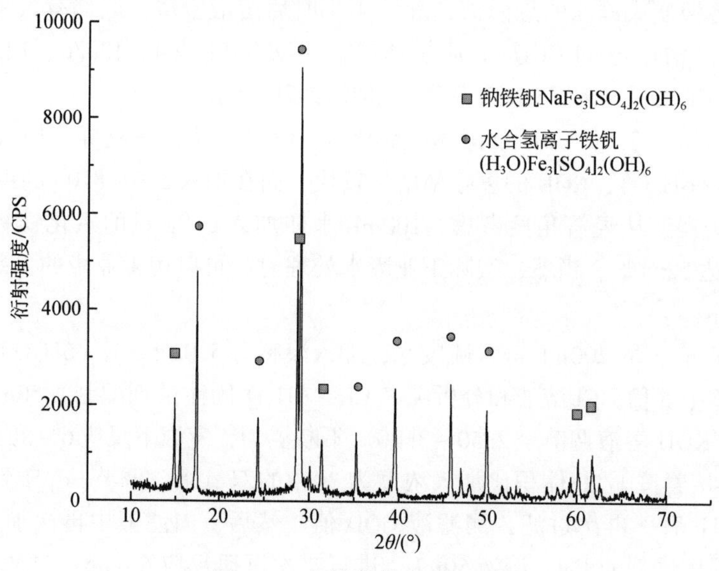

图 12-8　沉淀物的 XRD 图谱

本研究利用黄钾铁矾除铁的原理，在含有高浓度 Na^+、SO_4^{2-} 的工业废水中，引进适量的 Fe^{3+}，使得废水中的 Na^+、SO_4^{2-} 以钠铁矾的形式沉淀下来，其离子方程式为

$$Na^+ + 3Fe^{3+} + 2SO_4^{2-} + 6H_2O \longrightarrow 2\ NaFe_3^{3+}[SO_4]_2(OH)_6 + 6H^+$$

水样中含有高浓度 Na^+、SO_4^{2-}，高浓度的 SO_4^{2-} 使低价的 S（$S_2O_3^{2-}$，S^{2-}）与 SO_4^{2-} 之间的转化达到平衡，导致废水的 COD 值很难降下来。在该水样中加入氯化铁溶液引进 Fe^{3+}，在最佳条件下，形成钠铁矾胶状物沉淀，使得废水中 SO_4^{2-} 浓度降低，进而可使废水中低价态的 S（$S_2O_3^{2-}$，S^{2-}）得以继续转化为 SO_4^{2-}。因此，氯化铁的加入，既降低了水样的 COD 值，同时又将水体中的 S 以矾固体的形式沉淀下来，为 S 的回收奠定基础。此方法对其他高浓度含硫工业废水的处理也具有重要的实际意义（Ma *et al.*，2007）。

12.3.3　处理含重金属 Cr(Ⅵ)废水

铬（Cr）及其化合物是冶金工业、电镀、制革、油漆、颜料、印染、制药、照相制版等行业必不可少的原料。这些企业以及一些金属矿山的生产也产生相当量的含铬废水。Cr 和 Cd、Pb、Hg 等是对环境生态危害巨大的有毒有害重金属元素，含有这些元素的废水会严重污染水体和土壤，威胁生态环境和人类健康。铬在水体中以三价和六价为主。Cr(Ⅲ)和 Cr(Ⅵ)都有生物毒性，会引发各种炎症，并致癌。其中 Cr(Ⅵ)的毒性高于前者近 100 倍。因此含铬废水处理是环境重金属污染治理的重要问题之一。

目前已有一些去除水体中 Cr(Ⅵ)的处理方法，包括草酸盐法、酸性条件下土壤法、土壤棕黄酸法、电凝聚加锰砂过滤法、电化学法、生物材料吸附法和矿物学处理法（Eary and Rai，1991；Wittbrodt and Palmer，1995，1997；Hong and Sewell，1998；Rodreguez *et al.*，2003）。其中矿物学处理法研究较多，主要是利用矿物的吸附性能吸附 Cr(Ⅵ)或者利用矿物的氧化还原性能使 Cr(Ⅵ)还原为毒性较低的 Cr(Ⅲ)，使其形成氢氧化物沉淀，从而将其去除（Zouboulis，1995；Peterson *et al.*，1997；Goswamee *et al.*，1998；Pettine *et al.*，1998；孙家寿等，2001；喻德忠等，2002；黄园英等，2003；孙振亚等，2003；孙伶等，2005）。

黄钾铁矾类矿物在合适的浓度和 pH 条件下，常温下即可呈隐晶或胶态沉淀（王长秋等，2005；Wang *et al.*，2006）。此类矿物除具较强的吸附性能外，其晶体中多个晶体化学位置（如 K^+、Fe^{3+}、SO_4^{2-} 位）会形成广泛的类质同象，从而使 Cr、Cd、Cu、Hg、Pb、As 等有毒有害元素以吸附或置换的方式进入黄钾铁矾类矿物（Dutrizac *et al.*，1996；Baron and Palmer，2002；Courtin-Nomade *et al.*，2003；Drouet *et al.*，2003），沉淀固着，进而被去除。

下面介绍利用黄钾铁矾类矿物结晶效应对模拟含 Cr(Ⅵ)废水处理的实验研究，并讨论去除机理。

用重铬酸钾配制 0.1g/L 的 Cr(Ⅵ)溶液、合适浓度的 $Fe_2[SO_4]_3$、K_2SO_4 和 $(NH_4)_2SO_4$ 溶液备用。将 1～3mL 不同体积的含 Cr(Ⅵ)溶液加入 $Fe_2[SO_4]_3$ 溶液，形成不同 Cr(Ⅵ)浓度的模拟含铬废水，再加入 K_2SO_4 和（$NH_4)_2SO_4$ 溶液，并用 KOH 溶液或氨水调节 pH，摇匀，在室温下反应 72h，使之产生黄钾铁矾类矿物沉淀。然后过滤，取清液用紫外分光光度计测定 Cr(Ⅵ)浓度，计算 Cr(Ⅵ)的去除率，研究去除效果及影响因素。

实验结果表明，黄钾铁矾类矿物沉淀对模拟废水中的 Cr(Ⅵ)有较好的去除效果，去除率都在70%以上，最高可达85%。黄钾铁矾与黄铵铁矾沉淀对Cr(Ⅵ)的去除率差别不大；溶液酸碱度对去除率有明显影响，在pH为2.5～3.2时的相同时间内，较高pH比低pH的去除效果好。本实验中，Cr(Ⅵ)浓度对去除率的影响不大，但原始废水的Cr(Ⅵ)浓度高，则处理过滤后清液的Cr(Ⅵ)浓度也偏高。形成的黄色沉淀经XRD分析分别为黄钾铁矾和黄铵铁矾（图12-9），排除了氢氧化铁胶体矿物吸附作用的影响（王长秋等，2006）。

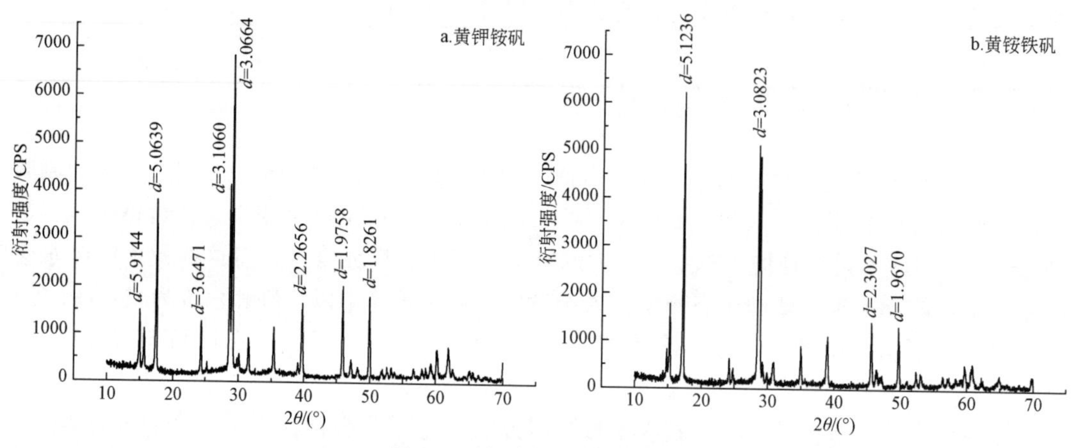

图12-9　沉淀物的XRD图谱

一般认为，$Cr_2O_7^{2-}$比CrO_4^{2-}有更大的危害性，因此本实验的Cr(Ⅵ)用重铬酸钾试剂配制，在pH为3左右的酸性溶液中进行反应。在一定条件下，CrO_4^{2-}（黄色）和$Cr_2O_7^{2-}$（橙红色）可互相转换：酸性条件时，$2CrO_4^{2-}+2H^+ = Cr_2O_7^{2-}+H_2O$；碱性条件时，$Cr_2O_7^{2-}+2OH^- = 2CrO_4^{2-}+H_2O$。本实验模拟废水都被调节到较强的酸性条件，因此，实验中Cr(Ⅵ)以$Cr_2O_7^{2-}$的形式存在。

研究表明，Cr(Ⅵ)可以CrO_4^{2-}替代SO_4^{2-}的形式进入黄钾铁矾，形成类质同象混晶$KFe_3[Cr_xS_{(1-x)}O_4]_2(OH)_6$（Baron and Palmer，2002；Drouet *et al.*，2003），且随着CrO_4^{2-}替代SO_4^{2-}的增多，黄钾铁矾的强衍射峰（2θ为28°～30°）向低角度移动。实验中，模拟废水中Cr(Ⅵ)以$Cr_2O_7^{2-}$的形式存在，与SO_4^{2-}在结构上有较大的差异，难于以替代SO_4^{2-}的形式进入黄钾铁矾。与标准黄钾（铵）铁矾的XRD图谱相比，实验形成的黄钾（铵）铁矾的衍射峰没有明显地向低角度漂移（图12-9），因此有理由推测，Cr(Ⅵ)是被吸附在沉淀的黄钾（铵）铁矾上，从而达到去除的目的。但去除机理还需进一步的实验及测试分析来确定，Cr(Ⅵ)去除率与其他因素（加入试剂的量、时间等）的关系也需开展相关的实验研究。

12.4　黄钾铁矾类矿物结晶隔离防渗作用

12.4.1　酸性矿山废水（AMD）的形成及危害

酸性矿山废水（acid mine drainage，AMD）是指矿山开采、选冶过程中产生的酸性废水，是造成环境污染的重要废水之一。它是由于矿石及尾矿中金属硫化物矿物暴露于空气中，在空气、水及一些细菌作用下的氧化分解所致。这些酸性废水含 H_2O、H^+、Fe^{3+}、SO_4^{2-}等主要化学成分，同时往往含高浓度的 As、Cd、Hg、Cr、Pb、Cu 等有毒有害元素，造成严重的地下水、土壤酸化和重金属污染，严重威胁人类生存的水土生态环境。

矿山既是资源集中地，也是天然水土生态环境的污染源之一。一方面矿山开采过程中流失的重金属 Pb、Hg、Cd、Cr 等变成水土生态环境的重要毒害元素，同时金属硫化物的氧化释放出大量的 H^+，产生酸性废水造成土壤和水体的酸化，因此重金属污染及酸性废水污染成为金属矿产开采过程中迫切需要治理的两大环境公害。

AMD 来自矿山生产过程的各个环节。矿山开采产生大量的废矿石，使本处于还原状态下的矿物被带到地表；同时采矿活动导致氧气进入地下深部，如一些渗入地下水和通风良好的地下开采坑道里，造成硫化矿物氧化、分解的有利环境。普遍存在于金属矿床及煤矿的矿石及围岩中，并常含 As、Cd、Cu、Hg、Mo、Pb 等有毒有害元素的黄铁矿、磁黄铁矿等金属硫化物由于暴露于氧化环境而处于非稳定状态，在水和空气以及细菌微生物的作用下，经过一系列复杂的化学反应，氧化、分解，释放出大量的 H^+、Fe^{2+}、Fe^{3+}、SO_4^{2-}及 As、Cd、Cu、Hg、Mo、Pb 等有毒有害的元素进入废矿石溶液，从而形成危害极大的酸性废水。

以黄铁矿为例，其在氧化环境里（如地表），所经历的氧化分解反应式为

$$2FeS_2 + 2H_2O + 7O_2 \longrightarrow 2Fe^{2+} + 4SO_4^{2-} + 4H^+(aq)$$

Fe^{2+}进一步氧化变为 Fe^{3+}，并消耗一些 H^+：

$$4Fe^{2+} + 4H^+(aq) + O_2 \longrightarrow 4Fe^{3+} + 2H_2O$$

Fe^{3+}可以作为氧化剂进一步氧化黄铁矿，也可水解而释放更多的 H^+：

$$FeS_2 + 14Fe^{3+} + 8H_2O \longrightarrow 15Fe^{2+} + 2SO_4^{2-} + 16H^+(aq)$$

$$Fe^{3+} + 3H_2O \longrightarrow Fe(OH)_3 + 3H^+(aq)$$

矿山酸性废水形成的参与因素及其作用见表 12-4（毕大园、尹国勋，2003）。

表 12-4　酸性矿山废水形成的参与因素及其作用

参与因素	影响及作用
还原态的硫化物（主要是 FeS_2）	主要因素，形成酸性废水的物质基础
氧气	氧化剂，一系列化学反应中不可缺的组分
水	溶剂，提供反应所需的环境，是危害的主体
微生物	催化，使黄铁矿加速氧化，并有一些细菌能使 Fe^{2+}很快氧化为 Fe^{3+}，增强废水的酸性

酸性矿山废水的重要特征是 pH 小于 5，甚至可低至 2 左右，同时溶解有许多元素。其中不但溶解大量可溶性的 Fe、Mn、Ca、Mg、Al、SO_4^{2-}，而且携带 Pb、Cu、Zn、Ni、Co、As 和 Cd 等有毒有害元素。这些废水使水体变色、浑浊，污染地下水，导致水土生态环境严重恶化。

酸性矿山废水对矿山的安全生产及矿区的生态环境等具有严重危害（张仁瑞、陈魁

荫，1992；尹国勋等，1997）。在矿山安全生产上，对矿山排水设备、钢轨及其他机电设备均有较强的腐蚀性，使其强度大大降低而存在严重的安全隐患；使混凝土构筑物结构疏松，强度降低而受到破坏；矿工长期接触这些废水，会使手脚皮肤破裂、眼睛疼痒，影响身体健康。更为严重的是，不经处理而排放的酸性废水直接污染地表水和地下水，使接收它的水体严重酸化，并且重金属含量严重超标，导致其中鱼虾绝迹，附近的土地寸草不生、粮食绝收。国内外很多矿山附近都有不同程度的污染发生，例如美国 Cleveland 选矿场废水致使选矿场附近 Altos 河水 pH 达 2.15，其下游河水 Zn、Cu、Pb、Cd、As、Hg 等有毒有害元素含量极高；我国湖南湘潭锰矿矿井排出含 Fe、Mn、SO_4^{2-} 含量极高的“黄水”，致使大面积农田受毒害；江西德兴铜矿产生的大量金属离子浓度极高的废水，年排放量达数千万吨，使德兴附近乐安江支流水质污浊，生物绝迹；大冶铜绿山铜矿尾矿库排污水口附近的大冶湖水域 Cu 的浓度是国家环保标准的 2 倍，显著高于大冶湖其他部分水域 Cu 的浓度，由于污水影响，大冶湖水还产生不同程度的 Co、Ni、Zn、Mo、SO_4^{2-} 污染，对地下水的影响可延绵数千公里；甘肃白银铜矿矿井内排出的大量酸性废水（井下排水之和达 63.4 万 t/a）导致的污染甚至威胁到白银市区居民的生活用水（王志文，1999）。酸性废水还会诱发土壤酸化，酸水的渗透加速土壤酸化，H^+ 荷载增大，强酸阴离子（SO_4^{2-}）驱动盐基阳离子（Ca^{2+}、Al^{3+} 等）大量淋溶导致土壤盐基营养贫瘠，土壤 N、S 饱和，土壤阳离子交换量（CEC）下降，破坏土壤的团粒结构，使土壤板结、农作物枯黄，生长受到抑制。

矿山的尾矿坝、废石堆是产生酸性废水的重要场所。最使人们不安的是，即使在矿山关闭几十年、上百年甚至更长的时间内，尾矿淋滤液对生态环境系统的严重影响仍然存在。因此，如何有效预防和治理这些 AMD 是目前乃至将来环境保护长期面临的问题。

由于 AMD 对环境的严重危害，多年来，世界各国一直致力于研究不同方法防治这些酸性废水。传统方法有碱中和法、沉淀浮选法等，近年来提出的新方法有湿地处理、工程覆盖、生物膜吸附处理、生化材料过滤、电化学技术控制、杀菌剂控制等技术（贝尔等，1996；向武，1998；Davis *et al.*，1999）。

随着高分子研究的深入，也出现了用无机高分子、有机高分子、高分子改性阳离子、微生物等絮凝剂、阳离子交换树脂等材料加强对酸性水的处理程度（汤鸿霄，1992）。同时，也有学者进行以废治废研究，如利用粉煤灰作为中和剂（李秋艳，2000），利用煤矸石制取聚硅酸铝作为絮凝剂（夏畅斌、肖国安，1996）等处理 AMD 的实验研究都取得了明显的效果。

尾矿库废水酸化研究表明，造成尾矿库废水污染的主要因素是 H_2O、O_2、H^+，它们参与了硫化矿物的氧化。为此，通过密闭覆盖以隔绝尾矿与氧接触，是根治尾矿库废水污染的有效途径。阻止氧与尾矿的接触，可以有效阻止尾矿中硫化物矿物氧化，从而防止尾矿废水酸化和重金属离子的产生。国内外使用的处置技术包括碱中和、湿地处理系统、铁氧化细菌隔离、显微密封技术、包覆覆盖技术、复土绿化等。理论和实践证明，密闭覆盖技术对根治废弃尾矿库的酸性废水和重金属离子污染是行之有效的。

总之，不断发展新型 AMD 处理技术仍是一项十分艰巨的长期任务，有着十分重大的环境意义。高效、廉价、安全及操纵简便是 AMD 处理技术的发展方向。

12.4.2　矿山废石堆防渗隔离层建造

作为地表条件下的次生矿物，黄钾铁矾类矿物形成的温压条件要求不高，在地表稳定存在。自然界形成的黄钾铁矾类矿物多是呈皮壳状、致密块状、结核状等胶体矿物形态，说明这种矾类矿物易于以隐晶-胶态的形式在自然界形成并保存。

前述黄钾铁钒类矿物的形成条件研究表明，在常温常压下，调整合适的 pH 条件，可以快速（2~3 天之内）形成黄钾铁矾类矿物的沉淀，不同 pH 条件下，有时形成纯黄钾铁矾类矿物，有时则形成含有氢氧化铁杂质的混合物。沉淀物或呈土状或皮壳状等隐晶-胶体状态，粒度细。

利用黄钾铁矾类矿物沉淀处理实际工业含硫废水及含 Cr(Ⅵ)模拟废水的实验表明，这种沉矾法对这些废水都有较为理想的处理效果。因此，利用黄钾铁矾类矿物沉淀治理 AMD 有望成为矿山环境污染的一种新方法。对处理机理、防治效果的深入研究有可能建立防治 AMD 新的成本低廉的黄钾铁矾法。

实际上，AMD 中的 H_2O、Fe^{3+}、SO_4^{2-}等主要化学组分也是形成黄钾铁矾类矿物的主要成分。那么，在矿山酸性废水中引入形成黄钾铁矾类矿物需要而废水中又缺乏的化学组分，如 K、Na 等，调整合适的 pH、温度条件及催化种晶，使之快速形成胶体沉淀，即可使废水中去除硫，同时黄钾铁矾类矿物胶体沉淀时还可使 As、Cd、Hg 等有毒有害物质形成共沉淀而固着下来，从而在废水中去除这些有害成分。将黄钾铁矾类矿物胶体沉淀物覆盖在矿山尾矿坝、废石堆上，或在产生酸性废水的废石堆上喷洒廉价的氨水等物质使之产生黄钾铁矾类矿物的胶体覆盖层，则可作为一种隔离防渗层使废石堆隔绝空气和雨水，从而防止其中的金属硫化物矿物氧化分解。

国外如俄罗斯西伯利亚某金矿（Giere *et al.*，2003）及加拿大某含磁黄铁矿(McGregor and Blowes，2002）尾矿堆的研究表明，废矿堆在自然条件下可以形成一至数层由黄钾铁矾、石膏、水绿矾、赤铁矿等组成的次生矿物层，这种次生矿物凝结层(cemented layer 或 hardpan）致密坚硬，孔隙度低，能有效隔离大气和雨水，使尾矿堆中氧逸度降低，硫化矿物不被氧化分解，从而减少酸性废水的形成，同时，这些次生矿物还能固着 As、Cr、Cd、Cu 等有毒有害元素（Lin and Herbert，1997；Courtin-Nomade *et al.*，2003)，而且地表条件下稳定的黄钾铁矾类矿物的堆放对环境没有危害。但是没有人为干预的这种形成过程是缓慢的，往往需要十几年甚至更长时间，而且形成的凝结层空间上也往往不均匀，影响其隔离效果。因此，在产生酸性废水的废石堆上人为创造一些条件加速这种硬质凝结层的形成，可以在废石堆的表层形成更完善的黄钾铁矾类矿物隔离防渗层，从而有效防止 AMD 的形成，从源头上阻断污染的产生。

我们在实验室进行过一个简单的模拟实验。在一个底部有一细管孔的玻璃装置里，装上石英砂，然后将 0.05mol/L 的硫酸铁溶液及 0.5mol/L 的硫酸钾混合溶液，用氢氧化钾溶液调节 pH 到 2.96，在室温下反应 48h，溶液中已经有黄钾铁矾生成；然后将该溶液的清液倒出，将底部的浆液摇匀慢慢注入装有石英砂的该玻璃装置，溶液下渗从下端流出，同时，在石英砂的颗粒之间可见很明显的黄色黄钾铁矾充填。半小时后，继续慢慢注入该溶液，在保持该装置内石英砂的湿度情况下，不断地注入含黄钾铁矾浆液，会发现在石英砂的上层形成了致密的黄钾铁矾层，下渗的溶液也开始由线状滴下到一滴一滴断续下滴，滴速越来越慢。第二天发现加入水后几乎已经不再有水从下端渗出。

模拟实验发现，保持黄钾铁矾层的湿度很重要。湿度不够的情况下，黄钾铁矾层就会裂开，甚至与石英砂层分离，从而破坏隔离层。但是在黄钾铁矾层喷洒水，随着水的下渗，又能逐渐形成孔隙度很小的隔离层。自然条件下，黄钾铁矾干燥后形成土状，不能形成隔离层，因此，这种黄钾铁矾类矿物的隔离层形成与维护都需要一个较湿润的环境。

根据黄钾铁矾类矿物的形成实验，硫酸铁浓度高的溶液形成纯度较高的黄钾铁矾类矿物，干燥后呈土状，致密度差；而硫酸铁浓度低的溶液常常形成含无定形羟基硫酸高铁杂质的黄钾铁矾类矿物，呈皮壳状，致密度好。在自然界中，黄钾铁矾类矿物也常常和其他次生矿物共生。

综上所述，在矿山废石堆表面，喷洒少量的 K_2SO_4 溶液，然后继续喷洒 KOH 溶液或者氨水溶液，创造条件，可以加速黄钾铁矾类矿物隔离防渗层的形成。这个覆盖层应不仅仅只由黄钾铁矾类矿物组成，最好是含有胶状的无定形羟基硫酸高铁及针铁矿的混合体系。这种防渗层将长时间形成对雨水、氧气的隔离作用。为了防止黄钾铁矾矿物的风化，在覆盖层可以加一层土，甚至可以在其上再做一定厚度的植被形成绿化层，这样不仅保持了覆盖层的湿度，防止风化，而且增加了绿化面积，如图 12-10 所示。

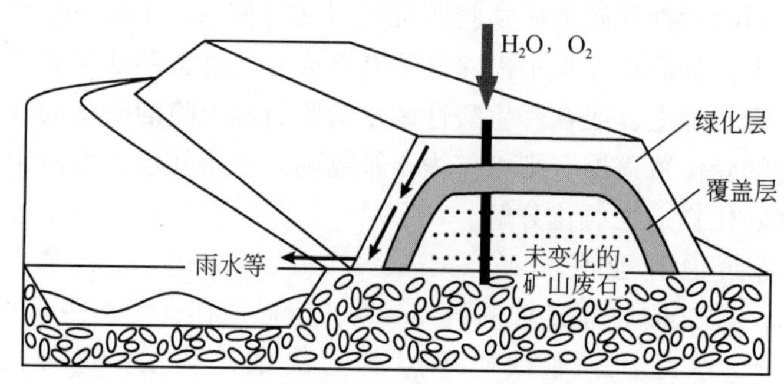

图 12-10　废石堆表面含黄钾铁矾类矿物隔离层示意图

自然界的矿山废石堆表面人为形成黄钾铁矾类矿物隔离层，隔离大气、雨水的下渗，从而防止 AMD 产生的实验方案在气候湿润多雨的地区具有可行性。形成隔离层的方法一：可以在废石堆表面喷洒氨水溶液或 KOH、NaOH 溶液加速黄钾铁矾类矿物隔离层的形成。从经济的角度考虑，在废石堆的表面喷洒氨水，调节 pH 在 3 左右。方法二：可以在储存的 AMD 中加入氨水及少量的 KOH 溶液，使 AMD 中的 Fe^{3+}、Fe^{2+}、SO_4^{2-} 生成黄铵铁矾等黄钾铁矾类矿物，然后将生成的黄铵铁矾胶体状的矿物人为地覆盖在废石堆的表面，在废石堆的表层形成黄钾铁矾类矿物的隔离层。纯的黄钾铁矾类矿物不利于隔离层的隔离效果，含针铁矿胶体或水绿矾及胶状的无定形羟基硫酸高铁杂质会增强黄钾铁矾类矿物隔离层隔离效果，通过控制 Fe^{3+} 的浓度，使得沉淀物中含杂质矿物在实际应用中也比较容易操作。

第13章　半导体矿物与微生物协同效应

13.1　矿物与微生物协同作用方式

在地球表层这一极为复杂的开放系统中，矿物与微生物之间无时无刻不在发生着人们尚未充分认识到的自然作用。数十亿年以来，不同形式的生命活动不断影响着地球表层物质循环与环境演化，无机界物质循环与演化又制约着地球生态系统的演替与生命活动的演变。矿物的形成与变化有生命活动的干预，生命的诞生与进化离不开矿物作用的参与，地球表层无机界与有机界密不可分。作为地球上出现最早、分布最广、适应性最强的生命形式——微生物，其与无机矿物的交互作用一直都是地球表生系统有机界-无机界相互作用中最为丰富而又生动的演绎。有关地球科学与生命科学高度交叉融合领域中矿物与微生物交互作用，是目前地质科学中最活跃的研究领域之一，被认为蕴含着巨大的科学发现和理论发展与突破的机遇（Lu *et al.*，2014）。地质生物学（Geobiology）作为地球科学中崭新的前沿领域受到普遍重视（Knoll，2003），被认为是近几年随着重大科学发现及新技术发展而产生的新领域。将岩石圈与生物圈结合起来开展研究，属于地球科学和生命科学跨学科交叉研究领域。其中地质微生物学研究是当今国际上最为活跃的科学前沿研究之一（陈骏、姚素平，2005）。

自然界多种生命体中常发生无机矿化现象，生物矿化作用普遍存在于从低等单细胞微生物到高等多细胞动植物生命活动中。正是生物的发育、生长与死亡过程中有矿物作用的参与，而矿物的发生、变化与消亡过程中也有生物作用的参与，使得自然界中原本两个截然不同的领域，即有机界与无机界，在一些更基本规律的支配下变得更加渗透与融合。生命体中无机矿物理应是生物圈与岩石圈、水圈和大气圈交互作用的产物，对于生命活动生态系统具有潜在的环境属性响应性。生命体可以从分子水平到介观水平实现对晶体形状、大小、结构和排列精确调控和组装，往往形成复杂的分级结构（Weiner and Wagner，1998）。与此同时，矿化作用也影响着生物的生长发育和生理病理等行为，进而对生态环境产生影响。阐明生命体中复杂多样的矿化作用过程，揭示矿物精细特征与生命活动的内在联系，有可能使之成为标识与干预生命活动中生态性及生理性矿化作用的标志物。

从矿化作用机制上看，生物矿化作用分为生物诱导矿化作用和生物控制矿化作用两种基本类型。有关微生物与矿物相互作用的微生物矿化作用一般也包括直接控制或间接诱导矿物的形成与分解作用。除此之外，还应该包括我们新近提出的微生物与矿物之间的协同作用。微生物能够富集环境中的有毒重金属，改变重金属的存在形式与分布状态，形成微细矿物胚体，以至于在微生物细胞表面、细胞内部以及细胞与矿物晶芽界面（Beveridge，1989；Volesky *et al.*，1993；Ehrlich，1998；Bazylinski and Frankel，2003a）均能沉淀与生长矿物。微生物能主动或被动地从环境中摄入非营养性甚至毒性的物质，易污染的重金属若在微生物作用下能以矿物的形式被固定下来，就会减少重金属对环境的危害。自然界中细菌等微生物及其代谢产物对环境中有害有毒物质具有治理功能，就是参与矿物的形成及转化的结果。探明微生物将环境中重金属变成真正矿物的特性，可以发展重金属污染的防治方法。

生物矿化作用对生命活动过程有着重要影响。矿物可以是微生物能量和营养的主要来源，也是微生物生存和作用的载体。有些微生物在摄取营养或能量过程中会导致含重金属矿物的分解，形成多种次生矿物或离子，加速矿物的风化作用，甚至可改变矿物风化作用模式（Bennett *et al.*，2001；Maurice *et al.*，2001；Glowa *et al.*，2003；Rodríguez *et al.*，2003a；Gleisner *et al.*，2006）。矿物若被微生物加速分解，释放其中的重金属元素，并将部分有害物质释放到水体和土壤中，则可导致环境污染。认识自然界中金属元素释放速率和环境污染时空效应，可为生态环境评价和改善、发展新的污染防治技术提供理论依据。

从矿物与微生物交互作用的环境效应看，其作用方式分为微生物分解矿物、微生物形成矿物、微生物转化矿物以及微生物协同矿物作用（Lu *et al.*，2012b）。也就是说，除了大家熟知的微生物能够形成、分解与转化矿物外，微生物与矿物之间还存在着协同作用机制。微生物的存在有利于矿物某些功能的发挥，矿物的存在能够促进微生物生长，使得微生物与矿物之间协同作用得到强化（Lu *et al.*，2012b）。目前研究较深入的这种协同作用的环境属性主要表现在共同降解污染物的能力提高上。深入开展利用半导体矿物与微生物光催化协同净化功能研究，一方面有望提高自然界难降解污染物的可生物降解性，强化微生物对污染物的降解能力；另一方面探讨微生物从半导体矿物分离日光光生空穴或电子，发挥剩余光电子或空穴还原或氧化降解污染物的能力，进而完善由无机矿物和有机生物所共同构筑的自然界中存在的天然自净化作用系统和原理（Li *et al.*，2008，2009b，2010，2012；Ding *et al.*，2010，2014）。

正是自然界中微生物对其所处的自然水土环境具有多种响应，所形成的生物矿物才具有显著不同的结构特征与化学组成。充分开发利用这些生物矿物的标型性，极有可能发展标识与干预生命活动所处环境的方法。通过阐明生物矿化作用过程，可建立生物矿化作用的环境响应研究方法体系。微生物与矿物交互作用中所涉及的生物矿化作用，极大地制约着地球环境质量，使得这一生物矿化作用表现出鲜明的环境属性。

13.2 金红石与氧化亚铁硫杆菌协同作用

金红石是自然界中分布广泛的一种光催化半导体矿物。从化学组成来看，金红石是 Ti 的氧化物，而 Ti 在地壳中丰度较高（0.61%），占地壳组成元素的第 9 位。在岩石圈与生物圈的交互带中，Ti 以 80 多种形态广泛存在（吴贤、张健，2006）。我们的研究（见第 7 章）表明，天然金红石具有良好的光催化性能，其吸收光谱的范围可以扩展到可见光，实验也证实了天然金红石在日光照射下的光催化活性（见 16.2 节）。天然金红石日光下光催化作用的原理是：天然金红石吸收可见光子的能量产生光生电子和空穴，光生电子可以参与物质的还原，而光生空穴可以参与物质的氧化，这样就实现了太阳能与化学能的转化（Lu *et al.*，2012b）。天然金红石与日光都在自然界中天然存在，金红石与周围的物质可能一直发生着各种已知和未知的光催化反应，广泛参与物质循环和能量流动的过程。

自然界中同样存在着大量细菌，其中 *A. ferrooxidans* 是一种嗜酸的依靠代谢 Fe^{2+} 和 S^{2-} 等化能自养的细菌。*A. ferrooxidans* 最初被发现于酸性矿山水体中（Colmer *et al.*，1949），在土壤和水体中广泛分布，其氧化作用提供了植物可利用的硫酸盐营养。*A. ferrooxidans* 细菌可以浸出矿物中的金属，常应用于湿法冶金（周顺桂等，2003），同时也是细菌与矿物相互作用领域内研究最多的菌种之一（Pogliani and Donati，2000；Rojas-Chapana and Tributsch，2001；Jones *et al.*，2003）。*A. ferrooxidans* 可以从 Fe^{2+} 氧化成 Fe^{3+} 的过程中获得电子，利用电子流动的能量来维持新陈代谢。从细胞外的最初供体 Fe^{2+} 一直到细胞内的最终受体 O_2，电子传递需要通过一系列的载体携带才能完成。电子载体在携带电子时从氧化态变成还原态，而完成电子传递之后又恢复到氧化态。这些电子载体按照氧化还原电位的高低依次排列，构成了电子传递链。许多学者通过基因序列分析和生物化学研究手段，成功分离并表征了组成 *A. ferrooxidans* 电子传递链的各种电子载体，如亚铁氧化酶（Iron oxidase）（Fukumori *et al.*，1988；Kusano *et al.*，1992；Cavazza *et al.*，1995；Nouailler *et al.*，2006；Zeng *et al.*，2007）、铁质兰素（Rusticyanin）（Yamanaka *et al.*，1991；Blake *et al.*，1992；Bruschi *et al.*，1996；Bengrine *et al.*，1998）、细胞色素 *c*（Cytochrome *c*）（Tamegai *et al.*，1994；Appia-Ayme *et al.*，1998；Yarzábal *et al.*，2002）、细胞色素 *c* 氧化酶（Cytochrome *c* oxidase）（Kai *et al.*，1989，1992；Harrenga and Michel，1999）等。通过研究大量的电子载体资料，不同学者建立了多种不同的电子传递链模型（Yamanaka *et al.*，1991；Blake and Shute，1994；Bruschi *et al.*，1996），目前最流行的一种是 Quatrini 等（2006）提出的模型，其电子传递顺序如图 13-1 所示。通过这样的电子传递链，细菌将 Fe^{2+} 的电子传递给 O_2，从而完成能量代谢。

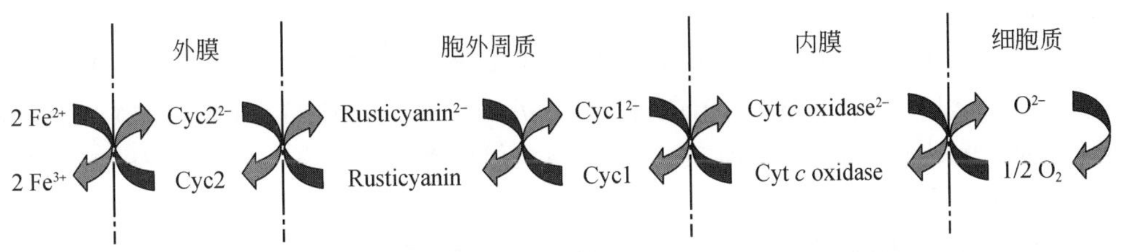

图 13-1　*A. ferrooxidans* 的电子传递链（据 Quatrini *et al.*，2006）

Fe^{2+} 氧化后可为 *A. ferrooxidans* 提供的能量较低，只有 8.1kcal①/mol，即细菌需要氧化 22.4mol Fe^{2+} 才能固定 1mol CO_2，这意味着在 Fe^{2+} 培养基中生长的细胞浓度不会太高。Yunker 和 Radovich（1986）发现，当向 *A. ferrooxidans* 细菌生长的培养基通入直流电时，细菌氧化产生的 Fe^{3+} 可以被还原成 Fe^{2+}，与常规方法比较，细胞浓度可以提高到 3.7 倍，细胞的生长速度可以提高到 6.5 倍。此后，许多研究（Taya *et al.*，1991；Natarajan，1992；Nakasono *et al.*，1997；Matsumoto *et al.*，1999）开始采用这种电解刺激培养（electrolytic cultivation）的方法来研究细菌的生长情况。这些实验表明，在合适的外加电

① 1 kcal=4186.8J。

压或电流下，*A. ferrooxidans* 细菌的生长受到刺激，会使新陈代谢加快。这种方法实际上实现了细菌对电能的利用，Fe^{3+}在电流的作用下不断得到电子变成 Fe^{2+}，Fe^{2+}又将其中的电子源源不断地传递给细菌。这样，细菌的电子传递链就从细胞内扩展到了细胞外。*A. ferrooxidans* 电子传递链的扩展使细菌能量的来源从化学能扩展到电能，而电能又可以与其他多种能量形式转换，这样又可以进一步扩展电子传递链的范围。金红石是一种可将光能转化成电能的物质，将金红石引入细菌的电子传递链中，就使细菌利用金红石光生电子能量成为可能。

自然界中，随着岩石圈与生物圈的物质作用与循环，以 *A. ferrooxidans* 为代表的细菌和以金红石为代表的半导体矿物有可能处于同一生态环境里。人们已经知道微生物与半导体矿物的相互作用是地球上广泛发生的一种作用，这种作用影响了矿物的溶解和沉淀，影响了元素的地球化学循环，但是对于它们之间能量交流的过程了解不多。除了能够利用普通的化学能量外，细菌是否还可以利用半导体矿物光生电子的能量，以及通过何种方式利用这些能量，将是下面侧重探讨的问题。这些问题的研究可能会为自然界中半导体矿物与细菌能量交互作用的过程提供新的认识。

13. 2. 1　实验材料与方法

实验用天然金红石取自山西代县，经磨碎后过 200 目筛，平均粒径为 70 ~ 80μm。电子探针分析显示该样品含有 V_2O_5 1. 22%，FeO 0. 39%，ZnO 0. 35%，CuO 0. 22%，这些杂质元素对金红石光催化活性有至关重要的作用，使其光谱响应范围扩展到可见光段。紫外-可见漫反射吸收光谱测试表明，该金红石在紫外和可见光范围内都有吸收（图 7-12）。

含氧化亚铁硫杆菌样品取自某煤矿酸性矿坑水中，水体 pH 为 2. 2，颜色棕黑，较混浊。菌种的分离和培养均采用 9K 培养基，其成分为：$(NH_4)_2SO_4$ 3g，K_2HPO_4 0. 5g，$MgSO_4$ 0. 5g，KCl 0. 1g，$CaSO_4$ 0. 01g，$FeSO_4 \cdot 7H_2O$ 20g，H_2O 1L（pH=1. 5）。尽管大多数研究认为该菌种的最适生长 pH 在 2. 0 ~ 2. 5，但据 Nakasono 等（1997）研究，在 pH=1. 5 情况下可以尽量减少沉淀的产生而不影响细菌的生长，故本实验将 pH 调节为 1. 5。

细菌用 30℃、160r/min 的摇床培养，采用梯度稀释方法进行纯化，即取 5mL 菌液，接种于装有 200mL、9K 培养基的瓶中，摇匀，再从此培养基中取 10mL 溶液接种到第 2 个同样的瓶中，按同样的方法依次接种 9 次，最后一瓶长出的菌体是最纯的菌体。

实验使用双室电化学装置，两室以质子交换膜（PEM，DuPont）相隔（图 13-2）。装置左侧反应室为光催化反应室（Photo Catalyst Chamber，以下简称 P 室），溶液成分：2. 5g/L Vitamin C（Vc），16g/L Na_2SO_4，pH=2. 0，其中 Vc 为还原剂，硫酸钠起电解质作用，P 室用橡胶塞密闭，磁子搅拌；右侧反应室为微生物培养室（Microbe Culture Chamber，以下简称 M 室），溶液成分为 9K 培养基，*A. ferrooxidans* 接种量为 5%（体积比），橡胶塞封口，胶塞上留有 1cm 直径小孔通气，磁子搅拌，培养温度 30℃。P 室电极为天然半导体矿物电极，M 室电极为用 10% 铂碳粉制备的电极，电极通过导线联通，电极之间加 1kΩ 外阻，用 Pico Data Logger（Pico Technology Limited）在线监控外电阻两端电压以计算电流大小。模拟日光光源为 PLS-LAX500 型氙灯（300W），光源中心距离天然半导体矿物电极表面距离为 15cm。

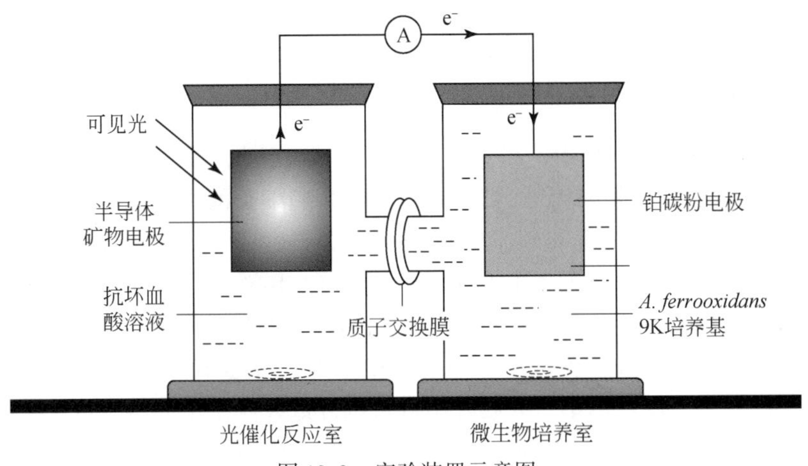

图 13-2　实验装置示意图

Fe^{2+}的浓度由邻菲啰啉分光光度法测定（参照中华人民共和国环境保护行业标准，HJ/T 345—2007），细菌浓度由细菌计数法确定。

实验过程：金红石还原 Fe^{3+}：在无 *A. ferrooxidaxs* 菌存在的情况下，准备了 3 组实验，对每个实验中 Fe^{2+}浓度进行了测量，探讨光催化作用对三价铁的还原能力。

（1）有金红石和光照的实验：阳极为天然金红石光催化电极，光催化反应箱内装满（不留任何气泡）12.5g/L 抗坏血酸和 2.5g/L KCl 溶液，加顶盖并用塑料焊条密封，用 300W 氙灯照射。生化反应箱内装 12.5g/L $Fe_2(SO_4)_3$溶液，留 $9mm^2$透气孔。Pt 电极作为阴极，用导线将两电极连接。调节水浴装置中水的流速以使温度保持在 30℃。

（2）无金红石的光照实验：阳极为石墨板上覆盖碳黑、PTFE（质量比 6∶1）制成的涂层，用 300W 氙灯照射，其余条件同上。

（3）无光照但有金红石的实验：阳极为石墨板上覆盖金红石、碳黑、PTFE（质量比 9∶1∶1）制成的涂层，用锡纸包裹光催化反应箱以保持避光，无灯光照射，其余条件同上。

金红石对细菌生长影响及 Fe^{2+}浓度变化：在 *A. ferrooxidans* 菌存在的情况下，也准备了 3 组实验，对每个实验中细胞浓度和 Fe^{2+}浓度进行了测量，探讨光催化作用对细菌生长的影响以及光催化与细菌协同作用对 Fe^{2+}浓度的影响。

（4）细菌与金红石的协同作用：光催化反应箱按实验（1）程序准备，为了防止电极钝化，每过 24h 更换一次光催化电极和溶液，因为电池还原铁的能力在前 24h 是最强的，之后就会减弱。生化反应箱内装满稀释的 9K 培养基，取培养 3 天的菌液 0.5mL 接入培养基中，加盖，留 $9mm^2$透气孔。调解冷凝装置使温度保持在 30℃。

（5）细菌单独作用：只在生化培养箱内装满稀释的 9K 培养基，取培养 3 天的菌液 0.5mL 接入培养基中，加盖，留 $9mm^2$透气孔。温度保持在 30℃。

（6）空白实验：生化培养箱内不接种细菌，其余条件与（5）相同。

13.2.2 实验结果与讨论

1. *A. ferrooxidans* 生长所需最佳亚铁浓度的选择

在 *A. ferrooxidans* 生长过程中，培养基中极易生成含铁化合物的沉淀，如黄铁钒类物质（Matsumoto *et al.*，1999；周顺桂等，2004），从而影响细菌的生长和细胞计数。为了得到较好的 *A. ferrooxidans* 生长情况和较少的黄铁钒类物质生成，必须首先探索 *A. ferrooxidans* 生长最佳的亚铁浓度。实验设置 7 个不同的亚铁梯度，B 液亚铁浓度分别为 50、80（原始培养浓度）、100、150、200、300 和 500mmol/L，9K 培养基体积均为 100mL。每个梯度设置两个平行样，*A. ferrooxidans* 在 30℃恒温摇床中培养，转速 160r/min。实验共进行 7 天，由于前两天差别较小，设定从第 3 天起开始进行菌计数并观察培养基中沉淀状态。

由图 13-3 可知，当 Fe^{2+} 浓度在 50 ~ 150mmol/L 之间时，*A. ferrooxidans* 均有比较多的生长量；其中 150mmol/L 组产生沉淀的时间最晚并且溶液中没有产生对细菌计数产生影响的细小沉淀颗粒。因此，实验所用 9K 培养基的最佳亚铁浓度选择为 150mmol/L。

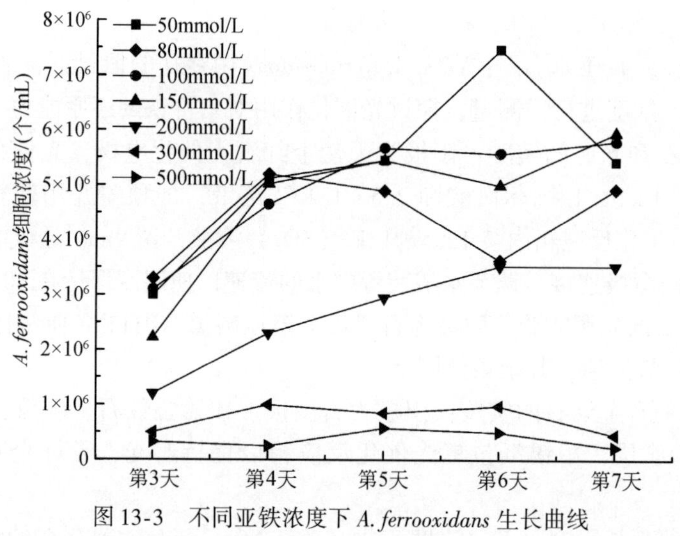

图 13-3 不同亚铁浓度下 *A. ferrooxidans* 生长曲线

2. 金红石电极的光电化学性能表征

天然半导体矿物电极在有光、无光条件下的循环伏安性能表征，可验证其能否在太阳光的激发下产生光生电子。实验利用图 13-2 中的双室装置，M 室的溶液替换为 16g/L Na_2SO_4作为电解液，实验结果如图 13-4 所示，图中所示箭头为扫描方向。

由于使用的金红石在可见光范围内有良好的响应，在可见光激发下，半导体矿物价带中的电子跃迁到导带从而产生电子-空穴对，价带空穴被溶液中的电子供体 Vc 所捕获，导带电子通过导线流向 M 室从而产生光电流。由于两室中电子供体和电子受体的分别存在，使得两室之间在暗室情况下仍会发生电子流动产生暗电流。由图 13-4 可以看出，当扫描电压为负的时候，有光和无光条件下体系电流区别不大，此时电子流入半导体电极，因此两种条件下电流差别较小；当扫描电压为正的时候，有光条件下的电流要大于无光条件下的电流，此时电子流出半导体电极，有光条件下，体系还有光生电子的流出，因此有光激发的半导体电极比无光激发的半导体电极有更多的电子流出。因此，有光照的条件下，金红石能够产生光生电子通过导线流入 M 室。

3. 金红石对 Fe^{3+} 的催化还原效率对比

循环伏安测试结果证明了天然半导体矿物金红石可在光照条件下产生光生电子，并且光生电子可通过导线从 P 室传递到 M 室。进一步实验探讨传递到 M 室的电子能否还原三价铁离子及其还原效率。

在不接种 *A. ferrooxidans* 的情况下，M 室溶液用 $FeCl_3$ 取代 9K 培养基中的 $FeSO_4$，浓度为 37.5mmol/L，pH = 1.8；P 室溶液为：2.5g/L Vc，16g/L Na_2SO_4，pH = 1.8。为了测定实验过程中空气和光对 Vc 的氧化程度，实验设置一组无半导体矿物光催化剂的对照实验，对照实验组的 P 室采用光滑石墨板作为电极。实验同时监测 M 室 Fe^{2+} 生成量和 P 室 COD 减少量。

实验结果（图 13-5）显示，P 室传递过来的电子能还原三价铁离子。根据反应开始时刻 0h 和结束时刻 96h 的 M 室 Fe^{2+} 浓度，可计算出金红石矿物电极光催化对 Fe^{3+} 的净还原量为 5.6mmol/L（Fe^{2+} 生成量 = $[Fe^{2+}]_{结束} - [Fe^{2+}]_{初始}$ = 313.6mg/L = 5.6mmol/L）。根据反应结束时实验组 COD 减少量和空白对照组 COD 减少量，得到光催化反应 COD 净减少量为 0.01564mol，相当于金红石消耗的空穴捕获剂 Vc 为 44.7mmol/L。综上所述，计算得光催化还原铁离子效率为 5.6/44.7 = 12.5%，体现了金红石具有一定的光催化能力。

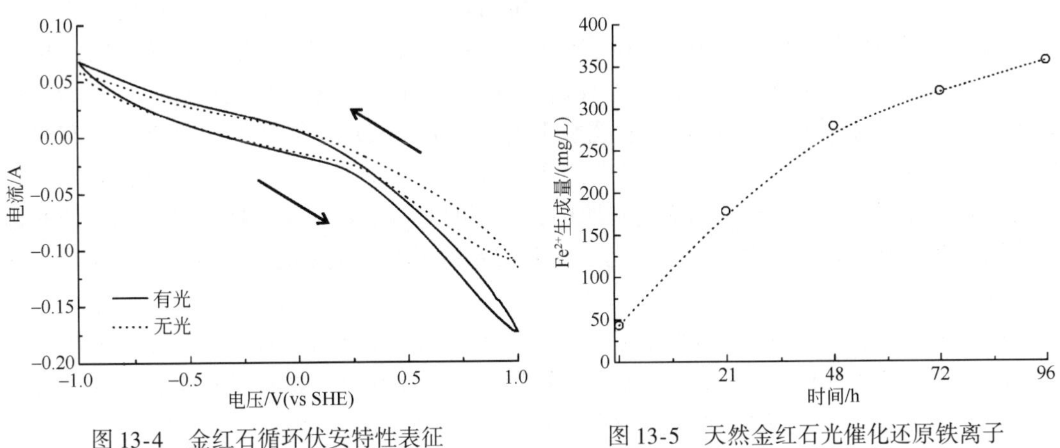

图 13-4　金红石循环伏安特性表征

图 13-5　天然金红石光催化还原铁离子

4. 金红石光催化作用对 *A. ferrooxidans* 生长情况的影响

以上实验表明金红石的光生电子可以流入 M 室并还原三价铁，从而使 M 室亚铁浓度保持一个较高的水平；而对于 *A. ferrooxidans* 来说，其生长繁殖状态又和培养基中 Fe^{2+} 还原生成量成正相关的关系。为了探讨金红石光催化作用对细菌生长状况的影响，利用上述双室装置体系分别探讨在有光与无光条件下，阴极铁浓度及细胞浓度的变化，同时设置了一组单室普通培养作为对照。

单室普通培养结果如图 13-6a 所示，可以看出 *A. ferrooxidans* 细菌在经过 24h 适应期后进入对数生长期，细胞浓度明显增加，对数生长期维持 36h 后达到稳定期，由于亚铁离子被大量消耗，稳定期维持了 12h 后，*A. ferrooxidans* 细菌便进入衰亡期，细胞浓度急剧下降。在此过程中亚铁离子基本被消耗完。对照实验反映了正常培养状态下 *A. ferrooxidans* 细菌的生长情况。

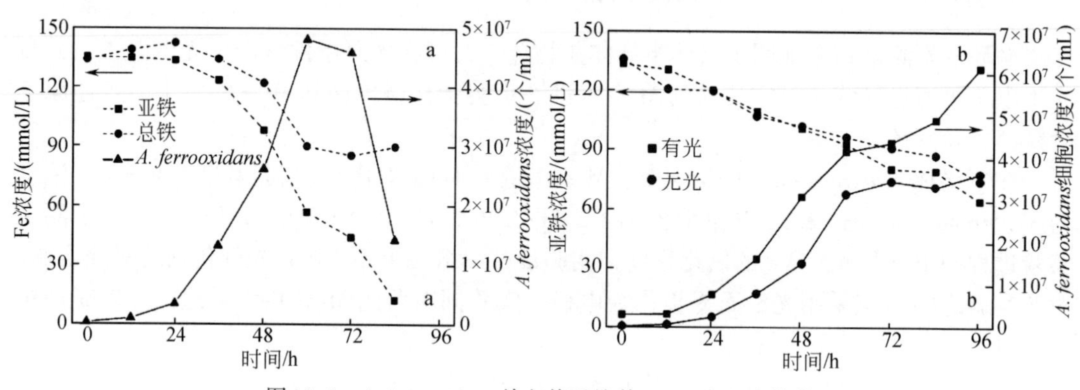

图 13-6 *A. ferrooxidans* 单室普通培养（a）和双室培养（b：半导体矿物为金红石）微生物和亚铁浓度变化曲线

当将 *A. ferrooxidans* 细菌接种入双室实验装置中培养时，由于 P 室半导体电极在光激发下发生光生电子-空穴对分离，光生电子通过导线传递到 M 室将 Fe^{3+} 还原为 Fe^{2+}，可以供 *A. ferrooxidans* 循环利用。

实验结果（图 13-6）表明，前 24h 有光和无光组的 *A. ferrooxidans* 细菌同时处于适应期，细胞增长和亚铁消耗缓慢；24h 开始进入对数生长期并一直持续了 72h，此时 *A. ferrooxidans* 细菌开始大量繁殖，由于有光组通过金红石的光催化作用还原三价铁为亚铁离子，保持 M 室亚铁离子在较高的浓度水平上，*A. ferrooxidans* 得到了大量繁殖。有光装置中 *A. ferrooxidans* 在大量繁殖的同时较之于无光装置中的 *A. ferrooxidans* 消耗 Fe^{2+} 更多，但是细胞活性同样得以维持。而无光对照中，细菌的对数生长期仅维持了 36h 细胞便开始进入稳定期，亚铁离子减少缓慢。有光条件下 *A. ferrooxidans* 细菌的生长量为无光条件下的 1.69 倍。

由图 13-6b 可知，亚铁浓度随反应时间持续下降，金红石组的亚铁浓度从初始的 133mmol/L 下降到 96h 后的 64.0mmol/L，这说明在实验中 Fe^{2+} 被细菌消耗的速率均大于 Fe^{3+} 被光催化还原的速率。通过计算亚铁离子的净消耗速率可以得到金红石组为 0.721mmol/(L·h)。实验中 *A. ferrooxidans* 的最大生长量为 6.12×10^7 cell/mL。

从上述实验结果可以看出，在光照和天然半导体矿物共存情况下，由于 P 室产生了光生电子参与 M 室的 Fe^{3+} 还原使 Fe^{2+} 不断循环再生；较之于无光照的情况，有光照情况下的 *A. ferrooxidans* 能够得到更好的生长。在这个过程中，*A. ferrooxidans* 间接利用了太阳光能获得生存，实现了太阳能→电能→化学能→生物质能的能量转化过程。

5. 细菌利用半导体矿物光生电子能量的机理

本节通过实验实现了这样一种能量转换，即光能→电能→生物能，半导体矿物、Fe^{2+}/Fe^{3+}分别在能量转换中起到了中介作用，来自模拟太阳光的能量通过这些中介最终被细菌利用，而细菌本身并没有光合作用机制。从宏观的能量转换途径来看，实验原理可以通过图 13-7 表示。半导体矿物受到太阳光照射后产生空穴与电子的分离，光生空穴被 Vc 捕获，Fe^{3+}捕获光生电子形成Fe^{2+}，Fe^{2+}将电子传递给细菌后又被氧化成 Fe^{3+}，这样铁离子起到了电子载体的作用，可以将电子不断从半导体矿物传递给细菌，为细菌提供了新陈代谢的能量。

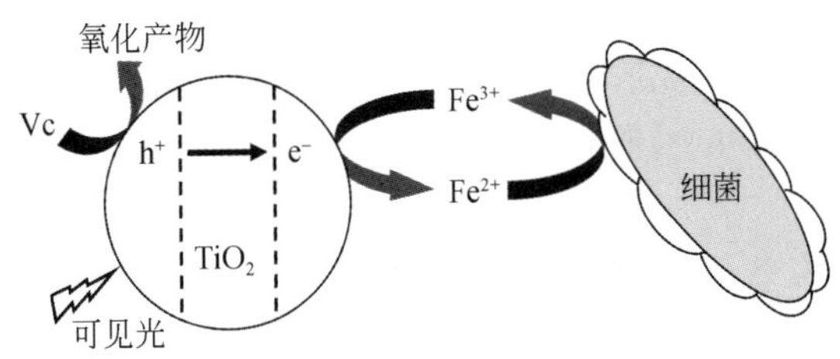

图 13-7　矿物与微生物协同作用实验原理图示

从微观电子传递途径来看，细菌的电子传递链得到了扩展，即从细胞内的有机电子载体扩展到细胞外的无机电子载体 Fe^{2+}/Fe^{3+}，再进一步扩展到光生电子的载体金红石，与 Quatrini 等（2006）提出的电子传递链相比，我们提出的电子传递链多出了两个环节，其模式如图 13-8 所示。这种电子传递链的扩展使细菌能够利用来自于不同形式的能量，极大增强了细菌对环境的适应能力。即使在营养缺乏的恶劣环境中，只要有半导体矿物存在，细菌仍然可能通过光催化的途径获得能量。

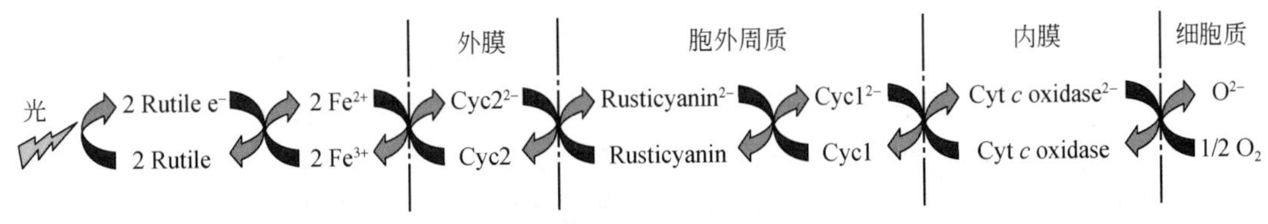

图 13-8　金红石与细菌协同作用的电子传递链模式

自然界中，可以利用太阳光实现能量转换的半导体矿物有数十种，包括各种金属氧化物和硫化物；而可以作为细胞外电子载体的物质又包括 Fe^{2+}/Fe^{3+}、Mn^{2+}/Mn^{4+}等无机离子以及包括许多天然色素和细胞代谢产物在内的有机物，这些载体已经成功地应用于微生物燃料电池中（Tanaka *et al.*，1983；Doong and Schink，2002；Park and Zeikus，2003；Topcagic and Minteer，2006）。可以作为半导体空穴捕获剂的物质同样包括众多有机物和无机物。不难想象，这种微生物与半导体矿物的能量交互作用可能通过自然界中类似于本实验装置的天然结构而广泛存在。一旦得到实证检验，将极大地扩展人们对于自然进程中能量作用的认识。

13.3　闪锌矿与氧化亚铁硫杆菌协同作用

在第 6 章，我们详细介绍了天然闪锌矿作为一种半导体矿物，具有光催化还原效应。这种光催化效应可以为 *A. ferrooxidans* 生长提供额外的电子能量，从而促进 *A. ferrooxidans* 生长。前人研究认为，嗜酸性的铁氧化菌（*A. ferrooxidans*）能促进 Fe^{2+}氧化为 Fe^{3+}，从而加速地表硫化物矿物的溶解（Singer and Stumm，1970），造成金属硫化物矿山中含较高重金属离子的 AMD 的形成。因此如何抑制地表硫化物矿物的分解成为一个亟待解决的问题。然而 Schrenk 等（1998）的研究表明，AMD 中，*A. ferrooxidans* 在一定程度上促进了硫化物矿物的分解，但对金属硫化物溶蚀过程所起到的作用较为有限。

我们通过双室实验装置，模拟自然环境中天然半导体矿物闪锌矿光催化作用促进 *A. ferrooxidans* 的生长，并且测定没有 *A. ferrooxidans* 直接参与的情况下，光催化效应对金属硫化物的氧化作用。

13.3.1 实验材料与方法

实验用天然闪锌矿采于湖南黄沙坪铅锌矿，其化学成分及紫外–可见光漫反射吸收特征见第 6 章。经重选和浮选后，闪锌矿精矿被磨成粉末后过 300 目筛，得到的闪锌矿样品粒径小于 40μm。

嗜酸性氧化亚铁硫杆菌（*A. ferrooxidans*）菌株来自南京大学地球科学系。菌种培养采用改良的 9K 培养基 A 液：$(NH_4)_2SO_4$ 3g，KH_2PO_4 0.5g，$MgSO_4 \cdot 7H_2O$ 0.5g，$Ca(NO_3)_2$ 0.01g，pH=2.0，溶于 800mL 蒸馏水后湿热灭菌；B 液：$FeSO_4 \cdot 7H_2O$ 41.7g，pH=2.0，溶于 200mL 蒸馏水后用 0.22μm 滤膜过滤灭菌；将 A、B 液混合后使用（王艳锦等，2006）。在 30℃ 恒温摇床中振荡培养。细胞计数使用细菌计数板在显微镜下观察计数。

实验装置见图 13-2。其中 P 室溶液成分：12.5g/L 抗坏血酸，2.5g/L KCl，体系 pH 用 6N① HCl 调为 2.0，其中抗坏血酸为空穴捕获剂，氯化钾为电解质；M 室溶液成分为改良的 9K 培养基，*A. ferrooxidans* 接种量为 5%（体积比）。两室体积均为 350mL。P 室电极为闪锌矿矿物电极，M 室电极为 10% 铂碳粉电极，电极之间通过导线联通并且加 1kΩ 外阻，用 Pico Data Logger（Pico Technology Limited）在线监控外电阻两端电压以计算体系电流大小。实验使用 300W 氙灯模拟日光光照。光源距半导体电极表面距离为 15cm。

实验共设计了 3 组（表 13-1），P 室均为天然闪锌矿矿物电极，M 室均为 10% Pt/C 导电电极。暗室组和断路组分别考察无光照的情况和实验体系电路被切断的情况，而光照组考察发生光催化和实验体系有电流参与的情况。通过 3 组实验来考察 *A. ferrooxidans* 的生长及诱导矿物生成情况和闪锌矿腐蚀过程。

表 13-1 实验组设计

组别	光照	电路
暗室组	无光	通路
断路组	有光	断路
光照组	有光	通路

① 1N=（1mol）÷离子价数，当量浓度。

M 室培养基中 Fe^{2+} 和总铁浓度使用邻菲啰啉法，在 Unico UV-2102PC 型紫外可见分光光度计中测量。P 室溶液中的 Zn^{2+} 浓度测试使用电感耦合等离子体发射光谱仪（Inductive Coupled Plasma Emission Spectrometer，ICP）。

13.3.2　实验结果与讨论

1. 闪锌矿光催化 *A. ferrooxidans* 生长

前人研究发现，通过电化学仪器在培养基中施加一个恒定的电势可以不断将培养基中经 *A. ferrooxidans* 代谢氧化的 Fe^{3+} 还原为 Fe^{2+}，而产生的 Fe^{2+} 又能重新为 *A. ferrooxidans* 所利用，通过这个电化学方法，将培养的细胞浓度从传统培养法所得到的最大浓度 10^8 cell/mL 提高到了 10^{10} cell/mL（Matsumoto *et al.*，1999）。天然半导体矿物（如闪锌矿、金红石和针铁矿等）光催化作用也被证实可为微生物提供额外的电子能量并促进微生物的生长。

本实验结果（图 13-9）表明，在只有光照条件，而体系电路是断路的情况下，*A. ferrooxidans* 从初始的 1×10^6 cell/mL 经过 96h 的迟滞期后进入对数生长期，并且在 264h 后达到稳定期，此时 *A. ferrooxidans* 细胞浓度为 4.95×10^8 cell/mL，并且此后维持在 4×10^8 cell/mL 的水平上。在这个过程中，*A. ferrooxidans* 的生长能量来源只有培养基中的 Fe^{2+}，没有任何外来电子的补充。虽然 P 室有光照，天然闪锌矿能够有光催化作用，但实验体系电路为断路，P 室闪锌矿光照下产生的光电子无法通过外电路进入 M 室，因此 *A. ferrooxidans* 的生长能量来源只有培养基中的 Fe^{2+}。在只有体系电路连通，而无光照条件下，P 室无光电子产生；但由于 P 室和 M 室存在一定的化学电势差，而且外电路连通，因此体系存在一个背景化学电流，在这种情况下 M 室的 *A. ferrooxidans* 除了培养基中的 Fe^{2+}，能量来源还有体系的背景化学电流提供的电子。在此条件下，*A. ferrooxidans* 浓度从初始的 1×10^6 cell/mL 经过 72h 进入对数生长期，240h 后 *A. ferrooxidans* 浓度趋于稳定，维持在 6×10^8 cell/mL 的浓度水平上。

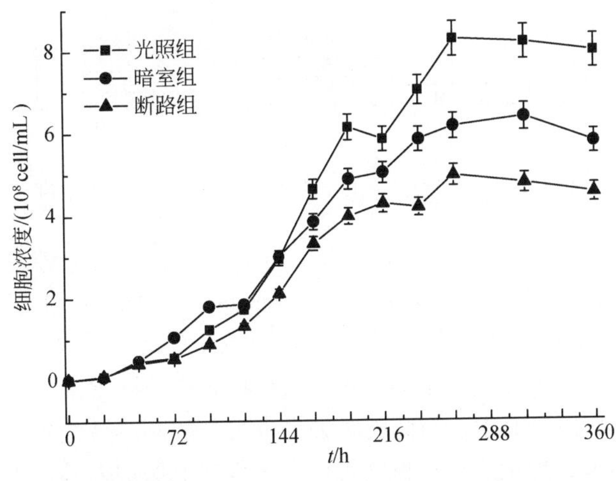

图 13-9　不同培养条件下 *A. ferrooxidans* 生长曲线

在存在光照且体系电路保持连通的情况下，P 室有天然闪锌矿，在光照条件下产生光生电子–空穴对，光生空穴被 P 室的抗坏血酸所捕获，光生电子得以分离进入外电路传递到 M 室，还原培养基中的 Fe^{3+}，生成的 Fe^{2+} 能够为 *A. ferrooxidans* 重新利用。在此条件下 *A. ferrooxidans* 浓度从初始的 1×10^6 cell/mL，经过 72h 迟滞期后进入对数生长期，在 264h 到达稳定期，*A. ferrooxidans* 浓度稳定在 8×10^8 cell/mL。只有光照或者只有体系电路通路这两种情况下，*A. ferrooxidans* 的生长均没有光照和体系电路连通同时存在的条件好，说明光催化条件和体系通路对 *A. ferrooxidans* 生长的促进作用缺一不可。

2. 光照和电化学条件对闪锌矿中锌溶出的影响

由于 M 室的培养基中含 SO_4^{2-} 离子，能够有一定的量透过质子交换膜进入 P 室，因此无法准确测定 P 室中硫的浓度，只能通过 Zn^{2+} 的浓度来反映闪锌矿被溶蚀的程度。各实验组 P 室溶液体系中 Zn^{2+} 浓度的变化如图 13-10 所示，在无光照而体系电路为通路的情况下，Zn^{2+} 最终溶出量最高，约为 5mg/L，占体系中总锌含量的 3.4%；在有光照而体系电路为断路的情况下溶出的 Zn^{2+} 浓度较低，最终浓度约为 3.5mg/L，占体系中总锌含量的 2.4%，为无光照组的 70%；在体系电路连通，同时有光照条件下，Zn^{2+} 最终溶出量最低，约为 3.4mg/L，占体系中总锌含量的 2.3%，为无光照组的 68%。实验结果表明，体系电路的通断对闪锌矿中 Zn^{2+} 溶出量的影响不大，但是光照明显抑制了闪锌矿的溶蚀，减少了 Zn^{2+} 的溶出量。

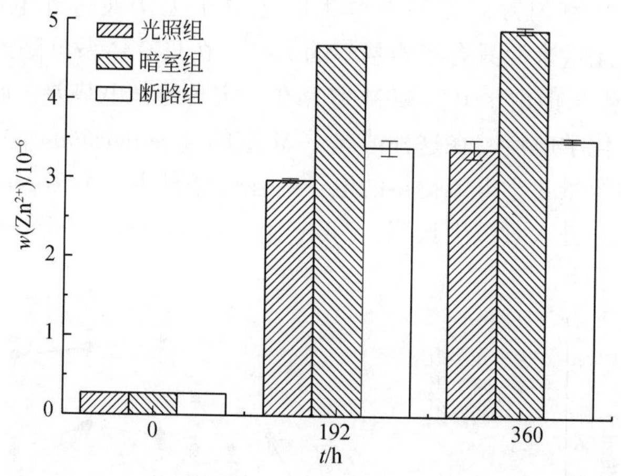

图 13-10 不同条件下 P 室中闪锌矿中 Zn^{2+} 溶出的浓度

在无光照而体系电路连通的情况下，由于两室溶液的化学电势差（P 室抗坏血酸在 pH=2 条件下，$E_{抗坏血酸}=-0.28V$（Borsook and Keighley，1933）；M 室 Fe^{3+}/Fe^{2+} 在 pH=2 时，$E_{Fe^{3+}/Fe^{2+}}=+0.77V$（Rawlings，2005），而且体系电路连通，导致实验体系中存在一个背景的电化学电流，在背景电流下（电流由 M 室流向 P 室），闪锌矿中的 S^{2-}（$E_{S/S^{2-}}=+0.14V$）发生电化学氧化被释放到溶液中，与此同时 Zn^{2+} 也被释放到溶液之中。另外，由于溶液中存在还原性的抗坏血酸，理论上抗坏血酸可以一定程度上保护闪锌矿中的硫元素，防止硫被氧化腐蚀；但是，由于闪锌矿颗粒是直接通过导电的 Nafion 乳液附着在石墨电极的表面，闪锌矿颗粒可以直接被氧化，而溶液中的抗坏血酸还必须经过一个固液界面才能被氧化，因此从热力学角度看氧化过程可能更偏向于硫的氧化反应（这个假设还需要通过进一步的实验来证实）。因此，在此条件下，闪锌矿的溶解是一个以电化学腐蚀为主导的溶解过程。闪锌矿中硫被氧化的电化学溶蚀过程为

$$ZnS_{solid} - e^{-} \longrightarrow Zn^{2+} + S_{oxidation\text{-}state(aq)}$$

在有光照但体系电路断开的情况下，闪锌矿在 P 室溶液中的溶蚀过程是一个纯粹的化学溶蚀过程。一方面，闪锌矿在光照条件下能够产生光生电子与空穴对，但由于体系没有接入外电路，光生电子与空穴对不能很好地分离，光生电子与空穴在极短的时间内（10^{-15} s）又重新复合，并未实际参与到闪锌矿溶解的过程之中；另一方面，溶液体系中有很好的空穴捕获剂抗坏血酸，能够有效地提供电子复合光生空穴，即使存在没有复合的光生空穴–电子对，光生电子也能很好地被抗坏血酸所复合，留下的光生电子能够一定程度上保护闪锌矿中的硫不被氧化。因此，该实验组中闪锌矿的溶解就是以硫化物矿物酸溶为主的过程，由于闪锌矿光催化的参与，一定程度上能够遏制其氧化溶蚀的过程。由于 ZnS 的 $K_{sp}=2\times10^{-25}$较低，因此，即使溶液中的 pH 比较低，硫离子仍然比较难以溶出。溶解过程为

$$ZnS_{solid}+H^{+}\longrightarrow Zn^{2+}+HS^{-}$$

在有光照且体系电路连通的情况下，实验体系中 P 室中的闪锌矿理应发生一个电化学腐蚀过程，在此条件下溶液中溶出的 Zn^{2+}应与无光照实验相当。然而，在此体系中，由于光的存在，闪锌矿光催化作用能够产生光生电子–空穴对，由于该闪锌矿在 pH = 2 的时候导带电位可以达到–1.04V（相对于标准氢电势），光生空穴能很快被溶液体系中的抗坏血酸高效而不可逆地捕获，留下的光生电子很好地分离进入外电路并且平衡整个 P 室矿物电极的电荷，从而保护了闪锌矿颗粒，减少了闪锌矿的腐蚀。闪锌矿光催化的存在，给体系提供了额外的光能，一方面能以电子的形式传递到 M 室还原其中的 Fe^{3+}，另一方面能够提供一定电子能量使闪锌矿不受腐蚀，因此闪锌矿在此条件发生的仍只是酸溶过程。闪锌矿光催化条件下反应过程如下所示：

$$ZnS \xrightarrow{h\nu} e^{-} + h^{+}$$

$$e^{-}_{P\cdot chamber} \xrightarrow{wire} e^{-}_{M\cdot chamber} + Fe^{3+} \longrightarrow Fe^{2+}$$

$$h^{+} + ascorbic \cdot acid_{reduced} \longrightarrow ascorbic \cdot acid_{oxidized}$$

因此，一方面虽然体系的电路通路可以使无光照实验组中的闪锌矿发生电化学腐蚀过程而溶解；但是另一方面，一旦实验体系有光的参与，闪锌矿自身能发生光催化效应从而将光能转化为电子能量，产生的光生电子–空穴对中，空穴很快被溶液体系中的抗坏血酸所捕获，分离的电子流动到 M 室还原 Fe^{3+}或者保护闪锌矿不被电化学过程所腐蚀。即使天然闪锌矿光催化产生氧化性的光生空穴，但由于空穴捕获剂抗坏血酸有很强的还原能力，能高效复合光生空穴。然而在无光照条件下，电化学腐蚀过程占据主导。体系电路连通与否在有光照的情况下对闪锌矿的溶蚀作用则显得微不足道，通过有光照条件下体系电路通断的 2 组对照实验可以看出，电路通断对闪锌矿溶解量影响可以忽略不计。

我们曾设想，具有半导体特性的金属硫化物在日光下能够产生氧化性的光生空穴和还原性的光生电子，光生电子为微生物利用后，氧化性的光生空穴可能进一步氧化矿物晶格中的还原性硫，从而导致矿物晶格破坏，释放出金属离子；金属硫化物的半导体特性能够通过微生物间接作用和自身光生空穴的直接作用促进其自身的溶解，导致金属离子释放到环境之中。然而研究结果表明，在环境中含有还原性物质充当光生空穴捕获剂的时候，金属硫化物的光催化效应反而对金属硫化物自身氧化分解起到一定的抑制作用，这揭示了自然界酸性矿山废水环境中，*A. ferrooxidans* 和金属硫化物矿物的光催化作用都不是硫化物矿物分解的主要因素，并且金属硫化物矿物反而能够抑制其自身分解。

这个结果可能揭示了自然界中真实存在的现象。自然环境中，很多还原性物质可以作为电子捕获剂，例如抗坏血酸、腐殖酸等（Yanagida *et al.*，1990；Peral and Mills，1993；Bems *et al.*，1999），这些广泛存在的还原性有机物可以捕获天然半导体矿物产生的光生空穴，分离的光生电子一方面可以为微生物生长提供额外的电子能量，另一方面可以抑制矿物的腐蚀过程。这个结果为 AMD 地区硫化物矿物的溶蚀抑制机制提供了一种新的解释，也为抑制 AMD 的产生提供了一个新思路。

13.4 光电子与粪产碱杆菌协同作用

天然土壤中普遍含有铁、锰氧化物半导体矿物，如赤铁矿（Fe_2O_3）、针铁矿（FeOOH），软锰矿（MnO_2）等，其导带电势多集中在-1.01～0.28V（vs NHE）（Xu and Schoonen，2000）。第6章和第7章已述及，在日光激发下，天然半导体矿物如金红石和闪锌矿可产生光生电子-空穴对，导带电子或价带空穴可参与环境中物质的氧化还原反应。数亿年来，土壤体系中丰富的微生物已衍生出多种营养类型和能量利用方式，不断地从周围环境中获取电子能量以维持自身的新陈代谢（Nannipieri *et al.*，2003）。

13.2 节和 13.3 节的实验研究表明，天然半导体矿物闪锌矿和金红石的日光光生电子可显著促进化能自养型微生物嗜酸性氧化亚铁硫杆菌的生长，分别使 *A. ferrooxidans* 的生长量增加到无光电子对照组的 1.90 倍和 1.69 倍。半导体矿物 CdS 光催化产生的光电子能够作用于从异养产碱杆菌 *Alcaligenes eutrophus* 菌体中提取的 NAD 辅酶，使其还原为 NADH（Shumilin *et al.*，1992）。土壤半导体矿物日光光生电子作为土壤微生物的外源电子来源之一，理应对土壤微生物的生长代谢行为产生一定的影响。

由于土壤体系中含有丰富的有机质成分，以有机质为能量和碳素来源的异养微生物种类和数量与化能自养微生物相比更加庞大。下面选择土壤中广泛分布的兼性厌氧异养微生物粪产碱杆菌（*Alcaligenes faecalis*，*A. faecalis*）为对象，在研究纯培养条件下 *A. faecalis* 反硝化行为的基础上，运用电化学方法于不同电势下，模拟与微生物相接触的半导体矿物导带光电子能量，探讨不同能量的光电子对 *A. faecalis* 生长代谢及反硝化行为的影响。

13.4.1 普通培养条件下 *A. faecalis* 生长及其反硝化效率

在有氧和无氧普通培养条件下，观察 NO_3^- 和 NO_2^- 体系中的 OD（光密度，optical

density）值变化可知，有氧环境中 *A. faecalis* 的浓度均显著增长而无氧环境下微生物只有微弱增长趋势，说明溶解氧（DO）在一定程度上促进了 *A. faecalis* 生长代谢。NO_3^-体系中（图 13-11a）的 NO_3^-浓度基本无变化，始终在 250～270mg/L 之间波动，说明普通培养条件下的 *A. faecalis* 无法还原 NO_3^-；而 NO_2^-体系中（图 13-11b）的 NO_2^-浓度降低明显，有氧条件下由初始的 56mg/L 到 48h 降为零，N 去除效率为 0. 34mg/(L · h)，而无氧条件下的 NO_2^-还原效率略低于有氧条件下，至 72h 方去除完全，N 的去除效率为 0. 23mg/(L · h)，且实验过程中无 NO_3^-检出。说明普通培养条件下的 *A. faecalis* 可有效还原 NO_2^-为低价态的氮氧化物或氮气，在有少量溶解氧的情况下对 NO_2^-的反硝化效率更高。前人研究表明，氧气虽然不会抑制细胞内亚硝酸根还原酶的活性，但会抑制亚硝酸根还原酶的生成（Sandra *et al.* , 1996）。因此，虽然有氧条件下微生物生长情况明显优于无氧条件，但是 NO_2^-还原能力却仅略优于无氧条件。

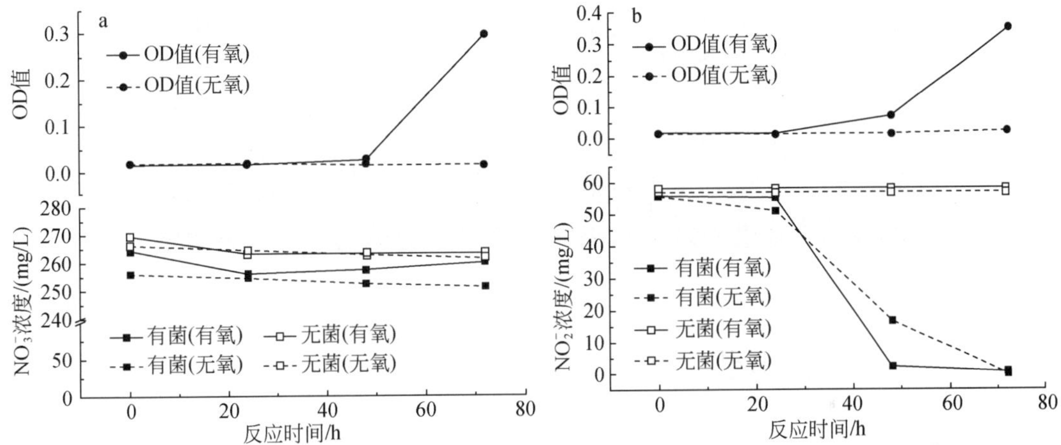

图 13-11　NO_3^-体系（a）和 NO_2^-体系中（b）NO_3^-浓度和 NO_2^-浓度变化曲线以及体系中 OD 值的变化

13. 4. 2　不同阴极电势下 *A. faecalis* 在电极表面生长及形态特征

根据土壤半导体矿物的导带电势，我们设置 3 组不同的阴极电势（-0. 15V/-0. 06V/+0. 06V vs NHE）模拟不同能量的导带光电子，在电化学实验装置中对 *A. faecalis* 进行培养。两周后，可见 *A. faecalis* 在不同电势的电极表面发生不同程度的附着（图 13-12）。3 组电势下的菌体形态均为短杆状，长度为 0. 7～1μm。而断路体系中的电极表面基本无菌体附着，仅极少量菌体在粗糙的石墨电极表面零散分布。定量蛋白测试结果显示，*A. faecalis* 在电势为-0. 15V 和-0. 06V 的电极表面附着量较大，分别为 19. 93μg/cm^2 和 16. 55μg/cm^2，而在+0. 06V 的电极表面附着量较小，为 7. 89μg/cm^2。以上结果表明，光电子可促进 *A. faecalis* 在固体表面的附着生长，其生长量与光电子的能量相关，光电子越负，其生长情况越好。

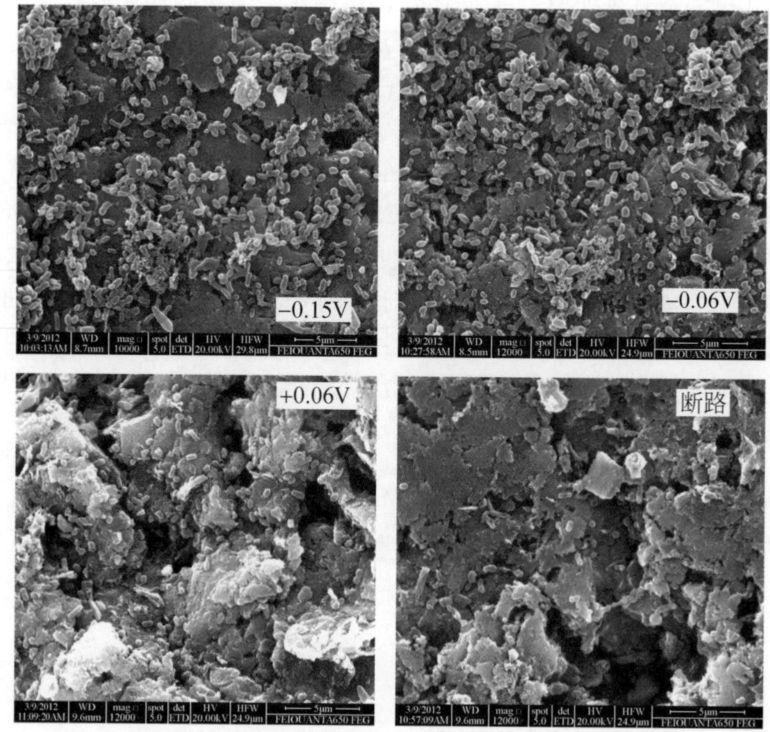

图 13-12　两周后不同电势下固体电极表面 SEM 图像

13.4.3　不同阴极电势下 *A. faecalis* 反硝化特性

在双室体系 NO_3^- 中（溶解氧 DO = 4.26mg/L），当微生物附着于电极表面形成具有生物活性的菌膜（图 13-12）并同时外加电极电势（-0.15V，-0.06V，+0.06V）以提供不同能量的模拟光电子后，体系中 NO_3^- 浓度在 4～6 天出现了不同程度的下降（图 13-13a）。与菌膜生长状况对应，在-0.15V 和-0.06V 的电极电势体系中还原 NO_3^- 的效果更好。当体系

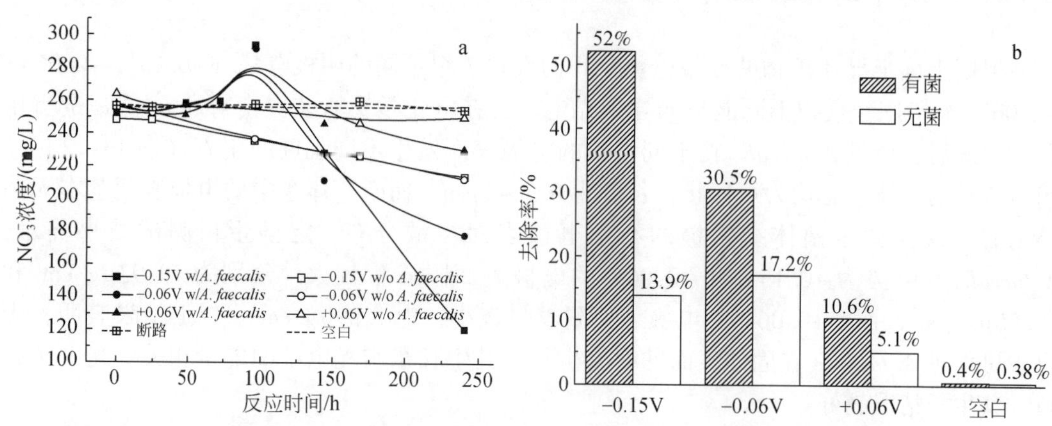

图 13-13　固定电极电势条件下 NO_3^- 浓度变化图（a）和 10 天后 NO_3^- 去除率（b）

运行10天后，-0.15V实验组的NO_3^-去除率最高，达到52%；-0.06V体系去除率略低，为30.5%；+0.06V体系去除率为10.6%（图13-13b）。在仅提供外源电子的无菌对照体系中，NO_3^-浓度也略有降低，但其去除率远远低于同电势下有菌体系，3组电势下的去除率分别为13.9%、17.2%和5.1%。断路体系中NO_3^-浓度基本无变化，始终在250mg/L左右波动（图13-13b）。NO_3^-还原效果与*A. faecalis*在电极表面的附着情况基本一致。由于*A. faecalis*纯培养条件下就具有较强的还原NO_2^-能力（图13-13b），体系中产生的NO_2^-很快被*A. faecalis*还原为其他氮氧化物进而转变为N_2，所以NO_2^-的变化趋势相对比较微弱，其浓度一直保持在较低的状态，在0.68mg/L左右波动（图中未给出）。以上结果说明，外源光电子可影响微生物对NO_3^-的还原效率，一定范围内的光电子能量可促进微生物的反硝化过程。

实验表明，半导体矿物光电子能够一定程度上促进非光合微生物*A. faecalis*在固体表面附着生长并影响其新陈代谢，增强其还原NO_3^-的能力，并且一定范围内电势越低，其反硝化能力越强。

13.5　金红石与活性污泥中微生物群落协同作用

半导体矿物的日光催化作用是自然界中一种典型的太阳能吸收转化过程，同时也被认为是地表系统中广泛发生的一种地质催化作用（Schoonen *et al.*，1998）。前已述及，天然氧化物（如金红石）和硫化物（如闪锌矿）半导体矿物均能在太阳光的激发下产生电子-空穴对，光生电子或者空穴通过与环境中的物质发生氧化还原反应，从而实现从太阳能到化学能的能量转化。需要指出的是，作为地表系统中同样广泛存在的微生物是否参与了上述这一光化学地质催化过程，又是通过何种方式参与了这一过程，目前尚不清楚。因此，研究日光激发下的矿物和微生物所共同参与的生物地球化学过程，对于查明并完善自然界矿物和微生物之间的交互作用方式具有重要的理论意义。

本节实验研究日光激发下的半导体矿物与微生物之间的交互作用机制，以揭示自然界中可能存在的一种微生物所参与的矿物光化学催化过程。研究采用的微生物为可直接传递电子至固体导电介质的“产电”微生物（Lovley，2006），这类“产电”微生物在自然环境，如沉积物（Bond and Lovely，2002）、海水（Mathis *et al.*，2008）以及废水（Jong and Parry，2006）中广泛存在，电子从“产电”微生物到含变价元素矿物的转移过程被认为是自然界生物地球化学循环中的一种重要过程（Lovley，2008）。采用的矿物为宽禁带氧化物半导体矿物金红石，这种天然半导体矿物可在可见光的激发下产生具有强氧化/还原活性的光生载流子。

尽管传统的谱学及成像学技术为研究矿物和微生物之间的交互作用方式和机制提供了一种有效的技术途径（Gorby *et al.*，2006；Geesey *et al.*，2008），然而在研究并揭示太阳能所激发的生物地质催化机制过程中，我们仍面临着巨大的挑战，因为电子无法标记，而电子在从生物催化到矿物光催化转移过程中所伴随发生的从电子到光生电子的转化过程无法简单地用成像学方法来捕捉并记录。因此，我们构建了一个基于双室电化学装置的实验体系，以微生物端元作为阳极，半导体矿物端元为阴极，通过外电路构成回路；并借鉴光电化学研究手段来定量地研究表征日光-矿物-微生物三者共存系统中的电子能量转化机制和效率。在此基础上，提出了利用这一矿物和微生物协同作用体系有效治理环境污染的新思路。

13.5.1 微生物与金红石协同作用体系效率

在微生物与金红石协同作用体系中，进行不同光照条件下（光照/无光）的对照实验。由光照和无光条件下，以饱和氧气作为阴极最终电子受体，从微生物与金红石协同作用体系极化曲线（图13-14）可以得到协同作用体系在光照下的内阻为111Ω，小于无光下的内阻244Ω。相应地，由功率密度曲线（图13-14）计算得到光照条件下体系的体积功率密度达到12.1W/m^3，是无光条件下7.5W/m^{3}的1.6倍。这一结果证明了金红石的光催化作用促进了矿物端元的反应速率，从而提高了电子在微生物和矿物之间的转移效率，降低了体系整体内阻。在开路电势条件下，对不同光照情况的实验体系进行阴极电化学阻抗谱（EIS）（图13-15）分析。使用单一时间常数模型（OTCM），即电极电容（C）与极化内阻（R_p）并联后与溶液内阻（R_s）串联，对EIS结果进行拟合（Manohar *et al.*，2008）。拟合数据显示，光照条件下体系金红石矿物阴极极化内阻为196Ω，远低于无光条件下高达2820Ω的极化内阻。结果证明，在这一体系中，金红石阴极的光催化作用确实可通过降低电极表面反应过电势来实现电子传输效率的提高。

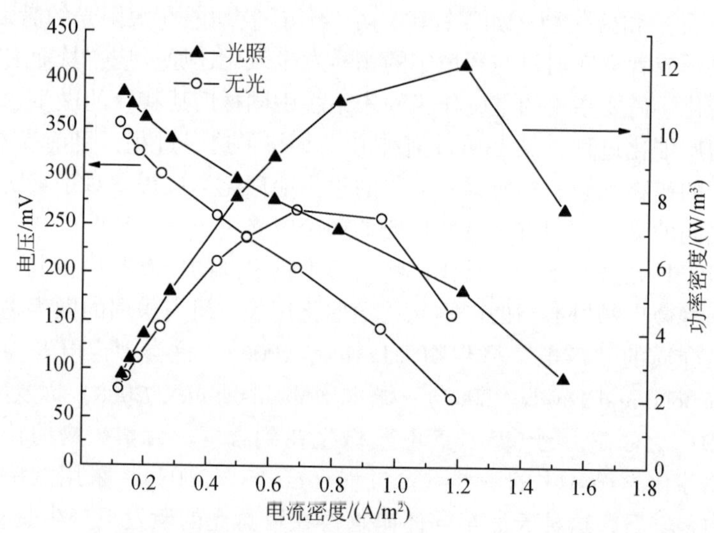

图13-14 光照和无光条件下作用体系极化曲线（左）和功率密度曲线（右）

13.5.2 微生物与金红石协同作用电子传递机制

微生物与半导体矿物协同作用体系中，阳极微生物氧化电子供体并以固体电极作为唯一电子受体，同时从电子传递过程中获得能量以维持自身的生长。电子在通过微生物电子

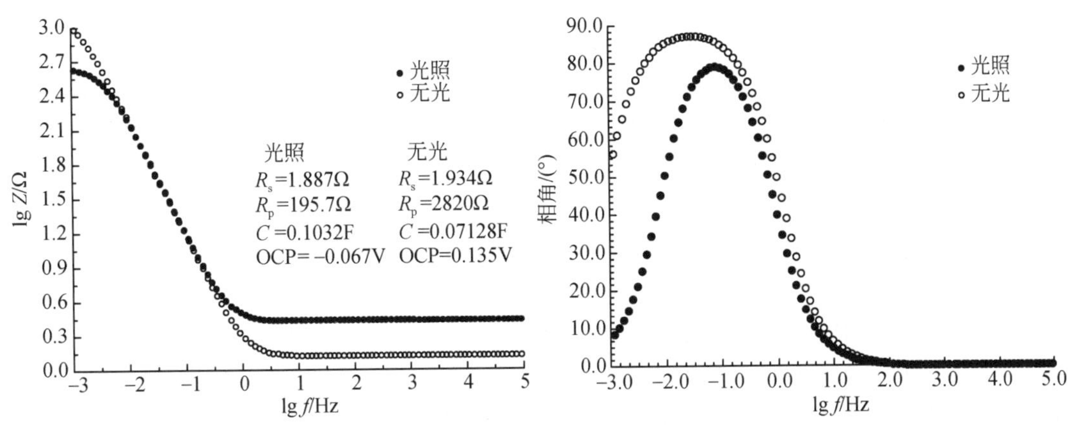

图13-15　光照和无光条件下金红石阴极电化学阻抗谱

传递链进行传递的过程中，能量逐步降低，所以电子进入外电路时的能量远低于其在电子供体中的初始能量。但与传统电子传递链不同的是，在协同作用体系中电子损失的能量可以通过半导体矿物光催化电极对光能的吸收得以补偿。因此，通过半导体矿物金红石的光催化作用，可以降低阴极反应活化能的损失以提高反应速率和能量回收效率。

由此可见，在日光激发下微生物–金红石协同作用体系中，整体电子能量损耗机制（图13-16）为：电子在阳极电解质中传递的欧姆内阻损失、电子在细胞内部呼吸链中转移与转化的能量损失、电子在电极和外电路上传递的欧姆内阻损失、电子在半导体矿物光催化作用下发生电子–光生电子转化的能量增补、电子最终传递给阴极电子受体的反应活

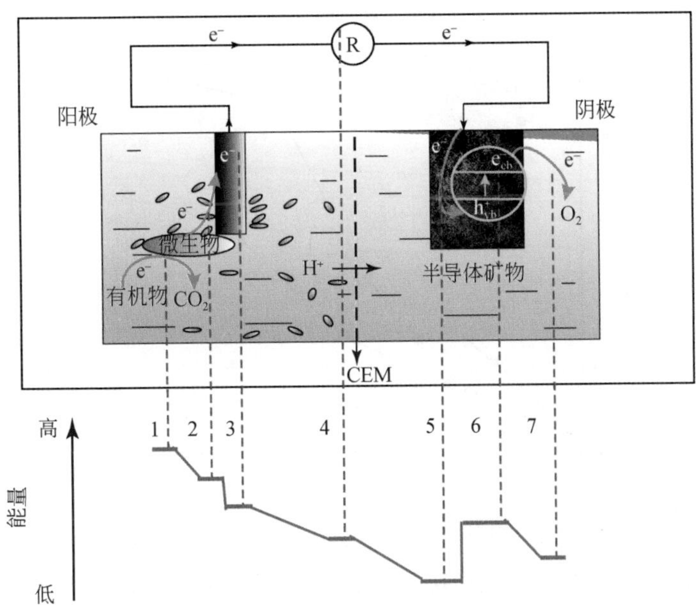

图13-16　日光激发下微生物与半导体矿物协同作用体系中电子能量传递与损失机制

1. 电解质传质内阻损失；2. 细胞呼吸链传递损失；3. 阳极电极欧姆内阻损失；4. 外电路损失；5. 阴极电极欧姆内阻损失；6. 光催化作用下电子能量提升；7. 终端电子受体反应活化能损失

化能损失。从光电化学角度来看，微生物所参与的半导体矿物光催化过程促进了微生物和半导体矿物两个不同反应界面的电子传递；在两极反应电势差的驱动下，电子从阳极流入阴极实现微生物所参与的矿物光化学反应进程。从能量转化角度来看，微生物在阳极将基质中的化学能转化为电能，半导体矿物在阴极吸收太阳能产生光生电子，实现电能、太阳能最终向化学能的再次转化。

13.5.3 微生物与金红石协同作用还原 Cr(Ⅵ)

由于日光激发下微生物与半导体矿物之间的生物光电化学协同作用可有效促进电子转移速率并提高传递到半导体矿物端元电子的能量，因此利用二者协同作用可在一定程度上强化对污染物的还原去除效果。在以微生物为阳极，以日光/半导体矿物/Cr(Ⅵ)为阴极的实验装置中，分别研究了有光、无光条件下，半导体矿物金红石与微生物协同作用还原Cr(Ⅵ)的实验效果。结果（图 13-17）显示，在可见光照射条件下，经过 26h 的反应，Cr(Ⅵ)还原效率为97%，高于无光照条件65%的还原效率。Wang 等（2008）曾报道过类似构型但阴极为石墨电极的微生物燃料电池装置中，在初始 Cr(Ⅵ)浓度及阴极 pH 相同的实验条件下，需要超过 50h 的反应时间才能达到类似的还原处理效率。这一对比说明金红石阴极催化了电子从阴极到 Cr(Ⅵ)的转移，从而促进了 Cr(Ⅵ)的还原。进一步的循环伏安曲线测试结果显示，光照体系中半导体矿物阴极端元还原电势为 0.80V（vs SCE），而无光照体系中阴极还原电势为 0.55V（vs SCE）。表明在光催化条件下，金红石光催化剂表面产生的自建电场改变了阴极的氧化还原电位，从而使阴极污染物 Cr(Ⅵ)更容易发生还原反应。

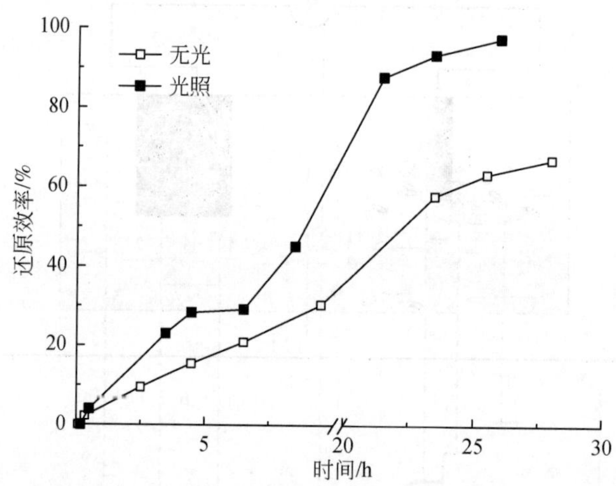

图 13-17 无光和光照条件下微生物-金红石协同作用还原 Cr(Ⅵ)效率对比

为了显示阳极微生物的参与也强化了 Cr(Ⅵ)的还原效率，同时开展了阴极为日光/半导体矿物/Cr(Ⅵ)，阳极有菌、无菌的对照实验，以确定阳极微生物对电子转移的催化作用。实验结果（图 13-18）显示，阳极有菌条件下 Cr(Ⅵ)还原效率远高于无菌条件，反应 26h 以后，分别还原 97%（有菌）和 18%（无菌）。这与电流实时监测曲线一致，阳极有菌条件下的电流远高于无菌条件，说明阳极微生物可催化电子从阳极电子初始供体到阴极污染物的转移。

该协同作用体系中 Cr(Ⅵ)的还原反应机制是，阳极初始电子供体在微生物的催化作用下将电子通过阳极电极和外电路传递给阴极半导体矿物电极，进而在半导体矿物的光催化作用下转换为光生电子并传递给终端电子受体 Cr(Ⅵ)。该实验结果证实了光照条件下半导体阴极金红石对 Cr(Ⅵ)的还原是一个有微生物作用参与的光电催化反应。通过生物电化学与半导体矿物光电化学两个过程的协同，可强化对 Cr(Ⅵ)的还原作用。

进一步的实验结果显示，协同作用体系终端电子受体即本实验中 Cr(Ⅵ)浓度影响二者协同作用效率（图 13-19）。高浓度 Cr(Ⅵ)下的体系电流高于低浓度下的电流，说明较高的电子受体浓度有利于电子在微生物和金红石二者之间转移效率的提高，使得单位时间内转移到阴极电子受体的电子总量得到提高。然而，高 Cr(Ⅵ)浓度下微生物和金红石协同作用对 Cr(Ⅵ)的还原效率却远低于低 Cr(Ⅵ)浓度下的还原效率。这说明了高浓度下二者协同作用转移到阴极终端电子受体 Cr(Ⅵ)的电子总量相对于还原 Cr(Ⅵ)所需的电子量仍显不足。因此，Cr(Ⅵ)还原效率的进一步提高有待于进一步优化阳极微生物和阴极半导体矿物的催化电子转移效率。

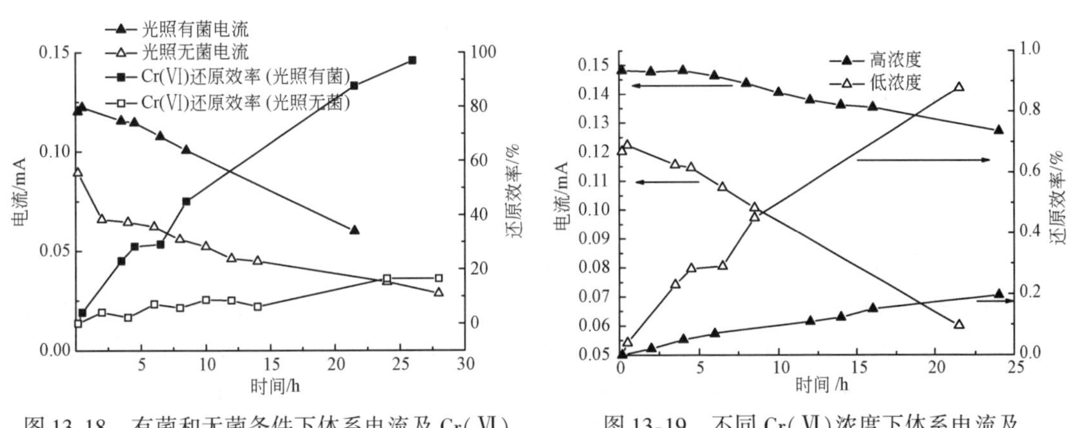

图 13-18　有菌和无菌条件下体系电流及 Cr(Ⅵ)还原效率对比

图 13-19　不同 Cr(Ⅵ)浓度下体系电流及 Cr(Ⅵ)还原效率对比

实验结果表明微生物可以通过生物电化学作用参与半导体矿物的日光催化作用，日光下微生物和半导体矿物的协同催化作用可强化对污染物的还原去除效率。该交互作用方式揭示了自然界中可能存在的一种微生物所参与的矿物光化学催化过程。该过程通过微生物和半导体矿物的协同催化作用实现太阳能和化学能向电能的转化，并提升了电子在二者之间的流动效率和电子能量（Li *et al.*，2009a）。

13.6　红壤中铁氧化物矿物与微生物群落协同作用

红壤在自然界中分布广泛，其中普遍含有赤铁矿及针铁矿等铁氧化物矿物（蒋梅茵、杨德湧，1991；王果，2009）。这些铁氧化物矿物是地表环境中分布最广泛的半导体矿物。研究表明，这些半导体矿物对日光具有良好的光响应性，其日光催化性能可能在地球表面各圈层交互作用中发挥重要作用（Schoonen *et al.*，1998）。天然半导体矿物日光催化作用可有效降解部分有机污染物，如典型的偶氮类染料甲基橙及氯代化合物四氯化碳（见第16章），展现出良好的天然自净化能力及在污染治理上的应用前景。除无机矿物以外，土壤中的微生物也可能正在以不同的营养方式进行着自身的新陈代谢并参与地表系统的地球化学循环（Gralnick and Newman，2007；Geoffrey，2010）。天然半导体矿物针铁矿的光催化作用能有效促进化能自养微生物氧化亚铁硫杆菌的生长（颜云花等，2009）。然而，在真实自然环境中，各种不同营养代谢类型的微生物共存所形成的复杂微生物群落，对于天然半导体矿物光催化效应的响应关系仍缺乏相应的研究。本节选取含天然半导体矿物的红壤作为研究对象，探讨其中的半导体矿物的光催化效应与微生物之间的协同作用，揭示自然界中天然半导体矿物的光催化效应对微生物群落及代谢的影响。

13.6.1 实验材料与方法

实验所用红壤采自某地少人为活动区的表层土壤，编号分别为 HW-2 和 HW-3。其中HW-2 采于自然光照强烈处，而 HW-3 则采于自然光照较弱处。红壤的微生物样品使用50mL 无菌离心管收集，收集过程中避免污染，并置于4℃保存。

土壤矿物组成采用粉晶 XRD 测试。土壤 pH 的测定是将土壤样品与去离子水以水土比5∶1 混合，搅拌 10min 后静置 30min，测其上清液的 pH。

红壤中微生物的分离：5.0g 土壤加 10mL 0.1% 胆酸钠溶液，用 waring 搅拌机高速处理 4min，再加入 10mL 0.1% 胆酸钠、30mL 钠离子交换树脂和 30 粒玻璃珠（粒径 5mm），低温（5℃）条件下振荡 2h；离心（500g，2min），收集上清液；沉降物中加入 10mL 0.05mol/L Tris 缓冲液（pH 为 7.4），振荡 1h（5℃）；离心（500g，1min），收集上清液；沉降物中加入 20mL 0.1% 胆酸钠溶液，在超声波水浴器中温和处理 1min，再加入 10mL 0.1% 胆酸钠溶液，振荡 1h（5℃），离心（500g，1min），收集上清液；沉降物中加入 10mL 0.05mol/L Tris 缓冲液（pH 为 7.4），振荡 1h；离心（500g，1min），收集上清液；沉降物中加入 40mL 蒸馏水，振荡 1h（5℃），离心收集上清液，反复 2 次；弃去沉降物（土壤颗粒及真菌），将之前收集的上清液过滤（$<30\mu m$）；滤液用 Tris-盐缓冲液离心（10000g，15min），去掉上清液；沉降物中加入 20mL Tris-盐缓冲液，混合均匀备用（吴金水，2006）。

土壤提取液：将 250g 土壤置于三角瓶中，加入 1000mL 蒸馏水，瓶口以透气塞封口，在水浴中沸水加热 2h，静置过夜。用纱布滤去表面漂浮物，然后 9000r/min 高速离心10min，取上清液，高温湿热灭菌备用。

实验采用双室装置，中间以质子交换膜（PEM）分隔，两端均以光滑石墨板作为电极。其中阳极室加入 350mL 无菌的土壤提取液作为电解质，阴极室加入 300mL 无菌的土壤提取液及 50mL 由红壤中分离的微生物群落。以饱和甘汞电极（SCE）为参比电极，利用恒电位仪固定阴极电极电势为-0.25V（vs SCE）来提供外源电子并记录体系中的电流大小。对 HW-2 和 HW-3 各自的土壤提取液和分离的微生物群落进行两组实验，分别以无外源电子的体系作为对照，实验进行 15 天后收集样品与初始分离的微生物悬浊液一起利用聚合酶链式反应–变性梯度凝胶电泳（PCR-DGGE）分析其群落组成，并利用主成分分析方法分析各群落结构的差异。

样品中微生物总 DNA 的提取采用 Power Soil DNA Isolation Kit 土壤 DNA 提取试剂盒，提取完成后进行凝胶电泳检测产物，与 mark 条带进行比对，判断为目的基因组后进行 PCR。

PCR 引物采用 16S rRNA 位点 338-518，引物序列为

338F：5′-ACTCCTACGGGAGGCAGCAG-3′，518R：5′-GCCCGCCGCGCGCGGCGGGCGGGGCGGGGGCACGGGGGGATTACCGC GGCTGCTGG-3′。

PCR 产物在约 230bp 的位置，反应后对产物进行电泳检查，判断是否为目的片段的长度，产物较亮则可进行 DGGE 电泳。

PCR 反应采用 50μL 扩增体系，包括：10×PCR Buffer 5μL，dNTP Mixture（各 2.5mmol/L）4μL，引物 338F（20μmol/L）1μL，引物 518R（20μmol/L）1μL，模板 DNA 2.5ng，TaKaRa rTaq（5 U/μL）0.25μL，ddH_2O 补至 50μL。

PCR 扩增程序：

循环 30 次：
- 94℃ 10min；
- 94℃ 变性 1min；
- 55℃ 退火 1min（每个循环降低 0.1℃）；
- 72℃ 延伸 1min30s；
- 最终 72℃ 延伸 10min。

DGGE 在变性梯度凝胶电泳仪上进行，采用的丙烯酰胺胶浓度（体积分数）为 8%，变性剂梯度为 30% ~60%。不同浓度的变性剂用甲酰胺和尿素配制，配方见表 13-2。

表 13-2　不同浓度变性剂配方

	30%	60%
40% 丙烯酰胺	4mL	4mL
50×TAE	0.4mL	0.4mL
尿素	2.52g	5.04g
去离子甲酰胺	2.4mL	4.8mL
ddH_2O 定容至	20mL	20mL

制备胶板时分别加入 200μL APS（10% 的过硫酸铵）和 20μL TEMED。DGGE 胶板制好后，在电泳槽中加样并开始电泳，电泳条件为 150V，420min。电泳结束后采用银染对胶板进行染色。染色结束后，将胶板置于在凝胶成像仪下进行观察及拍照。

由于 DGGE 条带中 DNA 含量与其灰度（范围 0 ~ 255，0：灰度最小；255：灰度最大）呈比例关系（Yang and Crowley，2000），采用软件对 DGGE 条带进行数字化分析。将每个条带的灰度值作为表示该 DNA 片段来源微生物的生物量，对各个样品进行统计，利用软件 SPSS 13.0 对所得数据进行主成分分析。

13.6.2 红壤矿物学特征

XRD 测试表明，红壤中除常规黏土矿物高岭石、三水铝石及石英外，主要含钛铁矿、赤铁矿、针铁矿及磁铁矿等含铁矿物，且含铁矿物含量约 50%，其中钛铁矿高达 25%，两个土壤样品中的矿物组成相近。前人研究表明，这些含铁矿物均为半导体矿物（Xu，1997），其中钛铁矿、针铁矿和赤铁矿具有良好的可见光催化性能（表 13-3）（Schoonen *et al.*，1998）。

表 13-3 含铁矿物的半导体性能

矿物	化学式	禁带宽度/eV	最大吸收波长/nm	pH_{PZC}
钛铁矿	$FeTiO_3$	2.8	444	6.3
赤铁矿	Fe_2O_3	2.2	565	8.6
针铁矿	FeOOH	2.6	478	6.7

样品 HW-2 和 HW-3 的 pH 分别为 5.1 和 5.8，均低于土壤中主要含铁矿物 pH_{PZC}，表明在土壤的原始环境中，这些含铁矿物的颗粒表面带正电荷。由于细胞膜上蛋白及脂质分子的存在，大多微生物表面带负电荷（Langley and Beveridge，1999）。因此，土壤中微生物较易吸附于其中的含铁矿物颗粒表面。

土壤体系中存在大量腐殖酸有机分子，其中部分有机小分子具有很好的氧化还原活性，可能成为自然条件下半导体矿物发生光催化反应过程中的空穴捕获剂或电子转移载体，促进光生电子-空穴对的分离（Eggins *et al.*，1997；Cho and Choi，2002）。因此，自然光照下，红壤中的铁氧化物颗粒可能发生光催化反应并对其周围的微生物群落产生影响。

13.6.3 红壤中微生物群落结构特征

1. DGGE 指纹图谱

通过外源电子模拟半导体光催化光生电子对 HW-2 和 HW-3 中分离的微生物群落作用后，对比微生物 DGGE 图谱（图 13-20）发现，两个样品之间几乎没有相同的条带，说明两个样品中的微生物群落组成有明显差异，可能由采样点原始环境不同造成。

同一个样品进行不同处理（初始、给予外源电子及无外源电子）后的 DNA 条带分布也存在差异。在 HW-2 中，许多条带为 3 个不同处理的样品所共有，只是在给予外源电子作用后的样品中一些条带有所增强，如图 13-20 中的条带 2、3 和 4，表明具有这些条带基因的微生物在生物量上有所增加。而在 HW-3 中，不同处理方式的样品所显示的共同条带少，而且在条带增强的方向上不一致，在有外源电子的处理（条带 1）及无外源电子的处理的样品（条带 5、6 和 7）中均有不同程度的增强，表明构建的实验体系对该样品的微生物群落组成产生了显著影响。

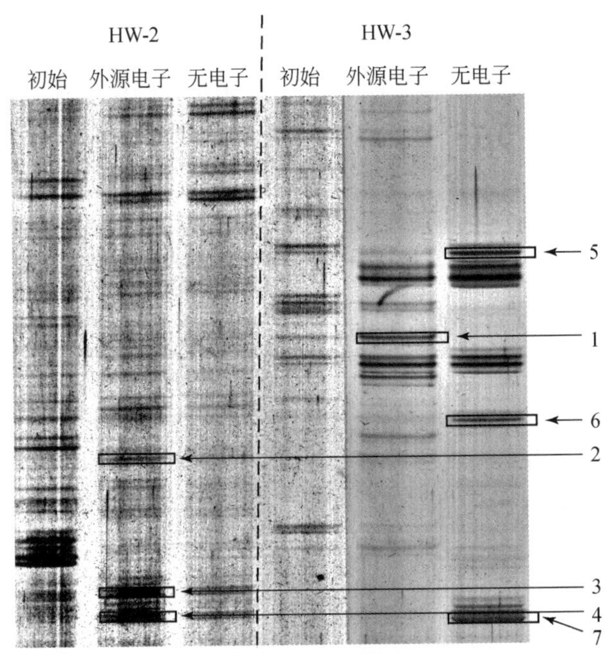

图 13-20　红壤 HW-2 和 HW-3 中微生物群落 DGGE 电泳图谱

由于原始光照条件的差异，HW-2 中的微生物群落在原始环境中可能受到土壤中半导体矿物光催化作用的影响较大，因此在实验中外源电子作用下的样品增强的条带较多，比较显著的是条带 2、3 和 4。而 HW-3 样品中的微生物群落则受光催化作用的影响小，更多的微生物适应于无外源电子作用的环境，因此在无电子作用下的样品中增强的条带较多，例如条带 5、6 和 7。

2. DGGE 条带鉴定

对 4 条在外源电子作用下有所增强的条带（图 13-20 中的条带 1、2、3 和 4）各进行了 5 个克隆测序鉴定，其中条带 2 的 5 个克隆最终只成功鉴定出 3 个，而条带 4 的 5 个克隆最终只成功鉴定出 2 个，结果见表 13-4。

表 13-4　DGGE 条带克隆鉴定结果

条带编号	克隆子编号	比例	相似性/%	NCBI 比对结果
1	1-1	2/5	98	Uncultured Lachnospiraceae bacterium（EF698694. 1）
	1-2	3/5	99	Alpha proteobacterium（HM163221. 1）
2	2-1	3/3	99	Uncultured bacterium gene（AB506371. 1）
3	3-1	5/5	91	Uncultured Myxococcales bacterium（FJ037255. 1）
4	4-1	1/2	100	Uncultured Actinomyces sp.（AY435193. 1）
	4-4	1/2	98	Uncultured alpha proteobacterium（AY710976. 1）

由表13-4可知，DGGE分离后条带1和条带4的菌种不纯，每个条带选取5个克隆进行测序使得覆盖率不足，在以后的研究中需增加每个条带选取的克隆数。测序的比对结果表明，由于外源电子作用而增强的条带主要由一些未培养的微生物所有，多数比对结果的相似性高达98%及以上，包含细菌和放线菌。这些微生物多为化能异养的营养类型，未出现光能营养型微生物。表明在试验过程中外源电子对微生物群落产生影响时可能促进了部分异养微生物的增长，其作用类型不同于前述研究中的光生电子利用变价元素的传递促进化能自养微生物 *A. ferrooxidans* 的生长。

3. 主成分分析

分析结果表明，两个土壤样品的微生物群落结构可划分为两个独立的集团（图13-21），表明原始环境的各种条件（温度、湿度及植被等）是决定微生物群落结构的主要因素。对HW-2的微生物群落结构分析结果显示，有外源电子作用与无外源电子作用的微生物群落结构相近，同时与原始样品的群落结构也较为相近。HW-3的分析结果显示，受外源电子作用的样品中微生物群落结构发生了明显改变，与原始样品的群落结构差异大，而无外源电子作用的样品与原始样品接近。

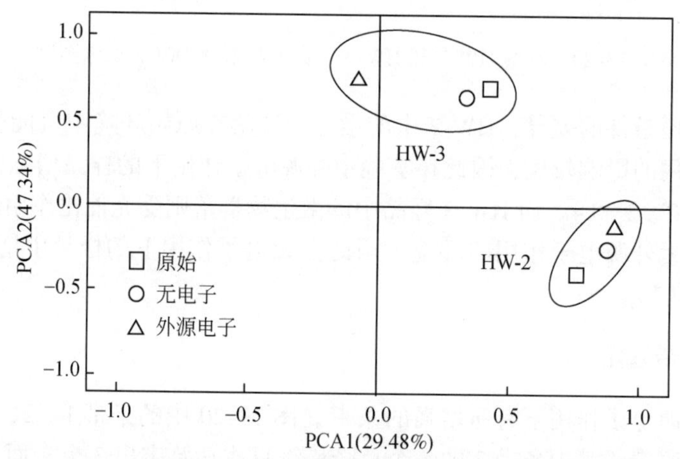

图13-21　红壤HW-2和HW-3微生物群落DGGE条带主成分分析

HW-2与HW-3在矿物组成上相近，但原始光照环境不同。两组样品的实验结果对比发现，不同采样点微生物群落组成不同，当原始样品处于强光照下时（HW-2），外源电子对当地的微生物群落影响较少，而原始弱光照环境的样品（HW-3）中微生物群落在外源电子的作用下发生了明显的改变。原始环境强光照时红壤中存在半导体矿物的光催化反应，所产生的光生电子长期对周围的微生物群落加以影响，故在电子作用后微生物群落改变较少；而原始环境为弱光照的红壤中难以发生半导体矿物的光催化效应，周围的微生物群落也很少受光生电子的影响，因此在实验中电子作用后群落发生较大改变。

研究结果表明红壤中的光催化反应产生的光生电子对微生物群落结构有影响，可能促进部分异养型微生物的增长，不同于以往的通过变价元素进行能量交换。这种微生物与天然半导体矿物之间的协同作用可能在自然界中普遍存在。

13.7　半导体矿物介导非光合微生物利用光电子新途径

尽管矿物与微生物交互作用的形式多样，但是矿物与微生物之间电子转移和能量流动是最为核心的过程。电子转移是生命科学的基本问题，许多生命过程，如光合作用、酶催化反应以及各类信号传递等，均通过电子转移实现。电子转移亦是自然界中最基本的微观化学过程。自 Marcus 经典电子转移理论系统提出以来，基于电子转移理论对不同体系化学动力学机制和生化过程的研究更为深入，电子的类型、转移的方式和路径、生物分子体系等备受关注。矿物与微生物之间电子转移更是地球表层系统中最重要的地球化学动力学机制之一（Lu *et al.*，2012b）。生物的新陈代谢、矿物的形成转化以及地球环境的演变等宏观过程，均与各种微观电子转移过程密不可分（Hazen *et al.*，2008）。近十几年来，国内外针对矿物与微生物交互作用过程中电子转移机制开展了一定的研究工作。

13.7.1　光电子促进微生物生长代谢活动

长期以来，人们一直认为自然界中微生物与矿物间的可转移电子主要为价电子和电极电子。其中，价电子最为普遍，或存在于离子溶液中，或存在于有机分子中，亦或存在于矿物晶格中，化能营养微生物通过接受这些价电子而获取化学能来维持生命活动所需的能量。例如，微生物可通过细胞外膜上的某些分子（如血红素）与铁锰矿物晶体结构中的变价元素 Fe、Mn 进行价电子交换并获取能量（Marsili *et al.*，2008），微生物还可直接利用溶液中变价金属离子的电子，如 *A. ferrooxidans* 细胞通过氧化 Fe^{2+} 获得价电子能量，产生的 ATP 可为细菌新陈代谢利用（Hartshorne *et al.*，2009）。矿物和微生物间价电子的传递制约着变价元素的赋存形式，宏观上表现为矿物的微生物分解或重金属离子的微生物矿化形成矿物。

除价电子外，导电介质中的自由电子也可被微生物利用。Potter（1911）发现微生物具有不依赖媒介即可将电子传递给电极的能力。之后的大量相关研究主要围绕微生物如何将电子传递给电极的问题开展，直至 2004 年才有实验证明微生物还具有直接从电极接受电子的能力（Gregory and Lovley，2005）。有些细菌可在阴极电极上富集成生物膜，接受电极传导的自由电子（Thrash and Coates，2009），促进自身生长代谢，并催化一些动力学上不可行的反应得以进行。例如，*Geobacter sulfurreducens* 可以获得电极电子还原六价铀而固定放射性元素铀（Gregory and Lovley，2005）。继 Dinh 等（2004）发现产甲烷菌可利用零价铁的价电子将 CO_2 转变为甲烷之后，成少安等首次发现在电流作用下产甲烷菌能在阴极上富集成生物膜，并利用电极电子在以 CO_2 作为唯一碳源的情况下快速合成甲烷（Cheng *et al.*，2009），这一重要发现已被多位学者证实（Villano *et al.*，2010，2011）。

近年来，关于微生物接受电子方式的研究取得了显著进展，相关的分子生物学研究发展较快。一般认为，矿物与微生物之间的电子转移主要是电子脱离矿物表面晶格并进入微生物周质区的界面过程，依靠微生物细胞独特的分子体系实现。例如，*Escherichia coli* 分泌的生物大分子 NfsA、NAD(P)H 和糖类等可作为 Cr(Ⅵ)还原成 Cr(Ⅲ)的电子供体，影响有毒重金属 Cr(Ⅵ)的迁移和转化（Appenroth *et al.*，2000；Ackerley *et al.*，2004）。近期研究发现微生物还可利用胞外电子进行胞外呼吸，主要包括铁呼吸、腐殖质呼吸与产电呼吸三种厌氧能量代谢形式（Gralnick *et al.*，2006）。与传统的有氧呼吸、胞内厌氧呼吸相比，胞外呼吸的电子受体多以固态形式存在于胞外，电子通过电子传递链从胞内转移到细胞周质和外膜，并通过外膜上的细胞色素 c、纳米导线或氧化还原介体等，将电子传递至胞外的末端受体（Coursolle *et al.*，2009；Cologgi *et al.*，2011），实现微生物与含变价元素矿物、微生物与惰性导电介质以及微生物与微生物之间的电子传递。微生物群落内的不同菌种间或同一菌种不同细胞间，也可通过多种形式的胞外呼吸方式获取不同类型电子的能量，并实现能量利用的最大化（Rabaey *et al.*，2004；Gorby *et al.*，2006；Kato *et al.*，2010），比如 *Shewanella oneidensis*、*Geobacter sulfurreducens* 分别以外膜中的细胞色素 c 作为与导电介质表面紧密接触的位点，实现电子的高效输出（Holmes *et al.*，2006；Hartshorne *et al.*，2009）；又如，在数十亿个微生物细胞构成的生物膜内，微生物胞外纳米线构建成的纳米菌丝网络可支持不同位置、不同类型的微生物间长距离传递电子，使生物膜具有与广泛应用于电子工业的人造导电聚合物相媲美的导电性（Cologgi *et al.*，2011）。胞外电子传递研究不仅极大地推动了微生物学的发展，而且在无机元素的微生物地球化学研究、微生物燃料电池开发中被高度重视。但是，有关电子传递介质、传递机制及其环境响应等还不甚清晰。

13.7.2　光电子成为微生物活动新能量

在微生物的化能自养途径发现之前，光能自养长期以来被认为是地球上所有生命的唯一能量来源途径（Winogradsky，1949）。化能无机自养微生物以 CO_2 作为碳源，通过氧化无机物质（氢气 H_2、铵根离子 NH_4^+、亚硝酸根 NO_2^-、还原性含硫化合物和亚铁离子 Fe^{2+} 等）（Stevens and McKinley，1995；Shively *et al.*，1998；Nealson *et al.*，2005）获得能量维持其生长代谢活动。化能有机营养微生物则依赖化能自养和光能自养微生物合成的有机物生存。由于胞内缺少必要的光敏组分，化能自养和化能异养非光合微生物能量利用途径长期被排除在以日光光能为中心的能量利用途径之外。尽管如此，非光合微生物仍有可能通过半导体矿物等无机物介导途径直接或者间接利用太阳光能。可能类似于金属离子及含金属矿物在光合作用生物进化与代谢中发挥的作用（Edwards，1996；Wächtershäuser，2000；Tributsch *et al.*，2003；Russell and Martin，2004；Mulkidjanian，2009），矿物也可能在非光合微生物获得太阳光能的途径中发挥着重要作用。常见的半导体矿物如金红石、闪锌矿和针铁矿等都是对日光具有良好响应的半导体光催化剂（Xu and Schoonen，2000）。当入射光子能量高于半导体矿物价带和导带间的禁带宽度时，半导体矿物价带电子激发到导带，形成还原性光电子-氧化性光空穴对，光电子进而触发一系列氧化还原反应来释放能量。这种形式的电子能量，可以间接地被非光合微生物所利用。

有关光电子成为微生物能量利用的问题是近几年才发现的。地表广泛存在的半导体矿物吸收太阳光能后释出的空间上分离的光电子-空穴对，亦可与微生物产生相互作用。已有研究表明由半导体矿物光空穴产生的活性氧自由基（ROS）能迅速氧化分解微生物细胞壁、杀灭细菌（Malato *et al.*，2009；Dalrymple *et al.*，2010；Chen *et al.*，2011a，2011b，2013；Xia *et al.*，2013）。相对光空穴而言，迄今为止尚无研究证实光电子具有直接杀菌的作用。光电子具有一定的长程传递性，这或许意味着光电子可以作为部分微生物生长代谢所需的重要能量来源。

我们通过构建的光燃料电池体系（图 3-1），已研究证实日光下半导体矿物所产生的光电子可被非光合作用微生物生长代谢所利用。研究结果展现了一种矿物与微生物交互作用的全新途径，这一途径理应在自然界光电能驱动的生物地球化学过程中已经并且正在扮演着举足轻重的角色。

13.7.3　非光合微生物获得半导体矿物光电子

1. 半导体光催化促进化能自养微生物生长

我们的研究采用了自然界中常见的三种矿物：以金红石为代表的金属氧化物半导体矿物、以闪锌矿为代表的金属硫化物半导体矿物及以针铁矿为代表的红壤中重要的金属氧化物矿物（Lu *et al.*，2012b）。这些金属氧化物/硫化物矿物均具有较好的半导体特性，对日光具有较好的响应。已有研究表明，日光下天然金红石产生的光电子能够有效还原降解模式污染物——甲基橙（Ding *et al.*，2010）；日光下天然闪锌矿光电子还原降解亚甲基蓝和金属污染物 Cr(Ⅵ)，降解效率分别达到了 98.74% 和 91.95%。这些研究充分说明这些天然半导体矿物光电子具有还原性强且易于分离并被进一步利用的特点。在光燃料电池体系中，模拟日光下三种半导体矿物光电子均可有效被化能自养微生物 *A. ferrooxidans* 所利用。在金红石-*A. ferrooxidans* 光催化体系中，金红石光催化的光电子能够有效地促进 *A. ferrooxidans* 的生长，与无光照和无电流的对照实验相比，*A. ferrooxidans* 的细胞浓度显著提高，并且细胞生长迟滞期缩短，对数期与稳定期时间增加（图 13-22a）；在闪锌矿-*A. ferrooxidans* 与针铁矿-*A. ferrooxidans* 体系中出现了同样的结果（图 13-22b、c），即 *A. ferrooxidans* 能够利用半导体矿物光电子并用于生长代谢过程（Lu *et al.*，2012b）。这一途径以 Fe^{2+}/Fe^{3+} 氧化还原对作为电子介体，细菌氧化体系中 Fe^{2+} 生成 Fe^{3+}，Fe^{3+} 可被光电子还原为微生物可利用的 Fe^{2+} 从而实现 *A. ferrooxidans* 对光能的间接利用。根据 Schoonen 等（1998）提供的数据可以得出，天然金红石与天然闪锌矿在 pH 7.0 时的导带电位光电子电势分别为 -0.36V 和 -1.58V（vs NHE），而 Fe^{3+} 的标准电势为 +0.77V（vs NHE）（Rawlings，2005），因此，热力学上天然半导体矿物光电子能够很容易还原 Fe^{3+} 生成 Fe^{2+}。进一步深入研究表明，该日光光能的非光合微生物利用途径受光波长（光子能量）与光强（光子数量）两方面因素调控，光波长越长，光子能量越低，光子-电子转化效率越低，微生物到达稳定期时的浓度也就越低；而光强则存在最优光强，即在 $8mW/cm^2$ 光强下，体系光子-电子转化效率达到最高，同时微生物稳定期浓度也达到最高（Lu *et al.*，2012b）。通过计算得到金红石-*A. ferrooxidans* 体系光能-生物能转化效率为 0.13‰~0.18‰，而闪锌矿-*A. ferrooxidans* 体系为 0.25‰~1.9‰（Lu *et al.*，2012b），很明显这一效率远远低于植物的光合作用能量转换 10‰的效率（Blankenship *et al.*，2011）。研究体系中光能需要通过一定的转化过程才能为微生物所利用，其光能-生物能转化效率远低于经过长期进化完善的光合作用光能–生物能转化效率，理应在预期之中。

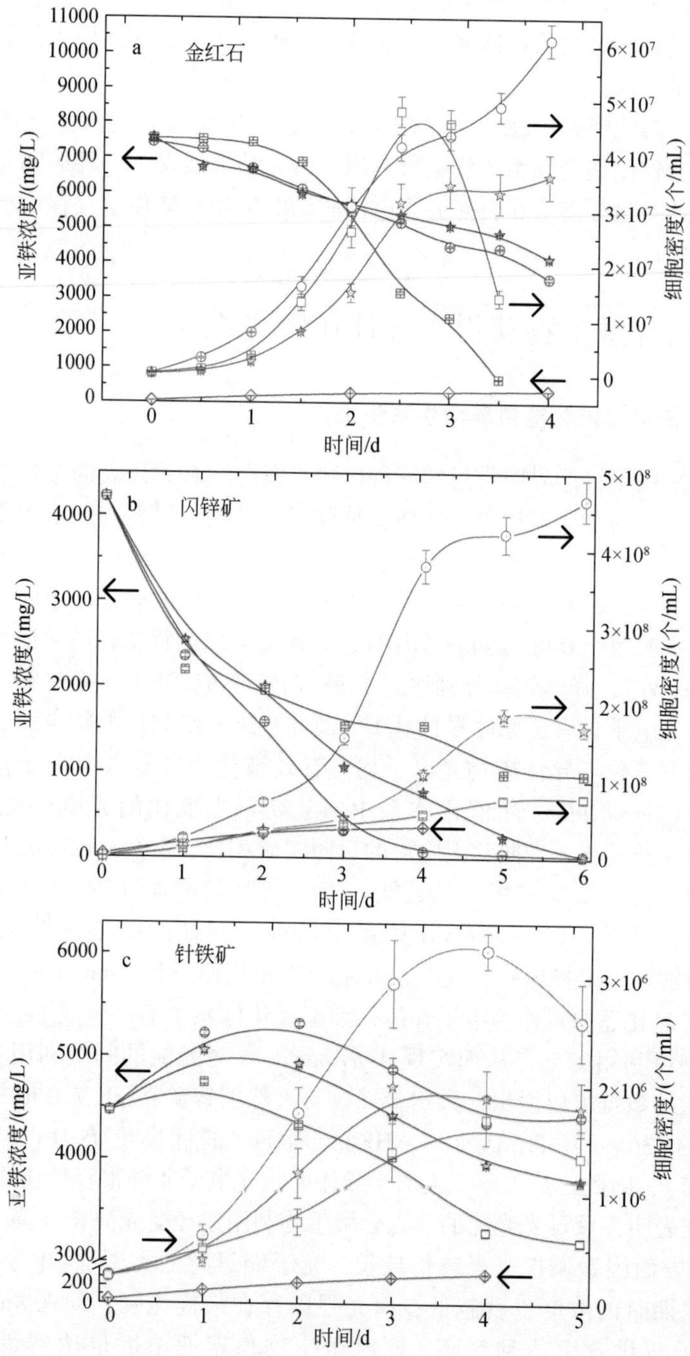

图 13-22　金红石（a）、闪锌矿（b）与针铁矿（c）光催化体系微生物浓度与亚铁浓度变化曲线（Lu *et al.*，2012b）

◇. 有光照有矿物无菌，体系只含 Fe^{3+}，目的是测试光电子对 Fe^{3+} 的还原能力；☆. 无光照有矿物有菌体系含 Fe^{2+} 的对照组；□. 有光无矿物有菌体系含 Fe^{2+} 的对照组（电路开路）；○. 有光有矿物有菌体系含 Fe^{2+} 的实验组

2. 半导体光催化改变微生物群落结构

土壤中微生物群落与半导体矿物广泛共存，两者之间存在着多种相互作用。在地表环境中，日光照射下的半导体矿物产生的光生空穴由于具有很强的氧化性，其电势高达+2.64V（金红石）和+2.32V（闪锌矿）（vs NHE）（Schoonen *et al.*，1998），能够有效被土壤中富含的还原性物质（抗坏血酸、腐殖酸、还原态硫等）（Hayase and Tsubota，1983；Smirnoff *et al.*，2000；Vaughan，2006）所捕获。剩下的半导体矿物光电子，可以通过一系列电子转移途径为微生物群落所利用。现已查明的矿物微生物电子转移机制包括：电子介体转移电子［如腐殖酸（Lovley *et al.*，1996）、细胞分泌的醌（Newman and Kolter，2000）及自然界中的醌类物质（Hernandez and Newman，2001）等］，微生物靠外膜蛋白直接附着于矿物表面（Hernandez and Newman，2001；Xiong *et al.*，2006），微生物自身的纳米导线（Reguera *et al.*，2005；Gorby *et al.*，2006）等。本课题组研究表明，天然半导体矿物光催化作用可以显著降低红壤微生物群落多样性，改变红壤微生物群落结构；并富集一种能够对矿物光电子有良好响应的微生物——*Alcaligenes faecalis*（*A. faecalis*）。随着矿物光电子的不断输入，*A. faecalis* 在群落中迅速占据优势地位，16S rRNA 测定结果表明 5 天后其在群落中比例稳定在 70% 左右，而相应的对照实验中比例仅占不到 8%（图 13-23）（Lu *et al.*，2012b）。尽管这一过程具体机制仍需进一步研究确定，然而可以确定矿物光电子的确能够影响微生物群落结构的组成。

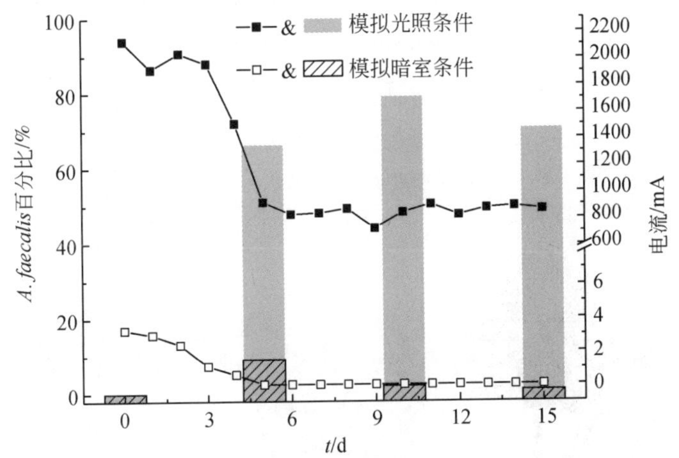

图 13-23　模拟矿物光催化体系中有光与无光条件下体系电流变化曲线及种群中 *A. faecalis* 相对比例变化（Lu *et al.*，2012b）

3. 半导体光催化促进化能异养微生物生长

产碱杆菌属（*Alcaligenes* species）微生物（Sayyed *et al.*，2010）可以直接获得半导体矿物 CdS 产生的光电子，将细菌菌体内的 NAD 还原为 NADH（Shumilin *et al.*，1992），而本课题组研究结果同样表明产碱杆菌属的化能异养微生物 *A. faecalis* 对矿物光电子具有较好的响应。在上述研究的基础上，进一步研究结果表明，矿物光电子能够对 *A. faecalis* 生长起到显著的促进作用（Lu *et al.*，2012b）。在存在半导体矿物光催化作用的情况下，体系的电流明显高于无矿物光催化的暗室对照组；同时矿物光催化条件下，*A. faecalis* 在电极石墨板上的附着密度达到了 3×10^6 CFU/cm^2，显著高于无矿物光催化对照组的 2×10^3 CFU/cm^2。这一结果表明日光下矿物光催化产生的光电子能够为化能异养微生物所利用并促进其生长。

13.7.4 半导体矿物与非光合微生物协同作用的研究意义

1. 微生物能量利用新途径

我们通过研究天然半导体矿物光催化作用对化能自养微生物 *A. ferrooxidans* 与化能异养微生物 *A. faecalis* 生长代谢的促进作用，揭示了一个自然界长期存在的过程，即半导体矿物光催化作用促进非光合微生物的生长代谢，进而揭示了一种在自然界中可能广泛存在的非光合微生物利用太阳能的新途径。众所周知，地球表层广泛分布着如本研究所采用的金属氧化物与硫化物等天然半导体矿物（Vaughan，2006；Wigginton *et al.*，2007），同时也广泛分布着自养和异养微生物及其构成的微生物群落。还原性物质，如抗坏血酸、腐殖酸和还原性无机物在自然界中也广泛存在（Hayase and Tsubota，1983；Smirnoff *et al.*，2004；Vaughan，2006），这些还原性物质能够捕获半导体矿物光催化产生的氧化性光空穴（Yanagida *et al.*，1990；Peral and Mills，1993；Bems *et al.*，1999），从而分离出还原性光电子。光电子可以通过纳米导线（Nanowires）等导电性胞外物质（Gorby *et al.*，2006）传递给微生物，光电子能量进而为微生物所利用，并促进微生物的生长代谢活动（图 13-24）。

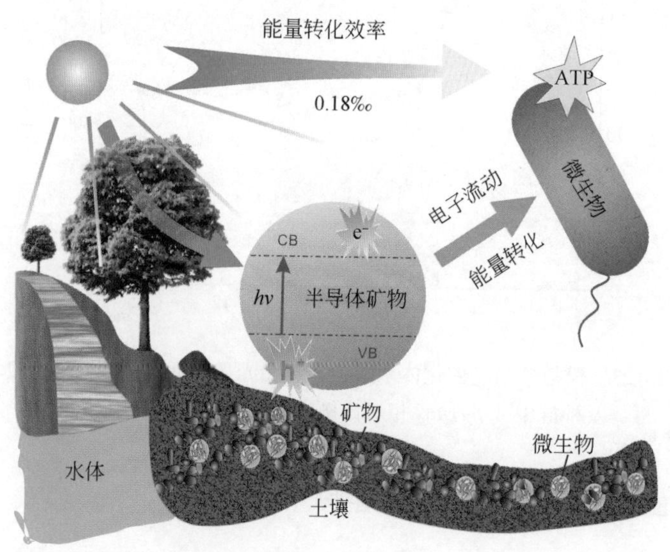

图 13-24 自然界土壤系统中半导体矿物日光催化作用促进非光合能微生物生长代谢（Lu *et al.*，2012b）

能量代谢是一切生命活动的核心。长期以来人们一直认为微生物以利用太阳能与化学物质（包括有机物和无机物）储存的能量为主，因此将地球上微生物分为光能营养与化能营养两种基本能量营养模式。显然，我们近年来开展的有关半导体矿物与非光合微生物交互作用的实验研究结果，对这些微生物能量代谢传统理论的普适性提出了新的挑战。由此，我们提出根据微生物获得能量的营养类型将微生物分为三大类：光能营养、化能营养与光电能营养（表 3-2；Lu *et al.*，2014）。

2. 半导体矿物光催化作用促进地球早期生命活动

地球上所有的生物体总是在试图利用生存环境中一切可能的能量，演化出形式多样的能量获取途径，与有机生物进化共同演化的无机矿物在复杂的生命活动中扮演着极为重要的角色（Hazen *et al.*，2008）。地球表层是一个极为复杂的多元开放系统。地表系统中大多数金属硫化物和金属氧化物矿物均属于半导体矿物，可吸收占太阳光谱绝大部分的可见光，其激发产生光电子的波长范围一般为 249 ~ 777nm。地表系统中微生物种类和群落多样，微生物生长代谢活动所利用的碳源和能量方式多种。无疑，地表系统中阳光-半导体矿物-光电子/空穴-有机物-无机物-价电子-微生物等彼此之间无时无刻不在发生着人们尚未充分认识到的相互作用，可能已经对地球生命的起源与进化以及地球物质的循环与演化产生了极大影响（Lu *et al.*，2013）。地球科学研究已证实，自从 46 亿年前地球形成以后，到 38 亿年前地球上就出现早期微生物。数十亿年以来，太阳光理应一直激发着地球表面大量存在的半导体矿物产生光电子-空穴对，并长期发生着日光催化作用。特别在早期地球表面处于还原环境与弱酸性介质条件下，半导体矿物产生的光空穴极易被俘获，分离出的光电子在电势差的驱动下形成光电子传递链，极有可能直接传递到生命早期的微生物细胞中以维持其新陈代谢过程，影响着地球表层物质循环与环境演化。最新研究表明，半导体矿物光催化极有可能在生命诞生过程中起至关重要的作用。Mulkidjanian 等（2012）研究指出闪锌矿、硫锰矿等天然半导体矿物在早期生命起源的过程中起到了对早期生命细胞免受紫外线损伤的保护作用，这种保护作用正是通过半导体矿物光催化吸收紫外线来实现的。然而他们并未进一步回答半导体矿物光电子与光生空穴命运的问题，而我们同日发表在 *Nature Communications* 上的文章则给出了答案（Lu *et al.*，2012b）。在早期地球还原性环境中，光生空穴极有可能被周围还原性物质所捕获，留下高能量的光电子则易于被早期生命细胞所利用。可以说天然半导体矿物光催化作用在早期生命起源过程中扮演着保护细胞及提供能量的重要角色，并且这一机制至今仍在地球表层系统中发挥着重要作用。

3. 地表半导体矿物光催化-微生物耦合作用的环境效应

当前，人们对于太阳光下地球表层系统中无机界与有机界之间的复杂作用机制知之甚少，对于矿物光电子被微生物细胞与群落利用的微观机制尚未查明，对于矿物光电子传递及其与元素价电子之间的差异与转化关系尚未刻画，对于阳光-半导体矿物-光电子-价电子-光电能微生物细胞与群落耦合作用所禀赋的环境效应尚未开发与利用。在现今地球环境中，由于土壤中富含半导体矿物（特别是铁锰氧化物），这些半导体矿物光催化作用能够促进非光合自养微生物生长固定 CO_2，同时也能够促进非光合异养微生物生长并通过一系列途径将 CO_2 矿化，因此这一途径在当今地球表层物质循环中起到一定的 CO_2 固定作用。事实上自养型微生物利用半导体矿物光电子的过程，还有可能促进 CO_2 发生有机物转化作用，将大气 CO_2转化为有机物质是实现大气中 CO_2被有效固定的重要途径。大气中 CO_2转化为碳酸盐矿物本来属于热力学自发过程，但从动力学角度看，转化效率很低，主要受控于 CO_2在地表水体中很低的溶解度。正是由于光电子的较高能量特征，吸收光电子的自养型微生物，在电极自由电子（即电极电子）共同作用下，便有可能将大气中的 CO_2转化为有机物质。这样一来，异养型微生物就易于将这些有机物质进一步转化为溶解态 CO_2，在细胞及其蛋白调控下转化为碳酸盐矿物并永久固定在矿物晶格内。

4. 光电子可成为微生物胞外电子传递新途径

地质时期以来，在半导体矿物光电子传递过程中，不仅涉及微生物细胞外电子受体和微生物细胞内电子传递链，还涉及半导体矿物-光电子/空穴-有机物-无机物-价电子-微生物等多种物质界面。在矿物原子-微生物分子、矿物晶胞-微生物细胞以及矿物组合-微生物群落的多个层次上，揭示光电子调控矿物与微生物交互作用的微观机制研究亟待加强，重点是自然界中半导体矿物光电子在矿物-微生物活动界面上的传递过程与促进光电能微生物生长代谢的微观机制研究。因为自然界中半导体矿物日光催化性与微生物群落协同作用的实质，是不同反应界面上光能-化学能-电能-生物能之间的能量转移与转化。自然界半导体矿物与微生物协同作用具有普遍性与多样性，不同半导体矿物能带结构差异导致其光催化性能的不同，可影响微生物活动的微化学环境，进而影响其生长代谢和电子传递方式。探讨由半导体矿物日光催化作用介导的非光合微生物胞外电子传递新途径，可为揭示自然界日光照射下的岩石圈、土壤圈、水圈与生物圈交互作用界面上所发生的电子传递与能量转化机制提供新的认识。

13.8 矿物光电子与地球早期生命起源及演化初探

地质学研究表明，至少在 35 亿年前地球上便出现了最早的生命形式（Nisbet，1987；Nisbet and Fowler，1996；Schidlowski，1988）。在格陵兰发现的一块 38 亿年前的岩石中，较高的^{13}C 含量暗示地球上最早的生命形式可能出现于 38 亿年前（Schidlowski，1988）。地球早期生命起源必须有适合生命生存的环境、满足生命形成的物质和提供生命活动的能量等（Martin，2011）。太阳光是地球上一切生命活动能量的最终来源，地球生命通过直接或者间接的方式依靠太阳光能生存繁衍。传统认识中，微生物能量来源分为光能与化学能，微生物因此可分为光能营养微生物与化能营养微生物。光能营养微生物通过长期演化的精细光合反应中心获得太阳光能，而化能营养微生物则通过氧化无机物或者有机物获得化学能。光合作用生物，如紫色细菌、蓝细菌、绿硫细菌和植物等，进化出不同类型的光合反应中心来捕获与转化太阳光能为化学能，合成有机物。而这些有机物也可以为其他非光合微生物所利用。一般认为，非光合微生物只能利用无机物、无机成因或生物成因的有机物获得能量，而不能直接利用太阳光能。

作为在自然界中与微生物长期共存的无机矿物，其所产生的催化作用对地表圈层系统中的元素地球化学循环及生命活动演化具有重要影响（Schoonen *et al.*，1998）。矿物光催化作用是矿物的地质催化作用中的一个重要过程。我们的研究表明，在天然半导体矿物介导下，光照可促进非光合微生物（化能自养微生物与化能异养微生物）的生长代谢（Lu *et al.*，2012b），光照条件下生物量出现了显著增长，光照下还能改变土壤微生物群落的构成。研究结果揭示了一种长期存在并且正在发生的微生物能量利用途径，即天然半导体矿物参与的非光合微生物利用太阳光能途径。

地表的天然半导体矿物在日光激发下不断地产生光电子-空穴对。在早期地球的还原性环境下，光生空穴极易被俘获。分离的光电子在化学势驱动下，通过自然中氧化还原对形成的电子载体或者一系列微生物胞外电子传递途径间接或直接为微生物生长代谢提供电子能量。同时，天然半导体矿物的光催化作用亦可能在地球早期生命起源与演化过程中保护了早期生命免受紫外线辐射（Mulkidjanian *et al.*，2012）。正是由于天然半导体矿物光催化作用在保护早期生命细胞的同时又能为早期生命提供生存繁衍所必需的能量，天然半导体矿物光催化可能在地球早期生命起源与演化中起着重要的作用。

13.8.1　矿物光催化作用合成有机物质

生命起源依赖于地球上有机物质的形成，有机物是生命形成的基本条件。在生命起源之前，地球上必须积累有足够的有机物，为生命起源过程提供物质基础。目前对于地球早期有机物的来源假说主要分为：①地球自身产生有机物：包括陨星撞击地球释放能量促进有机物生成（Chyba and Sagan，1992）、紫外线辐射或者地球表面物质电荷分离形成的能量差等途径催化有机物生成（Stüeken *et al.*，2013）；②来源于球粒陨石携带的宇宙空间的有机物（Urey，1962）。

一方面早期地球缺少臭氧层对紫外线的吸收，有利于紫外线辐射催化大气中的甲烷、氨气和水反应生成有机物（Haldane，1929），甚至合成生命遗传基本物质 DNA 与 RNA 的构成组分核酸（Powner *et al.*，2009）。实际上紫外线的辐射作用并不能提供足够多的生命起源所需的有机物质。Lane 等（2010）指出，虽然紫外线能够合成多种生命必需的有机物质，然而由于紫外线具有较高能量，也能破坏已生成的有机物，因此紫外线的能量在合成有机物质的同时也分解有机物质。另一方面，即使陨石能够带来宇宙中的有机物质，供给生命起源使用，但生命的起源与繁衍却需要大量的有机物质补充，而在地球诞生之后到生命诞生之前的时间段内，陨石撞击地球的频率逐渐降低，地球环境越来越趋于稳定（Nisbet and Sleep，2001），显然陨石带来的宇宙空间有机物质数量也无法为地球早期生命繁衍提供足够的物质基础。

研究表明，洋底橄榄石在热液作用下的蛇纹石化过程可释放氢气和甲烷（Kelley *et al.*，2001；Sleep *et al.*，2004）。反应式如下：

$$(Mg, Fe)_2SiO_4 + H_2O + C \longrightarrow Mg_6[Si_4O_{10}](OH)_8 + Mg(OH)_2 + Fe_3O_4 + H_2 + CH_4 + C_2\text{-}C_5$$

在这些富含氢气的热液中除了甲烷外，还有其他小分子有机化合物，如甲酸和乙酸等，这为生命在大洋海底的诞生提供了可能性（Lane *et al.*，2010）。

事实上，早期地球热泉分布广泛，闪锌矿等天然硫化物半导体矿物常见于热泉周围冷却形成的水池中（Mulkidjanian *et al.*，2012）。实验研究表明，闪锌矿日光催化作用能合成多种生命起源所必需的有机物质（表 13-5）（Zhang *et al.*，2007）。Guzman 等（2009）

研究证实，闪锌矿光催化作用能够生成地球早期生命所具有的固定二氧化碳功能的还原性三羧酸循环（reductive tricarboxylic acid cycle，r-TCA 循环）中的重要中间体：丙酮酸盐和 α-酮戊二酸盐。除此之外，闪锌矿光催化作用产生的光电子还能够进一步参与还原性三羧酸循环过程（图 13-25）。天然金属硫化物半导体矿物硫锰矿光催化反应，可促进二氧化碳向有机物的转化，也可能为早期生命起源提供物质基础（Urey，1962）。

表 13-5　二氧化碳及含硫化合物转化过程中半反应的电极电势大小

化学半反应式	电极电势 $E^0_{1/2}$/V(vs NHE)
$Ø_{ZnS}+e^-=e^-_{CB(ZnS)}$	-1.04
$2CO_2(g)+2e^-=(COO^-)_2$	-0.63
$CO_2(g)+H^++2e^-=HCOO^-$	-0.31
$SO_4^{2-}+2e^-+2H^+=SO_3^{2-}+H_2O$	-0.10
$CO_2(g)+4H^++4e^-=HCHO(aq)+H_2O$	-0.071
$S(s)+2e^-+2H^+=H_2S(aq)$	-0.053
$2H^++2e^-=H_2$	0.00
$CO_2(g)+8H^++8e^-=CH_4(g)+2H_2O$	0.017
$2CO_2(g)+7H^++8e^-=CH_3COO^-+2H_2O$	0.075
$2SO_4^{2-}+8e^-+10H^+=S_2O_3^{2-}+5H_2O$	0.29
$SO_4^{2-}+8e^-+10H^+=H_2S(aq)+4H_2O$	0.30
$SO_4^{2-}+6e^-+8H^+=S(s)+4H_2O$	0.36
$H^+_{VB(ZnS)}+e^-=Ø_{ZnS}$	2.56

资料来源：Zhang *et al.*，2007。

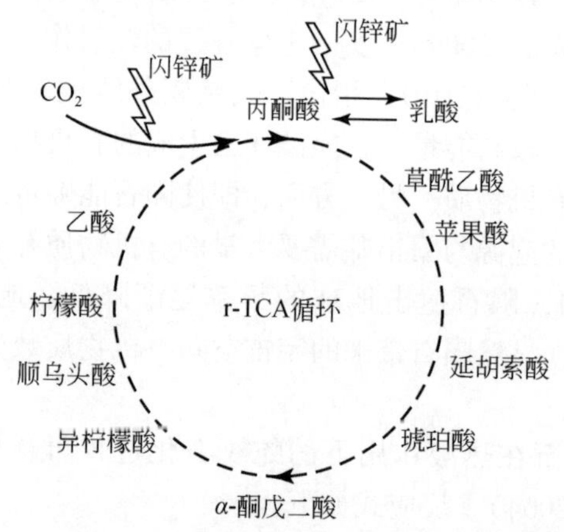

图 13-25　闪锌矿光催化作用与 r-TCA 循环的关系

据 Guzman 等（2009）绘制

13.8.2　矿物光催化保护原始细胞并提供能量来源

天然金属硫化物与氧化物矿物普遍具有半导体特性，特别是对日光具有较好的响应。

当半导体矿物被日光光子激发而吸收光子能量后，可导致其价带上的电子获得能量跃迁到导带上形成自由电子——光电子，同时在价带上由于负电性电子的跃出形成正电性且氧化性较强的光生空穴。早期地球大气成分主要为还原性的 H_2、NH_3、CH_4 和 CO 等，在海底或者地表热泉附近，具有较强还原性的硫化物矿物也广泛分布。这些气体和固体还原性物质，都可以作为半导体矿物光生空穴的有效捕获剂，进而分离出具有较高能量的半导体矿物光电子。显然，在早期地球生命起源与演化过程中，对于原始细胞具有极大损伤性的日光中的紫外光光子，可通过天然半导体矿物这一光催化作用而被有效吸收，转化为还原性较强的光电子与氧化性较强的光生空穴。如上所述，还原性的半导体矿物光电子能够还原二氧化碳为有机物质，为生命起源提供了物质基础。而氧化性的半导体矿物光生空穴可被介质中的还原性物质所捕获，从而避免这些氧化性光生空穴对原始细胞的破坏（图 13-26）。因此地球早期半导体矿物光催化作用可吸收紫外线，保护了原始细胞免受紫外线的辐射（图 13-27）。

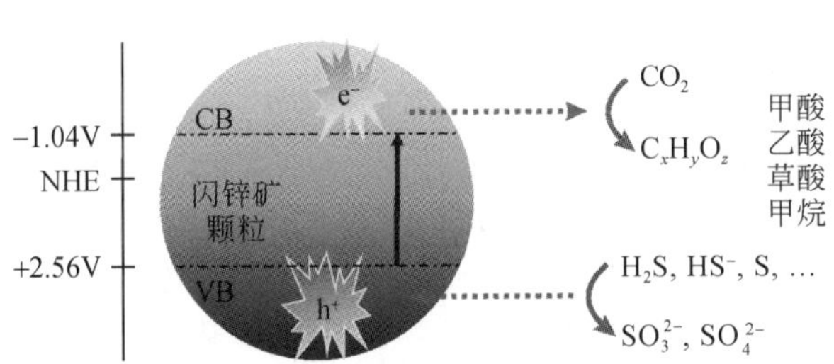

图 13-26　半导体矿物光催化作用机制

以闪锌矿为例，坐标为电极电势，

NHE 为标准氢电极，据 Zhang 等（2007）

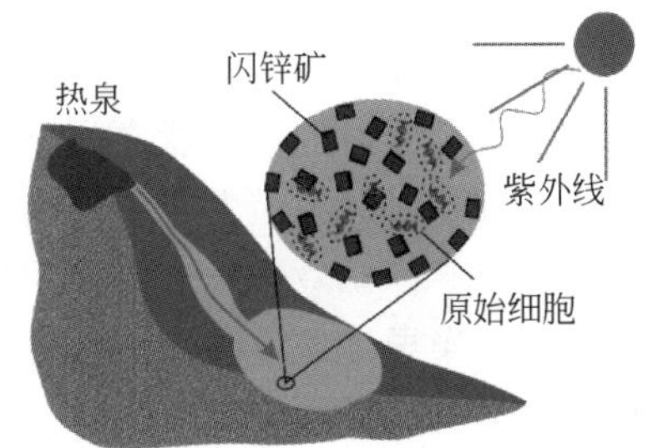

图 13-27　闪锌矿光催化作用吸收紫外线保护原始细胞示意图

据 Mulkidjanian 等（2012）绘制

事实上，在地球早期生命起源的时代（约 38 亿年前），生命形式处在原始细胞状态，不可能发育精巧而复杂的光合作用系统。那么，生命活动是如何利用太阳光能的呢？我们的研究成果为解答这一问题提出了一个新思路。前面已提到，天然半导体矿物能够吸收紫外光光能，保护早期原始生命细胞，同时可以分离出光电子与光生空穴对。具有强氧化性的光生空穴在地球早期还原环境中极易被捕获，留下来的是具有较高能量的光电子。例如，闪锌矿导带光电子氧化还原电势为-1.04V（vs NHE），硫锰矿导带光电子氧化还原电势为-1.19V（vs NHE）［数据根据 Xu 等（2000）计算］。无疑这些矿物光电子便可以作为早期生命原始细胞代谢活动所需的最初能量来源（图 13-28）。

13.8.3　矿物光电子促进多细胞微生物活动

我们新近的研究结果表明（Lu *et al.*，2012b），在天然半导体矿物存在的情况下，非光合微生物可以间接利用太阳光能获得能量，促进其自身生长代谢。以金红石与闪锌矿为代表的金属氧化物与金属硫化物以及土壤中的半导体矿物针铁矿，在日光下的光催化作用均能促进非光合微生物 *A. ferrooxidans* 的生长。日光下，天然金红石、闪锌矿与针铁矿的光催化作用能够还原 Fe^{3+} 为 Fe^{2+}，而 Fe^{2+} 恰好能为化能自养微生物 *A. ferrooxidans* 利用，进而

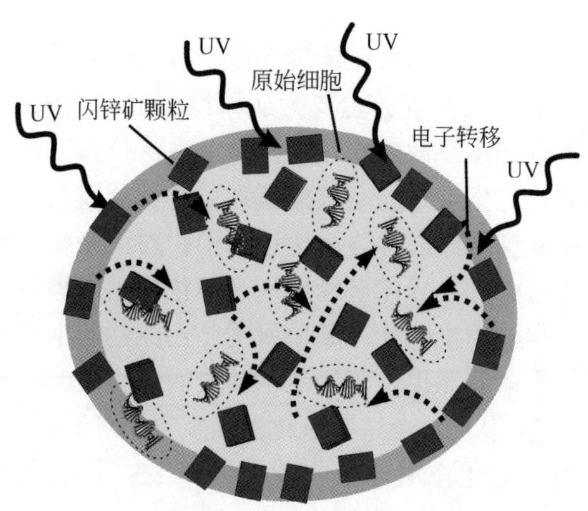

图 13-28　天然半导体矿物吸收紫外线并为原始细胞提供电子能量示意图

实现了太阳光能→化学能→生物能的转化。在实验室模拟双室装置中，微生物与半导体矿物在空间上是分离的，两者之间靠电极与导线联系。在这一装置中，相比于各对照组（无半导体光催化对照组、无电子流动对照组），天然金红石、闪锌矿与针铁矿的实验组均表明，天然半导体矿物的光催化作用显著促进微生物细胞的生长（Lu *et al.*，2012b）。同时，考察各半导体矿物光催化实验组可以发现，体系的光电子输入量与微生物细胞净增加量存在着显著的线性关系。这进一步表明，实质上是半导体矿物光电子影响非光合微生物的生长代谢作用。

这一非光合微生物对太阳光能的利用受光子能量（即光波长）与光子数量（即光照强度）两方面因素的影响（Lu *et al.*，2012b）。例如，天然金红石对可见光波段光子的吸收能力，随着光波长的增加即光子能量的降低而降低。在入射光子数量相同的情况下，体系光电流密度与光电转化效率，同样随着光波长的增加即光子能量的降低而减少，亦即微生物可利用的光电子数量也随着光波长的增加而减少。因此，在到达稳定期时，微生物细胞浓度随着光波长的增加而降低。在相同波长实验条件下，改变体系光照强度（即单位面积辐照光子数量），微生物生长情况也随之发生改变。其中，当入射光强在 $8mW/cm^2$ 时，体系的光电流密度与光电转化效率最高，微生物可利用的光电子量最高，微生物到达稳定期时的细胞浓度也最高。

在实验室模拟条件下，天然半导体矿物光电子能够显著影响土壤微生物群落结构，土壤中的产碱杆菌属微生物 *A. faecalis* 在有光电子的条件下得到了显著富集。*A. faecalis* 在土壤微生物群落中的比例 5 天后达到了 70%，体系电流也高达 850μA。而在无光电子对照组中，*A. faecalis* 比例维持在 10% 以下，体系电流也趋于 0μA。进一步对单独分离的 *A. faecalis* 实验发现，在半导体矿物光催化条件下，*A. faecalis* 细胞浓度较无光催化条件提升了三个数量级。

众所周知，地球上绝大部分生命活动需要的能量依赖于太阳光能，然而化能营养微生物所利用的有机物这部分能量主要来自于光合作用固定的太阳光能，其中经历了多步转化过程。我们提出的非光合微生物利用太阳光能的途径，仅通过天然半导体矿物光催化作用一步转化，即可将太阳光能转化为微生物所利用的能量。这一新途径与生物体内的光合反应中心作用机制类似（图 13-29）。在生物体胞内光合反应中心，电子能量经过两次光子激发后得到提升，同时将水分解为氧气；而在非光合微生物利用太阳光能途径中，天然半导体矿物起到了光合色素的作用，在空穴捕获剂存在的情况下，光电子分离并可以作为电子能量供体，参与到细胞电子传递链中。生物体内的光合反应中心是经过数十亿年的生命演化逐渐形成的一套精巧而复杂的生物系统，多种蛋白与辅酶参与到光合反应过程中，吸收太阳光能并将其转化为生物能，以 ATP 的形式存储能量，以 NADH 或 NADPH 的形式储存还原力。地球上植物光合作用的光能→生物质能转化效率达到 3.5%（C3 植物）~ 4.3%（C4 植物），对于实验室培养的微型藻类来说，这一效率可以提高到 5% ~ 7%（Blankenship *et al.*，2011）。然而，在我们研究的体系中，天然半导体矿物光催化介导的非光合微生物利用太阳光能途径的光能→生物质能转化效率仅为 0.13‰ ~ 1.9‰（Lu *et al.*，2012b）。显然，这一新的非光合微生物太阳光能利用途径效率，还远不如经过长期演化形成的生物光合系统的太阳光能利用效率。

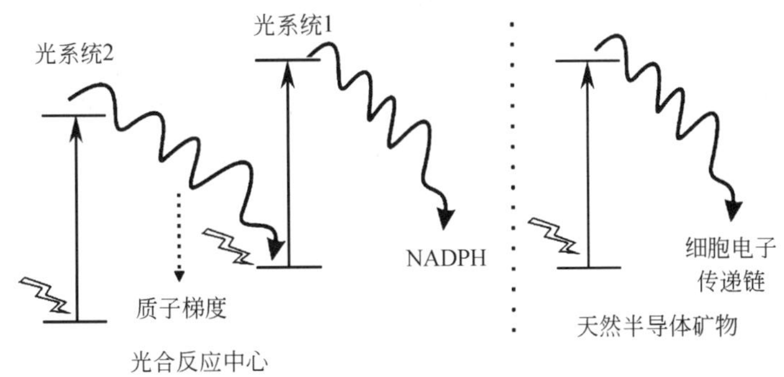

图 13-29　生物光合反应中心与天然半导体矿物光催化作用机制

能量是通过不同物质之间的能量差造成的电子流动而获得的。如果环境中只存在高还原性的光电子，没有能量差，微生物也无法获得电子能量。半导体矿物受光子激发后形成的光电子与光生空穴具有较大的能量差，天然半导体矿物光催化形成的强氧化性光生空穴可以氧化环境中的还原性物质，这些光生空穴可以作为微生物代谢循环中的最终电子受体（Ding *et al.*，2010）。因此，地球表层系统与微生物共存的半导体矿物（Vaughan，2006；Wigginton *et al.*，2007），在日光激发下形成的光电子与光生空穴对中，光电子可以作为微生物的电子供体提供能量，光生空穴也可以作为微生物的最终电子受体，可使半导体矿物全面地参与到微生物生长代谢过程之中（图 13-30）。由于光生空穴具有一定的杀菌作用（Chen *et al.*，2011），这种微生物与半导体矿物之间的电子传递可能是间接的传递。前人研究表明，微生物与固体矿物之间本来就存在着多种电子传递模式，如直接接触模式（Xiong *et al.*，2006）、电子介体传递模式（Lovley *et al.*，1996）、细胞分泌物电子传递模式（Newman and Kolter，2000；Hernandez and Newman，2001；Weber *et al.*，2006）、纳米线电子传递模式（Reguera *et al.*，2005；Gorby *et al.*，2006）和细胞鞭毛电子传递模式（Nielsen *et al.*，2010；Pfeffer *et al.*，2012）等。这些电子传递模式也有可能在微生物-矿物电子传递过程中起一定作用。

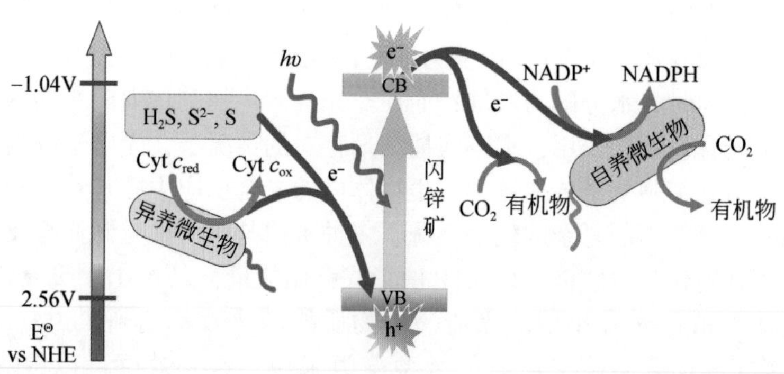

图 13-30　天然闪锌矿作为微生物电子传递链中电子供体（自养微生物）和电子受体（异养微生物）

综上所述，有机生物、无机矿物与太阳光所构成的极为复杂的自然系统，贯穿着整个地球生命起源与演化过程，天然半导体矿物光催化作用联系着这一自然系统。正是天然半导体矿物光电子合成出地球早期有机物质，为早期生命起源与演化提供了物质基础。半导体矿物介导非光合微生物有效利用太阳光能，拓展了人们对微生物能量利用途径的认识。半导体矿物光催化作用吸收紫外光，避免了地球原始细胞遭受紫外线辐射损害。无疑，天然半导体矿物在合成物质、提供能量和保护细胞等方面，对地球早期生命起源与演化产生过重要影响，并正在地表关键带多圈层交互作用过程中发挥着重要作用。

第 14 章　人体病理性矿物特征

人体内的矿化是生命体系的一个子系统，是构成人体生命过程的若干事件之一。与人体某些特定功能有关的功能性矿化是在人体内特定部位发生，并严格按特定的组成、结构和程度完成的受控过程，形成的矿物具有特殊的高级结构与组装方式。病理性矿化，也称异常矿化，属于失控过程，常常与疾病密切相关，矿化出现于不应发生的部位（即异位矿化）或在正常矿化部位矿化程度过高或过低（崔福斋，2007）。

病理性矿化可发生于人体的许多部位（表 4-2），常见的如各种器官结石、痛风、心血管系统钙化、肿瘤钙化灶等。其中结石、痛风石由于样品获得较容易，国内外学者已经对其进行了多年深入的研究，并取得了较为系统的认识（欧阳建明、周娜，2004）；心脑血管系统钙化是心脑血管疾病的主要危险因子，肿瘤病灶中的钙化也被认为与肿瘤的发展和诊断密切相关，近年来越来越受到关注。对病理性矿化的研究既是揭示自然规律的一个方面，同时可在一定程度上指导疾病的预防和治疗。

人体病灶中存在着相当数量隐蔽的矿化作用。伴随分析测试技术的进步，对这些矿化产物和矿化作用已积累了一些研究资料，但对于人体内的微小矿化，尤其是心血管系统和肿瘤中矿化的研究仍十分薄弱，对矿化物质的微观精细矿化特征尚缺乏深入和系统的规律性认识；不同类型及不同病变阶段矿化灶的矿物学标识鲜有涉及；有机组织发生病变与无机矿化的响应关系仍不明确（Reinholz *et al.*，2001）；矿化的形成机制及其对生命活动的意义，还需开展深入研究。许多病理上常见的与矿化有关的现象尚缺少深入剖析及合理解释。这些都在一定程度上制约了对疾病发病机制的认识和及时诊断。这就使得尽管早在 20 世纪 70 年代国外医学家就注意到一些矿化灶对肿瘤恶性性质的判断有指示作用（Barth *et al.* 1977；Lanyi，1985），并且已逐步发展为组织病理学的恶性参考指标，但目前传统病理学的方法仍然不能很确定地诊断很多良、恶性肿瘤，而不得不通过“随访”这种耗时、耗资的方式辅助确诊。人体病理性矿物是人体与周围环境共同作用下的产物，含有丰富的反映人体环境及周围环境变化的信息，是记录人体与外界环境演变信息的载体。这些信息蕴藏在矿物的形貌、微结构、化学组成、物理化学性质、谱学特征、分布规律之中。查明与矿化有关疾病的病因病理，需要深入研究病灶中形成的矿物。

本章介绍近年来我们对于心血管系统和几种肿瘤矿化灶中病理性矿物特征的研究。

14.1　脑膜瘤矿化特征

脑膜瘤是起源于脑膜及脑膜间隙的衍生物，发病率占颅内肿瘤的 19.2%，居第 2 位，难根治，复发率很高（王忠诚，1998），在脑膜瘤内部或瘤旁经常会有矿化出现。本节探讨脑膜瘤的矿化特征。

14.1.1 脑膜瘤旁巨大矿化灶矿化特征

一例28岁患者颅内巨大的脑膜瘤伴随的大体量血肿矿化提供了良好的矿化研究素材。手术切除的庞大肿瘤尺寸为10cm×8cm×6cm，瘤旁血肿矿化尺寸15cm×10cm×4cm，肿瘤之大实属罕见。肿瘤的边缘轮廓规则，包膜完整，无浸润现象。消化有机质后的矿化物呈层状，灰白色，多孔，不易碾成粉末，有韧性。

1. 矿化物的形貌与成分

扫描电镜下，矿化可见明显的层状结构（图14-1a），进一步放大可见纤维状晶体沿层面排列。从层状矿化中剥离出的薄片上，可见表面有纤维状的凹痕，推测为被溶解的胶原纤维留下的痕迹（图14-1b）。矿化物自然断面上可见许多纳米尺度的球形矿化颗粒（图14-1c）。形貌分析表明，矿化物为纳米颗粒，可观察到的形态有纤维状和球状，呈层状堆积。不同部位能谱分析表明，矿化物的主要元素有C、O、Ca、P，钙和磷的原子比值（Ca/P）分别为1.65、1.63、1.56，都在钙磷酸盐系列矿物范围之内（表14-1）。

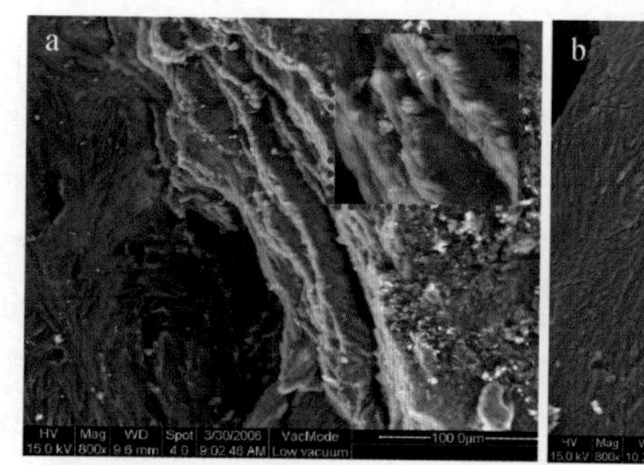
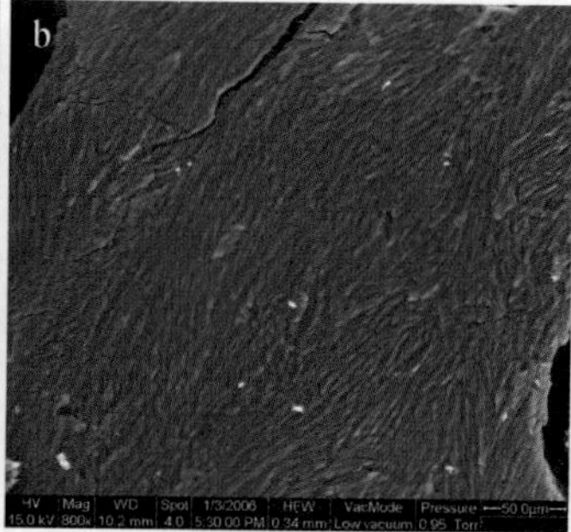
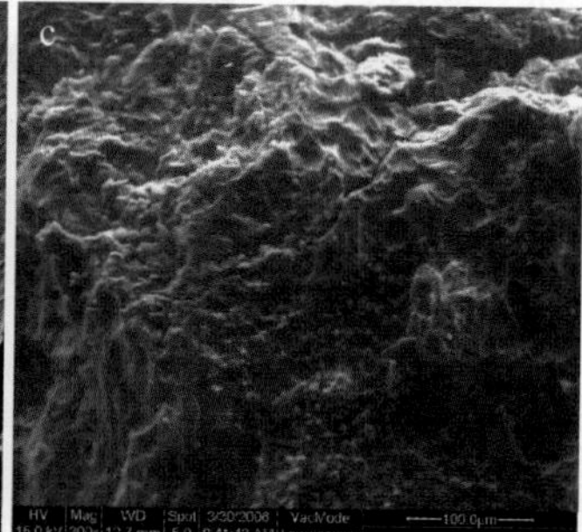

图14-1 脑膜瘤旁矿化样品二次电子像（SEI）

a. 层状矿化图；b. 剥离层图；c. 自然断面图

表14-1 磷酸钙系列矿物化学式及Ca、P原子含量比值

矿物	化学式	$x(Ca)/x(P)$
磷酸氢钙	$CaHPO_4$	1
磷酸八钙	$Ca_8H_2[PO_4]_6 \cdot 5H_2O$	1.33
磷酸三钙	$Ca_3[PO_4]_2 \cdot 2H_2O$	1.5
羟磷灰石	$Ca_5[PO_4]_3(OH)$	1.667
碳羟磷灰石	$Ca_5[PO_4,CO_3]_3(OH,CO_3)$	>1.667

矿化物的红外光谱见图14-2。其中，1048cm^{-1}处的强吸收峰为PO_4^{3-}典型的对称伸缩振动峰，950cm^{-1}处的小吸收峰也是PO_4^{3-}的伸缩振动峰。1400cm^{-1}附近存在CO_3^{2-}的宽吸收峰，873cm^{-1}也是CO_3^{2-}的吸收峰。OH^-在3300～3400cm^{-1}之间有吸收，且有大的水峰。在1720cm^{-1}处出现了羰基的特征吸收峰，可能来自与矿化紧密相连的未溶解完全的酯类物质。

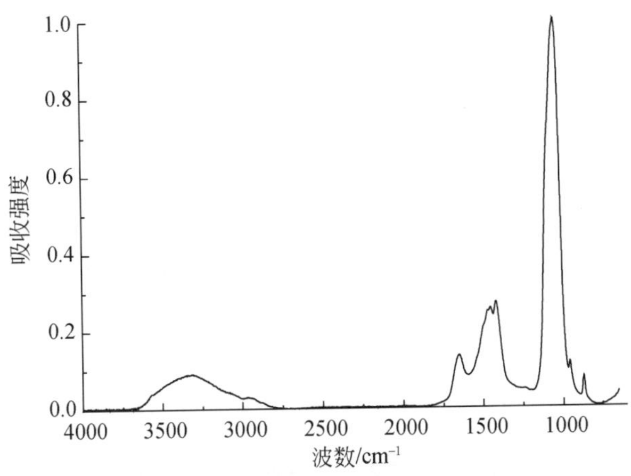

图 14-2　脑膜瘤旁矿化的红外光谱

2. 矿化物的物相分析

矿化物的 XRD 分析（图 14-3）表明主要物相为碳羟磷灰石（对比卡片号 12-0529）。衍射图的背底稍高，表明结晶度不好并存在少量无定形成分。根据衍射图数据及谢乐（Scherrer）公式 $D=k\lambda/(\beta\cos\theta)$ 计算矿化物晶粒尺寸约 4. 3nm。公式中 D 为晶粒尺寸（nm），k 为 Scherrer 常数（0. 89），λ 为 X 射线波长，β 为积分半高宽度，θ 为衍射角，（0002）对应的半高宽 $\beta=0.0322$(rad)。

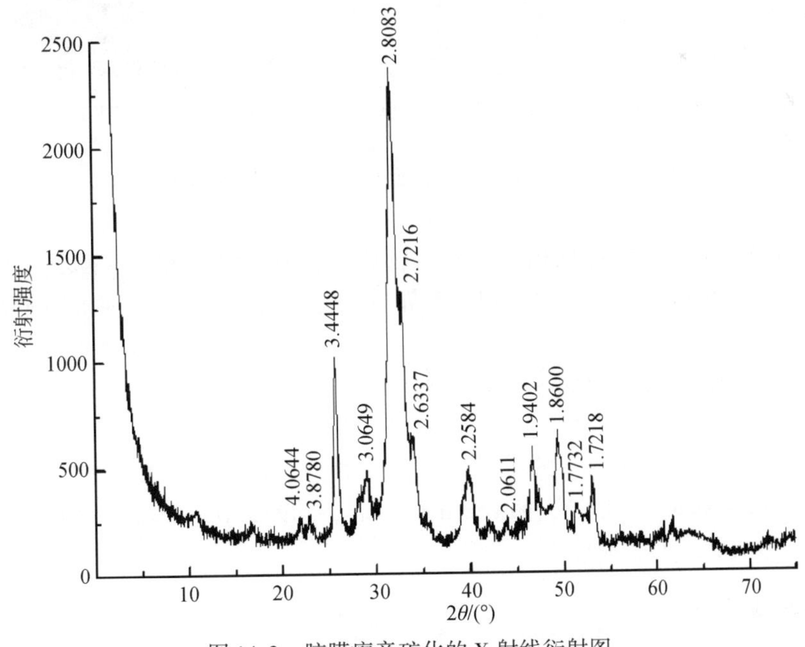

图 14-3　脑膜瘤旁矿化的 X 射线衍射图

高分辨透射电镜显示，有两种形态的矿化颗粒。大部分为粒状晶体（图 14-4a），粒径

4~7nm，这些纳米晶无定向地堆积在一起，晶格条纹明显不连续，其多晶环式的电子衍射花样（图 14-4a 左上角）也表明矿化物由纳米多晶组成。对衍射环进行标定，计算出半径平方比约为 3∶4∶7∶9∶12，符合六方晶系规律，并且 d 值与碳羟磷灰石的数据对应（卡片号 12-0529）。衍射环的形态表明晶体排列有沿（0002）的择优取向性。选取晶粒做高分辨像（图 14-4a 右下角），得出的面网间距在卡片上也可以找到对应值。

矿化物中还见少量纤维状的颗粒（图 14-4b），其衍射花样（图 14-4b 左上角）和高分辨晶格条纹（图 14-4b 右下角）均不清晰，表明样品结晶度不好，且含无定形成分。这种形态的晶体可能对应矿化的初期阶段，其纤维状不是晶体的固有形态，而是呈胶原纤维的假象。胶原纤维已被认为与人体中矿化密切相关（Blumenthal *et al.*，1991；Christiansen *et al.*，1993；Han *et al.*，1996），可为矿化提供成核点，矿化由此发生发展。

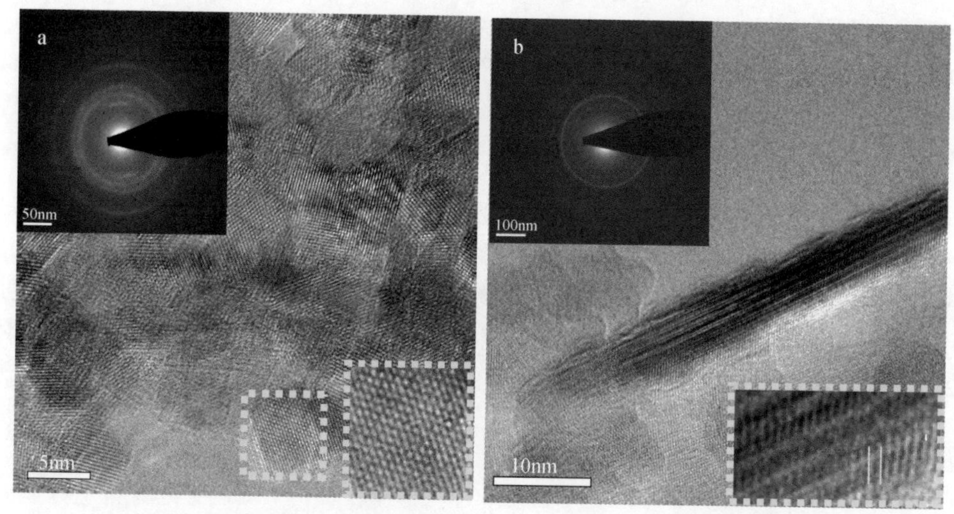

图 14-4　脑膜瘤旁矿化样品中粒状（a）、纤维状（b）颗粒透射电镜图

上述研究表明，脑膜瘤旁巨大矿化灶中矿化物主要为纳米碳羟磷灰石，晶体尺寸为 4~7nm，沿（0002）方向择优取向排列，成层状结构；其中还含少量无定形或其他钙磷酸盐矿物。推测与矿化过程息息相关的有机物质包括胶原纤维和一些酯类。矿化物质成核、层状排列及择优取向等有序生长和聚集都与这些有机大分子的存在密切相关。

14.1.2　脑膜瘤中砂粒体矿化特征

前人研究表明，脑膜瘤内部的矿化经常以一种典型的同心层状结构出现（Kubota *et al.*，1986；Cerdá-Nicolás，1992；Kirschvink *et al.*，1992；Han *et al.*，1996；Kiyozuka *et al.*，2001），形成所谓的砂粒体。

1. 形态与成分

脑膜瘤中常可见大量的球形砂粒体矿化。显微镜下可见，瘤细胞胞浆丰富，边界不清楚，胞核椭圆形，瘤细胞排列呈大小不等的巢状、条索状及大小不一的旋涡状，细胞巢之间有不等量的纤维间质。组织中包含了大量呈同心层状的砂粒体矿化，这些砂粒体在正交偏光下有微弱的光性。部分砂粒体具同心层结构，且层间有空隙，HE 染色浅（图 14-5 中的细箭头所指）；有些呈致密的同心层结构，HE 染色深（图 14-5 中的粗箭头所指）。

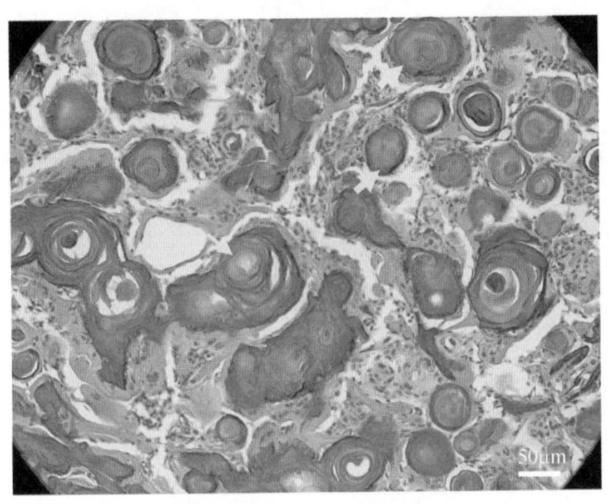

图 14-5　伴随大量砂粒体矿化的脑膜瘤组织光镜照片

矿化发生的初期，尚未形成具有同心环状结构的典型砂粒体，只是许多不同大小的纳米级矿化小球沉积在胶原纤维上（图 14-6）。

处于发展阶段的砂粒体矿化颗粒，内部为矿化物质，表面以及内部都有胶原纤维包绕（图 14-7），具有同心层结构，且内部有空隙。图中圈出的区域可见沉积在胶原纤维上的矿化小球，与图 14-6 中纳米矿化小球相当。这种砂粒体对应图 14-5 中同心层结构明显且层间有空隙，HE 染色较浅的砂粒体。包绕成螺旋状的胶原纤维上不断矿化，由分散的小球聚集成较致密的块体，最终形成光镜下观察到的砂粒体状。矿化进一步发展，砂粒体大部分已由致密的矿化物质填充，但中心仍有空隙（图 14-8a），砂粒体表面有胶原纤维包绕（图 14-9），中空部分也见胶原纤维交织，胶原纤维上以及中空内壁均可见矿化的纳米小球（图 14-8b），有的砂粒体表面也布满鲕状凸起的矿化小球（图 14-10）。这些表现一方面说明砂粒体与胶原纤维具有密切关系，另一方面表明砂粒体是由纳米矿化小球聚集而成。

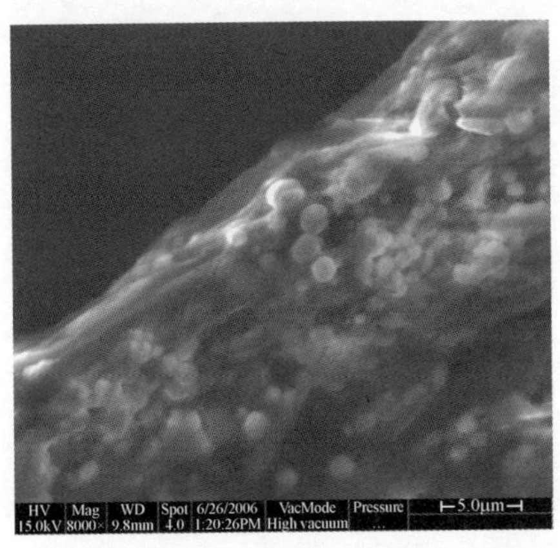

图 14-6　胶原纤维上的纳米矿化小球 ESEM 像

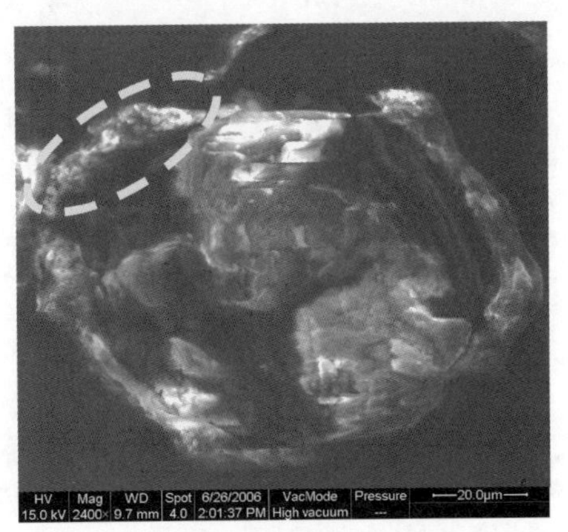

图 14-7　处于发展阶段的砂粒体断面 ESEM 像

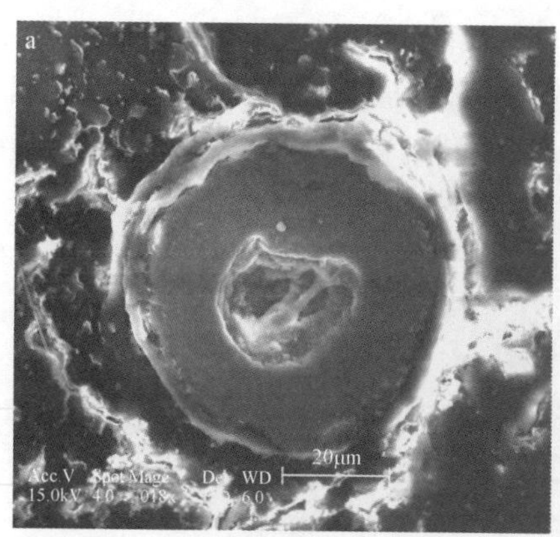

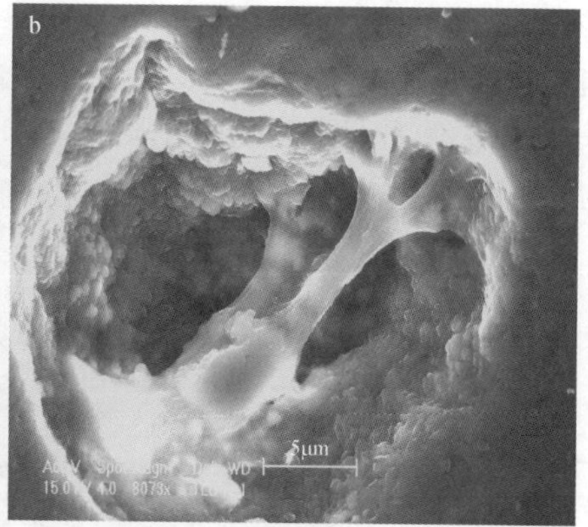

图 14-8　脑膜瘤组织中中空砂粒体的断面 HRSEM 形貌像

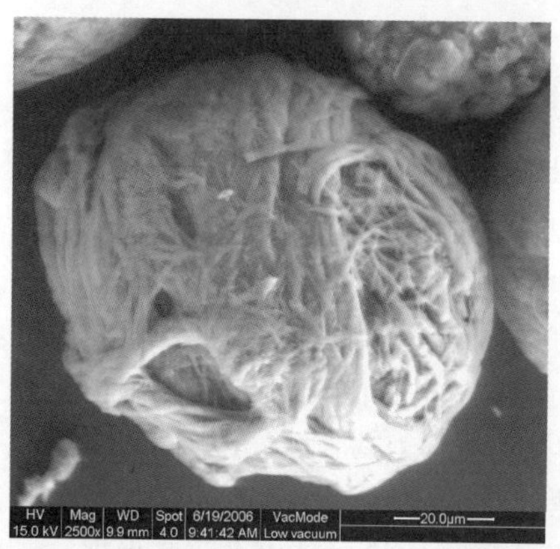

图 14-9　表面胶原纤维缠绕的砂粒体 ESEM 像

图 14-10　表面鲕状凸起的砂粒体 ESEM 像

矿化末期，砂粒体完全钙化，形成致密的由矿物质完全充填的钙化聚集体（图 14-11a）。这种砂粒体无明显的核结构，而是纤维状的矿化颗粒成旋涡状排列（图 14-11b）。从图上圈中的区域可以看到粒状的矿化颗粒，表明砂粒体的形成是其中旋涡状排列的胶原纤维不

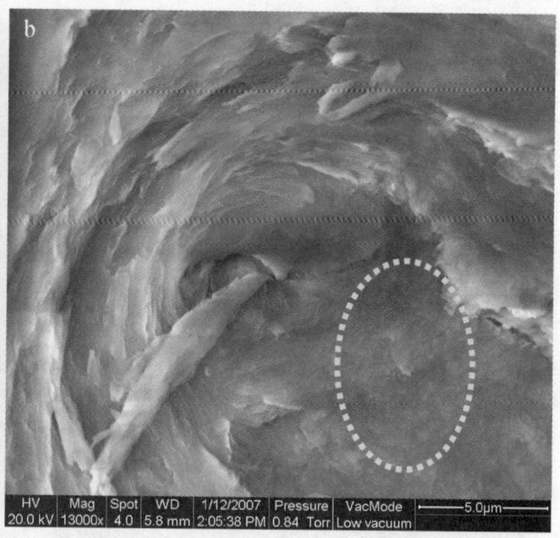

图 14-11　完全矿化的砂粒体 ESEM 像

断矿化的结果，矿化的结果是具有胶原纤维残余形态的纤维状晶体和粒状晶体交错排列；而不是以前研究（Rizzoli *et al.*，1978）中所推测的砂粒体中心是坏死细胞形成的核，然后矿化颗粒成层沉淀；也不支持以前研究（Gonatas and Besen，1963；Ermel，1974）中推测的砂粒体呈圆柱状。

国外从事人体钙化形成机理研究的病理学和生物化学研究者提出了多种关于矿化成核点的假说（Hunter *et al.*，1996）。可能的成核点包括基质囊泡、线粒体、寄生菌和损伤的细胞壁等。控制和抑制晶体生长的大分子也不同，包括各种磷酸酶、胶原纤维、焦磷酸盐以及一些金属离子。从图 14-9 观察到的小球尺寸和沉积位置都可以说明脑膜瘤中的砂粒体为细胞外的矿化，可以排除细胞内成核点的可能；而基质具有黏着胶原纤维的作用，前人对骨形成的研究（Rho *et al.*，1998；Weiner and Wagner，1998）中指出基质虽然含量极微，但可引导成核，起到存储 Ca^{2+} 和 PO_4^{3-} 的作用。由此我们推测脑膜瘤中砂粒体的成核点为基质囊泡，调控晶体生长的是胶原纤维。

为了获得矿化物质的成分，对砂粒体进行原位电子探针成分分析。由于砂粒体为纳米级颗粒聚集而成，颗粒粒径小于探针的最小束斑直径，因此探针无法得到定量化学成分，而是用能谱分析得到了探针束斑（直径 1μm）覆盖范围内物质的 Ca/P 值（表 14-2）。1 ~ 8 号分析点从砂粒体中心到边缘分布（图 14-12）。

表 14-2　脑膜瘤中砂粒体环带的 Ca/P（at%）结果

样品号	1	2	3	4	5	6	7	8
16（4-10）	1.631	1.644	1.573	1.609	1.557	1.627	1.639	1.544
17（4-11）	1.557	1.482	1.570	1.442	1.473	1.444	1.435	1.406
18（4-12）	1.660	1.663	1.649	1.652	1.660	1.579	1.656	1.491
19（4-13）	1.512	1.390	1.547	1.364	1.390	1.513	1.491	1.434

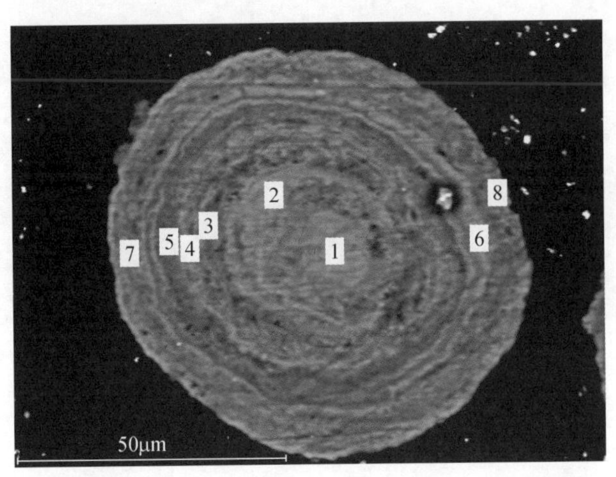

图 14-12　脑膜瘤中 16 号完全钙化的砂粒体断面 EPMA 背散射电子像

分析结果表明，Ca/P 值在钙磷酸盐系列矿物范围（表 14-1）内，且由内向外无单调上升或降低的变化，而是呈波状起伏。背散射电子像表明，砂粒体有明显环带（图 14-12）。

其中亮区 Ca/P 值稍高，结晶度也相对较好；而暗区 Ca/P 值稍低，结晶度较差，矿化不完全。透射电镜能谱对不同砂粒体不同部位的 Ca/P 测试结果为 1.47 ~ 1.71。

2. 物相与结构

高分辨透射电镜下观察到三种形态的矿化颗粒：第 1 种为直径小于 4nm 左右的圆形颗粒（图 14-13）；第 2 种为粒径 6nm 左右的粒状颗粒（图 14-14）；第 3 种为长数十纳米的纤维状晶体（图 14-15）。

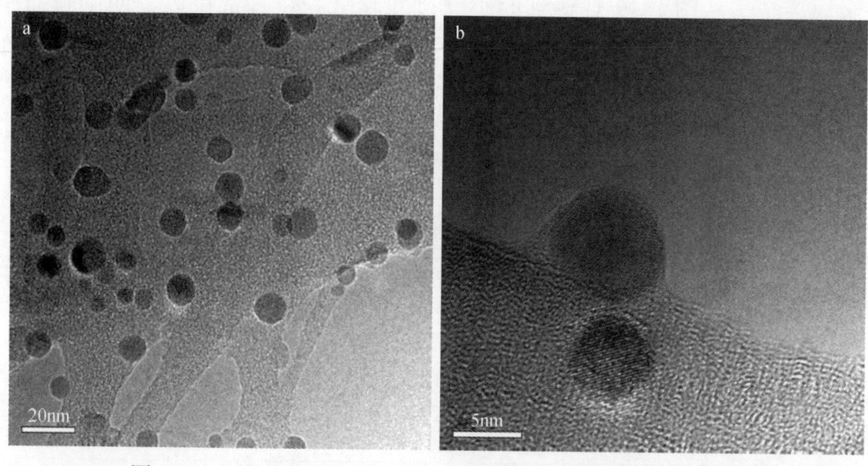

图 14-13 圆形矿化颗粒的 HRTEM 照片（a）和晶格像（b）

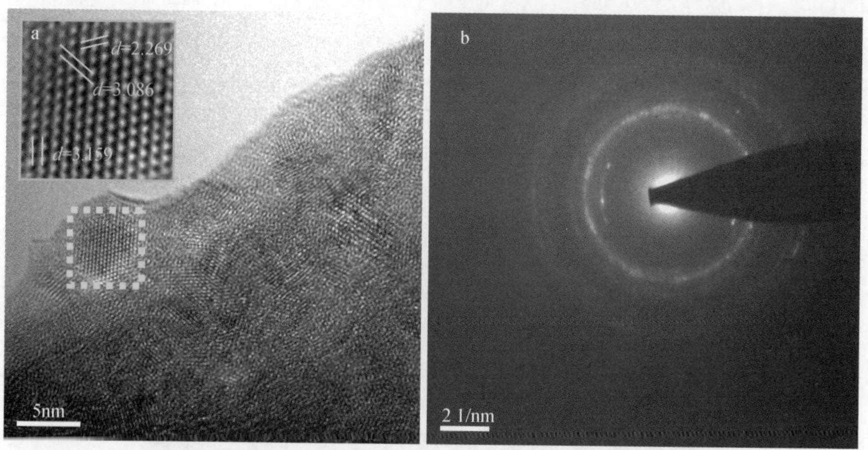

图 14-14 粒状矿化颗粒的 HRTEM 高分辨晶格像（a）和选区电子衍射图（b）

圆形矿化颗粒的晶格像（图 14-13b）中可以清晰地看到一个颗粒的二维晶格像和另一个颗粒的一维晶格像，说明纳米颗粒结晶较差，属砂粒体钙化发生的初始阶段，相当于 ESEM 观察到的矿化小球。

粒状颗粒的结晶度相对较好，可以看到一些小晶体清晰的三维晶格像（图 14-14a），其高分辨像上测量的面网间距 d 值在 ICDD 的 12-0529 号卡片中可以找到对应值，选区电子衍射花样为多晶环形式（图 14-14b），说明样品由纳米多晶组成。衍射环半径的平方比

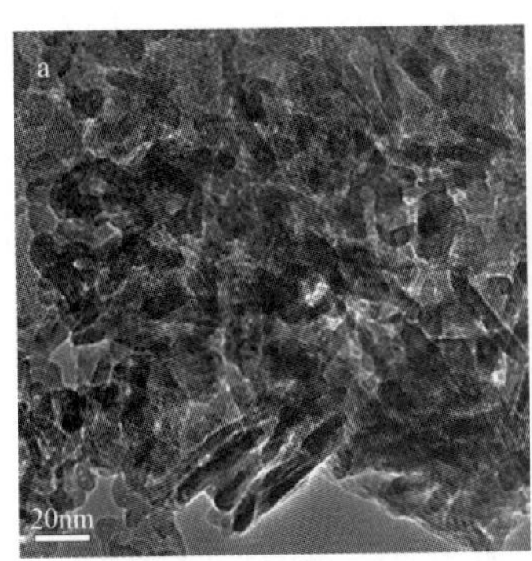

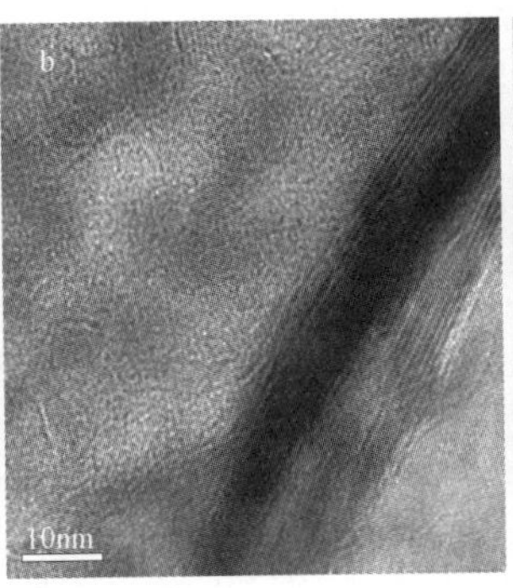

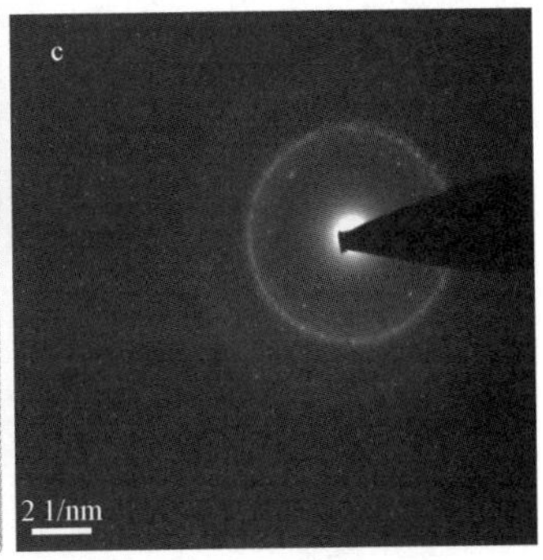

图 14-15　纤维状矿化颗粒的 HRTEM 像（a）、晶格像（b）和选区电子衍射图（c）

约为 3∶4∶7∶9∶12，符合六方晶系规律，并且 d 值与 ICDD 中 12-0529 号卡片碳羟磷灰石的数据对应。衍射环最内部为两个对称短弧的形态，表明晶体排列有沿此弧对应方向的择优取向性，此方向为（0002）面网方向。该区域的能谱分析 Ca/P 值为 1.676，接近碳羟磷灰石的理论比值。

纤维状颗粒具有不清晰的一维晶格像（图 14-15b），选取电子衍射花样（图 14-15c）为稍有弥散的多晶衍射环，环数少，表明该区域结晶程度差，有一些无定形矿物存在。能谱测试 Ca/P 值较低，为 1.473，说明可能存在较多的磷酸八钙等其他低 Ca/P 的钙磷酸盐系列矿物，也就是说这种形态的晶体属于矿化的发展阶段，胶原纤维由于矿化小球的不断生长聚集而发生矿化，矿化从无定形的磷酸盐和磷酸八钙的形成开始，保留了胶原的纤维状形态。

3. 讨论

脑膜瘤中砂粒体的形貌观察表明，砂粒体形成初期，是附着在胶原纤维上的钙化小球不断生长聚集，导致旋涡状排列的胶原纤维不断发生矿化的结果。根据矿化小球的尺寸和沉积位置可以推断为细胞外的矿化，排除细胞内成核的可能。基质虽然含量极微，但可引导成核，起到存储 Ca^{2+} 和 PO_4^{3-} 的作用，而且脑膜瘤中基质丰富，由此可以推测脑膜瘤中砂粒体的成核点为基质囊泡，调控晶体生长的是胶原纤维。Weiner 和 Wagner（1998）总结了矿化形成机理，首先是离子吸附到基质上成核生成磷酸八钙纳米颗粒，有机配体和无机晶体间的分子附着，不断导致有机配体发生矿化。随后，磷酸八钙逐渐向碳羟磷灰石转变。矿化过程中，CO_3^{2-} 参与了结晶，因此限制了磷灰石晶体长大。

脑膜瘤中砂粒体形成初期的钙化小球 Ca/P 值较低，其组成可能主要是无定形磷酸钙或磷酸八钙等。钙化小球的生长聚集导致其载体胶原纤维的矿化。透射电镜观察到的具有较低 Ca/P 值、晶格条纹不清晰的纤维状晶体应属胶原纤维矿化初期。脑膜瘤中的砂粒体起源于在基质囊泡中成核、沉积并生长在胶原纤维上的钙磷酸盐纳米球状颗粒。矿化过程不是单纯的无机晶体以核为中心发生成层沉淀，而是纳米晶体聚集生长的同时，引导螺旋状排列的胶原纤维不断发生矿化，从而造成了看似同心层状的外观（Wang *et al.*，2011）。

一般脑膜瘤中都会出现梭形肿瘤细胞、上皮细胞、纤维母细胞排列成的同心性旋涡，被称为脑膜瘤样旋涡。这样的旋涡中存在丰富的膜结构和空隙，给矿化提供了成核中心。有研究表明，矿化发生的体液环境中阴、阳离子浓度并不能提供晶体自发成核沉淀，而需要特殊的成核中心来聚集离子，使之结晶。可见，脑膜瘤中砂粒体的形成是由其本身特性决定的，不是简单的细胞坏死所造成的。

14.2　心血管矿化特征

人体心血管系统中矿化作用，常表现为含钙磷酸盐矿物形成的钙化作用。本节从矿物学和病理学角度，对人体心血管系统中矿化特征进行阐述，并介绍目前对含钙磷酸盐矿物矿化作用的医学认识（李康等，2009）。

14.2.1　心血管系统矿化作用

人体心血管系统的钙化倾向于发生在机械应力集中和动脉粥样硬化部位，如无名动脉、主动脉弓、腹部主动脉等(New and Aikawa，2011)。按钙化发生部位可分为瓣膜钙化和血管钙化(图 14-16)，后者包括主动脉钙化和冠状动脉钙化（coronary artery calcification，CAC)。钙化最普遍的部位是主动脉，其次是冠状动脉，然后是主动脉瓣、二尖瓣和三尖瓣。CAC 与冠心病之间存在有机联系，是判断冠状动脉粥样硬化的可靠指标。检出 CAC

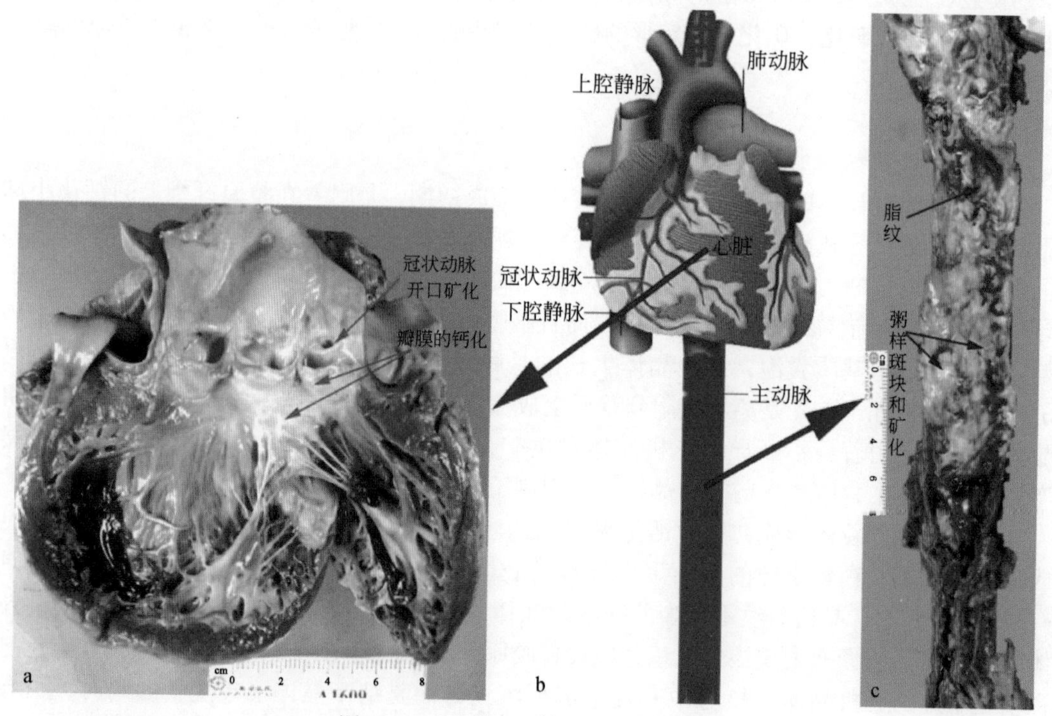

图 14-16　人体心血管系统中的钙化

a. 心脏剖面图，显示冠状动脉开口处和瓣膜（包括主动脉瓣和二尖瓣）钙化；b. 心脏结构和主要大血管系统；c. 主动脉剖开图，显示主动脉内膜广泛的脂纹和粥样硬化斑块及与动脉粥样硬化斑块相关的钙化

可为早期诊断冠心病和预测冠心病的发生提供可靠依据，因而成为目前心血管领域研究的热点之一。

1. 心脏瓣膜钙化

心脏瓣膜钙化是老年人心脏瓣膜退行性病变的特征性改变，发病率在老年人中仅次于高血压、冠心病，并随年龄增长而增加（Hisar *et al.*，2002）。它是引起心力衰竭、心律失常、晕厥的重要原因之一，多发生于主动脉瓣及二尖瓣，很少累及右心瓣膜；可以单独存在，也可与其他心血管病并存。存在主动脉瓣和二尖瓣钙化患者的冠心病发病率高于无瓣膜钙化患者，因此这两处瓣膜钙化可以作为预测和检测冠心病的可靠指标之一（Adler *et al.*，2002；Hisar *et al.*，2002；Acartürk *et al.*，2003；Yamamoto *et al.*，2003），其中二尖瓣钙化对发现严重冠状动脉疾病的实际预测价值可高达92%（Atar *et al.*，2003）。

2. 心脏血管钙化

心脏血管钙化是动脉粥样硬化、高血压、糖尿病血管病变、血管损伤、慢性肾病和衰老等普遍存在的病理表现，主要表现为血管壁僵硬度增加、顺应性降低。近年来的研究证实血管钙化的发生并非单纯钙磷酸盐的被动沉积，而是一种类似于生理性矿化的主动的、可逆的、受到高度调控的过程。其特征包括基质小泡的出现，细胞内碱性磷酸酶活性增加，各种与骨分化相关蛋白的出现以及血管细胞发生成骨细胞样表型的转化等。根据发生机制的不同，血管钙化可分为内膜钙化和中膜钙化。内膜钙化如动脉粥样硬化性钙化。中膜钙化又称为 Monckerberg's 硬化，常见于糖尿病、慢性肾功能衰竭及衰老的血管，独立于动脉粥样硬化病变存在。临床研究和流行病学调查均显示，钙化与动脉粥样硬化、糖尿病、心力衰竭等预后密切相关。

14.2.2　心血管系统中矿化的病因

心脏瓣膜钙化病因目前尚不清楚。绝经后女性因雌激素缺乏，较易发生骨质疏松，造成骨钙异位沉积而致瓣膜钙化，表明年龄及性别是心脏瓣膜钙化不可逆转的危险因素。高血压患者高速血流冲击瓣膜，引起组织变性、纤维组织增生、脂肪浸润或胶原断裂形成间隙，有利于钙盐沉积，加速了钙化过程，即压力是影响瓣膜钙化的因素之一，这可以解释为何左心瓣膜钙化的发生率明显高于右心瓣膜。老年人由于维生素 D 缺乏，甲状旁腺激素分泌增加，钙从骨组织向软组织迁移，易形成瓣膜钙化。另外，终末期肾病、钙磷代谢异常、内皮功能障碍、代谢综合征等可能在瓣膜钙化过程中发挥作用。Fujita（1985）和 Shiraki 等（1988）研究发现，骨矿含量随年龄增加而减少，软组织钙沉着并随之增加，钙从骨骼向软组织迁徙，因而提出“异位钙化”学说。细胞凋亡、基质小泡、碱性磷酸酶、脂质以及炎性细胞均参与其过程（刘丽等，2004）。还有人提出瓣膜钙化并非被动形成，而是与大动脉和周围的小动脉粥样硬化有类似的炎性反应。其病变过程包括脂质沉积、巨噬细胞和淋巴细胞浸润以及细胞基底膜的断裂破坏，是残存瓣膜或胶原细胞分泌细胞外基质钙化沉积的结果（王士雯等，2000）。

血管钙化是一个多病因、多途径的复杂过程，涉及多种机制，如调控血管平滑肌细胞向成骨细胞/软骨细胞表型分化的因素失衡、氧化应激、细胞凋亡等（Son and Akishita, 2007）。研究者提出了骨形成蛋白调节学说、细胞控制学说、凋亡体基质囊泡学说和氧化应激学说等多种假说，但这些学说均不能完全说明血管细胞向骨细胞表型转化的机制。

动脉血管钙化过程中存在平滑肌细胞表型的转变（Iyemere *et al.*, 2006），从主动脉壁培养的平滑肌细胞具有表达软骨形成、平滑肌形成标记等多种潜能，Balica 等（1997）研究发现，培养的内膜平滑肌细胞可部分出现钙化，当它们失去表达平滑肌特异标记时就分化为成骨样细胞，这表明在钙化抑制因子减少或刺激因子增加的情况下，部分平滑肌细胞转变为成骨样细胞，从而完成了钙化过程中细胞表型的转变。Watson 等（1994）研究发现两个促进动脉粥样硬化的蛋白 TGF-β1 和 25-羟基胆甾醇可以促进平滑肌细胞在体外的钙化，同样，雌激素和血管内信号分子 cAMP 和 MAP 激酶可以促进钙化中的血管细胞（CVC）钙化；N-3 脂肪酸抑制 CVC 钙化，而 p38-MAPK 和 PPAR-γ 途径（Abedin *et al.*, 2006）和瘦素通过增加碱性磷酸酶活性促进成骨细胞分化和 CVC 钙化。

Collett 和 Canfield（2005）提出了血管生成和动脉钙化可能存在潜在关系的假说。他们认为，在炎症信号的作用下，成骨信号或成骨前体细胞可能通过侧枝血管转运到血管壁，侧枝血管允许多能外膜成肌纤维细胞或周细胞进入粥样硬化内膜或中膜并在骨形态发生蛋白（BMPs）和骨保护素（osteoprotegrin，OPG）等骨信号蛋白的作用下分化为成骨样细胞。

体外培养的平滑肌细胞在暴露于高无机磷酸盐的条件下也能发生钙化并表达成骨样表型（Jono *et al.*, 2000）。高糖水平通过增加 Cbfa1 和 BMP-2 表达促进这一过程，而骨桥蛋白和无机焦磷酸盐（PPi）则可抑制这一过程。人类钙化斑块内发现的基质蛋白（包括弹力蛋白前体，弹力蛋白降解产物和核心蛋白多糖）可以在体外促进平滑肌细胞钙化（Simionescu *et al.*, 2005）。Basalyga 等（2004）研究发现外膜或中膜炎性细胞分泌的基质金属蛋白酶（MMP）可以引起中膜弹力蛋白的降解，其降解产物释放后作为趋化因子再作用于炎症细胞，从而形成一个循环：MMP 介导弹力蛋白降解，炎症因子得到补充，进一步又促进 MMP 的分泌。抑制 MMP 的活性可以中断这一循环并阻止炎症细胞的浸润。

14.2.3 心脏血管矿化作用诊治意义

CAC 是冠状粥样硬化病变中一个有调控的主动性过程，贯穿于粥样硬化的整个过程，对于冠心病的诊治有重要的意义。

CAC 一般发生于血管壁有粥样硬化的病变处。冠状动脉钙化程度与动脉粥样硬化管腔狭窄严重程度之间不一定呈线性关系，但两者之间又有一定联系。Mautner 等（1994）的研究显示 CAC 积分诊断管腔狭窄具有敏感性和特异性，能预测冠状动脉狭窄程度。Kitamura 等（2005）也认为冠状动脉钙化与管腔狭窄的严重程度明显相关。林芙君等（2007）研究发现随着冠状动脉狭窄程度的增加，CAC 成分虽有增高趋势，但差异并无统计学意义，提示 CAC 积分与冠状动脉狭窄程度并不一定呈平行关系。此外，临床实践中冠脉 CT 提示明显钙化的患者冠状动脉造影正常的情况也不少见。虽然钙化与冠状动脉粥样硬化狭窄的关系尚无定论，但多数研究发现钙化能稳定斑块，减少斑块破裂而出现急性冠脉事件。Bostrom（2005）的研究证实，钙化可以稳定斑块并限制其生长。Beckman 等（2001）发现急性冠脉综合征患者病变处钙化相对少见，从而证实了钙化稳定斑块的作用。

一项大样本研究（Budoff *et al.*，2007）显示，冠状动脉钙化的检测对于心肌梗死、猝死等冠脉事件的发生具有独立于传统危险因素的预测价值，因而，冠状动脉钙化的检测具有重要临床意义。目前普遍应用影像学方法检测 CAC，包括电子束 CT、多层螺旋 CT 和血管内超声，其中以 CT 应用最为广泛，美国心脏病学会基金会（ACCF）和美国心脏学会（AHA）也介绍了通过 CT 检测冠状动脉钙化积分在评估整体心血管危险和评价胸痛患者中的应用（Greenland *et al.*，2007）。但目前 CT 检测钙化的标准尚不完善，血管内超声价格昂贵，且不能很好定位，都限制了其应用。反映钙化的血清学指标主要是 C 反应蛋白（CRP），但并无特异性。

14.2.4　心血管主动脉钙化的矿物学特征

主动脉是体循环的动脉主干，根据其行程可分为升主动脉、主动脉弓和降主动脉。主动脉钙化在心血管系统中发生最为普遍。主动脉内膜可出现广泛的脂纹、粥样硬化斑块及与动脉粥样硬化斑块相关的钙化（图 14-17c）。

钙化会使动脉弹性降低。主动脉内径较大，不会发生严重梗塞，因此主动脉发生钙化对人体风险较小，但它仍代表了动脉粥样硬化的一个重要疾病类型。

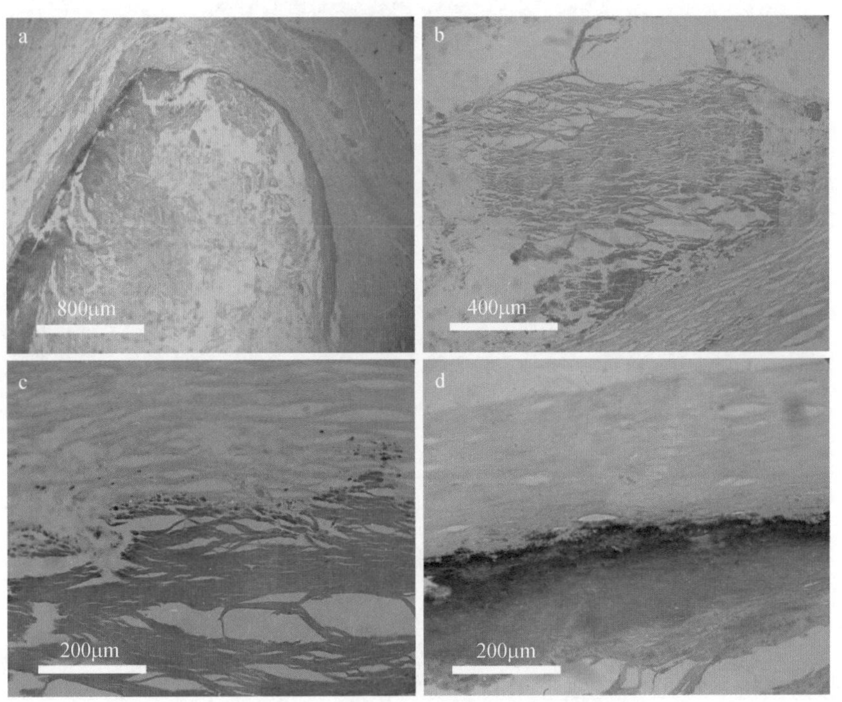

图 14-17　主动脉钙化 HE 染色照片

1. 钙化的分布与形貌

出现钙化的主动脉内膜明显增厚，又向深部压迫中膜。钙化物的 HE 染色显示蓝紫色深染（图 14-17）。钙化区可见大量粉染的无定形物质和较多的泡沫细胞以及胆固醇晶体因制样过程中溶解留下的针状空隙（Subra *et al.*，2004）。钙化与胶原纤维接触紧密，甚至连续过渡（图 14-17b、c），同时，钙化呈现出与胶原形态类似的纤维状特征。在纤维状钙化向健康的胶原延伸的过渡区域，钙化呈点状散布（图 14-17c、d）；而在局部，点状、纤维状钙化融合成块状形态（图 14-17d）。

环境扫描电镜下可见胶原纤维内部沉积了大量形状不一的钙化小球，与胶原纤维接触紧密（图 14-18a），且胶原纤维均已发生了不同程度的钙化。钙化的胶原纤维与正常胶原纤维形态一致，二者连续过渡（图 14-18a）。钙化的胶原纤维保持了原有的纤维状结构，只是成分发生了改变。较为致密的块状钙化与正常胶原接触也较紧密（图 14-18b），其表面常有直径 2 ~ 4μm 的不规则球状凸起（图 14-18c），而钙化颗粒表面形态更加复杂（图 14-18d）。

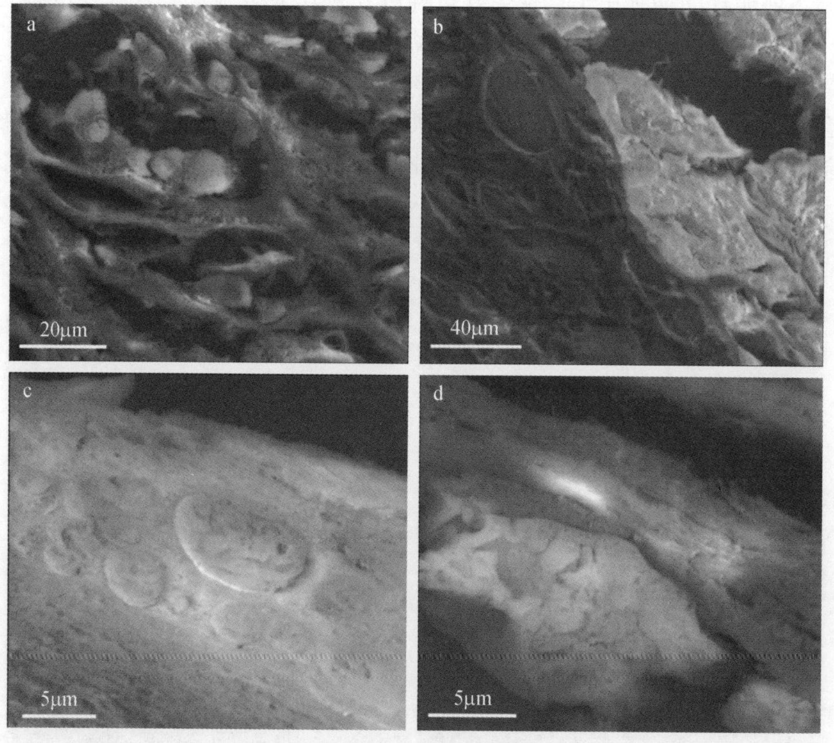

图 14-18　主动脉钙化的 ESEM 像

2. 钙化的物相组成

主动脉钙化粉末的 XRD 测试显示其主要物相是羟磷灰石（图 14-19）。结晶度虽不及标样，但较其他生物成因的磷灰石来说，结晶度较好，对应（211）和（112）面网的 d 值分别为 0.281 和 0.277nm 的两个衍射峰能很好地分开。

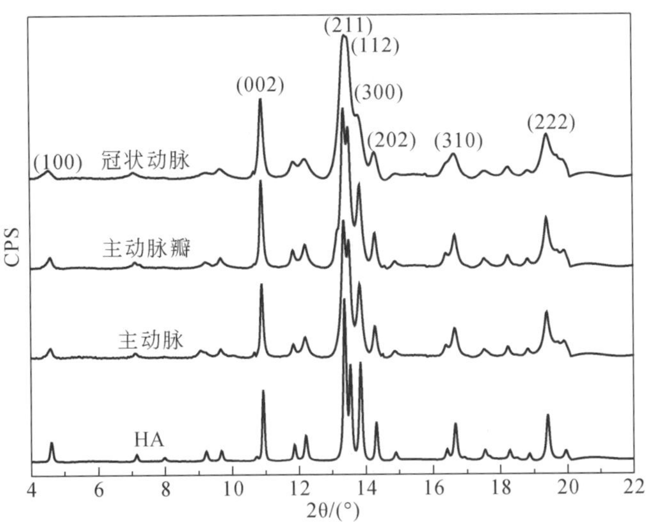

图4-19　标样羟磷灰石（HA）和心血管系统钙化粉末 XRD 图谱

透射电镜下可观察到两种不同形态的钙化颗粒，分别是直径约 200nm 的圆形颗粒和长约 100nm、宽约 20nm 的柱状颗粒（图 14-20a）。柱状颗粒常聚集成小集合体，与合成的羟磷灰石相似（Koutsopoulos，2002）。圆形颗粒的边缘有明显的一维晶格（图 14-20b），

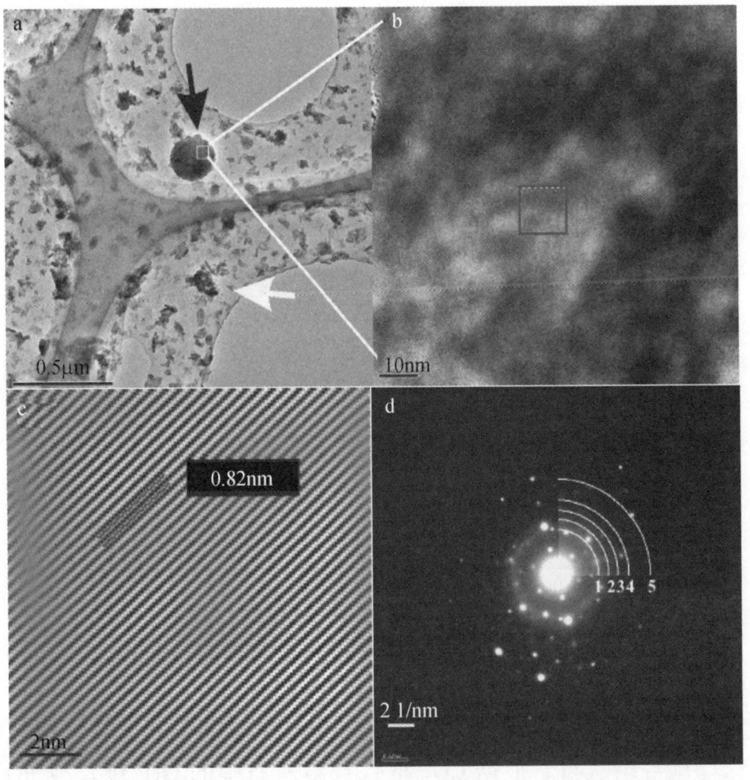

图 14-20　钙化颗粒形貌（a、b）、高分辨晶格像（c）及选区电子衍射（d）

其晶格像（图 14-20c）上获得的面网间距 0.282nm 与 PDF #09-0432 中羟磷灰石（211）面网间距 2.81Å 十分接近，该面网在 XRD 图谱中表现为最强的衍射峰。该选区电子衍射的衍射环不连续，出现大量衍射斑（图 14-20d），表明该区域晶体的结晶程度相对较高，个别晶体粒度较大。图 14-20d 是沿［0001］晶带轴的衍射图样，最近的三个点对应的面网间距分别是 5.39Å、3.17Å 和 2.71Å，与 PDF#09-0432 卡片的数据完全对应。图中有 5 个环可以标定，衍射环半径的平方比约为 3∶4∶7∶9∶16，符合六方晶系衍射规律。因而圆形颗粒应是不同取向六方晶系羟磷灰石小颗粒的集合体（Xin *et al.*，2006）。

3. 钙化物的化学成分与结构

几例主动脉钙化的显微红外光谱基本类似，只有细微差别，主要表现在峰强和峰宽上（图 14-21）。位于 1040cm^{-1}的强吸收峰为 PO_4^{3-}典型的反对称伸缩振动峰（Trommer *et al.*，2009）；958～963cm^{-1}处的小吸收峰是 PO_4^{3-}的对称伸缩振动峰。在生物磷灰石中，该峰的强度减弱，甚至以吸收肩的形式重叠于反对称伸缩振动峰之上。由 1450～1470cm^{-1}和 1410～1420cm^{-1}组成的双吸收峰是 CO_3^{2-}的反对称伸缩振动峰；870～872cm^{-1}处的尖峰是 CO_3^{2-}的面外弯曲振动峰。3400cm^{-1}左右的宽峰是 OH^-的伸缩振动峰（Manara *et al.*，2008）。2955cm^{-1}、2921cm^{-1}和 2845cm^{-1}处是脂膜中 C—H 的伸缩振动峰，1580cm^{-1}和 720cm^{-1}附近的峰是蛋白多糖中酰胺Ⅰ、酰胺Ⅲ等的伸缩振动峰（Sauer and Wuthier，1988；Jackson *et al.*，1995；Camacho *et al.*，2001；Sofia *et al.*，2001；Movasaghi *et al.*，2008）。这些有机物的峰是由与钙化紧密相关的酯类物质产生的。有些钙化物中含较多的有机成分（图 14-21）。

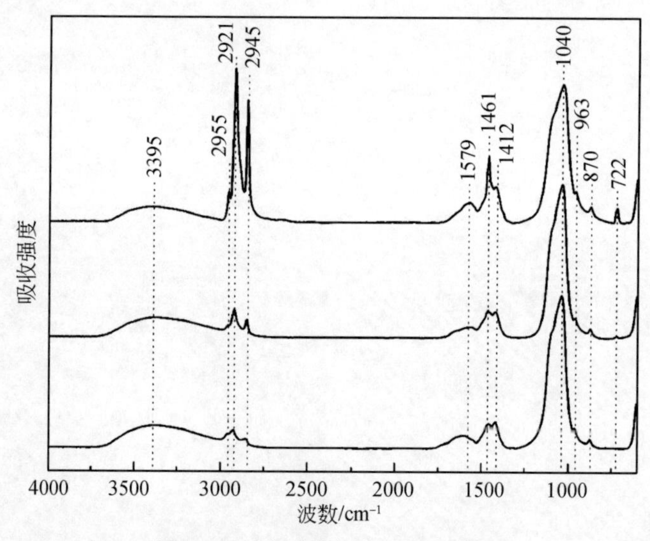

图 14-21　主动脉钙化红外光谱图

红外光谱显示钙化物中主要含有 PO_4^{3-}、CO_3^{2-}和 OH^-官能团，主要物相应是由碳酸根取代的羟磷灰石，即碳羟磷灰石。根据 CO_3^{2-}取代羟磷灰石中的 OH^-位置或 PO_4^{3-}位置，可分为 A 型和 B 型碳羟磷灰石。A 型碳羟磷灰石通常在高温下产生，结晶度较高；B 型碳羟磷灰石通常通过沉淀和取代的方式产生，结晶度和颗粒都较小。红外光谱中，两者差异通过碳酸根的振动峰表现出来。A 型碳羟磷灰石的碳酸根振动峰在 1545cm^{-1} 和 1460cm^{-1}，而 B 型碳羟磷灰石则在 1466cm^{-1}、1455cm^{-1} 和 1422cm^{-1} 处（Clasen *et al.*，1997；Barralet *et al.*，1998；Fleet and Liu，2003）。主动脉钙化物的红外光谱显示矿物相主要是 B 型碳羟磷灰石。由于峰的相对强度有差异，可能取代程度和方式也有所不同。

X 射线近边吸收结构光谱（XANES）能反映原子所处的化学环境，可分辨不同的钙磷酸盐矿物，确定结晶程度，还可以得到平均配位数的信息。配位数高的化合物在边前区域有可识别的特定形状（Sowrey *et al.*，2004）。研究表明，不同病理类型的钙化机制在分子水平上是相似的，都形成低结晶度的羟磷灰石沉淀，其中 Ca/P 原子比随着时间的延长而增加（Weska *et al.*，2010）；同时，XANES 图谱反映具有钙缺陷的羟磷灰石（CDHA）结构的无序度按 1. 67>1. 5>1. 6>1. 55 的顺序增加，说明 CDHA 的化学计量比和非化学计量比要比结构上的有序和无序更重要，也暗示了 Ca/P=1. 5～1. 67 的钙磷酸盐矿物的生物化学性质的不同也归因于化学计量比和非化学计量比的作用（Liou *et al.*，2004）。

主动脉钙化及标样 HA 和磷酸三钙（α-TCP）中主要元素 Ca 的 K 边 XANES 图谱见图 14-22。所有磷酸钙矿物在吸收边前都有一小峰 A（4042eV），由 1s 跃迁到 3d 分子轨道所导致，不同样品强度不同，表明 Ca^{2+} 的有效电荷和所处的对称位置不同，中心对称性低的化合物强度高。主动脉钙化物的 A 峰比 HA 高（图 14-22 中方框所示），说明主动脉钙化物中 Ca 配位多面体的扭曲变形程度略高一些（Laurencin *et al.*，2010）。由 1s 跃迁到 4s 分子轨道导致的最强共振 B 位置（4047eV）的低能量边有三个吸收峰的吸收肩结构，在这一系列的化合物中保持不变。C_1 和 C_2 位置归属于 1s 到 4p 分子轨道的跃迁，二者的相对强度取决于 Ca 的类型。HA 结构中的 Ca 有两种位置，一是配位数 9 的 Ca(Ⅰ)，位于上下两层的 6 个 PO_4^{3-} 四面体之间，与 6 个 PO_4^{3-} 四面体中的 9 个氧相连，OH^- 与上下两层的 6 个 Ca^{2+} 组成配位八面体；二是配位数 7 的 Ca(Ⅱ)，与相邻 4 个 PO_4^{3-} 四面体中的 6 个氧相连

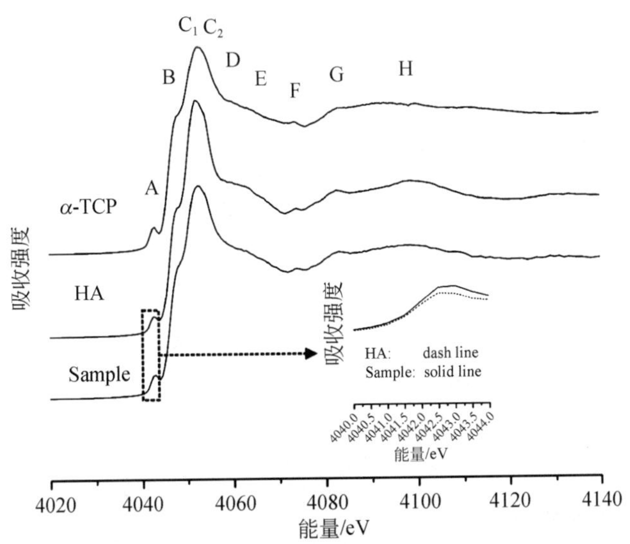

图 14-22　主动脉钙化颗粒 Ca 的 K 边 X 射线近边吸收结构光谱图

（杨维虎等，2009）。C_1峰较高的物质 Ca（Ⅰ）含量较多，C_2峰较高的物质 Ca（Ⅱ）含量较多。对比发现样品中非化学计量比的 Ca（Ⅱ）含量更多，表明主动脉钙化物结构的有序度不如标样羟磷灰石。D 位置（4059eV）由 5s 跃迁到空的价带产生（Chaboy *et al.*，1995）。E～H 峰由多重散射导致（Eichert *et al.*，2005）。

α-TCP 的主峰在 4052eV、4053eV 处，并有 4065～4112eV 的宽峰，而羟磷灰石（HA）的特征峰则是 4052eV、4054eV、4064eV 的吸收肩和 4099～4130eV 的宽吸收带。图 14-22 中很明显能看出主动脉钙化物更接近于 HA 结构。

P 的近边吸收光谱（图 14-23）可显示局部微结构的差异（Nakahira *et al.*，2002）。2152.6eV 处的主峰 A 是由电子从 1s 轨道激发到高能量的 $t_2{}^*$ 轨道所产生。吸收肩 B（2155.1eV）对应于电子从 P1s 轨道向 Ca3d 轨道的跃迁（Demirldran *et al.*，2011），这个过程符合偶极选择定律（Okude *et al.*，1999）。标样 α-TCP、HA 以及主动脉钙化颗粒的吸收肩 B 有较大差异，HA 的 B 峰更加显著。2155.1eV 处的特色吸收肩 B 以及 2163.0eV 和 2169.7eV 处的高能量第二主峰 C 和 D 是磷灰石系列矿物的鉴别特征。样品的 C 和 D 两峰比标样 HA 更宽，说明主动脉钙化颗粒中的羟磷灰石结晶度低（Ingall *et al.*，2011）。

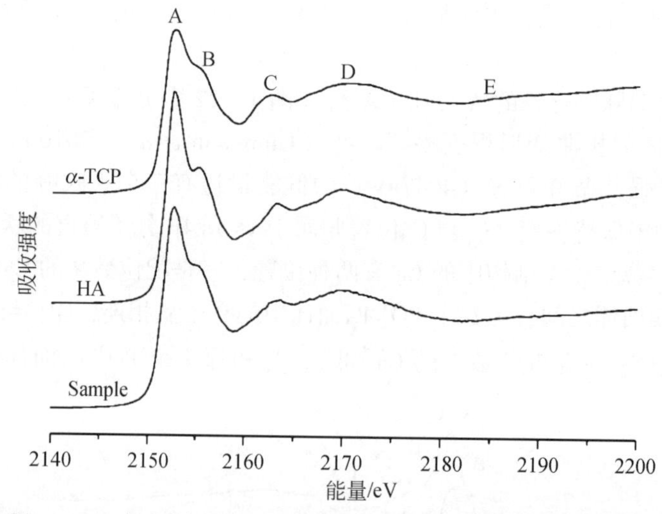

图 14-23 主动脉钙化颗粒 P 的 K 边 X 射线近边吸收结构光谱图

主动脉钙化颗粒中的主要微量元素有 Na、Zn、Fe 和 Sr，与人体中含量最多的几种微量元素相对应。其中，Zn 的含量最高，可达 0.47%，是 Ca 的 1% 左右；Fe 含量 0.34%，也较高；Sr 含量约 0.035%。研究表明，在碳酸根基团的诱导作用下，碳羟磷灰石中 Ca（Ⅰ）或 Ca（Ⅱ）出现空缺（Bazin *et al.*，2009a），客观上为微量元素取代提供了条件。Zn 在钙化中的赋存形式有较大争议。有研究认为，由于 Ca 缺陷的存在，Zn 取代了生物磷灰石中 Ca 的位置，但由于二者离子半径相差较大（Zn^{2+}：0.74Å；Ca^{2+}：0.99Å），取代后会引起晶格变形，晶胞参数 *a*、*c* 减小（Miyaji *et al.*，2005；Matsunaga *et al.*，2010）。也有研究认为，Zn 存在于晶体表面或者以一种无定形的状态存在，而非存在于磷灰石的纳米晶体晶格中。这种 Zn 的存在会导致晶粒变小，热稳定性变差（Bigi *et al.*，1995；Bazin *et al.*，2009b）。Na 在主动脉钙化物中分布较为普遍，原子百分比最高可达 1.5%。其分布趋势与钙化相关，应存在于钙化物中。对马骨和牛牙成分的研究表明，虽然 Na^+ 和 Ca^{2+} 价态不同，但由于离子半径接近（分别为 1.02Å 和 1.00Å），且羟磷灰石中的碳酸根取代造成了电荷不平衡，Na^+ 取代磷灰石结构中的 Ca^{2+}（Laurencin *et al.*，2010），来补偿电荷。此外，主动脉钙化中还含有极微量的 Mn（0.0061%）、Cu（0.0037%）和 As（0.0024%）等元素。

钙化物中 Ca 与 Zn 的分布大体相似，且有此消彼长之势。因此，主动脉钙化中的 Zn 更可能是部分取代碳羟磷灰石中的 Ca。Sr 与 Zn 的分布基本一致。Sr 与 Ca 是同族元素，经常取代 Ca 进入含钙矿物。Sr 的分布进一步佐证了 Zn 的赋存形式应是进入羟磷灰石晶格取代 Ca。

Fe 在钙化及有机组织中均有分布，且主要分布于有机物质中，但钙化边缘也较为富集。推测钙化中的 Fe 主要从周边有机组织中获得。

钙化物中的 Cu、Mn 等微量元素分布与 Zn 都显示出较为明显的正相关性。其中，Cu 的分布更广更平均，推测 Cu 和 Mn 均不同程度地取代了碳羟磷灰石中 Ca 的位置。As 的分布则与 Fe 十分相似，主要分布于有机组织中（Li *et al.*，2014）。

4. 钙化形成机制探讨

研究表明，病理性矿物中同时含磷酸八钙（OCP）和碳羟磷灰石（CHA）。OCP 在矿化过程的成核和 HA 的生长过程中都起到了重要作用。主动脉钙化检测到的主要物相是 CHA，无 OCP 的明确显示。这可能由以下两个原因造成：①在血液正常 pH 为 7.4 的条件下倾向于形成 HA；当 pH 下降时，HA 才会向 OCP 转化（Eiden-Assmann *et al.*，2002）。②OCP 与 HA 结构接近，OCP 由平行于 *b-c* 平面的磷灰石层构成，HA 层之间是结构水层（Brown，1962）。OCP 是 HA 的亚稳定相，在人体环境中随着钙浓度的增加，可以通过水解等方式转变为 HA（Graham and Brown，1996；Arellano-Jiménez *et al.*，2009）。我们的样品均取自于尸检病例，存在于体内的时间较长，因此即使存在 OCP 也已全部转化为 HA，但不能完全排除 OCP 曾经存在过。

大量研究发现，在动脉粥样硬化病灶中，胆固醇和钙化是其中主要组成部分，并在病灶中心区域聚集。由于一水合胆固醇晶体和羟磷灰石在某些晶面上非常相似，所以过去有人认为，其中一种物质沉积会成为另一种物质沉积的成核中心。动脉粥样硬化斑块内部钙化颗粒中心胆固醇的存在，说明胆固醇或者相关的脂质，可能扮演着磷灰石沉积成核中心的作用，这种作用不仅在血管中，在瓣膜中也应该同样存在（Sarig *et al.*，1994）。通过给兔子提供高胆固醇食物，发现 3 个月时动脉粥样硬化开始全面发展；到第 6 个月，主动脉就产生部分钙化的现象。胆固醇水平与主动脉瓣钙化和冠状动脉钙化的发展有正相关性，降脂疗法可能减缓瓣膜钙化的进程（Pohle *et al.*，2001）。有研究发现，将具有钙化能力的基质小泡分离出来，也能形成跟血管早期钙化类似的羟磷灰石相的钙化物。具有钙化能力的基质小泡比普通小泡具有更强的钙化作用能力，并松散地附着在病灶的基质中（Hsu *et al.*，2002），而基质亦可起到存储 Ca^{2+} 和 PO_4^{3-} 的作用（Weiner and Wagner，1998）。因此，胆固醇、脂质、基质小泡等都可能成为钙化的成核中心。

钙化与胶原纤维紧密相连。研究表明，血管中出现的钙化可能导致胶原纤维的钙化

(Hsu *et al.*, 2004)，钙盐对纤维的被动注入，是一个非细胞调控的过程（Bobryshev，2005）。同时，体温条件下的合成实验发现，胶原为 HA 提供了成核的模板，形成具有钙缺陷的 HA；而 HA 晶体包裹在胶原纤维上，并有大量相互连通的孔隙（TenHuisen *et al.*，1995）。其特征与实际主动脉钙化观察的形貌十分相似，因此，钙化形成过程中，钙化颗粒与胶原纤维之间有相互影响、相互促进的关系。

由此可以做出合理的推测，主动脉钙化的形成过程是，内皮损伤使血液中的脂质易于沉积在内膜，产生多种生长因子促进平滑肌细胞的增生、转型，同时释放具有钙化能力的基质小泡，以及与基质小泡性质类似的由软骨细胞分泌的包膜小体，二者以及胆固醇为钙化提供了成核中心，同时提高细胞外钙的浓度，为钙化的形成提供了基础条件（Kapustin and Shanahan，2012）。有机配体和无机晶体间的分子附着，不断导致胶原纤维发生钙化；同时钙化的胶原纤维为结晶提供了成核模板，反过来促进钙化的形成。随着钙化的不断发展，球状钙化不断形成，胶原也不断钙化，球状、纤维状钙化不断地聚集、融合，最终形成大块的钙化物。

14.2.5 冠状动脉钙化的矿物学特征

冠状动脉是供给心脏血液的动脉，起于主动脉根部，分左右两支，行于心脏表面。在冠状动脉及其分支之间还存在许多侧支或吻合支。它们在冠状动脉供血良好的生理情况下不参与冠状动脉循环；当冠脉主干发生狭窄或阻塞，侧支得以发展，血液绕过阻塞部位输送到远侧区域。

冠状动脉直径较小，当发生粥样硬化时，脂质沉积在动脉中形成斑块。发展到一定程度，使通道变得狭窄甚至阻塞。一般状态下，进入心肌的血液能够维持心脏正常工作，但当患者在生理或心理受到压力时，心脏跳动加速，需要更多的氧气和养分，而冠状动脉在严重变窄或阻塞时则无法供应，导致心肌缺血缺氧，引发心绞痛、心律不齐、心力衰竭等症状。由这种状况引起的心脏病叫做冠状动脉性心脏病，简称冠心病。不稳定斑块容易发生破裂（Kips *et al.*，2008），继而形成血栓造成冠状动脉部分或完全急性闭塞，而侧支循环未充分建立，冠脉相应供血部位心肌严重而持久地缺血达 20～30min 以上，即发生心肌梗死，严重威胁生命。

冠状动脉钙化与粥样硬化斑块密切相关（Budoff *et al.*，2007），后期对斑块也有一定的稳定作用。所以临床上采用冠状动脉造影、多层 CT 等方法检测患者冠状动脉粥样钙化的程度，作为诊断冠心病的一种手段（Becker *et al.*，2004）。研究表明，冠状动脉钙化程度的测量在预测未来心血管事件中有重要作用，其预测作用比传统的危险因素预测效果更优（Arad *et al.*，2000；Achenbach *et al.*，2003）。

1. 钙化的分布与形貌

冠状动脉钙化同样与胶原关系密切（图 14-24）。大部分钙化与正常胶原形态一致，呈纤维状，且与胶原是无缝接触的连续状态。与胶原纤维相比，只是成分上发生了改变（图 14-24a）。在与正常胶原接触的部位，显示较为致密的块状，再向胶原延伸，可见散布的点状钙化颗粒（图 14-24b）。点状钙化大量分布在钙化与胶原的接触带中，钙化的发展有以点状钙化开始，不断向正常胶原推进的趋势（图 14-24b）。钙化区域也见胆固醇结晶溶解后留下的针状空隙。

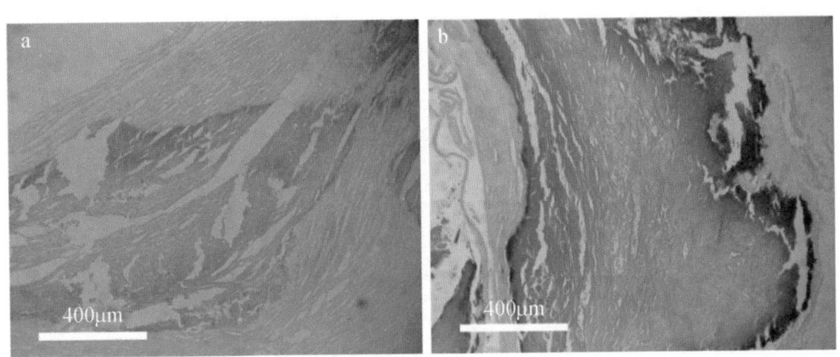

图 14-24　冠状动脉钙化 HE 染色照片

ESEM 下，可见冠状动脉钙化虽然分散破裂，却集中包裹在管腔中（图 14-25a），与主动脉钙化的分布完全不同。钙化较为致密，断面凹凸不平，表面主要呈球状、纤维状结构（图 14-25b）。胶原纤维形貌的钙化上已有钙化颗粒的沉积（图 14-25c）。钙化颗粒与胶原纤维缠绕十分紧密（图 14-25d），反映钙化小球与胶原纤维的相互作用在钙化形成过程中有重要作用。

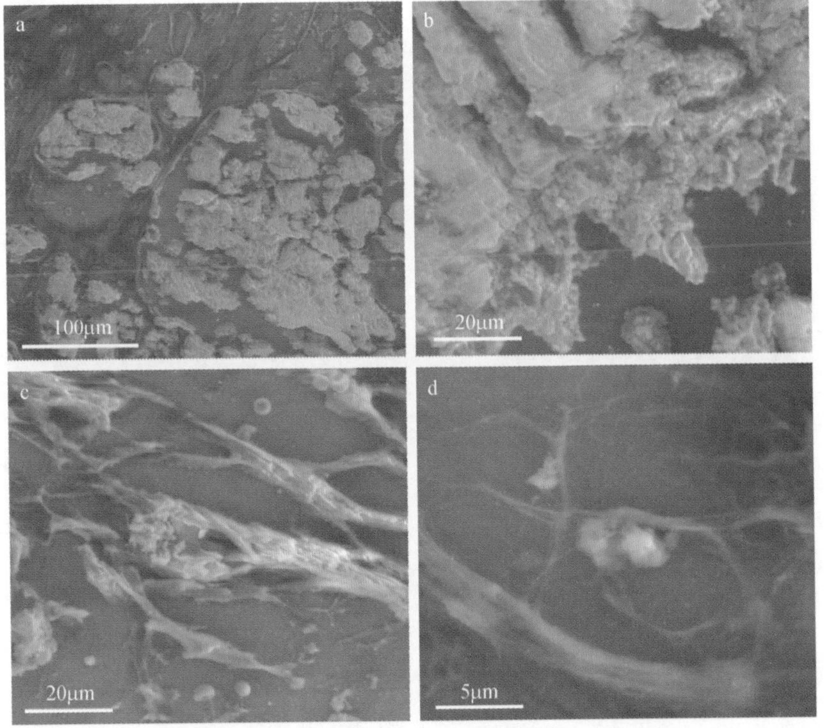

图 14-25　冠状动脉钙化及胶原纤维显微形貌图像

冠状动脉钙化中钙化颗粒有多种不同形态。钙化的纳米晶体大多倾向于聚集成球状（图 14-26a），钙化颗粒内部具放射纤维状结构（图 14-26b），这也是隐晶质碳羟磷灰石的常见结构。大块的钙化基底上会出现形态各异的不连续球状钙化物（图 14-26c），球形颗粒外有凸起的环状结构（图 14-26d）。有的球体颗粒较大，中间破裂（图 14-26e），说明后期受到挤压。钙化颗粒表面都较复杂，且在钙化基底上有大量粒径较小、结构较松散的钙化颗粒（图 14-26f）。可以推测，钙化的形成是分期次的。初期钙化的形成分散于局部，呈无定形态，成分上含较多有机质，呈多孔隙结构（图 14-26f）；钙化进一步发展，分散的钙化融合成一定大小的片状；在此基础上，矿物质聚集、重结晶，纳米晶体聚集成球状集合体，这种集合体中有机质含量相对较少，脆性更大，易受挤压破碎。

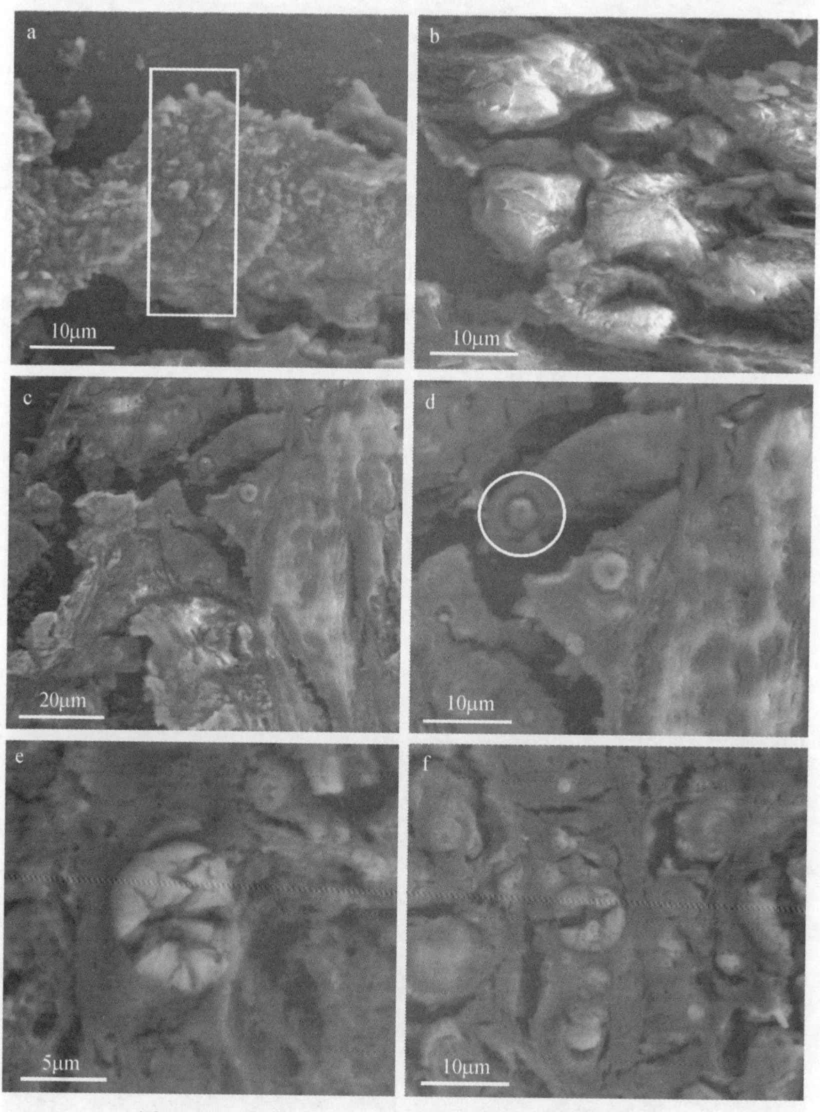

图 14-26　冠状动脉不同形态钙化颗粒显微形貌图像

2. 钙化的物相组成

冠状动脉钙化的主要物相仍是羟磷灰石或碳羟磷灰石（图 14-19），但结晶度比主动脉钙化差。推测由于冠状动脉的管腔较狭窄，钙化沉积过程中物质供给和结晶空间不够，导致结晶度不高。有研究表明，冠状动脉中含非晶态物质（Jin *et al.*，2002），也很好地佐证了这一点。

冠状动脉钙化的红外光谱中仍有明显的 CO_3^{2-} 振动吸收峰，且 1464cm^{-1} 峰强度较大（图 14-27），表明钙化矿物主要为 B 型碳羟磷灰石。

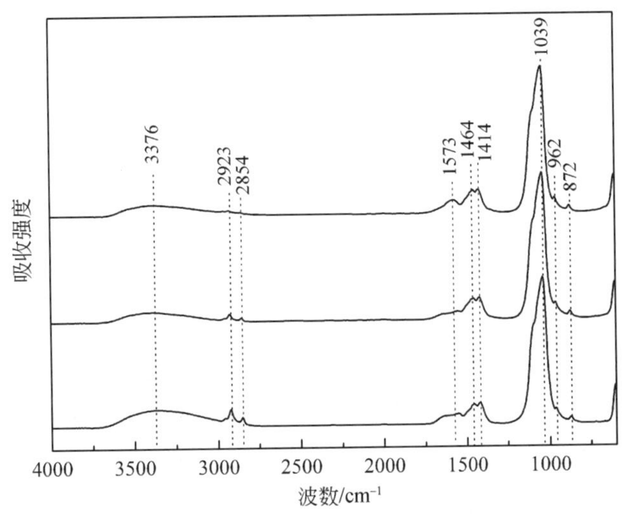

图 14-27　冠状动脉钙化红外光谱图

3. 钙化的化学成分与结构

与主动脉类似，冠状动脉钙化中主要元素 Ca 的含量约 30%，比 HA 标样的 Ca（可达 69%）低很多。微量元素主要有 Zn、Fe 和 Sr。其中 Zn 含量最高，达 0.25%，大约是 Ca 的 1%。Fe 含量约 0.18%，与 Zn 含量属同一数量级。Sr 含量约为 0.018%，是 Fe 的 10% 左右。冠状动脉钙化中 Sr/Ca = 0.0006，比主动脉略低。此外，冠状动脉中还含约 0.0049% 的 Mn，约 0.00093% 的 As 以及约 0.00034% 的 Cu。与主动脉对比，除 Cu 外，冠状动脉钙化中各微量元素含量均较低，但各元素相对于 Ca 含量的变化尚基本一致。冠状动脉钙化中含 Cu 量极低，只有主动脉钙化的 10% 左右。

扫描电镜能谱还检测到冠状动脉钙化中含 Na 和 F。在钙化的不同区域，Na 和 F 的含量不同，但分布较为普遍，钙化程度高的区域含量较高。其中，Na 原子百分比最高可达 1.5%，F 原子百分比最高可达 3.3%。Na^+ 在羟磷灰石中取代 Ca^{2+}，并补偿其中碳酸根取代造成的电荷不平衡；而氟磷灰石在自然界广泛存在，对骨和牙的研究中也发现 F^- 的存在，可能取代羟基或碳酸根，而非取代磷酸根（Weidmann *et al.*，1959；Iijima and Moriwaki，1999）。

4. 钙化的形成机制分析

如前所述，胆固醇、脂质、基质小泡等都可能成为钙化的成核中心，并对钙化的进程产生影响。综合钙化不同阶段的挤压、破裂、空隙等形貌特征推测，钙化形成初期，基质中开始发育以上多种成核中心，且结晶物质丰富，于是多处开始钙化，并导致胶原纤维等有机配体发生钙化。初期的钙化主要是由含有机质较多的无定形态形成。随着钙化的发展，点状、纤维状钙化逐渐发展、融合，形成大面积的块状钙化，并在块状钙化基底上局部重结晶，形成由纳米多晶组成的碳羟磷灰石球状集合体。

14.2.6 主动脉瓣钙化特征

人心脏内部都有四组瓣膜，包括连接左心室和主动脉的主动脉瓣、连接左心房和左心室的二尖瓣、连接右心房和右心室的三尖瓣及连接右心室和肺动脉的肺动脉瓣。这些瓣膜均起单向阀门的作用，使血液保持单向流动而不倒流，即左心房→左心室→主动脉，右心房→右心室→肺动脉。每个瓣膜由 2 ~ 3 个瓣叶组成，正常的瓣叶是菲薄、光滑、富有弹性的，具有良好的开关功能。

由于风湿活动、细菌感染、退行性病变、外伤或先天畸形等原因，心脏瓣膜会发生病理结构改变。病变导致瓣膜出现不同程度的关闭不全或狭窄，失去单向阀门的功能，从而影响心脏内血液的正常流动，导致心功能不全。严重情况下，患者可能需要进行主动脉瓣置换手术。瓣膜病变与年龄、高血压、肥胖、高胆固醇和吸烟等密切相关，且男性比女性的风险更高（Iwata *et al.*，2013）。

瓣膜钙化主要累及主动脉瓣和二尖瓣（图 14-28），可能与这两个瓣膜承受压力最大有关。其中二尖瓣环钙化一直延伸到主动脉瓣钙化的主动脉根部以及右心房处（Burke *et al.*，2007）。临床研究表明，主瓣膜和二尖瓣钙化可作为预测和检测冠心病的可靠指标之一（Adler *et al.*，2002；Hisar *et al.*，2002；Acartürk *et al.*，2003；Atar *et al.*，2003；Yamamoto *et al.*，2003）。统计数据显示，65 岁以上人群中，20% ~30% 存在主动脉瓣钙化，而 85 岁以上人群中，这个比例高达 48% ~53%（London *et al.*，2000），因此年龄是主动脉瓣疾病的主要危险因素（Tenenbaum *et al.*，2004）。

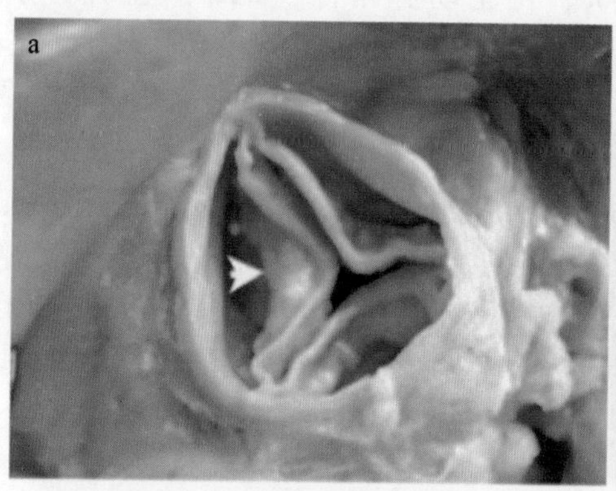

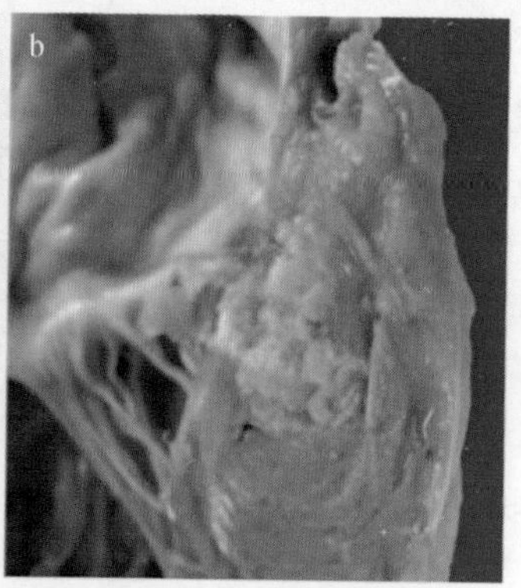

图 14-28　主动脉瓣狭窄和二尖瓣环钙化（据 Burke *et al.*，2007）

1. 主动脉瓣钙化分布和形貌

主动脉瓣钙化呈纤维状，与正常胶原连续接触，在正常胶原纤维中也有大量的点状钙化分布（图 14-29a）。由于此处位于瓣膜根部，故与主动脉的性质较接近。局部钙化较致密（图 14-29b、c），显示出钙化正由纤维状向块状融合的趋势。

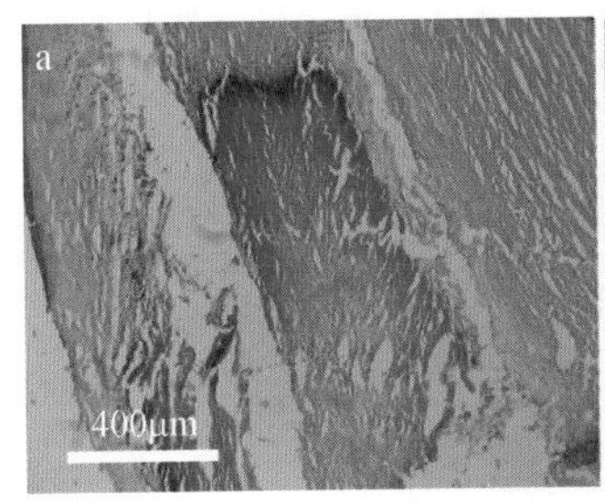

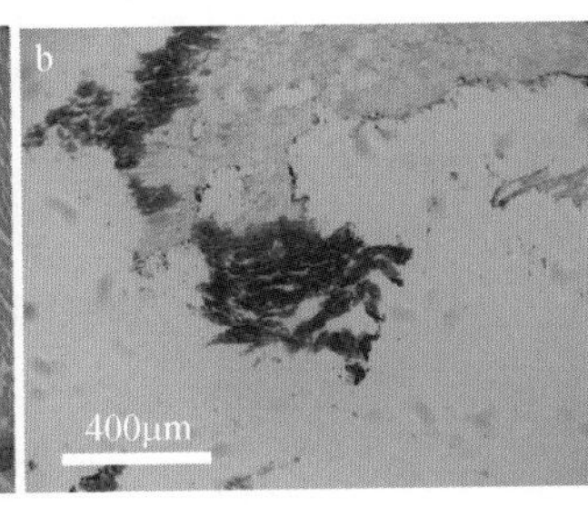

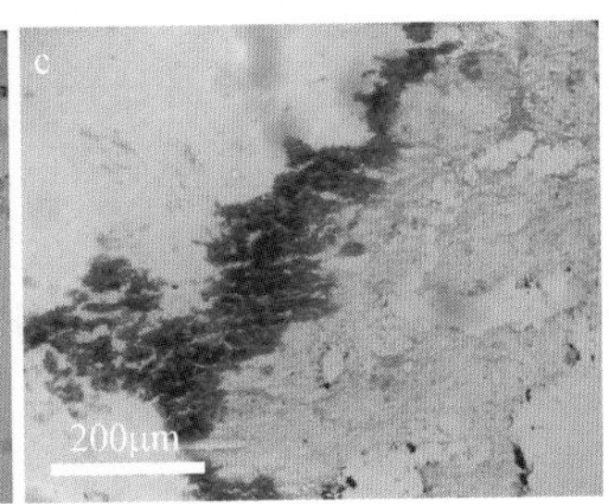

图 14-29　主动脉瓣钙化 HE 染色照片

ESEM 下可见大块钙化的边缘是大量的球状钙化颗粒（图 14-30a），表明块状钙化是由钙化小球发展或者聚集而成。钙化颗粒表面不平整，有纤维状痕迹（图 14-30b），说明钙化与胶原纤维关系密切。钙化与胶原纤维接触的过渡区域存在大量的球状钙化颗粒，且接触关系是连续的（图 14-30c）。

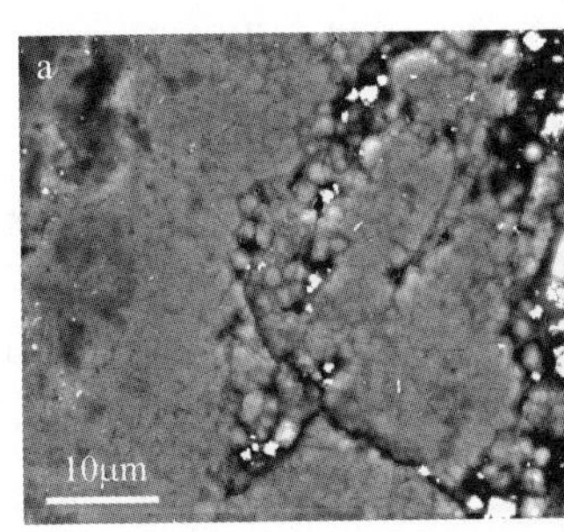

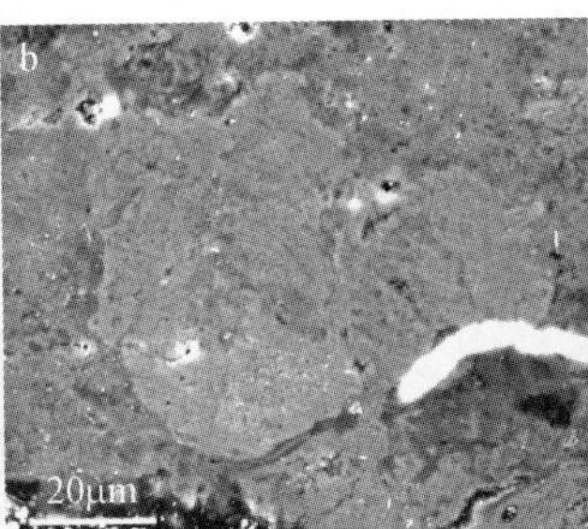

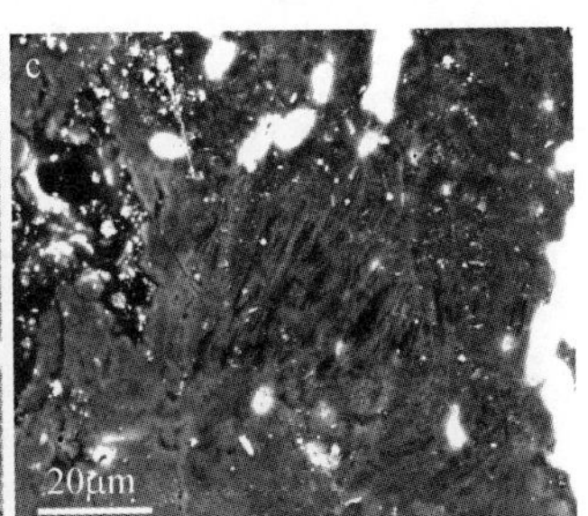

图 14-30　主动脉瓣钙化显微形貌图像

2. 主动脉瓣钙化的物相组成

主动脉瓣钙化粉末的 XRD 测试（图 14-19）显示钙化主要由羟磷灰石组成，但并不排除 OCP 和 CHA 的可能性。主动脉瓣钙化的结晶度比冠状动脉好，与主动脉钙化较为接近。主动脉瓣钙化与主动脉钙化的红外光谱基本一致，显示主要物相为 B 型碳羟磷灰石。

3. 主动脉瓣钙化的化学成分和结构

主动脉瓣钙化中的 Ca 含量约 48%，主要微量元素有 Zn、Fe、Sr 和 Na。其中 Zn 最高，达 0.37%；Fe 含量次之，约 0.33%，与 Zn 含量相当；Sr 含量约为 0.044%，Sr/Ca = 0.0009。与主动脉、冠状动脉钙化相比，主动脉瓣钙化中 Fe 和 Sr 的含量都相对较高。此外，主动脉瓣钙化中还含极微量的 Mn、Cu 和 As，含量分别为 0.0066%、0.0035% 和

0.0018%。与主动脉、冠状动脉钙化对比，微量元素组成基本一致，但主动脉瓣钙化的微量元素含量与主动脉钙化的相似，与冠状动脉钙化差异相对较大。Na 在钙化中普遍存在，含量约 1%（原子百分比）。

4. 形成机制分析

主动脉瓣块状钙化均由球状钙化及纤维状钙化聚集而成，结合文献，推测主动脉瓣钙化的形成首先是在胶原纤维内部以胆固醇、脂质、基质小泡等物质为核心，形成纳米级的球状钙化；而球状钙化导致周边的胶原纤维发生钙化，钙化的胶原纤维又促进钙化的发展。整个钙化的发展过程都受到胶原纤维的影响和调控，钙化小球与胶原纤维共同推进钙化的进程。随着钙化的发展，分散的钙化不断融合，便形成了最终的块状钙化。

14.3 甲状腺癌矿化特征

甲状腺位于人体颈前区、喉结下方、气管两侧，是人体重要的内分泌器官，承担着摄取和存储碘的功能，同时合成和分泌影响细胞代谢、胎儿和婴幼儿发育等功能的甲状腺素。发生于甲状腺组织的甲状腺癌，占全身恶性肿瘤发病率的 1.00% ~4.42%，在头颈部恶性肿瘤发病率中居于首位，且发病率在世界范围内呈上升趋势，近十年来急剧增加（McNeil，2006），已成为常见的恶性肿瘤之一。超声等影像技术是目前甲状腺癌早期筛查的主要方法，并成为术前检查的金标准之一（石臣磊，2008）。矿（钙）化则是这些影像技术中的重要影像特征，对甲状腺癌具有指示意义（Shapiro，2006；付茂利，2009）。

研究表明，甲状腺疾病矿（钙）化有不同的表现形式。医学影像学上将其分为微钙化、内部粗钙化、周边钙化和孤立钙化斑，并认为微钙化与甲状腺癌关系密切（石臣磊，2008），同时各种形式的钙化在癌灶中都有所表现。甲状腺乳头状癌钙化灶中可观察到砂粒体样钙化、组织坏死后钙化和血管壁钙化三种表现。由于微钙化对诊断甲状腺癌有高度的特异性（Shapiro，2006），特别是对甲状腺乳头状癌，诊断率最高可达 100%（Kwak *et al.*，2007），因此砂粒体钙化受到较多研究关注。甲状腺乳头状癌中的微钙化体经常具有同心环状结构（Das *et al.*，2004，2008）。组织坏死后钙化也是一类甲状腺癌中普遍存在的矿化形式。坏死（Necrosis）是一种不可复性细胞损伤，是指活体局部组织、细胞的病理性死亡。坏死组织细胞的代谢停止，功能丧失。组织或者细胞发生坏死后，可能会出现四种结局，包括溶解吸收、分离排出、机化以及包裹、钙化（杨光华，2001）。因此，钙化作为一种组织坏死后的可能结果，与细胞、组织发生病变密切相关。

14.3.1 甲状腺乳头状癌中的砂粒体

1. 砂粒体形貌及成分

甲状腺乳头状癌的肿瘤结构为乳头状，乳头分支较多，乳头被覆立方上皮或柱状上皮细胞，间质中可见 HE 深染的钙化小体——砂粒体，呈致密的同心层状结构，大小为 10 ~

30μm（图 14-31 中箭头所指）。

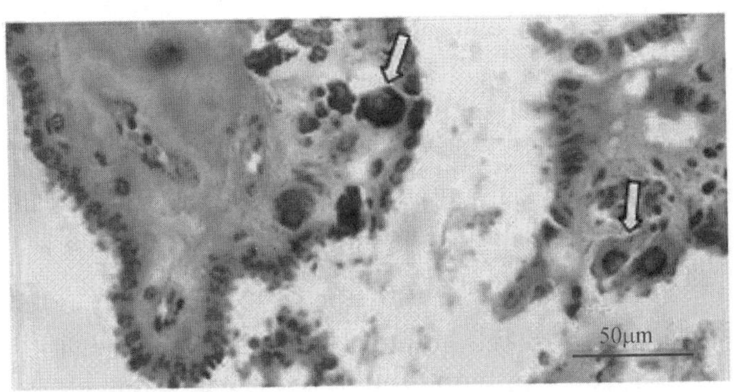

图 14-31　含有砂粒体矿化的甲状腺乳头状癌组织 HE 照片

砂粒体结构较致密，与周围组织或胶原纤维关系不紧密。砂粒体普遍具有显著的同心环带构造，不同环带宽度在 0.1～2.0μm，环间无空隙（图 14-32a）。有的砂粒体只有一个核心（图 14-32a），有的则显示具有多个大小不等的同心层状结构中心。每个同心层状结构的大小在 1～3μm（图 14-32b）。砂粒体断面具颗粒感（图 14-32c），表面则具有典型的鲕状外观，同时缠绕一些丝状有机组织（图 14-32d）。

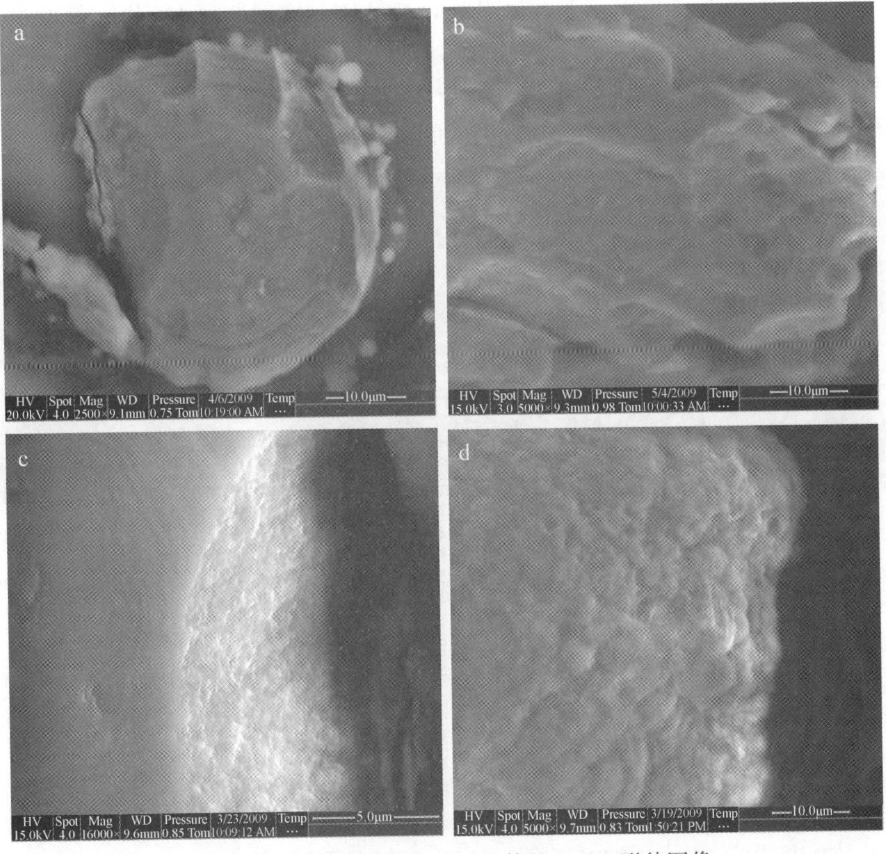

图 14-32　甲状腺乳头状癌砂粒体的 ESEM 形貌图像

不同部位能谱分析表明，砂粒体矿化的主要成分均为 C、O、P、Ca，含微量 Na、Mg，几个部位 EDAX 测试的 Ca/P(at%)（1.335～1.701）都在钙磷酸盐系列矿物范围内，但多数低于碳羟磷灰石的理论比值。从砂粒体边缘到中心，Ca 含量和 Ca/P 具有逐渐增高的趋势。

2. 砂粒体的物相组成

红外光谱测试砂粒体含有 PO_4^{3-}、CO_3^{2-}、OH^- 等主要官能团，并出现有机质中羰基 C═O和 C—H 的吸收峰，与脑膜瘤和心血管中钙化物的红外光谱基本一致。表明主要物相是碳羟磷灰石，并含一定量的有机质。CO_3^{2-} 的主要峰位表明主要是 B 型碳羟磷灰石。

高分辨透射电镜观察，可见粒状、短柱状矿化纳米晶体及一些无定形矿化物。矿化晶体的粒径为 5～10nm（图 14-33a），电子衍射花样为连续且有些宽化的衍射环（图 14-33b），说明钙化由纳米多晶组成，晶粒多且细小。衍射环半径的平方比约为 3∶4∶7∶9∶12∶16，符合六方晶系衍射环的规律，*d* 值与 ICDD 数据库中 15-0100 号卡片碳羟磷灰石的衍射数据相对应。该区域的能谱测试结果 Ca/P=1.701，符合碳羟磷灰石理论 Ca/P 值。高分辨晶格条纹像（图 14-33c）中可见样品由许多不同取向的纳米颗粒组成。对左下角的一个颗粒进行面网间距测量和指标化，所得 *d* 值在 ICDD 数据库中 15-0100 号卡片中可以找到对应值。

无定形矿化物（图 14-33d）对应多晶衍射环（图 14-33e）弥散，环数较少，表明该区域结晶程度较差，个别晶粒较大，衍射环稍有断续。能谱测试 Ca/P 值为 1.405，说明存在一些低 Ca/P 值的钙磷酸盐系列矿物。甲状腺乳头状癌的砂粒体矿化中存在碳羟磷灰石及一些低 Ca/P 值的磷酸钙系列矿物。多种类型的钙磷酸盐系列矿物共存是生物组织中的磷灰石与天然矿物和实验室合成矿物相比所具有的重要特征。

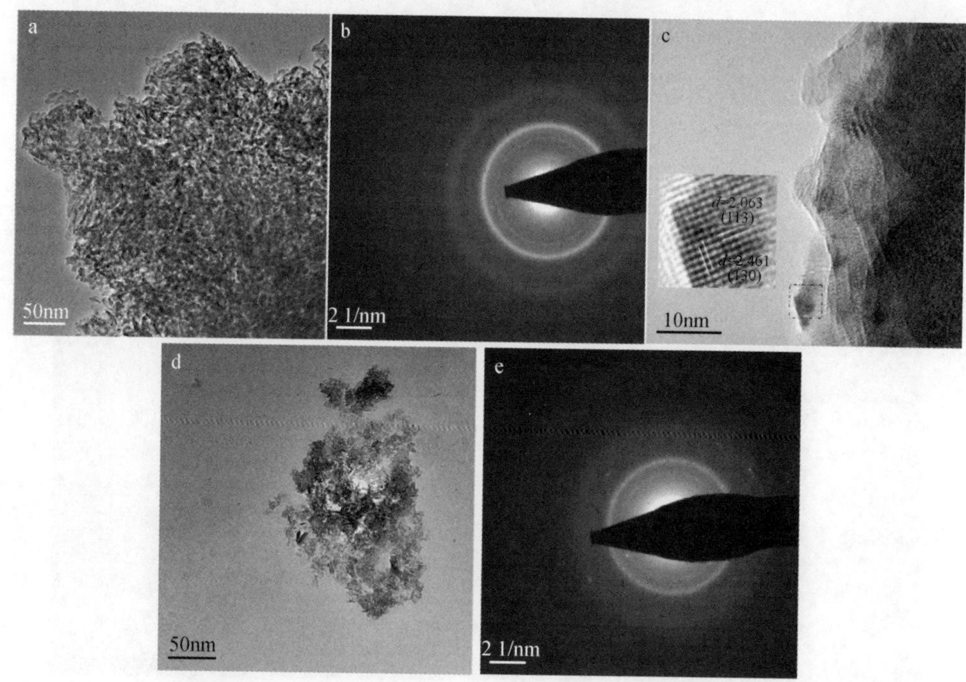

图 14-33　砂粒体中矿化物的 HRTEM 图像（a、d）、选区电子衍射图（b、e）和高分辨晶格像（c）

3. 砂粒体形成机制分析

甲状腺乳头状癌中砂粒体由粒状、短柱状碳羟磷灰石及一些无定形低 Ca/P 的钙磷酸盐矿物混合组成。砂粒体中 Ca、P 及 Ca/P 的分布具有从外向内逐渐升高的趋势，说明在砂粒体形成的初期，较高的 Ca、P 含量是砂粒体成核的关键，所以短时间内甲状腺组织间质中 Ca^{2+} 和 PO_4^{3-} 含量过高就会导致砂粒体的成核和生长。这也可以解释为什么微小钙化对甲状腺乳头状癌的诊断具有高度特异性。在病理诊断中，一旦发现砂粒体，则高度警示甲状腺乳头状癌的出现。恶性组织中，细胞发生癌变，使局部 Ca^{2+} 和 PO_4^{3-} 代谢异常，超过了正常水平，易于成核形成钙磷酸盐的沉淀。

砂粒体矿化常见于含乳头状结构的肿瘤，为伴有细胞变性的营养不良性钙化的结果（Das *et al.*，2004，2008）。甲状腺乳头状癌中的砂粒体常常出现在乳头状结构的间质中，从砂粒体的尺寸和位置，推测这种砂粒体矿化具有坏死细胞成核的可能，但也不排除间质中蛋白质成核的可能。矿化发生的体液环境中阴阳离子浓度并不能提供晶体自发成核沉淀，而需要特殊的成核中心来聚集离子，使之结晶。间质虽然含量极微，但可引导成核，起到存储 Ca^{2+} 和 PO_4^{3-} 的功能。乳头状癌的间质中含丰富的癌细胞分泌物，分泌物中含有细胞代谢产生的 Ca^{2+} 和 PO_4^{3-}，为砂粒体生长提供了物质来源。调控晶体生长的可能是各种局部磷酸酶。

砂粒体的分层构造是结构和成分变化的直接反映。目前，学者们普遍认为凝胶体系是更接近生物矿化的模拟体系（黄微雅等，2008）。甲状腺乳头状癌中砂粒体的同心层状环带构造及鲕状外观具有微胶粒成因的典型特征。间质引导成核后，由于体内微环境的变化，使得 Ca^{2+} 和 PO_4^{3-} 在凝胶体系中围绕核心沉积，随着时间的推移，形成了具有周期性同心层状构造的砂粒体矿化。

14.3.2　甲状腺乳头状癌组织坏死后矿化

1. 矿化的分布、形貌、化学成分与物相

组织坏死后矿化可形成大面积矿化灶（图 14-34），大小可达 100μm 至数毫米，结构较疏松，矿化灶周围胶原纤维（HE 浅染）丰富。由于钙化灶硬度较有机组织高，切片时常常发生卷翘和破碎，出现钙化物质被破坏掉的空白区。

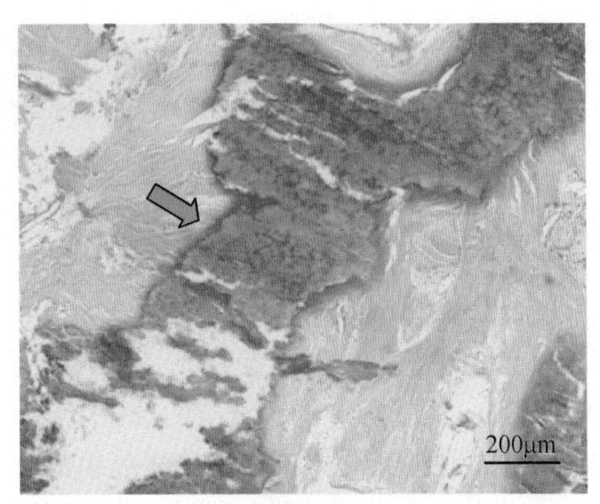

图 14-34　伴有大面积坏死钙化灶的甲状腺组织 HE 照片

ESEM 下，钙化灶内部结构较为均匀细腻，无明显晶体颗粒感（图 14-35a），钙化灶内部无明显有机质或者胶原纤维，主要元素 Ca/P 值为 1.662，处于磷酸钙系列矿物的 Ca/P 值范围内，接近羟磷灰石的理论比值

1.667，含少量的 Na 和 Mg。

钙化灶周围有丰富的胶原纤维，在钙化灶与胶原纤维接合处，大量矿化小球沉淀在胶原纤维上（图 14-35b）。这些矿化小球的尺寸一般在 0.2～2μm（图 14-35c）。在矿化小球与巨大钙化灶接触位置，可以看到一些钙化灶内小球的圆形截面（图 14-35c），表明块状钙化是由矿化小球聚集而成。在钙化灶外围的胶原纤维上，也有许多不同尺寸的微米级矿化小球沉淀（图 14-35d）。

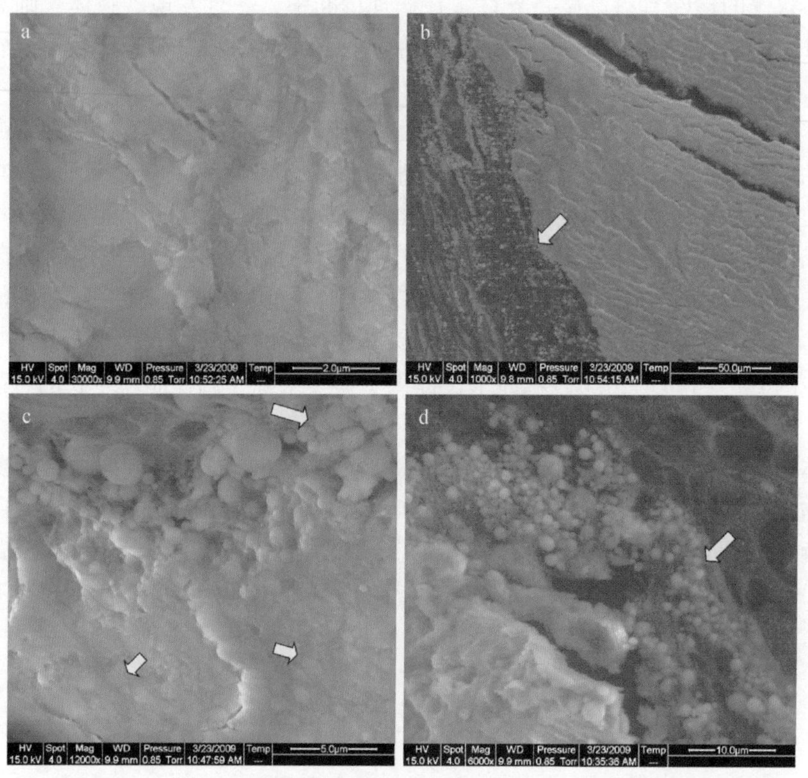

图 14-35　甲状腺乳头状癌中组织坏死后钙化灶 ESEM 形貌像

甲状腺乳头状癌中组织坏死后钙化灶的显微红外光谱测试显示其主要组成物相仍为含 CO_3^{2-} 及 OH^- 的钙磷酸盐类，即以 B 型碳羟磷灰石为主，伴有少量有机成分。

透射电镜下可见两种形貌的矿化颗粒，一种是尺寸在 0.2～1μm 的矿化小球（图 14-36a），另一种是无定形矿化物（图 14-36f）。不同形态的矿化产物结晶程度不同，Ca/P 值差异也较大。

微米级矿化小球由许多尺寸在 0.5～1nm 的纳米颗粒组成（图 14-36b）。由于结晶程度较差，无法获得衍射环花样。一些矿化小球的边缘生长有结晶程度较好的絮状矿化物（图 14-36c），呈绒球状，对应的选区电子衍射花样（图 14-36d）为基本连续且有些宽化的衍射环，说明矿化小球由纳米多晶组成，晶粒多且细小，中间环带处衍射环较清晰，个别晶粒较大，造成衍射环上出现一些较亮斑点，外层环带弥散，说明结晶度较差。该区域的高分辨晶格条纹像（图 14-36e）也显示矿化小球由许多不同取向的纳米颗粒组成。对矿化小球进行能谱测试，结果显示 Ca/P 值为 1.30，处于钙磷酸盐系列矿物 Ca/P 值范围内，但比值较低，说明可能含低 Ca/P 值的磷酸钙盐。无定形矿化物（图 14-36f）的选区电子衍射多晶衍射环弥散，环数较少，表明该区域的结晶程度差。能谱测试显示主要元素 Ca/P 值为 1.55，较矿化小球的 Ca/P 值高。

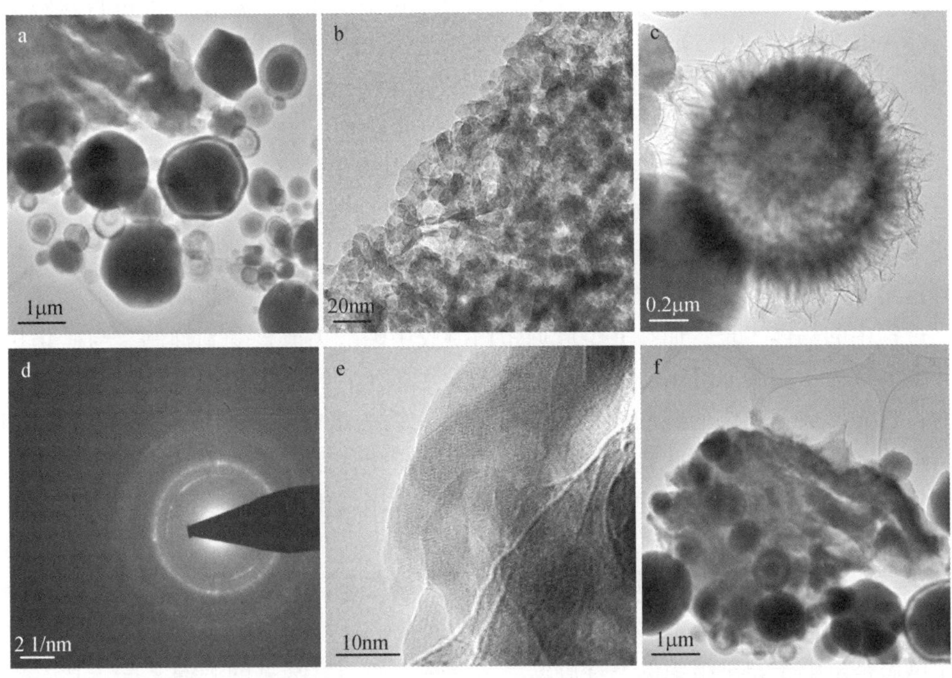

图 14-36　甲状腺乳头状癌中组织坏死后钙化灶 TEM 像及选区电子衍射

2. 形成机制探讨

光学显微镜和扫描电镜下观察表明，组织坏死后矿化往往发生在胶原纤维丰富的位置，与胶原关系密切。矿化表现出两种形态，矿（钙）化灶内为较致密的隐晶集合体，其表面及附近的胶原上沉淀出许多微米级矿化小球，离矿化灶较远的胶原纤维上也散布有矿化小球。一些矿化小球边缘还发育絮状矿化物质，使之形成绒球状外貌。矿化物质结晶程度均较差，由纳米多晶组成。钙化灶中央较致密部分的 Ca/P 值较高，接近接近羟磷灰石的理论比值，而其边缘以及矿化小球的 Ca/P 值均较低，可能含磷酸八钙等低 Ca/P 值的磷酸钙矿物。

研究表明，胶原分子中大约 11% 的氨基酸残基含羧基，在 pH 中性的溶液环境中，大部分可离解成负电性基团，通过与钙离子较强的亲合性而对矿化过程起促发和控制作用。此外，胶原超螺旋结构分子中的羰基也被认为可与钙离子发生螯合作用，特别是在矿化过程的初期提供矿物的成核位点（杜昶、王迎军，2009），即胶原上的羧基和羰基是生物矿化的两类成核点，两类基团上的氧原子与组织液中的 Ca^{2+} 配位，成为成核的核心，Ca^{2+} 是有机相和无机相连接的作用位点（黄兆龙等，2004）。

组织坏死导致的矿化作用发生初期可能是胶原纤维上形成的纳米级矿化颗粒，这些颗粒聚集成微米级的矿化小球。初期的矿化产物中应为磷酸八钙等低 Ca/P 值的磷酸钙矿物。随着矿化小球的生长聚集，继而转变为具有较高 Ca/P 值的羟磷灰石和碳羟磷灰石。大量研究提出生物羟磷灰石的形成过程中可能先形成前驱体磷酸八钙（OCP），继而转变为羟磷灰石（HAP）（Aoba *et al.*，1975；Miake *et al.*，1989；Nelson *et al.*，1993；Graham and Brown，1996）。热力学上，磷酸八钙是羟磷灰石的亚稳定相，一定条件下可自发转变为羟磷灰石（Aoba *et al.*，1975），磷酸八钙的水解反应可用下面方程式表示：

$$\underset{\text{OCP}}{Ca_8H_2[PO_4]_6 \cdot 5H_2O} + 2Ca^{2+}(aq) = \underset{\text{HAP}}{2Ca_5[PO_4]_3(OH)} + 4H^+(aq) + 3H_2O$$

磷酸八钙分解继而羟磷灰石沉淀。这一过程中，组织液中的 Na^+、Mg^{2+}、CO_3^{2-} 等离子在羟磷灰石晶体的沉淀过程中被吸收进入其晶格，形成生物羟磷灰石晶体。张法浩等（1996）的研究表明，Ⅰ型和Ⅱ型胶原蛋白对磷酸钙矿化的影响不同，Ⅰ型胶原蛋白在矿化起始阶段具有富集 Ca^{2+} 的能力，并可将磷酸八钙转化为羟磷灰石，即Ⅰ型胶原蛋白可以调节磷酸钙矿化过程中的晶体生长；而在Ⅱ型胶原蛋白凝胶中磷酸钙成核受到抑制。与矿化相关的胶原纤维多数为Ⅰ型胶原纤维，所以推测组织发生坏死后的矿化作用是从胶原纤维上开始成核的，首先形成亚稳定的磷酸八钙，随着磷酸八钙的水解继而形成无定形或者纤维状、束状结构的碳羟磷灰石。因此整个大钙化灶的内部矿化作用发生较早，矿化时间较长，而钙化灶外部的胶原纤维上沉淀的矿化小球则是矿化作用发生的初期阶段。

14.4 卵巢肿瘤砂粒体矿化特征

卵巢癌是发生于卵巢组织的恶性肿瘤，为女性生殖器官常见的肿瘤之一。其中浆液性囊腺癌最为常见，约占所有卵巢恶性肿瘤的50%。畸胎瘤是最为常见的生殖细胞肿瘤，成熟性畸胎瘤是年青女性发病率最高的良性卵巢肿瘤（曹泽毅，1998）。由于卵巢位于腹腔深部，早期病变不易发现，就诊时多已属晚期，因此死亡率很高，超过宫颈癌与子宫体癌的总和，占妇科肿瘤首位（沈铿，2003）；同时由于卵巢癌临床早期症状不明显，鉴别其组织类型及良、恶性相当困难，且卵巢癌剖腹探查术中发现肿瘤局限于卵巢的仅占30%，大多数已扩散到子宫、双侧附件、大网膜及盆腔各器官，所以卵巢癌在诊断和治疗上一直是一个难题。

19%的卵巢癌伴有钙化（刘明娟等，2007），56%的成熟性囊性畸胎瘤具有牙齿状物或者钙化（张建民，2004）。矿化与肿瘤关系密切。砂粒体是卵巢肿瘤钙化的主要形式，也常见于脑膜瘤、甲状腺癌等肿瘤病灶中。癌灶中出现砂粒体钙化往往提示有较好的生存预后（张建民，2004）。过去医学上普遍认为砂粒体是营养不良性钙化的产物，即原地沉积在具有正常血清钙水平的坏死组织处（Ferenczy *et al.*，1977；Cotran *et al.*，1999）。但 Kiyozuka 等（2001）发现 BMP-2 和Ⅳ型胶原与卵巢肿瘤中砂粒体的形成有关，Silva 等（2003）通过小鼠试验认为激素可以影响卵巢中砂粒体的形成，表明砂粒体并非简单的营养不良性钙化。砂粒体的矿化机制尚不明确（Das，2009），对砂粒体进行深入的矿物学研究，有助于探明砂粒体矿化与癌变之间的相互作用，为医学诊疗提供参考。

14.4.1　卵巢浆液性癌和畸胎瘤中钙化的形貌与分布

偏光显微镜下，两种肿瘤的 HE 染色切片中均可看到数量不等的深染矿化物，呈砂粒体样产出，正交偏光下全消光。砂粒体主要出现在间质中，如间质细胞（图 14-37a、f）、纤维细胞（图 14-37c）和癌细胞巢（图 14-37e）附近，极少数出现在上皮细胞附近（图 14-37b）。间质细胞间胶原纤维富集处常出现大量密集的砂粒体（图 14-37a），指示砂粒体的形成与胶原纤维关系密切。所观察区域未见明显细胞坏死，说明肿瘤中矿化物并非都是细胞坏死的产物。畸胎瘤中砂粒体（图 14-37f）圈层结构比浆液癌中砂粒体丰富。砂粒体一般较致密，少数可见中心有空隙。

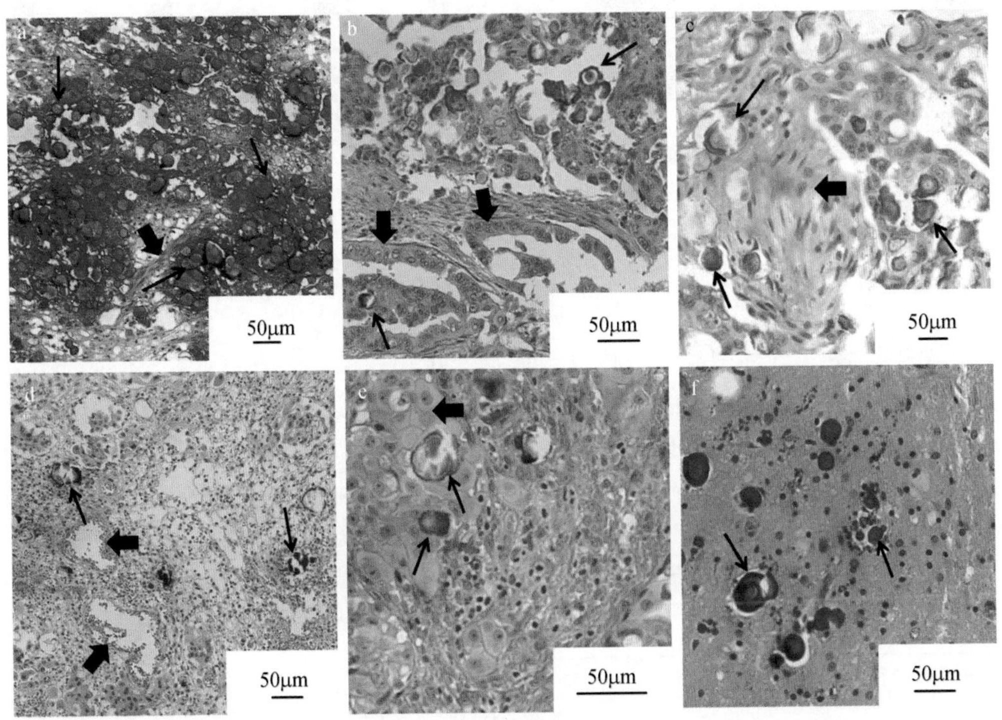

图 14-37　卵巢浆液癌（a ~ e）和成熟性囊性畸胎瘤（f）中的砂粒体矿化（HE）
细箭头：砂粒体；粗箭头：a. 胶原纤维，b. 上皮细胞，c. 纤维细胞，d. 血管，e. 癌细胞巢

ESEM 下，可见砂粒体为同心层状或块状，被胶原纤维包绕（图 14-38a）。砂粒体中心（图 14-38d）和边缘部位（图 14-38b）可见纳米小球，指示砂粒体由纳米矿化小球堆积而成。部分同心层状砂粒体可观察到明显双核结构（图 14-38e），指示其由两个初期小砂粒体融合而成。砂粒体富集区域，见胶原纤维将血红细胞包绕（图 14-38f 箭头所示）。血红细胞中可携带钙离子，可为矿化物质提供 Ca 源。卵巢浆液癌中砂粒体最大直径约 35μm，而畸胎瘤中最大直径可达 70μm。畸胎瘤中同心层状砂粒体圈层结构（图 14-38e）较浆液癌中的（图 14-38c）丰富，但总体上都分为 4 个圈层。

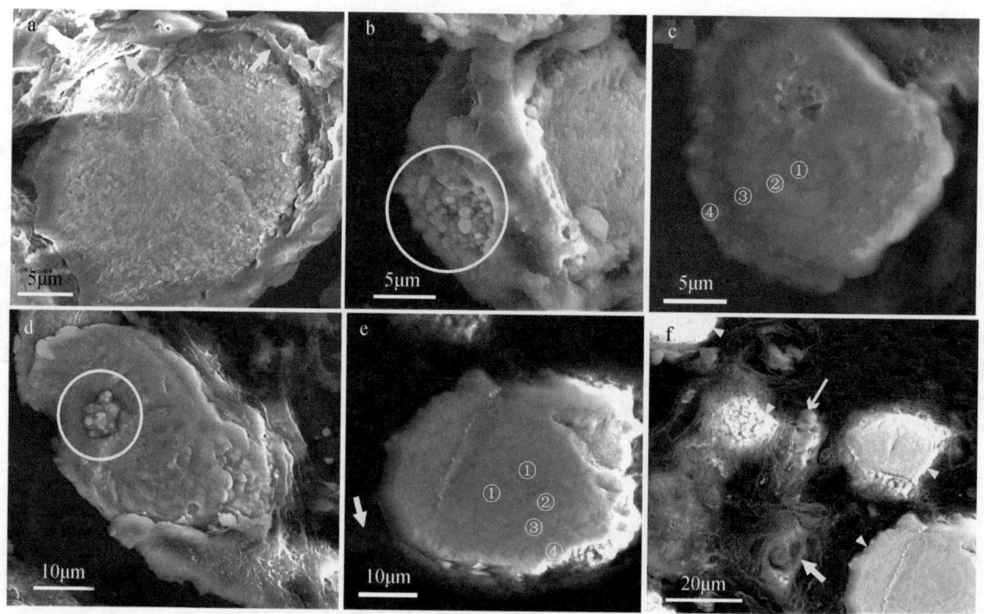

图 14-38　卵巢浆液癌（a～d）和成熟性囊性畸胎瘤（e、f）中砂粒体的 ESEM 像

14.4.2　卵巢浆液性癌和畸胎瘤中钙化的成分、物相和结构

能谱测试显示砂粒体中含 Ca、P、C、O 及少量 Mg、Na。Ca/P（at%）值大部分处于 1.01～1.89，属于钙磷酸盐矿物相的比值范围。同心层状砂粒体各圈层 Ca/P（at%）值有一定差异，指示各圈层形成时间和环境的不同，但 Ca/P（at%）值无从中心到边缘的单调变化。总体上，砂粒体中心与边缘部位 Ca/P（at%）值相近，而形貌上的观察（图 14-38b、d）也显示中心与边缘部位均有纳米小球，指示两部分为相同的矿化颗粒。

大多数卵巢癌和畸胎瘤中砂粒体的矿物相为羟磷灰石或碳羟磷灰石（图 14-39a），红外光谱证实其为以 B 型替代为主的碳羟磷灰石（图 14-39b）。

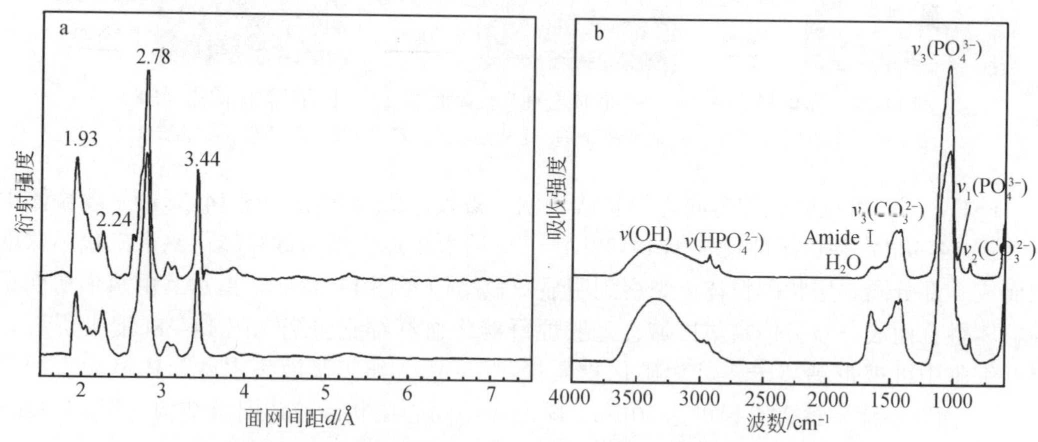

图 14-39　卵巢癌（上）和畸胎瘤（下）中砂粒体的 X 射线衍射（μSRXRD）（a）和显微傅里叶变换红外（Micro-FT-IR）（b）图谱

卵巢浆液癌的砂粒体在 TEM 下可见不同形态的矿化物，一种为长 10～15nm，宽约 5nm 的短柱状晶体（图 14-40a），其 Ca/P（at%）值为 1.76，电子衍射花样为弥散的多晶

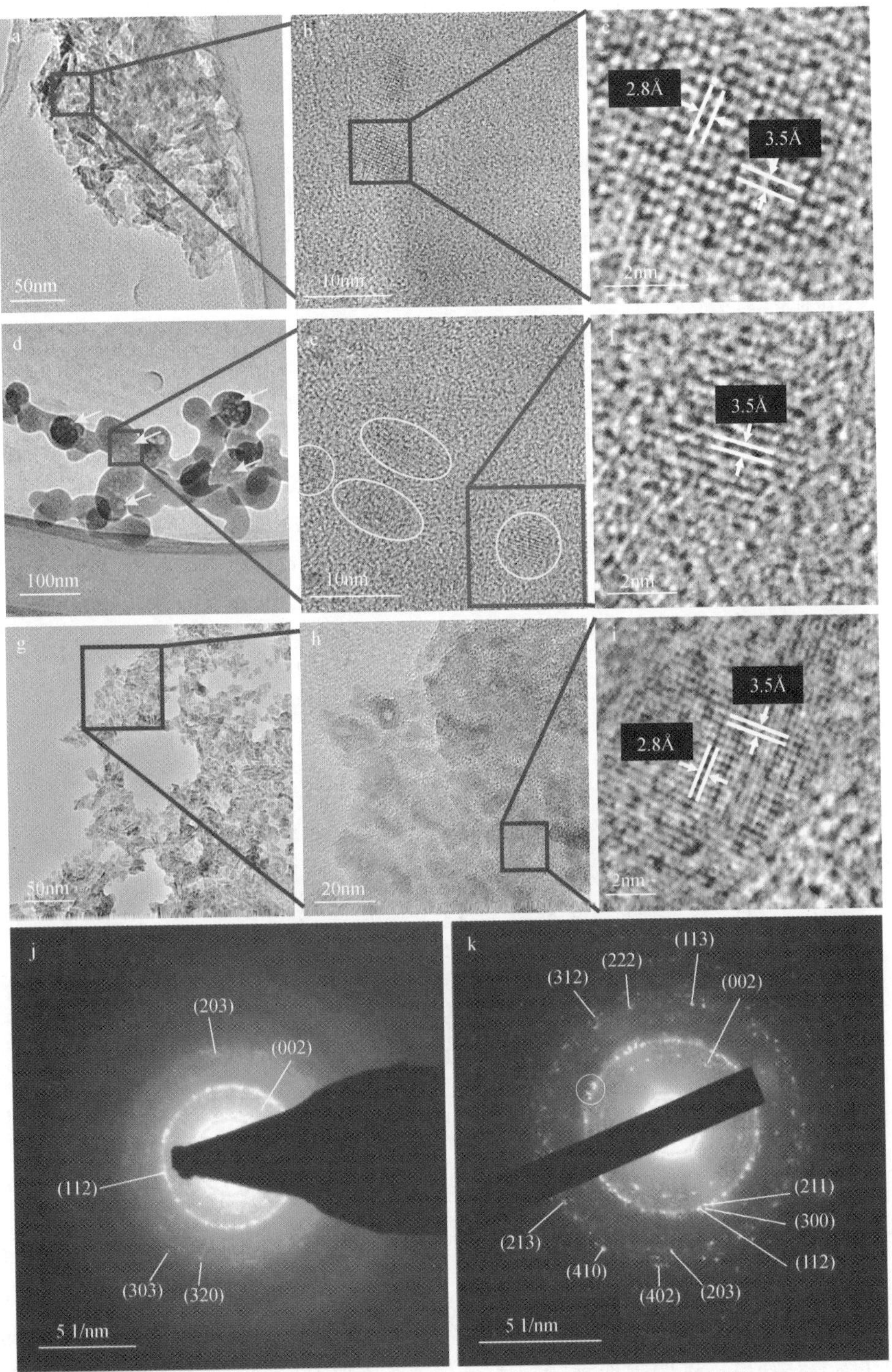

图 14-40　卵巢癌和畸胎瘤中砂粒体的 TEM 形貌、晶格像和选区电子衍射

环（图 14-40j），晶格像（图 14-40b）显示一些小晶畴，表明该区域为纳米晶的集合体，指标化获得的 0.35nm 和 0.28nm 的 d 值（图 14-40c）分别对应碳羟磷灰石（ICDD，19-0272）的（002）和（112）面网，其中（002）是晶体的优势取向面网。另一种为直径 20～100nm 的颗粒状或哑铃状集合体（图 14-40d），晶格像的一些区域可见一维晶格（图 14-40e 中圆圈所示）。这些一维晶格可能对应图 14-40d 中箭头所指的直径约 5nm 的纳米小球。一维晶格的 d 值为 0.35nm（图 14-40f），对应羟磷灰石或碳羟磷灰石的（002）面网。其 Ca/P（at%）值为 1.87，与碳羟磷灰石相符。畸胎瘤砂粒体中的矿物呈纳米柱状，长 5～12nm，宽约 5nm（图 14-40g），比卵巢癌中的晶体略小。尽管测得的 d 值与卵巢癌中的相同（图 14-40h、i），但其衍射花样显示了更复杂的衍射环和斑点（图 14-40k）。结合 XRD 数据，矿物相更接近羟磷灰石（ICDD，09-0432），衍射花样显示晶体同样具有（002）优势取向方位。

在一例卵巢癌样品中，砂粒体有明显的内外分层。外层结晶度较差，粒度不明显；内层可见明显的矿化颗粒，约十几纳米，结晶相对较好。能谱测试外层 Ca/P 值为 1.729，与碳羟磷灰石的理论值接近，而内层 Ca/P 值高达 2.361，表明有非磷灰石系列的钙盐物相存在。该样品的 XRD 测试表明物相包括碳羟磷灰石和水草酸钙石（图 14-41）。红外光谱测试显示样品中除了大多数钙化常见的钙磷酸盐矿物的振动峰外，还有水草酸钙石的特征峰，包括位于 $1618cm^{-1}$、$1319cm^{-1}$、$780cm^{-1}$ 的吸收峰和 $663cm^{-1}$ 处的吸收带（图 14-42）。

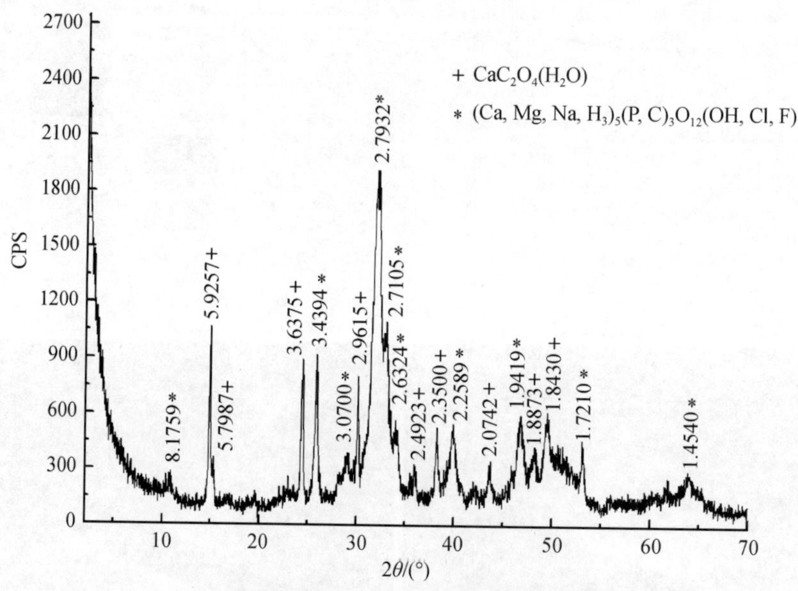

图 14-41　含水草酸钙石的卵巢癌砂粒体的 X 射线衍射谱

内层的晶格像显示其由一些晶格条纹不连续的纳米晶组成，粒径为 10～20nm（图 14-43a）。选区电子衍射花样（图 14-43b）为多晶衍射环，说明晶粒细小。中心环带处的衍射环清晰，且可见一些衍射斑点，说明该区域存在一些晶粒较大并且结晶较好的晶体。衍射环外层有些弥散，说明整体结晶程度较差。该区域 Ca/P 值高达 3.297。砂粒体外层结晶度差，晶格条纹多不清晰（图 14-43c），只有个别结晶度稍好、粒径相对较大的颗粒。

选区电子衍射（图 14-43d）为多晶环式。最内层的衍射环清晰，外层衍射环明显弥散，说明结晶程度低。该区域 Ca/P 值为 1.952。结合扫描电镜、红外光谱和 XRD 测试的结果，说明水草酸钙石的结晶度较好，多存在于内层，外层碳羟磷灰石的结晶程度不高。

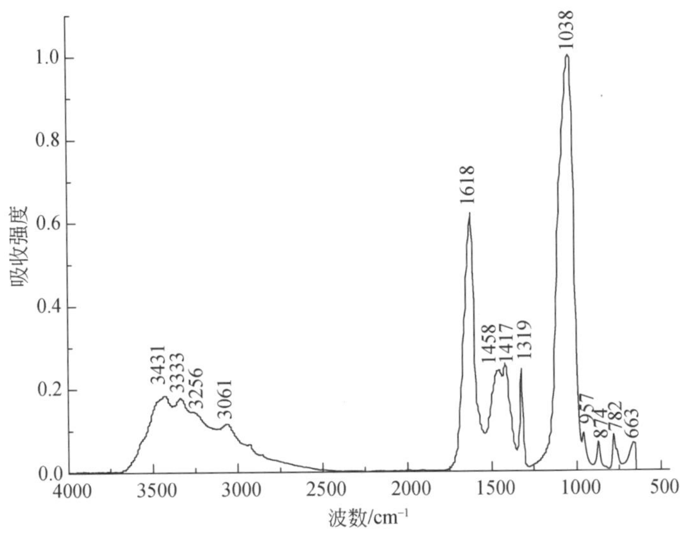

图 14-42　含水草酸钙石的卵巢癌砂粒体的红外光谱图

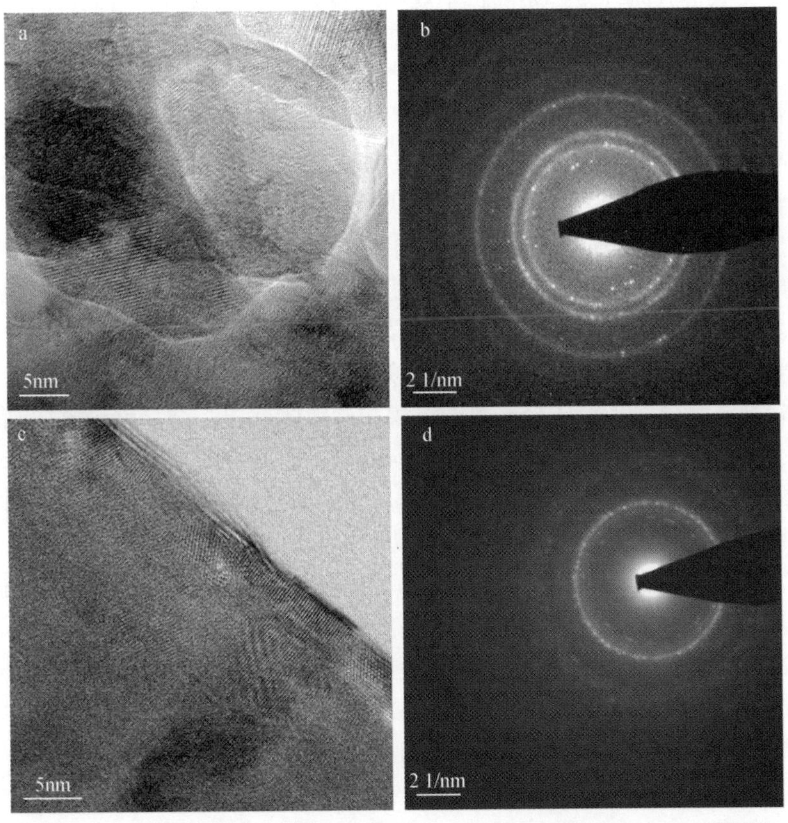

图 14-43　含水草酸钙石的卵巢癌砂粒体 TEM 高分辨像和选区电子衍射图

卵巢癌和畸胎瘤砂粒体中的微量元素主要有 Zn、Fe 和 Sr。Zn 和 Sr 以类质同象替代 Ca 存在于羟磷灰石或碳羟磷灰石中，而 Fe 可能更多地存在于砂粒体中残余的有机组织中。

14.4.3 形成机制分析

由于未观察到坏死组织，我们目前的研究不支持砂粒体形成的营养不良机制。以前研究报道直径 20 ~ 100nm 的颗粒与基质囊泡相似（Ferenczy *et al.*，1977；Yamashima *et al.*，1986；Credá-Nicolás，1992），但是，无定形态的颗粒性质尚不清楚，它可能是常作为晶态羟磷灰石前体的无定形磷酸钙（Jiang *et al.*，2012）。其中分布的一些直径 5nm 的一维晶格似乎表示了开始脱玻化的趋势，因此具有 0.35nm 面网 d 值的颗粒应为砂粒体的前体。砂粒体内部和边缘都可见形态和成分相似的纳米矿化小球，表明砂粒体是这些小球合并和聚集而成。其形成次序为从内到外，逐渐长大。

砂粒体与胶原纤维关系密切。许多研究者提出胶原纤维在脑膜瘤钙化形成过程中具有重要作用（Kubota *et al.*，1984；Credá-Nicolás，1992；Tsuchida *et al.*，1996），胶原纤维与 meningocytic 漩涡中的晶体毗邻且平行，在砂粒体生长过程中引导矿物质沉淀。然而卵巢浆液癌砂粒体中缺少这种漩涡结构。在我们的研究中，除畸胎瘤中可见一小的钙化被胶原纤维环绕外，其他胶原纤维都是随机不规则地包裹大的砂粒体。因此，胶原纤维的控制作用可能表现在矿化的初始阶段，调控（碳）羟磷灰石沿（002）面网择优取向（Rhee *et al.*，2000）。钙可能来源于血红细胞，因为可携带 Ca^{2+} 的血红细胞可被胶原纤维包围，并且在附近可见大量的砂粒体。胶原上的羧基、羰基与血红细胞携带的或组织液中的 Ca^{2+} 和 Zn^{2+} 配位（Alberts *et al.*，1998；Rhee *et al.*，2000；Zhang *et al.*，2003），逐层矿化为短柱状和粒状颗粒，最终形成同心层状或致密块状砂粒体。

卵巢肿瘤砂粒体中主要矿物是人体生理正常和病理性矿化普遍存在的碳羟磷灰石。由于砂粒体的电子衍射也显示了羟磷灰石的特征，因此推测碳酸根在羟磷灰石中的取代是不均匀的。碳酸根分布的详细研究将有助于解释矿物的生长机制。

个别卵巢浆液癌病例中还发现了含水草酸钙石的砂粒体。水草酸钙石沉积在砂粒体内部，结晶度较高，晶粒较大；碳羟磷灰石沉积在砂粒体外层，结晶度稍差，晶粒细小。结晶好、粒度大的水草酸钙石晶体位于砂粒体的内层，而晶粒细小的碳酸羟基磷灰石沉积在砂粒体外层的现象说明砂粒体的生长是由内向外进行的。原位微形貌观察表明，砂粒体与周围的有机组织没有紧密的附着，也未发现其成核点，而且砂粒体个体较小，经常出现在癌细胞巢中，可能是细胞内成核，通过细胞壁的内吞作用（endocytosis）和外排作用（exocytosis）完成聚集阴、阳离子在胞内成核，然后排出细胞外的过程（Anderson，1983）。成核的矿化物可以不断聚集体液中的阴、阳离子逐渐在外层沉淀为砂粒体状矿化。

草酸是植物的一种防御性毒素。人类日常食用的蔬果中都存在草酸。正常情况下，人体摄入草酸后会启动保护机制，使草酸与钙结合产生不被人体吸收的草酸钙，然后通过肠道和泌尿系统排出体外。如果具有细胞毒性的草酸根 $C_2O_4^{2-}$ 没有形成不溶性盐，便会被人体吸收，造成不同程度的损害。人体出现代谢异常也会产生过量的 $C_2O_4^{2-}$ 在卵巢中聚集，对卵巢细胞造成损伤，机体的保护性机制会促使细胞吸收 Ca^{2+}形成水草酸钙沉淀来降低毒性，细胞再通过外排作用将水草酸钙沉淀排出。同时，损伤的细胞膜极性丧失，可以吸附晶体，使水草酸钙沉淀被聚集，产生结晶中心（Mandel，1994；Verkoelen *et al.*，1995；Bigelow *et al.*，1996）。损伤和坏死的细胞会聚集 Ca^{2+}、PO_4^{3-}，从而在水草酸钙之外形成碳羟磷灰石沉淀。

14.5　乳腺疾病矿化特征

乳腺癌是常见、多发并经常伴有矿（钙）化形成的上皮性恶性肿瘤（Reinholz *et al.*，2001），已被列为我国重大恶性肿瘤之一，且发病率一直不断上升。在一些大城市，乳腺癌已经成为女性第一、二位高发癌（付丽、傅西林，2008）。统计表明，乳腺癌早期治愈率高达 97%，进展期后治愈率却只有 40% 左右。X 射线影像技术是目前广泛使用的乳腺癌早期筛查的检查方法，而矿（钙）化则是其中主要 X 射线征象之一（Moon *et al.*，2000；路光中等，2003；Kim *et al.*，2004；李二妮、周纯武，2009）。

自从 1913 年乳腺癌和矿（钙）化的关系被首次发现，微矿（钙）化和乳腺疾病的关系就一直是生物医学界研究的重要课题之一（Morgan *et al.*，2005）。Leborgne（1951）首次报道了乳腺癌 X 射线摄片可见的微钙化，并提出乳腺影像学能检测到恶性乳腺疾病中钙化的发生概率在 30% ~40%。另有学者报道了更高的钙化发生率（Egan，1960；Gershon-Cohen *et al.*，1962；Hassler，1969）。研究发现，多种乳腺疾病中都存在微矿（钙）化，微矿（钙）化形态、物相组成、密度、数目、分布及其与肿块的关系对乳腺良恶性疾病的诊断具有重要价值（Shepard *et al.*，1962；Büsing *et al.*，1981；Muir *et al.*，1983；Kopans，1998；Peacock *et al.*，2004；Morgan *et al.*，2005；Imamura *et al.*，2008；Tse *et al.*，2008a）。在矿化类型上，矿化物质以钙的磷酸盐和草酸盐为主，也见方解石和文石（Frappart *et al.*，1986；Fandos-Morera *et al.*，1988）。不同矿化部位（如乳腺腺管和基质）的磷酸盐还具有不同的 Ca/P 值，并可能对应着不同的磷酸盐物相（Poggi *et al.*，1998）。Büsing 等（1981）分析了不同病变类型中的钙化在化学组成上的差别，结果表明浸润性肿瘤病灶中的钙化含磷灰石，而增生性疾病的病灶中含草酸钙盐。

Fandos-Morera 等（1988）研究了 31 个病人乳腺矿化病灶的形态和成分，发现任何病理性钙化都会产生磷灰石，而草酸盐则出现在恶性肿瘤中；另有学者研究指出乳腺病灶中主要有两种成分的矿（钙）化，即草酸钙和磷酸钙，但其与疾病的良恶性无简单对应关系，草酸钙更多出现在良性病变中，但也见于小叶原位癌中（Ahmed，1975；Barth *et al.*，1977；Keppler and Nitsche，1979；Frappart *et al.*，1984，1986；Winters *et al.*，1986；Radi，1989；Surratt *et al.*，1991；Dondalski and Bernstein，1992；Dorsi *et al.*，1992；Haka *et al.*，2002；Morgan *et al.*，2005；Baker，2007）。在结晶程度和形态上，草酸钙可以形成结晶程度好的多面体状（Gonzalez *et al.*，1991；Frouge *et al.*，1996），而钙的磷酸盐矿物则晶体细小，结晶度较差，甚至呈无定形态，常以球状、团块状等集合体产出（Poggi *et al.*，1998；Bocchi and Nori，2007）。在病理学组织形态上，它们被分为两大主要类型：无特殊形态的一般矿化灶和具有同心圆结构的砂粒体矿化灶（Pillai *et al.*，2007），并且常出现在具有特殊的癌细胞生长形态部位，指示与癌细胞分化和分泌的物质有关（Oyama *et al.*，2002；Carlinfante *et al.*，2003）。可见，对乳腺病灶中矿（钙）化特征的深入研究将有助于进一步理解这种高发疾病的病理生理学，并最终可能帮助解决矿（钙）化和疾病良恶性之间的关系这一难题，辅助临床诊断。

乳腺发生病变的类型较多，从病变性质上可以分为良性和恶性，从病变类型上又可区分为导管扩张症、乳腺纤维腺瘤、导管内癌、浸润性导管癌等，对于乳腺癌，从病变阶段上，还有早、中、晚期的区分。乳腺病变伴发矿化的现象十分常见，无论肿瘤性或非肿瘤性、良性或恶性病变中均可伴发矿化现象，且矿化形式各不相同，提示其各自的形成机制与病变类型关系紧密。目前影像学上对乳腺矿化现象的分类研究更为详实（Tse *et al.*，2008b；唐睿等，2009）。钙化的成分和形态可以辅助区分乳腺疾病的良恶性，并有助于研究疾病的起因和发展过程。在疾病发展的初期阶段及早确诊有助于提高治愈率（田捷等，2003）。确定乳腺内钙化是早期发现乳腺癌及制定正确治疗方案的可靠保证之一（郇军亮，2005）。

尽管微钙化在乳腺疾病中的诊断具有重要意义，但在病理上尚缺乏系统的分类及解释，乳腺内矿（钙）化的发生原因尚不清楚（Homer *et al.*，1989；Poggi *et al.*，1998；Morgan *et al.*，2001；Cooke *et al.*，2003），矿（钙）化晶体在病灶中作用的研究非常有限（Poggi *et al.*，1998），钙化的发生究竟是起源于细胞的退化或者活性过程仍有待探讨（Büsing *et al.*，1981）。

本节选取几种常见类型的乳腺病变，通过对乳腺手术切除标本病理组织学中的矿（钙）化物形态、结构、位置以及矿（钙）化性状的综合比较，研究不同病变组织中矿（钙）化产物的成分、形态、结构及其分布，探索与病变相关的矿化形成机理，提出乳腺病理性矿化的组织学分型，并进一步解释与人体病理性矿化相关的一些病理现象。

14.5.1 乳腺脂肪坏死矿化特征

脂肪坏死（fat necrosis）是一种乳腺良性炎症性病变，可以由偶然性外伤造成。早期，脂肪细胞变性、坏死、崩解，融合成大小不一的空腔，伴有不同程度的慢性炎症反应，周边环绕大量吞噬脂质的泡沫细胞；晚期，病变区为纤维组织所取代，并伴发钙化，其间可见含铁血黄素、胆固醇结晶和钙盐沉着。因此，脂肪坏死的乳腺影像学常表现为毛刺状包块，含有斑点状或者大的不规则钙化。

坏死灶内的矿化物主要呈粗细不均的泥沙样，HE 染色呈深紫蓝色，直径 1 ~ 50μm 不等（图 14-44）。结构较松散，多呈无定形状，缺乏明显的同心圆状结构。矿化微粒可相互融合，形成直径达 100μm 的大片不连续钙化，外围是变性的束状胶原。矿化物以坏死组织与存活组织交界处最为丰富，此处的矿化物间或周围常可见粉红色的以胶原为主的纤维结缔组织间质穿插。

染色结果显示脂肪坏死矿化成分以钙盐为主，偶尔出现的铁盐可能与含铁血黄素成分混入矿化物有关。因为坏死常常伴有出血，出血后红细胞被巨噬细胞吞噬降解形成含铁血黄素，含铁血黄素与钙盐混合在一起可使矿化颗粒在普鲁士蓝染色中呈蓝色。Masson 三色

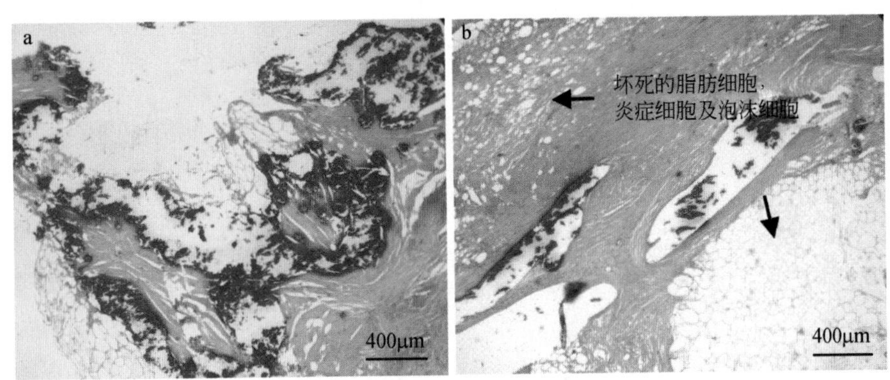

图 14-44　乳腺脂肪坏死伴发矿化的 HE 染色照片

染色结果提示矿化物周围常伴有丰富的胶原成分。免疫组化结果显示脂肪坏死病例的矿化物中可以检测到含量不等的Ⅲ型胶原，但所有病例均未检测到Ⅳ型胶原（梅放等，2011）。

ESEM 下观察，钙化灶形态差别较大，主要有三种。一是大面积组织坏死钙化，钙化灶碎裂，断面呈隐晶质结构，具较尖锐的参差状断口面（图 14-45a），表明其具有相对较大的脆性和硬度；二是少量结构较致密的砂粒体钙化（图 14-45b），无明显环带结构；三是散状分布的钙化（图 14-45c），可见一些矿化小球及较细的胶原纤维缠绕，中间有大小不等的圆形空腔，并可见一些柱状形态的集合体。放大观察脂肪坏死后的钙化区域，可见具圆球形空腔的钙化剖面，推断是钙化初期，大量钙化小球从坏死的脂肪细胞壁开始堆积（图 14-45d），逐渐向中间发展，从而形成了致密的球体状钙化（图 14-45e）。空腔钙化和

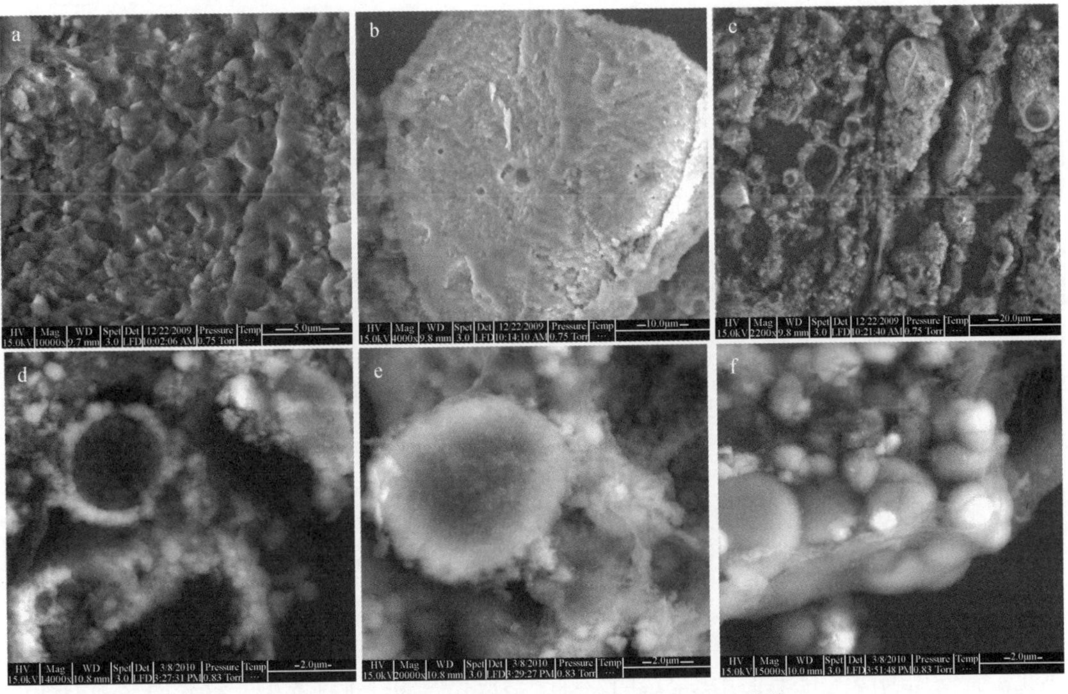

图 14-45　脂肪坏死组织中钙化灶的 ESEM 形貌像

球体状钙化周围还存在胶原包裹的大量纳米钙化小球（图 14-45e）。大片钙化的边缘部位，大量大小不一的钙化小球堆积在一起，部分还呈细胞分裂未完成状，可见胶原对小球的包裹和共生关系（图 14-45f）。

钙化物的同步辐射 X 射线衍射（μ-XRD）测试结果（图 14-46 中的实线）表明其主要物相为碳羟磷灰石。衍射峰高度和宽度等形状差异表明不同病例中钙化的结晶程度不同。

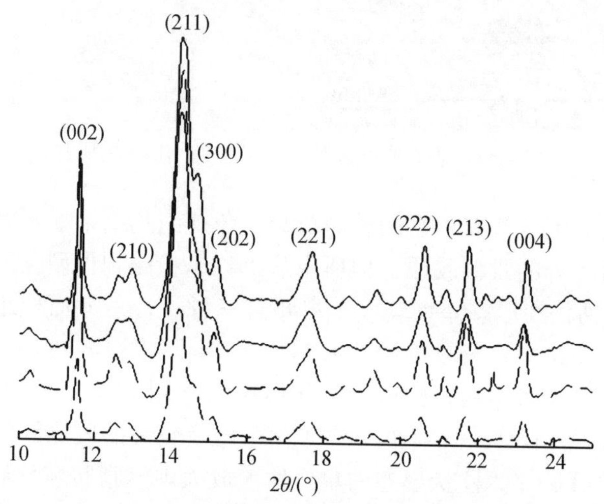

图 14-46　钙化的微区 X 射线衍射图及晶面标定

实线为炎症，虚线为增生症中的钙化

形貌分析结果显示炎症病灶中脂肪坏死后钙化是由坏死后的脂肪细胞膜成核，初期形成的是空泡状，后期不断发展，形成球体状钙化，最后与外部Ⅲ型胶原中及其他部位钙化小球融合，形成光学显微镜下观察到的主要成分为碳羟磷灰石的大片钙化。球体状钙化未形成明显的环带结构，中间区域较为致密。钙化的剖面可见不同的颗粒状构造，可能是因为大片钙化是由大小不一的钙化小球不断生长融合而成。

14.5.2　乳腺增生症矿化特征

乳腺增生（breast hyperplasia）是女性最常见的乳房疾病，其发病率占乳腺疾病首位。乳腺增生是指乳腺上皮和纤维组织增生，乳腺组织导管和乳小叶在结构上的退行性病变及进行性结缔组织的生长，病因主要是内分泌激素失调。

增生症中的钙化主要有扩张导管内潴留物钙化（图 14-47a）和坏死型钙化（图 14-47b）。导管扩张症（duct ectasia）是一种乳腺瘤样病变，病变导管高度扩张，管壁高度增厚，衬覆单层立方或扁平上皮细胞。上皮细胞也可以脱落消失，无上皮细胞增生和大汗腺化生改变。乳腺组织内存在大量的导管，乳腺增生后扩张的导管内潴留了大量分泌物，后期继发钙化。管壁周围增生的纤维组织呈透明变性，形成很厚的纤维性囊壁，囊腔内充满粉红色颗粒状浓稠物质，并常见胆固醇结晶（HE 浅染）。由于分泌物无序散布，扩张导管内潴留物的钙化比较分散，大小为几微米（图 14-47a）。坏死性钙化与乳腺导管增生有关。乳腺导管增生（intraductal hyperplasia）的影像学表现包括导管形态改变、实质变形、不可触及的包块病变、钙化和双乳不对称。在无法触及病变的情况下，钙化是导管非典型增生最常见的影像学特征（Rosen and Hoda，2008）。导管增生表现为导管上皮细胞数量的增加。由于正常静止的上皮由连续的单层立方或者柱状上皮细胞和一层不连续的肌上皮细胞组成，因此细胞结构两层者就算增生。上皮层厚度增加导致增生部位的导管腔部分或者完全堵塞。由于导管内部无血管，维持细胞生长的养分靠导管外层向内渗透，导管上皮细胞增生严重，上皮增厚，内部细胞养分供应不足，细胞发生崩解，增生导管中央细胞坏死（图 14-47b 中箭头所示），陈旧性坏死易发生钙化。

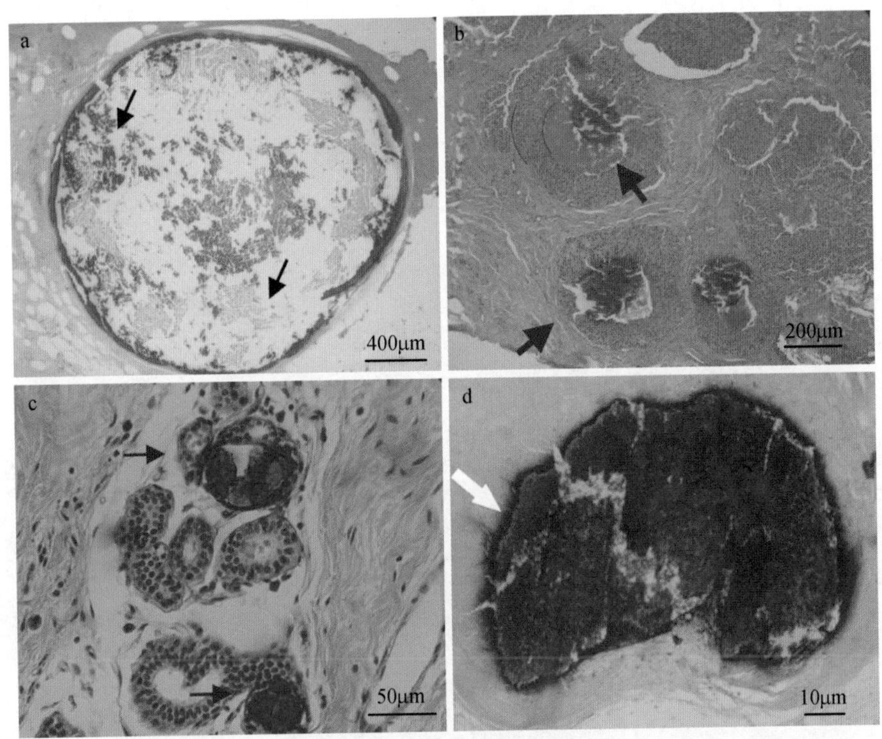

图 14-47　乳腺增生症矿化灶及其周围组织的 HE 染色显微照片

乳腺增生症中常见砂粒体或鲕状集合体样钙化（图 14-47c），直径 5 ~ 100μm 不等。砂粒体往往起源于导管腔两层上皮细胞之间，逐渐长大，向腔内生长，最终导致上皮细胞崩解。上皮细胞膜发生损伤破裂，膜上的胶原、蛋白等可能是砂粒体的成核点。一些颗粒较大的砂粒体可见明显的同心层状构造（图 14-47c）。矿化颗粒体积较大时，中央染色常呈均质浅染状，似矿化不完全，此时上皮常受压变扁。矿化颗粒较小时，可见其位于腺上皮细胞与基底膜之间。出现矿化颗粒的腺体多有一定程度的分泌现象，即腺上皮细胞常可见顶端的胞浆突起，但上皮常厚薄不均。大面积的坏死型钙化，致密均匀，剖面平整，直径约 100μm。钙化外围为深度交联的变性胶原，与钙化的联系较为紧密。从形貌还可以看出钙化的走向和粗大胶原的分布方向相同，表明钙化和胶原密切相关，形貌上保留了胶原的束状结构。

染色实验结果指示乳腺增生症中的矿化物主要成分为钙盐，未见铁盐成分。矿化物 Masson 三色染色基本呈紫红色，指示矿化物形成时间较长，结构较致密。少数染色为绿色的矿化物形成时间相对较短。免疫组化胶原染色显示矿化物中存在Ⅳ型胶原，而未检测到Ⅲ型胶原（梅放等，2011）。

ESEM 下观察，乳腺增生症样品中钙化灶常常面积较大，可达 1mm（图 14-48a）。钙化灶边缘基本是粗大的胶原纤维（图 14-48b），胶原纤维中间生长大量矿化小球，矿化小球尺寸在 1μm 左右，与胶原纤维关系密切，通常是被较细的胶原纤维包裹或缠绕（图 14-48d）。钙化灶中间部分以无机成分为主，无明显颗粒感，个别自然断面呈纤维状（图 14-48d）。能谱测试显示，主要成分是 Ca、P、O，含有少量 Na、Mg，但是 Ca/P 值有变化，一些位置 Ca/P 值为 1.629，应为磷酸钙系列矿物，有些位置 Ca/P 值较高，可达 4.211，明显高于磷酸钙系列矿物的理论比值，说明存在其他钙盐成分。结合前人的研究，可能为草酸钙系列矿物。

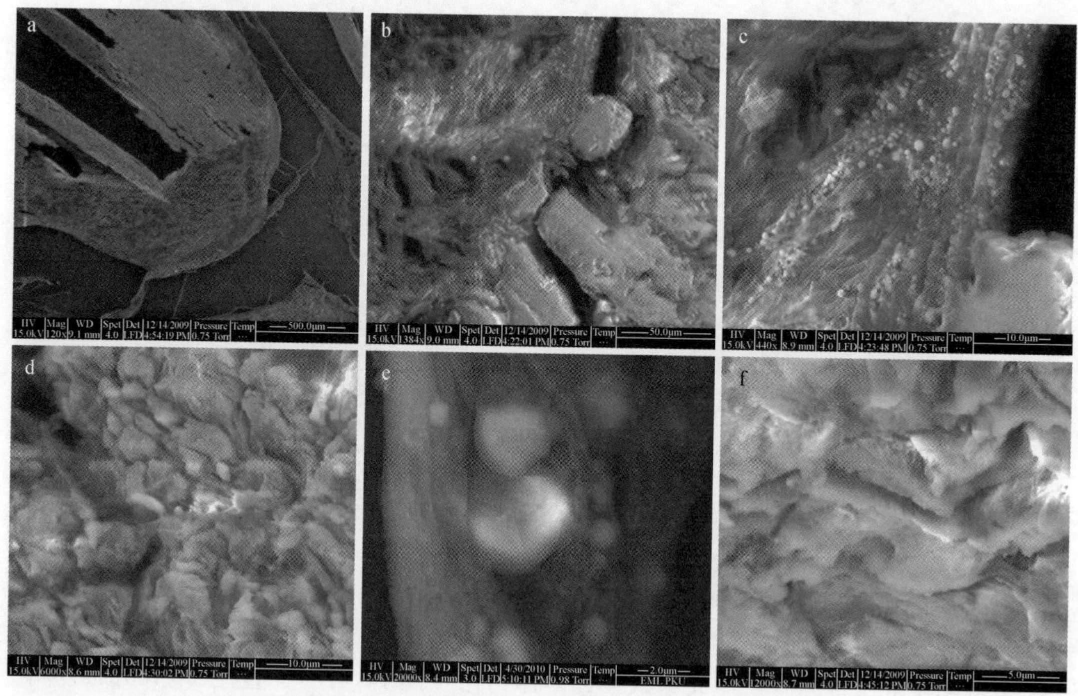

图 14-48　乳腺增生症中钙化灶的 ESEM 形貌像

扩张导管区域的钙化表现为导管内较空，导管边缘部位有粒径不等的钙化小球在胶原上沉积（图 14-48e），与胶原关系密切。坏死型钙化无明显的核结构，整个钙化具层片状结构（图 14-48f），钙化和有机组织之间附着紧密，并且在钙化附近外围区域也有很多圆形的钙化小颗粒松散沉积在胶原上。

μ-XRD 测试显示增生症病灶中的钙化和标准数据 09-0432#PDF 卡片能很好匹配（图 14-46 虚线），表明增生症中钙化的主要成分亦为碳羟磷灰石。同样，不同病例中钙化的结晶程度不同。

增生症中扩张的导管腺腔中间潴留物钙化由于和周围的组织附着不紧密，较难观察到微形貌，导管边缘处的钙化可能是由钙化小球在导管上皮中变性的Ⅳ型胶原上成核，不断发展聚集，最后形成较致密的钙化。增生症中的坏死钙化是由于 Ca^{2+} 等阳离子与变性Ⅲ型胶原中大量的氨基聚糖上的羟基和羧基结合，钙化由此发生，伴随病变发展聚集成纳米尺度的钙化小球，致使有机组织营养不良也发生钙化，有机组分和无机组分不断演变为小的团块状钙化，最后形成结晶程度较差的碳羟磷灰石。少数情况下，也形成草酸钙系列矿物的聚集。

14.5.3　乳腺纤维腺瘤矿化特征

乳腺纤维腺瘤（fibroadnoma，FA）是一种由数量占优势的间质成分和上皮成分构成的双相性良性肿瘤，起源于终末导管——小叶单位的上皮和间质（付丽、傅西林，2008；Rosen and Hoda，2008）。纤维腺瘤的组织学特征是腺体和间质成分同时增生，腺体呈圆形或卵圆形，具有单层上皮和支撑性肌上皮细胞层（Moross *et al.*，1983），随着病情发展后期发生钙化。

伴发矿化的纤维腺瘤总呈现腺体高度萎缩、间质高度玻璃样变状态。纤维腺瘤伴发的矿化形式多样，最常见的是大片状无定形不规则矿化（图 14-49a）。钙化发生在玻璃样变性的增生间质成分中，结构较为致密，矿化灶直径在 100μm 左右。钙化区边缘矿物质含量高，而在内部，钙化和变性胶原生长在一起，难以区分。钙化的走向和粗大胶原的分布方向相同，推断其形成和胶原密切相关，形貌上保留了胶原的束状结构。这种矿化附近常伴有陈旧性坏死改变。在坏死的周边也可见到沿间质胶原分布的泥沙样小灶状矿化。高度玻璃样变的间质内也常见大小不一的鲕状矿化颗粒（图 14-49b），一些早期小钙化保留腺体形态（圆形或卵圆形）。偶尔还可见小的球形砂粒体样矿化颗粒（图 14-49c）。这些小灶状矿化均处于胶原间质内，与肿瘤内的腺上皮无关。个别情况下，可见肿瘤腺腔内大量的砂粒体样矿化，砂粒体的直径较大，明显大于前面所提到的胶原间砂粒体的直径。

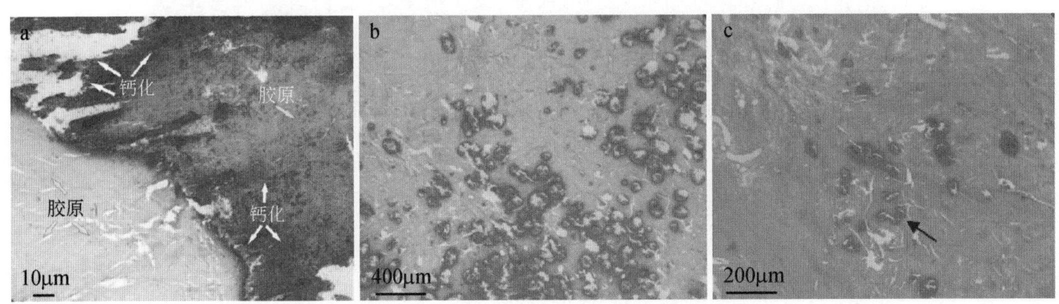

图 14-49　乳腺纤维腺瘤中坏死钙化特征 HE 照片

染色结果指示纤维腺瘤的矿化往往出现在肿瘤高度萎缩胶原化状态下，与Ⅲ型胶原关系密切，此外伴有坏死的矿化灶矿化形式与脂肪坏死后矿化形式极为相似，指示存在共同的矿化机制。矿化物的主要成分仍为钙盐，且矿化物形成时间均较长（梅放等，2011）。

ESEM 观察显示，大面积的块状钙化和有机组织间附着紧密，无清晰界线，其外围区域有很多纳米尺度的钙化小球松散沉积在胶原上，还有大量较小的团块状钙化沉积在束状胶原中（图 14-50a）。这些钙化和丝状胶原交织在一起，表明钙化是在束状胶原上沉积形成。钙化自然断开的断面不平整，无核结构，具层片状特征，表明钙化是以层状方式富集，和胶原的束状结构在形态上类似，也说明与胶原的密切关系。能谱分析钙化小球的 Ca/P＝1.452，在钙磷酸盐系列矿物的比值范围内；大片钙化的 Ca/P＝1.667，与羟磷灰石的比值相当。

乳腺纤维腺瘤中也见致密的的砂粒体样钙化小体（图 14-50b），这些钙化小体与脑膜瘤和甲状腺乳头状癌中的砂粒体在形貌上有很大差别，无明显的同心层状结构（图 14-50c），有的表面也很独特，呈极不平坦的参差状突起（图 14-50d）。高倍下观察其实是由矿化小球与胶原纤维等有机质共同构成（图 14-50e）。这种现象提示砂粒体是由矿化小球慢慢堆积而来，即矿化初期在胶原纤维上成核生成矿化小球，而小球附近的胶原又发生矿化，后形成的小球在较早形成的小球上生长。随着时间的推移，堆积形成了较大的砂粒体颗粒，所以纤维腺瘤中的砂粒体不具备环带结构。砂粒体的切面呈致密均匀结构。

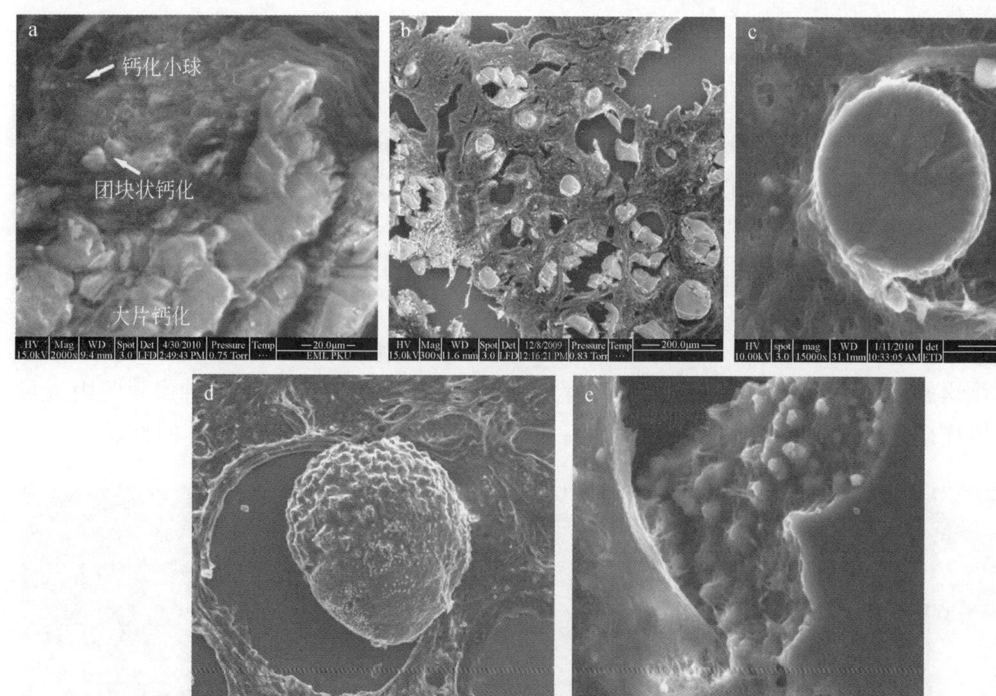

图 14-50　乳腺纤维腺瘤中砂粒体钙化的 ESEM 图像

钙化样品的显微红外光谱测试（图 14-51）主要出现官能团 PO_4^{3-}、CO_3^{2-} 和 OH^- 的特征振动峰，表明主要物相应为有一定 CO_3^{2-} 取代的羟磷灰石；同时，图谱中有机物的羰基中 C═O 及脂膜中 C—H 的特征峰，表明其中还混杂少量有机物质。

钙化物的 μ-XRD 测试结果（图 14-52）表明其主要物相为羟磷灰石，与标准数据 09-0432#PDF 卡片能很好地匹配。

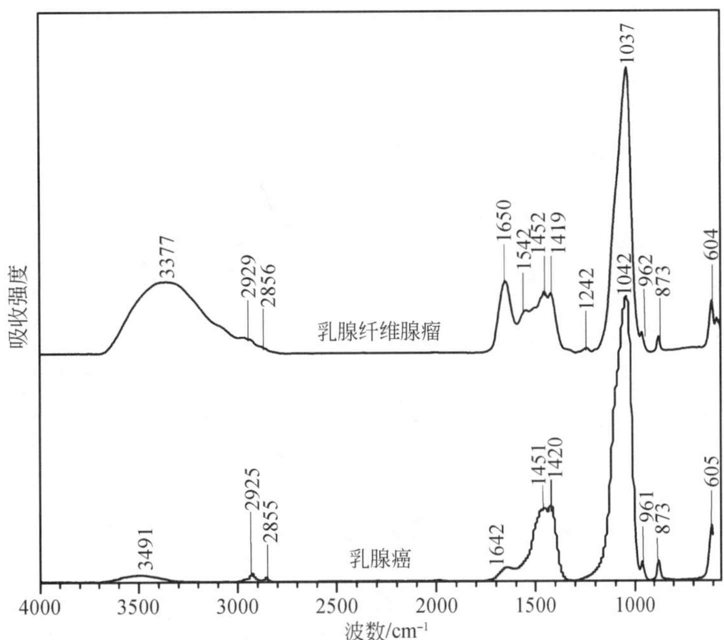

图 14-51　纤维腺瘤和乳腺癌钙化的红外光谱图

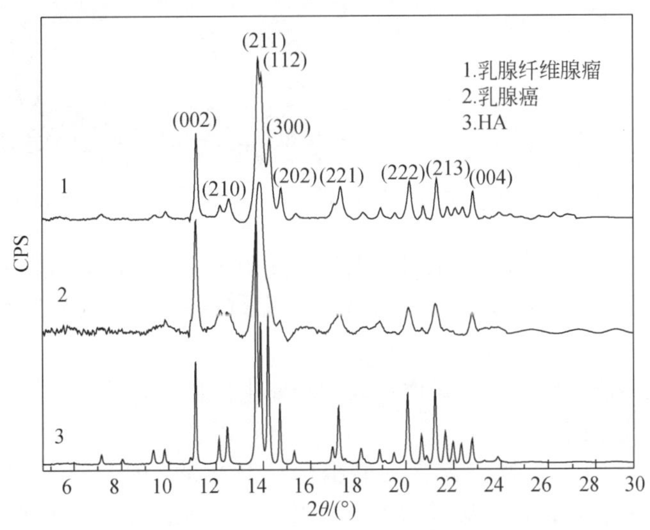

图 14-52　纤维腺瘤和乳腺癌钙化的微区 X 射线衍射图及晶面标定

高分辨透射电镜下可见钙化主要由短柱状、粒状纳米多晶组成，颗粒尺寸在 10 ~ 20nm（图 14-53a）。晶格像显示了条纹不连续的纳米晶的聚集（图 14-53b）。选取高分辨晶格条纹像的边缘部位进行面网间距的测量和指标化，所得 d 值（0. 279nm）对应于 09-0432#PDF 卡片中羟磷灰石晶体的（112）面网（图 14-53c）。钙化的电子衍射花样为多晶环式（图 14-53d），表明钙化由纳米多晶组成。内层衍射环清晰，外层衍射环弥散，环数较少，说明其结晶程度低。衍射环内部为两个对称的短弧，表明晶体排列有沿此弧对应方向的择优取向性，经标定此方向为（002）面网方向，这和钙化生长受胶原大分子的调控有关。较清晰的内层衍射环对应于羟磷灰石的面网间距为 0.344nm，即（211）面网，此结果和微区 XRD 测试结果一致，表明乳腺纤维腺瘤中钙化的主要物相为羟磷灰石。

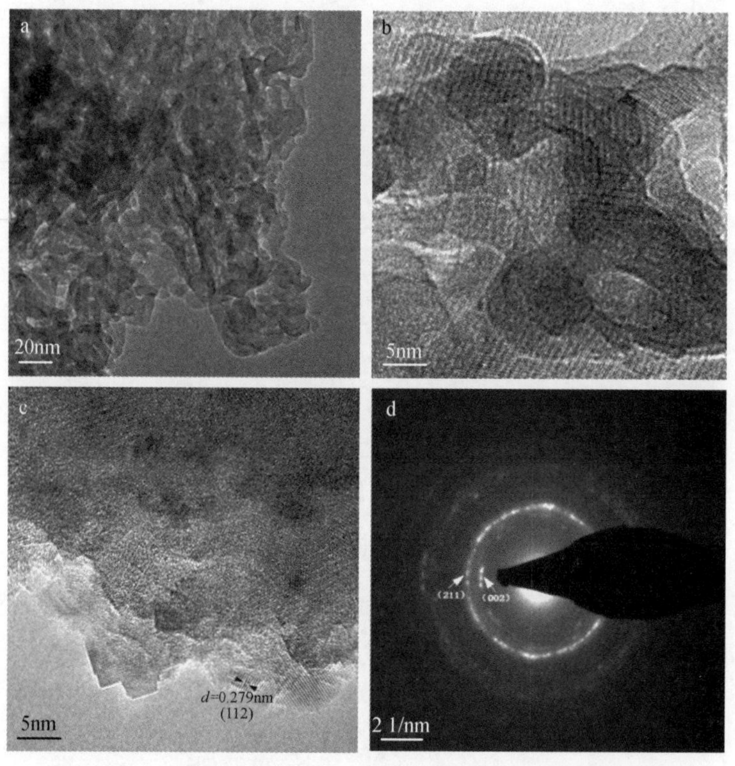

图 14-53　纤维腺瘤钙化的 TEM 形貌、晶格像和选区电子衍射

发生在纤维腺瘤中的矿化类型主要是大片坏死型矿化和少部分砂粒体样矿化，都生长在Ⅲ型胶原中，其中砂粒体样矿化成分均匀，无明显的核结构，为致密块状结构，断面平坦；坏死矿化在形态上保留了胶原的束状结构，并具有层片状堆积特点。其形成是由矿化小球逐渐堆积发展为团块状矿化，进而形成和胶原生长在一起的大片坏死矿化。坏死矿化的不同部位结晶程度不同。

纤维腺瘤中矿化的主要物相为含碳酸根部分替代的羟磷灰石，结晶程度较低，在（002）面网方向存在择优取向。碳酸根的取代及其与胶原的紧密联系改变了 Ca 原子的排列规则，降低了矿化的结晶度，对矿化的结晶习性也有影响。

钙化的纤维束状形态与胶原纤维矿化直接相关（Blumenthal *et al.*，1991；Christiansen *et al.*，1993；Han *et al.*，1996）。已有研究证实胶原分子的羧基和羰基是骨矿化的成核点（Cui *et al.*，2008），而乳腺纤维腺瘤中间质成分不断增生，病变后期容易发生广泛的黏液变性或玻璃样变，诱发营养不良性钙化（付丽、傅西林，2008；Rosen and Hoda，2008）。胶原纤维老化过程中纤维结缔组织增生，会导致糖蛋白聚集，而糖蛋白上的氨基聚糖含大量阴离子，能结合 Ca^{2+}等阳离子，为钙化提供了成核位点，引发钙化（Barth *et al.*，1977；杨光华，2001）。

形貌和成分的分析结果表明乳腺纤维腺瘤中的坏死型钙化是由于 Ca^{2+} 等阳离子与变性胶原中大量的氨基聚糖上的羟基和羧基结合，钙化由此发生，伴随病变发展聚集成纳米尺度的钙化小球，致使有机组织营养不良也发生钙化，有机组分和无机组分不断演变为小的团块状钙化，最后形成光镜下可见的主要成分为羟磷灰石的大片钙化。

14.5.4　乳腺癌矿化特征

伴发矿化的乳腺癌通常为乳腺导管原位癌，为乳腺浸润性导管癌的癌前病变。浸润性导管癌（invasive ductal carcinoma）是最常见的乳腺恶性肿瘤，占乳腺癌的 75% ~80%（Rosen and Hoda，2008）。浸润性导管癌可以起源于导管内癌。乳腺原位癌的矿化是乳腺病理性矿化中临床意义最为显著的一种，早期多出现在导管腔内，一旦肿瘤发展成浸润性癌，导管内和间质中均可出现矿化（付丽、傅西林，2008；Rosen and Hoda，2008）。

矿化出现在Ⅱ级或Ⅲ级导管原位癌中，这些级别的导管原位癌恶性程度更高，矿化往往出现在癌变导管中央坏死的背景之上。矿化呈大片无定形状（图 14-54c、d）。浸润性癌的矿化通常只出现在浸润性癌周围的导管原位癌部分，而纯粹出现于浸润性癌组织之间的矿化很少见，形态也呈小片不规则状或砂粒体样，且矿化灶周围往往伴有较丰富的间质胶原。间质矿化被粉染的坏死胶原包裹（黄色箭头所示），推测间质矿化由坏死胶原引发。

伴有明显矿化的乳腺浸润性导管癌组织的矿化灶尺寸在 50 ~200μm。矿化一般出现在癌细胞浸润的间质成分（图 14-54a、b）和晚期导管原位癌（图 14-54c、d）中。

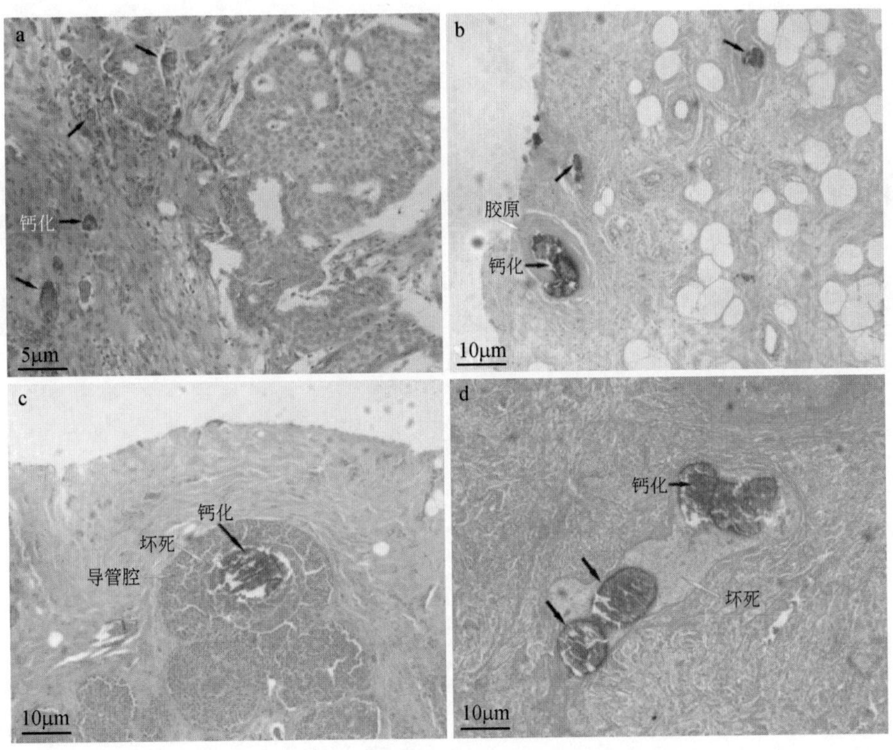

图 14-54　乳腺癌病灶中矿化的 HE 染色照片

染色结果提示乳腺导管原位癌矿化总与坏死伴发，其主要成分仍为钙盐，矿化机制与乳腺脂肪坏死矿化机制存在差异，因为其中缺乏胶原成分。

ESEM 观察可见乳腺癌病灶中间质矿化呈类砂粒体结构（图 14-55），矿化由被胶原包绕的大量纳米矿化小球聚集而成（图 14-55a、b），不断发展成为砂粒体样矿化集合体（图 14-55a）。砂粒体样矿化为致密块状，断面显示出纳米矿化小球聚集的颗粒感（图 14-55c、d）。

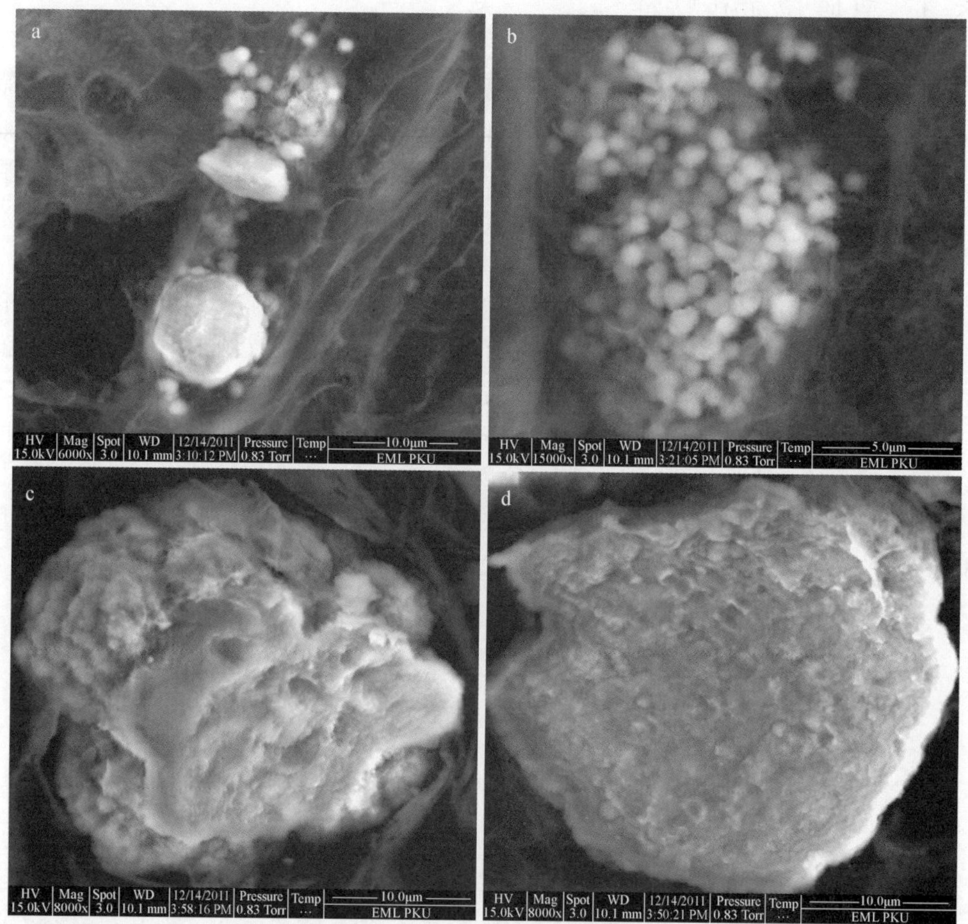

图 14-55 乳腺浸润性癌病灶中间质矿化的 ESEM 形貌像

导管原位癌灶中的坏死矿化和有机组织之间界线清楚（图 14-56a），矿化的边缘有很多小球紧密堆积，随机排列（图 14-56b、c），矿化呈阶梯状断口，断面较毛糙，有孔洞（图 14-56d）。

能谱分析显示矿化的主要元素有 P、Ca、C、O，Ca/P（at%）值为 1.50～1.66，均在钙磷酸盐系列矿物的 Ca/P 值范围之内。从矿化中心到边缘 Ca、P 的含量逐渐减少，C、O 的含量逐渐增加，说明从边缘到中心无机成分增加，有机成分减少。

显微红外光谱（图 14-51）显示矿化物中主要含 PO_4^{3-}、OH^-官能团，并有少量 CO_3^{2-}，说明乳腺癌矿化的物相是含部分 CO_3^{2-}取代的羟磷灰石。CO_3^{2-}的特征吸收峰表明其以占据 PO_4^{3-}位置的 B 型取代为主（Fleet and Liu，2003；Antonakos *et al.*，2007）。此外，图谱中

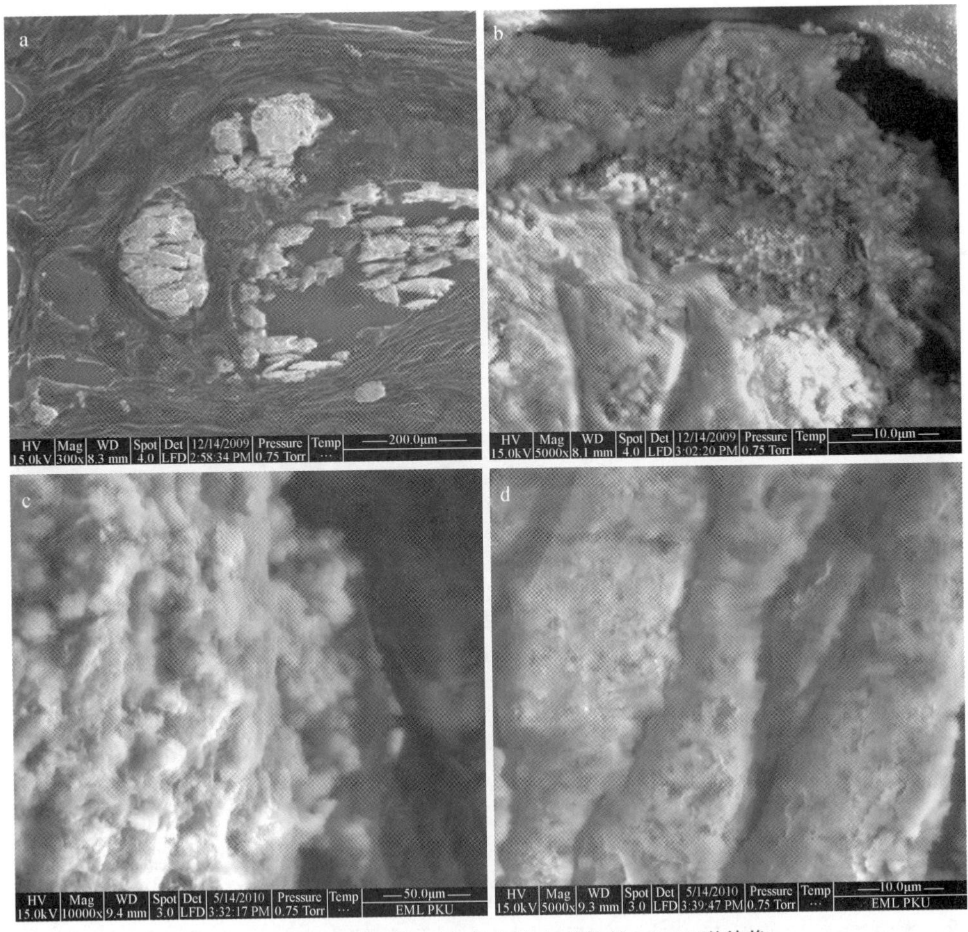

图 14-56　乳腺导管原位癌病灶中矿化的 ESEM 形貌像

还有羰基的 C═O 和脂膜中 C—H 的特征吸收峰，表明矿化中含少量有机质成分。

XRD 图谱（图 14-52）显示矿化物的主要组成矿物为羟磷灰石。衍射峰较为尖锐，说明矿物结晶较好，但低于羟磷灰石标样，这和病灶中矿化的有机质成因有关。碳酸根部分替代磷酸根也会导致晶格畸变和结晶度的下降（杨维虎等，2009）。

透射电镜下观察，乳腺癌病灶中矿化物有三种形态。一种为结晶较好的短柱状晶体（图 14-57a）。对应区域的电子衍射（图 14-57b）和高分辨晶格像（图 14-57c）中的三维晶格像的标定结果与 09-0432#PDF 进行比对，均能找到对应的面网间距值，表明导管原位癌灶中的矿化成分为羟磷灰石，与微区 XRD 的物相分析结果相吻合。

乳腺癌矿化还可见球状（图 14-58a）和纤维状（图 14-58b）两种形貌，但这两种矿化的结晶度均较差，选区电子衍射的多晶衍射环较弥散（图 14-58c）。对衍射环进行标定，较强的中心衍射环分别对应羟磷灰石（09-0432#PDF）的（211）和（002）面网，在（002）面网方向存在择优取向，这和矿化的生长受有机大分子的调控有关。

上述结果表明，乳腺癌中的矿化主要有两种形式，一种是发生在癌变组织区域间质成分中的砂粒体样矿化，呈致密块状，断面显示出纳米矿化小球聚集的颗粒感。推测是由纳

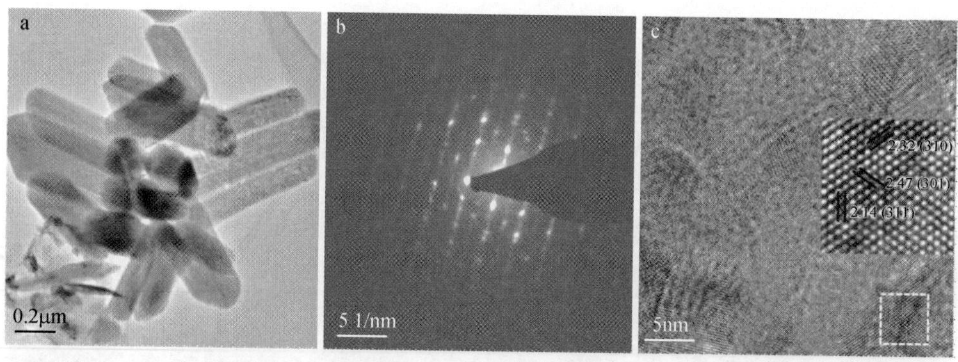

图 14-57　乳腺癌矿化的 TEM 形貌像（a）、电子衍射图（b）和高分辨晶格像（c）

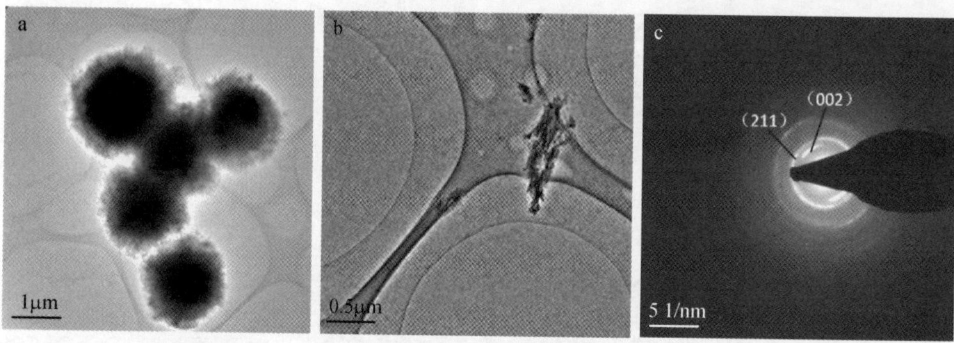

图 14-58　乳腺癌矿化的 TEM 形貌像及选区电子衍射

米级的矿化小球发展为砂粒体样矿化，矿化小球的有机质成核点为间质内高度玻璃样变的间质胶原，矿化发生在胶原间的缝隙内，其离子储备相对局限，矿化空间也相对局促，因而间质砂粒体样矿化的形态相对细小而规则。另外一种较为常见，为导管原位癌中上皮增生的导管中心发生的坏死矿化，与导管中潴留的分泌物等坏死有关，矿化呈阶梯状断口，结构上比较毛糙，层状聚集。由于矿化局限于导管内，其发生机制可能是肿瘤细胞坏死后释放的无机盐离子以肿瘤细胞崩解产生的蛋白或脂类物质为成核点进行的矿物沉积，最后形成大片的坏死矿化。

乳腺癌间质砂粒体样矿化的形成和胶原相关，导管原位癌坏死矿化的起因和导管中心的坏死物有关。矿化的主要物相均为碳酸根部分替代的羟磷灰石，其中既有结晶较好的短柱状纳米晶，也有结晶程度较差的圆片状、颗粒状和纤维状颗粒。矿物晶体在（002）面网方向存在择优取向。

14.5.5　乳腺病变矿化类型与矿化机制讨论

1. 乳腺病变伴发矿化类型

乳腺病变伴发矿化的表现形式多样，通过上述观察测试可归纳为坏死相关性矿化和非坏死相关性矿化。

1）坏死相关性矿化

该类型矿化物的共同特征是常为大片无定形状，这种无定形的聚合体由小的泥沙样矿化颗粒聚合而成。形成时间越长，聚合的矿化物结构越紧密，体积越大。之所以形成无定形状，是因为坏死导致大量细胞崩解，释放出的大量盐离子为矿化提供了丰富的无机质基础，这些无机盐离子随无定形的坏死组织分布聚集，形成的矿化物在光镜下也为无定形状。

坏死相关性矿化可进一步分为肿瘤性坏死相关性矿化和非肿瘤性坏死相关性矿化。前者以乳腺导管原位癌坏死矿化为代表，这也是乳腺病理性矿化中临床意义最为显著的一种（喻迎星等，2002；王冬女等，2005；张军，2008）。矿化发生在肿瘤细胞坏死的背景中，由于矿化局限于导管上皮内，矿化物的形成与间质胶原关系不大，推测其发生机制为肿瘤细胞坏死后释放的盐离子以肿瘤细胞崩解产生的蛋白或脂类物质为成核点进行矿物质的沉积。后者以乳腺脂肪坏死以及乳腺纤维腺瘤内的大片状钙化为代表。虽然纤维腺瘤亦为肿瘤，但其坏死不能称为病理上所指的肿瘤细胞本身发生的坏死，而往往是由于缺血造成的梗死。这种矿化虽然也呈大片无定形状，但坏死的同时机体也开始了对坏死灶的修复，修复初期多以Ⅲ型胶原生成为主（Liu *et al.*，1995；Namazi *et al.*，2011），随后修复性的胶原结缔组织增生并包裹坏死灶，因此坏死物中的无机盐离子可以胶原为成核点沉积矿化。

2）非坏死相关性矿化

此类矿化物呈颗粒状，由于沉积空间的限制，矿化物形态相对规则，如砂粒体状或鲕状，且很难融合成片。矿化与组织大片坏死无关，而与细胞分泌物或与经典理论认为的细胞凋亡有关（陈昊，1999），因此为矿化提供的离子储备相对有限，这就决定了矿化颗粒的体积不会太大。此类矿化又可分为上皮相关性矿化和间质相关性矿化。

上皮相关性矿化发生在腺腔内或腺上皮与上皮基底膜之间，如乳腺增生症中所见的矿化形式。这种矿化有如下特点：①矿化形成的腺腔仍保留有一定的分泌功能，而腺上皮彻底萎缩时，或硬化性腺病晚期基本仅残存肌上皮时，矿化反而罕见了；②矿化物较大时中央呈均质浅染非矿化状，似为蛋白核心；③免疫组化染色显示此类矿化内或周边总能检测到Ⅳ型胶原。此外形成的矿化总比单个上皮细胞体积大，因此从矿化物中的矿物含量上推测其形成所需的无机离子储备可能不能仅凭单个凋亡细胞提供，而将分泌物中的离子视为矿化的无机物储备更为合理。至于有机质成核点，分泌物中的蛋白质是可能性之一，可以加染乳腺相关的特异性分泌蛋白免疫组化染色进一步确证。此外乳腺上皮周围的基底膜对于此型矿化关系重大，基底膜中的主要成分Ⅳ型胶原总能在矿化中检测出来，因此推测形成的机制也可能为腺上皮连接紧密度下降，造成腺腔内分泌物与上皮下的基底膜成分接触，分泌物促使基底膜中的Ⅳ型胶原等蛋白成分变性，成为矿化的成核点，分泌物中的盐离子沉积其上，成为矿化颗粒。

间质也可发生非坏死性矿化，矿化形态如同上皮相关的非坏死性矿化。但此处发生的矿化与上皮分泌物关系不大，且距离上皮下基底膜相对遥远，因此其形成机制应与上皮相关矿化不同，其有机质成核点应为间质内高度玻璃样变的胶原（Ⅲ型或其他类型的间质胶原），而其离子储备相对局限，可能为间质凋亡崩解的细胞提供，或相对邻近的坏死组织提供，矿化发生在胶原间的缝隙内，矿化空间相对局促，因而决定了矿化物形态相对细小而规则。

Frappart 等（1984）提出了乳腺良性、恶性病变中伴发的矿化物成分类型。Ⅰ型为草酸钙结晶，仅出现于良性病变中或小叶原位癌中。草酸钙在常规 HE 切片中着色不显著，不易观察，而在偏光显微镜下具双折射。Ⅱ型为羟磷灰石，在 HE 切片中呈紫蓝色，易观察，但缺乏双折射，良、恶性乳腺病变中均可出现，即肿瘤性或非肿瘤性、良性及恶性的乳腺病变中都可有Ⅱ型矿化物沉积，说明羟磷灰石矿化在机体内的形成是非特异性的。

2. 由乳腺矿化引发的对生物矿化机制的探讨

生物矿化机制复杂，前人对生物矿化的机制进行了多种研究及猜测（戴永定、沈继英，1995；Kajander *et al.*，2003；欧阳健明、周娜，2004；Anderson *et al.*，2005；Margolis *et al.*，2006；薛中会等，2008；Golub，2009；Orimo，2010）。生物矿化是有机质与无机质相互作用的结果。生物矿化在成分、形态等多方面有十分悬殊的表现，其中存在很多未解的问题。比如病理上有下述常见的与生物矿化相关的有趣现象。

（1）矿化常出现在坏死组织的周围，而非坏死的中央，矿化区常伴有纤维结缔组织增生，且出现矿化的坏死灶往往偏于陈旧，而新鲜的坏死灶中罕见矿化。

（2）肿瘤出现丰富的砂粒体提示其生长速度相对缓慢，生物学行为常为良性或仅为低度恶性，如砂粒体型脑膜瘤（良性）、卵巢砂粒体型浆液性癌（低度恶性）、甲状腺乳头状癌（低度恶性）等，但多数生长缓慢的良性病变并不出现矿化现象。

（3）砂粒体型矿化常出现在腺上皮或具有分泌功能的上皮性肿瘤性或非肿瘤性病变中，而鳞状上皮、移行上皮等缺乏分泌功能的上皮病变罕见伴发砂粒体矿化。

（4）很多恶性肿瘤坏死明显或肿瘤性凋亡很常见，提示恶性度高，生长活跃，但往往不伴发矿化。

（5）乳腺导管原位癌，特别是Ⅱ、Ⅲ级原位癌，恶性度较高，伴发坏死后矿化十分常见，但这些肿瘤一旦浸润出去后，浸润性癌部分的坏死矿化现象却非常罕见，即使出现矿化，往往也与肿瘤性坏死无关，而与肿瘤周围的癌性间质胶原化伴发。

分析上述现象可以揭示生物矿化的几个相关因素。

（1）足够的时间：生物矿化是一个相对缓慢的过程，分子量相对较小的矿物沉积聚合成为微米级甚至毫米级的矿化物，需要相对漫长的时间才能形成。因此出现矿化物提示病变发展相对缓慢，而矿化也更容易出现在陈旧性的坏死之中。

（2）足够的无机盐离子储备：矿化物的形成需要足量的无机盐离子储备，特别是钙盐，是矿化的基础。分泌物中的无机盐离子相对丰富，因此腺上皮来源的病变更易出现矿化现象。此外坏死及凋亡的细胞也能释放大量细胞内的无机盐离子，都为矿化提供了可能性。

（3）无机盐离子在短期内不能被清除：造成了局部离子浓度异常增高，为离子沉积提供了可能性。这可以解释前面提出的诸多病理现象。坏死早期肉芽组织长入坏死物中，其中高通透性的新生毛细血管为坏死区域物质的清除提供了通道，坏死与肉芽组织交界处不易造成盐离子的大量堆积，因此矿化不易发生，相反在坏死的晚期，肉芽组织已生长成为成熟的胶原结缔组织，其中的血管成分日渐减少且通透性变弱，因此组织内残留的盐离子浓度越发升高，造成堆积，此时更容易发生矿化。生长缓慢的肿瘤，其中的血管成分相对较少，肿瘤细胞凋亡后或分泌产物中释放的盐离子成分不易清除，因此易形成砂粒体型矿化。此外乳腺导管原位癌中坏死组织只能局限在导管内，而导管往往呈堵塞状态，导管内又缺乏血管成分，因此坏死组织释放的盐离子既不能由导管引流至体外，又不能由血液将富集的盐离子转运至坏死区以外，因此形成了肿瘤性坏死相关性矿化。而导管癌一旦浸润，穿插于组织间的癌巢相对较小，不易发生坏死，因而浸润性癌发生矿化的现象就相对少见了。此外很多高度恶性的肿瘤常能诱导间质血管生成，因此癌细胞周围总有丰富的血管成分，即使有大片的肿瘤性坏死，其中的无机成分也容易渗透稀释并清除。因此很多易伴发大面积坏死的高度恶性肿瘤，反而不易形成矿化。

（4）生物矿化需要有机质的参与：胶原较其他有机质更容易成为生物矿化的成核点。首先胶原在人体中分布极其广泛；其次胶原的分子量大，分子呈长条形多聚体状，可暴露的与无机盐离子相互作用的位点多，因此容易成为各个部位、各种病变矿化的成核点。我们的研究也证明乳腺多种病变的矿化与不同类型的胶原关系密切。但胶原不是生物体内唯一的矿化成核点，乳腺导管原位癌矿化物中未发现胶原成分，此类矿化成核点可能是细胞坏死后释放的细胞蛋白或其他有机成分，而与间质胶原关系不大。

（5）矿化时无机盐的储备量、有机质的分布形态、矿化空间以及矿化时间共同决定了最终矿化物的形态。

生物矿化的过程可总结为局部组织内以钙盐为主的无机离子过量聚集（如坏死、凋亡、分泌物等），且不易迅速清除时（引流不畅或血管缺乏），以邻近的有机物（常为胶原）为矿化成核点，经过一个相对缓慢的时间过程（几个月甚至数年）沉积聚合成为矿化物。矿化的出现提示疾病已经历了长期发展过程，应当及时治疗。乳腺病变的生物矿化类型复杂，其中的机制不尽相同，乳腺疾病各种类型矿化的形成机制，仍需进一步深入研究（梅放等，2011）。

第三篇

矿物法——环境污染防治第四类方法

第15章 矿物法处理无机污染物

15.1 黄铁矿和磁黄铁矿处理含Cr(Ⅵ)废水

国内外研究表明，某些天然矿物具有良好的处理工业重金属废水性能，并成为环境矿物材料的研究方向（Hyland *et. al.*，1990；鲁安怀，1997；Voelker *et. al.*，1997）。利用铁的硫化物处理含Cr(Ⅵ)污染物的探索，早在20世纪70年代就做过一般性实验工作，后来持续进行深入探讨，并得到西方发达国家以及一些发展中国家，如希腊、土耳其和中国等的重视（Zouboulis *et. al.*，1995；鲁安怀，1996；Erdem，1996）。包括利用天然铁的硫化物在内的有关利用天然物质治理Cr(Ⅵ)污染物的选题研究，一直是国际上环境修复与污染控制领域热点研究课题之一（Knipe *et. al.*，1995；Aide and Cummings，1997；Higgins *et. al.*，1997；Peterson *et. al.*，1997；Wittbrodt and Palmer，1997；Bonnissel-Gissinger *et. al.*，1998；Goswamee *et. al.*，1998；Hong and Sewell，1998；Pettine *et. al.*，1998）。

本节介绍利用天然黄铁矿和磁黄铁矿处理含Cr(Ⅵ)废水的实验研究。在还原Cr(Ⅵ)的同时，不加碱即能直接形成含Cr(Ⅲ)胶体沉淀物，实现还原作用与沉淀作用相伴进行的一步法处理，据此提出利用矿山尾砂和废石堆等废弃物中天然铁的硫化物净化含铬废水的新技术。与传统的先还原后沉淀的二步法处理含Cr(Ⅵ)废水的工艺相比，本方法具有明显的经济优势和环境优势。

15.1.1 黄铁矿处理含Cr(Ⅵ)废水

黄铁矿是金属硫化物矿山的常见矿物，常被当作有色金属矿山的副产品，甚至视为废弃物（尤其是硫含量较低的）。国内用黄铁矿处理含Cr(Ⅵ)废水研究较少（陈孟春等，1989；陈孟春、杨方敏，1990），只限于寻找两者的反应条件使Cr(Ⅵ)达标排放，对排放后的废水是否会引起二次污染未做探讨，且所能处理的含Cr(Ⅵ)废水浓度太低（10mg/L）。

我们较系统地研究了天然黄铁矿和改性（加热、细碎）黄铁矿处理含Cr(Ⅵ)废水的较佳工作条件和反应机理，不仅给出了较大浓度（50mg/L）的Cr(Ⅵ)与黄铁矿反应的较佳实验条件，而且对Cr(Ⅵ)达标排放后清液中的全Cr进行了测量，同时对清液中的其他金属（Cu、Pb、Zn、Ni等）做了ICP发射光谱检测。结果表明，反应体系不存在二次污染，实现了真正意义上的除Cr(Ⅵ)；对反应过程中和反应后铬元素的存在形式进行了探讨，Cr(Ⅵ)被还原成Cr(Ⅲ)后，以Cr_2S_3形式存在。这使得天然黄铁矿包括天然磁黄铁矿能够在还原Cr(Ⅵ)的同时，无需加碱就可将Cr(Ⅲ)沉淀转移到胶体沉淀物中，形成一步法除Cr新工艺。同时，若能继续将Cr_2S_3提取，会实现变废为宝的环保目的。

1. 天然黄铁矿除铬实验条件

反应时间与Cr(Ⅵ)和全Cr去除率的关系：称取粒径180～200目的黄铁矿8.0g，加入100mL浓度50mg/L的含Cr(Ⅵ)废水中，调节pH分别为9.30±0.10和4.09±0.05。不同反应时间的去除效果见表15-1。国标规定全铬排放标准不高于1.5mg/L，Cr(Ⅵ)排放标准不高于0.5mg/L（国家环境保护局科技标准司，1994）。由表15-1可以看出，碱性条件下，搅拌80min，Cr(Ⅵ)可达标；搅拌100min，全铬浓度低于1.5mg/L，达到国家规定的排放标准。酸性条件下，搅拌约44min，Cr(Ⅵ)和全Cr的出水浓度均可达标。综合考虑Cr(Ⅵ)及全铬达标条件，选择搅拌时间分别为100min（pH=9.30）和60min（pH=4.09）为最佳实验条件。

表15-1　酸性和碱性条件下不同搅拌时间Cr(Ⅵ)和全Cr去除效果

pH	搅拌时间/min	$\rho_{Cr(VI)}$	Cr(Ⅵ)去除率/%	$\rho_{全Cr}$/(mg/L)	全Cr去除率/%
9.30±0.10	30.0	0.80	98.4	2.2	95.6
	60.0	0.90	98.2	2.3	95.4
	90.0	0.35	99.3	1.6	96.8
	120.0	0.30	99.4	1.3	97.4
	150.0	0.00	100.0	1.2	97.6
4.09±0.05	20.0	1.20	97.6	2.1	95.8
	40.0	0.55	98.9	1.6	96.8
	60.0	0.30	99.4	1.0	98.0
	80.0	0.05	99.9	0.9	98.2
	100.0	0.05	99.9	0.6	98.8

pH与去除率的关系：称取80～120目黄铁矿3.0g，放入盛有不同pH的浓度为10mg/L的含Cr(Ⅵ)废水溶液的烧杯中，溶液体积均为40mL。实验结果（表15-2）表明，黄铁矿对Cr(Ⅵ)的去除效果受溶液pH影响很大，酸性条件有利于Cr(Ⅵ)的去除，且达到排放标准（<0.5mg/L）。在pH为1.02～2.42间出现一平台，中性和碱性环境不利于Cr(Ⅵ)的去除。总体说来，随着放置时间的延长，黄铁矿对各种pH溶液中Cr(Ⅵ)的去除率都有所增加，增加的幅度随pH的增大而减少，考虑到放置时间太长不利于反应效率，故选取小于2.5为最佳pH条件。

黄铁矿用量与去除率的关系：在Cr(Ⅵ)初始浓度为10mg/L，初始pH为1.60的40mL废水中，分别加入粒径为80～120目的黄铁矿1.0、2.0、3.0、4.0、5.0、6.0g，反应达平衡后，取上清液，分析溶液中残留Cr(Ⅵ)的浓度，计算其去除率（表15-3）。实验结果表明，随试样用量的增加，去除率显著增加，处理后的废水可达排放标准。试样用量还与反应时间有关，反应1h达排放标准的试样用量为2.0g，反应1.7h时则只需1.0g。

表 15-2　pH 与 Cr(Ⅵ)去除率的关系

初始 pH		1.02	2.42	2.95	4.68	6.05	6.65	8.88	10.29
放置 2.5h	Cr(Ⅵ)浓度/(mg/L)	0.15	3.73	5.15	6.75	6.85	6.55	7.65	7.75
	去除率/%	98.5	62.7	48.5	32.5	31.5	34.5	23.5	22.5
放置 8.5h	Cr(Ⅵ)浓度/(mg/L)	0.15	1.00	3.60	5.20	6.55	6.35	74.5	7.55
	去除率/%	98.5	90.0	64.0	48.0	34.5	36.5	25.5	24.5
放置 17.5h	Cr(Ⅵ)浓度/(mg/L)	0.15	0.35	2.90	48.5	6.05	6.05	7.25	74.5
	去除率/%	98.5	96.5	71.0	5.15	39.5	39.5	27.5	25.5

表 15-3　黄铁矿用量与 Cr(Ⅵ)去除率的关系

黄铁矿用量/g		1.0	2.0	3.0	4.0	5.0	6.0
反应 1h	Cr(Ⅵ)浓度/(mg/L)	2.85	0.40	0.40	0.40	0.40	0.50
	去除率/%	71.5	96.0	96.0	96.0	96.0	95.0
反应 1.7h	Cr(Ⅵ)浓度/(mg/L)	0.35	0.15	0.15	0.15	0.15	0.15
	去除率/%	96.5	98.5	98.5	98.5	98.5	98.5

黄铁矿粒径与去除率的关系：在 Cr(Ⅵ)初始浓度为 10mg/L，不同初始 pH 的 40mL 废水中，加入不同粒径黄铁矿各 2.0g，反应 1.5h。实验结果（表 15-4）表明，相同实验条件下，随试样粒径的减小，去除率渐增，即粒径越小，去除率越高。这是因为粒径越小，试样的比表面积越大，与溶液的接触空间也相应增大，发生反应的概率增大。在相同反应时间内，粒径为 80～120 目的黄铁矿处理尚不能达到排放标准。考虑到简化试样加工环节和固液分离难易程度，选取 120～160 目粒径黄铁矿为宜。

表 15-4　黄铁矿粒径与去除率的关系

粒径/目	80～120			120～160			160～200		
初始 pH	1.60	3.38	5.33	1.70	3.32	5.43	1.73	3.30	5.46
Cr(Ⅵ)浓度/(mg/L)	0.80	7.75	7.75	0.15	7.60	7.65	0.35	6.85	7.40
去除率/%	92.0	22.5	22.5	98.5	24.9	23.5	96.5	31.5	26.0

综上，用天然黄铁矿处理浓度 10mg/L、体积 40mL 含 Cr(Ⅵ)废水的最佳条件为：试样粒径 120～160 目，反应时间 1.0～1.5h，试样用量为 2.0g，介质 pH 为 1.0～2.5。

2. 加热改性黄铁矿去除 Cr(Ⅵ)效果实验

以上实验虽然确定了天然黄铁矿处理含 Cr(Ⅵ)废水的较好实验条件，但也存在不足：实验介质的酸性太强，实验所需时间较长，试样用量较大。为进一步提高黄铁矿除 Cr(Ⅵ)效果，我们对黄铁矿进行加热改性。将 80～120 目的天然黄铁矿放入高温炉中，调节温度灼烧 20min，取出后放入坩埚中冷却至室温后用于除 Cr(Ⅵ)实验。

在 Cr(Ⅵ)浓度为 10mg/L，不同初始 pH 的 40mL 溶液中，加入 80～120 目不同改性温度的天然黄铁矿，反应时间各不相同。实验结果（表 15-5）表明，黄铁矿加热后对 Cr(Ⅵ)的去除率明显增大，尤其是加热到 400～500℃时，所处理的含 Cr(Ⅵ)废水的去除率均在95%以上，不仅都能达到排放标准，而且溶液的初始pH范围也增大了，由pH<2扩展到3.06～11.2。以下加热改性样品对废水Cr(Ⅵ)去除率的影响因素实验中，加热改性温度控制在450℃左右。

表15-5　不同加热温度下黄铁矿与Cr(Ⅵ)去除率的关系

300℃加热	初始pH	3.60	4.45	5.64	6.80	7.54	9.28	10.66	11.93
	2.5h后pH	3.51	3.67	3.68	3.80	3.98	4.21	6.18	11.12
	Cr(Ⅵ)浓度/(mg/L)	5.50	5.75	5.40	5.60	6.25	6.30	5.85	8.30
	去除率/%	45.0	42.5	46.0	44.0	37.5	37.0	41.5	17.0
400℃加热	初始pH	3.26	4.13	5.08	6.26	7.14	8.80	9.45	10.54
	1.5h后pH	3.16	3.37	3.45	3.47	3.56	3.67	3.80	3.94
	Cr(Ⅵ)浓度/(mg/L)	0.15	0.30	0.35	0.30	0.30	0.15	0.15	0.35
	去除率/%	98.5	97.0	96.5	97.0	97.0	98.5	98.5	96.5
500℃加热	初始pH	3.06	4.10	5.30	6.25	7.51	9.50	11.20	
	1h后pH	3.27	3.46	3.48	3.53	3.64	3.70	3.72	
	Cr(Ⅵ)浓度/(mg/L)	0.20	0.15	0.15	0.30	0.15	0.10	0.20	
	去除率/%	98.0	98.5	98.5	97.0	98.5	99.0	98.0	
600℃加热	初始pH	3.43	4.32	5.61	6.58	7.50	8.64	10.03	11.21
	1.5h后pH	5.80	6.40	6.17	6.61	6.46	6.80	6.86	7.40
	Cr(Ⅵ)浓度/(mg/L)	0.33	4.25	3.10	3.45	3.35	3.30	4.75	4.15
	去除率/%	67.0	57.5	69.0	65.5	66.5	67.0	52.5	58.5
700℃加热	初始pH	3.45	4.24	5.72	6.25	7.49	8.84	10.26	11.01
	1.5h后pH	4.35	4.91	5.02	4.86	5.04	6.05	6.06	6.54
	Cr(Ⅵ)浓度/(mg/L)	3.75	2.35	4.20	1.25	3.45	3.50	5.10	5.10
	去除率/%	62.5	76.5	58.0	87.5	65.5	65.0	49.0	49.0

加热改性黄铁矿粒径与Cr(Ⅵ)去除效果的关系：在Cr(Ⅵ)浓度10mg/L，初始pH=5.30±0.20的50mL废水中，加入450℃温度下灼烧20min的不同粒径黄铁矿0.3g，反应时间1.5h。天然试样的反应条件与此相同。实验结果见表15-6。

表15-6　加热试样粒径与去除Cr(Ⅵ)的效果

粒径/目	加热后		天然样	
	Cr(Ⅵ)浓度/(mg/L)	去除率/%	Cr(Ⅵ)浓度/(mg/L)	去除率/%
40～80	0.15	98.5	9.20	8.0
80～120	0.15	98.5	8.75	12.5
120～160	0.15	98.5	8.40	16.0
160～200	0.20	98.0	8.40	16.0
大于200	0.30	97.5	8.30	17.0

显然，相同实验条件下，未加热改性的黄铁矿对 Cr(Ⅵ)的去除率较低，而加热改性后试样除 Cr(Ⅵ)效率大幅增高。加热样品的粒径对去除率几乎没有影响，甚至出现粒径较细试样的 Cr(Ⅵ)去除率反而下降的趋势，这可能与过细试样受热后更易团聚或发生物相变化有关。

加热黄铁矿用量与除 Cr(Ⅵ)效果的关系：在 Cr(Ⅵ)浓度 10mg/L，初始 pH 6.80±0.20 的 40mL 废水中，加入不同剂量的 80～120 目加热改性的黄铁矿，反应时间 1.5h。实验结果（表 15-7）表明，经 450℃加热改性后的黄铁矿，在该实验条件下，用量 0.2g 就能使 Cr(Ⅵ)的质量浓度降至 0.25mg/L，低于国家规定的 0.5mg/L 的排放标准。而未加热改性的黄铁矿在同样条件下要达到相同的除 Cr(Ⅵ)效果需用 3.0g。可见加热改性试样的用量不到天然试样用量的 10%，而且使用过量的试样反而会影响去除 Cr(Ⅵ)的效果。

表 15-7 加热试样用量与去除 Cr(Ⅵ)效果的关系

黄铁矿用量/g	0.1	0.2	0.4	0.8	1.0	1.5	2.0	2.5	3.0
Cr(Ⅵ)浓度/(mg/L)	1.60	0.25	0.25	0.35	0.35	0.40	0.40	0.45	0.45
去除率/%	84.0	97.5	97.5	96.5	96.5	96.0	96.0	95.5	95.5

废水浓度与 Cr(Ⅵ)去除率的关系：在初始 pH 6.40±0.20，不同初始 Cr(Ⅵ)浓度的 40mL 废水中，加入 80～120 目加热改性的黄铁矿 1.0g，反应时间 1.5h。实验结果（表 15-8）表明，在 Cr(Ⅵ)浓度为 40～60mg/L 范围内，试样对 Cr(Ⅵ)具有很好的去除效果，此时试样用量与 Cr(Ⅵ)浓度的关系基本上是 0.2g∶10mL，与试样用量的实验结果相当吻合。同样，当 Cr(Ⅵ)的质量浓度较低时，也就是试样用量为过量时，去除 Cr(Ⅵ)的效率大大降低，这一结果也与试样用量的实验相一致。当然，在 Cr(Ⅵ)质量浓度较高时，去除 Cr(Ⅵ)的效果降低与试样用量不足有关。

表 15-8 废水初始浓度对 Cr(Ⅵ)去除率的影响

初始 Cr(Ⅵ)浓度/(mg/L)	5.0	10.0	20.0	30.0	40.0	60.0	80.0
处理后 Cr(Ⅵ)浓度/(mg/L)	1.50	0.55	0.17	0.12	0.09	0.05	0.92
去除率/%	85.0	94.5	98.3	98.8	99.1	99.5	90.8

废水体积与 Cr(Ⅵ)去除率的关系：在初始 pH＝5.40±0.20，初始 Cr(Ⅵ)浓度为 10mg/L 的不同体积废水中，加入 80～120 目加热改性的黄铁矿 0.3g，反应时间 1.5h。实验结果（表 15-9）表明，随着废水体积的增大，Cr(Ⅵ)的去除率有所下降。该实验条件下废水最佳体积为 50mL 左右。反映到试样相对用量的关系上与上述实验结果也基本相似，即废水体积较少时，相当于试样用量过多，去除 Cr(Ⅵ)的效率有所降低；废水体积较多时，相当于试样用量不足，去除 Cr(Ⅵ)的效率也降低。

表 15-9 废水体积与 Cr(Ⅵ)去除率的关系

废水体积/mL	20.0	40.0	60.0	80.0	100.0	120.0
处理后 Cr(Ⅵ)浓度/(mg/L)	0.40	0.25	0.30	0.35	1.45	2.65
去除率/%	96.0	97.5	97.0	96.5	85.5	73.5

3. 超细改性黄铁矿去除 Cr(Ⅵ)的效果

在用量为0.3g的情况下，考察不同粒度的天然黄铁矿，对初始 pH 在 1.40 ~ 1.66，Cr(Ⅵ)的质量浓度为10mg/L的50mL废水的除 Cr(Ⅵ)效果，实验结果见表15-10。使用的振动碎样机一般情况下振动研磨5min后就可将黄铁矿粉碎到200目左右。如果分别粉碎10min和40min，可得到粒径为300目和400目的试样。从实验结果看，粒径从40目到200目的天然黄铁矿对 Cr(Ⅵ)的去除率较低，而粒径为300~400目的黄铁矿对 Cr(Ⅵ)的去除率急剧上升，充分表明超细粉碎有利于 Cr(Ⅵ)的去除。在试样细碎的过程中，兼有比表面积增大和机械活化的功效，能大大提高黄铁矿的化学活性。

表15-10　超细粉碎试样与 Cr(Ⅵ)去除率的关系

粒径/目	处理后 Cr(Ⅵ)浓度/(mg/L)	去除率/%	初始 pH
40 ~ 80	4.5	55.5	1.66
80 ~ 120	7.1	29.5	1.53
120 ~ 160	6.9	31.5	1.47
160 ~ 200	6.9	31.5	1.50
大于 200	6.1	39.5	1.46
10min	0.35	96.5	1.41
40min	0.65	93.5	1.40

注：10min、40min 是指振动研磨的时间。

4. 黄铁矿自身的溶解与上清液中有关重金属含量

在处理 Cr(Ⅵ)废水过程中，天然黄铁矿中所含的 Fe 及其他呈类质同象关系的 Cu、Pb、Zn、Co、Ni、Cd 和 Cr 等微量元素会有部分溶出，但上清液的 ICP 法测试结果（表5-9）表明，无论酸性还是碱性条件下，与空白实验对比，Cu、Co、Ni、Cd 在处理废水过程中含量变化不大，Pb 随着黄铁矿处理含 Cr(Ⅵ)略有增加。当溶解达到平衡时除了 Fe 和 Zn 含量较高外，有毒有害的重金属含量均不高于国家规定的排放标准。因此利用黄铁矿除铬不会由于自身的微量元素溶出而影响出水水质，造成二次污染。

上述黄铁矿处理含 Cr(Ⅵ)废水的实验表明，不加沉淀剂如 NaOH 或 $Ca(OH)_2$等，天然黄铁矿能有效降低废水中 Cr(Ⅵ)浓度至国标规定的排放标准以下。这些 Cr 势必转移到胶体沉淀物中。对实验形成的胶体沉淀物以及中和反应后黄铁矿表面的 XPS 分析表明，样品表面有大量含 Cr 物相，主要是 Cr_2S_3、Cr_2O_3 和 CrO_3，仅在碱性条件下出现 $Cr(OH)_3$（表5-8）。需要说明的是，除 Cr(Ⅵ)反应前的黄铁矿原样表面无含 Cr 物相，而与含 Cr(Ⅵ)溶液作用后，黄铁矿表面吸附了一定量的 Cr，反应中、反应后和胶体沉淀物中的 Cr 原子百分含量分别为9.23%、9.12%、5.85%，吸附量很高，而一般同类体系只能达到2.0%左右（张世柏等，1996）。

综上所述，利用黄铁矿处理含 Cr(Ⅵ)废水的实验表明，天然黄铁矿能有效降低废水中 Cr(Ⅵ)浓度至国标规定的排放标准以下，同时其中 Cu、Pb、Zn、Co、Ni、Cd、Fe 的含量也都低于国家工业水排放标准，有些甚至低于饮用水排放标准。溶液 pH、反应时间、黄铁矿粒径和用量对天然黄铁矿处理含 Cr(Ⅵ)废水的去除率均有影响。处理浓度 10mg/L、体积 40mL 含 Cr(Ⅵ)废水的最佳条件为：黄铁矿粒径 120 ~ 160 目，反应时间 1.0 ~1.5h，试样用量为 2.0g，介质 pH 为 1.0 ~2.5。黄铁矿用量不足或过量都会降低对 Cr(Ⅵ)的去除效率。黄铁矿久置不影响对 Cr(Ⅵ)的去除。不同产地的黄铁矿在矿物学特征上有一定不同，去除 Cr(Ⅵ)的效果稍有差异。

相同实验条件下，加热改性黄铁矿处理含 Cr(Ⅵ)废水的效率明显优于天然黄铁矿。将黄铁矿加热到 450℃时，试样去除 Cr(Ⅵ)的效率大幅度增高，而且反应介质的 pH 范围大大拓宽，由天然状态的小于 2.5 增加到 3.06 ~11.20，且加热改性试样用量不到天然试样用量的 10%。超细粉碎也会提高黄铁矿对 Cr(Ⅵ)的去除效率。

被去除的 Cr 主要以 Cr_2S_3、Cr_2O_3和 CrO_3等含 Cr 物相析出。Cr_2S_3的沉淀析出，表明常温常压下水溶液介质中也能形成铬的硫化物物相。

开发利用 Cr_2S_3 等含铬沉淀物相，为推广应用天然黄铁矿还原 Cr(Ⅵ)同时沉淀 Cr(Ⅲ)一步法处理工艺提供了理论指导和技术支撑。这一除铬新方法能大大改进除铬的传统工艺与降低除铬的经济成本，更重要的是避免了由于加碱沉淀 Cr(Ⅲ)所造成的大量沉淀污泥的产生及由此带来的二次污染。

15.1.2　磁黄铁矿处理含 Cr(Ⅵ)废水

利用天然磁黄铁矿含 Cr(Ⅵ)废水的实验研究在第 5 章有详细介绍，这里简述研究结论。

用天然磁黄铁矿还原处理含 Cr(Ⅵ)废水，在不加碱的情况下能将还原产物中 Cr(Ⅲ)转移至胶体沉淀物中。还原产物在容器中自上而下迅速分为三层：上层清液、中层胶体沉淀物和底部过量磁黄铁矿。上清液中全铬含量可降低至 0.06mg/L，远远低于国家标准规定的 1.5mg/L 的全铬排放标准，接近 0.05mg/L 的饮用水标准，有毒有害的 Cu、Pb、Zn、Co、Ni 及 Cd 等含量也都低于国家规定的排放标准。

处理过程中，当初始 pH 小于 5 时，反应 pH 不断增加；当初始 pH 大于 5 时，反应 pH 不断降低。pH 的变化原因是：酸性介质中处理反应过程为 H^+的消耗过程，而碱性介质中处理反应过程为 OH^-的消耗过程。利用 pH 变化规律，可自行调节处理过程中水质的酸度，能节省传统工艺中需要加碱以中和处理后酸性水的环节。

与六方磁黄铁矿相比，单斜磁黄铁矿处理效果更好，pH 的上述变化速度和变化幅度均更大。单斜磁黄铁矿成分中 Fe 含量相对不足所导致的晶体结构中 Fe 的缺位，可能是影响处理效果及 pH 变化的主要因素。六方磁黄铁矿表面一经氧化也可形成近表面 Fe 的缺位，并因而提高除 Cr(Ⅵ)效果。

天然磁黄铁矿处理含 Cr(Ⅵ)废水的过程是还原 Cr(Ⅵ)和沉淀 Cr(Ⅲ)相伴进行的过程。充分开发利用含 Cr(Ⅲ)胶体沉淀物相来沉淀转化上层清液中 Cr(Ⅲ)，可省去必须加石灰以形成 $Cr(OH)_3$沉淀物的传统处理工艺，从而大大减少沉淀污泥的产生，有效避免由此引起的二次污染，真正实现还原 Cr(Ⅵ)与沉淀 Cr(Ⅲ)的一步法处理。利用天然磁黄铁矿代替化工产品亚硫酸盐 SO_3^{2-}还原 Cr(Ⅵ)，能提高硫资源的利用率高达 4 倍。

15.2 磁黄铁矿处理含 Hg(Ⅱ)和 Pb(Ⅱ)废水

15.2.1 磁黄铁矿处理含 Hg(Ⅱ)废水

1. 溶液 pH 对 Hg(Ⅱ)去除率的影响

在初始 Hg(Ⅱ)浓度为 1mg/L，pH 不同的 50mL 废水中加入粒径 80～120 目的磁黄铁矿 2g，反应一定时间后取上清液，测定 Hg(Ⅱ)浓度。实验结果（表 15-11）表明，在 pH 为 4～9 的范围内，Hg(Ⅱ)去除效果均较好，而在强酸或强碱介质条件下，去除效果不理想，这与沉淀转化的原理相一致（大连工学院无机化学教研室，1978）。当溶液的酸性太强时，虽有利于磁黄铁矿的溶解，但不利于新的沉淀物生成；而溶液呈强碱性时，显然不利于磁黄铁矿溶解。对此，我们在 pH 为 2～3 的酸性条件下待试样溶解一段时间后，再用氢氧化钠溶液调节 pH 至近中性（6～8），这时，溶液中便开始出现沉淀，再静置反应 2h 左右后，取上清液分析 Hg(Ⅱ)的浓度。这样做可先在强酸性条件下加速磁黄铁矿的溶解，然后在弱碱性或近中性条件下提高沉淀物形成的速率，从而有效缩短整个处理过程所需的时间。

表 15-11 溶液 pH 对 Hg(Ⅱ)去除率的影响

初始 pH	反应 2.5h		反应 6h		反应 8h		
	$C_{处理后}$/(mg/L)	去除率/%	$C_{处理后}$/(mg/L)	去除率/%	处理后 pH	$C_{处理后}$/(mg/L)	去除率/%
2.38	0.771	22.9	0.766	23.4	2.34	0.762	23.8
4.09	0.502	49.8	0.163	83.7	3.92	0.096	91.4
6.20	0.545	45.5	0.169	83.1	5.97	0.147	85.3
9.25	0.577	42.3	0.237	76.3	7.20	0.140	86.0
12.16	0.594	40.6	0.540	46.0	11.02	0.424	57.6

2. 磁黄铁矿用量对 Hg(Ⅱ)去除率的影响

在初始 Hg(Ⅱ)浓度为 1mg/L，pH 为 4.2 的 50mL 废水中加入不同用量的粒径 80～120 目磁黄铁矿，反应 2.5h 后取上清液，测定 Hg(Ⅱ)浓度。实验结果（表 15-12）表明，随试样用量增加，Hg(Ⅱ)去除率不断提高，当用量增至 2g 后去除率变化趋势趋于平缓。从经济和效果两方面综合考虑，处理该浓度和体积废水的最佳试样用量为 2g。

表 15-12 磁黄铁矿用量对 Hg(Ⅱ)去除率的影响

试样用量/g	0.5	1.0	1.5	2.0	2.5	3.0
$C_{处理后}$/(mg/L)	0.651	0.502	0.369	0.246	0.212	0.194
去除率/%	34.9	49.8	63.1	75.4	78.8	80.6

3. 磁黄铁矿粒径对 Hg(Ⅱ)去除率的影响

在初始 pH 为 4.20、初始 Hg(Ⅱ)浓度为 1mg/L 的 50mL 废水中加入不同粒径的磁黄铁矿 1.5g，反应一定时间后，取上清液分析 Hg(Ⅱ)的浓度。结果（表 15-13）表明，随着磁黄铁矿粒径的减小，Hg(Ⅱ)去除率增加。这是因为粒径减小，表面积增大，增加了磁黄铁矿与废水的接触面积，有利于试样溶解速率提高，从而增强 Hg(Ⅱ)的去除效果。尤其是试样粒径为 120～160 目时，除 Hg(Ⅱ)效果明显好于 80～120 目的去除效果。

表 15-13　磁黄铁矿粒径对 Hg(Ⅱ)去除率的影响

试样粒径/目	反应 2h		反应 4h		反应 6h	
	$C_{处理后}$/(mg/L)	去除率/%	$C_{处理后}$/(mg/L)	去除率/%	$C_{处理后}$/(mg/L)	去除率/%
80～120	0.721	27.9	0.384	61.6	0.331	67.9
120～160	0.490	51.0	0.172	82.8	0.139	86.1
160～200	0.454	54.6	0.158	84.2	0.121	87.9
小于 200	0.381	61.9	0.164	83.6	0.145	85.5

4. 试样重复使用对 Hg(Ⅱ)去除率的影响

将 80～120 目的磁黄铁矿试样 3g 放入 pH 为 2～3、初始浓度为 1mg/L 的 50mL 含 Hg(Ⅱ)废水中搅拌半个小时，调节 pH 至近中性，静置 2h，取上清液，测定 Hg(Ⅱ)浓度。滤出试样，用蒸馏水冲洗后，重复上述操作。前两个试样重复使用三次，第三个试样重复使用两次。实验结果（表 15-14）表明，随着试样重复使用次数的增多，其反应活性有增强的趋势，即对 Hg(Ⅱ)的去除率明显提高。这说明在反应过程中试样不断得到了活化。同时，将反应过三次的试样自然晾干后称重，质量由原来的 3.0g 减少到 2.86g，进一步说明试样起到了反应剂的作用，本身不断被消耗，同时，也说明新生成的沉淀物并非完全沉淀在试样表面而使其钝化。也正因为如此，该试样可以循环利用而不引起二次污染。

表 15-14　磁黄铁矿试样重复使用效果实验

试样重复使用次数	试样 1		试样 2		试样 3	
	$C_{处理后}$/(mg/L)	去除率/%	$C_{处理后}$/(mg/L)	去除率/%	$C_{处理后}$/(mg/L)	去除率/%
1	0.176	82.4	0.183	81.7	0.168	83.2
2	0.132	86.6	0.089	91.1	0.112	88.8
3	0.066	93.4	0.062	93.8	—	—

5. 废水浓度和体积与磁黄铁矿用量的关系

分别选取初始 Hg(Ⅱ)浓度为 2mg/L、3mg/L、4mg/L 的废水，体积均为 50mL，初始 pH 为 2～3，加入不同量的磁黄铁矿，搅拌反应半小时后调节 pH 至弱酸性或近中性，静置 2h 后取上清液分析 Hg(Ⅱ)的浓度。实验结果（表 15-15）表明，处理上述不同初始浓度的废水，达到较好去除效果所需的最少试样用量分别为 4.0g、6.0g、9.0g。

表 15-15　废水浓度与磁黄铁矿试样用量的关系

$C_{初始}=2mg/L$			$C_{初始}=3mg/L$			$C_{初始}=4mg/L$		
试样用量/g	$C_{处理后}$	去除率/%	试样用量/g	$C_{处理后}$	去除率/%	试样用量/g	$C_{处理后}$	去除率/%
2	0.407	79.6	4	0.352	88.3	7	0.315	92.1
3	0.169	91.6	5	0.277	90.8	8	0.277	93.1
4	0.107	94.7	6	0.112	96.3	9	0.143	94.4
5	0.126	93.7	7	0.086	97.3	10	0.298	92.6

分别取初始 Hg(Ⅱ)浓度 1mg/L，初始 pH 为 2.5 左右的废水 80mL、100mL、150mL，加入不同量的试样，搅拌反应半小时后调节 pH 至近中性，静置 2h 后取上清液分析 Hg(Ⅱ)的浓度。实验结果（表 15-16）表明，处理上述不同体积的废水，达到较好去除效果时所需最少的磁黄铁矿用量分别为 4g、5g、7g。

表 15-16　废水的体积与磁黄铁矿试样用量的关系

$V=80mL$			$V=100mL$			$V=150mL$		
试样用量/g	$C_{处理后}$/(mg/L)	去除率/%	试样用量/g	$C_{处理后}$/(mg/L)	去除率/%	试样用量/g	$C_{处理后}$/(mg/L)	去除率/%
2	0.211	78.9	3	0.207	79.3	4	0.089	91.1
3	0.208	79.2	4	0.155	84.5	5	0.112	88.8
3.5	0.138	86.2	4.5	0.144	85.6	6	0.076	92.4
4	0.054	94.6	5	0.125	87.5	7	0.021	97.9

上述实验表明，常温常压下天然磁黄铁矿处理含 Hg(Ⅱ)废水效果显著，在较宽的 pH 范围内均发生 HgS 的沉淀反应，去除效果随磁黄铁矿用量增加与粒径减小而提高。从经济效益、去除效果及难易程度等几个方面综合考虑，处理初始浓度为 1mg/L 的 50mL 废水所需最佳条件是试样用量 2g，试样粒径 120～160 目。随着废水浓度的增高和体积的增加，试样用量须相应增加。

磁黄铁矿试样可以重复使用，并在重复使用过程中能不断得到活化，进一步提高对 Hg(Ⅱ)的去除效果。表明磁黄铁矿在处理过程中起到了化学试剂的作用，其溶解性是处理实验的基础。随着试样的重复使用及沉淀反应的进行，磁黄铁矿的质量不断减少，理论上讲，试样可反应殆尽，这样可避免一般处理方法中出现的试样过剩及由此所带来的二次污染问题。

由于 pH 在硫化物沉淀转化过程中的特殊作用，可将实验过程分为两步：先在强酸性条件下使试样快速溶解，增加 S^{2-}的浓度，然后将 pH 调至近中性，以利于提高含 Hg(Ⅱ)沉淀物的形成速率。这样可以明显缩短反应达到平衡所需的时间。

15.2.2　磁黄铁矿处理含 Pb(Ⅱ)废水

1. 介质 pH 的影响

在初始 Pb(Ⅱ)浓度 11.71μg/mL、pH 不同的 50mL 模拟废水中投放粒径为 80～100 目的磁黄铁矿 4g 进行沉淀反应。实验结果（表 15-17）表明，随着溶液初始 pH 的升高，Pb(Ⅱ)沉淀率明显增加，即高的初始 pH 有利于 Pb(Ⅱ)沉淀。初始条件相同时，反应时间延长，沉淀率也随之上升。

表 15-17　介质 pH 与 Pb(Ⅱ)沉淀率的关系

处理时间	$pH_{初始}=2.34$		$pH_{初始}=7.50$		$pH_{初始}=9.70$	
	$C_{Pb(Ⅱ)处理后}$/(μg/mL)	沉淀率/%	$C_{Pb(Ⅱ)处理后}$/(μg/mL)	沉淀率/%	$C_{Pb(Ⅱ)处理后}$/(μg/mL)	沉淀率/%
0.5h	11.14	4.87	10.78	7.94	7.19	38.60
2h	9.34	20.24	7.19	38.64	4.31	63.19
4.25h	8.47	27.67	3.18	72.84	2.12	81.90

2. 磁黄铁矿用量的影响

在初始 Pb(Ⅱ)浓度 19.43μg/mL、初始 pH 为 11.00 的 50mL 模拟废水中投放不同剂量的粒径 120～140 目的磁黄铁矿。实验结果（表 15-18）表明，随着投样量的增加，Pb(Ⅱ)沉淀率先是大幅度增加，在一定量之上，增加磁黄铁矿用量，Pb(Ⅱ)沉淀率增长缓慢；溶液 pH 随投样量增加呈下降趋势；在此实验条件下，适中的投样量接近 4g。

表 15-18　磁黄铁矿用量与 Pb(Ⅱ)沉淀率的关系

投样量/g	反应 1h			反应 2h		
	$pH_{处理后}$	$C_{Pb(Ⅱ)处理后}$/(μg/mL)	沉淀率/%	$pH_{处理后}$	$C_{Pb(Ⅱ)处理后}$/(μg/mL)	沉淀率/%
1	10.72	9.22	52.55	9.74	6.25	67.83
2	10.68	2.85	85.33	9.43	1.48	92.38
4	10.08	0.65	96.65	8.98	0.43	97.80
6	9.86	0.42	97.83	8.80	0.05	99.75
8	7.28	0.12	99.38	6.82	0.05	99.75

3. 磁黄铁矿粒径的影响

在初始 Pb(Ⅱ)浓度 19.43μg/mL，初始 pH 为 11.17 的 50mL 模拟废水中投放不同粒径的磁黄铁矿 4g。实验结果（表 15-19）表明，随粒径减小，Pb(Ⅱ)沉淀率增加，但太细的粒径对沉淀率的提高作用不大，而反应时间的影响更大。考虑实验过程中的固液分离，选用 100～120 目或 120～140 目试样为宜。

表 15-19　磁黄铁矿试样粒径与 Pb(Ⅱ)沉淀率的关系

试样粒径/目	反应 0.7h		反应 2h	
	$C_{Pb(Ⅱ)处理后}$/(μg/mL)	沉淀率/%	$C_{Pb(Ⅱ)处理后}$/(μg/mL)	沉淀率/%
100～120	3.38	82.60	1.45	92.54
120～140	2.10	89.19	0.482	97.52
140～160	1.45	92.54	0.371	98.09
160～180	1.43	92.64	0.243	98.75
180～200	1.40	92.79	0.201	98.97

4. 初始 Pb(Ⅱ)浓度的影响

在初始 Pb(Ⅱ)浓度不同、初始 pH 为 11.17 的 50mL 模拟废水中投放 100 ~ 120 目磁黄铁矿 4g 进行反应。实验结果（表 15-20）表明，随初始 Pb(Ⅱ)浓度增加，沉淀率也增加；但初始 Pb(Ⅱ)浓度超过一定限度时，进一步增加 Pb(Ⅱ)浓度，沉淀率反而降低。

表 15-20　初始 Pb(Ⅱ)浓度对沉淀率的影响

$C_{Pb(Ⅱ)初始}$/(μg/mL)	反应 1h			反应 2h		
	$pH_{处理后}$	$C_{Pb(Ⅱ)处理后}$/(μg/mL)	沉淀率/%	$pH_{处理后}$	$C_{Pb(Ⅱ)处理后}$/(μg/mL)	沉淀率/%
4.86	10.91	0.464	90.45	10.82	0.250	94.86
9.72	10.98	0.696	92.84	10.94	0.464	95.23
19.43	11.04	1.57	91.92	11.01	0.338	98.26
38.85	10.94	4.17	89.27	10.81	2.09	94.62

5. 溶液体积的影响

在初始 Pb(Ⅱ)浓度 19.43μg/mL、初始 pH 为 11.00 不同体积的模拟废水中加入粒径 120 ~ 140 目的磁黄铁矿 4g 进行反应。实验结果（表 15-21）表明，含 Pb(Ⅱ)溶液体积与 Pb(Ⅱ)沉淀率成反比。

表 15-21　溶液体积对 Pb(Ⅱ)沉淀率的影响

溶液体积/mL	反应 1h			反应 2h		
	$pH_{处理后}$	$C_{Pb(Ⅱ)处理后}$/(μg/mL)	沉淀率/%	$pH_{处理后}$	$C_{Pb(Ⅱ)处理后}$/(μg/mL)	沉淀率/%
50	10.08	0.650	96.65	8.98	0.433	97.77
80	10.53	0.867	95.54	10.27	0.650	96.65
120	10.68	1.30	93.31	10.53	1.08	94.44
150	10.77	1.73	91.10	10.72	1.30	93.31

综上所述，天然磁黄铁矿能有效处理含 Pb(Ⅱ)废水。磁黄铁矿粒径、用量及废水溶体积、浓度、初始酸碱度均影响 Pb(Ⅱ)的沉淀率，且在碱性条件下，处理效果最佳。pH 变化直接控制处理过程中主反应进程快慢，对反应的影响较大；在较小体积的溶液中，各种离子接触机会增大，有利于反应的进行；较大的初始浓度能直接增加 PbS 沉淀的形成速度，但过高的初始浓度会超过溶出的 S^{2-} 结合 Pb^{2+} 的能力，从而使反应速率降低；磁黄铁矿粒径及用量与溶出的 Fe^{2+} 和 S^{2-} 的数量有关，粒径越小，用量越多，溶出的 Fe^{2+} 和 S^{2-} 的数量就越多，从而加快反应进程。

在处理实验进行过程中，酸性条件下，pH 不断升高，而碱性条件下，pH 不断下降。这是由于酸性条件下，H^+ 与试样溶出的 S^{2-} 结合形成 HS^- 或 H_2S，降低了溶液中 S^{2-} 的浓度，相对使溶液中 Fe^{2+} 浓度加大，并与溶解氧作用，被氧化为 $Fe(OH)_3$，即：

$$Fe^{2+} + O_2 + 2H_2O \longrightarrow Fe(OH)_3\downarrow + OH^- \quad (15\text{-}1)$$

此时由于反应产生了 OH^-，使溶液 pH 上升；但在碱性条件下，溶液中 Fe^{2+} 与 OH^- 结合，形成 $Fe(OH)_2$，再经氧化形成 $Fe(OH)_3$，即：

$$Fe^{2+} + 2OH^- \longrightarrow Fe(OH)_2 \quad (15\text{-}2)$$

$$4Fe(OH)_2 + O_2 + 2H_2O \longrightarrow 4\ Fe(OH)_3\downarrow \quad (15\text{-}3)$$

随反应进行，Fe^{2+}浓度下降，导致大量 S^{2-} 的溶解释放，故有利于形成 PbS 沉淀；同时 OH^- 被消耗，造成溶液 pH 降低。pH 的这一变化特性，有利于处理后排放水的水质改善，能节省部分用来中和酸度的酸用量。

15.3　磁铁矿和褐铁矿处理含 Hg(Ⅱ)废水

15.3.1　磁铁矿处理含 Hg(Ⅱ)废水

1. 吸附平衡时间的确定

实验条件：温度 25℃，Hg(Ⅱ)初始浓度 1.26mg/L，体积 25.0mL，pH 为 6.40，试样用量为 0.5g，粒径小于 200 目。实验结果（表 15-22）表明，当吸附时间为 25min 时，吸附率已达 97% 以上，且变化不大，基本达到饱和，所以在以下的实验中吸附时间均选定为 60min，确保吸附达到平衡。

表 15-22　吸附时间与吸附率的关系

t/min	5	10	15	20	25	30	40	50	60	80	100	120
$\rho_{平衡}$/(mg/L)	0.0820	0.0794	0.0718	0.0621	0.0356	0.0326	0.0330	0.0327	0.0283	0.0216	0.0186	0.0178
吸附率/%	93.48	93.69	94.30	95.07	97.17	97.41	97.38	97.40	97.75	98.29	98.52	98.59

2. 反应温度的影响

实验条件：Hg(Ⅱ)初始浓度 1.00mg/L，体积 25.0mL，pH 为 6.40，试样用量为 0.5g，粒径小于 200 目。实验结果（表 15-23）显示，温度对吸附效果几乎没有影响，在选定的温度范围内吸附率变化不大，故实验温度均定为 25℃。

表 15-23　反应温度与吸附率的关系

t/℃	25	35	45	55	65
$\rho_{平衡}$/(mg/L)	0.0131	0.0135	0.0123	0.0133	0.0150
吸附率/%	98.69	98.65	98.77	98.67	98.50

3. 介质 pH 的影响

实验条件：Hg(Ⅱ)初始浓度为 1.12mg/L，体积 25.0mL，试样粒径小于 200 目，用量为0.5g。实验结果（表15-24）表明，吸附率随着pH的增大而增加，当pH增加到5.50以上时，即在中性和碱性条件下，吸附率增加到93%以上且变化不大。

表15-24　介质pH与吸附率的关系

pH	2.01	3.92	5.50	6.40	9.42	10.19	11.99
$\rho_{平衡}$/(mg/L)	0.5741	0.2861	0.0696	0.0216	0.0201	0.0606	0.0411
吸附率/%	48.62	74.40	93.77	98.06	98.20	94.57	96.32

金属氧化物和氢氧化物矿物在水中不论是晶体或无定形状态都在表面上结合配位水，构成水合金属氧化物和氢氧化物，即矿物界面上有大量的—OH基团，这些—OH基团或单独存在或相互缔合，使矿物的界面成为羟基化界面。在不同的介质条件下，界面羟基可以得到一个质子或者失去一个质子，即：

$$>SOH(s)+H^+(aq)\longleftrightarrow>SOH_2^+(s) \tag{15-4}$$

或

$$>SOH(s)\longleftrightarrow>SO^-(s)+H^+(aq) \tag{15-5}$$

因此，界面羟基是一个两性基团。水中的金属阳离子、阴离子配体或弱酸根能与金属氧化物和氢氧化物矿物发生表面络合配位反应，即所谓的专性吸附（化学吸附）：

$$>SOH(s)+M^{z+}(aq)\longleftrightarrow>SOM^{(z-1)+}(s)+H^+(aq) \tag{15-6}$$

$$>SOH(s)+L^{z-}(aq)\longleftrightarrow>SL^{(z-1)-}(s)+OH^-(aq) \tag{15-7}$$

式中，S为矿物中的金属原子；M^{z+}为溶液中的金属离子；L^{z-}为溶液中的阴离子配体或弱酸根。

除此之外，由于矿物表面电荷和表面电势的存在致使矿物表面具有静电作用，也能吸附水中的一些离子（汤鸿霄，1993；Vaughan and Pattrick，1995）。

由式（15-6）可知，吸附阳离子的反应会交换出H^+，反应后溶液的pH下降也证实了这一点。在酸性条件下，H^+的浓度较高，根据反应平衡原理，Hg^{2+}和磁铁矿表面的吸附反应向反应物方向进行；又由于式（15-4）反应的存在，H^+会和Hg^{2+}产生竞争吸附，争夺磁铁矿的表面吸附位。两方面作用的结果必然导致酸性条件下的吸附率不高。

而在中性和碱性条件下，OH^-浓度较高，可同Hg^{2+}与表面>FeOH基团反应交换出的H^+反应生成H_2O，即：

$$>FeOH(s)+OH^-(aq)+Hg^{2+}(aq)\longleftrightarrow>FeOHg^+(s)+H_2O \tag{15-8}$$

显然能促进吸附作用的发生。此外，由于$Hg(OH)_2$沉淀的溶度积常数$K_{sp}=3.0\times10^{-26}$，$Hg(OH)_2$络合物的累积稳定常数为$\lg\beta=21.7$（武汉大学，1995），故有OH^-与Hg^{2+}反应产生沉淀或络合离子作用。几方面原因均可导致碱性条件下吸附率较高。

4. 试样用量和粒径的影响

实验条件：Hg(Ⅱ)初始浓度为1.86mg/L，体积25.0mL，pH为6.40，试样粒径小于200目。实验结果（表15-25）表明不同试样投放量下吸附率均较高，试样用量对吸附率的影响不大，这可能是由于实验试样投放过量。

表 15-25　试样用量与吸附量的关系

试样量/(g/L)	10.0	20.0	30.0	40.0	50.0	60.0
$\rho_{平衡}$/(mg/L)	0.0890	0.0491	0.0432	0.0495	0.0359	0.0402
吸附率/%	95.22	97.36	97.68	97.34	98.07	97.87

实验条件：Hg(Ⅱ)初始浓度为 1.86mg/L，体积 25.0mL，pH 为 6.40，试样用量为 0.5g。由实验结果（表 15-26）可以看出，随着试样粒径的减小，吸附率略有增大。这是因为试样粒径减小，比表面积增大，提供的吸附位多，所以吸附率上升。

表 15-26　试样粒径与吸附率的关系

粒径/目	大于 80	80～120	120～160	160～200	小于 200
$\rho_{平衡}$/(mg/L)	0.1709	0.1462	0.0802	0.0235	0.0199
吸附率/%	90.829	92.15	95.69	98.74	98.93

5. 废水浓度和离子强度的影响

实验条件：含 Hg(Ⅱ)溶液体积 25.0mL，pH 为 6.40，试样粒径小于 200 目，用量为 0.5g。实验结果（表 15-27）表明，随着 Hg(Ⅱ)初始浓度的升高，吸附率上升，当上升到一定浓度时吸附率几乎不再变化。

表 15-27　废水浓度与吸附率的关系

Hg(Ⅱ)/(mg/L)	0.048	0.100	0.200	0.400	0.800	1.000	1.600	2.000	2.400	3.200	4.000
$\rho_{平衡}$/(mg/L)	0.0216	0.0201	0.0199	0.0223	0.0319	0.0243	0.0641	0.1063	0.1264	0.2396	0.2590
吸附率/%	55.05	79.88	90.04	94.43	96.01	97.57	95.99	94.68	94.73	92.51	93.52

实验条件：Hg(Ⅱ)初始浓度为 1.12mg/L，体积 25.0mL，pH 为 6.40，试样粒径小于 200 目，用量为 0.5g，不同离子强度溶液由 NaCl 溶液配制。离子强度是溶液中各种离子电荷形成静电场的一种量度，其数值大小影响溶液中离子存在的实际浓度。一般情况下，浓度越低，离子强度影响较小。由实验结果（表 15-28）可以看出，NaCl 离子强度对吸附率的影响较大。当 $C_{NaCl}=0.2$mol/L 时，吸附率降低一半，因为此时的 $C_{Cl}>0.2$mol/L，即 $\lg C_{Cl}>-0.7$。由 Hg(Ⅱ)-氯络合物分布曲线可知。溶液中 Hg(Ⅱ)大部分以 $HgCl_4^{2-}$ 络离子的形态存在（武汉大学，1995），络合效应导致元素存在形式发生变化。当然 Na^+ 与 Hg^{2+} 产生竞争吸附而争夺磁铁矿表面的吸附位、离子强度致使磁铁矿表面电荷、表面电势和 Hg^{2+} 的活度等发生变化，也能影响试样对 Hg^{2+} 的吸附效果。

表 15-28　离子强度与吸附率的关系

C_{NaCl}/(mol/L)	0	0.20	0.68	1.02	1.36	1.70	2.04
$\rho_{平衡}$/(mg/L)	0.0214	0.6072	0.7027	0.7547	0.7521	0.7384	0.7192
吸附率/%	98.08	45.67	37.12	32.46	32.70	33.93	35.64

6. 正交实验

为了考察各因素对吸附效果的影响，设计一组正交实验。各因素水平的选取均由小到大，不同离子强度溶液由 NaCl 溶液配制。实验因素的选取及结果如表 15-29 所示。从中可以看出，pH 的影响最大，大大地超过了其他因素，试样用量、粒径和离子强度的影响差别不大，这些都与前面的实验结果基本一致。各因素的影响力大小依次为：介质 pH>试样用量>离子强度>试样粒径>Hg(Ⅱ)初始浓度。

表 15-29　正交实验表

编号	pH	试样量/(g/L)	粒径/目	Hg(Ⅱ)/(mg/L)	NaCl/(mol/L)	吸附率/%
1	2.0	10.0	大于 80	0.05	0.20	92.2
2	2.0	20.0	80 ~ 120	0.30	0.65	85.3
3	2.0	30.0	120 ~ 160	0.55	1.10	80.0
4	2.0	40.0	160 ~ 200	0.80	1.55	91.9
5	2.0	50.0	小于 200	1.00	2.00	91.2
6	4.5	10.0	80 ~ 120	0.55	1.55	83.4
7	4.5	20.0	120 ~ 160	0.80	2.00	88.0
8	4.5	30.0	160 ~ 200	1.00	0.20	89.0
9	4.5	40.0	小于 200	0.05	0.65	88.6
10	4.5	50.0	大于 80	0.30	1.10	80.3
11	6.4	10.0	120 ~ 160	1.00	0.65	87.0
12	6.4	20.0	160 ~ 200	0.05	1.10	84.0
13	6.4	30.0	小于 200	0.30	1.55	77.0
14	6.4	40.0	大于 80	0.55	2.00	70.9
15	6.4	50.0	80 ~ 120	0.80	0.20	80.0
16	9.5	10.0	160 ~ 200	0.30	2.00	63.3
17	9.5	20.0	小于 200	0.55	0.20	95.1
18	9.5	30.0	大于 80	0.80	0.65	55.0
19	9.5	40.0	80 ~ 120	1.00	1.10	62.0
20	9.5	50.0	120 ~ 160	0.05	1.55	64.0
21	12.0	10.0	小于 200	0.80	1.10	95.1
22	12.0	20.0	大于 80	1.00	1.55	100.0
23	12.0	30.0	80 ~ 120	0.05	2.00	76.0
24	12.0	40.0	120 ~ 160	0.30	0.20	99.9
25	12.0	50.0	160 ~ 200	0.55	0.65	100.0
ΣⅠ	440.6	421.0	398.4	404.8	456.2	Σ2079.2
ΣⅡ	429.3	452.4	386.7	405.8	415.9	
ΣⅢ	398.9	377.0	418.9	429.4	401.4	
ΣⅣ	339.4	413.3	428.2	410.0	416.3	
ΣⅤ	471.0	415.5	447.0	429.2	389.4	
R	131.6	75.4	60.3	24.6	66.8	

注：ΣⅠ ~ ΣⅤ为各因素Ⅰ ~ Ⅴ水平的吸附率之和，*R* 为极差。

7. 等温吸附实验

为了进一步探讨 Hg(Ⅱ)离子在磁铁矿上的吸附行为，在较大浓度范围内进行等温吸附实验，结果见图 15-1a。该等温线由两条首尾相连的“S”形曲线组成，与典型的 Langmuir 和 Freundlich 等温线有较大不同。中间出现饱和吸附“平台”，这种“台阶”式曲线明显符合界面分级离子/配位子交换理论（Chang and Liu，1974；刘莲生等，1984；张正斌等，1984，1985，1992；赵宏宾等，1997；姬泓巍等，1999）。Chang 和 Liu (1974) 在研究海水中锌、镉、磷酸根等离子的吸附实验中发现，吸附等温曲线呈现“台阶”式，并认为是由于分级离子/配位子交换反应造成的。本实验在淡水条件下利用天然磁铁矿对含 Hg(Ⅱ)废水的处理，吸附等温曲线也为“台阶”式，表明 Hg(Ⅱ)在磁铁矿上的吸附行为类似于分级离子/配位子交换反应，同时也说明水介质中的离子强度只能影响吸附量的大小，不影响吸附行为的机理。

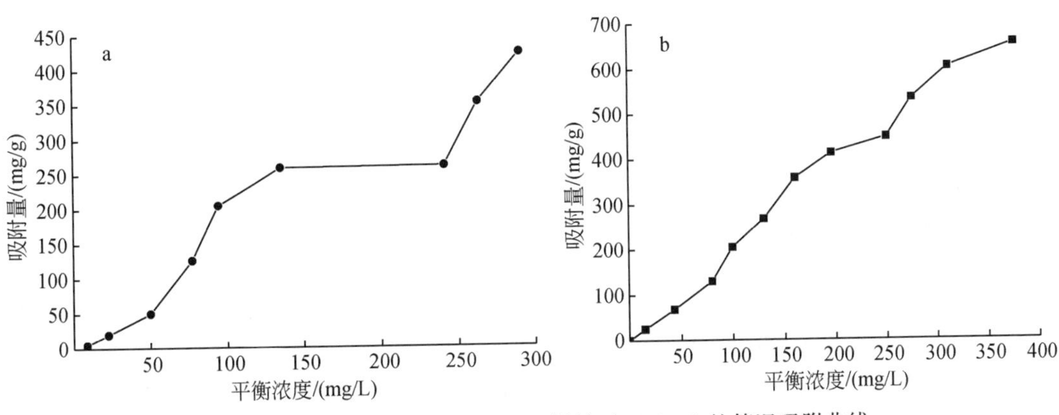

图 15-1　Hg(Ⅱ)在磁铁矿（a）和褐铁矿（b）上的等温吸附曲线

综上所述，当温度为 25℃，吸附平衡时间为 60min，磁铁矿用量为 20g/L，pH 为 6.40，离子强度为零时，初始浓度为 1.12mg/L 的 Hg(Ⅱ)在天然磁铁矿上的吸附率可以达到 98%，使废水中的 Hg(Ⅱ)浓度达到国家规定的排放标准。

介质 pH 和离子强度、试样粒径和用量、废水浓度、实验温度及反应时间均对Hg(Ⅱ)的吸附率有一定的影响，其中 pH 的影响最大，而温度、试样粒径、用量和 Hg(Ⅱ)的初始浓度对吸附率的影响较小。

Hg(Ⅱ)在天然磁铁矿上的吸附表现为由两条首尾相连的“S”形曲线组成，中间出现饱和吸附“平台”的“台阶”式的等温曲线，符合分级离子/配位子交换等温曲线，反映 Hg(Ⅱ)在天然磁铁矿上的吸附过程具有多步骤吸附的特点。

15.3.2　天然褐铁矿处理含 Hg(Ⅱ)废水

1. 吸附平衡时间的确定

取初始浓度为 1.26mg/L、pH 为 6.40 的 25.0mL 含 Hg(Ⅱ)溶液，加入粒径 200 目褐

铁矿 0.5g。设定温度 25℃，转速 150r/min。实验结果（表 15-30）显示，吸附时间 25min 时，吸附率达 98% 以上，吸附基本达到饱和。综合考虑其他实验因素，吸附时间选定 60min，确保吸附达平衡。

表 15-30　吸附时间与吸附率的关系

t/min	10	20	25	40	60	80	100
$\rho_{平衡}$/(mg/L)	0.0360	0.0308	0.0152	0.0147	0.0147	0.0136	0.0134
吸附率/%	97.14	97.55	98.79	98.83	98.83	98.92	98.94

2. pH 的影响

取初始浓度 1.12mg/L、体积 25.0mL 的含 Hg(Ⅱ)溶液，加入粒径 200 目试样 0.5g。实验结果（表 15-31）表明，pH 对吸附的影响较大，吸附率随 pH 的升高而增加，当 pH 升到 6.40 以上，即在中性和碱性条件下时，吸附率达到 94% 以上且变化不大。

表 15-31　介质 pH 与吸附率的关系

pH	2.00	3.96	5.65	6.40	7.81	10.69	12.00
$\rho_{平衡}$/(mg/L)	0.8053	0.6874	0.3189	0.0404	0.0239	0.0224	0.0229
吸附率/%	27.94	38.49	71.46	96.39	94.66	94.99	94.88

3. 离子强度的影响

取初始浓度 1.12mg/L、体积 25.0mL、pH 为 6.40 的含 Hg(Ⅱ)溶液，加入粒径 200 目试样 0.5g。不同离子强度溶液由 NaCl 溶液配制。从实验结果（表 15-32）可以看出，由于 Na^+和 Cl^-加入，离子强度改变，对矿样吸附 Hg(Ⅱ)有较大影响；当 NaCl 浓度由 0 增加到 0.20mol/L 时，吸附率由 96.70% 降至 22.94%，随着 NaCl 浓度的升高，吸附率都很低，且变化不大。

表 15-32　离子强度与吸附率的关系

C_{NaCl}/(mol/L)	0	0.20	0.68	1.02	1.36	1.70	2.04
$\rho_{平衡}$/(mg/L)	0.0368	0.8611	0.7590	0.8223	0.8538	0.8295	0.8924
吸附率/%	96.70	22.94	32.08	26.41	23.60	25.77	20.14

4. 试样用量的影响

取初始浓度为 1.86mg/L、体积 25.0mL、pH 为 6.40 的含 Hg(Ⅱ)溶液加入粒径 200 目试样。不同试样用量的实验结果（表 15-33）表明，在实验设定条件下，试样用量对吸附率的影响不大。

表 15-33　试样用量与吸附率的关系

试样量/(g/L)	10.0	20.0	30.0	40.0	50.0	60.0
$\rho_{平衡}$/(mg/L)	0.0380	0.0339	0.0379	0.0429	0.0364	0.0454
吸附率/%	97.96	98.18	97.97	97.70	98.05	97.56

5. 试样粒径的影响

取初始浓度 1.86mg/L、体积 25.0mL、pH 为 6.40 的含 Hg(Ⅱ)溶液加入试样 0.5g。不同试样粒径的实验结果（表 15-34）表明，随粒径减小，吸附率增大。这显然是由于小粒径的样品具有更大的比表面积，能提供更多的吸附位。

表 15-34　试样粒径与吸附率的关系

粒径/目	80～120	120～160	160～200	小于 200
$\rho_{平衡}$/(mg/L)	0.0597	0.0423	0.0279	0.0268
吸附率/%	96.80	97.73	98.50	98.56

6. 废水浓度的影响

取体积 25.0mL、pH 为 6.40、不同浓度的含 Hg(Ⅱ)溶液，加入 200 目试样 0.5g。实验结果（表 15-35）表明，随 Hg(Ⅱ)初始浓度的升高，吸附率上升，但初始浓度上升到一定数值时，吸附率几乎不再变化。这是因为低浓度时溶液中的 Hg(Ⅱ)离子减少，和试样表面的吸附位发生反应的机会减少，生成>$FeOHg^+$的可能就比较小，因此吸附率较低。

表 15-35　废水浓度与吸附率的关系

Hg(Ⅱ)$_{初始}$/(mg/L)	0.048	0.100	0.400	0.800	1.000	2.000	3.200	4.000
$\rho_{平衡}$/(mg/L)	0.0219	0.0240	0.0234	0.0361	0.0254	0.0368	0.0830	0.1053
吸附率/%	54.38	76.00	94.14	95.49	97.46	98.16	97.40	97.37

7. 正交实验

为了考察各因素对吸附效果的影响，设计一组正交实验。各因素的水平选取均由小到大，离子强度由配制的 NaCl 溶液控制，实验因素的选取及结果如表 15-36 所示。从表中可以看出，pH 的影响最大，大大超过了其他因素，试样用量、粒径和离子强度的影响差别不大。各因素的影响大小依次为：pH>试样用量>离子强度>粒径>Hg(Ⅱ)浓度。

表 15-36　正交实验表

编号	pH	试样量/(g/L)	粒径/目	$\rho_{平衡}$/(mg/L)	C_{NaCl}/(mol/L)	吸附率/%
1	2.0	10.0	80～120	0.05	0.2	74.0
2	2.0	20.0	120～160	0.37	0.8	85.4
3	2.0	30.0	160～200	0.68	1.4	67.6
4	2.0	40.0	小于 200	1.00	2.0	55.0
5	5.0	10.0	120～160	0.68	2.0	60.3
6	5.0	20.0	80～120	1.00	1.4	68.0
7	5.0	30.0	小于 200	0.05	0.8	76.0

续表

编号	pH	试样量/(g/L)	粒径/目	$\rho_{平衡}$/(mg/L)	C_{NaCl}/(mol/L)	吸附率/%
8	5.0	40.0	160~200	0.37	0.2	67.6
9	8.5	10.0	160~200	1.00	0.8	76.0
10	8.5	20.0	小于200	0.68	0.2	64.7
11	8.5	30.0	80~120	0.37	2.0	73.0
12	8.5	40.0	120~160	0.05	1.4	78.0
13	12.0	10.0	小于200	0.37	1.4	70.3
14	12.0	20.0	160~200	0.05	2.0	86.4
15	12.0	30.0	120~160	1.00	0.2	88.0
16	12.0	40.0	80~120	0.68	0.8	82.4
ΣⅠ	282.0	280.6	297.4	314.4	294.3	Σ1172.7
ΣⅡ	271.0	304.5	311.7	296.3	319.8	
ΣⅢ	291.0	304.6	297.6	275.0	283.9	
ΣⅣ	327.0	283.0	266.0	287.0	274.7	
R	55.2	24.0	45.7	39.4	45.1	

8. 等温吸附实验

为进一步探讨Hg(Ⅱ)离子在褐铁矿上的吸附行为，设定较大的Hg(Ⅱ)离子初始浓度ρ_0范围，做等温吸附实验。结果（图15-1b）显示，曲线在低浓度部分呈指数关系，随着浓度增加，等温线呈“S”形变化，中间出现一个小“平台”。这种“台阶”式曲线与分级离子/配位子交换曲线（Chang and Liu，1974，刘莲生等，1984，张正斌等，1984，1985，1992；赵宏宾，1997；姬泓巍等，1999）有一定相似之处。

综上所述，当温度为25℃、转速150r/min、吸附反应时间为60min、粒径200目的褐铁矿用量为20g/L、pH为6.40、离子强度为零时，初始浓度为1.86mg/L的Hg(Ⅱ)在天然褐铁矿上的吸附率可以达到约98%，使废水中的Hg(Ⅱ)浓度达到国家的排放标准。含Hg(Ⅱ)废水pH、浓度、离子强度、试样粒径、用量、反应转速、时间这些因素的改变，对Hg(Ⅱ)的吸附率都有影响，其中pH的影响最大。

褐铁矿与磁铁矿同属铁的氧化物或氢氧化物矿物，在水介质中，它们具有相似的界面羟基化，与水中的金属阳离子、阴离子或弱酸根离子发生相似的专性吸附，因而对Hg(Ⅱ)表现出相似的吸附效果和“台阶”式的等温吸附曲线，表明具有相似的吸附机制。但由于褐铁矿本身不是单一矿物（XRD分析显示有少量赤铁矿存在），在整个吸附过程中表现为多种成分的复合效应，因而曲线的“台阶”表现得不明显。重复实验显示其变化趋势是相同的，台阶的存在可以肯定，表明Hg(Ⅱ)在褐铁矿上的吸附类似于分级离子/配位子交换反应。

15.4　锰钾矿处理含 Hg(Ⅱ)和 Cd(Ⅱ)废水

15.4.1　锰钾矿处理含 Hg(Ⅱ)废水

1. 锰钾矿表面零电荷点 pH_{PZC}的测定

取约 0.5g 200 目以下的天然锰钾矿，于玛瑙研钵中加入少量乙醇研磨。将研磨好的粉末用蒸馏水配成悬浊液，用 Zeta 电位仪测各悬浊液颗粒的 Zeta 电位，得到天然锰钾矿表面零电荷点 pH_{PZC}约为 6.3（图 15-2）。

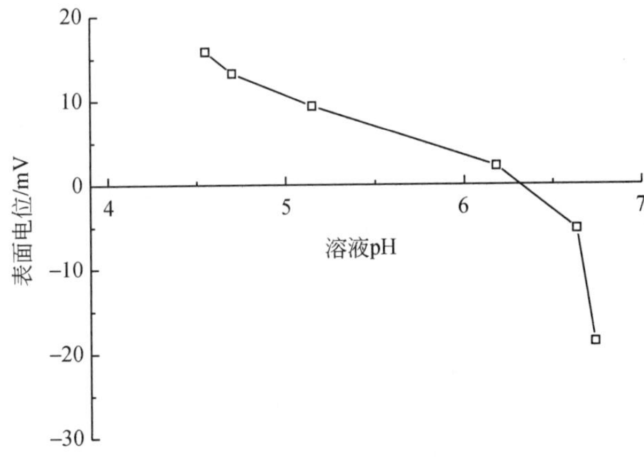

图 15-2　天然锰钾矿表面 pH_{PZC}

2. 吸附平衡时间的测定

用 0.2g、120 ~ 160 目的锰钾矿，对浓度为 1mg/L 的 100mL $HgCl_2$ 溶液在 25 ± 3℃、150r/min 的水浴振荡条件下进行吸附实验，分别以 1、2、5、12、22、48、120h 为取样时间。实验结果（表 15-37）表明，锰钾矿吸附 Hg^{2+} 1h 去除率只有 72.15%，1 ~ 5h 吸附量仍然有较大的增加，但反应 5h 后吸附量增加的幅度开始减小，至 22h 已基本达到平衡，去除率超过 90%。利用 MnO_2 吸附污染物的平衡时间，不同实验有较大差别。陈红等（1998）利用不同状态 MnO_2 对废水中 As 的吸附实验在 30min 已基本达平衡，樊耀亭等（1999）在 MnO_2 对铀的吸附实验中平衡时间也约为 30min，Morgan 和 Stumm（1964）及 Posselt 等（1968）指出，MnO_2 对 Mn^{2+} 和其他阳离子的吸附平衡需 1h，而 Loganathan 和 Burau（1973）的吸附 Zn 和 Co 的实验结果表明，要达明显平衡需 1 ~ 2 天的时间。这些差别可能是由于不同实验的吸附机理不同所致。在陈红等（1998）和樊耀亭等（1999）的实验中都是 MnO_2 对水溶液中阴离子的吸附，不存在从其结构中置换 Mn 离子的问题，吸附平衡时间会比存在离子交换的反应快得多。本实验结果基本与 Loganathan 和 Burau（1973）给出的结论相符，据此推断本实验吸附过程中可能伴随有 Hg 对 Mn 的置换。

表 15-37　吸附量和去除率与时间的关系

时间/h	1	2	5	12	22	48	120
吸附量/(μg/g)	360.74	401.44	429.88	439.88	457.98	466.27	477.75
去除率/%	72.15	80.29	85.98	87.98	91.60	93.25	95.55

3. 粒径与电解质对吸附量的共同影响

共存电解质为 NaCl、KCl、$CaCl_2$ 和 K_2SO_4，浓度均为 0.02mol/L。锰钾矿粒径各不相同，用量均为 0.2g。溶液体积为 50mL，溶液中 Hg^{2+} 的浓度为 1mg/L，pH 为中性。实验温度为 25±3℃，转速为 150r/min，水浴振荡 15h，再静置 20h 后，用离心上清液测得不同电解质存在下吸附量与粒径的关系。从表 15-38 和图 15-3 中可看出，不同电解质对同一粒径锰钾矿吸附 Hg^{2+} 的影响十分显著，从 K_2SO_4、KCl、NaCl 到 $CaCl_2$ 吸附量逐渐降低，这是因为阳离子的存在会产生同 Hg^{2+} 的竞争。对比 KCl、NaCl 和 $CaCl_2$，阴离子同是 Cl^-，阳离子 Ca^{2+} 对 Hg^{2+} 吸附量的减少更明显，其影响略高于 K^+ 和 Na^+。矿物表面对阴离子的专性吸附很小，若忽略其在表面上专性吸附而造成的静电吸引对 Hg^{2+} 吸附量的增加作用，对比 K_2SO_4、KCl 的影响，可以看出 Cl^- 的存在明显降低了 Hg^{2+} 的吸附量。水溶液中不同电解质的存在对 Hg^{2+} 吸附量的影响主要归因于高价阳离子与 Hg^{2+} 的吸附竞争及溶液中 Cl^- 与 Hg^{2+} 的络合。不存在局外电解质时吸附量最高。

表 15-38　粒径与电解质对吸附量的影响

试样粒径/目	无电解质		K_2SO_4		KCl		NaCl		$CaCl_2$	
	去除率/%	去除量/(μg/g)	去除率/%	去除量/(μg/g)	去除率/%	去除量/(μg/g)	去除率/%	去除量/(μg/g)	去除率/%	去除量/(μg/g)
>80	91.60	226.93	88.69	221.71	24.39	60.97	21.89	54.74	16.16	40.41
80～120	90.77	228.99	91.71	229.27	33.55	83.87	30.56	76.40	29.58	73.85
120～160	92.21	233.36	94.50	236.26	42.39	105.98	53.39	133.47	28.09	70.22
160～200	94.34	235.85	94.86	237.15	63.88	159.71	73.46	183.66	33.96	84.91
<200	96.10	240.23	95.20	237.99	78.75	196.88	79.04	197.61	31.95	79.88

不同粒径样品处在同一电解质溶液中，随着粒径的减小吸附量均有增大的趋势。这显然与矿物粒径减小时矿物比表面积增加有关。KCl 和 NaCl 电解质存在的条件下粒径与吸附量的对应关系最为明显。

4. 不同电解质条件下 pH 对吸附量的影响

在 5 个 Hg^{2+} 浓度为 1mg/L 的 50mL 模拟废水的三角瓶中分别加入 0.02mol/L 的电解质 K_2SO_4、$NaNO_3$、NaCl、KCl 和 $CaCl_2$，用 HCl 和 NaOH 调 pH，然后均投入 0.2g 120～160 目锰钾矿。实验温度为 25±3℃，转速为 150r/min，水浴振荡 10h 再静置 15h 后离心，测得不同电解质条件下 pH 的变化对吸附量的影响如图 15-4、表 15-39 所示。在 pH 为 2 附近，不同电解质对吸附量的影响程度差别不大，可以忽略电解质的种类对 Hg^{2+} 吸附量的影响；

在 pH 近中性时，不同电解质对吸附量的影响较大，$NaNO_3$ 与 K_2SO_4 类似，吸附量均达最大值；随 pH 升高，在电解质为 $NaNO_3$ 与 K_2SO_4 溶液中，Hg^{2+} 吸附量开始降低；而电解质为 NaCl、KCl 和 $CaCl_2$ 时，吸附量仍有上升趋势，直到偏碱性条件下才达最高值；pH 进一步升高，碱性条件下，不同电解质中 Hg^{2+} 吸附量都在降低。

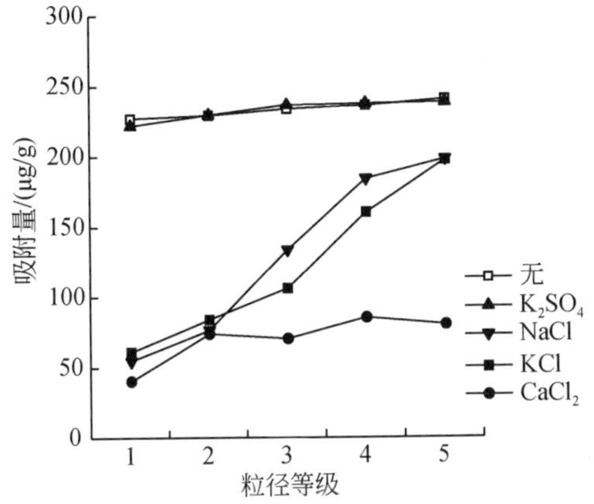

图 15-3　粒径与电解质对吸附量的影响

粒径等级 1 为大于 80 目，2 为 80 ~ 120 目，3 为 120 ~ 160 目，4 为 160 ~ 200 目，5 为小于 200 目

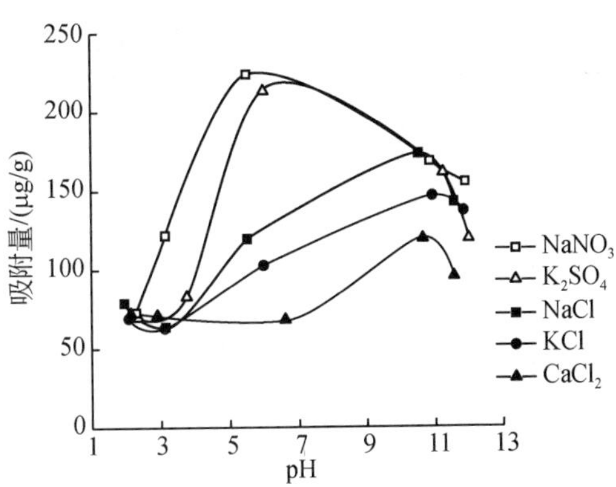

图 15-4　不同电解质和 pH 对锰钾矿吸附 Hg(Ⅱ)的影响

表 15-39　不同电解质及 pH 对吸附量的影响

K_2SO_4		$NaNO_3$		KCl		NaCl		$CaCl_2$	
pH	吸附量/(μg/g)	pH	吸附量/(μg/g)	pH	吸附量/(μg/g)	pH	吸附量/(μg/g)	pH	吸附量/(μg/g)
2.46	69.47	2.40	72.81	2.18	69.15	2.06	78.96	2.24	72.21
3.87	82.77	3.24	121.72	3.22	62.89	3.25	63.65	3.01	70.89
6.10	213.23	5.62	223.85	6.09	102.69	5.62	119.45	6.71	68.03
11.35	160.87	10.96	168.19	11.03	146.39	10.63	173.15	10.75	119.17
12.11	119.05	12.01	154.94	11.96	136.87	11.67	142.36	11.67	95.24

在相近的 pH 条件下，氯化物的存在可降低吸附量。溶液中 Cl^- 的存在对吸附量的影响主要归因于：Cl^- 与 Hg^{2+} 络合形成［$HgCl_4$］$^{2-}$ 而降低了 Hg^{2+} 在矿物表面的吸附。对于硫酸盐和硝酸盐，在中性附近吸附量最大，而氯化物则在偏碱性条件下出现最高值。这是因为一方面由于锰的氧化物及氢氧化物的电势决定离子为 OH^- 和 H^+，水介质 pH 变化对矿物表面电性和电量有影响，在等电点以下，矿物表面带正电，与溶液中的 Hg^{2+} 产生静电排斥，减小对 Hg^{2+} 的吸附，在等电点以上表面带负电，并随着 pH 的升高表面负电量增加，这样便增加了矿物对 Hg^{2+} 的吸附量；另一方面，在碱性条件下，pH 的变化又会影响到 Hg^{2+} 的水解，Hg^{2+} 与 OH^- 结合无疑降低了静电引力，从而使吸附减弱。在这两方面因素作用下，吸附量在 pH 的变化过程中出现极值。造成 pH 为 2 附近不同电解质对吸附量的影响程度差别不大的原因是：等电点以下矿物表面对 Li 、Na、K 离子不发生吸附作用（Murray *et al.*，1968），因此就不存在阳离子之间的竞争吸附而降低吸附量。

吸附实验前后溶液 pH 变化如表 15-40 所示，从中可以看出吸附后溶液的 pH 基本上都比投入矿物前高。这是由于矿物自身水化使溶液 pH 升高，另一方面在吸附过程中金属离子从矿物表面吸附位上置换 H^+使 pH 降低。显然水化后的表面 H 位量大于金属在其表面的置换量。在弱碱性条件下出现 pH 降低的现象，可能是由 Hg^{2+}的水解造成的。

表 15-40　吸附实验前后溶液的 pH

酸碱度	NaCl		KCl		$CaCl_2$		K_2SO_4		$NaNO_3$	
	前	后	前	后	前	后	前	后	前	后
酸性	2.06	3.38	2.18	2.62	2.24	2.72	2.46	2.89	2.40	2.67
弱酸性	3.25	6.23	3.22	5.98	3.01	6.11	3.87	5.95	3.24	6.10
中性	5.62	7.23	6.09	7.30	6.71	7.10	6.10	7.31	5.62	7.16
弱碱性	10.63	10.16	11.03	10.60	10.75	9.96	11.35	10.77	10.96	10.65
碱性	11.67	12.11	11.96	12.23	11.67	12.13	12.11	12.11	12.01	12.25

5. 吸附平衡曲线的测定

在 Hg^{2+}浓度分别为 1、5、10、20、30、50、100、200、300、400、500mg/L 的 100mL 模拟废水中各加入 120～160 目锰钾矿 0.2g，温度 25±3℃，pH 为中性，150r/min 振荡 72h 后，离心测其吸附量。结果（表 15-41，图 15-5）表明，等温吸附曲线可分成两部分，即平衡浓度在 0～350mg/L 为一段，350mg/L 以上为另一段。对前者进行 Langmuir 单吸附位曲线，按方程 $c/(x/m) = 1/(ab) + c/a$ 拟合（c 为平衡时溶液的浓度，x/m 为吸附剂的吸附量，b 为与吸附能有关的常数，a 为最大吸附量）得到图 15-6，其线性相关系数 R^2 = 0.9886，由回归方程 $y = 0.0362x + 0.7377$，可得该矿物在 400mg/L 浓度以下时，Langmuir 单吸附位理论计算最大吸附量为 27.6mg/g。

表 15-41　吸附量和吸附率与初始浓度关系

初始浓度/(mg/L)	1	5	10	20	30	50	100	200	300	400	500
平衡浓度/(mg/L)	0.07	1.01	2.48	6.64	8.87	21.45	67.99	151.6	245.2	333.9	397.4
吸附量/(mg/g)	0.46	1.99	3.76	6.66	10.57	14.42	16.00	24.20	27.39	30.04	51.32
吸附率/%	92.52	79.77	75.19	66.59	70.45	57.59	32.01	24.20	18.26	15.02	20.53

据 Morgan 和 Stumm（1964）及 Posselt 等（1968）的研究，Mn^{2+}、Ca^{2+}、Mg^{2+}金属离子在δ-MnO_2上的吸附满足 Langmuir 等温吸附。Gabano 等（1965）研究表明：γ-MnO_2对 Zn 的吸附在平衡浓度大于 0.15mmol/L 时才适合 Langmuir 等温吸附。Loganathan 和 Burau（1973）研究认为，在 pH 为 4 的条件下，任何浓度 Ca 的吸附都符合 Langmuir 单吸附位表达式，但 Co 和 Zn 在浓度大于 0.1mmol/L 时才比较适合，并将这种偏离归因于除了对表面 H^+的置换外，Zn 还同结构中 Mn^{2+}置换，Co 同 Mn^{2+}、Mn^{3+}置换。

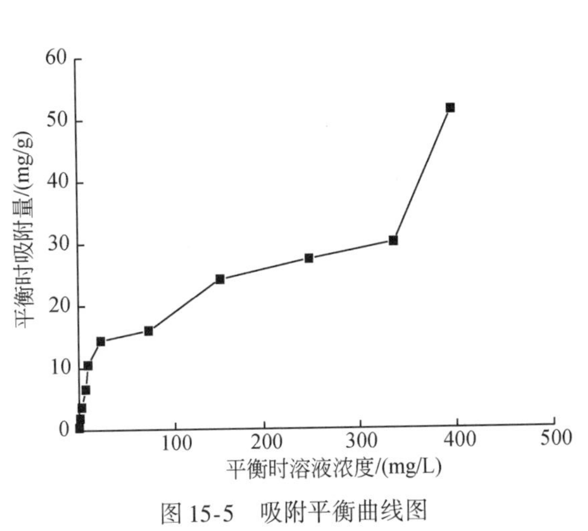

图 15-5　吸附平衡曲线图

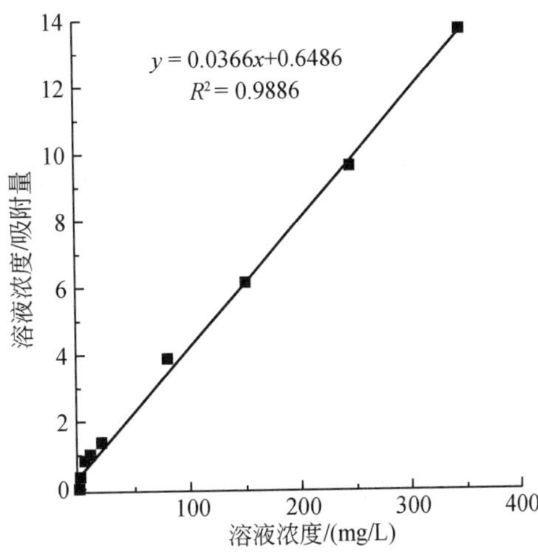

图 15-6　溶液浓度/吸附量与溶液浓度关系

6. 解吸实验

选择 pH 为中性，含 KCl、$CaCl_2$、$NaNO_3$、K_2SO_4和无电解质的条件下进行解吸实验。将 Hg^{2+}浓度 1mg/L 的 500mL 模拟废水中达吸附平衡后的锰钾矿过滤取出并晾干，测定滤液的浓度，计算出锰钾矿上含 Hg^{2+} 477. 5μg/g。各称取 0. 18g 锰钾矿于 5 个 100mL 三角瓶中，分别加 50mL 蒸馏水，其中 4 瓶再分别加入 0. 04mol/L 的 KCl、$CaCl_2$、$NaNO_3$、K_2SO_4电解质，另一瓶不加电解质，在 25±3℃、150r/min 振荡 10h 再静置 5h 后，离心测定溶液中 Hg^{2+}浓度。结果（表 15-42）表明，该实验条件下锰钾矿吸附 Hg^{2+}后，受多种电解质干扰时解吸率不超过 20%。含 KCl 和 $CaCl_2$时解吸量较大，含 $NaNO_3$和 K_2SO_4时解吸量较小，无电解质时解吸量最小。该顺序基本是吸附量增加的顺序。显然，不同电解质对吸附量的影响程度与解吸量正好相反。

表 15-42　解吸实验结果

电解质类别	KCl	$CaCl_2$	$NaNO_3$	K_2SO_4	无电解质
解析量/(μg/g)	81. 03	61. 36	17. 63	15. 01	14. 14
解析率/%	16. 97	12. 85	3. 69	3. 14	2. 96

综上所述，天然锰钾矿可以通过吸附有效处理废水中的 Hg^{2+}。吸附反应 1h 便能达到平衡吸附量的 80% 以上，20h 以后接近吸附平衡。等温吸附曲线大致分为两段，在较低浓度阶段较好地符合 Langmuir 吸附曲线，该实验条件下理论计算最大吸附量为 27. 6mg/g。

pH 较高或较低不利于锰钾矿对 Hg^{2+}吸附，尤其较低时，显著影响对 Hg^{2+}的吸附效率，而中性条件下吸附率较高。锰钾矿对 Hg^{2+}的吸附量随其粒径的减小而增大。氯化物的存在影响吸附率的程度随 pH 增高而减小，即在弱碱性条件下出现较高吸附率。不同电解质的存在均会使吸附量降低，主要是由于高价阳离子与 Hg^{2+}在表面的吸附竞争及 Cl^-与 Hg^{2+}的络合。

锰钾矿吸附 Hg^{2+}达到平衡后，在受多种电解质干扰时，其解吸率较低，不超过 20%。一般在同种电解质影响下，吸附量较大时，解吸量较小。

15.4.2 锰钾矿处理含 Cd(Ⅱ)废水

1. 反应时间对水溶液中 Cd^{2+} 去除率的影响

在一系列 100mL 的三角瓶中放入 120～160 目锰钾矿约 0.2g，加入浓度为 5mg/L 的 $CdCl_2$ 溶液 100mL，在 25℃、转速 190r/min 条件下水浴振荡。取样时间为 1、2、3、6、12、24、48 和 72h 的 Cd^{2+} 去除量分别为 1.017、1.216、1.415、1.451、1.548、1.392、1.700 和 1.753mg/g，相应的去除率分别为 44.28%、48.64%、56.60%、58.04%、61.9%、55.68%、68.00% 和 70.12%。如果把 72h 的去除量看作最大去除量，则反应 1h 后就达到去除总量的 63%，2h 接近 69%，6h 接近 83%，12h 接近 88%，反应 48h 则达到最大去除量的 97% 以上。因此，要使反应达平衡需 2 天以上。上节的研究表明，锰钾矿对 Hg^{2+} 的吸附平衡也需要 1 天以上。因此，我们认为在研究平衡吸附曲线时以 24h 以上为宜，在研究一般的干扰因素时选取 12h 较为适宜。

2. 矿物粒径对去除率的影响

在一系列 100mL 的三角瓶中加入约 0.05g 不同粒径的锰钾矿，后加入体积为 50mL、Cd^{2+} 浓度为 2mg/L 的 $CdCl_2$ 溶液，温度 25℃，pH 近中性，在转速为 190r/min 的水浴振荡器中连续振荡 15h 后离心，取上清液，测得去除率与粒径的关系如表 15-43 所示。实验表明，锰钾矿对 Cd^{2+} 的去除量随粒径的减小而增加，粒径小于 200 目的去除量几乎是粒径 80～120 目的 2 倍。

表 15-43 粒径对去除量的影响

粒径/目	矿粉用量/g	去除量/(mg/g)	去除率/%
>80	53.5	0.9264	49.56
80～120	53.4	0.8896	47.50
120～160	51.8	1.1043	57.20
160～200	49.3	1.4928	73.59
<200	48.3	1.6208	78.28

3. 矿物用量对去除率的影响

在一系列 100mL 的三角瓶中加入粒径为 120～160 目不同用量的锰钾矿粉，后加入体积为 50mL、Cd^{2+} 的浓度为 2mg/L 的 $CdCl_2$ 溶液，温度 25℃，pH 近中性，在转速为 190r/min 的水浴振荡器中连续振荡 15h 后离心，取上清液，测定在一定 Cd^{2+} 初始浓度下去除量与矿物用量的关系，结果显示，锰钾矿用量为 205.98、144.10、97.00、45.60 和 24.90mg 时，Cd^{2+} 去除量分别为 0.4577、0.6446、0.8521、1.1213 和 1.5320mg/g，相应的去除率分别为 94.27%、92.88%、82.65%、51.13% 和 28.71%。单位质量的锰钾矿对 Cd^{2+} 的去除量随矿粉用量的增加而减少，去除率随锰钾矿用量的增加而增加，当矿物用量为 144.1mg

时，去除率便达 90% 以上。

4. 电解质和 pH 对锰钾矿去除 Cd^{2+} 的影响

分别以 NaCl、$NaNO_3$、KCl、$CaCl_2$ 和 K_2SO_4 为外加电解质，在一系列 100mL 的三角瓶中加入 0.05g 粒径为 120 ~ 160 目的锰钾矿粉，后加入含有不同电解质（浓度均为 0.02mol/L）、Cd^{2+} 的浓度为 2mg/L 的 $CdCl_2$ 溶液 50mL，温度 25℃，在转速 190r/min 的水浴振荡器中连续振荡 15h 后离心，取上清液，测不同条件下单位质量的锰钾矿对 Cd^{2+} 的去除量。结果（表 15-44，图 15-7）显示，锰钾矿对 Cd^{2+} 的去除量随溶液 pH 的升高而增大，当 pH 达到弱碱性时出现极大值，随后又随溶液 pH 的升高而降低。无外加电解质和外加电解质分别为 NaCl 和 $NaNO_3$ 时三个系列的变化是：在 pH 小于 3 时，锰钾矿对 Cd^{2+} 的去除量随溶液 pH 的升高降低，在 pH 约为 3 时达最低值，后再随 pH 的升高去除量逐渐增大，pH 在 11.5 附近达到最大值后又随溶液 pH 升高而降低。在酸性和中性条件下，不同电解质的存在对去除量的影响差别较大，在碱性条件下，差别较小。

表 15-44　不同电解质和 pH 条件下 Cd^{2+} 的去除量　　（单位：mg/g）

无电解质		NaCl		$NaNO_3$		KCl		K_2SO_4		$CaCl_2$	
pH	去除量	pH	去除量	pH	去除量	pH	去除量	pH	去除量	pH	去除量
2.57	0.5490	2.37	0.6917	2.40	0.9160	2.46	0.2123	2.59	0.5833	2.43	0.5232
3.20	0.3922	3.14	0.2302	3.17	0.8373	3.16	0.3849	3.36	0.8262	3.11	0.5720
6.10	1.3663	5.93	0.6097	6.11	1.2339	5.96	0.9142	6.17	1.0557	6.39	1.0284
10.52	1.5655	10.71	1.7677	10.71	1.8765	10.64	1.8422	10.69	1.8528	10.60	1.9137
11.31	1.5168	11.30	1.7377	11.29	1.8228	11.32	1.9190	11.33	1.8027	11.39	1.8343

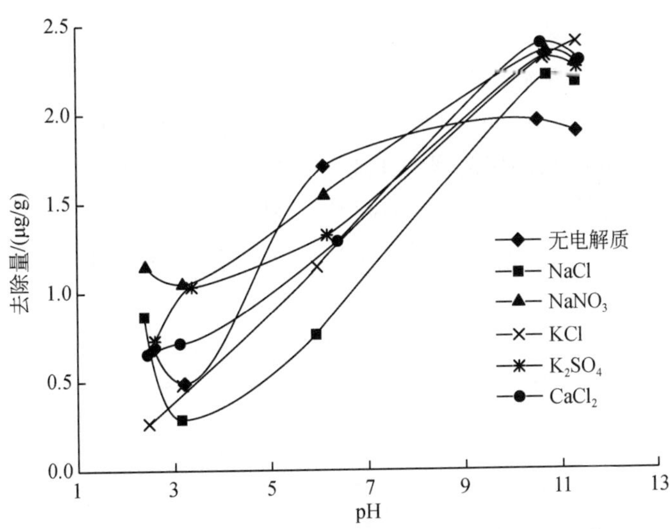

图 15-7　不同电解质和 pH 对锰钾矿吸附 Cd(Ⅱ)的影响

去除量随 pH 的变化原因是：当 pH 在 3 以下时，随溶液的 pH 降低，矿物中可溶出的阳离子增多，有利于溶液中 Cd^{2+}在锰钾矿结构中的取代，这与 Cd^{2+}在锰钾矿结构中的晶体场稳定化能有关；也有利于 Cd^{2+}对孔道中 K^+的取代。已有研究报道，在溶液 pH 小于 2 时，占吸附总量 2/3 的 Cd^{2+}被吸附在锰钾矿孔道中（Randall *et al.*，1998），使去除量随 pH 降低有增大的趋势。随溶液 pH 升高，可溶出的阳离子量减少，导致去除量出现极小值。溶液的 pH 进一步升高，锰钾矿表面的正电荷密度减少，Cd^{2+}与表面的排斥减小，去除量增加。当 pH 超过 6.3 时，矿物表面开始带负电荷。随 pH 的增大，Cd^{2+}与表面负电荷的静电吸引增大，去除量进一步升高。pH 的变化又会影响到 Cd^{2+}的水解。水解作用的产生使 Cd^{2+}与 OH^-络合，降低了 Cd^{2+}的浓度，使吸附向减弱的方向发展。其水解过程实际上就是羟基络合过程：$Cd^{2+}+OH^- \rightleftharpoons Cd(OH)^+$，$Cd^{2+}+2OH^- \rightleftharpoons Cd(OH)_2^0$，$Cd^{2+}+3OH^- \rightleftharpoons Cd(OH)_3^-$，$Cd^{2+}+4OH^- \rightleftharpoons Cd(OH)_4^{2-}$。这使去除量在 pH 的变化过程中出现极大值。外加电解质的存在对去除量的影响可从阴离子和阳离子两个方面考虑：阴离子在矿物表面的专性吸附会增加矿物表面的电负性，因 NO_3^-、Cl^-和 SO_4^{2-}在表面的专性吸附很小可以忽略，所以阴离子主要以影响溶液中 Cd^{2+}存在状态而影响锰钾矿对 Cd^{2+}的去除量。Cl^-是与 Cd^{2+}亲和力很强的配位体，且其在溶液中的存在浓度较大，会使 Cl^-和 Cd^{2+}发生很强的络合，降低溶液中的 Cd^{2+}浓度，使去除量减少。水环境中氯离子与重金属的配合作用主要存在以下几种形态：$Me^{2+}+Cl^- \rightleftharpoons MeCl^+$，$Me^{2+}+2Cl^- \rightleftharpoons MeCl_2{}^0$，$Me^{2+}+3Cl^- \rightleftharpoons MeCl_3^-$，$Me^{2+}+4Cl^- \rightleftharpoons MeCl_4^{2-}$（Me 代表重金属）。氯离子与重金属的配合程度取决于 Cl^-的浓度，也取决于重金属离子对 Cl^-的亲和力。阳离子的存在同溶液中的重金属离子在矿物表面发生竞争吸附。如果溶液中存在能在矿物表面专性吸附强的阳离子，它也可以把吸附在表面双电层的 stem 层中、通常不能被提取交换性阳离子所交换的重金属阳离子交换下来，从而降低该重金属在矿物表面的吸附量。

5. 锰钾矿对 Cd^{2+}的等温吸附实验

在一系列 100mL 的三角瓶中，加入约 0.2g 120～160 目的锰钾矿粉，后分别加入 Cd^{2+}初始浓度为 1、2、5、10、20、50 和 100mg/L 的 $CdCl_2$溶液 100mL，温度为 25℃，pH 近中性，在转速为 190r/min 的水浴振荡器中连续振荡 72h 后离心，取上清液，测定吸附平衡时上清液的 Cd^{2+}浓度，并计算矿物表面的吸附量。吸附结果（表 15-45）可按 Langmuir 型线性等温线拟合，直线线性相关系数为 $R^2=0.9825$，通过斜率的倒数可得最大吸附量为 5.54mg/g。

表 15-45　等温吸附实验数据

初始浓度/(mg/L)	1	2	5	10	20	50	100
平衡浓度/(mg/L)	0.020	0.186	1.524	6.249	11.000	39.772	89.371
吸附量/(mg/g)	0.490	0.907	1.738	1.786	4.500	5.114	5.315
吸附率/%	98.00	90.70	69.52	35.72	45.00	20.45	10.63

6. 解吸实验

在一系列 250mL 三角瓶中加入 Cd^{2+}浓度为 200mg/L 的 $CdCl_2$溶液 200mL，后再加入约 2g（其中空白实验为 2.0322g，处理 Cd^{2+}的用量为 2.0002g）200 目以下的锰钾矿，pH 为中性，于 25℃、转速为 200r/min 水浴振荡器中振荡 20h 后过滤。滤渣分两部分，一部分不经过清洗，另一部分放入 250mL 的三角瓶中，加入 250mL 蒸馏水，超声清洗 20min 后过滤，用 500mL 蒸馏水缓慢淋滤。将两部分滤渣样品在 80℃烘箱中烘干 6h。测滤液、未清洗滤渣、清洗滤渣中所含金属离子浓度。结果显示，天然锰钾矿在蒸馏水中有少量 Mn^{2+}和 K^+溶出，Mn^{2+}的溶出量约为 9ng/g，K^+的溶出量约为 72ng/g。当溶液中有重金属离子 Cd^{2+}被固持时，Mn^{2+}和 K^+的溶出量增大。当锰钾矿对 Cd^{2+}的吸附量为 2.255mg/g 时，Mn^{2+}的溶出量为 445.2ng/g，K^+的溶出量为 229.4ng/g；超声并淋滤后的固持量为 1.800mg/g，固持率达去除量的 79.82%。重金属离子 Cd^{2+}在锰钾矿上的吸附伴随着同结构中 Mn^{2+}和 K^+交换，可以认为锰钾矿存在多种吸附行为，这与反应平衡时间长、pH 低于 3 时随溶液的 pH 降低平衡时间增加的趋势相对应。

综上所述，室温下，天然锰钾矿处理含 Cd^{2+}废水反应达平衡需要 2 天以上，但在开始 1h 内就可达平衡去除量的 60% 以上；随矿物粒径的减小，单位质量的锰钾矿对 Cd^{2+}的去除量增加，对溶液中 Cd^{2+}的去除率随着矿粉用量的增加而增加。

酸性介质时，随溶液 pH 的升高，锰钾矿对 Cd^{2+}的去除量降低，在 pH 约为 3 时达到极小值，后随溶液 pH 的升高而增大，在 pH 为 10 附近出现极大值。因为 pH 超过 6.3 时，矿物表面开始带负电荷，Cd^{2+}与表面负点荷的静电吸引增大。溶液中 Cl^-的存在降低了锰钾矿对 Cd^{2+}的去除量。

天然锰钾矿对重金属离子 Cd^{2+}的吸附等温线能很好地用 Langmuir 型吸附等温线来描述，其对 Cd^{2+}的最大吸附量为 5.54mg/g。

锰钾矿处理含 Cd^{2+}废水的过程中伴随有 K^+和 Mn^{2+}溶出。处理后的锰钾矿，经超声并淋滤后仍有大部分的 Cd^{2+}被固持，固持率可达去除量的 79.82%。

15.5　白云石处理含 B 废水

硼工业生产过程排放的废水、残渣中常含有一定量的硼，不仅严重污染环境，而且人畜长期与硼接触会导致神经系统、上呼吸道和消化器官中毒（Linden *et al.*，1986；闫春燕等，2005）。硼对农作物的生长和产量有一定影响，适量的硼可提高作物的产量，但过量的硼会危害农作物生长，严重时绝收。灌溉水中的硼含量一般要求≤1mg/L，WHO 规定饮用水中硼含量不超过 0.5mg/L。因此，研究废水中微量硼的去除方法具有重要意义。目前，污染水体中常用的除硼方法有：共沉淀法、吸附法、萃取法、膜分离法和离子交换法等。其中，吸附法主要利用硼的缺电子特性（Wade，2009），并易于被吸附剂吸附的特点来分离硼。以 $Mg(OH)_2$为例，由于 $Mg(OH)_2$胶粒带正电，在静电作用下，它将吸附溶液中带负电荷的 $B(OH)_4^-$，而且吸附量随溶液 pH 的变化而变化（王路明，2003）。活性炭和纤维素衍生物对废水中的硼也都有吸附（Chol and Chen，1979；Inukai *et al.*，2004）。本节探讨利用轻烧白云石处理含硼废水，研究原料热处理温度、粒度、添加量、反应温度和pH对除硼效果的影响及反应的最佳处理条件，并分析轻烧白云石吸附除硼的机理。

1. 热处理温度的影响

取热处理温度为600、650、700、750、800℃的200～300目轻烧白云石2g，置于20mL硼浓度为4.41mg/L废水中，溶液体系pH为9.4～10.5，反应温度25℃，转速180r/min，反应2h后对溶液中的硼浓度进行测定。实验结果（图15-8）显示，随着煅烧温度的升高，硼的去除率也随之升高；温度升高到800℃时，硼的去除率却大幅降低，表明750℃为最佳煅烧温度（分解产物为$CaCO_3$、MgO和CaO）。其原因为，随着热处理温度的升高，白云石分解产生的MgO活性逐渐增大，在750℃时达到最大，此时可较多地吸附溶液中的硼，硼去除率达到最高；当温度升高至800℃，MgO过烧，活性降低，吸附硼的效果也随之下降。

2. 矿样粒度和用量的影响

将轻烧白云石粉末筛分为60～120目、120～200目和200～300目三个粒级，进行废水处理实验。从图15-9可以看出，除硼效率随样品粒径递减而递增。这主要是因为样品粒度越细小，比表面积越大，化学活性位越多，因此硼的去除率就越高。

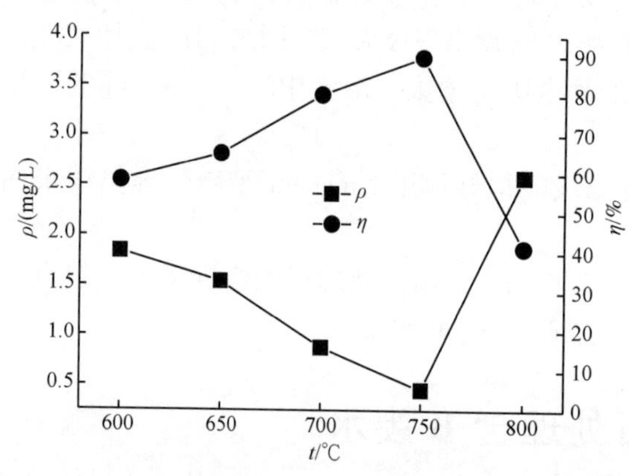

图15-8　白云石煅烧温度（t）对硼去除率（η）的影响
ρ为处理后水中B的质量浓度

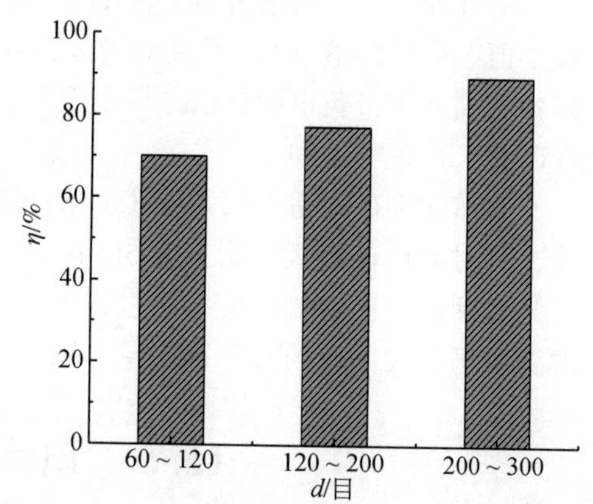

图15-9　白云石粒度（d）对硼去除率（η）的影响

实验结果表明，增加矿样投放量，废水处理效果提高，即处理后水中的硼浓度更低（图15-10）。当矿样粒度为200～300目时，在20mL废水中加入1.5g矿样即可将硼浓度降到0.5mg/L以下，此时，硼去除率可达到90%以上。实际应用中，可综合考虑粒度与固液比之间的关系，选择低成本、高效率的最佳工艺条件。

3. 反应温度的影响

实验条件：200～300目矿样2.0g，含硼废水20mL，振荡速度为180r/min，pH为9.5～10.5，反应时间为3h，反应温度分别为5、15、25℃，实验在具塞磨口锥形瓶中进行。实验结果（图 15-11）表明，随反应温度的升高，硼去除率逐渐增大，表明低温不利于硼的吸附。

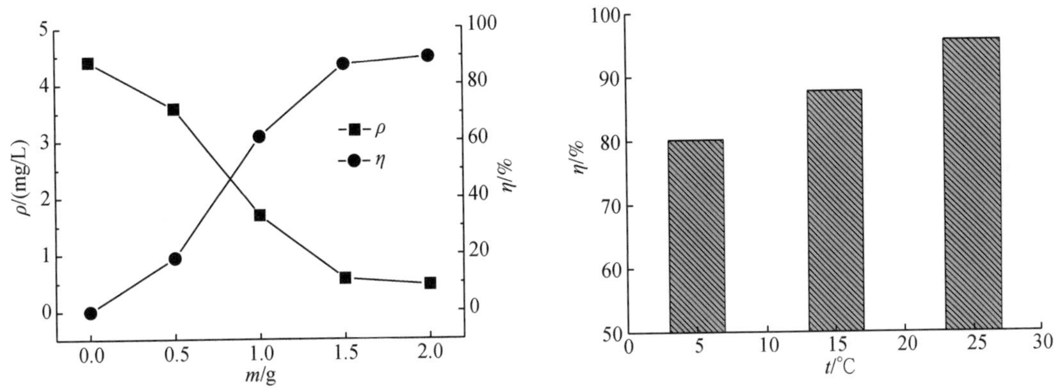

图 15-10　矿样投放量（m）对硼去除率（η）的影响
ρ 为处理后水中 B 的质量浓度

图 15-11　反应温度（t）对硼去除率（η）的影响

4. 硼的吸附状态

轻烧白云石吸附硼后表面的 XPS 分析（图 15-12）表明，与硼溶液反应后，矿样表面除了 Ca、Mg、O、C 元素外，在结合能为 193eV 处还出现 B1s 峰，对应化学态为硼酸（Hendrickson *et al.*，1970；Schreifels *et al.*，1980），说明硼可能以硼酸的形式吸附在矿样表面。由于大多数硼酸盐的溶解度较小，且溶剂水对红外光谱影响较大，硼氧络阴离子在稀溶液中的振动光谱难于检测和识别，因此实验中制备了饱和硼酸盐溶液。使用 FT-IR 光谱对该溶液进行研究时，由于振动光谱在高波数范围内主要为溶剂水的吸收，因此，只记

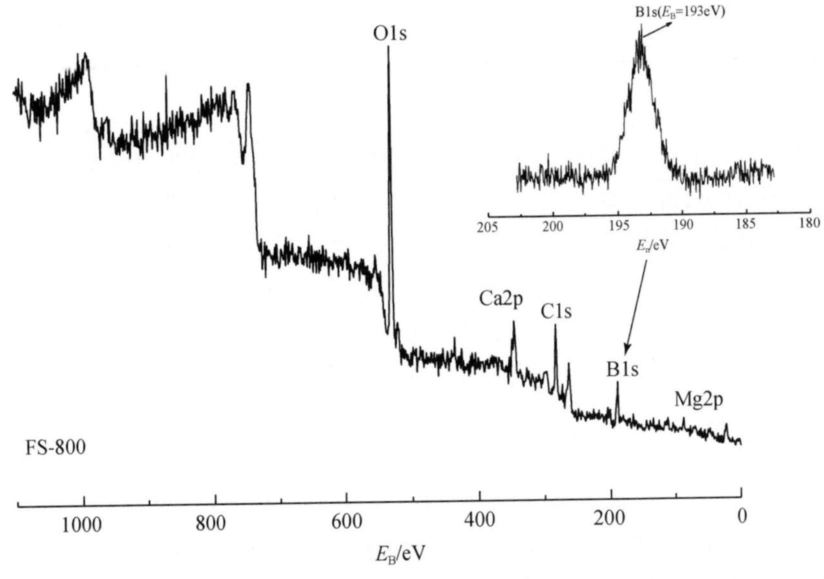

图 15-12　吸附硼后煅烧白云石表面 XPS 谱图

录了硼酸盐饱和溶液在 800～1800cm^{-1}范围内的 FT-IR 光谱（图 15-13）。在硼酸盐水溶液中存在不同的聚硼氧阴离子，参考贾永忠等（1999，2000）和 Liu 等（2003b）对该溶液的 FT-IR 光谱峰位的指派见表 15-46。

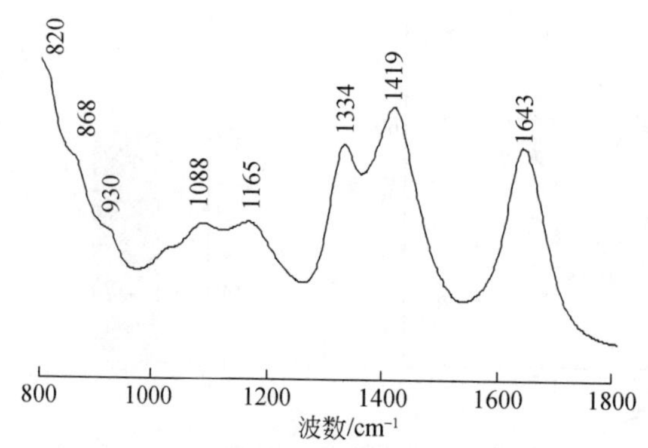

图 15-13　硼酸盐饱和溶液红外光谱图

表 15-46　硼酸盐饱和溶液 F T-IR 光谱的振动频率及其归属

频率/cm^{-1}	归属
1643	H—O—H 键的弯曲振动［δ(H—O—H)］
1419 1334	三配位硼氧键的不对称伸缩振动［ν_{as}($B_{(3)}$—O)］
1165	B—O—H 的弯曲振动［δ(B—O—H)］
1088	四配位硼氧键的不对称伸缩振动［ν_{as}($B_{(4)}$—O)］
930 868	三配位硼氧键的对称伸缩振动［ν_{s}($B_{(3)}$—O)］
820	四配位硼氧键的对称伸缩振动［ν_{s}($B_{(4)}$—O)］

硼被吸附在矿物表面上，常以 BO_3和 BO_4的形式与之反应，由此造成矿物在红外光谱的一定波数范围内吸收峰的变化，包括吸收峰的增减、位移，强度的增加或减弱。轻烧白云石与硼反应前后的红外光谱（图 15-14）显示，吸附硼以后，除 900～1200cm^{-1}处明显有吸收峰出现，其他谱峰均无明显变化。1021cm^{-1}吸收峰属于为 $B_{(4)}$—O 的不对称伸缩振动。这表明在白云石表面确有硼结合上去，并且是以 BO_4四面体的络合结构与之反应，吸附在白云石表面的硼可能继续结合而形成类似于硼酸聚合体结构的物质（程东升等，2002；Botello *et al.*，2003；Liu and Tossell，2005），与 XPS 分析（图 15-12）吻合。

5. 硼的吸附机理

在水溶液中硼主要以中性硼酸分子（H_3BO_3）和硼酸根阴离子［$B(OH)_4^-$］的形式存在，溶液的 pH 影响到硼的形态（Maeda，1979；Keren，1981），如图 15-15 所示。Sims 和 Bingham（1968）曾提出硼在黏土矿物和（水合）金属氧化物上的吸附机理，而关于氧化物对硼酸阴离子的吸附机制，Toner 和 Sparks（1995）认为是外层络合模式。外层络合是

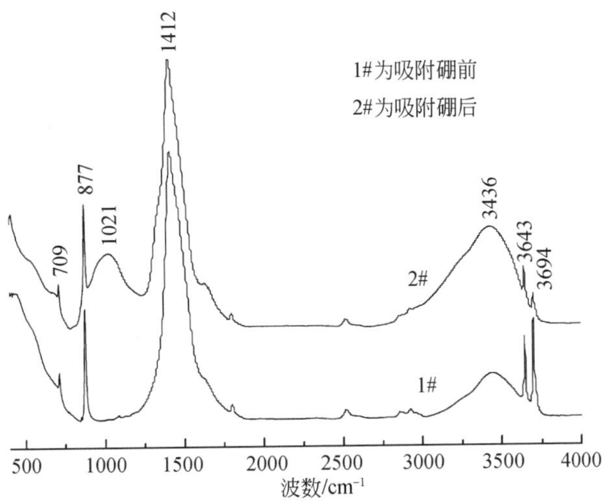

图 15-14　吸附硼前后白云石的红外光谱图

指氧化物外表面和硼酸阴离子之间形成离子对络合，可用下面两种形式（García-Soto and Camacho，2006）表示。

（1）硼酸阴离子被吸附于原来的质子位：$MOH_2^+ + B(OH)_4^- \rightleftharpoons MOH_2^+ - B(OH)_4^-$；

（2）氧化物表面质子化及形成外层络合同时发生：$MOH + H^+ + B(OH)_4^- \rightleftharpoons MOH_2^+ - B(OH)_4^-$。

根据实验结果与理论分析，我们提出硼在轻烧白云石上的吸附机理，主要分为以下三个阶段：pH<9.2 时，硼主要以 $B(OH)_3$形式存在，由于 $B(OH)_3$的低电活性，吸附剂对 $B(OH)_3$的静电吸附作用微乎其微；当溶液 pH>12 时，即大于轻烧白云石的零电荷点（Maroufa *et al.*，2009）时，矿物表面带负电，理论推断不再吸附 $B(OH)_4^-$；当 9.2<pH<12 时，硼主要以 $B(OH)_4^-$形式存在，此时 pH 小于轻烧白云石的零电荷点，矿物表面带有正电，在静电吸附的作用下，溶液中带负电荷的 $B(OH)_4^-$被吸附到矿物表面，其吸附机制符合外层络合模式，但无法解释硼去除率随 pH 的升高先增大后降低的趋势（图 15-16）。

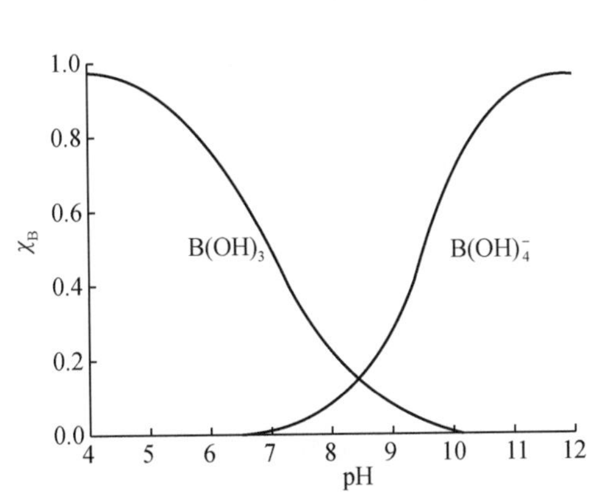

图 15-15　硼氧络阴离子在水溶液中的分布关系

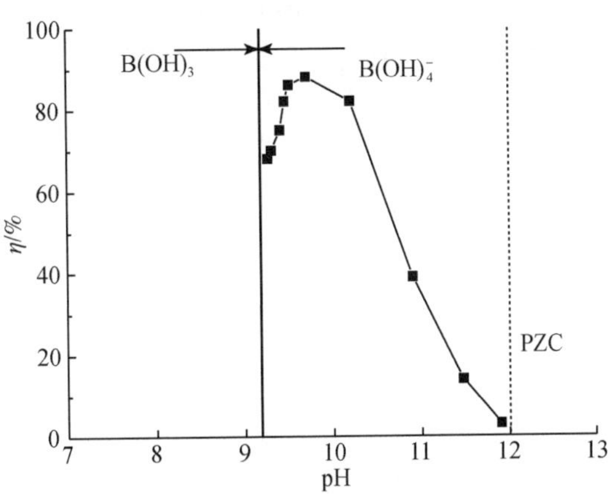

图 15-16　pH 对硼吸附的影响

为此，我们对其进行更深入的研究。从 pH 对硼吸附的影响结果可将此阶段总结为两部分：当 $9.2<pH<10$，此时水溶液中的 $B(OH)_4^-$随 pH 的升高而增多（图 15-15）（Keren，1981），而 $[B(OH)_4^-]/[OH^-]$ 吸附比为 0.64 ~ 4.04（表 15-47），吸附剂主要吸附 $B(OH)_4^-$，因此硼的去除率逐渐增大，且最高可达87.41%；当 $10<pH<12$ 时，硼的去除率逐渐降低，可解释为随 pH 的进一步升高，$[B(OH)_4^-]/[OH^-]$吸附比下降至 6.41×10^{-3} ~ 0.641，OH^-与 $B(OH)^-$竞争吸附，对于同样能吸附 OH^-的带正电荷的吸附剂没有优先选择吸附 $B(OH)_4^-$，因此，降低了对 $B(OH)_4^-$的吸附率。

表 15-47　溶液中不同 pH 所对应的 $[B(OH)_4^-]$、$[OH^-]$ 及 $[B(OH)_4^-]/[OH^-]$ 结果

pH	$[B(OH)_4^-]$/(mol/L)	$[OH^-]$/(mol/L)	$[B(OH)_4^-]/[OH^-]$
9.2	1.585×10^{-5}	6.41×10^{-5}	4.04
10	1×10^{-4}	6.41×10^{-5}	0.641
11	1×10^{-3}	6.41×10^{-5}	6.41×10^{-2}
12	1×10^{-2}	6.41×10^{-5}	6.41×10^{-3}

综上所述，轻烧白云石处理含硼废水的最佳实验条件为：白云石热处理温度为750℃，粒径为200 ~ 300 目，用量为2.0g，反应温度25℃，振荡速度为180r/min，反应时间3h，pH 为9.5 ~ 10.5。除硼率可达90%以上，处理后废水中硼浓度达到生活饮用水标准。矿样用量越多、粒径越小，越有利于硼的吸附；反应温度降低不利于吸附反应进行。

硼可能以硼酸的形式吸附在矿样表面；吸附在矿样表面的硼可继续结合而形成类似硼酸聚合体结构的物质。

轻烧白云石吸附硼的机理为：当 $pH<9.2$ 时，硼主要以 $B(OH)_3$形式存在，吸附剂对 $B(OH)_3$的静电吸附作用甚小；当 $9.2<pH<12$ 时，矿物表面带有正电荷，溶液中带负电荷的 $B(OH)_4^-$ 被吸附到矿物表面，吸附机制为外层络合模式。$9.2<pH<10$ 时，$[B(OH)_4^-]/[OH^-]$吸附比为 0.641 ~ 4.04，吸附剂主要吸附 $B(OH)_4^-$，硼的去除率逐渐增大；$10<pH<12$ 时，$[B(OH)_4^-]/[OH^-]$吸附比下降，OH^-与 $B(OH)_4^-$产生竞争吸附，降低了$B(OH)_4^-$的吸附率；$pH>12$ 时，即大于轻烧白云石的 pH_{PZC}时，矿物表面带负电，理论上不再吸附 $B(OH)_4^-$。

第 16 章　矿物法降解有机污染物

16.1　锰钾矿降解苯胺、酚类和印染废水

16.1.1　锰钾矿降解苯胺废水

苯胺是一种重要的化工原料，广泛应用于国防、印染、塑料、油漆、农药和医药工业，同时也是严重污染环境和危害人体健康的有害物质。因而被列入“中国环境优先污染物黑名单”。我国工业废水的一级排放标准规定芳胺不得超过 1.0mg/L。目前国内外对苯胺废水的处理有物理、化学、生物等多种方法，但处理成本普遍较高。本节提出利用天然锰钾矿氧化降解水体中苯胺的新方法。

由于锰钾矿型八面体分子筛（OMS-2）具有大孔道结构、多价态锰、纳米尺寸等特征，因此合成锰钾矿成为20 世纪分子筛研究的热点（Suib，2000）。我国南方的锰矿床蕴藏着丰富的天然锰钾矿资源，这些锰钾矿系大量产出的天然矿物，成本低廉，加工简便，将其应用于工业废水的处理，不仅可以极大地降低废水处理的成本，也将成为锰矿资源应用的新领域。

1. 降解苯胺废水反应条件

实验体系中，酸度、时间、温度、溶液电解质浓度、溶液振荡速度、矿物粒度及用量等因素均不同程度地影响锰钾矿对苯胺的降解率或降解速度。我们就上述不同因素对苯胺降解率的影响作了实验研究（图 16-1）。

降解时间：将 0.500g 160 ~ 200 目的锰钾矿加入 50mL 20mg/L 苯胺废水中，调节 pH 至 3.0，盖紧瓶塞并固定在水浴振荡器内。水浴温度 25℃，振荡速度 200r/min，分别于不同反应时间取样测定苯胺浓度。实验结果（图 16-1a）表明，随反应时间的延长，苯胺降解率增大。1h 之前反应速率较大，1h 之后反应逐渐变慢。出现这种现象一是因为矿物的表面活性随反应进程而逐渐减弱，二是由于反应物（包括苯胺和硫酸）浓度逐渐降低、Mn^{2+}浓度增大导致锰钾矿表面氧化电位降低。4h 后苯胺的降解率可达 95%。以下实验反应时间确定为 4h。

介质酸度：将 0.500g 160 ~ 200 目的锰钾矿加入 50mL 20mg/L 苯胺废水中，用 0.5mol/L 的硫酸或 NaOH 溶液调节不同反应酸度后，盖紧瓶塞并固定到水浴振荡器内。水浴温度和振荡速度同前。反应 4h 后测定苯胺的浓度。实验结果（图 16-1b）表明，体系酸度是苯胺降解率的重要影响因素。pH<6.0 时，酸度的大小显著影响苯胺的降解率；pH>6.0 时，酸度的变化对苯胺降解率的影响不大。虽然酸度越大，降解越快，但硫酸的

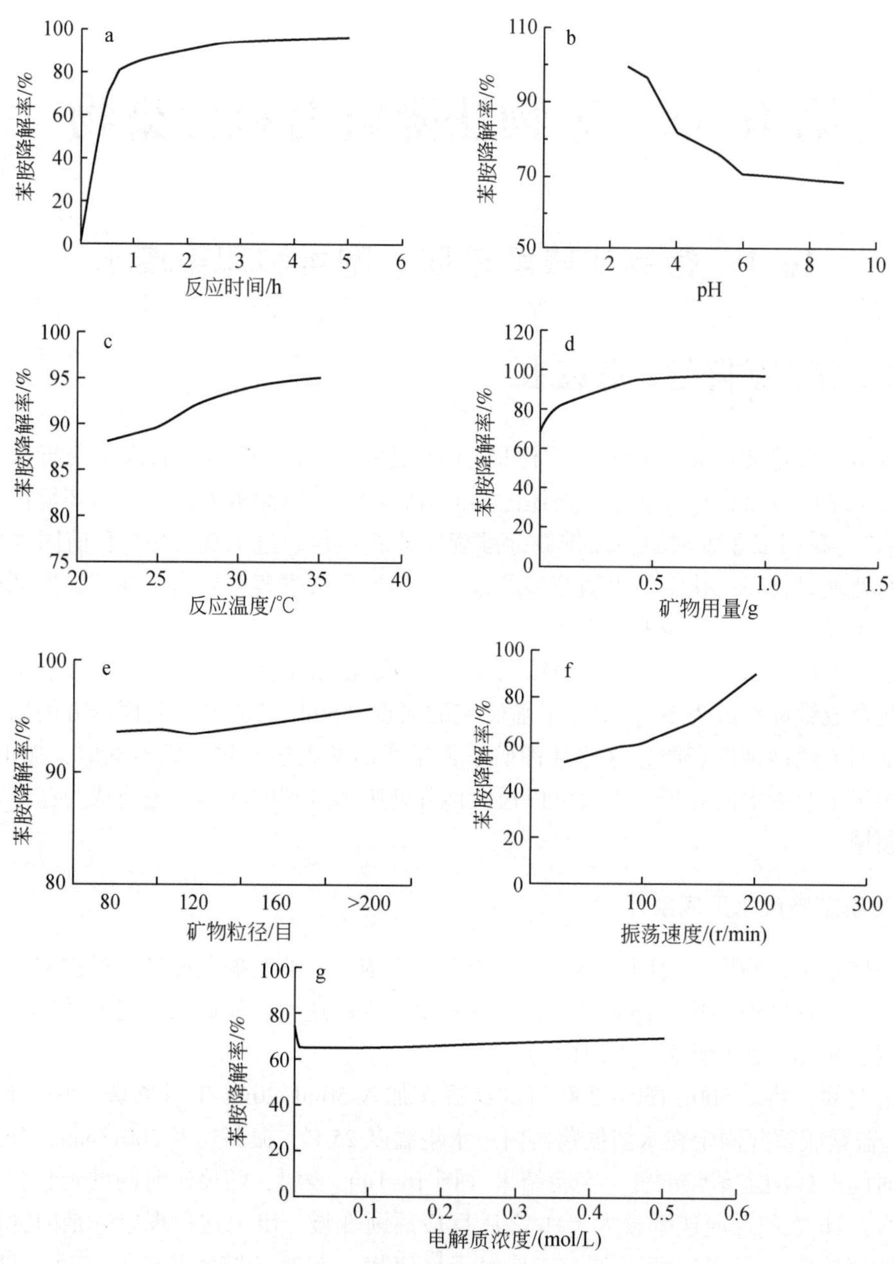

图 16-1　苯胺降解率与各影响因素间的关系

大量加入会造成二次污染，故而选取拐点 pH = 3.0 作为苯胺降解实验的最佳反应酸度。

反应温度：将 0.500g 160 ~ 200 目的锰钾矿加入 50mL 20mg/L 苯胺废水中，调节 pH 至 3.0，盖紧瓶塞并固定到水浴振荡器内，调节水浴温度分别为 22、25、30、35℃，振荡速度同前，反应 4h 后测定苯胺的浓度。实验结果（图 16-1c）表明，反应温度的升高有利于苯胺的降解。温度的升高，加剧了苯胺分子的运动，增大了苯胺和锰钾矿表面反应概率，因此，苯胺降解率增大。苯胺的挥发性随温度升高而加大，导致测定结果偏低。为减小实验误差，以下实验均在室温（22～25℃）下进行。

矿物用量：分别将 0.010、0.050、0.100、0.500 和 1.000g 的 160～200 目锰钾矿加入 50mL 20mg/L 的苯胺废水中，调节 pH 至 3.0，盖紧瓶塞并固定到水浴振荡器内，调节水浴温度为 22℃，振荡速度 200r/min，反应 4h 后测定苯胺的浓度。实验结果（图 16-1d）表明，矿物用量增大有利于苯胺的降解。这是由于矿物用量的增加，增大了苯胺与锰钾矿接触的表面积，使反应充分。0.1g 锰钾矿的用量在该条件下可使降解率达 82%，0.5g 可使降解率达 94%。后续实验的矿物用量选择 0.5g。

矿物粒度：将 0.500g 粒度分别为>80 目、80～120 目、120～160 目、160～ 200 目、<200 目的锰钾矿分别加入 50mL 20mg/L 的苯胺废水中，调节 pH 为 3.0，盖紧瓶塞并固定到水浴振荡器内，其他条件同上。实验结果（图 16-1e）表明，苯胺降解率随矿物粒径的减小而增大。

反应溶液振荡速度：将 0.500g 160～200 目的锰钾矿矿样加入 50mL 20mg/L 的苯胺废水中，调节 pH 为 3.0，盖紧瓶塞并固定到水浴振荡器内，振荡速度分别为 0、100、150、200r/min，水浴温度和反应时间同前。实验结果（图 16-1f）表明，苯胺降解率随振荡速度的增加而增大。增大振荡速度，则增加了苯胺与锰钾矿的反应概率，因此其降解率增大。后续实验选取最大振荡速度 200r/min。

电解质浓度：在反应前向废水中加入不同量的 NaCl 固体，并使其浓度分别为 0、0.01、0.05、0.10 和 0.50mol/L，然后将 0.500g 160～200 锰钾矿加入 50mL 20mg/L 的苯胺废水中，调节 pH 为 3.0，温度 25℃，振荡速度 200r/min，反应时间 35min。实验结果（图 16-1g）表明，电解质的加入及其加入量均影响苯胺的降解反应。不加电解质时，苯胺降解效果最好，当电解质加入后，苯胺降解率突然减小，随离子强度的增大，电解质的负效应逐渐减小，但从苯胺降解率的变化量来看，电解质的加入对苯胺降解影响不大。

2. 降解苯胺机理探讨

天然锰钾矿具 2×2 的孔道结构，称八面体分子筛，0.46nm 的大直径孔道结构使其具有很好的孔道效应。经计算，苯胺分子直径大于 0.46nm，不可能进入锰钾矿孔道。此外用于降解苯胺之后的锰钾矿红外谱图表明，反应后的锰钾矿中没有吸附苯胺。苯胺与锰钾矿若发生氧化还原反应，锰钾矿的部分 Mn 将被还原为稳定的 Mn^{2+}，苯胺同时被氧化为对苯醌（张亚辉等，1997）及其他有机物，且苯胺脱氮后生成无机氮。为此，分别测定了反应体系中的氧化还原反应产物（表 16-1）。

利用光度法测定反应时间分别为 4h 和 8h 的残余苯胺，结果发现前者由原始浓度 20mg/L 降至 1.0mg/L，达到国家一级排放标准，8h 后苯胺已完全被氧化。

利用 GC-MS 和离子色谱测定苯胺氧化后产物，结果表明，苯胺氧化后生成 NH_4^+、NO_3^- 和对苯醌，但从产物浓度判断，无机氮离子转化率只有 59%，对苯醌转化率仅 8.6%，推测其余的胺氮转化为 NH_3 而挥发；对苯醌转化率低的原因可能是对苯醌被锰钾矿继续氧化为小分子羧酸和 CO_2。该推断为反应溶液的总有机碳测定结果（图 16-2）所证实：随反应时间的延长，苯胺废水中总有机碳含量逐渐降低。

表 16-1　苯胺降解产物分析结果

测试项目		反应时间/h	pH	浓度/(mg/L)	转化率/%	测定方法
Mn^{2+}	空白	0	3.09	<2.00	—	光度法
		4	3.56	10.62	—	
	苯胺废水	0	3.09	<2.00	—	
		4	4.00	19.25	—	
苯胺		0	3.00	20	—	光度法
		4	—	1.00	—	
		8	—	0	—	
对苯醌		0	3.00	0	—	GC-MS
		4	—	1.34	—	
		8	—	2.01	8.6	
NO_2^-		0	3.00	<0.01	—	离子色谱
		8	—	<0.01	—	
NO_3^-		0	3.00	<0.01	—	
		8	—	5.60	41	
NH_4^+		0	3.00	<0.05	—	
		8	—	0.71	18	

利用高碘酸钾光度法测定反应前后 Mn^{2+}浓度的变化，结果表明锰钾矿在酸性条件下能溶出 Mn^{2+}，但有苯胺存在时有更多的 Mn^{2+}溶出，说明锰钾矿在酸性条件下具有强氧化性。由于苯胺为还原性物质，使苯胺与锰钾矿的反应优先于锰钾矿自身的氧化还原作用，从而使苯胺被氧化降解。

根据以上推理，苯胺降解反应可表示为

$$\equiv Mn^{4+}—O + C_6H_5NH_2 + H^+ \longrightarrow Mn^{2+} + C_6H_4O_2 + NH_4^+ + NO_3^- \tag{16-1}$$

$$\equiv Mn^{4+}—O + C_6H_4O_2 + H^+ \longrightarrow Mn^{2+} + CO_2 + H_2O \tag{16-2}$$

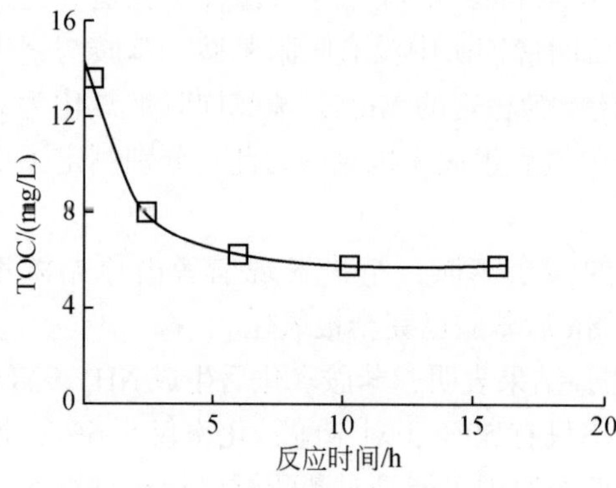

图 16-2　TOC 随反应时间的变化曲线

实验表明，0.5g 160～200 目的锰钾矿在 pH 为 3.0、25℃、振荡速度为 200r/min 的条件下，反应 4h 可以将 50mL 20mg/L 的苯胺降解至 1mg/L。

酸度是影响苯胺降解反应的主要因素，温度、振荡速度、矿物用量、矿物粒径及电解质浓度都能影响苯胺的降解。酸度越大，反应越快；温度越高、振荡速度和矿物用量越大、粒径越小，反应进行得越彻底；电解质的加入对苯胺降解率影响不大。

由于锰钾矿在酸性条件下具有强氧化能力，可以把苯胺氧化为对苯醌和无机氮，其中对苯醌被锰钾矿进一步氧化为 CO_2 等物质。

16.1.2　锰钾矿降解酚类废水

酚类废水主要来自焦炼、化工、医药等行业，污染面广、毒性较大，属于生物难降解的有机污染物（Borghei and Hosseini，2004；Kennedy，2007）。酚类物质是中国 68 种优先控制污染物之一，无论进入水体还是排入大气都会直接或间接地对动植物、人体产生极大危害。土壤和沉积物中广泛存在的包括锰钾矿在内的锰氧化物具有较强的氧化活性，能够氧化水体中的酚类物质（McBride，1989；Ukrainczyk and McBride，1993），可用作高浓度含酚废水预处理材料。利用锰氧化物降解酚类有机污染物的研究早期集中在人工合成锰氧化物上（Stone，1987；介雯等，1991；Ukrainczyk and McBride，1992），后来，郑红和汤鸿霄（1999）研究了天然锰矿砂对苯酚的界面吸附与降解行为，苯酚去除率为 80%，其中光催化降解作用占所去除苯酚的 6% 左右；张亚辉等（1997）用苯酚作还原剂，研究大洋锰结核的浸出过程，并指出大洋锰结核的氧化能力强于纯的二氧化锰。但是，利用锰氧化物对实际工业生产中高浓度含酚废水进行处理的研究仍较少见（Chen *et al.*，2009；Fan *et al.*，2010）。

本节利用天然锰钾矿开展对苯酚废水的氧化降解研究，提出一种简单、经济、快速、无二次污染、适用于中低浓度苯酚废水的化学氧化处理方法，并通过苯酚氧化反应中间物质的鉴定，完善苯酚氧化反应的途径，进而根据实验结果推测苯酚与锰钾矿的作用机制。

1. 苯酚降解实验条件

光照的影响：前人研究（郑红、汤鸿霄，1999）表明，实验过程中日光光照有助于苯酚的降解，因此本实验开展了室内自然光照与避光反应的对照实验。于两只 150mL 烧杯中各加入 0.500g 粒度为 160 ~ 200 目的锰钾矿和 50mL 苯酚废水，调节 pH 为 2.5，其中一只烧杯用锡纸完全挡光，另一只烧杯则完全暴露于室内自然光照下，二者均于磁力搅拌器上搅拌 4h。实验结果（表 16-2）表明，室内的自然光照对苯酚降解没有影响。

表 16-2　光照及环境气体与苯酚降解率的关系

实验条件	初始浓度/(mg/L)	反应后浓度/(mg/L)	降解率/%
室内自然光照	100	40.61	59.39
完全避光	100	39.74	60.26
有氧环境（通氧气）	100	69.42	30.58
无氧环境（通氮气）	100	65.54	34.45

环境气体的影响：取 160 ~ 200 目矿样 0.500g，50mL 苯酚废水，pH 为 2.5，反应温度为 23℃，充气量均为 80L/min，反应时间为 4h。通过在氧气环境（充氧）与无氧环境（充氮）条件下苯酚降解程度的对比，考察气体环境有无影响。实验结果（表 16-2）表明，锰钾矿降解苯酚不仅在氧气环境下进行反应，而且在氮气环境下也照常进行，充分说明氧气没有参加反应。

降解时间的测定：实验条件为 160 ~ 200 目矿样 0.500g，50mL 苯酚废水，反应 pH 为

2.10，温度25℃，振速为200r/min，分别于不同反应时间取样测定苯酚浓度，实验结果见图16-3a。因苯酚降解中间产物对苯醌的干扰，240～265nm之间的基线向上漂移，使得当苯酚实际浓度已接近于零时，吸光度值却不为零（McBride，1989）。由于对苯醌被继续深度降解，静置12h后，“漂移”消失，270nm处的吸收值也趋于零。故此，本实验做了基线校正处理。实验结果表明，苯酚的降解率随着反应时间的延长逐渐增大，反应4h之后，反应速度变慢，8h后苯酚完全降解。可能的原因有两方面，一是因为酸度减小是制约反应速度的重要因素，随着苯酚降解率的增大，反应溶液酸度减小，反应速度变小；另一方面，随着苯酚的降解，被还原的Mn^{2+}浓度增大，Mn^{4+}的还原电位降低，从而影响反应速度。

介质酸度的影响：实验条件为160～200目锰钾矿0.500g，100mg/L苯酚废水50mL，反应温度21℃，振速190r/min，反应时间16h。不同pH条件下的实验结果见图16-3b。由图可知，苯酚降解率随酸度的增大而增大，当pH>4时，苯酚降解很慢，受pH影响不大；当pH<4时，反应酸度微小的改变对苯酚降解率影响很大。可见，反应酸度是影响苯酚降解率的主要因素。后续实验将反应酸度控制在pH=2.1～2.5。

共存离子的影响：实验条件为0.500g锰钾矿，100mg/L的苯酚废水50mL，pH为2.4，反应温度25℃，振速190r/min，分别在0.01mol/L的氯化钙、氯化钠、磷酸钠、醋酸钠等介质中反应8h，与硝酸介质反应结果相比较，测得降解率相应为77.45%、78.09%、41.88%、71.65%，较不加电解质的79.50%有不同程度的降低。这表明，氯化钙、氯化钠基本上不干扰苯酚的降解，磷酸钠、醋酸钠的加入导致苯酚降解率的降低。因为磷酸根、醋酸根是弱酸根，结合了一定量的氢离子，使反应溶液酸度减小，从而减小反应速率；但随着反应的进行，氢离子被逐渐消耗，被弱酸根结合的氢离子又会被逐渐释放出来参加苯酚的降解反应，使得整个反应过程的速率趋于某一常数。如果先加入等量的电解质，后调节相同pH，磷酸根、醋酸根吸纳了大量的氢离子，苯酚降解率反而高于其他反应介质的苯酚降解率。

矿物用量的影响：实验条件为100mg/L的苯酚废水50mL，pH为2.5，反应温度21℃，振速190r/min，反应时间为8h。160～200目矿物用量分别为0.010g、0.050g、0.100g、0.500g、1.000g时实验结果见图16-3c。由图可知，随着矿物用量的增加，苯酚降解率增大，但当矿物用量大于0.5g以后，降解率趋于定值。本实验将矿物用量选定为0.5g。

矿物粒度的影响：实验条件为0.500g锰钾矿，100mg/L的苯酚废水50mL，pH为2.4，反应温度为25℃，振速190r/min，矿物粒度分别为>80目、80～120目、120～160目、160～200目、<200目。实验结果（图14-3d）表明：苯酚降解率随矿物粒径的减小而增大，粒径小于120～160目之后增大趋势更大，呈直线上升。

反应温度的影响：实验条件为160～200目矿样0.500g，100mg/L的苯酚废水50mL，pH为2.4，振荡速度为200r/min，反应时间4h。反应温度分别为25、30、35、40℃。实验结果（图16-3e）显示，苯酚挥发性不影响实验结果，温度的升高有利于苯酚的降解。25℃到30℃之间增大的程度最大，30℃之后增幅逐渐减小，也就是说，反应温度在30℃是最佳条件。苯酚为挥发性有机物，反应温度过高，苯酚会挥发到大气中。因此，本实验所选反应温度同室内温度（20～25℃）。

振荡速度的影响：实验条件为 160～200 目矿样 0.500g，100mg/L 的苯酚废水 50mL，pH 为 2.2，反应温度 25℃，反应时间 4h。改变振荡速度的实验结果（图 16-3f）表明，虽然静置时反应仍可进行，但苯酚降解率随振荡速度的增大呈直线上升，这是因为该反应发生在矿物表面，溶液的振动可以增大矿物和苯酚的接触概率。

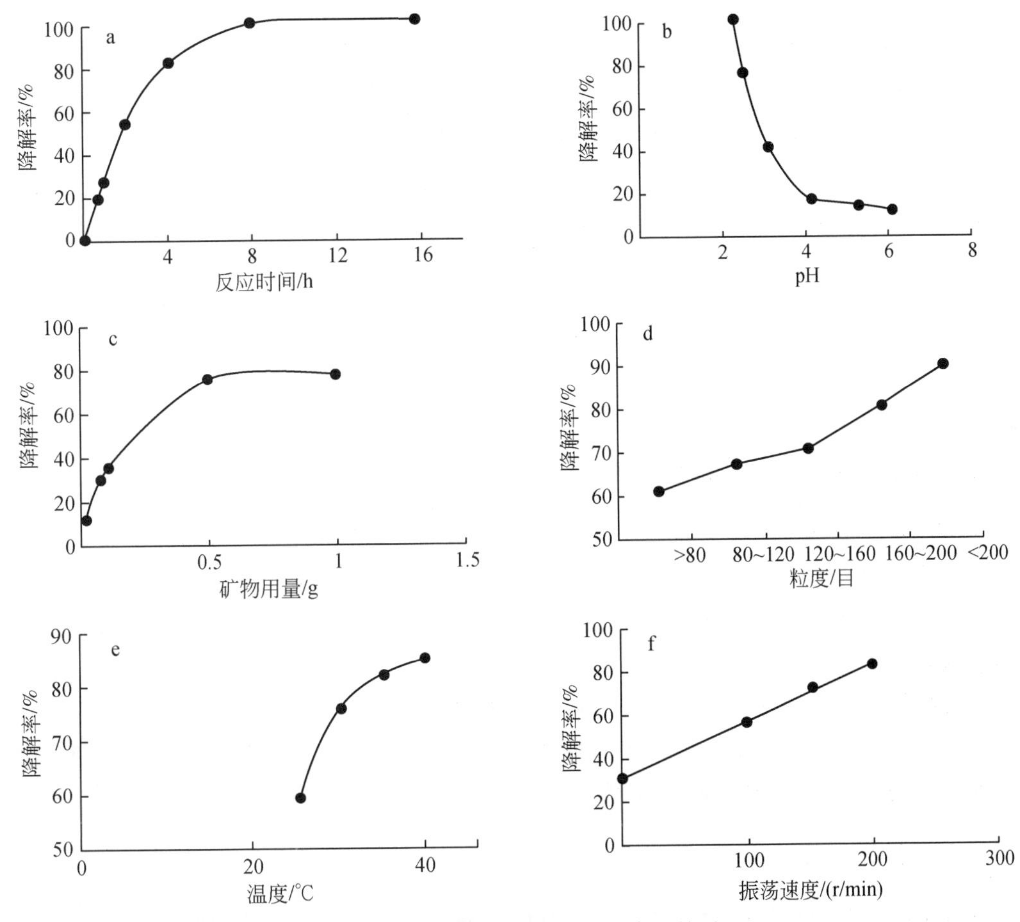

图 16-3　苯酚降解率与各种因素的关系

2. 样品重复利用

随着反应的发生，锰钾矿表面的活性位可能被逐渐修复，反应活性逐渐降低，降解苯酚的速度逐渐减小，但随时间的延长，苯酚最终仍能被完全降解。就锰钾矿失活情况做了如下实验：0.500g 回收的锰钾矿矿样，100mg/L 苯酚废水 50mL，pH 为 2.2，反应温度 25℃。振荡速度 200r/min，反应时间为 4h。回收利用矿样的处理方法：对反应混合溶液进行振荡反应，直至苯酚完全被降解，将反应后的含锰钾矿溶液过滤，用离子水清洗滤渣，经 40℃烘干后重复利用。实验结果（表 16-3）表明，随锰钾矿重复利用次数的增多，锰钾矿活性逐渐降低，反应速度减小。但延长反应时间，苯酚仍可以被完全降解。

表 16-3　锰钾矿失活情况

矿样利用次数	1	2	3
反应后浓度/(mg/L)	24.88	35.91	51.99
降解率/%	75.12	64.09	48.01

按照实验条件：160～200 目锰钾矿 0.500g，100mg/L 苯酚废水 50mL，反应溶液 pH 为 2.42，振速 190r/min，温度 25℃，反应完全后，测溶液中的锰离子浓度，实验结果（表 16-4）表明，锰钾矿降解苯酚的同时伴随着等摩尔量锰的溶出。调节溶液呈碱性，使溶解锰以二氧化锰形式沉降，沉降的二氧化锰又可以用作降解苯酚的氧化剂。

表 16-4　溶出锰的浓度与苯酚降解的关系

项目	降解实验	空白实验
初始苯酚浓度/(mg/L)	100	0
反应后苯酚浓度/(mg/L)	4.34	0
溶出锰浓度/(mg/L)	53.94	23.34

3. 锰钾矿对苯酚吸附效应的排除

天然锰钾矿晶体结构中因具有 0.46nm 的大直径孔道及其表面丰富的羟基而具有很好的孔道效应和表面吸附作用。苯酚是否会被锰钾矿吸附于孔道中，苯酚分子直径的大小是先决因素。根据苯酚分子结构和化学键键长计算出苯酚分子直径大于 0.6nm，所以苯酚不可能进入孔道内。

为排除锰钾矿的吸附效应，将处理过苯酚废水的锰钾矿过滤后经离子水冲洗多次，自然晾干，对其进行红外光谱分析，未出现苯酚特征吸附峰，说明降解苯酚后的锰钾矿中不含苯酚，苯酚的去除并非锰钾矿吸附所致。

4. 反应过程中总有机碳含量的变化

总有机碳（TOC）是以碳的数量表示有机污染物的量，包括水体中所有有机质的含碳量，是评价水体中需氧有机污染物质的一个综合指标。由于降解后废水中的产物组成比较复杂，含量相对低，除 CO_2 外，多为碳水化合物，现有技术难以分别测定各种产物的含量，而总有机碳可以衡量天然锰钾矿降解苯酚废水的氧化程度，判断苯酚无机化程度。

降解实验取 0.5g 粒度为 160～200 目的锰钾矿，苯酚初始浓度 100mg/L，pH 为 2.1，反应温度 25℃，振荡速度 190r/min，分别测定反应 0、2、4、8、16h 后降解溶液的总有机碳值。实验结果（表 16-5）表明：苯酚废水中的 TOC 随降解时间延长逐渐减少。反应 8h，TOC 降低 88.7%，8h 之后变化不大，说明 88.7% 的苯酚已转化为 CO_2，溶液中还存在 11.3% 的有机物，GC-MS 检出的苯酚氧化产物含量很低，总有机碳含量不超过反应前的 11.3%。有机碳的降解主要在反应前期。反应后期 TOC 之所以下降较慢，可能是因为酸度降低影响有机物继续氧化分解。

表 16-5　总有机碳随反应时间的变化

t /h	0	2	4	8	16
ρ_{TOC}/(mg/L)	72.78	54.55	29.00	8.22	4.23
TOC 去除率/%	0	25.0	60.15	88.71	94.19

5. 苯酚氧化产物鉴定

用 0.5g 160 ~ 200 目锰钾矿降解 100mg/L 的苯酚废水，反应溶液 pH 为 2.2，温度 25℃，振荡速度 200r/min，分别反应 8h 和 24h，反应后有机产物用二氯甲烷萃取，利用 GC-MS 鉴定降解后废水中的氧化产物。苯酚剩余量和对苯醌的生成量分析结果见表 16-6，苯酚降解产物或中间物质的定性测定结果见表 16-7。表 16-6 显示，降解 8h 之后有 9.01mg/L 苯酚残留，24h 之后苯酚低于 0.5mg/L，达到苯酚废水排放标准。反应 8h 之后，有 2.64mg/L 的对苯醌生成，但生成量与被氧化的苯酚量相比要少得多，说明苯酚氧化后除生成对苯醌之外，还生成其他物质。

表 16-6　苯酚及其降解产物对苯醌的 GC-MS 分析结果

测定项目	空白（反应 24h）		样品（反应 8h）		样品（反应 24h）	
	峰面积	ρ /(mg/L)	峰面积	ρ /(mg/L)	峰面积	ρ /(mg/L)
苯酚	0	0.00	82680920	9.01	2920492	0.32
对苯醌	0	0.00	23453724	2.64	19687324	2.22

由表 16-7，所有产物的浓度均随反应时间延长而逐渐减小或消失，说明苯酚氧化产物在锰钾矿存在下均可被继续氧化为其他物质。1 ~ 4 号物质通过随机 NIST 标准谱图库检索可准确定性，5 ~ 8 号物质谱图库未能给出确切的定性结果，但根据质谱图并结合已鉴定出的产物和苯酚可能形成的氧化物，对这四种物质可做出较合理推测（陈耀祖等，2001）。

表 16-7　苯酚氧化产物或中间物质的定性分析结果

序号	保留时间/min	特征离子的 m/z 值	反应时间/h	峰面积积分	产物名称
1	5.340	108	8	23453724	对苯醌（p-benzoquinone）
			24	19687324	
2	16.128	139	8	2470264	2-硝基苯酚（phenol，-nitro-）
			24	2228089	
3	28.093	184	8	6942447	2-羟基–二苯并呋喃（2-dibenzofuranol）
			24	3749860	
4	29.693	186	8	3547902	4,4′-二羟基-1,1′-联二苯酚（1,1′- biphenyl-4,4′-diol）
			24	0	

续表

序号	保留时间/min	特征离子的 m/z 值	反应时间/h	峰面积积分	产物名称
5	29.955	430	8	328980	在苯环上与长脂肪链成醚的甲氧基–二苯并呋喃
			24	0	
6	25.805	200	8	34577244	1,2-二羟基-二苯并呋喃（dibenzo[b,d]furan-1,2-diol）
			24	17950538	
7	26.880	202	8	23293352	3,4,4′-三羟基-1,1′-联二苯酚（1,1′-biphenyl-3,4,4′-triol）
			24	17398586	
8	29.130	200	8	19871522	3-羟基–苯酚合苯醌［3-hydroxy-1,1′-bi(cyclohexa-2,5-dien-1-ylidene)-4,4′-dione］
			24	0	

6. 锰钾矿表面作用机制

用160～200目锰钾矿0.5g降解100mg/L苯酚废水50mL，反应溶液pH为2.42，振速190r/min，温度25℃，反应8h后，测反应后溶液中锰离子浓度、反应前后pH及苯酚浓度。实验结果（表16-8）表明，随着降解反应进行，苯酚浓度减小，锰有一定量的溶出，并伴随有酸的消耗。酸性空白溶液中也有一定量锰溶出和酸消耗。据此可写出苯酚与锰钾矿的多相反应式（苯酚氧化产物以对苯醌为例）：

$$\equiv Mn^{4+}—O + C_6H_5OH + H^+ \longrightarrow Mn^{2+} + C_6H_4O_2 + H_2O \qquad (16\text{-}3)$$

表16-8 反应前后pH和苯酚的变化与锰的溶出

实验条件	反应前			反应后		
	苯酚/(mg/L)	pH	[Mn^{2+}]/(mg/L)	苯酚/(mg/L)	pH	[Mn^{2+}]/(mg/L)
降解实验	100.00	2.42	<2.00	20.50	3.80	50.12
空白对照	0.00	2.42	<2.00	0.36	2.84	23.34

MnO_2与酸作用，四价锰获得电子被还原为二价锰，氧失去电子生成氧气。在空白溶液中，锰的溶出主要是因为锰钾矿作为锰氧化物的一员在酸性条件下发生自身氧化还原反应，反应式如下：

$$\equiv Mn^{4+}—O + 2H^+ \longrightarrow Mn^{2+} + O_2 + H_2O \qquad (16\text{-}4)$$

锰氧化物在硝酸作用下，四价锰获得2个电子生成二价锰被溶出，与四价锰成键的氧失去电子成为氧化性很强的氧原子——氧自由基。当矿物表面不存在还原性物质时，氧自由基之间相互结合生成氧气；当矿物表面吸附有还原性物质时，氧自由基首先与还原性物质发生氧化还原作用，使吸附在矿物表面的还原性物质被氧化。还原性有机物苯酚在水溶液中部分被电离为苯氧负离子，而锰钾矿表面由于氧缺位而荷正电。因此，苯氧负离子易于吸附于锰钾矿表面与锰钾矿发生氧化还原作用。由此，式（16-3）可分解为以下两步：

$$\equiv Mn^{4+}—O + 2H^+ \longrightarrow Mn^{2+} + O\cdot + H_2O \qquad (16\text{-}5)$$

$$C_6H_5OH + O\cdot \longrightarrow C_6H_4O_2 \tag{16-6}$$

因此，空白溶液中锰的溶出完全是酸溶所致，有机物反应体系中锰的溶出是由于锰钾矿和有机物发生氧化还原反应的结果。式（16-5）和式（16-6）从理论上表明酸度是影响有机物降解率的主要因素，同样说明锰钾矿是氧化反应体系的电子受体，有机物氧化过程中需要的氧来自锰钾矿而不是空气，这与氧气不影响苯酚去除率的实验结果相吻合。

综上，由于锰钾矿中含有不同价态的锰，其中四价锰在一定条件下具有氧化性。而锰钾矿表面存在大量羟基或具有氧缺位，苯酚可被吸附于锰钾矿表面，并在矿物表面发生氧化还原反应，四价锰被还原溶解，苯酚被氧化降解。实验产物的紫外光谱检测中，对苯醌特征峰 254nm 处出现一肩峰，且随降解反应时间的延长，肩峰又逐渐消失，反应溶液颜色也由反应前的无色（苯酚的颜色）到出现黄色（对苯醌的颜色），最后黄色又消失，表明已充分降解。因此，锰钾矿降解苯酚的实质是苯酚被氧化所致，属于深度降解。

7. 锰钾矿降解苯酚反应机理

苯酚降解后形成的有机产物或中间物质有对苯醌、2-硝基苯酚、2-羟基–二苯并呋喃、在苯环上与长脂肪链成醚的甲氧基–二苯并呋喃物质、4,4′-二羟基-1,1′-联二苯酚及其羟基衍生物的氧化产物 3-羟基–苯酚合苯醌等。

2-硝基苯酚的检出可能是硝酸与苯酚发生取代反应的结果，是否有利于苯酚降解反应还有待于进一步研究，2-羟基–二苯并呋喃是苯酚分子之间在锰钾矿的氧化作用下形成的二聚物，它们的检出为苯酚降解反应的深入研究及完善苯酚降解途径提供了重要的实验依据。4,4′-二羟基-1,1′-联二苯酚作为苯酚的氧化产物已有文献报道（Stone，1987），其进一步氧化产物苯酚合苯醌也有报道，本实验检出的 3-羟基–苯酚合苯醌与 Ukrainczyk 等（1992）的报道是一致的。

由生成产物可知，苯酚不仅被氧化为对苯醌，而且生成了二聚物，从不同反应时间各种产物的峰面积大小可确定它们均不稳定，随反应时间延长逐渐消失。对苯醌浓度逐渐变小可能是因为其继续氧化分解为小分子羧酸和二氧化碳（Okamoto *et al.*，1985，介雯等，1991；王怡中等，1995）。二聚物的消失有两种可能：被氧化分解或生成不溶于水的高聚物（Ukrainczyk *et al.*，1992）。Stone（1987）对锰氧化物氧化苯酚的机理曾做过较为完整的阐述，本书在其基础上提出了更加完善的对苯醌、二聚物的形成机理，用下式说明：

$$\equiv Mn^{4+} - O + 2H^+ \longrightarrow Mn^{2+} + O\cdot + H_2O \tag{16-7}$$

$$C_6H_5OH \rightleftharpoons C_6H_5O^- + H^+ \quad pK_a=9.98 \tag{16-8}$$

$$2\,C_6H_5O^- + O\cdot + 2H^+ \rightleftharpoons 2\,C_6H_5O\cdot + H_2O \tag{16-9}$$

$$2\,C_6H_5O\cdot \longrightarrow HO-C_6H_4-C_6H_4-OH \longrightarrow O=C_6H_4=C_6H_4=O \tag{16-10}$$

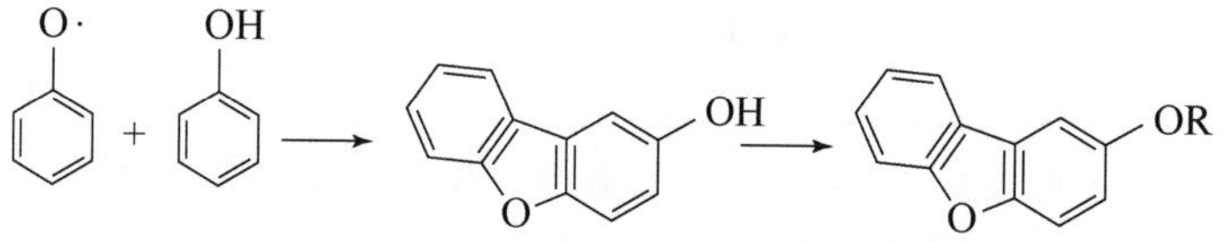

$$\text{C}_6\text{H}_5\text{O}\cdot + \text{C}_6\text{H}_5\text{OH} \longrightarrow \text{(hydroxy-dibenzofuran, OH)} \longrightarrow \text{(dibenzofuran, OR)} \qquad (16\text{-}11)$$

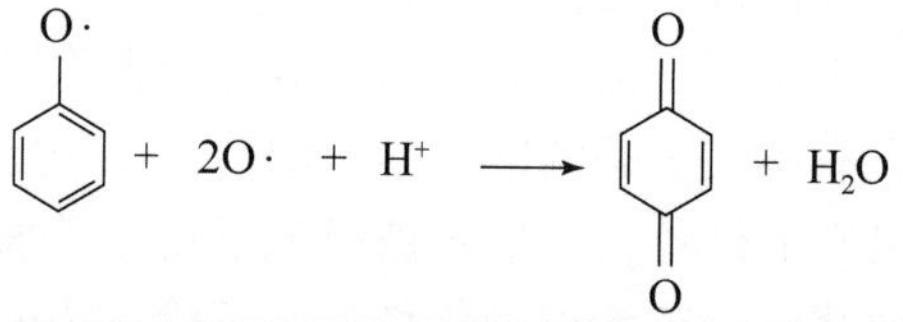

$$\text{C}_6\text{H}_5\text{O}\cdot + 2\text{O}\cdot + \text{H}^+ \longrightarrow \text{O=C}_6\text{H}_4\text{=O} + \text{H}_2\text{O} \qquad (16\text{-}12)$$

由式（16-7）~式（16-12）可知，当苯酚浓度增大时，苯氧自由基浓度和相互碰撞的概率增大，有利于生成聚合物；反之，易生成对苯醌。式（16-12）表明，酸度增大有利于对苯醌的形成，苯氧自由基生成对苯醌后，溶液中苯氧自由基浓度减小，从而抑制聚合物的生成。所以，苯酚浓度较小、酸度较大时，有利于对苯醌的生成；反之，有利于聚合物的生成。由此可见，为了控制苯酚降解反应尽量少地产生聚合物，应该在反应开始增大反应酸度或在反应过程中保持 pH<4。同时，酸度影响实验也表明，酸度越大苯酚降解越快。

据实验检出的中间产物，结合相关文献报道（Okamote *et al.*，1985；Stone，1987；介雯等，1991；Ukrainczyk *et al.*，1992；王怡中等，1995），可初步推断天然锰钾矿在硝酸介质中氧化降解苯酚的反应途径为

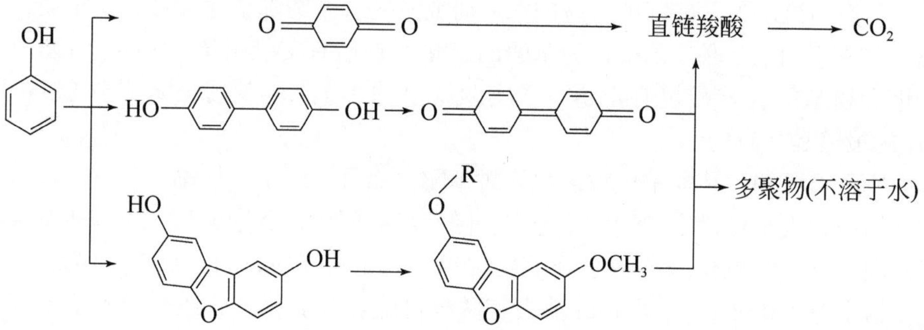

OH（苯酚）→ O=⟨⟩=O → 直链羧酸 → CO_2

OH（苯酚）→ HO–⟨⟩–⟨⟩–OH → O=⟨⟩=⟨⟩=O → 直链羧酸 / 多聚物(不溶于水)

OH（苯酚）→ HO、OH 取代二苯并呋喃 → R–O、OCH_3 取代二苯并呋喃 → 多聚物(不溶于水)

苯酚降解产物中有复杂聚合物生成，似乎降解效果不是很好，但从总有机碳测定结果看，反应 8h 之后总有机碳已降低 88.7%，只有 11.3% 的有机碳以苯酚、聚合物、对苯醌、羧酸等物质存在。其中，聚合物多为不稳定物质，具有较高的还原电位，随着反应时间的延长，能继续被锰钾矿降解或生成难溶于水的高聚物。

综上所述，室温 25℃下，用 0.5g 160~200 目锰钾矿降解 50mL 浓度为 100mg/L 的苯酚废水，在振荡速度为 200r/min 的恒温振荡器上反应 8h，苯酚的降解率基本上达到 100%，总有机碳去除率达 88.7%。

光照与氧气环境对锰钾矿降解苯酚的反应无影响，而介质 pH、矿物用量与粒径大小、反应温度、振荡速度、共存电解质等对苯酚降解反应有明显影响。其中，反应溶液酸度越大，反应进行得越快；样品用量越多、粒径越小，越有利于降解反应；反应温度升高与振荡速度增大也有利于降解反应的进行；共存电解质氯化钠、氯化钙不影响降解反应，而磷

酸钠与醋酸钠的存在则不利于降解反应。锰钾矿重复利用后活性有所降低，反应速度下降，但延长反应时间，苯酚仍能被完全降解。

锰钾矿与苯酚表面作用机制为：锰钾矿在硝酸作用下发生自身氧化还原反应，四价锰获得 2 个电子生成二价锰被溶出，与四价锰成键的氧失去电子成为氧化性很强的氧原子——氧自由基，氧自由基与吸附在锰钾矿表面的苯酚发生氧化还原作用。

根据检出的苯酚氧化产物得出苯酚氧化降解途径：苯酚氧化降解过程中不仅生成了对苯醌，而且生成了联二苯酚和苯并呋喃类中间物质，然后在锰钾矿作用下或者开环断链生成二氧化碳或者生成不溶于水的高聚物。

16.1.3　锰钾矿降解印染废水

染料的原料大部分是芳烃化合物和杂环化合物，生产过程排放的废水绝大多数是以苯、萘、蒽、醌等芳香团作为母体的有机物，颜色很深，色度达 $5\times10^2\sim5\times10^5$ 倍，尤其是以活性染料等水溶性染料为主的印染废水，如果直接排放，将会对水源造成严重污染。目前工业上常用的印染废水处理方法有絮凝沉淀法、电解法、氧化法、吸附法和生物降解法等（朱乐辉、蒋展朋，1994）。这些方法具有成本高、时效短且有二次污染等缺点。锰氧化物矿物处理印染废水具有许多优点，受到越来越多研究者的关注。国内外关于锰氧化物对印染废水的降解研究大都使用人工合成产物（许慧平等，1993），本节研究了天然锰钾矿对活性染料印染废水的降解处理。

1. 活性艳红 X-3B 印染废水脱色实验

空白对比实验：实验条件为 pH 为 4，160 ~ 200 目锰钾矿 0. 500g，20mg/L 的 X-3B 废水 50mL，反应温度 25℃，振速 200r/min。实验结果（表 16-9）表明，加入天然锰钾矿样品的脱色率随时间的增加而增大。

介质酸度对脱色率的影响：实验条件为 160 ~ 200 目锰钾矿 0. 500g，20mg/L 的 X-3B 废水 50mL，反应温度 25℃，振速 200r/min。不同时间和不同 pH 的实验结果（表 16-10）表明，当 pH>3 时，脱色率随 pH 降低而增大，pH 的微小改变对脱色率影响很大；pH = 3 时，反应 20min，脱色率就可达到 99. 48%；pH<3 时，pH 的变化对脱色率的影响不大，很短时间内，脱色率即达 98%。

表 16-9　天然锰钾矿对 X-3B 染料的脱色空白对比实验

t/h	2	4	6	8	21
ρ_t/(mg/L)	9. 71	7. 95	5. 49	3. 99	1. 80
$s_{t(加样)}$/%	51. 46	60. 24	72. 56	80. 07	91. 00
ρ_t/(mg/L)	21. 70	20. 56	21. 35	20. 04	19. 99
$s_{t(空白)}$/%	0. 00	0. 00	0. 00	0. 00	0. 02

表 16-10　pH 对 X-3B 脱色率的影响

t	pH=2.48		pH=3.0		pH=3.5		pH=4.0		pH=5.88		pH=8.76	
	ρ_t /(mg/L)	s_t/%	ρ_t /(mg/L)	s_t/%	ρ_t /(mg/L)	s_t/%	ρ_t /(mg/L)	s_t/%	ρ_t /(mg/L)	s_t/%	ρ_t /(mg/L)	s_t/%
5min	0.40	97.99	0.43	97.83	5.43	72.86	15.26	2.37	19.63	1.86	19.78	1.10
10min	0.35	98.25	0.32	98.35	2.89	85.53	17.93	10.35	19.58	2.09	19.62	1.95
15min	0.29	98.55	0.30	98.49	1.76	91.22	17.02	14.89	19.41	2.95	19.39	3.03
20min	0.00	99.61	0.10	99.48	1.07	94.65	15.99	20.02	18.94	5.32	19.20	4.00
2h	—	—	—	—	0.48	97.61	11.91	40.46	17.99	10.06	18.06	7.24
4h	—	—	—	—	0.48	97.62	7.49	50.25	16.01	19.94	17.69	11.53
6h	—	—	—	—	0.36	98.21	6.75	62.56	15.88	20.58	16.82	13.25

矿物用量对脱色率的影响：实验条件为矿物粒径 160～200 目，20mg/L 印染废水 50mL，反应温度25℃，振速 200r/min，反应时间 10h。当矿物用量分别为 0.025、0.10、0.20、0.25、0.50、1.00、1.50 和 2.50g 时，ρ_t 分别为 19.99、18.98、14.24、13.79、5.24、1.02、0.75 和 0.69mg/L，相应的脱色率为 0.01%、5.10%、28.81%、31.07%、73.80%、94.92%、96.26%和96.54%，脱色率随锰钾矿用量增多而增大。这是因为染料在与锰钾矿发生氧化还原反应之前必须要吸附在锰钾矿表面，增加锰钾矿用量，相当于增加染料与矿物的接触面积，即增加吸附位，因而提高脱色率。

矿物粒径对脱色率的影响：实验条件为 pH 为 4，锰钾矿 0.5g，20mg/L 的 X-3B 废水 50mL，反应温度25℃，振速 200r/min，反应时间 10h。当矿物粒径为>80 目、80～120 目、120～160 目、160～200 目和<200 目时，测得 ρ_t 分别为 16.98、6.64、4.24、1.98 和 1.04mg/L，相应的脱色率分别为 15.08%、66.78%、79.00%、90.09%和 94.41%，脱色率随矿样粒径的减小而增大。

光照对脱色率的影响：实验条件为 pH 为 4，160～200 目锰钾矿 5.00g，20mg/L 的 X-3B 废水 50mL，放入自行设计的装置中，再将此装置放入暗箱中。光照条件为打开紫外汞灯，非光照条件为关闭紫外汞灯。实验结果（表 16-11）显示，光照提高了 X-3B 的脱色率。当能量大于禁带宽度的光照射到锰钾矿表面时，其价带上的电子被激发越过禁带进入导带同时在价带上留下空穴，光生电子-空穴对在电场的作用下迁移到粒子表面的不同位置。光生空穴有很强的得电子能力，在锰钾矿表面通过氧化还原作用能将水中的染料彻底降解(魏宏斌等，1994)。

表 16-11　光照对 X-3B 脱色率的影响

t	10min	30min	1h	2h	3h	4h
$\rho_{t(光照)}$/(mg/L)	14.93	11.81	9.97	8.33	6.54	3.75
$\rho_{t(非光照)}$/(mg/L)	16.93	15.37	12.57	10.91	10.47	9.95
$s_{t(光照)}$/%	25.36	40.97	50.32	58.38	67.21	81.24
$s_{t(非光照)}$/%	15.37	23.01	37.16	45.46	47.67	50.26

2. 电解质 $Ca(NO_3)_2$ 和 Na_3PO_4 对 X-3B 脱色率的影响

实验条件：160～200 目锰钾矿 0.5g，20mg/L 的 X-3B 废水 50mL，反应温度 25℃，振速 200r/min。在废液中加入电解质的具体情况及其实验结果见表 16-12。从表中可以看出，在 pH=4 和 pH=8 两种条件下，磷酸根均抑制染料的脱色，而钙离子有助于染料脱色。一般而言，如果加入某种能与染料分子起反应的物质，如金属离子 Mg^{2+}、Ca^{2+} 等，会降低染料分子的水溶性（姜方新、兰尧中，2002；李远惠，2002）。除了压缩双电层的原因外，很有可能这些具有空轨道的金属离子能与染料分子中含孤对电子的基团如—NH_2、—NR_2、—OH 等络合而生成结构复杂的大分子，使染料分子具有胶体性质，导致染料的溶解性发生变化，染料分子的憎水效应加强。而磷酸根抑制染料的脱色可能是磷酸根与染料分子发生了竞争性吸附，减少了吸附位，导致脱色率的降低。

表 16-12　电解质 $Ca(NO_3)_2$ 和 Na_3PO_4 对 X-3B 脱色率的影响

	t	10min	20min	30min	1h	1.5h	2h	3h	4h
a	ρ_t/(mg/L)	11.12	8.25	5.87	4.13	2.95	2.46	1.50	1.07
	s_t/%	44.42	58.76	70.64	79.35	85.25	87.69	92.50	94.65
b	ρ_t/(mg/L)	17.46	16.75	15.97	14.97	13.83	13.20	11.54	10.18
	s_t/%	12.73	16.23	20.16	25.14	30.85	34.00	42.33	49.10
c	ρ_t/(mg/L)	14.00	12.57	10.42	8.54	6.74	5.96	3.93	3.05
	s_t/%	29.98	37.13	47.91	57.32	66.30	70.02	80.37	84.77
d	ρ_t/(mg/L)	19.99	19.51	20.35	18.10	20.42	21.43	21.21	19.54
	s_t/%	0.06	4.30	0.00	2.36	0.00	0.00	0.00	2.33
e	ρ_t/(mg/L)	9.28	7.89	4.54	3.28	2.39	2.16	1.57	1.48
	s_t/%	53.58	60.57	77.32	83.58	88.07	89.20	92.15	92.58
f	ρ_t/(mg/L)	17.98	17.98	17.95	17.62	17.61	17.50	17.13	16.94
	s_t/%	10.10	10.11	10.26	11.90	11.97	12.52	14.23	15.30

注：a. pH=4，0mol/L PO_4^{3-}，Ca^{2+}；b. pH=8，0.01mol/L Ca^{2+}；c. pH=4，0.01mol/L PO_4^{3-}；d. pH=8，0.01mol/L PO_4^{3-}；e. pH=4，0.01mol/L Ca^{2+}；f. pH=8，0mol/L PO_4^{3-}，Ca^{2+}。

3. 对其他染料的脱色效果

在上述所得最佳实验条件下，对多种活性染料印染废水进行脱色实验。在 pH=2.5、160～200 目锰钾矿用量 0.5g、染料浓度为 20mg/L 的条件下振荡 6h 后，大多数染料的脱色率达到 95% 以上，脱色率最低的活性黄 X-R 也将近 85%（表 16-13），说明天然锰钾矿是一种适应性很广的印染废水脱色剂。

实验取北京市华丰印染厂混合废水，pH 为 9.6。将 50mL 废水加入 100mL 具塞锥形瓶中，加入 160～200 目天然锰钾矿 0.5g。用 HNO_3 和 NaOH 调节溶液 pH 为 2.5，然后放入水浴恒温振荡器内，在 25℃、200r/min 条件下振荡 1h 后取出。实验结果表明，废水的两个主要水质指标 COD_{Cr} 和色度均有了大幅度下降：COD_{Cr} 由 428.5mg/L 降到 35.97mg/L，去除率达 95.95%，达到了排放一级标准（COD_{Cr}在 100 以下）；色度由 460 倍降到了 10 倍，脱色率 97.83%，也达到了排放一级标准（50 ~ 80 倍）。由此可见，天然锰钾矿处理华丰印染厂废水取得了理想效果。

表 16-13 锰钾矿对其他染料的脱色效果

染料名称	加入矿样染料废水			空白	
	反应后溶液 pH	ρ_t/(mg/L)	s_t/%	ρ_t/(mg/L)	s_t/%
活性艳红 X-8B	4.04	0.11	99.46	19.87	0.65
活性艳红 K-2BP	3.37	1.37	93.15	20.43	0
活性艳橙 K-G	3.98	0.03	99.85	19.68	1.60
活性艳橙 X-GN	4.20	0.49	97.54	19.02	4.90
活性艳橙 K-GN	4.37	-0.35	100.00	18.89	5.10
活性黑 K-BR	4.41	2.18	89.11	19.45	2.75
活性黄 X-R	4.16	3.17	84.14	20.42	0
活性黄 M-3RE	3.69	0.20	99.02	20.42	0
活性艳蓝 X-BR	4.10	0.21	98.94	19.64	1.80

4. 锰钾矿重复使用

在常见的印染废水脱色方法中，脱色剂几乎不能重复使用，既提高了脱色成本，又造成二次污染。例如吸附法，虽然有色物质能够相当好地被吸附，但大分子的解吸却相当困难，而绝大多数染料分子为大分子，因此吸附了染料分子，吸附剂的再生问题就很难解决；又如凝集法，凝聚剂的投入量很大，且絮凝产生的沉淀又造成了二次污染。我们选用活性艳红 K-2BP、活性艳蓝 X-BR 和活性艳红 X-3B 废水对天然锰钾矿的重复使用情况做了如下实验：在 160 ~ 200 目锰钾矿 0.5g、20mg/L 废水 50mL、pH = 2.5、反应温度 25℃、振荡速度 200r/min 和时间 5h 的反应条件下，将反应后的含锰钾矿溶液过滤，用去离子水多次清洗样品，晾干后重复使用。结果（表 16-14）表明，锰钾矿的重复使用对活性艳红 X-3B 废水的脱色效果几乎不受影响；对活性艳红 K-2BP 和活性艳蓝 X-BR，第 2 次比第 1 次、第 3 次比第 2 次的脱色率只略有下降。因此，用天然锰钾矿处理印染废水不会造成二次污染，且可以反复使用。

表 16-14 锰钾矿重复使用情况

使用次数	活性艳红 K-2BP		活性艳蓝 X-BR		活性艳红 X-3B	
	ρ_t/(mg/L)	s_t/%	ρ_t/(mg/L)	s_t/%	ρ_t/(mg/L)	s_t/%
1	0.79	96.03	0.06	99.70	0.21	98.94
2	1.59	92.05	0.79	96.04	0.36	98.19
3	1.70	91.48	1.18	94.12	0.45	97.75

5. 脱色机理探讨

介质酸度的影响：前人研究（Stone *et al.*，1984a）表明，染料在锰钾矿界面还原溶解过程经历以下几个步骤：染料分子向氧化物表面的扩散、染料分子与锰钾矿表面络合物的形成、在表面络合物内电荷的迁移、被氧化的染料分子脱附、还原的 Mn^{2+} 从晶格向吸附层的运动、还原的 Mn^{2+} 的脱附及产物离开表面的扩散。溶液 pH 对染料分子在矿物界面作用可通过影响这些不同过程来实现，一是 pH 影响染料与锰氧化物表面络合物的形成，二是锰钾矿颗粒在水溶液中形成自由羟基化表面≡MnOH。当溶液 pH 发生变化时，矿物表面有以下平衡：

$$\equiv MnOH + H^+ \Longleftrightarrow MnOH_2^+(\text{质子化表面}) \tag{16-13}$$

$$\equiv MnOH \Longleftrightarrow MnO^-(\text{脱质子化表面}) + H^+ \tag{16-14}$$

染料分子 RH 在水溶液中也存在质子平衡：

$$RH + H^+ \Longleftrightarrow RH_2^+ \tag{16-15}$$

$$RH \Longleftrightarrow R^- + H^+ \tag{16-16}$$

假设染料分子在锰钾矿界面形成内配位表面络合物，则其络合物形态有≡MnR、≡$MnHR^+$和≡$MnOHR^-$。pH 影响染料分子在溶液中的质子平衡和矿物颗粒表面位的质子作用水平，较高的质子作用水平加速内配位络合物的形成。提高质子作用水平可增强锰氧化物的氧化性，从而加快表面络合物内的电荷迁移速率（Stone，1987）：

$$\equiv\sum Mn\,\text{Ⅲ}/\text{Ⅳ}A \longrightarrow \equiv\sum Mn\,\text{Ⅲ}/\text{Ⅳ},Mn\,\text{Ⅱ},A \tag{16-17}$$

式中，≡$\sum Mn\,\text{Ⅲ}/\text{Ⅳ}A$ 为总表面络合物，A 为有机物自由基。另外，质子作用水平影响矿物颗粒界面氧化还原反应生成的有机物自由基和 Mn^{2+} 从表面的释放（Waite，1988）：

$$\equiv\sum Mn\,\text{Ⅲ}/\text{Ⅳ},Mn\,\text{Ⅱ},A + H_2O \longrightarrow \equiv\sum Mn\,\text{Ⅲ}/\text{Ⅳ}Mn\,\text{Ⅱ}OH_2^+ + A \tag{16-18}$$

$$\equiv\sum Mn\,\text{Ⅲ}/\text{Ⅳ}Mn\,\text{Ⅱ}OH_2 + H^+ \longrightarrow \equiv\sum Mn\,\text{Ⅲ}/\text{Ⅳ}(\text{初始表面位}) + Mn^{2+}(aq) + H_2O \tag{16-19}$$

由此可见，较低的质子浓度有利于染料氧化产物从矿物表面的释放，同时也促进还原生成的 Mn^{2+} 吸附在颗粒物表面，吸附的 Mn^{2+} 占据了可能的表面位，从而阻止了染料分子的进一步吸附与氧化（刘瑞霞、汤鸿霄，2000）。

锰钾矿中锰的溶出实验：自然界中，锰主要为由+2 价、+3 价、+4 价氧化态，Mn^{2+} 是唯一在水中存在的可溶性锰，Mn^{3+} 和 Mn^{4+} 主要以不可溶氧化物和氢氧化物的形式存在。我们用高碘酸钾法测定不同 pH 及加入染料前后 Mn^{2+} 浓度的变化，探讨锰钾矿与染料的反应机理。

实验条件：160 ~ 200 目锰钾矿 0.200g，反应温度 25℃，振速 200r/min，在不同时刻测不同 pH 溶液中的锰离子浓度。加样表示在锥形瓶中加入 50mL 20mg/L 的 X-3B 印染废水，空白表示在锥形瓶中加入的是 50mL 去离子水。实验结果见表 16-15。

前人用锰矿物降解有机物的实验（Stone *et al.*，1984b）表明，pH = 7.2 时，只有少于 3% 的锰矿物溶解，但当加入与水中有机物结构相似的有机物时，锰矿物的溶解性提高，即锰矿物与有机物发生了反应。本实验中，空白组有 Mn^{2+} 溶出，而且 pH 越低，溶出量越

表 16-15 锰钾矿中锰的溶出 [单位：ρ/(mg/L)]

t/h	2h	4.5h	6h
pH=2.52（空白）	5.25	9.60	13.79
pH=3.32（空白）	2.95	5.76	7.11
pH=4.10（空白）	0.66	1.14	3.81
pH=2.52（加样）	8.65	12.40	16.09
pH=3.32（加样）	4.96	7.30	9.86

大。这可能是由于以下两个因素造成：①天然锰钾矿与矿物本身含有的有机物发生反应，Mn^{4+}被还原为可溶的Mn^{2+}；②在酸性介质中，Mn^{2+}从天然锰钾矿中溶出。比较而言，后者是主要的影响因素，因为本实验所用的天然锰钾矿只含有很少量的有机物。相同 pH 条件下，加入废水组溶液中Mn^{2+}的浓度显著提高，表明染料和天然锰钾矿发生了氧化还原反应，提高了Mn^{4+}被还原为Mn^{2+}的量。同样 pH 越低，Mn^{2+}溶出量越大。这是由于 pH 越低，Mn^{4+}的氧化性越强，染料与锰钾矿表面间的电子转移加快，从而提高脱色率。因此，可以断定天然锰钾矿与染料发生了氧化还原反应，将染料的发色基团破坏而导致染料脱色。

天然锰钾矿处理印染废水的实验表明，介质 pH、样品用量、粒径大小、反应时间、光照和共存电解质等因素对染料脱色率有影响。介质 pH 是最重要的影响因素，溶液酸度越大，反应进行得越快。天然锰钾矿可以反复使用。对工业常用的 10 种活性染料印染废水进行处理，大部分染料的脱色率达到了 95% 以上；对实际印染厂废水中 COD_{Cr} 去除率达到 95.95%，色度去除率达到 97.83%，处理后废水的 COD_{Cr} 和色度都达到了废水排放一级标准。脱色机理为染料在天然锰钾矿界面发生氧化还原反应，破坏染料的发色基团而导致脱色。

16.2 金红石可见光催化降解亚甲基蓝和卤代烃

我们在第 7 章详细阐述了天然金红石在光催化方面拥有的独特优势，并且通过改性处理，天然金红石的可见光响应可进一步提高，从而可有效应用于污染物的可见光催化降解。水体中有机污染物的危害性远远超过无机污染物，美国环保局公布的 129 种优先控制污染物中有机物占 114 种。本节探讨天然金红石及其改性产物对亚甲基蓝及卤代烃等有机污染物的降解能力及其影响因素。

16.2.1 金红石降解亚甲基蓝

1. 实验条件研究

空白对比试验：室温下配制 500mL 浓度约为 15.0×10^{-3} g/L 的亚甲基蓝溶液，加入 70～80μm的天然金红石 0.5g，搅拌 24h 达到吸附平衡。然后取出 80mL 溶液直接放在卤素灯下进行光催化反应。另取80mL溶液，离心出金红石后作为空白对比再放在卤素灯下反应。将此时的浓度作为光催化反应体系的初始浓度。两个溶液中都含浓度3.3×10^{-3}mol/L的双氧水。实验结果（表16-16）表明，含金红石溶液中亚甲基蓝的降解率有了很大的提高，降解速率一直大于相同条件下的空白组，最后降解率可达71.6%。在光催化反应前已在避光条件下加入金红石搅拌24h达到了吸附平衡，排除了亚甲基蓝因为金红石吸附而降解的可能。

表16-16　金红石降解效果实验

样品	降解率/%						
	0h	1h	2h	3h	4h	6h	7h
金红石组	0	30.4	37.9	39.4	39.4	67.7	71.6
空白组	0	22.8	23.2	26.4	27.6	52.1	55.0

光照强度的影响：取3份80mL浓度约为15.0×10^{-3}g/L的亚甲基蓝溶液，双氧水浓度为3.3×10^{-3}mol/L，分别加入粒径70～80μm金红石0.08g。样品距灯源距离依次为10、20、30cm，分别测量不同时刻的降解率，实验结果见表16-17。

表16-17　不同光照强度下的降解率

样品	降解率/%			
	0h	2h	4h	7h
1（10cm）	0	37.7	48.4	71.2
2（20cm）	0	26.6	36.1	61.7
3（30cm）	0	23.4	31.4	37.3

可以看出，金红石的光催化受光照强度影响较大。根据光的照射强度和距离的平方成反比，理论上算出样品1（10cm）的光强约是样品3（30cm）的9倍，而7h后实验结果显示样品1降解率达到71.2%，样品3只降解了37.3%。产生这种结果的原因是，当半导体中的电子吸收大于其带隙能的光子后会发生从价带向导带的跃迁，能产生电子和空穴，从而和溶液中的有机物发生氧化还原反应（Lu *et al.*，2007）。如果光强减小，则在单位时间内样品接收到的有效光子数降低，照射到半导体催化剂的光子减少，促使电子跃迁概率降低，因而亚甲基蓝的降解速率也随之降低。

双氧水浓度的影响：取6份80mL浓度约为15.0×10^{-3}g/L的亚甲基蓝溶液，分别加入粒径70～80μm的金红石0.08g，然后加入不同浓度的H_2O_2，在500W的卤素灯下进行光催化反应。H_2O_2浓度分别为：样品1无H_2O_2，样品2～样品6中H_2O_2浓度依次为1.6×10^{-3}、3.3×10^{-3}、6.5×10^{-3}、9.9×10^{-3}、3.3×10^{-2}mol/L。实验结果见表16-18。

可见光下含钒金红石与H_2O_2的反应机理比较复杂。可能同时存在两种反应机制：一是含钒金红石主要成分是TiO_2，而TiO_2的能级在紫外范围，可见光的能量不足以激发其发生光催化反应。但H_2O_2的加入会和TiO_2表面形成Ti^{4+}–OOH，它可以吸收可见光，发生能级跃迁，进而引起光催化反应的进行；二是本实验中的天然含钒金红石，由于含铁和钒等

表 16-18　不同双氧水浓度下的降解率

时间/h	不同样品的降解率/%					
	样品 1	样品 2	样品 3	样品 4	样品 5	样品 6
0	0	0	0	0	0	0
2	23.2	34.9	37.4	38.2	45.4	28.4
4	27.6	37.2	39.6	62.3	87.0	41.5
6	52.1	63.5	69.3	73.1	92.5	67.7

有效金属杂质，使其能级向可见光部分红移，可在可见光下直接发生光催化。从实验结果可以看出，在无 H_2O_2存在时，7h 后亚甲基蓝的降解率为 52.1%，说明在可见光下有一定的催化活性，而 H_2O_2的加入明显提高了金红石的催化性能。随着 H_2O_2的加入量增加，催化效果并不总是提高，如 H_2O_2投入量增加到样品 6（3.3×10^{-2}mol/L）时，亚甲基蓝降解效果由实验中最高的 92.5% 降为 67.7%，原因是 TiO_2 会和过量的 H_2O_2反应消耗部分 H_2O_2。

金红石粒径的影响：取 2 份 80mL 浓度约为 15.0×10^{-3}g/L 的亚甲基蓝溶液分别加入粒径 70～80μm 和 10～30μm 的金红石各 0.08g，并加入 H_2O_2使之浓度为 3.3×10^{-3}mol/L，在 500W 卤素灯下进行光催化反应。实验结果（表 16-19）表明，粒径小的金红石比粒径大的降解速率和降解效果明显提高。因此，粉碎颗粒、减小粒度、增加比表面积是有效的改性手段。

表 16-19　不同金红石粒径的降解率

样品	降解率/%			
	1.5h	2h	4h	7h
1（金红石粒径 70～80μm）	36.7	37.7	48.4	71.2
2（金红石粒径 10～30μm）	40.1	49.6	61.5	76.4

2. 加热样品降解实验

取 5 份 80mL 浓度约为 15.0×10^{-3} g/L 的亚甲基蓝溶液，其中 1 份为原样，1 份加入 P25，剩余 3 份分别加入 900、1000、1100℃下加热改性后的金红石各 0.08g，金红石粒径为 70～80μm，并加入 H_2O_2使其浓度为 3.3×10^{-3}mol/L。在室温下对亚甲基蓝溶液的降解结果（表 16-20）表明，样品加热温度越高，降解率越高，其中 1100℃加热的样品在 7h 降解率高达 90.4%。说明加热明显提高了金红石的光催化活性，是有效的改性方法之一。加热使金红石晶格膨胀，晶格产生畸变，在原有的活性基础上，晶格膨胀较大的样品有可能参与另外的俘获途径，即金红石晶格表面的氧原子容易逃离晶格，增加表面氧空位而起到对光生电子的俘获作用。这样，就更加降低光生电子和空穴的复合概率。并且天然金红石含铁和钒等有效杂质在加热的情况下能级发生了红移，能更好地利用可见光发生光催化反应。

表 16-20　不同温度加热样品的降解率

时间/h	降解率/%				
	金红石样品				P25
	原样	900℃	1000℃	1100℃	
0	0	0	0	0	0
2	37.7	39.2	46.3	49.6	59.3
4	48.4	58.7	63.8	71.6	83.7
7	71.2	71.9	80.1	90.4	95.6

3. 与 P25 对比实验

P25 具有优越的催化活性，广泛应用于光催化研究中，并成为公认的光催化活性比对标准（Piscopo *et al.*，2001）。P25 带隙在紫外光范围，一般在可见光下不能发生光催化反应，但 H_2O_2的加入会和 TiO_2表面形成 Ti^{4+}-OOH，从而吸收可见光，发生能级跃迁，进而引起光催化反应的进行。与 P25 的光催化效果对比实验（表 16-20）表明，7h 后天然金红石对亚甲基蓝的降解率为 71.2%，P25 为 95.6%，后者降解率更高。部分原因可能是 P25 的粒度更细，为 30nm，比表面积远远大于金红石，增加了与溶液的反应接触面积，但是经过 1100℃加热改性的金红石对亚甲基蓝降解率可以达到 90.4%，也就是说粒径为 70 ~ 80μm 的加热改性金红石可以产生与粒径 30nm 的 P25 相差不多的降解效果，表明天然含钒金红石能更好地利用可见光能源，在可见光下比 P25 有更好的催化活性。

对亚甲基蓝的降解实验表明，天然含钒金红石在可见光下具有很强的催化活性；加热、减小粒度是提高催化活性的有效改性方法，增加光照强度也能提高反应速率和效果。

可见光下，一定量双氧水的加入不仅有效分离了光生电子和空穴，还会和 TiO_2形成新的能级，从而使含钒金红石能更有效地利用可见光；但过量的双氧水加入反而会降低降解效果。

16.2.2　金红石降解卤代烃

1. 实验条件研究

空白对比实验：室温下，将 700mL 浓度均约 400μg/L 的三氯甲烷、三氯乙烯、四氯乙烯溶液倒入反应器，加入 0.8g 粒度 10 ~ 20μm 的天然金红石和 5mL H_2O_2，放入水浴恒温振荡器中在 8W 汞灯下催化降解，不同时间取样，测定溶液中剩余卤代烃的浓度。在同样条件下，不加金红石的溶液光照降解作为空白对照。结果（表 16-21）表明，加入催化剂后，三种卤代烃的降解率均有较大的提高，其中三氯乙烯和四氯乙烯的降解率提高明显。未加金红石，三氯乙烯在数小时之后降解率没有超过 70%，而加入金红石后能达到 95% 以上。四氯乙烯在不加金红石条件下经数小时都不能完全降解，加入金红石后最终能完全降解。三氯甲烷由于结构稳定降解比较慢，但加入金红石催化剂后，降解率有较大提高。

表 16-21　降解率空白对比试验　（单位:%）

t /h	三氯甲烷		三氯乙烯		四氯乙烯	
	（空白）	（金红石）	（空白）	（金红石）	（空白）	（金红石）
0	0.00	0.00	0.00	0.00	0.00	0.00
1	4.42	12.47	39.41	82.54	40.61	94.43
2	8.00	19.72	49.68	91.21	62.06	97.21
3	16.13	25.04	64.50	96.98	81.39	99.03
4	23.63	31.53	68.25	98.87	89.16	100.00

H_2O_2对降解效果的影响：室温下，将700mL浓度均约400μg/L的三氯甲烷、三氯乙烯、四氯乙烯溶液倒入反应器，各加入5mL H_2O_2进行化学氧化降解，另一组加入0.8g粒度10～20μm的天然金红石和5mL H_2O_2，放入水浴恒温振荡器中在8W汞灯下催化降解，不同时间取样，测定溶液中剩余卤代烃浓度。结果（表16-22）表明，经过1h，H_2O_2对三种卤代烃的去除率均低于20%，而含金红石组对三氯乙烯和四氯乙烯的去除率分别达到85%和97%，对三氯甲烷的降解率也有一定的提高，说明反应中卤代烃主要是由于金红石光催化反应被降解的，而不是被H_2O_2氧化的。实验于密闭装置进行，不能通入氧气，加入H_2O_2可抑制电子和空穴的复合（李琳，1994），对提高金红石光催化率有一定的作用。

表 16-22　金红石与过氧化氢对卤代烃的降解率对比　（单位:%）

t /min	三氯甲烷		三氯乙烯		四氯乙烯	
	（金红石）	（H_2O_2）	（金红石）	（H_2O_2）	（金红石）	（H_2O_2）
0	0	0	0	0	0	0
20	4.16	2.41	45.17	0.70	54.28	0.21
43	12.40	9.02	82.32	7.36	86.56	4.23
60	18.17	13.24	85.08	14.12	97.11	12.05

2. 电子辐射改性对降解效果的影响

取电子辐射改性的金红石0.8g，加入5mL H_2O_2，在室温下降解700mL浓度约400μg/L的三氯甲烷和三氯乙烯溶液。结果（表16-23）表明，电子辐射金红石对卤代烃降解率不但没有提高，反而略有降低。在开始的1h内原样对三氯乙烯的降解率在82.54%左右，而电子辐射样品对三氯乙烯的降解率只有64.5%；4h时对三氯甲烷的降解率从原样的31.53%降到电子辐射改性样品的26.05%。

根据光催化反应机理，在光催化反应中产生光生电子-空穴对，提高催化剂催化性能的一条有效途径就是防止电子和空穴的复合。经电子辐射后的催化剂，由于其中含有过量的电子，能和空穴发生复合，而在光催化中起氧化作用的恰恰是这些空穴，过量的电子和空穴发生复合后导致金红石的光催化活性降低（Lu *et al.*，2004b）。因此电子辐射不能作为金红石的有效改性方法。

表 16-23　电子辐射样品和原样的降解率对比　　（单位:%）

t /h	三氯甲烷		三氯乙烯	
	电子辐射样品	原样	电子辐射样品	原样
0	0.00	0.00	0.00	0.00
1	13.89	12.47	64.50	82.54
2	17.12	19.72	81.23	91.21
3	18.05	25.04	88.37	96.98
4	26.05	31.53	94.41	98.87

3. 加热改性样品活性变化

室温下，取 0.8g 经 1000℃加热处理的金红石样品降解前述体积和浓度的三氯乙烯和四氯乙烯，加入 5mL H_2O_2。降解结果见表 16-24。加热处理后的金红石对三氯乙烯的降解率 1h 内可达 98%，此时三氯乙烯的浓度已低于 5μg/L，达到排放标准，而原样对三氯乙烯的降解在 1h 后仍低于 90%；加热处理后的金红石对四氯乙烯的降解也比原样快，反应进行到 20min 时，加热处理样品的降解率已超过 85%，1h 后四氯乙烯完全降解，而原样在 20min 时降解率在 70% 左右，1h 后还有少量的四氯乙烯剩余。随着热处理温度升高，有利于储存晶格畸变能和应变能，使晶格表面的氧原子易逃离晶格而起到空穴捕获剂作用，促进其光催化活性的提高。经加热处理，金红石中的杂质钒易在颗粒表面发生富集，使表面钒的含量提高，达到提高金红石活性的作用（林明等，2001）。

表 16-24　加热样品对三氯乙烯和四氯乙烯的降解率　　（单位:%）

t /min	三氯乙烯		四氯乙烯	
	原样	加热改性样品	原样	加热改性样品
0	0	0	0	0
20	66.88	74.04	71.60	85.91
40	80.13	91.08	88.86	97.71
60	88.63	98.14	98.92	100.00

4. 淬火改性样品的活性变化

取 700～1100℃不同温度下淬火改性后的金红石各 0.8g，加入 5mLH_2O_2，室温下降解 700mL 浓度约为 400μg/L 的三氯乙烯和四氯乙烯溶液，结果见表 16-25。不同温度淬火样品降解三氯乙烯和四氯乙烯的速度不同。降解处理 40min，1000℃和 1100℃淬火天然金红石对三氯乙烯的去除率达到 90% 以上，而其他温度淬火样品在 60min 的去除率只有百分之八十几，与原样的处理效果相当。降解效果上的差异表明，经过 1000℃和 1100℃的淬火处理的天然金红石可提高降解反应的程度，说明在该温度下的淬火处理是对天然金红石进行适宜改性的有效途径之一。其他温度的淬火样品反应速率较为复杂。开始的反应速率（20min）是 800℃>900℃>700℃>原样，到 40min 时，淬火 900℃样品与原样降解效果相当，淬火700℃样品的降解效率低于原样；在60min，淬火900℃样品仍然与原样降解效果相当，但淬火700℃样品的降解效率高于原样，与淬火800℃样品相当。从整个反应速率来看，900℃及以下温度淬火样品对三氯乙烯的降解率和1000℃与1100℃淬火的样品仍有一定的差距。淬火样品对四氯乙烯的降解情况与三氯乙烯相似，也主要分为1000℃以上和1000℃以下两种情况。在淬火过程中，由于金红石快速从高温状态被冷却，高温条件下产生的缺陷被保存下来，而且加热过程中钒也出现表面偏析现象，使之催化活性提高。总之1000℃是对天然金红石进行淬火改性的最佳温度。

表16-25　淬火样品对三氯乙烯和四氯乙烯的降解率　（单位：%）

t/min		0	20	40	60
三氯乙稀	原样	0	42.95	76.95	81.96
	700℃	0	41.22	70.47	87.04
	800℃	0	55.74	79.72	84.52
	900℃	0	49.47	75.54	83.37
	1000℃	0	77.32	93.28	95.40
	1100℃	0	90.16（34）	94.69（50）	95.36（68）
四氯乙稀	原样	0	54.50	78.41	88.19
	700℃	0	49.59	80.98	90.89
	800℃	0	57.93	83.45	88.62
	900℃	0	61.08	86.96	91.36
	1000℃	0	78.82	94.40	95.50
	1100℃	0	90.15（34）	94.94（50）	95.64（68）

5. 降解产物中无机离子分析

室温下，取1000℃淬火改性后的金红石样品0.8g，加入5mL H_2O_2，放入水浴恒温振荡器中，在8W汞灯下分别降解700mL浓度约300μg/L的三氯甲烷、三氯乙烯和四氯乙烯溶液，定时取样，用离子色谱仪测定不同样品中无机离子的浓度。由于配制的含卤代烃溶液浓度较低，各种卤代烃含量都在400μg/L左右，所以单独降解一种卤代烃时生成的氯离子浓度增加不会很明显，在测定过程中也会出现较大误差，故在实验中将三种卤代烃同时进行降解，测定生成总的氯离子情况。结果显示，反应时间在0、40、80和120min时生成的总氯离子浓度分别为6.22、6.54、6.70和6.86mg/L。随反应时间的延长，溶液中氯离子的浓度不断增加，说明卤代烃中C—Cl键逐渐被打断，氯离子不断脱离卤代烃分子，整个卤代烃分子变得不稳定，被逐步降解生成水、二氧化碳等。在配制模拟废水时，由于卤代烃试剂含有一定量的氯离子，测定氯离子有一个初始浓度6.22mg/L，在此关注的是氯离子的增加值，而不是其初始浓度，对于判断降解产物和降解程度没有太大的影响。从反应开始到2h，Cl^-浓度增加了0.64mg/L，说明卤代烃的降解程度较高。

实验表明，天然金红石光催化氧化作用对三种卤代烃的降解率都有较大提高。与单纯 H_2O_2 化学氧化法降解卤代烃相比，天然含矾金红石光催化法的降解率和降解程度均优于普通的化学氧化法。电子辐射不能提高金红石的光催化活性，而加热改性是提高金红石光催化活性的有效方法，1000℃加热及淬火改性金红石 1h 对三氯乙烯和四氯乙烯的降解率都在 95% 以上。

卤代烃降解产物中不断有氯离子溶出，说明卤素脱离卤代烃分子，卤代烃基本上被破坏，剩余的碳和氢部分变得不稳定，最终会被完全分解生成水和二氧化碳等。

16.3　闪锌矿可见光催化降解有机染料和卤代烃

第 6 章详细阐述了天然闪锌矿及其加热改性产品的矿物学和半导体特征。作为一种具有光催化性能的矿物，闪锌矿具有更负的导带电位，其光生电子具更强的还原能力，而天然闪锌矿中的杂质离子和结构缺陷的存在使其光谱响应拓展到可见光区，且加热改性又可以使其形成光催化活性更强的 $ZnS/ZnFe_2O_4$ 和 ZnO 复合半导体，使光生载流子有效分离，提高 ZnS 光生电子参与还原反应的效率。

近十几年来，人们逐渐认识到某些有机污染物具有较高的氧化电位，通常条件下难以被完全氧化（Yin *et al.*，2001），而光催化还原被认为是这些有机污染物的有效降解途径（Wada *et al.*，2002）。许多光化学还原过程能够在闪锌矿的光催化作用下发生，如光还原 CO_2（Kuwabata *et al.*，1994；Inoue *et al.*，1995）、RCH_2CH_3、RCH_2CH_2OH（Hoffmann *et al.*，1995）、RCH_2CHO、RCH_2COOH（Chen *et al.*，2010）等物质。本节以偶氮染料甲基橙及卤代烃 CCl_4 为目标降解物，探讨天然及热改性闪锌矿对其光催化还原降解效果与机理。

16.3.1　闪锌矿可见光催化还原甲基橙

1. 甲基橙的降解实验

室温下，反应容器中加入 0.01mol/L 的抗坏血酸作为光生空穴捕获剂，在可见光照射下，每隔 15min 测一次甲基橙浓度。结果（图 16-4）表明，2h 后，甲基橙浓度几乎降为零。这说明天然闪锌矿在可见光下对甲基橙具有很好的光催化还原降解作用，反应式如下：

$$ZnS + h\nu \longrightarrow ZnS(e^- + h^+)\text{(产生电子 - 空穴对)} \tag{16-20}$$

$$h^+ + AA \longrightarrow AA^+\text{(空穴被捕获)} \tag{16-21}$$

$$e^- + MO \longrightarrow MO\cdot^-\text{(电子转移给甲基橙)} \tag{16-22}$$

$$MO^- + e^- + H^+ \longrightarrow HMO\cdot^-\text{(甲基橙被降解)} \tag{16-23}$$

为证明甲基橙的降解确实源于天然闪锌矿的光催化还原作用，我们进行了一系列控制条件实验，结果（表 16-26）表明，无光照条件时，无论是否加入空穴捕获剂抗坏血酸，

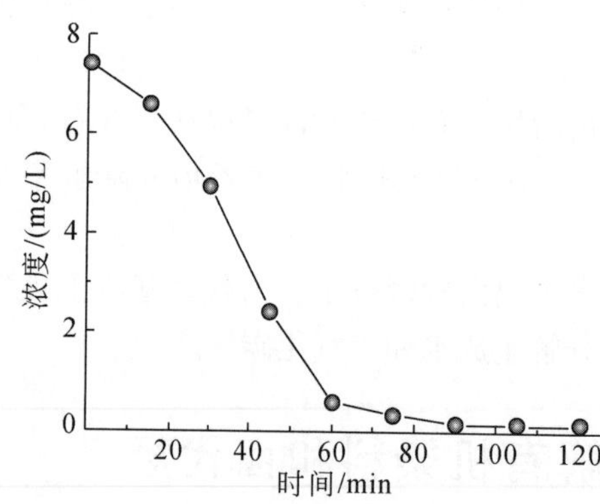

图 16-4　甲基橙浓度随时间的变化曲线

闪锌矿都不能使甲基橙褪色，即闪锌矿本身与甲基橙不发生化学反应；在光照和抗坏血酸存在而无闪锌矿时，甲基橙会发生很少的褪色现象，这是抗坏血酸与甲基橙的光化学反应作用；而在光照、闪锌矿和空穴捕获剂抗坏血酸同时存在时，甲基橙发生非常明显的褪色现象。光照条件下，扣除抗坏血酸与甲基橙的光化学反应使甲基橙发生微弱褪色现象的影响，闪锌矿的存在是使甲基橙显著褪色的主要原因，即在可见光照射条件下，闪锌矿与甲基橙确实发生了光催化还原反应而使甲基橙完全褪色。

表 16-26　光催化反应控制实验

编号	光源	闪锌矿	抗坏血酸	甲基橙脱色率
1	√	√	√	√94.38%
2	×	√	√	×
3	√	×	√	√13.02%
4	√	√	×	×
5	√	×	×	×
6	×	√	×	×
7	×	×	√	
8	×	×	×	×

注：甲基橙脱色率=最终浓度÷初始浓度。

纯 ZnS 的禁带宽度为 3.6～3.9eV（Vaughan and Craig，1978），即只有在能量较高的紫外光激发下才能产生电子-空穴对，而天然闪锌矿在可见光下就对甲基橙有很好的光催化还原降解效果，其可见光催化还原性能在一定程度上与晶格中丰富的杂质替代离子有关。Fe^{2+}、Co^{2+}、Ni^{2+}和Cu^{2+}等过渡金属离子替代Zn^{2+}，在闪锌矿禁带中形成施主或受主能级（Xu *et al.*，2000），从而在较低能量光的激发下，价带上的电子跃迁到受主能级，而施主能级上的电子也能跃迁到闪锌矿的导带上，产生相应的电子-空穴对。此外，异价离子Ag^{+}替代Zn^{2+}不但能引入施主能级，还会产生负电荷空位；为了保持电中性，这些负电荷空位可能会捕获带正电荷的光生空穴以达到电荷平衡，因此Ag^{+}替代Zn^{2+}还能起到分离电子-空穴对，提高导带电子利用率的作用。Fe^{2+}和Mn^{2+}等变价元素离子替代Zn^{2+}也能参与光生空穴的捕获过程，从而提高载流子的分离效率（Li *et al.*，2009c）。

2. 导带电位的影响

在相同实验条件下，用抗坏血酸作空穴捕获剂，分别以天然闪锌矿和天然含钒金红石为光催化剂做降解甲基橙的对比实验。结果（图 16-5）表明，闪锌矿对甲基橙的降解效率明显高于金红石。作为一种天然半导体光催化剂，金红石对卤代烃等有机物有很好的光催化氧化降解性能（见 16.2.2 节）。然而，在本实验中对甲基橙的光催化还原降解效果却远低于闪锌矿。其根本原因在于这是两种不同类型的光催化反应。光催化氧化反应中利用的是光催化剂的光生空穴，光催化剂的价带电位越高，其光生空穴的氧化能力越强，相应的光催化氧化效率也越高；而在光催化还原反应中，利用的是光生电子，光催化剂的导带电位越负，其光生电子的还原能力越强，相应的光催化还原效率也越高。由于闪锌矿的导带电位为-1.04V，金红石的导带电位为-0.29V（Xu *et al.*，2000），相比之下，闪锌矿的导带电位更负，其导带上电子具有更强的还原能力，因而对甲基橙的光催化还原效率更高。因此，在光催化还原反应中，光生电子的还原能力是影响光催化效率的关键因素之一，而光生电子的还原能力取决于光催化剂导带的氧化还原电位。

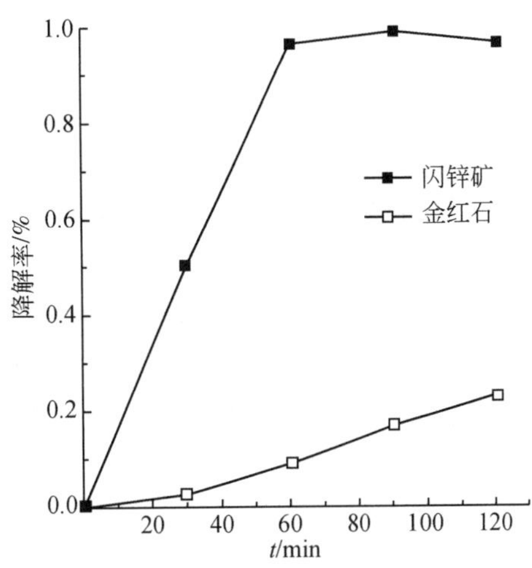

图 16-5　天然闪锌矿和金红石光催化还原降解甲基橙效果对比

3. 空穴捕获剂的影响

光催化反应体系的介质条件，特别是光生电子或空穴捕获剂的选择也是影响反应效果的重要因素。一种合适的电子或空穴捕获剂可以有效抑制电子和空穴复合，提高载流子利用率。因为光生电子-空穴对一旦产生，如果没有合适的载流子捕获剂及时分离它们，导带上的电子便会在 10^{-15}s 的时间内返回到价带（Linsebigler *et al.*，1995），从而与价带上的光生空穴复合，因此要想有效利用导带上的光生电子，必须加入一种有效的空穴捕获剂来捕获价带上的空穴，保留导带上的光生电子，以达到利用导带电子的目的。为了寻找最佳的空穴捕获剂，根据文献（Yanagida，1990；Kanemoto *et al.*，1992）报道，我们分别选取 NaH_2PO_2（0.6mol/L）、Na_2S（0.24mol/L）+ NaH_2PO_2（0.24mol/L）和抗坏血酸（0.01mol/L）作为空穴捕获剂进行对比实验，扣除空穴捕获剂自身在光照条件下与甲基橙的反应，天然闪锌矿对甲基橙的实际降解率如表 16-27 所示。

表 16-27　空穴捕获剂对天然闪锌矿光催化还原甲基橙的影响

空穴捕获剂	pH	降解率/%
无	7.07	1.89
NaH_2PO_2（0.6mol/L）	6.20	7.34
Na_2S（0.24mol/L）+NaH_2PO_2（0.24mol/L）	13.04	6.75
抗坏血酸（0.01mol/L）	3.62	90.64

抗坏血酸的效果远远优于不加空穴捕获剂和加入其他两种空穴捕获剂的效果。说明抗

坏血酸捕获光生空穴的能力非常强，其反应过程如图 16-6 所示。抗坏血酸首先与光生空穴发生可逆反应生成去氢抗坏血酸，去氢抗坏血酸很不稳定，其环状结构会迅速破坏，即 C—O—C 键断裂，水解生成 2,3-二酮基古罗酸，这是一不可逆反应，即伴随着抗坏血酸的氧化过程，光生空穴被不可逆地消耗掉。在不加空穴捕获剂时，甲基橙几乎不能被降解，说明闪锌矿自身捕获光生空穴的能力极差，在一定程度上也说明 $2h^+ + ZnS \longrightarrow Zn^{2+} + S$ 反应发生程度极低，即在实验条件下闪锌矿发生光腐蚀的程度极低。在加入其他两种捕获剂时，甲基橙的降解率分别为 7.34% 和 6.75%，说明在光催化剂自身捕获空穴能力较差的情况下，光催化反应效果在很大程度上依赖于空穴捕获剂的选择，本实验也证明了 NaH_2PO_2 和 $Na_2S + NaH_2PO_2$ 不能作为闪锌矿光催化还原甲基橙反应体系中有效的空穴捕获剂。

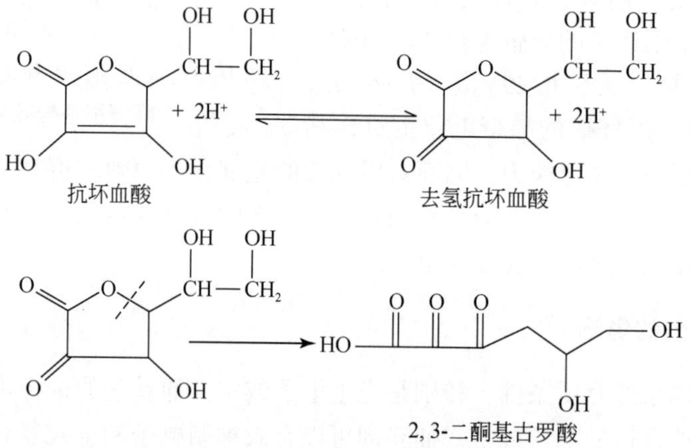

OH OH CH—CH₂ O O + 2H⁺ HO OH 抗坏血酸 ⇌ 去氢抗坏血酸

2,3-二酮基古罗酸

图 16-6　抗坏血酸捕获光生空穴反应过程

4. pH 的影响

在选用抗坏血酸做空穴捕获剂的前提下，用 NaOH 调节溶液 pH，得到不同 pH 下天然闪锌矿对甲基橙的光催化还原降解率。实验结果（表 16-28）表明，pH 对天然闪锌矿光催化还原降解甲基橙的效果影响较大，降解率随着 pH 的上升而下降。甲基橙在不同的 pH 条件下会分别呈现两种不同的分子结构（图 16-7）。随着 pH 升高，甲基橙逐渐由醌式向偶氮式转变。降解率随 pH 的上升而下降的实验结果说明甲基橙的醌式结构比偶氮式结构更容易还原。此外，甲基橙与光生电子的反应式为

表 16-28　溶液 pH 与降解率的关系

pH	起始浓度/(mg/L)	反应时间/min	降解率/%
3.52	10.2050	120	94.52
4.00	9.8200	120	63.20
4.60	9.8850	120	25.98

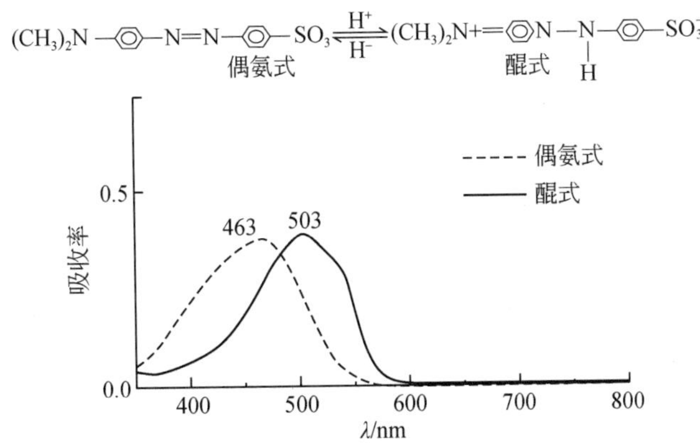

图 16-7　甲基橙在不同 pH 下的结构式及其对应的 UV-Vis 光谱

$$NaO_3SC_6H_4NHNC_6H_4N(CH_3)_2 + H^+ + e^- \longrightarrow NaO_3SC_6H_4NHNHC_6H_4N(CH_3)_2 \tag{16-24}$$

$$NaO_3SC_6H_4NHNHC_6H_4N(CH_3)_2 + 2H^+ + 2e^- \longrightarrow NaO_3SC_6H_4NH_2 + NH_2C_6H_4N(CH_3)_2 \tag{16-25}$$

由此可知，该反应需要 H^+参与，因此 H^+浓度越高，越有利于反应的发生；相应地，反应也就越彻底。

综上所述，天然闪锌矿在可见光下对甲基橙有很好的光催化还原降解作用，其所含的 Fe^{2+}、Co^{2+}、Ni^{2+}和 Ag^+等杂质离子会在禁带中引入杂质能级，使闪锌矿在小于禁带宽度能量的光激发下产生光生电子-空穴对，从而拓宽闪锌矿的光谱响应范围。天然闪锌矿较强的光催化还原能力归因于它较负的导带电位。抗坏血酸在闪锌矿光催化还原甲基橙的实验中是一种有效的空穴捕获剂，能有效分离电子-空穴对，提高闪锌矿的光催化活性。随着 pH 的增大，闪锌矿对甲基橙的降解率逐渐减小。

16.3.2　闪锌矿可见光催化降解 CCl_4

包括四氯化碳（CCl_4）在内的氯代烃作为溶剂、除油剂和有机合成中间体等被广泛应用于工业生产中（Semprinl *et al.*，1992），因其用量大及后续处理不当，对空气、土壤和水体产生了一定的污染（Westrick *et al.*，1984；Mccormick and Adriaens，2004）。由于大部分氯代烃具有毒性，甚至致癌，其在环境中的暴露严重威胁人类健康（Vogel *et al.*，1987），因此，研究者们致力于研究降解氯代烃的各种方法，如焚烧法（Dellinger and Tirey，1991）、生物法（Zou *et al.*，2000）、辐射法（Matthews *et al.*，1992）、电化学脱氯法（Criddle and McCarly，1991）和半导体光催化法（Choi and Hoffmann，1995，1996；Wada *et al.*，1998；Cho *et al.*，2001；Yin *et al.*，2001）等。其中，半导体光催化技术由于利用清洁无污染的光能，可将有机污染物彻底无害化降解，且不会带来二次污染，在治理氯代烃类环境污染物方面具有广阔的应用前景。

在紫外光激发下，半导体光催化剂表面产生的空穴（h^+_{VB}）具有较高的氧化电位，可氧化降解大部分氯代有机污染物，如二氯甲烷、三氯乙烯、四氯乙烯、氯仿等氯代脂肪烃

(*Hsiao et al.*, 1983),以及4-氯酚、3,4-二氯酚、5-氯酚以及多氯联苯等氯代芳香烃(Carey *et al.*, 1976; Hofstadler *et al.*, 1994; Wilcoxon, 2000; Czaplicka, 2006)。但是,近年来研究发现以 CCl_4 为典型代表的全氯代烃不易被价带空穴和羟基自由基彻底氧化降解(Hsiao *et al.*, 1983; Choi and Hoffmann, 1995)。利用半导体导带光生电子(e^-_{CB})较强的还原能力对其还原脱氯降解,成为处理该类污染物的一种有效方法(Choi and Hoffmann, 1995, 1996; Wada *et al.*, 1998; Yin *et al.*, 2001; Yang *et al.*, 2011)。

本节探讨具有良好可见光催化还原性能的天然闪锌矿对 CCl_4的降解效果、影响因素及其降解机理。

1. 反应影响因素

光源的影响:相同反应条件下(闪锌矿用量1g/L,甲酸浓度 $c_{HCOOH}=0.5mol/L$,四氯化碳浓度 $\rho_{CCl_4}=10mg/L$,光照时间为2h),天然闪锌矿分别在500W高压卤素灯(光源距离11cm),300W氙弧灯和10W黑光粉灯光照下对 CCl_4的降解率(R)如图16-8所示。由图可知,$R_{500W-VL-1}>R_{300W-VL}>R_{10W-UV}$。10W-UV的紫外光强($680\mu W/cm^2$)远远高于500W-VL的紫外光强($26\mu W/cm^2$),但是前者的降解率却低于后者。表明反应体系中起主要作用的是可见光,也说明闪锌矿具有可见光催化活性。对比500W-VL和300W-VL光照下的降解率,可明显看出光强减小导致降解率降低。这是因为,光强减少使单位时间内闪锌矿得到的有效光子数减少,导致电子跃迁数减少,因而 CCl_4的降解速率也随之降低。

闪锌矿用量的影响:向反应体系加入0.25、0.5、1、2g/L不同量的闪锌矿,在 $c_{HCOOH}=0.5mol/L$,$\rho_{CCl_4}=10mg/L$,光源为300W氙弧灯,光源距离12cm,光照时间22h的条件下,进行 CCl_4的降解实验。结果(图16-9)显示,闪锌矿用量从0.25g/L逐步增加到1g/L时,CCl_4降解率随之增加;但是,继续增加闪锌矿用量,CCl_4降解率反而降低。这是因为低用量区,随着闪锌矿用量增加,单位体积内接受光子的闪锌矿量也会增加,将产生更多的光生电子加速光催化还原反应,但是过多的闪锌矿颗粒会阻挡光线透过,导致反应速率下降。在本反应体系中,闪锌矿的最佳用量为1g/L。

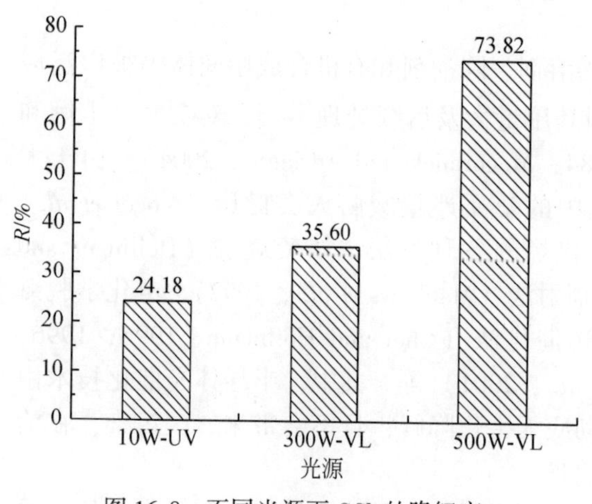

图16-8 不同光源下 CCl_4的降解率

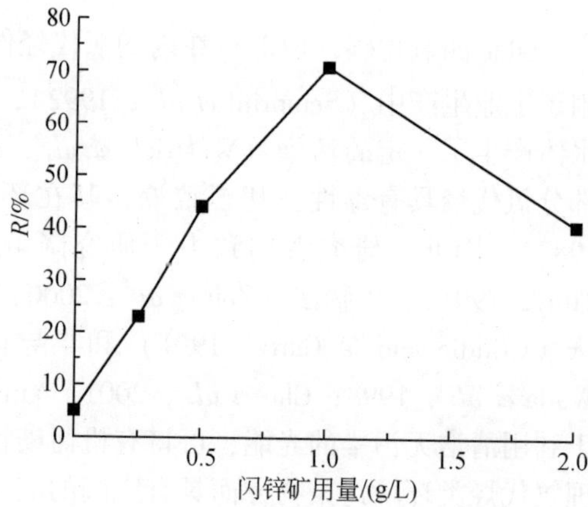

图16-9 闪锌矿用量对 CCl_4降解率的影响

电子供体的影响：只有当导带光生电子（e_{CB}^{-}）或者价带光生空穴（h_{VB}^{+}）被有效俘获并与电子受体或供体发生作用时，光催化反应才能达到较高的效率（Hoffmann *et al.*，1995）。在利用闪锌矿光催化还原 CCl_4的过程中，需要在反应体系中加入电子供体，捕获价带空穴，以减少光生电子与空穴的复合，提高导带电子反应概率（Yang *et al.*，2011）。因此，选择有效的电子供体对闪锌矿光催化还原过程至关重要。

参考前人的研究，实验选择了三乙胺（Wada *et al.*，1998；Yin *et al.*，2001）、抗坏血酸、异丙醇（Choi and Hoffmann，1995，1996）和甲酸（Calhoun *et al.*，2001）四种电子供体。天然闪锌矿在不同电子供体存在条件下对 10mg/L 的 CCl_4 在 500W 卤素灯（距离 11cm）下照射 8h 的可见光催化还原降解效率见表 16-29。三乙胺、抗坏血酸和异丙醇为电子供体的降解效果与空白实验相近（CCl_4的少量降解可以归因于透过滤波片的少量紫外光辐射或搅拌过程 CCl_4 自然挥发），只有添加甲酸的反应体系中，CCl_4 被有效还原降解，因此，甲酸为本体系中的有效电子供体。

表 16-29　电子供体对 CCl_4 降解率的影响

电子供体	浓度 c_B/(mol/L)	降解率 R/%
三乙胺	0.2	4.49
抗坏血酸	0.2	9.75
甲酸	0.5	91.48
异丙醇	0.5	3.37
空白	0	12.44

光催化反应中，不仅电子供体的种类对反应有影响，电子供体的浓度对反应也有影响。Choi 和 Hoffmann（1995）在 TiO_2还原降解 CCl_4实验中发现，降解速率通常会随电子供体浓度的增加而增加，达到最佳浓度值后，继续增加浓度反而会降低还原速率；然而，当电子供体为离子型，被降解产物为中性分子时，增加电子供体浓度并不会引起反应速率的降低。因此，在确定甲酸为该反应体系有效电子供体后，我们进一步探讨了在闪锌矿光催化体系中，甲酸浓度对 CCl_4 降解率的影响。甲酸浓度分别为 0.1、0.2、0.5、1.0 和 2.0mol/L，在闪锌矿用量 1g/L，ρ_{CCl_4}=10mg/L，光源为 300W 氙弧灯，光源距离 12cm，光照时间 22h 条件下的 CCl_4 降解效果（图 16-10）表明，当甲酸在较低浓度范围时，增加甲酸浓度会加速降解；但当甲酸（离子型电子供体）浓度增加至 0.5g/L 时，继续增加其浓度，CCl_4（中性电子受体）的降解率却降低了，这与 Choi 和 Hoffmann（1995）的研究不一致，可能是由于过量的甲酸与 CCl_4 在闪锌矿表面的相同位点产生竞争吸附，导致 CCl_4不能有效获得还原性电子。本反应体系中，电子供体甲酸的最佳浓度为 0.5mol/L。

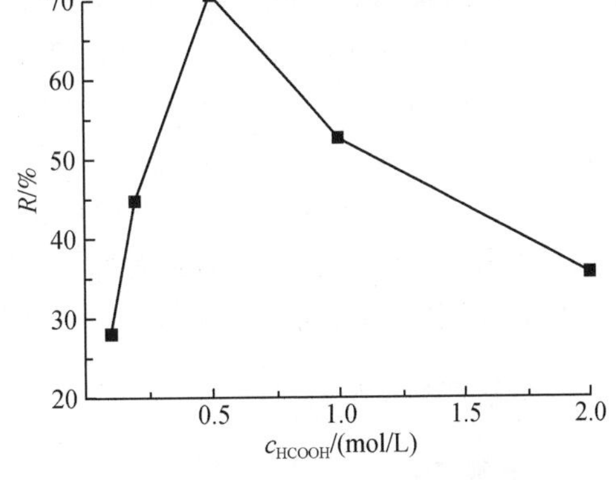

图 16-10　甲酸浓度对 CCl_4 降解率的影响

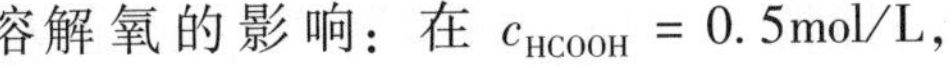
溶解氧的影响：在 c_{HCOOH} = 0.5mol/L，

ρ_{CCl_4}=10mg/L，光源为300W氙弧灯，光源距离12cm，光照时间22h的条件下，天然闪锌矿在氧气饱和、无氧和空气饱和三种气氛中对CCl_4的降解效率表明，空气饱和条件下CCl_4的降解率达70.68%，远高于氧气饱和（30.72%）和无氧条件下（23.06%）的降解率。

CCl_4初始浓度的影响：在c_{HCOOH}=0.5mol/L，光源为500W高压卤素灯，光源距离11cm，光照时间3h的条件下，1g/L的天然闪锌矿对不同初始浓度CCl_4（ρ_{0CCl_4}分别为10、20、40和80mg/L）的降解效率R和降解量Q如图16-11所示。随着ρ_{0CCl_4}增加，降解率降低（图16-11a），但降解量逐渐增大（图16-11b）。这是因为低ρ_{0CCl_4}时，单位体积CCl_4获得的光子数较多，其降解率较高；与此相对应，ρ_{0CCl_4}高时，进入溶液的光子数所接触的CCl_4总量增加，光子利用率增大，导致降解量增大。该结果与Kansal等（2007）利用多种商用半导体降解染料的现象一致。将初始浓度ρ_{0CCl_4}和降解率R进行拟合，可以看出R与ρ_{0CCl_4}存在较好的二次曲线关系，R（%）= 77.20−0.9206ρ_0+0.00531ρ_0^2，曲线相关系数为0.9975。

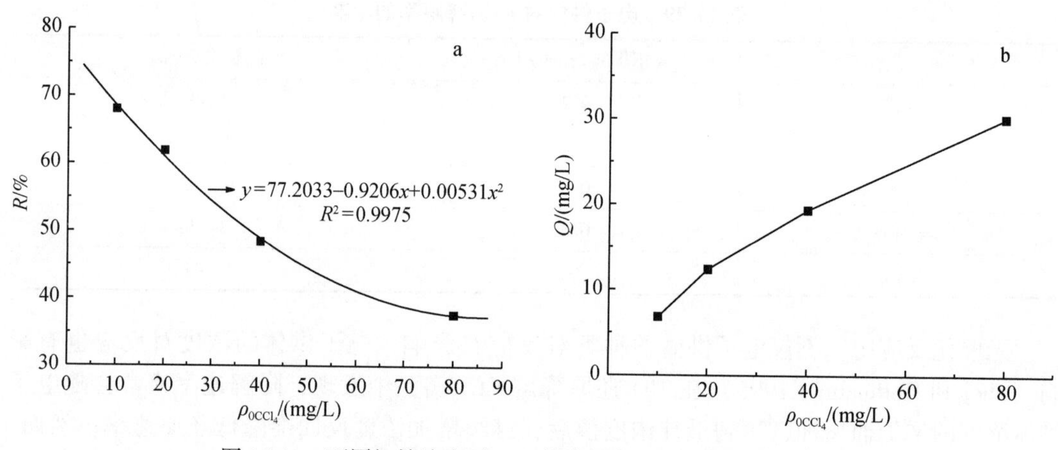

图16-11　不同初始浓度时CCl_4的降解率（a）和降解量（b）

2. 最佳实验条件下CCl_4降解实验

在上述最佳实验条件下，即500W高压卤素灯为光源，光源距离11cm，闪锌矿用量为1g/L，空穴捕获剂为甲酸（0.5mol/L）以及空气饱和条件下，天然闪锌矿对10mg/L的CCl_4可见光催化还原降解效率如图16-12所示。空白对照实验条件分别为“暗室+闪锌矿”和“有光+无闪锌矿”，其他条件与光照反应相同。实验结果表明，以甲酸为电子供体的闪锌矿有机反应体系中，经8h光照后CCl_4降解率达91.48%，而空白对照实验中CCl_4的降解率均低于16%（CCl_4的少量降解可归因于透过滤波片的少量紫外光辐射或搅拌过程CCl_4自然挥发）。这表明，只有在有光照和闪锌矿同时存在的情况下，CCl_4才被快速降解，而缺少光源或闪锌矿任意一个因素，半导体光催化反应便不能发生。

3. 降解产物及降解机理

1）降解产物

上述最佳条件下CCl_4降解过程中，随光照时间延长，GC-MS检测CCl_4响应值发生明

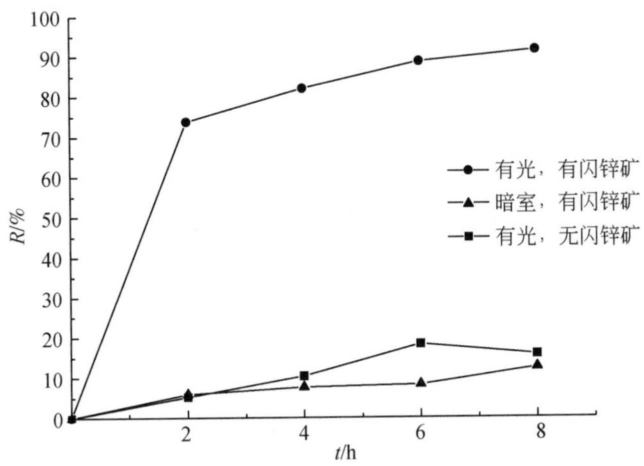

图 16-12　最佳实验条件下及空白对照实验的 CCl_4 降解率

显变化，光照 8h，由初始的 4.720×10^7 降至 1.763×10^7，且中间未产生任何新的吸收峰（图 16-13），表明无氯代烃中间产物生成。由此推测 CCl_4 降解生成了无机氯离子，与甲酸中的 H^+ 结合以盐酸的形式存在。

对溶液中 CO_2 含量的变化进行了 GC-MS 检测。以预吸附后溶液中 CO_2 的初始含量为单位 1.00，光催化过程的 CO_2 相对含量值见图 16-14。由图可知，空白对照试验中，CO_2 的含量几乎没有变化，但光催化体系中 CO_2 含量明显增高。经光照 1h，CO_2 含量升高至初始含量的 2.12 倍，之后变化减缓。CO_2 量升高源于两方面，一是 CCl_4 被还原降解的产物，二是甲酸被空穴氧化的生成物。

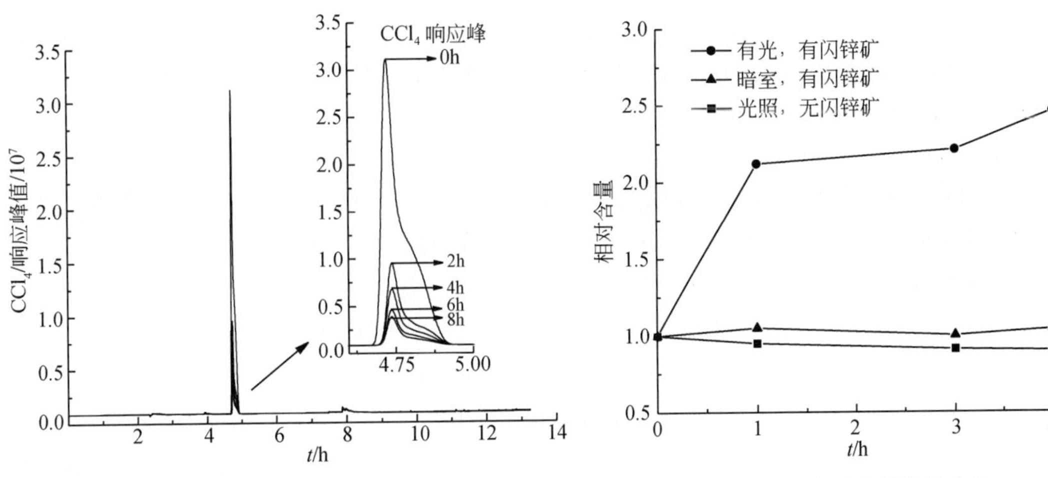

图 16-13　光催化反应过程溶液卤代烃 GC-MS 检测图谱

小图显示 CCl_4 经光照 0、2、4、6、8h 后的响应峰值

图 16-14　CO_2 相对含量值的变化

2）降解机理

根据以上实验结果，总结闪锌矿光催化降解 CCl_4 机理如下。

在可见光照下，闪锌矿价带中的电子跃迁至导带，并在价带中形成空穴；价带空穴（h_{VB}^+）可以氧化吸附在闪锌矿表面的电子供体 HCO_2^-，生成具强还原性的 $\cdot CO_2^-$；CCl_4 的氧化还原电位 $E_{NHE}(CCl_4) = -0.51V$（Yin *et al.*，2001），而 $\cdot CO_2^-$ 和 e_{CB}^- 的氧化还原电位均低于 $-0.51V$，分别为 $E_{NHE}(\cdot CO_2^-) = -1.6V$（Winkelmann *et al.*，2006）和 $E_{NHE}(^-e_{CB}) = -0.9V$（pH=7 时），因而 CCl_4 既可以被 $\cdot CO_2^-$ 快速还原，也能够被 e_{CB}^- 还原降解。这与 Calhoun 等（2001）在 TiO_2 光催化体系中利用电子供体 HCO_2^- 产生的 $\cdot CO_2^-$ 和半导体导带电子还原降解 CCl_3F 的原理类似。反应方程式为

$$ZnS + h\nu \longrightarrow e_{CB}^- + h_{VB}^+ \tag{16-26}$$

$$h_{VB}^+ + HCO_2^- \longrightarrow \cdot CO_2^- + H^+ \tag{16-27}$$

$$\cdot CO_2^- + ZnS \longrightarrow e_{CB}^- + CO_2 \tag{16-28}$$

$$e_{CB}^- + CCl_4 \longrightarrow \cdot CCl_3 + Cl^- \tag{16-29}$$

$$\cdot CO_2^- + CCl_4 \longrightarrow \cdot CCl_3 + Cl^- + CO_2 \tag{16-30}$$

$$\cdot CCl_3 + e_{CB}^- \longrightarrow : CCl_2 + Cl^- \tag{16-31}$$

$$\cdot CCl_3 + \cdot CO_2^- \longrightarrow : CCl_2 + Cl^- + CO_2 \tag{16-32}$$

在半导体光催化反应过程中，O_2 是有效的电子受体，会捕获光致电子（Mills *et al.*，1993），通常需要抑制。然而，本实验中，空气饱和条件下 CCl_4 的降解率远高于无氧和氧气饱和条件下的降解率，表明适量 O_2 的存在会加速 CCl_4 还原降解。这是因为水相体系中 H_2O 会和反应［式（16-29）~式（16-32）］生成的 $\cdot CCl_3$ 和 $:CCl_2$ 发生如下反应：

$$H_2O + h_{VB}^+ \longrightarrow \cdot OH + H^+ \tag{16-33}$$

$$\cdot CCl_3 + H^+ \longrightarrow CHCl_3 \tag{16-34}$$

$$2 \cdot CCl_3 \longrightarrow C_2Cl_6 \tag{16-35}$$

$$2 : CCl_2 \longrightarrow C_2Cl_4 \tag{16-36}$$

$$: CCl_2 + 2H_2O \longrightarrow CO_2 + 2HCl + 2Cl^- \tag{16-37}$$

使 CCl_4 矿化生成 CO_2 的光催化过程中，也可能产生少量的 $CHCl_3$、C_2Cl_6 和 C_2Cl_4 中间产物（Choi and Hoffmann，1995）。然而，有机反应体系中，不存在 H_2O，因而不能发生式（16-33）~式（16-37）的反应。降解反应过程，无新的氯代有机物生成（图 16-13），且 GC-MS 检测表明 CO_2 的吸收峰增大（图 16-14）。推测 $\cdot CCl_3$、$:CCl_2$ 与 O_2 快速发生反应式（16-38）和式（16-39），最后生成 CO_2 和无机盐。但当 O_2 过量时，又会与 CCl_4 竞争 e_{CB}^- 和 $\cdot CO_2^-$，不利于反应式（16-40）和式（16-41）。

$$\cdot CCl_3 + O_2 \longrightarrow CCl_3O_2 \longrightarrow CO_2 + 3Cl^- \tag{16-38}$$

$$: CCl_2 + O_2 \longrightarrow CCl_2O_2 \longrightarrow CO_2 + 3Cl^- \tag{16-39}$$

$$O_2 + e_{CB}^- \longrightarrow O_2^- \tag{16-40}$$

$$O_2 + \cdot CO_2^- \longrightarrow CO_2 + O_2^- \tag{16-41}$$

综上所述，天然闪锌矿在可见光下对 CCl_4 有很好的光催化还原降解作用。在有效电子供体存在时，可以将 CCl_4 完全脱氯降解，生成 CO_2 和无机盐，而没有 $CHCl_3$、C_2Cl_6 等副产物生成。天然闪锌矿的用量过高或过低均不利于反应进行，反应体系中闪锌矿的最佳用量为 1g/L。随着 CCl_4 初始浓度增加，降解率逐渐减小，但 CCl_4 绝对降解量逐渐增大。

甲酸是闪锌矿光催化降解 CCl_4的有效电子供体，它不仅能有效分离电子-空穴对，提高闪锌矿导带电子浓度，而且能生成具有还原性的羧基自由基（$\cdot CO_2^-$）参与 CCl_4的光催化还原降解。甲酸浓度亦存在最佳值（0.5mol/L），过高或过低都会使光催化反应速率降低。

适量 O_2的存在可以促进闪锌矿光催化降解 CCl_4。与水相反应不同，有机相光催化体系中，需要 O_2与 CCl_4光催化过程生产的 $\cdot CCl_3$和 $:CCl_2$反应，最终生成 CO_2和 Cl^-。当然，过量 O_2的存在会与 CCl_4竞争导带电子和羧基自由基，反而会抑制还原反应的进行。

第 17 章　矿物法净化烟尘型污染物

我国煤炭产量和消费量居世界之首，煤炭约占能源结构的3/4，而85%的煤炭用于直接燃烧，大量燃煤排放的SO_2及烟尘是我国大气的主要污染源。据统计，大气污染中80%的烟尘和90%的SO_2来自燃煤，已造成国土面积的40%处于酸雨控制区（刘随芹等，1999）。严重的大气污染影响了社会的可持续发展。因此，治理燃煤污染，保护生态环境是一项长期而紧迫的任务。面对燃煤污染的严峻形势，多年来国家加大了工业燃煤污染治理力度，取得了可喜成果，形成了一些较成熟的技术和方法（国家环境保护局科技标准司，1997），而民用燃煤造成的污染却一直被人们所忽视。事实上，全国现有一亿多个民用炊事燃煤灶，民用燃煤污染分担率在逐年提高。民用炉灶量多面广、结构简陋、集中于居民区，形成的烟气于低空呼吸带排放且不易扩散，可以说民用炉灶燃煤烟气污染是造成呼吸系统急慢性疾病祸首之一。

煤燃烧前的脱硫、燃烧中固硫和燃烧后烟气脱硫技术是减轻SO_2大气污染的重要途径（国家环境保护局科技标准司，1997）。型煤中固硫技术是燃烧中固硫的主要方法。针对我国块煤率极低（2%）的煤质现状，进行粉煤的型煤加工和固硫技术研究尤其重要（曹智、钟宏，1999）。与其他脱硫或固硫工艺相比，型煤中固硫技术工艺简单、成本低廉、操作方便，是比较适合我国国情的一种清洁燃煤技术方法。影响燃煤固硫效率的因素有很多，如固硫剂（以钙基物相为主）的种类、添加量、粒度、纯度、结晶度、结构缺陷、燃烧温度与燃烧时间、原煤的种类、性质、成矿条件、伴生矿物类型与硫的存在形式、燃烧方式、燃烧压力和气氛以及催化剂的选择使用等（Ibarra *et al.*，1989；黄信仪等，1992；肖佩林、李书年，1996；张良佺等，1997；李星等，1998；刘随芹等，2000；Garcia-Calzada *et al.*，2000；鲁安怀、李金洪，2001）。其中固硫产物硫酸盐（主要为硫酸钙）在高温下分解是导致目前固硫率普遍较低的重要原因。导致硫酸盐高温分解的主要因素是燃烧中型煤内部存在局部缺氧的还原气氛。以某些高温下可形成疏松孔道结构的矿物作为固硫添加剂，可营造燃煤内部氧化气氛，有效阻止硫酸盐分解（鲁安怀、李金洪，2001）。钙基固硫添加剂具有较高的性价比，因而在固硫技术中被广泛采用。提高固硫率是固硫技术的主要目标之一，煤的燃烧条件、钙基固硫剂特点、固硫产物热稳定性等诸多因素直接影响固硫效果（曹智、钟宏，1999；周俊虎等，2003；Lu *et al.*，2003a；朱光俊等，2004）。固硫反应是一个极复杂的物理和化学变化过程，不同煤种的含硫量和成分不同，燃烧特点不同，对钙基添加剂的适应性（固硫效果的正相关性）也不同。开展钙基添加剂对煤种适应性的研究，可以针对性地制备适合于不同煤种的高效固硫剂。在型煤生产过程中，常会添加一些黏土类无机黏结剂，便于粉煤成型、运输和储存（曹智、钟宏，1999）。膨润土是含蒙脱石为主的黏土，在我国分布广，储量大，是理想的型煤黏结剂。研究膨润土的高温固硫行为，比如膨润土能否在高温时形成抑制$CaSO_4$分解的硅酸盐包覆相，或是与CaO、$CaSO_4$反应形成耐热相硫铝酸钙，起到固硫作用，还是仅消耗CaO形成硅酸盐而降低固硫效果，有助于为其进一步推广使用提供参考。

针对民用燃煤用煤、燃烧结构、烟尘污染等特点，本章在对燃煤及其排放烟尘以及蛭石尾砂矿物学特征研究基础上，重点探讨以蛭石尾砂为膨胀添加剂、以膨润土为黏结剂的固硫剂的高温燃煤固硫行为，开发研制民用燃煤添加剂，以达到良好的固硫、助燃和降尘效果。为进一步提高燃煤固硫效果，开展利用氧化物添加剂 SiO_2、Fe_2O_3、ZnO 以及 SiO_2-Fe_2O_3、$CaCO_3$-Al_2O_3 复合添加剂降低硫酸钙分解率或形成高温稳定耐热物相的系列实验研究。

当煤高温燃烧至 1200℃以上时，煤灰中会出现一种耐热复合物相，即高温物相无水硫铝酸钙 $3CaO \cdot 3Al_2O_3 \cdot CaSO_4$（$C_4A_3S$，C 代表 CaO，A 代表 Al_2O_3，S 代表 SO_3），该物相通常在 950℃时开始生成，1350℃时生成量较多，因此，控制 C_4A_3S 生成是高温燃煤固硫技术中一个新的发展方向。我国赤泥资源比较丰富，其主要成分为含钙物相，如方解石和霰石等，在 600℃以上分解为 CaO 和 CO_2，其中 CaO 可参与 C_4A_3S 生成反应。本章还探讨了赤泥–铝矾土-$CaSO_4 \cdot 2H_2O$ 体系中生成 C_4A_3S 的动力学过程。在计算 C_4A_3S 相关热力学参数的基础上，研究赤泥–铝矾土-$CaSO_4 \cdot 2H_2O$ 体系在静态空气、流通 O_2 和流动 Ar 条件下 C_4A_3S 生成反应的动力学参数，为实现高温燃煤固硫提供新途径。

17.1　民用燃煤烟尘特征

1. 民用炉灶燃烧特点

燃煤实验在市售的筒式炉中进行。炉膛高 250mm，直径为 135mm；下通风口大小为 15mm×65mm；烟道直径 86mm，高度 120mm，横长 130mm。采取自然通风，型煤采用两块煤叠置燃烧方式；烟煤块度大，采用散堆燃烧。型煤燃烧过程中，烟尘量少，燃烧完全；烟煤燃烧烟尘浓度大，呈黄褐色，带强烈的异臭味，形成烟雾状尘粒，粒度小，并夹有油分，收集较难。这也表明型煤加工过程中添加物质（如黏土和石灰等）起明显的固硫除尘作用。煤燃烧是个复杂的化学反应过程，主要是含碳物质的氧化放热反应。在氧充足条件下，反应剧烈，燃烧完全，释放热量多。热量以辐射、对流或传导方式向四周传递和释放。在民用炉灶中，则以传导方式从炉壁损失部分热量，主要靠辐射和对流提供有效热能。热量的吸收和传递中，温度对受热体吸热极为重要，为此，我们利用热电偶温度计实测了不同位置的炉温（型煤以第二块煤上平面高度取值为 0，下为负）。结果（图 17-1）表明煤燃烧放热效应与空间距离关系很大，型煤和烟煤表现为类似的趋势线。型煤为蜂窝状，具大孔道结构，内部通风好，燃烧剧烈，温度高，达 1000℃。烟煤含碳量高，表层燃烧剧烈，温度较高。当高于 1cm 后，两者温度均明显下降，约为 600℃。因此，为有效利用热能，合理设计炉膛结构，与受热体加热位置至关重要。

2. 煤样元素分析和煤岩分析

实验用型煤取自北京市海淀区八家红旺煤厂，烟煤为中国地质大学锅炉供暖用煤，呈块状，颜色黑，光泽较暗，弱风化，产自山西大同。煤样元素分析见表 17-1。

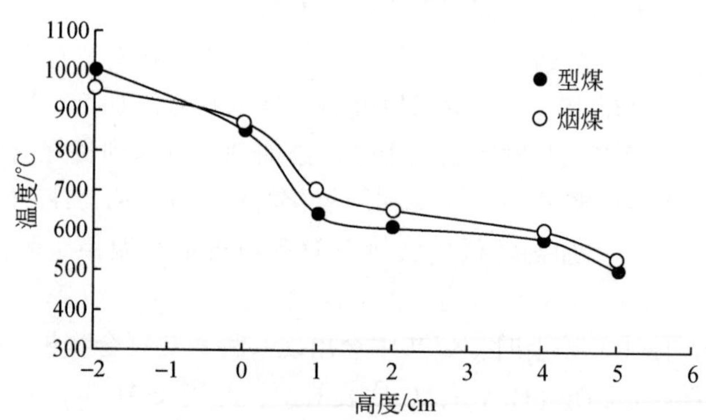

图 17-1　民用炉灶炉膛温度高度对照

表 17-1　煤样部分元素组成分析

类型	w_B/%				
	N	C	H	O	S
型煤	0.51	58.86	1.76	5.92	0.33
烟煤	0.41	70.10	2.30	8.44	0.38

对每个样品随机抽500个点进行镜下分析测量（表17-2），结果表明，型煤为三种类型煤的混合煤样，还含较多的黏土和碳酸盐组分，镜质组烧后均具较高的比表面积和吸附性，其中高级无烟煤组分只有各向异性特征，属高变质无烟煤。烟煤为两种类型煤的混合煤样，较高反射率的镜质组烧后表现为高活性，矿物组分含量较少。

表 17-2　煤岩分析结果

样品	反射率及测定条件			灰分	组分及含量 φ/%
	R_{ran}/%	σ_{n-1}	测点数 N	w_B/%	
型煤	1.42	0.238	58	32.7	高变质活性组分29.35%（镜质组3：R=3.5%～5%）
	2.48	0.283	35	32.7	高变质活性组分6.25%（镜质组2：R=2%～3%）
	4.516	0.681	51	32.7	高变质活性组分12.75%（镜质组1：R=1%～2%） 丝质组：1.6%；硅质：0.8%；黏土矿物：16.7%；碳酸盐：3.35%
烟煤	0.91	0.12	11	20	高变质活性组分6.4%（镜质组1：R=0.7%～1.0%）
	5.15	0.81	60	20	高变质活性组分87.13%（镜质组2：R=4%～6%） 丝质组：1.34%；黏土矿物：3.75%；碳酸盐：1.34%

3. 烟尘物相和组分分析

烟尘样品组分定量分析结果见表17-3，型煤烟尘含较多的黏土质和玻璃质成分，有机原煤微变化碳质组分含量为24.75%。烟煤烟尘亦含较高的黏土质和残渣。型煤和烟煤受民用炉灶燃烧方式的限制，产生的烟尘均含较高比例的碳质组分，如能改善和增强燃煤内部的氧化气氛，无疑会降低烟尘的碳质含量，提高热能利用率，同时也减少了碳质粉尘的污染。

表 17-3　型煤与烟煤烟尘组分含量

样品	组分含量 φ/%				
	原煤微变化	残渣（已烧蚀）	灰（黏土矿物）	碳酸盐（玻璃质）	铁质灰渣
型煤	24.75	13.25	59.25	2.0	0.75
烟煤	27.74	22.29	48.8	0.6	0.6

烟尘的粉晶 X 射线衍射分析表明，型煤烟尘的主要物相为石英和非晶质体；烟煤烟尘物相复杂，以石英为主，另含非晶质体、云母、高岭石、长石、莫来石和少量含铁矿物。这与镜下组分定量结果相吻合。

4. 烟尘形态与粒度特征

利用 JL9200 型激光粒度仪对烟尘的粒度分析结果为，型煤烟尘：$d_{10}=1.701\mu m$，$d_{50}=3.192\mu m$，$d_{90}=17.79\mu m$，$d_{av}=6.528$（其中 $d_x=a\mu m$ 表示小于 $a\mu m$ 的颗粒体积占总体积的 $x\%$），$S/V=20217.0cm^2/cm^3$；烟煤烟尘：$d_{10}=2.377\mu m$，$d_{50}=13.96\mu m$，$d_{90}=50.57\mu m$，$d_{av}=21.72$，$S/V=9324.1cm^2/cm^3$，粒度分布见图 17-2。烟尘平均粒径都很小，型煤烟尘只有烟煤烟尘的 1/4 左右，而比表面积大 2 倍多。高比表面积烟尘具极大的物理化学活性，是大气中的主要成核物质，可吸附周围水汽、酸、重金属、细菌和病毒等有害物质，形成气溶胶，长久弥漫于呼吸带之中，损害人类身体健康。因此，型煤中添加黏结剂在降低烟尘中碳质组分（表 17-3）的同时，能使烟尘粒度分布向微细化方向偏移。

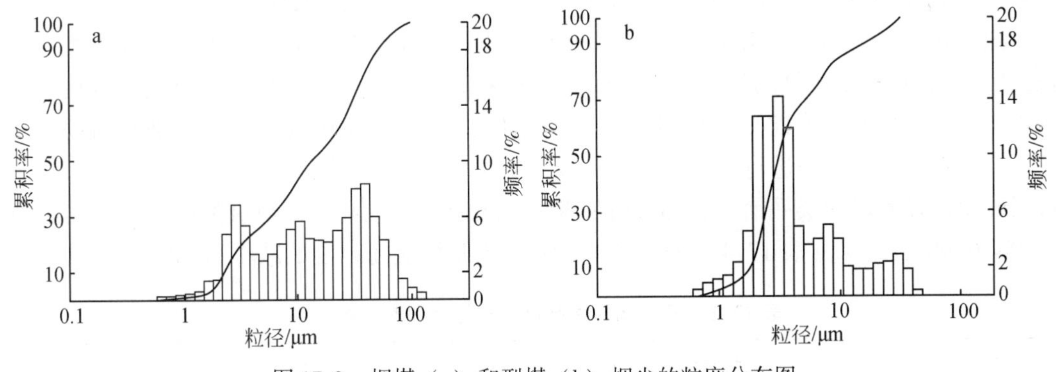

图 17-2　烟煤（a）和型煤（b）烟尘的粒度分布图

5. 烟尘显微结构特征

型煤烟尘颜色较烟煤浅，呈棕灰色。显微镜下，尘灰为黏土状粉末，颗粒表现出极强的吸附性和黏结性。型煤烟尘中，可见少量油脂光泽略带暗黄色的石英小颗粒。偏光显微镜下，烟尘中均含较多的均质体，并有黄褐色云状分布的铁质成分，为黄铁矿的氧化产物；透明矿物微晶，特别是石英大量存在。电子显微镜下观察，烟煤烟尘呈碎屑状，颗粒形态复杂，有块状、棒状、针状、片状、板状、柱状及球状等。大小不一的玻璃球较多，四周黏附细小黏土及含铁矿物。型煤烟尘呈粉末状，颗粒细小，微小矿物黏结成块或团。在块或团中嵌有较多的小圆球，大小约 110μm，圆球表面由许多腰果状颗粒组成，分布极为规则，形如脑状，推断此腰果状包裹物为氧化钙球体表面与 SO_2 反应产生的硫酸钙微晶。微小的石英颗粒散落分布在小球体周围。两种煤尘中均有较高含量的未燃尽碳质碎屑。

17.2 蛭石热膨胀性固硫作用

17.2.1 蛭石矿物热膨胀作用

蛭石尾砂样品采自新疆且干布拉克蛭石矿区，为选矿厂尾矿，因颗粒细小（<3mm）而难以利用。已有研究表明，且干布拉克蛭石不是严格矿物学意义上的蛭石，而是由金云母、蛭石以及两者组成的多种混层矿物的混合物，蛭石由金云母风化而成（许荣旗、曹俊臣，1993）。XRD 分析表明其主要物相是金云母、蛭石及痕量的长石和高岭石。蛭石尾砂样品的差热分析（DTA）曲线（图 17-3）有四个热效应温区：60 ~ 160℃，层间水脱去，吸热强；500 ~ 600℃ 吸热效应较弱；700 ~ 800℃吸热和放热效应与脱羟基和相变有关；1000 ~ 1200℃有较小放热峰，为金云母的特征峰。上述分析结果表明，该蛭石尾矿与原矿成分相差较小（刘随芹等，2000），只是蛭石尾砂粒度较细。

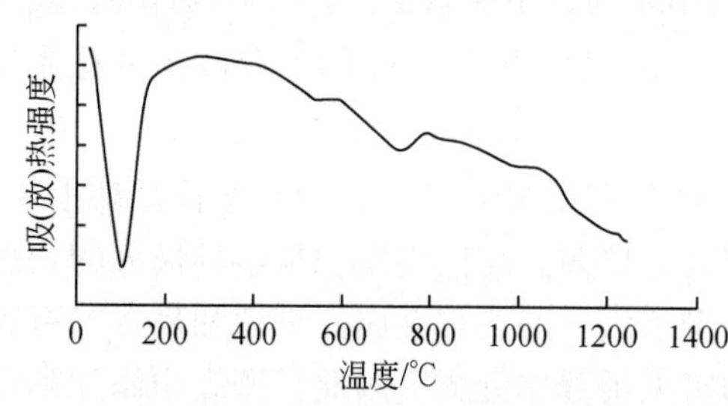

图 17-3 蛭石尾砂差热分析曲线

蛭石在高温下膨胀是由于层间结合水在封闭层空间气化产生压力所致（潘兆橹、万朴，1993），蛭石单矿物的膨胀可用 *c* 轴膨胀率来定量表示。从宏观上测定其粉末的膨胀行为更有实际意义。为此，我们研究了蛭石尾砂膨胀倍数与粒度、温度和加热时间的关系。实验在箱式电炉中进行，用直径为 150mm、壁厚为 2 ~ 3mm 的不锈钢杯作容器，将蛭石尾砂粉体样品以薄层平铺于底部进行实验。在 950℃时，对各种粒级的蛭石尾砂分别加热 45s 和 90s，结果（表 17-4）表明蛭石尾砂的膨胀性能随粒度的减小而减弱。

表 17-4 蛭石尾砂膨胀倍数与粒度和时间的关系

粒度/目	60 ~ 80		80 ~ 100		100 ~ 120		120 ~ 140	
时间/s	45	90	45	90	45	90	45	90
烧前体积/mL	4	4	4	4	4	4	4	4
烧后体积/mL	12.6	11.6	10.8	10.6	8	7.6	6.6	6.4
膨胀倍数	3.15	2.90	2.70	2.65	2.00	1.90	1.65	1.60

以蛭石尾砂为型煤固硫添加剂时，膨胀倍数高时会使型煤撑裂，较低的膨胀又难以形成疏松结构，因此采用 80 ~ 100 目蛭石尾砂样品为固硫添加剂，对此粒度范围样品在不同

的温度和时间下进行膨胀实验，结果（表 17-5）表明，该粒级的蛭石尾砂在 850～1050℃时有较好的膨胀性能，尤其是在 950℃时，膨胀性能最佳；1150℃时，膨胀倍数急剧下降。850℃时，蛭石尾砂的膨胀倍数随加热时间的延长而有较小幅度增大，但膨胀率变化范围有限，这与内部层间水的迟缓排出有关。在较短的相同时间内，950℃比 850℃膨胀倍数高，950℃的膨胀倍数先增大后减小。

表 17-5　蛭石尾砂膨胀倍数与处理温度、时间的关系

时间/s	750℃		850℃		950℃		1050℃		1150℃	
	体积/mL	倍数	体积/mL	倍数	体积/mL	倍数	体积/mL	倍数	体积/mL	倍数
0	4	—	4	—	4	—	4	—	4	—
25	—	—	10. 3	2. 58	11. 2	2. 80	11. 2	2. 80	8. 2	2. 05
45	9. 3	2. 33	10. 2	2. 55	11. 4	2. 85	10. 2	2. 55	6. 4	1. 60
60	—	—	10. 4	2. 60	—	—	—	—	—	—
75	—	—	10. 4	2. 60	—	—	—	—	—	—
90	—	—	11. 1	2. 78	10. 6	2. 65	—	—	—	—

17. 2. 2　民用燃煤中蛭石固硫作用

1. 固硫原理

煤中的硫分为有机硫和无机硫。无机硫主要以黄铁矿形式存在。燃烧过程中，大部分硫被氧化成 SO_2 排出。工业上通常用廉价的石灰石、白云石或消石灰作为型煤的固硫剂，高温下它们分解出 CaO，与 SO_2 反应形成 $CaSO_4$ 固定在炉渣中。钙基固硫剂的固硫效率与钙硫比、固硫剂比表面积及粒度、煤的种类、燃烧温度和燃烧方式等因素有关（Raask，1982；Ibarra *et al.*，1989；Davini，2000）。实验表明 $CaSO_4$ 并不很稳定，当 C 和 CO 存在时，于 800℃就开始分解（国家环境保护局科技标准司，1997）。$CaSO_4$ 分解是目前钙基固硫剂固硫效率普遍较低的主要因素。从化学平衡分析，固硫率取决于 CaO 和 SO_2 的硫化反应速度和 $CaSO_4$ 的分解反应速度。进一步研究表明，已分解的 $CaCO_3$ 颗粒外层包裹的 $CaSO_4$ 产物会阻止 SO_2 向内层扩散，使 CaO 实际利用率降低，造成固硫率下降（黄信仪等，1992）。因此，对固硫剂改性，使之具多孔结构，有利于改善固硫效果。钙基固硫剂中添加钠、铁、锰、锶等化合物能有效抑制 $CaSO_4$ 分解。微量 Fe-Si 氧化物能在高温下与固硫产物 $CaSO_4$ 形成共生相，提高 $CaSO_4$ 的分解温度，同时还可产生稳定的 CaS 相（林国珍等，1993，1996；张良佺等，1997；吕欣等，1998）。无疑，上述具催化或氧化作用的添加剂有助于固硫。但研究也发现，导致硫酸盐高温分解的主要因素是燃烧中型煤内部存在局部缺氧的还原气氛。研究某些高温下可形成疏松孔道结构的天然矿物或改性矿物特征，并以此为固硫添加剂，可营造燃煤内部氧化气氛，有效阻止硫酸盐分解。添加某些高温下具膨胀性能的矿物，一方面可导致型煤整体结构松散，促进氧气在内部扩散流通，利于二氧化硫与碳酸钙分解产物氧化钙接触，提高活性氧化钙比例，同时，还原气氛下固硫产物硫酸钙分解速率大大降低，促使固硫率提高；另一方面，膨胀产生层间巨大的比表面能和层间空域，为吸附和固定硫酸钙创造了极好的能量条件和空间场所。另外，较高氧气浓度促进了煤中含碳物质燃烧，起到良好助燃作用，减少碳质粉尘飘散并降低一氧化碳排放浓度。

2. 固硫除尘效果实验

实验用烟煤取自山东肥城煤矿，煤样元素组成见表 17-6。碳酸钙购自唐山华立碳酸钙有限公司。膨润土取自河北宣化立石里-堰家沟膨润土矿床，主要为钙质膨润土，原料化学成分分析见表 17-7。

表 17-6　煤的部分元素组成

煤种	质量百分比/%						
	N	C	H	O	$S_{t,ad}$	$S_{p,ad}$	$S_{o,ad}$
肥城煤	1.04	63.01	2.59	6.31	3.02	0.50	2.36
淮南煤	1.07	75.98	4.45	7.43	1.54	0.62	0.92
大同煤	0.41	70.10	2.30	8.44	0.38	0.10	0.22

表 17-7　原料的化学组成　（单位：%）

	SiO_2	Al_2O_3	CaO	MgO	Fe_2O_3/FeO	Na_2O	K_2O	H_2O^+	H_2O^-	TiO_2	烧失量	合计
膨润土	61.60	12.94	2.90	2.78	1.40	0.59	1.25	4.30	8.40	0.038	14.22	100.55
蛭石	37.06	11.69	4.72	22.13	5.26	1.29	4.77	3.40	3.34	1.20	4.32	99.25
碳酸钙	—	—	53.97	—	—	—	—	—	—	—	—	—

参照型煤固硫生产工艺，将煤样破碎后过 60 目筛，与固硫剂碳酸钙和蛭石尾砂、黏结剂膨润土及适量水按比例混匀，在 30MPa 下压制成圆柱形，干燥后置入箱式电炉中燃烧，燃烧时间为 30min，燃烧中保持空气流通。

$$\text{固硫率} = \text{灰渣含硫量} / (\text{煤含硫量} + \text{固硫剂含硫量}) \times 100\%$$

取肥城烟煤样 12g，按不同添加剂配制成型煤，进行燃烧固硫实验，结果（表 17-8）表明，燃煤自身固硫率很低，固硫率随温度变化而变化，其规律因添加剂的改变而呈现较大的差异，总体上添加剂对燃煤有显著的固硫效果。蛭石尾砂提高固硫率效果也较明显。950℃时，添加蛭石尾砂可将固硫率提高约 58%，最高达 97.87%。固硫率与添加量并无正向线性关系，不同燃烧条件下，均有理想的添加量。在添加蛭石尾砂的样品中，不同燃烧温度下固硫率基本保持在 71% 以上。膨胀实验表明，蛭石尾砂膨胀最佳温度在 950～1050℃，此时膨胀量最大，固硫效果也较显著。随着燃烧温度进一步升高，其表面开始熔融甚至发生晶相转变，相应地制造富氧环境的能力下降，因而固硫率有下降趋势。

蛭石尾砂促进固硫率提高的主要原因有两点：一方面，膨胀产生的空隙营造了型煤内部的氧化气氛，根据化学反应式 $CaSO_4 \longrightarrow CaO + SO_2\uparrow + O_2\uparrow$，氧浓度越高，化学平衡的逆反应速率就越大，平衡常数就越小，硫酸钙的分解反应就变得缓慢，获得同样的分解率需要更高的温度，这样，硫酸钙在富氧气氛下耐热稳定性有了较大的提高；另一方面，蛭石矿物表面在高温下具有较强的化学和物理活性。在 SEM 下可观察到蛭石表面生长了许多硫酸钙晶体，特别是在解理面上生长了大量的树枝状、菊花状集合体以及板柱状或菱面体形小晶体。蛭石活性大小与蛭石结构和成分有关。蛭石尾砂膨胀引起层间距变大，从一点几纳米增加到几纳米，甚至超过 10nm。特别是尾砂中含丰富的铁氧化物，氧化铁对于促进硫酸钙的形成和抑制硫酸钙的分解也起到较好的催化作用（肖佩林、李书年，1996；张良佺等，1997），这样蛭石解理面就成了催化剂的载体，说明蛭石尾砂的固硫活性还跟其内部含较高的铁质成分有关。

表 17-8　不同燃烧温度下蛭石尾砂对肥城烟煤固硫率的影响

样号	烟煤质量/g	添加剂质量/g			固硫率/%				
		膨润土	碳酸钙	蛭石尾砂	650℃	750℃	850℃	950℃	1050℃
1	12	0	0	0	11.39	15.76	18.80	15.55	11.44
2		2	3	0	71.28	68.80	76.35	64.94	75.25
3		2	3	1	77.48	79.81	74.83	80.70	87.53
4		2	3	2	71.00	73.28	76.83	97.87	80.22

蛭石尾砂在型煤燃烧过程中，易膨胀形成疏松结构，在提高燃煤固硫效率的同时，也为煤中碳质成分的充分燃烧创造了条件，能减少煤炭因不完全燃烧形成的碳质飞灰，烟尘污染明显降低。XRD 分析结果表明，固硫灰渣中存在的大量硫酸钙物相属无水Ⅱ型硬石膏，另有较高含量的石英。

显微镜下观察到中低温（950℃以下）的灰渣中玻璃质小球少，大颗粒石英多，连通气孔多，形状多样。气孔四周含有大量灰白色的石膏和氧化钙微晶集合体，呈纤维状、树枝状。还含少量残留碳质，形状不规则，为多孔状。但在添加蛭石尾砂样品中残留碳质含量少，残留碳质是在缺氧环境中形成的。高温灰渣中有较多的玻璃质小球，为圆珠形，内部为空心，石英多已熔蚀成圆球形，残留碳质含量更少。SEM 下观察到灰渣中大颗粒物质基本为松散状堆积，形态极不规则，粒径在 1 ~ 150μm。石英颗粒较大，表面见贝壳状断口，轮廓不清晰，个别有热胀裂隙。硫主要以硫酸钙存在，为灰渣中新生物相，因燃烧条件和时间不同，呈各种形态，常见的有菊花状或放射状集合体，粒径约 1μm，或呈菱面体状小晶体由内向外定向排列而成，菱面体长 0.25 ~ 0.6μm，还有呈桃花状、玫瑰花或喇叭花状集合体，粒径在 1 ~ 2μm，以及一些毛发状、纤维状和云雾状集合体。在蛭石尾砂样品中，蛭石解理面上生长有微小的硫酸钙菱面体或板片状晶体及菊花状集合体，层间生长有雪绒状集合体。

3. 钙基矿物固硫剂固硫效果实验

实验用原煤为山东肥城高硫烟煤，添加的碳酸钙和原煤的 $x(\mathrm{Ca})/x(\mathrm{S})$ 元素物质的量比为 2。样品为粉末状，过 60 目筛，同黏土、添加剂和适量水按比例混合均匀，其中 2、3、4 号样中均添加了一定比例的具有高温膨胀性能的矿物和黏结性极强的天然黏土矿物，如膨润土（表 17-7）。再从混合样品中称取 15g 左右，放入模具中，成型压力为 30MPa，压制成直径为 25mm、高度约为 22mm 的圆柱形型煤试样。经测定，所制型煤抗压强度大于民用蜂窝型煤。将试样放入箱式电炉进行燃烧实验，燃烧温度分别为850、950和1050℃，燃烧时间均为30min，燃烧中保持空气流通。烧后除1号原煤（无任何添加剂）样坍塌外，其余型煤渣保持原形，形状完好，无明显裂纹，不掉渣，质轻易碎，试样的烧后线收缩率为7%左右。3号和4号样品多细孔，结构极为疏松，表面和外部颜色较白。2号样较致密，内部有未完全氧化的灰色芯核。

实验结果（表17-9）表明，无添加剂，原煤的自身固硫效率很低，不到20%；而添加了本实验配方的添加剂，固硫率有大幅度的提高，普遍提高约4倍。添加膨胀性矿物有利于促进燃烧，其固硫行为在950℃时燃烧贡献最大，高达97.86%，如9.4号样。膨润土是吸水性能极好的矿物，低温下吸水膨胀，表现了极高的黏结性，利于提高型煤成型所需的强度。在高温下，膨润土中主要矿物蒙脱石失去层间水，形成疏松孔道结构，吸附硫化反应产物硫酸盐，同时激活自身层间固硫离子如钙、镁等，有利于促进固硫反应，如8.2和9.2样；相比之下，膨润土在850℃燃烧时所起的固硫作用明显。当膨胀性矿物和膨润土协同作用时，型煤的燃烧固硫效率有明显的提高，如8.4、10.3、10.4、9.4号样。总之，本实验制备的固硫剂固硫效果良好，比目前国内工业上通常应用固硫剂的40%～50%的固硫率有相当大的提高。

表17-9　型煤固硫测试数据及煤渣固硫率

样号	燃烧温度/℃	烧前质量/g	烧后质量/g	煤中硫含量/$w_{t,ad}$（S）/%	烧前硫总含量/g	灰渣中含硫量/$w_{t,ad}$（S）/%	灰渣中硫总含量/g	固硫率/%
8.1	850	15.7350	3.8307	3.02	0.4320	2.12	0.0812	18.80
8.2	850	14.7367	5.8622	3.02	0.2887	3.76	0.2204	76.35
8.3	850	14.8899	6.3713	3.02	0.2767	3.25	0.2071	74.83
8.4	850	14.7666	6.6410	3.02	0.2610	3.02	0.2006	76.83
9.1	950	14.7703	3.6666	3.02	0.4055	1.72	0.0631	15.55
9.2	950	14.6902	6.9848	3.02	0.3227	3.00	0.2095	64.94
9.3	950	14.7780	6.5574	3.02	0.2746	3.38	0.2216	80.70
9.4	950	14.7721	6.9827	3.02	0.2611	3.66	0.2556	97.86
10.1	1050	14.8433	3.7297	3.02	0.4075	1.25	0.0466	11.44
10.2	1050	14.6799	5.9946	3.02	0.2876	3.61	0.2164	75.25
10.3	1050	14.7705	6.4941	3.02	0.2745	3.70	0.2403	87.53
10.4	1050	14.7614	6.7524	3.02	0.2610	3.10	0.2093	80.21

4. 钙基矿物固硫剂对不同煤种的固硫效果

实验用原煤包括山东肥城的肥城煤（FC）、山西大同的民用供暖煤（DT）和安徽淮南煤田潘集矿区的淮南煤（HN），碳酸钙（轻质碳酸钙）购自唐山华立碳酸钙有限公司；膨润土取自河北省宣化堰家沟上榆林矿区；蛭石为选矿尾砂，取自新疆地质矿产局第三地质大队蛭石开发公司。

将煤样破碎后过60目筛，按配方要求，与添加剂和适量水按比例混匀，在嵌样机上压制成直径 26mm，高度为 30mm 的圆柱形，准确称量后放入烘箱干燥，然后置于箱式电炉中，在设定温度下燃烧，保温 70min，自然冷却，称量，研磨至 200 目后置于干燥器中待用。实验中，分别制备相同条件下的三个试样进行实验，固硫率的计算取平均值。

实验用煤的元素分析及煤岩分析结果见表 17-6 和表 17-10。肥城煤、淮南煤和大同煤分属高、中、低硫煤。肥城煤含黏土矿物、黄铁矿和碳酸盐，灰量多；淮南煤中黏土矿物介于肥城煤和大同煤之间，不含碳酸盐；大同煤为两种煤的配煤，较高反射率的镜质组烧后为高活性组分，碳酸盐和黏土矿物含量少。XRD 分析表明，肥城煤除含黄铁矿和白云石外，还有石英；淮南煤中矿物主要为高岭石、伊利石-绢云母；大同煤中黏土矿物主要是高岭石，也含石英。煤中黄铁矿有两种形态，一是由隐晶或微晶质颗粒组成的草莓状集合体，另一种为自形程度较高的黄铁矿单体。黄铁矿常被煤样中有机质组分所包裹。光学显微镜分析表明，有机硫和单质硫存在于黏土和碳酸盐类矿物中。

表 17-10　实验用原煤的煤岩分析结果

煤种	反射率		灰量/(wt%)	组分定量/(vol%)	
肥城煤	R_{ran} =0.51%		21.7	镜质组 65.9	壳质组 5.246
	δ_{n-1} =0.042			丝质组 14.1	碳酸盐 6.557
	N=32			黏土矿物 6.885	黄铁矿 1.311
淮南煤	R_{ran} =0.87%		9.3	镜质组 63.04	半镜质组 19.13
	δ_{n-1} =0.052			丝质组 9.565	类脂组 4.565
	N=53			黏土矿物 3.261	黄铁矿 0.4348
大同煤	R_{ran} =0.91%	R_{ran} =5.15%	11.3	镜质组 1 R=0.7～1.0	高变质活性组分 6.4
	δ_{n-1} =0.12	δ_{n-1} =0.81		镜质组 2 R=4～6	高变质活性组分 87.13
	N=11	N=60		丝质组 1.31	碳酸盐 1.34
				黏土矿物 1.75	

煤燃烧过程热行为见图 17-4a，100℃附近有一吸热峰，为水分蒸发；200～700℃之间有一强烈的放热峰，为煤中可燃物质的燃烧过程；360℃和 570℃附近峰势略微内凹，分别为黄铁矿和碳酸盐类的分解吸热所致。

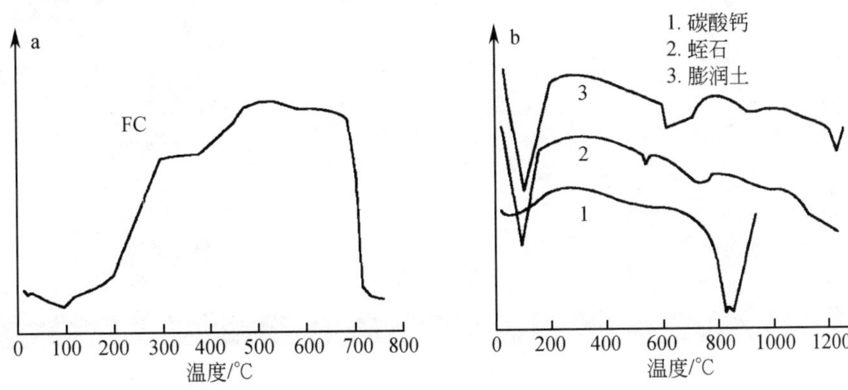

图 17-4　原煤（FC）和矿物添加剂的差热分析曲线

碳酸钙、膨润土和蛭石尾砂的化学成分见表 17-7。碳酸钙的粒度分析结果为：$d_{(0.1)}$ = 0.58μm，$d_{(0.5)}$ = 4.11μm，$d_{(0.9)}$ = 7.27μm，d_{av} = 4.01μm，比表面积为 3.50m^2/g。XRD 分析表明，碳酸钙样品较纯；膨润土主要由钙基蒙脱石组成，d_{001} = 1.5857nm，含有少量石英；蛭石尾砂为蛭石和金云母混层矿物。差热分析（图 17-4b）显示，碳酸钙的分解在 750～950℃，表现为强烈的吸热过程；膨润土和蛭石在 100℃附近，吸附水脱出，有较强吸热谷，在 600～800℃，有较小的吸热谷，为脱羟基过程；膨润土在 1200℃开始发生相变出现吸热谷，而蛭石在 1200℃以下未发生明显物相变化。

以肥城煤 FC（Ca/S=2.55）为例，在 950℃燃烧并保温 70min 后，灰渣中 SiO_2、CaO 和 SO_3 含量较高，还有部分 Al_2O_3 和 Fe_2O_3（表 17-11）。XRD 分析表明，灰渣中的主要含硫物相为Ⅱ型硬石膏。在高钙硫比（Ca/S=4）的渣样中，有少量氧化钙存在。

表 17-11　灰渣的化学成分　（单位：wt%）

SiO_2	Al_2O_3	CaO	MgO	Fe_2O_3	FeO	Na_2O	K_2O	TiO_2	P_2O_5	MnO	H_2O^+	H_2O^-	SO_3	烧失	合计
50.25	7.28	25.61	1.72	2.99	0.54	0.28	0.40	0.12	0.039	0.023	0.72	0.00	9.15	—	99.12

渣样的粒度特征：$d_{(0.1)}$ = 1.07μm，$d_{(0.5)}$ = 17.16μm，$d_{(0.9)}$ = 70.81μm，d_{av} = 28.11μm，比表面积为 1.63m^2/g；粒度呈双峰态分布，在 0.3～1.6μm 之间有一小分布峰，为小颗粒石膏分布区；在 116～120μm 之间有一大分布峰，主要为石膏集合体和玻璃质小球分布区。扫描电镜下，燃烧前碳酸钙和燃烧后硫酸钙的形貌相似（图 17-5），结合煤燃烧热行为，可以推测，低温（360℃）时，煤中黄铁矿氧化分解，产生 SO_2。升温过程中，SO_2 首先在碳酸钙颗粒表面反应形成硫酸钙（$CaCO_3+SO_2+1/2O_2 \longrightarrow CaSO_4+CO_2\uparrow$）。随着反应进行，产物（硫酸钙）层厚度增大，$SO_2$ 对产物层的扩散阻力增加，反应减慢（Ye *et al.*，1995）；到了 800℃，碳酸钙分解产生大量的 CO_2，逸出时造成产物层微裂纹，形成疏松的 SO_2 扩散通道。此时的硫化反应为：$CaO+SO_2+1/2O_2 \longrightarrow CaSO_4$，反应继续进行（Weldon *et al.*，1986），碳酸钙粒径小［$d_{(0.5)}$ = 4.11μm］，反应基本达到完全。硫化反应的历程很好地说明了硫酸钙在形态和粒度上与原碳酸钙的一致性，也表明硫化反应是在碳酸钙基体上进行的。

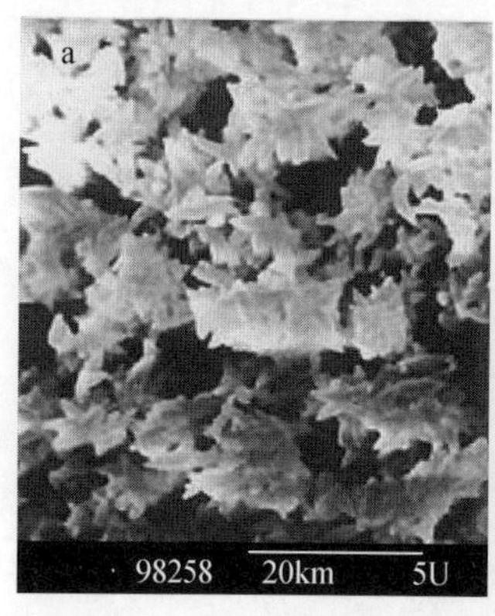

图 17-5　燃烧前碳酸钙和燃烧后灰渣中硫酸钙的 SEM 形貌

a. 燃烧前 $CaCO_3$；b、c. 燃烧后灰渣中 $CaSO_4$

燃烧温度、Ca/S 值和碳酸钙粒度是影响燃煤固硫效率的最重要因素。较低或较高的温度均不利于硫的固定。温度较低时，硫化反应速度慢，形成硫酸钙量少；温度较高(>800℃)时，硫酸钙分解（朱光俊等，2004），造成固硫率不高。Ca/S 值对固硫效果起决定作用，Ca/S 值增加时，SO_2与 CaO 或 $CaCO_3$颗粒接触反应机会增多，固硫率增大。碳酸钙粒度越小，比表面越大，钙的利用率越高，固硫效果越好（寇鹏等，2000）。考虑碳酸钙粒度较小，故只选择燃烧温度、Ca/S 值对不同煤种进行实验，结果如图 17-6 所示。可以看出，固硫效果与煤种有很大的关系，不同的煤种，添加相同 Ca/S 值的碳酸钙在同一温度下燃烧时，固硫率差别很大；在不同温度下燃烧时，固硫率随 Ca/S 值变化的规律也不一样。850℃时，提高 Ca/S 值，对大同煤的固硫率影响很小，但对肥城煤和淮南煤影响显著，特别是淮南煤，在 Ca/S>2 时，仍有较好的适应性（图 17-6a）。950℃时，当 Ca/S = 0 ~ 4，大同煤的固硫率难以超过 38%，肥城煤和淮南煤仍保持对碳酸钙较好的适应性（图 17-6b），但肥城煤在 Ca/S>2 后，固硫率提高不大；当 Ca/S > 3，淮南煤的适应性好于肥城煤。1050℃条件下，肥城煤对碳酸钙适应性明显好于淮南煤，两者的变化规律较相似，大同煤最差，固硫率最高不超过 38%（图 17-6c）。1150℃时，淮南煤对碳酸钙仍保持很好的适应性，当 Ca/S = 4 时，固硫率为 72%（图 17-6d），明显比肥城煤好，肥城煤固硫率最高仅为 36%，大同煤的固硫效果很差（<12%）。总的看来，煤样的自身固硫能力均较差（大同煤 850℃时除外），不超过 14%，但因煤中硫的赋存方式、碳酸盐和黏土矿物含

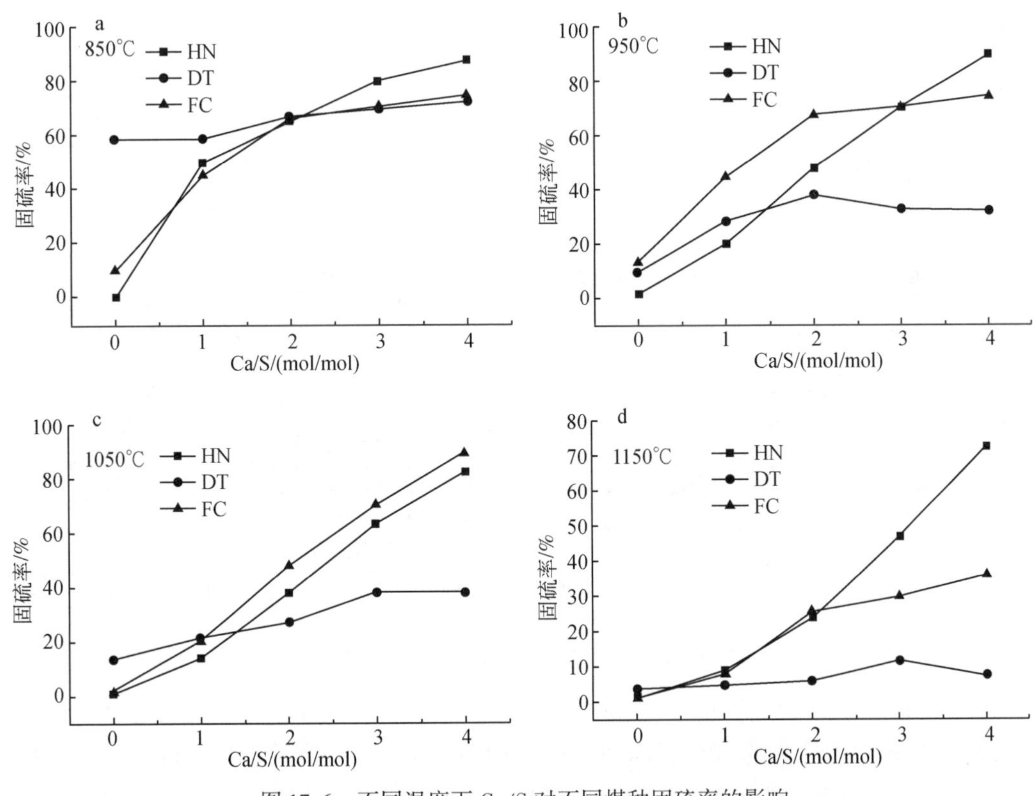

图 17-6　不同温度下 Ca/S 对不同煤种固硫率的影响

量等差异，表现出较小的固硫差别；当温度升到1050℃，煤自身固硫率均不超过4%；添加钙基物相后，固硫率均有大幅度提高，但每种煤在各种燃烧温度下，要取得理想的固硫和使用效果，均有各自合适的Ca/S。当Ca/S=4，肥城煤、大同煤和淮南煤固硫率达到最高值（分别为89%、72%和89%）的燃烧温度分别为1050、850和950℃。实验也表明了高硫煤更利于在较高温度下固硫。

煤自身的固硫能力与煤中所含碳酸盐和黏土矿物关系密切（Ibarra *et al.*，1989）。碳酸盐固硫是形成较稳定的硫酸盐相；黏土矿物则通过高温分解并与石英等组分形成硅酸盐玻璃相包覆$CaSO_4$，同时因其含有Al_2O_3，高温（1000～1200℃）时能与CaO、$CaSO_4$反应形成耐热相硫铝酸钙（周俊虎等，2003）。膨润土对三种煤固硫效果影响的实验结果见图17-7。温度较低时，膨润土对肥城煤固硫有促进作用，850℃以后，则不利于固硫，添加量越多，效果越差（图17-7a）。肥城煤黏土矿物含量高（表17-10），膨润土在800℃以后脱羟基过程结束（图17-4b），分解产生无定形SiO_2，SiO_2与氧化钙反应，形成硅酸盐，导致氧化钙利用率不高，固硫率下降。

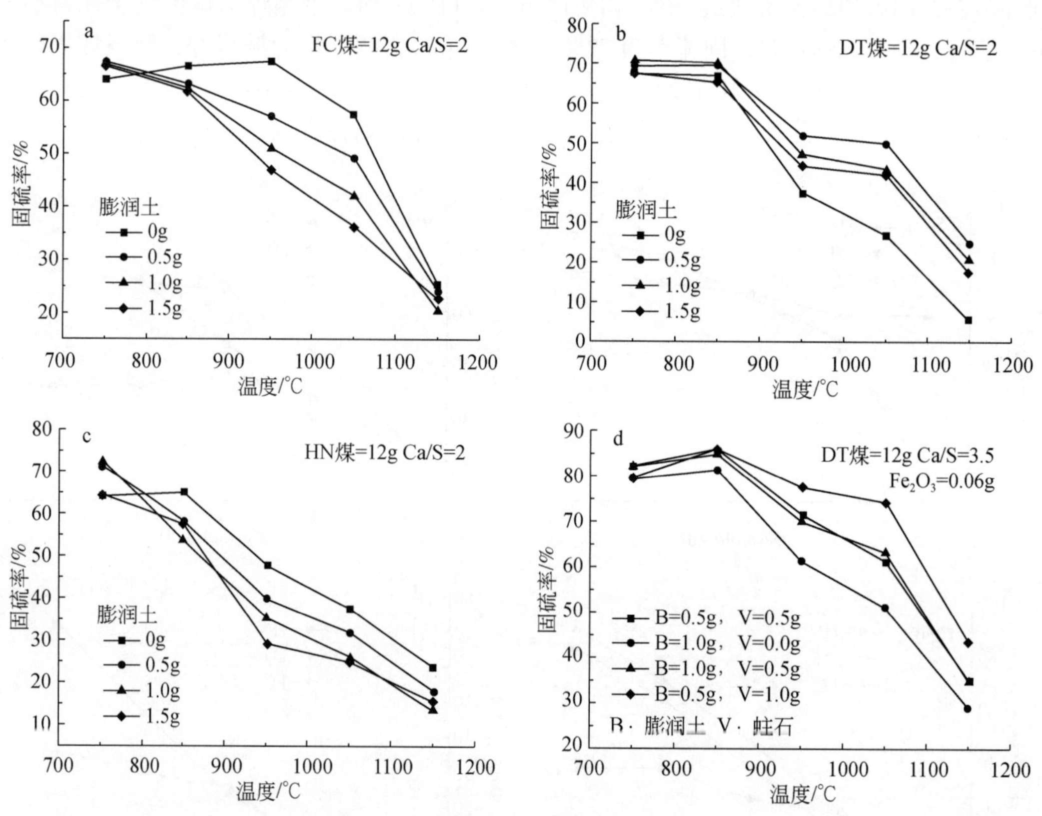

图17-7　添加剂对不同煤种固硫率的影响

膨润土能有效提高大同煤的固硫率（图17-7b）。950℃时，添加少量膨润土（0.15g），固硫率由原来的38%提高到52%；1050℃时，则提高了1倍；1150℃时，固硫率提高5倍。大同煤含黏土矿物少，少量膨润土在高温时形成硅酸盐熔融体，包覆$CaSO_4$，抑制其分解；但高掺量膨润土的固硫效果不如低掺量好，原因与膨润土对肥城煤的固硫效果相似。950℃以后，膨润土不利于淮南煤的固硫，添加量越高，固硫效果越差（图 17-7c），这同肥城煤一样，与其自身含有较多的黏土矿物有关。添加膨润土试样的产物中无硫铝酸盐，可能与膨润土在 1150℃以下不能分解释放活性 Al_2O_3有关。

蛭石对提高肥城煤固硫率效果显著。添加膨润土和蛭石对大同煤固硫实验结果（图 17-7d）表明，矿物添加剂对大同烟煤在 850℃以上时，固硫效果更好，并随添加量增大而增大，这与肥城煤固硫结果相似（Lu *et al.*，2003b）。1050℃时，蛭石和膨润土协同作用，可将固硫率由 51% 提高到 74%。膨润土的固硫促进机理与形成硅酸盐熔融体包覆 $CaSO_4$有关，蛭石则主要通过热膨胀营造型煤内部燃烧的富氧气氛而降低 $CaSO_4$分解。

17.3　固硫产物高温稳定性

17.3.1　固硫物相硫酸钙的高温稳定性

为进一步提高燃煤固硫效果，开展了利用氧化物添加剂 SiO_2、Fe_2O_3、ZnO 以及 SiO_2-Fe_2O_3、$CaCO_3$-Al_2O_3复合添加剂抑制硫酸钙分解或形成高温稳定耐热物相的系列实验研究。在硫酸钙高温分解行为研究的基础上，探讨氧化物 SiO_2、Fe_2O_3、ZnO 和 SiO_2-Fe_2O_3、$CaCO_3$-Al_2O_3复合添加剂对硫酸钙分解的影响。结果表明：ZnO、SiO_2、SiO_2-Fe_2O_3均有利于固硫，这分别与反应过程中形成能起包覆作用的 Ca_2SiO_4和耐热含硫物相 $Ca_2Fe_2S_2O_3$有关；复合添加剂 $CaCO_3$-Al_2O_3固硫效果更佳，当 $CaCO_3$∶Al_2O_3∶$CaSO_4$物质的量比为 3∶3∶1 时，固硫作用最理想，1400℃时 $CaSO_4$的分解率从 87.5% 降低到 21.2%，这与形成大量的高温耐热物相硫铝酸钙有关。

1. 实验方法

$CaSO_4$热分解实验在 RZ-8-17 型高温热重气氛烧结炉内进行。称取 100mg 的 $CaSO_4$，分别加入 5mg 的 SiO_2、Fe_2O_3、ZnO、SiO_2-Fe_2O_3（Si∶Fe 的物质的量比为 1∶1）混合物；称取 $CaCO_3$、Al_2O_3、$CaSO_4$的混合物，其中 $CaCO_3$、Al_2O_3、$CaSO_4$物质的量比分别为 1∶1.5∶1、3∶2∶1、1∶3∶1、3∶3∶1、2∶3∶1。将样品盛于坩埚，设定实验参数和升温制度。所有实验升温制度相同，升温速率为 2℃/min，气氛为空气。根据升温/控温程序自动记录样品质量随温度、时间的变化，计算 $CaSO_4$的分解率。

$CaSO_4$的高温分解反应：

$$CaSO_4 \longrightarrow CaO + SO_2 + 1/2O_2\uparrow \tag{17-1}$$

由于实验气氛为空气，试样质量的减少主要来自 SO_2和 O_2的逸出。故 $CaSO_4$的分解率可表示为

$$D = \frac{M_1(m_1 - m_2)}{(M_1 - M_2)m_0} \times 100\% \tag{17-2}$$

式中，m_1为试样的初始质量；m_2为试样在不同温度下的质量；m_0为 $CaSO_4$的初始质量；M_1为 $CaSO_4$的分子量；M_2为 CaO 的分子量。

固硫率可表示为

$$F = 1 - D \tag{17-3}$$

2. 温度对 $CaSO_4$ 分解的影响

图 17-8 为硫酸钙在不同温度下的分解曲线。1100℃以下，$CaSO_4$ 几乎不分解。在 1100～1300℃，$CaSO_4$ 开始分解，分解率增大较缓慢，1300℃时 $CaSO_4$ 的分解率才达到 9.26%；1300～1350℃是 $CaSO_4$ 分解的突变区，到 1350℃时，$CaSO_4$ 的分解率高达 87.5%。说明当温度高于 1300℃时，钙基固硫产物硫酸钙的热稳定性不高是导致固硫率不高的重要原因。

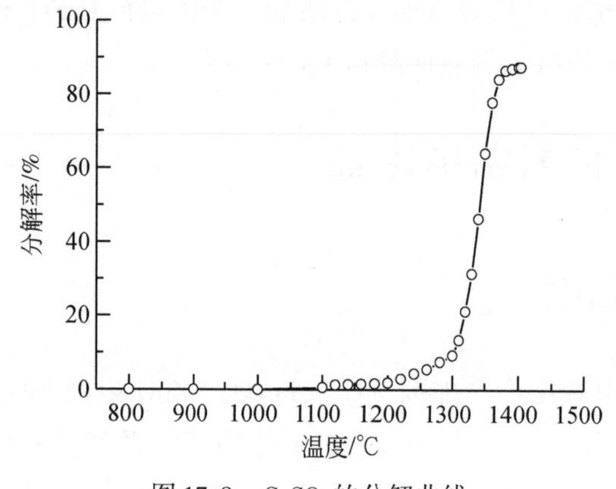

图 17-8　$CaSO_4$ 的分解曲线

3. 氧化物对 $CaSO_4$ 分解的影响

图 17-9 为添加剂对 $CaSO_4$ 分解率的影响。可以看出，Fe_2O_3 在 1150～1325℃时没有起到抑制 $CaSO_4$ 分解的作用，直至 1325℃才开始具有抑制效果，到 1375℃时效果较明显，使分解率下降了 26.6%，此时有耐高温物相 $Ca_2Fe_2S_2O_3$ 生成；SiO_2、SiO_2-Fe_2O_3 复合物从 1200℃开始对 $CaSO_4$ 分解有抑制作用，1300℃以后效果才更为显著，在 1400℃时，SiO_2-Fe_2O_3 复合物能将 $CaSO_4$ 的分解率从 87.5% 下降到 55.5%。这是因为 1200℃时，SiO_2、SiO_2-Fe_2O_3 复合物与 $CaSO_4$ 开始形成 Ca_2SiO_4 等硅酸盐物相，随着温度升高，这些物相含量增加。Ca_2SiO_4 在高温下呈半熔融玻璃态物质，能将新生成的 $CaSO_4$ 包裹起来，从而减缓它的分解（杨天华等，2003），同时形成的一些 $3CaO \cdot 3Al_2O_3 \cdot CaSO_4$，估计为坩埚中部分 Al_2O_3 参与了反应所致。

ZnO 固硫效果较好，在 1100～1300℃，能将硫酸盐（$ZnSO_4$ 和 $CaSO_4$）的分解率抑制在 4.9% 以内，1400℃时硫酸盐的分解率降低了 29%（图 17-10）。这主要是因为 ZnO 本身的固硫作用，即 $CaSO_4$ 分解产生的 SO_2 与 ZnO 反应生成 $ZnSO_4$（武增华等，2002）。

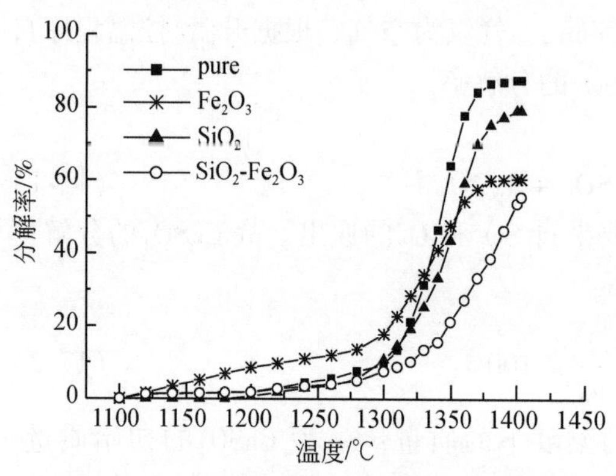

图 17-9　添加剂对 $CaSO_4$ 分解率的影响

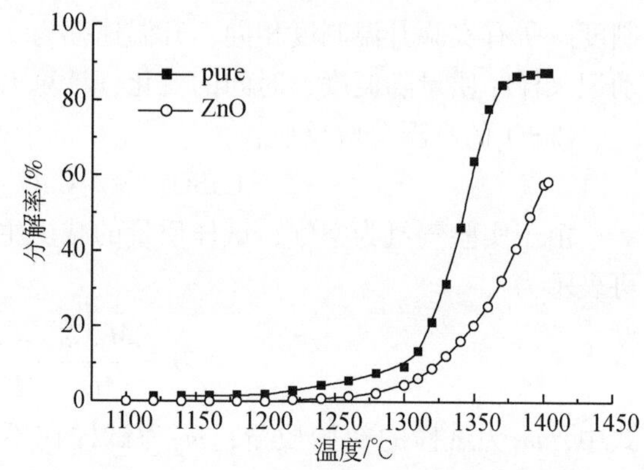

图 17-10　ZnO 对 $CaSO_4$ 分解率的影响

4. $CaCO_3$-Al_2O_3复合物对 $CaSO_4$分解的影响

不同比例的 $CaCO_3$、Al_2O_3、$CaSO_4$混合物对 $CaSO_4$分解的影响有很大差异（图 17-11），当 $CaCO_3$、Al_2O_3和 $CaSO_4$的物质的量比为 3∶3∶1 时，大大降低了其在 1300℃以上的分解率，即使在 1400℃，$CaSO_4$的分解率仅为 21.2%。XRD 分析表明 $CaSO_4$转化为硫铝酸钙物相而稳定存在（图 17-12），根据 $CaSO_4$分解率计算公式可知有 78.8% 的 $CaSO_4$转化为硫铝酸钙。

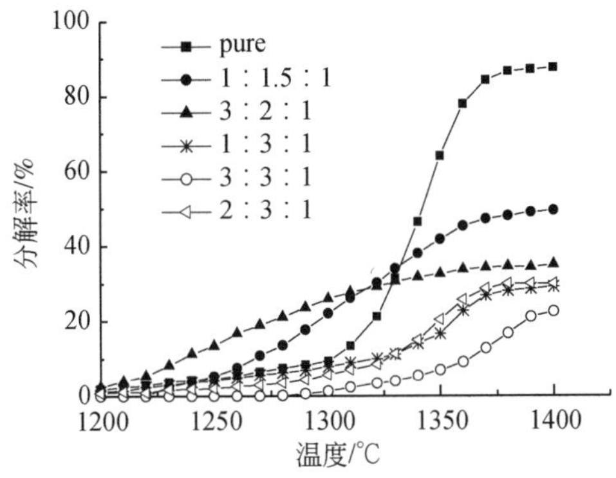

图 17-11　不同配比对 $CaSO_4$ 分解率的影响

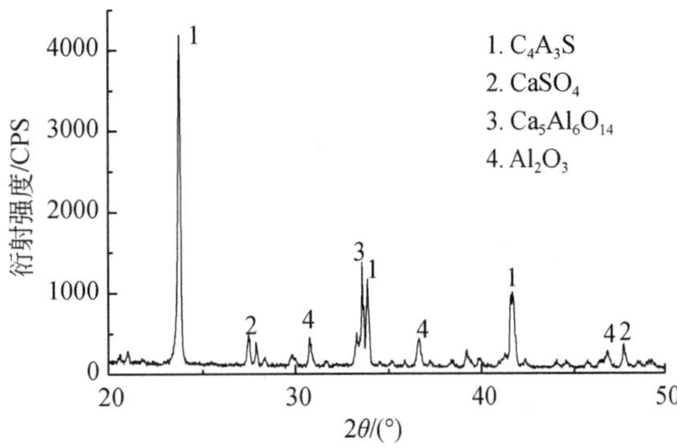

图 17-12　炉渣（$CaCO_3/Al_2O_3/CaSO_4$=3∶3∶1）的 XRD 图

Al_2O_3的相对含量对 $CaSO_4$的分解亦有较大影响。$CaCO_3$、Al_2O_3和 $CaSO_4$的物质的量比为 3∶2∶1 和 1∶1.5∶1 时均不利于 1325℃以下时固硫。当 Al_2O_3和 $CaCO_3$的物质的量比>1 时（三者物质的量比为 1∶1.5∶1）时，$CaSO_4$在 1325℃以上的分解率开始大于配比为 3∶2∶1 的混合物，说明此时生成的硫铝酸钙量较少，所以增加 Al_2O_3的相对含量不利于更高温度下硫铝酸钙的生成。这与硫铝酸钙的热力学生成条件有关。

据郭俊才（1993），$CaSO_4$在高温下生成 C_4A_3S 的反应为

$$CaSO_4 + 3CaO + 3Al_2O_3 \longrightarrow 3CaO \cdot 3Al_2O_3 \cdot CaSO_4 \tag{17-4}$$

而 C_4A_3S 的形成过程为

$$CaO + Al_2O_3 \longrightarrow CaO \cdot Al_2O_3 \tag{17-5}$$

$$3(CaO \cdot Al_2O_3) + CaSO_4 \longrightarrow 3CaO \cdot 3Al_2O_3 \cdot CaSO_4 \tag{17-6}$$

因此，反应过程中首先形成 CA（$CaO \cdot Al_2O_3$），结合 CaO-Al_2O_3-SiO_2三元相图（周亚栋，1994），当系统中有较多 Al_2O_3时，CaO 和 Al_2O_3将反应生成 $CaO \cdot 2Al_2O_3$、$CaO \cdot 6Al_2O_3$等物相，这些物相的分解温度在 2000℃以上，一旦生成，很难再次分解，不但影响了 CA 的生成量，还使活性 CaO 的量减少，从而降低固硫效果。图 17-11 中曲线 1∶3∶1 和 2∶3∶1 显示，改变 $CaCO_3$的量对硫酸钙的分解影响甚微，但适量增加 $CaCO_3$的量，生成更多较高活性且具多孔疏松结构的 CaO，有利于 SO_2气体扩散和硫化反应，促使硫铝酸钙的生成。

17.3.2　固硫物相硫铝酸钙的高温稳定性

当煤高温燃烧至 1200℃以上时，煤灰中会出现一种耐热复合物相，即高温物相无水硫

铝酸钙 C_4A_3S，该物相通常在950℃时开始生成，在1350℃时生成量较多，因此，控制 C_4A_3S 生成是高温燃煤固硫技术的一个新发展方向。目前，已有学者对 C_4A_3S 生成反应进行了一些实验研究，宋延寿等（1999）发现还原气氛不利于 C_4A_3S 生成；周俊虎等（2003）用分析纯 CaO、Al_2O_3 和 $CaSO_4 \cdot 2H_2O$ 按 C_4A_3S 生成化学计量比进行配料实验，发现在高温条件下低体积分数 O_2 气氛能有效抑制 C_4A_3S 分解。

我国赤泥资源比较丰富，其主要成分为含钙物相，如方解石和霰石（均为 $CaCO_3$）等。这些物相600℃以上分解为 CaO 和 CO_2，其中 CaO 可参与 C_4A_3S 生成反应。采用赤泥等工业废渣作固硫剂既可保护环境又可变废为宝。我们以赤泥、铝矾土为主要原料，以差热-热重分析为手段，研究了赤泥-铝矾土-$CaSO_4 \cdot 2H_2O$ 体系生成 C_4A_3S 的动力学过程。在计算 C_4A_3S 相关热力学参数的基础上，研究赤泥-铝矾土-$CaSO_4 \cdot 2H_2O$ 体系在静态空气、流通 O_2 和流动 Ar 条件下，生成 C_4A_3S 反应的动力学参数，为实现高温燃煤固硫提供新途径。

1. 实验方法

实验用赤泥为山东铝业公司烧结法生产氧化铝冶炼过程中所排出堆放的陈赤泥，呈棕黄色粉状；铝矾土由首钢耐火材料厂提供；$CaSO_4 \cdot 2H_2O$ 为分析纯级化学试剂，购自北京化学试剂公司。将原料按照 C_4A_3S 生成的化学计量比（CaO：Al_2O_3：$CaSO_4 \cdot 2H_2O$＝3：3：1）配料，用行星式球磨机湿法球磨，然后将料浆置于干燥箱中干燥。采用 BT9300H 激光粒度仪对球磨后的原料测试，其结果如下：$d_{10}=0.65\mu m$、$d_{25}=0.73\mu m$、$d_{50}=0.87\mu m$、$d_{75}=0.92\mu m$、$d_{90}=1.03\mu m$。动力学实验研究采用瑞士 Mettler-Toledo 公司生产的 TGA/SDTA851 综合热分析仪，将精确称量好的反应物分别装在刚玉坩埚内，升温制度为：低于900℃升温速率为30℃/min，高于900℃为5℃/min。由于 C_4A_3S 生成属于固相反应，先快速升温而后缓慢升温既可以避免 C_4A_3S 在低温时生成又可以确保 C_4A_3S 在高温条件下反应充分，然后分别升至1100、1150、1200、1250、1300、1350℃，保温60min。实验气氛分别为静态空气、高纯 O_2（流量为80mL/min）和高纯 Ar（流量为80mL/min）。根据升温/控温程序自动记录样品的质量随温度和时间的变化，研究 C_4A_3S 生成的动力学过程。

2. 温度对硫铝酸钙生成过程的影响

在25～1250℃范围内煅烧样品，随温度升高发生一系列的固相反应，为确定 C_4A_3S 生成过程，本实验利用变温 XRD 对样品在不同煅烧温度下物相变化进行了实时跟踪分析。在空气气氛下，首先在25℃时，对样品进行 X 射线粉末衍射分析；然后以30℃/min 进行加热处理，当温度到达900℃时保温3min后对样品进行测试；测试后以5℃/min 进行加热处理，待温度升至950℃时再保温3min后对样品进行分析；之后继续以5℃/min 进行加热处理，分别在1100、1250℃保温3min后对样品进行分析。C_4A_3S 生成反应变温 X 射线衍射分析结果（图17-13）表明，C_4A_3S 在低于900℃时开始生成，因为900℃的样品中已有 C_4A_3S 特征峰存在；随着温度的升高其特征峰强度增大，说明随着温度升高 C_4A_3S 生成量增多；1250℃时 C_4A_3S 的衍射峰比其他物相衍射峰强度高且尖锐，说明此时，C_4A_3S 为主要物相而且晶体发育良好。$CaAlO_{19}$在 1000℃以上开始生成，在 1100℃生成量达到最大，表明在 1000～1100℃样品中的 Al_2O_3易与 CaO 反应生成铝酸盐矿物 $CaAlO_{19}$；到 1250℃时，$CaAlO_{19}$特征峰减小，是因为随着温度的升高 $CaAlO_{19}$与 $CaSO_4$反应生成 $C_4A_3\overline{S}$。相比之下，$CaSO_4$特征衍射峰随温度的升高逐渐减弱。$CaSO_4$在 850℃开始分解，随着温度升高，其分解速率增大，1250℃时分解率达到 50%以上，但在 1050℃以下，$CaSO_4$仍为主要物相。$CaCO_3$只有在 25℃才具有明显的特征峰，在 825℃已分解为活性 CaO，所以煅烧温度达 900℃及以上时，其特征峰基本消失。另外，赤泥中含有一定量杂质（如 Fe_2O_3、SiO_2），在高温条件下容易生成 $Ca_4Al_2Fe_2O_{10}$、$Ca_2Al_2SiO_7$、$Ca_2(SiO_4)$、$Ca_5(SiO_4)SO_4$等复合物相，它们能将高温生成的 $CaSO_4$、$C_4A_3\overline{S}$ 包裹起来，也有利于改善固硫效果。

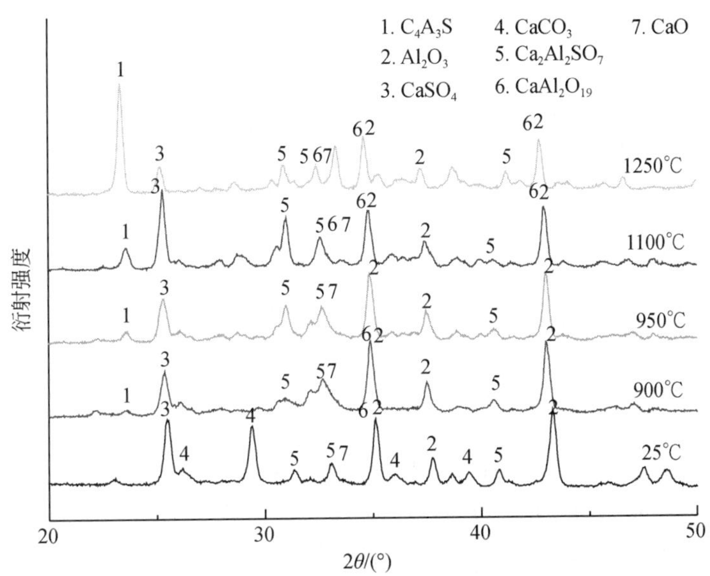

图 17-13　$C_4A_3\overline{S}$ 生成反应变温 XRD 分析结果

3. 硫铝酸钙生成的热力学分析

Clark 等（1999，2000）对 $C_4A_3\overline{S}$ 生成反应特性进行过一些实验研究，结果表明，$C_4A_3\overline{S}$ 生成主要由如下反应式控制：

$$CaO + Al_2O_3 \xlongequal{\quad} CaO \cdot Al_2O_3 \tag{17-7}$$

$$3(CaO \cdot Al_2O_3) + CaSO_4 \xlongequal{\quad} 3CaO \cdot 3Al_2O_3 \cdot CaSO_4 \tag{17-8}$$

$$3CaO + 3Al_2O_3 + CaSO_4 \xlongequal{\quad} 3CaO \cdot 3Al_2O_3 \cdot CaSO_4 \tag{17-9}$$

当温度升至 1400℃以上时，$C_4A_3\overline{S}$ 开始分解：

$$3CaO \cdot 3Al_2O_3 \cdot CaSO_4 \xlongequal{\quad} 3(CaO \cdot Al_2O_3) + CaO + SO_2\uparrow + 1/2O_2\uparrow \tag{17-10}$$

由于很难得到高纯度的 $C_4A_3\overline{S}$，所以关于其热力学参数计算的报道较少。杨天华等（2003）采用近似方法得到 $C_4A_3\overline{S}$ 标准生成焓和标准自由能，我们在此基础上计算了理想状态下纯物料体系 $CaO\text{-}Al_2O_3\text{-}CaSO_4$中 $C_4A_3\overline{S}$ 生成反应的热力学参数（表 17-12）。

对化学反应式（17-9），有

$$\Delta H = \int \Delta C_p \mathrm{d}T \tag{17-11}$$

式中，ΔC_p为温度 T 的函数，在固硫反应中，$\Delta C_p = \Delta a + \Delta bT + \Delta cT^{-2}$；$\Delta a$、$\Delta b$、$\Delta c$ 为恒压热容校正系数。

根据吉布斯-亥姆霍兹方程：

$$[\partial(\Delta G/T)/\partial T]_p = -\Delta H/T^2 \tag{17-12}$$

对式（17-12）作不定积分，则有

$$\Delta G/T = -\int \Delta H/T^2 \mathrm{d}T \tag{17-13}$$

根据 C_p与 T 的关系，先算出 ΔC_p，再由反应式（17-9）在 298K 的反应热求出式（17-11）中的积分常数 $C_1 = 63521.37$。根据反应式（17-9）在 298K 时的自由能，求出式（17-13）中积分常数 $C_2 = 154.229$。

表 17-12　硫铝酸钙生成反应中有关物质的热力学参数

参数	a	b	c	$\Delta_f G_{298}$/(kJ/mol)	$\Delta_f H_{298}$/(kJ/mol)
CaO	49.62	4.52	−6.95	−604.17	−635.55
Al_2O_3	114.77	12.80	−35.44	−1581.88	−1674.43
$CaSO_4$	77.49	91.92	−6.56	−1320.30	−1432.68
C_4A_3S	607.48	49.05	−96.60	−7829.50	−8304.80
差值	36.82	−94.83	37.14	48.95	57.82

由此，可以得到理想状态下 ΔG 与温度 T 的关系：

$$\Delta G = 63521.37 - 36.82T\ln T + 47.42 \times 10^{-3}T^2 - 18.57 \times 10^5 T^{-1} + 154.229T \tag{17-14}$$

ΔG 与温度 T 的关系曲线见图 17-14。由图可知，当温度 T<977℃时，ΔG>0，反应式（17-9）理论上不能发生，本实验体系中 C_4A_3S 开始生成温度稍低（C_4A_3S 在 900℃左右开始生成），这是因为实验采用的原料为赤泥和铝矾土，赤泥中含有的 Fe_2O_3 可使 C_4A_3S 的生成温度降低；当温度 T>977℃时，ΔG<0，反应式（17-9）可以正向进行，即当 T>977℃时有 C_4A_3S 生成，并且随着温度的升高 ΔG 逐渐变小，说明温度升高有利于 C_4A_3S 生成反应的发生，这是因为随着温度升高，质点热运动增大，动能增加，化学反应能力和扩散能力均明显增强；当温度 T = 1330℃左右 ΔG 达到最小，也就是说，从理论上讲，当 T=1330℃左右时，C_4A_3S 生成量达到最大；然后随着温度的升高，ΔG 的值逐渐变大，说明 C_4A_3S 开始发生分解，反应式（17-9）逆向进行。

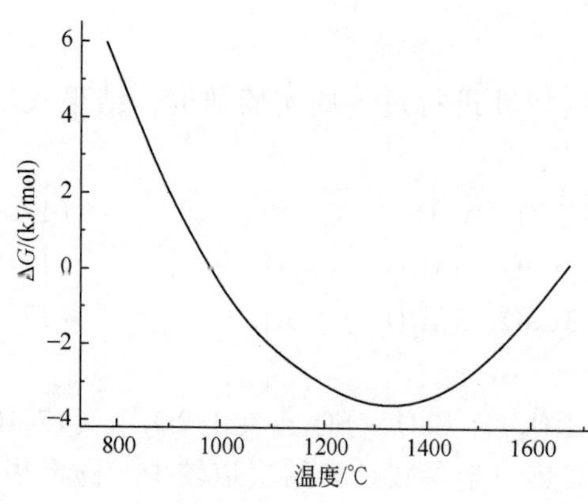

图 17-14　硫铝酸钙生成反应的 ΔG 与温度的关系曲线

4. 硫铝酸钙生成的动力学研究

C_4A_3S 生成属于固相反应，反应速率可用如下方程表示：

$$dx/dt = k(1-x)^n \tag{17-15}$$

反应速率常数 k 与温度 T 的关系用阿累尼乌斯公式表示为

$$k = Ae^{-E_a/(RT)} \tag{17-16}$$

式中，x 为反应分数；t 为反应时间；n 为反应级数；k 为反应速率常数；A 为频率因子；E_a 为反应活化能；R 为摩尔气体常数。

根据式（17-15）和式（17-16），可以判定 C_4A_3S 生成反应机理函数的反应级数。根据加热实验在 1220～1380℃（C_4A_3S 在此温度范围大量生成）的结果，分别取 n=0、2、3、4、5 进行各种反应机理的拟合，当 n=3 时，相关系数 R 平方的最大值为 0.998，函数线性关系最好，即静态空气气氛中用赤泥、铝矾土和 $CaSO_4 \cdot 2H_2O$ 高温煅烧生成 C_4A_3S 可以用 3 级反应动力学来描述，拟合曲线见图 17-15，其生成过程的最概然机理为 n=3 的成核生长过程，机理函数为 $g(a)=[-\ln(1-a)^{1/3}]$。在确定了反应级数的基础上，可以进一步求出相关的动力学参数。

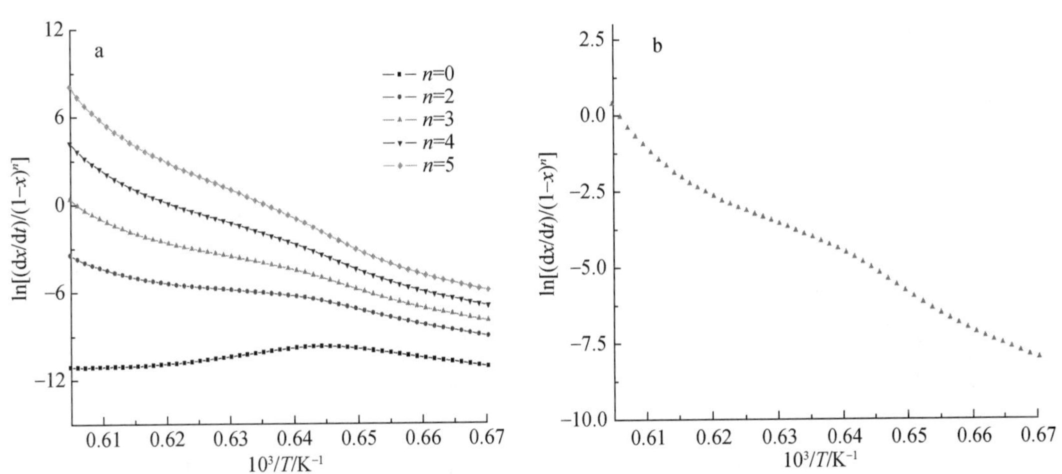

图 17-15　C_4A_3S 生成反应动力学级数判定

a. 取不同 n 时曲线线性化比较；b. n=3 时曲线线性图

C_4A_3S 生成动力学方程表示为

$$dx/dt = kf(x) \tag{17-17}$$

式中，$f(x)$ 为反应机理函数的微分式。

升温速率为

$$\beta = dT/dt \tag{17-18}$$

式（17-17）可表示为

$$dx/dT = kf(x)/\beta \tag{17-19}$$

根据实验数据计算出 C_4A_3S 在不同温度下的生成分数。由式（17-17）可知，不同反

应温度下 C_4A_3S 生成速率常数 k 可以通过 C_4A_3S 生成分数与反应时间 t 的函数求得，C_4A_3S 生成分数的函数 $1-(1-x)^{1/3}$ 与时间 t 呈线性关系，绘出不同温度下 $1-(1-x)^{1/3}$ 与时间 t 的关系曲线，见图 17-16、图 17-18 和图 17-20。曲线的斜率为速率常数 k，通过对图中各个温度下的曲线线性拟合，根据拟合的斜率可以求得不同反应温度下的速率常数 k。利用图 17-16、图 17-18 和图 17-20 求出速率常数 k，可得到 $\ln k$ 与 $1/T$ 的关系图，分别为图 17-17、图 17-19 和图 17-21。$\ln k$ 与 $1/T$ 呈线性关系，其中的斜率为 E_a/R，R 为摩尔气体常数。通过直线斜率可以求得 C_4A_3S 生成反应活化能 E_a。

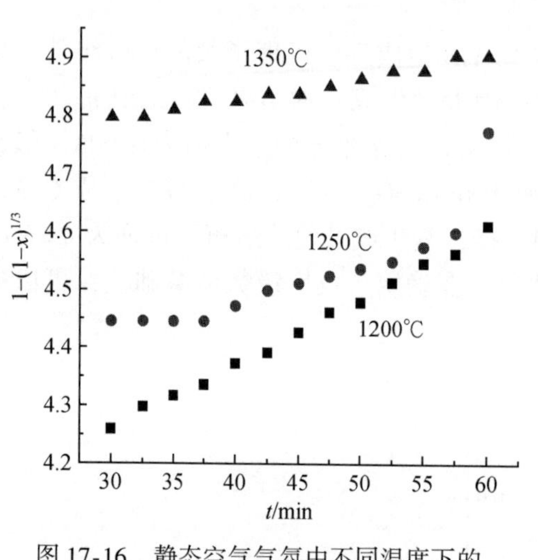

图 17-16　静态空气气氛中不同温度下的 $1-(1-x)^{1/3}$ 与反应时间 t 的函数关系

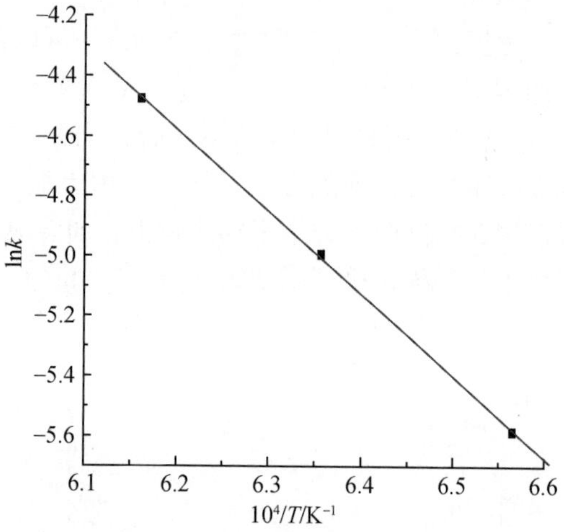

图 17-17　静态空气气氛中 $\ln k$ 与 $1/T$ 的函数关系

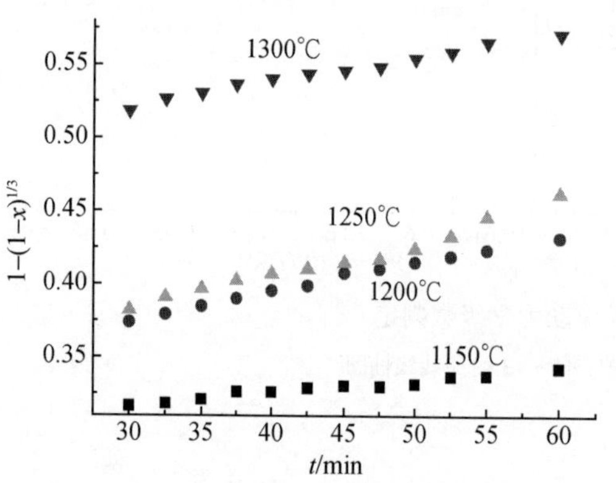

图 17-18　O_2 气氛中不同温度下的 $1-(1-x)^{1/3}$ 与反应时间 t 的函数关系

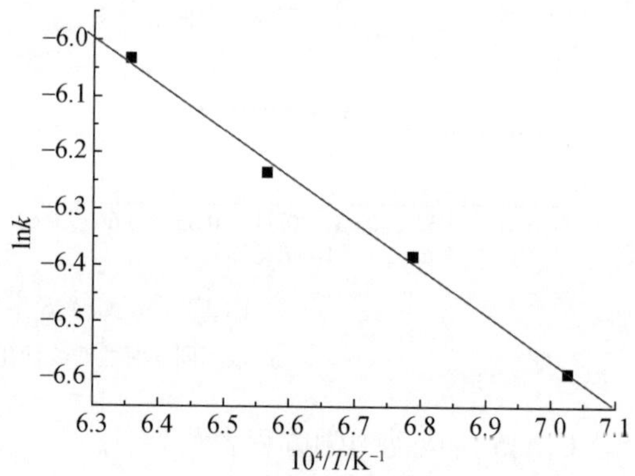

图 17-19　O_2 气氛中 $\ln k$ 与 $1/T$ 的函数关系

计算结果表明，静态空气气氛下 C_4A_3S 生成反应的表观活化能 $E_a=228$kJ/mol，低于 Ali 等（1994）用分析纯 $CaCO_3$-Al_2O_3-$CaSO_4$ 体系生成 C_4A_3S 得到的反应表观活化能 376kJ/mol。说明本实验采用的赤泥中的 SiO_2 和 Fe_2O_3 能够有效降低 C_4A_3S 生成反应的表观活化能，有利于 C_4A_3S 生成。杨天华等（2003）研究发现，在 O_2 气氛、升温速率为 5℃/min，CaO、Al_2O_3 和 $CaSO_4\cdot 2H_2O$ 物质的量比为 3∶3∶1 的条件下，C_4A_3S 生成反应的表观活化

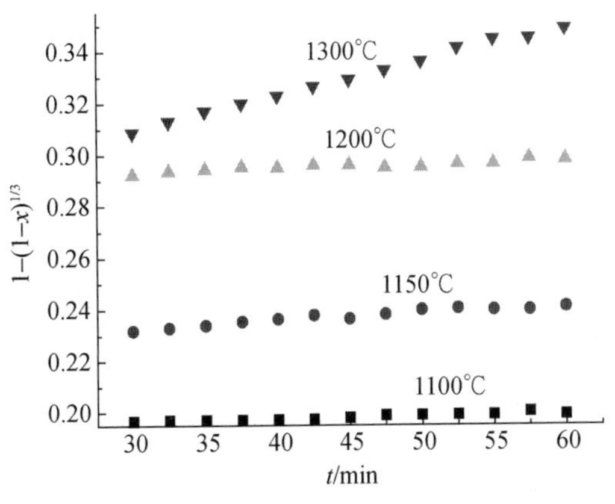

图 17-20　Ar 气氛中不同温度下的 $1-(1-x)^{1/3}$ 与反应时间 t 的函数关系

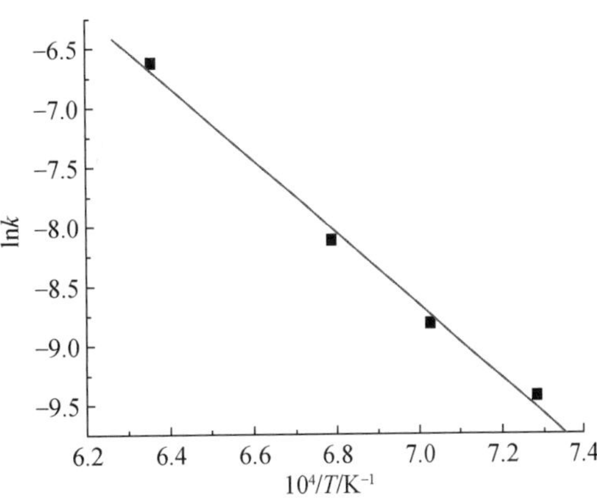

图 17-21　Ar 气氛中 ln$k$ 与 $1/T$ 的函数关系

能为 456. 4kJ/mol。而本实验在 O_2气氛下（流量为 80mL/min），C_4A_3S 生成反应表观活化能 $E_a=68$kJ/mol，这个结果低于静态空气下以及 Ali 等（1994）和杨天华等（2003）的研究结果，其主要原因是：富氧气氛有利于 SO_2转化成 $CaSO_4$，有利于反应式（17-9）的发生，即富氧气氛下有利于 C_4A_3S 生成，同时通入气流也有利于扩散发生，使 SO_2和 O_2更易与 CaO 接触，也有利于 C_4A_3S 生成反应，因此能够有效降低 C_4A_3S 的生成反应表观活化能。在 Ar 气氛下（流量为 80mL/min），C_4A_3S 生成反应的表观活化能为 254kJ/mol，高于静态空气（228kJ/mol）和流通 O_2下的结果（68kJ/mol），说明惰性（Ar）气氛提高了 C_4A_3S 生成反应的表观活化能，因而贫氧气氛不利于 C_4A_3S 生成反应。

不同气氛下 C_4A_3S 生成反应表观活化能 E_a、ln$A$ 和频率因子 A 见表 17-13，说明气氛影响 C_4A_3S 生成，通过对比发现 O_2气氛能有效地降低 C_4A_3S 生成反应表观活化能。

表 17-13　C_4A_3S 生成反应的 E_a、ln$A$ 和 A

反应气氛	E_a/(kJ/mol)	ln$A$	A/[dm^6/(mol^2 · s)]
静态空气	228	12. 40	2.43×10^5
流动 O_2	68	-0. 85	4.27×10^{-1}
流动 Ar	254	12. 74	3.41×10^5

第 18 章　矿物法评价土壤环境质量

土壤质量涉及经济可持续发展和社会全面进步的战略问题，直接影响土壤质别、水质状况、作物生长、农业产量、农产品质等，并通过食物链影响人体健康。由于土壤在位置上较水体和大气相对稳定，往往造成污染物积聚。污染物在土壤中持续累积到一定程度，可表现出明显的生态效应和环境效应，即产生土壤环境容量。在这一累积过程中，还存在污染物的输入与输出、吸附与解吸、固定与释放的动态平衡作用，对土壤环境容量产生直接影响。自从环境容量概念提出以来，污染防治已由污染物的浓度控制发展到污染物的总量控制，即不仅强调污染物排放的最低浓度要求，还着重限制污染物排放的数量，并且考虑地区的净化能力和容纳能力。当前国内外研究者对土壤与重金属之间吸附与解吸、固定与释放的关系研究已取得一定成果，但研究仍主要涉及土壤混合物的层次。关于土壤重金属污染物防治途径研究中，一直强调土壤自身的净化能力。需要指出的是，土壤自净能力离不开土壤中矿物对重金属的吸附与解吸作用、固定与释放作用，土壤中具体矿物的净化能力才真正体现土壤自身的净化能力与容纳能力。特别要强调的是，有毒有害元素含量的高低并不是直接判定土壤环境质量优劣乃至土壤生态效应的唯一标志，因为无机元素在土壤介质中的赋存形态和有机污染物的结构特征是影响它们环境行为的内在因素。极端的情况是：一种元素含量高并不一定有害，而一种元素含量低却并不一定无害，关键问题是要评价这些重金属在土壤中与各种无机矿物之间具有怎样的赋存状态和环境平衡关系。

只有在土壤组成矿物的层次上，查明土壤中重金属的赋存状态与影响因素，才能建立和保护土壤中重金属与矿物之间的环境平衡关系，提高土壤自身治污能力，防止食物链中重金属污染。将矿物影响环境质量评价理论引入土壤重金属污染评价领域，可为土壤重金属污染防治提供矿物学新方法（鲁安怀，2005b）。

18.1　土壤矿物调控重金属活动状态

18.1.1　重金属在矿物中赋存状态

1. 矿物表面吸附作用

环境矿物学研究中，一个重要的工作内容是了解矿物的表面化学性质（魏俊峰、吴大清，2000）。表面分析技术的发展和经典化学方法的引入，使得人们可能从原子-分子尺度上研究矿物的表面反应，量子化学从头计算的方法已经被应用在矿物表面几个原子尺度性质的研究中（洪汉烈、闵新民，2004）。

矿物表面是矿物的外部边界。当它与其他介质接触时，就被称为界面。矿物体相中，每个原子都和周围的原子成键，由于成键轨道被电子所充满、反键轨道被置空（洪汉烈、闵新民，2004），矿物晶体处于稳定态；而在矿物表面，原来在体相中与之成键的邻位原子“缺失”，或者说其点阵平面被突然截断（吴大清等，2000；吴大清、刁桂仪，2001），会产生过量的电荷密度，或称表面悬键。悬键造成矿物表面高能态，具有高反应活性。处于真空状态下的清洁表面，会自发地发生弛豫甚至重构，以降低能量，趋于稳定；而大多数天然过程中，矿物表面与介质中的离子或分子反应，对过量电荷进行配对，形成孤立表面，这就是矿物的表面作用。

矿物极性表面具有较强的吸附重金属离子能力。矿物表面 O 或 OH 桥与邻近溶液进行快速的酸-碱反应以在矿物表面传递静电荷（图 18-1）。氧化物、氢氧化物和硅酸盐矿物表面接触水就带上电荷，表面电荷随溶液 pH 不同会发生变化。

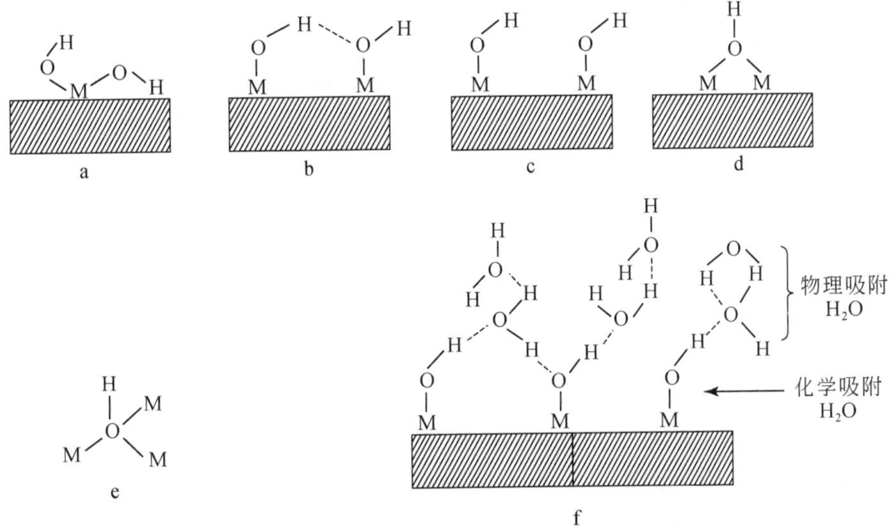

图 18-1　（氢）氧化物矿物表面上不同类型的表面羟基

a. 孪位羟基；b. 氢键结合的邻位羟基；c. 孤立的羟基；d. 双配位羟基；e. 三配位羟基；f. 表面羟基（化学吸附水）与两层物理吸附水之间理想化的关系

矿物表面可能发生多种化学反应（Hochella and White，1990），包括吸附（内域配合和外域配合）（Sparks，2005）、表面沉淀、扩散和共沉淀等。重金属在矿物-水界面上可能被吸附而赋存的类型如图 18-2 所示（Hochella and White，1990）。非特效吸附时，水合离子保留了水合的水，与矿物表面通过长程库仑力及氢键成键，称为外域配合。特效吸附（化学吸附）时，溶液中正电或负电离子在带电界面上或附近扩散集中，矿物-水界面上吸附作用进一步涉及这些离子的某些反应，导致吸附离子水合物上一个或更多水分子的丢失，同时与矿物表面通过强的化学键结合，称为内域配合。被吸附的物种可以通过扩散进入矿物晶格。吸附作用也会涉及矿物表面上沉淀的形成，以三维结构为特征，可以是结晶质，也可以是非结晶质。当沉淀物化学组成共同来源于水溶液和矿物的溶解时，称为共沉淀。

2. 矿物层间域离子交换作用

土壤中的黏土矿物结构单元层之间的层间域可容纳重金属离子，是主要的离子交换作

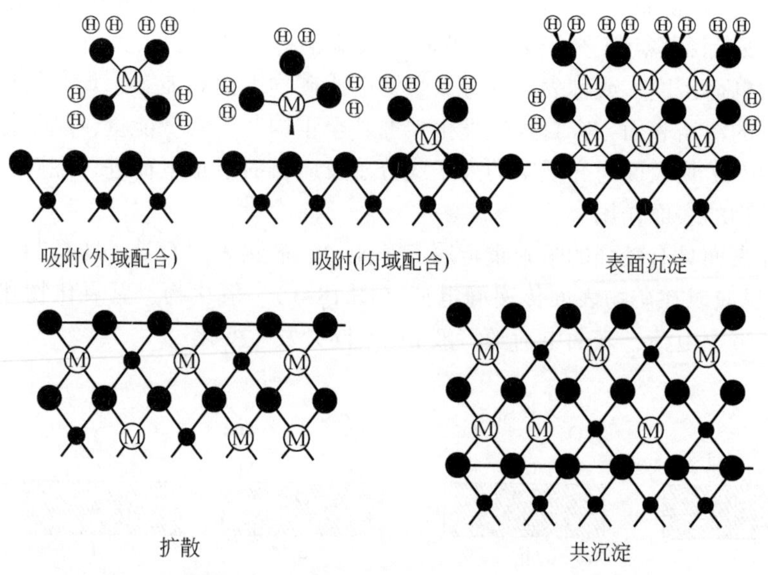

● 氧原子；• 矿物中的金属离子；H 氢离子；M 水溶液中金属离子

图 18-2　矿物-水界面可能发生的几种吸附类型（据 Hochella and White，1990）

用发生的位置。

高岭石是最简单的 1∶1 型结构的黏土矿物。由于其层与层之间的联系力相当弱，因而在水中易散开，决定了高岭石的离子交换速度较快。虽无类质同象发生，但 OH^- 基团分布于结构单元层的边缘，能起吸附重金属的作用。关于高岭石对重金属离子吸附有许多报道（Freedman *et al.*，1994；Mantel *et al.*，1994；Woo，1994；陆雅海等，1995；青长乐等，1995；Manning and Wang，1995；Walder *et al.*，1995；吴大清等，1997；吴宏海等，1998；Ikhsan *et al.*，1999；何宏平等，1999，2001），不同研究者得出的高岭石对重金属离子吸附量变化趋势有一定程度的差异。陆雅海等（1995）认为高岭石对重金属离子吸附量趋势为 $Cu^{2+}>Zn^{2+}>Ni^{2+}>Co^{2+}>Cd^{2+}$；吴大清等（1997）认为是 $Rb^{2+}>Cr^{3+}>Cu^{2+}>Cd^{2+}>Ni^{2+}>Ag^{2+}>Zn^{2+}$；Ikhsan 等（1999）认为是 $Pb^{2+}>Cu^{2+}>Zn^{2+}>Co^{2+}>Mn^{2+}$；何宏平等（2001）得出 $Cr^{3+}>Pb^{2+}>Zn^{2+}>Cu^{2+}>Cd^{2+}$。Freedman 等（1994）认为这种差异主要是高岭石对 Cr^{3+}、Cu^{2+} 等离子有较大的亲和力所致。此外，高岭石的阳离子交换容量较小，Lim 等（1980）提出 pH 为 7 时，高岭石阳离子交换容量仅为 0～1mmol/kg。高岭石吸附重金属离子的能力远不如蒙脱石和伊利石，主要是由于高岭石的层间不存在交换性的阳离子，层与层之间靠氢键结合，重金属离子很难进入层间。

黏土矿物的离子交换作用主要发生在 2∶1 型结构黏土矿物中。由于四面体层内常有 Al^{3+} 代替 Si^{4+}，有时八面体层内也有二价与三价阳离子之间的替代，会导致结构单元层内负电荷过剩，需要位于层间域的阳离子来补偿。这些阳离子还起到联系结构单元层的作用，并且是活动的，可与重金属阳离子发生离子交换作用。土壤中水钠锰矿也属于层状结构矿物，层间可容纳一定量的重金属离子。

3. 矿物孔道效应

矿物孔道效应包括孔道分子筛、离子筛效应与孔道内离子交换效应等。具有孔道结构及良好过滤性的矿物有沸石、黏土矿物、硅藻土、轻质蛋白石、磷灰石、电气石、软锰矿、硅胶等。蛇纹石、埃洛石管状结构以及蛭石膨胀孔隙等也表现出优良的孔道性能。锰钾矿晶体结构中补偿负电荷的阳离子与格架结合力相当弱，容易与其他离子发生离子交换作用，因而具有阳离子交换性质。天然锰钾矿结构存在由 Mn-O 八面体所构建并由 K 等充填的孔道，孔道内可成为重金属离子 Cd 的赋存位置，是 Cd 交换 K 的结果（Randall *et al.*，1998）。农业地质环境调查中发现的沿江沿河地带呈现的 Cd 异常，可能与这些地带发育锰钾矿不无联系。天然沸石对一些阳离子有较高的离子交换选择性，水合离子半径小的离子容易进入沸石格架，离子交换的能力相对较强。

18.1.2　介质 pH 影响矿物吸附量

土壤中，pH 大于 pH_{PZC} 有利于矿物吸附重金属离子，小于 pH_{PZC} 矿物吸附重金属离子相对减弱。如图 15-2 所示，锰钾矿 pH_{PZC} 为 6.3，当介质 pH 小于 6.3 时，锰钾矿表面带正电荷，对阴离子具有强的静电吸附作用；介质 pH 大于 6.3 时，锰钾矿表面带负电荷，这时才对重金属阳离子有强的静电吸附作用。

铁的氧化物矿物表面与锰钾矿具有相似的 pH_{PZC}。实验研究表明，酸性条件下褐铁矿和磁铁矿对二价阳离子 Hg 和 Cd 的吸附率不高，只有在碱性条件下，其表面带有负电荷时，吸附效果才显著（图 18-3）。

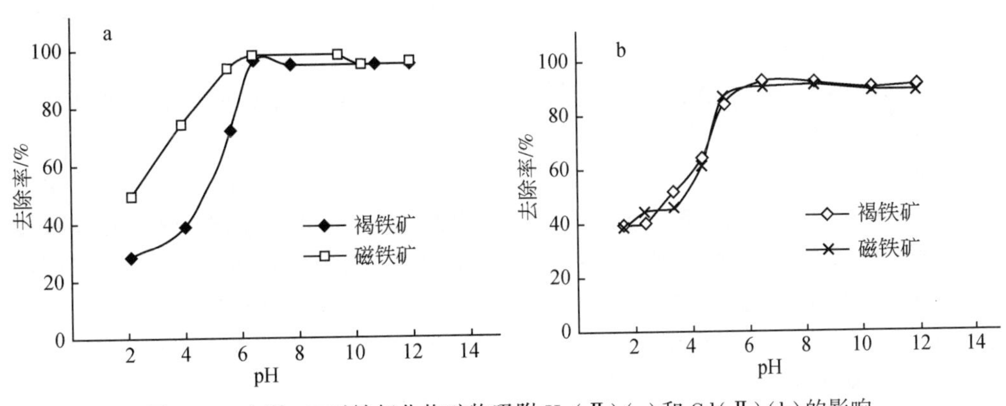

图 18-3　介质 pH 对铁氧化物矿物吸附 Hg(Ⅱ)(a)和 Cd(Ⅱ)(b)的影响

由于 Cr(Ⅵ)在水溶液中的络合离子属于阴离子，如在酸性介质中为 $Cr_2O_7^{2-}$，碱性介质中为 CrO_4^{2-}，褐铁矿和磁铁矿在酸性条件下对 Cr(Ⅵ)有较高的吸附率，碱性条件下吸附率就大大降低（图 18-4）。

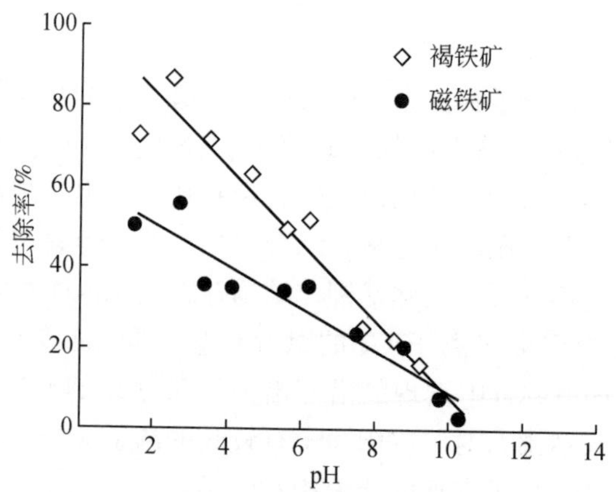

图 18-4　介质 pH 对铁氧化物矿物吸附 Cr(Ⅵ)的影响

18.1.3　介质离子强度影响矿物吸附量

矿物表面吸附重金属离子往往受到介质中其他离子的干扰而影响吸附效果。以锰钾矿为例，随溶液 pH 升高，锰钾矿表面正电荷密度减少，Cd 离子与其表面的排斥减小、吸附率增加；当 pH 超过 6.3 时，锰钾矿表面开始带负电荷，随 pH 的增大，Cd 离子与表面负电荷的静电吸引增大，吸附率增加（图 15-7）。锰钾矿对 Cd 的吸附受离子干扰度较低，是成键吸附作用较强的体现。

而锰钾矿对 Hg 的吸附作用受离子干扰程度较大。在 pH 为 2 附近，不同电解质对吸附量的影响程度差别不大。在 pH 近中性时，不同电解质对吸附量的影响较大，受 $NaNO_3$ 与 K_2SO_4 影响较小，而受 $CaCl_2$、KCl、NaCl 等卤盐干扰程度高。在碱性条件下不同电解质对锰钾矿吸附 Hg 仍有一定干扰，且吸附量都在降低（图 15-4）。锰钾矿对 Hg 的吸附受离子干扰度较高，是成键吸附作用较弱的体现。

磁铁矿和褐铁矿吸附 Hg 的实验研究结果（图 18-5）表明，总体上矿物表面 pH_{PZC} 还是控制着对 Hg 的吸附作用效果，但在不同浓度的 $NaNO_3$ 溶液中，磁铁矿吸附 Hg 的效果几乎不受影响，而褐铁矿对 Hg 的吸附率随着 $NaNO_3$ 浓度的提高而降低。这充分表明褐铁矿吸附 Hg 时受到的离子干扰程度要比磁铁矿强得多；另一方面也表明，磁铁矿对 Hg 属于成键吸附，具有较强的吸附作用与固定作用；褐铁矿对 Hg 属于非成键吸附，固定作用较弱；Hg 在磁铁矿上为固定态，在褐铁矿上为活动态。

以上所展示的理论分析和实验研究结果充分表明，土壤中重金属元素活动状态受土壤矿物和介质条件的控制。只有在土壤矿物表面、层间或孔道内呈强键吸附作用的重金属，才属于具有完全意义的固定态重金属，在土壤环境中才不会影响食物链；而与土壤矿物呈弱键吸附关系的重金属，极易受到介质条件的影响，进而影响食物链；矿物种类和介质条件均不利于重金属与矿物发生吸附作用，这部分重金属就属于具有完全意义的活动态重金属，对食物链危害性极强。因此，开展土壤环境质量评价，避免不了对土壤中重金属与土壤矿物、介质条件交互作用的评价，程序上离不开对土壤矿物组成和含量的测定。

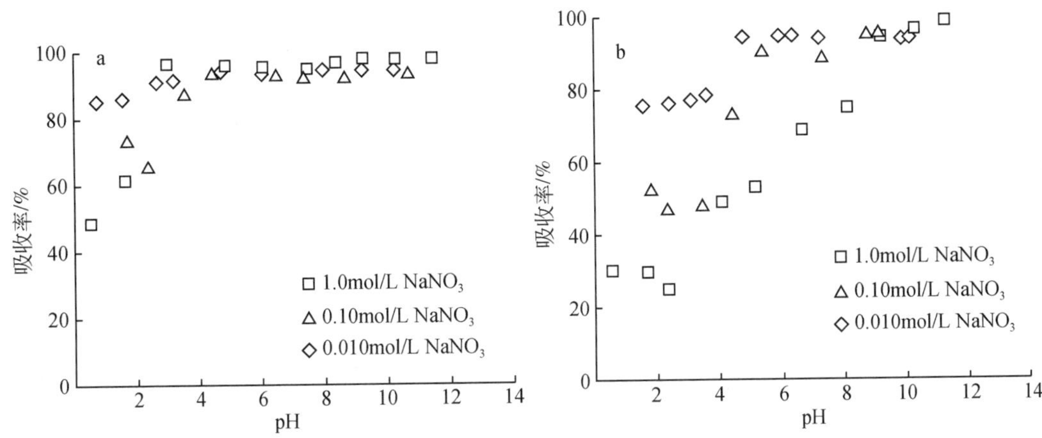

图 18-5　不同浓度 $NaNO_3$ 溶液中磁铁矿（a）和褐铁矿（b）吸附 Hg(Ⅱ)与 pH 的关系

18.1.4　硫化物结合态重金属分析

金属硫化物溶度积 K_{sp} 较小（表 18-1），一般在水溶液中属于难溶化合物，形成的金属硫化物沉淀物稳定性较强，故土壤中重金属硫化物结合态为稳定态。以硫化物矿物存在的有毒有害重金属不易进入食物链。

表 18-1　金属硫化物矿物溶度积（K_{sp}）

名称	晶体化学式	25℃时 K_{sp}
辰砂	HgS	6.44×10^{-53}
硫镉矿	CdS	1.40×10^{-29}
方铅矿	PbS	9.04×10^{-29}
闪锌矿	ZnS	2.93×10^{-25}
铜蓝	CuS	1.27×10^{-36}
硫镍矿	NiS	1.07×10^{-21}
α 硫钴矿	CoS(α)	4.00×10^{-21}
β 硫钴矿	CoS(β)	2.00×10^{-25}
α 辉银矿	Ag_2S(α)	6.69×10^{-50}
β 辉银矿	Ag_2S(β)	1.09×10^{-49}
磁黄铁矿	FeS	1.59×10^{-19}

由于土壤中金属硫化物矿物往往为还原环境中的表生矿物，具有密度大、粒径小、含量少的特点，传统的定性鉴定方法是重砂法。采用专门的系统聚类分析方法，不仅能对土壤中多种元素的含量进行相关分析，判明元素之间的聚合程度，而且能够查明有毒有害元素的聚合对象与相关程度，并能定量地分析微量有毒有害重金属元素与硫元素的聚合程度，判断形成重金属硫化物矿物的可能性，反过来可以推算硫化物结合态重金属元素的数量。这部分有毒有害重金属在土壤环境中应属于固定态。

18.2 土壤矿物吸附金属离子理论模型

现有的土壤环境质量评价方法，从不同角度出发，针对研究地区的特点，大量采用了数学和统计模型来评价土壤重金属污染。

其中，生物法根据生物对重金属毒害的不同反应来判断土壤污染程度。植物反应法根据植物叶片、长势和产量来衡量土壤污染状况；残毒量和积累量法采用植物中重金属积累量的大小相对土壤中重金属累积量的大小，或者农作物对重金属的吸收率作为土壤质量评价指标；杀菌度法用土壤中重金属对土壤微生物的杀伤程度评价土壤污染；毒理法根据作物中毒物对人体影响的剂量作为土壤污染评价标准。这些评价方法在实际操作中费时较长，对被试生物的选择存在相当大的主观性，并且工作量较大。

背景值法根据土壤中元素含量偏离背景值作为土壤污染评价的尺度，而土壤元素背景值的选择也有不确定因素，并且没有考虑到元素的不同赋存状态。

指数法包括单因子指数质量模型、综合指数质量模型、Nemerow 综合污染指数等方法。单因子质量指数以土壤污染物的实测浓度与评价标准之比作为评价土壤污染的指数；综合指数质量模型则将各种单因子质量指数加权平均求得综合指数；Nemerow 综合污染指数法结合了前两者的特点，突出环境要素中浓度最大污染物的影响。这些指数的选择和获取也面临着可操作性差、主观性强、过分强调统一标准、具有较大的工作量等问题。此外，对土壤环境质量进行评价时需要用到复杂的数学和统计模型，如王学军等（2005）将空间分析和克里格插值的统计学方法引入土壤中微量元素的环境质量评价中。

实践证明，现有的土壤重金属污染评价方法都或多或少有一定的缺陷，如参数选择具有相当大的主观性和不确定性；将土壤中重金属的总量作为衡量的指标，未考虑土壤中污染元素的赋存形式；实际操作中费时较长，工作量较大。此外，土壤重金属污染评价中大量采用了数学和统计的模型，并且有日益复杂化的趋势。然而，追求物理模型的真实与理论机制的完备是一对矛盾。我们研究的土壤本身是极其复杂的体系，尝试用复杂的模型解释土壤中重金属离子的个别行为，可能陷入过度繁琐的困境。比较明智的方法是作为自然界的基本事实来接受，而不是用那么多的变量（特别是在一些基本问题尚不清楚的时候）试图去解释。

由于环境问题日益严重，土壤质量需要时常采样监控。因此，寻求简单有效的方式，对不同地区进行土壤重金属污染统一评价，是这方面应用的重点。

各种评价土壤重金属污染程度方法共同的基本思想是：土壤中重金属的总量与土壤重金属对农业生态系统的影响程度成正比。因此，不同的评价方法，无论彼此之间差异多大，总要考虑土壤中重金属总量，并给出一定阈值作为标准。当重金属的含量低于阈值，可以认为土壤没有污染；反之，可以得出土壤已经被污染的结论。土壤重金属总量超出标准阈值越高，危害就越大。此时，需要衡量污染的程度和预期的风险，并采取措施补救和预防。

现在的问题是，土壤中有毒有害元素含量的高低，并不是直接判定土壤环境质量优劣乃至土壤生态效应的唯一标志。深入研究土壤重金属污染，不仅要测量污染元素含量，同时还必须考虑它们在土壤中的赋存形式。被土壤稳定吸附的污染元素难以进入水圈，相应地也就不构成污染。既然土壤矿物占土壤重量的90%以上，那么，单独研究土壤无机物组分的主体——土壤矿物的吸附能力，显然是研究土壤环境容量（夏增禄，1992）的前提和基础。

18.2.1　矿物表面吸附反应原理及理论推导

矿物表面化学的研究表明，矿物表面处于较高的能态，带有表面断键和电荷，拥有较强的选择吸附能力（董发勤等，1999a，1999b）。溶液中，矿物表面发生水化作用，带有表面羟基（Sahai and Sverjensky，1997；Jolivet *et al.*，2000；吴大清等，2001；洪汉烈、闵新民，2004），构成了矿物表面上的反应位（魏俊峰、吴大清，2000）。矿物表面羟基可以进一步发生多种化学反应，达到动态平衡时，矿物表面多种型体并存。

表面羟基可以表示为≡S—OH，其中S代表组成矿物的中心离子。对于化学式分别为M_2O_n和$M(OH)_n$的氧化物和氢氧化物矿物，中心离子就是金属离子M^{n+}；而硅酸盐矿物中，中心离子可以是金属离子，也可以是Si^{4+}。严格地说，出露在矿物不同表面（可以是晶面、生长面、解理面或碎裂面）上的中心离子S不同，相应的表面羟基≡S—OH也存在差异。但宏观上，我们研究的大部分矿物出露的表面都不会只是同种表面。在发生表面反应时，不同的表面将共同作用，实际观察到的表面反应的理化性质，是这些存在差异的中心离子平均的效应。因此，对不同的中心离子不加以区分，统一用S表示，相应地，表面羟基也统一表示为≡S—OH。

表面羟基具有很强的两性性质，可以吸附溶液中的H^+和OH^-，这种吸附可以归结于矿物表面羟基≡S—OH的质子化和脱质子化（Anderson and Rubin，1989）。图18-6示意了发生在矿物表面的这两种反应。

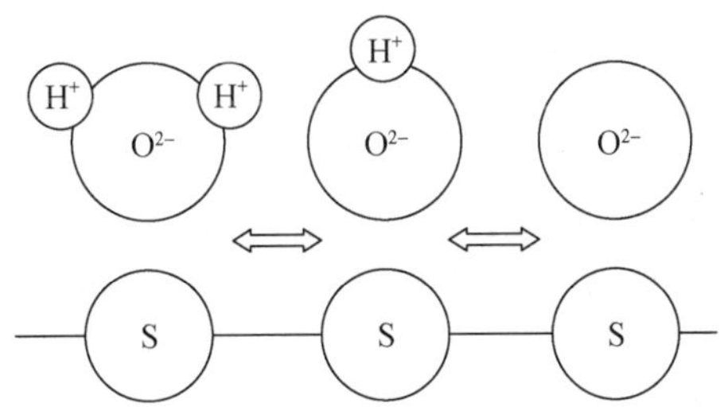

图 18-6　矿物的表面羟基反应

S表示出露在矿物表面的中心离子，水平线是矿物-溶液界面

热力学平衡、物料平衡和吸附平衡是基本的化学问题。矿物的表面羟基与溶液中的H^+发生质子化（protonation）反应，相应的反应式和平衡常数（李学垣，2001）如下：

$$\equiv S—OH + H^+ \Longleftrightarrow \equiv S—OH_2^+$$

$$K_1 = \frac{\{\equiv S—OH_2^+\}}{\{\equiv S—OH\}[H^+]} \tag{18-1}$$

高pH条件下，矿物的表面羟基发生去质子化（deprotonation）反应而解离，反应式和平衡常数（Freedman *et al.*，1994；Sahai and Sverjensky，1997；Jolivet *et al.*，2000）如下：

$$\equiv S—OH \Longleftrightarrow \equiv S—O^- + H^+$$

$$K_2 = \frac{\{\equiv S—O^-\}[H^+]}{\{\equiv S—OH\}} \tag{18-2}$$

当表面羟基解离时，矿物表面作为 Lewis 酸位（吴宏海等，2000；Jolivet *et al.*，2000；李学垣，2001）与金属阳离子作用。被吸附的金属阳离子 M^{n+} 可与一个或两个 $\equiv S—OH$ 配位。前者称为单基配位模式，后者为双基配位模式（李学垣，2001）。两种吸附模式的的形象图示见图 18-7。

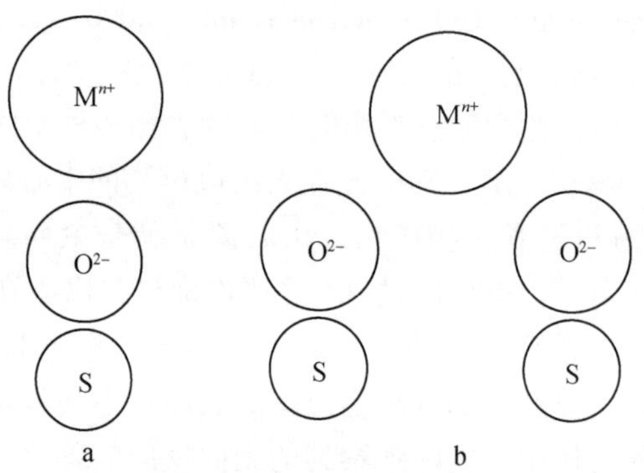

图 18-7　两种配位吸附

a. 单基配位图示；b. 双基配位图示

为简单起见，只考虑单基配位的情况。单基配位吸附的反应式和平衡常数如下（Jolivet，2000；李学垣，2001；吴大清、刁桂仪，2001）：

$$\equiv S—OH + M^{n+} \Longleftrightarrow \equiv S—OM^{(n-1)+} + H^+$$

$$K_1^M = \frac{\{\equiv S—OM^{(n-1)+}\}[H^+]}{\{\equiv S—OH\}[M^{n+}]} \tag{18-3}$$

表面活性位（S_T）是矿物表面上能够吸附或解吸一个质子的任一原子（杜青、文湘华，1996；Sahai and Sverjensky，1997；何宏平等，2000；吴大清、刁桂仪，2000）。可以认为表面活性位就是暴露在矿物表面带有羟基的中心离子所在的位置，亦即表面羟基 $\equiv S—OH$ 所在的位置。

显然，表面活性位 S_T 可以分为质子化的 $\equiv S—OH_2^+$、不带电的 $\equiv S—OH$、质子解离的 $\equiv S—O^-$ 和金属离子占有的点位 $\equiv S—OM^{(n-1)+}$（李学垣，2001）。

根据物料平衡，有

$$\{\equiv S_T\} = \{\equiv S—OH_2{}^+\} + \{\equiv S—OH\} + \{\equiv S—O^-\} + \{\equiv S—OM^{(n-1)+}\} \tag{18-4}$$

按照前述反应式，达到平衡时，由式（18-1），得

$$\{\equiv S—OH_2^+\} = K_1\{\equiv S—OH\}[H^+] \tag{18-5}$$

由式（18-2），得

$$\{\equiv S—O^-\} = \frac{K_2\{\equiv S—OH\}}{[H^+]} \tag{18-6}$$

由式（18-3），得

$$\{\equiv \text{S—OH}\} = \frac{\{\equiv \text{S— OM}^{(n-1)+}\}[\text{H}^+]}{K_1^{\text{M}}[\text{M}^{n+}]} \tag{18-7}$$

将式（18-7）代入式（18-5）和式（18-6），分别得

$$\{\equiv \text{S— OH}_2{}^+\} = \frac{K_1\{\equiv \text{S— OM}^{(n-1)+}\}[\text{H}^+]^2}{K_1^{\text{M}}[\text{M}^{n+}]} \tag{18-8}$$

$$\{\equiv \text{S—O}^-\} = \frac{K_2\{\equiv \text{S— OM}^{(n-1)+}\}}{K_1^{\text{M}}[\text{M}^{n+}]} \tag{18-9}$$

将式（18-7）~式（18-9）代入式（18-4），得

$$\{\equiv \text{S}_\text{T}\} = \frac{\{\equiv \text{S— OM}^{(n-1)+}\}}{K_1^{\text{M}}[\text{M}^{n+}]}\{K_1[\text{H}^+]^2 + [\text{H}^+] + K_2 + K_1^{\text{M}}[\text{M}^{n+}]\} \tag{18-10}$$

整理，得

$$\frac{\{\equiv \text{S— OM}^{(n-1)+}\}}{\{\equiv \text{S}_\text{T}\}} = \frac{K_1^{\text{M}}[\text{M}^{n+}]}{K_1[\text{H}^+]^2 + [\text{H}^+] + K_2 + K_1^{\text{M}}[\text{M}^{n+}]} \tag{18-11}$$

描述特定温度下单层化学吸附的 Langmuir 等温式中，将总的有效吸附位数目被占据的分数定义为覆盖度 θ，从而可以根据被吸附物的浓度定量计算吸附量。

仿照 Langmuir 吸附理论，定义金属离子占有的点位占矿物表面总活性位的比例为覆盖度 θ。

易得，

$$\theta = \frac{\{\equiv \text{S— OM}^{(n-1)+}\}}{\{\equiv \text{S}_\text{T}\}} \tag{18-12}$$

将覆盖度的定义式代入式（18-11），得到金属离子在矿物表面吸附的覆盖度 θ 的表达式：

$$\theta = \frac{K_1^{\text{M}}[\text{M}^{n+}]}{K_1[\text{H}^+]^2 + [\text{H}^+] + K_2 + K_1^{\text{M}}[\text{M}^{n+}]} \tag{18-13}$$

式中，K_1^{M} 为矿物-金属离子吸附的条件平衡常数，它与温度、离子强度和表面电荷有关。

温度升高和离子强度增大对矿物表面吸附不利（吴宏海等，2000）。电荷修正项用于衡量 pH 偏离零电荷点时表观平衡常数偏离本征平衡常数的大小（邢光熹、朱建国，2003）。

常温下，离子浓度不大的溶液中，忽略表面电荷的影响时，吸附常数 K_1^{M} 等价于25℃时的本征吸附常数 K_{int}。此时，用公式表达：

$$\theta = \frac{K_{\text{int}}[\text{M}^{n+}]}{K_1[\text{H}^+]^2 + [\text{H}^+] + K_2 + K_{\text{int}}[\text{M}^{n+}]} \tag{18-14}$$

需要指出的是，式（18-14）的前提如下。

（1）稀薄的金属离子水溶液，可以用离子浓度代替活度；

（2）金属离子看作简单阳离子处理；

（3）忽略竞争吸附，不考虑溶液中其他离子的影响；

（4）不考虑矿物表面电荷的影响；

（5）单基配位模式，亦即表面羟基与金属阳离子按1∶1反应；

（6）矿物表面的质子化和解离反应，以及金属离子的吸附反应都达到平衡。

自然条件下土壤矿物与土壤溶液中的金属离子相互作用，与实验室条件有所不同。基于以下考虑，我们前面推导的式（18-14）可以在自然状态下运用。

1. 动力学–平衡前提

对式（18-14）的推导中用到基于化学平衡的热力学常数，公式成立的前提之一是反应达到化学平衡。动力学实验表明，质子化和解离反应能迅速达到平衡（Anderson and Rubin，1989）。吸附反应是快反应，达到平衡的时间从数分钟到数天（吴大清等，1997；何宏平等，2000；郑德圣等，2000，2003；魏俊峰、吴大清，2000；吴宏海等，2000；吴平霄、廖宗文，2001；肖万等，2003；朱一民等，2006）。地质过程是极为漫长的，自然状态下，有足够长的时间达到平衡，所以不需要考虑反应速率和达到平衡的时间。

2. 化学吸附前提

表征单层化学吸附的 Langmuir 等温式具有饱和吸附量，但高浓度条件下一些矿物和土壤吸附金属离子的实验没有得到饱和吸附量，并得出存在多层物理吸附的结论。通常物理吸附的能量变化比化学吸附低一个数量级，相对不稳定，被吸附的污染物存在吸附–解吸的过程。为了更加符合实际评估可能的污染风险，需要采用化学吸附的数据进行计算。

3. 浓度前提

天然水是一种多组分的溶液，阴阳离子的相互作用使得水溶液中离子行为偏离理想溶液（钱会，2002）。自然体系的一个特征是其复杂性（Hemley，1999），无论是土壤溶液还是天然水体的离子浓度都非常低，可以视为理想溶液。因此，用离子浓度代替活度，不会使公式的应用受到限制。

4. 表面电位前提

土壤中的无机矿物和有机物并存，宏观表现为电中性。为简单处理，采用忽略单个矿物的矿物表面电荷影响的本征常数进行推导和计算。

18.2.2 覆盖度的影响因素和变化规律

Criscenti 和 Sverjensky（2002）指出，金属从水溶液中吸附到固体表面依赖于固体的本性和溶液组成，包括背景电解质、离子强度、pH 和金属浓度。式（18-14）表明金属离子在矿物表面单基配位吸附的覆盖度 θ 是 K_1、K_2、K_{int}、$[M^{n+}]$ 以及溶液 pH 的五元函数。下面分析各个变量对覆盖度的影响以及覆盖度的变化规律。

1. K_1 和 K_2 的影响

K_1 是矿物表面羟基质子化反应的平衡常数，它衡量表面羟基质子化的倾向。K_2 是表面羟基解离反应的平衡常数，它衡量表面羟基能够与金属离子结合的倾向（李学垣，2001）。

矿物-金属离子表面络合三层模型（TLM）中，K_1、K_2与矿物介电常数和结构特征有关，理论上可以根据中心离子的配位数和电价计算得到平衡常数。

其他条件接近时，K_1和K_2较大的矿物，表面上可以与金属离子反应的$\equiv$S—OH 型体相对较少，因而覆盖度θ也较小。

同一金属离子吸附在不同矿物表面，固定 pH 和［M^{n+}］，覆盖度θ是K_1、K_2、K_{int}三个变量的函数。当两种矿物吸附金属离子的K_{int}接近时，K_1和K_2较大的矿物，覆盖度较小。并且，通常 pH 条件下，K_2对覆盖度的影响较大。反之，不易判断覆盖度θ的相对大小。

2. K_{int}的影响

同一矿物吸附不同金属离子，K_1和K_2是矿物本身的性质，本征吸附常数K_{int}与矿物和金属离子的性质均有关。由式（18-14），固定K_1、K_2、pH 和［M^{n+}］，覆盖度θ将随K_{int}的增大而增大。根据吸附常数K_{int}的定义，金属离子越容易吸附，同等条件下的覆盖度θ越大，与经验相同。

Xu 和 Wang（2000）根据提出的矿物-金属离子吸附的线性自由能关系，得到本征平衡常数与介电常数的倒数成线性关系。已知介电常数的矿物可以精确得出本征吸附常数值。预测值与实验值的差异通常小于一个 lg 单位（徐惠芳，2000）。

3. pH 的影响

给定的矿物吸附给定的金属离子，固定［M^{n+}］，覆盖度θ是溶液 pH 的函数。

随着溶液 pH 的升高，覆盖度θ逐渐增大。pH 增大到一定程度，使得［H^+］^{2}<<1，可以忽略氢离子浓度的平方项。式（18-14）可以简化：

$$\theta \approx \frac{K_{int}[M^{n+}]}{[H^+]+K_2+K_{int}[M^{n+}]} \tag{18-15}$$

可见，pH 较大时，覆盖度θ只与K_2、K_{int}、［M^{n+}］和溶液 pH 有关，与矿物表面羟基的质子化常数K_1无关。

pH 进一步增大，使得K_2>>［H^+］，可以进而忽略氢离子浓度项，进一步简化：

$$\theta \approx \frac{K_{int}[M^{n+}]}{K_2+K_{int}[M^{n+}]} \tag{18-16}$$

也就是说，高 pH 时，覆盖度θ只与K_2、K_{int}和［M^{n+}］有关，与氢离子浓度［H^+］无关，且趋于一个固定值。此时，若K_2<<K_{int}［M^{n+}］，覆盖度θ恒等于 1。此时所有的表面活性位都被占据，宏观表现为饱和吸附。这就是矿物-金属离子吸附实验中根据吸附量-pH 曲线的渐进线求饱和吸附量的理论基础。但是，若K_2相对于K_{int}［M^{n+}］项不能忽略，覆盖度θ的极限值并不是 1，而是$\dfrac{K_{int}[M^{n+}]}{K_2+K_{int}[M^{n+}]}$。此时得到的饱和吸附量并不是所有表面位被占据时的吸附量。K_2越大，二者的差别越大。

从微观上来看，矿物的最大吸附量就是覆盖度为 1 时的吸附量。此时，矿物表面所有活性点位都被金属离子占据。可见，通常实验测定的饱和吸附量与矿物的最大吸附量不是同一个概念。在特定情况下（pH 足够大、金属离子浓度足够高、K_2足够小），覆盖度的极限是 1，可以认为饱和吸附量代表了矿物的最大吸附量。如果不满足条件，不能认为饱和吸附的时候真正达到了饱和。这可能是宏观实验与微观结构得出的矿物吸附量不一致的本质原因。

许多研究者探讨了 pH 对矿物吸附量的影响（李学垣，2001），得到的结论与我们的探讨相符。丁振华和冯俊明（2000）认为 pH 的变化改变了铁氧化物表面羟基的分布，即改变表面吸附位置的结构，进而影响铁氧化物的吸附能力。在广泛的 pH 范围内，介质的 pH 是影响羟磷灰石吸附 Cd^{2+}行为最为复杂的因素之一。强酸（pH<3）条件下，Cd^{2+}的去除率随 pH 的升高增加较快，但当 pH≥3 时，这种增加变缓（胥焕岩等，2004）。pH 调控矿物-水界面溶解与质子化-去质子化反应，并影响着金属离子的吸附行为。高岭石对金属离子的吸附强烈地依赖于体系 pH 变化，吸附率-pH 曲线呈 S 型，在某一狭窄的 pH 范围内，随着 pH 的升高，吸附可发生从 0 到 100% 的变化（魏俊峰、吴大清，2000；魏俊峰等，2000）。

考虑到 pH 的重要性，在覆盖度式（18-14）中，将其他变量作为参数，对［H^+］求一阶导数，得到

$$\frac{d\theta}{d[H^+]}=\frac{-[M^{n+}](1+2[H^+]K_1)K_{int}}{(K_2+[H^+]+[H^+]K_{int}+K_1[H^+]^2)^2} \tag{18-17}$$

再对此方程求二阶导数：

$$\frac{d^2\theta}{d(H^+)^2}=\frac{2(1+2[H^2]K_1)^2[M^{n+}]K_{int}}{(K_2+[M^{n+}]K_{int}+[H^+]+K_1[H^+]^2)^3}-\frac{2K_1[M^{n+}K_{int}]}{(K_2+[M^{n+}]K_{int}+[H^+]+K_1[H^+]^2)^2} \tag{18-18}$$

二阶导数为零的点，对应一阶导数的极大值点，亦即原函数的拐点。整理式（18-18），得

$$\frac{(1+2[H^+]K_1)^2}{K_2+[M^{n+}]K_{int}+[H^+]+K_1[H^+]^2}-K_1=0 \tag{18-19}$$

式（18-19）是关于［H^+］的方程，其中 K_1、K_2、K_{int}、［M^{n+}］均为参数。如果已知具体的 K_1、K_2、K_{int}、［M^{n+}］，可以根据曲线图形，通过迭代求解得到［H^+］，进而求得覆盖度变化最大时的 pH。

曲线拐点的实际意义在于：与矿物平衡的溶液 pH 在该点附近发生微小的变化，可能导致覆盖度成倍增减，相应的吸附量也发生突变，需要严加控制。

人为活动中释放到自然生态系统中的重金属污染物质，将降低土壤的缓冲能力，影响其自净化功能（许嘉琳、杨居荣，1995）。研究者已经可以运用非线性多项式的一阶和二阶导数的零值点和最大最小值点预测缓变型地球化学灾害的爆发（陈明等，2005）。因为土壤利用方式的改变导致 pH 变化，可能导致原先固定的重金属离子突然释放。对覆盖度曲线拐点的研究可能从数学上预测地球化学定时炸弹的存在和风险。

表 18-2 总结了临界覆盖度-pH 曲线的拐点 pH，其中，在通常土壤 pH 范围内的数据加粗表示。可以看到，Cd、Hg、Pb 等有毒元素离子吸附在土壤中常见的矿物——针铁矿和石英表面，临界覆盖度曲线的拐点 pH 落在通常的土壤 pH 范围内（pH=4 ~9）。根据临

界吸附量的定义，当环境条件改变，如酸雨的侵蚀和 AMD 的渗入，使得土壤 pH 逐渐降低时，土壤矿物能够吸附并固定金属离子的量也逐渐降低。极端情况下，土壤 pH 在拐点 pH 附近发生微小的变化，可能导致被这些矿物吸附的金属离子重新活化。突然释放到水体中的金属离子将造成严重污染。对于地球化学定时炸弹的研究，可能从这些数据中得到有益启示。

表 18-2　临界覆盖度的拐点数据

项目		矿物								
		石英	微斜长石	金红石	针铁矿	高岭石	白云母	蛭石	蒙脱石	伊利石
Ba		**6.14**	**5.90**	**4.44**	**5.87**	**5.08**	**5.47**	—	—	—
Be		**7.10**	**9.69**	**6.13**	**8.39**	**7.98**	**9.51**	—	—	—
Cd	Ⅰ	3.77	3.21	1.25	4.14	1.67	2.85	1.67	0.97	1.61
	Ⅱ-Ⅳ	3.07	2.65	0.89	3.79	1.15	2.48	1.29	0.25	1.22
	Ⅴ	2.77	2.45	0.74	3.64	0.96	2.32	1.13	-0.05	1.06
Co		1.47	1.63	-0.44	2.66	-0.09	1.44	—	—	—
Cu	Ⅰ	3.13	2.56	0.37	3.48	0.77	2.28	0.90	-0.54	0.82
	Ⅱ-Ⅴ	1.13	1.46	-0.63	2.48	-0.27	1.27	-0.11	-1.73	-0.19
Fe	Ⅰ-Ⅱ	1.76	1.80	-0.20	2.86	-0.06	1.63	—	—	—
	Ⅲ-Ⅳ	1.54	1.69	-0.32	2.75	-0.18	1.52	—	—	—
	Ⅴ	1.24	1.53	-0.47	2.60	-0.33	1.37	—	—	—
Hg	Ⅰ-Ⅲ	**4.29**	3.78	1.70	**4.50**	2.37	3.24	2.15	1.74	2.10
	Ⅳ-Ⅴ	3.29	2.85	1.16	**4.00**	1.44	2.66	1.53	0.73	1.46
Mn	Ⅰ-Ⅲ	2.36	1.64	0.23	3.25	0.52	1.98	—	—	—
	Ⅳ	1.66	1.28	-0.12	2.90	0.15	1.62	—	—	—
	Ⅴ	1.36	1.13	-0.27	2.74	0.00	1.48	—	—	—
Ni	*	3.55	2.84	0.50	3.64	0.95	2.46	2.15	1.74	0.98
	**	3.15	2.56	0.30	3.44	0.72	2.25	1.53	0.73	0.77
Pb	Ⅰ	**4.04**	3.62	1.92	**4.57**	2.52	3.25	2.31	2.03	2.28
	Ⅱ-Ⅳ	3.34	2.96	1.52	**4.22**	1.83	2.83	1.83	1.32	1.77
	Ⅴ	3.04	2.73	1.36	**4.07**	1.56	2.66	1.65	1.02	1.59
Zn	Ⅰ	3.04	2.52	0.37	3.46	0.75	2.17	0.88	-0.56	0.81
	Ⅱ-Ⅲ	1.74	1.78	-0.28	2.81	0.06	1.51	0.23	-1.37	0.15
	Ⅳ-Ⅴ	1.43	1.63	-0.43	2.66	-0.09	1.36	0.07	-1.53	0.00

* 表示集中式生活饮用水地表水源地项目标准。

** 表示农田灌溉水质标准（GB 5084-85）。

4. [M^{n+}]的影响

实验室条件下，金属离子浓度[M^{n+}]可以人为调控，从而使覆盖度发生变化。由式

(18-14)，固定 pH 时，给定的矿物吸附给定的金属离子，覆盖度 θ 是金属离子浓度的 Langmuir 型函数（李学垣，2001）。随溶液金属离子浓度升高，覆盖度逐渐增大，最后趋近于 1。

在覆盖度公式［式（18-14）］中，将其他变量作为参数，对$[M^{n+}]$值求一阶导数，得到

$$\frac{d\theta}{d[M^{n+}]}=\frac{K_{int}}{K_1[H^+]^2+[H^+]+K_2+[M^{n+}]K_{int}}-\frac{[M^{n+}]K_{int}^2}{(K_1[H^+]^2+[H^+]+K_2+[M^{n+}]K_{int})^2} \tag{18-20}$$

易得，覆盖度对$[M^{n+}]$的一阶导数恒为正，并随着$[M^{n+}]$的增大而减小，当$[M^{n+}]$趋于无穷大时，一阶导数恒定。这反映随着$[M^{n+}]$的增大，函数增大的趋势逐渐变小。再对此方程求二阶导数：

$$\frac{d^2\theta}{d[M^{n+}]^2}=\frac{2[M^{n+}]K_{int}^3}{(K_1[H^+]^2+[H^+]+K_2+[M^{n+}]K_{int})^3}-\frac{2K_{int}^2}{(K_1[H^+]^2+[H^+]+K_2+[M^{n+}]K_{int})^2} \tag{18-21}$$

成春奇（2001）研究黏土对重金属污染物容纳阻滞能力的吸附试验发现，黏土的重金属离子等温吸附曲线上存在一个拐点。当溶液浓度小于拐点所对应的浓度值时，吸附曲线为直线，被吸附的重金属离子呈稳定吸附状态；在此拐点之后，吸附曲线为指数小于 1 的幂函数曲线。前面探讨过，这实际是 Langmuir 吸附的特征。

5. 考虑 K_{sp} 时 pH 对吸附的影响

对石英吸附重金属离子的实验研究表明，随着 pH 增大，平衡移动，矿物对重金属离子吸附量逐渐增大，表面反应模式和机理发生变化，由吸附反应向表面沉淀转化（吴大清等，1997；吴宏海等，1998，2000）。沉淀可以是氢氧化物，也可能是碳酸盐或其他形式。为简单起见，假设只存在 $M(OH)_n$ 沉淀，此时，溶液中金属离子的浓度受沉淀的 K_{sp} 制约。沉淀-溶解平衡关系式如下：

$$K_{sp}=[M^{n+}][OH^-]^n \tag{18-22}$$

联立式（18-14）和式（18-17），得到存在 $M(OH)_n$ 沉淀时的覆盖度计算公式：

$$\theta=\frac{K_{int}K_{sp}}{K_1K_w^2[OH^-]^{n-2}+K_w[OH^-]^{n-1}+K_2[OH^-]^n+K_{int}K_{sp}} \tag{18-23}$$

式中，K_w 为水的离子积。

室温下，水的离子积 K_w 是常数，K_{sp} 是金属离子本身的性质。对于吸附反应本身，覆盖度 θ 是$[OH^-]$的函数，随 pH 的增大而减小。pH 增大到一定程度，金属离子接近完全沉淀，吸附量上限由初始浓度决定，$[OH^-]$ 对覆盖度的影响可以忽略。当然，这并不与吸附实验矛盾。因为初始浓度一定，高 pH 时，金属离子的主要去除方式是表面沉淀（可以是氢氧化物，也可能是碳酸盐或其他形式），而不是吸附反应。

pH 在一定范围内，使得表面吸附和沉淀共存时，实验测得的金属离子去除量（矿物从溶液中移走金属离子的量）应该等价于吸附量和沉淀量之和。因此，可以根据实验值和理论计算的吸附值之差，求得生成沉淀的量。

18.3　土壤矿物临界吸附量

18.3.1　饱和吸附量和最大吸附量

矿物与金属离子的表面反应是宏观表现的吸附的微观本质，因此，吸附量 S 和矿物的表面性质应该并且能够有数量上的联系。矿物的表面位密度表征矿物表面的活性点位与比表面积的比值，正是沟通宏观和微观的量。

我们可以勾画这样的场景：单基配位吸附时，矿物表面的羟基和金属离子 1∶1 反应，每个表面位吸附一个金属离子；达到平衡时，一部分表面位被金属离子占据，相应的具有一定的覆盖度。根据覆盖度 θ 的定义，吸附了金属离子的表面羟基的数目 $N_{\{\equiv S—OH^{(n-1)+}\}}$ 和总的表面位的数目 $N_{\{\equiv S_T\}}$ 之间有如下关系：

$$N_{\{\equiv S—OH^{(n-1)+}\}} = \theta \times N_{\{\equiv S_T\}} \tag{18-24}$$

而 $N_{\{\equiv S—OH^{(n-1)+}\}}$ 与被吸附金属离子的量，也就是吸附量 S，在数值上相等。于是，一定条件下的吸附量 S 可以表示为该条件下的覆盖度 θ 和表面位数目 $N_{\{\equiv S_T\}}$ 的乘积。

$$S = \theta \times N_{\{\equiv S_T\}} \tag{18-25}$$

单基配位吸附模式下，式（18-25）中总的表面位数目 $N_{\{\equiv S_T\}}$ 与矿物对金属离子的最大吸附量 S_{max} 在数值上相等。因此，吸附量 S 可以表示为覆盖度 θ 和最大吸附量 S_{max} 的乘积。公式表述如下：

$$S = \theta \times S_{max} \tag{18-26}$$

特别地，θ 为 1 时的吸附量，就是矿物能够吸附金属离子的最大量，称为最大吸附量 S_{max}。

实验研究中通常会给出矿物吸附金属离子的饱和吸附量 S_{sat}，并认为这就是最大吸附量。但是，这样的看法是不完备的，存在缺陷。

从微观上来看，最大吸附量 S_{max} 是金属离子占据了矿物表面所有活性点位时宏观表现出来的吸附量。此时，矿物表面所有可能吸附金属离子的地方都被金属离子完全覆盖，不再有能够吸附金属离子的活性点位。可见，最大吸附量 S_{max} 是矿物本身的性质，与外界条件——溶液 pH 和金属离子的种类和浓度无关。

饱和吸附量 S_{sat} 是金属离子与矿物达到平衡时，矿物能够吸附金属离子的极限。我们知道，任何平衡反应都在一定条件下进行；反应不能无限地继续下去，而是有一定的限度，在数量上满足平衡方程，并可以用定量的平衡常数来表示。实验条件下，逐渐增大金属离子的浓度，测定的吸附量也随之增大，最后趋近一个固定值，这就是饱和吸附量。因此，饱和吸附量与矿物本身的性质和外界条件有关。

引入覆盖度概念，矿物的最大吸附量 S_{max} 就是覆盖度为 1 时的吸附量，而饱和吸附量 S_{sat} 是外界条件改变时，覆盖度 θ 无限趋近的极限。只有在 pH 足够大，金属离子浓度足够高，K_2 足够小的情况下，覆盖度的极限才能达到 1，此时，实测的饱和吸附量才等价于最大吸附量。当这些条件不满足时，覆盖度的极限达不到 1，饱和吸附量并不是最大吸附量。

可见，饱和吸附量S_{sat}和最大吸附量S_{max}是不同的概念，对它们的混淆可能是不同研究者得到的结论差别较大的原因之一。

18.3.2 临界覆盖度和临界吸附量

我们得到的覆盖度公式中，一个重要的可变参数是金属离子的浓度。实验室条件下，可以人为调控金属离子的浓度。当金属离子浓度足够大时，覆盖度的极限为1。而天然水体和土壤溶液中的离子浓度都非常低（李学垣，2001；邢光熹、朱建国，2003），金属离子浓度不会达到无穷大，覆盖度θ取不到1。因此，实验室条件下得到的吸附量数据不能简单运用到自然状态下。

土壤环境中，矿物和土壤溶液直接接触。土壤溶液是溶解有多种离子形态元素的土壤水（Brady，1982），其中的金属离子与矿物之间存在着吸附平衡。土壤中的许多过程与土壤溶液的组成特性密切相关（李学垣，2001）。研究土壤中污染元素在矿物表面吸附时，必须考虑土壤环境中金属离子浓度的临界值，也就是临界浓度。由于我们研究的是土壤矿物与污染元素之间的相互作用，理论上，应该采用与矿物接触并达到化学平衡的土壤溶液中金属离子的临界浓度作为标准。但在实际操作中，由于土壤溶液中污染物浓度的标准缺失，无法获取土壤溶液临界浓度的数据。

地表水环境质量国家标准（编号：GHZB1—1999）将地表水划分为五级，分别给出了常见的污染元素允许的最大浓度。这可以视为区分水体是否存在某种重金属污染以及污染程度达到何种级别的临界值。假设土壤中的矿物与地表水中的金属离子达到平衡，可以借用地表水环境质量标准中重金属离子污染分级的临界浓度值，作为衡量土壤污染与否以及污染程度如何的标准。在此，我们提出了临界覆盖度θ^*的概念：一定的土壤pH条件下，某种矿物吸附水体中的某种金属离子，反应达到平衡，并使得水体中的金属离子浓度符合一定的水质标准时，相应的覆盖度是该条件下的临界覆盖度θ^*。

可以按照地表水质量标准，将已有的重金属离子污染分级的临界浓度值代入覆盖度公式（18-14），分别计算出一定条件下，土壤中的矿物和含有临界浓度金属离子的水达到平衡时的临界覆盖度，从而一举两得地得到污染程度分级的衡量数据。

根据临界覆盖度的概念，我们首先提出并定义了土壤矿物的临界吸附量S^*：一定的土壤pH条件下，某种矿物与水体中某种金属离子，反应达到平衡并使得水体中的金属离子浓度符合一定的水质标准时，相应的吸附量是该条件下的临界吸附量S^*。

简单地说，临界覆盖度θ^*对应临界吸附量S^*。矿物对金属离子的临界吸附量S^*可以表示为临界覆盖度θ^*和最大吸附量S_{max}的乘积。

$$S^* = \theta^* \times S_{max} \tag{18-27}$$

现在比较不同条件下的吸附量。平衡时，溶液中的氢离子浓度为$[H^+]$，金属离子浓度为$[M^{n+}]$。当$[H^+]=[H^+]_0$，$[M^{n+}]=[M^{n+}]_0$时，测得的吸附量为S_0，易得

$$S_0 = \theta_0 \times S_{max} = \frac{K_{int}[M^{n+}]_0}{K_1[H^+]_0^2 + [H^+]_0 + K_2 + K_{int}[M^{n+}]_0} \times S_{max} \tag{18-28}$$

当吸附条件改变，$[H^+] = [H^+]_1$，$[M^{n+}] = [M^{n+}]_1$时，相应的吸附量为S_1，同理：

$$S_1 = \theta_1 \times S_{max} = \frac{K_{int}[M^{n+}]_1}{K_1[H^+]_1^2 + [H^+]_1 + K_2 + K_{int}[M^{n+}]_1} \times S_{max} \tag{18-29}$$

联立式（18-28）和式（18-29），易得，S_1与S_0之间的换算公式［式（18-30）］和它的展开形式［式（18-31）］。

$$S_1 = \frac{\theta_1}{\theta_0} \times S_0 \tag{18-30}$$

$$S_1 = \frac{(K_1[H^+]_0^2 + [H^+]_0 + K_2 + K_{int}[M^{n+}]_0)[M^{n+}]_1}{(K_1[H^+]_1^2 + [H^+]_1 + K_2 + K_{int}[M^{n+}]_1)[M^{n+}]_0} \times S_0 \tag{18-31}$$

可见，即使最大吸附量S_{max}未知，同样可以根据一定条件下（$[H^+]_0$，$[M^{n+}]_0$）的吸附量S_0，得到任意条件下（$[H^+]_1$，$[M^{n+}]_1$）的吸附量S_1。特别地，令覆盖度θ为 1，可以得到最大吸附量S_{max}；令覆盖度为临界覆盖度θ^*，可以得到临界吸附量S^*。

式（18-31）的实际意义在于，可以根据已知的特定条件下的吸附量数据，无论是否是最大吸附量，得到矿物吸附金属离子的临界吸附量。关于矿物吸附金属离子的饱和吸附量，前人的实验大多在某一确定 pH 下测定。已知一定 pH 条件下测得的饱和吸附量——此时已经达到吸附平衡，宏观表现为吸附量不再增加，可以求出该点的覆盖度。改变 pH，同样可以根据覆盖度公式计算出该 pH 条件下的覆盖度。吸附量与覆盖度成正比，则可以用二者之比乘以实测的吸附量，折算出不同 pH 条件下的吸附量。

需要强调的是，我们提出的临界吸附量概念具有普遍性。当不满足配位吸附模式时，可以根据临界浓度附近吸附等温线的具体形式，用临界浓度求出临界吸附量，这就是截断等温线法。

矿物对重金属元素吸附大多数遵循三种经验方程，即 Langmuir 方程、Freudlich 方程和 Temkin 方程。具体表述形式如下。

1. Langmuir 方程

$$S = \frac{B \times [M^{n+}]}{1 + B \times [M^{n+}]} \times S_{max} \tag{18-32}$$

式中，B 为与结合能有关的常数，金属离子平衡浓度为［M^{n+}］；S_{max}为最大吸附量。

根据定义，B 本质上为吸附反应的表观平衡常数，与吸附剂和吸附质的本性及温度有关（胡英，1999）。

2. Freudlich 方程

$$S = k([M^{n+}])^{\frac{1}{n}} \tag{18-33}$$

式中，k 和 n 为与反应机理有关的常数。

3. Temkin 方程

$$S = a\ln(b \times [M^{n+}]) \tag{18-34}$$

式中，a 和 b 为常数。

从三种方程的具体形式来看，只有 Langmuir 方程能够给出最大吸附量 S_{max}，而

Freudlich 方程和 Temkin 方程不存在最大吸附量。研究者们将等温吸附的实验数据用这三类方程来拟合，并比较不同拟合曲线的相符程度，以解释吸附的机理和本质。当实验目的是为了求出最大吸附量时，研究者可能舍弃拟合程度较高的方程，而采用能够得出最大吸附量的 Langmuir 方程拟合等温吸附实验数据。但是，实验数据中更为精确的拟合曲线却可能是 Freundlich 型、Temkin 型，甚至是更为简单的线性或者更为复杂的形式。如蒙脱石和蛭石对 Zn^{2+} 的等温吸附线呈双 S 型（吴平霄、廖宗文，2001），Hg(Ⅱ)在天然磁铁矿和褐铁矿上的吸附等温曲线表现为台阶型（见 15.3 节）。对于这样的实验数据如何利用，目前还没有统一的认识。

研究者进行等温吸附时，实验条件常常远离自然状态。将实验数据用等温吸附方程拟合，所得的结果用于衡量土壤矿物的吸附时，同样需要考虑临界浓度。

一个简单的思路是，无论吸附方程的具体形式如何，吸附量 S 总是金属离子平衡浓度［M^{n+}］的函数，［M^{n+}］从 0 开始增大，S 随着［M^{n+}］的变化而连续变化，相应的 S-［M^{n+}］曲线连续并单调递增。

截断等温线的思路来自数学的基本原理：一条连续的曲线在封闭区间上恒有界。考虑到自然环境的实际状态，金属离子的平衡浓度不可能无限大，因而［M^{n+}］必然有一个高浓度的上限。吸附等温线不会无限地向着高浓度方向延伸，而是在某个位置截断。可以利用［M^{n+}］有上界的性质，求得吸附量 S 的上界，这就是截断等温线法。

截断等温线法最大的优点在于无论何种形式的吸附等温线——无论是有界的 Langmuir 方程，还是无界的 Freundlich 和 Temkin 方程，或者是更为复杂的表达形式——都可以在一定浓度时截断，得到该浓度下的吸附量。

土壤-水体系中，如果达到平衡时，金属离子的浓度恰好是临界浓度［M^{n+}］*，将［M^{n+}］*代入方程，自然得到的是临界浓度下的吸附量，也就是广义的临界吸附量。

实际上，自然环境中大多数危险重金属离子的临界浓度都很低，可能达到亨利定律的适用范围。在此浓度范围内，不同拟合方式给出的吸附方程都很接近于直线。极端情况下，临界吸附量与吸附曲线的具体形式无关，计算大为简便。这可以解释低浓度的吸附实验中令人惊讶的发现：低浓度时，不同的吸附方程拟合的结果都很相似，粗略的研究中甚至可以用线性方程拟合。

如果拟合实验时的平衡浓度与该种离子的临界浓度在数量级上相当，完全可以使用截断等温线的方法求临界吸附量。其他情况下，截断等温线法是否适用，还需要进一步的实验验证。

18.3.3 土壤的临界吸附量

土壤的吸附性能由土壤中的矿物和有机质的含量、组成及其性质决定，又反过来影响土壤的物理性质和化学性质（于天仁、王振权，1988）。土壤中有毒有害元素含量、赋存形态与各种无机矿物之间具有环境平衡关系，矿物的表面作用可以影响元素的迁移与富集(洪汉烈、闵新民，2004)。表生环境中，矿物能够相对稳定地存在相当长的地质时期，与生态环境具有良好的协调性。矿物可以牢固地吸附金属元素，即使用硝酸多次脱附也能保持一定的吸附量（Freedman *et al.*，1996；吴大清等，1997），因此，可以认为土壤矿物吸附的金属离子是其相对稳定的赋存形式。衡量土壤的重金属污染，需要从矿物入手。

土壤对重金属的吸附量取决于组成土壤的矿物——主要是常见的无机矿物，尤其是黏土矿物、铁锰氧化物和氢氧化物等的吸附量（Bradl，2004）。不考虑竞争吸附的情况下，土壤对金属离子吸附量可以通过土壤中的单个矿物对金属离子的吸附量加权平均得到。

同样，土壤吸附重金属的临界吸附量取决于组成土壤的无机矿物吸附重金属的临界吸附量。不考虑竞争吸附的情况下，土壤对金属离子的临界吸附量可以通过土壤中单个矿物对金属离子的临界吸附量加权平均得到。用公式表达：

$$L_j = \sum_{i=1}^{n} C_i S_{ij} \tag{18-35}$$

式中，C_i为组成土壤的单个矿物（i）的百分含量，%；S_{ij}为矿物 i 吸附金属离子 j 的临界吸附量，mg/kg；L_j为土壤对金属离子 j 的临界吸附量，mg/kg。

土壤中常见的原生矿物主要有石英、长石、云母、方解石、石膏、辉石、角闪石、硫化物等，次生矿物主要包括铁锰铝的氧化物、蒙脱石、高岭石、伊利石、绿泥石等。这些矿物多是氧化物和硅酸盐矿物，它们吸附金属离子的平衡常数和吸附容量的数据较为全面。

在土壤环境质量矿物学评价方法中，关键科学问题是如何获得重金属环境容量数值。如果存在竞争吸附，严格意义上要求有整套的相同竞争吸附条件下的实验数据，但实际上现有的实验条件难以满足，比较妥当的处理办法是运用竞争吸附条件下的数据。

18.4　土壤环境容量评价

18.4.1　矿物学评价方法的一般流程

利用单元性和剖面性元素赋存状态，评价土壤环境质量的流程如下。

（1）根据地质背景与土壤母质类型，结合实际需要，科学合理地划分评价单元。

（2）每个单元内选定四个样品。利用前期土壤调查副样，鉴定各个样品的矿物组成和含量，取得单元中平均矿物组成和含量。

（3）利用酸性、中性和碱性条件下各个矿物分别对各个调查元素的饱和吸附量数据库资料，结合单元中矿物的组成和含量，获得酸性、中性和碱性条件下各个单元对调查元素的总饱和吸附量，即环境容量值。

在土壤环境质量矿物学评价方法中，如何获得土壤矿物重金属环境容量数值是关键的科学问题。根据国内外有关矿物吸附重金属实验数据和研究成果，可获得常见土壤矿物对As、Cr、Cd、Hg、Pb、Cu、Zn 等多种元素的饱和吸附量。

由于矿物吸附重金属受介质 pH 影响较大，而现有资料又缺乏系统的土壤矿物吸附重金属受 pH 影响的实验数据。开发研究出土壤矿物对重金属吸附量与介质 pH 的定量关系，仅利用单个 pH 条件下土壤矿物对重金属的饱和吸附量，就能计算出其他不同 pH 条件下同种土壤矿物对同种重金属的一系列饱和吸附量数据。这一新方法可以便捷地处理不同pH 土壤中矿物饱和吸附量问题，为获得任何 pH 土壤生态效应值带来可能。目前已建立适用性强并可推广的专门数据库。

（4）利用前期土壤调查数据，计算调查元素在各个单元中的平均含量。

（5）根据公式获得元素生态效应值：［（单元实测量-环境容量值）/环境容量值］×100%。具体计算公式如下：

$$E_j = \frac{Q_j - \sum_{i=1}^{n} C_i S_{ij}}{\sum_{i=1}^{n} C_i S_{ij}} \times 100\%$$

$$L_j = \sum_{i=1}^{n} C_i S_{ij}$$

式中，E_j为单元样品中重金属元素j的生态效应值；Q_j为单元样品中重金属元素j的实测含量，10^{-6}；C_i为单元样品中组成矿物i的百分含量，%；S_{ij}为单元样品中组成矿物i对元素j的饱和吸附量，10^{-6}；L_j为单元样品中重金属元素j的环境容量值，mg。

根据E_j值大小可评价单元土壤中j元素的污染情况。当$E_j \leq 0$时，表明土壤无j元素污染。当$E_j>0$时，表明土壤有j元素污染。污染程度可根据E_j值判定。需要说明的是，当取样单元较完整且具有区域性特征时，可利用E_j值作等值线图，然后根据E_j值等值线图特点，分析j元素在区域上的分布与污染状况。

（6）对所获得的生态效应值进行分级，可确定单元污染度。依据各个单元污染度，绘出区域性相关图件。

（7）根据单元评价结果，对单元污染度较高的重点污染区段开展剖面性评价，获得重金属污染的立体分布特征。

18.4.2　土壤矿物组成定量测试方法

用粉晶 X 射线衍射分析测定土壤矿物组成的程序如下。

（1）将野外采集的用来分析元素含量的副样由 200 目研磨到 360 目，选取 10g 样品备用。

（2）按照粉晶 X 射线衍射分析要求的制样方法，将土壤样品压制在玻璃载物片上，并添加标准样品。

（3）选取 2°～80°范围扫描区域，每分钟 4°慢速，在粉晶 X 射线衍射仪上进行测试，获得样品中所有矿物物相衍射峰数据和图件。

（4）利用专门数据处理软件，对粉晶 XRD 测试数据进行处理，确定所测样品中主要矿物种类，定量计算每种矿物的含量。

（5）测试结果包括土壤样品粉晶 X 射线衍射图和矿物名称、含量表。

在研究区 16 种土类和亚类 A 层土壤中，普遍出现的原生矿物是石英和钾长石，次生矿物是伊利石。原生矿物斜长石和次生矿物蒙脱石与高岭石除在个别类型土壤中不出现外，在大多数类型土壤中均频繁出现。方解石、铁白云石和赤铁矿属于比较常见的矿物，绿泥石、蛭石和白云石较少出现。总体上潮土、滨海盐土和各种水稻土与其他类型土壤相比较，次生矿物伊利石含量显著增加，蒙脱石、高岭石和绿泥石含量略有增高，出现含镁矿物蛭石和白云石（郑喜珅等，2005）。

对研究区土壤样品的矿物定量测试分析结果表明，16 种土类和亚类 A 层土壤中，不同土类或亚类土壤中矿物组成存在明显差异，矿物种数与含量变化较大。相同土类或亚类土壤不同样品中矿物种类和含量变化也十分明显。29 种不同成土母质 A 层土壤中矿物种类和含量更是明显不同。突出特征是相同母质类型土壤含有相似的矿物种类，而且相同母质不同样品中同一矿物含量变化也较小，表现出同母质土壤矿物组成与含量具有相似性。在 69 个土壤剖面中，由 A 层到 C 层矿物种类和含量变化较小，土壤矿物组成明显受到基岩影响与控制（郑喜珅等，2005）。

18.4.3　研究区土壤镉污染评价

研究区土壤表层中，不同土类或亚类的 Cd 实测量、环境容量和生态效应值见表 18-3。可以看出，不同土类或亚类表层中 Cd 生态效应值均为负值，说明土壤表层 Cd 均无污染。不同土类或亚类 Cd 生态效应值大小有异，由小到大依次为粗骨土<石灰性紫色土<黄红壤<棕红壤<潴育水稻土<酸性紫色土<红壤<淹育水稻土<滨海盐土<棕色石灰土<渗育水稻土<脱潜育水稻土<潮土<红壤性土<潜育水稻土<黄壤。Cd 生态效应值越小，表明土壤中 Cd 环境质量越高。研究区土壤表层中，以粗骨土、石灰性紫色土、黄红壤、棕红壤等土类或亚类中 Cd 环境质量为最好，而红壤性土、潜育水稻土、黄壤等环境质量相对偏差。

表 18-3　研究区不同土类表层中 Cd 环境质量评价（均值/最小值～最大值）

土壤类型	样数/件	实测量/(mg/kg)	环境容量/(mg/kg)	生态效应/%
红壤	6	0. 168/0. 082～0. 391	27. 77/27. 69～28. 28	-99. 40/-99. 77～-99. 52
黄红壤	9	0. 141/0. 083～0. 296	27. 93/27. 12～28. 59	-99. 49/-99. 92～-98. 71
棕红壤	1	0. 143	28. 18	-99. 49
红壤性土	2	0. 238/0. 089～0. 387	27. 43/27. 39～27. 47	-99. 14/-99. 68～-98. 59
棕色石灰土	1	0. 277	27. 84	-99. 32
黄壤	1	0. 188	26. 57	-98. 96
酸性紫色土	2	0. 164/0. 115～0. 213	27. 72/27. 25～28. 18	-99. 41/-99. 59～-99. 22
石灰性紫色土	3	0. 120/0. 105～0. 140	26. 85/25. 90～28. 25	-99. 55/-99. 60～-99. 46
粗骨土	4	0. 110/0. 066～0. 133	27. 97/27. 69～28. 28	-99. 61/-99. 77～-99. 52
潮土	6	0. 198/0. 146～0. 282	26. 22/24. 97～27. 55	-99. 25/-99. 42～-98. 98
滨海盐土	2	0. 142/0. 131～0. 153	26. 16/25. 31～27. 01	-99. 36/-99. 48～-99. 23
淹育水稻土	9	0. 173/0. 121～0. 226	28. 13/27. 61～28. 84	-99. 38/-99. 58～-99. 19
潴育水稻土	10	0. 148/0. 059～0. 224	27. 81/25. 80～28. 56	-99. 47/-99. 79～-99. 19
渗育水稻土	7	0. 189/0. 121～0. 273	26. 87/25. 02～28. 16	-99. 30/-99. 50～-99. 01
脱潜育水稻土	4	0. 201/0. 100～0. 303	27. 01/26. 46～27. 87	-99. 26/-99. 63～-98. 85
潜育水稻土	2	0. 269/0. 235～0. 302	28. 42/27. 96～28. 88	-99. 06/-99. 19～-98. 92

研究区土壤表层中，不同成土母质中 Cd 实测量、环境容量和生态效应值见表 18-4。与不同土类或亚类表层中 Cd 生态效应值类似，不同成土母质土壤表层中 Cd 的生态效应值也为负值，进一步说明研究区土壤表层均无 Cd 污染。但不同成土母质中 Cd 生态效应值大小还是有所差异，由小到大依次为全新世红土<砂岩类<石英砂岩类<花岗岩<硅质岩类<富晶屑凝灰岩<中更新世红土<酸性火山岩<基性火山岩<白云岩类<泥岩类<湖相<石灰性紫色岩<非石灰性紫色岩<滨湖相粉砂淤泥<河口砂坎相<湖沼相<河口江涂相<滨海相粉砂<泥质灰岩类<中性火山岩<河漫滩相<滨湖相<滨湖相淤泥<牛轭湖相<中酸性火山岩<变质岩<潟湖相<灰岩类。即以全新世红土、砂岩类、石英砂岩类、花岗岩等成土母质土壤中 Cd 环境质量为最好，而变质岩、潟湖相、灰岩类等环境质量相对较差。

表 18-4　不同成土母质所形成的土壤 A 层样品中 Cd 环境质量评价表（均值/最小值～最大值）

母质类型	样数/件	实测量/(mg/kg)	环境容量/(mg/kg)	生态效应/%
中更新世红土	4	0.129/0.099～0.150	28.20/27.33～28.84	-99.54/-99.64～-99.46
全新世红土	1	0.059	28.28	-99.79
泥岩类	1	0.140	28.25	-99.50
砂岩类	1	0.083	28.61	-99.71
石英砂岩类	1	0.097	27.12	-99.64
硅质岩类	1	0.115	27.69	-99.58
白云岩类	1	0.133	27.76	-99.52
泥质灰岩类	1	0.188	27.84	-99.32
灰岩类	1	0.387	27.47	-98.59
石灰性紫色岩	7	0.148/0.105～0.224	27.49/25.90～28.42	-99.46/-99.59～-99.19
非石灰性紫色岩	4	0.152/0.115～0.213	28.14/27.25～28.43	-99.46/-99.59～-99.22
变质岩	2	0.273/0.156～0.391	27.37/26.86～27.87	-99.01/-99.42～-98.60
花岗岩	2	0.114/0.085～0.143	28.11/27.62～28.59	-99.59/-99.70～-99.48
酸性火山岩	5	0.130/0.066～0.226	27.87/27.39～28.15	-99.53/-99.77～-99.19
中酸性火山岩	2	0.244/0.212～0.277	27.24/26.57～27.91	-99.10/-99.24～-98.96
富晶屑凝灰岩	1	0.118	28.12	-99.58
中性火山岩	3	0.205/0.140～0.296	27.67/27.44～28.04	-99.26/-99.49～-99.36
基性火山岩	2	0.132/0.082～0.182	28.45/28.19～28.71	-99.53/-99.71～-99.35
河漫滩相	3	0.214/0.162～0.282	28.09/27.55～28.56	-99.24/-99.43～-98.98
牛轭湖相	1	0.237	27.87	-99.15
滨湖相	3	0.220/0.188～0.273	27.97/27.70～28.26	-99.21/-99.33～-99.01
湖相	2	0.144/0.126～0.161	27.48/26.98～27.98	-99.48/-99.55～-99.40
湖沼相	2	0.168/0.100～0.235	27.82/26.76～28.88	-99.41/-99.63～-99.19
潟湖相	2	0.303/0.302～0.303	27.21/26.46～27.96	-98.89/-98.92～-98.85
河口砂坎相	4	0.145/0.128～0.157	27.25/26.90～27.58	-99.42/-99.53～-99.23
河口江涂相	2	0.176/0.162～0.189	26.74/25.58～27.90	-99.34/-99.42～-99.26
滨海相粉砂	3	0.183/0.121～0.249	26.96/26.82～27.05	-99.32/-99.55～-99.08
滨湖相粉砂淤泥	5	0.148/0.131～0.166	25.67/25.00～26.95	-99.42/-99.48～-99.34
滨湖相淤泥	2	0.203/0.164～0.242	25.38/24.97～25.78	-99.20/-99.34～-99.06

矿物学评价方法研究表明，研究区土壤中 Cd 实测量均小于 Cd 生态效应值，据此可认为基本无 Cd 污染状况。土壤矿物对 Cd 具有较强的固定能力。从所揭示的研究区土壤中 Cd 元素环境质量特征来看，证实了我们提出的极端情况，即一种元素含量高并不一定有害，而一种元素含量低却并不一定无害，关键问题是要揭示这些重金属在土壤中的赋存状态及其与各种无机矿物之间具有怎样的环境平衡关系。

18.4.4　研究区土壤铅污染评价

从矿物学评价方法的角度分析，通过对研究区 69 件样品进行评价，有 11 件样品没有污染，即生态效应值 $E \leqslant 0$。其余 58 件样品表现出一定程度的 Pb 污染，即 $E>0$。其中 E 在 0 ~ 20% 有 17 件，20% ~ 40% 有 15 件，40% ~ 60% 有 9 件，60% ~ 80% 有 5 件，80% ~ 100% 有 5 件，100% ~ 120% 和 120% ~ 140% 各 2 件，140% ~ 160%、160% ~ 180%、760% ~ 780% 各 1 件（图 18-8）。Pb 污染具体分布在研究区 9 个市区。

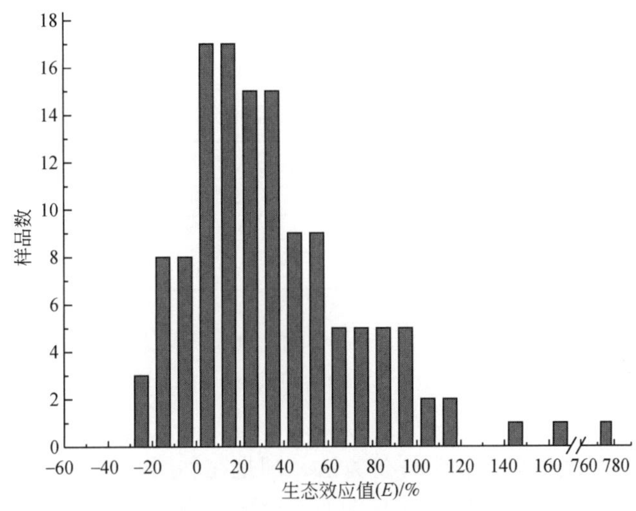

图 18-8　研究区土壤 Pb 生态效应值（E）分布图

从表 18-5 可以看出，土壤中 Pb 实测量平均值沿着 A→B→C 层的顺序依次递减，分别为 37.29、31.93、30.13mg/kg。从某种程度上可以说，Pb 元素主要来自外源，即人为活动造成的。而 Pb 环境容量值平均值沿着 A→B→C 层的顺序依次递增，从 25.37 到 26.05mg/kg，表明从 A→C 层土壤中矿物对 Pb 吸附能力逐渐增强。Pb 生态效应值平均值沿着 A→B→C 层的顺序依次递减，从 46.78% 到 16.24%，说明 Pb 污染程度从 A→B→C 层逐渐减轻。

表 18-5　土壤剖面 A、B、C 层 Pb 环境质量评价表（均值/最小值 ~ 最大值）

土壤层位	样数/件	实测量/(mg/kg)	环境容量/(mg/kg)	生态效应/%
A	69	37.29/19 ~ 228	25.37/23.13 ~ 28.5	46.78/−25.51 ~ 774.15
B	69	31.93/15 ~ 97	25.71/23.34 ~ 29.34	25.21/−42.14 ~ 274.95
C	46	30.13/14 ~ 83	26.05/23.35 ~ 30.46	16.24/−45.51 ~ 224.13

从表18-6可以看出，在研究区无Pb污染地区土壤剖面中，Pb实测量是比较小的，且沿着A→B→C层的顺序依次减小，同样表明Pb元素来源与人为污染有关。Pb环境容量值则沿着A→B→C层的顺序逐渐增加，表明深部土壤矿物对Pb吸附能力较强。Pb生态效应值均为负数，且沿着A→B→C层的顺序依次减小，说明土壤表层Pb无污染，由表层及深部，Pb环境质量程度逐渐增高。

表18-6　无Pb污染地区土壤剖面Pb环境质量评价（均值/最小值~最大值）

土壤层位	样数/件	实测量/(mg/kg)	环境容量/(mg/kg)	生态效应/%
A	11	22. 09/19 ~ 26	25. 48/24. 17 ~ 28. 43	−13. 45/−25. 51 ~ −2. 63
B	11	20. 73/15 ~ 28	25. 88/23. 92 ~ 28. 49	−19. 95/−38. 51 ~ −2. 15
C	6	19. 1716 ~ 25	25. 84/23. 89 ~ 26. 51	−25. 61/−38. 58 ~ −3. 02

从表18-7可以看出，在研究区9个Pb污染地区58个土壤剖面中，Pb实测量沿着A→B→C层的顺序依次减小。Pb环境容量值则沿着A→B→C层的顺序呈现递增趋势，表明深部土壤矿物对Pb吸附能力较强。Pb生态效应值沿着A→B→C层的顺序依次减小，且在B、C层存在负值，说明土壤表层Pb污染较重，B、C层不出现污染。

表18-7　Pb污染地区土壤剖面Pb环境质量评价（均值/最小值~最大值）

土壤层位	样数/件	实测量/(mg/kg)	环境容量/(mg/kg)	生态效应/%
A	58	40. 17/24 ~ 228	25. 35/23. 13 ~ 28. 5	58. 20/1. 02 ~ 774. 15
B	58	34. 05/20 ~ 97	25. 68/23. 34 ~ 29. 34	33. 27/−19. 56 ~ 274. 95
C	40	31. 78/14 ~ 83	26. 08/23. 35 ~ 30. 46	22. 51/−45. 51 ~ 224. 13

矿物学评价方法研究表明，研究区土壤剖面中Pb实测量、环境质量值和生态效应值具有较强的规律性。从A层到B层、C层，Pb实测量和生态效应值逐渐减小，而Pb环境容量值逐渐增大。

综上所述，土壤环境质量矿物学评价方法，即是在利用生态地球化学方法所完成的元素总量调查成果的基础上，开展单元性与剖面性土壤矿物组成与含量测定，查明表层土壤和深层土壤矿物组成和分布，重点评价土壤中重金属赋存状态及其对食物链的影响。同时所获得的土壤中农用矿物组成，也能评价土壤肥力和土壤保水保肥能力、通气结构特征；所获得的土壤中具有固氮、固磷和固有机碳作用的矿物组成，还能评价其防止流域性氮磷碳流失与预防水质富营养化污染的地质营力作用。本方法技术创新性强，投入成本较低，实际操作简便，评价质量较高，服务范围较广。

只有实现静态的环境地球化学研究与动态的环境矿物学研究相结合，揭示无机元素在土壤介质中的赋存形态和影响它们环境行为的内在因素，才能彻底查明污染物的存在方式与危害程度，为划分优质特色农产品适宜种植区服务。也只有重视并加强在土壤系统中开展矿物学层次上的污染物与多种矿物之间的环境平衡关系研究，才能有效防治污染物的活化迁移，最大限度地降低污染物进入食物链，最终为农业土壤质量改良、种植品种改变、耕作方式改进和农产品质改善提供科学决策依据，以实现减少和避免农产品出口遭遇“绿色壁垒”的目的，切实提高农业地质环境调查质量与服务水平。

第19章　矿物法防治垃圾污染物

我国社会正面临着自然资源垃圾化和垃圾危害化的严重威胁，对危险废物的处置更是当务之急。如何采取可靠而有效的措施处理城市生活垃圾，尤其是危险废物，已成为亟待解决的重大环境问题之一。随着经济快速增长，我国城市的人口不断增加，城市规模不断扩大，居民生活水平逐步提高，城市垃圾产生量也急剧增加。以北京市为例，1990年的垃圾总量不到200万t，2008年猛增至672万t，日均1.84万t。全国的情况与北京市相似。据统计，1981年的全国垃圾清运量约为3000万t，到了2004年则迅速增长为1.6亿t，2010年为2.9亿t，年增长率为7%～10%。全国历年垃圾存量已超过66亿t，侵占35亿多平方米的土地，660个建制城市中约有2/3被垃圾包围（陈奉明、聂永有，2010）。城市生活垃圾污染大气环境、威胁地面水和地下水水质、侵占农田、危害土壤、滋生虫害、传染疾病并影响城市容貌，已被公认为城市公害之一。任何一个环节处理不当，都会对城市生态环境造成明显的负面影响。

目前城市垃圾处置方法一般为卫生填埋、露天堆放、焚烧、热解、生物降解、堆肥和投海等，而发达国家以卫生填埋和焚烧为主。卫生填埋法具有成本较低、处理量大、终极化处置程度高等优点，已成为国外城市垃圾处置的主要方法之一。对此，发达国家一般在垃圾场地运转前就已完成场地的选择、设计、监测以及污染风险的模拟评价等。虽然我国在垃圾卫生填埋处置方面也进行了大量研究工作，但目前仍有将近一半的城市垃圾未能实现资源化与无害化处理，尤其在不能将城区垃圾任意转移至城外异地堆放的今天，大力推行垃圾填埋的处置措施迫在眉睫。另外，我国城市生活垃圾有机物含量高，造成了垃圾渗滤液浓度高、强污染、组成复杂的特征。国内外都曾多次发生由于生活垃圾堆放和处置不当，造成污染饮用水源地的环境问题。垃圾填埋场中的渗滤液一旦对地下水或地表水造成污染，其影响将是少者几年、几十年，多者上百年，人工修复净化几乎是不可能的。因此，采取填埋场渗滤液防渗措施，同时对垃圾渗滤液及时处理，已经成为防止垃圾渗滤液对地下水造成污染的关键环节。

天然矿物或稍经改性的天然矿物良好的环境属性，可以广泛而有效地应用于环境污染控制和环境失衡修复。天然产出的黏土矿物，颗粒细小（$d<0.01$mm），是以含铝、镁等为主的一类矿物，除海泡石、坡缕石等少数为层链状外，其他均为层状结构，层间包含可交换性无机阳离子，出露在晶体表面上有一部分活性氧。这种特有的分子结构不规则性和晶格缺陷，使其具有储存能量然后再释放的能力。但是，天然黏土矿物中存在大量可交换的亲水性无机阳离子，如钠、钙等，而有机物是非极性分子，二者相容性差，结合力不强，因此，天然黏土矿物不能有效处理疏水性有机物。经有机改性的黏土矿物，不仅层间距增大，表面吸附能力增大，而且其表面由亲水性变成亲油性。这种改性可大大提高其对水体、土壤中疏水性有机污染物的吸附，由此广泛用于防渗添加材料、油库有机防渗墙或用于废水中有机污染物的去除等环境污染控制和环境修复。天然矿物材料的表面活性、吸

附性、孔道过滤作用、层间离子交换作用等方面的研究利用，再辅以改性技术的研究开发，使天然矿物材料的用途日益广泛。有机黏土对垃圾渗滤液中的卤代烷烃、苯系物、氯代苯类、酚类、硝基苯类、萘胺、重金属及化合物等主要污染物都有很好的吸附阻隔能力，若采用有机黏土（矿物）作用于垃圾填埋场的衬层中，将增加防渗材料对有机污染物的吸附能力，明显延缓污染物穿透填埋防渗材料的速度，从而达到防止其对地下水及周围环境污染的目的；将黏土矿物和有机改性黏土等矿物与其他污水处理方法结合，利用矿物可以有效处理垃圾渗滤液中的有机污染物、氨氮和重金属的特点，能够实现矿物法治理垃圾渗滤液的目标。矿物的这种优越性能，应在环境保护方面，特别是日益严重的垃圾污染中得到更深入的研究、开发和更广泛的综合利用。

19.1 垃圾填埋场与渗滤液水质特征

19.1.1 填埋场结构和功能

垃圾填埋场工程的主要功能是封闭废物，达到避免废物对大气环境、生态环境、水环境污染的目的。尽管不同国家和地区根据经济与科技发展水平，制定了不同的填埋技术规范，但垃圾填埋场都具有类似的结构，在环境控制、工程工艺和技术设备等方面都有严格的国家标准。垃圾填埋场的关键技术是选址和密封，寻找适合建造垃圾填埋场的地点。通常在天然岩土体不能满足防渗要求的状况下，需要在填埋场底部与周边设置防渗衬层，有条件的还在底部衬层之上堆置排泄层和安埋渗滤液收集系统，对收集的垃圾渗滤液进行单独处理。填埋场工程的基本结构如图 19-1 和图 19-2 所示。

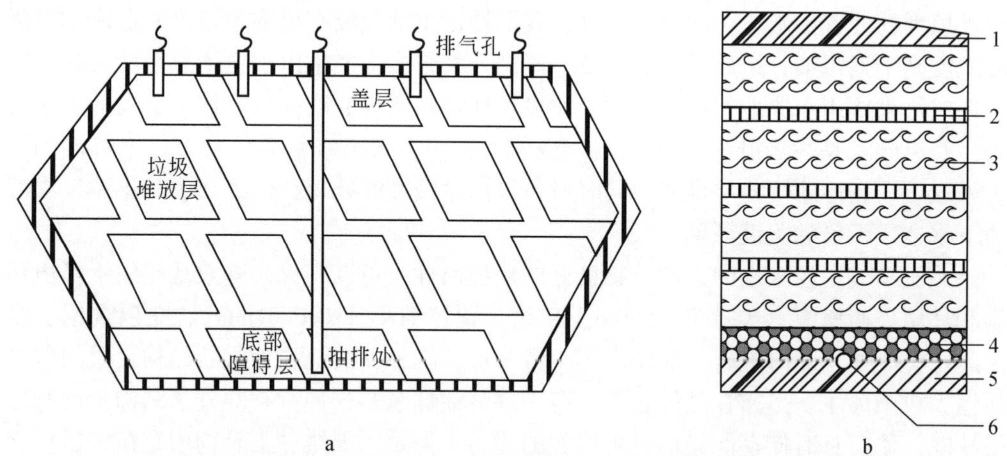

图 19-1 垃圾卫生填埋场纵剖面结构简图（a）及垃圾填埋结构示意图（b）

1. 盖层；2. 中间填土层；3. 垃圾；4. 排泄层；5. 衬里；6. 收集系统

填埋场密封体系中最重要的部分是密封层。填埋场工程可以看作是与其他建筑物一样位于地表的构筑物，除了有严格的基础稳定性要求外，还要避免因不均匀沉降造成的塑料

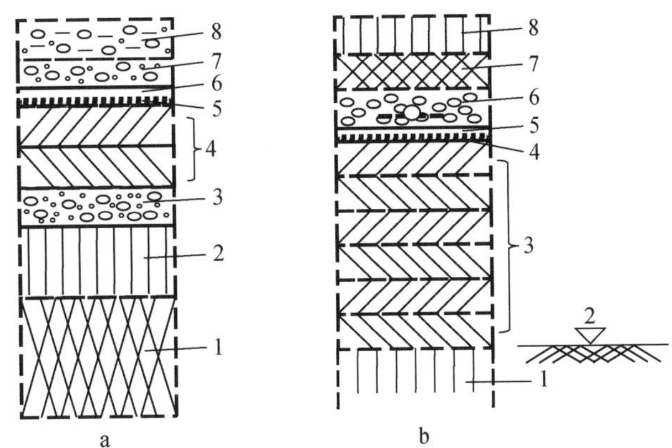

图19-2　垃圾填埋场表面密封层（a）和基础密封层（b）体系

a. 1. 废物体；2. 平衡层；3. 排气层；4. 矿物（黏土）密封层；5. 塑料板密封层；6. 保护层（土工布）；7. 排水层；8. 表土层。b. 1. 天然基底层；2. 基底面；3. 矿物（黏土）密封层；4. 塑料板密封层；5. 保护层；6. 排水层；7. 过渡层；8. 废物体

密封板(PEHD)和排水管路的破坏，这就要求填埋场工程利用基础有利的天然物质材料（岩石或土质材料）来封闭和阻滞废物运移，并避免对基础或邻区地下水和土壤的污染。填埋场对场地地质条件的要求：场址应选在渗透性弱的松散岩层或坚硬岩层的基础上，天然地层的渗透性系数最好能达到$1/10^8$m/s以下，并具有一定的厚度，因此场地基础的岩性多选择黏性土、砂质黏土以及页岩、黏土岩或致密的火成岩。

垃圾填埋场运行过程中，垃圾的倾倒实行分层铺放，即堆放一层垃圾，而后盖土压实。随着填埋的垃圾厚度逐渐升高，要均匀地加上竖管，为的是把垃圾发酵产生的甲烷气体引出并利用（发电、照明、供热）。当填埋到足够的厚度，还要进行封场处理，即最终盖上1～5m的压实净土，上面可种草、植树绿化。填埋场合理的规模应满足10～20年需要，每天可处理2000t左右垃圾。

19. 1. 2　垃圾填埋场衬层

目前在建造垃圾填埋场时，一般使用人工的防渗衬层，填埋场底部采用沥青混凝土、三合土、膨润土、塑胶类等材料做衬层（主要部分为膨润土），以防止垃圾渗滤液渗漏，污染地下水。在防渗层上铺上沙子作为保护层，主要是为了防止垃圾中的铁条等尖锐物破坏衬层。沙层上铺石子和垃圾液收集管，目的是将垃圾渗液引出，进行污水处理。

人工的衬层一般需具备下列主要条件：衬料的渗透率必须小于10^{-7}cm/s；衬层抗压强度必须大于0.6MPa，不因填埋碾压而断裂；衬料应有耐候性，能适应剧冷剧热变化；衬层能抵御垃圾中坚硬物体的刺、划；衬层制作必须结构完整、严密；衬料必须具有抗蚀性；与垃圾消化产物相容，不应因相接触而影响衬料的渗透性能。

目前大多数使用未经处理的天然黏土作为防渗层。理论上天然黏土的渗透系数较小，可以防止垃圾消化后产生的渗滤液向场外渗出，也可以阻止场外水体向场内渗透。同时由于黏土具有可塑性，遇有地壳运动引起的场地变形甚至断裂时，这些黏土软层可发生塑性变形并迅速填堵裂缝。事实上，据资料报道美国的18500个填埋场中几乎有一半对水体产生了污染。我国兰州东盆地雁滩水源地和西盆地的部分水井因垃圾渗滤液的污染而废弃不用。澳门与珠海市交界处的茂盛围因澳门垃圾渗滤液污染致使当地河流鱼虾绝迹，农田失收。北京地区利用天然软层建造的某些垃圾填埋场，目前也已发现场内有机质污染物有外渗现象的发生。由于无机的黏土矿物软层具有强烈的亲水性，不能有效吸附疏水性的有机污染物，故达不到阻止有机质污染物迁移、防治有机质污染物渗漏的目的。因此，加强对垃圾填埋场地质软层中黏土矿物环境容量评价与有效防渗改造研究实属当务之急。

有机黏土对垃圾渗滤液中的卤代烷烃、苯系物、氯代苯类、酚类、硝基苯类、苯胺、重金属及其化合物等主要污染物都有很好的吸附阻隔能力，用于垃圾填埋场的填土层对垃圾渗滤液有很强的吸附能力，在达到饱和之前，多层填土层对污染物质的净化数量相当可观。有机污染物在土壤中的迁移能力依赖于土壤对污染物的吸附程度，在填埋防渗材料中加入少量有机黏土矿物，将增加防渗材料对有机污染物的吸附能力，明显延缓污染物穿透填埋防渗材料的速度。若采用有机黏土矿物作用于垃圾填埋场的衬层中，其阻断填埋场与外界环境联系、防止渗滤液外漏以及外界水体进入的作用将会更好，实现垃圾卫生填埋场适当的衬层设计，即通过低渗透材料和一定厚度的有机黏土组合来完成，从而达到“防止地下水及周围环境的污染”最终目的。卫生填埋作为一种经济上最为合理，最适合我国国情的垃圾处理方式，在其衬层中加入对有机污染物有很好吸附阻隔作用的有机黏土，对生活垃圾“减量化、无害化、资源化”处置具有重要的意义，也为日益猛增的城市垃圾问题找到了一条有效的解决途径。当然，实际应用还有待于进一步实验和研究。目前美国已有研究人员提出向底层土壤或蓄水层现场注入阳离子表面活性剂，使其形成一个吸附区，用来拦截或固定污染物，防止地下水进一步污染，同时配合化学和生物降解手段，可提供一种新的“现场”综合修复技术，永久消除地下水污染物。

19.1.3 垃圾渗滤液水质特征

垃圾渗滤液是指垃圾在堆放和填埋过程中由于压实、发酵等物理、化学以及生物作用，以及降水和地下水渗流作用下产生的一种高浓度污水（Viraraghavan and Singh，1997）。垃圾渗滤液水质具有以下特点。

1. 水质复杂且水质变化大

影响垃圾渗滤液成分的因素主要有：垃圾成分、垃圾含水率、垃圾体内温度、场地气候条件、场地的水文地质降雨条件、填埋工艺及填埋时间等，其中降雨量和填埋时间对其影响尤为重要（Viraraghavan and Singh，1997）。这就决定了垃圾渗滤液的水质水量变化大，变化规律复杂，处理方法也呈现明显差异。

2. COD和BOD浓度相当高

垃圾渗滤液是一种高浓度的有机废水，化学需氧量(COD)、生化需氧量(BOD_5)的浓度可达几千到几万毫克每升，是一般城市污水的10~100倍。

3. 有机污染物繁多

郑曼英和李丽桃（1996）对广州大田山垃圾填埋场渗滤液成分分析表明，从垃圾渗滤液中检出的主要有机污染物 77 种，其中芳烃类 29 种，烷烃烯烃类 18 种，酸类 8 种，酯类 5 种，醇、酚类 6 种，酮、醛类 4 种，酰胺类 2 种，其他 5 种。77 种有机污染物中已被确认的可疑致癌物 1 种，其相对含量位居 77 种有机污染物之首，促癌物、辅致癌物 5 种，被列入我国环境优先污染物“黑名单”的 5 种。徐新燕（2007）对上海老港垃圾填埋场渗滤液成分分析，采用 GC-MS 检测出有机物 103 种。有机污染物含各种含氧官能团，主要是羟基、酚羟基、醇羟基、甲氧基和羰基等。有相当数量的致癌物和有毒有机物，其中一些还是难生物降解物质。它们的长期积累性生物效应，会对人体健康和生态产生危害。刘珊等（2010）在长安大学生活区垃圾中转站产生的垃圾渗滤液中检出 139 种有机物，其中相似度大于 60% 的有 63 种（含羧酸类 15 种，醇、酚类物质 10 种，烷烯烃类 11 种，酯类 10 种，醚类 6 种，其他 11 种）。检测出的酰胺、腈、硝基化合物、乙酰胺等 7 类物质均已被确认为致癌、致突变物。烃类中的十四烷、二十烷、二十二烷等 7 种有机物均为美国环保局（EPA，Environmental Protection Agency）优先污染物控制“协议法令”附件 C 规定的污染物。我们用 GC-MS 对北京北神树垃圾填埋场渗滤液检测出多种有机污染物，包括酯、胺、烷、烯、醇、酮、醛、苯、吡咯、呋喃酮、吡啶、苯酚、吲哚、硅氧烷等，并将有机污染物进一步细分为亲水性和疏水性有机物两大类物质（表 19-1），其中疏水性有机物含量占 70% 以上。

表 19-1　垃圾渗滤液中典型有机物及其性质

典型有机物中文名称	典型有机物英文名称	分子式	含量/%	有机物类型
邻苯二甲酸二丁酯	Dibutyl Phthalate	$C_{16}H_{22}O_4$	18.236	疏水性有机物
10-甲基十九烷	10-Methylnonadecane	$C_{20}H_{42}$	6.887	
2-甲基-7-苯基吲哚	2-Methyl-7-phenylindole	$C_{15}H_{13}N$	0.156	
丙酰胺	Propanamide	C_3H_7NO	2.657	亲水亲油的两性有机物
双氯乙基脲	1,3-Bis（2-chloroethyl）urea	$C_5H_{10}Cl_2N_2O$	1.245	
4,4-(1-甲基亚乙基)二苯酚	Phenol,4,4′-(1-methylethylidene）bis-	$C_{15}H_{16}O_2$	1.174	
乙醛	Acetaldehyde	C_2H_4O	0.246	
环丙酰胺	Cyclopropanecarboxamide	C_4H_7NO	1.187	亲水性有机物
3,3′-二氨基二丙胺	3,3′-Iminobispropylamine	$C_6H_{17}N_3$	0.660	

上述分析表明，垃圾渗滤液中有机污染物含量多且复杂，多种有机污染物被列入我国环保部以及美国 EPA 环境优先污染物“黑名单”，甚至还含有致癌物、促癌物、辅致癌物和致突变物，危害性大，垃圾渗滤液若混入地表水或渗入地下水，后果不堪设想。

4. 重金属离子浓度高

美国环保局（EPA）曾颁布了优先污染物名单，其中列出了 13 种优先考虑的重金属，分别为：锑、砷、铍、镉、铜、铅、汞、镍、硒、银、铊、锌、铬。我国环保部也曾列出了9种优先考虑的重金属及其化合物。这些重金属可以积累在水体、底泥和生物群中，一旦进入人体，将产生很大毒害性。徐新燕（2007）在上海老港垃圾渗滤液检测出Cd、Cr、Hg、Ni、Pb、Sb、Se、Zn八种重金属。我们采用ICP-AES技术对北京市北神树垃圾填埋场渗滤液中重金属检测显示，优先考虑的重金属除镉和铍之外，其余均有检出，而且大量超出《生活垃圾填埋场污染物控制标准GB 16889—2008》的污染物特别排放限值，部分超出《污水综合排放标准GB 8978—1996》的允许排放浓度（表19-2）。同时也发现，废弃的电子材料、金属器件、颜料涂料、电池电视以及药物等物质，是导致垃圾渗滤液中重金属含量超高的直接原因，垃圾的不分类收集是导致渗滤液中重金属毒性增强的间接原因。

表19-2　重金属浓度与各标准的比较及其主要来源

元素	垃圾渗滤液中重金属浓度/(mg/L)	污水综合排放标准/(mg/L)	垃圾填埋场水污染物特别排放限值/(mg/L)	垃圾渗滤液中重金属主要来源
Sb	1.183	未列出	未列出	电子材料、颜料涂料、陶瓷、烟花
As	1.423	0.5	0.1	电子材料、电视
Be	未检出	0.005	未列出	
Cd	未检出	0.1	0.01	
Cu	0.173	0.5	未列出	电子材料、金属材料
Pb	0.813	1.0	0.1	电子材料、颜料涂料、电池、陶瓷
Hg	0.305	0.05	0.001	化工原料、电池
Ni	0.403	1.0	未列出	金属材料、电池、电子材料
Se	1.085	0.1	未列出	电子材料、电视、医药
Ag	0.018	0.5	未列出	化工原料、金属材料
Tl	1.078	未列出	未列出	电子材料、光敏电池
Zn	7.750	2.0	未列出	化工原料、电池、颜料涂料
Cr	0.285	1.5	0.1	化工原料、金属材料

5. 氨氮含量高

拳子阳（2004）检测上海老港填埋场的新鲜渗滤液氨氮浓度高达3143mg/L，且渗滤液中的氮主要以NH_3-N的形式存在。氨氮浓度随时间变化不大，高浓度氨氮对后续生物处理有抑制作用（闫志明等，2003；倪晋仁等，2004）。

6. 营养元素比例失调

对于生化处理，污水中适宜的营养元素比例是BOD∶N∶P=100∶5∶1，而一般垃圾渗滤液中BOD/TP大都大于300，与微生物生长所需磷元素相差较大，因此在垃圾渗滤液生物处理中，磷元素缺乏。

7. 色度高，具恶臭味

新鲜渗滤液为紫黑色，老龄渗滤液颜色为黄褐色，具有恶臭味，严重影响生态环境。

国内外垃圾渗滤液的一般水质及变化范围见表 19-3（Chian，1997；Kang *et al.*，2002；蒋海涛等，2002；陈少华、刘俊新，2005；Bortolotto *et al.*，2009；Firas *et al.*，2009；Yusof *et al.*，2009；王磊刚，2009；刘婷，2010）。

表 19-3　垃圾渗滤液的性质及变化范围

指标	变化范围	指标	变化范围	指标	变化范围
颜色	黄-灰黑-紫黑	COD/(mg/L)	500～85000	SS	200～1000
嗅觉	恶臭	TOC/(mg/L)	350～22000	TP/(mg/L)	0.8～72
总残渣/（mg/L)	2300～36000	BOD_5/(mg/L)	50～19000	SO_4^{2-}/(mg/L)	10～750
电导率/(μΩ/cm)	10～26000	pH	5.2～8.5	Cl/(mg/L)	180～3250
氧化还原电位/(mV)	320～800	NH_3-N/(mg/L)	20～7400	NO_2^--N/(mg/L)	0.6～20
有机酸/(mg/L)	50～25000	重金属	含量多，变化大	总硬度	3000～10000

综上所述，垃圾渗滤液的组分复杂，有机污染物、重金属以及氨氮浓度高，色度大，毒性强，还含有致癌、致突变物，危害性大，如处理不当，会恶化空气、污染土壤、危害地表水或地下水（Bjerg *et al.*，1995；Aziz *et al.*，2004；倪晋仁等，2004；Gotvajn *et al.*，2009；Yusof *et al.*，2009；蔡涛等，2010）。

19.2　天然黏土矿物吸附有机污染物

在垃圾卫生填埋场的密封体系中，最重要的是密封层材料的选择。当前我国多数垃圾卫生填埋场都选用天然黏土作为填埋衬层材料。黏土矿物作为一种含水的硅酸盐矿物，具有硅氧四面体和铝氧八面体组成的层状结构，广泛存在于多种地质体中，也是土壤的主要组成成分，影响着土壤的结构和性能（Srinivasan and Fogler，1990）。黏土矿物表面积大、孔隙多、具有良好的阳离子交换和吸附能力，能有效吸附无机污染物，但天然黏土表面硅氧结构的亲水性和层间阳离子水解性使其不能有效吸附疏水的有机污染物（唐森本，1989），因此选用何种天然黏土能最大限度地吸附有机污染物，需研究天然黏土矿物学特性及其与有机污染物吸附之间的关系。本节以北京市某垃圾填埋场的天然黏土层为例，研究天然黏土层的矿物学特性，如黏土的矿物种类和含量、比表面积、有机质的含量、酸碱度、微观形貌等，并通过其对含典型有机污染物——苯、二甲苯、三氯甲烷模拟废水的吸附实验，探讨矿物学特性及其对这些有机污染物的吸附效果。

研究样品采自北京市某垃圾填埋场，按网格状定点采样，在野外按黏土颜色，将纵剖面上黏土层共分为八层（图 19-3）。采样长度为土壤表层 160cm，其余每层为 20cm。自下而上将该剖面的 8 个样品编号分别为 LLT1、LLT2、…、LLT7、LLT8。样品的矿物组成见表 19-4、表 19-5。

表 19-4　样品的矿物组成　　（单位：%）

样号	石英	钾长石	钠长石	方解石	白云石	角闪石	赤铁矿	黏土
LLT1	24.6	5.8	9.0	22.2	3.6	1.3		33.5
LLT2	22.5	5.3	10.5	15.9			0.5	45.3
LLT3	19.3	0.5	6.9	19.3	2.8		1.1	50.1
LLT4	39.5	11.0	22.9	4.3	3.4	1.7		17.2
LLT5	27.4	5.5	7.3	26.2				33.6
LLT6	13.1	1.3	3.7	34.3			0.8	46.8
LLT7	38.4	2.3	13.2	9.5		0.6	0.8	35.2
LLT8	25.2	0.7	11.2	23.5	5.7	1.2		32.5

表 19-5　样品中纯净黏土矿物组成　　（单位：%）

样号	伊/蒙混层	伊利石	高岭石	绿泥石
LLT1	54	29	13	14
LLT2	63	20	8	9
LLT3	70	17	6	7
LLT4	75	13	6	6
LLT5	73	12	7	8
LLT6	68	18	6	8
LLT7	61	20	8	11
LLT8	56	26	9	9

图 19-3　垃圾填埋场黏土层采样示意图

天然黏土层样品对苯、邻二甲苯、间、对二甲苯和三氯甲烷的吸附结果（表 19-6，图 19-4）表明，未经任何处理的天然黏土对有机污染物苯的吸附率极低，位于地表的 LLT8 的吸附率最大，为 10.6%，而在最底层的样品 LLT1 的吸附率最小，只有 0.2%。对邻、间、对二甲苯的吸附率基本相同，这是由于天然黏土对有机污染物的吸附率与有机污染物分子结构中的取代基位置无关。相比而言，位于表层的 LLT8 和底层的 LLT1、LLT2 对二甲苯的吸附率大于对苯的吸附率。可能因为二甲苯分子结构中的甲基活化了苯环，二甲苯的反应活性增强（王芹珠、杨增家，1997），使得黏土矿物对其吸附率大于对苯的吸附率。因此，黏土矿物对有机污染物的吸附与有机污染物的分子结构中苯环是否有取代基有关。样品对三氯甲烷的吸附率基本大于对苯的吸附率，这是因为三氯甲烷为极性分子（王芹珠、杨增家，1997），而天然黏土表面也为极性，因此，天然黏土对三氯甲烷的吸附除物理吸附中的色散力外，还有偶极作用力，而对苯的吸附只是简单的色散力。

表 19-6　样品对苯等有机物的吸附结果

有机污染物		LLT1	LLT2	LLT3	LLT4	LLT5	LLT6	LLT7	LLT8
苯	初试浓度/(μg/L)	23200							
	平衡浓度/(μg/L)	23153	21445	21113	22440	21885	20884	21683	20742
	吸附率/%	0.2	7.6	9.0	3.3	5.7	10.0	6.5	10.6
邻二甲苯	初试浓度/(μg/L)	5300							
	平衡浓度/(μg/L)	4626	4187	4920	5078	5014	5206	5112	3687
	吸附率/%	12.7	21.0	7.2	4.2	5.4	1.8	3.5	30.4
间、对二甲苯	初试浓度/(μg/L)	12600							
	平衡浓度/(μg/L)	10992	9761	11872	12330	12093	12534	12034	8602
	吸附率/%	12.8	22.5	5.8	2.1	4.0	0.5	4.5	30.7
三氯甲烷	初试浓度/(mg/L)	15.0							
	平衡浓度/(mg/L)	14.18	10.67	14.79	14.81	13.10	11.99	14.98	12.01
	吸附率/%	5.5	28.9	1.0	1.3	12.7	20.1	0.1	19.9

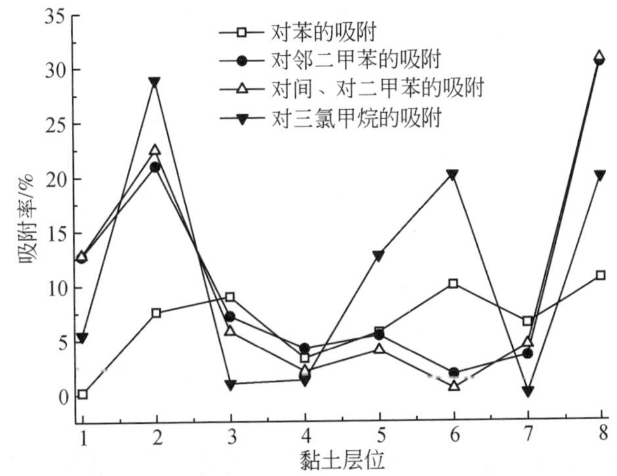

图 19-4　天然黏土对苯和邻、间、对二甲苯及三氯甲烷的吸附随黏土层位变化曲线

总体看来，天然黏土层样品对几种有机物的吸附都不高，最高不过30%左右，说明天然黏土不能有效防止含有苯等有机物的废水下渗污染地下水。

据表 19-4，垃圾填埋场不同黏土层中的纯净黏土矿物含量范围在 17.2% ~50.1%，八个样中所含纯净黏土的平均值为 36.8%。天然黏土层经沉降法提纯后的纯净黏土的矿物组成和相对含量（表 19-5）表明，对有机污染物起吸附作用的纯净黏土以伊利石、蒙脱石和高岭石为主。

除了 LLT1 和 LLT8 两个特殊层位，天然黏土层中的纯净黏土含量与对苯的吸附率有较好的线性关系（图 19-5），线性相关系数为 0.91。LLT1 中的纯净黏土含量虽然接近于平均值，但其纯净黏土中伊/蒙混层含量较低，影响了对苯的吸附率。LLT8 取自地表，其中的有机质含量高于其他层位。较高的有机质含量致使 LLT8 对苯的吸附率最大。总体而言，黏土层中的纯净黏土矿物含量越大，对苯的吸附率越高。

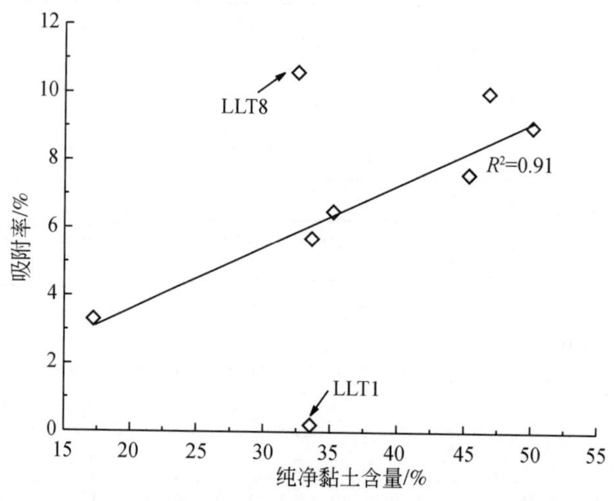

图 19-5　样品中纯净黏土含量和对苯吸附率关系

19.3　有机化改性膨润土吸附有机污染物

大量研究证实，对天然黏土矿物进行有机化改性能够提高其对有机物的吸附能力。有关天然膨润土的有机化改性在国内外都进行过广泛的研究，有机膨润土的制备已经形成了比较成熟的工艺，并已有商品化的有机膨润土生产，其中技术比较成熟、易于实现的就是以季铵盐型阳离子表面活性剂作为改性剂对膨润土进行的有机化改性（Smith *et al.*，1990；朱利中等，1994，1997a，1997b；李益民等，1997；Sheng and Boyd，1998）。有机膨润土的应用范围很广泛，在环保领域中的应用多集中于废水处理上（李益民等，1997；朱利中等，1997a，1997b）。有机膨润土对水溶液中多种有机物均有较好的吸附效果（朱利中、陈宝梁，1998）。利用有机膨润土作为垃圾填埋场的防渗衬层在当前是一种全新的尝试。若能将有机膨润土应用于垃圾填埋场防渗层建造，将大大增强其基底密封层对渗滤液中有机污染物的滞留能力，避免有机污染物对地下水体的污染。据文献报道，钠化、热活化和酸活化对膨润土的有机化改性效果都有一定的影响（陈济美，1991；刘玉兰、王寒竹，1998）。

本节选用效果较好且经济易得的溴化十六烷基三甲铵（CTMAB）作为有机改性剂，对膨润土进行改性，详细研究改性剂用量、钠化、热活化及酸活化对有机膨润土性能的影响；并研究有机膨润土对苯酚和苯胺（张兰英等，1998）等几种典型有机污染物的吸附效果，对有机膨润土对苯酚和苯胺吸附的适宜条件和用量进行探讨，总结有机膨润土吸附垃圾渗滤液中有机污染物的一般规律，旨在为垃圾填埋场中的实际应用提供基础数据（Ling *et al.*，2011）。

1. 改性土 d_{001} 的变化

改性剂用量对有机蒙脱石 d_{001} 值的影响：膨润土的主要矿物组成是蒙脱石，对膨润土进行有机化改性的实质就是对蒙脱石的有机化改性。XRD 测定改性前后膨润土中蒙脱石 d_{001} 值可了解改性效果。改性剂用量对有机膨润土中蒙脱石 d_{001} 值的影响见表 19-7 和图 19-6。

表 19-7　原土及有机膨润土的 d_{001} 值

土样	原土	1.5%	3.0%	4.5%	6.0%	7.5%	9.0%	10.0%	R_1	N	S_1	S_2
d_{001}/nm	1.533	1.474	1.626	2.354	2.311	2.412	2.848	3.087	2.246	2.263	1.953	1.834

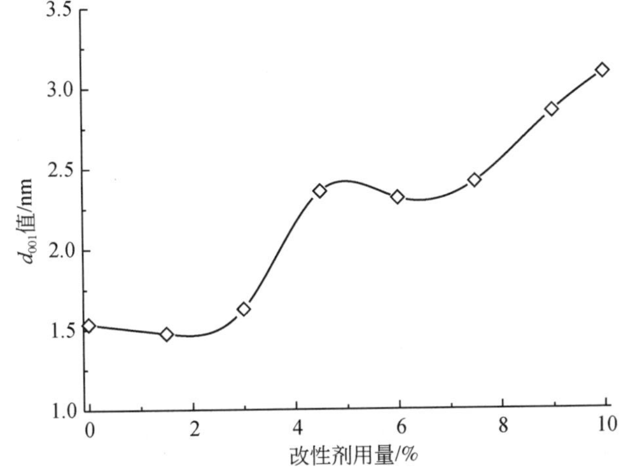

图 19-6　不同改性剂用量的有机膨润土中蒙脱石 d_{001} 值的变化

随改性剂用量的增加，有机蒙脱石 d_{001} 值基本呈增大的趋势。改性剂用量从 1.5% 增大到 10.0% 时，有机蒙脱石 d_{001} 值由 1.474nm 增大为 3.087nm，并且在改性剂用量小于 3.0% 和 4.5% ~7.5% 之间出现两段平台，之后随改性剂用量增加，d_{001} 值继续增大，这一变化趋势与已有文献中报道的情况不同。已有研究（李益民等，1997；朱利中等，1997a，1997b）认为进入蒙脱石层间改性剂的量与蒙脱石阳离子交换容量相当时会达到饱和，有机蒙脱石的 d_{001} 值和对有机物的吸附能力都不再随改性剂用量的增加而增加。本实验所用膨润土的阳离子交换容量 CEC 值用钡黏土法测定为 83.87meq/100g，等当量交换时，40g 膨润土需要 CTMAB 13.10g，即溶液体积为 200mL 时 CTMAB 的浓度约为 6.5%。由表 19-8 可看出，当改性剂用量大于 7.0% 时有机蒙脱石的 d_{001} 值还在增大，这显然表明可进入膨润土层间的表面活性剂最大量与膨润土的 CEC 值没有直接关系，即进入蒙脱石层间的改性剂的量可以大于其 CEC 值。

原土和改性土的 DTA 曲线（图 19-7）显示，原土在 172℃ 左右失去层间水，695℃ 和 889℃ 失去结构水；改性膨润土在 121℃ 左右失去层间水，吸热强度远小于原土，在 457℃ 有一有机物分解的强放热峰，320℃ 和 733℃ 各有一弱放热峰，无失去结构水的吸热峰。与原土相比，改性土的 IR 谱图上增加了 $2921cm^{-1}$ 和 $2851cm^{-1}$ 两个烷烃 C—H 键伸缩振动的特征吸收峰（图19-8），蒙脱石原有羟基的吸收强度降低。这些都证明改性剂已成功进入膨润土的层间，并且改性土的疏水性增强。

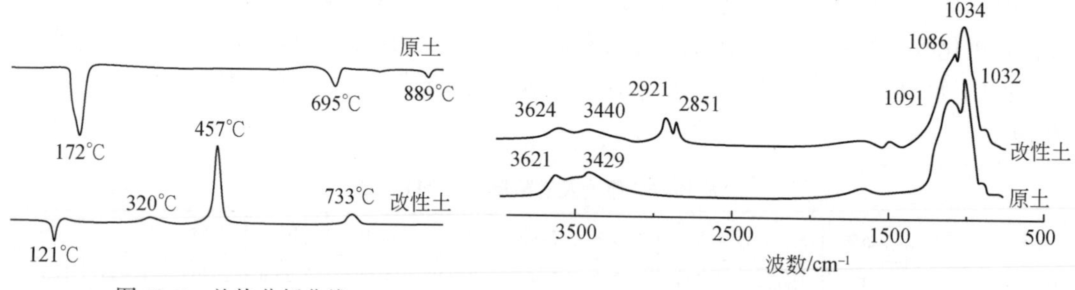

图19-7　差热分析曲线

图19-8　红外吸收光谱

改性剂在蒙脱石层间排列方式：关于有机改性剂在黏土矿物层间的排列方式有过不同的讨论结果。文献讨论改性剂溴化十六烷基三甲铵在蛭石层间的排列方式时，认为若改性剂在蛭石层间作倾斜立式排列，则有机蛭石的 d_{001} 值将取决于改性剂在层间的倾角，与改性剂在层间的含量多少无关。若改性剂在层间采取平铺方式排列，则随含量的增加层间改性剂会由单层排列变成多层排列；有机蛭石的 d_{001} 值与改性剂在层间的含量有关，改性剂含量增加 d_{001} 值增大（吴平霄，2001）。陈济美（1994）认为有机阳离子在蒙脱石层间的排列为双层排列和双层吸附，即有机改性剂被分别吸附在蒙脱石层间的上下层面上，与上下层面间夹角 θ 的变化范围为 0 ~90°，而 θ 角的大小主要与改性剂所含烷基链的长度有关。

根据上述实验结果，我们认为在改性剂用量逐步增加过程中，改性剂用量低于2%时，有机蒙脱石 d_{001} 值与原土中蒙脱石 d_{001} 值相差不大，表明改性剂的进入不影响蒙脱石层间距的变化；当改性剂用量再增加时，由于改性剂的双层排列方式使蒙脱石层间距开始增大（图19-9），在改性剂为4.5% ~7.5%之间出现的 d_{001} 值平台，可能是改性剂作一定角度的倾斜排列并逐步充满层间的过程。改性剂用量进一步增加并在层间的排列由倾斜逐渐转向直立过程中，蒙脱石 d_{001} 值相应增大，可达3.087nm。此时蒙脱石层间距为2.427nm（蒙脱石 d_{001} 值3.087nm，蒙脱石结构单元层厚度0.66nm），略大于改性剂溴化十六烷基三甲铵的链长2.35nm（刘树堂等，1994），充分表明改性剂在蒙脱石层间的排列已经变得完全直立起来。

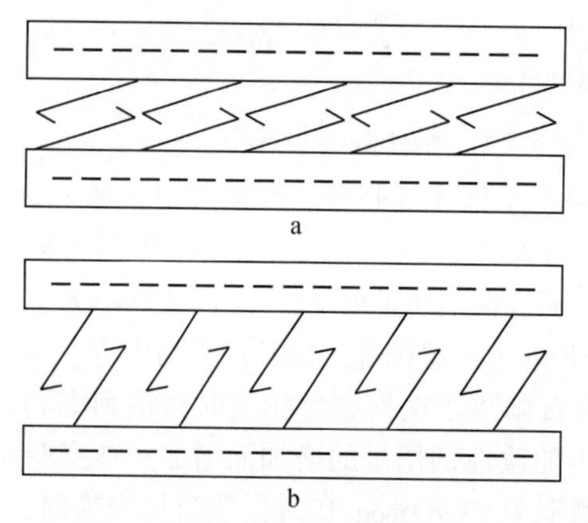

图19-9　CTMAB在蒙脱石层间排列方式示意图

a. 改性剂作双层平铺式排列；b. 改性剂作双层直立式排列

钠化、热活化和酸活化对有机蒙脱石 d_{001} 值的影响：改性剂用量均为6.0%时，钠化改性土和热活化土 R_1 中蒙脱石的 d_{001} 值分别为2.263nm、2.246nm，均接近于6.0%土的2.311nm（表19-8），说明钠化及热活化对有机膨润土中蒙脱石的 d_{001} 值影响不大。酸活化土 S_1 和 S_2 中蒙脱石的 d_{001} 值分别为1.953nm和1.834nm，明显小于6.0%土中蒙脱石的 d_{001} 值，而且随着硫酸浓度的增加，即由 S_1 的2%到 S_2 的20%，蒙脱石 d_{001} 值呈减小的趋势。

一般认为酸活化作用往往是离子半径较小的 H^+ 去置换蒙脱石层间离子半径较大的 Ca^{2+}，这势必导致蒙脱石层间距的减小（陈济美，1991）。当然蒙脱石层间 Ca^{2+} 失去与 H^+ 进入，大大改善了蒙脱石层间的表面性质，使蒙脱石内表面与外表面性质具有相似特征，无疑增加了蒙脱石的比表面积，从而成为增强蒙脱石表面吸附性能的一条途径。

2. 改性膨润土吸附苯酚

改性膨润土吸附苯酚的适宜条件：以热活化土为吸附剂，研究了振荡时间、振速、温度及溶液的 pH 对吸附效果的影响。结果表明，pH 是影响吸附效果的主要因素。改性膨润土对苯酚的吸附能力随 pH 的增大而增大，这主要是由苯酚的弱酸性（$pK_b=9.98$）决定的。苯酚的平衡浓度随 pH 变化，说明改性膨润土对极性有机物的吸附作用不只是有机物在长碳链烷基形成的疏水环境中分配的结果，还应包含有机物与蒙脱石表面的相互作用。随 pH 增大，苯酚的弱酸性逐渐被中和，溶液中酚盐的含量增加，除与疏水改性剂作用外，苯酚阴离子还可与蒙脱石边缘表面存在的正电荷及层间其他阳离子作用，使吸附量增大（朱利中等，1994；刘玉兰、王寒竹，1998）。考虑到实际应用，实验中选用 pH 为 7（即中性）。改性膨润土对苯酚的吸附很快即可达到平衡，为使吸附作用充分进行，实验时间选用 10min。振速和温度条件对吸附效果影响不大，实验时选择振速为 150r/min，温度为室温（25℃）。

几种改性膨润土对苯酚的吸附效果比较：在 pH、时间、温度、振荡速度为上述选定条件下，用 2.5g/25mL 用量的土对初始浓度为 10mg/L 的苯酚进行吸附实验，结果（表 19-8）表明，随改性剂用量增加，改性膨润土对苯酚的吸附能力也增强；热活化土的吸附效果好于同浓度改性剂的非热活化土；酸活化土的吸附效果不如热活化土；钠化土与热活化土相当；7.5% 改性土的平衡浓度最小。原土对苯酚也有较小的吸附能力，但远不如相同条件下改性膨润土的吸附效果好。与改性条件相比，改性剂用量是影响吸附效果的主要因素，且几种改性膨润土的吸附能力与表 19-7 所示的 d_{001} 值变化趋势基本一致，这与李益民等（1997）的研究相符。鉴于相同改性剂用量的情况下，热活化土效果更好，因此，选用热活化土为进一步实验用土。

表 19-8　原土及改性膨润土对苯酚的吸附效果

土样	原土	1.5%	3%	4.5%	6%	7.5%	R_1	N	S_1	S_2
C_e/(mg/L)	8.2	3.77	2.20	1.48	1.47	0.50	0.70	0.60	1.35	1.29
吸附率/%	18	62.3	78	85.2	85.3	95	93	94	86.5	87.1

改性土用量与苯酚平衡浓度的关系：在选定实验条件下，考察热活化土对不同初始浓度（分别为 3、5、10 和 15mg/L）的苯酚吸附平衡时的苯酚平衡浓度，结果（图 19-10a）表明，随改性土用量的增加，苯酚的去除率也增加（即苯酚的平衡浓度减小）。根据国家工业废水第二类污染物三级排放标准（苯酚为 1.0mg/L），可得到不同苯酚初始浓度下改性土的用量曲线（图 19-10b）。由图可见，随着苯酚初始浓度增大，改性土用量增大。为使苯酚浓度达标，对初始浓度分别为 3、5、10 和 15mg/L 的苯酚，改性土的用量应分别为 0.2g/25mL、0.96g/25mL、1.60g/25mL 和 2.72g/25mL。不同浓度下的用量方程为 y =

0. 1959x-0. 2458，R^2 = 0. 9751。

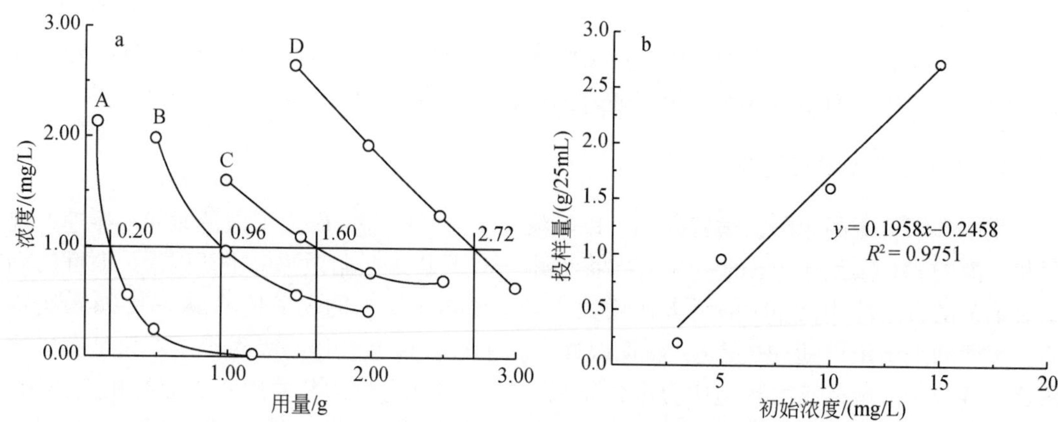

图 19-10　不同浓度下的用量曲线

A. 3mg/L；B. 5mg/L；C. 10mg/L；D. 15mg/L

吸附等温线：热活化土在室温及中性条件下对苯酚的吸附等温线见图 19-11。将实验数据处理后分别进行 Langmuir 型和 Freundlich 型的线性拟合（图 19-12），结果表明 Langmuir 型的线性要好于 Freundlich 型的线性。

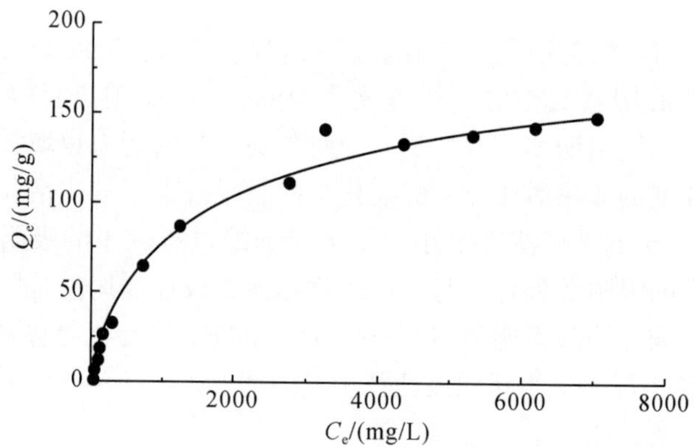

图 19-11　苯酚的吸附等温线

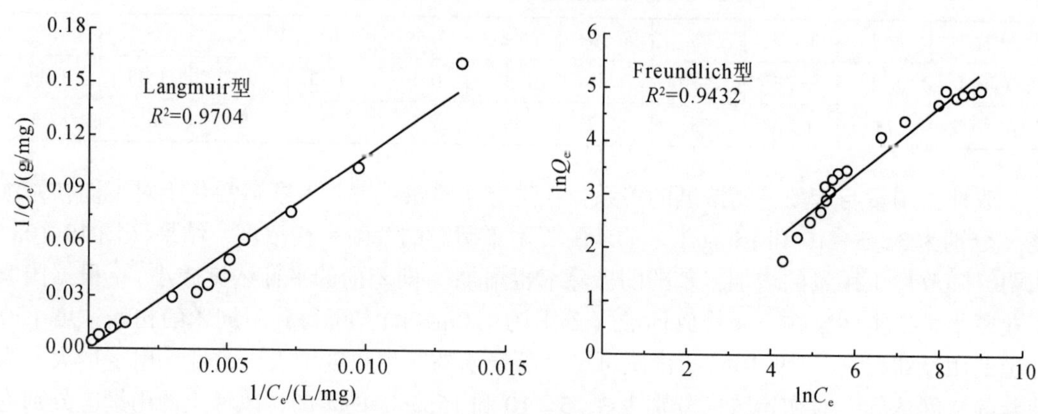

图 19-12　吸附等温线的线性模型

3. 改性膨润土吸附苯胺

改性膨润土吸附苯胺的适宜条件：为测定实验条件对吸附效果的影响，确定苯胺平衡浓度与改性土用量的关系，特设计了一组正交实验。各因素的水平选取均由小到大。实验结果（表 19-9）表明，效果最好的第 3 组吸附率达 100%，苯胺平衡浓度为 0；其次是第 1 组和第 14 组，吸附率在 96% 以上，平衡浓度均低于 1mg/L；此外，第 5、7、9、10、11、13 组的平衡浓度也都低于国家工业废水第二类污染物二级排放标准（2mg/L）；而第 8、12、16 组的平衡浓度低于国家工业废水第二类污染物三级排放标准（5mg/L）。对各因素四个水平下的吸附率求和并比较，结果表明，pH 和土样用量是影响吸附率和平衡浓度的两个最主要因素。随改性土用量的增加，苯胺吸附率明显增大，平衡浓度明显降低；而 pH 的影响则表现为酸性条件下吸附率远好于碱性条件，中性条件下的吸附能力与酸性条件

表 19-9　改性膨润土吸附苯胺的正交实验结果

编号	pH	振荡时间 /min	振速 /(r/min)	初始浓度 /(mg/L)	土样质量 /(g/25mL)	吸附率 /%	平衡浓度 /(mg/L)
1	4	60	150	15	2.0	96.2	0.57
2	10	120	0	15	1.0	67.1	5.75
3	7	120	150	20	3.0	100.0	0
4	12	60	0	20	0.5	46.7	10.66
5	4	90	0	30	3.0	94.7	1.60
6	10	30	150	30	0.5	58.5	12.44
7	7	30	0	10	2.0	89.6	1.04
8	12	90	50	10	1.0	56.6	4.34
9	4	30	200	20	1.0	90.1	1.98
10	10	90	100	20	2.0	92.0	1.60
11	7	90	200	15	0.5	90.5	1.42
12	12	30	100	15	3.0	81.1	2.83
13	4	120	100	10	0.5	84.0	1.60
14	10	60	200	10	3.0	99.1	0.09
15	7	60	100	30	1.0	83.0	5.09
16	12	120	200	30	2.0	84.6	4.62
ΣⅠ	365.0	319.3	292.7	329.3	279.7		
ΣⅡ	363.1	325.0	340.1	329.5	291.4		
ΣⅢ	311.3	333.8	311.3	328.8	362.4	Σ=1308.4	
ΣⅣ	269.0	330.3	364.3	320.8	374.9		
R	96	14.5	71.6	8.7	95.2		

下相差不大。这与 pH 对苯酚吸附率的影响规律有所不同，也说明有机改性膨润土对极性有机物的吸附作用不只是极性有机物在长碳链烷基形成的疏水环境中分配的结果，还应包含它们与蒙脱石表面的相互作用。蒙脱石表面对有机物的吸附作用被认为是表面的 Lewis 和 Bronsted 酸位与有机碱的反应（Heller-kallai *et al.*，1973）。苯胺与蒙脱石层间阳离子的水化作用质子化，而阳离子则羟基化。从 pH 对吸附实验的影响来看，苯胺的质子化过程发生在被吸附前。

由于改性膨润土具有较强的疏水性，介质 pH 的变化不会影响其表面性质的变化，而只改变苯胺在水溶液中的存在形式。苯胺具弱碱性（$pK_b = 9.42$），pH 增大会降低苯胺的质子化程度，从而使吸附量减小；而苯酚呈弱酸性（$pK_a = 9.98$），随 pH 的增大，苯酚的弱酸性逐渐被中和，溶液中酚盐的含量增加。除与疏水改性剂作用外，苯氧负离子还可与蒙脱石边缘表面存在的正电荷及层间其他阳离子作用，使吸附量增大（刘玉兰、王寒竹，1998）。振速的极差 R 值也比较大，但吸附率与振速大小并不成一定比例关系，静止条件下效果较差。苯胺初始浓度虽然会影响苯胺的平衡浓度，但对吸附率影响很小。振荡时间影响不大，说明吸附过程很快即可达到平衡。根据正交实验结果，并考虑实际应用，优选实验条件如下：改性土用量 2.0g/25mL、苯胺初始浓度 20mg/L、pH 中性、振荡时间 1h、振速 150r/min。在选定条件下进行实验，对苯胺的去除率达 90%，苯胺平衡浓度达到国家工业废水第二类污染物二级排放标准。

几种改性膨润土对苯胺的吸附效果比较：在上述选定条件下进行各种改性土吸附苯胺的实验，结果（表 19-10）表明，与原土相比，改性土对苯胺的吸附能力明显增强；随改性剂用量增加，改性膨润土的吸附能力增大；钠化土和酸活化土对苯胺的去除能力明显高于热活化土。相同实验条件下，酸活化土处理后的溶液中无苯胺检出，这与 pH 对改性土吸附苯胺能力的影响一致。

表 19-10　几种改性膨润土对苯胺的吸附效果

土样	原土	3%	4.5%	6%	7.5%	R	N	S_1	S_2
C_e/(mg/L)	7.18	3.13	2.40	2.18	1.55	1.82	0.70	0.00	0.00
吸附率/%	64.10	84.35	88.00	89.10	92.25	90.90	96.50	100.00	100.00

吸附等温线：热活化土在室温及中性条件下对苯胺的吸附等温线见图 19-13。由图可见，在实验条件下，改性膨润土对苯胺的吸附可以较好地用这三种等温线来模拟（R^2 均大于 0.95），也表明极性有机物苯胺与有机膨润土间存在多种相互作用力。

4. 改性剂用量对有机膨润土吸附有机物的影响

加入不同改性剂用量制备的有机膨润土对不同初始浓度的苯酚、苯胺、苯、甲苯和二甲苯的去除效果（表 19-11，图 19-14）显示，改性剂用量变化对有机膨润土吸附这些污染物的影响基本相似，即随着改性剂用量的增加，有机膨润土对污染物去除率呈增加的趋势。

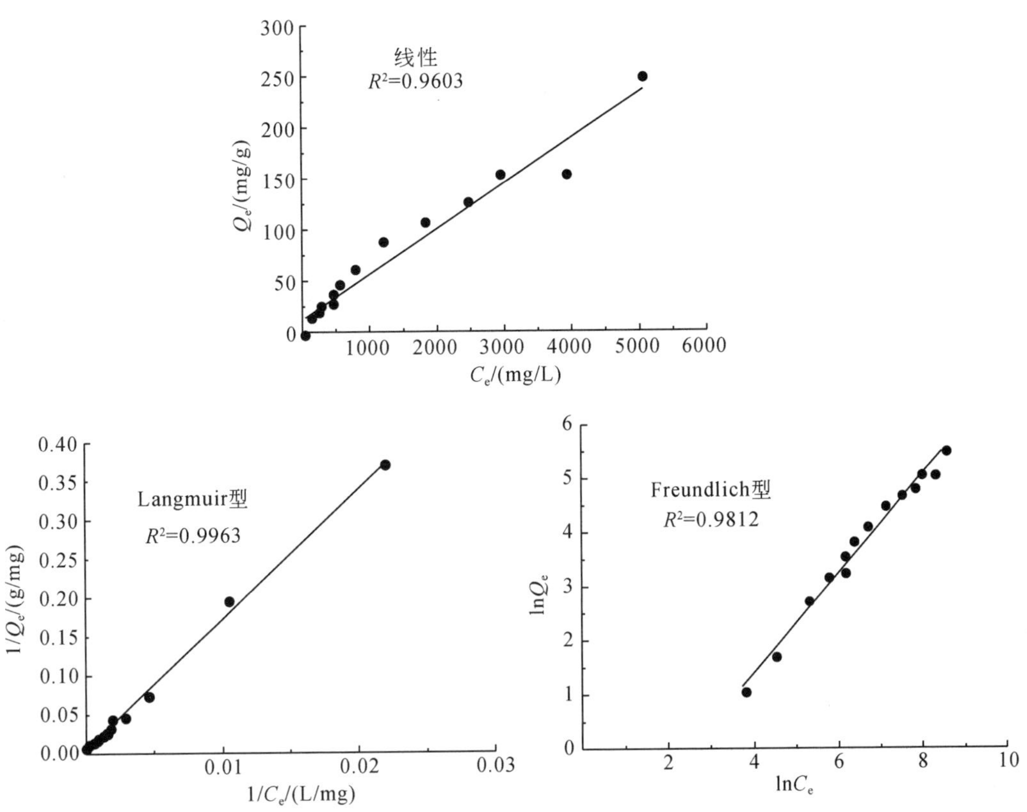

图 19-13　有机膨润土吸附苯胺的吸附等温线

表 19-11　改性剂用量对有机膨润土吸附有机物的影响

试样	初始浓度/(mg/L)	去除率/%					
		原土	1.5%土	3.0%土	4.5%土	6.0%土	7.5%土
苯酚	10	8.2	67.3	78.0	85.2	85.3	95.0
苯胺	20	61.4	70.5	84.4	88.0	89.1	923
苯	23	1.3	11.2	41.7	47.2	59.0	57.8
甲苯	24	0	28.6	49.1	61.3	68.9	58.8
二甲苯	18	1.3	56.9	75.4	81.2	87.8	87.6

实验结果表明，有机化改性后膨润土对有机物的吸附能力显著增强，改性剂用量为1.5%时，有机膨润土对有机物的吸附能力明显强于天然膨润土；在同一改性剂用量下有机膨润土对三种苯系物的去除率顺序为二甲苯>甲苯>苯，这一趋势与苯系物分子的大小有关。

5. 钠化、热活化和酸活化对有机膨润土吸附有机物的影响

钠化、热活化和酸活化条件对有机膨润土吸附有机物影响的实验结果（表 19-12）显

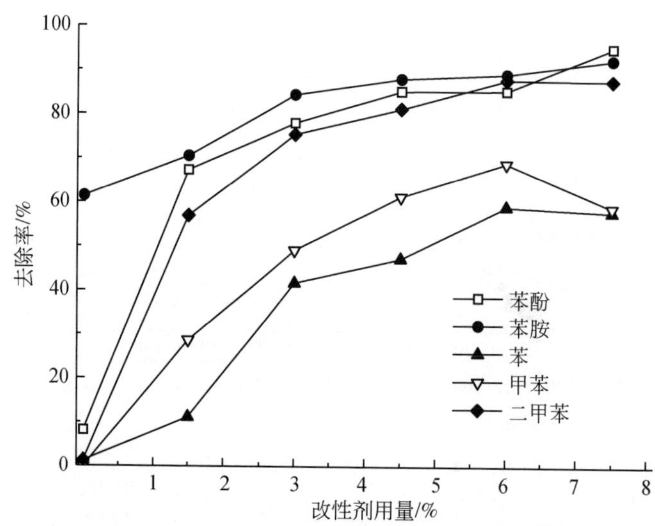

图 19-14　改性剂用量对有机膨润土吸附性能的影响

示，改性剂用量相同时，钠化土对苯酚和苯胺的吸附能力略好于 6.0% 土，两种热活化土对苯系物的去除能力相近。酸活化土对苯胺的去除率在实验条件下达 100%，明显好于 6.0% 土。酸活化土吸附有机物的能力与有机物本身的极性和酸碱性有关，且与 pH 对吸附效果的影响趋势较一致，即有机膨润土对苯酚的吸附率随介质 pH 增大而增加，对苯胺的吸附能力随 pH 增大而减小，而对于苯、甲苯、二甲苯的吸附效果与介质 pH 的变化关系不大。

表 19-12　钠化土、热活化土及酸活化土对几种有机物去除率的比较

试样	去除率/%					d_{001} 值/nm
	苯酚	苯胺	苯	苯	二甲苯	
R_1	90.3	—	54.00	62.81	87.74	2.246
R_2	93.0	90.9	59.42	62.38	87.60	2.133
N	94.0	96.5	—	—	—	2.263
S_1	86.5	100.0	52.67	—	84.59	1.953
S_2	87.1	100.0	46.42	57.04	82.49	1.834
6.0% 土	85.3	89.1	58.99	69.80	87.81	2.311/2.175

不同改性条件对有机膨润土吸附能力的影响与有机膨润土对不同有机物的吸附机理有关。对于钠化改性作用，一般认为钠离子比钙离子易于交换，可在相同改性剂用量下使有机改性剂更好地进入蒙脱石层间，从而增强改性效果（陈济美，1991）。酸活化和热活化改性作用则主要是通过失水或与 H^+ 交换作用增大膨润土的比表面积。Fusi 等（1980）发现 4-氨基苯磺酸-甲氨基甲酸脂（除莠剂）与 Al-蒙脱石和 H-蒙脱石反应时，$-NH_2$ 基团因为“酸性水”的作用而质子化，并且配位于矿物层间的阳离子。差热分析表明，有机膨润土层间仍含有一定量的水，可以认为酸活化改性膨润土对苯胺的吸附效果显著增强应该是

质子化作用的结果。有机膨润土与苯酚和苯胺等极性有机物作用时，除了在长碳链烷基形成的疏水性环境中分散外，还存在不同 pH 条件下有机物不同形态与蒙脱石表面极性基团间的相互作用。在吸附苯系物等非极性有机物时，则主要是疏水性介质的隔离作用。因此钠化改性对有机膨润土的吸附能力影响比较明显，而热活化和酸活化改性则只对吸附作用与表面有关的极性有机物，如苯酚和苯胺有较大影响。

综上所述，天然膨润土经过有机化改性后对有机物的吸附能力大大增强，应用有机膨润土建造垃圾填埋场防渗衬层具有一定的可行性。改性剂用量是影响有机膨润土吸附有机物性能的主要因素，随着改性剂用量的增加有机膨润土中蒙脱石 d_{001} 值和对有机物的吸附能力都呈增大的趋势。酸活化和热活化对于有机膨润土吸附不同的有机物时影响程度不同。酸活化后的改性土对苯胺的吸附能力有显著提高。钠化是提高有机膨润土吸附能力的有效方法。

有机改性膨润土对垃圾渗滤液中典型有机污染物苯酚和苯胺具有很好的吸附去除能力，实验条件下对苯酚的去除率可达90%以上，平衡浓度达到国家工业废水第二类污染物二级排放标准。吸附苯酚实验的适宜条件为中性，室温，平衡时间10min。

正交实验结果表明，pH 和改性土用量是影响有机膨润土吸附苯胺的主要因素。有机改性膨润土对极性有机物的吸附作用不只是极性有机物在长碳链烷基形成的疏水环境中分配的结果，还应包含它们与蒙脱石表面的相互作用。

实验条件下有机改性膨润土对苯酚的吸附过程可以用 Langmuir 型吸附等温线较好地模拟；而对苯胺的吸附作用用 Langmuir 型、Freundlich 型和线性吸附等温线均可较好地模拟，表明对苯胺的吸附过程不只是在疏水环境中分配的结果，还与静电作用等其他作用力有关。

19.4　鸟粪石结晶处理氨氮污染物

氨氮也是垃圾渗滤液中必须有效处理的主要污染物。中晚期垃圾渗滤液中高含量的氨氮和低 BOD_5/COD 值使得生物法处理垃圾渗滤液受到限制（Kurniawan *et al.*，2006；Wiszniowski *et al.*，2006；Claudio *et al.*，2010）。氨氮对某些微生物有很大的毒性，使垃圾渗滤液难以微生物降解（Aziz *et al.*，2004）。因此，在处理垃圾渗滤液之前，大多需要先进行预处理减少氨氮的浓度。更重要的是，氨氮容易污染空气，破坏生态平衡，损害人类健康。一些学者已开始通过投加 Mg^{2+} 和 PO_4^{3-}，使之与废水中的氨氮生成难溶的复盐 $MgNH_4PO_4 \cdot 6H_2O$ 沉淀，从而达到净化废水中氨氮的目的，此即鸟粪石结晶法（Ghosh *et al.*，1996；Goto，1998；赵庆良、李湘中，1999；Li *et al.*，1999；Li and Zhao，2003；Izzet *et al.*，2003；Ozturk *et al.*，2003；Calli *et al.*，2005；裴红洋等，2007；张记市、王玉松，2009；商平等，2010；Claudio *et al.*，2010）。

天然鸟粪石晶体于 1848 年首次发现于德国汉堡附近一座古教堂里的陈年牛粪堆下，定名为 struvite（Dana，1951；王守道，1984）。其后，类似的报道见诸多处。Rawn 等（1939）在研究污泥硝化时发现，在硝化污泥上清液中悬浮着一种白色晶体为鸟粪石。鸟粪石（Magnesium Ammonium Phosphate，英文简称 MAP）化学式为 $MgNH_4PO_4 \cdot 6H_2O$，属斜方晶系，一般无明显的晶形，有时可见板状、楔状或短柱状晶形（Woods *et al.*, 1999），集合体多为团块状。晶体无色，有时为白色、淡黄色或棕色，玻璃光泽，摩氏硬度为2，性脆，密度1.65～1.70g/cm^3，溶度积 $K_{sp}{}^{\theta}=12.6$，溶解度较低，0℃时仅为0.023g/L。其中 P_2O_5 含量约为58%，是一种高品位的磷矿石（王绍贵等，2005）。鸟粪石是由动物有机粪便、骨骼堆积形成，与镁磷石、水磷铵镁石等共生，主要产地为秘鲁、摩洛哥和美国加利福尼亚州沿岸各岛屿，以及非洲大量聚居鹈鹕和塘鹅的地区。

19.4.1 鸟粪石结晶法去除氨氮物质

垃圾渗滤液中，鸟粪石的形成过程即是垃圾渗滤液中氨氮的去除过程。以下三个化学方程式可描述其形成反应（李金页、郑平，2004）：

$$Mg^{2+}+NH_4^+ +PO_4^{3-}+6H_2O \longrightarrow MgNH_4PO_4 \cdot 6H_2O \tag{19-1}$$

$$Mg^{2+}+NH_4^+ +HPO_4^{2-}+6H_2O \longrightarrow MgNH_4PO_4 \cdot 6H_2O+H^+ \tag{19-2}$$

$$Mg^{2+}+NH_4^+ +H_2PO_4^{-}+6H_2O \longrightarrow MgNH_4PO_4 \cdot 6H_2O+2H^+ \tag{19-3}$$

25℃时，式（19-1）的 $K_{sp}^{\theta}=[Mg^{2+}][NH_4^+][PO_4^{3-}]=10^{-12.6}$。

鸟粪石形成过程可分为两个阶段：成核阶段和成长阶段。在成核阶段，组成晶体的各种离子形成晶胚。在成长阶段，组成晶体的离子不断结合到晶胚上，晶体逐渐长大，最后达到平衡。而溶液达到平衡时的化学势（μ_{∞}）与溶液过饱和时的化学势（μ_s）之差（$\Delta\mu$）是生成鸟粪石沉淀的推动力。对鸟粪石沉淀而言：

$$\begin{aligned}\Delta\mu &= \mu_{\infty}-\mu_s \\ &= [\mu_{\infty}^0+kT\ln(\alpha_{Mg^{2+}}\cdot\alpha_{NH_4^+}\cdot\alpha_{PO_4^{3-}})_{\infty}^{1/3}]-[\mu_s^0+kT\ln(\alpha_{Mg^{2+}}\cdot\alpha_{NH_4^+}\cdot\alpha_{PO_4^{3-}})_s^{1/3}]\end{aligned} \tag{19-4}$$

假设平衡时的标准化学势和过饱和时的标准化学势相等，即 $\mu_s^0=\mu_{\infty}^0$，则

$$\Delta\mu = kT\ln\frac{(\alpha_{Mg^{2+}}\cdot\alpha_{NH_4^+}\cdot\alpha_{PO_4^{3-}})_s^{1/3}}{(\alpha_{Mg^{2+}}\cdot\alpha_{NH_4^+}\cdot\alpha_{PO_4^{3-}})_{\infty}^{1/3}}=-\frac{kT}{3}\ln\Omega$$

式中，k 为 Boltzmann 常数；T 为绝对温度；α 为离子活度；Ω 为过饱和程度。

由上式可以看出，温度一定时，鸟粪石沉淀的形成取决于溶液的过饱和程度，而过饱和程度与溶液的离子强度、pH 等因素相关，所以 $n(Mg^{2+}):n(NH_4^+):n(PO_4^{3-})$ 的浓度比值和垃圾渗滤液的 pH 是影响鸟粪石结晶的两个重要因素。

根据以上分析，当垃圾渗滤液中 Mg^{2+}、NH_4^+ 和 PO_4^{3-} 的离子浓度乘积大于鸟粪石的溶度积 K_{sp}^{θ} 时就会产生鸟粪石沉淀。由式（19-1），理论上生成鸟粪石的物质的量比 $n(Mg^{2+}):n(NH_4^+):n(PO_4^{3-})$ 应为1∶1∶1。根据同离子效应，增大 Mg^{2+}、PO_4^{3-} 的配比可促进式(19-1)反应进行，从而提高氨氮的去除率。但若增加 PO_4^{3-} 量，则反应后的残磷量增加，带来新的污染。通常可以根据实际需求，在降低磷酸盐投加比例的同时，增加镁盐的投加量，以提高氨氮去除率。

溶液的 pH 对形成鸟粪石影响很大。若溶液中的 pH 较低时，PO_4^{3-} 浓度相对较高，此

时主要得到的是 $Mg[H_2PO_4]_2$；若溶液的 pH 适中，则会产生 $MgNH_4PO_4 \cdot 6H_2O$；若溶液中的 pH 过高时，则会形成更难溶于水的 $Mg_3[PO_4]_2$ 和 $Mg(OH)_2$ 沉淀，此时溶液中几乎不含 Mg^{2+} 和 PO_4^{3-} 离子。此外，在强碱性条件下，溶液中的 NH_4^+ 会转变为 NH_3，而不利于废水中氨的去除。此外，由以上反应方程式可知，反应中磷酸盐不断消耗，并随沉淀生成，反应溶液的碱度下降，pH 降低，因此在沉淀反应过程中须不断地加入碱性物质（如 NaOH），使反应平衡向右移动。

19.4.2　鸟粪石结晶法去除氨氮的影响因素

1. pH

Stratful 等（2001）的研究表明，在 Mg^{2+}、NH_4^+ 和 PO_4^{3-} 的初始浓度分别为 18mg/L、266mg/L 和 742mg/L（物质的量比为 1∶1.9∶1）的条件下，pH 为 7.0 时，无鸟粪石生成；pH 升至 7.5 时，也只有少量鸟粪石生成；pH 提高到 8.5 后，大量形成鸟粪石。据 Tünay 等（1997）对制革废水所作的实验，在 pH 为 8～9 的条件下，采用鸟粪石除磷法可使 NH_4^+ 去除率高达 75% 以上。

穆大刚等（2004）实验证明，当 Mg^{2+}、NH_4^+、PO_4^{3-} 的物质的量比为 1∶1∶1，废水温度为室温，反应 15min，静置 2min 时，形成鸟粪石沉淀的最佳 pH 为 8.91。刘小澜等（2005）采用鸟粪石沉淀法处理焦化废水时，$n(Mg^{2+})$∶$n(NH_4^+)$∶$n(PO_4^{3-})$ 为 1∶1∶1，pH 为 9.0 左右，氨氮去除率可达 98% 以上，残磷量控制在 5mg/L 左右。

2. 主要组分物质的量比——同离子效应

形成鸟粪石的前提是三种离子的活度积超过鸟粪石平衡时的溶度积。只要其中一种离子浓度较高，就容易达到过饱和状态而发生沉淀。杨阳等（2010）采用鸟粪石结晶法处理猪场废水氨氮，当 $n(Mg^{2+})$∶$n(NH_4^+)$∶$n(PO_4^{3-})$ 为 1.2∶1∶1 时，氨氮去除率最高为 95.15%。

3. 反应时间

研究表明，反应时间对氨氮去除率影响很小，但反应时间不宜过长，否则会破坏鸟粪石的结晶沉淀体系，降低结晶沉淀性能。另外，反应时间越长，动力消耗越多，处理费用越高。郝瑞刚等（2006）实验表明，最佳氨氮去除率的反应时间为 20min。李芙蓉和徐君（2006）认为最佳反应时间为 60min。冼萍等（2010）等研究垃圾渗滤液氨氮预处理时，认为当 $n(Mg^{2+})$∶$n(NH_4^+)$∶$n(PO_4^{3-})$ 为 1∶1∶1，pH 为 10 时，最佳反应时间 15min，氨氮去除率大于 98.0%。

4. 沉淀剂的选择

王玉萍等（2001）用 $Mg(OH)_2$ 和 H_3PO_4 作沉淀剂，在 pH=9～11 时，氨的去除率可达 95%，同时要求初始 H_3PO_4 浓度大于 $Mg(OH)_2$ 的浓度。郭如新（2000）提出，当

$n(NH_4^+)>100mg/L$ 时，$n(NH_4^+)/n(PO_4^{3-})>1$ 的工业废水可用 $Mg(OH)_2$ 或 $MgCl_2$ 处理，控制 $n(Mg^{2+})/n(PO_4^{3-})>1$，在合适 pH 下，搅拌合成鸟粪石结晶。$Mg(OH)_2$ 和 $MgCl_2$ 都可以被用来形成鸟粪石，但由于 $MgCl_2$ 在水中的溶解速度比 $Mg(OH)_2$ 快，因此，$MgCl_2$ 的应用更加广泛。

蒋京东等（2008）处理高浓度氨氮废水，用 $MgCl_2 \cdot 6H_2O$ 和 $Na_2HPO_4 \cdot 12H_2O$ 为沉淀剂，当 $n(Mg^{2+}):n(NH_4^+):n(PO_4^{3-})$ 为 1.25 : 1 : 1，pH 为 8.3 时，氨氮去除率最高为 98.59%。刘金良等（2010）采用磷酸铵镁法回收稀土分离废水中的镁及氨氮，认为 $Na_3PO_4 \cdot 12H_2O$ 为最优磷源，比 $Na_2HPO_4 \cdot 12H_2O$ 的效果好。通过向氮磷混合液中加入含镁废水，并控制反应液 pH 为 9 时，氮磷镁去除率均可达 98% 以上。

5. 初始浓度的影响

从鸟粪石形成的三个化学方程式可以看出，初始氨氮浓度越高，越有利于鸟粪石形成。Chimenos 等（2003）处理 NH_3-N 初始浓度为 2320mg/L 的染料废水实验中，NH_3-N 去除率达到 90% 以上。

马莹莹（2006）在 pH = 10.5、$n(Mg^{2+}):n(NH_4^+):n(PO_4^{3-})$ = 1.4 : 1.2 : 1 条件下，初始氨氮浓度在 15、25、50mg/L 时，氨氮去除率分别为 41.8%、24.53%、78.3%。初始氨氮浓度在 100～300mg/L，氨氮去除率在 92.8%～95.94% 之间变化。可见初始氨氮浓度低于 100mg/L 时氨氮去除率较低。王印忠等（2007）保持污泥脱水滤液中 Mg^{2+} 和 PO_4^{3-} 浓度均为 5mmol/L，当 NH_4^+ 的初始浓度提高到 12mmol/L 时，约有 90% 的 PO_4^{3-} 参与了鸟粪石的形成；滤液中的 Ca^{2+} 不仅可与 Mg^{2+} 争夺 PO_4^{3-} 而占据鸟粪石晶体赖以继续生长的活性位，而且还能与 $H_2PO_4^-$ 争夺 OH^-，抑制 $H_2PO_4^-$ 向 PO_4^{3-} 转化并参与生成鸟粪石，同时造成对 NH_4^+ 的回收率降低。

19.4.3 鸟粪石去除垃圾渗滤液中氨氮

赵庆良和李湘中（1999）以香港新界垃圾填埋场渗滤液为实验原水，采用 $MgCl_2 \cdot 6H_2O$ 和 $Na_2HPO_4 \cdot 12H_2O$ 作沉淀剂，并使 $n(Mg^{2+}):n(NH_4^+):n(PO_4^{3-})$ 的物质的量比为 1 : 1 : 1，在 pH 为 8.5～9.0 时，氨氮浓度可由 5618mg/L 降低到 65mg/L，去除率高达 98% 以上；同时，生成的鸟粪石晶体对渗滤液中金属离子及杂质吸附量很低。Li 等（1999）采用鸟粪石沉淀法，15min 内将垃圾渗滤液中氨氮浓度从初始的 5618mg/L 降至 210mg/L，去除率超过 96%，pH 需控制在 8.5～9.0。

Izzet 等（2003）采用鸟粪石结晶法处理氨氮浓度为 2240mg/L 的土耳其某垃圾填埋场渗滤液，当 pH 为 9.2，$n(Mg^{2+}):n(NH_4^+):n(PO_4^{3-})$ 的物质的量比为 1 : 1 : 1 时，氨氮去除率为 85%。Li 和 Zhao（2003）在相同条件下处理香港某垃圾填埋场渗滤液中的氨氮，去除率达到 92%；同时将鸟粪石产物与红土混合作为种植蔬菜的肥料。研究发现，添加鸟粪石后，蔬菜生长比较茂盛；添加过量甚至 8 倍过量的鸟粪石，也不会对蔬菜的良好长势造成负面影响，因为鸟粪石中的氮和磷是缓慢释放的。此项研究为鸟粪石作为植物生长的复合肥料提供了理论基础。

裴红洋等（2007）采用鸟粪石结晶沉淀法对苏州某垃圾填埋场渗滤液进行前处理。在pH为9.5、$n(Mg^{2+}):n(NH_4^+):n(PO_4^{3-})$为1.25∶1∶1.1的条件下，$NH_3$-N去除率达97.7%，同时改善了渗滤液的可生化性。张记市和王玉松（2009）采用$MgSO_4 \cdot 7H_2O$和$Na_2HPO_4 \cdot 12H_2O$作为沉淀剂回收渗滤液中NH_3-N，在pH为9.5、反应时间25min、$n(Mg^{2+}):n(NH_4^+):n(PO_4^{3-})$为1.5∶1∶1.5的最佳条件下，$NH_3$-N浓度由初始的3500mg/L降低至175mg/L，去除率达95%。

Claudio等（2010）采用鸟粪石结晶法处理意大利某南方城市垃圾填埋场中晚期渗滤液的氨氮，当pH为9.0，$n(Mg^{2+}):n(NH_4^+):n(PO_4^{3-})$的物质的量比为2∶1∶1时，氨氮去除率为95%，并验证白色产物鸟粪石无重金属污染，可以作为肥料使用。同时，渗滤液经过鸟粪石结晶法处理后，可生化性加强，有利于后期生物处理。商平等（2010）研究了鸟粪石结晶法对经混凝预处理后的垃圾渗滤液中NH_3-N的去除效果。结果表明，最佳条件为：$n(Mg^{2+}):n(NH_4^+):n(PO_4^{3-})$为1.1∶1∶1.3，pH为8.5～9.5，反应温度30℃，反应时间25min，此时NH_3-N去除率达94.70%；pH为9.0时生成的沉淀大部分为MAP，且无氰化物、酚等有害物质检出，而pH为10.5时生成的沉淀由许多疏松的微小沉淀颗粒组成，排列较杂乱，影响了沉淀的纯度。

我们采用鸟粪石结晶法处理北京某垃圾填埋场渗滤液高浓度氨氮的实验表明：$n(Mg^{2+}):n(NH_4^+):n(PO_4^{3-})$和pH是较重要的影响因素，pH不仅影响氨氮去除率，还影响结晶产物的成分，其他影响因素还有沉淀剂的比例和反应时间。综合考虑氨氮去除率和原料成本，鸟粪石去除垃圾渗滤液中氨氮较佳工艺条件为：介质pH为9，沉淀剂为$MgCl_2 \cdot 6H_2O$和$Na_2HPO_4 \cdot 12H_2O$，$n(Mg^{2+}):n(NH_4^+):n(PO_4^{3-})$为1∶1∶1，反应时间为15min，氨氮去除率为90.13%。XRD与ESEM分析（图19-15）表明，沉淀产物是高纯度鸟粪石。

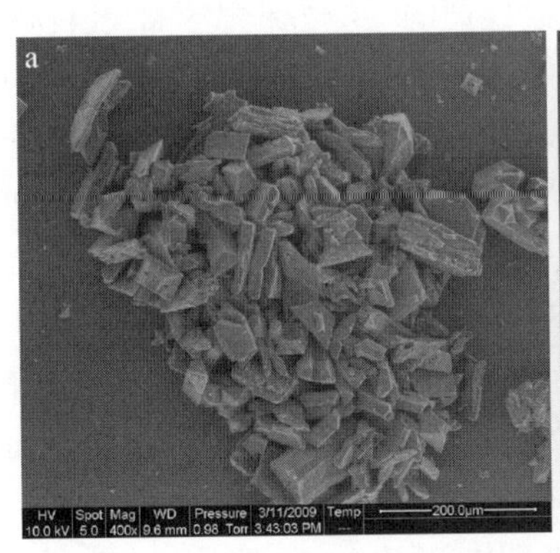

图19-15 鸟粪石沉淀的ESEM图

a. 鸟粪石沉淀物；b. 鸟粪石斜方晶系单晶

鸟粪石结晶法具有氨氮去除率高，反应速度快，污泥体积小，反应后固液容易分离等特点。国内外研究资料显示，鸟粪石是一种优质氮磷资源，可直接或稍加处理使用，易被农作物吸收，方便、经济、高效（Li and Zhao，2003；Claudio *et al.*，2010）。回收鸟粪石具有较高的经济价值，售价平均在250美元/t左右（Doyle and Parsons，2002；Claudio *et al.*，2010）。磷酸铵镁用途广泛，在农业上因其溶解和释放速度低、作物利用率高、对环境污染程度小而被称为“21 世纪的肥料” （Doyle and Parsons，2002；Li and Zhao，2003；Claudio *et al.*，2010）。因此，采用鸟粪石结晶沉淀法处理垃圾渗滤液中的氨氮具有良好的应用前景。

19.5 矿物法组合处理垃圾渗滤液

国内外学者关于膨润土及其改性产物处理模拟废水的研究较多（Jordan，1949；Lee *et al.*，1989，1990；Sharmasarkar *et al.*，2000；朱建喜等，2003；朱利中、陈宝梁，2006；李玲等，2006；Erdal，2009；王毅等，2009），而处理实际废水，特别是垃圾渗滤液的研究报道却很少见。我们经过多年研究，认为溶解性有机物（DOM）是导致垃圾渗滤液处理难以达标的主要污染物，DOM 可划分为亲水性和疏水性两大类物质，可以采用亲水性的天然膨润土处理亲水性有机物，疏水性的有机膨润土处理疏水性有机物，结合鸟粪石结晶法去除垃圾渗滤液中的氨氮污染物，再利用膨润土本身具备的吸附与离子交换性能去除重金属，从而提出针对可生化性差的中晚期垃圾渗滤液低成本与高效率的组合型矿物法处理技术。

19.5.1 有机化膨润土的制备与表征

将膨润土、有机改性剂和水按不同质量比在三角瓶中混合，于 65℃下搅拌反应 3h，然后 25±5℃下密闭静置 24h，即得到不同有机改性程度（简称有机改性度）的有机化膨润土复合材料（简称有机化膨润土）。

有机改性度的计算：膨润土的 CEC 为 0.598mol/kg，有机改性剂 DODMA · Cl 的试量为 585.5g/mol，纯度为 70%。根据膨润土与有机改性剂的反应方程式：M-X+DODMA-Cl ⟶ DODMA-X+M-Cl（M 代表膨润土中可交换的无机阳离子，X 代表膨润土中进行离子交换的位置），可见，有机化膨润土的有机改性度取决于有机改性剂与膨润土的质量比（W）。

$$有机化膨润土的有机改性度 = (W \times 70)/(585.5 \times 0.0598) \times 100\%$$

若有机改性剂与膨润土的质量比为 3 ∶ 10，则：

$$有机化膨润土的有机改性度 = (0.3 \times 70)/(585.5 \times 0.0598) \times 100\% = 60\%$$

若所制备的有机化膨润土的有机改性度为 60%，则说明膨润土与有机改性剂在发生反应时，有机改性剂不足，以致产物（有机化膨润土）中，除了含有机膨润土成分之外，还可能含有类似天然膨润土的成分。

实验制备的有机化膨润土与天然膨润土的 XRD 对比分析（图 19-16）表明，膨润土经有机改性后，其中蒙脱石的 d_{001} 明显增大，说明有机改性剂长链分子已经插入蒙脱石（001）的层间，合成效果良好。d_{001} 增大为四组，分别为 3.373nm、2.183nm、1.583nm 以及 1.402nm，这是因为长链有机分子在蒙脱石层间域以不同的形式或者角度存在，导致出现不同大小的层间域（Sharmasarkar *et al.*，2000；朱建喜等，2003；朱利中、陈宝梁，2006；李玲等，2006），同时说明合成的有机化膨润土是混合物，既含不同层间域的有机膨润土成分，又含类似天然膨润土的成分。

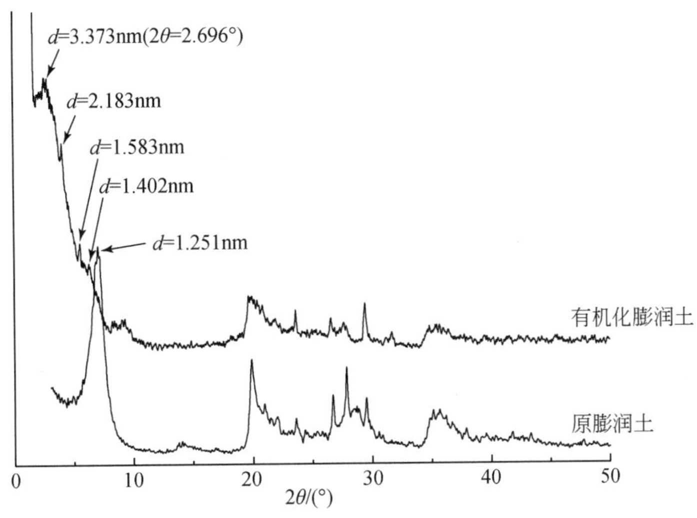

图 19-16　原样膨润土与有机化膨润土的 XRD 图谱

19.5.2　矿物法组合处理工艺

鸟粪石结晶法去除氨氮环节：取 100mL 垃圾渗滤液，用 NaOH 将 pH 调为 9.0，然后按$n(Mg^{2+})$: $n(NH_4^+)$: $n(PO_4^{3-})$的物质的量比为 1 : 1 : 1 加入 $Na_2HPO_4 \cdot 12H_2O$ 和 $MgCl_2 \cdot 6H_2O$，25℃下 200r/min 搅拌 30min，上层为处理后液，下层为鸟粪石结晶矿物，静置 30min 后固液分离。

鸟粪石结晶法处理氨氮，利用了矿物的结晶效应。垃圾渗滤液经过鸟粪石结晶法处理后，氨氮浓度由 3859mg/L 降到 175mg/L，COD 也由 2566mg/L 降到 2400mg/L。

有机化膨润土处理环节：鸟粪石结晶法处理后，鸟粪石回收利用，液体继续处理。25℃下，在液体部分中加入一定量的有机化膨润土，按 200r/min 搅拌一段时间后，再加入一定量的明矾，按 200r/min 搅拌 1min，100r/min 搅拌 10min，再固液分离。然后再重复以上步骤两次。最终固体运回垃圾场填埋，液体回用或再处理。

多次试验表明，有机化膨润土的有机改性度、用量、反应时间以及明矾用量对处理效果影响较大，故设计 4 组实验确定 4 个因素的影响情况。垃圾渗滤液取 100mL 不变，有机化膨润土用量、明矾用量都是相对垃圾渗滤液的用量。因素水平设计见表 19-13。

表 19-13　四组实验的因素与水平

因素	水平			
	1	2	3	4
有机化膨润土的有机改性度	40%	60%	80%	100%
有机化膨润土用量/(g/L)	5	10	15	20
有机化膨润土反应时间/h	1	1.5	2	2.5
明矾用量/(g/L)	5	10	15	20

19.5.3 有机化膨润土处理渗滤液影响因素

有机改性度的影响：实验确定有机化膨润土用量10g/L，反应时间1.5h，明矾用量15g/L这三个因素不变，改变有机化膨润土的有机改性度，分别为40%、60%、80%及100%，考察有机改性度对处理效果的影响。实验结果（图19-17a）表明，有机改性度为40%时，处理效果最差；改性度为80%时，COD去除率最高，达到90.6%；改性度为60%时，COD去除率稍低于80%改性度；但有机改性度达到100%时，COD去除率反而有所下降。综合分析认为：① 40%改性度的有机化膨润土，有机膨润土含量太低，不能很好地处理疏水性有机物，以致COD去除率低。②60%改性度的有机化膨润土处理效果和80%差不多，而有机改性剂价格较高，为降低成本，优先考虑60%改性度。③有机改性剂添加量越大，就越可能有部分改性剂未与膨润土充分反应，游离于混合物中，给水体带来了额外的污染，这也是100%改性度时COD去除率反而下降的一个原因。④ 60%改性度的有机化膨润土，可以充分利用其中的类似天然膨润土成分，处理亲水性有机污染物、重金属和氨氮；类似天然膨润土成分还可与垃圾渗滤液中现存的有机物反应，进一步提高有机化膨润土的有机改性度，提高处理有机污染物的能力，达到以废治废的目标。所以，后期实验都采用有机改性度为60%的有机化膨润土。

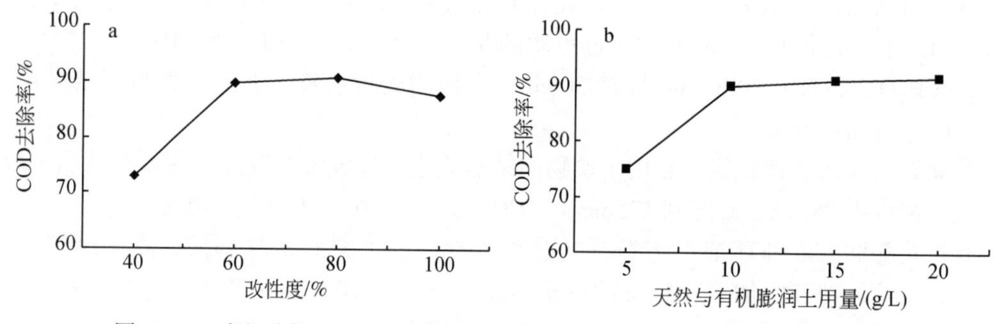

图19-17　有机改性度（a）和有机化膨润土用量（b）对COD去除率的影响

有机化膨润土用量的影响：实验确定有机改性度为60%，反应时间1.5h，明矾用量15g/L这三个因素不变，改变有机化膨润土用量，分别为5、10、15及20g/L，判断有机化膨润土用量对处理效果的影响。实验结果（图19-17b）显示，采用10g/L的有机化膨润土用量较好。

有机化膨润土反应时间的影响：实验确定有机改性度为60%，有机化膨润上用量10g/L，明矾用量15g/L这三个因素不变，改变有机化膨润土反应时间，分别为1、1.5、2及2.5h，考察有机化膨润土反应时间对处理效果的影响。实验结果（图19-18a）表明，反应1.5与2h时处理效果差不多，COD去除率分别为89.8%与91%，为降低能耗，应选择反应时间为1.5h。反应1h时COD去除率较低，主要原因是有机化膨润土还未与垃圾渗滤液中的有机物分子充分碰撞，反应不完全。而反应2.5h，COD去除率也较低，可能原因是搅拌时间过长，有机化膨润土本身以及吸附的有机物会少量脱附。

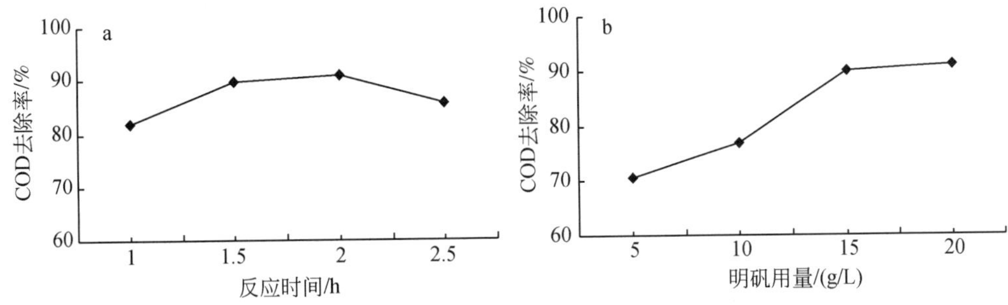

图 19-18　有机化膨润土反应时间（a）和明矾用量（b）对 COD 去除率的影响

明矾用量的影响：明矾不仅可以去除一部分污染物，还能絮凝悬浮的有机化膨润土，有利于后期的固液分离。实验确定有机改性度为 60%，有机化膨润土用量 10g/L，反应时间 1.5h 这三个因素不变，改变明矾用量，分别为 5、10、15 及 20g/L，考察明矾用量对处理效果的影响。实验结果（图 19-18b）表明，明矾用量越多，COD 去除率越高，在 15g/L 与 20g/L 时处理效果差不多；同时，实验也发现，明矾用量大于 15g/L 后，后期的固液分离难度增加，整个体系的 pH 下降很快，使得处理液呈酸性，影响出水水质。综合考虑，明矾用量选择为 15g/L。

采用以上较佳工艺与配方，即鸟粪石结晶法处理垃圾渗滤液后，再将 60% 改性度的有机化膨润土 10g/L 加入到处理液中，搅拌 1.5h，之后加入 15g/L 明矾，按 200r/min 搅拌 1min，100r/min 搅拌 10min，再固液分离；然后在处理液中重复有机化膨润土环节两次。最终出水的 COD 为 245mg/L，氨氮 48mg/L，重金属 Hg 未检出，去除率分别达到 94%、98% 和 100%。

19.5.4　有机化膨润土处理渗滤液机理

前述分析测试表明，60% 改性度的有机化膨润土既含类似天然膨润土的成分，也含有机膨润土成分。天然膨润土具有较大的比表面积、层间域及阳离子交换容量，吸附性能较好（朱利中、陈宝梁，2006），同时带负电荷，显极性，能吸附各种无机离子、有机极性分子，可处理垃圾渗滤液中亲水性有机物、重金属以及氨氮。但由于天然膨润土颗粒表面极强的亲水性和层间大量可交换性阳离子的水解，使其表面通常存在一层薄的水膜，在非极性或弱极性溶剂中不能很好表现其吸附特性，从而不能有效处理疏水性有机污染物（李济吾等，2007）。采用季胺盐改性后的膨润土，有机阳离子的水合作用明显小于无机阳离子，有机膨润土表面通常无水膜存在，呈疏水性，同时有机膨润土存在大量的有机分配介质（朱利中、陈宝梁，2000，2006），垃圾渗滤液中的疏水性有机物能够从水相分配到有机膨润土的有机相中（Chiou，1979；杨柳燕，2004），从而被有效处理。所以，有机化膨润土可以同时发挥亲水的天然膨润土处理亲水性有机物，疏水的有机改性膨润土处理疏水性有机物的功能，从而大幅度去除垃圾渗滤液中的有机污染物。

采用 GC-MS 检测了处理前后垃圾渗滤液中有机污染物的变化，结果（图 19-19）表明，垃圾渗滤液原液含多种有机污染物，包括烷、烯、醇、酮、羧酸、苯、酯、酰胺、吡咯、呋喃酮、吡啶、苯酚、吲哚、腙、硅氧烷等，既有亲水性有机物，也有疏水性有机物，而且疏水性有机物含量占70%以上；经矿物法组合处理后，垃圾渗滤液中除了丙酰胺还有残留外，邻苯二甲酸二丁酯含量大量减少，10-甲基十九烷和环丙酰胺都未检出。说明有机化膨润土能够明显减少垃圾渗滤液中的亲水性和疏水性有机物的种类和含量，具有良好的处理效果。

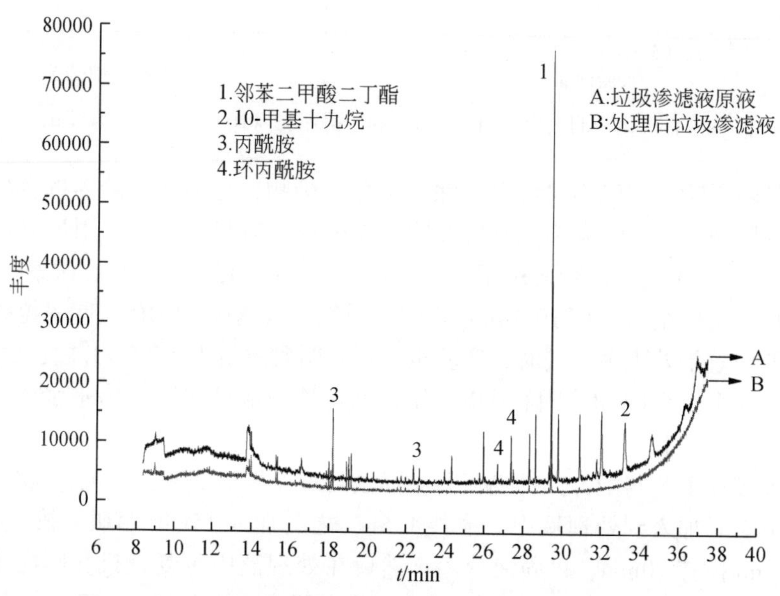

图 19-19　垃圾渗滤液处理前后的 GC-MS 检测谱图

综上所述，垃圾渗滤液中溶解性有机物（DOM）分为亲水性和疏水性两大类。采用有机改性度为60%的有机化膨润土处理垃圾渗滤液，能够同时实现亲水的天然膨润土处理亲水性有机物，疏水的有机膨润土处理疏水性有机物，从而达到高效去除有机污染物的目标。有机化膨润土的有机改性度为60%，能够降低制备成本，杜绝有机改性剂二次污染，还能充分利用垃圾渗滤液中现存的有机物改性其中的天然膨润土，提高有机化膨润土的改性度，从而增强其处理有机污染物的能力，达到以废治废的目标。

对 COD 为2466mg/L，氨氮为3859mg/L，代表性重金属 Hg 为0. 305mg/L，危害性很大的垃圾渗滤液进行矿物法组合处理后，最终出水的 COD 为245mg/L，氨氮 48mg/L，重金属 Hg 未检出，达到国家二级排放标准。

矿物法组合处理垃圾渗滤液中的氨氮、有机物以及重金属，主要发挥了矿物的结晶效应、表面吸附效应以及离子交换效应，类似于有机界生物处理方法，矿物法能够治理污染与修复环境。针对垃圾渗滤液这一水处理难题，矿物法提供了一个新的思路。

第 20 章　矿物法处置矿山尾矿砂

矿产资源是人类生存和发展的重要物质基础。矿业开发过程中，不可避免地产生大量尾矿。世界各国矿业开发所产生的尾矿每年达50 亿 t 以上，我国金属矿山尾矿堆存量已超过60 亿 t。至2000 年，我国尾矿废石破坏土地和堆存占地已达到1.87 ~ 2.47km^2；美国、俄罗斯、加拿大、日本等国的尾矿堆存占用的田地也相当惊人，如1965 年美国选矿厂排出的尾矿就占地达200 万英亩①；而人口稠密、国土狭小的日本尾矿堆积场已达730 多个，尾矿堆存购置土地已非常困难（王雅静，2008）。由于受当时选矿技术和设备的限制或选矿工艺流程不够合理，造成选矿回收率较低，致使部分有用组分留存在尾矿中。在我国，多年来矿业的粗放型开发生产，技术、工艺、设备和管理落后，加之大多数矿山矿石品位低，矿物嵌布粒度细，大量共伴生矿产资源未能合理回收利用，有价资源进入废石和尾矿等矿山固体废弃物中。因此，尾矿堆放不但占用土地，危害生态环境，而且也是对资源的极大浪费。

金川有色金属（集团）股份有限公司（简称金川集团）是集采、选、冶、化为一体的特大型有色联合企业，是中国的镍都和铂族金属提炼中心，也是我国三大资源综合利用基地之一。镍和铂族金属储量分别占全国已探明储量的70% 和80% 左右，铜储量仅次于江西德兴铜矿居全国第二位，副产品有钴、金、银、铂、钯、锇、铱、钌、铑、硫磺和硒。随着生产的高速发展，金川公司每年产生尾矿砂近400 万 t，同时年产酸性废水150 万 t，硫酸产量120 万 t 以上。

如此巨大数量的废液与废固已成为企业发展中的瓶颈问题。金川铜镍矿选矿尾矿砂中绝大部分为脉石矿物，有少量金属硫化物和金属氧化物以及微量贵金属矿物。脉石矿物主要为橄榄石、辉石、蛇纹石、透闪石、绿泥石、棕闪石、滑石，其次为斜长石、云母、碳酸盐、磷灰石；金属硫化物主要有磁黄铁矿、镍黄铁矿、黄铜矿，其次为马基诺矿、紫硫镍矿、古巴矿、墨铜矿、铜蓝、黄铁矿；金属氧化物主要为磁铁矿、铬铁矿、钛铁矿、赤铁矿；贵金属矿物主要有银金矿、金银矿、砷铂矿、铋碲钯矿（温德清等，2001）。根据化学分析（表20-1），金川尾矿平均含 Ni 0.22%、Cu 0.20%、Fe 10.75%、SiO_2 37.19%、CaO 3.30%、MgO 27.68%、Al_2O_3 2.14%、S 1.42% 等。按照这些数据，金川集团每年将有0.88 万 t 镍、0.8 万 t 铜、43 万 t 铁随着尾矿流失。

需要强调的是，尾矿砂与废酸液极少在同一个企业同时存在，对废液废固无害化处理也常常是独立进行，难免需要购置添加一定的原料或试剂，这无疑将增加处理成本。难得的是，金川集团同时拥有废酸液与尾矿砂，而且尾矿砂中主要物质组成是富镁橄榄石、辉石、绿泥石和蛇纹石等，完全不同于通常意义上的化学性质较稳定、组成以长石、石英等

① 1 英亩 = 4840yd^2 = 0.404686hm^2。

为主的固体废弃物。根据详细的矿物学研究，金川集团尾矿砂中这些化学稳定性差、极易与酸发生溶解作用的矿物，与废酸液界面化学能量差悬殊，导致其化学活性与反应性剧烈，可成为这些废液废固发生自反应的内动力。

表 20-1　金川选矿尾砂的化学成分

样品	一选尾矿（X1）	一选尾矿（X2）	一选尾矿（X3）	二选尾矿（X4）	有二选尾矿（X5）	有二选尾矿（X6）
SiO_2	35.50	37.56	38.12	37.65	37.52	36.81
MgO	28.62	25.98	25.65	28.75	27.52	29.57
Al_2O_3	1.81	1.77	1.69	2.45	2.30	2.80
CaO	3.12	4.10	4.52	2.85	2.80	2.43
TFe	10.22	9.50	10.95	11.72	10.05	12.08
Cr_2O_3	0.90	0.85	0.71	0.87	0.71	0.56
TiO_2	0.21	0.20	0.19	0.25	0.22	0.30
Na_2O	0.12	0.15	0.21	0.20	0.20	0.31
K_2O	0.16	0.13	0.11	0.18	0.19	0.20
Ni	0.22	0.19	0.20	0.25	0.23	0.24
Cu	0.17	0.18	0.18	0.23	0.20	0.25
S	1.06	0.88	0.85	1.88	1.65	2.17

资料来源：温德清等，2001。

20.1　尾矿砂矿物学特征

20.1.1　尾矿砂矿物组成特征

1. 尾矿砂矿物组成

金川镍矿浮选尾矿主要由橄榄石、辉石、蛇纹石、绿泥石、透闪石、磁铁矿、云母、滑石、斜长石、碳酸盐矿物等组成；此外，还含少量磁黄铁矿、镍黄铁矿、黄铜矿和黄铁矿等硫化物矿物。表 20-2 列出了据粉晶 XRD 测试获得的金川集团老尾矿库不同位置、不同深度尾矿砂样品的组成矿物及其含量。表中各钻孔在尾矿库中对应位置如图 20-1 所示。分析结果表明，尾矿砂主要由硅酸盐矿物组成，蛇纹石含量最高，可达 40% ~72%；其次是绿泥石和透闪石。其中，绿泥石除了在 ZK-1 钻孔 8m 处和 ZK-5 钻孔 6 m 处含量为 38% 和 37% 外，其他样品含量在 10% ~25%。透闪石含量为 2% ~17%。尾矿砂中橄榄石和辉石含量较少，二者之和为 4% ~15%。这与金川硫化镍矿含矿岩体普遍遭受不同程度的蛇纹石化、绿泥石化和滑石-碳酸盐化蚀变，并以蛇纹石化为主（汤中立、李文渊，1995）相符。

表 20-2　金川镍矿尾矿砂主要矿物百分含量

钻孔	深度/m	橄榄石	辉石	透闪石	黑云母	蛇纹石	绿泥石	磁铁矿	滑石	碳酸盐	石英	石膏
ZK-1	3	2	2	9	2	50	22	2	1	1	1	8
	6	4	3	10	2	48	23	2	2	2	1	3
	8	3	1	11	1	40	38	1	0	3	1	1
	10	2	2	2	1	72	16	1	0	2	1	1
ZK-2	1	4	3	7	2	52	17	3	1	2	1	8
	3	3	3	15	2	46	18	3	2	4	1	3
	5	3	3	8	2	59	15	3	1	3	2	1
	8	2	2	7	1	59	19	2	2	3	2	1
	10	4	1	7	1	60	19	2	1	3	1	1
	13	4	1	8	1	60	19	1	1	3	1	1
ZK-3	1	4	3	11	2	46	19	2	1	1	1	10
	1. 5	6	4	8	2	47	15	5	2	2	1	8
	2. 5	8	5	7	2	49	15	4	2	1	1	6
	3. 7	8	5	7	2	53	12	5	1	5	1	1
	5	4	5	11	2	56	13	3	1	3	1	1
	6	10	5	7	1	52	13	4	1	4	2	1
	8	4	5	17	2	46	16	4	1	3	1	1
	10	3	2	6	2	65	15	2	1	3	0	1
	11. 5	8	3	6	1	50	23	3	1	3	1	1
	13	1	1	6	1	66	15	2	1	4	2	1
	14. 5	3	2	6	1	60	18	2	1	5	1	1
ZK-4	1	3	2	7	3	50	15	3	1	1	1	14
	2	3	2	15	2	45	20	2	1	1	1	8
	3	2	2	9	3	56	18	2	1	4	1	2
	5	2	2	8	3	58	22	2	—	3	—	1
	6	2	1	5	2	70	16	1	—	2	—	1
	8	2	2	5	2	70	13	2	—	3	—	1
	10	2	2	7	—	65	15	4	—	4	—	1
ZK-5	1	3	6	7	2	44	20	2	1	2	6	7
	2	1	6	10	2	47	17	3	2	3	3	6
	3	5	3	11	1	51	18	2	2	3	2	2
	5	2	2	12	2	55	16	2	2	5	1	1
	6	5	1	4	1	41	37	3	1	5	1	1
	8	4	0	7	2	58	18	2	1	6	1	1
	10	4	1	9	1	54	25	1	1	2	1	1
	13	3	1	9	2	58	19	1	2	2	1	2

续表

钻孔	深度/m	橄榄石	辉石	透闪石	黑云母	蛇纹石	绿泥石	磁铁矿	滑石	碳酸盐	石英	石膏
ZK-6	1	3	3	10	3	45	21	3	1	1	1	9
	2	3	2	9	3	48	18	5	1	2	1	8
	3	4	6	17	3	42	14	4	1	4	1	4
	5	3	6	14	3	50	12	3	1	5	1	2
	6	3	8	10	3	47	17	3	1	4	1	3
	8	5	3	8	3	53	17	5	1	3	1	1
	10	3	5	5	3	48	24	4	1	5	1	1
	14	4	3	3	2	67	10	5	1	3	1	1
	16	5	5	8	2	45	23	5	1	4	1	1

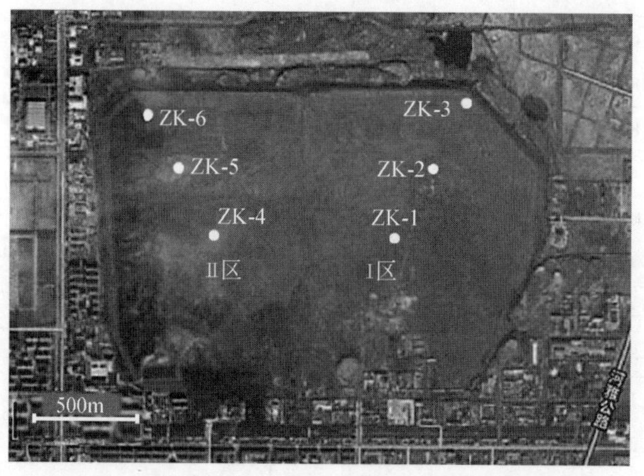

图 20-1　金川镍矿老尾矿库鸟瞰图及取样点布置

2. 硫化物矿物风化氧化作用

金川镍矿老尾矿库的矿物组成分析显示，尾矿库 3m 以上部位次生矿物石膏显著增加，与此相对应，白云石等碳酸盐矿物则由深到浅逐渐减少，表明尾矿砂中硫化物矿物已发生风化氧化作用并影响了矿物的形成与转变。

金属硫化物矿物在空气、水和微生物作用下极易发生风化作用，产生 H^+，并释放金属离子（Singer and Stumm，1970；Liakopoulos *et al.*，2010；Bogush and Lazareva，2011）。金川虽然地处干旱的西部内陆地区，但颗粒细，持水能力强的铜镍浮选尾矿砂均为露天堆存，除尾矿库表面较干燥外，尾矿砂含水量基本在 10% 以上。在长时间的风蚀、氧化作用下，尾矿砂均已发生不同程度的风化演化。在尾矿库上部，主要是 3m 以上部位，大多数金属硫化物矿物都沿边缘或裂隙发生了不同程度的风化作用，很少有完整且表面光滑的硫化物矿物颗粒出现；随着深度的加深，风化程度降低，完整而表面光滑的硫化物矿物颗粒逐渐出现（图 20-2）。

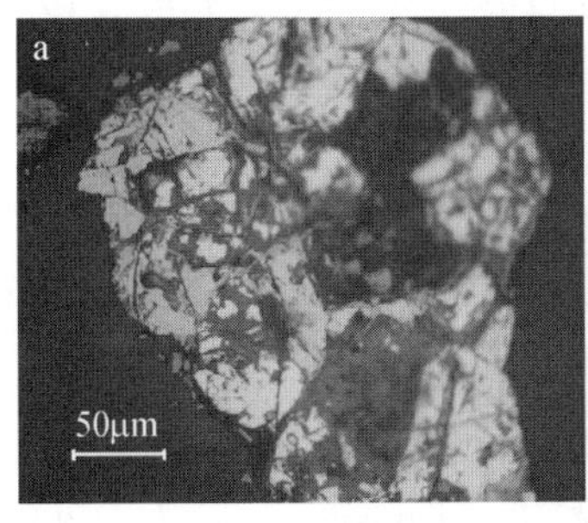

图 20-2　金川镍矿尾矿砂中不同氧化程度的金属硫化物矿物

a. 1.5m 深处，强烈风化氧化颗粒；b. 3m 深处，中等风化氧化颗粒；c. 16m 深处，较弱风化氧化颗粒

硫化物矿物风化氧化作用的反应机理一般可用下列化学反应表示（Dold and Fontboté，2002）：

$$FeS_2 + 7/2O_2(aq) + H_2O \longrightarrow Fe^{2+} + 2SO_4^{2-} + 2H^+ \quad (20\text{-}1)$$

$$FeS_2 + 1/2O_2(aq) + 2H^+ \longrightarrow Fe^{2+} + 2S^0_{(s)} + H_2O \quad (20\text{-}2)$$

$$Fe^{2+} + 1/4O_2(aq) + H^+ \longrightarrow Fe^{3+} + 1/2H_2O \quad (20\text{-}3)$$

$$FeS_2 + 14Fe^{3+} + 8H_2O \longrightarrow 15Fe^{2+} + 2SO_4^{2-} + 16H^+ \quad (20\text{-}4)$$

$$FeS_2 + 2Fe^{3+} \longrightarrow 3Fe^{2+} + 2S^0_{(s)} \quad (20\text{-}5)$$

$$S^0 + 3/2O_2(aq) + H_2O \longrightarrow 2H^+ + SO_4^{2-} \quad (20\text{-}6)$$

硫化物风化氧化反应主要产物为硫酸根、单质硫和溶出的金属阳离子。SO_4^{2-}越多说明风化氧化作用越彻底，而单质硫的出现可形成单质硫钝化层，在一定程度上会阻碍硫化物矿物的进一步氧化、溶解。SO_4^{2-}主要来源于硫化物矿物风化氧化作用产生的硫酸，在 H^+ 作用下，白云石等碳酸盐矿物溶解产生 Ca^{2+}，二者在一定的条件下，并有足够的离子浓度时，可形成石膏，因而石膏的形成也可间接表明这些位置的尾矿砂风化氧化程度较高，同时也说明了石膏与碳酸盐矿物二者含量此消彼长变化趋势的原因。

碳酸盐矿物是矿山尾矿中起中和作用的主要矿物，是矿山环境评价中的重要参考指标之一（Jambor *et al.*，2007）。碳酸盐矿物在矿山尾矿中起到缓冲 pH 作用，其反应过程如下（廖国礼，2005）：

$$CaCO_3 + H^+ \longrightarrow Ca^{2+} + HCO_3^- \quad (6 \leqslant pH \leqslant 9) \quad (20\text{-}7)$$

$$CaCO_3 + 2H^+ \longrightarrow Ca^{2+} + CO_2 + H_2O \quad (pH \leqslant 6) \quad (20\text{-}8)$$

$$MgCa[CO_3]_2 + 2H^+ \longrightarrow Mg^{2+} + Ca^{2+} + 2HCO_3^- \quad (6 \leqslant pH \leqslant 9) \quad (20\text{-}9)$$

$$MgCa[CO_3]_2 + 4H^+ \longrightarrow Mg^{2+} + Ca^{2+} + 2CO_2 + 2H_2O \quad (pH \leqslant 6) \quad (20\text{-}10)$$

金川集团尾矿库浅部尾矿砂中白云石等碳酸盐矿物含量较低，说明尾矿库浅部硫化物矿物风化氧化程度较高，有较多的 H^+产生，从而使尾矿砂中碳酸盐矿物大量消耗。

3. 硅酸盐矿物风化作用

在金属硫化物尾矿库环境中，随着硫化物矿物风化氧化的发生，被粉碎了的硅酸盐矿物也极易发生风化作用，如黑云母和白云母等云母类矿物在酸性条件或有机络合剂存在的条件下，会发生溶解，释放出层间的 K^+，同时生成蛭石和方石英（McGregor *et al.*，1998；Dold and Fontboté，2001）：

$$3K_2(Mg_3Fe_3)[Al_2Si_6O_{20}](OH)_4 + 5H_2O + 12H_2CO_3 + 6H^+ + 3/2O_2 \longrightarrow$$
$$2(Mg_3Fe_3)[Al_3Si_5O_{20}](OH)_4 \cdot 8H_2O + 6K^+ + 3Mg^{2+} + 3Fe^{2+} + 8SiO_2 + 12HCO_3^- \quad (20\text{-}11)$$

并且 Dold 和 Fontboté（2001）认为溶液中的金属离子（Cu^{2+}、Zn^{2+}等）会与黑云母层间的 K^+发生离子交换作用而促进黑云母的风化。铝硅酸盐矿物的溶解通常是不均匀的，中性环境下，在矿物裂隙、边缘等 pH 较低的局部区域内也可能发生（Gunsinger *et al.*，2006；Jambor *et al.*，2007）。除此之外，橄榄石、蛇纹石等易溶矿物也会通过离子交换反应对硫化物氧化过程中产生的酸起中和作用（Jambor *et al.*，2007）。尤其橄榄石，是自然界中风化最快的硅酸盐矿物，对自然产生的酸来说，是一种极好的缓冲剂（Jonckbloedt，1998）。Jambor 等（2002）的研究也表明，橄榄石对酸的中和能力与碳酸盐矿物相当。

金川镍矿尾矿砂中含有一定量的橄榄石（表 20-2），虽然由浅到深橄榄石的量没有较大的变化，但通过对比金川老尾矿库尾矿砂与新鲜尾矿砂中橄榄石的 XRD 特征峰可知，老尾矿库中橄榄石结构已发生较大变化。老尾矿库尾矿砂中橄榄石矿物基本没有尖锐而明显的特征峰（图 20-3），表明老尾矿库尾矿砂中橄榄石已经发生明显的风化作用。此外，老尾矿库中次生矿物滑石由深到浅有逐渐增多的趋势（表 20-2），也说明金川镍矿尾矿砂中的硅酸盐矿物已发生风化。

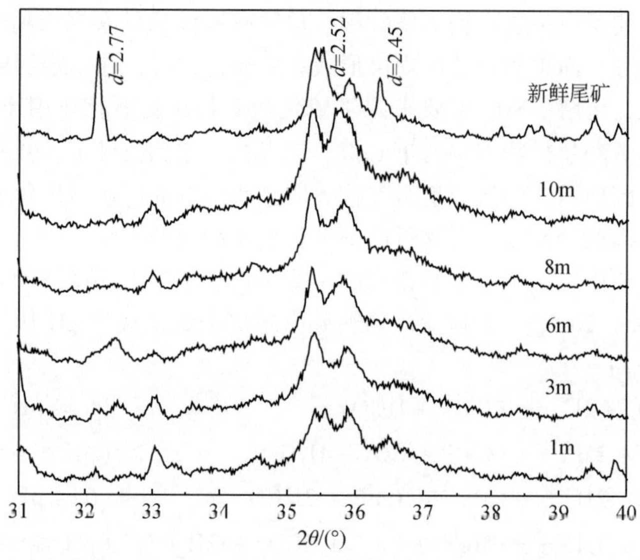

图 20-3　金川镍矿新尾矿砂与老尾矿库 ZK-4 钻孔不同深度老尾矿砂中橄榄石 XRD 图谱

20.1.2　尾矿砂化学成分特征

金川铜镍矿脉石矿物主要由基性–超基性硅酸盐矿物组成，尾矿砂中 Si、Mg、Fe 含量高。老尾矿库尾矿砂主要化学成分（表 20-3）中，SiO_2、TFe_2O_3 和 MgO 三者总量可达 75% 以上。值得注意的是，尾矿砂中仍残留一定量的有价金属，其中 Ni 和 Cu 平均含量分别达到 0. 21% 和 0. 19%，Co 含量相对较少，也稳定在 0. 01%。显然，大量堆放的尾矿砂这一矿山固体废弃物中，含有可观的有价金属，在科技水平较高的当今，是可进行二次开发利用的宝贵资源。

表 20-3　老尾矿库尾矿砂的主要化学成分

钻孔	深度/m	SiO_2	TiO_2	Al_2O_3	Cr_2O_3	$T\ Fe_2O_3$	MnO	MgO	CaO	Na_2O	K_2O	S	Cu	Ni	Co	Cl	P
ZK-1	3	35. 94	0. 19	4. 29	0. 25	8. 54	0. 12	32. 88	2. 91	0. 30	0. 27	0. 91	0. 20	0. 20	0. 01	0. 05	0. 03
	6	35. 78	0. 18	4. 05	0. 23	8. 82	0. 12	33. 06	2. 68	0. 31	0. 33	1. 06	0. 21	0. 24	0. 01	0. 05	0. 03
	8	33. 81	0. 17	3. 46	0. 33	9. 07	0. 12	32. 68	2. 61	0. 03	0. 11	0. 22	0. 13	0. 15	0. 01	0. 04	0. 02
	10	34. 22	0. 13	2. 22	0. 39	9. 43	0. 11	37. 22	1. 58	0. 05	0. 14	0. 60	0. 18	0. 24	0. 01	0. 05	0. 01
ZK-2	1	35. 53	0. 18	3. 94	0. 30	9. 11	0. 12	33. 94	2. 36	0. 21	0. 25	0. 89	0. 21	0. 22	0. 01	0. 05	0. 03
	5	35. 66	0. 17	3. 77	0. 40	9. 64	0. 11	34. 61	2. 04	0. 25	0. 24	0. 90	0. 21	0. 21	0. 01	0. 05	0. 02
	10	33. 74	0. 24	2. 36	0. 71	15. 98	0. 19	24. 97	3. 61	0. 02	0. 14	0. 42	0. 19	0. 19	0. 01	0. 07	0. 02
ZK-3	1	34. 98	0. 20	4. 07	0. 32	9. 18	0. 13	33. 22	2. 67	0. 33	0. 27	1. 25	0. 19	0. 18	0. 01	0. 07	0. 03
	5	34. 75	0. 18	3. 84	0. 37	10. 84	0. 12	33. 76	2. 31	0. 33	0. 32	1. 10	0. 21	0. 23	0. 01	0. 05	0. 03
	10	35. 12	0. 16	3. 17	0. 41	9. 71	0. 12	33. 95	2. 07	0. 35	0. 22	0. 64	0. 15	0. 21	0. 01	0. 09	0. 02

在横向上，从尾矿库中心到边部化学成分基本无变化。在垂向上，不考虑不同时期矿山矿石类型的变化与堆放时间长短带来的变化，尾矿砂主要化学成分也基本无明显变化。但 S 含量在浅部增加较为明显，这与石膏在尾矿库浅部明显富集是一致的。

Dold 和 Fontboté（2001）曾对智利不同气候条件下的铜硫化矿浮选尾矿库进行研究，指出在干旱气候条件下，蒸发量大于降水量，尾矿库中水流方向变为向上移动。随着尾矿库下部水分向上迁移，尾矿库较深部位活性较强的元素、离子等会运移至尾矿库上部。金川集团位于我国西北内陆干旱地区，活性较强的硫酸根离子随水流向上迁移，可能是尾矿库浅部 S 含量增加的原因之一。

20. 1. 3　尾矿砂中 Ni 和 Cu 的赋存与分配

尾矿砂中，相关元素赋存状态的研究具有重要意义。元素赋存状态不同对环境的影响也不同。一些有毒重金属元素，如果以硫化物的形式存在，则在自然界中容易发生氧化溶解而释放到环境中，从而危害生态环境；但如果以一些自然条件下不易溶出的状态存在，如赋存在一些稳定的矿物中，则对环境危害较小。在矿物开发利用上，查明目标元素在矿物中的存在形式可以为选择合理的选别工艺、回收流程、预测合理的回收指标等提供科学依据（周乐光，2007）。比如有色金属工业，大多数金属硫化物采用浮选富集后火法冶炼的方法加工利用；而大多数的氧化物矿物却采用湿法冶金的方法加工利用。

1. 电子探针分析

表 20-4 和表 20-5 列出了尾矿砂中代表性矿物的电子探针分析结果。硫化物矿物中，有价金属 Ni 既以独立矿物镍黄铁矿形式存在，又以类质同像替代方式存在于其他硫化物矿物中，除镍黄铁矿外，绝大多数其他硫化物矿物也都含数量不等的 Ni（0.01% ~ 3.36%）；有价金属 Cu 除了以独立矿物黄铜矿存在外，也以类质同像的方式赋存于部分磁黄铁矿和黄铁矿中。脉石矿物中，硅酸盐矿物、碳酸盐矿物和金属氧化物矿物中基本都含有数量不等的有价金属 Ni（0.01% ~0.53%）。这与汤中立和李文渊（1995）对金川镍矿原矿石的研究结果一致。

表 20-4　硫化物矿物电子探针分析结果

矿物	Fe	As	S	Mo	Ni	Sn	Cu	Zn	总计
黄铜矿	30.51		33.90	0.50	0.01		32.71		97.62
黄铜矿	31.08		33.50	0.42	0.04	0.15	32.49		97.68
镍黄铁矿	29.69		31.87	0.46	35.78	0.28		0.08	98.16
磁黄铁矿	54.92	0.02	39.93	0.53	3.36			0.00	98.75
磁黄铁矿	60.41	0.02	38.75	0.57		0.08	0.04	0.03	99.89
黄铁矿	46.97	0.05	52.38	0.72		0.43	0.01	0.11	100.68
黄铁矿	46.51	0.04	52.04	0.63	0.04	0.00	0.00	0.02	99.27

表 20-5　氧化物和硅酸盐矿物电子探针分析结果

矿物	K_2O	Na_2O	MgO	Cr_2O_3	CaO	SiO_2	Al_2O_3	MnO	TiO_2	FeO	NiO	总计
磁铁矿	0.01	0.08	0.65	0.06	0.52	0.55		0.10		88.18	0.14	90.28
磁铁矿	0.01		1.21			0.57	0.01	2.05	0.05	88.40		92.30
磁铁矿			0.16	0.01	0.05	0.10	0.03	0.32		89.98	0.03	90.69
磁铁矿	0.03		0.28	0.12	0.08	0.73	0.04	0.09	0.03	88.64	0.25	90.27
尖晶石	0.01	0.04	7.89	31.57	0.04	0.03	32.35	0.29	0.13	25.58	0.08	98.01
菱铁矿		0.06	0.14	0.06	0.02	0.06				61.41	0.13	61.88
菱铁矿			25.62	0.05	0.85	0.06		0.48		31.55		58.61
白云石		0.05	23.21	0.02	29.84	0.06		0.28	0.02	1.41	0.01	54.90
橄榄石	0.01		45.20	0.02	0.08	39.41	0.04	0.22	0.01	15.25	0.18	100.41
橄榄石	0.04	0.09	44.98	0.07	0.20	39.92	0.06	0.22		14.89	0.20	100.67
辉石	0.03	0.04	31.79	0.06	0.06	56.60	1.15	0.21		10.58	0.07	100.59
透闪石	0.03	0.33	22.91		12.58	57.78	1.62	0.08	0.02	2.50	0.05	97.90
角闪石	0.34	3.21	16.4	0.16	10.19	40.36	17.14	0.2	0.27	7.87	0.07	96.21
蛇纹石			39.96	0.00	0.10	43.81	0.40	0.08	0.06	2.46	0.10	86.96
蛇纹石	0.01	0.01	34.72	0.67	0.11	33.07	6.84	0.06	0.37	12.29		88.16
蛇纹石	0.01	0.01	36.63	0.29	0.06	39.74	1.22	0.16	0.10	3.77	0.01	81.98

续表

矿物	K_2O	Na_2O	MgO	Cr_2O_3	CaO	SiO_2	Al_2O_3	MnO	TiO_2	FeO	NiO	总计
蛇纹石			42.06	0.03	0.04	42.42			0.03	2.97	0.24	87.80
绿泥石	0.02	0.05	41.66	0.04	0.08	43.90	0.04		0.02	1.20	0.03	87.04
绿泥石	0.02		42.79		0.05	43.34	0.15	0.01	0.05	1.37		87.79
绿泥石	0.28	0.04	32.05	0.92	0.04	34.37	14.39	0.01	0.03	4.89	0.15	87.17
绿泥石	0.02	0.01	38.39	0.03	0.08	39.08	3.74	0.07	0.03	5.09	0.30	86.83
黑云母	9.33	0.57	24.12	0.33		39.65	14.56		0.43	5.39	0.06	94.43

2. 选择性溶解分析

选择性溶解法是选择特定溶剂，在一定条件下选择性地溶解物料中的一些组分而保留另一些组分，通过对所处理产品的分析研究，确定研究物料中元素的赋存状态。该方法一般用于其他方法难以解决的细粒、微量、嵌布关系复杂的物料中元素赋存状态的研究，但其最大缺点是难以选择专用的溶剂。金川镍矿浮选尾矿砂颗粒较细、成分复杂，选择性溶解法适合于对尾矿砂中有价金属赋存状态的研究。

根据金川镍矿浮选尾矿砂的矿物组成及可能产生的次生矿物，采用六步顺序式选择性溶解法对尾矿砂进行研究。具体操作步骤及相关参考文献见表 20-6。据此选择性溶解实验，可对尾矿砂中有价金属的七种赋存状态进行考察。分别为：①水溶性矿物态，以溶于水的矿物形态存在的部分；②可交换离子态，以离子状态吸附于黏土矿物及一些结晶度较差的次生矿物表面的部分；③碳酸盐态，以碳酸盐形态存在的部分；④结晶度较差的 Fe 氧化物态，以类质同像形态存在于一些结晶度较差的矿物中的部分，主要是一些 Fe、Mn 和 Al 的次生矿物中；⑤结晶度较好的 Fe 氧化物态，以类质同像形态存在于结晶度较好的

表 20-6　顺序式选择性溶解步骤

实验操作步骤	优先溶解矿物	参考文献
ⅰ）去离子水 1 : 50，室温震荡反应 1h	水溶性矿物，如石膏	Dold and Fontboté，2001；Heikkinen and Räisänen，2009
ⅱ）1mol/L NH_4Ac 溶液 1 : 60，室温震荡 2h	可交换吸附态金属离子	Bogush and Lazareva，2011
ⅲ）1mol/L NH_4Ac 溶液 1 : 60，pH 为 4.5，HAc 调节 pH，室温震荡反应 2h	碳酸盐矿物，如方解石、菱镁矿、白云石等	Dold and Fontboté，2001；Heikkinen and Räisänen，2009
ⅳ）0.2mol/L 草酸铵溶液 1 : 50，pH 为 3.3，草酸调节 pH，室温无光照震荡 1h	结晶度较差的施威特曼石、黄钾铁矾和铁、锰、铝次生矿物	Dold and Fontboté，2001；Sondag，1981
ⅴ）0.2mol/L 草酸铵溶液 1 : 50，pH 为 3.3，草酸调节 pH，水浴加热 80℃反应 2h	结晶度较好的磁铁矿、褐铁矿、原生黄钾铁矾等	Dold and Fontboté，2001
ⅵ）硼酸-丁二酸缓冲液 1 : 60，pH 为 3.1，35% H_2O_2，1 : 30，水浴煮沸加热反应 1.5h	硫化物矿物，磁黄铁矿、镍黄铁矿、黄铜矿及黄铁矿等	龚美菱，2007

矿物中的部分，主要是一些原生的 Fe 氧化物类矿物；⑥硫化物态，以硫化物形态存在的部分；⑦残渣态，除上述矿物外尾矿砂中剩余的矿物部分，主要是一些硅酸盐矿物，实验结果为尾矿砂总体化学成分与上述六步顺序式浸出结果之差。

在我们的六步顺序式选择性溶解中，有两点需要特别指出。一是可交换部分与碳酸盐部分的分别溶解浸出。即：可交换离子部分是在中性乙酸铵（NH_4Ac）溶液中溶解浸出，而碳酸盐矿物部分在酸性乙酸铵溶液中溶解浸出。因为金川镍矿脉石矿物以基性-超基性硅酸盐矿物为主，有大量橄榄石、蛇纹石和绿泥石等矿物，不同于土壤矿物组成，也不同于以长石、石英类矿物为主的岩石，化学稳定性较差且矿物经选矿磨矿处理，粒度较细，化学活性较强。在选择性溶解浸出碳酸盐矿物部分时会有一定量的硅酸盐矿物被溶解；而可交换离子部分浸出的金属离子主要是在尾矿砂风化过程中矿物溶解与转化而释放的，被吸附在黏土矿物和结晶度较差的次生矿物表面的相关金属离子，是金属矿山尾矿环境重金属离子迁移与转化的重要控制机制之一。同时可交换部分相关金属元素含量的多少，对于金属硫化物的氧化程度有重要指示意义。因此有必要把这部分与碳酸盐矿物部分分别进行研究。另一点是由于金川镍矿尾矿砂含大量化学稳定性较差的蛇纹石、橄榄石等矿物，为了防止在溶解浸出硫化物矿物过程中有较多的硅酸盐矿物被溶解，硫化物矿物溶解浸出中未使用 HNO_3 和 HCl 等强酸，而是参考龚美菱（2007）对镍矿石中镍和钴的物相分析，在缓冲溶液中用 H_2O_2 溶解浸出尾矿砂中的金属硫化物。据报道，在 pH 为 3.5 的一氯乙酸缓冲溶液中用 H_2O_2 煮沸浸出硫化物相时，黄铁矿、磁黄铁矿、黄铜矿、闪锌矿中 Ni 的浸出率可达 96% ~100%，Co 的浸出率可达 90% ~100%，而橄榄石、蛇纹石、辉石和角闪石等基本不溶。由于一氯乙酸有剧毒性，我们实验浸出过程中用四硼酸钠（$Na_2B_4O_7$）和丁二酸配制缓冲溶液替代一氯乙酸缓冲液。

ZK-4 钻孔样品的选择性溶解浸出结果（图 20-4）表明，尾矿砂中，在所考察各相态中均有含量不等的有价金属 Ni 和 Cu 存在。水溶性 Ni 和 Cu 含量较低，仅几个 ppm①，表明尾矿砂中水溶性的 Ni 和 Cu 硫酸盐矿物很少。除 Ca 外，其他元素水溶性部分含量也较低。不过，该部分含量的测量值可能会偏小，因为被溶解浸出的金属离子可能会有一部分被重新吸附到尾矿砂矿物上（Ribet *et al.*，1995）。

可交换态金属含量也相对较低，Ni 为 39 ~72ppm，Cu 为 28 ~95ppm，这也可能因为中性 pH 条件下可交换态离子浸出效果不好造成的。已有很多研究报道金属阳离子的活性在很大程度上与 pH 密切相关（Dold and Fontboté，2001；Gunsinger *et al.*，2006；Heikkinen and Räisänen，2009；Bogush and Lazareva，2011）。

碳酸盐态 Ni 在尾矿库浅部最高可达 787ppm，在尾矿库深部最低也达 459ppm；碳酸盐态 Cu 在尾矿库浅部可达 829ppm，随着深度加深，含量逐渐降低，最低为 183ppm。碳酸盐态 Ni 和 Cu 含量较高，而且在尾矿库中的分布与碳酸盐矿物在尾矿库上部减少的分布趋势不一致。一方面，这可能是上一步中性条件下可交换态离子的浸出不彻底，在这步中被浸出而导致碳酸盐部分含量升高；另一方面，可能是有部分硅酸盐矿物（主要是橄榄石）

① $1ppm=10^{-6}$。

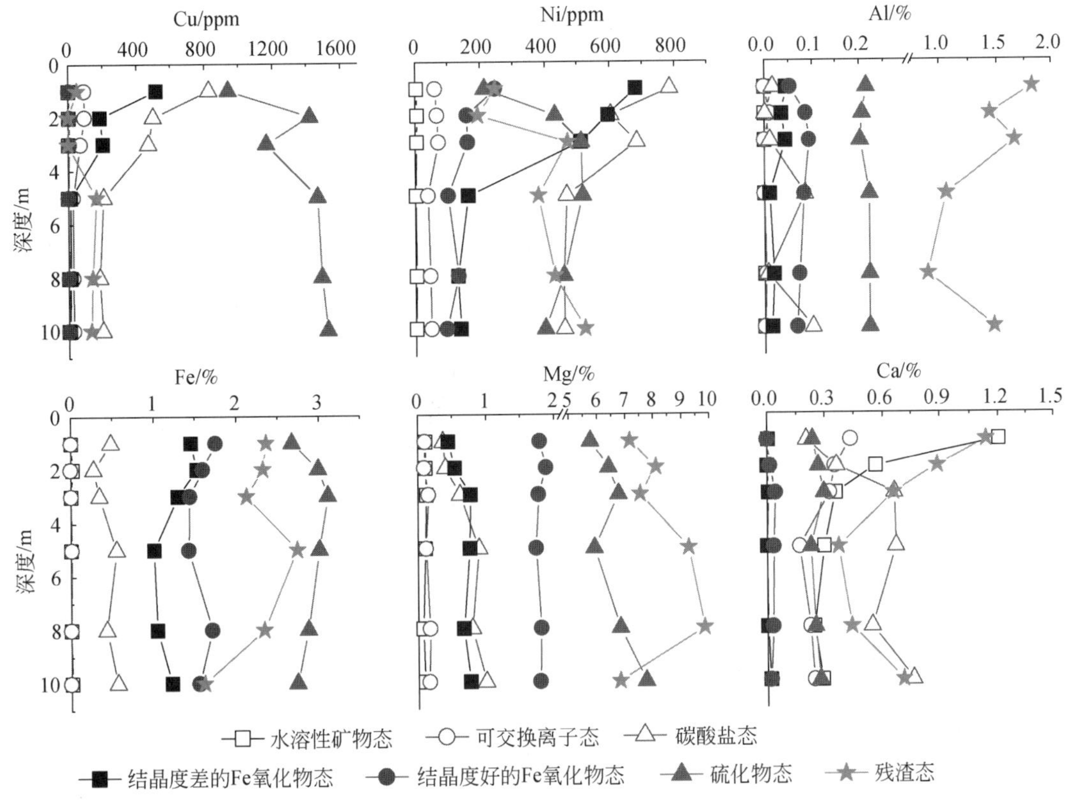

图 20-4　钻孔 ZK-4 样品选择性浸出结果

在这步浸出中被同时溶解浸出造成的，因为尾矿中主要的蛇纹石等基性-超基性硅酸盐矿物化学稳定性较差且粒度细，化学反应性较强，尽管采用分步溶解浸出，仍可能有一定量的硅酸盐矿物在溶解浸出碳酸盐矿物部分时被溶解。

结晶度较差的 Fe 氧化物态通常指与次生的 Fe^{3+}、Al^{3+} 和 Mn^{2+} 的氧化物、氢氧化物类矿物，如施威特曼石、α-纤水铁矿、次生黄钾铁矾、次生 MnO_2 等相关的金属阳离子。选择性浸出结果显示在这步浸出中，结晶度较差的 Fe 氧化物矿物中 Ni 含量为 132 ~ 681ppm，Cu 含量为 7 ~ 517ppm。结晶度较差的 Fe 氧化物态金属元素在剖面内含量的变化趋势可以清楚地指示尾矿库中尾矿砂风化作用的程度。

在结晶度较好的 Fe 氧化物态浸出中，Fe、Mg 和 Al 的含量较高。这是因为金川镍铜硫化物矿床岩体中普遍存在富 Mg、Al 或 Fe 的尖晶石、磁铁矿等副矿物。该步溶解浸出中，Cu 含量极低，只有几个 ppm，Ni 为 100 ~ 250ppm，表明这些副矿物中很少有 Cu 赋存，而含一定量 Ni。对于这部分 Ni，尤其是赋存于尖晶石中的 Ni，常压硫酸浸出条件下通常很难浸出。当然，这部分 Ni 在尾矿库较浅部位的相对富集说明在这步浸出过程中的金属元素可能有部分来源于上一步部分未完全溶解的次生矿物，如一些较高有序度的水铁矿等（Dold，2003）。

此外，硫化物态 Cu 含量较高，最高达 1523ppm，最低也可达 942ppm；Ni 含量稍低，为214～517ppm；而残渣态 Ni 含量却较高，为193～523ppm，Cu 含量则较低，为0～163ppm。当然硫化物矿物浸出过程中，可能也有部分硅酸盐矿物在这步被同时溶解。Mg和 Al 在硫化物态浸出中异常高的含量也说明了这点，因为自然界中无这些元素的硫化物矿物。

可以看出，硫化物态的 Ni 和 Cu 在尾矿库的浅部显著减少。与此相对应，结晶度较差的 Fe 氧化物态的 Ni 和 Cu 在尾矿库浅部显著增多。整个剖面内，可交换态的 Cu 和 Ni 也表现为由浅到深逐渐减少的趋势。尾矿砂中 Fe 在硫化物态和结晶度较差的 Fe 氧化物态的赋存和分配与 Ni 和 Cu 具有相似的规律。这与尾矿库尾矿砂由浅到深风化作用程度逐渐降低相一致。金川镍矿老尾矿库浮选尾矿砂经多年堆存，尾矿库浅部硫化物大量氧化，释放出 H^+、金属阳离子和 SO_4^{2-}。尾矿砂 pH 为中性偏碱，尾矿砂风化过程中释放的金属阳离子迁移活性较低，所以大多数金属阳离子会在发生氧化的硫化物位置原位发生水解沉淀形成次生矿物。这与 Dold 和 Fontboté（2002）对智利 Cu-Au 硫化物矿山尾矿的研究结果一致，也是金川镍矿尾矿库中有价金属没有发生明显的有规律富集的主要原因之一。硫化物氧化产生的 H^+ 与易溶碳酸盐矿物发生中和反应，尾矿砂中的碳酸盐矿物被大量消耗。碳酸盐态的 Ca 含量在浅部显著减少，较深部位为0.76%，在浅部只有0.20%。碳酸盐矿物溶解释放出较多的 Ca^{2+}，与硫化物矿物氧化产生的 SO_4^{2-} 结合，故而有大量的次生矿物石膏在尾矿库上部形成、富集。

整体上，除了受尾矿砂风化作用影响，在尾矿库浅部结晶度较差的 Fe 氧化物态中也含较高的 Ni 和 Cu 外，尾矿砂中有价金属 Cu 主要以硫化物态存在，而 Ni 在碳酸盐态、硫化物态和残渣态中的含量相当。

20.2 尾矿砂酸溶特性

金川铜镍矿尾矿砂的主要矿物是蛇纹石和橄榄石等，研究尾矿砂酸溶性是为了搞清尾矿砂在硫酸中是如何分解的，以及溶解后得到什么副产品，从而通过酸溶性来评价矿山酸性废水溶解尾矿砂的可能性，并为矿山循环经济决策提供参考。

20.2.1 尾矿砂酸溶影响因素

影响尾矿砂在硫酸中溶解的因素较多，主要有硫酸浓度、反应温度、物料的液固比、反应时间、搅拌作用以及矿物结构等。

1. 硫酸浓度的影响

图20-5a 显示，硫酸浓度为1mol/L 时，尾矿仅有20.6%的酸蚀率（尾矿砂酸溶减少率），当浓度为2mol/L 时，酸蚀率接近50%；随着硫酸浓度增大，酸蚀率平缓上升，没有突变。从图20-6中可以明显看出，当硫酸浓度为1mol/L 时，尾矿几乎不发生反应，原有各物相仍然存在；当硫酸浓度增大到3mol/L 时，酸溶产物的 XRD 图上16°～32°范围内出现了一个无定形二氧化硅形成的弥散峰。随着硫酸浓度的继续增大，能与酸反应的矿物逐

渐溶解，体现在 XRD 图谱中是对应的特征峰变弱甚至消失，半高宽变大；而弥散峰却越来越高，越来越尖锐，说明无定形二氧化硅含量逐渐增多。Lieftlink 和 Geus（1998）利用橄榄石制取二氧化硅时用的硫酸浓度是 3mol/L，而杨保俊等（2002）研究蛇纹石的硫酸浸出工艺时用的硫酸质量浓度是 45%。

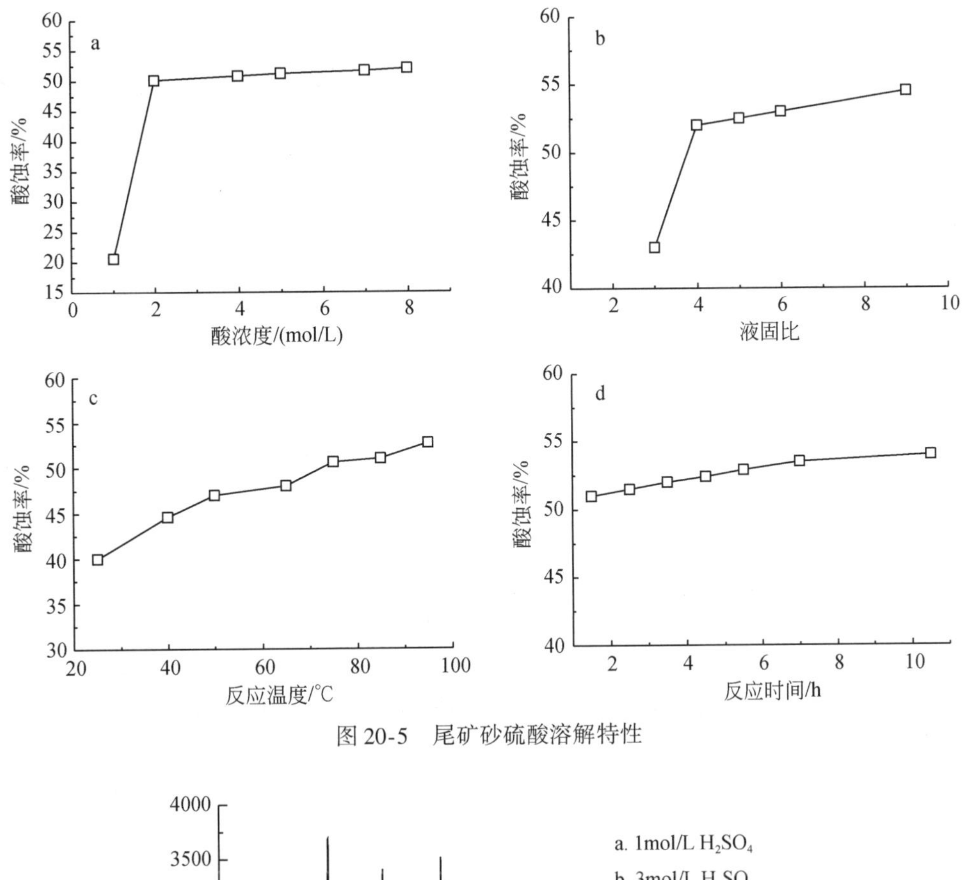

图 20-5　尾矿砂硫酸溶解特性

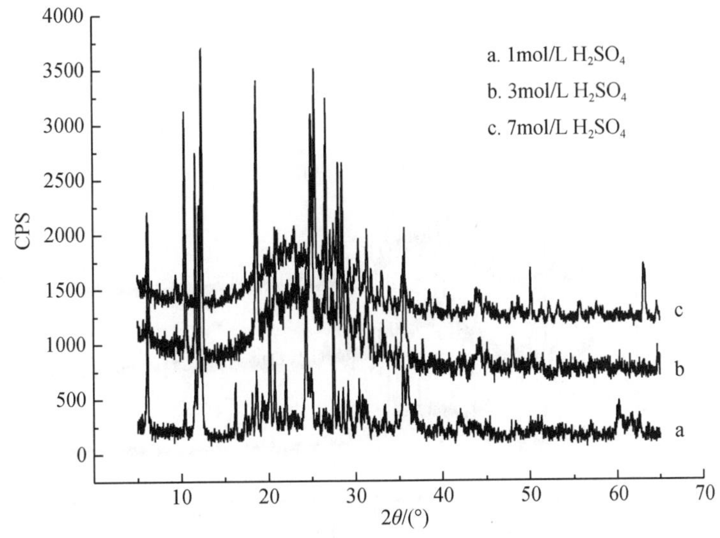

图 20-6　不同硫酸浓度下反应残余物的 XRD 图谱

2. 液固比的影响

液固比大小直接影响硫酸的用量和物料的黏稠情况，因此，合适的液固比是反应必须具备的。图20-5b显示，当液固比为4.0时，酸蚀率明显增大，随着液固比的继续增大，酸蚀率缓慢增大，但是变化不明显。适宜的酸浓度及用量对酸浸工艺十分重要。浓度过低，浸取不完全，浓度过高，造成料浆黏度过大，出现“包团现象”，更重要的是矿石耗酸增加，提高了设备防腐费用。综合考虑，液固比6.0为溶解反应的合适液固比。这个液固比比杨保俊等（2002）用硫酸溶解蛇纹石的液固比4.0大，也比吕宪俊和唐建英（1997）用硫酸溶解蛇纹石的液固比3.0大。

3. 反应温度的影响

反应温度对尾矿砂在硫酸中的溶解有较大影响。图20-5c显示，在相同的反应条件及确定的反应时间内，随着温度的上升，溶解率逐渐增大。95℃时酸蚀率达52.7%，这时尾矿砂中的橄榄石、蛇纹石、透辉石基本溶解完全，绿泥石、透闪石和斜长石则未完全溶解。反应温度在40℃以下时，尾矿砂溶解反应缓慢，没有无定形二氧化硅产生；在40℃以上时，尾矿砂才发生比较快速的溶解。这与Makarov等（2003）用硫酸溶解橄榄石的研究结果一致，而Jonckbloedt（1998）研究认为橄榄石在60℃才发生快速溶解。

4. 反应时间的影响

从图20-5d可以看出，尾矿砂溶解酸蚀率随着时间延长而增加。Makarov等（2003）认为蛭石尾矿中的橄榄石在质量浓度25%的硫酸中6h能完全溶解，Lieftlink和Geus（1998）用3mol/L的硫酸溶解粒径小于90μm的橄榄石时，1.5h pH即达到1；杨保俊等（2002）认为硫酸质量浓度为45%时，3h可使蛇纹石溶解完全。图20-7谱线a显示，透闪石、绿泥石的特征峰依然尖锐，而且还有微弱的辉石特征峰，说明在4h时，尾矿砂中

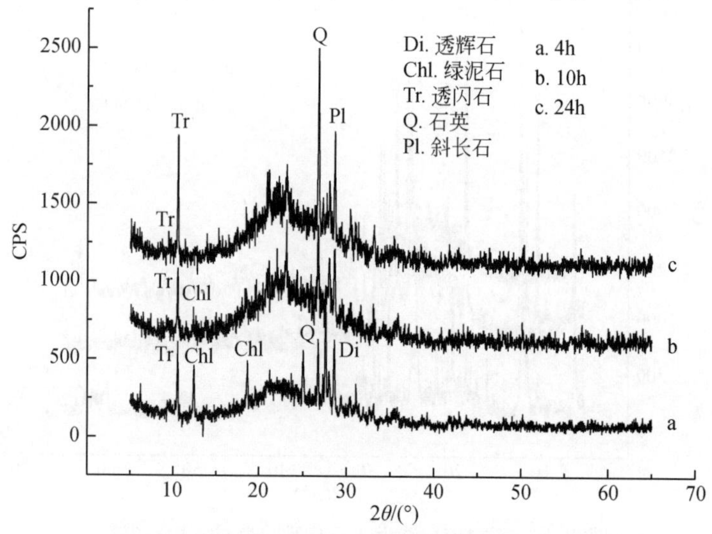

图20-7 不同反应时间下反应残余物的XRD图谱

透闪石、绿泥石溶解很少，辉石也未溶解完全；b 和 c 是尾矿砂在 300℃的马弗炉中预先焙烧 4h 再与硫酸反应残余物的谱线，表明反应 10h 以上溶解效果较理想，仅透闪石和斜长石未完全溶解，其他矿物溶解完全。

5. 搅拌作用的影响

Jonckbloedt（1998）曾对橄榄石在硫酸中溶解的动力学做过研究，认为为了防止在酸中溶解的橄榄石表面发生二氧化硅沉淀，需要强力搅动反应混合物，在这些条件下溶解反应在动力学上受表面控制。从本实验看，尾矿在硫酸中的溶解也需要强力搅拌，否则生成的无定形二氧化硅将沉淀在尾矿砂颗粒表面，阻碍硫酸与矿物颗粒进一步反应。扫描电镜下可见，强力搅拌下部分溶解的尾矿砂颗粒表面没有被形成的无定形二氧化硅覆盖，而是形成了凹坑和裂隙，颗粒边缘因为硫酸的溶解而形成不规则的凹坑（图 20-8）。

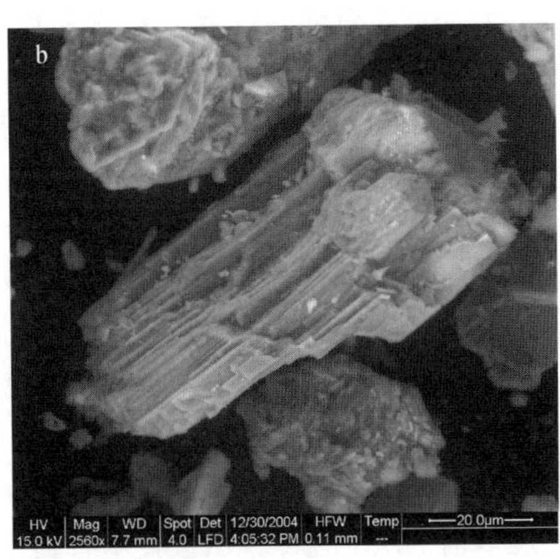

图 20-8　部分溶解的尾矿砂颗粒表面有侵蚀坑和裂隙

6. 矿物结构的影响

实验表明，尾矿砂中有的矿物很容易被硫酸溶解，如橄榄石，而有的矿物却比较难溶解，如透闪石、斜长石。这与矿物在天然条件下的风化有相似之处。橄榄石是最容易被风化的矿物之一，而岩浆晚期形成的斜长石较难风化分解。由此可见，尾矿砂溶解特点与矿物性质有密切关系。

从矿物结构的角度来讲，橄榄石是岛状硅酸盐矿物，SiO_4^{4-} 四面体间不是通过 Si—O—Si 强键互联的，所以橄榄石风化很快；在酸中溶解时，Mg^+ 被 H^+ 置换，同时在溶液中产生 $Si(OH)_4$ 单体和 Mg^+。蛇纹石是层状含水硅酸盐矿物，结构单元层由一层硅氧四面体片通过离子键与氢氧镁石层［$Mg(OH)_2$］连接在一起，很容易在高温下被酸分离而得到 MgO 和 SiO_2（Velinskii and Gusev，2002）。辉石结构中的离子键较容易在高温酸浸下断裂，致使晶体结构破坏。透闪石很难溶解是因为结构中硅氧链的坚固性和链间的强结合力。前人研究表明，绿泥石在表生化学风化过程中会释放出大量的铁离子和镁离子（Bain，1977；Proust *et al.*，1986；Camicelli *et al.*，1997）。然而，我们的实验表明绿泥石要在马弗炉中 300℃预先焙烧 4h，并反应 10h 以上才能完全溶解。这是因为绿泥石的结构是由一个氢氧镁石层连结上下两个 TOT 结构单元层，氢氧镁石层通过羟基与上下两个活性氧连结，连结力较强，不易分解。焙烧使绿泥石失去层间水，结构破坏而溶解。Brandt 和 Bosbach（2003）研究了绿泥石在低 pH 条件下的酸浸反应，证实晶格缺陷控制了绿泥石表面的溶解。

20.2.2 尾矿砂微波加热硫酸溶解特性

20.2.1 节研究表明，金川铜镍矿尾矿砂在硫酸中表现出较大的溶解潜力，但尾矿砂的酸溶解过程是涉及液固的多相复杂反应，通常是一个较慢的反应过程。因此，改善酸溶解过程或探索新的酸溶解方法的关键均在于如何加速酸溶解反应（Fouda *et al.*，1996；Zhang *et al.*，1997）。

提高化学反应速率的最常用方法是加热。微波加热技术是近年来发展起来的一种冶金新技术，它不同于普通的传导和对流加热方式，其特点是在微波场中整个介质同时被加热，并且加热速率快（金钦汉，1999；Haque，1999；Al-Harahsheh *et al.*，2005）。微波加热技术应用到矿物工程中，不仅可以有效提高反应速度，而且具有节能、环保等诸多优点。作为 21 世纪节能降耗的手段之一而受到广泛重视（谷晋川等，2002；李钒等，2007），并且在湿法冶金、矿物酸浸工艺中受到研究者的青睐（Liu *et al.*，1990；Rowson and Rice，1990；Peng and Liu，1992；华一新等，2000；林祚彦、华一新，2003；万勇等，2004；Al-Harahsheh *et al.*，2006；Jones *et al.*，2007）。

利用微波炉进行酸溶实验，即在恒定微波功率下，反应体系吸收微波能后，既有微波的“热效应”，同时又有反应过程自发放出的反应热，导致体系的温度始终处于升高趋势，这是一种非稳态作用下的溶解情况。微波的“热效应”和“非热效应”可以加快尾矿砂在固液浸取时的反应速度，微波技术有利于尾矿砂中 Fe、Mg 等的溶出。本节尝试将微波辐射加热技术应用于尾矿砂的酸溶实验中，通过实验提出微波辐照尾矿砂硫酸溶解新方法，探索硫酸浓度、液固比及加热时间等因素对尾矿砂酸溶性的影响。

微波加热所用的频率一般被限定为 915MHz 和 2450MHz，微波装置的输出功率一般为 500～5000W，单模腔体的微波能量比较集中，输出功率在 1000W 左右（李建保等，1996）。实验采用的微波加热器为美的 KD21B-A2 型家用微波炉，额定电压 220V，功率 50Hz，额定输入功率 1200W，额定输出功率 800W，微波工作频率 2450Hz。

1. 硫酸浓度的影响

图 20-9a 为微波加热硫酸浓度与酸蚀率的关系。硫酸浓度为 1mol/L 时，酸蚀率为 35%，随着硫酸浓度的增大，酸蚀率逐渐升高，浓度为 3mol/L 时，酸蚀率达到 57.5%，而硫酸浓度为 8mol/L 时，酸蚀率更是提高到了 69%。这是由于硫酸浓度增加，溶液的电导率增加，增加了溶液分子之间的碰撞和接触机会。但是，硫酸浓度过高对后续处理不利，因此，浓度以 5mol/L（约为 40%）为宜。谷晋川等（2005）在用微波辐照硫酸提纯硅藻土时得出，硫酸浓度大于 40% 时，Fe 的浸出趋势变缓。万勇等（2004）在利用微波辐照浸出蛇纹石的实验中得出的最佳硫酸浓度为 50%。

对比传统水热法的结果（图 20-5a），同样浓度下的硫酸，微波加热的酸蚀率远大于传统水热法。在传统水热法加热下，硫酸浓度 1mol/L 时的酸蚀率为 20.6%，当硫酸浓度增加到 8mol/L 时，酸蚀率增大到 52%，分别低于微波加热情况下 35% 和 69% 的酸蚀率。

2. 液固比的影响

图 20-9b 为微波加热下液固比与酸蚀率的关系。液固比小于 5 时，酸蚀率随液固比的增加而增大，这是因为随着液固比增加，反应的液相体积加大，溶液中 H^+ 量增加，加快了浸出反应速度；液固比为 5 时，酸蚀率达到最大；液固比为 6 时，酸蚀率不再升高，而且液固比增大对后续处理不利，因此，实验中取 5.0mL/g 的液固比为最佳。万勇等（2004）认为膨润土的微波酸浸实验中液固比为 4 较为适宜，比本实验的液固比 5 略小；然而，谷晋川等（2005）认为液固比对硅藻土微波辐照浸出的影响较小。

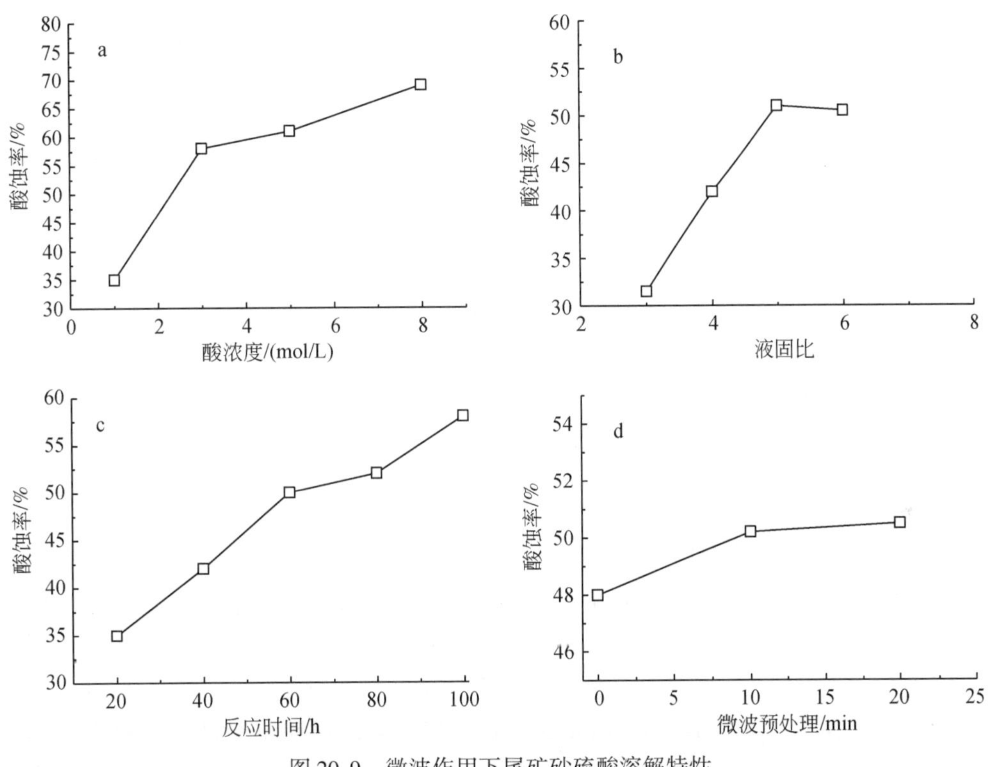

图 20-9　微波作用下尾矿砂硫酸溶解特性

在合适液固比的选择上，传统水热法为 6，而微波加热条件下为 5，微波加热较传统水热法能节约酸的消耗。因而，在微波加热条件下用酸性废水溶解尾矿砂进行综合治理时，可以减少硫酸的添加量。

3. 反应时间的影响

微波加热下反应时间与酸蚀率的关系（图 20-9c）表明，反应时间对酸蚀率的影响比较明显，酸蚀率随反应时间的增加而增大。这与前人的研究结果一致（万勇等，2004；谷晋川等，2005）。

上节传统加热至少需要1.5h才能完全溶解橄榄石，微波加热仅20min就可使酸蚀率达到35%（图20-9c），15min能使尾矿砂中的橄榄石完全溶解。微波辐射加热可大大缩短尾矿砂酸溶解反应时间。

4. 微波预处理的影响

微波预处理是在向反应容器中加入硫酸前，先将尾矿砂在微波炉中辐照一段时间。尾矿砂预处理与酸蚀率的关系（图20-9d）表明，经微波预处理后的酸蚀率明显升高，而且预处理20min比预处理10min效果更好。

传统水热法中，尾矿砂在300℃的马弗炉中预热4h后再进行酸溶解反应有助于酸蚀率的提高。图20-9d表明，在微波炉中对尾矿砂进行微波加热预处理10～20min，同样能起到提高酸蚀率的作用。究其原因，是因为微波辐射能改变矿物表面结构及电荷性质，使矿物颗粒表面产生缺陷（王怀法等，2000）。缺陷的形成加剧了矿物表面的不均匀性，改变了矿物的表面能量状态，从而加速了矿物在硫酸中的溶解，提高了尾矿砂溶解速度和酸蚀率。Walkiewicz等（1988）研究证实，快速加热时矿物能吸收微波能而产生热应力，这种热应力能使矿物颗粒沿边缘产生裂隙。Marland等（2000）认为微波作用后，在一定压力和脉石矿物不同膨胀力作用下，矿物结构内的固有水分改变了界面，产生了裂纹。裂纹的产生大大加快了矿物在硫酸中的溶解，提高了酸蚀率，减少了反应时间。

20.2.3 尾矿砂中Cu、Ni、Co浸出效果

前述金川铜镍尾矿砂中绝大多数矿物可溶于硫酸浸出液中，且大量堆存的尾矿砂中含可观的有价金属铜、镍和钴等，本节即对尾矿砂中有价金属Cu、Ni等的酸溶浸出效果进行考察。

1. 最佳酸溶浸出条件的确定

考虑不同风化氧化程度对尾矿砂中有价金属浸出的影响，选取ZK-3钻孔中间深度（8m）尾矿砂进行酸溶正交实验。实验结果（表20-7）表明，反应温度对尾矿砂中Cu、Ni和Co浸出的影响最大，说明在该浸出条件范围内，尾矿砂中Cu、Ni和Co的浸出主要受热力学控制。综合考虑Cu、Ni和Co的有效浸出，金川铜镍尾矿砂硫酸浸出最佳条件为：硫酸浓度4mol/L，液固比10，反应温度90℃，反应时间9h。按照上述实验条件进行正交验证实验，浸出结果为Cu 85%、Ni 78%、Co 67%，正交实验7号结果与之相近。综合考虑浸出成本及效率，实际应用中应采用7号正交实验条件。

2. 全尾矿酸溶浸出效果

由于硫化物矿物常压条件下较难浸出（Córdoba *et al.*，2008a，2008b；Koleini and Aghazadeh，2011），尾矿砂中有价金属的浸出效果更为直接地反映了尾矿库中尾矿砂的风化氧化程度与酸溶特性。在上述正交实验基础上，对尾矿库两个区6个钻孔全尾矿砂中Cu、Ni和Co的酸溶浸出效果进行了系统实验研究，结果如图20-10所示。实验表明，尾矿库较浅部位（3m以上）6个钻孔的浸出率都较高。随着深度的增加，浸出率均表现为下

表 20-7　尾矿砂硫酸溶解正交实验

No.	因素				浸出率/%		
	酸浓度/(mol/L)	液固比/(v/wt)	温度/℃	时间/h	Cu	Ni	Co
1	1	6	50	3	70.2	56.6	46.7
2	1	8	70	6	86.2	67.2	59.7
3	1	10	90	9	88.9	73.8	65.3
4	2	6	70	9	86.1	71.8	67.8
5	2	8	90	3	71.4	74.1	59.9
6	2	10	50	6	78.2	69.7	56.8
7	4	6	90	6	87.2	75.2	65.0
8	4	8	50	9	79.8	69.3	55.1
9	4	10	70	3	84.6	71.8	59.0

降的趋势。这与前面矿物学研究中尾矿砂中硫化物的风化氧化程度随深度增加而逐渐降低相一致。深度继续增大至尾矿库底部，各钻孔浸出率又表现出一定的升高趋势，这可能与原矿性质相关。尾矿库底部主要为早期露天开采尾矿砂，原矿本身氧化程度较高，故浸出率会有所提高。此外，尾矿库底部尾矿砂，堆存时间相对较长，风化氧化可能会相应增强，从而利于硫化物矿物的浸出。

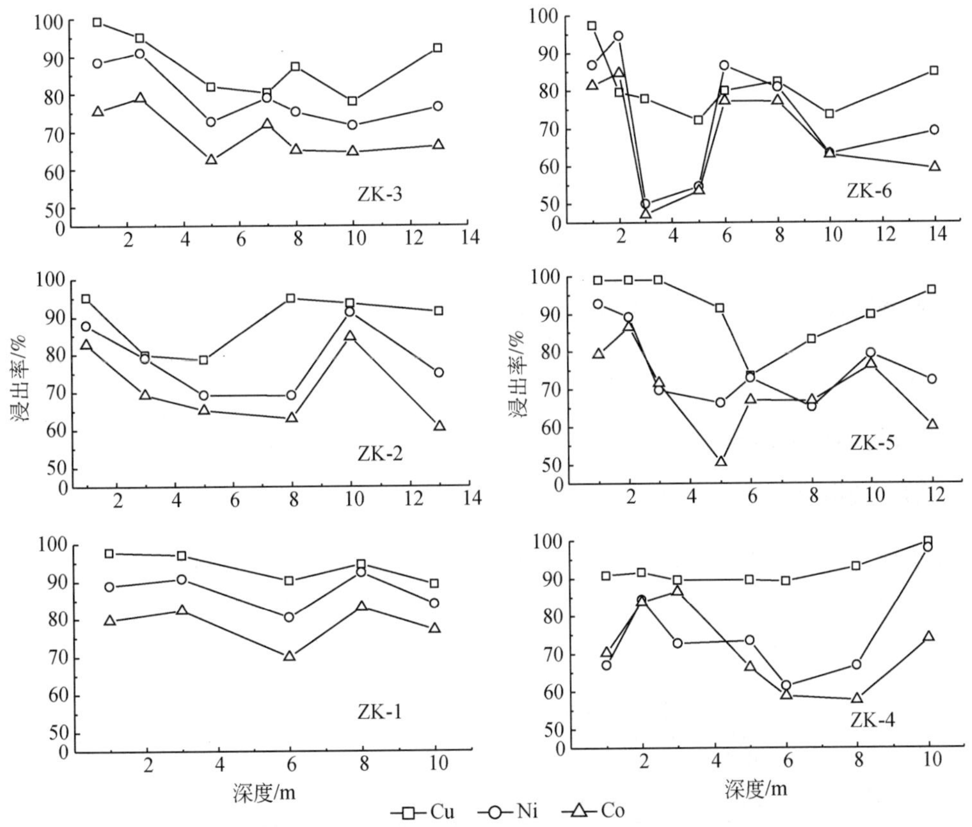

图 20-10　金川老尾矿库尾矿砂有价金属硫酸溶解浸出率

金川铜镍矿老尾矿库尾矿砂 Cu、Ni 和 Co 的平均酸溶浸出率分别可达 88.6%、75.3% 和 70.8%，而相同条件下，新鲜尾矿砂中 Cu、Ni 和 Co 的浸出率为 82.3%、51.7% 和 54.4%，明显低于老尾矿库尾矿砂中有价金属的浸出；尤其是 Ni 和 Co，露天堆存多年的尾矿砂比新鲜尾矿砂浸出率提高近 20%，充分说明金属硫化物尾矿砂的风化作用，极大促进了硫化物矿物中有价金属的酸溶浸出。

20.3 尾矿砂制备铁镁氢氧化物

上两节所述利用硫酸与尾矿砂之间的良好反应性，尾矿中主要矿物橄榄石等溶解形成无定形二氧化硅，可用于生产白炭黑，而尾矿中的 Fe、Mg、Al、Co、Ni、Cu 等有价金属被浸出进入滤液。本节即以酸浸滤液为原料，开展氢氧化铁和氢氧化镁的制备实验研究，同时富集铜、镍等有价金属，以期充分实现尾矿的资源化利用。

20.3.1 铁镁氢氧化物制备方法

冶金工业中，氢氧化物沉淀成本低、操作简单，是溶液中有价元素或杂质分离的主要方法之一。每一种氢氧化物在溶液中都存在如下平衡（M 为金属离子）：

$$M(OH)_x \longleftrightarrow M^{x+} + xOH^- \tag{20-12}$$

则它的溶度积为

$$K_{sp[M(OH)_x]} = [M^{x+}] \cdot [OH^-]^x \tag{20-13}$$

又由：

$$pH = -\lg[H^+] \tag{20-14}$$

$$pOH = -\lg[OH^+] \tag{20-15}$$

$$pH + pOH = 14 \tag{20-16}$$

因此，对于金属离子 M^{x+}的氢氧化物，产生沉淀的 pH 与其在溶液中的浓度关系为

$$pH = 14 + \{K_{sp}/[M^{x+}]\}^{1/x} \tag{20-17}$$

对于金属离子，由于 K_{sp}是其固有属性，在一定温度下固定不变，所以溶液中金属离子沉淀的初始 pH 决定于该离子在溶液中的浓度。浓度越低，初始沉淀的 pH 越高。

1. 酸浸液中 Fe、Mg 含量

酸浸液中主要金属离子 Mg^{2+}及 Fe^{2+}的质量浓度分别为 26.6、15.5g/L，同时还含少量 Al 、Co 、Ni 、Cu 离子（表 20-8）。由于原液为硫酸浸取所得，其中也含浓度达4mol/L的硫酸根。

表 20-8 酸浸滤液中主要金属离子的含量

离子	Mg^{2+}	Fe^{2+}	Al^{3+}	Cu^{2+}	Ni^{2+}	Co^{2+}
质量浓度/(g/L)	26.6	15.5	1.51	0.505	0.189	0.0109
浓度/(mol/L)	1.11	0.277	0.0559	0.00789	0.00320	0.000185

2. 酸浸液中 Fe、Mg 分离

如上所述，酸浸液中存在多种金属离子。根据它们在溶液中沉淀 pH 的不同，先分步将其分离，然后再制备成 $Fe(OH)_3$和 $Mg(OH)_2$。主要离子沉淀的 pH 范围见表 20-9。

表 20-9　溶液中金属离子发生沉淀的 pH 范围

金属离子	Fe^{3+}	Al^{3+}	Cu^{2+}	Co^{2+}	Ni^{2+}	Fe^{2+}	Mg^{2+}
离子浓度为 1mol/L 初始沉淀的 pH	1.5	3.3	4.2	6.6	6.7	6.5	9.4
离子浓度 0.01mol/L 初始沉淀的 pH	2.3	4.0	5.2	7.6	7.7	7.5	10.4
沉淀完全 pH	4.1	5.2	6.7	9.2	9.5	9.7	12.4

欲从酸浸液中分离 Fe 、 Mg 离子主要面临两个问题：一是 Fe^{2+}在溶液 pH 为 6.5 ~ 9.7 之间可以被沉淀出来，同时 Co^{2+}、Ni^{2+}的沉淀范围在 6.6 ~ 9.5，两者重合。二是在溶液 pH 为 9.5 时，Ni^{2+}才能沉淀完全，而此前 Mg^{2+}已经开始沉淀。因此通过简单的沉淀方法无法分离出纯净的 Fe 和 Mg 沉淀物。

与 Fe^{2+}不同的是，Fe^{3+}离子在酸性范围内便能以 $Fe(OH)_3$的形式沉淀（表 20-9），并且在 pH 为 4.1 时沉淀完全，从而与溶液中 Co^{2+}、Ni^{2+}分离开来。为此我们先将 Fe^{2+}用 H_2O_2 氧化为 Fe^{3+}，再进行分离。

溶液中金属离子沉淀的初始 pH 取决于其在溶液中的浓度。浓度越低，初始沉淀的 pH 越高。所以实验中使用蒸馏水稀释溶液，以此将 Mg^{2+}初始沉淀的 pH 提高至 9.8，从而将 Mg^{2+}和 Ni^{2+}分离开来。

综合以上分析，离子沉淀的 pH 分界点被定在 3.8、9.8，并总结出溶液中金属离子的分离区间 pH：Fe^{3+}为 3.0 ~ 3.8，Al^{3+}、Cu^{2+}、Co^{2+}、Ni^{2+}沉淀混合物为 4.1 ~ 9.5，Mg^{2+}为 9.8 ~ 12.4。

分离步骤：取一定量酸浸液置于 250mL 的锥形瓶中，加入 30% 的 H_2O_2氧化溶液中的 Fe^{2+}。然后向反应液中滴加 1mol/L 的 NaOH 溶液沉淀 Fe^{3+}，同时用酸度计监控溶液的 pH；当溶液 pH 到 3.8 时离心反应液，过滤后得到 pH 为 3.8 的滤液 a 与氢氧化铁前驱体的沉淀；取沉淀物，置于 2mol/L 的 NaOH 溶液中，在 60℃ 条件下老化 36h，产物用蒸馏水洗涤，干燥，即得棕红色沉淀。再用 NaOH 溶液调节滤液 a 的 pH 至 9.8，过滤，得到 pH 为 9.8 的滤液 b 和 Al、Co、Ni、Cu 的混合氢氧化物沉淀。最后，向滤液 b 中继续滴加 NaOH 溶液使其 pH 达到 12.4，此时 Mg^{2+}完全沉淀；过滤后，沉淀物用蒸馏水洗涤，干燥后可获得白色沉淀物；最终滤液回收处理。

20.3.2　铁镁氢氧化物制备影响因素

1. 酸浸液中 SO_4^{2-}的影响

通常在 pH 为 3.0 ~ 3.8 的溶液中，Fe^{3+}易生成 $Fe(OH)_3$，但酸浸滤液里含有大量的 SO_4^{2-}，对氢氧化铁和针铁矿形成不利。在以往合成针铁矿的实验中，SO_4^{2-}的浓度一般都很低

(Sapieszko *et al.*, 1977; Musić *et al.*, 1982, 1994; Parida and Das, 1996; Bakoyannakis *et al.*, 2003), 而我们的酸浸液中 SO_4^{2-}浓度达到 4mol/L, 这使得 Fe^{3+}离子不可能直接以纯净的 $Fe(OH)_3$形式沉淀出来。

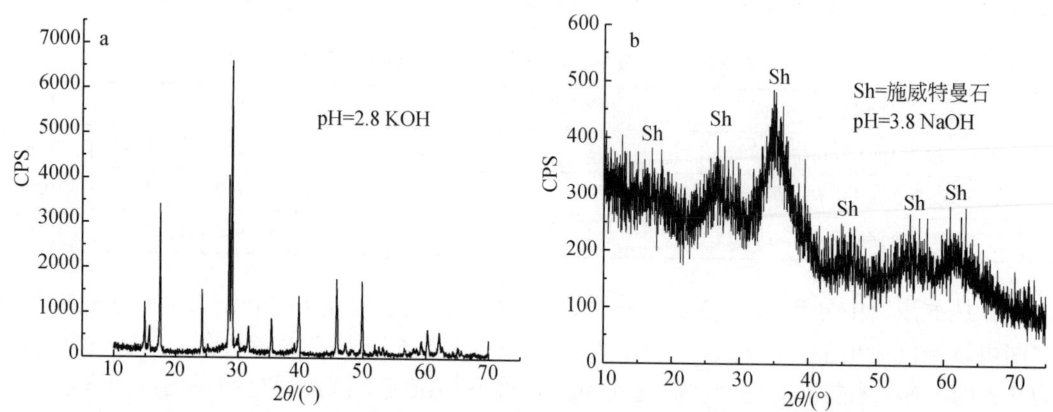

图 20-11　铁离子沉淀样品的 XRD 图谱

实验中, 先尝试用 KOH 作为反应试剂, 以其溶液调节酸浸液 pH 为 2.0~3.0, 理论上应生成 $Fe(OH)_3$沉淀, 但实际生成物由 XRD 检测为黄钾铁矾 ($KFe_3[SO_4]_2(OH)_6$) (图20-11a)。这是由于溶液原本含有 4mol/L 的 SO_4^{2-}和 0.3mol/L 的 Fe^{3+}, 随着 KOH 的加入, 溶液中的 K^+、Fe^{3+}和 SO_4^{2-}浓度先达到黄钾铁矾溶度积, 优先生成黄钾铁矾而非氢氧化铁。

通常条件下, 生成钠铁矾的难度要大于黄钾铁矾。我们又尝试使用 NaOH 溶液, 以期获得 $Fe(OH)_3$, 但溶液中仍未生成棕红色的氢氧化铁, 取而代之的是棕黄色沉淀。分别取溶液 pH 为 2.8、3.3、3.8 时的沉淀产物, 离心分离, 洗涤, 自然干燥后, 作 XRD 分析, 沉淀物为施威特曼石 schwertmannite (何明跃, 2007), 代表性图谱如图 20-11b 所示。施威特曼石是一种含水的高铁硫酸盐矿物, 其形成是由于溶液中高浓度 SO_4^{2-}引起的。曾有学者在实验室中利用微生物氧化 Fe^{2+}得到过该物质 (Bigham *et al.*, 1990)。它具有类似 β-$Fe(OH)_3$的结构, 是一种亚稳态, 长期静置后会逐渐转变为 $Fe(OH)_3$、针铁矿等其他稳定结构, 其化学反应式为

$$Fe_8O_8(OH)_{5.5}[SO_4]_{1.25} + 2.5H_2O \longrightarrow 8FeOOH + 2.5H^+ + 1.25SO_4^{2-} \quad (20\text{-}18)$$

由此可见, 当溶液 pH 升高时, 有利于上述正向反应的进行, 加速施威特曼石转变成 $Fe(OH)_3$的过程, 并最终生成针铁矿。

2. 老化过程对制备氢氧化铁的影响

由于无法以沉淀法直接从酸浸液中得到 $Fe(OH)_3$, 并且施威特曼石在碱性条件下可以转化为 $Fe(OH)_3$, 所以将分离得到的施威特曼石置于 NaOH 溶液中老化, 在不同 pH 和不同老化时间下, 考察其转变为 $Fe(OH)_3$的情况。

Hug（1997）和 Peak 等（1999）通过实验，归纳出不同配位结构的 SO_4^{2-} 表现出的各种红外特征峰。我们以此为依据，用红外光谱分析不同溶液 pH 条件下老化获得的产物，通过观测不同产物中 SO_4^{2-} 特征峰的强弱来表征施威特曼石向 $Fe(OH)_3$ 的转化。

先将上述施威特曼石沉淀置于 5 份不同 pH 的 NaOH 溶液中，在 60℃下老化 36h，产物的红外图谱（图 20-12）中，1125cm^{-1} 附近的 SO_4^{2-} 特征峰随着老化溶液 pH 的升高，强度逐渐减弱；pH 为 12 时，这个特征峰完全消失，表明产物中已经没有 SO_4^{2-}。

同时对 5 份产物做了 XRD 分析，结果（图 20-13）显示，pH 为 4 时，产物中同时包含氢氧化铁和施威特曼石；随溶液 pH 增加，产物中施威特曼石特征峰逐渐降低；溶液 pH 为 12 时，产物中只有 $Fe(OH)_3$。溶液 pH 为 10 时，产物的 XRD 与 pH 为 8 时的相似。

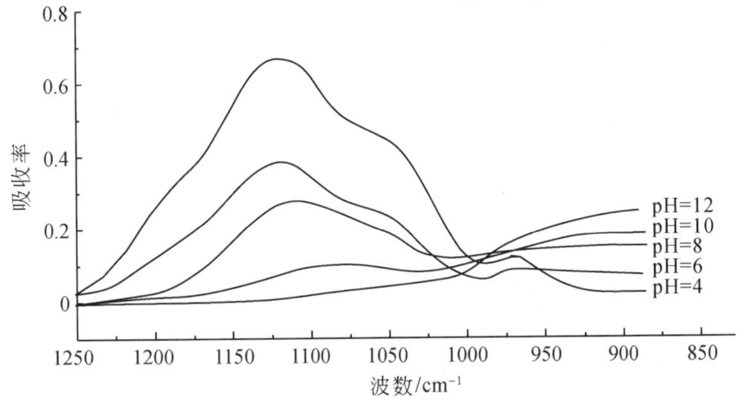

图 20-12　pH 不同的溶液中老化样品的红外图谱

老化时间增加也是促进施威特曼石转化的有利条件，如图 20-14 所示，老化时间越长，35°、62.7°两处的氢氧化铁特征峰越明显。Atkinson 等（1967）以 $Fe[NO_3]_3$ 为原料制备针铁矿，将沉淀物放置在稀碱液中，60℃温度下老化 24h，即得到针铁矿。而本实验中施威特曼石沉淀经老化 36h 后，依然未出现针铁矿，说明 SO_4^{2-} 的大量存在对生成氢氧化铁和针铁矿有阻碍作用。

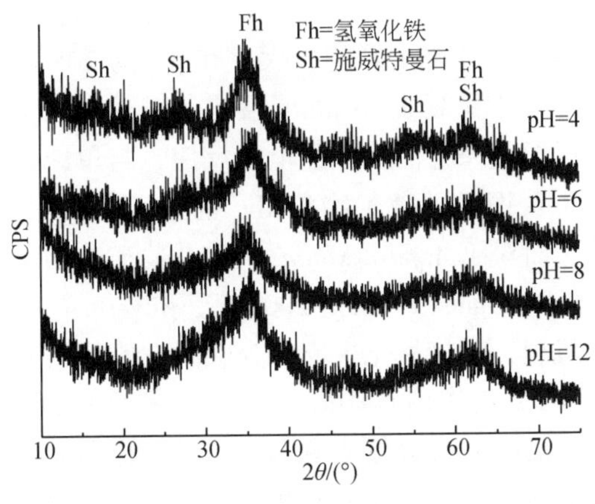

图 20-13　pH 不同的溶液中老化样品的 XRD 图谱

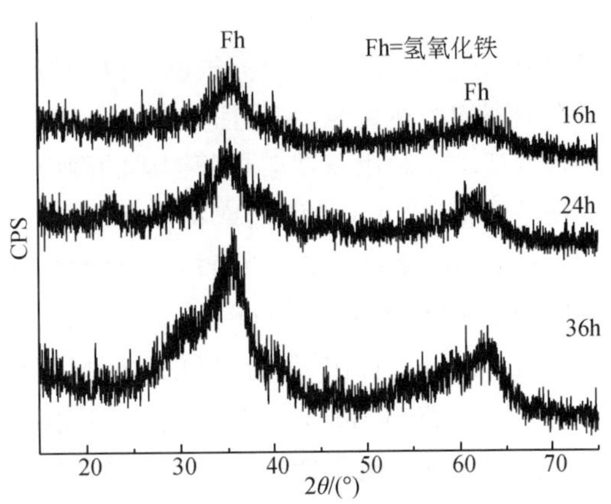

图 20-14　不同时间里老化样品的 XRD 图谱

经过以上一系列的步骤，实验先后从酸浸液中分离出 Fe 和 Mg 的沉淀物，最终分别得到棕红色和白色产物。XRD 图谱（图 20-15）显示两种产物分别为 $Fe(OH)_3$ 和 $Mg(OH)_2$，$Fe(OH)_3$ 结晶度差，而 $Mg(OH)_2$ 具有良好的结晶度。

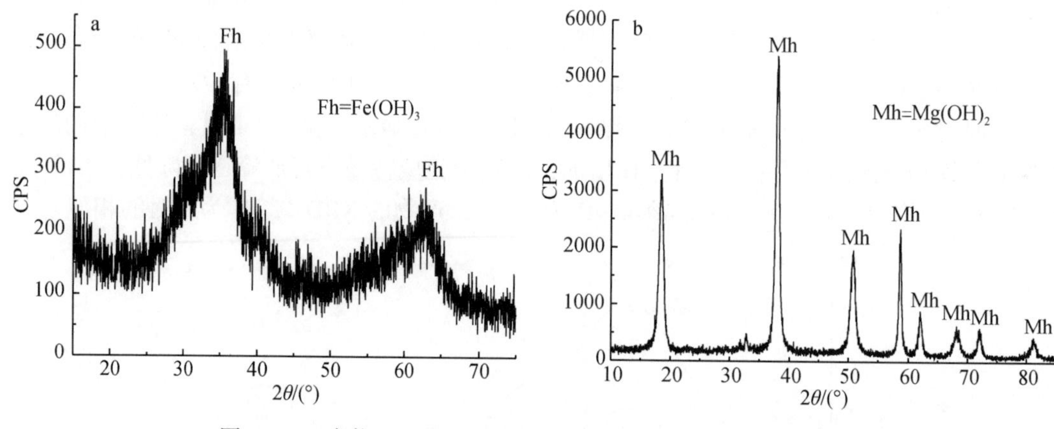

图 20-15　产物 $Fe(OH)_3$（a）和 $Mg(OH)_2$（b）的 XRD 图谱

20.4　微生物促进尾矿砂酸溶作用

前述硫酸溶解实验研究表明，金川铜镍尾矿砂中橄榄石、蛇纹石、透辉石、透闪石易与稀酸发生反应，而黄铁矿、黄铜矿、镍黄铁矿、磁黄铁矿不易与稀酸反应被浸出。

A. ferrooxidans 广泛应用于硫化物矿物的浸矿领域，尤其针对难浸出的硫化物矿物如黄铁矿、黄铜矿等（Suzuki 2001；Rohwerder *et al.*，2003；Santos *et al.*，2006；Watling，2008）。微生物浸出具有成本低，环境友好，浸出率高等特点。Singer 和 Stumm（1970）的实验研究表明，黄铁矿在酸的作用下氧化分解速率很慢，而在 *A. ferrooxidans* 的作用下，氧化速率可以提高 10^6 倍。Ke 和 Li（2006）针对含镍的磁黄铁矿进行了微生物浸出实验研究，在 pH 为 2.0，反应温度 30℃条件下，*A. ferrooxidans* 对磁黄铁矿中镍的浸出率可达 88%。Cameron 等（2013）利用驯化后的 *A. ferrooxidans* 对加拿大不同区域含镍硫化物矿物进行的微生物浸出实验研究表明，pH 对矿物中金属 Ni 的浸出影响较大，在 pH 为 2 时浸出率最高均可达到 80% 以上。Ahmadi 等（2010）在利用 *A. ferrooxidans* 浸出黄铜矿过程中加入黄铁矿，利用黄铁矿与黄铜矿的静电势不同可形成原电池发生原电池反应，与单纯微生物浸出相比，Cu 的浸出率提高了 35%，加速了黄铜矿的微生物浸出。前人研究表明，*A. ferrooxidans* 对硫化物矿物的氧化分解作用明显，而对于 *A. ferrooxidans* 与硫化物矿物的反应机理尚存在不同的观点（Sand *et al.*，1995；Rodríguez *et al.*，2003b），Silverman 和 Ehrlich（1964）提出了直接氧化和间接氧化两种机理。直接氧化主要认为吸附在硫化物矿物表面的 *A. ferrooxidans* 直接氧化矿物同时通过酶的氧化作用破坏矿物晶格，过程比较缓慢；而间接反应机理指的是，硫化物矿物首先被溶液中的溶解氧或者 Fe^{3+} 离子氧化形成自然硫，并释放 Fe^{2+} 离子，环境中的 *A. ferrooxidans* 迅速将 Fe^{2+} 离子氧化为 Fe^{3+}，从而形成一个连续的循环氧化过程。在 *A. ferrooxidans* 氧化硫化物矿物过程中，两种作用机理共存，可

加速矿物氧化分解直至完全分解。

金川铜镍尾矿砂中含有一定量的磁黄铁矿、镍黄铁矿、黄铜矿、黄铁矿等硫化物矿物，通过微生物对硫化物矿物的氧化分解作用加速其中有价金属的浸出，不失为一种在实际工程应用中可提高尾矿砂中有价金属酸溶浸出效率的有效方法。

A. ferrooxidans-硫酸联合酸溶浸出，即首先将尾矿砂与 *A. ferrooxidans* 相互作用进行微生物浸出实验，浸出过程中 *A. ferrooxidans* 培养至对数期，接种率为 10%，固液比（g/mL）为 1∶25。*A. ferrooxidans* 与尾矿砂分别作用 1、2、3、5、7、10、13、16、20、25 天，测得溶液中 Cu^{2+}、Ni^{2+}、Co^{2+}浓度。作用不同时间后的样品于 30℃烘箱中烘干 48h，烘干后样品再进行酸溶浸出实验，测得溶液中 Cu^{2+}、Ni^{2+}、Co^{2+}酸浸后的浓度。硫酸酸溶浸出的最佳条件为：酸浓度为 4mol/L，液固比 6mL/g，反应温度为 90℃，反应时间为 6h。尾矿砂酸溶浸出率按式（20-19）计算。

$$\text{尾矿砂 } A.\,ferrooxidans\text{- 硫酸酸溶浸出率} = \frac{\text{微生物离子浸出量} + \text{酸溶离子浸出量}}{\text{尾矿砂有价金属含量}} \times 100\% \tag{20-19}$$

20.4.1　*A. ferrooxidans* 促进尾矿砂中 Ni^{2+}溶出

A. ferrooxidans-硫酸酸溶对不同深度尾矿砂中 Ni 的联合浸出结果见图 20-16。*A. ferrooxidans*-硫酸酸溶联合浸出不同深度尾矿砂样品中 Ni^{2+}浸出规律一致，随着作用时间的延长，Ni^{2+}总浸出率均逐渐增加，反应 10 天时，Ni^{2+}总浸出率趋于稳定并达到最大值，10 天后浸出率变化不明显。1m 尾矿砂样品 Ni^{2+}总浸出率最高，可达 98.01%，远高于尾矿砂直接酸溶 74.34% 的浸出率（图 20-17）。随着尾矿砂深度的增加，Ni^{2+}总浸出率逐渐降低。原因在于，Ni 主要赋存于绿泥石等硅酸盐矿物与硫化物矿物中，微生物与矿物作用后硫化物矿物被溶解，而绿泥石的结构是由一个氢氧镁石层连结上下两个 TOT 结构单元层，

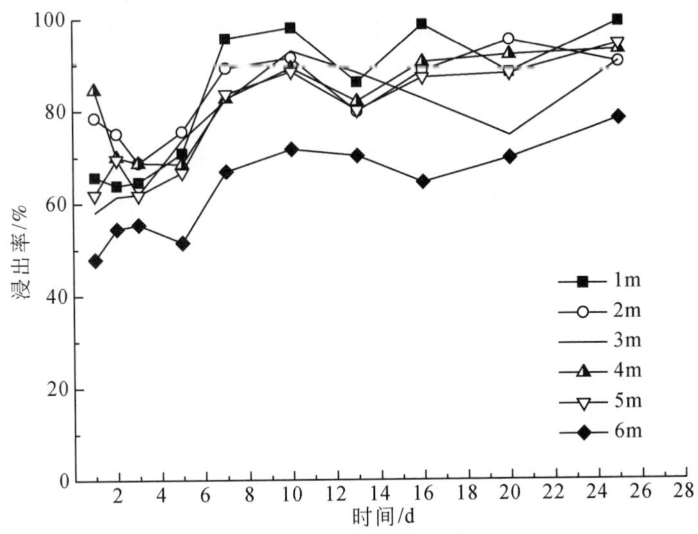

图 20-16　尾矿砂 *A. ferrooxidans*-硫酸酸溶浸出 Ni^{2+}结果

氢氧镁石层通过羟基与上下两个活性氧连结，连结力较强，不易被分解（Brandt and Bosbach, 2003）。随着深度的增加，绿泥石的含量逐渐增加，因此尾矿砂中 Ni^{2+} 总浸出率逐渐降低。而与直接酸溶浸出数据相比较，*A. ferrooxidans*-硫酸酸溶联合浸出过程对尾矿砂中 Ni^{+} 浸出均高于直接酸溶浸出过程对尾矿砂中 Ni^{+} 浸出，因此微生物的参与大大促进了 Ni^{2+} 浸出。

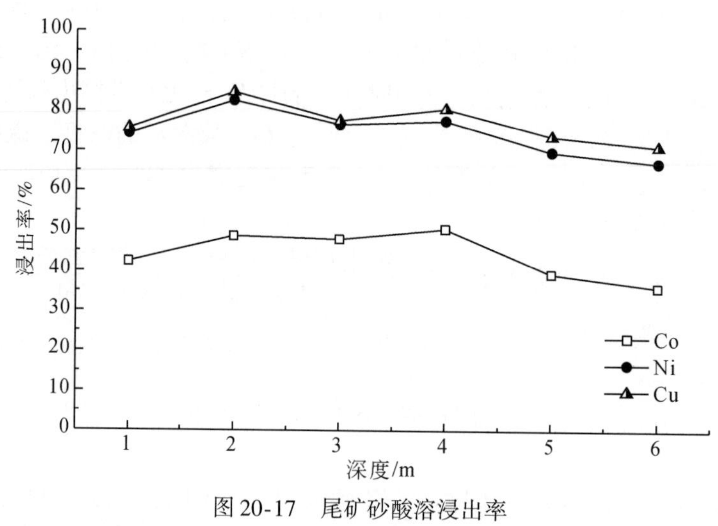

图 20-17　尾矿砂酸溶浸出率

20.4.2　*A. ferrooxidans* 促进尾矿砂中 Co^{2+} 溶出

不同深度尾矿砂 *A. ferrooxidans*-硫酸酸溶联合浸出 Co^{2+} 的结果见图 20-18。不同深度尾矿砂样品 *A. ferrooxidans*-硫酸酸溶联合浸出 Co^{2+} 的规律一致，随着作用时间延长，Co^{2+} 总浸出率呈现先增加后趋于稳定的趋势。作用 10 天时，Co^{2+} 总浸出率均达到最大值。*A. ferrooxidans*-硫酸酸溶联合法对 1m 尾矿砂样品中 Co^{2+} 的浸出率最高为 75. 13%，远高于直接酸溶 42. 33% 的 Co^{2+} 浸出率（图 20-18）。随着尾矿砂深度的增加，尾矿砂样品 *A. ferrooxidans*-硫酸酸溶联合浸出 Co^{2+} 总浸出率逐渐降低。原因在于 Co 主要赋存于闪石等硅酸盐矿物与硫化物矿物中，微生物与矿物作用后硫化物矿物被溶解，而闪石双链结构中硅氧链的坚固性和链间的强结合力造成了透闪石的在酸中难以溶解。随着尾矿砂深度的增加，闪石含量逐渐增加使得 Co^{2+} 的浸出率逐渐降低。与直接酸溶浸出数据相比较，*A. ferrooxidans*-硫酸酸溶联合浸出过程对不同深度尾矿砂中 Co^{2+} 浸出均高于直接酸溶浸出过程对尾矿砂中 Co^{2+} 的浸出。

20.4.3　*A. ferrooxidans*-促进尾矿砂中 Cu^{2+} 溶出

不同深度尾矿砂 *A. ferrooxidans*-硫酸酸溶联合浸出 Cu^{2+} 的结果见图 20-19。*A. ferrooxidans*-硫酸酸溶联合浸出不同深度尾矿砂样品中 Cu^{2+} 的浸出规律与 Ni^{2+}、Co^{2+} 不同。反应初期，*A. ferrooxidans* 与尾矿砂样品反应 2 天时，*A. ferrooxidans*-硫酸酸溶联合浸出 Cu^{2+} 总浸出率显

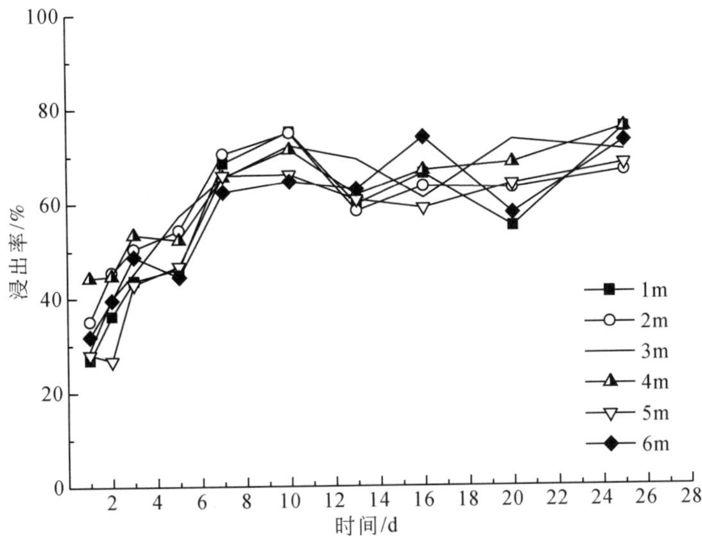

图20-18 尾矿砂 *A. ferrooxidans*-硫酸酸溶浸出 Co^{2+} 结果

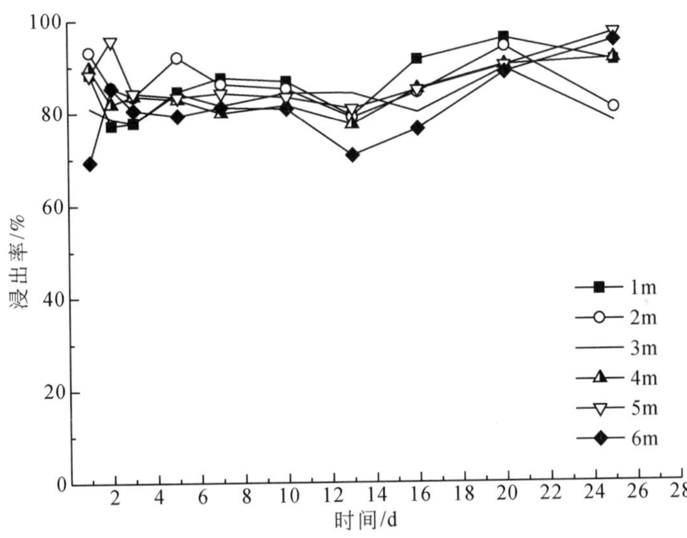

图20-19 尾矿砂 *A. ferrooxidans*-硫酸酸溶浸出 Cu^{2+} 结果

著提高，总浸出率可达到80%以上，Cu^{2+}优先于 Ni^{2+}、Co^{2+}被浸出，原因在于 Cu 主要赋存于黄铜矿中，金川铜镍矿尾矿砂中同时含磁黄铁矿、黄铁矿，磁黄铁矿和黄铁矿的静电势较黄铜矿高，酸溶浸出过程中易于发生原电池反应而促进尾矿砂中有价金属 Cu 的浸出（Watling，2005；Xie *et al.*，2005）。*A. ferrooxidans* 与尾矿砂作用 5 天后浸出率趋于稳定，13 天后浸出率逐渐增加，反应 20 天时 Cu^{2+} 总浸出率达最大值。1m 尾矿砂样品 *A. ferrooxidans*-硫酸酸溶联合浸出 Cu^{2+}总浸出率最高为95.78%，远高于尾矿砂直接酸溶时75.69%的 Cu^{2+}浸出率（图20-17）。随着尾矿砂深度的增加，尾矿砂样品 *A. ferrooxidans*-硫酸酸溶联合浸出 Cu^{2+}总浸出率逐渐降低，是由于 Cu 主要赋存绿泥石与硫化物矿物中，随着深度增加绿泥石逐渐增加。与直接酸溶浸出数据相比较，*A. ferrooxidans*-硫酸酸溶联合浸出过程对尾矿砂中 Cu^{2+}浸出均高于直接酸溶浸出过程对尾矿砂中 Cu^{2+}浸出，显示了微生物对促进 Cu^{2+}浸出的作用。

总之，尾矿砂 *A. ferrooxidans*-硫酸酸溶联合浸出工艺浸出有价金属效果优于直接酸溶浸出工艺，1m 深处尾矿砂样品 *A. ferrooxidans*-硫酸酸溶联合浸出浸出率最高，Cu^{2+}、Ni^{2+}、Co^{2+}浸出率可达到 95. 78%、98. 01% 和 75. 13%，远高于直接酸溶浸出率 75. 69%、74. 34% 和 42. 33%。*A. ferrooxidans* 的参与大大促进了尾矿砂中有价金属的浸出。

综上所述，金川集团铜镍尾矿砂主要由橄榄石、辉石、绿泥石和蛇纹石等组成，矿物稳定性差、极易与稀酸发生溶解作用。对于酸溶效果较差的硫化物矿物可通过 *A. ferrooxidans* 预处理促进有价金属的酸溶浸出效果。尾矿砂酸浸不仅使尾矿得到治理，而且在酸浸过程中可以得到无定形二氧化硅和铁、镁、铜、镍等的氢氧化物等具有高附加值的副产品。将尾矿砂和矿山酸性废水综合治理，可以达到以废治废，增产增效，实现尾矿的资源化利用。

参考文献

埃文思 R C. 1987. 结晶化学导论. 胡玉才，戴寰，新民译. 北京：人民教育出版社

巴塔查里亚 S K. 1992. 金属填充聚合物——性能和应用. 杨大川，刘美珠译. 北京：中国石化出版社

鲍世聪，孙家寿，刘羽. 1997. 改性黏土矿物的吸附机理初探. 矿物岩石地球化学通报，9：29-30

贝尔 A V，赖特 M D，扬弗尔 E K. 1996. 用复合土覆盖酸性废石堆控制排水的评估. 国外金属矿山，（8）：49-54

毕大园，尹国勋. 2003. 酸性矿井水防治现状与发展趋势. 焦作工学院学报（自然科学版），22（1）：35-38

蔡涛，王丹，宋志，等. 2010. 垃圾渗滤液的处理技术及其国内研究进展. 化工中间体，1：1-5

曹谏非. 1996. 钛矿资源及其开发利用. 化工矿产地质，18（2）：127-134

曹泽毅. 1998. 妇科肿瘤学（下卷）. 北京：北京出版社

曹智，钟宏. 1999. 型煤用添加剂研究的新进展. 燃料与化工，3（6）：269-271

陈丰，林传易，张蕙芬，等. 1995. 矿物物理学概论. 北京：科学出版社

陈奉明，聂永有. 2010. 循环经济条件下城市生活垃圾的一个治理模型. 特区经济，2：303

陈昊. 1999. 砂粒体在肿瘤中的形成与临床意义. 河南肿瘤学杂志，12（2）：148-149

陈红，叶兆杰，方士，等. 1998. 不同状态 MnO_2 对废水中 As(Ⅲ)的吸附研究. 中国环境科学，18（2）：31-35

陈济美. 1991. 蒙脱石的阳离子交换性质及其应用. 地质实验室，7（2）：185-188

陈济美. 1994. 有机膨润土的合成与特性研究. 地质实验室，10（4-5）：292-297

陈建华，龚竹青. 2006. 二氧化钛半导体光催化材料离子掺杂. 北京：科学出版社

陈骏，姚素平. 2005. 地质微生物学及其发展方向. 高校地质学报，11（2）：154-166

陈孟春，杨方敏. 1990. 用黄铁矿处理含铬废水的试验研究. 唐山工业技术学院学报，(3)：92-99

陈孟春，杨方敏，项新成. 1989. 中小型电镀厂镀锌及钝化废水处理. 电镀与环保，9（2）：15-17

陈明，冯流，周国华，等. 2006. 缓变型地球化学灾害：特征，模型和应用. 地质通报，24（10）：916-921

陈琦丽，唐超群. 2006. 过渡金属掺杂金红石相 TiO_2 能带结构的第一性原理计算. 材料科学与工程学报，24（4）：514-516

陈少华，刘俊新. 2005. 垃圾渗滤液中有机物分子量的分布及在 MBR 系统中的变化. 环境化学，24（2）：153-157

陈天虎，冯军会，徐晓春. 2001. 国外尾矿酸性排水和重金属淋滤作用研究进展. 环境污染治理技术与设备，2（2）：41-46

陈雪冰，邵忠宝，田彦文，等. 2008. 纳米复合材料 $TiO_2/ZnFe_2O_4$ 的制备及光催化性能. 材料研究学报，22（1）：353-356

陈耀祖，涂亚平. 2001. 有机质谱原理及应用. 北京：科学技术出版社

陈英方. 1988. 红外和拉曼光谱技术. 北京：纺织工业出版社

陈云斌. 1992. 白炭黑表面改性处理的述评. 浙江化工，2：17-19

陈璋如. 2000. 高放废物地质处置研究中的矿物学问题. 高校地质学报，6（2）：252-254

陈震宇，郭烈锦. 2007. Ni 掺杂 ZnS-ZnO 复合光催化剂及光解水产氢性能. 太阳能学报，28（3）：314-319

成春奇. 2001. 粘土对重金属污染物容纳阻滞能力研究. 水文地质工程地质，28（6）：12-14

程东升，朱端卫，刘武定. 2002. 几种常见矿物与硼作用的红外光谱特性研究. 土壤学报，39（5）：

671-678
崔福斋 . 2007. 生物矿化 . 北京：清华大学出版社
崔国文 . 1990. 缺陷、扩散与烧结 . 北京：清华大学出版社
大连工学院无机化学教研室 . 1978. 无机化学 . 北京：人民教育出版社
戴道生，钱昆明 . 1998. 铁磁学（上册）. 北京：科学出版社
戴劲草，肖子敬 . 2001. 纳米多孔性材料的现状与展望 . 矿物学报，21（3）：284-294
戴永定，沈继英 . 1995. 生物矿化作用机理 . 动物学杂志，30（5）：55-58
党志，于红，黄伟强，等 . 2001. 土壤/沉积物吸附有机污染物机理研究的进展 . 化学通报，（2）：81-85
德米尔，等 . 2001. 用一价盐浮选分离钠长石和钾长石 . 国外金属矿选矿，9：25-27
邓海金，李明，白新桂，等 . 1996. 石棉纤维改性方法研究 . 非金属矿，（5）：18-22
邓建军，董发勤 . 2000. 纤状蛇纹石石棉对兔肺泡巨噬细胞影响的体外研究 . 第三军医大学学报，12：1170-1172
丁振华，冯俊明 . 2000. 氧化铁矿物对重金属离子的吸附及其表面特征 . 矿物学报，20（4）：349-352
董发勤，万朴 . 1999a. 矿物粉尘表面活性位及其变化分析 . 岩石矿物学杂志，18（3）：264-272
董发勤，万朴 . 1999b. 矿物粉体表面官能团及其在材料中作用 . 中国矿业，8（5）：88-92
董发勤，万朴，潘兆橹，等 . 1997. 纤维水镁石应用矿物学研究 . 成都：四川科学技术出版社
董发勤，蒲晓允，方育琼，等 . 2000. 纤状蛇纹石石棉对兔肺泡巨噬细胞影响的体外研究 . 第三军医大学学报，22（12）：1170-1173
杜昶，王迎军 . 2009. 骨和牙釉质组织的生物矿化及磷酸钙材料仿生合成研究进展 . 无机材料学报，24（5）：882-887
杜青，文湘华 . 1996. 天然水体沉积物对重金属离子的吸附特性 . 环境化学，15（3）：199-206
段淑贞，乔芝郁 . 1990. 熔盐化学——原理和应用 . 北京：冶金工业出版社
樊晶光，王起恩，刘世杰 . 1999. 温石棉的遗传毒性及三种化合物的阻断作用 . 癌变・畸变・突变，11（1）：25-28
樊耀亭，吕秉玲，徐杰，等 . 1999. 水溶液中二氧化锰对铀的吸附 . 环境科学学报，19（1）：42-46
冯启明，董发勤，彭同江，等 . 2000. 矿物纤维粉尘在酸中的稳定性与化学活性研究 . 岩石矿物学杂志，19（3）：243-248
付丽，傅西林 . 2008. 乳腺肿瘤病理学 . 北京：人民卫生出版社
付茂利 . 2009. 甲状腺结节钙化在超声诊断甲状腺癌中的价值 . 医学影像学杂志，19（10）：1252-1254
付松波，孙殿军，宋丽，等 . 2002. 新型饮水除氟剂蛇纹石降氟效果研究 . 中国地方病学杂志，21（4）：306-308
高家诚，谭小伟，邹建，等 . 2008. 氢气热处理对纳米 TiO_2 可见光吸收性能的影响 . 功能材料，39（8）：1367-1369
高善民，孙树声 . 1999. 前景广阔的纳米材料，化工新型材料，6：39-40
格雷格 S J，辛 K S W. 1989. 吸附、比表面与孔隙率 . 高敬宗译 . 北京：化学工业出版社
龚美菱. 2007. 相态分析与地质找矿. 北京：地质出版社
龚永强 . 1994. 催化剂载体——硅胶在催化反应中的应用 . 工业催化，（2）：3-13
谷晋川，敖宁，刘亚川，等 . 2002. 矿物处理过程中微波技术的应用与发展方向 . 矿冶，11（增刊）：139-146
谷晋川，吕莉，张允湘，等 . 2005. 微波作用下的硅藻土稳态酸浸提纯研究 . 金属矿山，（10）：47-50
郭纯刚，刘世杰，尹宏 . 1995. 纤维水镁石与经铝剂处理的温石棉对巨噬细胞毒性比较 . 中华预防医学杂志，29（4）：219- 221

郭继香，袁存光．2000．水处理技术蛇纹石吸附处理污水中重金属的实验研究．精细化工，17（10）：586-589

郭俊才．1993．水泥及混凝土技术进展．北京：中国建材工业出版社

郭可信，叶恒强，吴玉琨．1983．电子衍射图在晶体学中的应用．北京：科学出版社

郭如新．2000．氢氧化镁在工业废水处理中的应用．工业水处理，20（2）：1-4

国家环境保护局科技标准司．1994．水和废水检测分析方法．北京：中国环境科学出版社

国家环境保护局科技标准司．1997．中小型燃煤锅炉烟气除尘脱硫实用技术指南．北京：中国环境科学出版社：1-22

郝瑞刚，谭燕妮，陈春燕．2006．MAP 法去除焦化废水氨氮．科技情报开发与经济，16（2）：144-145

郝润蓉．1988．碳、硅、锗分族．北京：科学出版社

何宏平，郭九皋，谢先德，等．1999．蒙脱石等粘土矿物对重金属离子吸附选择性的实验研究．矿物学报，19（2）：231-235

何宏平，郭九皋，谢先德．2000．可膨胀性层状粘土矿物对铜离子吸附机理的模拟研究．环境科学，21（4）：47-51

何宏平，郭九皋，朱建喜，等．2001．蒙脱石、高岭石、伊利石对重金属离子吸附容量的实验研究．岩石矿物学杂志，20（4）：573-578

何明跃．2007．新英汉矿物种名称．北京：地质出版社

贺延龄．1998．废水的生物处理．北京：中国轻工业出版社

洪汉烈，闵新民．2004．量子化学方法研究矿物的表面化学．北京：中国地质大学出版社

侯兴刚，刘安东．2007．注入锐钛矿 TiO_2 第一性原理研究．物理学报，56（8）：4896-4900

侯宗林，薛友智，黄金水，等．1997．扬子地台周边锰矿．北京：冶金工业出版社

胡为柏．1953．中国的铜铅锌．上海：商务印书馆

胡英．1999．物理化学（第四版）．北京：高等教育出版社

华一新，谭春娥，谢爱军，等．2000．微波加热低品位氧化镍矿石的 $FeCl_3$ 氯化．有色金属，52（1）：59-62

郇军亮．2005．乳腺钙化组织的微创切取、钙化组织中骨桥蛋白表达的基础和临床研究．上海：第二军医大学博士研究生学位论文

黄惠忠．2002．论表面分析及其在材料研究中的应用．北京：科学技术文献出版社

黄微雅，李红，杨发达等．2008．磷酸钙在凝胶体系中的仿生矿化研究．化学研究与应用，20（5）：537-542

黄信仪，李志江，张绪祎．1992．人工钙基脱硫剂活性和温度特性的研究．环境科学，13（6）：11-15

黄园英，刘菲，鲁雅梅．2003．零价铁去除 Cr(Ⅵ)的批实验研究．岩石矿物学杂志，22（4）：349-351

黄兆龙，张伟，崔福斋．2004．胶原调制磷酸钙矿化成核位点的红外光谱研究．光谱学与光谱分析，24（5）：539-542

姬泓巍，张正斌，刘莲生，等．1999．微量金属与水合氧化物相互作用的介质效应．青岛海洋大学学报（自然科学版），（增刊）：129-134

贾永忠，高世扬，夏树屏．1999．$NaB_5O_8 \cdot 5H_2O$ 过饱和溶液中硼氧配阴离子的 FT-IR 光谱分析．无机化学学报，15（6）：766-772

贾永忠，周圆，高世杨．2001．水合硼酸盐结晶过程中液相的红外光谱．无机化学学报，17（5）：636-640

江绍英．1987．蛇纹石矿物学及性能测试．北京：地质出版社

江绍英，范文伟，黄伯钧，等．1981．中国北方白云岩型纤蛇纹石的矿物学研究．中国科学，6：734-741

姜方新，兰尧中 . 2002. 印染废水处理技术研究进展 . 云南师范大学学报，22（2）：24-26
姜峰，潘永亮，梁瑞，等 . 2004. 含硫废水的处理与研究进展 . 兰州理工大学学报，30（5）：68-71
蒋海涛，周恭明，高廷耀 . 2002. 城市垃圾填埋场渗滤液的水质特性 . 环境保护科学，28（3）：11-13
蒋京东，徐远，马三剑，等 . 2008. 鸟粪石结晶沉淀法处理氨氮废水 . 水处理技术，34（2）：45-50
蒋梅茵，杨德湧 . 1991. 玄武岩发育的几种红壤的矿物特征 . 土壤学报，28（3）：268-275
介雯，刘建荣，许慧平 . 1991. 水中酚的催化空气氧化研究 . 水处理技术，17（3）：179-186
金海岩，黄长河 . 1997. 用 MOCVD 方法生长二氧化钛膜的研究 . 半导体学报，18（2）：99-102
金钦汉 . 1999. 微波化学 . 北京：科学出版社：282-318
金卓仁，黄光胜 . 2000. 硫酸法生产白碳黑的技术改造 . 现代化工，20（5）：21-23
荆荀英，陈式棣，么恩云 . 1992. 红外光谱实用指南 . 天津：天津科学技术出版社
鞠学珍，马永涛，史俊玲，等 . 2001. 湿法炼锌黄铵铁矾渣综合利用研究 . 有色金属（冶炼部分），（2）：18-20
孔敏，吴泉源 . 2001. 贺尔康矿泉水的形成、赋存条件及水质评价 . 山东师范大学学报，16：53-57
寇鹏，武增华，李亚栋 . 2000. 颗粒尺度对钙基固硫剂的固硫反应影响规律 . 燃料化学学报，28（6）：503-507
李迪恩，彭明生 . 1989. 闪锌矿的标型特征、构成条件与电子结构 . 矿床地质，8（3）：75-82
李迪恩，彭明生 . 1990. 闪锌矿的吸收光谱和颜色的本质 . 矿物学报，10（1）：29-34
李二妮，周纯武 . 2009. 乳腺微钙化的研究进展 . 放射学实践，24（8）：916-918
李钒，张梅，王习东 . 2007. 微波在冶金过程中应用的现状与前景 . 过程工程学报，7（1）：186-193
李芙蓉，徐君 . 2006. MAP 法处理高浓度氨氮废水的试验研究 . 工业安全与环保，32（2）：34-35
李光亮 . 1998. 有机硅高分子化学 . 北京：科学出版社：147-164
李济吾，朱利中，蔡伟建 . 2007. 微波作用下表面活性剂在膨润土上的吸附行为特征 . 环境科学，28（11）：2642-2645
李金页，郑平 . 2004. 鸟粪石沉淀法在废水除磷脱氮中的应用 . 中国沼气，22（1）：7-10
李康，唐国栋，杨重庆，等 . 2009. 人体心血管系统中磷酸盐矿物矿化作用 . 岩石矿物学杂志，28（2）：191-197
李琳 . 1994. 多相光催化在水污染治理中的应用 . 环境科学进展，2（6）：23-31
李玲，贾锦霞，甄卫军，等 . 2006. 有机化膨润土对水中金属离子的吸附及其表征 . 矿物学报，26（3）：285-290
李宁，鲁安怀，秦善，等 . 2003. 孕育光催化活性的天然含钒金红石矿物学特征 . 岩石矿物学杂志，22（4）：332-338
李巧荣，鲁安怀，李宁，等 . 2003. 天然含钒金红石降解卤代烃实验研究 . 岩石矿物学杂志，22（4）：345-348
李秋艳 . 2000. 煤矿酸性矿井水的形成及其利用粉煤灰处理的研究 . 焦作：焦作工学院硕士研究生学位论文
李生林，薄遵昭，秦素娟，等 . 1982. 土中结合水译文集 . 北京：地质出版社
李星，杨艳玲，李磊 . 1998. 石灰石脱硫反应活性的研究 . 中国环境科学，18（1）：94-96
李学富，陈刚 . 1999. 气相法白炭黑的市场分析 . 有机硅材料及应用，13（3）：22-24
李学垣 . 2001. 土壤化学 . 北京：高等教育出版社
李益民，朱利中，王珏，等 . 1997. 有机膨润土的吸附性能研究 . 高等学校化学学报，18（5）：723-725
李远惠 . 2002. 降低印染废水色度的技术剖析 . 成都纺织高等专科学校校报，19（3）：18-20
梁英教 . 1998. 物理化学 . 北京：冶金工业出版社：67-90

廖国礼．2005．典型有色金属矿山重金属迁移规律与污染评价研究．长沙：中南大学大学博士研究生学位论文：45-46
林芙君，方宁远，程杰军，等．2007．快速多层螺旋电脑断层摄影检测老年高血压患者冠状动脉钙化及狭窄．中华高血压杂志，15（5）：372-377
林国珍，肖佩林，王庆广，等．1993．型煤高温固硫产物 Ca-Fe-S-Si-O 体系的表征．环境科学，15（3）：15-17
林国珍，吕欣，肖佩林．1996．Fe-Si 添加剂对型煤燃烧固硫的促进作用．环境科学，17（5）：28-29
林明，范以宁，刘浏，等．2001．高能机械球磨法制备 V_2O_5-TiO_2 超细微粒催化剂．催化学报，22（6）：585-588
林祚彦，华一新．2003．高硅氧化锌矿硫酸浸出的工艺及机理研究．有色金属（冶炼部分），（5）：9-12
刘建军，章志敏．2008．Cu 掺杂 ZnS 的第一性原理计算．安徽理工大学学报（自然科学版），28（4）：85-88
刘金良，黄小卫，龙志奇，等．2010．磷酸铵镁法回收稀土分离废水中镁及氨氮的研究．中国稀土学报，28（1）：48-52
刘娟，鲁安怀，郭延军，等．2003．天然含钒金红石加热、淬火及电子辐射改性实验研究．岩石矿物学杂志，22（4）：339-344
刘丽，赵玉生，王士雯．2004．老年退行性心脏瓣膜病钙化的发病机制研究进展．中国循环杂志，19（2）：158-160
刘莲生，张正斌，郑士淮，等．1984．海水中镉在针铁矿、赤铁矿、无定形水合氧化铁上分配的分级离子交换等温线．海洋学报，6（2）：186-196
刘明娟，郭燕，张翎，黄兆民．2007．卵巢癌的 CT 诊断与诊断鉴别．影像诊断与介入放射学，16（2）：67-71
刘瑞，秦善，鲁安怀，等．2003．锰氧化物和氢氧化物中的孔道结构矿物及其环境属性．矿物岩石，23（4）：28-33
刘瑞霞，汤鸿霄．2000．不同染料化合物在天然锰矿界面的脱色特性．环境化学，19（4）：341-347
刘珊，高文，贾佳，等．2010．GC-MS 法对垃圾渗滤液回灌处理前后有机成分的研究．应用化工，39（4）：543-548
刘世宏，王当憨，潘承璜．1988．X 射线光电子能谱分析．北京：科学出版社
刘守新，刘鸿．2006．光催化及光电催化基础与应用．北京：化学工业出版社
刘树堂，苏海全，胡襄．1994．有机膨润土的制备及特性研究．地质实验室，10（1）：51-53
刘随芹，陈怀珍，崔凤海．1999．燃煤高温固硫技术的现状及进展．中国煤炭，25（9）：14-16
刘随芹，刘淑云，王德永，等．2000．提高燃煤固硫效果的技术途径分析．洁净煤技术，6（3）：21-24
刘铁庚，张乾，叶霖，邵树勋．2004．自然界中 ZnS-CdS 完全类质同象系列的发现和初步研究．中国地质，31（1）：40-46
刘婷，陈朱蕾，唐素琴，等．2010．不同填埋时间、不同季节的垃圾渗滤液生物毒性．环境科学，31（2）：541-546
刘小澜，王继徽，黄稳水，等．2005．磷酸铵镁法处理焦化厂高浓度氨氮废水．环境污染治理技术与设备，6（3）：65-68
刘玉兰，王寒竹．1998．膨润土在环境保护中的应用研究现状．地学探索，13 辑：213-216
娄子阳．2004．生活垃圾填埋场渗滤液中胶粒膜的梯度分离与表征．上海：同济大学博士研究生学位论文
卢铁城，黄宁康，林理彬，等．1996．Si 基体上双层 Ti-O 薄膜的 XPS 和 AES 分析研究．核技术，19（6）：332-338

卢铁城，刘彦章，林理彬，等 . 2001. 过渡金属 Cr 掺杂对金红石光性影响的研究 . 无机材料学报，16（2）：373-376
鲁安怀 . 1996. 废水的矿物学处理 . 地学前缘，3（1）：98
鲁安怀 . 1997. 环境矿物材料研究方向探讨 . 岩石矿物学杂志，16（增刊）：184-187
鲁安怀 . 1998. 天然铁的硫化物净化含铬污水的新方法 . 地学前缘，5（1-2）：342
鲁安怀 . 1999. 环境矿物材料在土壤、水体、大气污染治理中的利用 . 岩石矿物学杂志，18（4）：292-300
鲁安怀 . 2000. 矿物学研究从资源属性到环境属性的发展 . 高校地质学报，6（2）：245-251
鲁安怀 . 2001. 环境矿物材料基本性能——无机界矿物天然自净化功能 . 岩石矿物学杂志，20（4）：371-381
鲁安怀 . 2002. 矿物环境属性与无机界天然自净化功能 . 矿物岩石地球化学通报，21（3）：192-197
鲁安怀 . 2003. 无机界矿物天然自净化功能之矿物光催化作用 . 岩石矿物学杂志，22（4）：323-331
鲁安怀 . 2005a. 矿物法——环境污染治理的第四类方法，地学前缘，12（1）：196-205
鲁安怀 . 2005b. 土壤重金属环境质量矿物学评价方法 . 地质通报，24（8）：715-720
鲁安怀 . 2005c. 无机界矿物天然自净化功能之矿物超微孔道效应 . 岩石矿物学杂志，24（6）：503-510
鲁安怀 . 2007. 生命活动中矿化作用的环境响应机制研究 . 高校地质学报，13（4）：613-620
鲁安怀 . 2009. 小学科彰显巨大生命力，环境矿物学发展前景广阔——写在《岩石矿物学杂志》出版我国环境矿物学专辑十周年之际 . 岩石矿物学杂志，28（6）：503-506
鲁安怀 . 2010. 关键带中天然半导体矿物与微生物协同作用及其环境响应 . 矿物学报，30（增刊）：160-161
鲁安怀，高翔，秦善，等 . 2003. 锰钾矿（$K_xMn_{8-x}O_{16}$）：天然活性八面体分子筛（OMS-2）. 科学通报，48（6）：615-618
鲁安怀，郭延军，刘娟，等 . 2004. 天然含钒金红石：一种用于降解卤代有机污染物的光催化剂 . 科学通报，49（22）：2350-2353
鲁安怀，王长秋，李艳 . 2012. 生命活动过程中无机矿化作用现象及其环境效应 . 科学，64（4）：14-17
鲁安怀，李艳，王鑫，等 . 2013. 半导体矿物介导非光合微生物利用光电子新途径 . 微生物学通报，40（1）：190-202
鲁安怀，李艳，王鑫，等 . 2014a. 关键带中天然半导体矿物光电子的产生与作用 . 地学前缘，21（3）：256-264
鲁安怀，王鑫，李艳，等 . 2014b. 矿物光电子与地球早期生命起源及演化初探 . 中国科学：地球科学，44（6）：1117-1123
鲁安怀，李金洪 . 2001. 一种型煤固硫除尘助燃添加剂 . 中国专利：CN 1104436. 5A
鲁安怀，陈洁，石俊仙，等 . 2000a. 天然磁黄铁矿一步法处理含 Cr(Ⅵ)废水 . 科学通报，45（8）：870-873
鲁安怀，卢晓英，任子平，等 . 2000b. 天然铁锰氧化物及氢氧化物环境矿物学研究 . 地学前缘，7（2）. 473-483
鲁军，Gilbert E，Eberle S H. 1994. 过氧化氢加 Fe^{3+} 作催化剂处理含酚废水的研究 . 上海环境科学，13（7）：16-19
陆雅海，黄昌勇，袁可能，等 . 1995. 砖红壤及其矿物表面对重金属离子的专性吸附研究 . 土壤学报，32（4）：370-376
路光中，何之彦，金宇飚，等 . 2003. 552 例乳腺疾病的钙化分析 . 中华今日医学杂志，3（16）：3-5
吕宪俊，唐建英 . 1997. 利用蛇纹石制取氧化镁和白炭黑 . 化工矿山技术，26（1）：40-42

吕欣，林国珍，周广柱，等.1998. 型煤燃烧过程中 CaS 的形成及其固硫作用. 环境化学，17（6）：528-531

吕志成，孙国胜，郝立波，等.1998. 内蒙古额仁陶勒盖银矿床主要载银矿物和银矿物的矿物学地球化学特征. 黄金，19（8）：3-7

吕志成，张培萍，段国正，等.2002. 内蒙古额仁陶勒盖银矿床锰矿物的矿物学初步研究. 矿物岩石，22（1）：1-5

罗巨涛，姜维利.1999. 纺织品有机硅及有机氟整理. 北京：中国纺织出版社：63-79

罗泽敏，李艳，鲁安怀，等.2011. 氢气还原处理对天然金红石可见光吸收的影响机制. 矿物学报，31（4）：634-640

马尔富宁 A C. 1984a. 矿物的谱学、发光和辐射中心. 蔡秀成等译. 北京：科学出版社

马尔富宁 A C. 1984b. 矿物物理学导论. 李高山等译. 北京：地质出版社

马晓红.2002. 五大连池强化硒矿泉水的研究. 微量元素与健康研究，19：39-41

马新国.2010. 纳米 TiO_2 及衍生物光催化剂改性的第一性原理研究. 武汉：华中科技大学博士研究生学位论文

马莹莹.2006. 鸟粪石形成条件的实验研究. 北京：北京大学本科生学位论文

梅放，柳剑英，张燕，等.2011. 乳腺病变伴发生物矿化的类型及机制研究. 矿物学报，31（4）：704-711

穆大刚，孟范平，赵莹，等.2004. 化学沉淀法净化高浓度氨氮废水初步研究. 青岛大学学报（工程技术版），19（2）：1-2

倪晋仁，邵世云，叶正芳.2004. 垃圾渗滤液特点与处理技术比较. 应用基础与工程科学学报，12（2）：148-150

宁顺明，陈志飞.1997. 从黄钾铁矾渣中回收锌铟. 中国有色金属学报，7（3）：56-57

欧阳健明，李祥平.2003. 泌尿系结石的 X 射线光电子能谱和 X 射线衍射联合分析. 中国医学科学院学报，25（6）：710-713

欧阳健明，周娜.2004. 脂质体中生物矿化的研究进展. 人工晶体学报，33（6）：898-904

潘履让.1993. 固体催化剂的设计与制备. 天津：南开大学出版社

潘兆橹，万朴.1993. 应用矿物学. 武汉：武汉工业大学出版社

裴红洋，徐远，蒋京东，等.2007. 鸟粪石结晶法前处理垃圾渗滤液. 苏州科技学院学报（工程技术版），20（4）：34-36

裴文中，张森水.1985. 中国猿人石器研究. 北京：科学出版社

彭书传，袁君，庆承松，等.2007. Fe_2O_3-TiO_2复合光催化剂的制备及其对染料酸性大红降解的光催化活性研究. 岩石矿物学杂志，26（5）：462-466

彭天杰.1985. 工业污染治理手册. 成都：四川科技技术出版社

彭同江，董发勤，李国武，等.2000. 纤蛇纹石石棉的纳米效应与生物活性. 岩石矿物学杂志，19（3）：280-286

彭文世，刘高魁.1982. 矿物红外光谱图集. 北京：科学出版社

钱会.2002. 水溶组分平衡分布计算及其水文地质应用. 西安：西安地图出版社

秦善，鲁安怀，王长秋.2008. 人体中的矿物. 地学前缘，15（6）：32-39

青长乐，牟树森.1995. 抑制土壤汞进入陆生食物链. 环境科学学报，15（2）：148-155

邱录军.1992. 涞源地区钙镁两类矽卡岩对比研究. 北京：北京大学硕士研究生毕业论文

饶东生.1996. 硅酸盐物理化学（修订版）. 北京：冶金工业出版社

商平，孔祥军，刘涛利，等.2010. 鸟粪石结晶法去除垃圾渗滤液中 NH^{4+}-N 的效果研究. 环境污染与防

治，32（3）：51-56
尚旭明，田华. 2007. 1036 例肾、输尿管结石成分分析. 临床检验杂志，25（2）：159-160
沈铿. 2003. 卵巢恶性肿瘤的诊断与治疗进展. 中华妇产科杂志，38（8）：489-492
沈学础. 2002. 半导体光谱和光学性质. 北京：科学出版社
石臣磊. 2008. 甲状腺癌与超声探测甲状腺钙化研究的新进展. 中国肿瘤临床，35（18）：1073-1079
史泰尔斯 A B，等. 1992. 催化剂载体与负载型催化剂. 李大东，钟孝湘译. 北京：中国石化出版社
宋延寿，芦令超，胡佳山，等. 1999. 用磷石膏烧成硫铝酸盐水泥的研究. 水泥，（4）：1-4
孙奉玉，吴鸣，李文钊，等. 1998. 二氧化钛表面光学特性与光催化活性的关系. 催化学报，19（2）：121-124
孙家寿，张泽强，刘羽，等. 2001. 累托石层孔材料处理含铬废水的研究. 岩石矿物学杂志，20（4）：553-558
孙力军，胡显智，谢海云，等. 2004. 硫酸法生产钛白所产废酸浸取铂钯矿浸出液中镁铁地回收. 有色金属（冶炼部分），（2）：37-38
孙伶，邵红，王恩德. 2005. 镍钛改性膨润土对铬的吸附性能研究. 岩石矿物学杂志，24（6）：543-546
孙振亚，祝春水，陈和生，等. 2003. 几种不同类型的 FeOOH 吸附水溶液中铬离子研究. 岩石矿物学杂志，22（4）：352-359
汤鸿霄. 1992. 无机高分子复合絮凝剂的研制趋向. 中国给水排水，15（2）：1-4
汤鸿霄. 1993. 环境水质学的进展——颗粒物与表面络合（上）. 环境科学进展，1（1）：25-41
汤中立，李文渊. 1995. 金川铜镍硫化物（含铂）矿床成矿模式及地质对比. 北京：地质出版社
唐睿，许建荣，华佳，等. 2009. 乳腺微小钙化与乳腺癌的相关性研究. 放射学实践，24（11）：1210-1213
唐森本. 1989. 环境化学与人体健康. 北京：中国环境科学出版社
滕荣厚. 1998. 纳米级材料的内涵，判据及其研究方向. 钢铁研究学报，2：61-65
田含晶，张涛，杨黄河，等. 2000. 用于过氧化氢分解的锰铅复合氧化物催化剂. 催化学报，21（6）：600-602
田捷，包尚联，周明全. 2003. 医学影像处理与分析. 北京：电子工业出版社
万海保，曹立新，曾广赋，等. 1999. 纳米粉的热处理过程研究. 化学物理学报，12（4）：469-473
万朴. 2002. 我国温石棉-蛇纹石工业及其结构调整与发展. 中国非金属矿工业导刊，29（5）：8-12
万勇，于少明，陆亚玲. 2004. 膨润土微波辐照酸浸的研究. 化工矿物与加工，（2）：18-20
汪齐方，李春忠，王志庭，等. 2001. 六甲基二硅胺烷对气相法白炭黑的表面改性. 华东理工大学学报，27（6）：626-630
汪忠根. 1994. 白碳黑的制造. 无机盐工业，3：22-24
王长秋，马生凤，鲁安怀，等. 2005. 黄钾铁矾的形成条件研究及其环境意义. 岩石矿物学杂志，24（6）：607-611
王长秋，马生凤，鲁安怀. 2006. 黄钾铁矾类矿物沉淀去除重金属 Cr(Ⅵ) 初步研究. 矿物岩石地球化学通报，25（4）：335-338
王冬女，杨爱春，鲍兰芳. 2005. 钙化在鉴别乳腺良恶性病变中的诊断价值. 放射学实践，20（6）：480- 481
王桂清. 2002. 天然矿泉水. 北京：地质出版社
王果. 2009. 土壤学. 北京：高等教育出版社：344
王寒竹. 1991. 锰的氧化物和氢氧化物矿物. 见：成都地质学院矿物教研室主编. 结晶学及矿物学教学参考文集（二）. 北京：地质出版社：147-164

王怀法，崔淑风，唐卫东，等.2000. 无机颗粒材料的辐射改性. 中国粉体技术，6：235-238

王驹，陈伟明，苏锐，等.2006. 高放废物地质处置及其若干关键科学问题. 岩石力学与工程学报，25（4）：801-812

王凯雄.2001. 水化学. 北京：北京工业出版社

王磊刚.2009. 垃圾填埋场渗滤液处理技术探讨. 工业安全与环保，35（1）：35-38

王路明. 2003. $Mg(OH)_2$对海水中硼的吸附效果. 海湖盐浴化工，32（5）：5-7

王平全，熊汉桥.2002. 粘土表面结合水定量分析及水合机制研究. 北京：石油工业出版社

王濮，潘兆橹，翁玲宝.1982. 系统矿物学（上）. 北京：地质出版社

王濮，潘兆橹，翁玲宝.1984. 系统矿物学（中）. 北京：地质出版社

王濮，潘兆橹，翁玲宝.1987. 系统矿物学（下）. 北京：地质出版社

王芹珠，杨增家.1997. 有机化学. 北京：清华大学出版社

王绍贵，张兵，汪慧贞.2005. 以鸟粪石的形式在污水处理厂回收磷的研究. 环境工程，23（3）：78-80

王士雯，王琳，余颂涛.2000. 老年钙化性心瓣膜病的病理学研究. 实用老年医学，14（6）：45-47

王守道.1984. 鸟粪石（磷酸镁铵）大单晶的发现. 考古，（10）：956-958

王学军，陈静生.2005. 我国东部平原土壤微量元素共生组合特征及含量预测. 地球化学，23（S1）：124-133

王雅静.2008. 大厂老尾矿综合回收关键技术研究. 昆明：昆明理工大学博士研究生学位论文

王艳锦，郑正，周培国，等.2006. 不同培养基中氧化亚铁硫杆菌生长及沉淀研究. 生物技术，16（4）：70-73

王怡中，胡春，汤鸿霄.1995. 在TiO_2催化剂上苯酚光催化反应研究：降解产物分布及反应途径. 环境科学学报，15（4）：472-479

王毅，张婷，冯辉霞，等.2009. 阴阳离子改性甘肃平凉钙基膨润土吸附行为研究. 矿物学报，29（2）：169-174

王印忠，曹相生，孟雪征，等.2007. 脱水滤液中Mg^{2+}、PO_4^{3-}和NH_4^+浓度对鸟粪石形成的影响. 中国给水排水，23（19）：6-10

王玉萍，彭盘英，陈毓超，等.2001. 化学法除去废水中氨的研究. 南京师范大学学报，1（1）：73-76

王育民，朱家鳌，余琼华.1988. 湖南铅锌矿地质. 北京：地质出版社

王志文.1999. 矿山井下酸性废水的处理与应用. 有色金属（矿山部分），（5）：37-39

王忠诚.1998. 神经外科学. 武汉：湖北科学技术出版社

魏宏斌，李田，严煦世.1994. 水中有机污染物的光催化氧化. 环境科学进展，2（3）：50-56

魏俊峰，吴大清.2000. 矿物-水界面的表面离子化和络合反应模式. 地球科学进展，15（1）：90-96

魏俊峰，吴大清，刁桂仪，等.2000. 铅在高岭石表面的吸附模式. 地球化学，29（4）：397-401

魏学军.2005. 锰钾矿处理高浓度含酚废水工艺条件研究. 北京：北京大学硕士研究生学位论文

温德清，王正辉，王玉山.2001. 金川镍矿浮选尾砂的物质组成及开发应用研究. 矿物岩石地球化学通报，20（3）：198-202

闻辂，梁婉雪，章正刚，等.1988. 矿物红外光谱学. 重庆：重庆大学出版社

毋伟，陈剑锋，邵磊，等.2003. 聚合物接枝改性超细二氧化硅表面状况及形成机理. 北京化工大学学报，30（2）：1-4

吴大清，刁桂仪.2001. 环境矿物界面反应动力学. 岩石矿物学杂志，20（4）：395-398

吴大清，刁桂仪，彭金莲.1997. 矿物对金属离子的竞争吸附实验研究. 地球化学，26（6）：25-32

吴大清，刁桂仪，魏俊峰，等.2000. 矿物表面基团与表面作用. 高校地质学报，6（2）：225-230

吴宏海，吴大清，彭金莲.1998. 重金属离子与石英表面反应的实验研究. 地球化学，27（6）：521-531

吴宏海，吴大清，彭金莲．2000．溶液介质条件对重金属离子与石英表面反应的影响．地球化学，29（1）：62-66
吴平霄．2001．HDTMA 改性蛭石的结构特征研究．地学前缘，8（2）：321-325
吴平霄，廖宗文．2001．高表面活性矿物对 Zn^{2+} 的吸附机理及其环境意义．矿物学报，21（3）：335-340
吴清辉．1991．表面化学与多相催化．北京：化学工业出版社：144-149
吴贤，张健．2006．我国大型原生金红石矿的选矿工艺．稀有金属快报，25（8）：5-10
吴相钰，陈守良，葛明德．2009．陈阅增普通生物学．北京：高等教育出版社
武增华，姚绍军，郭锋，等．2002．氧化物添加剂对 $CaSO_4$ 高温稳定性的影响．煤炭转化，25（2）：71-73
夏畅斌，肖国安．1996．煤矸石制聚硅酸铝混凝剂及对矿井水处理的工艺探讨．煤矿环境保护，10（3）：41-42
夏群科，潘尤杰，陈道公，等．2000．碱性玄武岩中长石巨晶的结构水：红外光谱和核磁共振研究．岩石学报，16：485-491
夏增禄．1992．土壤元素化学分析法．北京：环境科学出版社
冼萍，李英花，吴家前，等．2010．磷酸铵镁法在垃圾渗滤液氨氮预处理中的应用．广西大学学报（自然科学版），35（2）：222-225
向武．1998．酸性矿山废水处理技术及其进展．地质灾害与环境保护，9（2）：38-40
肖冰，冯晶，陈敬超，等．2008．金红石型 TiO_2（110）表面性质及 STM 形貌模拟．物理学报，57（6）：3769-3774
肖佩林，李书年．1996．铁硅系添加剂对型煤燃烧时硫行为的影响．环境科学学报，16（1）：97-101
肖万，马鸿文．2003．13X 沸石对 Ni^{2+} 吸附性能的实验研究．中国地质大学学报，28（1）：21-25
谢先德，查福标，等．1993．硼酸盐矿物物理学．北京：地震出版社
邢光熹，朱建国．2003．土壤微量元素与稀土元素地球化学．北京：科学出版社
胥焕岩，刘羽．2000．磷灰石及其对水溶液中 Cd^{2+} 离子的固定作用．矿产保护与利用，（4）：21-26
胥焕岩，彭明生，刘羽．2004．pH 值对羟基磷灰石除镉行为的影响．矿物岩石地球化学通报，23（4）：305-309
徐国忠，白金峰，李绍峰，等．2003．搅拌强度对白炭黑结构的影响．无机盐工业，35（1）：31-32
徐惠芳．2000．环境矿物学：矿物学在环境科学研究中的应用．高校地质学报，6（2）：233-244
徐如人，庞文琴，等．2004．分子筛与多孔材料化学．北京：科学出版社
徐新燕．2007．垃圾渗滤液的深度处理技术研究．上海：上海交通大学硕士研究生学位论文
许慧平，介雯，牛志卿．1993．γ-MnO_2 对印染废水催化空气氧化脱色性能的研究．中国环境科学，13（2）：85-89
许嘉琳，杨居荣．1995．陆地生态系统中的重金属．北京：中国环境科学出版社
许荣旗，曹俊臣．1993．且干布拉克蛭石尾砂的矿物学研究．矿物学报，13（1）：37-45
许越，夏海涛，刘振琦，等．2003．催化剂设计与制备工艺．北京：化学工业出版社
薛中会，党亚峥，陈新华，关荣峰．2008．蛋白质在生物矿化中的作用．许昌学院学报，27（5）：107-111
闫春燕，邓小川，孙建之．2005．硼的分离方法研究进展．海湖盐与化工，34（5）：27-35
闫志明，普红平，黄小凤．2003．垃圾渗滤液的特性及其处理工艺述评．昆明理工大学学报，28（3）：128-134
严继民，张启元，高敬琮．1986．吸附与凝聚–固体表面的孔．北京：科学出版社
颜云花，李艳，鲁安怀，等．2009．天然褐铁矿的光电化学响应及对嗜酸性氧化亚铁硫杆菌生长的影响．

岩石矿物学杂志，28（6）：535-540
杨保俊，于少明，单承湘.2002. 蛇纹石硫酸浸出过程工艺条件的优化研究．合肥工业大学学报（自然科学版），25（4）：501-504
杨定东.1992. 河北省涞源县白石口铁铜矿床的地质特征与矿床成因．北京：北京大学硕士研究生毕业论文
杨光华.2001. 病理学．北京：人民卫生出版社
杨海堃，孙亚君.1999. 气相法白炭黑的表面改性．有机硅材料及应用，13（5）：15-18
杨磊，王长秋，鲁安怀，等.2005. 含钒金红石可见光下催化降解亚甲基蓝实验研究．地学前缘，12（特刊）：184-188
杨亮，郝瑞霞，吴沣，等.2012. 耐受铅真菌的筛选及其对 Pb^{2+} 吸附的初步研究．环境科学学报，32（10）：2366-2374
杨柳燕.2004. 有机蒙脱土和微生物联合处理有机污染物的机理与应用．北京：中国环境科学出版社
杨全红，李峰，侯鹏翔，等.2001. 吸附法表征纳米碳管中空管内径分布．科学通报，46（7）：600-603
杨若晨，鲁安怀，柳剑英，等.2006. 人体高发疾病中病理性矿物研究进展．矿物岩石地球化学通报，25（4）：395-402
杨天华，周俊虎，程军，等.2003. 高温固硫物相硫铝酸盐的研究进展．燃烧科学与技术，(1)：35-39
杨维虎，左奕，张利，等.2009. 制备条件影响碳酸羟基磷灰石晶格的计算分析．无机化学学报，25（2）：223-230
杨阳，闫立龙，李晶，等.2010. 磷酸铵镁沉淀法处理猪场废水的试验研究．东北农业大学学报，43（3）：65-69
杨智宽.1997. 用蛇纹石处理含铜废水的研究．环境科学与技术，77（2）：17-19
姚敬劬，王六明，苏长国，等.1995. 扬子地台南缘及其临区锰矿研究．北京：冶金工业出版社
叶大年，从柏林.1981. 岩矿实验室工作方法．北京：地质出版社：198-213
叶勤，吴奎.2006. 退火温度与 ZAO 透明导电薄膜晶体结构及特性关系的研究．真空科学与技术学报，26（3）：195-199
依兹麦罗夫.1989. 环境中常见污染物（第3辑、第4辑）．北京：中国环境科学出版社.
殷义栋，李艳，颜云花，等．热处理改性天然闪锌矿的可见光催化性能研究．岩石矿物学杂志，32（6）：825-832
尹国勋，邓寅生，李栋臣，等.1997. 煤矿环境地质灾害与防治．北京：煤炭工业出版社
于天仁，王振权.1988. 土壤分析化学．北京：科学出版社
于向阳，程继健.2001. 铁、铬离子掺杂对 TiO_2 薄膜光催化活性的影响．无机材料学报，16（4）：742-746
于向阳，梁文，程继健.2000. 提高光催化性能的途径．硅酸盐通报，(1)：53-57
余锡宾，王桂华，罗衍庆，等.2000. TiO_2 微粒的掺杂改性与催化活性．上海师范大学学报，29（1）：75-82
余政哲，孙德智，段晓东，等.2003. 光化学催化氧化法处理含硫废水的研究．哈尔滨商业大学学报（自然科学版），19（1）：69-71
喻德忠，蔡汝秀，潘祖亭.2002. 纳米级氧化铁的合成及其对六价铬的吸附性能研究．武汉大学学报（理学版），48（2）：136-138
喻迎星，许茂盛，郑美君，等.2002. 乳腺钙化的X线特征及其诊断乳腺疾病的价值．中国医学影像学杂志，10（5）：354-356
恽正中.1993. 表面与界面物理．成都：电子科技大学出版社

翟丕沐，刘晨光，沈瑞华，等．2000．高活性、高选择性负载型镍催化剂的制备及其在糠醇加氢中的应用．石油大学学报（自然科学版），24（6）：25-31

翟庆洲，裘式纶，肖丰收，等．1998．纳米材料研究进展Ⅰ——纳米材料结构与化学性质．化学研究与应用，10（3）：226-231

詹更中，徐思美．1993．利用非金属矿生产白碳黑．非金属矿，16（6）：6-28

张法浩，吴曼，许善锦，等．1996．胶原蛋白凝胶体系中磷酸钙生成研究．北京医科大学学报，28（2）：140～142

张慧琴．2014．微生物与水钠锰矿交互作用及其固定重金属方法研究．北京：北京大学博士研究生学位论文

张记市，王玉松．2009．鸟粪石结晶法回收垃圾渗滤液氨氮研究．环境工程学报，3（11）：2017-2020

张继光．2004．催化剂制备过程技术．北京：中国石化出版社：258-333

张家斌，李亚范．1986．地学基本数据手册．北京：海洋出版社

张建民．2004．卵巢病理学．南昌：江西科学技术出版社

张军．2008．乳腺X线钙化在诊断乳腺良恶性疾病中的意义．中国现代医生，46（5）：15-16

张兰英，韩静磊，安胜姬，等．1998．垃圾渗沥液中有机污染物的污染及去除．中国环境科学，18（2）：184-188

张立德，牟季美．2001．纳米材料和纳米结构，北京：科学出版社

张良佺，成思危，严瑞瑄．1997．Fe_2O_3对型煤固硫作用的机理探讨．环境科学，1（1）：65-67

张彭义，余刚，蒋展鹏．1997．半导体光催化剂及其改性技术进展．环境科学进展，5（3）：1-10

张乾，刘志浩，裘愉卓，等．2004．钾长石中的铅及其对成矿的贡献．地质与勘探，40（1）：45-49

张铨昌，杨华蕊，韩成．1986．天然沸石离子交换性能及其应用．北京：科学出版社

张仁瑞，陈魁荫．1992．有关酸性矿井水的几个问题的探讨．煤矿环境保护，6（5）：15-18

张世柏，吴大清，谢先德．1996．不同类型黄铁矿对金的吸附实验．地球化学，25（1）：84-92

张秀娟，周产力．1995．国内外白碳黑生产现状．无机盐工业，6：20-22

张亚辉，栾和林，姚文，等．1997．苯酚或苯胺还原浸出大洋锰结核的机理研究与验证．矿冶，（1）：51-59

张招崇，毛景文，杨建民，等．1999．甘肃寒山金矿区黄钾铁矾的形成机制及其地质意义．地质地球化学，27（1）：33-37

张振禹，汪灵．1998．叶蜡石加热相变特征的X射线粉晶衍射分析．硅酸盐学报，26（5）：618-623

张正斌，顾宏堪，刘莲生，等．1984．海洋化学．上海：上海科学技术出版社

张正斌，刘莲生，郑士淮，等．1985．海水中锌在针铁矿、赤铁矿和无定形水合氧化铁上液-固分配的一种新的化学模型．海洋与湖沼，16（3）：207-219

张正斌，姬泓巍，刘莲生．1992．界面分级离子/配位子交换–静电交换的复合模型．中国科学（B辑），（2）：113-121

赵高凌，施永明，叶宏伟，等．2002．$Ti_{1-x}V_xO_2$薄膜的制备及光电性能．材料研究学报，16（1）：51-54

赵广涛，曹钦臣，孙跃鹏．1995．崂山花岗岩地区含锶、偏硅酸矿泉水的形成机理．青岛海洋大学学报，26：239-245

赵宏宾，刘莲生，张正斌．1997．海水中磷酸盐在固体粒子上阴离子交换作用．海洋与湖沼，28（2）：172-178

赵庆良，李湘中．1999．化学沉淀法去除垃圾渗滤液中的氨氮．环境科学，20（5）：90-92

浙江大学普通化学教研组．1981．普通化学．北京：高等教育出版社：94-107

郑德圣，鲁安怀，秦善，等．2000．天然锰钾矿吸附水溶液中Hg^{2+}的实验研究．岩石矿物学杂志，

20（4）：559-564
郑德圣，鲁安怀，高翔，等．2003. 天然锰钾矿处理含 Cd^{2+} 废水实验研究．岩石矿物学杂志，22（4）：360-364
郑典模，詹晓力，刘晓红，等．1997. 白炭黑高档化述评．南昌大学学报（工科版），19（2）：93-95
郑红，汤鸿霄．1999. 天然矿物锰矿砂对苯酚的界面吸附与降解研究．环境科学学报，19（6）：619-624
郑曼英，李丽桃．1996. 垃圾渗滤液中有机污染物初探．重庆环境科学，18（4）：41-43
郑喜珅，汪庆华，鲁安怀，等．2005. 浙江土壤矿物组成特征．地质通报，24（8）：761-766
中国科学院大连化学物理所分子筛组．1978. 沸石分子筛．北京：科学出版社
钟超阳，潘海波，陈耐生，等．2007. ZnPc/ZnO、ZnTsPc/ZnO 的原位自组装合成及可见光光催化．无机化学学报，23（11）：1901-1906
钟顺和，王杰慧，肖秀芬．1995. Ni-Cu 和 $MgO-SiO_2$ 间相互作用及其对催化性能的影响．催化学报，16（4）：263-268
周公度．1996. 结构与物性——化学原理的应用．北京：高等教育出版社
周公度．1998. 结构与物性．北京：北京大学出版社
周俊虎，程军，杨天华，等．2003. 高温稳定物相硫铝酸钙固硫研究．煤炭学报，2（3）：285-289
周乐光．2007. 工艺矿物学（第三版）．北京：冶金工业出版社
周良玉，尹荔松，周克省，等．2003. 白炭黑的制备、表面改性及应用研究进展．材料导报，17（11）：56-59
周顺桂，周立祥，黄焕忠．2002. 生物淋滤技术在去除污泥重金属的应用．生态学报，22（1）：125-133
周顺桂，王世梅，余素萍，等．2003. 污泥中氧化亚铁硫杆菌的分离及其在去除污泥中重金属上的应用效果．环境科学，24（3）：56-60
周顺桂，周立祥，黄焕忠．2004. 黄钾铁矾的生物合成与鉴定．光谱学与光谱分析，24（9）：1140-1143
周亚栋．1994. 无机材料物理化学．武汉：武汉工业大学出版社
朱光俊，梁中渝，邓能运．2004. 燃煤固硫剂及添加剂的研究现状．工业加热，33（4）：21-24
朱洪法．1992. 催化剂成型．北京：中国石化出版社
朱建喜，何宏平，郭九皋，等．2003. $HDTMA^+$ 柱撑蒙脱石层间有机离子的排布模式及演化．科学通报，48（3）：302-305
朱乐辉，蒋展朋．1994. 染料废水及其治理．环境与开发，9（3）：299-302
朱利中，陈宝梁．1998. 有机膨润土在废水处理中的应用及进展．环境科学进展，6（6）：53-59
朱利中，陈宝梁．2000. 多环芳烃在水/有机膨润土间的分配行为．中国环境科学，20（2）：119-123
朱利中，陈宝梁．2006. 有机膨润土及其在污染控制中的应用．北京：科学出版社
朱利中，张淳，周立峰，等．1994. 有机膨润土吸附苯酚的性能及其在水处理中的应用初探．中国环境科学，14（5）：346-349
朱利中，李益民，陈曙光，等．1997a. CTMAB-膨润土吸附水中有机物的性能及应用．环境化学，16（3）：233-237
朱利中，李益民，张建英，等．1997b. 有机膨润土吸附水中萘胺、萘酚的性能及其应用．环境科学，17（4）：445-449
朱一民，王忠安，苏秀娟，等．2006. 钙基膨润土对水相中铜离子的吸附．东北大学学报（自然科学版），27（1）：99-102
朱玉俊．1992. 弹性体的力学改性．北京：北京科学技术出版社：123-124
朱自尊，范良明，梁婉雪，等．1986. 我国几种石棉矿物研究．矿物岩石，6（4）：1-68
祝迎春，周静芳，陈春鹏，等．1994. 二氧化钛超微粒子 X 射线光电子能谱研究．河南大学学报（自然科

学版)，24 (3)：39-42

邹学功. 1998. 黄钾铁矾除铁理论分析. 冶金丛刊，6：18-20

Abazović N D, Mirenghi L, Janković I A, et al. 2009. Synthesis and characterization of rutile TiO_2 nanopowders doped with iron ions. Nanoscale Research Letters, 4: 518-525

Abbas T, Khan Y, Ahmad M, et al. 1992. X-ray-diffraction study of the cation distribution in the Mn-Zn-ferrites. Solid State Communications, 82 (9): 701-703

Abbot J, Brown D G. 1990. Stabilization of iron-catalysed hydrogen peroxide decomposition by magnesium. Canadian Journal of Chemistry, 68 (9): 1537-1543

Abedin M, Lim J, Tang T B, et al. 2006. N-3 fatty acids inhibit vascular calcification via the p38-mitogen-activated protein kinase and peroxisome proliferator-activated receptor-gamma pathways. Circulation Research, 98 (6): 727-729

Acartürk E, Bozkurt A, Çayli M, et al. 2003. Mitral annular calcification and aortic valve calcification may help in predicting significant coronary artery disease. Angiology, 54 (5): 561-567

Achenbach S, Schmermund A, Erbel R, et al. 2003. Klinische bedeutung des quantitativen nachweises von koronarkalk mit elektronenstrahltomographie (ebt) und mehrzeilen-spiral-computertomographie (msct). Zeitschrift Für Kardiologie, 92, 899-907

Ackerley D, Gonzalez C, Keyhan M, et al. 2004. Mechanism of chromate reduction by the Escherichia coli protein, NfsA, and the role of different chromate reductases in minimizing oxidative stress during chromate reduction. Environmental Microbiology, 6: 851-860

Adler Y, Vaturi M, Herz I, et al. 2002. Nonobstructive aortic valve calcification: a window to significant coronary artery disease. Atherosclerosis, 161 (1): 193-197

Agatino D P, Maurizio A, Leonardo P. 2003. Mixed oxide/sulfide system for photocatalysis. Research on Chemical Intermediates, 29 (5): 467-475

Ahmadi A, Schaffie M, Manafi Z, et al. 2010. Electrochemical bioleaching of high grade chalcopyrite flotation concentrates in a stirred bioreactor. Hydrometallurgy, 104 (1): 99-105

Ahmed A. 1975. Calcification in human breast carcinomas: ultrastructural observations. Journal of Pathology, 117 (4): 247-251

Ahuja L D, Rajeshwer D, Nagpal K C. 1987. Physicochemical properties and catalytic behavior of manganese oxides. Journal of Colloid and Interface Science, 119 (2): 481-489

Aide M T, Cummings M F. 1997. The influence of pH and phosphorus on the adsorption of chromium (VI) on boehmite. Soil Science, 162 (8): 599-603

Akhtar M J, Nadeem M, Javaid S, et al. 2009. Cation distribution in nanocrystalline $ZnFe_2O_4$ investigated using x-ray absorption fine structure spectroscopy. Journal of Physics: Condensed Matter, 21 (40): 405303-1-9

Akita T, Okumura M, Tanaka K, et al. 2004. Structural analyses by TEM of iridium deposited on TiO_2 powder and rutile single crystal. Journal of Electron Microscopy, 53 (1): 29-35

Alberts I L, Nadassy K, Wodak S J. 1998. Analysis of zinc binding sites in protein crystal structures. Protein. Sci., 7 (8): 1700-1716

Ali M, Gopal S, Handoo S, et al. 1994. Studies on the formation kineticsof calcium sulphoaluminate. Cement and Concrete Research, 24 (4): 715-720

Altynnikov A A, Zenkovets G A, Anufrienko V F. 1999a. ESR study of the stabilization of V^{4+} ions in TiO_2 (anatase). Reaction Kinetics and Catalysis Letters, 66 (1): 85-90

Altynnikov A A, Zenkovets G A, Anufrienko V F. 1999b. ESR study of reduced vanadium- titanium oxide catalysts. Reaction Kinetics and Catalysis Letters, 67 (2): 273-279

Al-Harahsheh M, Kingman S, Hankins N, et al. 2005. The influence of microwaves on the leaching kinetics of chalcopyrite. Minerals Engineering, 18 (13-14): 1259-1268

Al-Harahsheh M, Kingman S, Bradshaw S. 2006. The reality of non-thermal effects in microwave assisted leaching systems? Hydrometallurgy, 84 (1-2): 1-13

Anderson H C. 1983. Calcific disease: a concept. Archives of Pathology and Laboratory Medicine, 107 (7): 341-348

Anderson H C, Garimella R, Tague S E. 2005. The role of matrix vesicles in growth plate development and biomineralization. Frontiers in Bioscience-Landmark, 10 (1): 822-837

Anderson I C, Poth M, Homstead J. 1993. A comparison of NO and N_2O production by the autotrophic nitrifier *Nitrosomonas europaea* and the heterotrophic nitrifier *Alcaligenes faecalis*. Applied and Environmental Microbiology, 59 (11): 3525-3533

Anderson M A, Rubin A J. 1989. 水溶液吸附化学. 刘莲生, 张正斌, 等译. 北京: 科学出版社: 120-142

Anorsson S, Stefansson A. 1999. Assessment of feldspar solubility constants in water in the range 0℃ to 350℃ at vapor saturation pressures. American Journal of Science, 299: 173-209

Antonakos A, Liarokapis E, Leventouri T. 2007. Micro-Raman and FTIR studies of synthetic and natural apatites. Biomaterials, 28: 3043-3054

Aoba T, Ishida T, Yagi T, Hasegawa K, Moriwaki Y. 1975. X-ray crystallographic studies on the conversion of octacalcium phosphate into hydroxyapatite. Japanese Journal of Oral Biology, 17 (1): 1-7

Appenroth K J, Bischoff M, Gabrys H, et al. 2000. Kinetics of chromium (Ⅴ) formation and reduction in fronds of the duckweed Spirodela polyrhiza- a low frequency EPR study. Journal of Inorganic Biochemistry, 78: 235-242

Appia-Ayme C, Bengrine A, Cavazza C, et al. 1998. Characterization and expression of the co-transcribed cyc1 and cyc2 genes encoding the cytochrome c4 (c552) and a high-molecular-mass cytochrome c from Thiobacillus ferrooxidans ATCC 33020. FEMS Microbiology Letters, 167 (2): 171-177

Arad Y, Spadaro L A, Goodman K, et al. 2000. Prediction of coronary events with electron beam computed tomography. Journal of the American College of Cardiology, 36 (4): 1253-1260

Arellano-Jiménez M J, García-García R, Reyes-Gasga J. 2009. Synthesis and hydrolysis of octacalcium phosphate and its characterization by electron microscopy and X-ray diffraction. Journal of Physics and Chemistry of Solids, 70 (2): 390-395

Armbruster T, Yang P, Liebich B W. 1996. Mechanism of the SiO_4 for CO_3 substitution in defernite, $Ca_6(CO_3)_{1.58}(Si_2O_7)_{0.21}(OH)_7$ $[Cl_{0.5}(OH)_{0.08}(H_2O)_{0.42}]$: A single-crystal X-ray study at 100K. American Mineralogist, 81: 625-631

Asahi R, Morikawa T, Ohwaki T, et al. 2001. Visible-light photocatalysis in nitrogen-doped titanium oxides. Science, 293 (5528): 269-271

Atar S, Jeon D S, Luo H, et al. 2003. Mitral annular calcification: a marker of severe coronary artery disease in patients under 65 years old. Heart, 89 (2): 161-164

Atkinson R J, Posner A M, Quirk J P. 1967. Adsorption of potential-determining ions at the ferric oxide-aqueous electrolyte interface. Journal of Physical Chemistry, 71 (3): 550-557

Aziz H A, Yusoff M S, Adlan M N, et al. 2004. Physico chemical removal of iron from semi-aerobic landfill leachate by limestone filter. Waste Management and Research, 24 (4): 353-358

Baconnier S, Lang S B, Polomska M, et al. 2002. Calcite microcrystals in the pineal gland of the human brain:

first physical and chemical studies. Bioelectromagnetics, 23 (7): 488-495

Bain D C. 1977. The weathering of chlorite minerals in some Scottish soils. Journal of Soil Science, 28 (1): 144-164

Baker R, Matousek P, Ronayne K L, et al. 2007. Depth profiling of calcifications in breast tissue using picosecond Kerr-gated Raman spectroscopy. Analyst, 132 (1): 48-53

Bakoyannakis D N, Deliyanni E A, Zouboulis A I, et al. 2003. Akaganeite and goethite goethite-type nanocrystals: synthesis and characterization. Microporous and Mesoporous Materials, 59 (1): 35-42

Balica M, Bostrom K, Shin V, et al. 1997. Calcifying subpopulation of bovine aortic smooth muscle cells is responsive to 17 beta-estradiol. Circulation, 95 (7): 1954-1960

Ballirano P, Caminiti R. 2001. Rietveld refinements on laboratory energy dispersive X-ray diffraction (EDXD) data. Journal of Applied Crystallography, 34 (6): 757-762

Banfield J F, Navrotsky A. 2001. Nanoparticles and the Environment. Reviews in Mineralogy and Geochemistry, 44, The Mineral. Washington DC: Soc. Am. : 1-349

Bard A J, Faulkner L R. 1980. Electrochemical Methods: fundamentals and applications. New York: Wiley: 718

Baron D, Palmer C D. 2002. Solid-Solution Aqueous-Solution Reactions between Jarosite ($KFe_3[SO_4]_2(OH)_6$) and its Chromate Analog. Geochimica et Cosmochimica Acta, 66 (16): 2841-2853

Barralet J, Best S, Bonfield W. 1998. Carbonate substitution in precipitated hydroxyapatite: An investigation into the effects of reaction temperature and bicarbonate ion concentration. Journal of Biomedical Materials Research, 41 (1): 79-86

Barrett E P, Joyner L G, Halenda P P. 1951. The determination of pore volume and area distributions in porous substance. I. Computation from nitrogen isotherm. Journal of the American Chemical Society, 73 (1): 373-380

Barth V, Franz E D, Scholl A. 1977. Micro-calcifications in mammary-glands. Naturwissenschaften, 64 (5): 278-279

Basalyga D M, Simionescu D T, Xiong W F, et al. 2004. Elastin degradation and calcification in an abdominal aorta injury model: Role of matrix metalloproteinases. Circulation, 110 (22): 3480-3487

Baur W H, Joswig W. 1996. Mechanics of feldspar framework: crystal structure of Li-feldspar. Journal of Solid State Chemistry, 121: 12-23

Bazin D, Carpentier X, Brocheriou I, et al. 2009a. Revisiting the localisation of Zn^{2+} cations sorbed on pathological apatite calcifications made through X-ray absorption spectroscopy. Biochimie, 91 (10): 1294-1300

Bazin D, Chappard C, Combes C, et al. 2009b. Diffraction techniques and vibrational spectroscopy opportunities to characterise bones. Osteoporosis International, 20 (6): 1065-1075

Bazylinski D A, Frankel R B. 2003a. Biologically controlled mineralization of magnetic iron minerals by magnetotactic bacteria. In : Lovley D R ed. Environmental Microbe-Mineral Interaction. Washingtion DC: ASM Press: 109-144

Bazylinski D A, Frankel R B. 2003b. Biologically controlled mineralization in prokaryotes. Reviews in Mineralogy and Geochemistry, 54: 217-247

Becker A, Knez A, Leber A, et al. 2004. Diabetes mellitus type 2: coronary calcifications as a predictor of coronary artery disease. Herz, 29 (5): 488-495

Becker U, Rosso K M, Hochelia M F J. 2001. The proximity effect on semiconducting mineral surfaces: A new aspect of mineral surface reactivity and surface complexation theory. Geochim. Cosmochim. Acta, 66 (16): 2641-2649

Beckman J A, Ganz J, Creager M A, Ganz P, Kinlay S. 2001. Relationship of clinical presentation and calcification of culprit coronary artery stenoses. Arterioscler osis Thrombosisand Vascular Biology, 21 (10): 1618-1622

Behrens H, Muller G. 1995. An infraredspectroscopic study of hydrogen feldspar ($HAlSi_3O_8$) . Mineralogical Magazine, 59: 15-24

Bell D, Rossman G R. 1992. Water in Earth's Mantle: The Role of Nominally Anhydrous Minerals. Science, 255: 1391-1397

Bems B, Jentoft F C, Schlögl R. 1999. Photoinduced decomposition of nitrate in drinking water in the presence of titania and humic acids. Applied Catalysis B: Environmental, 20 (2): 155-163

Bengrine A, Guiliani N, Appia-Ayme C, et al. 1998. Sequence and expression of the rusticyanin structural gene from *Thiobacillus ferrooxidans* ATCC33020 strain. Biochimica et Biophysica Acta (BBA) -Gene Structure and Expression, 1443 (1-2): 99-112

Bennett P C, Rogers J R, Choi W J. 2001. Silicates, silicateweathering and microbial ecology. Geomicrobiology Journal, 18: 3-19

Berridge M J, Bootman M D, Lipp P. 1998. Calcium—a life anddeath signal. Nature, 395 (6703): 645-648

Beveridge A, Waller P, Picking W. 1989. Effect of soluble calcium on the determination of the labile metal content of sediments with ion-exchangers. Talanta, 36 (12): 1217-1225

Beveridge T J. 1989. Role of cellular design in bacterial metalaccumulation and mineralization. Ann. Rev. Microbiol. , 43: 147-171

Beveridge T J. 1998. Interaction, concentration and mineralization of environmental metal ions by bacterial surfaces. 17th International Mineralogical Association Conference, Oct. 9 ~ 14, Toronto, Canada, Abstract, A45

Bhattacharjee B, Mandal S K, Chakrabarti K, et al. 2002. Optical properties of $Cd_{1-x}Zn_xS$ nanocrystallites in sol-gel silica matrix. J. Phys. D: Appl. Phys. , 35: 2636-2642

Bhattacharyya K, Varma S, Tripathi A, et al. 2008. Effect of vanadia doping and its oxidation state on the photocatalytic activity of TiO_2 for gas-phase oxidation of ethene. Journal of Physical Chemistry C, 112 (48): 19102-19112

Bhattacharyya K, Varma S, Tripathi A K, et al. 2009. Study of the oxidation state and the structural aspects of the V-doped TiO_2. Journal of Applied Physics, 106 (9): 093503-1-7

Bigelow M W, Wiessner J H, Kleinman J G, et al. 1996. Calcium oxalate-crystal membrane interactions: dependence on membrane lipid composition. Journal of Urology, 155 (3): 1094-1098

Bigham J M, Schwertmann U, Carlson L, et al. 1990. A poorly crystallized oxyhydroxysulfate of iron formed by bacterial oxidation of Fe(Ⅱ) in acid- mine waters. Geochimica et Cosmochimica Acta, 54 (10): 2743-2758

Bigi A, Foresti E, Gandolfi M, et al. 1995. Inhibiting effect of zinc on hydroxylapatite crystallization. Journal of Inorganic Biochemistry, 58 (1): 49-58

Bish D L, Ming D W. 2001. Natural Zeolites: Occurrence, Properties, Applications. Reviews in Mineralogy & Geochemistry, 45. Chantily: Mineralogical Society of America

Bjerg P L, Rugge K, Pedersen J K, et al. 1995. Distribution of redox-sensitive groundwater quality parameters downgradient of a landfill (Grindsted, Denmark) . Environment Science & Technology, 29 (5): 1387-1394

Blake R, Shute E. 1994. Respiratory enzymes of Thiobacillus ferrooxidans. kinetic properties of an acid stable iron: rusticyanin oxidoreductase. Biochemistry, 33: 9220-9228

Blake R C, Shute E A, Waskosky J, et al. 1992. Respiratory components in acidophilic bacteria that respire on iron. Geomicrobiology Journal, 10 (3-4): 173-179

Blankenship R, Tiede D, Barber J, et al. 2011. Comparing photosynthetic and photovoltaic efficiencies and recognizing the potential for improvement. Science, 332 (6031): 805-809

Blowes D W, Reardon E J, Lambor J L, et al. 1991. The formation and potential importance of cemented layers in inactive sulfide mine tailings. Geochimica et Cosmochimica Acta, 55: 965-978

Blumenthal N C, Cosma V, Gomes E, 1991. Regulation of hydroxyapatite formation by gelatin and type I collagen gels. Calcified Tissue Internarional, 48 (6): 440-442

Bobryshev Y V. 2005. Calcification of elastic fibers in human atherosclerotic plaque. Atherosclerosis, 180 (2), 293-303

Bobryshev Y V, Lord R S A, Warren B A. 1995. Calcified deposit formation in intimal thickenings of the human aorta. Atherosclerosis, 118 (1): 9-21

Bocchi L, Nori J. 2007. Shape analysis of microcalcifications using Radon transform. Medical Engineering & Physics, 29 (6): 691-698

Bockris J O M, Khan S U M. 1993. Surface Electrochemistry: A Molecular Level Approach 1014. New York: Plenum

Bogush A A, Lazareva E V. 2011. Behavior of heavy metals in sulfide mine tailings and bottom sediment (Salair, Kemerovo region, Russia) . Environmental Earth Sciences, 64 (5): 1293-1302

Boldish S I, White W B. 1998. Optical band gaps of selected ternary sulfide minerals. American Mineralogist, 83 (7-8): 865-871

Bonamali P, Maheshwar S. 2002. Enhanced photocatalytic activity of highly porous ZnO thin films prepared by sol-gel process. Materials Chemistry and Physics, 76: 82-87

Bond D, Lovley D. 2002. Reduction of Fe(Ⅲ) oxide by methanogens in the presence and absence of extracellular quinones. Environmental Microbiology, 4 (2): 115-124

Bonnissel-Gissinger P, Alnot M, Ehrhardt J J, et al. 1998. Surface oxidation of pyrite as a function of pH. Environmental Science & Technology, 32 (19): 2839-2845

Borghei S M, Hosseini S H. 2004. The treatment of phenolic wastewater using a moving bed biofilm reactor. Process Biochemistry, 39 (10): 1177-1181

Borsook H, Keighley G. 1933. Oxidation-reduction potential of ascorbic acid (Vitamin C) . Proceedings of the National Academy of Sciences, 19: 875-878

Bortolotto T, Bertoldo J B, da Silverira F Z, et al. 2009. Evaluation of the toxic and genotoxic potential of landfill leachate using bioassays. Environmental Toxicology and Pharmacology, 28: 288-293

Boström K. 2005. Proinflammatory vascular calcification. Circulation Research, 96 (12): 1219-1220

Botello J C, Morales-Dominguez E, Dominguez J M. 2003. A new nuclear magnetic resonance algorithm to determine equilibrium constants of the species in the B(Ⅲ)-H_2O system. Spectrochimica Acta (Part A), 59 (7): 1477-1486

Boumaza S, Boudjemaa A, Bouguelia A, et al. 2010. Visible light induced hydrogen evolution on new hetero-system $ZnFe_2O_4/SrTiO_3$. Applied Energy, 87 (7): 2230-2236

Bradbury M H, Baeyens B. 1999. Modelling the Sorption of Zn and Ni on Ca-montmorillonite. Geochimica et Cosmochimica Acta, 63: 325-336

Bradl H B. 2004. Adsorption of heavy metal ions on soils and soils constituents. Journal of Colloid and Interface Science, 277 (1): 1-18

Brady M. 1982. Robot Motion: Planning and Control. Cambridge: MIT Press

Brandt F, Bosbach D. 2003. Chlorite dissolut ion in the acid pH-range: Acombined microscopic and macroscopic approach. Geochimica et Cosmochinica Acta, 67: 1451-1461

Bredow T, Jug K. 1995. Theoretical investigation of water adsorption at rutile and anatase surfaces. Surface Science, 327 (3): 398-408

Brittain R D, Lau K H, Kinittel D R, et al. 1986. Effusion studies of the decomposition of zinc sulfate and zinc oxysulfate. Journal of Physical Chemistry, 90 (10): 2259-2264

Bromiley G, Hilairet N. 2005. Hydrogen and minor element incorporation in synthetic rutile. Mineralogical Magazine, 69 (3): 345-358

Brown W E. 1962. Octacalcium phosphate and hydroxyapatite: crystal structure of octacalcium phosphate. Nature, 192: 1048-1050

Bruschi M, Cavazza C, Giudici-Orticoni M T. 1996. Biooxidation de minéraux sulfurés et dissolution de métaux par la bactérie acidophile: Thiobacillus ferrooxidans. Déchets, 4: 27-30

Budoff M J, Shaw L J, Liu S T, et al. 2007. Long-term prognosis associated with coronary calcification: observations from a registry of 25, 253 patients. Journal of American College Cardiology, 49 (18): 1860-1870

Bulushev D A, Kiwi-Minsker L, Zaikovskii V I, et al. 2000. Formation of active sites for selective toluene oxidation during catalyst synthesis via solid-state reaction of V_2O_5 with TiO_2. Journal of Catalysis, 1939 (1): 145-153

Bunch T E, Fuchs L H. 1969. A new mineral: brezinaite, Cr_3S_4, and the Tucson Meteorite. American Mineralogist, 54 (11-12): 1509-1518

Burke A P, Kolodgie F D, Virmani R. 2007. Fetuin-A, Valve Calcification, and Diabetes—What Do We Understand? Circulation, 115 (19): 2464-2467

Burns R G, Burns V. 1978. Post-depositional metal enrichment processes inside manganese nodules from the north equatorial Pacific. Earth and Planetary Science Letters, 39: 341-348

Burns R G, Burns V, Easton A J. 1977. The mineralogy and crystal chemistry of deep-sea manganese nodules. Philosophical Transactions of the Royal Society A: Mathematical, Physical and Engineering Sciences, 296 (1336): 185-248

Burns R G, Burns V, Stockman W. 1985. The todorokite buserite problem further considerations. American Mineralogist, 70: 205-208

Bäuerlein E. 2001. Biomineralization. Weinheim, Germany: Wiley-VCH Verlag GmbH

Büsing C M, Keppler U, Menges V. 1981. Differences in microcalcification in breast tumors. Virchows Archiv A-Pathological Anatomyand Histopathology, 393 (3): 307-313

Cai J, Liu J, Willis W S, et al. 2001. Framework doping of iron in tunnel structure cryptomelane. Chemistry of Materials, 13 (7): 2413-2422

Caldas M J, Fazzio A, Zunger A. 1984. A universal trend in the binding energies of deep impurities in semiconductors. Appl. Phys. Lett, 45: 671-673

Calhoun R L, Winkelmann K, Mills G. 2001. Chain photoreduction of CCl_3F induced by TiO_2 particles. Journal of Physical Chemistry B, 105: 9739-9746

Calli B, Mertoglu B, Inanc B. 2005. Landfill leachate management in Istanbul: applications and alternatives. Chemosphere, 59 (6): 819-829

Camacho N P, West P, Torzilli P A, et al. 2001. FTIR microscopic imaging of collagen and proteoglycan in bovine cartilage. Biopolymers, 62 (1): 1-8

Cameron R A, Lastra R, Gould W D, et al. 2013. Bioleaching of six nickel sulphide ores with differing mineralogies in stirred-tank reactors at 30℃. Minerals Engineering, 49: 172-183

Campbell L S. 2000. Minerals and waste management. In: Cotter-Howells J D, Campbell L S, Valsami-Jones E, et al (eds). Environmental Mineralogy: Microbial Interactions, Anthropogenic influences, Contaminated Land and Waste management. London: The Mineralogical SocietySeries 9, the Mineralogical Society of Great Britain & Ireland: 313-318

Carey J H, Lawrence J, Tosine H M. 1976. Photodechlorination of PCB's in the presence of titanium dioxide in aqueous suspensions. Bull. Environ. Contam. Toxicol., 16: 697-701

Carlinfante G, Vassiliou D, Svensson O, et al. 2003. Differential expression of osteopontin and bone sialoprotein in bone metastasis of breast and prostate carcinoma. Clinical & Experimental Metastasis, 20 (5): 437-444

Carlos B A, Chipera S J, Bish D L, et al. 1993. Fracture-lining manganese oxide minerals in silicic tuff, Yucca Mountain, Nevada, USA. Chemical Geology, 107: 47-69

Carnicelli S, Mirabella A, Ceochini G, et al. 1997. Weathering of chlorite to a low-charge expendable mineral in a Spodosol on the Apennine mountains. Clays and Clay Minerals, 45: 28-41

Cavani F, Centi G, Foresti E, et al. 1988. Surface structure and reactivity of vanadium oxide supported on Titanium dioxide: V_2O_5/TiO_2 (Rutile) catalysts prepared by hydrolysis. Journal of the Chemical Society. Faraday Transactions Ⅰ, 84 (1): 237-254

Cavazza C, Guigliarelli B, Bertrand P, et al. 1995. Biochemical and EPR characterization of high potential iron-sulfur protein in Thiobacillus ferrooxidans. FEMS Microbiol. Lett., 130: 193-200

Cerdá-Nicolás M. 1992. Meningiomas: Morphologic and ultrastructural characteristics of psammoma bodies. Archivosde Neurobiologiá (Madr), 55 (6): 256-261

Chaboy J, Quartieri S. 1995. X-ray absorption at the Ca K edge in natural-garnet solid solutions: A full-multiple-scattering investigation. Physical Review B, 52 (9): 6349-6357

Chakrabarti S, Dutta B K. 2004. Photocatalytic degradation of model textile dyes in wastewater using ZnO as semiconductor catalyst. Journal of Hazardous Materials, 112: 269-278

Chang C P, Liu Liensen. 1974. A study of the theory of stepwise equilibrium of inorganic ion exchange in seawater. Scientia Sinica, 152 (4): 486-503

Chen S G, Paulose M, Ruan C M, et al. 2006. Electrochemically synthesized CdS nanoparticle-modified TiO_2 nanotube-array photoelectrodes: Preparation, characterization, and application to photoelectrochemical cells. Journal of Photochemistry and Photobiology A: Chemistry, 177: 177-184

Chen T H, Huang X M, Pan M, et al. 2009. Treatment of coking wastewater by using manganese and magnesium ores. Journal of Hazardous Materials, 168 (2-3): 843-847

Chen T T, Dutrizac J E. 2004. Mineralogical changes occurring during the fluid-bed roasting of zinc sulfide concentrates. Journal of the Minerals, Metals and Materials Society, 56 (12): 46-51

Chen X B, Shen S H, Guo L J, et al. 2010. Semiconductor-based photocatalytic hydrogen generation. Chemical Reviews, 110: 6503-6570

Chen X, Shen Y F, Suib S L, et al. 2002. Characterization of manganese oxide octahedral molecular sieve (M-OMS-2) materials with different metal cation dopants. Chemistry of Materials, 14 (2): 940-948

Chen Y M, Lu A H, Li Y, et al. 2011a. Photocatalytic inactivation of Escherichia coli by natural sphalerite suspension: Effect of spectrum wavelength and intensity of visible light. Chemosphere, 84 (9): 1276-1281

Chen Y M, Lu A H, Li Y, et al. 2011b. Naturally occurring sphalerite as a novel cost-effective photocatalyst for bacterial disinfection under visible light. Environmental Science & Technology, 45 (13): 5689-5695

Chen Y M, Ng T W, Lu A H, et al. 2013. Comparative study of visible-light-driven photocatalytic inactivation of two different wastewater bacteria by natural sphalerite. Chemical Engineering Journal, 234: 43-48

Cheng P, Deng C S, Gu M Y, et al. 2007. Visible-light responsive zinc ferrite doped titania photocatalytic for methyl orange degradation. Journal of Materials Science, 42 (22): 9239-9244

Cheng S, Xing D, Call D F, et al. 2009. Direct Biological Conversion of Electrical Current into Methane by Electromethanogenesis. Environmental Science & Technology, 43: 3953-3958

Cheng Y J, Holman H Y, Lin Z. 2012. Remediation of chromium and uranium contamination by microbial activity. Elements, 8 (2), 107-112

Chian E S K. 1997. Stability of organic matter in landfill leachates. Water Research, 11 (1): 225-232

Chimenos J M, Fernandez A I, Villalba G, et al. 2003. Removal of ammonium and phosphates from wastewater resulting from the process of cochineal extraction using MgO-containing by-product. Water Research, 37 (7): 1601-1607

Chinnasamy C N, Narayanasamy A, Ponpandian N, et al. 2001. The influence of Fe^{3+} ions at tetrahedral sites on the magnetic properties of nanocrystalline $ZnFe_2O_4$. Materials Science and Engineering A, 304-306: 983-987

Chiou C T. 1979. A physical concept of soil-water equilibria for nonionic organic compounds. Science, 206: 831-832

Cho E, Han S, Ahn H S, et al. 2006. First-principles study of point defects in rutile TiO_{2-x}. Physical Review B, 73 (19): 193202

Cho Y, Choi W. 2002. Visible light-induced reactions of humic acids on TiO_2. Journal of Photochemistry and Photobiology A: Chemistry, 148: 129-135

Cho Y, Choi W, Lee C H, et al. 2001. Visible light-induced degradation of carbon tetrachloride on dye-sensitized TiO_2. Environmental Science & Technology, 35: 966-970

Choi W, Hoffmann M R. 1995. Photoreductive mechanism of CCl_4 degradation on TiO_2 particles and effects of electron donors. Environmental Science & Technology, 29: 1646-1645

Choi W, Hoffmann M R. 1996. Kinetics and mechanism of CCl_4 photoreductive degradation on TiO_2: The role of trichloromethyl radical and eichlorocarben. Journal of Physical Chemistry, 100: 2161-2169

Choi W, Termin A, Hoffman M R. 1994. The role of metal ion dopants in quantum-sized TiO_2: correlation between photoreactivity and charge cariier recombination dynamics. Journal of Physical Chemistry, 98: 13669-13679

Choi W-W, Chen K Y. 1979. Evaluation of boron removal by adsorption on solids. Environmental Science & Technology, 13 (2): 189-196

Chou L, Wollast R. 1985. Steady-state kinetics and dissolution mechanisms of albite. American Journal of Science, 285 (10): 963-993

Chou L, Wollast R. 1989. Is the exchange reaction of alkali feldspars reversible? Geochimica et Cosmochimica Acta, 53 (2): 557-558

Christian S, Martin A Z. 2000. In-Situ Raman spectroscopy of quartz: A pressure sensor for hydrothermal diamond-anvil cell experiments at elevated temperatures. American Mineralogist, 85: 1725 - 1734

Christiansen D L, Silver F H, Addadi L. 1993. Mineralization of an axially aligned collagenous matrix: a morphological study. Cells and Materials, 3 (2): 177-188

Christmann K, Ertl G. 1976. Interaction of hydrogen with Pt (111): the role of atomic steps. Surface Science, 60 (2): 365-384

Chuan X Y, Lu A H, Chen J, et al. 2008. Microstructure and photocatalytic activity of natural rutile from China for oxidation of methylene blue in water. Mineralogy and Petrology, 93: 143-152

Chyba C, Sagan C. 1992. Endogenous production, exogenous delivery and impact-shock synthesis of organic molecules: an inventory for the origins of life. Nature, 355 (6356): 125-132

Ciftcioglu N, Bjorklund M, Kuorikoski K, et al. 1999. Nanobacteria: An infectious cause for kidney stone formation. Kindney International, 56 (5): 1893-1898

Clark B A, Brown P W. 1999. The formation of calcium sulfoaluminate hydrate compounds (Ⅰ). Cement and Concrete Research, 29 (12): 1943-1948

Clark B A, Brown P W. 2000. The formation of calcium sulfoaluminate hydrate compounds (Ⅱ). Cement and Concrete Research, 30 (2): 233-240

Clasen A B S, Ruyter I E. 1997. Quantitative determination of type a and type b carbonate in human deciduous and permanent enamel by means of fourier transform infrared spectrometry. Advances in Dental Research, 11 (4): 523-527

Claudio D I, Michele P, Roberto R, et al. 2010. Nitrogen recovery from a stabilized municipal landfill leachate. Bioresource Technology, 101 (6): 1732-1736

Cohn C A, Borda M J, Schoonen M A. 2004. RNA decomposition by pyrite induced radicals and possible role of lipids during the emergence of life. Earth Planet. Sci. Lett, 225: 271-278

Collett G D M, Canfield A E. 2005. Angiogenesis and Pericytes in the Initiation of Ectopic Calcification. Circulation Research, 96 (9): 930-938

Colmer A, Temple K, Hinkle M. 1949. An iron-oxidizing bacterium from the acid drainage of some bituminous coal mines. The American Society for Microbiology, 59: 317-328

Cologgi D, Lampa-Pastirk S, Speers A, et al. 2011. Extracellular reduction of uranium via Geobacter conductive pili as a protective cellular mechanism. Proceedings of the National Academy of Sciences, 108: 15248-15252

Cooke M M, McCarthy G M, Sallis J D, et al. 2003. Phosphocitrate inhibits calcium hydroxyapatite induced mitogenesis and upregulation of matrix metalloproteinase-1, interleukin-1 beta and cyclooxygenase-2 mRNA in human breast cancer cell lines. Breast Cancer Research and Treatment, 79 (2): 253-263

Cotran R S, Kumar V, Collins T. 1999. Robbins pathologic basis of disease. Vol. 44. Noida, India: W. B. Saunders Co. & Harcourt Asia Pte Ltd, 6th ed: 1143-1144

Coursolle D, Baron D B, Bond D R, et al. 2009. The Mtr Respiratory Pathway Is Essential for Reducing Flavins and Electrodes in Shewanella oneidensis. Journal of Bacteriology, 192: 467-474

Courtin-Nomade A, Bril H, Neel C, et al. 2003, Arsenic in iron cements developed within tailings of a former metalliferous mine-Enguiales, Aveyron, France. Applied Geochemistry, 18 (3): 395-408

Credá-Nicolás M. 1992. Meningiomas: morphologic and ultrastructural characteristics of psammoma bodies. Archivos de Neurobiologia, 55 (6): 256-261

Crick R E. 1986. Origin, Evolution, and Modern Aspects of Biomineralization in Plants and Animals. 5th International Symposium on Biomineralization. New York: Plenum Press

Criddle C S, McCarly P L. 1991. Electrolytic model system for reductive dehalogenation in aqueous environments. Environmental Science & Technology, 25: 973-978

Criscenti L J, Sverjensky D A. 2002. A single-site model for divalent transition and heavy metal adsorption over a range of metal concentrations. Journal of Colloid and Interface Science, 253 (2): 329-352

Cristallo G, Roncari E, Rinaldo A, et al. 2001. Study of anatase-rutile transition phase in monolithic catalyst V_2O_5/TiO_2 and V_2O_5-WO_3/TiO_2. Applied Catalysis A, 209: 249-256

Cui F Z, Wang Y, Cai Q, Zhang W. 2008. Conformation change of collagen during the initial stage of biomineralization of calcium phosphate. Journal of Materials Chemistry, 18 (32): 3835-3840

Curtis C. 2000. Mineralogy in long-term nuclear waste management. In: Vaughan D J, Wogelius R A. eds. Environmental Mineralogy. EMU Notes in Mineralogy 2. Budapest: Eötvös University Press: 333-350

Czaplicka M. 2006. Photo-degradation of chlorophenols in the aqueous solution. Journal of Hazardous Materials, 134: 45-59

Córdoba E M, Muñoz J A, Blázquez M L, et al. 2008a. Leaching of chalcopyrite with ferricion. Part Ⅰ: General aspects. Hydrometallurgy, 93 (3-4): 81-87

Córdoba E M, Muñoz J A, Blázquez M L, et al. 2008b. Leaching of chalcopyrite with ferricion. Part Ⅱ: Effect of redox potential. Hydrometallurgy, 93 (3-4): 88-96

Dalrymple O K, Stefanakos E, Trotz M A, et al. 2010. A review of the mechanisms and modeling of photocatalytic disinfection. Applied Catalysis B: Environmental, 98 (1): 27-38

Dana J D. 1951. The System of Mineralogy. New York: John Wiley & Sons: 716

Das D K. 2009. Psammoma Body: A Product of Dystrophic Calcification or of a Biologically Active Process That Aims at Limiting the Growth and Spread of Tumor? Diagnostic Cytopathology, 37 (7): 534-541

Das D K, Mallik M K, Haji B E, et al. 2004. Psammoma body and its precursors in papillary thyroid carcinoma: astudy by fine-needle aspiration cytology. Diagnostic Cytopathology, 31 (6): 380-386

Das D K, Sheikh Z A, George S S, et al. 2008. Papillary thyroid carcinoma: evidence for intracytoplasmic formation of precursor substance for calcification and Itsrelease from well-preserved neoplastic cells. Diagnostic Cytopathology, 36 (11): 809-812

Davini P. 2000. Investigation into the desulphurization properties of by-products of the manufacture of white marbles of Northern Tuscany. Fuel, 79 (11): 1363-1369

Davis A, Eary L E, Helgen S. 1999. Assessing the efficacy of lime amendment to geochemically stabilize mine tailings. Environmental Science & Technology, 33 (15): 2626-2632

Davitaya T, Supatashvili G, Tatashidze Z, et al. 1998. Chemical composition of stalactite concretions in some karst caves of Georgia. Bulletin of the Georgian Academy of Sciences, 158 (3): 466-469

DeGuzman R N, Shen Y F, Neth E J, et al. 1994. synthesis and characterization of octahedral molecular sieves (OMS-2) having the hollandite structure. Chemistry of Materials, 6 (6): 815-821

Dellinger B, Tirey D A. 1991. Oxidative pyrolysis of CH_2Cl_2, $CHCl_3$, and CCl_4. Ⅰ: Incineration implication. International Journal of Chemical Kinetics, 23: 1051-1074

Demir T. 2008. Is there any relation of nanobacteria with periodontal diseases? Medical Hypotheses, 70 (1): 36-39

Demirkiran H, Hu Y, Zuin L, et al. 2011. XANES analysis of calcium and sodium phosphates and silicates and hydroxyapatite-Bioglass co-sintered bioceramics. Materials Science and Engineering: C, 31 (2): 134-143

Denzler D, Olschewski M, Sattler K. 1998. Luminescence studies of localized gap states in colloidal ZnS nanocrystals. J. Appl. Phys, 84: 2841-2845

Depero L E, Bonzi P, Musci M, et al. 1994. Microstructural study of vanadium-titanium oxide powders obtained by laser-induced synthesis. Journal of Solid State Chemistry, 111 (2): 247-252

Depero L E. 1993. Coordination geometry and catalytic activity of vanadium on TiO_2 surfaces. Journal of Solid Chemistry, 103: 528-532

de Vrind-de J E W, de Vrind J P M. 1997. Algal depositionof carbonates and silicates. In: Banfield J F, Nealson K H (eds). Geomicrobiology: Interaction between Microbes and Minerals. Review in Mineralogy 35, The Mineral. Soc. Am., Washington: 267-307

Diebold U. 2003. The surface science of titanium dioxide. Surface Science Reports, 48: 53

Dimitrova V, Tate J. 2000. Synthesis and characterization of some ZnS-based thin film phosphors for electroluminescent device applications. Thin Solid Films, 365 (1): 134-138

Ding H, Li Y, Lu A, et al. 2010. Photocatalytically improved azo dye reduction in a microbial fuel cell with rutile-cathode. Bioresource Technology, 101 (10): 3500-3505

Ding H R, Li Y, Lu A H, et al. 2014. Promotion of anodic electron transfer in a microbial fuel cell combined with a silicon solar cell. Journal of Power Sources, 253: 177-180

Dinh H, Kuever J, et al. 2004. Iron corrosion by novel anaerobic microorganisms. Nature, 427 (6977): 829-832

Dobson J. 2001. Nanoscale biogenic iron oxides and neurodegenerative disease. FEBS Letters, 496 (1): 1-5

Dobson J. 2002. Investigation of age-related variations in biogenicmagnetite levels in the human hippocampus. ExperimentalBrain Research, 144 (1): 122-126

Doe B R, Tilling R I. 1967. The distribution of lead between coexisting K-feldspar and plagioclase. American Mineralogist, 52: 805-816

Dold B. 2003. Dissolution kinetics of schwertmannite and ferrihydrite in oxidized mine samples and their detection by differential X-ray diffraction (DXRD) . Applied Geochemistry, 18 (10): 1531-1540

Dold B, Fontbote L. 2001. Element cycling and secondary mineralogy in porphyry copper tailings as a function of climate, primary mineralogy, and mineral processing. Journal of Geochemical Exploration, 74 (1-3): 3-55

Dold B, Fontbote L. 2002. A mineralogical and geochemical study of element mobility in sulfide mine tailings of Fe oxide Cu-Au deposits from the Punta del Cobre belt, northern Chile. Chemical Geology, 189 (3-4): 135-163

Dondalski M, Bernstein J R. 1992. Disappearing breast calcifications: Mammographic-pathologic discrepancy due to calcium oxalate. Southern Medical Journal, 85 (12): 1252-1254

Dondi M, Cruciani G, Guarini G, et al. 2006. The role of counterions (Mo, Nb, Sb, W) in Cr-, Mn-, Ni- and V-doped rutile ceramic pigments: Part 2. Colour and technological properties. Ceramics International, 32: 393-405

Doong R A, Schink B. 2002. Cysteine-mediated reductive dissolution of poorly crystalline iron (Ⅲ) oxides by Geobacter sulfurreducens . Environ. Sci. Technol. , 36: 2 939-2 945

Dorsi C J, Reale F R, Davis M A, Brown J. 1992. Is calcium oxalate an adequate explanation for nonvisualization of breast specimen calcifications? Radiology, 182 (3): 801-803

Dove P M, Weiner S, de Yoreo J J. 2003. Biomineralization. Reviews in Mineralogy and Geochemistry, 54: 12-81

Doyle J D, Parsons S A. 2002. Struvite formation, control and recovery. Water Research, 36 (16): 3925-3940

Drouet C, Baron D, Navrostsky A. 2003. On the thermochemistry of the solid solution between jarosite and its chromate analog. American Mineralogist, 88: 1949-1954

Du X S, Li Q X, Su H B, et al. 2006. Electronic and magnetic properties of V-doped anatase TiO_2 from fist principles. Physical Review B, 74 (23): 233201

Dutrizac J E, Hardy D J, Chen T T. 1996. The behaviour of cadmium during jarosite precipitation. Hydrometallurgy, 41 (2-3): 269-285

Dvoranová D, Brezova V, Mazur M, et al. 2002. Investigations of metal-doped titanium dioxide photocatalysts, Applied Catalysis B-Environmental, 37 (2): 91-105

Dyer A. 1988. An introduction to zeolite molecular sieves. Chichester: John Wiley & Sons

Dyer A, Pillinger M, Newton J, et al. 2000. Sorption behavior of radionuclides on crystalline synthetic tunnel manganese oxides. Chemistry of Materials, 12 (12): 3798-3804

Eary L E, Rai D. 1991. Chromate reducation by sub surface soils under acidic conditions. Soil Science Society of America Journal, 55 (3): 676-2683

Edwards M. 1996. Metabolite channeling in the origin of life. Journal of Theoretical Biology, 179: 313-322

Edwards M, Benjamin M M. 1989. Adsorptive filtration using coated sand: a new approach for treatment of metal-bearingwastes. Research Journal of the Water Pollution Control Federation, 61 (9-10): 1523-1533

Egan R L. 1960. Experience with mammography in a tumor institution: Evaluation of 1000 studies. Radiology, 75 (6): 894-900

Eggins B, Palmer F, Byrne J. 1997. Photocatalytic treatment of humic substances in drinking water. Water Research, 31 (5): 1223-1226

Eggleston C M, Hochella M F. 1992. The structure of hematite {001} surfaces by scanning tunneling microscopy: Image interpretation, surface relaxation and step structure. American Mineralogist, 77 (9-10): 911-922

Ehrlich H. 1998. Geomicrobiology: its significance for geology. Earthscience Reviews, 45 (1-2): 45-60

Ehrmann W, Polozek K. 1999. The heavy mineral record in the Pliocene to Quaternary sediments of the CIROS-2 drill core, McMurdo Sound, Antarctica. Sedimentary Geology, 128 (3-4): 223-244

Eichert D, Salome M, Banu M, et al. 2005. Preliminary characterization of calcium chemical environment in apatitic and non-apatitic calcium phosphates of biological interest by X-ray absorption spectroscopy. Spectrochimica Acta Part B-Atomic Spectroscopy, 60 (6): 850-858

Eiden-Assmann S, Viertelhaus M, Heiss A, et al. 2002. The influence of amino acids on the biomineralization of hydroxyapatite in gelatin. Journal of Inorganic Biochemistry, 91 (3): 481-486

Ekuma E C, Bagayoko D. 2010. Ab-initio electronic properties of rutile titanium dioxide (TiO_2). Physics, 18

Erdal E. 2009. Removal of basic dye by modified Unyebentonite. Journal of Hazardous Materials, 162 (2-3): 1355-1363

Erdem M. 1996. Cr(Ⅵ) treatment inaqueous solutions using pyrite. Terk. J. Eng. Environ. Sci., 20 (6): 363-369

Erdos E. 1977. Crystal data for zinc oxysulphate $Zn_3O(SO_4)_2$. Journal of Applied Crystallography, 10: 72

Ermel A E. 1973. Histogenesis of angiomatous areas in meningiomas. An electron microscope study. Pathologia Europaea, 9 (3): 217-231

Fan C Z, Lu A H, Li Y, et al. 2008, Synthesis, characterization, and catalytic activity of cryptomelane nanomaterials produced with industrial manganese sulfate. Journal of Colloid and Interface Science, 327 (2): 393-402

Fan C Z, Lu A H, Li Y, et al. 2010. Pretreatment of actual high-strength phenolic wastewater by manganese oxide method. Chemical Engineering Journal, 160 (1): 20-26

Fan F R F, Leempoel P, Bard A J. 1983. Semiconductor electrodes. J. Electrochem. Soc., 130: 1866-1875

Fandos-Morera A, Prats-Esteve M, Tura-Soteras J M, et al. 1988. Breast tumors: Composition of microcalcification. Radiology, 169 (2): 325-327

Farquhar M L, Vaughan D J, Hughes C R, et al. 1997. Experimental studies of the interaction of aqueous metal cation with mineral substrates: Lead, cadmium, and copper with perthitic feldspar, muscovite, and biotite. Geochimica et Cosmochimica Acta, 61: 3051-3064

Farver J R, Yund R A. 1990. The effect of hydrogen, oxygen, and water fugacity on oxygen diffusion in alkali feldspar. Geochimica et Cosmocimica Acta, 60: 2953-2964

Fazzio A, Caldas M J, Zunger A. 1984. Many-electron multiplet effects in the spectra of 3d impurities in heteropolar semiconductors. Phys. Rev. B, 30: 3430

Ferenczy A, Talens M, Zoghby M, et al. 1977. Ultrastructural studies on the morphogenesis of psammoma bodies in ovarian serous neoplasia. Cancer, 39: 2451-2459

Firas F, Fathi A, Mongi F, et al. 2009. Electrochemical oxidation post-treatment of landfill leachates treated with membrane bioreactor. Chemosphere, 75 (2): 256-260

Fleet M E, Liu X. 2003. Carbonate apatite type A synthesized at high pressure: new space group (P3) and orientation of channel carbonate ion. Journal of Solid State Chemistry, 174 (2): 412-417

Fleischer M, Richmond W E. 1943. The Manganese Oxide Minerals: A Preliminary Report. Economic Geology, 38: 269-286

Fouda M F R, Amin R E, Mohamed M. 1996. Extraction of magnesia from Egyptian serpentine ore via reaction with different acids. Ⅰ. Reaction with sulfuric acid. Bulletin of the Chemical Society of Japan, 69 (7): 1907-1912

Francisco J, Colomer M, Antonio G I. 2009. Environmental risk index: A tool to assess the safety of dams for leachate. Journal of Hazardous Materials, 162 (1): 1-9

Frappart L, Boudeulle M, Boumendil J, et al. 1984. Structure and composition of microcalcifications in benign and malignant lesions of the breast: Study by light microscopy, transmission and scanning electron microscopy, microprobe analysis, and X-ray diffraction. Human Pathology. 15 (9): 880-889

Frappart L, Rcmy I, Lin H C, et al. 1986. Different types of micromineralizations observed in breast pathology. Virchows Arch A, 410: 179-187

Freedman Y E, Magaritz M, Long G L, et al. 1994. Interaction of metals with mineral surfaces in a natural groundwater environment. Chemical Geology, 116 (1): 111-121

Friedman E I, Wierzchos J, Ascaso C, et al. 2001. Chains of magnetite crystals in the meteorite ALH84001: Evidence of biological origin. Proceedings of the National Academy of Sciences of the United States of America, 98 (5): 2176-2181

Frouge C, Guinebretiere J M, Juras J, et al. 1996. Polyhedral micromineralizations on mammograms: Prevalence and morphometric analysis. American Journal of Surgical Pathology, 167 (3): 621-624

Fujishima A, Honda K. 1972. Electrochemical photolysis of water at a semiconductor electrode. Nature, 238 (5358): 37-38

Fujishima A, Rao T N, Tryk D A. 2000. Titanium dioxide photocatalysis. Journal of Photochemistry and Photobiology: Photochemistry Reviews, 1: 1-21

Fujita T. 1985. Calcium and aging. Calcified Tissue International, 37 (1): 1-2

Fukumori Y, Yano T, Sato A, et al. 1988. Fe(Ⅱ) oxidizing enzyme purified from Thiobacillus ferrooxidans. FEMS Microbiol Letters, 20: 169-172

Fusi P, RistoriG G, Malquori A. 1980. Montmorillonite-Asulam interactions: I. Catalytic decomposition of asulam adsorbed on H and Al clay. Clay Minerals, 15 (2): 147-155

Gabano J P, Etienne P, Laurent J F. 1965. Etude des proprietes de surface du bioxyde de manganese. Electrochimica Acta, 10 (9): 917-963

Gallay R, Vander Klink J J, Moser J. 1986. Elestron-Paramagnetic-Res (EPR) study of vanadium(4+) in the anatase and rutile phases of TiO_2. Physical Review B, 34 (5): 3060-3068

Garcia G M, McCord G C, Kumar R. 2003. Hydroxyapatite crystaldeposition disease. Seminars in Musculoskeletal Radiology, 7 (3): 187-193

Garcia-Calzada M, Marban G, Fuertes A B. 2000. Decomposition of CaS particles at ambient conditions. Chemical Engineering Science, 55 (9): 1661-1674

García-Soto M F, Camacho E M. 2006. Boron removal by means of adsorption with magnesium oxide. Separation and Purification Technology, 48: 36-44

Geesey G, Borch T, Reardon C. 2008. Resolving biogeochemical phenomena at high spatial resolution through electron microscopy. Geobiology, 6 (3): 263-269

Geng B Y, Liu X W, Du Q B, et al. 2006. Structure and optical properties of periodically twinned ZnS nanowires. Applied Physics Letters, 88 (16): 163104 ~ 163104-3

Genty D, Deflandre G. 1998. Drip flow variations under a stalactite of the Pere Noel Cave (Belgium): Evidence of seasonal variations and air pressure constraints. Journal of Hydrology, 211 (1-4): 208-232

Geoffrey M. 2010. Metals, minerals and microbes: geomicrobiology and bioremediation. Microbiology, 156: 609-643

Gershon-Cohen J, Yiu L S, Berger S M. 1962. The diagnostic importance of calcareous patterns in roentgenography of breast cancer. American Journal of Roentgenography Radium Therapy and Nuclear Medicine, 88 (6): 1117-1125

Ghosh G, Mohan K, Sarkar A. 1996. Characterization of soil-fertiliser P reaction products and their evaluation as sources of P for Gram (Cicerarietinum L.) . Nutrient Cycling in Agroecosystems, 46 (1): 71-79

Gibson R I. 1974. Descriptive human pathological mineralogy. American Mineralogist, 59 (11-1): 1177-1182

Giere R, Sidenko N V, Lazareva E V. 2003. The role of secondary minerals in controlling the migration of arsenic and metals from high-sulfide wastes (Berikul gold mine, Siberia) . Applied Geochemistry, 18 (9): 1347-1359

Gilinskaya L G, Grigorieva T N, Okuneva G N, et al. 2003. Investigation of pathogenic mineralization on human heart valves. 1. Chemical and phase composition. Journal of Structural Chemistry, 44 (4): 622-631

Giovanoli R. 1985. A review of the todorokitebuserite problem: implications to the mineralogy of marine manganese nodules: discussion. American Mineralogist, 70: 202-204

Glebov L B, Boulos E N. 1998. Absorption of iron and water in the Na_2O-CaO-MgO-SiO_2 glasses. Ⅱ. Selection of intrinsic, ferric, and ferrous spectra in the visible and UV regions. Journal of Non-Crystalline Solids, 242: 49-62

Gleisner M, Herbert R, Kockum P. 2006. Pyrite oxidation by *Acidithiobacillus ferrooxidans* at various concentrations of dissolved oxygen. Chemical Geology, 225 (1-2): 16-29

Glowa K R, Arocena J M, Massicotte H B. 2003. Extraction of Potassium and/or Magnesium from Selected Soil Minerals by Piloderma. Geomicrobiology Journal, 20 (2), 99-111

Godby R W, Schlüter M, Sham L J. 1986. Accurate exchange-correlation potential for silicon and its discontinuity on addition of an electron. Physical Review Letters, 56 (22): 2415-2418

Goldstein J R, Tseung A C C. 1974. The kinetics of hydrogen peroxide decomposition catalyzed by cobalt-iron oxides. Journal of Catalysis, 32 (3): 452-465

Golub E E. 2009. Role of Matrix Vesicles in Biomineralization. Biochimica et Biophysica Acta-General Subjects, 1790 (12): 1592-1598

Gonatas N K, Besen M. 1963. An electron microscopic study of 3 human psammomatous meningiomas. Journal of Neuropathology and Experimental Neurology, 22 (2): 263-273

Gonzalez J E G, Caldwell R G, Valaitis J. 1991. Calcium oxalate crystals in the breast: pathology and significance. American Journal of Surgical Pathology, 15 (6): 586-591

Gorby Y, Yanina S, McLean J, et al. 2006. Electrically conductive bacterial nanowires produced by Shewanella oneidensis strain MR-1 and other microorganisms. Proceedings of the National Academy of Sciences, 103 (30): 11358-11363

Goswamee R L, Sengupta P, Bhattacharyya K G, et al. 1998. Adsorption of Cr(Ⅵ) in layered double hydroxides. Applied Clay Science, 13 (1): 21-34

Goto I. 1998. Application of phosphorus recovered from sewage plants. Journal of Environmental Conservation Engineering, 27 (6): 418-422

Gotvajn A Ž, Tišler T, Končan J Z. 2009. Comparison of different treatment strategies for industrial landfill leachate. Journal of Hazardous Materials, 162 (2-3): 1446-1456

Graham S, Brown P W. 1996. Reactions of octacalcium phosphate to form hydroxyapatite. Journal of Crystal Growth, 165 (1): 106-115

Gralnick J, Newman D. 2007. Extracellular respiration. Molecular Microbiology, 65 (1): 1-11

Gralnick J, Vali H, Lies D, et al. 2006. Extracellular respiration of dimethyl sulfoxide by Shewanella oneidensis strain MR-1. Proceedings of the National Academy of Sciences, 103: 4699-4674

Gratzel M. 1998. Hetergeneous Photochemical Electron Transfer. Baton Rouge, FL: CRC Press

Gray N F. 1997. Environmental impact and remediation of acid mine drainage: A management problem. Environmental Geology, 30 (1-2): 62-71

Greenland P, Bonow R O, Brundage B H, et al. 2007. ACCF/AHA 2007 clinical expert consensus document on coronary artery calcium scoring by computed tomography in global cardiovascular risk assessment and in evaluation of patients with chest pain: a report of the American College of Cardiology Foundation clinical expert consensus task force. Journal of American College Cardiology, 49 (3): 378-402

Gregg S J, Sing K S W. 1982. Adsorption, Surface Area and Porosity, Second Edation. San Diego: Academic Press Inc: 112-135

Gregory K, Lovley D. 2005. Remediation and recovery of uranium from contaminated subsurface environments with electrodes. Environmental Science & Technology, 39: 8943-8947

Gruner J W. 1943. The chemical relationship of Cryptomelane (Psilomelane), Hollandite, and Coronadite. American Mineralogist, 28 (9-10): 497-506

Gunsinger M R, Ptacek C J, Blowes D W, et al. 2006. Mechanisms controlling acid neutralization and metal mobility within a Ni-rich tailings impoundment. Applied Geochemistry, 21 (8): 1301-1321

Guy C, Audubert F, Lartigue J E, et al. 2002. New conditionings for separated long-lived radionuclides. Comptes Rendus Physique, 3 (7-8): 827-837

Guzman M I, Martin S T. 2009. Prebiotic metabolism: Production by mineral photo electrochemistry of α-ketocarboxylic acids in the reductivetricarboxylic acid cycle. Astrobiology, 9 (9): 833-842

Haka A S, Shafer-Peltier K E, Fitzmaurice M, et al. 2002. Identifying microcalcifications in benign and malignant breast lesions by probing differences in their chemical composition using Raman spectroscopy. Cancer Research, 62 (18): 5375-5380

Haldane J. 1929. The origin of life. Rationalist Annual, 148: 3-10

Halouani F E, Deschavres A. 1982. Interface semi-cinductur-electrolyte: correlations entre le potential de bande plate les echelles d'electronegative. Mat. Res. Bull. , 17: 1045-1052

Han J, Daniel J C, Pappas G D. 1996. Expression of type Ⅳ collagen in psammoma bodies: Inmlunofluorescence studies on twofresh human meningiomas. Acta Cytologica, 40 (2): 177-181

Han X P, Shao G S. 2011. Electronic properties of rutile TiO_2 with nonmetal dopants from first principles. Journal of Physical Chemistry C, 115: 8274-8282

Haque K E. 1999. Microwave energy for mineral treatment processes-a brief review. International Journal of Mineral Processing, 57 (1): 1-24

Harrenga A, Michel H. 1999. The cytochrome c oxidase from Paracoccus denit rificans does not change the metal center ligation upon reduction. Journal of Biological Chemistry, 274: 33 296 -33 299

Hartshorne R, Reardon C, Ross D, et al. 2009. Characterization of an electron conduit between bacteria and the extracellular environment. Proceedings of the National Academy of Sciences, 106 (52): 22169-22174

Hasan M A, Zaki M I, Pasupulety L, et al. 1999. Promotion of the hydrogen peroxide decompositionactivity of manganese oxide catalysts. Applied Catalysis A: General, 181 (1): 171-179

Hassler O. 1969. Microradiographic investigations of calcifications of the female breast. Cancer, 23 (5): 1103-1109

Hayase K, Tsubota H. 1983. Sedimentary humic acid and fulvic acid as surface active substances. Geochemica et Cosmochimica Acta, 47: 947-952

Hazen R, Papineau D, Leeker W, et al. 2008. Mineral evolution. American Mineralogist, 93 (11- 12): 1693-1720

He K H, Zheng G, Chen G, et al. 2007. Effects of single oxygen vacancy on electronic structure and ferromagnetism for V-doped TiO_2. Solid State Communications, 144: 54-57

He X B, Tang K L, Lei X Y. 1997. Heavy mineral record of the Holocene environment on the Loess Plateau in China and its pedogenetic significance. Catena, 29 (3-4): 323-332

Healy T W, Leckie J O. 1966. Modeling ionic strength effects on cation adsorption at hydrous oxide/solution interface. Journal of Colloid Interface Science, 21: 435-444

Heaney P J, Yates D M. 1998. Adsorption of toxic metal cations to aqueous polymeric silica. 17th International Mineralogical Association Conference, Oct. 9-14, 1998, Toronto, Canada, Abstract, A46

Heier K S. 1962. Trace elements in feldspars- a review. Norsk Geol. Tidsskr, 42: 415-454

Heikkinen P M, Räisänen M L. 2009. Trace metal and As solid-phase speciation in sulphide mine tailings-Indicators of spatial distribution of sulphide oxidation in active tailings impoundments. Applied Geochemistry, 24 (7): 1224-1237

Heitz R, Hoffmanin A, Thurian P, et al. 1992. The copper center: a shallow acceptor in ZnS and CdS. J. Phys.: Condens. Matter, 4: 157-168

Heller A, Degani Y, Johnson D, et al. 1987. Controlled suppression or enhancement of the photoactivity of titanium dioxide (rutile) pigment. Journal of Physical Chemistry, 91: 5987-5991

Heller-kallai L, Yariv S, Riemer M. 1973. The formation ofhydroxyl interlayers in smectites under the influence of organic bases. Clay Minerals, 10 (1): 35-40

Hemley R J. 1999. Mineralogy at a crossroads. Science, 285: 1026-1027

Henderson M A. 1996. An HREELS and TPD study of water on TiO_2 (110): the extent of molecular versus dissociative adsorption. Surface Science, 355 (1-3): 151-166

Hendrickson D N, Hollander J M, Jolly W L. 1970. Core-Electron Binding Energies for Compounds of Boron, Carbon, and Chromium. Inorganic Chemistry, 9: 612-615

Hernandez M, Newman D. 2001. Extracellular electron transfer. Cellular and Molecular Life Sciences, 58 (11): 1562-1571

Higgins T E, Halloran A R, Petura J C. 1997. Traditional and innovative treatment methods for Cr(Ⅵ) in soil. Journal of Soil Contamination, 6 (6): 767-797

Hisar I, Ileri M, Yetkin E, et al. 2002. Aortic valve calcification: its significance and limitation as a marker for coronary artery disease. Angiology, 53 (2): 165-169

Hochella M F. 1995. Mineral surfaces: their characterization and their chemical, physical and reactive nature. In:

Vaughan D J, Pattrick R A D (eds). Mineral surfaces. London: Chapman & Hall: 17-60

Hochella M F, White A F. 1990. Mineral-water interface geochemistry. Review in Mineralogy, 23: 1- 16, 309-364

Hodson M E. 1998. Micropore surface area variation with grain size in unweathered alkali feldspars: Implication for surface roughness and dissolution studies. Geochimica et Cosmocimica Acta, 62: 3429-3435

Hoffmann M R, Martin S T, Choi W, et al. 1995. Environmental applications of semiconductor photocatalysis. Chemistry Review, 95: 69-96

Hoffmann R. 1988. Solids and Surfaces: A Chemist's View of Bonding in Extended Structures. Verlagsg esells chaft: VCH Publishers

Hofmeister A M, Rossman G R. 1985. A model for the irradiative coloration of smoky feldspar and the inhibiting influence of water. Physics and Chemistry of Minerals, 12 (6): 324-332

Hofstadler K, Bauer R, Novalic S, et al. 1994. New reactor design for photocatalytic wastewater treatment with TiO_2 immobilized on fused silicaglass fibers: photomineralization of 4-chlorophenol. Environmental Science & Technology, 28: 670-674

Holmes D E, Chaudhuri S K, Nevin K P, et al. 2006. Microarray and genetic analysis of electron transfer to electrodes in Geobacter sulfurreducens. Environmental Microbiology, 8: 1805-1815

Holtz F, Beny J M, Myson B O, et al. 1996. High-temperature Raman spectroscopy of silicate and aluminosilicate hydrous glasses: Implications for water speciation. Chemical Geology, 128: 25-39

Homer M J, Safaii H, Smith T J, Marchant D J. 1989. The relationship of mammographic microcalcification to histologic malignancy: Radiologic-pathologic correlation. American Journal of Roentgenography, 153 (6): 1187-1189

Hong J, Sewell G W. 1998. Cr(Ⅵ) bioreduction in the Cr contaminated subsurface environment. 216th American Chemical Society National Meeting Preceding (ENVR): 127

Hongo T, Iemura T, Yamazaki A. 2008. Adsorption ability for several harmful anions and thermal behavior of Zn-Fe layered double hydroxide. Journal of the Ceramic Society of Japan, 116 (2): 192-197

Hou Y, Li X Y, Zhao Q D, et al. 2010. Electrochemically assisted photocatalytic degradation of 4-Chlorophenol by $ZnFe_2O_4$-modified TiO_2 nanotube array electrode under visible light irradiation. Environmental Science and Technology, 44 (13): 5098-5103

Hsiao C, Lee C, Ollis D F. 1983. Heterogeneous photocatalysis: degradation of dilute solutions of sichloromethane (CH_2Cl_2), chloroform ($CHCl_3$), and carbon tetrachloride (CCl_4) with illuminated TiO_2 photocatalyst. Journal of Catalysis, 82: 418-423

Hsu H H T, Camacho N C, Tawfik O, et al. 2002. Induction of calcification in rabbit aortas by high cholesterol diets: roles of calcifiable vesicles in dystrophic calcification. Atherosclerosis, 161 (1): 85-94

Hsu H H T, Tawfik O, Sun F. 2004. Mechanism of dystrophic calcification in rabbit aortas: temporal and spatial distributions of calcifying vesicles and calcification-related structural proteins. Cardiovascular Pathology, 13 (1): 3-10

Hu J S, Ren L L, Guo Y G, et al. 2005. Mass production and high photocatalytic activity of ZnS nanoporous nanoparticles. Angewandte Chemie-International Edition, 44 (8): 1269-1273

Hug S J. 1997. In situ fourier transform infrared measurements of sulfate adsorption on hematite in aqueous solutions. Journal of Colloid and Interface Science, 188 (2): 415-422

Hujairi N M A, Afzali B, Goldsmith D J A. 2004. Cardiac calcification in renal patients: what we do and don't know. American Journal of Kidney Diseases, 43 (2): 234-243

Hunt G, Salisbury J, Lenhoff C. 1971. Visible and near-infrared spectra of minerals and rocks: Ⅲ. Oxides and hydroxides. Modern Geology, 2 (3): 195-205

Hunter G K. 1996. Interfacial aspects of biomineralization. Current Opinion in Solid State and Materials Science, 1 (3): 430-435

Hyland M M, Jean G E, Bancroft G M. 1990. XPS And AES studies of Hg(Ⅱ) sorption and desorption reactions on sulfide minerals. Geochimica et Cosmochimica Acta, 54 (7): 1957-1967

IAEA. 1994. Siting of Geological Disposal Facilities. A Safety Guide, Safety Series No. 111 ~ G-4. 1

Ibarra J V, Palacios J M, de Andres A M. 1989. Analysis of coal and char ashes and their ability for sulphur retention. Fuel, 68 (8): 861-867

Ihara T, Miyoshi M, Iriyama Y, et al. 2003. Visible-light-active titanium oxide photocatalyst realized by an oxygen-deficient structure and by nitrogen doping. Applied Catalysis B: Environmental, 42 (4): 403-409

Iijima M, Moriwaki Y. 1999. Effects of ionic inflow and organic matrix on crystal growth of octacalcium phosphate; relevant to tooth enamel formation. Journal of Crystal Growth, 198: 670-676

Ikhsan J, Johnson B B, Wells J D. 1999. A comparative study of the adsorption of transition metals on kaolinite. Journal of Colloid and Interface Science, 217 (2): 403-410

Imamura K, Ehara N, Inada Y, et al. 2008. Microcalcifications of breast tissue: Appearance on synchrotron radiation imaging with 6μm resolution. American Journal of Roentgenology, 190 (4): 234-236

Ingall E D, Brandes J A, Diaz J M, et al. 2011. Phosphorus K-edge XANES spectroscopy of mineral standards. Journal of Synchrotron Radiation, 18 (2): 189-197

Inoue H, Moriwaki H, Maeda K, et al. 1995. Photoreducion of carbon-dioxide using chalcogenide semiconductor microcrystals. Journal of Photochemistry and Photobiology A-chemistry, 86 (1-3): 191-196

Inukai Y, Tanaka Y, Matsuda T. 2004. Removal of boron by N-methylglucamine-type cellulose derivatives with higher adsorption rate. Analytica Chemical Acta, 511 (2): 261-265

Ishibashi K, Fujishima A, Watanabe T, et al. 2000. Detection of active oxidative species in TiO_2 photocatalysis using the fluorescence technique. Electrochem. Commun. , 2: 207-210

Islam M M, Bredow T, Gerson A. 2007. Electronic properties of oxygen-deficient and aluminum-doped rutile TiO_2 from first principles. Physical Review B, 76 (4): 045217

Itoh S, Azakami T. 1993. Activities of the components and phase relations in Zn-Fe-O and ZnO-FeO-SiO_2 systems. Metallurgical Review of MMIJ (Mining and Metallurgical Institute of Japan), 10 (2): 113-133

Iwata S, Russo C, Jin Z Z, et al. 2013. Higher ambulatory blood pressure is associated with aortic valve calcification in the elderly a population-based study. Hypertension, 61, 55-60

Iyemere V P, Proudfoot D, Weissberg P L, et al. 2006. Vascular smooth muscle cell phenotypic plasticity and the regulation of vascular calcification. Journal of Internal Medicine, 260 (3): 192-210

Izzet O, Mahmut A, Ismail K, et al. 2003. Advanced physico-chemical treatment experiences on young municipal landfill leachates. Waste Management, 23 (5): 441 - 446

Jackson M, Choo L P, Watson P H, et al. 1995. Beware of connective tissue proteins: Assignment and implications of collagen absorptions in infrared spectra of human tissues. Biochimica et Biophysica Acta (BBA) - Molecular Basis of Disease, 1270 (1): 1-6

Jadhav S D, Hankare P P, Patil R P, et al. 2011. Effect of sintering on photocatalytic degradation of methyl orange using zinc ferrite. Material Letters, 65 (2): 371-373

Jambor J L, Dutrizac J E, Groat L A, et al. 2002. Static tests of neutralization potentials of silicate and aluminosilicate minerals. Environmental Geology, 43: 1-17

Jambor J L, Dutrizac J E, Raudsepp M. 2007. Measured and computed neutralization potentials from static tests of diverse rock types. Environmental Geology, 52 (6): 1019-1031

Jellinek F. 1957. The structures of the chromium sulphides. Acta Crystallographica, 10 (10): 620-628

Jeziorska M, Mccollum C, Woolley D E. 1998. Calcification in atheroscleroticplaque of human carotid arteries: association with mast cellsand macrophages. Journal of Pathology, 185 (1): 10-17

Jiang S D, Yao Q Z, Zhou G T, et al. 2012. Fabrication of hydroxyapatite hierarchical hollow microspheres and potential application in water treatment. J. Phys. Chem. , 116: 4484-4492

Jin H, Ham K, Chan J Y, et al. 2002. High resolution three-dimensional visualization and characterization of coronary atherosclerosis in vitro by synchrotron radiation X-ray microtomography and highly localized X-ray diffraction. Physics in medicine and biology, 47 (24): 43-45

Jinadass K B. 1991. Use of serpentinitein the defluoridation of fluorine-rich drinking water. Int. J. Environ Stud, 37 (1-2): 43-45

Jing L Q, Xu Z L, Sun X J, et al. 2001. The surface properties and photocatalytic activities of ZnO ultrafine particles. Applied Surface Science, 180: 308-314

Johnson E A, Rossman G R. 2004. A survey of hydrous species and concentrations in igneous feldspars. American Mineralogist, 89: 586-600

Jolivet J P, Henry M, Livage J. 2000. Metal oxide chemistry and synthesis: from solution to solid state. New York: Wiley-Blackwell

Jonckbloedt R C L. 1998. Olivine dissolution in sulphuric acid at elevated temperatures-implicat ions for the olivine process, an alternative waste acid neutralizing process. Journal of Geochemical Exploration, 62 (1-3): 337-346

Jones D A, Kingman S W, Whittles D N, et al . 2007. The influence of microwave energy delivery method on strength reduction in ore samples. Chemical Engineering and Processing, 46 (4): 291-299

Jones R, Koval S, Nesbitt H. 2003. Surface alteration of arsenopyrite (FeAsS) by Thiobacillus ferrooxidans. Geochimicaet Cosmochimica Acta, 67 (5): 955-965

Jong T, Parry D. 2006. Microbial sulfate reduction under sequentially acidic conditions in an upflow anaerobic packed bed bioreactor. Water Research, 40 (13): 2561-2571

Jono S, McKee M D, Murry CE, et al. 2000. Phosphate regulation of vascular smooth muscle cell calcification. Circulation Research, 87 (7): E10-E17

Jordan J W. 1949. OrganophilicbentoniteI. Swelling in organic liquids. Journal of Physical Chemistry, 53: 294-306

Jung D, Koo H J, Dai D, et al. 2001. Electronic structure study of scanning tunneling microscopy images of the rutile (110) surface and their implications on the surface relaxation. Surface Science, 473: 193-202

Junta J, Hochella M F. 1994. Manganese (Ⅱ) oxidation at mineral surfaces-A microscopic and spectroscopic study. Geochimicaet Cosmochimica. Acta, 58: 4985-4999

Kai M, Yano T, Fukumori Y, et al. 1989. Cytochrome oxidase of an acidophilic iron-oxidizing bacterium, Thiobacillus ferrooxidans, functions at pH 3 ~ 5. Biochemical and Biophysical Research Communications, 2: 839-843

Kai M, Yano T, Tamegai H, et al. 1992. Thiobacillus ferrooxidans cytochrome c oxidase: purification, and molecular and enzymatic features. Journal of Biological Chemistry, 112: 816-821

Kajander E O, Ciftcioglu N. 1998. Nanobacteria: An alternative mechanism for pathogenic intra- and extracellular calcification and stone formation. Proceedings of the National Academy of Sciences of the United States of America, 95 (4): 8274-8279

Kajander E O, Ciftcioglu N, Aho K, et al. 2003. Characteristics of nanobacteria and their possible role in stone formation. Urological Research, 31 (2): 47-54

Kakuta N, Park K H, Finlayson M F, et al. 1985. Photoassisted hydrogen production using visible light and co-precipitated ZnS · CdS without a noble metal. J. Phy. Chem., 89: 732-734

Kalapathy U, Proctor A, Schultz J. 2000. A simple method for production of pure silica from rice hull ash. Biores. Technol., 73: 257-262

Kamat P V, Patrick B. 1992. Photophysics and photochemistry of quantized ZnO colloids. Journal of Physical Chemistry, 96 (16): 6829-6834

Kamath S R, Proctor A. 1998. Silica gel from rice hull ash: preparation and characterization. Cereal. Chem., 75: 484-487

Kanemoto M, Ishihara K, Wada Y, et al. 1992a. Visible-light induced effective photoreduction of CO_2 to CO catalyzed by colloidal CdS microcrystallites. Chem. Lett., 5: 835-836

Kanemoto M, Shiragami T, Pac C J, et al. 1992b. Semiconductor photocatalysis: Effective photoreduction of carbon-dioxide catalyzed by ZnS quantum crystallites with low density of surface-defects. Journal of Physical Chemistry, 96 (8): 3521-3526

Kang K H, Shin H S, Parka H. 2002. Characterization of humic substances present in landfill leachates with different landfill ages and its implications. Water Research, 36 (16): 4023-4032

Kansal S K, Singh M, Sud D. 2007. Studies on photodegradation of two commercial dyes in aqueous phase using different photocatalysts. Journal of Hazardous Materials, 141: 581-590

Kanungo S B. 1979. Physicochemical properties of MnO_2 and MnO_2-CuO and their relationship with the catalytic activity for H_2O_2 decomposition and CO oxidation. Journal of Catalysis, 58 (3): 419-435

Kanungo S K, Parida K M, Sant B R. 1981. Studies on MnO_2—Ⅲ. The kinetics and the mechanism for the catalytic decomposition of H_2O_2 over different crystalline modifications of MnO_2. Electrochimica Acta, 26 (8): 1157-1167

Kapustin A N, Shanahan C M. 2012. Calcium regulation of vascular smooth muscle cell-derived matrix vesicles. Trends in Cardiovascular Medicine, 22 (5): 133-137

Kato S, Nakamura R, Kai F, et al. 2010. Respiratory interactions of soil bacteria with (semi) conductive iron-oxide minerals. Environmental Microbiology, 12: 3114-3123

Katoh R, Kawaoi A, Muramatsu A, et al. 1993. Birefringent (calcium oxalate) crystals in thyroid diseases: aclinicopathological study with possibleimplications fordifferential diagnosis. American Journal of Surgical Pathology, 17 (7): 698-705

Katz E, Zayats M, Willner I, et al. 2006. Controlling the directionof photocurrents by means of CdS nanoparticles and cytochrome c-mediated biocatalytic cascades. Chemistry Communication, 13: 1395-1397

Ke J J, Li H M. 2006. Bacterial leaching of nickel-bearing pyrrhotite. Hydrometallurgy, 82: 172-175

Kelley D, Karson J, Blackman D, et al. 2001. An off-axis hydrothermal vent field near the Mid-Atlantic Ridge at 30°N. Nature, 412 (6843): 145-149

Kennedy L J, Vijaya J J, Kayalvizhi K, et al. 2007. Adsorption of phenol from aqueous solutions using mesoporous carbon prepared by two-stage process. Chemistry Engineering Journal, 132 (1-3): 279-287

Keppler U, Nitsche D. 1979. Mammary-carcinoma Micro-calcification. Naturwissenschaften, 66 (4): 214

Kera Y, Mastukaze Y. 1986. Dynamical change in the crystal field around the V(Ⅳ) ion on TiO_2 (rutile) surface accompanied by the interaction with adsorbed oxygen molecules. Journal of Physical Chemistry, 90 (22): 5752-5755

Keren R. 1981. pH-dependent boron adsorption by Na-montmorillonite. Soil Science Society of America Journal, 45: 45-58

Khaodhiar S, Azizian M F, Osathaphan K, et al. 2000. Copper, chromium, and arsenic adsorption and equilibrium modeling inan iron-oxide-coated sand, background electrolyte system. Water, Air and Soil Pollution, 119 (1-4): 105-120

Kijima N, Yasuda H, Sato T, et al. 2001. Preparation and characterization of open tunnel oxide α-MnO_2 precipitated by ozone oxidation. Journal of Solid State Chemistry, 159 (1): 94-102

Kim S J. 2001. Photocatalytic effects of rutile phase TiO_2 ultrafine powder with high specific surface area obtained by a homogeneous precipitation process at low temperatures. Journal of Sol-Gel Science and Technology, 22 (1-2): 63-74

Kim S M, Park J M, Moon W K. 2004. Dystrophic breast calcifications in patients with collagen diseases. Clinical Imaging, 28 (1): 6-9

Kips J G, Segers P, van Bortel L M. 2008. Identifying the vulnerable plaque: A review of invasive and non-invasive imaging modalities. Artery Research, 2 (1): 21-34

Kirschvink J L, Kobayashi-Kirschvink A, Woodford B J. 1992. Magnetite biomineralization in the human-brain. Proceedings of the National Academy of Sciences of the United States of America, 89 (16): 7683-7687

Kitamura A, Kobayashi T, Ueda K, et al. 2005. Evaluation of coronary artery calcification by multi-detector row computed tomography for the detection of coronary artery stenosis in Japanese patients. Journal of Epidemiology, 15 (5): 187-193

Kiyozuka Y, Nakagawa H, Senzaki H, et al. 2001. Bone morphogenetic protein-2 and type Ⅳ collagen expression in psammoma body forming ovarian cancer. Anticancer Research, 21 (3B): 1723-1730

Klosek S, Raftery D. 2001. Visible light driven V-doped TiO_2 photocatalyst and its photooxidation of ethanol. Journal of Physical Chemistry B, 105 (14): 2815-2819

Knipe S W, Mycroft J R, Pratt A R, et al. 1995. X-ray photoelectron spectroscopic study of water-adsorption on iron Sulfide Minerals. Geochimica et Cosmochimica Acta, 59 (6): 1079-1090

Knoll A H. 2003. The geological consequences of evolution. Geobiology, 1 (1): 3-14

Kobayashi M, Kuma R, Masaki S, et al. 2005. TiO_2-SiO_2 and V_2O_5/TiO_2-SiO_2 catalyst: Physico-chemical characteristics and catalytic behavior in selective catalytic reduction of NO by NH_3. Applied Catalysis B: Environmental, 60: 173-179

Kohler T, Armbruster T, Libowitzky E. 1997. Hydrogen bonding and Jahn-Teller distortion in groutite, alpha-MnOOH, and manganite, gamma-MnOOH, and their relations to the manganese dioxides ramsdellite and pyrolusite. Journal of Solid State Chemistry, 133: 486-500

Kohn M J, Rakovan J, Hughes J M. 2002. Phosphate: Geochemical, geobiological, and materials importance. Review in Mineralogy and Geochemistry, 48. Washington: Mineralogical Society of America and Geochemical Society

Koleini S M J, Aghazadeh V. 2011. Acidic sulphate leaching of chalcopyrite concentrates in presence of pyrite. Minerals Engineering, 24 (5): 381-386

Kopans D B. 1998. The mammography screening controversy. Cancer Journal from Scientific American, 4 (1): 22-24

Korshin G V, Benjamin M M, Sletten R S. 1997. Adsorption of natural organic matter (NOM) on iron oxide: Effects on NOM composition and formation of organo-halide compounds during chlorination. Water Research, 31 (7): 1643-1650

Koutsopoulos S. 2002. Synthesis and characterization of hydroxyapatite crystals: a review study on the analytical methods. Journal of Biomedical Materials Research, 62 (4): 600-612

Kronenberg A K, Yund R A, Rossman G R. 1996. Stationary and mobile hydrogen defects in potassium feldspar. Geochimica et Cosmocimica Acta, 60: 4075-4094

Krumbein W E. 1983. Microbial Geochemistry. Oxford: Blackwell Scientific Publications

Kubota T, Hirano A, Yamamoto S, et al. 1984. The fine structure of psammoma bodies in meningocytic whorls. Journal of Neuropathology and Experimental Neurology, 43 (1): 37 - 44

Kubota T, Yamashima T, Hasegawa M, et al. 1986. Formation of psammoma bodies in meningocyticwhorls: Ultrastructural study and analysis of calcified material. Acta Neuropathologica, 70 (3-4): 262-268

Kudo A, Sekizawa M. 1999. Photocatalytic H_2 evolution under visible light irradiation on $Zn_{1-x}Cu_xS$ solid solution. Catalysis Letters, 58 (4): 241-243

Kudo A, Tsuji I, Kato H. 2002. $AgInZn_7S_9$ solid solution photocatalyst for H_2 evolution from aqueous solutions under visible light irradiation. Chem. Commun. , 1958-1959

Kumar P M, Badrinarayanan S, Sastry M. 2000. Nanocrystalline TiO_2 studied by optical, FTIR and X-ray photoelectron spectroscopy: correlation to presence of surface states. Thin Solid Films, 358: 122-130

Kurniawan T A, Lo W H, Chan G Y. 2006. Physico-chemical treatments for removal of recalcitrant contaminants from landfill leachate. Journal of Hazardous Materials, 129 (1-3): 80-100

Kusano T, Takeshima T, Sugawara K, et al. 1992. Molecular cloning of the gene encoding Thiobacillus ferrooxidans Fe-1 oxidase. Journal of Biological Chemistry, 267: 11242-11247

Kuwabata S, Nishida K, Tsuda R, et al. 1994. Photochemical reduction of carbon-dioxide to methanol using ZnS microcrystallite as a photocatalyst in the presence of methanol dehydrogenase. Journal of the Electrochemical Society, 141 (6): 1498-1503

Kwak J Y, Kim E K, Son E J, et al. 2007. Papillary thyroid carcinoma manifested solely as micro calcifications on sonography. AJR Am. J. Roentgenol, 189 (1): 227-231

Labat F, Baranek P, Domain C, et al. 2007. Density functional theory analysis of the structural and electronic properties of TiO_2 rutile and anatase polytypes: Performances of different exchange-correlation functionals. Journal of Chemical Physics, 126 (15): 154703

Lane N, Allen J, Martin W. 2010. How did LUCA make a living? Chemiosmosis in the origin of life. Bio. Essays, 32: 271-280

Langley S, Beveridge T. 1999. Effect of O-chain-lipopolysaccharide chemistry on metal binding. Applied and Environment Microbiology, 65 (2): 489-498

Lanyi M. 1985. Microcalcifications in the breast: A blessing or acurse? A critical review. Diagnostic Imaging in Clinical Medicine, 54 (3-4): 126-145

Laurencin D, Wong A, Chrzanowski W, et al. 2010. Probing the calcium and sodium local environment in bones and teeth using multinuclear solid state NMR and X-ray absorption spectroscopy. Physical Chemistry Chemical Physics, 12 (5): 1081-1091

Lawniczak-Jablonska K, Kachniarz J, Spolnik Z M. 1999. X-ray emission valence band spectra from $Zn_{1-x}Fe_xS$ excited by electrons. J. Alloys Compd. , 286: 71-75

Leadbeater B S C, Riding R. 1986. Biomineralization in lowerplants and animals. The Systematics Association Special Volume. Oxford: Clarendon Press

Leborgne R. 1951. Diagnosis of tumors of the breast by simple roentgenography: calcifications in carcinomas. American Journal of Roentgenography, 65 (1): 1-11

Lee J F, Mortland M M, Boyd S A, et al. 1989. Shape Selective Adsorption of Aromatic Compounds from Water by Tetramethylammonium-smectite. Journal of the Chemical Society Faraday Transactions, 85 (9): 2953-2962

Lee J F, Mortland M M, Chiou C T, et al. 1990. Adsorption of Benzene, Toluene, and Xylene by Two Tetramethylammonium-smectites Having Different Charge Densities. Clays and Clay Minerals, 38 (2): 113-120

Lee M R, Hodson M E, Parsons I. 1998. The role of intragranular microtextures and microstructures in chemical and mechanical weathering: Direct comparisons of experimentally and naturally weathered alkali feldspars. Gepchimica et Cosmochimica Acta, 62 (16): 2771-2788

Lei Z B, Ma G J, Liu M Y, et al. 2006. Sulfur-substituted and zinc-doped In $(OH)_3$: A new class of catalyst for photocatalytic H_2 production from water under visible light illumination. J. Catal., 237: 322-329

Le Quéré C, Takahashi T, Buitenhuis E T, et al. 2010. Impact of climate change and variability on the global oceanic sink of CO_2. Global Biogeochemical Cycles, 24: GB4007. Doi: 10. 1029/2009GB003599

Le van Mao R, Kipkemboi P, Levesque P. 1989. Leached asbestos materials: precursors of zeolites. Zeolites, 9: 405-411

Le van Mao R, Levesque P, Sjiariel B, et al. 1985. Composite ZSM-5 zeolite/asbestos catalysts. Cananian Journal of Chemistry, 63 (12): 3464-3470

Li B, Morrison S. 1985. Excited dye reaction with damaged zinc oxide. J. Phys. Chem., 89: 5442-5446

Li D, Haneda H. 2003a. Synthesis of nitrogen-containing ZnO powders by spray pyrolysis and their visible-light photocatalysis in gas-phase acetaldehyde decomposition. Journal of Photochemistry and Photobiology A: Chemistry, 155: 171-178

Li D, Haneda H. 2003b. Photocatalysis of sprayed nitrogen-containing Fe_2O_3-ZnO and WO_3-ZnO composite powders in gas-phase acetaldehyde decomposition. Journal of Photochemistry and Photobiology A: Chemistry, 160: 203-212

Li D, Haneda H, Ohashi N, et al. 2004. Synthesis of nanosized nitrogen-containing MO_x-ZnO (M=W, V, Fe) composite powders by spray pyrolysis and their visible-light-driven photocatalysis in gas-phase acetaldehyde decomposition. Catalysis Today, 93-95: 895-901

Li G, Liu Z Q, Lu J, et al. 2009. Effect of calcination temperature on the morphology and surface properties of TiO_2 nanotube arrays. Applied Surface Science, 255 (16): 7323-7328

Li X J, Xiao Z Y, Lu A H, et al. 2008. Preparation and characteristics of NiO-coated nano-fibriform silica. Colloids and Surfaces A: Physicochemical and Engineering Aspects, 324 (1-3): 171-175

Li X Z, Zhao Q L. 2003. Recovery of ammonium-nitrogen from landfill leachate as a multi-nutrient fertilizer. Ecological Engineering, 20 (2): 171-181

Li X Z, Zhao Q L, Hao X D. 1999. Ammonium removal from landfill leachate by chemical precipitation. Waste Management, 19 (6): 409-415

Li Y, Lu A H, Wang C Q, et al. 2008. Characterization of natural sphalerite as a novel visible light-driven photocatalyst. Solar Energy Materials and Solar Cells, 92 (8): 953-959

Li Y, Lu A H, Ding H R, et al. 2009a. Cr (Ⅵ) reduction at rutile-catalyzed cathode in microbial fuel cells. Electrochemistry Communications, 11 (7): 1496-1499

Li Y, Lu A H, Jin S, et al. 2009b. Photo-reductive decolorization of an azo dye by natural sphalerite: Case study of a new type of visible light-sensitized photocatalyst. Journal of Hazardous Materials, 170 (1): 479-486

Li Y, Lu A H, Wang C Q. 2009c. Semiconducting mineralogical characteristics of natural sphalerite gestating visible-light photocatalysis. Acta Geologica Sinica-English Edition, 83 (3): 633-639

Li Y, Lu A H, Ding H R, et al. 2010. Microbial fuel cells using natural pyrrhotite as the cathodic heterogeneous

Fenton catalyst towards the degradation of biorefractory organics in landfill leachate. Electrochemistry Communications, 12 (7): 944-947

Li Y, Ding H R, Lu A H, et al. 2012. Synergistic interaction between electricigens and natural pyrrhotite to produce active oxygen radicals. Geomicrobiology Journal, 29 (3): 264-273

Li Y, Lu A H, Wang X, et al. 2013. Semiconducting mineral photocatalytic regeneration of Fe^{2+} promotes carbon dioxide acquisition by *Acidithiobacillus ferrooxidans*. Acta Geologica Sinica-English Edition, 87 (3): 761-766

Li Y, Wang X, Zhu M Q, et al. 2014. Mineralogical characterization of calcification in cardiovascular aortic atherosclerotic plaque: A case study. Mineralogical Magazine, 78 (4): 775-786

Liakopoulos A, Lemière B, Michael K, et al. 2010. Environmental impacts of unmanaged solid waste at a former base metal mining and ore processing site (Kirki, Greece). Waste Management & Research, 28 (11): 996-1009

Liebau F. 1985. Structural Chemistry of Silicates: Structure, Bonding, and Classification. New York: Springer-Verlag

Liebau F. 2003. Ordered microporous and mesoporous materials with inorganic hosts: definitions of terms, formula notation, and systematic classification. Microporous and Mesoporous Materials, 58 (1): 15-72

Lieftlink D J, Geus J W. 1998. The preparation of silica from the olivine process and its possible use as a catalyst support. Journal of Geochemical Exploration, 62: 347-350

Ligenza S. 1976. A Study of the $^6S_{5/2}$-Term Splitting of an Fe^{3+} ion in Zinc Ferrite by Neutron Spectroscopy. Physica Status Solidi (b) -Basic Research, 75 (1): 315-326

Lim C H, Jackson M L, Koons R D, et al. 1980. Kaolins: Sources of differences in cation-exchange capacities and cesium retention. Clays and Clay Minerals, 28: 223-229

Lin Y M, Jiang Z Y, Zhu C Y, et al. 2012. Visible-light photocatalytic activity of Ni-doped TiO_2 from ab initio calculations. Materials Chemistry and Physics, 133 (2-3): 746-750

Lin Z X, Herbert R B. 1997. Heavy metal retention in secondary precipitates from a mine rock dump and underlying soil, Dalarna, Sweden. Environmental Geology, 33 (1): 1-12

Linden C H, Hall A H, Kulig K W. 1986. Acute ingestions of boric acid. Clinical Toxicology, 24: 269-279

Linsebigler A L, Lu G Q, John T Y J. 1995. Photocatalysis on TiO_2 surfaces: principles, mechanisms, and selected results. Chemical Reviews, 95 (3): 735-758

Liou S C, Chen S Y, Lee H Y, et al. 2004. Structural characterization of nano-sized calcium deficient apatite powders. Biomaterials, 25 (2): 189-196

Liu B S, Wang X L, Cai G F, et al. 2009. Low temperature fabrication of V-doped TiO_2 nanoparticles, structure and photocatalytic studies. Journal of Hazardous Materials, 169: 1112-1118

Liu C P, Xu Y S, Hua Y X. 1990. Application of microwave radiation to extractive metallurgy. Chinese Journal of Metal Science and Technology, 6 (2): 121-124

Liu H, Ma H T, Li X Z, et al. 2003a. The enhancement of TiO_2 photocatalytic activity by hydrogen thermal treatment. Chemosphere, 50 (1): 39-46

Liu J, Son Y C, Cai J, et al. 2004. Size control, metal substitution, and catalytic application of cryptomelane nanomaterials prepared using cross-linking reagents. Chemistry of Materials, 16 (2): 276-285

Liu R, Lu A H, Qin S. 2006. Synthesis of Pb-feldspar by ion exchange reaction and its implications. Acta Geologica Sinica-English Edition, 80 (2): 175-179

Liu S H, Yang R S, Al-Shaikh R, Lane J M. 1995. Collagen in tendon, ligament, and bone healing: A current review. Clinical Orthopaedics and Related Research, 318: 265-278

Liu Y, Tossell J A. 2005. Ab initio molecular orbital calculations for boron isotope fractionations on boric acids and borates. Geochimica et Cosmochimica Acta, 69 (16): 3995-4006

Liu Z H, Gao S Y, Xia S P. 2003b. FT-IR spectroscopic study of phase transformation of chloropinnoite in broic acid solution at 303K. Spectrochim Acta Part A, 59 (2): 265-270

Llorca S, Monchoux P. 1991. Supergene cobalt minerals from New Caledonia. Canadian Mineralogist, 29: 149-161

Loganathan P, Burau R G. 1973. Sorption of heavy-metal ions by a hydrous manganese oxide. Geochimica et Cosmochimica Acta, 37 (5): 1277-1293

London G M, Pannier B, Marchais S J, et al. 2000. Calcification of the aortic valve in the dialyzed patient. Journal of the American Society of Nephrology, 11 (4): 778-783

Long R, English N J. 2010. Synergistic effects on band gap-narrowing in titania by codoping from first-principles calculations. Chemistry of Materials, 22: 1616-1623

Lovley D R. 1998. Geomicrobiology: Interactions between microbes and minerals. Science, 280 (5360): 54-55

Lovley D R. 2006. Bug juice: harvesting electricity with microorganisms. Nature Reviews Microbiology, 4 (7): 497-508

Lovley D R. 2008. Extracellular electron transfer: wires, capacitors, iron lungs, and more. Geobiology, 6 (3): 225-231

Lovley D R, Coates J, Blunt-Harris E, et al. 1996. Humic substances as electron acceptors for microbial respiration. Nature, 382: 445-448

Lowenstam H A. 1981. Minerals formed by organisms. Science, 211 (4487): 1126-1131

Lowenstam H A, Margulis L. 1980. Calcium regulation and the appearance of calcareous skeletons in the fossil record. In: Omori M, Watabe N (eds). The mechanisms of biomineralizationin animals and plants. Tokyo: Tokai University Press: 289-300

Lowenstam H A, Weiner S. 1989. On biomineralization. NewYork: Oxford University Press

Lu A H. 2004. Environmental properties of minerals and contaminants purified by the mineralogical method. Acta Geologica Sinica-English Edition, 78 (1): 191-202

Lu A H, Li Y. 2012. Light Fuel Cell (LFC): A novel device for interpretation of microorganisms-involved mineral photochemical process. Geomicrobiology Journal, 29 (3): 236-243

Lu A H, Chen J, Shi J X, et al. 2000. One-step disposal of Cr(Ⅵ)-bearing wastewater by natural pyrrhotite. Chinese Science Bulletin, 45 (17): 1614-1616

Lu A H, Gao X, Qin S, et al. 2003a. Cryptomelane ($K_xMn_8 \cdot xO_{16}$): Natural active octahedral molecular sieve (OMS-2). Chinese Science Bulletin, 48 (9): 920-923

Lu A H, Zhao D G, Li J H, et al. 2003b. Application of vermiculite and limestone todesulphurization and to the removal ofdust during briquette combustion. Mineralogical Magazine, 67 (6): 1243-1251

Lu A H, Guo Y J, Liu J, et al. 2004a. Photocatalytic effect of nature and modified V-bearing rutile, Chinese Science Bulletin, 49 (21): 2284-2287

Lu A H, Liu J, Zhao D, et al. 2004b. Photocatalysis of V-bearing rutile on degradation of halohydrocarbons. Catalysis Today. 90 (3-4): 337-342

Lu A H, Huang S H, Liu R, et al. 2006a. Environmental effects of micro- and ultra-microchannel structures of natural minerals. Acta Geologica Sinica-English Edition, 80 (2): 161-169

Lu A H, Zhong S J, Chen J, et al. 2006b. Removal of Cr(Ⅵ) and Cr(Ⅲ) from aqueous solutions and industrial wastewaters by natural clino-pyrrhotite. Environmental Science & Technology, 40 (9): 3064-3069

Lu A H, Gao X, Wang C Q, et al. 2007a. Natural cryptomelane and its potential application in the adsorption of heavy metal cadmium. Journal of Mineralogical and Petrological Sciences, 102 (4): 217-225

Lu A H, Li Y, Lv M, et al. 2007b. Photocatalytic oxidation of methyl orange by natural V-bearing rutile under visible light. Solar Energy Materials and Solar Cells, 91 (19): 1849-1855

Lu A H, Li Y, Jin S, et al. 2010. Microbial fuel cell equipped with a photocatalytic rutile-coated cathode. Energy & Fuels, 24 (2): 1184-1190

Lu A H, Li Y, Jin S. 2012a. Interactions between semiconducting minerals and bacteria under light. Elements, 8 (2): 125-130

Lu A H, Li Y, Jin S, et al. 2012b. Growth of non-phototrophic microorganisms using solar energy through mineral photocatalysis. Nature Communications, 3, 768-775

Lu A H, Li Y, Wang X, et al. 2013. Photoelectrons from minerals and microbial world: A perspective on life evolution in the early Earth. Precambrian Research, 231: 401-408

Lu A H, Wang X, Li Y, et al. 2014. Mineral photoelectrons and their implications for the origin and early evolution of life on Earth. Science China: Earth Sciences, 57 (5): 897-902

Lu H Y, Chu S Y. 2004. The mechanism and characteristics of ZnS-based phosphor powders. J. Cryst. Growth, 265: 476-481

Lu T, Lin L, Zhao C. 1998. Influence of electron irradiation on H_2O adsorbed on the surface of rutile. Nuclear Instruments & Methods in Physics Research B, 141 (1-4): 455-460

Luo J, Zhang Q H, Huang A M, et al. 2000. Total oxidation of volatileorganic compounds with hydrophobic cryptomelane-type octahedralmolecular sieves. Microporous and Mesoporous Materials, 35-36: 209-217

Luo Z M, Lu A H, Li Y, et al. 2012. Enhanced visible-light response of natural V-bearing rutile TiO_2 by argon annealing. European Journal of Mineralogy, 24 (3): 551-557

Ma S F, Wang C Q, Lu A H, et al. 2007. Experimental study on treatment of high-concentrated sulfur wastewater by process of depositing natrojarosite and its environmental significance. Acta Geologica Sinica-English Edition, 81 (2): 330-334

Machatschki. 1928. Formula and Crystal Structure of Tetrahedrite. Norsk. Geol. Tidsskr., 10 (1): 23

Madsen I C, Scarlett N V Y, Cranswick L M D, et al. 2001. Outcomes of the International Union of Crystallography Commission on Powder Diffraction Round Robin on Quantitative Phase Analysis: Samples 1a to 1h. Journal of Applied Crystallography, 34: 409-426

Maeda M. 1979. Raman spectra of polyborate ions in aqueous solution. Journal of Inorganic and Nuclear Chemistry, 41: 1217-1220

Makarov V N, Manakova N K, Vasil'eva T N, et al. 2003. Optimization of olivine processing to obtain magnesium meliorant. Russian Journal of Applied Chemistry, 76 (2): 171-174

Makovec D, Drofenik M. 2008. Non-stoichiometric zinc-ferrite spinel nanoparticles. Journal of Nanoparticle Research, 10 (1): 131-141

Malato S, Fernández-Ibáñez P, Maldonado M I, et al. 2009. Decontamination and disinfection of water by solar photocatalysis: recent overview and trends. Catalysis Today, 147 (1): 1-59

Maldener J, Rauch F, Gavranic M, et al. 2001. OH absorption coefficients of rutile and cassiterite deduced from nuclear reaction analysis and FTIR spectroscopy. Mineralogy and Petrology, 71: 21-29

Manara S, Paolucci F, Palazzo B, et al. 2008. Electrochemically-assisted deposition of biomimetic hydroxyapatite-collagen coatings on titanium plate. Inorganica Chimica Acta, 361 (6): 1634-1645

Mandel N. 1994. Crystal-membrane interaction in kidney stone disease. Journal of American Society of Nephrology,

5 (5): S37-S45

Mann S. 1983. Mineralization in biological systems. Structure and Bonding, 54: 125-174

Mann S. 2001. Biomineralization: principles and concepts inbioinorganic materials chemistry. Oxford: Oxford University Press

Manning P G, Wang X W. 1995. The binding of Pb, Zn, and other metal ions in suspended riverineparticulate matter. The Canadian Mieralogist, 33: 679-687

Manohar A, Bretschger O, Nealson K. 2008. The use of electrochemical impedance spectroscopy (EIS) in the evaluation of the electrochemical properties of a microbial fuel cell. Bioelectrochemistry, 72 (2): 149-154

Mantel T, Borghi R. 1994. A new model of premixed wrinkled flame propagation based on a scalar dissipation equation. Combustion and Flame, 96 (4): 443-457

Margolis H C, Beniash E, Fowler C E. 2006. Role of macromolecular assembly of enamel matrix proteins in enamel formation. Journal of Dental Research, 85 (9): 775-793

Maria G F, Fonseca S, Andrea O, et al. 2001. Silylating agents grafted onto silics derived from leached chrysotile. J. Colloid Interface Sci. , 240: 533-538

Marland S, Han B, Merchant A, et al. 2000. The effect of microwave radiation on coal grindability. Fuel, 79 (11): 1283-1288

Maroufa R, Marouf-Khelifa K, Schott J. 2009. Zeta potential study of thermally treated dolomite samples in electrolyte solutions. Microporous and Mesoporous Materials, 122: 99-104

Marsili E, Baron D B, Shikhare I D, et al. 2008. Shewanella secretes flavins that mediate extracellular electron transfer. Proceedings of the National Academy of Sciences, 105 (10): 3968-3973

Martin W. 2011. Early evolution without a tree of life. Biol. Direct, 6 (1): 1-25

Mathieson A M, Wadsley A D. 1950. The crystal structure of Cryptomelane. American Mineralogist, 35 (1-2): 99-101

Mathis B, Marshall C, et al. 2008. Electricity generation by thermophilic microorganisms from marine sediment. Applied Microbiology and Biotechnology, 78 (1): 147-155

Matralis H K, Papadopoulou C, Kordulis C, et al. 1995. Selective oxidation of toluene over V_2O_5/TiO_2 catalysts-Effect of vanadium loading and of molybdenum addition on the catalytic properties. Applied Catalysis A: General, 126 (2): 365-380

Matsumoto N, Nakasona S, Ohmura N, Saiki H. 1999. Extension of logarithmic growth of Thiobacillus ferrooxidans by potential controlled electrochemical reduction of Fe(Ⅲ). Biotechnology and Bioengineering, 64 (6): 716-721

Matsunaga T, Okamura Y. 2003. Genes and proteins involved in bacterialmagnetic particle formation. Research Trend in Microbiology, 11 (11): 536-541

Matsunaga K, Murata H, Mizoguchi T, et al. 2010. Mechanism of incorporation of zinc into hydroxyapatite. Acta Biomaterialia, 6 (6): 2289-2293

Matthews S M, Boegel A J, Eccles S F, et al. 1992. High-energy irradiation of chlorinated hydrocarbons. Journal of Radioanalytical and Nuclear Chemistry, 161: 253-264

Mattioli G, Filippone F, Alippi P, et al. 2008. Ab initio study of the electronic states induced by oxygen vacancies in rutile and anatase TiO_2. Physical Review B, 78 (24): 241201

Mau A W H, Huang C B, Kakuta N, et al. 1984. Hydrogen photoproduction by Nafion/cadmium sulfide/platinum films in water/sulfide ion solutions. J. Am. Chem. Soc. , 106: 6537

Maurice P A, Vierkorn M A, Hersman L E, et al. 2001. Enhancementof kaolinite dissolution by an aerobic pseudomonas mendocinabacterium. Geomicrobiology Journal，18：21-35

Maurice P，Vierkorn M，Hersman L，et al. 2001. Enhancement of Kaolinite Dissolution by an Aerobic Pseudomonas mendocina Bacterium. Geomicrobiology Journal，18，21-35

Mautner G C，Mautner S L，Froehlich J，et al. 1994. Coronary artery calcification：assessment with electron beam CT and histomorphometric correlation. Radiology，192（3）：619-623

McBride M B. 1989. Oxidation of dihydroxybenzenes in aerated aqueous suspension of birnessite. Clay and Clay Minerals，37（4）：341-347

Mccormick M L，Adriaens P. 2004. Carbon tetrachloride transformation on the surface of nanoscale biogenic magnetite particles. Environmental Science & Technology，38：1045-1053

McCusker L B，Liebau F，Engelhardt G. 2003. Nomenclature of structural and compositional characteristics of ordered microporous and mesoporous materials with inorganic hoss（IUPAC Recommendations 2001）. Microporous and Mesoporous Materials，58：3-13

McGregor R G，Blowes D W. 2002. The physical，chemical and mineralogical properties of three cemented layers within sulfide-bearing mine tailings. Journal of Geochemical Exploration，76（3）：95-207

McGregor R G，Blowes D W，Jambor J L，et al. 1998. The solid-phase controls on the mobility of heavy metals at the Copper Cliff tailings area，Sudbury，Ontario，Canada. Journal of Contaminant Hydrology，33（3-4）：247-271

McLaughlin R W，Vali H，Lau P C K，et al. 2002. Are there naturally occurring pleomorphic bacteria in the blood of healthy humans? Journal of Clinical Microbiology，40（12）：4771-4775

McLean T P. 1960. The absorption edge spectrum of semiconductors. Prog. Semiconductors，5：55-102

McNeil C. 2006. Annual cancer statistics report raises key questions. Journal of the National Cancer Institute，98（22）：1598-1599

Meier W M，Olson D H，Baerlocher C. 1996. Altas of Zeolite Structure Types：4threvised. Zeolites，17：329

Mendialdua J，Casanova R，Barbaux Y. 1995. XPS studies of V_2O_5，V_6O_{13}，VO_2 and V_2O_3. Journal of Electron Spectroscopy and Related Phenomena，71（3）：249-261

Menetrey M，Markovits A，Minot C. 2003. Reactivity of a reduced metal oxide surface：hydrogen，water and carbon monoxide adsorption on oxygen defective rutile TiO_2（110）. Surface Science，524：49-62

Meng F L，Wang C Q，Li Y，et al. 2014. Psammoma bodies in two types of human ovarian tumours：a mineralogical study. Mineralogy and Petrology，108（4）. DOI 10. 1007/s00710-014-0342-6

Miake Y，Shimoda S，Fukae M，et al. 1993. Epitaxial overgrowth of apatite crystals on the thin-ribbonprecursor at early stages of porcine enamel mineralization. Calcified Tissue International，53（4）：249-256

Mills A，Davies R H，Worley D. 1993. Water purification by semiconductor photocatalysis. Chemical Society Reviews，22：417-425

Miyaji F，Kono Y，Suyama Y. 2005. Formation and structure of zinc-substituted calcium hydroxyapatite. Materials Research Bulletin，40（2）：209-220

Mochida I，Takeshita K. 1974. Transition metal ions on molecular sieves. Ⅱ. Catalytic activities of transition metal ions on molecular sieves for the composition of hydrogen peroxide. Journal of Physical Chemistry，78（16）：1653-1657

Moon W K，Im J G，Koh Y H，et al. 2000. US of mammographically detected clustered microcalcifications. Radiology，217（3）：849-854

Moore P B，Shen J. 1983. An X-ray structural study of cacoxenite，amineral phosphate. Nature，306（5941）：356-358

Morgan J J, Stumm W. 1964. Colloid-chemical properties of manganese dioxide. Journal of Colloid Science, 19 (4): 347-359

Morgan M P, Cooke M M, Christopherson P A, et al. 2001. Calcium hydroxyapatite promotes mitogenesis and matrix metalloproteinase expression in human breast cancer cell lines. Molecular Carcinogensis, 32 (3): 111-117

Morgan M P, Cooke M M, McCarthy G M. 2005. Microminéralizations Associated with Breast Cancer: An Epiphenomenon or Biologically Significant Feature of Selected Tumors? Journal of Mammary Gland Biology and Neoplasia, 10 (2): 181-187

Moross T, Lang A P, Mahoney L. 1983. Tubular adenoma of breast. Archives of Pathology & Laboratory Medicine, 107 (2): 84-86

Morris R W, Kittleman L R. 1967. Piezoelectric property of otoliths. Science, 158 (3799): 368-370

Morrison S R. 1990. The Chemical Physics of Surfaces. New York: Plenum Publishing Corp: 438

Movasaghi Z, Rehman S, Rehman I U. 2008. Fourier transform infrared (FTIR) spectroscopy of biological tissues. Applied Spectroscopy Reviews, 43 (2): 134-179

Muir B B, Lamb J, Anderson T J, et al. 1983. Microcalcification and its relationship to cancer of the breast: Experience in a screening clinic. Clinical Radiology, 34 (2): 193-200

Mulkidjanian A Y. 2009. On the origin of life in the Zinc world: 1. Photosynthesizing, porous edifices built of hydrothermally precipitated zinc sulfide as cradles of life on Earth. Biology Direct, 4: 26

Mulkidjanian A Y, Bychkov A Y, Dibrova V, et al. 2012. Origin of first cells at terrestrial, anoxic geothermal fields. Proceedings of the National Academy of Sciences, 109 (14): E821-E830

Muller G. 1988. Preparation of hydrogen and lithium feldspar by ion-exchange. Nature, 332 (6163): 435-436

Muraoka Y, Yamauchi T, Ueda Y, et al. 2002. Efficient photocarrier injection in a transition metaloxide heterostructure. J. Phys. Condens. Matter, 14: L757-L763

Murray D J, Healy T W, Fuersten D W. 1968. Adsorption of aqueous metal on colloidal hydrous manganese oxide. Advances in Chemistry Series, 79: 74-81

Murugan P, Belosludov R V, Mizuseki H, et al 2006. Electronic and magnetic properties of double-impurities-doped TiO_2 (rutile): first-principles calculations. Journal of Applied Physics, 99: 08M105

Musić S, Orehovec Z, Popović S, et al. 1994. Structural properties of precipitates formed by hydrolysis of Fe^{3+} ions in $Fe_2(SO_4)_3$ solutions. Journal of Materials Science, 29 (8): 1991-1998

Musić S, Vertes A, Simmons G W, et al. 1982. Mossbauer spectroscopic study of the formation of Fe(Ⅲ) oxy-hydroxides and oxides by hydrolysis of aqueous Fe(Ⅲ) salt solutions. Journal of Colloid and Interface Science, 85 (1): 256-266

Múčka V. 1986. Hydrogen peroxide Decomposition on a two-compoent NiO-Fe_2O_3 catalyst. Collection of Czechoslovak Chemical Communications, 51: 1874-1882

Nagaveni K, Hegde M, Madras G. 2004. Structure and Photocatalytic Activity of $Ti_{1-x}M_xO_2$ (M = W, V, Ce, Zr, Fe, and Cu) Synthesized by Solution Combustion Method. Journal of Physics Chemistry, B (108): 20204-20212

Nakahira A, Tamai M, Aritani H, et al. 2002. Biocompatibility of dense hydroxyapatite prepared using an SPS process. Journal of Biomedical Materials Research, 62 (4): 550-557

Nakamura I, Negishi N, Kutsuna S, et al. 2000. Role of oxygen vacancy in the plasma-treated TiO_2 photocatalyst with visible light activity for NO removal. Journal of Molecular Catalysis A: Chemical, 161 (1-2): 205-212

Nakamura R, Kai F, Okamoto A, et al. 2009. Self-constructed electrically conductive bacterial networks.

Angewandte Chemie International Edition, 48 (3): 508-511

Nakaoka Y, Nosaka Y. 1997. ESR investigation into the effects of heat treatment and crystal structure on radicals produced over irradiated TiO_2 powder. Journal of Photochemistry and Photobiology A: Chemistry, 110: 299-305

Nakashima K, Imaoka T. 1991. K-rich Cryptomelane from Mt-Kumogi area, Shimane prefecture, Southwest Japan. Neues Jahrbuch fur Mineralogie-Monatshefte, 3: 113-128

Nakasono S, Matsumoto N, Saiki S. 1997. Electrochemical cultivation of Thiobacillus ferrooxidans by potential control. Bioelectrochemistry and Bioenergetics, 43 (1): 61-66

Namazi M R, Fallahzadeh M K, Schwartz R A. 2001. Strategies for prevention of scars: what can we learn from fetal skin? International Journal of Dermatology, 50 (1): 85-93

Nannipieri P, Ascher J, Ceccherini M, et al, 2003. Microbial diversity and soil functions. European Journal of Soil Science, 54: 655-670

Naono H, Shimoda M, Morita N, et al. 1997. Interaction of Water Molecules with Nongraphitized and Graphitized Carbon Black Surfaces. Langmuir, 13 (5): 1297-1302

Natarajan K. 1992. Effect of applied potentials on the activity and growth of Thiobacillus ferrooxidans. Biotechnol Bioeng, 39: 907-913

Navio J A, Colon G, Litter M I, et al. 1996. Synthesis, characterization and photocatalytic properties of iron-doped titania semiconductors prepared from TiO_2 and iron(Ⅲ) acetylacetonate. Journal of Molecular Catalysis A: Chemical, 106 (3): 267-276

Nayeb Z A, Case B, Vali H. 1998. Lung fiber burden of two groups of Quebec asbestos miners and millers. 17th International Mineralogical Association Conference, Oct. 9-14, 1998, Toronto, Canada, Abstract, A51

Nealson K, Inagaki F, Takai K. 2005. Hydrogen-driven subsurface lithoautotrophic microbial ecosystems (SLiMEs): do they exist and why should we care? Trends in Microbiology, 13: 405-410

Nelson D G A, Barry J C, Shields C P, et al. 1989. Crystal morphology, composition, and dissolution behavior of carbonated apatites prepared at controlled pH and temperature . Journal of Colloid and Interface Science, 130 (2): 467-479

New S E P, Aikawa E. 2011. Molecular imaging insights into early inflammatory stages of arterial and aortic valve calcification. Circulation Research, 108 (11): 1381-1391

Newman D, Kolter R. 2000. A role for excreted quinones in extracellular electron transfer. Nature, 4: 94-97

Newman D K, Banfield J F. 2002. Geomicrobiology: how molecular-scale interactions underpin biogeochemical systems. Science, 296 (5570): 1071-1077

Nicolau Y F, Menard J C. 1992. An electrokinetic study of ZnS and CdS surface chemistry. J. Colloid Interface Sci. , 148: 551-570

Nielsen L P, Risgaard-Petersen N, Fossing H, et al. 2010. Electric currents couple spatially separated biogeochemical processes in marinesediment. Nature, 463: 1071-1074

Nimfopoulos M K, Nimfopoulos M K, Pattrick R A D. 1991. Mineralogical and textural evolution of the economic manganese mineralization in Western Rhodpe Massif, N. Greece. Mineralogical Magazine, 55: 423-434

Nisbet E G, Fowler C M R. 1996. Some liked it hot. Nature, 382: 404-405

Nisbet E G. 1987. The Young Earth: An Introduction to Archaean Geology. Cambridge: Cambridge University Press

Nisbet E G, Sleep N H. 2001. The habitat and nature of early life. Nature, 409 (6823): 1083-1091

Nordstrom D K, Alpers C N, Ptacek C J, et al. 2000. Negative pH and extremely acidic mine waters from iron mountain, California. Environmental Science & Technology. 34 (2): 254-258

Nouailler M, Morelli X, et al. 2006. Solution structure of HndAc: A thioredoxin-like domain involved in the NADP-reducing hydrogenase complex. Protein Science, 15 (6): 1369-1378

Nypuist R A, Kagel R O. 1971. Infrared Spectra of Inorganic Compounds. New York and London: Academic Press

Ohtani B, Iwai K, Nishimoto S, et al. 1997. Role of platinum deposits on titanium (Ⅳ) oxide particles: structural and kineticanalyses of photocatalytic reaction in aqueous alcohol and amino acid solutions. J. Phys. Chem., B (101): 3349-3359

Okamoto K, Yamamoto Y, Tanaka H, et al. 1985. Heterogeneous photocatalytic decomposition of phenol over TiO_2 powder. Bulletin of the Chemical Society of Japan, 58 (7): 2015-2022

Okude N, Nagoshi M, Noro H, et al. 1999. P and S K-edge XANES of transition-metal phosphates and sulfates. Journal of Electron Spectroscopy and Related Phenomena, 101: 607-610

Onuchukwu A I. 1984. Kinetics of the decomposition of hydrogen peroxide catalysed by copper and nickel ferrites. Journal of the Chemical Society, Faraday Transactions 1: Physical Chemistry in Condensed Phases, 80: 1447-1456

Oppara O B V, Meenakshi S, Karthikeyan G. 1990. Nalgonda technique of defluoridation of water. Indian J Environ. Prot., 10 (4): 292-294

Orgeira M J, Walther A M, Vasquez C A, et al. 1998. Mineral magnetic record of paleoclimate variation in loess and paleosol from the Buenos Aires formation (Buenos Aires, Argentina). Journal of South American Earth Sciences, 11 (6): 561-570

Orimo H. 2010. The mechanism of mineralization and the role of alkaline phosphatase in health and disease. Journal of Nippon Medical School, 77 (1): 4-12

Orville P M. 1963. Alkali ion exchange between vapor and feldspar phases. American Journal of Science, 61 (3): 201-237

Ostwald J. 1992. Genesis and paragenesis of the tetravalent manganese oxides of the Australian continent. Economic Geology, 87: 1237-1252

Oyama T, Sano T, Hikino T, et al. 2002. Microcalcifications of breast cancer and atypical cystic lobules associated with infiltration of foam cells expressing osteopontin. Virchows. Archiv., 440 (3): 267-273

Ozturk I, Altinbas M, Koyuncu I, et al. 2003. Advanced physico-chemical treatment experiences on young municipal landfill leachates. Waste Management, 23 (5): 441-446

O'Neill H S C. 1992. Temperature dependence of the cation distribution in zinc ferrite ($ZnFe_2O_4$) from powder XRD structural refinements. European Journal of Mineralogy, 4 (3): 571-580

O'Nell J R, Taylor H P. 1967. The oxygen isotope and cation exchange chemistry of feldspar. American Mineralogy, 52: 1414-1437

O'Reilly S E, Hochella M F. 2003. Lead sorption efficiencies of natural and synthetic Mn and Fe-oxides. Geochimica et Cosmochimica Acta, 67 (23): 4471-4487

O'Young C L, Sawicki R A, Suib S L. 1997. Micropore size sistribution of octahedral molecular sieves (OMS). Microporous Materials, 11 (1-2): 1-8

Papirer E, Roland P. 1981. Grinding of Chrysotile in Hydrocarbons, Alcohol, and Water. Clays and Clay Minerals, 29 (3): 161-170

Parc S, Nahon D, Tardy Y, et al. 1989. Estimated solubility products and fields of/and stability for cryptomelane, nsutite, birnessite and lithiophorite based on natural lateritic weathering sequences. American Mineralogist, 74: 466-475

Parida K, Das J. 1996. Studies on ferric oxide hydroxides: Ⅱ. Structural properties of goethite samples (α-

FeOOH) prepared by homogeneous precipitation from $Fe(NO_3)_3$ solution in the presence of sulfate ions. Journal of Colloid and Interface Science, 178 (2): 586-593

Park D, Zeikus J. 2003. Improved fuel cell and electrode designs for producing electricity from microbial degradation. Biotechnology and Bioengineering, 81 (3): 348-355

Pasteris J D, Wopenka B, Freeman J J, et al. 2004. Lack of OH innanocrystalline apatite as a function of degree of atomic order: implications for bone and biomaterials. Biomaterials, 25 (2): 229-238

Peacock C, Given-Wilson R M, Duffy S W. 2004. Mammographic casting-type calcification associated with small screen-detected invasive breast cancers: Is this a reliable prognostic indicator? Clinical Radiology, 59 (2): 165-170

Peak D, Ford R G, Sparks D L. 1999. An in situ ATR-FTIR investigation of sulfate bonding mechanisms on goethite. Journal of Colloid and Interface Science, 218 (1): 289-299

Pearson R G. 1988. Absolute electronegativity and hardness: Application to inorganic chemistry. Inorg. Chem., 27: 734-740

Pecchi G, Reyes P, Lopez T, et al. 2003. Catalytic Combustion of Methane on Fe-TiO_2 Catalysts Prepared by Sol-Gel Method. Journal of Sol-Gel Science and Technology, 27: 205-214

Pelizzetti E, Schiavello M E. 1988. Photocatalysis and environment, trends and application. Dordrecht: Kluwer Academic Publishers

Pelte S, Flamant G, Flamand R, et al. 2000. Effects of thermal treatment on feldspar sorptive properties: Identification of uptake mechanisms. Minerals Engineering, 13: 609-622

Peng H W, Li J B, Li S S, et al. 2008. First-principles study of the electronic structures and magnetic properties of 3d transition metal-doped anatase TiO_2. Journal of Physics: Condensed Matter, 20: 125-207

Peng J H, Liu C P. 1992. The kinetics of ferric chloride leaching of sphalerite in the microwave field. Transactions of Nonferrous Metals Society of China, 2 (1): 53-57

Peral J, Mills A. 1993. Factors affectingthe kinetics of methyl orange reduction photosensitized by colloidal CdS. Journal of Photochemistry and Photobiology A: Chemistry, 73 (1): 47-52

Persson C, da Silva A F. 2005. Strong polaronic effects on rutile TiO_2 electronic band edges. Applied Physics Letters, 86 (23): 231912

Peterson M L, Brown G E, Parks G A, et al. 1997. Differential redox and sorption of Cr(Ⅲ/Ⅳ) on natural silicate and oxide minerals, EXAFS and XANES results. Geochimica et Cosmochimica Acta, 61 (16): 3399-3412

Pettine M, D'Ottone L, Campanella L, et al. 1998. The reduction of chromium(Ⅵ) by iron(Ⅱ) in aqueous solutions. Geochimica et Cosmochimica Acta, 62 (9): 1509-1519

Pfeffer C, Larsen S, Song J, et al. 2012. Filamentous bacteria transport electrons over centimetre distances. Nature, 491: 218-221

Pillai K R, Jayasree K, Jayalal K S, et al. 2007. Mucinous carcinoma of breast with abundant psammoma bodies in fine-needle aspiration cytology: A case report. Dianostic Cytopathology, 35 (4): 230-233

Piper W W. 1953. Some electrical and optical properties of synthetic single crystals of ZnS. Physical Review, 92 (1): 23-27

Piscopo A, Robert D, Weber J V. 2001. Comparison between the reactivity of commercial and synthetic TiO_2 photocatalysts. Journal of Photochemistry and Photobiology-A: Chemistry, 139 (2-3): 253-256

Poggi S H, Skinner H C W, Ague J J, et al. 1998. Using scanning electron microscopy to study mineral deposits in breast tissues. American Mineralogist, 83 (9-10): 1122-1126

Pogliani C, Donati E. 2000. Immobilisation of Thiobacillusferrooxidans: importance of jarosite precipitation. Process Biochemistry, 35 (9): 997-1004

Pohle K, Mäffert R, Ropers D, et al. 2001. Progression of aortic valve calcification association with coronary atherosclerosis and cardiovascular risk factors. Circulation, 104 (16): 1927-1932

Popescu G. 1995. Brief history of mining in northern Romania Udubasa. Romanian Journal of Mineralogy, 77 (2, Sup.): 7-10

Posselt H S, Anderson F J, Weber W J. 1968. Cation sorption on colloidal hydrous manganese oxide. Environmental Science & Technology, 2: 1087-1093

Post J E. 1999. Manganese oxide minerals: Crystal structures and economic and environmental significance. Proceedings of the National Academy of Sciences USA, 96: 3447-3454

Post J E, Bish D L. 1988. Rietveld refinement of the todorokite structure. American Mineralogist, 73: 861-869

Post J E, Burnham C W. 1986. Modeling tunnel-cation displacements in hollandites using structure-energy calculations. American Mineralogist, 71: 1178-1185

Post J E, Heaney P J. 2004. Neutron and synchrotron X-ray diffraction study of the structures and dehydration behaviors of ramsdellite and "groutellite" . American Mineralogist, 89: 969-975

Post J E, von Dreele R B, Buseck P R. 1982. Symmetry and Cation Displacements in Hollandites: Structure Refinements of Hollandite, Cryptomelane and Priderite. Acta Crystallographica, B38: 1056-1065

Potter R M, Rossman G R. 1979. The Tetravalent Manganese Oxides: Identification, hydration, and structural relationships by infraed spectroscopy. American Mineralogist, 64: 1199-1218

Powner M, Gerland B, Sutherland J. 2009. Synthesis of activated pyrimidine ribonucleotides in prebiotically plausible conditions. Nature, 459: 239-242

Price N J, Reitz J B, Madix R J, et al. 1999. A synchrotron XPS study of the vanadia- titania system as a model for monolayer oxide catalysts. Journal of Electron Spectroscopy and Related Phenomena, 98: 257-266

Prieto M, Fernandez-Gonzalez A, Martin-Diaz R. 2002. Sorption of chromate ions diffusing through barite-hydrogel composites: Implications for the fate and transport of chromium in the environment. Geochimica et Cosmochimica Acta, 66 (5): 783-795

Proudfoot D, Shanahan C M, Weissberg P L. 1998. Vascular calcification: new insights into an old problem. Journal of Pathology, 185 (1): 1-3

Proust D, Eymery J, Beaufort D. 1986. Supergene vermiculitization of a magnesian chlorite: iron and magnesium removal processes. Clays and Clay Minerals, 34 (5): 572-580

Pushkareva R A. 1998. Tritium adsorbtion in the montmorillonite. 17th International Mineralogical Association Conference, Oct. 9-14, 1998, Toronto, Canada, Abstract, A51

Quatrini R, Appia-Ayme C, Denis Y, et al. 2006. Insights into the iron and sulfur energetic metabolism of *Acidithiobacillus ferrooxidans* by microarray transcriptome profiling. Hydrometallurgy, 83: 263-272

Quinlan T R, BcruBc K A, Hacker M P, et al. 1998. Mechanisms of asbestos-induced nitric oxide production by rat alveolar macrophages in inhalation and in vitro models. Free Radical Biology and Medicine, 24 (5): 778-788

Raask E. 1982. Sulphate capture in ash boiler deposits in relation to SO_2 emission. Progress in Energy and Combustion Science, 8 (4): 261-276

Rabaey K, Boon N, Siciliano S, et al. 2004. Biofuel Cells Select for Microbial Consortia That Self-Mediate Electron Transfer. Applied Environmental Microbiology, 70: 5373-5382

Radi M J. 1989. Calcium Oxalate Crystals in Breast Biopsies. Archives of Pathology & Laboratory Medicine,

113 (12): 1367-1369

Rahman M M, Krishna K M, Soga T, et al. 1999. Optical properties and X-ray photoelectron spectroscopic study of pure and Pb-doped TiO_2 thin films. Journal of Physics and Chemistry of Solids, 60 (2): 201-210

Ramamoorthy M, Vanderbilt D. 1994. First-principles calculations of the energetics of stoichiometric TiO_2 surfaces. Physical Review B, 49 (23): 16721-16727

Ramonet D, de Yebra L, Fredriksson K, et al. 2006. Similar calcification process in acute and chronic human brain pathologies. Journal Neuroscience Research, 83 (1): 147-156

Ramonet D, Pugliese M, Rodríguez M J, et al. 2002. Calcium precipitation in acute and chronic brain diseases. Journal of Physiology-Paris, 96 (3-4): 307-312

Ramsdell L S. 1942. The unit cell of cryptomelane. American Mineralogist, 27: 611-613

Randall S R, Sherman D M, Ragnarsdottir K V. 1998. An Extended X-ray Absorption Fine Structure Spectroscopy Investigation of Cadmium Sorption on Cryptomelane (KMn_8O_{16}). Chemical Geology, 151 (1-4): 95-106

Rane K, Mhalsiker R, Yin S, et al. 2006. Visible light-sensitive yellow $TiO_{2-x}N_x$ and Fe-N co-doped $Ti_{1-y}Fe_yO_{2-x}N_x$ anatase photocatalysts. Journal of Solid State Chemistry, 179: 3033-3044

Rawlings D. 2005. Characteristics and adaptability of iron- and sulfur-oxidizing microorganisms used for the recovery of metals from minerals and their concentrates. Microbial Cell Factories, 4: 13

Rawn A M, Perry B A, Pomeroy R. 1939. Multiple-stage sewage digestion. Transactions of ASCE, 105: 93-132

Reguera G, McCarthy K, Mehta T, et al. 2005. Extracellular electron transfer via microbial nanowires. Nature, 435: 1098-1101

Reinholz G G, Getz B, Spelsberg T C. 2001. Inhibition of human osteoblast proliferation and mineralization by breast cancer cell-derived paracrine factors. Breast Cancer Research and Treatment, 69 (3): 314

Renou S, Givaudan J G, Poulain S, et al. 2008. Landfill leachate treatment: Review and opportunity. Journal of Hazardous Materials, 150 (3): 468-493

Rhee S H, Lee J D, Tanaka J. 2000 Nucleation of hydroxyapatite crystal through chemical interaction with collagen. J. Am. Ceram. Soc., 83 (11): 2890-2892

Rho J Y, Kuhn-Spearing L, Zioupos P. 1998. Mechanical properties and thehierarchical structure of bone. Medical Engineering & Physics, 20 (2): 92-102

Ribbe P H. 1974. Sulfide mineralogy. Review in Mineralogy, 1

Ribbe P H. 1983. Feldspar Mineralogy. Reviews in Mineralogy Vol. 2, 2nd Edition

Ribet I, Ptacek C J, Blowes D W, et al. 1995. The potential for metal release by reductive dissolution of weathered mine tailings. Journal of Contaminant Hydrology, 17: 239-273

Ringwood A E, Reid A F, Wadsley A D. 1967. High-pressure $KAlSi_3O_8$, an aluminosilicate with sixfold coordination. Acta Crystallographica, 23 (6): 1093-1095

Rizzoli H V, Randall J D, Smith D R. 1978. Psammoma bodies in meningioma: appearance by scanningelectron-microscopy. Virchows Archiv A-Pathological Anatomy and Histopathology, 380 (4): 317-325

Robba D, Ori D M, Sangalli P, et al. 1997. A photoelectron spectroscopy study of sub-monolayer V/TiO_2 (001) interfaces annealed from 300 up to 623K. Surface Science, 380 (2-3): 311-323

Robert, J. 1989. Chemkin-Ⅱ: A Fortran chemical kinetics package for the analysisof gas-phase chemical kinetics. Sandia National Laboratories Report, SAND89-8009B

Roberts A C, Bonardi M, Erd R C, et al. 1991. Wattersite Hg_4HgCrO_6, a new mineral from the Clear Creek claim, SanBenito County, California. The Mineralogical Record, 22 (4): 269-272

Roberts A C, Szymanski J T, Erd R C, et al. 1993. Deanesmithite $Hg_2Hg_3CrO_5S_2$, a new mineral species from the Clear Creek claim, San Benito County, California. Canadian Mineralogist, 37 (4): 787-793

Rodella C B, Franco R W A, Magon C J, et al. 2002. V_2O_5/TiO_2 catalytic xerogels Raman and EPR studies. Journal of Sol-Gel Science and Technology, 25: 83-88

Rodreguez M G, Aguilar R, Soto G, et al. 2003. Modeling an elect rochemical process to remove Cr(Ⅵ) from rinse-water in a stirred reactor. Journal of Chemical Technology and Biotechnology, 78: 371-376

Rodríguez Y, Ballester A, Blàzquez M L, et al. 2003a. Study of bacterial attachment during the bioleaching of pyrite, chalcopyrite, and sphalerite. Geomicrobiology Journal, 20 (2): 131-141

Rodríguez Y, Ballester A, Blàzquez M L, et al. 2003b. New in formation on the chalcopytite bioleaching mechanism at low and high temperature. Hydrometellurgy, 71 (1-2): 47-56

Rohwerder T, Gehrke T, Kinzler K, et al. 2003. Bioleaching review part A: progress in bioleaching: fundamentals and mechanisms of bacterial metal sulphideoxidation. Applied Microbiology and Biotechnology, 63: 239-248

Rojas-Chapana J, Tributsch H. 2001. Biochemistry of sulfur extraction in bio-corrosion of pyrite by Thiobacillus ferrooxidans. Hydrometallurgy, 59 (2-3): 291-300

Rosen P P, Hoda S A. 2008. 乳腺病理学粗针活检诊断. 薛卫成，柳剑英译. 北京：人民卫生出版社

Ross M, Nolan R P, Langer A M, et al. 1993. Health effects of mineral dusts other than asbeatos. Reviews in Mineralogy and Geochemistry, 28: 361-407

Rossman G R. 1996. Studies of OH in nominally anhydrous minerals. Physics and Chemistry of Minerals, 23 (4-5): 299-304

Rowson N A, Rice N M. 1990. Magnetic enhancement of pyrite by caustic microwave treatment. Minerals Engineering, 3 (3-4): 355-361

Ruffet G, Innocent C, Michard A, et al. 1996. A geochronological $^{40}Ar/^{39}Ar$ and $^{87}Rb/^{87}Sr$ study of K-Mn oxides from the weathering sequence of Azul, Brazil. Geochimica et Cosmochimica Acta, 60: 2219-2232

Russell M, Martin W. 2004. The rocky roots of the acetyl-CoA pathway. Trends in Biochemical Sciences, 29: 358-363

Ryan J N, Elimelech M, Ard R A, et al. 1999. Bacteriophage PRD1 and silica colloid transport and recovery in an iron oxide-coatedsand aquifer. Environmental Science & Technology, 33 (1): 63-73

Safontseva N Y, Nikiforov I Y. 2001. Electronic energy structure and the nature of chemical bonding in monoferrites with a spinel structure $M(Mg,Mn,Ni,Zn)Fe_2O_4$. Journal of Structural Chemistry, 42 (3): 378-384

Sahai N, Sverjensky D A. 1997. Solvation and electrostatic model for specific electrolyte adsorption. Geochimica et Cosmochimica Acta, 61 (14): 2827-2848

Sakata Y, Yamamoto T, Okazaki T, et al. 1998. Generation of visible light response on the photocatalyst of a copper ion containing TiO_2. Chemistry Letters, (12): 1253-1254

Sakthivel S, Geissen S U, Bahnemann D W, et al. 2002. Enhancement of photocatalytic activity by semiconductor heterojunctions: α-Fe_2O_3, WO_3 and CdS deposited on ZnO. Journal of Photochemistry and Photobiology A: Chemistry, 148: 283-293

Salem I A, Salem M A, Gemeay A H. 1993. Kinetics of heterogeneous decomposition of hydrogen peroxide with some transition metal complexes supported on silica-alumina in aqueous medium. Journal of Molecular Catalysis, 84: 67-75

Samata T. 2004. Recent advances in studies on nacreous layerbiomineralization. Molecular and cellular aspects. Thalassas, 20 (1): 25-44

Sanchez-Fernandez J M, Rivera-Pomar J M. 1984. A scanning electron microscopy study on human otoconia genesis. Acta Oto-Laryngology, 97 (5-6): 479-488

Sand W, Gerke T, Hallmann R, et al. 1995. Sulfur chemistry, biofilm and the indirect attack mechanism-a critical evaluation of bacterial leaching. Applied Microbiology and Biotechnology, 43 (6): 961-966

Sandra O, Nicole G, Lesley A. 1996. Nitrous oxide production by alcaligenes faecalis under transient and dynamic aerobic and anaerobic conditions. Environmental Microbiology, 62 (7): 2421-2426

Santos L R G, Barbosa A F, Souza A D, et al. 2006. Bioleaching of a complexnickel-iron concentrate by mesophile bacteria. Minerals Engineering, 19: 1251-1258

Sapieszko R S, Patel R C, Matijevic E. 1977. Ferric hydrous oxide thermodynamics of aqueous hydroxo and sulfato ferric Complexes. The Journal of Physical Chemistry, 81 (11): 1061-1068

Sarig S, Weiss T A, Katz I, et al. 1994. Detection of cholesterol associated with calcium mineral using confocal fluorescence microscopy. Laboratory Investigation: A Journal of Technical Methods and Pathology, 71 (5): 782-787

Sauer G R, Wuthier R E. 1988. Fourier transform infrared characterization of mineral phases formed during induction of mineralization by collagenase-released matrix vesicles in vitro. Journal of Biological Chemistry, 263, 13718-13724

Sayyed R, Gangurde N, Patel P, et al. 2010. Siderophore production by Alcaligenes faecalis and its application for growth promotion in Arachis hypogaea. Indian Journal of Biotechnology, 9: 302-307

Scarlett N V Y, Madsen I C, Cranswick L M D, et al. 2002. Outcomes of the International Union of Crystallography Commission on Powder Diffraction Round Robin on Quantitative Phase Analysis: Samples 2, 3, 4, synthetic bauxite, natural granodiorite and pharmaceuticals. Journal of Applied Crystallography, 35: 383-400

Schaub R, Thostrup P, Lopez N, et al. 2001. Oxygen vacancies as active sites for water dissociation on rutile TiO_2 (110) . Physical Review Letters, 87 (26): 266104

Scheel H J. 1971. Lead feldspar. Zeitschrift Für Kristallographie, Bd. 133: S. 264-272

Schidlowski M. 1988. A 3800-million-year isotopic record of life from carbon in sedimentary rocks. Nature, 333 (6171): 313-318

Schmidt W J. 1924. Die Bausteine des Tierk rpers in polarisiertem Lichte. Berlin: Friedrich Cohen Publisher

Schoonen M A A, Xu Y, Strongin D R. 1998. An introduction to geocatalysis. Journal of Geochemical Exploration, 62 (1-3): 201-215

Schoonen M A A, Smirnov A, Cohn C. 2004. A perspective on the role of minerals in prebiotic synthesis. Ambio. , 33 (8): 539-551

Schreifels J A, Maybury P C, Swartz W E. 1980. X-ray photoelectron spectroscopy of nickel boride catalysts: Correlation of surface states with reaction products in the hydrogenation of acrylonitrile. Journal of Catalysis, 65: 195

Schrenk M, Edwards K, Goodman R, et al. 1998. Distribution of Thiobacillus ferrooxidans and Leptospirillum ferrooxidans: Implications for generation of acid mine drainage. Science, 279: 1519-1522

Schrier J, Demchenko D O, Wang L W. 2007. Optical properties of ZnO/ZnS and ZnO/ZnTe heterostructures for photovoltaic applications. Nano Letters, 7 (8): 2377-2382

Schultheiss-Grassi P P, Dobson J. 1999. Magnetic analysis of human brain tissue. Biometals, 12 (1): 67-72

Schumacher R H. 1988. Pathology of crystal deposition deseases. Rheumatic Diseases Clinics of North America, 14 (2): 269-288

Sclafani A, Palmisano L, Schiavello M. 1990. Influence of the preparation methods of titanium dioxide on the photocatalytic degradation of phenol in aqueous dispersion. Journal of Physical Chemistry, 94 (2): 829-832

Scott K M. 1987. Solid solution in, and classification of, gossan-derived members of the alunite-jarosite family, northwest Queensland, Australia. American Mineralogist., 72: 178-187

Sculfort J L, Gautron J. 1984. The role of the anion electronegativity in semiconductor-electrolyte and semiconductor-metal junctions. J. Chem. Phys., 80: 3767-3773

Seledets O, Skubiszewska-Zieba J, Leboda R, et al. 2003. Surface properties of fumed silica/pyrocarbon prepared by pyrolysis of methylene chloride. Mater. Chem. Phys., 82: 199-205

Selli E, Forni L. 1999. Comparison between the surface acidity of solid catalysts determined by TPD and FTIR analysis of pre-adsorbed pyridine. Microporous and Mesoporous Materials, 31 (1): 129-140

Semprinl L, Hopkins G D, McCarty P L, et al. 1992. In-situ transformation of carbon tetrachloride and other halogenated compounds resulting from biostimulation under anoxic conditions. Environmental Science & Technology, 26: 2454-2461

Serpone N, Lawless D, Disdier J, et al. 1994. Spectroscopic, photoconductivity, and photocatalytic studies of TiO_2 colloids: naked and with the lattice doped with Cr^{3+}, Fe^{3+}, and V^{5+} cations. Langmuir, 10: 643-652

Seyama H, Soma M, Tanaka A. 1996. Surface characterization of acid-leached olivines by X-ray photoelectron spectroscopy. Chemical Geology, 129 (3-4): 209-216

Shao G. 2008. Electronic Structures of Manganese-Doped Rutile TiO_2 from First Principles. Journal of Physical Chemistry C, 112 (47): 18677-18685

Shao G S. 2009. Red shift in manganese- and iron-doped TiO_2: A DFT+U analysis. Journal of Physical Chemistry C, 113 (16): 6800-6808

Shapiro R S. 2006. Management of thyroid nodules detected at sonography: Society of Radiologists in Ultrasound Consensus Conference Statement. Thyroid, 16 (3): 209-210

Sharmasarkar S, Jaynes W F, Vance G F. 2000. BTEX Sorption by Montmorillonite Organoclays: TMPA, ADAM, HDTMA. Water Air and Soil Pollution, 119 (1-4): 257-273

Sheng G Y, Boyd S A. 1998. Relation of water and neutral organic compounds in the interlayers of mixed Ca/trimethylphenylammonium-smectites. Clays and Clay Minerals, 46 (1): 10-17

Shepard T J, Crile G, Strittmatter W C. 1962. Roentgenographic evaluation of calcifications seen in paraffin block specimens of mammary tumors. Radiology, 78 (6): 967-968

Sherriff B L, Brown D A, Sawicki J A. 1998. Iron mineral reactions mediated by an environmental bacterial consortium. 17th International Mineralogical Association Conference, Oct. 9- 14, 1998, Toronto, Canada, Abstract, A45

Shiraki M, Miyagawa A, Akiguchi I, et al. 1988. Evidence of hypovitaminosis-D in patients with mitral ring calcification. Japanese Heart Journal, 29 (6): 801-808

Shirley R, Kraft M, Inderwildi O R. 2010. Electronic and optical properties of aluminium-doped anatase and rutile TiO_2 from ab initio calculations. Physical Review B, 81 (7): 075111

Shively J, van K, Meijer W. 1998. Something from almost nothing: carbon dioxide fixation in chemoautotrophs. Annual Review of Microbiology, 52: 191-230

Shuey R T. 1975. Semiconducting Ore Minerals. Amsterdam: Elsevier

Shumilin I, Nikandrov V, Popov V, et al. 1992. Photogeneration of NADH under coupled action of CdS semiconductor and hydrogenase from Alcaligenes eutrophus without exogenous mediators. FEBS Letters, 306: 125-128

Silva E G, Deavers M T, Parlow A F, et al. 2003. Calcifications in Ovary and Endometrium and Their Neoplasms. Modern Pathology, 16 (3): 219-222

Silverman M P, Ehrlich H L. 1964. Microbial formationand degradationof minerals. Advances in Applied Microbiology, 6: 153-206

Simionescu A, Philips K, Vyavahare N. 2005. Elastin-derived peptides and TGF-betal induce osteogenic responses in smooth muscle cells. Biochemical and Biophysical Research Communications, 334 (2): 524-532

Simkiss K, Wilbur K. 1989. Biomineralization. Cell biology andmineral deposition. San Diego: Academic Press Inc

Sims J R, Bingham F T. 1968. Retention of boron by layer silicates, sesquioxides, and soil materials: Ⅱ. Sesquioxides. Soil Science Society of America Journal, 32: 364-369

Singer P C, Stumm W. 1970. Acid mine drainage the rate-determining step. Science, 167 (3921): 1121-1123

Sleep N, Meibom A, Fridriksson T, et al. 2004. H_2-rich fluids from serpentinization: geochemical and biotic implications. Proceedings of the National Academy of Sciences, 101 (35): 12818-12823

Smirnoff N, Wheeler G, Loewus F. 2000. Ascorbic acid in plants: Biosynthesis and function. Critical Reviews in Biochemistry and Molecular Biology, 35: 291-314

Smirnoff N, Wheeler G, Loewus F. 2004. Ascorbic acid in plants: biosynthesis and function. Critical Reviews in Biochemistry and Molecular Biology, 35: 291-314

Smith J A, Jaffe P R, Chiou C T. 1990. Effect of ten quaternary ammonium cations on tetrachloromethane sorption to clay from water. Environmental Science & Technology, 24: 1167

Smith J V. 1974. Feldspar Minerals. Ⅰ. Crystal Structure and Physical Properties. Heidelberg: Springer-Verlag

Smith J V. 1988. Topochemistry of Zeolites and Related Materials. 1. Topology and Geometry. Chemical Reviews, 88: 149-182

Sofia S, McCarthy M B, Gronowicz G, et al. 2001. Functionalized silk-based biomaterials for bone formation. Journal of Biomedical Materials Research, 54 (1): 139-148

Somorjai G A. 1990. Modern concepts in surface science and heterogeneous catalysis. Journal of Physical Chemistry, 94 (3): 1013-1023

Son B K, Akishita M. 2007. Mechanism of vascular calcification. Clinical Calcium, 17 (3): 319-324

Sondag F. 1981. Selective extraction procedures applied to geochemical prospecting in an area contaminated by old mine working. Journal of Geochemical Exploration, 15: 645-652

Soratin P I, Schwarz K. 1992. Chemical bonding in rutile-type compounds. Inorganic Chemistry, 31: 567-576

Soria J, Conesa J, Augugliaro V, et al. 1991. Dinitrogen photoreduction to ammonia over titanium dioxide powders doped with ferric ions. Journal of Physical Chemistry, 95: 274-282

Sorrell C A. 1962. Solid state formation of barium, strontium and lead feldspars in clay-sulfate mixtures. American Mineralogist, 47: 291-309

Sowrey F E, Skipper L J, Pickup D M, et al. 2004. Systematic empirical analysis of calcium-oxygen coordination environment by calcium K-edge XANES. Physical Chemistry Chemical Physics, 6 (1): 188-192

Sparks D L. 2005. Toxic metals in the environment: the role of surfaces. Elements, 1 (4): 193-197

Srinivasan K R, Fogler H S. 1990. Use of inorgano-organo clays in the removal of priority pollutants from industrial wastewater: adsorption of benoc (a) pyrenechlorophenols from aqueous solutions. Clays and Clay Mineral, 38 (3): 287-293

Stefanovich E V, Truong T N. 1999. Ab initio study of water adsorption on TiO_2 (110): molecular adsorption versus dissociative chemisorption. Chemical Physics Letters, 299 (6): 623-629

Stevens T, McKinley J. 1995. Lithoautotrophic microbial ecosystems in deep basalt aquifers. Science, 270: 450

Stone A T. 1987. Reductive dissolution of manganese (Ⅲ/Ⅳ) oxides by substituted phenols. Environmental

Science & Technology, 21 (10): 979-988

Stratful I, Scrimshaw M D, Lester J N. 2001. Conditions influencing the precipitation of magnesium ammonium phosphate. Water Research, 35 (17): 4191-4199

Strobel P, Page Y L. 1982. Crystal growth of K-or Rb-containing α-MnO_2 by molten salt electrolysis. Journal of Crystal Growth, 56: 645-651

Strobel P, Vicat J, Qui D T. 1984. Thermal and physical properties of Hollandite-Type $K_{1.3}Mn_8O_{16}$ and $(K,H_3O)_xMn_8O_{16}$. Journal of Solid State Chemistry, 55: 67-73

Strunz H, Nickel E. 2001. Strunz mineralogical tables (9th ed). Stuttgart: E. Schweizerbartpsche Verlagsbuch-handlung

Stumm W, Sulzberger B. 1992. The cycling of iron in natural environments: Considerations based on laboratory studies of heterogeneous redox processes. Geochim. Cosmochim. Acta, 56 (88): 3233-3257

Stüeken E, Anderson R, Bowman J, et al. 2013. Did life originate from a global chemical reactor? Geobiology, 11: 101-126

Subra P, Berroy P, Saurina J, et al. 2004. Influence of expansion conditions on the characteristics of cholesterol crystals analyzed by statistical design. Journal of Supercritical Fluids, 31: 313-322

Suib S L. 2000. Sorption, catalysis, and separation design. Chemical Innovation, 30 (3): 27-33

Surratt J T, Monsees B S, Mazoujian G. 1991. Calcium oxalate microcalcifications the breast. Radiology, 181 (1): 141-142

Suyver J F, Bakker R, Meijerink A, et al. 2001. Photoelectrochemical characterization of nanocrystalline ZnS: Mn^{2+} layers. Phys. Stat. Sol. B, 224: 307-312

Suzuki I. 2001. Research review paper- microbial leaching of metals from sulphideminerals. Biotechnology Advances 19, 119-132

Suzuki T, Hatsushika T, Miyake M. 1991a. Disposal oftoxic ions by ion exchanger from crystal lattice of apatite. In: Abe M, Kataoka T, Suzuki T (eds). New Developments inIon Exchange. Tokyo: Kodan-sha

Suzuki T, Miyake M, Nagasawa H. 1991b. Disposal oftoxic ions by ion exchanger from crystal lattice of calcite. In: Abe M, Kataoka T, Suzuki T (eds). New Developments inIon Exchange. Tokyo: Kodan-sha

Szacilowski K, Macyk W, Drzewiecka-Matuszek A, et al. 2005. Bioinorganic photochemistry: Frontiers and mechanisms. Chemical Reviews, 105: 2647-2694

Tamegai H, Kai M, Fukumori Y, et al. 1994. Two membrane-bound c-type cytochromes of Thiobacillus ferrooxidans: Purification and properties. FEMS Microbiology Letters, 119 (1-2): 147-153

Tan J, Zhao S, Huang Q, et al.. 2004. The microstructure of silicate varying with crystal and meltproperties under the same cooling condition. Materials Research Bulletin, 39: 939-948

Tan X, Fan Q, Wang X, et al. 2009. Eu(Ⅲ) Sorption to TiO_2 (Anatase and Rutile): Batch, XPS, and EXAFS Studies. Environmental Science & Technology, 43: 3115-3121

Tanaka K, Vega C, Tamamushi R. 1983. Thionine and ferric chelate compounds as coupled mediators in microbial fuel cells. Bioelectrochemistry and Bioenergetics, 11 (4-6): 289-297

Tandon S P, Gupta J P. 1970. Measurement of forbidden energy gap of semiconductors by diffuse reflectance technique. Physica Status Solidi, 38 (1): 363-367

Tang Y Z, Elzinga E J, Jae L Y, et al. 2007. Coprecipitation of chromate with calcite: batch experiments and X-ray absorption spectroscopy. Geochimica et Cosmochimica Acta, 71 (6): 1480-1493

Taniguchi M, Ley L, Jphnson R L, et al. 1986. Synchrotron radiation study of $Cd_{1-x}Mn_xTe$. Phys. Rev. B, 33: 1206-1219

Taya M, Shiraishi H, Katsunishi T, et al. 1991. Enhanced cell density culture of Thiobacillus ferrooxidansin membrane-type bioreactor with electrolytic reduction unit for ferric ion. J. Chem. Eng. Jpn., 24: 291-296

Taylor W H, Darbyshire J A, Strunz H. 1934. An X-ray investigation of the felspars. Zeitschrift fur Kristallographie, 87 (6): 464-498

Taylor W H. 1933. The structure of sanidine and other felspars. Zeitschrift fur Kristallographie, 85 (5-6): 425-445

Tenenbaum A, Fisman E Z, Schwammenthal E, et al. 2004. Aortic valve calcification in hypertensive patients: prevalence, risk factors and association with transvalvular flow velocity. International Journal of Cardiology, 94 (1): 7-13

TenHuisen K S, Martin R I, Klimkiewicz M, et al. 1995. Formation and properties of a synthetic bone composite: hydroxyapatite-collagen. Journal of Biomedical Materials Research, 29 (7): 803-810

Thirunavukkarasu O S, Viraraghavan T, Subramanian K S. 2001. Removal of Arsenic in drinking water by iron oxide-coatedsand and ferrihydrite-batch studies. Water Quality Research Journal of Canada, 36 (1): 55-70

Thrash J, Coates J. 2009. Review: direct and indirect electrical stimulation of microbial metabolism. Environmental Science & Technology, 42: 3921-3931

Tian B Z, Li C Z, Gu F, et al. 2009. Flame sprayed V-doped TiO_2 nanoparticles with enhanced photocatalytic activity under visible light irradiation. Chemical Engineering Journal, 151 (1-3): 220-227

Tian Z, Shen X. 1989. Defect-molecule model calculations of 3d transition metal ions in Ⅱ-Ⅵ semiconductors. J. Appl. Phys., 66: 2414-2419

Toner C V, Sparks D L. 1995. Chemical relaxation and double-layer model analysis of boron adsorption on alumina. Soil Science Society of American Journal, 59 (2): 395-404

Topcagic S, Minteer S. 2006. Development of a membraneless ethanol/oxygen biofuel cell. Electrochimica Acta, 51 (11): 2168-2172

Tributsch H, Fiechter S, Jokisch D, et al. 2003. Photoelectrochemical power, chemical energy and catalytic activity for organic evolution on natural pyrite interfaces. Origins of Life and Evolution of Biospheres, 33: 129-162

Trifiro F. 1998. The chemistry of oxidation catalysts based on mixed oxides. Catalysis Today, 41 (1-3): 21-35

Trommer R M, Santos L A, Bergmann C P. 2009. Nanostructured hydroxyapatite powders produced by a flame-based technique. Materials Science and Engineering: C, 29 (6): 1770-1775

Tse G M, Tan P H, Cheung H S, et al. 2008a. Intermediate to highly suspicious calcification in breast lesions: a radio-pathologic correlation. Breast Cancer Research and Treatment, 110 (1): 1-7

Tse G M, Tan P H, Pang A L M, et al. 2008b. Calcification in breast lesions: pathologists' perspective. Journal of Clinical Pathology, 61 (2): 145-151

Tsuchida T, Matsumoto M, Shirayama Y, et al. 1996. Observation of psammoma bodies in cultural meningiomas: Analysis of three-dimensional structure using scanning and transmission electron microscopy. Ultrastructure Pathology, 20: 241-247

Tsuji I, Kato H, Kudo A. 2005. Visible-Light-Induced H_2 evolution from an aqueous solution containing sulfide and sulfite over a ZnS-$CuInS_2$-$AgInS_2$ solid solution photocatalyst. Angewandte Chemie-International Edition, 44 (23): 3565-3568

Tsuji I, Kudo A. 2003. H_2 evolution from aqueous sulfite solutions undervisible-light irradiation over Pb and halogen-codoped ZnS photocatalysts. J. Photochem. Photobiol. A: Chem., 156 (1): 249-252

Tsuji M. 2001. Pb^{2+} separation from concentrated electrolyte solution by a cryptomelane-type mananic acid and titanium antimonic acid. Solvent Extraction and Ion Exchange, 19 (3): 531-551

Tsuji M, Abe M. 1984. Synthetic inorganic ion-exchange materials. XXXVI. Synthesis of cryptomelane-type hydrous manganese dioxide as an ion-exchange material and their ion-exchange selectivities towards alkali and alkaline earth metal ions. Solvent Extraction and Ion Exchange, 2 (2): 253-274

Tsuji M, Abe M. 1985. Synthetic inorganic ion-exchange materials. XXXIII. Acid-base properties of a cryptomelane-type hydrous manganese (Ⅳ) oxide and some chromatographic applications. The Chemical Society of Japan, 58: 1109-1114

Tsuji M, Komarneni S. 1993. Selective exchange of divalent transition metal ions in cryptmeae-type manganic acid with tunnel sttucture. Journal of Materials Research, 8 (3): 611-616

Turner S, Buseck P R. 1979. Manganese oxide tunnel structure and their intergrowth. Science, 203: 456-458

Turner S, Buseck P R. 1981. Todorokites: A new family of naturally occurring manganese oxides. Science, 212: 1024-1027

Turner S, Post J E. 1988. Refinement of the substructure and superstructure of romanechite. American Mineralogist, 73: 1155-1161

Tünay O, Kabdasli I, Orhon D, et al. 1997. Ammonia removal by magnesium ammonium phosphate precipitation in industrial wastewaters. Water Science and Technology, 36 (2-3): 225-228

Ukrainczyk L, Mcbride M B. 1992. Oxidation of phenol in acidic aqueous suspensions of manganese oxides. Clay and Clay Minerals, 40 (2): 157-166

Ukrainczyk L, McBride M B. 1993. Oxidation and dechlorination of chlorophenols in dilute aqueous suspensions of manganese oxides: reaction products. Environmental Toxicology and Chemistry, 12 (11): 2015-2022

Umebayashi T, Yamaki T, Itoh H, et al. 2009. Analysis of electronic structures of 3d transition metal-doped TiO_2 based on band calculations. Journal of Physics and Chemistry of Solids, 63: 1909-1920

Urey H C. 1962. Life-Forms in meteorites: Origin of life-like forms in carbonaceous chondrites introduction. Nature, 193: 1119-1123

Valenzuela M A, Bosch P, Jimenez- Becerrill J, et al. 2002. Preparation, characterization and photocatalytic activity of ZnO, Fe_2O_3 and $ZnFe_2O_4$. Journal of Photochemistry and Photobiology A: Chemistry, 148: 177-182

van Groenigen K J, Six J, Hungate B A, et al. 2006. Element interactions limit soil carbon storage. Proceedings of the National Academy of Sciences, 103 (17): 6571-6574

Varentsov I M. 1996. Manganese ores of Supergene Zones: Geochemistry of Formation. Dordrecht: Kluwer Academic Publishers: 1-302

Vasconcelos P M, Renne P R, Brimhall G H, et al. 1994. Direct dating of weathering phenomena by 40Ar/39Ar and K-Ar analysis of supergene K-Mn oxides. Geochimica et Cosmochimica Acta, 58: 1635-1665

Vaughan D. 2006. Sulfide Mineralogy and Geochemistry (Vol. 88). Chantilly: Mineralogical Society of America

Vaughan D J, Craig J R. 1978. Mineral chemistry of metal sulfides. Cambridge: Cambridge University Press

Vaughan D J, Pattrick R A D. 1995. Mineral surface. UK: Chapman & Hall

Vaughan D J, Pattrick R A D, Wogelius R A. 2002. Minerals, metals and molecules: ore and environmental mineralogy in the new millennium. Mineralogical Magazine, 66 (5): 653-676

Vaughan D J, Tossell J, Johnson K H. 1974. The bonding of ferrous iron to sulfur and oxygen in tetrahedral coordination: a comparative study using SCF Xe scattered wave molecular orbital calculations. Geochim. Cosmochim. Acta, 38: 993-1005

Velinskii V V, Gusev G M. 2002. Production of extra pure silica from serpentinites. Journal of Mining Science, 38 (4): 402-404

Verkoelen C F, Romijn J C, de Bruijn W C, et al. 1995. Association of calcium oxalate monohydrate crystals with MDCK cells. Kidney International, 48 (1): 129-138

Vicat J, Fanchon E, Strobel P, et al. 1986. The Structure of $K_{1.33}Mn_8O_{16}$ and cation odering in hollandite-type structure. Acta Crystallographica Section B, 42 (2): 162-167

Villano M, Aulenta F, Ciucci C, et al. 2010. Bioelectrochemical reduction of CO_2 to CH_4 via direct and indirect extracellular electron transfer by a hydrogenophilic methanogenic culture. Bioresource Technology, 101: 3085-3090

Villano M, Monaco G, Aulenta F, et al. 2011. Electrochemically assisted methane production in a biofilm reactor. Journal of Power Sources, 196: 9467-9472

Viraraghavan T, Singh K S. 1997. Anaerobic biotechnology for leachate treatment: a review. Proceedings of the 90th Annual Conference of Air & Waste Management Association, Toronto, Canada, June 8-13

Viswanathan K. 1972. Kationenaust ausch an plagioklasen. Contribution to Mineralogy and Petrology, 37: 277-290

Voelker B M, Morel F M M, Sulzberger B. 1997. Iron redox cycling in surface waters: Effects of humic substances and light. Environmental Science & Technology, 31 (4): 1004-1011

Vogel T M, Criddle C S, McCarty P L. 1987. Transformations of halogenated aliphatic compounds. Environmental Science & Technology, 21: 722-736

Volesky B, May H, Holan Z R. 1993. Cadmium biosorption by Saccharomyces cerevisiae. Biotechnology and Bioengineering, 41 (8): 826-829

Vriend S P. 2001. 地球化学工程学: 21 世纪的环保产业. 吴传璧等译. 北京: 地质出版社

Wada Y, Yin H B, Kitamura T, et al. 1998. Photoreductive dechlorination of chlorinated benzene derivatives catalyzed by ZnS nanocrystallites. Chemical Communications, (24): 2683-2684

Wada Y, Yin H B, Yanagida S. 2002. Environmental remediation using catalysis driven under electromagnetic irradiation. Catalysis Surveys from Japan, 5 (2): 127-138

Wade K. 2009. Bonding with boron. Nature Chemistry, 1: 92

Wagner C, Riggs W, Davis L, et al. 1979. Handbook of X-ray photoelectron spectroscopy. Perkin: Elmer Eden Prairie

Wahlström E, Vestergaard E K, Schaub R, et al. 2004. Electron transfer-induced dynamics of oxygen molecules on the TiO_2 (110) surface. Science, 303: 511-513

Waite T D. 1988. Photochemical Effects on the Mobility and Fate of Heavy-Metals in the Aqutic Environment. Environmental Technology Letters, 9 (9), 977-982

Waite T D. 1990. Photo-redox processes at the mineral water interface. Review in Mineralogy and Geochemistry, 23: 559-603

Walder I F, Chavez W X Jr. 1995. Mineralogical and geochemical behavior of mill tailing material produced from lead-zinc skarn mineralization, Hanover, Grant County, New Mexico, USA. Environmental Geology, 26 (1): 1-18

Walkiewicz J W, Kazonich G, McGill S L. 1988. Microwave heating characteristics of selected minerals and compounds. Mineral & Metallurgical Processing, 5 (1): 39-42

Wang C Q, Ma S F, Lu A H, et al. 2006. Experimental study on formation conditions of ammoniojarosite and its environmental significance. Acta Geologica Sinica, 80 (2): 296-301

Wang C Q, Yang R C, Li Y, et al. 2011. A study on psammoma body mineralization in meningiomas. Journal of Mineralogical and Petrological Sciences, 106 (5): 229-234

Wang G, Huang L, Zhang Y. 2008. Cathodic reduction of hexavalent chromium [Cr(Ⅵ)] coupled with electricity generation in microbial fuel cells. Biotechnology Letters，30（11）：1959-1966

Wang L J，Lu A H，Wang C Q，et al. 2006a. Nano-fibriform production of silica from natural chrysotile. Journal of Colloid and Interface Science，295（2）：436-439

Wang L J，Lu A H，Wang C Q，et al. 2006b. Porous properties of nano-fibriform silica from natural chrysotile. Acta Geologica Sinica-English Edition，80（2）：180-184

Wang L J，Lu A H，Xiao Z Y，et al. 2009. Modification of Nano-fibriform Silica by Dimethyldichlorosilane. Applied Surface Science，255：7542-7546

Wang L Q，Ferris K F，Skiba P X. et al. 1999. Interactions of liquid and vapor water with stoichiometric and defective TiO_2（100）surfaces. Surface Science，440（1-2）：60-68

Wang X，Li Y，Lu A H，et al. 2012. Bacterially induced mineralization of jarosite and schwertmannite assisted by a photochemical pathway. Geomicrobiology Journal，29（3）：206-212

Watling H R. 2006. The bioleaching of sulphide minerals with emphasis on copper sulphides-A review. Hydrometallurgy，84（1-2）：81-108

Watling H R. 2008. The bioleaching of nickel-copper sulfides. Hydrometallurgy，93：70-88

Watson K E，Bostrom K，Ravindranath R，et al. 1994. TGF-beta- 1 and 25-hydroxycholesterol stimulate osteoblast-like vascular cells to calcify. Journal of Clinical Investigation，93（5）：2106-2113

Weber K，Achenbach L，Coates J. 2006. Microorganisms pumping iron：anaerobic microbial iron oxidation and reduction. Nature Reviews Microbiology，4：752-764

Wedepohl K H. 1974. Handbook of Geochemistry. Springer-Verlag，Berlin，Heidelberg，New York，Ⅱ（4）：82-C-1-82-O-1

Weidmann S M，Weatherell J A，Whitehead R G. 1959. The effect of fluorine on the chemical composition and calcification of bone. The Journal of Pathology and Bacteriology，78（2）：435-445

Weiner S，Addadi L. 2002. At the cutting edge. Science，298（5592）：375-376

Weiner S，Dove P M. 2003. An overview of biomineralizationprocesses and the problem of the vital effect. Reviews in Mineralogy and Geochemistry，54：1-29

Weiner S，Wagner H D. 1998. Thematerial bone：structure-mechanical function relations. Annual Review of Materials Science，28（1）：271-298

Weiner S，Traub W，Wagner H D. 1999. Lamellar bone：structure-function relations. Journal of Structural Biology，126（3）：241-255

Weldon J，Haldipur G，Lewandowski D，et al. 1986. Advanced coal-gasification and desulfurization with calcium based sorbents. American Chemical Society，Division of Fuel Chemistry，31（3）：244-262

Weska R F，Aimoli C G，Nogueira G M，et al. 2010. Natural and prosthetic heart valve calcification：Morphology and chemical composition characterization. Artificial Organs，34（4）：311-318

Westrick J J，Mello J W，Thomas R F. 1984. The groundwater supply survey. Journal American Water Works Association，76：52-59

White J C，Holt G S，Parker H F，et al. 2003. Trace-element partitioning between alkali feldspar and peralkalic quartz trachyte to rholite magma. Part Ⅰ：Systematics of trace-element partitioning. American Mineralogist，88：316-329

Wicks F J，Whittaker E J W. 1975. A reappraisal of the structures of the serpentine minerals. Can. Mineral，13：227-243

Wigginton N，Haus K，Hochella M Jr. 2007. Aquatic environmental nanoparticles. Journal of Environmental Monitoring，9：1306-1316

Wilcoxon J P. 2000. Catalytic photooxidation of pentachlorophenol using semiconductor nanoclusters. Journal of Physical Chemistry B, 104: 7334-7343

Wilkins R W T, Sabine W. 1973. Water content of some nominally anhydrous silicates. American Mineralogist, 58: 508-516

Williams R, Labib M E. 1985. Zinc sulphide chemistryAn electrokinetic study. J. Colloid Interface Sci., 106: 252-254

Winkelmann K, Calhoun R L, Mills G. 2006. Chain photoreduction of CCl_3F in TiO_2 suspensions: enhancement induced by O_2. Journal of Physical Chemistry A, 110: 13827-13835

Winogradsky S. 1949. Microbiologie du Sol: Problèmes et Méthodes: Cinquante ans de Recherches [Soil Microbiology: Problems and Methods, fifty years of research] Paris: Masson et Cie éditeurs: 16-41

Winters C, Davies R L, Morgan A J, et al. 1986. Human-breast microcalcification-comparative- study involving contact microradiography and backscattered-electron-imaging plus X-ray-microanalysis. Micron and Microscopica Acta, 17 (1): 11-23

Wiszniowski J, Robert D, Surmacz G J, et al. 2006. Landfill leachate treatment methods: a review. Environmental Chemistry Letters, 4: 51-61

Witherspoon P A. 1996. Geological Problems in Radioactive Waste Isolation, Second Worldwide Review, Berkeley National Lab., University of California, USA

Wittbrodt P R, Palmer C D. 1995. Reducation of Cr(Ⅵ) in the presence of excess soil fulvic acid. Environmental Science & Technology, 29: 255-263

Wittbrodt P R, Palmer C D. 1997. Reduction of Cr(Ⅵ) by soil humic acids. European Journal Soil Science, 48 (1): 151-162

Woo N C. 1994. Pb on groundwater particles, Door county, Wisconsin. Environmental Geology, 24 (2): 150-156

Woods N C, Sock S M, Daigger G T. 1999. Phosphorus recovery technology modeling and feasibility evaluation for municipal wastewater treatment plants. Environmental Technoogy, 20: 653-680

Woodwell G M, Hobbie J E, Houghton R A, et al. 1983. Global deforestation: contribution to atmospheric carbon dioxide. Science, 222 (4628): 1081-1086

Worden R H, Walker F D L, Parsons I, et al. 1990. Development of microporosity, diffusion channels and deuteric coarsening in perthitic alkali feldspars. Contrib. Mineral Petrol, 104: 507-515

Wyckoff R W G. 1963. Crystal Structures. Second edition. New York: Interscience Publishers

Wächtershäuser G. 2000. Origin of life: life as we don't know it. Science, 289: 1307-1308

Xia D H, Ng T W, An T C, et al. 2013. A recyclable mineral catalyst for visible-light driven photocatalytic inactivation of bacteria: Natural magnetic sphalerite. Environmental Science & Technology, 47 (19): 11166-11173

Xiao T D, Bokhimi, Benaissa M, et al. 1997. Microstructural characteristics of chemically processed manganese oxide nanofibires. Acta Materialia, 45 (4): 1685-1693

Xiao W, Li K W, Wang H. 2010. Facile fabrication of porous ZnO microspheres by thermal treatment of ZnS microspheres. Journal of Hazardous Materials, 174: 573-580

Xie Y T, Xu Y B, Yan L, et al. 2005. Recovery of nickel, copper and cobalt from low-grade Ni-Cu sulfide tailings. Hydrometallurgy, 80 (1-2): 54-58

Xin R, Leng Y, Wang N. 2006. In situ TEM examinations of octacalcium phosphate to hydroxyapatite transformation. Journal of Crystal Growth, 289 (1): 339-344

Xiong Y, Shi L, Chen B, et al. 2006. High-Affinity Binding and Direct Electron Transfer to Solid Metals by the Shewanella oneidensis MR-1 Outer Membrane c-type Cytochrome OmcA. Journal of the American Chemical Society, 128: 13978-13979

Xu H F, Wang Y F. 2000. Using linear free energy relationship to predict stability constants of aqueous metal complexes/chelates. Ninth Annual V. M. Goldschmidt Conference

Xu S H, Feng D L, Shangguan W F. 2009. Preparations and photocatalytic properties of visible-light-active zinc ferrite-doped TiO_2 photocatalyst. Journal of Physical Chemistry C, 113 (6): 2463-2467

Xu Y. 1997. Kinetics of Redox Transformations of Aqueous SulfurSpecies: The Role of Intermediate Sulfur Oxyanions and Mineral Surfaces. New York: SUNY-Stony Brook: 327

Xu Y, Schoonen M A A. 2000. The absolute energy positions of conduction and valence bands of selected semiconducting minerals. American Mineralogist, 85: 543-556

Xu Y, Schoonen M A A, Strongin D R. 1996. Thiosulfate oxidation: catalysis of synthetic sphalerite doped with transitionmetals. Geochim. Cosmochim. Acta, 60: 4701-4710

Xu Y M, Langford C H. 2001. UV-or visible-light-induced degradation of X_3B on TiO_2 nanoparticles: the influence of adsorption. Langmuir, 17 (3): 897-902

Yada K. 1967. Study of chrysotile asbestos by high resolution electron microscopy. Acta Cryst, 23: 704-707

Yada K. 1971. Study of microstructure of chrysotile asbestos by high resolution electron microscopy. Acta Crytallogr, A27: 659-644

Yada K, Tanji T. 1980. Direct observation of high resolution electron microscopy on chrysotile. Fourth International Conference on Asbestos, 26-30

Yamada K, Yamane H, Matsushima S, et al. 2008. Effect of thermal treatment on photocatalytic activity of N-doped TiO_2 particles under visible light. Thin Solid Films, 516: 7482-7487

Yamamoto H, Shavelle D, Takasu J, et al. 2003. Valvular and thoracic aortic calcium as a marker of the extent and severity of angiographic coronary artery disease. American Heart Journal, 146 (1): 153-159

Yamanaka T, Yano T, Kai M, et al. 1991. The electron transfer system in an acidophilic iron-oxidizing bacterium. Mukohata Y. New Era of Bioenergetics. New York and London: Academic Press: 223-246

Yamashima T, Kida S, Kubota T, Yamamoto S. 1986. The origin of psammoma bodies in human archnoid villi. Acta Neuropathol, 71: 19-25

Yanagida S, Yoshiya M, Shiragami T, et al. 1990. Semiconductor photocatalysis I. Quantitative photoreduction of aliphatic ketones toalcohols using defect-free ZnS quantum crystallites. Journal of Physical Chemistry, 94 (7): 3104-3111

Yang C, Crowley D. 2000. Rhizosphere microbial community structure in relation to root location and plant iron nutritional status. Applied and Environmental Microbiology, 66: 345-351

Yang J, Lee S. 2006. Removal of Cr (Ⅵ) and humic acid by using TiO_2 photocatalysis. Chemosphere, 63: 1677-1684

Yang P, Lü M, Xu D, et al. 2001. Synthesis and photoluminescence characteristics of doped ZnS nanoparticles. Appl. Phys., 73: 455-458

Yarzábal A, Brasseur G, Bonnefoy V. 2002. Cytochromes c of Acidithiobacillus ferrooxidans. FEMS Microbiology Letters, 209 (2): 189-195

Ye L J. 1996. Aspects of biomineralization. Beijing: Seismological Press

Ye Z, Wang W Y, Zhong Q, et al. 1995. High temperature desulfurization using fine sorbent particles under boiler injection conditions. Fuel, 74 (5): 743-750

Yin H B, Wada Y, Kitamura T, et al. 2001. Photoreductive dehalogenation of halogenated benzene derivatives using ZnS or CdS nanocrystallites as photocatalysts. Environmental Science & Technology, 35 (1): 227-231

Yin Y G, Xu W Q, DeGuzman R, et al. 1994. Studies of stability and reactivity of synthetic cryptomelane-like manganese oxide octahedral molecular-sieves. Inorganic Chemistry, 33 (19): 4384-4389

Youssef N A, Selim M M, Kamel E S. 1991. The decomposition of hydrogen peroxide over pure and mixed copper oxide and iron oxide. Bulletin de la Societe Chimique de France, 128: 648-653

Yu J C, Lin J, Kwok R W M. 1997. Enhanced photocatalytic activity of $Ti_{1-x}V_xO_2$ solid solution on the degradation of acetone. Journal of Photochemistry and Photobiology A: Chemistry, 111 (111): 199-203

Yu J G, Xiong J F, Cheng B, et al. 2005. Fabrication and characterization of Ag-TiO_2 multiphase nanocomposite thin films with enhanced photocatalytic activity. Applied Catalysis B: Environmental, 60 (3-4): 211-221

Yu X H, Li C S, Tang H, et al. 2010. First principles study on electronic structures and properties of Sn-doped rutile TiO_2. Computational Materials Science, 49 (2): 430-434

Yu Y, Yu J C, Yu J G, et al. 2005. Enhancement of photocatalytic activity of mesoporous TiO_2 by using carbon nanotubes. Appl. Catal. A, 289: 186-196

Yunker S B, Radovich J M. 1986. Enhancement of growth and ferrous iron oxidation tares of T. ferrooxidansby electrochemical reduction of ferric iron. Biotechnol Bioeng, 28: 1867-1875

Yusof N, Haraguchi A, Hassan M A, et al. 2009. Measuring organic carbon, nutrients and heavy metals in rivers receiving leachate from controlled and uncontrolled municipal solid waste (MSW) landfills . Waste Management, 29 (10): 2666-2680

Zang L, Liu C Y, Ren X M. 1995. Photochemistry of semiconductor particles' effects of surface charge on reduction rate of methyl orange photosensitized by ZnS sols. J. Photochem. Photobiol. A, 85: 239-245

Zapata L, Fripiat J J, Mercier J P. 1973. A new type of elastomer derived from chrysotile asbestos. Journal of Polymer Science: Polymer Letters Edition, 11 (11): 689-694

Zeng J, Geng M, Liu Y, et al. 2007. Expression, purification and molecular modelling of the Iro protein from Acidithiobacillus ferrooxidans Fe-1. Protein Expression and Purification, 52 (1): 146-152

Zhang Q W, Sugiyama K, Saito F. 1997. Enhancement of acid extraction of magnesium and silicon from serpentine by mechanochemical treatment. Hydrometallurgy, 45 (3): 323-331

Zhang W, Huang Z L, Liao S S, et al. 2003. Nucleation Sites of Calcium Phosphate Crystals during Collagen Mineralization . Journal of the American Ceramic Society, 86 (6): 1052-1054

Zhang X, Ellery S, Friend C, et al. 2007. Photodriven reduction and oxidation reactions on colloidal semiconductor particles: Implications for prebiotic synthesis. J. Photoch. Photobio. A, 185 (2): 301-311

Zhang X T, Liu Y C, Zhi Z Z, et al. 2002. High intense UV-luminescence of nanocrystalline ZnO thin films prepared by thermal oxidation of ZnS thin films. Journal of Crystal Growth, 240: 463-466

Zhang X V, Martin S T, Friend C M, et al. 2004. Mineral-assisted pathways in prebiotic synthesis: photoelectrochemical reduction of carbon (+Ⅳ) by manganese sulfide. Journal of the American Chemical Society, 126 (36): 11247-11253

Zhao L, Yu J G, Cheng B. 2005. Preparation and characterization of SiO_2/TiO_2 composite microspheres with microporous SiO_2 core/mesoporous TiO_2 shell. Journal of Solid State Chemistry, 178 (6): 1818-1824

Zhou H, Shen Y F, Wang J Y, et al. 1998. Studies of decomposition of H_2O_2 over manganese oxide octahedral molecular sieve materials. Journal of Catalysis, 196: 321-328

Zhou P L, Yu X B, Yang L Z, et al. 2007. Simple air oxidation synthesis and optical properties of S-doped ZnO microspheres. Materials Letters, 61: 3870-3872

Zou S，Stensel H D，Ferguson J F. 2000. Carbon tetrachloride degradation：Effect of microbial growth substrate and vitamin B12 content. Environmental Science & Technology，34：1751-1757

Zou Z，Ye J，Sayama K，et al. 2001. Direct splitting of water under visible light irradiation with an oxide semiconductor photocatalyst. Nature，414：625-627

Zouboulis A I，Kydros K A，Matis K A. 1995. Removal of hexavalent chromium anions from solutions by pyrite fines. Water Researsh，29（7）：1755-1760